Die Metallurgie des Schweißens

Günter Schulze

Die Metallurgie des Schweißens

Eisenwerkstoffe - Nichteisenmetallische Werkstoffe

4., neu bearbeitete Auflage

Professor Dr.-Ing. Günter Schulze
dokschu@t-online.de

ISBN 978-3-642-03182-3   e-ISBN 978-3-642-03183-0
DOI 10.1007/ 978-3-642-03183-0
Springer Heidelberg Dordrecht London New York

Die Deutsche Nationalbibliothek verzeichnet diese Publikation in der Deutschen Nationalbibliografie; detaillierte bibliografische Daten sind im Internet über http://dnb.d-nb.de abrufbar.

© Springer-Verlag Berlin Heidelberg 2010
Dieses Werk ist urheberrechtlich geschützt. Die dadurch begründeten Rechte, insbesondere die der Übersetzung, des Nachdrucks, des Vortrags, der Entnahme von Abbildungen und Tabellen, der Funksendung, der Mikroverfilmung oder der Vervielfältigung auf anderen Wegen und der Speicherung in Datenverarbeitungsanlagen, bleiben, auch bei nur auszugsweiser Verwertung, vorbehalten. Eine Vervielfältigung dieses Werkes oder von Teilen dieses Werkes ist auch im Einzelfall nur in den Grenzen der gesetzlichen Bestimmungen des Urheberrechtsgesetzes der Bundesrepublik Deutschland vom 9. September 1965 in der jeweils geltenden Fassung zulässig. Sie ist grundsätzlich vergütungspflichtig. Zuwiderhandlungen unterliegen den Strafbestimmungen des Urheberrechtsgesetzes.
Die Wiedergabe von Gebrauchsnamen, Handelsnamen, Warenbezeichnungen usw. in diesem Werk berechtigt auch ohne besondere Kennzeichnung nicht zu der Annahme, dass solche Namen im Sinne der Warenzeichen- und Markenschutz-Gesetzgebung als frei zu betrachten wären und daher von jedermann benutzt werden dürften.

Einbandentwurf: WMXDesign GmbH, Heidelberg

Gedruckt auf säurefreiem Papier

Springer ist Teil der Fachverlagsgruppe Springer Science+Business Media (www.springer.com)

Vorwort zur vierten Auflage

Ein Schwerpunkt der Neubearbeitung war die extrem mühsame und langwierige Anpassung an neue europäische (EURO-Normen) und internationale Normen, soweit sie für Deutschland Bedeutung haben bzw. wichtig sind. Man merkt den Normen vielfach an, dass sehr viele Nationen und Fachleute an ihrer Bearbeitung beteiligt sind. Daher ist eine gewisse Inkonsequenz in vielen Normen – vor allem der »wichtigen« – nicht zu übersehen. Außerdem ist die Vielzahl und der extrem gesteigerte Umfang der neuen bzw. der überarbeiteten Normen für den in der Praxis stehenden Ingenieur häufig verwirrend. Ihre Anwendung ist daher oft unangemessen und mühsam. Von der angestrebten Harmonisierung im europäischen Raum kann also noch längere Zeit nicht die Rede sein.

Neuere Normen sind bis etwa Juli 2009 berücksichtigt worden.

Neu hinzugekommen sind Hinweise zu
- verschiedenen neueren Stahlnormen (Baustähle nach DIN EN 10025, Vergütungsstähle nach DIN EN 10025-6 und DIN EN 10083, verschiedene hochlegierte Stähle nach DIN EN 10088),
- Zusatzwerkstoffen zum Schweißen von Stählen nach DIN EN ISO 2560. Hier wurde erstmals in der Schweißtechnik die Systematik des »Kohabitationsgesetzes« angewendet. Ebenso findet man Hinweise zu Zusatzwerkstoffen zum Schweißen von Aluminium und seinen Legierungen, Kupfer und Kupferlegierungen,
- Fülldrähten zum Schweißen für das UP-Verfahren und die Schutzgasschweißverfahren,
- sowie zu Zusatzwerkstoffen zum Auftragschweißen (DIN EN 14700).
- Unregelmäßigkeiten der Schweißverbindung und Empfehlungen für die Auswahl von Bewertungsgruppen nach DIN EN ISO 5817.

Außerdem wurden verschiedene sachliche Fehler, Schreibfehler und sprachliche Ungenauigkeiten sowie Formulierungsschwächen beseitigt. Schließlich wurde eine große Anzahl von Bildern und Tabellen um- bzw. neugezeichnet.

Berlin, Juli 2009 *G. Schulze*

Vorwort zur ersten Auflage

Mit dem vorliegenden Buch sollen dem Studenten des Maschinenbaus wesentliche Grundlagen des ständig an Bedeutung zunehmenden Fügeverfahrens Schweißen in einer möglichst anschaulichen Form präsentiert werden. Darüber hinaus wird es auch dem bereits in der Praxis stehenden Ingenieur helfen, theoretische Grundlagen aufzufrischen und zu vertiefen. Wegen der Vielfalt und des Umfangs der beteiligten Wissensgebiete musste der Stoff auf wichtige Themen begrenzt werden. Die Auswahl ist damit naturgemäß subjektiv. Die Verfasser haben sich bemüht, in einem Band die erforderlichen Grundlagen in einer dem Studenten angemessenen und verständlichen Form darzustellen. Dabei wurden gewisse Redundanzen bewusst in Kauf genommen, die nach der Erfahrung der Autoren den Lernerfolg in vielen Fällen günstig beeinflussen.

Die Autoren strebten eine anschauliche und nicht übermäßig theoretische Darstellung an, die im Bereich der Bruchmechanik zwangsläufig nur teilweise gelang. Diesem Ziel dienen u. a. eine große Anzahl Skizzen, Schaubildern und Tabellen sowie ein sehr ausführliches und aufwändiges Sachwortverzeichnis. Gefügeaufnahmen sind i. Allg. in einer Größe abgebildet, die ein Verständnis des Bildinhalts ermöglicht bzw. erleichtert. Die sehr ausführlichen Bildlegenden erlauben in den meisten Fällen eine sofortige Interpretation der Darstellung. Für weitergehende Informationen des Lesers dient ausgewähltes Schrifttum, das am Ende des jeweiligen Kapitels aufgeführt ist.

Als Problem während der Bearbeitung erwies sich die Umstellung der nationalen auf die häufig erheblich geänderten europäischen Normen. Aus redaktionellen Gründen konnten lediglich die bis Ende 1991 als Weißdruck erschienenen EURO-Normen berücksichtigt werden. Die häufig fehlenden Querverbindungen zu anderen (noch nationalen) Normen führten in einigen Fällen zu einer inkonsistenten Darstellungsweise.

Entsprechend der Tatsache, dass »der Werkstoff die Schweißbedingungen diktiert«, wird den werkstofflichen Grundlagen beim Schweißen der größte Platz eingeräumt. Erfahrungsgemäß bereiten die Besonderheiten der Schweißmetallurgie der verschiedenen (Stahl-)Werkstoffe dem Lernenden oft Schwierigkeiten. Um den Umfang des Buches in Grenzen zu halten, ist nur die Metallurgie der Stahlschweißung ausführlicher behandelt. Eine Beschränkung, die mancher Leser vielleicht bedauernd zur Kenntnis nehmen mag. Die Beschreibungen über das Verhalten der unlegierten, legierten und hochlegierten Stähle beim Schweißen sind um knappe, einführende Kapitel zur klassischen Werkstoffkunde ergänzt. In ihnen werden im wesentlichen einige zum Verständnis der Schweißmetallurgie der Stähle erforderliche wichtige Grundlagen besprochen, die in der vergleichbaren Literatur meist nicht mit dem wünschenswerten Bezug zur Schweißtechnik abgehandelt sind.

Gemäß der Zielsetzung wurde nur eine begrenzte Anzahl typischer schweißmetallurgischer Probleme behandelt, diese aber verhältnismäßig ausführlich. Dazu gehören die Schweißeignung, die Zusatzwerkstoffe, der Einfluss der Wärmequelle auf die Eigenschaften der Verbindung und die Schweißmetallurgie der wichtigsten Stähle.

Im Kapitel 5 werden wichtige technologische Einflussgrößen auf die Tragfähigkeit geschweißter Bauteile untersucht, weil die Auswahl der Schweißelemente neben der Gebrauchsfähigkeit hauptsächlich aufgrund einer ausreichenden Tragfähigkeit erfolgt. Unter Berücksichtigung der Grundprinzipien der Gestaltung gelingen dem Anwender so leichter »tragfähige« Entwürfe geschweißter Konstruktionen.

Aus der Vielzahl der gegenwärtig vorhandenen Berechnungsverfahren für geschweißte Bauteile sind die aktuellsten der beiden wichtigsten Vorschläge, die DIN 18800-1 (November 1990) und die DIN 15018-1 (November 1984), in der gebotenen Kürze dargestellt und ihre Anwendung mit einfachen Berechnungsbeispielen erklärt.

Die Darstellung der Prüfung von Schweißverbindungen und ihrer praktischen Anwendung im Kapitel 6 ist als Ergänzung zu den Grundkenntnissen der Werkstoffprüfung für den Studenten und Ingenieur und als Nachschlagwerk für den Schweißpraktiker gedacht. Wegen des begrenzten Umfangs wurden nur einige und besonders wichtige Prüfverfahren ausgewählt. Im wesentlichen sind dies Verfahren zur Werkstoff- und Strukturanalyse, die mechanisch-technologischen Prüfverfahren und schließlich einige bruchmechanische Prüfverfahren und Versagenskonzepte. Besonders hervorgehoben sind die Anwendungsmöglichkeiten und -grenzen.

Die Vielfältigkeit und der Umfang der Werkstoffprüftechnik erforderten vielfach die Beantwortung von Fragen zu Details durch die Fachkollegen von Herrn *Dr. Krafka* in der Bundesanstalt für Materialprüfung und -forschung Berlin (BAM). Dem Präsidenten der BAM, Herrn Prof. *Dr. rer. nat. G. W. Becker* danken der Verfasser und der Herausgeber für die Erlaubnis, diesen Abschnitt schreiben und Bild- und Untersuchungsmaterial der BAM verwenden zu dürfen. Herr Dr. Krafka dankt besonders seinen Kollegen, den Herren Dipl.-Ing. *K. Wilken* und *Dr. V. Neumann*, die ihm Unterlagen überließen und für Diskussionen zur Verfügung standen. Frau *Ball* dankt er für die Anfertigung zahlreicher metallografischer Aufnahmen und Herrn Dipl.-Ing. *B. Abassi* für die Herstellung der Zeichnungen zu diesem Kapitel.

Ganz besonderen Dank schuldet der Herausgeber Herrn Dipl.-Ing. *I. Tanyildiz,* dem Geschäftsführer der OTA-Gruppe Berlin, für die großzügige finanzielle und sachliche Unterstützung dieses Projektes.

Berlin, April 1992 *G. Schulze*

Inhalt

Häufig benutzte Symbole XVIII
Abkürzungen XX

1	Grundlagen der Werkstoffkunde und der Korrosion	1
1.1	Schweißtechnik erfordert die Werkstoffkunde	1
1.2	**Aufbau metallischer Werkstoffe**	2
1.2.1	Bindungsformen der Metalle	2
1.2.1.1	Metallische Bindung	4
1.2.1.2	Ionenbindung (heteropolare Bindung)	5
1.2.1.3	Atombindung (kovalente Bindung)	5
1.2.2	Gitteraufbau der Metalle	6
1.2.2.1	Gitterbaufehler (Realkristalle)	7
1.2.3	Gefüge, Korn, Kristallit, Korngröße	12
1.3	**Mechanische Eigenschaften der Metalle**	15
1.3.1	Verformungsvorgänge in Idealkristallen	15
1.3.2	Verformungsvorgänge in technischen Metallen	16
1.3.3	Verfestigung der Metalle	18
1.3.4	Einfluss der Korngrenzen	19
1.4	**Phasenumwandlungen**	22
1.4.1	Phasenumwandlung flüssig-fest	24
1.4.1.1	Primärkristallisation von (reinen) Metallen	24
1.4.1.2	Primärkristallisation von Legierungen	27
1.4.2	Phasenumwandlungen im festen Zustand	30
1.4.2.1	Diffusionskontrollierte Phasenumwandlungen	32
	Ausscheidungsumwandlung	32
	Ordnungsumwandlung	33
	Massivumwandlung	33
	Polymorphe Umwandlung	34
1.4.2.2	Diffusionslose Phasenumwandlungen (Martensitbildung)	34
1.5	**Thermisch aktivierte Vorgänge**	38
1.5.1	Diffusion	38
1.5.1.1	Nichtstationäre Diffusionsvorgänge	40
1.5.2	Erholung und Rekristallisation	42
1.5.3	Warmverformung	45
1.6	**Grundlagen der Legierungskunde**	46
1.6.1	Aufbau und Eigenschaften der Phasen	46
1.6.1.1	Mischkristalle	46
	Substitutionsmischkristalle	46
	Einlagerungsmischkristalle	48

	1.6.1.2	Intermediäre Verbindungen	48
	1.6.2	Zustandsschaubilder	49
	1.6.2.1	Zustandsschaubild für vollkommene Löslichkeit im flüssigen und festen Zustand	50
	1.6.2.2	Eutektische Systeme	51
	1.6.2.3	Systeme mit begrenzter Löslichkeit	53
	1.6.2.4	Systeme mit intermediären Phasen	53
	1.6.2.5	Systeme mit Umwandlungen im festen Zustand	55
	1.6.3	Nichtgleichgewichtszustände	55
	1.6.3.1	Kristallseigerung	55
	1.6.3.2	Entartetes Eutektikum	57
	1.6.4	Aussagefähigkeit und Bedeutung der Zustandsschaubilder für das Schweißen	57
	1.6.4.1	Abschätzen des Schweißverhaltens	57
	1.6.4.2	Mechanische Gütewerte	58
	1.6.5	Dreistoffsysteme	59
	1.6.5.1	Ternäre Schaubilder in ebener Darstellung	61
		Isothermische Schnitte	61
		Vertikalschnitte	62
		Quasibinäre Schnitte	62
1.7		**Grundlagen der Korrosion**	**63**
	1.7.1	Definitionen und Begriffe	64
	1.7.2	Elektrochemische Vorgänge	65
	1.7.3	Korrosionsmechanismen in wässrigen Lösungen	68
	1.7.3.1	Wasserstoffkorrosion (Säurekorrosion)	69
	1.7.3.2	Sauerstoffkorrosion	70
	1.7.3.3	Das Korrosionsverhalten beeinflussende Faktoren	71
		Ionenkonzentration	71
		Sauerstoffgehalt	74
		Elektrolyttemperatur	75
		Strömungsgeschwindigkeit	76
		Medienkonzentration	77
	1.7.4	Elektrochemische Polarisation	77
	1.7.4.1	Stromdichte-Potenzial-Kurven	78
	1.7.4.2	Aktivierungspolarisation	78
	1.7.4.3	Konzentrationspolarisation	80
	1.7.5	Passivität	81
	1.7.6	Korrosionsarten	83
	1.7.6.1	Korrosionsarten ohne mechanische Beanspruchung	83
	1.7.6.1.1	Kontaktkorrosion	84
	1.7.6.1.2	Lochkorrosion (Lochfraß)	84
	1.7.6.1.3	Spaltkorrosion (Berührungskorrosion)	86
	1.7.6.1.4	Selektive Korrosion	87
	1.7.6.1.5	Korrosionsvorgänge in besonderen Umgebungen	88
		Atmosphärische Korrosion	88
		Mikrobiologische Korrosion	90
	1.7.6.2	Korrosionsarten mit mechanischer Beanspruchung	91
	1.7.6.2.1	Spannungsrisskorrosion (SpRK)	91
	1.7.6.2.2	Kavitation(skorrosion)	93
	1.7.6.2.3	Erosion(skorrosion)	94
	1.7.6.2.4	Reibkorrosion (»Fressen«)	94

1.7.7		Gestaltungsrichtlinien; Werkstoffwahl	94
1.7.7.1		Spalt-, Berührungskorrosion	98
1.7.7.2		Konzentrationselemente	98
1.7.7.3		Wasserlinienkorrosion, atmosphärische Korrosion	98
1.7.7.4		Kontaktkorrosion	99
1.7.7.5		Spannungsrisskorrosion (SpRK)	99
1.7.7.6		Besonderheiten beim Schweißen	100
1.7.8		Hinweise zum Korrosionsschutz	101
1.7.8.1		Aktive Schutzverfahren	101
		Inhibitoren	101
		Kathodischer Korrosionsschutz	103
		Anodischer Korrosionsschutz	105
1.7.8.2		Passive Schutzverfahren	106
		Organische Beschichtungen	106
		Anorganische Überzüge	106
		Metallische Überzüge	107

1.8 Aufgaben zu Kapitel 1 — 110

1.9 Schrifttum — 121

2 Stähle – Werkstoffgrundlagen — 123

2.1 Allgemeines — 123

2.2 Einteilung der Stähle — 124

2.3 Stahlherstellung — 125

2.3.1	Erschmelzungsverfahren	125
2.3.1.1	Sekundärmetallurgie	128
2.3.2	Vergießungsverfahren; Desoxidieren	130
2.3.2.1	Vergießen und Erstarren des Stahles	131
2.3.2.2	Unberuhigt vergossener Stahl; Kennzeichen FU (U)	132
2.3.2.3	Beruhigt vergossener Stahl; Kennzeichen (R)	132
2.3.2.4	Besonders beruhigt vergossener Stahl; Kennzeichen FF (RR)	133

2.4 Das Eisen-Kohlenstoff-Schaubild (EKS) — 133

2.5 Die Wärmebehandlung der Stähle — 136

2.5.1	Glühbehandlungen	138
2.5.1.1	Spannungsarmglühen	138
2.5.1.2	Normalglühen	139
2.5.2	Härten und Vergüten	140
2.5.2.1	Härten	140
2.5.2.2	Vergüten	143
2.5.3	Die Austenitumwandlung im ZTU- und ZTA-Schaubild	145
2.5.3.1	ZTU-Schaubilder für kontinuierliche Abkühlung	148
2.5.3.2	ZTU-Schaubilder für isothermische Wärmeführung	150
2.5.3.3	Möglichkeiten und Grenzen der ZTU-Schaubilder	150
2.5.3.4	Anwendbarkeit der ZTU-Schaubilder auf Schweißvorgänge	152
	Allgemeines Verfahren	154

			Inhalt	XI

		Isothermisches Schweißen	154
		Stufenhärtungsschweißen	155
	2.5.3.5	ZTA-Schaubilder	155
		Isothermische ZTA-Schaubilder	156
		Kontinuierliche ZTA-Schaubilder	157
2.6		**Festigkeitserhöhung metallischer Werkstoffe**	157
	2.6.1	Prinzip der Festigkeitserhöhung	157
	2.6.2	Abschätzen der maximalen Festigkeit	158
	2.6.2.1	Theoretische Schubfestigkeit	158
	2.6.2.2	Theoretische Kohäsionsfestigkeit	159
	2.6.3	Methoden zum Erhöhen der Festigkeit	159
	2.6.3.1	Kaltverfestigung	159
	2.6.3.2	Mischkristallverfestigung	160
	2.6.3.3	Ausscheidungshärtung	161
	2.6.3.4	Korngrenzenhärtung	165
	2.6.3.5	Martensithärtung	165
	2.6.3.6	Thermomechanische Behandlung	167
2.7		**Unlegierte und (niedrig-)legierte Stähle**	167
	2.7.1	Wirkung der Legierungselemente	167
	2.7.2	Unlegierte Baustähle nach DIN EN 10025-2	168
	2.7.3	Stähle für den Maschinen- und Fahrzeugbau	171
	2.7.3.1	Vergütungsstähle	174
	2.7.3.2	Einsatzstähle	175
	2.7.4	Warmfeste Stähle	177
	2.7.5	Kaltzähe Stähle	182
	2.7.6	Feinkornbaustähle	184
	2.7.6.1	Normalgeglühte Feinkornbaustähle	188
		Terrassenbruch	189
	2.7.6.2	Thermomechanisch gewalzte Feinkornbaustähle	190
		Metallkundliche Grundlagen; Stahlherstellung	191
		Eigenschaften und Verarbeitung	192
	2.7.6.3	Vergütete Feinkornbaustähle	197
2.8		**Korrosionsbeständige Stähle**	200
	2.8.1	Erzeugen und Erhalten der Korrosionsbeständigkeit	200
	2.8.2	Korrosionsverhalten der Stähle in speziellen Medien	202
		Korrosion in Wässern	202
		Korrosion durch chemischen Angriff	202
	2.8.3	Werkstoffliche Grundlagen	203
	2.8.3.1	Die Zustandsschaubilder Fe-Cr, Fe-Ni	203
	2.8.3.2	Das Zustandsschaubild Fe-Cr-Ni	204
	2.8.3.3	Einfluss wichtiger Legierungselemente	205
		Nickel	205
		Kohlenstoff	206
		Stickstoff	206
		Molybdän	207
		Silicium	207
		Wasserstoff	207
	2.8.3.4	Ausscheidungs- und Entmischungsvorgänge	208
	2.8.3.4.1	Interkristalline Korrosion (IK)	208

		Gegenmaßnahmen	210
2.8.3.4.2		Sigma-Phase (σ-Phase)	210
2.8.3.4.3		475 °C-Versprödung	211
2.8.4		Einteilung und Stahlsorten	214
2.8.4.1		Martensitische Chromstähle	215
2.8.4.2		Ferritische Chromstähle	215
2.8.4.3		Austenitische Chrom-Nickel-Stähle	217
		Stickstofflegierte austenitische Stähle	220
2.8.4.4		Austenitisch-ferritische Stähle (Duplexstähle)	221
2.9	**Aufgaben zu Kapitel 2**		**224**
2.10	**Schrifttum**		**235**

3 Einfluss des Schweißprozesses auf die Eigenschaften der Verbindung — 237

3.1 Schweißbarkeit – Begriff und Definition — 237
- 3.1.1 Schweißeignung — 238
- 3.1.2 Schweißsicherheit — 238
- 3.1.3 Schweißmöglichkeit — 238
- 3.1.4 Bewertung und Folgerungen — 239

3.2 Schweißeignung der Stähle — 239
- 3.2.1 Unlegierte Stähle — 239
- 3.2.1.1 Erschmelzungs- und Vergießungsart — 239
- 3.2.1.2 Chemische Zusammensetzung — 240
- 3.2.2 Legierte Stähle — 243

3.3 Wirkung der Wärmequelle — 244
- 3.3.1 Temperatur-Zeit-Verlauf — 245
- 3.3.2 Eigenspannung; Schrumpfung, Verzug — 249
- 3.3.2.1 Querschrumpfung — 252
- 3.3.2.2 Winkelschrumpfung — 252
- 3.3.2.3 Längsschrumpfung — 253
- 3.3.2.4 Haupteinflüsse auf Schrumpfungen und Spannungen — 253
  - Wärmemenge und Schweißverfahren — 253
  - Werkstoffeinfluss — 254
  - Konstruktionseinfluss — 254
- 3.3.3 Metallurgische Wirkungen des Temperatur-Zeit-Verlaufs — 254
- 3.3.3.1 Sauerstoff — 256
- 3.3.3.2 Stickstoff — 257
- 3.3.3.3 Wasserstoff — 258

3.4 Das Sprödbruchproblem — 261
- 3.4.1 Werkstoffmechanische Grundlagen — 261
- 3.4.2 Probleme konventioneller Berechnungskonzepte — 263
- 3.4.3 Sprödbruchbegünstigende Faktoren — 265
- 3.4.3.1 Werkstoffliche Faktoren — 266
- 3.4.3.2 Konstruktive Faktoren — 267
- 3.4.4 Maßnahmen zum Abwenden des Sprödbruchs — 268

Inhalt XIII

3.5	**Fehler in der Schweißverbindung**	268
3.5.1	Metallurgische Fehler	269
3.5.1.1	Die Wirkung der Gase	270
	Verhindern der Gasaufnahme	271
3.5.1.2	Fehler beim Schweißbeginn und Schweißende	271
3.5.1.3	Probleme des Einbrands	273
3.5.1.4	Einschlüsse; Schlacken	274
3.5.1.5	Zündstellen	275
3.5.1.6	Rissbildung im Schweißgut und in der WEZ	276
3.5.2	Bewertung der Fehler	286
3.6	**Aufgaben zu Kapitel 3**	289
3.7	**Schrifttum**	296
4	**Schweißmetallurgie der Eisenwerkstoffe**	299
4.1	**Aufbau der Schweißverbindung**	299
4.1.1	Vorgänge im Schweißbad	300
4.1.1.1	Die Primärkristallisation der Schweißschmelze	300
4.1.1.2	Massentransporte im Schweißbad	307
4.1.2	Werkstoffliche Vorgänge in der Wärmeeinflusszone	309
4.1.3	Die WEZ in Schweißverbindungen aus umwandlungsfähigen Stählen	310
4.1.3.1	Der Einfluss des Nahtaufbaus; Einlagen-, Mehrlagentechnik	316
4.1.3.2	Eigenschaften und mechanische Gütewerte	318
	Härteverteilung	319
	Mechanische Eigenschaften des Schweißguts	322
	Mechanische Eigenschaften der Wärmeeinflusszone	325
4.1.3.3	Vorwärmen der Fügeteile	327
4.1.3.4	Einfluss der Stahlherstellungsart und der chemischen Zusammensetzung	333
	Seigerungen	333
	Alterungsprobleme	334
4.1.4	Verbinden unterschiedlicher Werkstoffe	334
4.2	**Zusatzwerkstoffe und Hilfsstoffe zum Schweißen unlegierter Stähle und von Feinkornbaustählen**	336
4.2.1	Konzepte der Normung	336
4.2.2	Metallurgische Betrachtungen	337
4.2.3	Schweißzusätze für Stähle mit einer Mindeststreckgrenze bis 500 N/mm^2	337
4.2.3.1	Umhüllte Stabelektroden für das Lichtbogenhandschweißen (DIN EN ISO 2560)	337
4.2.3.1.1	Aufgaben der Elektrodenumhüllung	338
4.2.3.1.2	Metallurgische Grundlagen	339
4.2.3.1.3	Eigenschaften der wichtigsten Stabelektroden	341
	Sauer-umhüllte Stabelektroden (A)	341
	Rutil-umhüllte Stabelektroden (R)	342
	Basisch-umhüllte Stabelektroden (B)	342
	Zellulose-umhüllte Stabelektroden (C)	344

4.2.3.1.4	Bedeutung des Wasserstoffs	344
4.2.3.1.5	Normung der umhüllten Stabelektroden	349
4.2.3.2	Schweißzusätze für das Schutzgasschweißen	353
	WIG-Schweißen	353
	MSG-Schweißen	355
4.2.3.3	Schweißzusätze für das UP-Schweißen	363
4.2.3.3.1	Drahtelektroden	363
4.2.3.3.2	Schweißpulver	366
	Schmelzpulver	368
	Agglomerierte Pulver	368
	Metallurgisches Verhalten der Schweißpulver	369
4.2.4	Schweißzusätze für Stähle mit einer Mindeststreckgrenze über 500 N/mm²	374

4.3 Schweißen der wichtigsten Stahlsorten 374

4.3.1	Unlegierte niedriggekohlte C-Mn-Stähle	374
4.3.1.1	Baustähle nach DIN EN 10025-2	379
	Gütegruppen (Stahlgütegruppen)	382
	Wahl der Gütegruppe	383
4.3.2	Feinkornbaustähle; normalgeglüht und thermomechanisch behandelt	384
4.3.2.1	Allgemeine Konzepte	384
4.3.2.2	Einfluss der Abkühlbedingungen auf die mechanischen Gütewerte der Verbindung	385
4.3.2.3	Fertigungstechnische Hinweise	389
	Nahtvorbereitung	389
	Wärmebehandlung	390
	Schweißtechnologie	392
	Risserscheinungen	392
4.3.2.4	Schweißzusatzwerkstoffe	393
	Stabelektroden	393
	Drahtelektroden; Schweißpulver (UP-Schweißen)	395
	Drahtelektroden; Schutzgase (MSG-Schweißen)	398
4.3.3	Feinkornbaustähle; vergütet	398
4.3.4	Höhergekohlte Stähle	402
4.3.5	Warmfeste Stähle	406
4.3.5.1	Ferritische Stähle (ferritisch-perlitisch)	407
4.3.5.2	Ferritische Stähle (ferritisch-bainitisch)	407
4.3.5.3	Ferritische Stähle (martensitisch)	409
4.3.5.4	Austenitische Stähle	411
4.3.5.5	Versprödungs- und Rissmechanismen	411
	Wiedererwärmungsriss (Ausscheidungsriss)	411
	Anlassversprödung	412
4.3.6	Kaltzähe Stähle	413
4.3.7	Korrosionsbeständige Stähle	414
4.3.7.1	Einfluss der Verarbeitung auf das Korrosionsverhalten	414
4.3.7.2	Konstitutions-Schaubilder	417
4.3.7.3	Martensitische Chromstähle	422
4.3.7.4	Ferritische und halbferritische Stähle	425
4.3.7.5	Austenitische Chrom-Nickel-Stähle	431
	Primärkristallisation	433
	Heißrissbildung	433

			Inhalt	XV
		Messerlinienkorrosion		436
		Metallurgie des Schweißens		437
	4.3.7.6	Austenitisch-ferritische Stähle (Duplexstähle)		440
	4.3.8	Verbinden/Auftragen unterschiedlicher Werkstoffe		446
	4.3.8.1	Austenit-Ferrit-Verbindungen		446
	4.3.8.2	Schweißplattieren		448
	4.3.8.3	Schweißpanzern		451
4.4	**Eisen-Gusswerkstoffe**			456
	4.4.1	Stahlguss (G, GS, GE, GX)		456
	4.4.1.1	Stahlguss für allgemeine Verwendung		456
		Fertigungsschweißen		457
		Instandsetzungsschweißen		460
		Konstruktionsschweißen		460
	4.4.1.2	Hochfester schweißgeeigneter Stahlguss		460
	4.4.1.3	Legierter Stahlguss		462
	4.4.2	Gusseisen (EN-GJL, alt: GG; EN-GJS, alt: GGG; ISO/JV, alt: GJV)		462
	4.4.2.1	Gusseisen mit Lamellengrafit (EN-GJL, alt: GG)		463
		Artgleiches Schweißen (Gusseisenwarmschweißen)		466
		Artfremdes Schweißen (Gusseisenkaltschweißen)		467
	4.4.2.2	Gusseisen mit Kugelgrafit (EN-GJS, alt: GGG)		467
		Artgleiches/artähnliches Schweißen		471
		Artfremdes Schweißen		471
		Schweißverfahren		471
		Legiertes (austenitisches) Gusseisen mit Kugelgrafit		473
	4.4.3	Temperguss (EN-GJMW, alt: GTW; EN-GJMB, alt: GTS)		474
	4.4.3.1	Weißer Temperguss (EN-GJMW, alt: GTW)		474
	4.4.3.2	Schwarzer Temperguss (EN-GJMB, alt: GTS)		475
4.5	**Aufgaben zu Kapitel 4**			478
4.6	**Schrifttum**			495
5	**Schweißmetallurgie der nichteisenmetallischen Werkstoffe**			503
5.1	**Die WEZ in Schweißverbindungen aus Nichteisenmetallen**			503
	5.1.1	Einphasige Werkstoffe		504
	5.1.2	Mehrphasige Werkstoffe		505
	5.1.3	Ausscheidungshärtende Legierungen		505
	5.1.4	Hochreaktive Werkstoffe		507
	5.1.5	Kaltverfestigte Werkstoffe		508
5.2	**Schwermetalle**			508
	5.2.1	Kupfer und Kupferlegierungen		509
	5.2.1.1	Hinweise zum Schweißen		511
	5.2.1.1.1	Kupfer		511
	5.2.1.1.2	Kupferlegierungen		515
		Kupfer-Zink-Legierungen (Messinge)		516
		Kupfer-Zinn-Legierungen (Zinnbronzen)		518
		Kupfer-Aluminium-Legierungen (Aluminiumbronzen)		518
		Kupfer-Nickel-Legierungen		519

5.2.2	Nickel und Nickellegierungen	520
5.2.2.1	Einfluss der Legierungselemente auf das Schweißverhalten	524
5.2.2.2	Schweißmetallurgie	525
5.2.2.2.1	Allgemeine Werkstoffprobleme	525
	Nickel-Chrom-(Eisen-)Legierungen	526
	Molybdänhaltige Nickelbasis-Legierungen	526
	Ausscheidungshärtende Nickelbasis-Legierungen	527
5.2.2.3	Schweißpraxis	529

5.3 Leichtmetalle 531

5.3.1	Aluminium und Aluminiumlegierungen	531
5.3.1.1	Lieferformen	533
5.3.1.2	Bezeichnungsweise	533
5.3.1.3	Metallurgisch bedingte Schweißnahtdefekte	535
	Heißrisse	535
	Spannungsrisse	536
	Poren	536
5.3.1.4	Aluminium-Knetlegierungen	536
5.3.1.5	Aluminium-Gusslegierungen	537
5.3.1.6	Ausscheidungshärtende Aluminiumlegierungen	537
5.3.1.7	Aluminium-Sonderlegierungen	543
	Aluminium-Lithiumlegierungen	543
	Aluminium-Druckgusslegierungen	543
	Dispersionshärtende Aluminiumlegierungen	544
5.3.1.8	Schweißzusatzwerkstoffe	545
5.3.1.9	Schweißpraxis	547
5.3.1.9.1	Vorbereitende Maßnahmen	547
5.3.1.9.2	Schweißverfahren	548
	Wolfram-Inertgasschweißen (WIG)	548
	Metall-Inertgasschweißen (MIG)	550
	Laserschweißen	550
5.3.2	Magnesium und Magnesiumlegierungen	551
5.3.3	Beryllium	553

5.4 Hochschmelzende und hochreaktive Werkstoffe 553

5.4.1	Titan und Titanlegierungen	554
5.4.1.1	Eigenschaften und Schweißverhalten der Titanwerkstoffe	556
	Unlegiertes Titan	557
	Alpha- und Nah-Alpha-Legierungen	557
	Alpha-Beta-Legierungen	558
	Beta-Legierungen	559
	Titan-Sonderlegierungen	559
5.4.1.2	Metallurgisch bedingte Schweißnahtdefekte	560
5.4.1.3	Schweißpraxis	561
5.4.2	Molybdän und Molybdänlegierungen	562
5.4.3	Zirkonium und Zirkoniumlegierungen	563
5.4.4	Tantal und Tantallegierungen	564

5.5 Aufgaben zu Kapitel 5 566

5.6 Schrifttum 574

6	**Anhang (spezielle Werkstoffprüfverfahren)**		579
6.1	**Prüfung auf Heißrissanfälligkeit**		579
	6.1.1	Verfahren mit Selbstbeanspruchung der Probe	580
	6.1.2	Verfahren mit Fremdbeanspruchung der Probe	580
6.2	**Prüfung auf Kaltrissanfälligkeit**		583
	6.2.1	Implant-Test	583
	6.2.2	Der *Pellini*-Versuch	586
6.3	**Der Kerbschlagbiegeversuch (DIN EN 10045)**		587
		Prüfung von Proben mit Schweißnaht	591
6.4	**Der instrumentierte Kerbschlagbiegeversuch**		591
6.5	**Das COD-Konzept von *Cottrell* und *Wells***		594
6.6	**Schrifttum**		596
7	**Sachwortverzeichnis**		597

Häufig benutzte Symbole

a	Gitterkonstante
$2a$ bzw. a	Risslänge ($2a$) bzw. halbe Risslänge (a)
a_k	Kerbschlagzähigkeit
A	Bruchdehnung
A	Aufschmelzgrad
A_w	Schweißnahtquerschnitt
α	Wärmeausdehnungskoeffizient
a_k	Formzahl (auch elastischer Spannungskonzentrationsfaktor K_s genannt)
b	*Burgers*-Vektor
c	Konzentration
c	spezifische Wärme
$\bar{d}$	mittlerer (»quadratischer«) Korndurchmesser nach DIN EN ISO 643
d	Korndurchmesser
d	Werkstückdicke (auch t und s)
D_0	Diffusionskonstante
D	Diffusionskoeffizient
$\Delta\varphi_0$	Urspannung
E	Elastizitätsmodul
E	Potenzial einer elektrochemischen Reaktion (allgemein)
E	Streckenenergie ($E = U \cdot I / v$)
E_0	Standardpotenzial (gemessen gegen die Standardwasserstoffelektrode)
ε	Dehnung (allgemein)
F	*Faraday*konstante
F	Kraft (allgemein)
F	Anzahl der Freiheitsgrade in einem metallurgischen System
F_g	Grenzlast einer gekerbten oder ungekerbten Probe (Bauteil)
F_k	Kohäsionskraft
G	Schubmodul
G	freie Enthalpie
G	Korngrößen-Kennzahl
G	Temperaturgradient
H	Enthalpie
η	Überspannung ($\eta = E - E_0$)
φ	Verformungsgrad
γ	Oberflächenenergie
k	thermischer Wirkungsgrad
k	Korngrößenwiderstand
K	Anzahl der Komponenten eines metallurgischen Systems
K	Kerbschlagarbeit (allgemein)
K_f	größte Abkühlzeit, unterhalb der sich nach der Austenitumwandlung kein Ferrit mehr gebildet hat
K_m	größte Abkühlzeit, unterhalb der aus dem Austenit vollständig Martensit gebildet wird
K_p	kleinste Abkühlzeit, oberhalb der aus dem Austenit ausschließlich Gefüge der Perlitstufe (Ferrit und Perlit) entstehen
KU	Kerbschlagarbeit, gemessen mit *Charpy*-U-Proben
KV	Kerbschlagarbeit, gemessen mit *Charpy*-V-Proben
λ	Wärmeleitfähigkeit
λ	mittlerer Teilchenabstand (Ausscheidungshärtung)
M	Mehrachsigkeitsgrad der Spannungen

ν	Querkontraktionszahl (*Poisson*sche Zahl)
p	Druck (allgemein)
P	Anzahl der Phasen in einem metallurgischen System
Q_A	Aktivierungsenergie
Q	Wärmeeinbringen beim Schweißen $(Q = k \cdot E)$
r	Keimradius
r_k	Keimradius kritischer Größe
R	Gaskonstante
R	Kristallisationsgeschwindigkeit
R_E	Ausbringung, effektive
R_{eH}	Streckgrenze
R_m	Zugfestigkeit
R_p	Dehngrenze (allgemein)
$R_{p0,2}$	0,2%-Dehngrenze
ρ	Kerbradius, Rissradius
ρ	Dichte
s	Werkstückdicke (auch d und t)
S	Abschmelzleistung
S	Entropie
S	Querschnittsfläche
$\sigma_1, \sigma_2, \sigma_3$	Hauptnormalspannungen $(\sigma_1 > \sigma_2 > \sigma_3)$
σ	Normalspannung
σ_f	Bruchspannung (auch R_{Br})
σ_F	Fließgrenze
t	Zeit
t	Werkstückdicke (auch d und s)
$t_{8/5}$	Abkühlzeit zwischen 800 °C und 500 °C
$t_{12/8}$	Abkühlzeit zwischen 1200 °C und 800 °C
T	Temperatur (allgemein)
T_A	Austenitisierungstemperatur
T_m	Haltetemperatur
T_i	Zwischenlagentemperatur
T_{Rk}	Rekristallisationstemperatur
T_S	Schmelztemperatur
T_p	Vorwärmtemperatur zum Schweißen (in Gleichungen auch T_0)
τ	Schubspannung
v, v_{ab}	Abkühlgeschwindigkeit (allgemein)
v_{ok}, v_{uk}	obere bzw. untere kritische Abkühlgeschwindigkeit des Austenits
v_{um}	Umwandlungsgeschwindigkeit des Austenits
x_m	mittlerer Diffusionsweg
Z	Brucheinschnürung (Zugversuch)

Abkürzungen

A	Austenit
α	α-Ferrit (allgemein metallografische Phasen)
B	Bainit
δ	δ-Ferrit (allgemein metallografische Phasen)
EKS	Eisen-Kohlenstoff-Schaubild
EMK	Einlagerungsmischkristall
ESZ	ebener Spannungszustand
EVZ	ebener Verzerrungszustand
F	Ferrit
FF	vollberuhigter Stahl (Bezeichnung nach DIN EN 10027-1)
FN	nicht unberuhigter Stahl (nach DIN EN 10027-1, nach DIN 17006 unbekannt)
FU	unberuhigter Stahl (Bezeichnung nach DIN EN 10027-1)
hdP	hexagonal dichteste Packung
HB	*Brinell*härte
HV	*Vickers*härte
γ	Austenit (allgemein metallografische Phasen)
iV	intermediäre Verbindung (auch V)
IK	interkristalline Korrosion
kfz	kubisch-flächenzentriert
krz	kubisch-raumzentriert
M	Martensit
M_s, M_f	Martensitstart- bzw. Martensitfinishing-Temperatur
N	normalgeglüht (Bezeichnung nach DIN 17006)
P	Perlit
R	beruhigter Stahl (alte Bezeichnung nach DIN 17006, nach DIN 10027-1 unbekannt)
REM	Rasterelektronenmikroskop
RR	besonders beruhigter Stahl (alte Bezeichnung nach DIN 17006, neue: FF)
RT	Raumtemperatur
SMK	Substitutionsmischkristall
SpRK	Spannungsrisskorrosion
SRC	Stress Relief Cracking (Wiedererwärmungsriss)
trz	tetragonal-raumzentriert
TEM	Transmissionselektronenmikroskop
TM	thermomechanische Behandlung
U	unberuhigter Stahl (alte Bezeichnung nach DIN 17006, neue: FU)
V	intermediäre Verbindung (auch iV)
WEZ	Wärmeeinflusszone
ZTA	Zeit-Temperatur-Ausscheidungs-Schaubild
ZTA	Zeit-Temperatur-Austenitisierungs-Schaubild
ZTU	Zeit-Temperatur-Umwandlungs-Schaubild

1 Grundlagen der Werkstoffkunde und der Korrosion

1.1 Schweißtechnik erfordert die Werkstoffkunde

Vor allem bei Schmelzschweißprozessen entstehen im

❏ **Schweißgut** und in der
❏ **Wärmeeinflusszone (WEZ)**

die vielfältigsten Werkstoffänderungen. Das Schweißverfahren und die Schweißparameter bestimmen weitestgehend die Ausdehnung und die Eigenschaften der WEZ. Die Zähigkeit der WEZ nimmt praktisch immer ab, oft verbunden mit einer höheren Festigkeit und Härte. Sie ist die für die Bauteilsicherheit geschweißter Konstruktionen wichtigste Eigenschaft. Art und Umfang der Änderungen sind wie bei jeder Wärmebehandlung von deren Temperatur-Zeit-Führung abhängig. Für ein tieferes Verständnis ist allerdings die Einsicht nötig, dass die Temperatur-Zeit-Verläufe bei den unterschiedlichen Schweißverfahren z. T. beträchtlich von denen üblicher technischer Wärmebehandlungen abweichen, Bild 1-1.

Die Aufheizgeschwindigkeiten beim Schweißen mit den unterschiedlichen Verfahren betragen etwa 400 K/s bis 1000 K/s, die Abkühlgeschwindigkeiten einige 100 K/s und die Haltedauer (Abschn. 4.1.2, S. 309) beträgt nur wenige Sekunden. Die Wärmeeinflusszone wird also nur höchstens einige zehn Sekunden thermisch beeinflusst. Bei technischen Wärmebehandlungen bleibt das Werkstück aber mindestens mehrere zehn Minuten auf der erforderlichen Temperatur. Die werkstofflichen Änderungen beim Schweißen laufen also immer in Richtung extremer Ungleichgewichtszustände.

Daher sind Vorhersagen über die zu erwartenden Gefüge, Gefügeänderungen bzw. die mechanischen Gütewerte mit Methoden der »konventionellen« Werkstoffprüfung oft ungenau. Die Gefüge der Schweißverbindung weichen aus diesem Grunde häufig und in überraschender Weise von denen des unbeeinflussten Grundwerkstoffs ab. In den meisten Fällen bildet die Wärmeeinflusszone ein Kontinuum unterschiedlichster Gefüge und Eigenschaften. Für eine fachgerechte Beurteilung der Schweißnahtverbindung ist die Kenntnis dieser Zusammenhänge wichtig. In Abschn. 4.1, S. 299, werden die Eigenschafts- und Gefügeänderungen in der WEZ und des Schweißgutes ausführlicher besprochen.

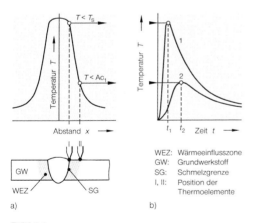

Bild 1-1
Temperaturverteilung in der Schweißverbindung, gemessen während des Schweißens mit Thermoelementen, die an verschiedenen Stellen (I, II) im Abstand x von Schweißnahtmitte angebracht wurden.
a) Verlauf der jeweils erreichten Maximaltemperatur in Abhängigkeit vom Abstand x von Schweißnahtmitte, T_S = Schmelztemperatur.
b) Verlauf der Temperatur an bestimmten Orten neben der Schweißnaht (Kurve 1 und 2). Beachte, dass die Maximaltemperaturen an den verschiedenen Punkten nach unterschiedlichen Zeiten erreicht werden: $t_1 < t_2$!

WEZ: Wärmeeinflusszone
GW: Grundwerkstoff
SG: Schmelzgrenze
I, II: Position der Thermoelemente

Das Gefüge des Schweißguts (Abschn. 4.1.1.1, S. 300) ist wegen der extrem raschen Abkühlung typisch transkristallin (anisotrop). Die Gefügeausbildung in der Wärmeeinflusszone (WEZ) ist außerdem abhängig von der chemischen Zusammensetzung des Grundwerkstoffs und meistens sehr komplex und unübersichtlich. Die Gefüge der Wärmeeinflusszone sind bei den unterschiedlichen Werkstoffen durch verschiedene Besonderheiten gekennzeichnet:

- Als Folge der großen Wärmeleitfähigkeit metallischer Werkstoffe kühlt der schmelzgrenzennahe Bereich der WEZ z. T. sehr schnell ab. Daher besteht z. B. bei der Werkstoffgruppe »umwandlungsfähiger (und höhergekohlter, legierter) Stahl« die Gefahr, dass sich harte, spröde, d. h. rissanfällige Gefügebestandteile bilden (höhergekohlter Martensit). Durch *Vorwärmen* (Abschn. 4.1.3.3, S. 327) der Fügeteile oder (und) erhöhte Energiezufuhr beim Schweißen muss die Abkühlgeschwindigkeit soweit verringert werden, dass möglichst kein *Martensit* entsteht bzw. die Bauteilsicherheit gewährleistet ist.
- Die hohe Temperatur begünstigt z. B. die Bildung eines grobkörnigen Gefüges, das i. Allg. eine deutlich geringere Zähigkeit besitzt als der Grundwerkstoff.
- Ausscheidungen aller Art im Schweißgut und vor allem in der WEZ setzen die mechanischen Gütewerte herab und verringern die Korrosionsbeständigkeit.
- Einige Werkstoffe, in erster Linie die sog. hochreaktiven Metalle, wie z. B. Titan, Tantal, Molybdän, Zirkonium, nehmen schon bei Temperaturen über etwa 300 °C atmosphärische Gase (H_2, O_2, N_2) auf, die die Schweißverbindung völlig verspröden können. Die über 300 °C erwärmten Bereiche der Schweißverbindung müssen daher beim Schweißen großflächig vor einem Luftzutritt geschützt werden.
- Verbindungs- und Auftragschweißungen unterschiedlicher Werkstoffe sind komplexe metallurgische Prozesse. Es entstehen häufig und oft in unvorhergesehenem Umfang Gefüge mit extremer Härte und Sprödigkeit. Die Sicherheit des Bauteils bzw. seine Gebrauchseigenschaften sind dann nicht mehr gewährleistet.

Die sich beim Schweißen ergebenden werkstofflichen Änderungen sind praktisch immer das Ergebnis einer extremen metallurgischen *Ungleichgewichtsreaktion*. Die Beschreibung und Deutung dieser Vorgänge ist mit dem Instrumentarium der »üblichen« Werkstoffkunde nicht einfach. In den meisten Fällen sind zusätzliche schweißspezifische Kenntnisse erforderlich.

1.2 Aufbau metallischer Werkstoffe

1.2.1 Bindungsformen der Metalle

In einem Metall sind die Atome periodisch regelmäßig nach einem geometrischen »Muster« *kristallin* angeordnet. Das Gefüge der Metalle besteht aus Kristallen (genauer *Kristalliten*). Flüssigkeiten, Gläser und z. T. die Kunststoffe sind im Gegensatz zu den Metallen *amorph*, ihre Atome bzw. Moleküle sind also *regellos* angeordnet.

Die Art des Atomaufbaus (Mikrostruktur) sowie die Bindungsart bestimmen die Festigkeits- und Zähigkeitseigenschaften. Die unterschiedlichen Mechanismen der atomaren Bindung hängen von der Atomart, bzw. von ihrer Elektronegativität ab.

Für ein erstes Verständnis dieser komplizierten Einzelheiten ist die *Bohr*sche Theorie hinreichend. Danach besteht jedes Atom aus einem positiv geladenen Kern, um den eine negativ geladene Atomhülle angeordnet ist, in der sich die Elektronen nach bestimmten Gesetzmäßigkeiten auf bis zu sieben räumlichen Schalen (Energieniveaus) befinden. Die Schalen werden von innen nach außen als 1., 2., 3., ... n. Schale (Schale der Hauptquantenzahl n = 1, 2, 3, ...) oder mit den Buchstaben K, L, M, N, ... bezeichnet. Jede Schale kann maximal $2 \cdot n^2 = 2$ Elektronen aufnehmen, die K-Schale also $2 \cdot 1^2$, die L-Schale $2 \cdot 2^2 = 8$ Elektronen. Die Anzahl der Elektronen auf der äußersten Schale kann nur zwischen 1 und 8 liegen.

Die Eigenschaften eines Festkörpers sind durch seine Bindungsart vorgegeben. Die elektrische Anziehung zwischen negativ geladenen Elektronen und den positiv geladenen Atomkernen ist die einzige Ursache für den Zusammenhalt des Festkörpers. Sie bestimmt daher in der Hauptsache sein Verhalten bei mechanischer Beanspruchung. Die wichtigsten Eigenschaften eines Festkörpers, wie das chemische Reaktionsverhalten, die Festigkeits- und Zähigkeitseigenschaften werden von diesen Außenelektronen bestimmt.

Die periodische Wiederkehr vieler Eigenschaften ermöglicht die Einordnung der Elemente in das *Periodensystem*. Die Elemente lassen sich in acht große *Gruppen* (senkrechte Spalten) einteilen. Die Gruppennummer *(I bis VIII)* gibt die Zahl der Außenelektronen an, die der positiven Kernladung Z (Protonenzahl) entspricht. Innerhalb einer Gruppe sind wegen der gleichen Zahl der Außenelektronen jeweils chemisch ähnliche Elemente angeordnet. In den sieben *Perioden* (waagerechte Reihen) werden die Schalen aufgefüllt. Die Außenelektronen befinden sich hier aber immer auf der gleichen Schale. Die Ziffer der jeweiligen Periode entspricht damit der Anzahl der Elektronenschalen des betreffenden Elements.

Die Außenelektronen der Metalle sind relativ locker an das Atom gebunden, da bei ihnen die Anziehungskraft des Atomkerns am kleinsten ist. Der leichte Verlust dieser Elektronen ist die Ursache für die geringe Korrosionsbeständigkeit der Gebrauchsmetalle. Das chemische Verhalten der Elemente wird durch Zahl und Anordnung der Außenelektronen bestimmt. Die Systematik des Periodensystems gibt diese Besonderheit sehr deutlich und anschaulich wieder.

Der metallische Charakter nimmt innerhalb der Perioden von rechts nach links, innerhalb der Gruppen von oben nach unten zu. Die typischen **Metalle** findet man daher im Periodensystem links unten, die typischen **Nichtmetalle** rechts oben. Diese Tatsachen beruhen darauf, dass innerhalb einer Periode der Atomradius wegen der wachsenden Anziehung des positiven Kerns auf die Elektronenhülle mit zunehmender Kernladung abnimmt. Innerhalb einer Gruppe nimmt dagegen der Atomradius von oben nach unten zu, da jeweils eine Elektronenschale hinzukommt. Der metallische Charakter ist also bei Elementen mit großem Atomdurchmesser und geringer Ladung des Atomrumpfes besonders ausgeprägt. Bild 1-2 zeigt diese Zusammenhänge sehr anschaulich.

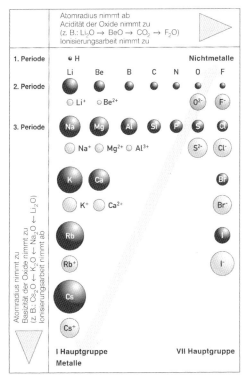

Bild 1-2
Atomaufbau (Anordnung der Elektronenschalen, Atomdurchmesser) ausgewählter Elemente im Periodensystem (3. Periode). Der metallische Charakter nimmt von rechts nach links und von oben nach unten zu, der nichtmetallische von links nach rechts und von unten nach oben. Beachte, dass die Atomdurchmesser der Metallionen kleiner, die der Nichtmetallionen aber größer sind als die der Elemente!

Das (unter »normalen« Bedingungen vorhandene) Unvermögen der Edelgase, chemische Verbindungen einzugehen, beruht auf der besonders großen Stabilität der mit acht Außenelektronen besetzten Schalen. Danach lassen sich chemische Reaktionen anschaulich durch ihr Bestreben verstehen, Verbindungen mit äußeren Elektronenschalen zu bilden, die die stabile »Edelgaskonfiguration« besitzen.

Kapitel 1: Grundlagen der Werkstoffkunde und der Korrosion

Bild 1-2 zeigt schematisch, dass die im Periodensystem linksstehenden Elemente Elektronen abgeben, rechtsstehende Elemente Elektronen aufnehmen, um den stabilen Edelgaszustand zu erreichen. Der hierfür notwendige Elektronenausgleich kann daher grundsätzlich auf drei verschiedene Arten erreicht werden, je nachdem ob die Bindung zwischen zwei Elementen erfolgen soll, die

- beide links,
- beide rechts,
- eins links, eins rechts im Periodensystem stehen.

Die Festigkeit eines Werkstoffes, d. h., auch die chemische Affinität beruht auf den anziehenden (und abstoßenden) Kräften zwischen den Atomen. Bild 1-3 zeigt schematisch den Verlauf der Kräfte (bzw. der potenziellen Energie) zwischen zwei Atomen, in Abhängigkeit von ihrem Abstand. Danach ergeben sich die resultierenden Kräfte (potenzielle Energien) aus dem Gleichgewicht der anziehenden und der abstoßenden Kräfte (potenzielle Energien). Die anziehenden Kräfte, die den Atomverband erzeugen, wirken im Wesentlichen zwischen dem Atomkern und der Elektronenhülle des anderen Atoms. Bei genügender Annäherung zieht also der Kern nicht nur seine Elektronenschale an, sondern auch die des benachbarten Atoms. In bestimmten Fällen können locker gebundene Elektronen eines Atoms dann vollständig vom anderen gebunden werden.

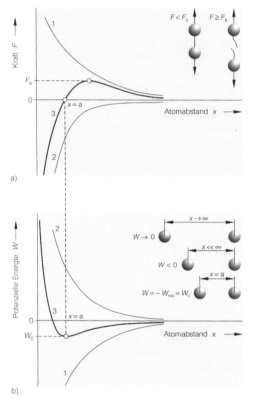

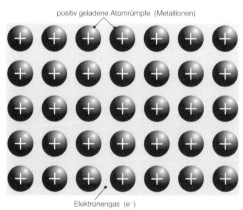

Bild 1-3
Verlauf der Kräfte (a) bzw. potenziellen Energien (b) in einem aus zwei Atomen bestehenden System in Abhängigkeit von ihrem Abstand.
a) 1 = Anziehende Kräfte zwischen zwei Atomen.
2 = Abstoßende Kräfte der sich zunehmend nähernden positiv geladenen Atomkerne.
3 = Resultierende Kräfte F, F_k = Kohäsionskraft.
b) 1 = Verlauf der potenziellen Energie der zwei sich zunehmend nähernden Atome (alleinige Wirkung der anziehenden Kräfte).
2 = Energieverlauf als Folge der abstoßenden Wirkung der Atomkerne.
3 = Resultierender Verlauf der potenziellen Energie, W_0 = Energie, die zum vollständigen Trennen der beiden Atome erforderlich ist.

Bild 1-4
Metallische Bindung, schematisch.

1.2.1.1 Metallische Bindung

Metalle besitzen nur eine geringe Anzahl schwach gebundener Außenelektronen, die im Metallverband praktisch frei beweglich sind *(Valenzelektronen)*. Die Metallbindung entsteht durch die *Coulomb*sche Anziehungskraft zwischen den negativen Elektronen und den positiven Metallionen, wie in Bild 1-4 gezeigt wird.

Die anziehenden Kräfte sind nicht gerichtet, d. h. nicht nur auf zwei Atome beschränkt, sie erfassen vielmehr den gesamten Atomverband. Als Folge dieser allseitig wirkenden Kräfte ordnen sich die Atomrümpfe in einem dicht gepackten nach geometrischen Gesetzmäßigkeiten aufgebauten Gitterverband an. Da die einzelnen Atomrümpfe völlig gleichwertig sind, erzeugt ihre gegenseitige Verschiebung keine wesentlichen Änderungen des Gitterzusammenhangs. Metalle können daher plastisch verformt werden, ohne dass die metallische Bindung zerstört wird. Eine weitere Konsequenz dieser Bindungsart ist die Möglichkeit, zwei oder mehr Atomsorten in einem Metallgitter zu »verbinden«. Es muss also nicht ein bestimmtes charakteristisches Atomverhältnis vorliegen wie bei einer »echten« chemischen Verbindung. Diese Tatsache ist die Grundlage der »Legierungsbildung« (Abschn. 1.6).

1.2.1.2 Ionenbindung (heteropolare Bindung)

Diese Art der Bindung ist typisch für die Reaktion eines Metalles mit einem Nichtmetall. Der stabile Edelgaszustand der Außenschalen wird erreicht, indem die wenigen schwach gebundenen Valenzelektronen des Metalls von dem sehr stark elektronegativen Nichtmetall angezogen werden, Bild 1-5. Das Metall wird also durch Elektronenabgabe negativ geladen. Die elektrostatische Anziehung der unterschiedlich geladenen Teilchen (Ionen) bewirkt ihren Zusammenhalt. Daher wird diese Bindungsform auch *heteropolar* genannt.

Die von den Ionen ausgehenden Kräfte wirken *allseitig*. Die Ionen sind daher wie bei der Metallbindung regelmäßig in einem *Ionengitter* angeordnet, Bild 1-5b. Heteropolar gebundene Stoffe können nicht plastisch verformt werden, da sich bei Verschiebungen um nur einen Atomabstand gleichnamig geladene Teilchen gegenüber stünden. Die entstehenden großen abstoßenden Kräfte würden den Kristall ohne jede plastische Verformung trennbruchartig zerstören.

1.2.1.3 Atombindung (kovalente Bindung)

Bei dieser Form der Bindung, die vor allem bei Nichtmetallen und Gasen auftritt, kann der Edelgaszustand der Außenschale weder durch Elektronenaufnahme noch -abgabe erreicht werden. Den im Periodensystem rechts stehenden Nichtmetallen fehlen nur wenige Elektronen, um die stabile Edelgasschale bilden zu können. Die Bindung ist möglich, indem sich zwei Atome ein Elektron oder mehrere Elektronen gemeinsam teilen, je nachdem wieviel Elektronen zum Auffüllen der Achterschale fehlen.

Bei der Atombindung gleicher Atome fällt der Schwerpunkt der negativen und positiven Ladung zusammen. Bei unterschiedlichen Atomen wird die Atomsorte mit der größeren positiven Ladung die gemeinsamen Elektronen stärker anziehen als die andere und gleichzeitig dessen positiven Kern stärker abstoßen. Das Molekül wird *polar*, (»Dipol«) d. h., die Atombindung hat dann heteropolare Anteile.

Eine genauere Untersuchung zeigt, dass bei den meisten Stoffen derartige Übergangsbindungen vorliegen. Die Bindungen entstehen also in den meisten Fällen durch die gemeinsame Wirkung der Atom-, Ionen- und Metallbindung. Die durch diese Bindungsformen entstehenden Stoffe werden auch *intermediäre Verbindungen* genannt. Damit wird ausgedrückt, dass die vorliegende Bindungs-

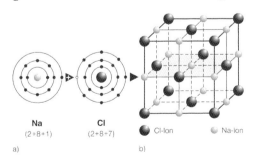

Bild 1-5
Entstehung der Ionenbindung. Die in Klammern stehenden Werte geben die Anzahl der Elektronen auf der K-, L- und M-Schale von Na bzw. Cl an.
a) Durch Elektronenabgabe ($Na \rightarrow Na^+ + e^-$) und Elektronenaufnahme ($Cl \rightarrow Cl^- + e^-$) entsteht die Verbindung durch die Wirkung der Coulombschen Anziehungskräfte.
b) Anordnung der Ionen im NaCl-Gitter.

form zwischen (engl. *intermediate*) der Atom- und der Ionenbindung liegt.

Man beachte, dass die plastische Verformbarkeit eines Werkstoffes mit zunehmendem metallischem Bindungsanteil größer, und mit zunehmendem Anteil der Ionen- bzw. Atombindung kleiner wird.

1.2.2 Gitteraufbau der Metalle

Die zwischen den Metallionen und der sie umgebenden Elektronenwolke herrschenden allseitig wirkenden *Coulomb*schen Anziehungskräfte erzwingen eine regelmäßige räumliche Anordnung der Atome. Diese Gruppierung nennt man *Raum-* oder *Kristallgitter*. Das kleinste Element, das die Art des Gitteraufbaus eindeutig kennzeichnet, ist die *Elementarzelle*.

Bild 1-6 zeigt die für Metalle wichtigsten Gittertypen. Das *kubisch-flächenzentrierte Gitter (kfz)* und das Gitter mit der *hexagonal dichtesten Packung (hdP)* unterscheiden sich bei allerdings unterschiedlicher Packungsdichte nur durch die Reihenfolge der sie aufbauenden »Schichten« (Netz- oder Atomebenen). Dieser scheinbar geringfügige Unterschied ist die Ursache für die große Anzahl dichtest gepackter Netzebenen im kfz Gitter und das Vorhandensein nur einer einzigen (Basisebene) im hdP Gitter. Die hervorragende Verformbarkeit und die grundsätzlich gute Schweißeignung der kfz Werkstoffe, z. B. Aluminium, Kupfer, Nickel, lassen sich wenigstens z. T. damit erklären.

Der Gitteraufbau einiger Metalle weicht erheblich von der für Metalle typischen kubischen Packungsanordnung ab. Antimon, Bismut und Gallium z. B. kristallisieren in der

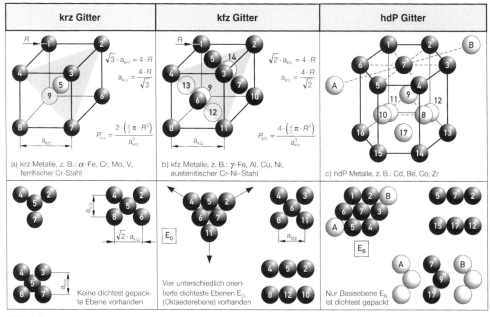

Bild 1-6
Die wichtigsten Arten von Elementarzellen bei Metallen und ausgewählte Gitterebenen. a_{krz}, a_{kfz} = Gitterkonstanten des krz bzw. kfz Gitters, R = Atomradius, V_{Atom} = Atomvolumen: $V_{Atom} = 4\pi \cdot R^3/3$.
a) Kubisch-raumzentriert: krz, Packungsdichte $P_{krz} = 2 \cdot V_{Atom}/a_{krz}^3 = 0{,}68$, s. a. Aufgabe 1-2 und 1-3, S. 110;
b) kubisch-flächenzentriert: kfz, Packungsdichte $P_{kfz} = 4 \cdot V_{Atom}/a_{kfz}^3 = 0{,}74$;
c) hexagonal dichteste Packung: hdP.
Beachte die sehr unterschiedliche Massenbelegung (»Packungsdichte«) der herausgehobenen Gitterebenen! Nur die vier zueinander nicht parallelen »Oktaederebenen« des kfz Gitters und eine Basisebene des hdP Gitters sind dichtest gepackt. G_1, G_2, G_3 sind bevorzugte Gleitrichtungen in dichtest gepackten Gitterebenen.

sog. *offenen Struktur*. Mit dieser Bezeichnung wird angedeutet, dass die theoretische dichteste Packung nicht annähernd erreicht wird. Bei diesen Metallen ist daher z. B. auch das spezifische Volumen im flüssigen Zustand kleiner als im festen.

Der fehlerfreie aus Elementarzellen aufgebaute Kristall wird *Idealkristall* genannt. Diese Anordnung ist bei technischen Werkstoffen nicht vorhanden. Diese sind vielmehr in bestimmter Art »*fehlgeordnet*«, d. h., sie enthalten verschiedene Gitterbaufehler mit einem unterschiedlichen Energiegehalt, die die Eigenschaften der Werkstoffe entscheidend ändern. Mit Hilfe der Vorstellung des idealen, fehlerfreien Gitters lassen sich die *strukturunempfindlichen* Eigenschaften (z. B. *E*-Modul, Schmelzpunkt, Dichte, Anisotropie) erklären, die *strukturempfindlichen* (z. B. Festigkeits- und Zähigkeitseigenschaften) nur, wenn der Einfluss bestimmter Unregelmäßigkeiten im Aufbau des Gitters berücksichtigt wird.

1.2.2.1 Gitterbaufehler (Realkristalle)

Jede Abweichung vom *Idealkristall* wird Gitterbaufehler genannt. Die Gesamtheit aller möglichen Defekte im Gitter ist das *Fehlordnungssystem*. Die Defekte verspannen das Gitter in ihrer näheren Umgebung in einer für sie charakteristischen Weise, wodurch der Energiegehalt der Kristallite zunimmt. Gitterstörungen können im Gefüge durch verschiedene Prozesse erzeugt werden. Die wichtigsten sind:
- Kristallisationsvorgänge,
- elastische und vor allem plastische Verformung,
- Kernstrahlung (z. B. Neutronenbeschuss),
- Aufheiz- und Abkühlbedingungen, die während der Herstellung oder Weiterverarbeitung (z. B. Schweißen) der Werkstoffe zu ausgeprägten Gleichgewichtsstörungen führen,
- Reaktionen im Festkörper, z. B. die Wasserstoffrekombination:

$$H + H \rightarrow H_2.$$

Nach der räumlichen Ausdehnung und der Anordnung der Atome im Bereich der Gitterfehler unterscheidet man, Bild 1-7:

- **0-dimensionale (Punktfehler):**
  z. B. Leerstellen, Fremdatome, Einlagerungs-, Substitutionsatome,

- **1-dimensionale (Linienfehler):**
  z. B. Versetzungen,

- **2-dimensionale (Flächenfehler):**
  z. B. Korngrenzen, Zwillingsgrenzen,

- **3-dimensionale (räumliche Fehler):**
  z. B. Poren, »Löcher«, Ausscheidungen.

Die Anzahl der *Leerstellen* (nicht besetzte Gitterplätze) nimmt mit der Temperatur stark zu. Ihre Dichte beträgt bei Raumtemperatur etwa 10^{-12}, d. h., von einer Billion Gitterplätzen (das ist etwa eine 1 mm^2 große Gitterebene!) ist ein Platz nicht besetzt. Im Bereich der Schmelztemperatur steigt sie aber auf 10^{-3} bis 10^{-4}. Leerstellen *können* sich im Kristall im thermodynamischen Gleichgewicht befinden. Durch rasches Abkühlen bleibt die große Leerstellenkonzentration aber weitgehend erhalten, wodurch Gleitbewegungen

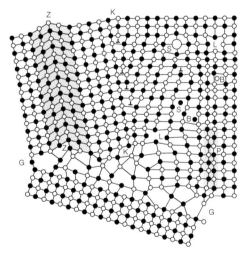

Bild 1-7
Die wichtigsten mikrostrukturellen Gitterbaufehler, dargestellt in einem Gefüge geordneter Substitutionsmischkristalle, schematisch nach Hornbogen und Petzow.
Es bedeuten: L = Leerstelle, B = Zwischengitteratom, S = Fremdatome, ⊥ = Versetzung, Z–Z = Zwillingsgrenze, K–K = Kleinwinkelkorngrenze, G–G = Großwinkelkorngrenze, P = kohärente Phasengrenze, entstanden durch Scherung.

merklich erschwert werden. *Defektreiche* Gefüge sind daher härter und weniger verformbar als die *defektärmeren*, gleichgewichtsnahen Gefüge, s. a. Beispiel 5-1, S. 513.

Die Zahl der Leerstellen n steigt exponentiell mit der Temperatur T gemäß einer einfachen *Arrhenius-Funktion*:

$$n = N \cdot \exp\left(-\frac{Q_L}{RT}\right). \quad [1\text{-}1]$$

In Gl. [1-1] bedeuten N die Anzahl der Gitterplätze in m³, Q_L die *(Aktivierungs-)Energie* zum Erzeugen einer Leerstelle und R die Gaskonstante (= 8,31 J/mol·K).

Leerstellen beeinflussen entscheidend den Ablauf und das Ergebnis der diffusionsgesteuerten Platzwechselvorgänge z. B. bei
- Wärmebehandlungen (Rekristallisation, Glühbehandlungen) oder
- Hochtemperaturbeanspruchungen (Kriechen).

Interstitielle Defekte entstehen, wenn andere Atome in bestimmte Positionen im Gitter (Tetraeder- oder Oktaederlücken, s. Abschn. 1.6.1.1) eingefügt werden. Die Folge sind z. T. extreme Gitterverzerrungen, die meistens zu einer erheblichen Härtezunahme und nahezu immer zu einer außerordentlich großen Zähigkeitsabnahme führen. Kohlenstoff und Wasserstoff sind wegen ihres kleinen Atomdurchmessers typische Elemente, die diese Defektart erzeugen. Man beachte, dass der Begriff »Defekt« lediglich auf einen *geometrisch* nicht exakten Gitteraufbau hinweist. Keinesfalls ist mit dieser Bezeichnung ein »mangelhaftes« Gefüge bzw. »unbrauchbarer« Werkstoff oder Gefügezustand gemeint. Allerdings *können* verunreinigende Elemente verschiedene Werkstoffeigenschaften sehr verschlechtern, absichtlich als Legierungselement zugesetzte diese aber erheblich verbessern, s. genauer Abschn. 1.6.

Substitutionelle Defekte entstehen, wenn Gitteratome (= Matrixatome) durch andere Atome *ausgetauscht* werden. Die Gitterverspannungen sind im Allgemeinen wesentlich geringer als die, die durch interstitielle Defekte hervorgerufen werden. Auch hier muss zwischen verunreinigenden und damit die Werkstoffeigenschaften nachteilig beeinflussenden Elementen und absichtlich zugesetzten (= güteverbesserndes Legierungselement) unterschieden werden.

Versetzungen sind linienförmige Gitterfehler unterschiedlicher Bauart (Stufen- und Schraubenversetzungen) im Kristall. Sie sind für das Verständnis der Festigkeits- und Zähigkeitseigenschaften von großer Bedeutung. Der Rand einer in den Kristall eingeschobenen Halbebene, E-F in Bild 1-8a, wird als Versetzung, genauer als *Stufenversetzung* bezeichnet. Die zweite Form ist die *Schraubenversetzung*. Der Kristall besteht im Bereich

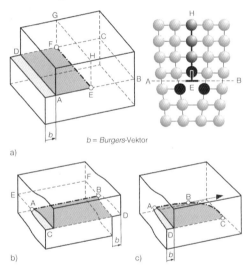

Bild 1-8
Schematische Darstellung von Versetzungen.
a) *Reine* **Stufenversetzung (E–F)**, *Symbol* ⊥. *Das ist die Spur E–F der eingeschobenen Halbebene E–F–G–H: b⊥V. Der Gleitschritt beträgt b.*
Es wird die Anordnung der Atome im Bereich der eingeschobenen Halbebene E–F–G–H gezeigt. In der Gleitebene A–B–C–D wurde der über ihr liegende Werkstoffbereich um den Betrag des Burgers-Vektors b plastisch verformt.
b) *Reine* **Schraubenversetzung (A–B)**, *Symbol* ∥. *Die Verformung erfolgt auf der zufälligen Gleitebene A–B–C–D: b∥V. Der Gleitschritt beträgt b.*
c) **Gemischte Versetzung (A–B–C)**, *bei A ist es eine reine Schraubenversetzung (b∥V), bei C eine reine Stufenversetzung (b⊥V). Man beachte, dass die Verformung immer parallel zur Richtung des Burgers-Vektors verläuft.*

der Versetzungslinie nicht aus parallel aufgebauten Netzebenen, sondern aus einer Ebene, die sich *spiralförmig* um die Versetzungslinie windet, Bild 1-8b.

Ein Maß für die Größe und Richtung der durch die Versetzung erzeugten Gitterverzerrung ist der *Burgers-Vektor b*. Bild 1-9 enthält Einzelheiten für seine Ermittlung. Danach steht bei der Stufenversetzung der *Burgers*-Vektor b senkrecht auf der Versetzungslinie V $(b \perp V)$, bei der Schraubenversetzung liegt b parallel zu ihr $(b \| V)$. Versetzungen können nur an der Oberfläche bzw. an geeigneten Störstellen im Inneren des Kristalls enden (z. B. Ausscheidungen, Poren, verankerte Versetzungen). Es können auch geschlossene Ringe bzw. netzförmige Anordnungen entstehen.

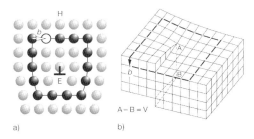

Bild 1-9
Zur Bestimmung des Burgers-Vektors.
a) Der Gefügebereich, der die Stufenversetzung enthält (⊥), wird mit gleichen Beträgen auf gegenüberliegenden Seiten umlaufen. Das für einen vollständigen Umlauf fehlende Wegstück ist der Burgers-Vektor b. Er steht senkrecht auf der Versetzungslinie V = E–F: b ⊥V, Bild 1-8a.
b) Bei der Schraubenversetzung ergibt ein ähnlicher Umlauf, dass b parallel zu der Versetzungslinie V (V = A–B, s. a. Bild 1-8b) liegt: b ∥V. Man beachte, dass bei der Stufenversetzung die Gleitebene die durch b und V aufgespannte Ebene ist. Bei der Schraubenversetzung ist wegen b ∥V eine bestimmte Gleitebene nicht definierbar, d. h., die Anzahl der Gleitrichtungen ist beliebig groß.

Die *Versetzungsdichte* wird als Länge der Versetzungslinien je Volumeneinheit angegeben. In einem gleichgewichtsnahen Gefüge beträgt sie etwa $10^{5...6}$ cm/cm³, nach einer Kaltverformung steigt sie auf $10^{10...12}$ cm/cm³ (Abschn. 1.3 und 1.5.2). Durch die große Anzahl der Versetzungen wird die Gitterenergie deutlich erhöht. Außerdem entstehen charakteristische Wechselwirkungen zwischen den von ihnen erzeugten Spannungsfeldern, die von großer Bedeutung für die Werkstoffeigenschaften sind.

Eine Versetzung entsteht, wenn eine Halbebene in das Gitter eingeschoben wird. Oberhalb der *Gleitebene G – G* erzeugt die Versetzung daher Druck- unterhalb Zugspannungen, Bild 1-10. Das Bild zeigt die Richtungen der Kräfte in den einzelnen Quadranten, die eine Stufenversetzung auf *gleichartige* Versetzungen als Folge der Wechselwirkung ihrer Spannungsfelder ausüben. Danach können sich bei Versetzungen, die in den Sektoren B angeordnet sind, die Druck- und Zugspannungen annähernd ausgleichen. Wenn genügend Energie zugeführt wird, dann nähern sich die Versetzungen. Sie ordnen sich dabei etwa »senkrecht« übereinander an, weil durch diese Versetzungsumlagerung der Energieinhalt des Gefüges abnimmt. Diese metallphysikalischen Vorgänge spielen auch bei der Vorstufe der *Rekristallisation*, Abschn. 1.5.2 – der *Polygonisation* – eine wichtige Rolle.

Versetzungslinien sind meistens beliebig gekrümmt, d. h., sie enthalten alle Übergänge zwischen reinen Stufen- und reinen Schraubenversetzungen, Bild 1-8c. Ihre wichtigste Eigenschaft ist die sehr leichte Beweglichkeit in der durch den *Burgers*-Vektor und der Gleitebene aufgespannten Fläche, Abschn. 1.3.2. Die Bewegung einer Schraubenversetzung ist *nicht* an eine bestimmte Ebe-

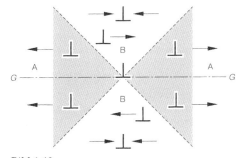

Bild 1-10
Kraftwirkungen zwischen gleichartigen Versetzungen als Folge ihrer wechselwirkenden Spannungsfelder.
Felder A: *Die Versetzungen stoßen sich ab.*
Felder B: *Die Versetzungen ziehen sich an und können sich übereinander anordnen.*

ne gebunden, da in diesem Fall *(b∥V)* keine definierte Ebene beschrieben wird. Die Bewegung kann daher in jeder beliebigen Ebene erfolgen.

Der wichtigste zweidimensionale Gitterbaufehler ist die **Korngrenze**. Je nach dem Grad der Kohärenz zwischen den sie trennenden Kristallbereichen unterscheidet man die folgenden Varianten:
- Zwillingsgrenzen,
- Kleinwinkelkorngrenzen,
- Großwinkelkorngrenzen.

Die *Zwillingsgrenze* (Z–Z in Bild 1-11) ist frei von Gitterverzerrungen. Die beiden Kristallbereiche liegen spiegelsymmetrisch zu ihr. Die Zwillingsgrenze ist kohärent, weil die Gitter dieser Bereiche gleichartig sind. Bild 1-11 zeigt, dass die für die Zwillingsbildung erforderlichen Verschiebungen der Atome nur sehr klein sind. Diese Bewegung kann also im Gegensatz zum Abgleitprozess sehr rasch erfolgen.

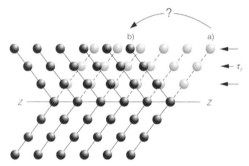

Bild 1-11
Schematische Darstellung der Zwillingsbildung. Man beachte die nur geringe erforderliche Verschiebung der Atome in den drei gezeichneten Netzebenen. Ein Umklappen von a) nach b) ist also keinesfalls notwendig.
τ_z = *Die zum Erzeugen von Zwillingen erforderliche Schubspannung.*
◯ = *Position der Atome vor,*
● = *Position der Atome nach der Zwillingsbildung.*

Zwillinge können durch mechanische (meist schlagartige) Verformung *(Verformungszwillinge)* entstehen oder nach dem Glühen eines kaltverformten Werkstoffes. Die *Glühzwillinge*, Bild 1-12, sind breiter und i. Allg. gerade verlaufend, im Gegensatz zu den meistens gekrümmten Verformungszwillingen.

Da durch die Zwillingsbildung eine Orientierungsänderung der Kristallbereiche entsteht, können neue zur angreifenden Kraft günstiger verlaufende Gleitebenen aktiviert werden, die ein weiteres Abgleiten ermöglichen bzw. erleichtern. Das bekannte »*Zinngeschrei*« beruht z. B. auf einer spontanen Bildung von (Verformungs-)Zwillingen.

Bild 1-12
Glühzwillinge in Kupfer, V = 200:1.

Die meisten Metalle bestehen aus Kristalliten, die voneinander durch Korngrenzen getrennt sind (Abschn. 1.4.2). Das sind Bereiche mit einer relativ großen Fehlanpassung der Atome, Bild 1-7. Als Folge der hohen Fehlstellendichte (insbesondere Leerstellen und Versetzungen) ist hier die Konzentration gelöster Atome, z. B. Verunreinigungen aller Art, besonders groß. Die Phasengrenzflächen »Korngrenzen« befinden sich in einem nicht stabilen Zustand, weil die der Oberfläche angehörenden Atome nicht wie die im Kristallinneren allseitig von Nachbaratomen umgeben sind. An der Oberfläche fehlen die nach außen gerichteten Kräfte. Die Folge ist eine in Richtung des *Kristallinneren* weisende resultierende Kraft F_{res}, die die Oberfläche »zusammenhält«. Kenngröße dieser Eigenschaft ist die *Oberflächenenergie* γ (genauer freie Enthalpie) bei *festen* Grenzflächen, bei *flüssigen* Grenzflächen wird sie auch *Oberflächenspannung* genannt. Ihr Wert wird meistens in J/cm² angegeben.

Die Oberflächenenergie der Großwinkelkorngrenze in Eisen beträgt z. B. $\gamma_{Fe} \approx 800\,J/cm^2$, sie ist damit größer als die jedes anderen Gitterbaufehlers. Eine Gitterkohärenz ist also nicht vorhanden. Diffusions-, Ausscheidungs-, Umwandlungs-, Korrosionsvorgänge d. h., Phasenänderungen jeder Art beginnen bevorzugt an den Korngrenzen, weil hier die Aktivierungsenergie für die Keimbildung der neuen Phase am geringsten ist. Mit ungünstiger werdenden Diffusionsbedingungen – z. B. große Abkühlgeschwindigkeit, bestimmte Legierungselemente, zunehmende Korngröße des umwandelnden Gefüges – erfolgt die Phasenänderung bzw. -umwandlung zunehmend auch im Korninneren bzw. an anderen energieärmeren Gitterbaufehlern.

Die Oberflächenenergien der Phasengrenzen bestimmen die Form einer im Korngrenzenbereich einer Phase oder innerhalb der Phase ausgeschiedenen weiteren Phase. Die Gleichgewichtsbedingungen für drei ineinander laufende Korngrenzen bzw. Phasen ergeben für das metastabile Gleichgewicht die Beziehungen $\alpha_1 = \alpha_2 = \alpha_3 = 120°$, Bild 1-13a. Der Begriff »metastabil« wird genauer in Aufgabe 1-10, S. 115, erläutert.

In heterogenen Gefügen besitzen die Phasen u. U. sehr unterschiedliche Oberflächenenergien. Gemäß Bild 1-13b beträgt die Energie der Korngrenzen z. B. γ_{AA}, die der Phasengrenze γ_{AB}. Die Gleichgewichtsbedingungen an einem Knotenpunkt ergeben:

$$\gamma_{AA} = 2 \cdot \gamma_{AB} \cdot \cos(\beta/2). \qquad [1\text{-}2]$$

Die Größe des Winkels β bestimmt weitgehend die Form der Phase. Zwei Sonderfälle sind wichtig:

❑ $\beta \rightarrow 0°$, damit wird Gl. [1-1]: $2 \cdot \gamma_{AB} \ll \gamma_{AA}$. Die Phase »B« breitet sich filmartig an den Korngrenzen der Matrix aus. Dieses

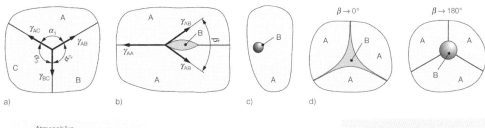

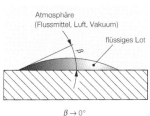

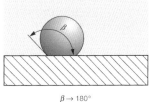

Bild 1-13
Einfluss der Oberflächenenergie (Oberflächenspannung) an Phasengrenzen auf die Form und Anordnung von Phasen, die sich im metastabilen Gleichgewicht befinden. Siehe auch Aufgabe 1-10, S. 115.
a) Die Winkel α zwischen den Korngrenzen dreier sich in einem Punkt treffender Körner bzw. beliebiger Phasen (A, B, C) betragen im Gleichgewicht $\alpha_1 = \alpha_2 = \alpha_3 = 120°$; es gilt: $\gamma_{BC}/\sin \alpha_1 = \gamma_{AC}/\sin \alpha_2 = \gamma_{AB}/\sin \alpha_3$.
b) Die unterschiedlichen Oberflächenenergien der Korngrenze (γ_{AA}), und der Phasengrenzfläche (γ_{AB}) bestimmen die Form der an der Korngrenze ausgeschiedenen Phase B. Es gilt: $\gamma_{AA} = 2 \cdot \gamma_{AB} \cos(\beta/2)$.
c) Die sich in der Matrix (A) gebildete Phase (B) bzw. inkohärente Ausscheidung hat die Form einer Kugel.
d) Der Winkel β, d. h., die Oberflächenenergie der ausgeschiedenen Phase bestimmt weitgehend deren Form.
*$\beta \rightarrow 0°$: Phase breitet sich **filmartig** an den Korngrenzen aus: sie »filmt« die Körner ein.*
*$\beta \rightarrow 180°$: Phase liegt **kugelförmig** an den Korngrenzen.*
e) Anwendung auf technische Benetzungsvorgänge der ausgeschiedenen Phase, z. B. Löten (s. a. Aufgabe 3-4):
$\beta \rightarrow 0°$: hervorragende Benetzbarkeit (Lot verläuft als einmolekulare Schmelzschicht!),
$\beta \rightarrow 180°$: Benetzen nicht möglich, oder Werkstückoberfläche entnetzt, Löten ist unmöglich.

häufig bei niedrigschmelzenden Phasen anzutreffende Verhalten ist eine wichtige Ursache für den Heißriss, Abschn. 1.6.3.1.

☐ $\beta \rightarrow 180°$, damit wird Gl. [1-1]: $2 \cdot \gamma_{AB} \gg \gamma_{AA}$. Die Phase »B« wird kugelförmig eingeformt, ein Ausbreiten ist nicht möglich.

Es ist bemerkenswert, dass die Festigkeits- und Zähigkeitseigenschaften der vielkristallinen technischen Werkstoffe trotz der Anwesenheit der energiereichen weitgehend fehlgeordneten Korngrenzen in den meisten Fällen außerordentlich verbessert werden (Abschn. 1.3.4).

Wird die Orientierungsdifferenz der Netzebenen benachbarter Kristallbereiche nicht größer als etwa 15°, dann entstehen *Kleinwinkelkorngrenzen*, die durch Reihen von Stufenversetzungen gebildet werden, Bild 1-14. Zwischen ihnen liegen kohärente Bereiche *(Teilkohärenz)*. Der relativ geringe Energiegehalt dieses Gitterbaufehlers ist die Ursache für seine geringe Anätzbarkeit, d. h., in einem Mikroschliff sind sie nur in besonderen Fällen erkennbar. Sie werden auch als *Subkorngrenzen* bezeichnet, weil sie jedes Korn in *Subkörner* oder *Mosaikblöckchen* unterteilen.

Bild 1-15 zeigt eine elektronenoptische Aufnahme eines perlitarmen Baustahls, in der Subkorngrenzen (S), Stufenversetzungen (V) und Mosaikblöckchen (M) deutlich erkennbar sind. Mit zunehmender Dichte der Subkorngrenzen und der Großwinkelkorngrenzen im Gefüge werden die mechanischen Gütewerte – vor allem die Festigkeit (genauer die Fließgrenze) und die Zähigkeit des metallischen Werkstoffs – erheblich erhöht[1], s. Abschn. 2.6.3.1, S. 159.

---

[1] Das kann z. B. durch Kaltverformen und anschließendes Erwärmen auf Temperaturen unterhalb der Rekristallisationstemperatur erreicht werden. Dabei entsteht abhängig vom Grad der Kaltverformung ein Gefüge mit hoher Subkorngrenzendichte. Eine weitere, wirtschaftlich und technisch sehr wichtige Methode ist die Verringerung der Sekundärkorngröße durch spezielle Maßnahmen bei der Stahlherstellung: Feinkornstähle, s. Abschn. 2.7.6, S. 184.

1.2.3 Gefüge, Korn, Kristallit, Korngröße

Die meisten Werkstoffe bestehen aus Körnern *(Kristalliten)*, die voneinander durch Korngrenzen getrennt und in bestimmter Weise fehlgeordnet sind. Sie enthalten Leerstellen, Versetzungen, Korn- bzw. Phasengrenzen und andere Gitterbaufehler. Deren Menge und Verteilung ist weitgehend von der Vorgeschichte des Werkstoffes abhängig: Kalt-, Warmverformung, Schweißen, Gießen usw. Diese meistens nur mit dem Licht- oder Elektronenmikroskop sichtbare Anordnung der Kristallite wird Gefüge genannt.

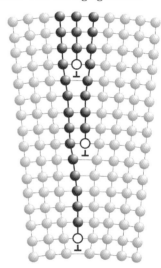

Bild 1-14
Kleinwinkelkorngrenze, schematisch.

Der vielkristalline, technische Werkstoff zeigt wegen der im Allgemeinen völlig regellosen Kornverteilung (im Gegensatz zum Einkristall) kein *anisotropes* Verhalten, er verhält sich *quasiisotrop*.

Die *Korngröße (d)* liegt für viele Werkstoffe zwischen einigen μm und etwa 1 mm. Quantitativ wird sie bzw. die Kornfläche in der Praxis genügend genau mit Hilfe von Vergleichsbildern ermittelt, die z. B. durch optischen Vergleich unter dem Mikroskop bei einer Vergrößerung von i. Allg. V = 100:1 dem Werkstoff zugeordnet werden (DIN EN ISO 643). Der Zusammenhang zwischen der mittleren

Anzahl der auf einer Fläche von 10000 mm² der Schliffebene bei V = 100:1 gezählten Körner m und der *Korngrößen-Kennzahl G* lautet nach DIN EN ISO 643, Tabelle 1-1 (s. a. Aufgabe 1-1, S. 110):

$m = 8 \cdot 2^G = 2^3 \cdot 2^G = 2^{G+3}$, $\bar{d} = \sqrt{1/m}$. [1-3]

Die Korngröße lässt sich mit Hilfe verschiedenartiger Maßnahmen beeinflussen:
– *Lenkung der Erstarrung:* langsames bzw. schnelles Abkühlen, der Keimgehalt der Schmelze wird geändert.
– *Umformvorgänge:* z. B. Kalt-, Warmverformen.
– *Wärmebehandlungen:* z. B. Normalglühen, rekristallisierendes Glühen oder die extremen Aufheiz- und Abkühlvorgänge in der WEZ von Schweißverbindungen, verbunden mit Temperaturen, die dicht unter der Schmelztemperatur des Werkstoffs liegen.

Bei höheren Temperaturen finden im Werkstoff in der Regel Platzwechselvorgänge statt. Dann besteht prinzipiell eine Neigung zum Kornwachstum, weil durch das Verschwinden von Korngrenzen der Energiegehalt des Werkstoffs abnimmt. Er nähert sich damit

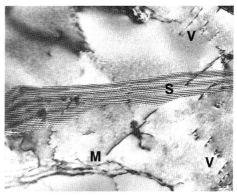

Bild 1-15
Subkorngrenzen (S), Stufenversetzungen (V) und Mosaikblöckchen (M) in einem perlitarmen Baustahl, entstanden durch Erholungsvorgänge beim Anlassglühen. V = 40000:1 (TEM-Aufnahme), BAM.

Tabelle 1-1
Kennwerte zum Bestimmen der Korngröße *(G)* nach DIN EN ISO 643. Das in der Praxis weit verbreitete Verfahren nach ASTM E 102-77 ergibt Korngrößen-Kennzahlen G (ASTM-Werte), die weitgehend den *G*-Werten nach DIN EN ISO 643 entsprechen.

G	m Körner/mm² bei V = 1:1	mittlerer (»quadratischer«) Korndurchmesser $\bar{d}$ $\bar{d} = \sqrt{1/m}$ in mm
-3	1	1
-2	2	0,707
-1	4	0,500
0	8	0,354
1	16	0,250
2	32	0,177
3	64	0,125
4	128	0,088
5	256	0,063
6	512	0,044
7	1024	0,031
8	2048	0,022
9	4096	0,016
10	8192	0,011
11	16384	0,008
12	32768	0,006

dem thermodynamischen Gleichgewicht, gekennzeichnet durch die kleinste freie Enthalpie *G*. Die Korngrenze(nfläche) ist ein nur einige Atomlagen dicker in bestimmter Weise fehlgeordneter Bereich, der die höchste Oberflächenenergie aller bekannten Gitterdefekte besitzt.

Die Korngröße ist für die mechanischen Gütewerte von großer Bedeutung. Das extreme Kornwachstum kann im schmelzgrenzennahen Bereich von Schweißverbindungen in vielen Fällen zu einer erhöhten Versagenswahrscheinlichkeit der Konstruktion führen, weil insbesondere die Zähigkeit, aber auch Härte und Festigkeit mit zunehmender Korngröße merklich abnehmen [2].

Bei höheren Temperaturen wird die Diffusion im Korngrenzenbereich sehr erleichtert, d. h., hier gelten also die Versagensmechanismen des *Kriechens*. Oberhalb der Temperatur, bei der Körner und Korngrenzen gleiche Festigkeit besitzen, der *äquikohäsiven*

---

[2] Bei dem wichtigen Sonderfall der härtbaren Stähle wird die Härte in diesen Bereichen als Folge der hohen Abkühlgeschwindigkeit praktisch immer größer als die des unbeeinflussten Grundwerkstoffs, s. a. Abschn. 4.1.3, S. 310. Die Härte des schmelzgrenzennahen Bereichs dickwandiger gasgeschweißter Kupferverbindungen ist allerdings immer geringer als die des Grundwerkstoffs, s. Abschn. 5.2.1, S. 509.

Kapitel 1: Grundlagen der Werkstoffkunde und der Korrosion

Temperatur, wird der Werkstoff durch eine zunehmende Korngrenzenfläche (= feinkörniges Gefüge) zunehmend geschädigt. Hitzebeständige Werkstoffe werden daher meistens grobkörnig erschmolzen. Außerdem sind die mechanischen Gütewerte auch von der Art, Menge und Verteilung der *Korngrenzensubstanz* abhängig. Grundsätzlich gilt, dass mit abnehmender Korngröße (große Korngrenzenfläche) die Wirkung der Korngrenzensubstanz wegen der dann geringeren Belegungsdichte abnimmt. Die verwickelten Zusammenhänge sollen in folgender sehr vereinfachter Form dargestellt werden.

Die *Korngrenzensubstanz* besteht aus Fremdatomen aller Art (P, S, Sn, As, andere Stahlbegleiter, Sb in Kupfer), niedrigschmelzenden, meist eutektischen Verbindungen (z. B. FeS in Stahl, Cu_2O in Kupfer) und (oder) Ausscheidungen, die sich z. B. während einer Wärmebehandlung (Glühprozesse, Wirkung der Schweißwärme in der Wärmeeinflusszone usw.) gebildet haben. Durch Korngrenzenbeläge *wird die Zähigkeit* z. T. extrem verschlechtert, das Bruchgeschehen (interkristalliner, transkristalliner Bruch, Zähbruch, Trennbruch) verändert, d. h. die Bauteilsicherheit beeinträchtigt. Die extreme Versprödung als Folge der Eisenbegleiter Phosphor, Zinn, Kupfer, die in Form von Verbindungen oder elementar auf den Korngrenzen liegen, wird durch die sehr starke Abnahme der Korngrenzen-Oberflächenenergie hervorgerufen.

Beispiel 1-1:
Bei einer Vergrößerung von V = 200:1 wurden in einer Schlifffläche von $A_S = 10 000 \, mm^2$ 280 Körner gezählt. Die Korngrößen-Kennzahl G des Werkstoffs gemäß Gl. [1-3] und der mittlere quadratische Korndurchmesser $\bar{d}$ sind zu bestimmen (s. Tabelle 1-1), s. a. Aufgabe 1-1, S. 110.

Die Anzahl (m) der Körner/mm^2 werden bei V = 100:1 aus einer Gesamtmessfläche $A_S = 10 000 \, mm^2$ ermittelt. Damit wird m (bei V = 1:1!) bzw. G und $\bar{d}$:

$$m = \left(\frac{200}{100}\right)^2 \cdot 280 = 4 \cdot 280 = 1120 \, \frac{Körner}{mm^2} = 2^{G+3}$$

$\log 1120 = (G + 3) \cdot \log 2$, daraus folgt $G = 7{,}17$
und damit wird $\bar{d}$:

$$\bar{d} = \frac{1}{\sqrt{m}} = \frac{1}{\sqrt{1120}} \approx 0{,}03 \, mm.$$

Die Wirksamkeit elementarer Verunreinigungen hängt u. a. vom Grad ihrer Löslichkeit in der Matrix ab. Je größer die Löslichkeit der Elemente ist, desto geringer ist die Wahrscheinlichkeit, sie im Korngrenzenbereich »ausgeschieden« zu finden.

Niedrigschmelzende (meistens) eutektische Verbindungen verursachen bei gleichzeitiger Einwirkung von Zugspannungen den gefährlichen **Heißriss** (Abschn. 1.6.3.1), der das Bauteil ohne aufwändige Reparaturmaßnahmen unbrauchbar macht. Die zulässigen Men-

Zugbeanspruchung

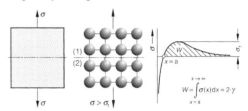

W ist die Arbeit, um zwei benachbarte Gitterebenen (1) und (2) zu trennen. Sie entspricht der Arbeit, die für jedes neu zu bildende Oberflächenelement geleistet wird:
$W = 2 \cdot \gamma$ (γ = Oberflächenenergie *einer* Bruchfläche).

Die ideale (theoretische) Trennfestigkeit beträgt z. B. für Stahl:
$\sigma_t \approx E/10 \approx 21 000 \, N/mm^2$.

a)

Schubbeanspruchung

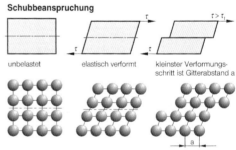

Die ideale Schubfestigkeit beträgt z. B. für Stahl: $\tau_i \approx G/10 \approx 8 000 \, N/mm^2$.
b)

Bild 1-16
Verformungs- und Bruchvorgänge in einem idealen Kristallgitter.
a) Vorgänge beim Spalten bei makroskopischer und atomarer Betrachtungsweise. Für die Schaffung der Spaltbruchflächen ist bei spröden Werkstoffen die Bruchflächenenergie $2 \cdot \gamma$ (zwei Bruchflächen!), bei zähen die um die plastische Verformungsarbeit erhöhte Bruchflächenenergie erforderlich.
b) Vorgänge beim »Gleiten« bei makroskopischer und bei atomarer Betrachtungsweise.

gen dieser Substanzen können im Bereich von einigen 0,01 % und weniger liegen. Diese Größenordnung trifft z. B. für die bei etwa 650 °C schmelzende Verbindung NiS zu. Sie macht Nickel und Nickellegierungen extrem heißrissanfällig.

Die Art der Verteilung der Korngrenzensubstanz beeinflusst ebenfalls die mechanischen Gütewerte des Werkstoffs. Grundsätzlich ist ein zusammenhängender »Film« wesentlich kritischer als diskrete Partikel. Diese sind u. U. mit einer Glühbehandlung einstellbar. Die flächenförmigen Chromcarbidausscheidungen an den Korngrenzen vieler hochlegierter Stähle, entstanden z. B. durch eine falsche Wärmebehandlung oder fehlerhafte Schweißtechnologie (Abschn. 2.8.3.4.1, S. 208), können durch Glühen in nicht mehr zusammenhängende, rundliche Teilchen überführt werden (koagulieren).

Zusammenfassend ist der Einfluss der Korngrenzenbereiche auf die mechanischen Gütewerte wie folgt beschreibbar:

Die mechanischen Gütewerte werden entscheidend von der Korngrenzensubstanz und der geometrischen Fehlordnung im Bereich der Korngrenzen bestimmt. Die Korngrenzensubstanz ist in unterschiedlicher Form, (gelöste Atome, Verbindungen) Menge und Verteilung (koaguliert, als Korngrenzenfilm) vorhanden und wirkt grundsätzlich gütemindernd, die Fehlordnung der Korngrenzenbereiche nur bei höherer Betriebstemperatur ($\geq 400\,°C$), bei niedrigen ($\leq 20\,°C$) ist sie i. Allg. stark güteverbessernd (s. a. Abschn. 1.3.4). Die Wirkung der Fehlordnung und der Korngrenzensubstanz kann kaum getrennt angegeben werden, weil jeder Werkstoff eine bestimmte Menge Verunreinigungen und (oder) Legierungselemente enthält.

1.3 Mechanische Eigenschaften der Metalle

Festigkeit und Zähigkeit sind die wichtigsten Gebrauchseigenschaften der (Bau-)Stähle. Für die fachgerechte Anwendung von NE-Metallen stehen möglicherweise andere Überlegungen im Vordergrund, z. B. ausreichende Korrosionsbeständigkeit, bestimmte elektrische oder thermische Eigenschaften oder geringe Masse bei hoher Werkstofffestigkeit (Leichtbauweise). Die Erfahrung zeigt aber, dass für die Bauteilsicherheit geschweißter Konstruktionen ein ausreichendes Verformungsvermögen der Wärmeeinflusszonen und des Schweißgutes besonders wichtig ist. Das ist in sehr vielen Fällen fertigungs- und schweißtechnisch nicht einfach realisierbar, weil die Zähigkeit dieser Werkstoffbereiche durch die thermische Wirkung des Schweißprozesses grundsätzlich und oft ganz erheblich abnimmt. Die mechanischen Eigenschaften werden maßgeblich von folgenden Faktoren bestimmt:
- Dem Gittertyp (Werkstoffe mit kfz Gitter sind i. Allg. gut schweißgeeignet);
- dem Gefüge (z. B. Korngröße, Kornform, Korngrenzensubstanz);
- den Verunreinigungen (Menge, Art und Verteilung), die nach dem Grad ihrer Löslichkeit im Werkstoff in den Formen löslich bzw. unlöslich vorliegen können:
lösliche Verunreinigungen:
Änderungen der Eigenschaften sind in vielen Fällen gering, in anderen (z. B. gelöste Gase) aber extrem groß,
unlösliche Verunreinigungen:
Schlacken, Einschlüsse *in* den Körnern, *an* den Korngrenzen und (oder) die Korngrenzensubstanz (oft niedrigschmelzende Eutektika) meist geringer Größe können entstehen.

1.3.1 Verformungsvorgänge in Idealkristallen

Eine äußere Beanspruchung F kann im Werkstoff Längenänderungen *(Dehnungen ε)* oder Winkeländerungen *(Schiebungen γ)* hervorrufen. Im fehlerfreien Idealkristall sind nur elastische, reversible Formänderungen möglich. Eine Abstandsänderung benachbarter Netzebenen durch Normalspannungen σ erfordert die Überwindung der atomaren Bindungskräfte. Ein Überschreiten der *Kohäsionskraft F_k* (Bild 1-3 und Bild 1-16) führt aber längs bestimmter Spaltebenen zum Bruch des Kristalls.

Eine Abschätzung dieser *theoretischen Trennfestigkeit* σ_t ergibt z. B. für Stahl einen Wert von etwa $\sigma_t \approx 21\,000\,\text{N/mm}^2$ (Abschn. 2.6.2, S. 158). Die Bruchfestigkeiten technischer Werkstoffe liegen mindestens eine Größenordnung, meistens zwei niedriger.

Bei der plastischen Verformung müssten zwei benachbarte Kristallblöcke entlang der Gleitebene gleichzeitig als Ganzes abgleiten, wenn die äußere Schubspannung größer als die *theoretische Schubfestigkeit* wird, Bild 1-16b. Diese Spannung beträgt nach der Ableitung in Abschn. 2.6.2 bei einem Idealkristall angenähert $\tau_t \approx G/10$. Für die Stähle ergibt sich z. B. mit $G = 80\,000\,\text{N/mm}^2$ $\tau_t \approx 8000\,\text{N/mm}^2$, ein Wert, der 100 bis 1000 Mal größer ist als bei realen Werkstoffen beobachtet wird.

1.3.2 Verformungsvorgänge in technischen Metallen

Die erheblichen Diskrepanzen zwischen der Festigkeit idealer und realer Werkstoffe sind auf die Anwesenheit bestimmter Gitterbaufehler (insbesondere Versetzungen, aber auch Korngrenzen) zurückzuführen. Bild 1-17a zeigt die Atomanordnungen in unmittelbarer Nähe einer Stufenversetzung. Zwischen einem Endatom B, der eingeschobenen Ebene und den Atomen A und C bestehen aus Symmetriegründen gleiche Bindungskräfte. In erster Näherung sind daher nur sehr kleine Schubspannungen erforderlich, um Atom B in den Anziehungsbereich von C bzw. von A zu bringen, Bild 1-17b, 1-17c. Die Versetzung bewegt sich also auf der Gleitebene mit der »Schrittweite« Atomabstand, bis sie eine freie Oberfläche erreicht hat oder auf ein Hindernis stößt, Bild 1-17d, 1-17e, (z. B. Großwinkelkorngrenzen, Zwillingsgrenzen, Ausscheidungen, Poren oder unbewegliche Versetzungen). Hier entsteht eine *Gleitstufe,* deren Größe dem Betrag des *Burgers*-Vektors *b* entspricht, siehe Bild 1-17e.

Die makroskopisch sichtbare bzw. messbare Verformung entsteht durch das Abgleiten einer Vielzahl von z. T. dichtest benachbarter Werkstoffbereiche entlang paralleler *Gleitebenen.* Dieser Vorgang verläuft diskontinuierlich, weil durch Verfestigungsvorgänge (Abschn. 1.3) das Gleiten auf einigen Ebenen verhindert bzw. erschwert wird. Für eine weitere plastische Verformung müssen daher neue Gleitebenen aktiviert werden. Das Ergebnis der Verformungsprozesse ist auf der Werkstückoberfläche in Form von *Gleitlinienbändern* gut erkennbar. Sie sind auch die Ursache für das Mattwerden ursprünglich glänzender Metalloberflächen nach einer plastischen Verformung.

Um Gleitverformungen zu erzeugen, ist im Gegensatz zur extrem schnellen Zwillingsbildung eine gewisse Beanspruchungsdauer erforderlich. Die Bildung von Zwillingen ist daher der typische Verformungsmechanismus bei *großer* Beanspruchungsgeschwindigkeit (vor allem bei kubisch raumzentrierten und hexagonal dichtest gepackten Metallen), niedriger Temperatur und (oder) einer mehrachsigen Beanspruchung. Er ist in erster Linie für kubisch flächenzentrierte Metalle charakteristisch. Die Anwesenheit von (Glüh-)Zwillingen bei Metallen ist ein nahezu untrüglicher Hinweis auf ihren kfz Gitteraufbau.

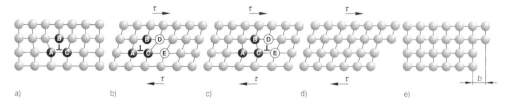

Bild 1-17
Plastische Verformung durch Versetzungsbewegung, s. a. Bild 1-8a.
a)   Unverformtes Gefüge mit einer Stufenversetzung (⊥),
b)   Schubspannung τ verformt den Kristall,
c)   Versetzung wird um einen Atomabstand verschoben,
d), e) Versetzung ist durch den Kristallbereich gelaufen. An der Oberfläche bildet sich eine Gleitstufe b.

Das Abgleiten, d. h., die Versetzungsbewegung erfolgt nicht auf allen Gitterebenen gleich leicht. Die geringsten Schubspannungen für eine Bewegung der Versetzungen sind auf dichtest gepackten Ebenen erforderlich, weil hier der »Gleitwiderstand« im Vergleich zu den lockerer geschichteten deutlich geringer ist. Je kleiner die Packungsdichte der Netzebene ist, desto unwahrscheinlicher wird damit ihre Funktion als Gleitebene. Verformbarkeit und Festigkeit sind daher in unterschiedlichen Richtungen verschieden *(Anisotropie)*. Die Anzahl der dichtesten Ebenen hängt ausschließlich vom Gittertyp ab, wie Bild 1-6 zeigt. Auf Grund geometrischer Gegebenheiten sind auf dichtest gepackten Ebenen grundsätzlich drei *Gleitrichtungen* vorhanden, Bild 1-6b. Damit ergeben sich bei kfz Metallen mit vier unterschiedlich orientierten dichtesten Ebenen 4·3 = 12 Gleitmöglichkeiten *(Gleitsysteme)*, bei hdP Metallen aber nur 1·3 = 3 Gleitsysteme. Das ist die wichtigste Ursache für die schlechte Verformbarkeit der hdP Metalle im Vergleich zu der hervorragenden der kfz Metalle.

Der Ablauf der Verformung in einem korngrenzenfreien Werkstoff (er besteht aus einem Korn, enthält aber die für jeden technischen Werkstoff typischen Gitterbaufehler!) lässt sich mit den bisherigen Kenntnissen wie folgt beschreiben, Bild 1-18. In einem mit der Zugkraft F_1 belasteten Stab, Bild 1-18a, werden Schnittebenen gelegt, in denen Normal- und Schubspannungen entstehen $\sigma_\varphi, \tau_\varphi$. Es kann gezeigt werden, dass auf den unter 45° zur wirkenden Kraft orientierten Ebenen die maximal mögliche Schubspannung der Größe $\tau_{max} = \sigma/2$ entsteht (s. a. Bild 3-18). Bei kfz Metallen wird daher wegen der großen Anzahl der vorhandenen Gleitsysteme das Abgleiten auf Ebenen in etwa diesem Neigungsbereich stattfinden. Das Abgleiten in hdP Metallen hängt wegen der begrenzten Gleitmöglichkeiten sehr stark von der *Orientierung* der dichtest gepackten Basisebene in der Zugprobe ab. Die kritische Schubspannung τ_0 ist daher bei hdP Metallen je nach Lage der Basisebene zur angreifenden Kraft außerordentlich klein bzw. groß, bei kfz Metallen dagegen immer relativ gering.

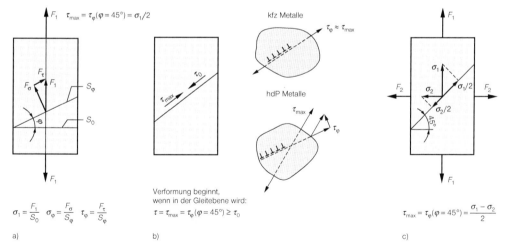

Bild 1-18
Vorgänge bei der plastischen Verformung in realen Werkstoffen (hier Beispiel »Zugprobe«).
a) Normal- und Schubspannungen bei einachsiger Zugbeanspruchung in verschiedenen Schnittebenen: $\tau_\varphi, \sigma_\varphi$.
b) Verformung beginnt, wenn τ_φ auf einer (dichtest gepackten) Gitterebene größer als die kritische Schubspannung τ_0 wird. Wegen der geringen Anzahl von Gleitsystemen in hdP Metallen ist die Aktivierung der dichtest gepackten Basisebene nur dann mit geringem τ_0 möglich, wenn diese in Richtung der $\tau_{max}(\varphi=45°)$ orientiert ist. Anderenfalls ist τ_0 wesentlich größer, d. h., ein Abgleiten ist unmöglich oder sehr erschwert.
c) Bei mehrachsig beanspruchten Proben beträgt die für ein Abgleiten wirksame maximale Schubspannung (bei $\varphi=45°$) nur noch $\tau_{max}=(\sigma_1-\sigma_2)/2$. Die plastische Verformung wird also erschwert bzw. unmöglich, da die Gleitbedingung $\tau_\varphi > \tau_0$ nicht erfüllbar ist. In diesem Fall sind nur verformungslose Trennbrüche möglich.

Bemerkenswert ist, dass durch eine mehrachsige Beanspruchung das Abgleiten erheblich erschwert wird (Verformungsbehinderung), Bild 1-18c. Die für den Verformungsprozess notwendige Schubspannung τ kann so klein werden, dass die Gleitbedingung $\tau_\varphi = \tau_0$ nicht mehr erfüllbar ist. Diese Erscheinung wird daher auch als *Spannungsversprödung* bezeichnet. Sie ist bei Schweißkonstruktionen, in denen außer Last- auch in unterschiedlichen Richtungen wirkende Eigenspannungen vorhanden sind, sehr zu beachten (Abschn. 3.4.1, S. 261).

1.3.3 Verfestigung der Metalle

Mit zunehmender plastischer Verformung wird der Werkstoff verfestigt, d. h., für die Bewegung der Versetzungen sind ständig höhere Spannungen erforderlich. Die Ursache sind Wechselwirkungen zwischen Versetzungen und anderen Gitterbaufehlern. Die Anzahl der Versetzungen steigt als Folge der Kaltverformung von etwa 10^6 cm/cm³ auf $10^{11...12}$ cm/cm³ im stark verformten Zustand. Sie bilden z. T. dichte Netzwerke, die ihre Beweglichkeit erheblich einschränken. Außerdem wechselwirken sie mit anderen »sesshaften« Gitterdefekten (z. B. Fremdatomen, Ausscheidungen). Es entstehen »blockierte« Versetzungen, die die Festigkeit des Werkstoffes erhöhen. Eine fortschreitende Verformung wird weiterhin durch Schneiden mehrerer aktivierter Gleitebenen erschwert. Die Verformungsbehinderung, d. h., die Verfestigung nimmt damit mit der Anzahl dichtest gepackter Netzebenen im Werkstoff zu. Jede metallurgische Maßnahme, die die Versetzungsbewegung behindern kann, führt demnach ganz allgemein zu einer Erhöhung der Festigkeitswerte. Die technisch wichtigsten »Hindernisse« sind (beschrieben in Abschn. 2.6.3, S. 159):
- *Fremdatome* (z. B. Mischkristall- und Martensithärtung),
- *Teilchen* (z. B. Ausscheidungshärtung),
- *Gitterverzerrungen* (z. B. Mischkristall-, Martensithärtung, Kaltverformung, thermomechanische Behandlung).

Die kfz bzw. die hdP Metalle besitzen wegen ihrer unterschiedlichen Anzahl von Gleitsystemen auch ein sehr unterschiedliches Verfestigungsvermögen, das in *Fließkurven* dargestellt wird, Bild 1-19. Die Unterschiede lassen sich übersichtlich für Einkristalle beschreiben. Die Verformung ist für alle $\tau < \tau_I$ elastisch, der kfz Werkstoff ist noch nicht verfestigt, Bild 1-19a. Der Anstieg der Geraden entspricht dem Schubmodul G. Mit Beginn der plastischen Verformung, Bereich I, ist die Anzahl der Versetzungen noch gering, die von ihnen zurückgelegten Wege bis zum Auftreffen auf Hindernisse sind relativ groß. Der Verfestigungseffekt ist demnach gering. Im Bereich II werden in kfz Metallen viele Gleitebenen gleichzeitig aktiviert, die sich gegenseitig schneiden bzw. beeinflussen. Dadurch nimmt die Gleitlinienlänge erheblich ab. Der Verfestigungseffekt ist also im Gegensatz zu den hdP Metallen mit nur einer Gleitebene sehr ausgeprägt, Bild 1-19b. Im

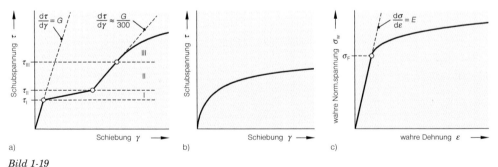

Bild 1-19
Fließkurven
a) kfz Einkristall,
b) hdP Einkristall,
c) vielkristalliner technischer (metallischer) Werkstoff.

Bereich III sind die Schubspannungen so hoch, dass die Versetzungen den Hindernissen ausweichen können. Der Werkstoff verformt sich bei gleicher Lastzunahme stärker als im Bereich II.

Mit zunehmendem Kaltverformungsgrad φ nimmt die Kerbschlagzähigkeit des Werkstoffs in der Hochlage ab und die Übergangstemperatur deutlich zu, der Werkstoff wird spröder. In Bild 1-20a ist die Abhängigkeit der Kerbschlagzähigkeit von der Prüftemperatur mit dem Parameter (Kalt-)Verformungsgrad φ für den schweißgeeigneten Baustahl S355J2+N (St 52-3 N) dargestellt. Bild 1-20b zeigt die Ergebnisse für einen unberuhigten Baustahl USt 37 und einen besonders beruhigten S235J2+N (St 37-3 N). Bemerkenswert ist die erhebliche Zunahme der Übergangstemperatur bereits durch alleiniges Erhöhen der Versetzungsdichte (»K« = Kaltverformung). Der freie Stickstoff, d. h., im Wesentlichen die Art der Einsatzstoffe und der Stahlherstellung, übt einen zusätzlich versprödenden Effekt aus (»A« = Alterung). Diese zeitabhängigen Vorgänge werden genauer in Abschn. 3.2.1, S. 239, besprochen, sie sind die Grundlage der *Verformungsalterung* (früher *Reckalterung* genannt).

Als grobe Faustformel kann dem Praktiker der Hinweis dienen, dass eine Kaltverformung von zehn Prozent die Übergangstemperatur (DVM-Proben, 35 J/cm^2) um 25 °C bis 30 °C erhöht. Die Auswirkung der Kaltverfestigung auf die Erhöhung der Übergangstemperatur ist überraschenderweise bei sehr vielen Baustählen ähnlich. Diese Zusammenhänge sind in Bild 1-21 dargestellt.

1.3.4 Einfluss der Korngrenzen

Verformungsvorgänge in technischen Werkstoffen werden entscheidend durch die Eigenschaften und das Verhalten der Großwinkelkorngrenzen bestimmt. Die Fließkurve eines polykristallinen Werkstoffs ist der Ausdruck des Werkstoffwiderstandes, der sich aus dem Zusammenwirken aller Einflüsse auf die Festigkeit des Werkstoffs ergibt, Bild 1-19c. Es ist die aus der Werkstoffprüfung bekannte Abhängigkeit Zugspannung als Funktion der Dehnung. Die Fließgrenze (= Streckgrenze) ist wegen der deutlich stärkeren Verfestigung viel größer als bei Einkristallen. Die Wirkung der Großwinkelkorngrenzen in einem beanspruchten Werkstoff beruht in der Hauptsache auf zwei Faktoren:

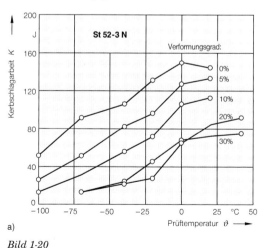
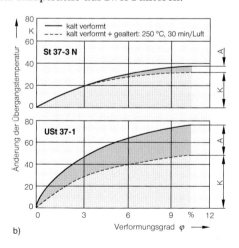

Bild 1-20
Einfluss der Versetzungsdichte (Kaltverformung) auf das Zähigkeitsverhalten unlegierter Baustähle.
a) Kerbschlagarbeit-Temperatur-Verlauf eines S355J2+N (entspricht einem St 52-3 N; 0,15 % C; 1,4 % Mn).
b) Änderung der Übergangstemperatur der Kerbschlagarbeit von Warmbreitband aus einem unberuhigten S235JRG1 (entspricht USt 37; 0,08 % C; 0,009 % N) und einem besonders beruhigten S235J2+N (entspricht St 37-3 N; 0,14 % C; 0,1 % Al; 0,006 % N). »A« kennzeichnet den Einfluss der Alterung, »K« den einer Kaltverformung auf die Lage der Übergangstemperatur, nach Straßburger, Schauwinhold, Dahl.

– *Aufstau der Versetzungen an den Korngrenzen.*
Versetzungen laufen auf die Korngrenze auf, wobei sich gleichartige abstoßen, Bild 1-10. Sie bilden an den Korngrenzen einen Aufstau, der auf sie die Kraft $F = n \cdot b \cdot \tau$ ausübt, s. Gl. [A2-3], S. 229.

n = Anzahl der auf die Korngrenzen aufgelaufenen Versetzungen,
b = *Burgers*-Vektor,
τ = wirksame Schubspannung in der aktivierten Gleitebene.

– *Überwindung der Korngrenzen durch aufgestaute Versetzungen.*
Bei hinreichend großer Schubspannung überwinden die Versetzungen die Korngrenze, d. h., sie können im Nachbarkorn auf einer im Allgemeinen unterschiedlich orientierten Gleitebene Versetzungen bewegen, die dann ein weiteres Abgleiten auslösen (können).

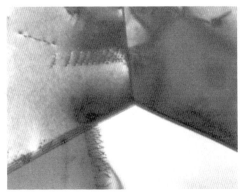

Bild 1-22
Versetzungsaufstau an Korngrenzen in einem hochlegierten austenitischen Chrom-Nickel-Stahl, V = 25000:1 (TEM-Aufnahme), BAM.

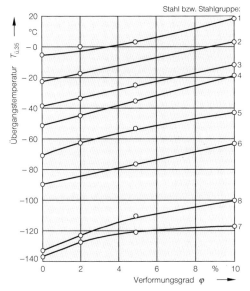

Bild 1-21
*Abhängigkeit der Übergangstemperatur der Kerbschlagzähigkeit (DVM-Proben) vom Verformungsgrad für verschiedene Stähle bzw. Stahlgruppen.
1 und 2 = unlegierte Kesselbleche; 3 = besonders beruhigter (allgemeiner) Baustahl; 4 = legierter Feinkornbaustahl, normalgeglüht; 5 = unlegierter Feinkornbaustahl, normalgeglüht; 6 und 7 = legierte Feinkornbaustähle, vergütet; 8 = legierter kaltzäher Stahl, nach Degenkolbe und Müsgen.*

In der Regel müssen viele Gleitsysteme aktiviert werden, weil der Zusammenhalt zwischen den Körnern erhalten bleibt. Das führt zum Verbiegen und zu einem teilweisen Drehen der Gleitebenen. Das ist der wichtigste Grund für die im Vergleich zu Einkristallen starke Verfestigung technischer Werkstoffe. Bild 1-22 zeigt sehr eindrucksvoll den Aufstau zahlreicher Versetzungen an den (Großwinkel-)Korngrenzen eines austenitischen Stahles.

In einem *grobkörnigen* Werkstoff, Bild 1-23a, entsteht wegen der größeren freien Weglänge an der Korngrenze ein wesentlich größerer Versetzungsaufstau als in einem *feinkörnigen* Stahl. Die Fließgrenze feinkörniger Werkstoffe ist wesentlich größer, Bild 1-23b, s. a. Aufgabe 2-7, S. 229, weil mit abnehmender Korngröße die zusätzliche Spannung σ_{zus} zum Überwinden der Korngrenzen (= Abgleiten) zunimmt. Dieser Zusammenhang wird mit der *Hall-Petch-Beziehung* beschrieben, die die Abhängigkeit der Fließgrenze σ_F von dem Korndurchmesser d angibt:

$$\sigma_F = \sigma_0 + k \cdot \frac{1}{\sqrt{d}}. \qquad [1\text{-}4]$$

σ_0 = Reibungsspannung ist die Spannung, bei der ein Werkstoff mit sehr großem Korn fließt ($d \to \infty$),
k = Korngrenzenwiderstand (= Konstante), er gibt den Einfluss der Korngrenzen zahlenmäßig an.

Bemerkenswert ist der große Einfluss der Korngrenzen auf die Zähigkeitseigenschaften, Bild 1-23. Die häufige Ab- und Umlenkung der Gleitebenen an den Korngrenzen eines feinkörnigen Werkstoffs erfordert ebenso wie ihr Verbiegen und Verdrehen einen zusätzlichen Energiebetrag, der der auf das Werkstück durch die äußere Beanspruchung übertragenen Schlagenergie entnommen wird. Die für die Sicherheit wichtige Eigenschaft »*Schlagzähigkeit*« ist daher bei einem feinkörnigen Werkstoff deutlich größer als bei einem konventionellen gleicher chemischer Zusammensetzung. Die Korngrenzenhärtung wird zur Festigkeitssteigerung von metallischen Werkstoffen, vor allem aber von (Feinkorn-) Stählen, in großem Umfang eingesetzt (Abschn. 2.7.6, S. 184).

Bild 1-24 zeigt beispielhaft die *Hall-Petch*-Beziehung für einen unterschiedlich wärmebehandelten (Korngröße!) Stahl C10E (Ck 10) in Abhängigkeit vom Grad der Kaltverformung. Mit zunehmender Kaltverformung wird naturgemäß der Einfluss der Korngröße verdeckt, bzw., er macht sich erst bei einem geringeren Korndurchmesser als fließgrenzenerhöhender Einfluss bemerkbar.

Auf weitere Eigenschaften soll hier nicht weiter eingegangen werden. Einige für die Bauteilsicherheit wichtige Gütewerte sind in Abschn. 6, S. 579, (Anhang) aufgeführt.

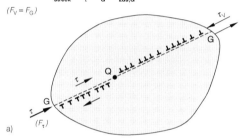

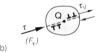

Bild 1-23
Einfluss der Korngröße auf die mechanischen Gütewerte technischer Metalle. $F_{streck} = F_\tau + F_V + F_{zus}$ ist die für den Beginn der Verformung erforderliche Kraft. $F_\tau (= \tau) =$ Schubspannungskomponente der äußeren Kraft (F) in Richtung der Gleitebene G-G. F_τ aktiviert in der Gleitebene die Versetzungsquelle Q. Versetzungen (Anzahl n) werden an den Korngrenzen aufgestaut und erzeugen ein Spannungsfeld, das auf die Korngrenzen zusätzlich zur äußeren (F) die Kraft $F_V = n \cdot b \cdot \tau$ ausübt, (s. Aufgabe 2-7, S. 229).
a) In einem grobkörnigen Stahl ist $F_V = F_G$ sehr viel größer als
b) in einem feinkörnigen, $F_V = F_F$, d. h. $F_G \gg F_V$.

Zum Überwinden der Korngrenzen bei gleichzeitigem Aktivieren weiterer Gleitprozesse in den angrenzenden Körnern ist bei a) daher nur noch eine erheblich geringere zusätzliche äußere Kraft $F_{zus} (= \sigma_{zus})$ erforderlich als bei b). Die Fließgrenze eines feinkörnigen Stahles ist also größer als die eines grobkörnigen. Dazu s. a. Bild 1-24.

Beispiel 1-2:
Versuche haben ergeben, dass die Streckgrenze eines unlegierten Stahls mit einem mittleren Korndurchmesser $d_1 = 0,25$ mm $\sigma_{F,1} = 180 N/mm^2$ und mit $d_2 = 0,04$ mm $\sigma_{F,2} = 250 N/mm^2$ beträgt. Welcher Korndurchmesser d_x ist erforderlich, wenn eine Streckgrenze von 350 N/mm^2 gewünscht wird. Der Festigkeitsanstieg soll ausschließlich mit dem Mechanismus der Korngrenzenhärtung erreicht werden, s. Abschn. 2.6.3.4, S. 165.

Gemäß der Hall-Petch-Beziehung, Gl. [1-4], ist:

$$\sigma_{F,i} = \sigma_0 + k \cdot \frac{1}{\sqrt{d_i}}.$$

Für $d_1 = 0,25$ mm und $\sigma_{F,1} = 180 N/mm^2$ wird:

$$180 = \sigma_0 + k \cdot \frac{1}{\sqrt{0,25}} = \sigma_0 + 2 \cdot k.$$

Für $d_2 = 0,04$ mm und $\sigma_{F,2} = 250 N/mm^2$ ergibt sich:

$$250 = \sigma_0 + k \cdot \frac{1}{\sqrt{0,04}} = \sigma_0 + 5 \cdot k$$

$$\sigma_0 = 250 - 5 \cdot k = 180 - 2 \cdot k, \text{ daraus folgt:}$$

$$k = 23,3 \text{ und } \sigma_0 = 123 \text{ N/mm}^2.$$

Damit lässt sich der für die gewünschte Streckgrenze erforderliche Korndurchmesser d_x berechnen:

$$350 = 123 + 23,3 \cdot \frac{1}{\sqrt{d_x}}$$

$$\sqrt{d_x} = \frac{23,3}{350 - 123} = 0,103 \sqrt{mm} \text{ d.h. } d_x = 0,011 \text{ mm}.$$

Die mittlere Korngrößen-Kennzahl G des Stahles beträgt damit nach Tabelle 1-1 etwa G ≈ 10.

1.4 Phasenumwandlungen

Technische Werkstoffe bestehen aus Kristalliten, die durch Korngrenzen voneinander getrennt sind. Homogene Werkstoffbereiche werden als Phasen bezeichnet, sie sind durch Phasengrenzen (z. B. Korngrenzen) von der Umgebung getrennt. In den meisten Fällen ist das Gefüge aus mehreren Bestandteilen aufgebaut, die unterschiedliche Eigenschaften besitzen. Der Werkstoff ist ein *Phasengemisch*, er ist *heterogen*, Bild 1-25.

Die Eigenschaften der Werkstoffe werden außer vom Gefügeaufbau, von der Menge und Art der beteiligten Phasen bzw. Bestandteile und der chemischen Zusammensetzung entscheidend von *Phasenumwandlungen* (= Zustandsänderungen) bestimmt. Diese laufen nach unterschiedlichen Mechanismen in unterschiedlichen Temperaturbereichen ab. Die meisten Phasenänderungen lassen sich technisch einfach und in hohem Maße reproduzierbar mit Hilfe von Wärmebehandlungen erzeugen.

Die weitaus größte Anzahl aller Phasenumwandlungen sind *heterogen*, d. h., sie erfolgen über die Teilvorgänge Keimbildung und

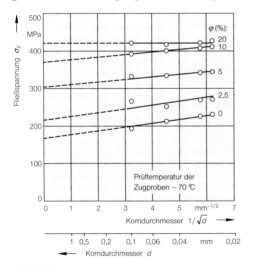

Bild 1-24
Einfluss der Korngröße (Korndurchmesser d) auf die untere Fließgrenze (σ_F) eines unterschiedlich wärmebehandelten Stahls C10E (Ck 10) in Abhängigkeit vom Kaltverformungsgrad φ, nach Aurich und Wobst.

Kristallwachstum durch thermisch aktivierte Platzwechselvorgänge der Atome. Bei ihnen sind die neue Phase und die Matrix zu jeder Zeit einzeln nachweisbar. Die neue Phase beginnt sich nach Unterschreiten der Gleichgewichtstemperatur *(Primärkristallisation: $T_{flüssig} \to T_{fest}$, bzw. Sekundärkristallisation: $T_{fest,1} \to T_{fest,2}$)* an Keimen zu bilden und wächst durch Bewegung der den Keim umgebenden Oberfläche in die metastabile Matrix.

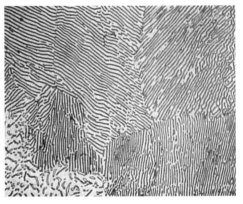

Bild 1-25
Mikroaufnahme eines unlegierten, rein perlitischen Stahles (C = 0,8%), bestehend aus Ferrit und Zementit, als Beispiel eines zweiphasigen Werkstoffs. Helle Fläche = Ferrit, lamellenförmige, dunkle Phase = Zementit (= Fe_3C), V = 500:1, Nital.

Die technisch weitgehend bedeutungslosen homogenen Phasenumwandlungen erfordern keine Keimbildung. Lediglich die spinodalen Umwandlungen und einige Ordnungsumwandlungen entstehen homogen.

Zu unterscheiden sind die folgenden Phasenumwandlungen:

□ **Flüssig – fest:** Kristallisation metallischer Schmelzen *(Primärkristallisation)* und

□ **fest – fest:** Umwandlungen im festen Zustand *(Sekundärkristallisation)*:
  – *diffusionskontrollierte* und
  – *diffusionslose* Phasenänderungen.

In Tabelle 1-2 sind einige charakteristische Merkmale der wichtigsten heterogenen Phasenumwandlungen (Kennzeichen: Keimbildung und Wachstum) zusammengestellt.

Tabelle 1-2
Charakteristische Merkmale von Phasenumwandlungen, gekennzeichnet durch Keimbildung und Wachstum der neuen Phase, nach *Christian*.

Charakteristikum	Art der Phasenumwandlung					
	militärisch	zivil				
Einfluss Temperaturänderung	athermisch	thermisch aktiviert				
Art der Phasengrenze	gleitfähig (kohärent oder semikohärent)	nicht gleitfähig (kohärent, semikohärent, inkohärent, flüssig/fest oder flüssig/dampfförmig)				
Zusammensetzung von Matrix und Umwandlungsprodukt	gleich	gleich			unterschiedlich	
Art der Diffusionsvorgänge	keine Diffusion	nur Diffusion im Phasengrenzennähe		Diffusion über große Gitterbereiche		
Bewegung der Phasengrenze	phasengrenzenkontrolliert	phasengrenzenkontrolliert	vorwiegend phasengrenzenkontrolliert	vorwiegend diffusionskontrolliert	gemischt kontrolliert	
Beispiele	Martensit, Zwillinge	massive Umwandlung, Ordnungsvorgänge, Polymorphie, Rekristallisation, Kornwachstum, Kondensation, Verdampfen	Ausscheidung, Bainit	Ausscheidung, Lösen, Erstarren, Schmelzen	Ausscheidung, Lösen, Eutektoid, zelluläre Ausscheidung	

Die *homogene Keimbildung* erfordert keine *fremden* Oberflächen. Die wachstumsfähigen Keime und ihre Oberflächen müssen in der metastabilen Phase gebildet werden. Die hierfür erforderliche Arbeit wird dem Energievorrat der Phase (z. B. Schmelze) entnommen. Die Schmelze muss also um einen bestimmten Betrag ΔT unterkühlt werden, wodurch die benötigte freie Enthalpie ΔG zur Verfügung steht, Bild 1-26. Die homogene Keimbildung ist in der Praxis sehr selten.

In den meisten Fällen erfolgt die Keimbildung *heterogen,* d. h., der Keim bildet sich an energiereichen Gitterdefekten (z. B. an nicht aufgelösten Carbiden, Nitriden, Leerstellen, Korngrenzen, Stapelfehlern, freien Oberflächen) oder schon festen Teilchen (durch thermische Fluktuation z. B. in der Schmelze gebildeten) bestimmter Größe. Da die »Oberflächen« der Keime z. T. vorhanden sind, ist die für ihre Bildung aufzuwendende Energie sehr viel geringer als bei der homogenen Keimbildung. Die erforderliche Unterkühlung ΔT und die Aktivierungsenergie ΔG_A können daher bis auf Null abnehmen, Bild 1-27, Kurve 2.

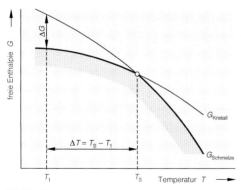

Bild 1-26
Abhängigkeit der freien Enthalpie G der Schmelze und der Kristallite im Bereich der Schmelztemperatur T_S. Bei der Unterkühlung ΔT beträgt die treibende Energie der Keimbildung ΔG.

Die Phasengrenzen können *gleitfähig* oder *nicht gleitfähig* sein, Tabelle 1-2. Die gleitfähigen Grenzflächen bewegen sich auf Grund bestimmter Versetzungsanordnungen, wodurch der Phasenübergang außerordentlich rasch erfolgen kann. Ihre Bewegung ist nahezu temperaturunabhängig und wird deshalb auch *athermisch* genannt. Wegen der »reglementierten«, koordinierten Art der dabei erfolgenden Bewegung der Atome über die Phasengrenze wird diese Phasenumwandlung, die keine Diffusion erfordert, *militärisch* genannt. Da außerdem die Atomanordnung der Phasen im Wesentlichen nicht geändert wird, müssen beide Phasen die gleiche chemische Zusammensetzung haben. Im Gegensatz zu der sehr viel häufigeren isothermischen Umwandlung erfolgt bei der athermischen eine Phasenumwandlung nur bei einer Unterkühlung ΔT, nicht aber bei T = konst. Die Martensitbildung ist das bekannteste Beispiel einer militärischen Umwandlung. Nähere Einzelheiten sind in Abschn. 1.4.2.2 zu finden.

Die nahezu unkoordinierten Atombewegungen bei Phasenänderungen, die durch *nicht gleitfähige* Phasengrenzen eingeleitet werden und durch umfangreiche und weitreichende Diffusionsvorgänge (Ferndiffusion) gekennzeichnet sind, werden *zivile Umwandlungen* genannt.

Bei gleicher Zusammensetzung von umgewandelter Phase und Matrix (z. B. die *($\gamma \rightarrow \alpha$)-*Umwandlung in reinem Eisen) entspricht die Wachstumsgeschwindigkeit der Phase der Geschwindigkeit, mit der die Atome die Phasengrenze überschreiten können. Diese Umwandlung heißt *grenzflächenkontrolliert (dis-*

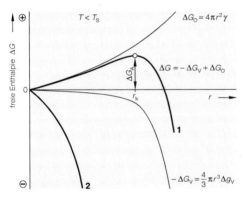

Bild 1-27
Abhängigkeit der freien Enthalpie ΔG vom Keimradius r bei der Keimbildung.
Kurve 1:
Für die Bildung homogener Keime mit dem Radius r_k ist die Aktivierungsenergie ΔG_A erforderlich.
Kurve 2:
Für die epitaktische Kristallisation und die Keimbildung bei kohärenten Umwandlungen ist keine Aktivierungsenergie erforderlich, weil für die Keimbildung bereits perfekt passende Oberflächen vorhanden sind, d. h., der Oberflächenterm ΔG_O in Gl. [1-6] ist Null.

kontinuierliche Ausscheidung). Bei unterschiedlicher Zusammensetzung sind weitreichende Diffusionsprozesse erforderlich (sog. Ferndiffusion). Wenn diese ausreichend rasch verlaufen, dann spricht man von einem *diffusionskontrollierten* Wachstum *(kontinuierliche Ausscheidung),* Abschn. 1.4.2.1.

Die treibende »Kraft« jeder Phasenänderung ist die Differenz der freien Enthalpie ΔG zwischen der sich bildenden Phase und der metastabilen Matrixphase. Der Phasenübergang erfolgt erst dann, wenn die Gleichgewichtstemperatur T_G um den Betrag ΔT (= Unterkühlung) unter- bzw. überschritten wurde, d. h. nicht bei $T = T_G$. Nur in diesem Fall kann die freie Enthalpie G *abnehmen,* siehe z. B. Bild 1-26. G wird durch folgende Beziehung definiert:

$$G = H - T \cdot S. \qquad [1\text{-}5]$$

H = Enthalpie,
S = Entropie,
T = Temperatur in K.

1.4.1 Phasenumwandlung flüssig-fest

1.4.1.1 Primärkristallisation von (reinen) Metallen

Der Phasenübergang flüssig/fest wird als *Primärkristallisation* und das dabei entstehende Erstarrungsgefüge als *Primärgefüge* bezeichnet. Die genaue Kenntnis der hier ablaufenden Vorgänge ist für das Verständnis der Primärkristallisation und der mechanischen Gütewerte von Schweißgütern (Abschn. 4.1.1.1, S. 300) wichtig. Außerdem sind diese Vorgänge von großer Bedeutung für die Eigenschaften z. B. von Kokillengussstücken, stranggegossenen Halbzeugen oder gerichtet erstarrten Werkstücken.

Die Kristallisation der (theoretisch) nur aus einer Atomart bestehenden Schmelze beginnt unterhalb der Schmelztemperatur T_S an Kristallisationszentren, den *Keimen.* Das sind kleine, schon oder noch feste Partikel, die in der Schmelze bereits vorhanden waren *(Fremdkeime:* Carbide, Nitride, Oxide) oder sich im Bereich der Schmelztemperatur durch Anlagern »langsamer« schwingender Atome bilden konnten *(Eigenkeime)*. Aus energetischen Gründen ist für die Bildung wachstumsfähiger Eigenkeime eine Unterkühlung $\Delta T = T_S - T$ notwendig. Je größer ΔT ist, umso kleinere Teilchen sind als Keime wirksam.

Ein (Stoff-)System befindet sich im thermodynamischen Gleichgewicht, wenn die freie Enthalpie G ihr Minimum erreicht hat. Bild 1-26 zeigt den Verlauf der Zustandsgröße G in Abhängigkeit von der Temperatur in der Nähe der Schmelztemperatur T_S. Nach dem Abkühlen unter T_S wird $G_{Schmelze} > \Delta G_{Kristall}$, d. h., die kristalline Phase wird thermodynamisch stabiler. Die Energiedifferenz ΔG wird für die Keimbildung verwendet, die mit einer Änderung der freien Enthalpie G verbunden ist. Die bei der Kristallisation des Keims *freiwerdende* Umwandlungswärme $(-\Delta G_V)$ verringert die freie Enthalpie G. Diese treibt den Umwandlungsvorgang also an, während die für die Bildung der Keimoberfläche *erforderliche* rücktreibende Energie $(+\Delta G_O)$ G vergrößert wird, wie Bild 1-27 zeigt. Daraus ergibt sich die für eine *homogene Keimbildung* charakteristische Energiebilanz ΔG:

$$\Delta G = -\Delta G_V + \Delta G_O. \quad [1\text{-}6]$$

Nimmt man in erster Näherung kugelförmige Teilchen mit dem Radius r an, dann ist ΔG_V dem Volumen und ΔG_O der Oberfläche der aus der Schmelze wachsenden (kristallisierenden) Teilchen proportional. Mit der Oberflächenspannung der Schmelze γ und der auf die Volumeneinheit bezogenen freien Enthalpie der festen Phase Δg_V wird:

$$\Delta G(r) = -\frac{4}{3}\pi r^3 \cdot \Delta g_V + 4\pi r^2 \cdot \gamma. \quad [1\text{-}7]$$

Bild 1-27 zeigt den Verlauf der Funktion $\Delta G(r)$. Danach ist bei kleinen Keimradien der Energiebedarf zum Schaffen der Keimoberfläche größer als die freiwerdende Kristallisationswärme, d. h., die Keime sind nicht wachstumsfähig, sie schmelzen wieder auf, und der Kristallisationsprozess kann nicht beginnen. Erst oberhalb des kritischen Keimradius r_k nimmt $\Delta G(r)$ ab, d. h., der Keim ist stabil und kann unter Abnahme von G wachsen. Für die Bildung von Keimen kritischer Größe ist die Arbeit (= Aktivierungsenergie) ΔG_A aufzuwenden.

Die *homogene Keimbildung* ist äußerst selten, weil in jeder technischen Schmelze ausreichend viele Oberflächen vorhanden sind, von denen aus die Kristallisation beginnen kann, s. Aufgabe 1-6, S. 112.

Bei der *heterogenen Keimbildung* sind in der Schmelze bereits bestimmte wachstumsfähige Partikel in Form von »Oberflächen« enthalten. Die für die Keimbildung aufzuwendende Aktivierungsenergie ΔG_A ist kleiner, weil der zur Schaffung der Keimoberflächen aufzubringende Energieanteil ΔG_O geringer ist. Die Kristallisation kann daher schon bei sehr geringen Unterkühlungen ΔT erfolgen, Bild 1-28.

In einigen wenigen Fällen liegen Teilchen mit »Oberflächen« vor, deren Gitter nahezu perfekt mit dem der kristallisierenden Phase übereinstimmt, wodurch sehr geringe Kohärenzspannungen entstehen. Die notwendige Unterkühlung ΔT bzw. die Aktivierungsenergie ΔG_A ist daher Null bzw. sehr gering, Bild 1-27, Kurve 2. Ein wichtiges und kennzeichnendes Beispiel einer derartigen Keimbildung ist die *epitaktische Erstarrung* von Schweißschmelzen, Abschn. 4.1.1.1, S. 300. Hier liegen bereits metallphysikalisch perfekt passende »Keime« in Form der aufgeschmolzenen Werkstückoberflächen vor.

Die Keimzahl und die Kristallisationsgeschwindigkeit nehmen mit zunehmender Unterkühlung zu, wie die Bilder 1-28 und 1-26 schematisch zeigen. An die *Keimbildungsphase* schließt sich die Phase des *Kristallwachstums* an. Die Korngröße des Gefüges hängt dabei entscheidend von der Keimzahl und der Kristallisationsgeschwindigkeit der Schmelze ab. Für Baustähle wird wegen der besseren Zähigkeitseigenschaften ein möglichst feinkörniges Gefüge angestrebt, das aber in den meisten Fällen mit einer Wärmebehandlung bzw. besonderen metallurgischen Maßnahmen (z. B. über Erhöhen der Keimzahl in der Schmelze) eingestellt wird, s. Feinkornbaustähle, Abschn. 2.7.6, S. 184.

Durch verschiedene Maßnahmen bzw. Vorgänge – z. B. Kaltverformen mit anschließendem Rekristallisieren, Warmformgebung oder polymorphe Umwandlungen – kristallisiert das Gefüge ein weiteres Mal um, es entsteht das *Sekundärgefüge*. Dieses besitzt meistens deutlich bessere Zähigkeitseigenschaften als das primäre *Gussgefüge*. Das durch die Wärme des Schweißprozesses in der Wärmeeinflusszone von Mehrlagen-Schweißungen aus Stählen *umgekörnte* Gefüge besitzt z. B. wesentlich bessere Gütewerte (Abschn. 4.1.3, S. 310) als das nicht umgekörnte der Wärmeeinflusszone und des Schweißguts einlagig geschweißter Verbindungen.

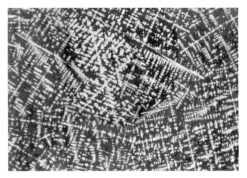

Bild 1-29
Dendritisches Gefüge eines CrMo-legierten Stahles, Oberhoffer-Ätzung, V = 5:1, BAM.

Das durch die Erstarrung erzeugte »Grundmuster« des Gussgefüges bleibt weitgehend erhalten. Die Eigenschaften lassen sich natürlich durch die verschiedenartigsten Maßnahmen der Warm- und Kaltformgebung ändern, kaum aber die »Erbanlage«. Sie lässt sich durch entsprechende Ätzmittel in vielen Fällen sichtbar machen.

Das Wachsen des Kristalls beim Erstarren erfolgt bei Metallen mit krz Gitter bevorzugt senkrecht zu den Würfelflächen der Elementarzellen. Daraus ergibt sich eine räumliche Anordnung des Kristalls, die als *Dendrit* oder *Tannenbaumkristall* bezeichnet wird, Bild 1-29. Allerdings muss betont werden, dass die dendritische Erstarrung bei reinen Werkstoffen nur entstehen kann, wenn die tatsächliche Temperatur von der Phasengrenze flüssig/fest aus in Richtung Schmelze abnimmt, Bild 1-30. Bei diesen Temperaturbedingungen geraten wachsende Keime in den »Sog« der unterkühlten Schmelze und wachsen ihr als stängelförmige Dendriten entgegen. Sehr ähnliche Vorgänge laufen bei erstarrenden Legierungen ab. Die dendritische (bzw. zelluläre) Erstarrung wird hier aber unabhängig von der Größe der thermischen Unterkühlung durch die konstitutionelle Unterkühlung erzwungen (Abschn. 1.4.1.2).

Die *Kornform* hängt neben anderen Einflüssen sehr stark von der Art der Wärmeabfuhr ab. Bei einer allseitig gleichmäßigen Abkühlung der Schmelze entstehen rundliche »äquiaxiale« Körner. Wird die Wärme vorwiegend in *eine* Richtung abgeleitet, dann wächst der Kristall von der Phasengrenze flüssig/fest *entgegen* dem Temperaturgefälle sehr schnell, in der dazu senkrechten Richtung aber deutlich langsamer, s. Aufgabe 1-7, S. 113. Die entstehenden länglichen *Stängelkristalle* sind z. B. für die Primärkristallisation einlagig hergestellter bzw. großvolumiger Schweißgüter typisch, Bild 4-20b, S. 319. Bild 1-31 zeigt die ausgeprägte Stängelkristallbildung *(Transkristallisation)* in einer NiCrAl-Gusslegierung.

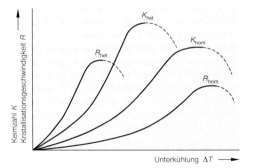

Bild 1-28
Einfluss der Unterkühlung ΔT metallischer Schmelzen auf die Keimzahl K und die Kristallisationsgeschwindigkeit R der Schmelze, bei homogener und heterogener Keimbildung, schematisch.

In den meisten Fällen (vor allem wegen ausreichender Zähigkeit! und hoher Streckgrenzen!) ist ein feinkörniges Gefüge erwünscht. Es kann bei der Primärkristallisation durch folgende Maßnahmen erreicht bzw. begünstigt werden:

- Die Gießtemperatur sollte nicht wesentlich über der Schmelztemperatur liegen, weil anderenfalls die in technischen Legierungen stets vorhandenen Fremdkeime (z. B. Carbide, Nitride) weitgehend aufgelöst würden.
- Mit zunehmender Abkühlgeschwindigkeit wächst die Keimzahl und damit die Anzahl der Körner des Primärgefüges. Diese Methode ist allerdings nur mit Vorsicht einsetzbar, weil z. B. bei härtbaren Stählen härtere, sprödere martensitische Gefüge und ein rissbegünstigender Eigenspannungszustand entstehen können. Außerdem nehmen mit der Abkühlgeschwindigkeit die Temperaturdifferenzen zwischen Rand und Kern zu, d. h. auch die (Abkühl-)Spannungen und die Rissgefahr werden größer.
- Durch *Impfen* werden kurz vor Erreichen der Schmelztemperatur der Legierung (meistens) artfremde Keime zugegeben. Diese Methode wird vorwiegend bei NE-Metallen, z. B. AlSi-Legierungen angewendet.

- Durch Zugabe hochschmelzender Legierungselemente, die als keimähnliche Substanzen wirken. Der Werkstoff für Aluminium-Schweißstäbe wird danach mit einigen zehntel Prozent Titan legiert, wodurch das Kornwachstum des hocherhitzten, flüssigen Schweißguts merklich behindert wird.

1.4.1.2 Primärkristallisation von Legierungen

Legierungen – also Werkstoffe, die aus mindestens zwei Atomsorten bestehen – kristallisieren auf Grund charakteristischer Entmischungsprozesse an der Phasengrenze flüssig/fest in einer komplizierten Weise. Die entstehenden vielfältigen Erstarrungsgefüge hängen von der Legierungszusammensetzung und den Abkühlbedingungen ab. Der hierfür maßgebliche Mechanismus – die *konstitutionelle Unterkühlung* – wurde erst in den Fünfziger Jahren des 20. Jh.s von *Rutter* und *Chalmers* aufgeklärt.

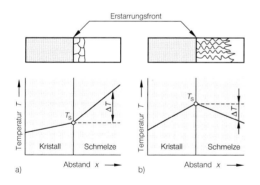

Bild 1-31
Stängelkristalle in einer NiCrAl-Gusslegierung.

Bild 1-30
Einfluss des Temperaturgradienten $\Delta T/dx$ auf die Form der entstehenden Kristallite. Die Schmelze besteht aus einer Atomsorte (ΔT = Unterkühlung).
a) *$dT/dx > 0$:*
  Normaler Temperaturgradient in der Schmelze. Die zum Kristallisieren erforderliche Temperaturabnahme erfolgt durch Wärmeableitung an der Phasengrenze flüssig/fest. Die Kristallisation erfolgt in Form einer ebenen Erstarrungsfront.
b) *$dT/dx < 0$:*
  Thermische Unterkühlung ($\Delta T = T - T_S \leq 0$) der Schmelze. Die in Richtung unterkühlte Schmelze wachsenden (»einschießenden«) Kristallite können stängelförmige Dendriten bzw. andere Erstarrungsstrukturen (z. B. Zellgefüge) sein.

Man beachte, dass selbst technisch »reine« Werkstoffe, bedingt durch die Art ihrer Herstellung (Art des Herstellprozesses, Art der Erze usw.), verschiedene (verunreinigende) Elemente in unterschiedlicher Menge enthalten, die die Eigenschaften in unterschiedlicher Weise beeinflussen. Für die folgenden Betrachtungen sind daher die meisten Werkstoffe als »legiert« anzusehen.

Die an der Erstarrungsfront ablaufenden Vorgänge lassen sich sehr anschaulich mit Hilfe von *Zustandsschaubildern* (Abschn. 1.6.1) erklären. Die Legierung L_1, Bild 1-32a, scheidet beim Unterschreiten der Liquidustemperatur T_0 feste Mischkristalle mit einem sehr geringen B-Gehalt (c_1) aus. Die in die Schmelze zurückgedrängten B-Atome verteilen sich nach den Gesetzen der Diffusion direkt nach der Ausscheidung nicht gleichmäßig in der Schmelze, sondern gemäß einer zeitabhängigen Verteilungsfunktion. In einem schmalen Bereich an der Phasengrenze bildet sich dadurch in der Schmelze entsprechend Bild 1-32b ein Aufstau von B-Atomen.

Von der Phasengrenze fällt der B-Gehalt von c_s auf c_0. Die Folge ist eine kontinuierliche Abnahme der Liquidustemperatur, wie Bild 1-32a zeigt. Die tatsächliche (reale) Temperatur T_{Real} ist in einer dünnen Schmelzenschicht Δx stets geringer als T_{Li}, Bild 1-32c. Dieser Schmelzenbereich ist also unterkühlt. Man bezeichnet diese auf der Schmelzenentmischung beruhende Erscheinung als *konstitutionelle Unterkühlung*.

Je nach der Abkühlgeschwindigkeit, d. h. der Größe des realen Temperaturgradienten G in der Schmelze und der *Kristallisationsgeschwindigkeit R*, entstehen Erstarrungsgefüge mit erheblich voneinander abweichenden Eigenschaften. Mit zunehmender Kristallisationsgeschwindigkeit R nimmt die zum Abbau des Konzentrationsstaus an der Phasengrenze flüssig/fest zur Verfügung stehende Zeit ab, d. h., die konstitutionelle Unterkühlung wird größer, Bild 1-33a.

Bei rascher Wärmeabfuhr und einer sehr geringen Menge gelöster Legierungselemente entsteht *kein* unterkühlter Schmelzenbereich, sondern eine ebene Erstarrungsfront, Bild 1-33a. Diese Erstarrungsform wird bei technischen Schmelzen (üblicher Reinheit) praktisch nie beobachtet.

Eine kleinere konstitutionell unterkühlte Zone Δx begünstigt die Bildung gerichteter *Zellstrukturen* bzw. führt zu einem aus Dendriten und Stängelkristallen bestehenden Mischgefüge unterschiedlicher Regellosigkeit der Anordnung, Bild 1-33a. Die Kristallite wachsen beschleunigt und gerichtet in Richtung des Schmelzeninneren durch den konstitutionell unterkühlten Schmelzenbereich hindurch. Die glatte Erstarrungsfront wird instabil, es entstehen in die Schmelze »einschießende« dendritische Stängelkristalle. Das ist der für die *Dendritenbildung* entscheidende Mechanismus.

Die Gefügeausbildung wird von der Größe des vor der Erstarrungsfront liegenden konstitutionell unterkühlten Bereiches Δx beeinflusst. Mit zunehmender Größe Δx ändern sich einige wichtige metallphysikalische Eigenschaften:

– Die dendritische Struktur wird ausgeprägter,
– die Anordnung der Dendriten im Gefüge wird regelloser, und
– der Erstarrungsablauf kann sich grundsätzlich ändern, wenn sich durch heterogene Keimbildung eine zweite Erstarrungsfront infolge einer großen konstitutionel-

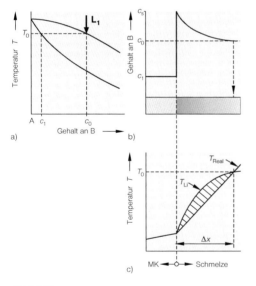

Bild 1-32
Vorgänge bei der konstitutionellen Unterkühlung metallischer Schmelzen.
a) Zustandsschaubild einer beliebigen Legierung,
b) Verlauf der Konzentration c des Elementes B an der Phasengrenze flüssig/fest,
c) Verlauf der Temperatur T im Bereich der Phasengrenze flüssig/fest. Δx ist die Dicke der konstitutionell unterkühlten Schmelzenschicht.

len Unterkühlung bildet. In der Mitte von Schweißnähten kann dadurch ebenso wie im Bereich der sog. »thermischen Mitte« von Metallschmelzen eine feinkörnige(re) Zone entstehen, wie es die Bilder 1-31 und 4-3c deutlich zeigen.

Mit abnehmender Größe des konstitutionell unterkühlten Bereiches bilden sich *Zellstrukturen*. Diese Gefügeausbildung ist für krz Metalle weniger typisch. Sie entsteht bei kfz Metallen häufiger, allerdings unter bestimmten Bedingungen.

Der Konzentrationsunterschied der Elemente bzw. Verunreinigungen ist innerhalb der stängelförmigen Dendriten *(Primärseigerung)* – vor allem im Korngrenzenbereich – im Vergleich zu den Zellstrukturen erheblich größer, Bild 1-33b und 33c.

Sind die an den Korngrenzen vorhandenen Legierungselemente nicht in der Matrix löslich, dann ist die Heißrissneigung eines zellulären Gefüges geringer als die einer aus dendritischem Gefüge (stängelförmiges oder globulitisches) bestehenden Matrix.

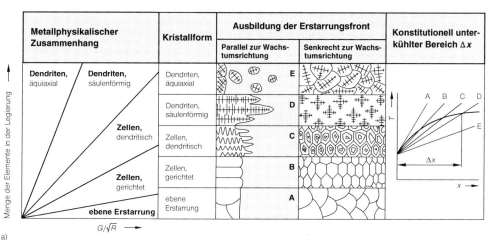

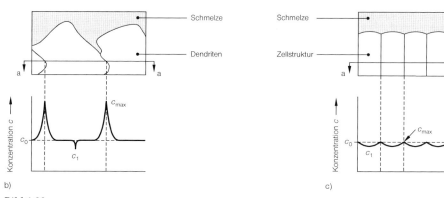

Bild 1-33
Zur Entstehung der wichtigsten Erstarrungsstrukturen, vereinfacht nach Savage, Nippes und Miller.
a) *Einfluss der Kristallisationsgeschwindigkeit R und des Temperaturgradienten G (bzw. der konstitutionell unterkühlten Zone Δx) auf die Art der entstehenden Primärgefüge in Abhängigkeit von der Menge der gelösten Legierungselemente.*
b) *Typische Verteilungsform der Legierungselemente (Primärseigerung) in **dendritischen Strukturen**, charakteristisch für die Erstarrung von Schweißgütern aus krz Werkstoffen.*
c) *Typische Verteilungsform der Legierungselemente in **Zellstrukturen**, charakteristisch für eine mittlere konstitutionelle Unterkühlung (häufiger bei kfz Werkstoffen, siehe z. B. Bild 4-98, S. 430).*

1.4.2 Phasenumwandlungen im festen Zustand

Die Mehrzahl aller Phasenumwandlungen im festen Zustand erfolgt durch thermische Aktivierung (s. Abschn. 1.5) der beteiligten Atomsorten. Die Umordnung der am Aufbau der neuen Phase beteiligten Atome, d. h., die Keimbildung beginnt an Orten, die einen überdurchschnittlich hohen Energiegehalt besitzen.

Die für die *homogene Keimbildung* bei einer Umwandlung mit Änderung der Kristallstruktur erforderliche freie Bildungsenthalpie beträgt:

$$\Delta G = -\Delta G_V + \Delta G_O + \Delta G_\varepsilon. \qquad [1\text{-}8]$$

Hierbei ist ΔG_ε die elastische Verzerrungsenergie, die bei unterschiedlichen Gitterstrukturen von auszuscheidender Phase und Matrix aufzubringen ist. Gl. [1-8] entspricht damit bis auf den Verzerrungsanteil ΔG_ε der für die Erstarrung von Schmelzen gültigen Beziehung Gl. [1-6]. Der Oberflächenanteil ΔG_O kann zwischen sehr geringen Werten (z. B. bei kohärenten Ausscheidungen, Zwillingsgrenzen) und sehr großen (inkohärente Phasengrenzen, z. B. Großwinkelkorngrenzen) variieren.

Die homogene Keimbildung bei Umwandlungen im festen Zustand ist ähnlich wie beim Phasenübergang flüssig/fest sehr selten. Voraussetzung ist die möglichst genaue Übereinstimmung der Kristallgitter der sich ausscheidenden Phase und der Matrix, anderenfalls wären elastische Verzerrungsenergien (sog. *Kohärenzspannungen*) die Folge, die die Phasenumwandlung erschweren. Diese Bedingungen sind nur bei *kohärenten Phasengrenzen* vorhanden, wie z. B. bei der Entstehung der metastabilen GP-Zonen in ausscheidungshärtenden Legierungen, s. Abschn. 2.6.3.3, S. 161. Ein weiteres wichtiges Beispiel ist die nahezu homogene Keimbildung der für Nickel-Superlegierungen wichtigen γ'-Ausscheidung (Ni_3Al, s. Abschn. 5.2.2.2.1, S. 525). Die Gitterfehlanpassung beträgt hierbei nur maximal 2 % und die Oberflächenenergie ist sehr wahrscheinlich geringer als 30 mJ/m².

Bei der weitaus häufigeren *heterogenen Keimbildung* werden verschiedene Gitterbaufehler als Keim verwendet. Die keimbildende Wirkung dieser Defekte nimmt zu mit deren Energieinhalt (ΔG_{Def}):

$$\Delta G = -\Delta G_V + \Delta G_O + \Delta G_\varepsilon - \Delta G_{Def}. \qquad [1\text{-}9]$$

Wenn bei der Keimbildung Gitterdefekte »zerstört« werden, wird die Aktivierungsenergie der Keimbildung um diesen Energiebetrag (ΔG_{Def}) verringert.

Die Form des (inkohärenten) Keims und des Umwandlungsprodukts wird von der Größe der Verzerrungsenergie und der Oberflächenenergie des Keims bestimmt. Sind die Gitterkonstanten von Keim und Matrix ähnlich, d. h. die Verzerrungsenergie klein und die Oberflächenenergie groß, dann entstehen meistens kugelförmige Keime. Die Verzerrungsenergie ist bei scheibenförmigen Teilchen am kleinsten. Diese Keimform wird daher häufig bei kohärenten Ausscheidungen und GP-Zonen beobachtet.

Die Reihenfolge zunehmender Eignung verschiedener Gitterdefekte (d. h. zunehmender freien Enthalpie ΔG_{Def}) für Orte einer heterogenen Keimbildung lautet:
– Leerstellen,
– Versetzungen,
– Stapelfehler,
– Korngrenzen bzw. Phasengrenzflächen,
– freie Oberflächen.

Korngrenzen sind besonders wirksame Bereiche für eine Keimbildung, d. h., in feinkörnigen Werkstoffen erfolgen Umwandlungsvorgänge – zumindest bei hohen Temperaturen – deutlich rascher als in grobkörnigen. *Versetzungen* setzen die Grenzflächenenergie nicht merklich herab. Allerdings können durch partielle Versetzungen Stapelfehler entstehen, die als perfekt passende Netzebenen die Keimbildung verzerrungsfrei einleiten können.

In Bild 1-34 sind einige diffusionskontrollierte Umwandlungen im festen Zustand und ihre charakteristischen Kennzeichen und Merkmale an Hand geeigneter Zustandsschaubilder zusammengestellt.

Abschn. 1.4: Phasenumwandlungen

Zustandsschaubild	Reaktion	Charakteristische Kennzeichen der Phasenumwandlung
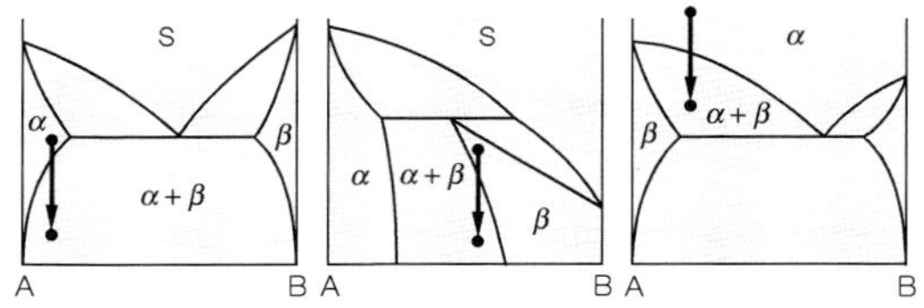	Ausscheidungsumwandlung: $\alpha' \to \alpha + \beta$	Bei Ausscheidungsumwandlungen scheidet sich aus einem übersättigten Mischkristall α' eine stabile oder metastabile Phase β aus. Metastabile Phasen entstehen als Vorstufen von Gleichgewichtsphasen (Nahentmischungen, *Guinier-Preston-Zonen*). Sie haben die gleiche Kristallstruktur wie die Matrix und bei unterschiedlicher Zusammensetzung kohärente Phasengrenzflächen mit ihr. Zonen können nur entstehen, wenn die Bildung der Gleichgewichtsphase durch rasches Abkühlen unterdrückt wird. Ein folgendes Auslagern ermöglicht die Entstehung der Zonen, wobei die Keimbildung der Gleichgewichtsphase durch thermische Aktivierung noch nicht erreicht wird.
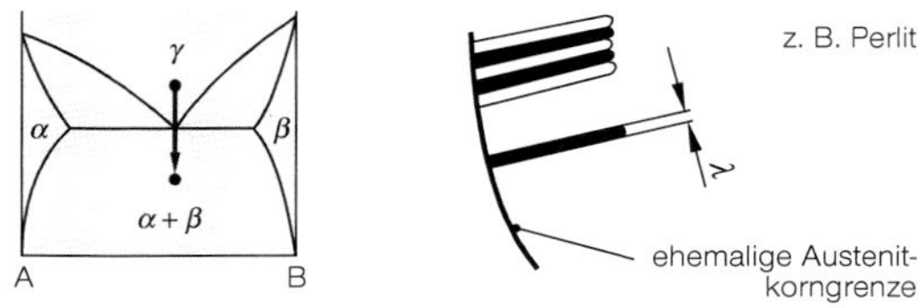 z. B. Perlit, ehemalige Austenit-korngrenze	Eutektoide Umwandlung: $\gamma \to \alpha + \beta$ $\gamma \to \alpha + Fe_3C$ (Perlitreaktion)	Die eutektoide Umwandlung erfolgt *diskontinuierlich*. Diese Art der Umwandlung entsteht, wenn die Keimbildungsgeschwindigkeit für eine *kontinuierliche* Umwandlung zu gering ist. Da die beiden Phasen – z. B. des Umwandlungsgefüges Perlit α und Fe_3C – sehr unterschiedliche Kohlenstoffgehalte haben, bilden sich im Korngrenzenbereich mit seinem höheren Kohlenstoffgehalt bevorzugt Zementitkeime bzw. in der unmittelbaren (kohlenstoffverarmten) Umgebung Ferritkeime. Der Perlit entsteht durch eine gekoppelte Bildung zweier neuer Phasen, wobei die Diffusionswege des Kohlenstoffs im Austenit nicht lang sind. Der Lamellenabstand λ hängt von der Unterkühlung ΔT ab. Mit zunehmendem ΔT wird λ kleiner, d. h. die Härte des Gefüges größer.
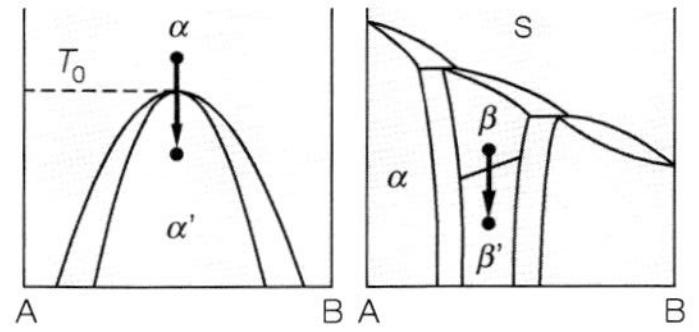	Ordnungsumwandlung: $\alpha_{ungeordnet} \to \alpha'_{geordnet}$	In verschiedenen Legierungen liegen die Atome nur bei hohen Temperaturen annähernd statistisch ungeordnet vor. Mit abnehmender Temperatur bilden sich in bestimmter Weise geordnete, atomare Verteilungen. *Nahentmischungen* sind Anhäufungen gleicher Atome (Cluster sind *ungeordnete*, Zonen sind *geordneter* Anhäufungen). In *Überstrukturen* liegen die Atomsorten geometrisch geordnet vor. Sie bilden sich bei langsamer Abkühlung, wenn zwischen den Atomen A und B chemische Anziehungskräfte herrschen. Je größer diese sind, um so weniger ausgeprägt sind die durch die metallische Bindung bestimmten Eigenschaften der Legierung: Der Werkstoff ist hart und spröde, d. h. als Bauwerkstoff wenig geeignet.
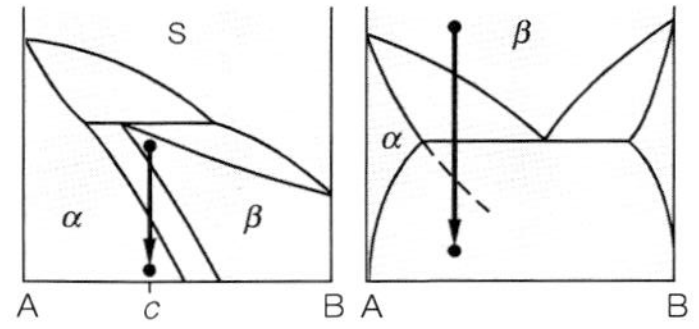	Massivumwandlung: $\beta_c \to \alpha_c$	Bei verschiedenen Legierungssystemen (vor allem Cu-Zn-Legierungen) wird bei rascher Abkühlung die Ausscheidung der α-Phase unterdrückt. Die β-Phase wandelt im α-Feld *ohne* Konzentrationsänderung in die α-Phase um, ohne dass sich im Zweiphasenfeld $(\alpha + \beta)$ α ausscheiden kann. Das Ergebnis wird als massive Umwandlung bezeichnet. Die α-Phase wächst sehr schnell in die umgebende Matrix, womit auch ihre unregelmäßigen Phasengrenzflächen erklärt werden können. Da beide Phasen die gleiche Zusammensetzung haben, sind Ferntransporte nicht erforderlich. Die Umwandlung wird durch thermisch aktivierte Sprünge an der α/γ-Grenzfläche eingeleitet. Sie kann daher auch als eine diffusionslose zivile Umwandlung bezeichnet werden.

Bild 1-34
Zusammenstellung einiger diffusionskontrollierter Phasenumwandlungen.

1.4.2.1 Diffusionskontrollierte Phasenumwandlungen

Der Ablauf einer diffusionskontrollierten Umwandlung lässt sich übersichtlich in Zeit-Temperatur-Umwandlungs-Schaubildern (ZTU) darstellen. Bild 1-35 zeigt diese Zusammenhänge beispielhaft für das Umwandlungsverhalten der γ-MK.e in Eisen-Kohlenstofflegierungen, charakterisiert durch die *Umwandlungsgeschwindigkeit* v_{um}. Diese wird durch die Unterkühlung ΔT und den Massentransport als Folge von Diffusionsvorgängen bestimmt. In der Nähe der Gleichgewichtstemperatur können *Diffusionsvorgänge* leicht stattfinden, die *Umwandlungsneigung* ist aber wegen der kleinen Unterkühlung ΔT gering. Mit zunehmender Unterkühlung nimmt die Triebkraft der Umwandlung zwar zu, die Umwandlungsneigung ist aber ebenfalls gering, weil die Platzwechselvorgänge der Atome nahezu eingefroren sind. Durch die *gegenläufige* Wirkung der beiden Einflüsse entsteht ein für die meisten Stähle im Bereich von etwa 500 °C (= T_3) liegendes Maximum der Umwandlungsgeschwindigkeit. Diese Vorgänge sind für das Verständnis der Umwandlungsvorgänge in Stählen von größter Bedeutung (Abschn. 2.5.3, S. 145).

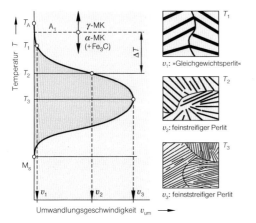

Bild 1-35
Einfluss der Unterkühlung ΔT auf Gefügeform und Umwandlungsgeschwindigkeit v_{um} des ($\gamma \rightarrow \alpha$)-Phasenübergangs eines eutektoiden Stahles (0,8 % C). Er wandelt bei T_1 isothermisch in den »Gleichgewichtsperlit«, bei T_2 in feinstreifigen, bei T_3 in feinststreifigen Perlit um. Mit zunehmender Umwandlungsgeschwindigkeit werden die Zementitlamellen feiner, die Härte der Umwandlungsgefüge wird größer.

Ausscheidungsumwandlung

Diese Phasenumwandlung kann nur erfolgen, wenn in einem Mischkristall α die Löslichkeit einer Atomart B mit *abnehmender* Temperatur *abnimmt*. Nach Unterschreiten der *Löslichkeitslinie (Segregatlinie)* scheidet sich aus den B-armen α-Mischkristallen eine B-reiche β-Phase aus, siehe z. B. Bild 1-64. Die hier ablaufenden Vorgänge sind für die Ausscheidungshärtung von großer Bedeutung. Genauere Hinweise hierzu sind in Abschn. 2.6.3.3, S. 161, zu finden.

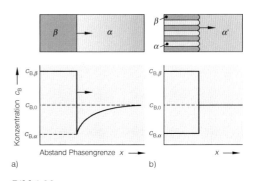

Bild 1-36
Konzentrationsverlauf bei der
a) kontinuierlichen,
b) diskontinuierlichen Ausscheidung, nach Schatt.

Es bedeuten:
$c_{B,0}$ = *Ausgangskonzentration der Matrixphase*,
$c_{B,\alpha}$ = *Endkonzentration (B) der Matrixphase*,
$c_{B,\beta}$ = *Endkonzentration der entstehenden Phase(n)*.

Die Ausscheidung erfolgt *kontinuierlich* oder *diskontinuierlich*. Die β-Phase wächst bei der kontinuierlichen Ausscheidung wegen der erforderlichen Ferntransporte der beteiligten Atomarten meistens sehr langsam, Bild 1-36a. Die Ausscheidungsphase kann sich überall in der Matrix bilden, vorzugsweise aber an Gitterdefekten (Versetzungen, Korngrenzen), wobei sich an diesen Orten die Matrixzusammensetzung zeitabhängig kontinuierlich ändert.

Ausscheidungen, vor allem die an Korngrenzen, bilden sich nicht immer in *allotriomorpher* (»nicht von eigenen Kristallflächen begrenzt«), *Widmannstätten*scher oder *nadelförmiger* Form, sondern vereinzelt auch *diskontinuierlich*, Bild 1-36b. Morphologisch ähnelt diese sehr der eutektoiden Reaktion. Das charakteristische Kennzeichen dieser Umwandlung ist die Bewegung der Korngrenzen mit den wachsenden lamellenförmigen Ausscheidungen α und β in die metastabile, übersättigte Matrix α'. Die Ausscheidungen entstehen durch heterogene Keimbildung an den Korngrenzen, nicht durch diskrete Keimbildung einzelner β-Kristallite. Die notwendigen Konzentrationsänderungen finden nur an den inkohärenten Phasengrenzen α/β und Korngrenzen α'/α statt. Der Verlauf der Konzentration an der Phasengrenze ist demnach *diskontinuierlich*. Die diskontinuierliche Umwandlung erfolgt wegen der sehr viel größeren Diffusionsgeschwindigkeit an Phasengrenzflächen im Vergleich zur Gitterdiffusion sehr viel rascher.

Die Form der Gleichgewichtsausscheidungen ist von der Art des Gleichgewichts zwischen der Korngrenzenenergie und der Oberflächenenergie der Phase abhängig. Häufig bilden sich linsenförmige Teilchen, Bild 1-13b. Bei einer kleinen Oberflächenenergie und einer ausreichend niedrigen Schmelztemperatur breitet sich die Phase großflächig entlang der Korngrenzen aus, wodurch Heißrissigkeit, Korngrenzenkorrosion und (oder) Versprödung auftreten können.

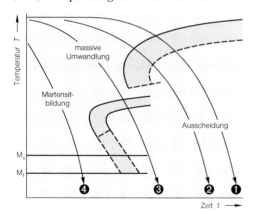

Bild 1-37
ZTU-Schaubild eines Werkstoffs, der in massiver Weise umwandelt. Die Abkühlgeschwindigkeit nimmt von ❶ *in Richtung* ❹ *zu.*
❶: *Äquiaxiale (Korngrenzen-)Ausscheidung,*
❷: *Widmannstättensche Morphologie der Ausscheidung (Platten, Nadeln),*
❸: *massive Umwandlung,*
❹: *martensitische Umwandlung.*

Ordnungsumwandlung

Bei verschiedenen Legierungen sind die Atome in der Matrix nur bei höheren Temperaturen statistisch verteilt. Unterhalb bestimmter Temperaturen erfolgt in den Legierungen entweder eine *Nahentmischung,* oder es entstehen *Überstrukturen*, die durch eine regelmäßige geometrische Verteilung der einzelnen Atomarten gekennzeichnet sind, Abschn. 1.6.2.5. I. Allg. ist das Auftreten von Überstrukturen mit einer merklichen Erhöhung der Festigkeit und Härte und einer oft extremen Verringerung der Zähigkeit verbunden. In technischen Konstruktionswerkstoffen sind sie daher sehr unerwünscht bzw. sie müssen vermieden werden. Allerdings sind für ihre Bildung – sie entstehen bei tiefen Temperaturen im festen Zustand, Bild 1-66a, S. 54 – sehr lange Zeiten erforderlich.

Massivumwandlung

In verschiedenen Legierungen vor allem des Eisens, Kupfers, Silbers, Nickels u. a. tritt bei beschleunigter Abkühlung die sog. *massive Umwandlung* auf, Bild 1-34 und Bild 1-37. Die Vorgänge hängen sehr stark von der Abkühlgeschwindigkeit ab. Bei zunehmender Abkühlung entstehen bei diesen Legierungssystemen nacheinander Korngrenzenausscheidungen ❶, platten- oder nadelförmige Umwandlungsgefüge (*Widmannstättensche* Morphologie) ❷, massive ❸ und schließlich martensitische Umwandlungsgefüge ❹.

Gemäß Bild 1-34 geht bei der massiven Umwandlung die β-Phase ohne Änderung der Zusammensetzung in die α-Phase über. Dieser Vorgang erfordert lediglich die Bildung einer anderen Kristallstruktur, er ähnelt damit dem Rekristallisationsprozess, nur läuft er um Größenordnungen rascher ab. Die neue Phase bildet sich an den Korngrenzen und wächst in die umgebende Matrix. Da beide Phasen gleiche Zusammensetzung haben, müssen die Atome nur kleine thermisch aktivierte Sprünge über die Phasengrenze vollziehen. Die Bildung der neuen Phase, d. h., die Bewegung der Phasengrenzflächen erfolgt daher sehr schnell. Das ist auch die Ursache für die glattrandigen, aber irregulären Korngrenzen der massiv gebildeten Phase. Damit lässt sich diese Form der Umwandlung als diffusionslose thermisch aktivierte Umwandlung definieren. Werkstoffe, die in massiver Form umwandeln, können i. Allg. bei erhöhter Abkühlgeschwindigkeit auch martensitische bzw. martensitähnliche Gefüge bilden, z. B. Bild 1-37, Kurve ❹.

Polymorphe Umwandlung
Manche Elemente und Legierungen können je nach Temperatur (und Druck) in unterschiedlichen Kristallstrukturen, sog. *allotropen Modifikationen*, vorliegen. Diese Erscheinung wird übergeordnet als *Polymorphismus*, bei reinen Metallen gewöhnlich als *Allotropie*, die Phasenumwandlung als polymorphe (allotrope) Umwandlung bezeichnet. Manche Legierungen lassen sich durch eine sehr rasche Abkühlung soweit unterkühlen, dass die polymorphe Umwandlung nicht mehr über Diffusionsvorgänge, sondern nur noch über den diffusionslosen Umwandlungsmechanismus (s. Martensitbildung, Abschn. 1.4.2.2) ablaufen kann.

Die wichtigste polymorphe Umwandlung ist zweifellos die $(\gamma \rightarrow \alpha)$-Umwandlung in Eisen bzw. Stahl. Bei überkritischer Abkühlung entsteht aus dem Austenit das technisch überaus wichtige martensitische Gefüge, das abhängig vom Kohlenstoffgehalt des Austenits sehr hart sein kann, s. Abschn. 1.4.2.2.

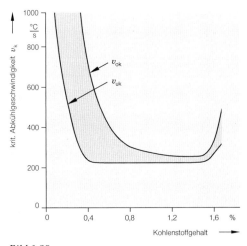

Bild 1-38
Abhängigkeit der oberen (v_{ok}) und unteren (v_{uk}) kritischen Abkühlgeschwindigkeit vom Kohlenstoffgehalt in reinen Fe-C-Legierungen, nach Houdremont.

1.4.2.2 Diffusionslose Phasenumwandlungen (Martensitbildung)

Der wirksamste Mechanismus einer Festigkeitserhöhung von kohlenstofflegierten Eisenwerkstoffen ist die **Martensitbildung** *(Umwandlungshärtung)*. Das martensitische Gefüge ist das härteste (bei höheren Kohlenstoffgehalten auch das spröde ste!) und damit auch das am wenigsten verformbare aller metallischen (Konstruktions-)Werkstoffe, wenn dessen Kohlenstoffgehalt über etwa 0,2 % bis 0,3 % liegt. Auf der Eigenschaft »Härtbarkeit« beruht die herausragend wichtige Stellung dieser Werkstoffe in der Praxis.

Für die Martensitbildung müssen die folgenden werkstofflichen und verfahrenstechnischen Voraussetzungen erfüllt sein:
☐ Der Werkstoff muss in zwei *allotropen Modifikationen* vorliegen.
☐ Die Löslichkeit der bei höherer Temperatur existierenden Phase für Legierungselemente – in erster Linie Kohlenstoff – muss größer sein als die Löslichkeit der bei der niedrigeren Temperatur stabilen Phase.
☐ Die Abkühlung muss so schnell erfolgen, dass keine Platzwechselvorgänge, insbesondere der Kohlenstoff- und Eisenatome, erfolgen können. Das geschieht, wenn die sog. kritische Abkühlgeschwindigkeit v_k überschritten wird, Bild 1-38. Bei der wichtigen Werkstoffgruppe »Stahl« unterscheidet man die
  – v_{uk}: **untere** (Martensit entsteht erstmals in nachweisbaren Mengen) und
  – v_{ok}: die **obere kritische Abkühlgeschwindigkeit** (der Austenit wandelt vollständig in Martensit um).

Die kritische Abkühlgeschwindigkeit wird durch Kohlenstoff und nahezu alle anderen Legierungselemente erniedrigt, weil die Martensitbildung erschwert wird, wie Bild 1-38 zeigt. Legierungselemente haben meistens einen wesentlich größeren Atomdurchmesser als Kohlenstoff, sie behindern also in erster Linie dessen Beweglichkeit im Gitter. Mit zunehmender Umwandlungsträgheit des Austenits wird die Härtbarkeit des Stahles verbessert (genauer die »Einhärtungstiefe« nimmt zu), da seine kritische Abkühlgeschwindigkeit verringert wird.

Die in der Härtereitechnik erwünschte große Härtbarkeit der Stähle verringert aber entscheidend ihre Schweißeignung, weil der austenitisierte Teil der Wärmeeinflusszone beim Abkühlen leicht in harten, rissanfälligen Martensit umwandeln kann. Die Abkühlgeschwindigkeit der austenitisierten Bereiche der Wärmeeinflusszonen von Schweißverbindungen (Abschn. 4.1.3, S. 310) kann dann in den meisten Fällen wesentlich größer werden als die kritische Abkühlgeschwindigkeit des Stahles, und die Martensitbildung ist unvermeidbar. In vielen Fällen ist damit eine ausgeprägte Rissbildung in der WEZ verbunden.

Der Bildungsmechanismus des Martensits ist außerordentlich komplex und bis heute noch nicht in allen Einzelheiten geklärt. Das gilt vor allem für die Entstehung des Lanzettmartensit. Die Umwandlung des kfz Austenits in den (annähernd krz) Martensit bei Eisen-Kohlenstoff-Legierungen erfolgt diffusionslos und extrem schnell über eine kooperative Scherbewegung von Atomgruppen bei tiefen Temperaturen (beginnend bei der Temperatur $T \leq M_s$), d. h. großer Unterkühlung. Die von den einzelnen Atomen während der Martensitbildung zurückgelegte Weg ist kleiner als die Gitterkonstante. Der Martensit hat daher die gleiche Zusammensetzung wie der Austenit.

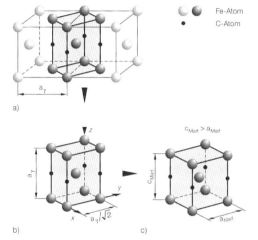

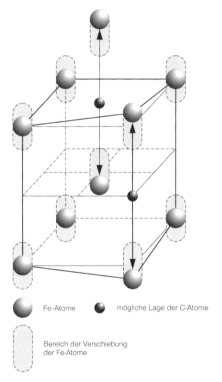

Bild 1-39
Lage des im tetragonal verzerrten α-Gitters zwangsgelösten Kohlenstoffs bei der Martensitbildung in Fe-C-Legierungen, nach Lipson und Parker.

Bild 1-40
Entstehung des Martensitgitters aus dem kfz Gitter nach Bain.
a) Die im kfz Gitter »vorgezeichnete« rz Zelle
b) wird durch Stauchen in der z- und Dehnen in den x- und y-Richtungen
c) in die trz – nicht krz! – des Martensits überführt, weil der eingelagerte C das raumzentrierte (rz) Gitter in z-Richtung aufweitet ($c_{Mart} > a_{Mart}$).

Der im kfz Gitter gelöste Kohlenstoff bleibt nach der Umwandlung im Gitter des Martensits zwangsgelöst und erzeugt zusammen mit der niedrigen Umwandlungstemperatur erhebliche (Umwandlungs-)Spannungen, d. h. hohe Härten, Bild 1-39. Das Martensitgitter wird durch den eingelagerten Kohlenstoff verzerrt, es ist also nicht mehr *kubisch*-, sondern *tetragonal-raumzentriert (trz)*, Bild 1-40. Wie in Abschn. 2.6.3.2, S. 160, beschrieben, kann der beobachtete extreme Härteanstieg aber nicht allein mit dieser »Mischkristallverfestigung« erklärt werden. Die eigentliche Ursache der Martensithärte sind Vorgänge während der Umwandlung, die weiter unten beschrieben werden.

Eine der ältesten Theorien zur Martensitbildung ist der sehr anschauliche *Bain-Mechanismus*, Bild 1-40. Man erkennt, dass im kfz Gitter bereits eine raumzentrierte Zelle (rz) »virtuell« vorgebildet ist. Die Abmessungen des krz Martensitgitters lassen sich durch Stauchen des Gitters in der z-Richtung (etwa 20 %) und Dehnen in den anderen (etwa 12 %) erreichen. Die *gitterverändernde Verformung* bei der Umwandlung des Austenits in den Martensit ist mit dem *Bain*-Modell zutreffend beschreibbar.

Aus geometrischen Gründen muss weiterhin während der Umwandlung an der Phasengrenze Austenit/Martensit eine Gitterebene unverzerrt und ungedreht (invariant) bleiben. Diese sog. *Habitusebene* ist aber bei der einfachen *Bain*-Umwandlung nicht vorhanden! Die bei der gitterverändernden Deformation an der Phasengrenze Austenit/Martensit entstehenden Verformungen müssten zu einer makroskopisch sichtbaren *Gestaltänderung* (nicht Volumenänderung!) führen, die aber tatsächlich nicht beobachtet wird. Es sind also *formerhaltende Gitterverzerrungen* notwendig (Gleitung oder Zwillingsbildung), die der treibenden Kraft der Umwandlung entgegenwirken, Bild 1-41. Das Ergebnis ist vor allem bei den höher gekohlten Stählen ein stark fehlgeordnetes Gefüge (Zwillinge, Versetzungen), das die entscheidende Ursache für die beobachtete, extreme Martensithärte ist.

Die gebildete Martensitmenge ist bei diesem *athermischen*, d. h. thermisch nicht aktivierbaren Umwandlungsmechanismus daher *nur* von der Größe der Unterkühlung abhängig. Diese erzeugt die für eine weitere Umwandlung notwendige plastische Verformung (s. a. Abschn. 1.5.2).

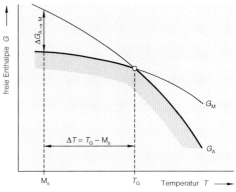

G_M (G_A) Volumenenthalpie des Martensits (Austenits)
T_G Gleichgewichtstemperatur (Martensit/Austenit)
ΔT Unterkühlung
M_s Martensitstarttemperatur

Bild 1-42
Abhängigkeit der freien Enthalpie der Phasen Austenit und Martensit eines Stahls von der Temperatur, schematisch, nach Vöhringer und Macherauch.

Dieses für die Martensitbildung typische Umwandlungsverhalten lässt sich mit Hilfe der freien Enthalpie sehr anschaulich darstellen, Bild 1-42. Keimbildung und Keimwachstum des Martensits erfolgen erst nach der Bereitstellung einer entsprechend großen Energie $\Delta G_{A \rightarrow M}$, d. h. nach einer erheblichen Unterschreitung der Gleichgewichtstemperatur T_G um ΔT bei M_s.

Die Martensitbildung beginnt bei einer *bestimmten* Temperatur und endet bei einer von der chemischen Zusammensetzung abhängigen *bestimmten* Temperatur:

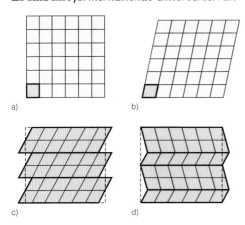

Bild 1-41
Verformungsvorgänge bei der Martensitbildung, nach Bilby und Christian.
a) *Kfz Gitterebene mit eingezeichneter Elementarzelle, unverformt.*
b) *Das trz Gitter ist nicht allein durch eine homogene, elastische Scherung erzeugbar.*
c) *Zum Erzeugen der Habitusebene und zum Erhalten der Form sind Verformungen erforderlich, die entweder durch Gleitprozesse oder*
d) *durch den Mechanismus der Zwillingsbildung erzeugt werden können.*

- M_s = *Martensite starting temperature* (Beginn),
- M_f = *Martensite finishing temperature* (Ende).

Mit zunehmendem Kohlenstoff- und Legierungsgehalt im Austenit wird die Martensitbildung erschwert, da die aufzuwendende plastische Verformung für die erforderliche Gitterstauchung von etwa 20 % wegen der größer werdenden tetragonalen Verzerrung zunimmt. Ebenso wie v_{ok} muss also auch die M_s-Temperatur abnehmen.

Die Martensithärte, d. h., die Höchsthärte des Stahles, hängt ausschließlich von der Menge des zwangsgelösten Kohlenstoffs ab, Bild 1-43. Legierungselemente erniedrigen die kritische Abkühlgeschwindigkeit, erleichtern demnach den technischen Härteprozess, beeinflussen aber im großen Umfang das Umwandlungsverhalten des Austenits d. h. die Art und die Menge und damit auch die Eigenschaften der entstehenden Gefügebestandteile (Abschn. 2.5.3, S. 145).

Aus den bisherigen Ergebnissen lassen sich einige wesentliche Informationen über das zu erwartende Schweißverhalten umwandlungsfähiger Stähle ableiten:
- Die Härte (Fehlordnungssystem, Gitterverspannung) und damit die Rissneigung eines martensitischen Gefüges nimmt mit dem Kohlenstoffgehalt zu, Bild 1-43.

- Legierungselemente und Kohlenstoff verringern die kritische Abkühlgeschwindigkeit, Bild 1-38, d. h., sie erhöhen die Gefahr einer Martensitbildung in den austenitisierten Bereichen der Wärmeeinflusszonen von Schweißverbindungen.
- Bei unlegierten Stählen mit niedrigem Kohlenstoffgehalt ($\leq 0,2\%$) sind die kritischen Abkühlgeschwindigkeiten i. Allg. wesentlich größer, als die bei halbwegs fachgerechten Fertigungsbedingungen entstehenden Abkühlgeschwindigkeiten im Schweißteil. Eine Martensitbildung ist daher ebenso wie die Entstehung von Kaltrissen praktisch ausgeschlossen. Sollte sich durch ungeeignete Einstellwerte oder eine falsche Wärmebehandlung (z. B. keine Vorwärmung!) bei diesen Stählen Martensit gebildet haben, so ist ein Versagen durch Rissbildung trotzdem unwahrscheinlich, da dieser zwar hart, aber erstaunlich risssicher ist. Diese Tatsache ist die Grundlage für die Entwicklung der schweißgeeigneten vergüteten Baustähle, Abschn. 2.7.6.3, S. 197.

Bild 1-44
Mikroaufnahme eines martensitischen Gefüges. Werkstoff: CuAl12, Wärmebehandlung: 900 °C / 30' / Eiswasser, V = 250:1, Eisenchlorid, BAM.

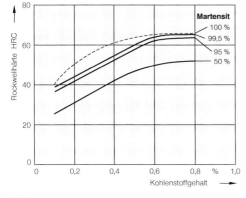

Bild 1-43
Einfluss des Kohlenstoffgehaltes auf die Höchsthärte unlegierter und legierter Stähle für unterschiedliche Martensitgehalte, nach Burns, Moore, Archer.

Martensitische Umwandlungen werden auch in anderen Legierungen beobachtet, z. B. bei Ti, Fe-Ni, Cu-Sn, Cu-Al, Bild 1-44. Eine wichtige Besonderheit der martensitischen Gefüge ist ihre bei kleineren Kohlenstoffgehalten *lanzettenförmige*, Bild 2-17, S. 142, bei höheren *plattenförmige* Erscheinungsform, Bild 1-45. Sie beruht auf der bei tiefen Temperaturen ablaufenden athermischen Bildung des Martensits, die zu einem extrem schnellen, »schlagartigen« Wachstum der Martensitnadeln führt.

1.5 Thermisch aktivierte Vorgänge

1.5.1 Diffusion

Jede Zustandsänderung in einem festen Körper verläuft unter Abnahme der (freien) Enthalpie G. Sie erreicht im thermodynamischen Gleichgewicht ein Minimum, Bild 1-46. *Metastabile Zustände* sind durch relative Energieminima gekennzeichnet. Es ist bemerkenswert, dass Zustandsänderungen (z. B. von x_1 nach x_2) das Überschreiten einer Energiebarriere erfordern. Dem Körper muss also eine bestimmte Energie Q_A zugeführt werden, um den Vorgang zu aktivieren. Die Größe Q_A wird daher auch *Aktivierungsenergie* genannt, s. Abschn. 1.4.1.1. Sie kann z. B. durch Temperaturerhöhung oder Kaltverformung aufgebracht werden.

Bild 1-45
Mikroaufnahme eines »nadelförmigen« Martensits mit größeren Anteilen von Lanzettmartensit, s. a. Bild 2-17, S. 142. Werkstoff C60, Wärmebehandlung: 830 °C/25'/Wasser, V = 1000:1, BAM.

Die Bezeichnung metastabiler Zustand ist nicht gleichzusetzen mit geringer Stabilität. Diese ist ausschließlich von der Größe der Aktivierungsenergie abhängig, also von der Neigung des Körpers, seinen gegenwärtigen Zustand ändern zu wollen. Ein typisches Beispiel ist die metastabile Verbindung Fe_3C. Die Aktivierungsenergie zum Erzeugen des stabilen Zustandes »Kohlenstoff« ist so groß, dass sich bei den meisten technischen Anwendungsfällen die Verbindung als ausreichend stabil erweist.

Die für jede Zustandsänderung notwendigen Platzwechselvorgänge werden daher als *thermisch aktiviert* bezeichnet. Mit Ausnahme der Martensitbildung sind bei praktisch allen Phasenänderungen Platzwechsel der beteiligten Atomsorten erforderlich, Abschn. 1.4. Diese stark temperaturabhängige Wanderung der Atome, Ionen und anderer Teilchen wird *Diffusion* genannt.

Die Diffusion verläuft in homogenen Werkstoffen richtungslos. Diese statistisch ungeordnete Bewegung wird *Selbstdiffusion* genannt. In inhomogenen Körpern entsteht aber durch das Bestreben nach einem Konzentrationsausgleich eine gerichtete Teilchenbewegung (= *stationär*), die in der Regel mit einem merklichen Massentransport verbunden ist. Quantitativ wird dieser Vorgang mit dem *ersten Fickschen Gesetz* beschrieben:

$$J = \frac{dm_A}{dt} = -D \cdot \frac{dc_A}{dx} \cdot S. \qquad [1\text{-}10]$$

J ist der auf die Zeiteinheit bezogene Materialfluss der Teilchen A ($dm_A/dt = \dot{m}_A$), der durch eine Fläche *(S)* senkrecht zur Diffusionsrichtung bei einem Konzentrationsgefälle (dc_A/dx) wandert, Bild 1-47. D ist der für das Metall charakteristische, konzentrationsunabhängige Diffusionskoeffizient, für den die *Arrhenius*-Gleichung gilt:

$$D = D_0 \cdot \exp\left(-\frac{Q_A}{RT}\right). \qquad [1\text{-}11]$$

D_0 = Diffusionskonstante,
Q_A = Aktivierungsenergie des Diffusionsvorganges in J/mol,
R = Gaskonstante = 8,314 J/K·mol,
T = Temperatur in K.

Die Aktivierungsenergie ist ein Maßstab für die Schwierigkeit, den Diffusionsvorgang einzuleiten. D_0 ist die Diffusionskonstante, die die Schwingungsfrequenz, d. h. die Eigenbeweglichkeit der Atome kennzeichnet.

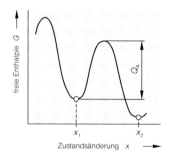

Bild 1-46
Abhängigkeit der freien Enthalpie G von der Zustandsänderung x, Q_A =Aktivierungsenergie. Q_A ist erforderlich, um die Zustandsänderung z. B. von x_1 nach x_2 einzuleiten, d. h. sie zu aktivieren.

Die *Platzwechselmechanismen* der Atome in Festkörpern sind in Bild 1-48 dargestellt. Danach ist der direkte Platzwechsel (z. B. in einem idealen Gitter) aus energetischen Gründen unwahrscheinlich, weil die Aktivierungsenergie für diesen Vorgang zu groß ist. Einfacher kann eine Atomumordnung über Leerstellen erfolgen. Ihre Anzahl und die Schwingungsweiten der Atome nehmen mit der Temperatur zu, die Diffusion wird erleichtert. Der *Zwischengittermechanismus* ist umso wirksamer, je kleiner die Durchmesser der eingelagerten Atome im Vergleich zu den Matrixatomen sind. Eine Diffusion nach diesem

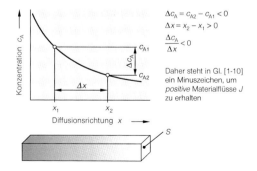

$\Delta c_A = c_{A2} - c_{A1} < 0$
$\Delta x = x_2 - x_1 > 0$
$\dfrac{\Delta c_A}{\Delta x} < 0$

Daher steht in Gl. [1-10] ein Minuszeichen, um *positive* Materialflüsse J zu erhalten

Bild 1-47
Zur Ableitung des durch Diffusionsvorgänge entstehenden Materialflusses J. c_A ist die Konzentration der diffundierenden Substanz »A«.

Mechanismus könnte auch in völlig »fehlerfreien« Werkstoffen ablaufen. Damit wird z. B. auch die extreme Wirkung des Wasserstoffs wenigstens z. T. verständlich. Wasserstoff besitzt den kleinsten Atomdurchmesser aller Elemente, es kann daher bei gegebener Temperatur und Zeit größere Bereiche des Werkstoffs durchdringen (und damit schädigen) als jede andere Atomsorte.

Bei sonst gleichen Bedingungen wird die Diffusion der Atome mit abnehmender Aktivierungsenergie erleichtert. Aus diesem Grund ist die Beweglichkeit der Atome auf Netzebenen im Gitterverband gering, im Korngrenzenbereich größer und auf freien Oberflächen am größten. Auf dieser Tatsache beruht z. B. die Möglichkeit, Ausscheidungen und Verunreinigungen im Bereich der Korngrenzen mit einer Wärmebehandlung lösen zu können, ohne dass die Eigenschaften des Gefüges merklich verändert werden. Die möglichst gleichmäßige Verteilung der Korngrenzensubstanz in der Matrix verbessert die Gütewerte des Werkstoffs erheblich [4].

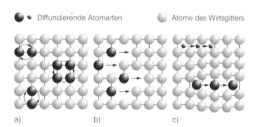

Bild 1-48
Platzwechselmechanismen im Gitter.
a) Direkter Platzwechsel,
b) Leerstellenmechanismus,
c) Zwischengittermechanismus.

Es ist verständlich, dass die *Packungsdichte* die Beweglichkeit der Atome im Gitter entscheidend beeinflusst. Die Selbstdiffusion und die Diffusion von Legierungselementen ist im kfz γ-Fe größenordnungsmäßig um

---

[4] Die Vorgänge laufen in der beschriebenen Form allerdings nur dann ab, wenn die Korngrenzensubstanz bei der gewählten Glühtemperatur löslich ist. Anderenfalls tritt eine Koagulation ein, wodurch die Gütewerte in den meisten Fällen aber auch verbessert werden.

Kapitel 1: Grundlagen der Werkstoffkunde und der Korrosion

den Faktor 100 bis 1000 kleiner als im krz α-Fe. Bei hohen Betriebstemperaturen ist daher die Verwendung der thermisch weniger stabilen krz Werkstoffe nicht empfehlenswert, da bei ihnen thermisch aktivierte Platzwechsel, d. h. Kriechvorgänge, sehr viel leichter stattfinden können.

Den »mittleren« Diffusionsweg x_m kann man mit der Beziehung abschätzen:

$$x_m = \sqrt{D \cdot t}. \qquad [1\text{-}12]$$

D = Diffusionskoeffizient in cm²/s,
t = Glühzeit in s.

Es ist beachtenswert, dass die maximale Eindringtiefe grundsätzlich nicht mehr als einige $\sqrt{D \cdot t}$ beträgt. Für

$$x_{max} \geq 3 \cdot \sqrt{D \cdot t} \geq 3 \cdot x_m \qquad [1\text{-}13]$$

bleibt z. B. abhängig von der Glühzeit t, dem Diffusionskoeffizienten D – und damit auch der Temperatur T – die Konzentration c des diffundierenden Elementes annähernd konstant, d. h., in größeren Tiefen als x_{max} finden praktisch keine Diffusionsvorgänge mehr statt, s. a. Bild 1-49.

Beispiel 1-3:
Es ist die mittlere Eindringtiefe x_m des Kohlenstoffs in γ-Eisen beim Aufkohlen ($T_{Aufk} = 1000$ °C, Glühzeit $t = 10 h$) zu berechnen. Der Diffusionskoeffizient im γ-Eisen beträgt bei 1000 °C etwa $4 \cdot 10^{-7} cm^2/s$.

Bei einer Glühzeit von 10 h ($\approx 4 \cdot 10^4 s$) ergibt sich x_m gemäß Gl. [1-12] zu:

$$x_m = \sqrt{4 \cdot 10^{-7} \frac{cm^2}{s} \cdot 4 \cdot 10^4 s} \approx 0{,}13 \ cm.$$

In einem Abstand von $x_{max} \geq 3 \cdot x_m \approx 0{,}39 \ cm$ (gemessen von der Phasengrenze aufkohlendes Mittel/Werkstück) bleibt die dort vorhandene Kohlenstoffkonzentration bei einer Glühtemperatur von 1000 °C und einer Glühzeit von $\leq 4 \cdot 10^4 s$ völlig ungeändert.

Bei Kenntnis von D_0 und Q_A lässt sich der Diffusionskoeffizient D nach Gl. [1-11] in Abhängigkeit von der Temperatur genauer berechnen.

Mit aus Tabellenwerken entnehmbaren Werten für $Q_A = 137700 \ J/mol$ und $D_0 = 0{,}23 \ cm^2/s$, ergibt sich D bei $T = 1000 + 273 = 1273 \ K$ zu:

$$D = 0{,}23 \cdot exp\left(-\frac{137700}{8{,}314 \cdot 1273}\right) = 5{,}14 \cdot 10^{-7} \ cm^2/s.$$

Beispiel 1-4:
Es ist die maximale Eindringtiefe des Nickels (sie ist geringer als die Hälfte der sog. Diffusionsschichtdicke, s. a. Aufgabe 3-4, S. 291) beim Löten (Arbeitstemperatur $T_A \approx 1000$ °C) eines austenitischen Cr-Ni-Stahls mit einem Nickelbasislot (z. B. NI 103) abzuschätzen. Mit $Q_{A(Ni \to kfz \ Fe)} = 267900 \ J/mol$ und der Diffusionskonstanten $D_{0(Ni \to kfz \ Fe)} = 4{,}1 \ cm^2/s$ ergibt sich bei einer Lötdauer von 120 s der Wert D für die Diffusion von Ni im kfz Eisengitter nach Gl. [1-11] zu:

$$D = 4{,}1 \cdot exp\left(-\frac{267900}{8{,}314 \cdot 1273}\right) = 4{,}17 \cdot 10^{-11} \ cm^2/s.$$

Aus Gl. [1-13] ergibt sich x_{max} zu:

$$x_{max} = 3 \cdot \sqrt{D \cdot t} = 3 \cdot \sqrt{4{,}17 \cdot 10^{-11} \frac{cm^2}{s} \cdot 120 \ s}$$

$$x_{max} = 3 \cdot 71 \cdot 10^{-6} \ cm = 3 \cdot 0{,}71 \cdot 10^{-6} \ m \approx 2 \ \mu m.$$

Die Eindringtiefe der Atome liegt beim (Hart-)Löten erfahrungsgemäß im Bereich einiger μm. Der berechnete Wert gibt die zu erwartende Größenordnung für x_{max} damit näherungsweise »richtig« an.

1.5.1.1 Nichtstationäre Diffusionsvorgänge

Dynamische, d. h., nichtstationäre Vorgänge lassen sich mit dem wesentlich komplizierteren zweiten *Fick*schen Gesetz, Gl. [1-14], beschreiben:

$$\frac{\partial c}{\partial t} = D \cdot \frac{\partial^2 c}{\partial x^2}. \qquad [1\text{-}14]$$

Für verschiedene nichtstationäre Prozesse existieren Lösungen der Differentialgleichung Gl. [1-14] unter Berücksichtigung prozesstypischer spezieller Randbedingungen. Eine für den Aufkohlungsprozess von Stählen gültige Lösung ist z. B.:

$$\frac{c_s - c_{x,t}}{c_s - c_0} = \mathrm{erf}\left(\frac{x}{2 \cdot \sqrt{D \cdot t}}\right) = \mathrm{erf}(\zeta) \qquad [1\text{-}15]$$

In Gl. [1-15] bedeuten:

c_s = Konstante Ausgangskonzentration der Atomsorte A an der Werkstückoberfläche,
c_0 = gleichmäßige Konzentration der diffundierenden Atome A im Werkstoff,
$c_{x,t}$ = Konzentration der Atomsorte A im Abstand x von der Werkstückoberfläche zur Zeit t,
$\mathrm{erf}(\zeta)$ = nichtelementares *Gauss*sches Fehlerintegral (= Errorfunktion, liegt tabelliert vor).

Damit lässt sich die Konzentration einer diffundierenden Substanz im Bereich der Oberfläche in Abhängigkeit vom Abstand x und der Zeit t berechnen. Voraussetzung für die Gültigkeit ist die Konstanz des Diffusionskoeffizienten D und der Konzentrationen c_s und c_0.

Beispiel 1-5:
Die Oberfläche eines unlegierten Kohlenstoffstahls ($c_0 = 0,1\% \, C$) soll in einer kohlenstoffhaltigen Atmosphäre mit $c_s = 1,1\% \, C$ bis zu einer Tiefe von angenähert $x_a = 1 \, mm = 0,1 \, cm$ auf $c_{x,t} = 0,5\% \, C$ aufgekohlt werden. Der Prozess soll bei verschiedenen Temperaturen stattfinden. Aus Gl. [1-15] ergibt sich:

$$\frac{c_s - c_{x,t}}{c_s - c_0} = \frac{1,1 - 0,5}{1,1 - 0,1} = 0,6 = erf\left(\frac{1 \cdot 10^{-1}}{2 \cdot \sqrt{D \cdot t}}\right) = erf(\zeta).$$

Aus $erf(\zeta) = 0,6$ folgt $\zeta = \left(\frac{0,5 \cdot 10^{-1}}{\sqrt{D \cdot t}}\right) = 0,5912$.

Damit wird: $\frac{0,25 \cdot 10^{-2}}{D \cdot t} = 0,35; \quad D = \frac{0,714 \cdot 10^{-2}}{t}$.

Für Kohlenstoff in γ-Eisen ist $D_0 = 0,23 \, cm^2/s$ und $Q_A = 137\,700 \, J/mol$. Damit wird gemäß Gl. [1-11]:

$$D = 0,23 \cdot exp\left(-\frac{16\,562}{T}\right) cm^2/s.$$

Durch Gleichsetzen der beiden Beziehungen für D ergibt sich die gesuchte Abhängigkeit $t = f(T)$ zu:

$$\frac{0,714 \cdot 10^{-2}}{t} = 0,23 \cdot exp\left(-\frac{16\,562}{T}\right)$$

$$t = 0,031 \cdot exp\left(\frac{16\,562}{T}\right) s.$$

Mit diesen Angaben können verschiedene Wärmebehandlungsvorschriften (aber Entstehung von Grobkorn beachten!) ermittelt werden, z. B.:

$T = 900\,°C = 1173\,K, \quad t = 42007\,s = 11,67\,h,$
$T = 1100\,°C = 1373\,K, \quad t = 5372\,s = 1,49\,h.$

Der Konzentrationsverlauf in Abhängigkeit von der Aufkohlungstiefe bei verschiedenen Wärmebehandlungszeiten t_i ist in Bild 1-49 dargestellt.

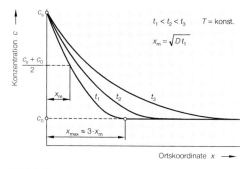

Bild 1-49
Konzentrationsverläufe des diffundierenden Kohlentoffs (Beispiel 1-5) für drei unterschiedliche Zeiten $t_1 < t_2 < t_3$ bei $T = konst.$ in einem halbunendlichen Stab. Die Oberflächenkonzentration beträgt während des gesamten Prozesses $c = c_s$.

In manchen Fällen ist die Kenntnis der zum Homogenisieren einer inhomogenen Legierung erforderlichen Zeit notwendig. Die Änderung der Konzentration c_A des Legierungselements A im Gefüge lässt sich im einfachsten Fall mit einem sinusförmigen Verlauf beschreiben, Bild 1-50.

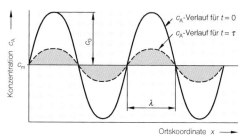

Bild 1-50
Konzentrationsänderung bei einem sinusförmigen Verlauf der Konzentration c_A.

Zur Zeit $t = 0$ ist das Konzentrationsprofil c_A der Atomsorte A durch die Beziehung gegeben:

$$c_A = c_m + c_0 \cdot sin\left(\frac{\pi x}{\lambda}\right). \quad [1\text{-}16]$$

Hierin bedeuten c_m die mittlere Konzentration, c_0 die Amplitude der ursprünglichen Konzentration und λ die halbe »Wellenlänge«. $2 \cdot \lambda$ entspricht etwa dem mittleren Dendritenabstand. Unter der Annahme, dass $D = D_A$ unabhängig von der Konzentration ist, ergibt die Lösung der Gl. [1-14] für diesen Fall:

$$c_A = c_m + c_0 \cdot sin\left(\frac{\pi x}{\lambda}\right) \cdot exp\left(\frac{-t}{\tau}\right). \quad [1\text{-}17]$$

In Gl. [1-17] ist τ eine Konstante, die auch als *Relaxationszeit* bezeichnet wird. Für diese gilt:

$$\tau = \frac{\lambda^2}{\pi^2 \cdot D_A}. \quad [1\text{-}18]$$

Die maximale Amplitude des Konzentrationsverlaufs c_{max} ergibt sich für $x = \lambda/2$ zu:

$$c_0 = c_{max} = exp\left(\frac{-t}{\tau}\right). \quad [1\text{-}19]$$

Nach einer Glühzeit von z. B. $t = \tau$ wird gemäß Gl. [1-19] $c_{max} = 1/e = 1/2,71 = 0,37$, für eine Glühzeit von $t = 2 \cdot \tau$ wird $c_{max} = 1/e^2 = 0,14$. Der Verlauf für $t = \tau$ ist in Bild 1-50 als gestrichelte Linie dargestellt. Gl. [1-18] lässt erkennen, dass der Prozess der Homogenisierung quadratisch von der »Wellenlänge« λ des Konzentrationsprofils abhängt. Ein Konzentrations*ausgleich* ist daher bei den großvolumigen Blockseigerungen wirtschaftlich nicht erreichbar.

Beispiel 1-6:
Die Ni-Cu-Legierung NiCu60 soll bei $1250\,°C$ homogenisiert werden (s. Bild 5-18, S. 519). Aus Schliffbildern wird ein mittleres λ von $0,1 \, mm = 0,01 \, cm$ ent-

nommen. Es ist die Glühzeit für $t = 2 \cdot \tau$ zu berechnen. Die Amplitude der Cu-Konzentration soll also auf etwa 14 % der ursprünglichen Höhe (c_0) abnehmen.

Zunächst ist der Diffusionskoeffizient $D_{Cu \to Ni}$ von Cu in Ni zu bestimmen. Aus Tabellenwerken entnimmt man $Q_A = 257\,500\,J/mol$ und $D_0 = 0{,}65\,cm^2/s$. Damit erhält man mit $T = 1250 + 273 = 1523\,K$ aus Gl. [1-11] den Diffusionskoeffizienten $D_{Cu \to Ni}$:

$$D_{Cu \to Ni} = 0{,}65 \cdot \exp\left(-\frac{257\,500}{8{,}314 \cdot 1523}\right) = 9{,}57 \cdot 10^{-10} \frac{cm^2}{s}.$$

Das gesuchte τ wird aus Gl. [1-18] berechnet zu:

$$\tau = \frac{\lambda^2}{\pi^2 \cdot D_{Cu \to Ni}} = \frac{10^{-4} \cdot 10^{10}}{9{,}87 \cdot 9{,}57} = 1{,}06 \cdot 10^4\,s \approx 3\,h.$$

Der gewünschte Verlauf der Cu-Konzentration ergibt sich nach einer Glühzeit von $t = 2 \cdot \tau = 6\,h$. Bei einem λ von nur 1 mm ergäbe sich der völlig unrealistische Wert von $t = 600\,h$!

Die Diffusionsvorgänge im Bereich der »Bindestelle« einer stoffschlüssigen Verbindung aus zwei unterschiedlich zusammengesetzten Werkstoffen mit den Konzentrationen c_1 und c_2 werden mit der folgenden speziellen Lösung der Gl. [1-14] berechnet:

$$c(x;t) = \left(\frac{c_1 + c_2}{2}\right) - \left(\frac{c_1 - c_2}{2}\right) \cdot \mathrm{erf}\left(\frac{x}{2 \cdot \sqrt{D \cdot t}}\right). \quad [1\text{-}20]$$

Beispiel 1-7:
Ein Stab aus Armco-Eisen $(c_2 = 0\,\%)$ wird mit einem Stab aus Vergütungsstahl $(c_1 = 0{,}4\,\%)$ verschweißt. Welchen C-Gehalt hat der Armco-Stab bei $x = 1\,mm$ nach einer Glühbehandlung $T = 1273\,K$; $t_2 = 10\,h$?
Mit $D = 5{,}14 \cdot 10^{-7}\,cm^2/s$ aus dem Beispiel 1-3, S. 40, erhält man mit Gl. [1-20] bei $x = 0{,}1\,cm$ und $t_2 = 10\,h = 36000\,s$ die Konzentration $c(0{,}1;\,36000) = c_M$:

$$c_M = 0{,}2 - 0{,}2 \cdot \mathrm{erf}\left(\frac{0{,}1}{2 \cdot \sqrt{5{,}14 \cdot 3{,}6 \cdot 10^{-3}}}\right) = 0{,}12\,\%.$$

Den Verlauf der C-Konzentration zeigt Bild 1-51.

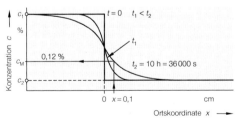

Bild 1-51
Konzentrationsverläufe c_1 und c_2 eines diffundierenden Elementes in zwei halbunendlichen Stäben (verbunden z. B. durch Schweißen) für zwei unterschiedliche Zeiten $t_1 < t_2$. Zahlenwerte s. Text zu Beispiel 1-7.

1.5.2 Erholung und Rekristallisation

Die z. T. extreme Zunahme der Anzahl der Versetzungen als Folge einer Kaltverformung (Kaltverfestigung) führt zu einschneidenden Änderungen vieler Werkstoffeigenschaften. Die sehr wichtige technologische Eigenschaft Schweißeignung z. B. wird in erster Linie durch den starken Anstieg der Festigkeit und Härte und den erheblichen Abfall der Zähigkeitswerte beeinträchtigt.

Beim Schweißen kaltverformter Werkstoffe werden daher in bestimmten Bereichen neben der Schweißnaht die Eigenschaften des kaltverformten Werkstoffes durch die Rekristallisation weitgehend verändert (s. Abschn. 1.3). Im Wesentlichen beruhen die Schweißprobleme also auf der Entstehung eines Gefügekontinuums mit extrem unterschiedlichen und ungünstigen mechanischen Gütewerten. Bei unlegierten Stählen muss außerdem mit dem Auftreten der zähigkeitsvermindernden *Verformungsalterung* gerechnet werden (Abschn. 3.2.1.2, S. 240).

Als Folge der plastischen Verformung wird Energie im Werkstoff gespeichert, die im Wesentlichen aus der Verformungsenergie und der Verzerrungsenergie der Versetzungen besteht. Nach einer ausreichenden thermischen Aktivierung (z. B. Erhöhen der Temperatur) wird nach Überschreiten einer Schwellentemperatur der Energiegehalt des instabilen Gefüges abgebaut. Der Werkstoffzustand nähert sich dadurch dem thermodynamischen Gleichgewichtszustand. Sämtliche durch das Kaltverformen hervorgerufenen Änderungen der Eigenschaften werden rückgängig gemacht. Das geschieht in mehreren Stufen:
– Erholung,
– Rekristallisation,
– Kornwachstum.

Während der *Erholung* werden die mechanischen Gütewerte kaum geändert, die physikalischen Eigenschaften erreichen im Wesentlichen die vor der Kaltverformung vorhandenen Werte. Die Zahl der Versetzungen bleibt weitgehend erhalten, sie lagern sich aber durch thermisches Aktivieren in energieärmere Zustände um (Abschn. 1.2.2.1).

Die mechanischen Gütewerte ändern sich erst oberhalb der *Rekristallisationstemperatur* T_{Rk}, bei der sich neue, unverformte (also weiche), energiearme Körner zu bilden beginnen. Bild 1-52 zeigt schematisch die Änderung der Bruchdehnung und der Zugfestigkeit von Reinkupfer in Abhängigkeit vom *Kaltverformungsgrad* φ und der Glühtemperatur T.

Die treibende Kraft der der Primärkristallisation vergleichbaren Rekristallisation ist die Verzerrungsenergie der Versetzungen, deren Anzahl dabei auf den Wert vor der Kaltverformung fällt. Eine genauere Untersuchung zeigt, dass die auf das Werkstück übertragene *Arbeit* die maßgebende Größe der Rekristallistion ist. Da der Werkstoff nicht gleichmäßig verformt wird, wirken die besonders stark verformten Bereiche (*»Kerne«*) als Keime für den Rekristallisationsvorgang, Bild 1-53. Ihre Anzahl nimmt mit steigendem Verformungsgrad zu. Ausgehend von diesen Kernen wird das verformte Gefüge durch die wachsenden Körner des rekristallisierenden Gefüges ersetzt, ähnlich wie bei der Primärkristallisation die Schmelze durch Kristallite. Der Vorgang ist beendet, wenn sich die Körner gegenseitig berühren.

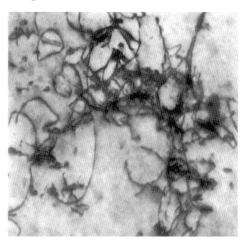

Bild 1-53
Zellartige Versetzungsanordnung in einem kaltverformten Stahl Ck 10, $\varphi = 10\%$, V = 35 000:1, BAM.

Korngröße und Kornform des rekristallisierten und des kaltverformten Gefüges können sich erheblich voneinander unterscheiden. Die komplizierte, noch nicht in allen Einzelheiten geklärte Bewegung der Korngrenzen während des Rekristallisierens ist für die entstehende Gefügeform der entscheidende Vorgang.

Aus den bisherigen Erkenntnissen ergeben sich einige wesentliche Hinweise über den Ablauf und das Ergebnis der Rekristallisation:
- ❏ Die Rekristallisation beginnt erst, wenn die gespeicherte Energie einen Schwellenwert, gekennzeichnet durch den *kritischen Verformungsgrad* φ_{krit}, überschritten hat: $\varphi > \varphi_{krit}$.
- ❏ Die geringe Triebkraft der Rekristallisation in der Nähe des kritischen Verformungsgrades führt zu einer sehr geringen Wachstumsgeschwindigkeit der rekristallisierenden Körner. Da außerdem die Anzahl der Kerne gering ist, entsteht ein in der Regel unerwünschtes, extrem *grobkörniges Gefüge,* s. Bild 1-54a.

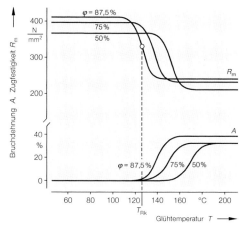

Bild 1-52
Einfluss der Glühtemperatur T auf die Zugfestigkeit Rm und die Bruchdehnung A von kaltverformtem Kupferdraht, Glühzeit t = 1 h, nach Smart, Smith und Phillips. Als Beispiel wurde die Rekristallisationstemperatur T_{Rk} für $\varphi = 87,5\%$ eingetragen.
T_{Rk} *kann mit verschiedenen Kriterien definiert bzw. ermittelt werden:*
1) Die ersten rekristallisierten Körner sind z. B. metallografisch nachweisbar.
2) Die Differenz der Festigkeit (Härte) im verformten und nichtverformten Werkstoff ist auf die Hälfte gefallen. Diese Methode wurde hier angewendet.

❏ Bei sehr großen Verformungsgraden entsteht wegen der damit verbundenen erheblichen Triebkraft ein sehr feinkörniges Gefüge, und der Beginn der Rekristallisation wird zu niedrigeren Temperaturen verschoben. Da das Gefüge technischer Werkstoffe in den meisten Fällen feinkörnig sein soll, muss der zu rekristallisierende Werkstoff möglichst stark kaltverformt werden, wobei natürlich keine Anrissbildung erfolgen darf.

❏ Die chemische Zusammensetzung, insbesondere aber die an den Korngrenzen ausgeschiedenen Teilchen bzw. Elemente, beeinflussen das Rekristallisationsverhalten erheblich. Die Beweglichkeit der Korngrenzen während des Rekristallisierens wird durch sie merklich beeinträchtigt. Diese *Rekristallisationsverzögerung* ist z. B. ein wichtiger Faktor für die hervorragenden mechanischen Gütewerte der thermomechanisch gewalzten Feinkornbaustähle (Abschn. 2.7.6.2, S. 190).

❏ Bei einphasigen Werkstoffen (z. B. hochlegierten Stählen, Ni, Al) ist Kaltverformen mit einem anschließenden Rekristallisieren die einzige Möglichkeit, die Korngröße gezielt verändern zu können.

❏ In Werkstoffen mit interstitiell gelösten Atomen (vor allem C, N, aber auch P) kann nach einem Kaltverformen die sehr unerwünschte Verformungsalterung (Reckalterung) entstehen. Technisch bedeutsam ist die Verformungsalterung aber nur bei un- und (niedrig-)legierten Stählen (z. B. Bild 1-21). Im Wesentlichen werden dadurch die Festigkeitswerte mäßig erhöht, die Zähigkeitswerte aber z. T. erheblich verringert. Die durch das Kaltverformen erzeugte große Zahl der Versetzungen erleichtert das Diffundieren der interstitiell gelösten Atome zu den Versetzungskernen. Dadurch werden die Versetzungen wirksam und schnell blockiert. Stickstoff ist wegen seiner größeren Löslichkeit und Diffusionsfähigkeit wesentlich gefährlicher als Kohlenstoff.

❏ Bei gegebenem Verformungsgrad nimmt die Rekristallisationstemperatur zu mit:
 – Zunehmender Korngröße des zu verformenden Werkstoffs,
 – zunehmender Temperatur, bei der die Kaltverformung erfolgte,
 – abnehmender Aufheizgeschwindigkeit beim Rekristallisieren.

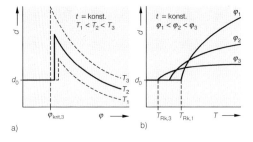

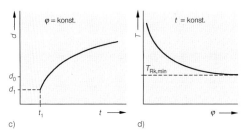

Bild 1-54
Einfluss des Kaltverformungsgrades φ, der Temperatur T und der Glühzeit t auf die Rekristallisation (Rekristallisationsschaubild), schematisch.
a) *Abhängigkeit der Korngröße d des rekristallisierten Gefüges vom Grad der Kaltverformung φ und der Temperatur T. Die Rekristallisation beginnt bei $\varphi \geq \varphi_{krit,3}$.*
b) *Mit zunehmendem Verformungsgrad φ beginnt die Rekristallisation früher ($T_{Rk,3} < T_{Rk,2} < T_{Rk,1}$) und das Kornwachstum später.*
c) *Mit zunehmender Glühzeit t nimmt die Größe des rekristallisierenden Kornes grundsätzlich zu.*
d) *Die geringste, physikalisch mögliche Rekristallisationstemperatur beträgt etwa $T_{Rk,min} = 0{,}4 \cdot T_S$.*

Alle genannten Einflüsse führen dazu, dass die im Werkstoff gespeicherte Energie zu Beginn der Rekristallisation geringer, d. h. die Rekristallisationsschwelle angehoben wird. Die *Rekristallisationsschaubilder* zeigen schematisch die wichtigsten Zusammenhänge, Bild 1-54.

Die Bildfolge Bild 1-55 zeigt Mikroaufnahmen unterschiedlich stark kaltverformter Proben aus dem Baustahl S235 (St 37) im Vergleich zum unbeeinflussten Grundwerkstoff. Die Härtezunahme (Zähigkeitsabnahme!) ist bemerkenswert. Man beachte die erhebliche Streckung der Kristallite.

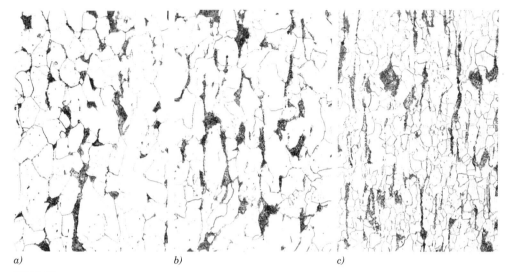

a)   b)   c)

Bild 1-55
Mikroaufnahmen unterschiedlich kaltverformter Proben aus S235 (St 37), V = 500:1, 3 % HNO_3.
a) Unbeeinflusster Grundwerkstoff, Härte = 120 HV 1 (Originalgröße 5,4 cm x 7,8 cm, s. Aufgabe 1-1, S. 110),
b) 20 % kaltverformt, Härte = 200 HV 1,
c) 45 % kaltverformt, Härte ≈ 250 HV 1.

1.5.3 Warmverformung

Nach der metallkundlichen Definition wird jede Verformung metallischer Werkstoffe oberhalb der Rekristallisationstemperatur T_{Rk} als Warm-, darunter als Kaltverformung bezeichnet. Eine *Warmverformung* oberhalb der Rekristallisationstemperatur beseitigt die Verfestigung, erhöht die Verformbarkeit wieder auf die Werte des unverformten Werkstoffes und wandelt ein evtl. vorliegendes Gussgefüge in ein feinkörniges Gefüge um, Bild 1-56. Die hierfür entscheidenden Vorgänge sind die dynamische Verfestigung und Entfestigung während des Rekristallisierens. Die Oberflächenqualität der verzunderten, warmumgeformten Bauteile ist deutlich geringer als die von kaltumgeformten. Die *Halbwarmumformung* erfolgt bei Temperaturen, bei denen die Vorteile des Kaltumformens (hohe Oberflächengüte) mit denen des Warmumformens (hohes Formänderungsvermögen) verbunden werden. Die wichtigsten Warmumformverfahren sind *Warmwalzen*, *Schmieden* und *Strangpressen*.

Wegen der grundsätzlichen Gefahr eines *Kornwachstums* sollte die Warmverformung möglichst knapp über der Rekristallisationstemperatur erfolgen. Bei umwandlungsfähigen Stählen wird z. B. die Warmverformung in einem engen Temperaturbereich dicht über dem A_3-Punkt durchgeführt.

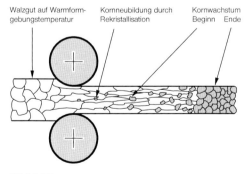

Bild 1-56
Schematische Darstellung der Gefügeänderungen während einer Warmformgebung metallischer Werkstoffe: Kornneubildung (Rekristallisation), Kornwachstum.

Eine unangenehme Folge des Walzprozesses ist die deutliche Anisotropie der Zähigkeitseigenschaften Sie ist außerdem stark abhängig von der Art und Menge der Ausscheidungen und dem Verformungsgrad. Die Kerbschlagarbeit in Walzrichtung kann vor allem im Bereich der Hochlage bis zu zweimal größer sein als quer dazu. Dieser Unterschied wird i. Allg. mit zunehmendem Warmverformungsgrad und zunehmender Plastizität der Einschlüsse größer. Aus diesem Grunde werden Stähle heutzutage mit Elementen entschwefelt, die spröde, unverformbare Sulfide bilden (s. Abschn. 2.7.6.2, S. 190), z. B. Cer (CeS), Titan (TiS), Zirkonium (ZrS). Die Plastifizierbarkeit der Mangansulfide, die zu in Walzrichtung lang gestreckten Einschlüssen führt, ist eine Hauptursache für die Zähigkeitsanisotropie konventioneller Kohlenstoff-Mangan-Stähle (s. a. Bild 2-61, S. 194).

1.6 Grundlagen der Legierungskunde

Legierungen sind metallische Werkstoffe, denen absichtlich Elemente zugesetzt werden, um gewünschte Eigenschaften zu erzeugen bzw. zu verstärken (z. B. Härtbarkeit) oder unerwünschte zu beseitigen bzw. zu mildern (z. B. Heißrissanfälligkeit).

Die Legierungselemente können in sehr unterschiedlicher Art in der Matrix des »Wirtsgitters« verteilt sein. Die wichtigsten Legierungstypen sind:
– *Mischkristalle*,
  z. B. alle Cu-Ni-Legierungen im thermodynamischen Gleichgewicht,
– *intermediäre Verbindungen*,
  z. B. Fe_3C, Al_2Cu,
– *Kristallgemische*,
  z. B. Eutektikum, Eutektoid, bzw. Gemische aus zwei oder mehreren Phasen.

1.6.1 Aufbau und Eigenschaften der Phasen

1.6.1.1 Mischkristalle

Jedes Metall nimmt in unterschiedlichen Mengen andere Atomsorten auf, die im Gitter nach zwei verschiedenen Mechanismen »gelöst« werden können. Derartige »atomare« Mischungen werden **Mischkristalle (MK)** oder auch **Lösungsphasen**, im englischen Schrifttum sehr anschaulich **solid Solutions** (feste Lösungen) genannt. Man unterscheidet die folgenden Mischkristallarten, Bild 1-57:
– *Substitutionsmischkristalle (SMK)* und
– *Einlagerungsmischkristalle (EMK)*.

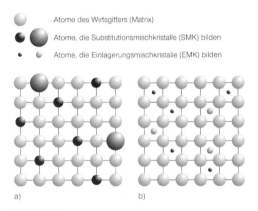

Bild 1-57
Aufbau der Mischkristalle.
a) Substitutionsmischkristall (SMK),
b) Einlagerungsmischkristall (EMK).

Substitutionsmischkristalle
Bei den Substitutionsmischkristallen (SMK) werden Atome des Wirtsgitters durch eine unterschiedliche Menge von Legierungsatomen ausgetauscht (substituiert).

---

[5] Für eine lückenlose Mischbarkeit müssen Wirtsatome und Legierungsatome den gleichen Gittertyp aufweisen, und ihre Durchmesser ihrer Atome dürfen sich um nicht mehr als 14 % voneinander unterscheiden. Außerdem müssen sie gleiche Wertigkeit und möglichst gleiche Elektronegativität besitzen, anderenfalls wird die Bildung intermediärer Verbindungen begünstigt.

[6] Die aus Mischkristallen bestehenden Legierungen sind wegen der bei ihrer Herstellung i. Allg. angewendeten großen Abkühlgeschwindigkeit meistens kristallgeseigert (s. Abschn. 1.6.3.1, S. 55), also *inhomogen*. Sie liegen demnach nur nach einer relativ aufwändigen Wärmebehandlung – die in der Praxis aus wirtschaftlichen Gründen daher kaum angewendet wird – wirklich homogen vor, s. a. Beispiel 1-6, S. 41.

Die Substitution ist bei Erfüllung verschiedener Voraussetzungen sehr weitgehend, u. U. kann jedes Atom des Wirtsgitters durch ein Legierungsatom ausgetauscht werden [5]. In diesem Fall entsteht eine *lückenlose Mischkristallreihe*. Die bekanntesten Legierungssysteme dieser Art sind Cu-Ni, Fe-Ni, Fe-Cr. Alle Legierungen dieser Systeme bestehen *ausschließlich* aus Mischkristallen, es sind einphasige, aber oft inhomogene Werkstoffe [6], vor allem bei den charakteristischen großen Abkühlgeschwindigkeiten beim Schweißen (Schweißgut!). Sie besitzen i. Allg. ausreichende Festigkeits- und hervorragende Zähigkeitseigenschaften (z. B. Cu-Ni-Legierungen), verbunden mit guter Korrosionsbeständigkeit. Wegen ihrer großen Zähigkeit ist die Schweißeignung dieser aus (inhomogenen) Mischkristallen bestehenden Werkstoffe in den meisten Fällen gut, sie nimmt aber häufig bei einem in der Regel geringen Anteil einer zweiten Phase im Gefüge meistens deutlich zu, wenn eine Phase für die im Werkstoff vorhandenen Verunreinigungen eine höhere Löslichkeit aufweist, s. Abschn. 5.1.2, S. 503.

Wenn zwischen den am Aufbau des MK.s beteiligten Atomsorten keine Anziehungskräfte herrschten, müssten die Legierungsatome im Gitter statistisch verteilt sein, Bild 1-58a. Tatsächlich sind die gelösten Atome B in realen, technischen Werkstoffen *nicht* statistisch regellos, sondern in bestimmter und nicht zufälliger Weise angeordnet. In der Regel ergibt sich die sog. *Nahbereichsordnung,* Bild 1-58c. Die gelösten Atome B sind hier vorzugsweise von Atomen A umgeben, weil die durch sie verursachten Gitterverzerrungen ein direktes Nebeneinanderliegen unwahrscheinlicher macht.

Durch geeignete Wärmebehandlungen kann in bestimmten Konzentrationsbereichen eine geordnete bzw. ungeordnete Anreicherung von B Atomen erzeugt werden. Vorausscheidungszustände mit ungeordneter Konzentration *(Cluster)* sind ebenso wie die mit geordneter und konzentrierter Anordnung der Atome, Bild 1-58d, für die Eigenschaften ausscheidungshärtender Werkstoffe von großer Bedeutung (Abschn. 2.6.3.3, S. 161, Bild 2-37a, S. 162). Letztere werden auch als *Zonen,* der Vorgang ihrer Bildung als *Nahentmischung* oder *einphasige Entmischung* bezeichnet.

Mit zunehmender Affinität der ungleichartigen Atomsorten entsteht durch die Wirkung der anziehenden Kräfte eine *geordnete* Struktur, die *Überstruktur,* Bild 1-58b. Sie kann sich nur bei bestimmten Anteilen der gelösten Atome und unterhalb bestimmter Temperaturen bilden, s. Abschn. 1.4.2.1. Als Folge der abnehmenden Anziehungskräfte wird der ungeordnete Zustand mit zunehmender Temperatur thermodynamisch wahrscheinlicher.

Die Einstellung des Ordnungszustandes erfordert *Platzwechsel,* er kann sich daher aus ordnungsfähigen Mischkristallen erst bei höheren Temperaturen und typischerweise nach sehr langen Zeiten bilden.

Die Festigkeit (und Härte) der Überstrukturen ist i. Allg. deutlich höher und ihre Zähigkeitseigenschaften sind merklich schlechter als die der ungeordneten Phase, weil die Bindungskräfte nicht mehr rein metallischer Art

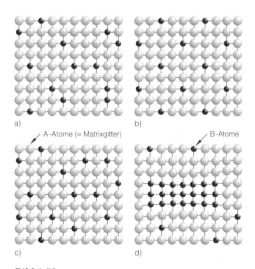

Bild 1-58
Mögliche Atomanordnungen in einem Substitutions-Mischkristall, s. a. Bild 2-37, S. 162.
a) B-Atome im A-Gitter statistisch verteilt,
b) Überstruktur (Fernordnung, long range order),
c) Nahbereichsordnung (short range order),
d) einphasige Entmischung (Zonenbildung).

sind. Diese Eigenschaftsänderungen sind bei den technischen Werkstoffen sehr unerwünscht, weil ein Bauteilversagen als Folge einer Rissbildung sehr wahrscheinlich wird. Die *475 °C-Versprödung* bei den ferritischen Chromstählen (Abschn. 2.8.3.4.3, S. 211) beruht z. B. auf der Bildung einer Überstruktur bzw. von Nahordnungszuständen.

Mit zunehmender Affinität entstehen durch die starken anziehenden Kräfte der beteiligten Atomsorten *intermediäre Verbindungen*, Abschn. 1.6.1.2.

Einlagerungsmischkristalle
In die Tetraeder- bzw. Oktaederlücken (s. a. Aufgabe 1-2 und Bild A1-1, S. 110) lassen sich Atome mit einem hinreichend kleinen Durchmesser einlagern, d. h. interstitiell lösen. Die auf diese Weise in der Matrix lösbare Atommenge ist wegen der sehr begrenzten Größe der zur Verfügung stehenden »Lücken« normalerweise sehr gering. γ-Fe löst z. B. bei 1145 °C maximal 2,06 % Kohlenstoff, α-Fe bei 723 °C sogar nur 0,02 %.

In die Oktaederlücken des kfz Eisens lassen sich Atome mit einem maximalen Radius von $r_{okt} = 0,052$ nm, in die Tetraederlücken solche mit $r_{tet} = 0,028$ nm einlagern. Entsprechend »passen« in die Tetraederlücken des krz Eisens Atome mit einem größtmöglichen Radius von $r_{tet} = 0,036$ nm und in die Oktaederlücken Atome mit $r_{okt} = 0,019$ nm. In kfz Gittern werden gewöhnlich die Oktaederlücken von den (Legierungs-)Atomen besetzt. Obwohl die Tetraederlücken im krz Gitter wesentlich größer sind, werden trotzdem die Oktaederlücken bevorzugt, weil Atome, die nur geringfügig größer sind als die Tetraederlücke, *vier* nächste Nachbaratome verschieben müssten, im Fall der Oktaederlücke aber nur *zwei*, s. Bild A1-1, S. 110. Ein Einlagern in die kleinere Oktaederlücke ist daher mit geringeren Gitterverzerrungen verbunden.

Außer von geometrischen Bedingungen ist die Bildung interstitieller Phasen noch von verschiedenen chemischen und metallphysikalischen Gesetzmäßigkeiten abhängig. Vor allem Eisen, Chrom, Titan, Vanadium bilden mit Kohlenstoff, Wasserstoff, Stickstoff, Bor Einlagerungsmischkristalle. Als Folge der bei der Bildung der EMK.e entstehenden größeren Gitterverzerrungen ist ihre Festigkeit deutlich größer, ihre Zähigkeit in der Regel aber sehr viel geringer als die der SMK.e. Ingenieurmäßig verwendbare, d. h. bruchzähe (Bau-)Werkstoffe sind daher überwiegend aus Substitutionsmischkristallen bestehende Legierungen.

1.6.1.2 Intermediäre Verbindungen

Die mechanischen Eigenschaften vieler metallischen Phasen werden neben kovalenten und (oder) heteropolaren Bindungsformen wenigstens z. T. von metallischen Bindekräften bestimmt. Die in derartigen metallischen Phasen wirksamen Bindekräfte liegen damit zwischen (s. Abschn. 1.2) der metallischen und den chemischen Bindungsformen. Intermediäre Phasen können (sehr selten) eine exakte stöchiometrische Verbindung von der allgemeinen Form A_xB_y sein oder häufiger in einem bestimmten Konzentrationsbereich A bzw. B existieren, siehe z. B. Bild 1-65 oder Bild 5-5, S. 506. Als Folge der großen Anziehungskräfte der Atome bilden sie meistens sehr komplizierte aus vielen Atomen aufgebaute von der Matrix des Grundwerkstoffs abweichende Gitter.

In reiner Form sind sie als (Bau-)Werkstoffe wegen ihrer großen Härte und Sprödigkeit völlig unbrauchbar. In vielen Fällen führen Gehalte von wenigen zehnteln Prozent im Werkstoff – vor allem wenn sie filmartig an den Korngrenzen liegen, s. Abschn. 1.6.2.4 – zu seiner völligen Versprödung. Aus diesem Grunde ergeben sich (vor allem) beim Schmelzschweißen unterschiedlicher Werkstoffe, die beim Erstarren intermediäre Verbindungen bilden, erhebliche Schwierigkeiten. Ein bekanntes Beispiel hierfür ist die praktisch nicht vorhandene Schmelzschweißbarkeit der Metalle Kupfer mit Aluminium. Neben den sehr unterschiedlichen Schmelztemperaturen ist die Bildung der intermediären (intermetallischen) Phase Al_2Cu die wichtigste Ursache der vollständigen Versprödung der Schweißverbindung. Die in der Regel hohen Anteile chemischer Bindungsarten sind die Ursache der großen Härte und Sprödigkeit dieser Verbindungen.

1.6.2 Zustandsschaubilder

Zustandsschaubilder geben in Abhängigkeit von der Temperatur T und der Konzentration c eine vollständige Übersicht über die möglichen Zustandsänderungen der Gefüge aller Legierungen, die sich aus den Komponenten A und B bilden können.

Eine *Legierung* besteht aus mindestens zwei Elementen *(= Komponenten)* und zeigt überwiegend metallischen Charakter. Sie ist bei technischen Werkstoffen aus Körnern aufgebaut, die durch Korngrenzen voneinander getrennt sind.

Der Gefügezustand der Legierung wird eindeutig bestimmt durch:
– *Temperatur T,*
– *Druck p,*
– *Konzentration c.*

Die meisten metallurgischen Prozesse während der Werkstoffherstellung laufen ab bei $p = 1$ bar = konst. Jeder Werkstoffzustand ist demnach durch die Variablen T und c eindeutig festgelegt.

Der Zustand des Gefüges ändert sich, bis das von der Temperatur und der Zeit abhängige thermodynamische Gleichgewicht erreicht ist. Die hierfür erforderlichen Zeiten sind häufig sehr lang (Stunden bis Wochen). Die in realen Werkstoffen während ihrer Herstellung, Wärmebehandlung oder auch bei Schweißprozessen ablaufenden Vorgänge führen daher in den meisten Fällen zu Nichtgleichgewichtsgefügen. Aus diesem Grunde sind die aus üblichen *Gleichgewichtsschaubildern* entnehmbaren Informationen nur mit großer Vorsicht auf reale Systeme (bzw. Werkstoffe) übertragbar, also auf technische Werkstoffe, die wesentlich »schneller« hergestellt bzw. wärmebehandelt werden. Im besonderen Maße gilt das für die sehr kurzzeitigen Schweißprozesse, bei denen oft extreme Ungleichgewichtsgefüge entstehen.

Nach der Anzahl der das metallurgische System aufbauenden Komponenten unterscheidet man *Ein-, Zwei-, Drei-* oder *Mehrstoffsysteme.* Hier werden nur die Grundlagen der für die Praxis wichtigen **Zweistoffsysteme** besprochen. In Abschn. 1.6.5 wird auf einige grundlegende Zusammenhänge der wesentlich komplizierteren **Dreistoffsysteme** hingewiesen, soweit sie für die Besonderheiten der Schweißmetallurgie von Bedeutung sind.

Die chemisch homogenen und kristallographisch unterscheidbaren Bestandteile gleicher Zusammensetzung des Systems werden *Phasen* genannt. Folgende Phasen können in einem System auftreten:
– *Schmelzen* S_A, S_B, ...,
– *reine Metalle* A, B, ...,
– *Mischkristalle* α, β, γ, d. h. atomare »Mischungen« aus A und B und
– *intermediäre Verbindungen* $V = A_m B_n$. In den meisten Fällen liegt keine »echten« chemischen Verbindung vor, d. h., A und B verbinden sich *nicht* nach den bekannten stöchiometrischen Gesetzmäßigkeiten.

Die weitaus meisten technisch wichtigen Werkstoffe bestehen aus Mischkristallen bzw. Mischkristall-Gemischen, z. B.:
– *Stahl:*
z. B. Perlit ($\alpha + Fe_3C$),
(hoch-)legierter Stahl: z. B. ferritischer Chromstahl *(δ),* austenitischer Chrom-Nickel-Stahl *(γ),* austenitisch-ferritischer Duplexstahl *($\delta + \gamma$),*
– *Messing:*
z. B. α, β, $\alpha + \beta$,
– *Zinnlot:*
z. B. reines Eutektikum E oder E + α,
– *AlSi-Gusslegierung:*
z. B. reines Eutektikum.

Besteht zwischen A und B im flüssigen und festen Zustand keinerlei Löslichkeit, dann liegt ein aus den Elementen A und B aufgebauter Werkstoff vor, der durch die Wirkung der Schwerkraft meistens »geschichtet« ist (diese »Schwerkraftseigerung« zeigt z. B. Blei und Eisen). Derartige Werkstoffe haben keine praktische Bedeutung. Dieses metallurgische Verhalten wird aber genutzt, um z. B. flüssiges Blei in Eisenpfannen zu transportieren. Letztere werden durch das Blei nicht angegriffen bzw. in irgendeiner Weise metallurgisch beeinflusst. Aus dem gleichen Grund lässt sich Eisen (Stahl) mit reinen Bleiloten nicht »verbinden«.

F = K − P + 1
K = Anzahl der Komponenten (2), P = Anzahl der Phasen
❶: z. B. L$_2$, Bild 1-61a
❷: z. B. L$_1$, Bild 1-60
❸: z. B. L$_1$, Bild 1-61a

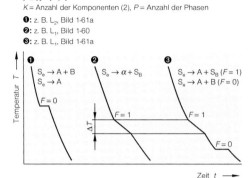

Bild 1-59
Abkühlkurven reiner Metalle und Legierungen, dargestellt mit dem Gibbsschen Phasengesetz.

Kurve 1, Freiheitsgrad F = 0:
Haltepunkte beim Erstarren reiner Metalle (K = 1, P = 2) und Eutektika, Peritektika (K = 2, P = 3).

Kurve 2, F = 1:
Knickpunkte beim Erstarren von Legierungen (Mischkristalle, K = 2, P = 2) in Zweiphasengebieten mit dem Erstarrungsintervall ΔT.

Kurve 3, F = 1, F = 0:
Knick- und Haltepunkte beim Erstarren der Schmelze nach einer primären Kristallisation (Mischkristalle, F = 1) und anschließender Umwandlung in ein Eutektikum (F = 0).

Zustandsschaubilder sind grafische Darstellungen der Phasenbeziehungen in heterogenen Systemen. Sie sind ohne spezielle Kenntnisse vielfach nicht einfach zu »lesen«. Im Folgenden werden nur die wichtigsten binären Typen dieser Schaubilder besprochen. Die Phasengrenzlinien in diesen *T-c-Schaubildern* werden meistens mit der sog. *thermischen Analyse* bestimmt. Sie beruht auf der bei jeder Phasenumwandlung stattfindenden Änderung des Energiegehalts der Bestandteile, der sich durch charakteristische Unstetigkeiten in den Abkühlkurven äußert: die *Knickpunkte* und die *Haltepunkte*. Bild 1-59 zeigt die Vorgänge beim Abkühlen verschiedener Legierungen an Hand des für derartige Aufgaben unentbehrlichen *Gibbsschen Phasengesetzes*, das in der Bildlegende und ausführlicher in der Aufgabe 1-8, S. 114, erläutert wird.

1.6.2.1 Zustandsschaubild für vollkommene Löslichkeit im flüssigen und festen Zustand

Die Elemente bilden eine *lückenlose Mischkristallreihe*, d. h., bei jeder beliebigen Konzentration c entstehen bei Raumtemperatur ausschließlich Mischkristalle α. Legierungen derartiger metallurgischer Systeme sind meistens hinreichend schweißgeeignet, weil das Schweißgut unabhängig vom Grad der Vermischung Grundwerkstoff/Zusatzwerkstoff nur aus den verhältnismäßig zähen, einphasigen – aber in der Regel kristallgeseigerten – Mischkristallen besteht.

Die bei langsamer Abkühlung stattfindenden Vorgänge bei der Erstarrung sind anhand der Legierung L$_1$ in Bild 1-60 schematisch dargestellt. Legierungen besitzen keinen Schmelzpunkt, sondern ein Schmelzintervall.

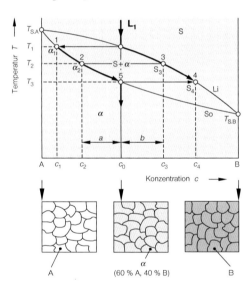

Bild 1-60
Zustandsschaubild für vollständige Löslichkeit im flüssigen und festen Zustand.
Beispiel für die Anwendung des Hebelgesetzes: Die Legierung L$_1$ scheidet nach Unterschreiten der Temperatur T$_1$ den A-reichen MK.en α$_1$ der Zusammensetzung c$_1$ aus. Bei T$_2$ besteht das System aus MK α$_2$ (c$_2$) und Restschmelze S$_3$ (c$_3$). Die Mengen der sich im Gleichgewicht befindenden Phasen werden mit dem Hebelgesetz berechnet: m$_α$ = b/(a + b) = 100%, m$_S$ = 100 − m$_α$. Die Kristallisation ist nach Unterschreiten von T$_3$ mit dem Erstarren der Restschmelze S$_4$ (c$_4$) beendet. Siehe aber auch Bild 1-68.

Die Erstarrung beginnt unterhalb der Liquiduslinie (L_1 bei T_1) mit dem Auskristallisieren der ersten α-MK. Der Schnittpunkt der Waagerechten (T_1) mit der zu diesem Phasenfeld ($S+\alpha$) gehörenden Phasengrenze ergibt ihre Zusammensetzung ($=c_1$). Der B-Gehalt der kristallisierenden α-MK.e ist also wesentlich geringer als der der ursprünglichen Legierung L_1 (c_0). Mit abnehmender Temperatur nimmt die Menge der kristallisierenden α-MK.e zu, die der Restschmelze ab. Die Zusammensetzung der MK.e ändert sich dabei entsprechend dem Verlauf der Soliduslinie, die der Restschmelze gemäß der Liquiduslinie. Diese Diffusionsvorgänge werden durch die dick ausgezogenen Linien in Bild 1-60 anschaulich dargestellt.

Während der Konzentrationsausgleich in der Schmelze ausreichend schnell erfolgen kann, erfordert er in den festen Mischkristallen wegen der sehr erschwerten Diffusionsbedingungen wesentlich längere Zeiten. Bei höheren Abkühlgeschwindigkeiten (z. B. beim Herstellen technischer metallischer Werkstoffe oder beim Schweißen, anderen Wärmebehandlungen) muss daher mit ausgeprägten Entmischungserscheinungen (Abschn. 1.6.3.1) gerechnet werden. Bei T_2 besteht die Legierung L_1 aus Mischkristallen α_2 mit einem B-Gehalt von c_2 und Restschmelze S_3 mit c_3 an B. Man beachte, dass kurz vor der vollständigen Erstarrung (T_3) Restschmelze S_4 vorhanden ist, die besonders reich an B (c_4) bzw. anderen in der Legierung vorhandenen niedrigschmelzenden Bestandteilen ist. Diese in jeder Legierung während der Kristallisation ablaufenden Entmischungsvorgänge sind die Ursache der Heißrissbildung, z. B. Abschn. 1.6.3.1.

Bei einer gleichgewichtsnahen Erstarrung können die Mengen der in der Legierung vorhandenen Phasen mit Hilfe des sog. *Hebelgesetzes* aus dem Zustandsschaubild ermittelt werden. Bild 1-60 zeigt die Einzelheiten der Berechnung. Es ist zu beachten, dass das Hebelgesetz mit größer werdender Abkühlgeschwindigkeit und weiteren Legierungselementen nicht mehr bzw. nur sehr stark eingeschränkt gilt, weil sich Art und Menge der Bestandteile sehr stark verändern.

1.6.2.2 Eutektische Systeme
Durch Ausscheiden reiner (Lösungsmittel-)Kristalle A oder B aus einer Lösung nimmt deren Schmelztemperatur kontinuierlich ab *(Raoultsches Gesetz)*. Dieser Zusammenhang bestimmt den Verlauf der Liquidustemperatur in *eutektischen Systemen*, Bild 1-61.

Eine Voraussetzung für die Gültigkeit des *Raoult*schen Gesetzes ist u. a. das Vorliegen einer homogenen Schmelze, aus der sich reine Kristalle (*keine* Mischkristalle!) ausscheiden. Die Liquiduslinie besteht danach aus zwei von der Schmelztemperatur der Kompo-

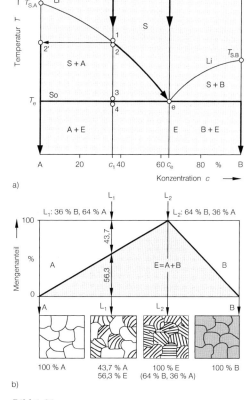

Bild 1-61
Zustandsschaubild für vollständige Löslichkeit im flüssigen und vollständige Unlöslichkeit im festen Zustand.
a) *Zustandsschaubild,*
b) *Gefügerechteck, es enthält die nach dem Hebelgesetz berechenbaren Mengenanteile der Phasen bzw. Gemenge jeder Legierung im thermodynamischen Gleichgewichtszustand.*

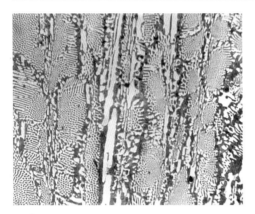

Bild 1-62
Übereutektisches Gusseisen mit Primärzementit (weiße Nadeln) und Eutektikum (Ledeburit), V = 200:1.

nenten A und B ausgehenden abfallenden Ästen, die sich im *eutektischen Punkt* e schneiden. Das bei der konstanten Temperatur T_e aus der Schmelze (L_2) kristallisierende Gemenge wird **Eutektikum** oder *eutektische Legierung* genannt. Das Eutektikum besitzt die niedrigste Schmelztemperatur aller Legierungen des Systems. Je nach Lage der Legierungen bezogen auf den eutektischen Punkt (c_e) unterscheidet man *untereutektische* und *übereutektische* Legierungen. Sie enthalten außer eutektischen Anteilen noch in unterschiedlichen Mengen A- bzw. B-Primärkristalle.

Bei der eutektischen Temperatur T_e erstarren die beiden Metalle A und B *gleichzeitig*. Das Eutektikum besteht demnach aus den bei der konstanten Temperatur rasch kristallisierenden und sich dabei gegenseitig behindernden A- und B-Körnern, s. a. Bild 1-34.

Als Folge ihrer werkstofflichen und metallphysikalischen Besonderheiten besitzen die eutektischen Legierungen folgende charakteristischen Eigenschaften:
– Durch die niedrige Schmelztemperatur ist die Unterkühlung, d. h. die Anzahl der gebildeten Keime und damit die Kristallisationsgeschwindigkeit groß. Das Gefüge ist daher in der Regel sehr feinkörnig und somit deutlich härter und fester als das von A und B.

– Die eutektischen Bestandteile sind *geometrisch regelmäßig* und hinsichtlich bestimmter metallografischer Gitterrichtungen bzw. -ebenen *orientiert* angeordnet, Bild 1-62.

Mit dem in Bild 1-61 dargestellten *Gefügerechteck* lassen sich die Mengen der in der Legierung vorhandenen Phasen berechnen. Eine völlige Unlöslichkeit der Komponenten im festen Zustand, Bild 1-61, existiert bei realen Systemen allerdings relativ selten. Sehr viel häufiger besteht eine gewisse Löslichkeit der Komponenten ineinander. Diese Systeme werden in Abschn. 1.6.2.3 näher beschrieben.

Wegen des niedrigen Schmelzpunktes, der geringen Schmelzenviskosität (Fließfähigkeit, Formerfüllung durch sehr geringes Erstarrungsintervall) und der i. Allg. guten mechanischen Gütewerte werden eutektische Legierungen in der Praxis häufig als Guss- bzw. Lotwerkstoffe verwendet. Diese Eigenschaften macht z. B. die eutektische Blei-Zinn-Legierung S-Sn63Pb37P mit einem Schmelzpunkt von 178 °C als **Weichlot** hervorragend geeignet, Bild 1-63. Pb-Sn-Legierungen mit ungefähr 20 % bis 30 % Zinn – z. B. das Lot S-Pb78Sn20Sb2 – sind zweckmäßiger, wenn eine gewisse Modellierbarkeit des Lotes erwünscht ist, z. B. beim Kabellöten oder für Klempnerarbeiten. Das große Erstarrungsintervall erzeugt die erwünschte »Teigigkeit« des »breiigen« Lotes *(Wischlot* oder *Schmierlot)*.

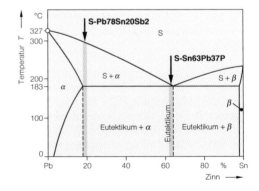

Bild 1-63
Blei-Zinn-Zustandsschaubild.

1.6.2.3 Systeme mit begrenzter Löslichkeit

In den meisten Fällen sind die Komponenten A und B des Legierungssystems weder vollständig unmischbar noch vollständig mischbar, sondern begrenzt mischbar. A kann also eine bestimmte Menge B, B eine bestimmte Menge A lösen. Der Konzentrationsbereich, in dem *mehrere* Phasen auftreten, wird *Mischungslücke M* genannt, Bild 1-64. Siehe auch Aufgabe 1-9, S. 115.

Die Löslichkeit der Matrix für eine Atomsorte nimmt normalerweise mit höherer Temperatur zu. Beim Abkühlen (L_1) muss sich also unterhalb einer von der Zusammensetzung abhängigen Temperatur T_{Seg} (1) wenigstens ein Teil der in der A-Matrix (= α-MK) gelösten B-Atome in Form *fester* Teilchen (β_{Seg}) ausscheiden (2), Bild 1-64. Feste Ausscheidungen aus festen Phasen werden *Segregate*, die Linien, unterhalb der der Ausscheidungsvorgang beginnt, *Segregatlinien* oder Löslichkeitslinien (Linie a-b) genannt.

Platzwechselvorgänge im festen Zustand, Abschn. 1.5.1, sind nur noch begrenzt möglich, d. h., die Teilchen sind meistens sehr klein (einige tausend nm bis einige tausendstel mm). Aus energetischen Gründen beginnt die Ausscheidung nicht in der »fehlerfreien« Matrix, sondern bevorzugt an (Großwinkel-)Korngrenzen bzw. Orten mit höherem Energiegehalt (z. B. Leerstellen, Versetzungen, Grenzflächen, Einschlüssen, Zwillingen, s. Abschn. 1.4.2).

Die Bildung der Ausscheidungen kann durch schnelles Abkühlen wirksam unterdrückt werden. Die bei Raumtemperatur vorliegenden Mischkristalle sind dann *übersättigt*. Die zwangsgelösten Atome führen zu Gitterverspannungen, die durch eine anschließende Wärmebehandlung noch erheblich erhöht werden. Diese Vorgänge sind die Grundlage der *Ausscheidungshärtung*. Genauere Einzelheiten zu diesem Mechanismus sind in Abschn. 2.6.3.3, S. 161, zu finden.

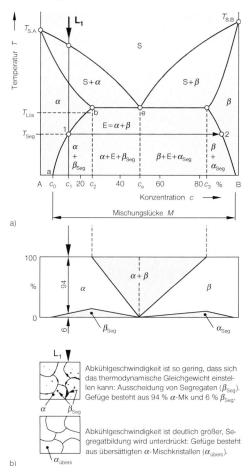

a)
b)

Bild 1-64
Zustandsschaubild mit vollständiger Löslichkeit im flüssigen und begrenzter Löslichkeit im festen Zustand (eutektisches System).
a) Zustandsschaubild,
b) Gefügerechteck.

Angaben für Abschn. 2.6.3.3, S. 161: a – b = Löslichkeitslinie, $T_{Lös}$ = Lösungsglühtemperatur.

1.6.2.4 Systeme mit intermediären Phasen

In den meisten Fällen führt schon die Anwesenheit von einigen hundertsteln bis tausendsteln Prozent zu einer ausgeprägten Versprödung des Werkstoffs. Diese Situation kann sehr leicht bei dem metallurgischen Prozess Schweißen unterschiedlicher Werkstoffe entstehen. Risse im Schweißgut sind dann kaum vermeidbar. Das Schweißverhalten von Legierungen mit intermediären Phasen (iV) oder solchen Werkstoffpaarungen, bei denen diese entstehen, ist daher sehr schlecht. Der tatsächliche Risseintritt bzw. die Form des Versagens hängt allerdings entscheidend von der Art,

54 Kapitel 1: Grundlagen der Werkstoffkunde und der Korrosion

Größe und Verteilung dieser Phasen ab (Abschn. 1.2.2). In der Regel ist ihre Schadenswirksamkeit am größten, wenn sie auf den Korngrenzen flächig (filmartig, geschlossene Beläge) angeordnet sind. Mit einer Wärmebehandlung ist die schädigende Wirkung in einigen Fällen zu beseitigen oder zu verringern, wenn sie zum Lösen oder wenigstens zum Koagulieren der intermediären Korngrenzenphase führt.

Bild 1-65 zeigt beispielhaft das Zustandsschaubild Al-Mg. Die ungefähre Zusammensetzung (meistens als chemische Formel angegeben) und die Lage der intermediären Phase werden in der Regel mit einem Pfeil gekennzeichnet.

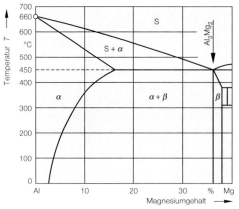

Bild 1-65
Teil-Zustandsschaubild des Systems Aluminium-Magnesium, nach J. L. Murray.

Insbesondere beim Schmelzschweißen unterschiedlicher Werkstoffe – vor allem bei mehrfach legierten Werkstoffsystemen – besteht grundsätzlich die Gefahr, dass sich intermediäre Verbindungen bzw. andere spröde Bestandteile bilden. Bei folgenden in der Schweißpraxis häufiger verwendeten Legierungssystemen treten intermediäre Phasen auf, die zu einer erheblichen Verschlechterung der Schweißeignung führen:
- **Al-Mg** mit der iV Al_3Mg_2. In schweißgeeigneten AlMg-Legierungen muss der Mg-Gehalt daher ≤ 5 % sein, Bild 1-65.
- **Al-Cu** mit der iV Al_2Cu, die ein Schmelzschweißen binärer Al-Cu-Legierungen praktisch unmöglich macht.
- **Cu-Zn (Messinge)** mit mehreren iV.en. Die wichtigste ist die γ-Phase mit der ungefähren Zusammensetzung Cu_5Zn_8. Sie bildet sich bei Legierungen mit mehr als 50 % Zink, Bild 5-14, S. 516.
- **Cu-Sn (Bronzen)** mit mehreren iV.en. Die wichtigste ist die δ-Phase $Cu_{31}Sn_8$, Bild 5-16, S. 517.
- **Fe-Cr (legierte korrosionsbeständige Stähle)** mit der Sigma-Phase, sie entspricht etwa der Zusammensetzung FeCr, Abschn. 2.8.3.4.2, Bild 2-66, S. 203.

Bei den korrosionsbeständigen, legierten, ferritischen Chromstählen treten abhängig von der Anzahl und Art der Legierungselemente normalerweise sehr viele intermediäre Phasen auf. Die wichtigsten sind Chromcarbide und die Sigma-Phase. Die beim Schweißen zu beachtenden metallurgischen Schwierigkeiten, und die durch sie hervorgerufenen korrosionstechnischen Probleme sind erheblich, sie werden in Abschn. 4.3.7.4, S. 425,

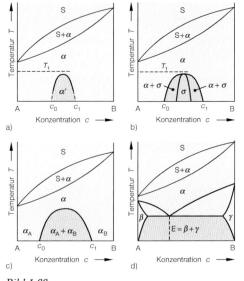

Bild 1-66
Zustandsschaubilder von Systemen mit Umwandlungen im festen Zustand.
a) Bildung einer Überstruktur α' aus α-Mischkristallen: $\alpha \rightarrow \alpha'$,
b) Bildung einer intermediären Phase σ aus α-Mischkristallen: $\alpha \rightarrow \sigma$,
c) Entmischung eines Mischkristalls: $\alpha \rightarrow \alpha_A + \alpha_B$,
d) Zerfall eines Mischkristalls in zwei Phasen, hier in das Eutektoid E: $\alpha \rightarrow \beta + \gamma$ ($= E$).

bzw. in Abschn. 2.8.3.4, S. 208, besprochen. Diese Werkstoffe zählen, auch wegen der extrem geringen Zähigkeit der Wärmeeinflusszonen, zu den am schlechtesten schweißgeeigneten Werkstoffen.

Die Ausscheidungsgeschwindigkeit dieser Phasen aus der Matrix ist bei den weniger dicht gepackten krz Metallen meistens um einige Größenordnungen größer als bei den Werkstoffen mit der dichtesten kfz Packung. Intermediäre Phasen bleiben wie Überstrukturen bzw. andere lösliche Phasen nach einem Glühen über T_1 (Bild 1-66a und b) mit anschließendem raschem Abkühlen in der Matrix gelöst und verlieren damit ihre schädigende Wirkung.

1.6.2.5 Systeme mit Umwandlungen im festen Zustand

In manchen Legierungen können im festen Zustand (Mischkristall) verschiedenartige Umwandlungen ablaufen, die mit Platzwechselvorgängen verbunden sind. Die wichtigsten sind:
– Bilden einer *Überstruktur:*
  $\alpha \rightarrow \alpha'$, Bild 1-66a.
– Ausscheiden einer *intermediären Phase* σ aus einem Mischkristall α:
  $\alpha \rightarrow \sigma$, Bild 1-66b.
– *Entmischung eines Mischkristalls α:*
  $\alpha \rightarrow \alpha_A + \alpha_B$, Bild 1-66c.
– *Eutektoider Zerfall eines Mischkristalls* α in zwei feste Phasen:
  $\alpha \rightarrow \beta + \gamma$, Bild 1-66d.
  Das technisch wichtigste Eutektoid ist der Perlit im Fe-C-System, der aus dem Mischkristall Ferrit *(α)* und der intermediären Phase Zementit (Fe_3C) besteht.

Überstrukturen und vor allem *intermediäre Verbindungen* (Abschn. 1.6.1.2 und Abschn. 1.4.2.1) sind in Konstruktionswerkstoffen wegen ihrer Sprödigkeit, d. h. extremen Rissneigung sehr unerwünscht (nicht aber z. B. in Werkzeugstählen!), weil sie ihre Härte und ihre sehr geringe Verformbarkeit auf die gesamte Legierung übertragen. Die Gefährlichkeit solcher aus Reaktionen im festen Zustand entstandener Phasen sollte aber nicht überbewertet werden, da die Zeiten für ihre Bildung in aller Regel sehr lang sind.

1.6.3 Nichtgleichgewichtszustände

Die üblichen Zustandsschaubilder beschreiben Phasenänderungen in den Legierungssystemen beim Abkühlen bzw. Aufheizen richtig, wenn sie sich im thermodynamischen Gleichgewicht befinden. Dieses stellt sich natürlich nur bei sehr geringen Abkühl- und Aufheizgeschwindigkeiten ein. Diese Bedingungen liegen aber bei der Herstellung technischer Werkstoffe nie vor. Insbesondere Zustandsänderungen im festen Zustand, z. B. die technisch wichtige $(\gamma \rightarrow \alpha)$-Umwandlung bei Stählen, lassen sich sehr leicht unterkühlen. Zum Abschätzen der Werkstoffeigenschaften und des Schweißverhaltens ist die Kenntnis der Art und des Umfangs der Gleichgewichtsstörungen erforderlich, die bei der Herstellung und Weiterverarbeitung entstanden sind.

1.6.3.1 Kristallseigerung

Die Legierung L_1, Bild 1-67a, scheidet nach Unterschreiten der Liquiduslinie bei T_1 A-reiche Mischkristalle α_1 aus. Im Verlauf der Abkühlung, z. B. bei T_2, sollten alle bisher ausgeschiedenen Mischkristalle die Zusammensetzung α_2 haben. Dazu müssen die sich bisher gebildeten Mischkristalle eine bestimmte Menge A ausscheiden und die gleiche Men-

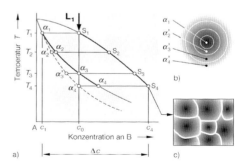

Bild 1-67
Zur Entstehung der Kristallseigerung in Zweistofflegierungen.
a) Zustandsschaubild.
b) Aufbau eines geseigerten Kornes: Der B-Gehalt nimmt vom Korninneren ($c_1 = $ minimaler B-Gehalt) zur Korngrenze ($c_4 = c_{max}$) zu.
c) Die Korngrenzenbereiche können die Zusammensetzung der zuletzt erstarrenden Restschmelze S_4 ($= c_4$) haben, schematisch.

ge B aufnehmen. Diese im festen Zustand ablaufenden Massentransporte können bei rascher Abkühlung nicht mehr vollständig erfolgen, d. h., die ausgeschiedenen Mischkristalle haben keine dem Verlauf der Soliduslinie entsprechende *konstante* Zusammensetzung α_2, sondern sie sind *geschichtet* aufgebaut. Um den Kristallkern (α_1) sind Schichten angeordnet, deren Zusammensetzung sich kontinuierlich von α_1 bis α'_2 ändert. Man bezeichnet diese Kristallite als *Zonenmischkristalle*, die Erscheinung als *Kristallseigerung*, Bild 1-68. Diese lässt sich durch eine Glühbehandlung dicht unter der Solidustemperatur weitgehend beseitigen. Wegen der dann sehr geringen Werkstofffestigkeit (erhebliche Änderungen der Abmessungen sind die Folge!) und der bei den meisten Legierungen unwirtschaftlich langen Glühzeit (s. Abschn. 1.5.1.1, S. 40, und vor allem Beispiel 1-6, S. 41) wird diese Wärmebehandlung höchstens für geometrisch einfach geformte Halbzeuge (z. B. Bleche) angewendet.

Bei der Solidustemperatur T_3 ist durch diese *Solidusverschleppung* noch eine gewisse Menge Restschmelze S_3 vorhanden, die oft eine von L_1 deutlich unterschiedliche Zusammensetzung hat und die die niedrigschmelzenden Bestandteile der Legierung enthält. Diese sind in den meisten Fällen Verunreini-

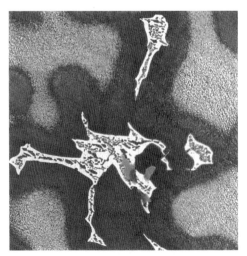

Bild 1-68
Das $\alpha + (\alpha + \delta)$-Eutektoid in einer Cu-Sn-Gussbronze, starke Kristallseigerung im α-MK, BAM.

gungen, eutektische Schmelzenreste, die in konzentrierter Anordnung grundsätzlich Eigenschaftsverschlechterungen zur Folge haben.

Diese »Entmischung« ist die wichtigste Ursache der *Heißrisse*. Die stark verunreinigte niedrigschmelzende Restschmelze umgibt die nahezu vollständig erstarrten Kristallite mit einem dünnen Flüssigkeitsfilm. Die beim Abkühlen (z. B. Schweißnaht, bei der Wärmebehandlung, im Walzgut) entstehenden Eigenbzw. Schrumpfspannungen erzeugen die vollständig interkristallin verlaufende Werkstofftrennungen. Diese bei hohen Temperaturen entstehende Rissform ist leicht an den angelaufenen, bzw. an den matten (Verunreinigungen!) Rissflächen erkennbar. Weitere Hinweise sind in Abschn. 4.1.1.1, S. 300, und in Aufgabe 1-11, S. 117, zu finden.

Der Umfang der Kristallseigerung und ihre Auswirkungen nehmen zu mit
– der Größe des Erstarrungsintervalls;
– abnehmender Diffusionsfähigkeit der beteiligten Atomsorten;
– zunehmender Abkühlgeschwindigkeit. Allerdings erfolgt sowohl bei extrem langsamer als auch bei sehr schneller Abkühlung *keine* Entmischung, d. h., es entstehen homogene Mischkristalle;
– zunehmender Größe bzw. Schärfe der rissauslösenden (Schweißeigen-)Spannungen. Man beachte, dass für eine Rissauslösung in jedem Fall Spannungen (genauer Arbeit) ausreichender Größe erforderlich sind.

Große Erstarrungsintervalle begünstigen wegen der längeren Aufenthaltsdauer in diesem Bereich die Kristallseigerung, aber vor allem die Heißrissgefahr, Abschn. 4.1.1.1, S. 300.

Das Schweißen kristallgeseigerter Legierungen ist i. Allg. problemlos. Ihr Schweißverhalten entspricht weitgehend dem der homogenen Legierungen. Allerdings können die geseigerten Bereiche heißrissanfällig sein bzw. unterschiedliche Wärmeausdehnungskoeffizienten besitzen. Größere Probleme können allerdings bei geseigerten korrosionsbeanspruchten Werkstoffen entstehen. Für diese Beanspruchungsart ist grundsätzlich der Einsatz homogener, einphasiger Legierungen optimal, Abschn. 1.7. Aus diesem Grund ist auch das wegen der großen Abkühlgeschwindigkeiten beim Schweißen immer kristallgeseigerte Schweißgut meistens der Ort für einen bevorzugten Korrosionsangriff.

1.6.3.2 Entartetes Eutektikum

Enthält die erstarrende Legierung neben primären Kristalliten, z. B. A, nur einen geringen Anteil eutektischer Schmelze, und ist die Keimbildung der bereits primär vorhandenen A-Phase im Eutektikum erschwert, dann kristallisiert diese Phase aus der eutektischen Schmelze direkt an die bereits in großer Menge vorhandenen Primärkristalle. Das »Eutektikum« besteht dann nur aus erstarrten B-Kristalliten. Die Kennzeichen des normalen Eutektikums[7] fehlen völlig.

Von technischer Bedeutung sind die entarteten Eutektika z. B. der Systeme Ni-NiS (Nickel und Nickellegierungen) und Fe-FeS (un-/legierte Stähle). Der niedrige Schmelzpunkt ($T_{S,NiS} \approx 650\,°C$, $T_{S,FeS} \approx 1000\,°C$) dieser an den Korngrenzen vorhandenen »eutektischen Filme« ist die Ursache für die Heißrissbildung im Stahl und Nickel(-legierungen).

1.6.4 Aussagefähigkeit und Bedeutung der Zustandsschaubilder für das Schweißen

1.6.4.1 Abschätzen des Schweißverhaltens

Aus den Zustandsschaubildern sind bei Beachtung einiger einschränkender Faktoren eine Reihe bemerkenswerter Informationen über den Ablauf der Schmelzschweißprozesse ableitbar. Die Aussagefähigkeit wird aber durch verschiedene Faktoren begrenzt:
– Sie gelten nur für Abkühlbedingungen, die dem *thermodynamischen Gleichgewicht* entsprechen, also für »unendlich« kleine Abkühlgeschwindigkeiten. Diese entscheidende Voraussetzung trifft bei Schmelzschweißprozessen nie zu. Jede aus diesen Schaubildern abgeleitete Information muss daher vor diesem Hintergrund gesehen und fachgerecht interpretiert werden.
– Technische Werkstoffe bestehen meistens aus mehr als zwei Komponenten, dadurch ändert sich der quantitative und qualitative Ablauf der metallurgischen Reaktionen erheblich. Vor allem die »Werkstoffverunreinigungen« (z. B. Korngrenzensubstanzen, niedrigschmelzende Phasen) können die mechanischen Gütewerte entscheidend verändern, Abschn. 1.3.

Bei Berücksichtigung dieser Einschränkungen lassen sich für jeden Mischungsgrad von A mit B (Grundwerkstoff A und Zusatzwerkstoff B oder Grundwerkstoff A und B) wenigstens Art und Menge der entstehenden Gefügearten und damit annähernd die Eigenschaften des Schweißguts abschätzen. Ein weiterer Vorteil besteht darin, dass das Auftreten der unerwünschten intermediären Verbindungen sehr leicht erkennbar ist, z. B. Bild 1-65. Aus ihrer Zusammensetzung – vor allem aber aus ihrer Lage im Zustandsschaubild – lässt sich in vielen Fällen eine erfolgversprechende Schweißtechnologie ableiten.

Die Schweißeigenschaften heterogener Legierungen hängen vom Schweißverhalten der *einzelnen* Phasen (bzw. Bestandteile, z. B. Verunreinigungen!) und vor allem von einer unterschiedlichen Löslichkeit der Verunreinigungen in den einzelnen Bestandteilen der Legierung ab. Genauere Hinweise sind in Abschn. 5.1.2, S. 506, zu finden. Ein unvorhersehbares Verhalten ist damit nahezu ausgeschlossen. Die Anwesenheit intermediärer Phasen (vor allem an den Korngrenzen!) bildet allerdings eine bemerkenswerte Ausnahme. Wie schon mehrfach erwähnt, wird die Schweißeignung der Werkstoffe in vielen Fällen bereits durch geringste Mengen (einige hundertstel Prozent!) intermediärer Phasen sehr verschlechtert, s. a. Abschn. 1.6.1.2, S. 48.

---

[7] Die Merkmale eines metallkundlich »normalen« Eutektikums sind die *gleichzeitige* Bildung der Kristallarten, zwischen denen charakteristische metallografische *Orientierungsbeziehungen* bestehen. Das Gefüge ist bei höherer Festigkeit (im Vergleich zur Festigkeit der es aufbauenden Bestandteilen) gewöhnlich sehr fein (körnig oder lamellenförmig), s. Abschn. 1.6.2.2.

Nur aus Mischkristallen bestehende Werkstoffe sind i. Allg. gut bis sehr gut schweißgeeignet. Mehrphasige Legierungen werden aber häufig dann vorgezogen, wenn die Löslichkeit der einzelnen Phasen für Verunreinigungen sehr unterschiedlich ist, Abschn. 5.1.2, S. 505. Als Beispiel seien die Cu-Ni-Legierungen, die kupferreichen Messingsorten und die austenitischen Cr-Ni-Stähle genannt, die ohne eine zweite Phase z. T. extrem heißrissanfällig sind. Daher werden wegen der grundsätzlichen Heißrissgefahr von »gegossenen« Schweißgütern für Zusatzwerkstoffe meistens mehrphasige Werkstoffe, d. h. *Legierungen,* verwendet.

Die Schweißeignung hängt außerdem sehr stark von der *Kristallstruktur* ab. Sie ist bei den zähen, praktisch nicht versprödbaren Werkstoffen mit kfz Gitter (z. B. Kupfer, Aluminium, Nickel) am besten, bei den spröderen mit krz Gitter (z. B. unlegierte Stähle, ferritische Chromstähle) schlechter. Die spröden hdP Metalle (z. B. Magnesium und Zink) sind so schlecht schweißgeeignet, dass von einem Schweißen im Allgemeinen abgeraten werden muss.

Abgesehen von diesen sehr vereinfacht dargestellten Zusammenhängen beeinflussen außerdem die
- Art (oxidisch, sulfidisch), Menge, Form (rundlich, filmartig, nadelförmig, koaguliert) und Lage (Korngrenzen, Matrix) der Verunreinigungen, der
- Wärmebehandlungszustand des Grundwerkstoffs (normalgeglüht, lösungsgeglüht, gehärtet) und die
- Gefügeform und Gefügeart (Guss-, Walz-, Vergütungsgefüge),
- Korngröße (WEZ und Schweißgut) und Kornform sowie die
- Art und Menge der Gefügebestandteile

das Schweißverhalten in einer quantitativ oft nicht zuverlässig beschreibbaren bzw. bekannten Weise.

1.6.4.2 Mechanische Gütewerte
Die Eigenschaften der aus mehreren Phasen bestehenden heterogenen Legierungen werden von den Teileigenschaften und den Mengenanteilen der einzelnen Phasen bestimmt.

Unerwartete Eigenschaften sind daher nicht möglich. Technisch bedeutsam sind z. B. die bei niedrigster Temperatur schmelzenden eutektischen Legierungen, die daher vorzugsweise als Guss- und Lotwerkstoffe eingesetzt werden. Ihre Eigenschaften werden von denen der Komponenten und des mechanischen Gemisches Eutektikum bestimmt. Wegen der in der Regel sehr feinen Gefügeausbildung ist die Härte und Festigkeit des echten – d. h. nicht entarteten – Eutektikums häufig wesentlich größer als nach der »Mischungsregel« erwartet werden kann (»Korngrenzenhärtung«). Allerdings ist die durch den Schweißprozess entstehende mögliche andersartige Verteilung der Verunreinigungen (z. B. bevorzugt an den Korngrenzen des Schweißguts bzw. in ungünstiger Form in den schmelzgrenzennahen hocherhitzten Bereichen in rundlicher oder filmartiger Form!) und der Gusszustand des Schweißguts zu beachten.

Die Eigenschaften von Legierungen, die vollständig aus Mischkristallen bestehen, können sich dagegen in unvorhergesehener Weise in einem extrem großen Bereich ändern. Durch die Aufnahme von Legierungsatomen, die in der Regel *nicht* statistisch im Gitter verteilt sind, Abschn. 2.6.3.2, S. 160, entstehen außer einer merklichen Gitterverspannung spezielle Anordnungen der Legierungsatome (z. B. Nahbereichsordnung, Clusterbildung) die oft zu einer deutlichen Festigkeitserhöhung führen, verbunden mit einer überraschend hohen Zähigkeit.

---

[8] Im thermodynamischen Gleichgewicht besteht zwischen der Anzahl der *Komponenten (K),* der Zahl der *Phasen (P)* und dem *Freiheitsgrad (F)* das nach *Gibbs* benannte *Phasengesetz* (s. a. Bild 1-59, S. 50, und Aufgabe 1-8, S. 114):

$F = K + 2 - P$.

Der Freiheitsgrad gibt die Zahl der möglichen Zustandsänderungen *(p, T, c)* im Gleichgewichtsfall an, ohne dass sich der Zustand des Systems durch Verschwinden oder Neubilden von Phasen ändert. Da die metallurgischen Reaktionen bei metallischen Werkstoffen bei p = konst. ablaufen, verringert sich F um 1:

$F = K + 1 - P$.

Zum Festlegen eines ternären Eutektikums ($K = 3$, $P = 1$) sind danach drei Zustandsgrößen erforderlich, das sind: c_1, c_2 und T.

1.6.5 Dreistoffsysteme

Technische Werkstoffe sind meistens *Mehrstofflegierungen*, d. h., sie bestehen aus drei oder mehr Legierungselementen. Die grafische Darstellung der Gleichgewichtszustände ist bei aus drei Komponenten bestehenden Legierungen mit Hilfe von **Dreistoffsystemen** (ternäre Systeme) noch relativ einfach überschaubar. Vierstoffsysteme werden wegen ihrer Komplexität und schwierigen Interpretation in der Praxis kaum angewendet. Sie sind auch nur für einige Werkstoffe (überwiegend reine Metalle) verfügbar.

Die Praxis zeigt, dass bei einigen plausiblen Annahmen und Vereinfachungen aus den Dreistoffsystemen für technische Mehrstoffwerkstoffe eine Vielzahl bemerkenswerter, anderweitig kaum beschaffbarer Informationen gewonnen werden kann. Ein typisches Beispiel sind die hochlegierten Cr-Ni-Stähle. Die aus dem Dreistoffsystem Fe-Cr-Ni (Bild 2-68, S. 205) »ablesbaren« Erkenntnisse sind nur schwerlich mit anderen Hilfsmitteln derart einfach erreichbar.

Die Phasengleichgewichte werden nach *Gibbs* in einem gleichseitigen Dreieck dargestellt, Bild 1-69. Die Eckpunkte entsprechen den reinen Komponenten A, B und C. Die Seiten A-B, B-C, C-A stellen die drei Zweistoffsysteme dar. Innerhalb der Dreiecksfläche repräsentiert jeder Punkt eine Dreistofflegierung. Die Ermittlung der chemischen Zusammensetzung (nicht Menge und Art der sie aufbauenden Phasen) der Legierung L wird in Bild 1-69a gezeigt.

Mit der auf der Dreiecksfläche senkrecht stehenden Temperaturachse wird das »Zustandsschaubild« zu einem keilförmigen *räumlichen* Gebilde. Nach dem hier nicht zu besprechenden *Gibbsschen Phasengesetz*[8] (s. aber Aufgabe 1-8, S. 114) entstehen für p = konst. beim Übergang vom Zweistoff- zum Dreistoffsystem die in Tabelle 1-3 gezeigten Änderungen. Bild 1-70 zeigt die einfachste Variante eines ternären Schaubildes, das aus drei binären eutektischen Systemen mit vollständiger Löslichkeit im flüssigen und vollständiger Unlöslichkeit im festen Zustand besteht.

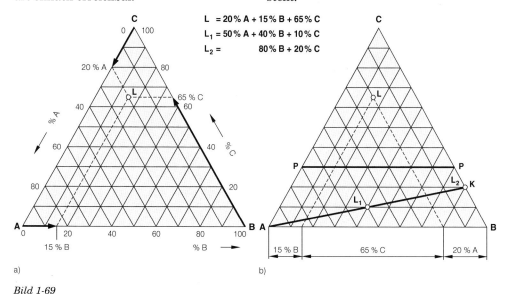

Bild 1-69
Konzentrationsdreieck zum Darstellen der chemischen Zusammensetzung von Dreistofflegierungen.
a) Zusammensetzung der Legierung L.
b) Legierungen mit konstantem Gehalt eines Legierungsbestandteiles (hier C) liegen auf einer Parallelen (P-P) der diesem Element gegenüberliegenden Dreiecksseite (hier A-B).
Legierungen mit einem konstanten Verhältnis zweier Legierungselemente (hier B/C = 4) liegen auf einer Geraden (hier A-K), die durch den Eckpunkt der dritten Komponente geht (hier A).

Die Liquidusfläche besteht aus drei Teilflächen, Bild 1-70c, die durch die *eutektischen Rinnen* voneinander getrennt sind. Das sind die bei den eutektischen Punkten der binären Eutektika E_1, E_2, E_3 beginnenden räumlich gekrümmten Linien im ternären Raum, die bis zu ihrem Schnittpunkt E_t, dem *ternären Eutektikum* abfallen.

ist aber konstant, denn ihre Massenanteile bleiben unverändert. Die Zusammensetzung der Restschmelze S_R ändert sich entlang der Geraden C-Z (s. a. Bild 1-69b, Linie A-K) und erreicht bei der Temperatur T_4 den Punkt Z auf der eutektischen Rinne (E_1-E_t).

Bei T_3 besteht L aus C und Schmelze S_3:

$$m_C/m_{S,3} = \frac{L - S_3}{C - L}$$

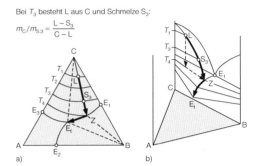

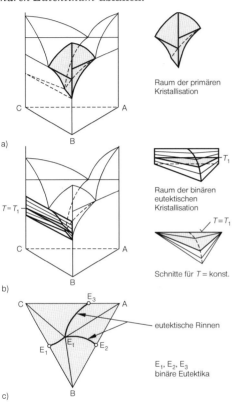

Bild 1-71
Zur Kristallisation ternärer Legierungen.
a) Primärkristallisation reiner C-Kristalle aus der Legierung L. Die Zusammensetzung der Restschmelze S_R ändert sich dabei gemäß dem Linienverlauf C-Z. Sie hat nach Erreichen der eutektischen Rinne bei T_4 die Zusammensetzung Z.
b) Die sekundäre Kristallisation der Schmelze S_R erfolgt gemäß Linie Z-E_t und endet mit ihrer Erstarrung zu ternärem Eutektikum E_t.

Die *sekundäre Kristallisation* der Schmelze S_R erfolgt weiter gemäß Linie Z-E_t, es entsteht das *binäre Eutektikum*: $S_R \rightarrow B \rightarrow C$, Bild 1-71b. Die Restschmelze kristallisiert bei T_e = konst. zum *ternären Eutektikum* E_t: $S_R \rightarrow A + B + C$ *(tertiäre Kristallisation)*.

Bild 1-70
Ein aus drei eutektischen Zweistoffsystemen aufgebautes Dreistoffsystem.
a) Schaubild mit eingezeichnetem Raum der primären Kristallisation: $S \rightarrow S + B$,
b) Raum der binären eutektischen Kristallisation: $S \rightarrow B + C$,
c) Schmelzflächenprojektion S auf die Konzentrationsebene mit den drei eutektischen Rinnen E_i-E_t und dem ternären eutektischen Punkt E_t.

Während der Primärkristallisation der Legierung L, Bild 1-71a, wird die Liquidusfläche bei T_1 durchstoßen. Dabei scheiden sich C-Kristalle aus, wodurch die Restschmelze A- und B-reicher wird. Das Verhältnis B/A

Tabelle 1-3
Phasenänderungen beim Übergang vom Zweistoff- zum Dreistoffsystem.

Freiheitsgrad	Phasenzahl	Art des Phasengebietes
F	P	
Zweistoffsysteme (F = 3 – P)		
0	3	Dreiphasenlinie
1	2	Zweiphasenfläche
2	1	Einphasenfläche
Dreistoffsysteme (F = 4 – P)		
0	4	Vierphasenebene
1	3	Dreiphasenraum
2	2	Zweiphasenraum
3	1	Einphasenraum

Ein tieferes Verständnis der Schaubilder erfordert genauere Kenntnisse der Vorgänge bei der binären eutektischen Kristallisation, Bild 1-70b und Bild 1-71. Diese Räume haben die Form einer »Pflugschar«. Sie werden daher auch häufig als »Dreikantröhren« bezeichnet. Es ist notwendig, sich den Verlauf und den geometrischen Aufbau dieser »Röhren« vorstellen zu können. Sie sind ein typisches Kennzeichen aller Dreistoffsysteme und für das Verständnis dieser Systeme absolut notwendig.

1.6.5.1 Ternäre Schaubilder in ebener Darstellung

Die räumliche Darstellung komplizierter Dreistoffsysteme ist in den meisten Fällen unübersichtlich und schwer interpretierbar. Einzelne Zustandspunkte lassen sich nicht exakt bestimmen, weil Punkte im Raum erst durch *drei* Koordinaten eindeutig bestimmt sind. Daher verwendet man in der Praxis meistens bestimmte, sehr viel einfachere, *ebene* Darstellungen:
- *Schmelzflächenprojektionen* auf die Konzentrationsebene, z. B. Bild 1-70c.
- *Isothermische Schnitte* (Horizontalschnitte) sind Ebenen parallel zur Konzentrationsebene bei konstanter Temperatur, z. B. Bild 1-72.
- *Vertikalschnitte* (Temperatur-Konzentrationsschnitte). Bei ihnen bleibt eine Konzentration oder ein Konzentrationsverhältnis konstant, z. B. Bild 1-69b, Linie P-P und A-K.

- *Quasibinäre Schnitte* sind bei Legierungssystemen mit bestimmten metallurgischen bzw. metallkundlichen Voraussetzungen möglich, z. B. Bild 1-74c. Die Interpretation dieser Schaubilder kann dann wie bei einem Zweistoffsystem erfolgen.

Isothermische Schnitte

In diesen Ebenen können bei konstanter Temperatur sämtliche Legierungen vollständig beschrieben werden. Folgende Angaben sind ablesbar bzw. ermittelbar:
- Mengenverhältnisse der Phasen mit dem Hebelgesetz. Diese Berechnungen sind aber nur in isothermischen Schnitten möglich,
- Zusammensetzung und Grenzen der beteiligten Phasen.

Die Art und der Verlauf von Phasenänderungen können in Abhängigkeit von der Temperatur mit Hilfe verschiedener isothermischer Schnitte ermittelt werden. Bild 1-72 zeigt eine Reihe isothermischer Schnitte in einem einfachen eutektischen Dreistoffsystem bei drei Temperaturen.

Bei dem bisher besprochenen Dreistoffsystem scheiden sich nach Unterschreiten der Liquidusfläche die *reinen* Komponenten in

---

9) Eine Konode verbindet in Zweiphasenfeldern miteinander im Gleichgewicht (d. h. T = konst.) stehende Phasen.

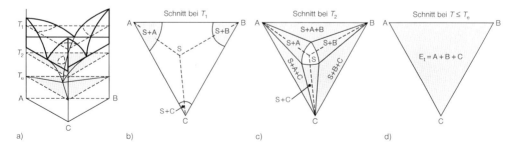

Bild 1-72
Isothermische Schnitte durch ein eutektisches Dreistoffsystem bei drei verschiedenen Temperaturen.
a) Eutektisches Dreistoffsystem.
b) Erstarrung im Bereich der primären Kristallisation, Schnitt bei T_1, z. B.: $S \rightarrow S + A$.
c) Primäre und sekundäre eutektische Kristallisation, Schnitt bei T_2, z. B.: $S \rightarrow S + A + B$.
d) Tertiäre eutektische Erstarrung unterhalb T_e zum ternären Eutektikum, Schnitt bei $T \leq T_e$: $S \rightarrow A + B + C$.

fester Form aus. Die zur Mengenbestimmung notwendigen *Konoden* [9] sind dann gerade Linien, die die im Gleichgewicht stehenden Phasen (kristallisierende feste Komponente und die Restschmelze) verbinden. In Bild 1-71a verbindet z. B. die Konode C-Z die sich bei T_4 im Gleichgewicht befindlichen Phasen C und die Restschmelze S_R der Zusammensetzung Z.

Die Vorgänge ändern sich merklich, wenn aus der Schmelze Mischkristalle auskristallisieren, also Phasen mit nicht konstanter Zusammensetzung. Ohne auf nähere Einzelheiten einzugehen, sollen einige Vorgänge pauschal an Hand des Bildes 1-73 besprochen werden.

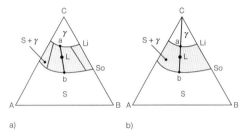

a) b)

Bild 1-73
Isothermischer Schnitt aus einem Dreistoffschaubild mit Mischkristallbildung. Bestimmung der Mengenanteile der Phasen S und γ mit
a) experimentell ermittelten Konoden:
$m_\gamma = (L-b)/(a-b) \cdot 100\%$; $m_S = 100\% - m_\gamma$, *mit*
b) unbekanntem Konodenverlauf. Angenähert lässt sich der Konodenverlauf durch die Linie C-b darstellen.

In diesem Zustandsschaubild existiert eine Liquidus*fläche* und eine Solidus*fläche*, die durch einen Erstarrungs*raum* voneinander getrennt sind. Li ist die Spur der Liquidusfläche, So die der Solidusfläche auf der Isothermenfläche, L die Zusammensetzung der erstarrenden Legierung. In dem Zweiphasenfeld [(S + γ), Bild 1-73] des Dreistoffsystems ist bei konstanter Temperatur noch ein Freiheitsgrad vorhanden, d. h., die Zusammensetzung kann verändert werden, ohne dass das thermodynamische Gleichgewicht des Systems gestört würde.

Sämtliche auf der Linie So liegenden Mischkristalle *können* daher mit allen Schmelzen der Linie Li im Gleichgewicht sein. Die tatsächlichen Konoden lassen sich aber nur experimentell mit einem erheblichen Aufwand bestimmen und werden dann in die isothermischen Schnitte eingetragen. Ist ihr Verlauf nicht bekannt, dann sind Mengenberechnungen mit dem Hebelgesetz nur annähernd mit dem im Bild 1-73b dargestellten Verfahren möglich.

Vertikalschnitte
Vertikalschnitte stehen senkrecht auf der Konzentrationsebene. Sie werden in der Regel parallel zu *einer* Dreiecksseite (ein Legierungselement ist dann konstant, wie Bild 1-69b zeigt) oder durch einen der Eckpunkte des Dreiecks gelegt. Hierbei bleibt das Massenverhältnis zweier Komponenten dann konstant. Diese Schaubilder gestatten es lediglich, das metallurgische Verhalten der Legierung in Abhängigkeit von der Temperatur zu beschreiben bzw. annähernd zu beurteilen. Keinesfalls sind die Zusammensetzungen und die Mengen der miteinander im Gleichgewicht vorliegenden Phasen bestimmbar, weil die Phasenänderungen im Allgemeinen nicht nur in der betreffenden Ebene (= das ist ein Vertikalschnitt), sondern auch in den davor oder dahinter liegenden Phasenräumen stattfinden können.

Die Bilder 1-74a und 1-74b zeigen Beispiele für die beiden wichtigsten Typen der Vertikalschnitte (Schnitt parallel zur Achse A-B und Schnitt durch den Eckpunkt A).

Quasibinäre Schnitte
Diese Schnittflächen verhalten sich wie normale Zweistoffsysteme. Sämtliche für die binären Systeme geltenden Gesetzmäßigkeiten (u. a. auch die Anwendbarkeit des Hebelgesetzes) gelten daher bei den quasibinären Schnitten. Diese damit verbundene Vereinfachung ternärer Systeme ist ihr entscheidender Vorteil.

A und C bilden eine intermediäre Verbindung V, die sich wie eine weitere System-Komponente verhält, wie aus Bild 1-74c zu erkennen ist. Nur in diesem Fall sind quasibinäre Schnitte möglich, anderenfalls entstehen normale Vertikalschnitte.

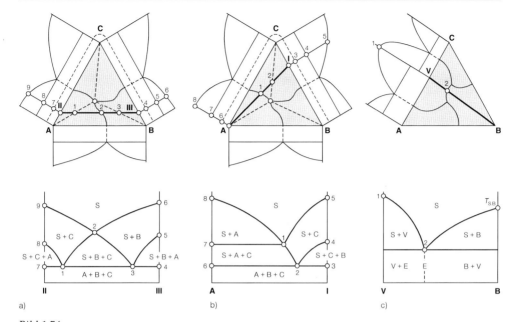

Bild 1-74
Vertikalschnitte durch ein eutektisches Dreistoffsystem.
a) Schnitt parallel zur A-B-Achse: II-III, der C-Gehalt ist in allen Legierungen des Systems II-III konstant.
b) Schnitt durch den Eckpunkt A: A-I, das Mengenverhältnis B/C aller in dieser Schnittfläche liegenden Legierungen ist konstant.
c) Quasibinärer Schnitt.

1.7 Grundlagen der Korrosion

Ein häufig örtlicher Korrosionsangriff ist oft die Ursache für die Zerstörung von Bauteilen aus metallischen Werkstoffen bzw. die katastrophale Verringerung ihrer Lebensdauer. Meistens sind die Ursachen und der Schädigungsmechanismus nur ungenau bekannt. Sie müssen mit Hilfe aufwändiger Untersuchungsmethoden und erfahrener Fachleute festgestellt werden. Der Jahr für Jahr entstehende volkswirtschaftliche Schaden macht die ingenieurmäßige Durchdringung der Korrosionserscheinungen und der Korrosionsmechanismen, aber auch der Korrosionsabwehr erforderlich.

Eine vielfach praxiserprobte Erfahrung besagt, dass die Ursache des Korrosionsschadens meistens *nicht* eine ungenügende Korrosionsbeständigkeit des Werkstoffs ist. Vielmehr sind für das Bauteilversagen die folgenden Gründe häufig entscheidender:

❐ *Fehlerhafte Ver- und (oder) Bearbeitung des Werkstoffs.* Dazu gehört z. B.:
 – Beschädigung der Werkstückoberflächen (Kratzer, Riefen, Schleifspuren, Ablagerungen aller Art),
 – Kaltverformung (Bohren, Biegen, mechanische Bearbeitung),
 – Erzeugen unerwünschter metallischer Kontakte (z. B. Einschleppen von Fremdmetallspänen aller Art in die Oberfläche oder der direkte galvanische Kontakt mit anderen Metallen).

❐ *Wartungsmängel.* Mit geeigneten betrieblichen Maßnahmen muss für einwandfreie, möglichst glatte, kratzerfreie Oberflächen gesorgt werden. Oberflächenablagerungen aller Art (z. B. organischer Bewuchs, Fremdrost, leitende, nichtleitende Beläge oder Gegenstände, »Totwasserecken«, stagnierende Medienströme) sollten vermieden bzw. möglichst rückstandslos beseitigt werden.

❐ *Konstruktive Mängel.* Eine nicht korrosionsschutzgerechte Gestaltung des Bauteils ist eine sehr häufige Versagensursache (z. B. Medium kann nicht ablaufen, Spalten, fehlende Zugänglichkeit für Inspektion und Reparatur!). *»Die Korrosionsbeständigkeit beginnt am Reißbrett«.* Diese plakative korrosionstechnische »Binsenwahrheit« wird aber häufig nicht genügend beachtet. Nähere Hinweise sind im Abschn. 1.7.7 zu finden.

Zum Verständnis des Phänomens »Korrosionsbeständigkeit« gehört also die Einsicht, dass der Einsatz von korrosionsbeständigen Werkstoffen noch keine Garantie für die Herstellung korrosionsbeständiger geschweißter Bauteile ist! Weitere Einzelheiten werden im Abschn. 4.3.7, S. 414, besprochen.

1.7.1 Definitionen und Begriffe

Die Zerstörung metallischer Werkstoffe durch *chemische* oder *elektrochemische* Reaktionen mit ihrer Umgebung bezeichnet man als Korrosion. Nach DIN EN ISO 8044 versteht man unter Korrosion die Reaktion eines metallischen Werkstoffs mit seiner Umgebung, die eine messbare Veränderung des Werkstoffs bewirkt und zu einer Beeinträchtigung der Funktion eines metallischen Bauteils oder eines ganzen Systems führen kann.

Korrosionsvorgänge sind ohne Ausnahme *Grenzflächenreaktionen* zwischen der Oberfläche des Werkstoffs (Bereich 1) und dem ihn umgebenden korrosiven Medium (Bereich 2). Dieses kann gasförmig (Verzundern) oder flüssig (wässrige Lösungen: z. B. Säuren, Basen, Salze sowie Wässer aller Art) sein. Tabelle 1-4 zeigt schematisch die dabei ablaufenden Vorgänge.

Die Ursache aller Korrosionserscheinungen ist die thermodynamische Instabilität der Metalle gegenüber Oxidationsmitteln, wie (wasserdampfhaltige) Luft oder wässrigen Medien. (Unedle) Metalle haben daher grundsätzlich das Bestreben, mit den sie umgebenden Medien Verbindungen aller Art einzugehen, d. h. einen thermodynamisch wesentlich stabileren Zustand einzunehmen. Viele Metalle sind schon bei Raumtemperatur instabil, d. h., sie reagieren mit Sauerstoff bzw. sauerstoffabgebenden Substanzen, wenn die Reaktion kinetisch nicht gehemmt ist.

Bei der **chemischen Reaktion** reagieren die Metalle *unmittelbar* miteinander ohne Anwesenheit eines Elektrolyten. Der Elektronenaustausch erfolgt *direkt*, ein Elektronenfluss findet nicht statt. Diese Korrosionsform ist im Vergleich zur elektrochemischen von weitaus geringerer Bedeutung. Die angreifenden Agenzien können aggressive – meistens heiße – Gase sein, aber auch Säuren, Basen und Salze. Die wirksame Substanz ist in aller Regel Sauerstoff, der das Metall in sein Oxid überführt, z. B.:

$$4 \cdot Al + 3 \cdot O_2 \rightarrow 2 \cdot Al_2O_3.$$

In den meisten Fällen geht die chemische Korrosion durch die allgegenwärtige Luftfeuchtigkeit in die wesentlich gefährlichere elektrochemische über.

Tabelle 1-4
Grenzflächenvorgänge bei den wichtigsten Korrosionserscheinungen an Metallen, nach *Schatz*.

Bereich 1 (korrodierender Werkstoff)	Bereich 2 (Korrosionsmittel)	Korrosionsbestimmende Reaktion (elektrochemische, chemische)
Metall	**Elektrolytlösungen** Säuren, Basen, Salzlösungen und natürliche und technische Wässer	Elektrochemische Reaktion
Metall	**Feuchte Gase** Atmosphäre	Elektrochemische Reaktion
Metall	**Trockene und heiße Gase**	Chemische Reaktion
Metall	**Nichtelektrolyte** nichtleitende organische Flüssigkeiten	Chemische Reaktion

Tabelle 1-5
Beständigkeitsstufen für Stahl, nach *Wendler-Kalsch*.

Beständigkeitsstufe	h/mm	g/m² h	mm/a
I = vollkommen beständig	> 262 · 10³	< 0,03	< 0,033
II = beständig	78 bis 262 · 10³	0,03 bis 0,1	0,033 bis 0,11
III = verwendbar	26 bis 78 · 10³	0,1 bis 0,3	0,11 bis 0,33
IV = bedingt verwendbar	7,8 bis 26 · 10³	0,3 bis 1	0,33 bis 1,1
V = wenig beständig (unbrauchbar)	2,6 bis 7,8 · 10³	1 bis 3	1,1 bis 3,3
VI = unbeständig	> 2,6 · 10³	> 3	> 3,3

Der durch Korrosionsvorgänge verursachte Schaden wird überwiegend von der Korrosionsgeschwindigkeit[10] bestimmt, d. h. von der in der Zeiteinheit abgetragenen Werkstoffmasse. Die Korrosionsbeständigkeit wird häufig als reziproke lineare Korrosionsgeschwindigkeit definiert und in h/mm angegeben. *Wendler-Kalsch* unterscheidet sechs Beständigkeitsstufen, Tabelle 1-5. Als in der Praxis gut verwendbare Schätzung für die Korrosionsbeständigkeit eines Werkstoffs wird meistens 0,1 mm/a angenommen.

1.7.2 Elektrochemische Vorgänge

Bei der weitaus wichtigsten Korrosionsform, der **elektrochemischen Korrosion**, ist für den Transport der Ladungen außerhalb der Metalle ein *Elektrolyt* erforderlich. Elektrolyte sind Lösungen von Stoffen, die in der wässrigen Lösung je nach ihrem Dissoziationsgrad in unterschiedlicher Menge in Ionenform vorliegen. Die Stärke eines Elektrolyten wird von der Anzahl der Ionen und deren Wertigkeit bestimmt.

Nahezu jede Flüssigkeit ist im Sinne der Korrosionsbeanspruchung ein Elektrolyt. Die Korrosion in **wässrigen Lösungen** ist daher von größter praktischer Bedeutung. In der Mehrzahl der Fälle werden Korrosionsvorgänge durch Wasser und den darin gelösten (bzw. in Ionen aufgespaltenen) Bestandteilen hervorgerufen.

Das chemische Verhalten einer wässrigen Lösung wird im Allgemeinen durch ihren **pH-Wert** angegeben, d. h. durch die Konzentration der H_3O^+-Ionen[11] (pH < 7) und der OH^--Ionen (pH > 7). Lösungen mit

- **pH < 7** verhalten sich **sauer**, ihr Gehalt an H_3O^+-Ionen beträgt $> 10^{-7}$ mol/l;
- **pH > 7** verhalten sich **basisch**, ihr Gehalt an OH^--Ionen beträgt $> 10^{-7}$ mol/l;
- **pH = 7** sind chemisch **neutral**.

Die grundlegenden elektrochemischen Reaktionen können an einer Halbzelle[12] untersucht werden, deren Elektrolyt die Ionen des Metalls enthält. Zwischen dem Metall und den Metallionen entstehen an der Phasengrenze Elektrolyt/Metall folgende wechselwirkenden Reaktionen, Bild 1-75:

Anodische Reaktion: $Me \rightarrow Me^{n+} + n \cdot e^-$,

Kathodische Reaktion: $Me^{n+} + n \cdot e^- \rightarrow Me$.

Der für die Korrosion entscheidende Vorgang ist die elektrolytische Auflösung des Metalls an der Grenzfläche Metall/Elektrolyt. Die *positiv* geladenen Metallionen verlassen das Metall, wobei abhängig von dessen Wertig-

---

[10] Diese Aussage betrifft nur die gleichmäßig abtragende Korrosion, die berechenbar ist und hinreichend genau durch die Abnahme der Werkstückdicke beschreibbar ist. Sie betrifft *nicht* die Auswirkung lokaler Korrosionsformen (Lochkorrosion), bei denen durch einen nur *örtlichen* Angriff die Gebrauchsfähigkeit des Bauteils vollständig verloren gehen kann.

[11] Das »Wasserstoffion« (H^+) kommt in wässrigen Lösungen nicht vor, weil es nach seiner Entstehung mit Wasser reagiert: $H^+ + H_2O \rightarrow H_3O^+$. Der Einfachheit halber wird im Folgenden aber mit H^+ gearbeitet.

[12] Das aus Elektrolyt und einem darin eintauchenden Metallstück (= Elektrode) bestehende System wird auch als *Halbzelle* bezeichnet.

keit »n« n Elektronen im Werkstück zurückbleiben. Diese *anodische Metallauflösung* ist ein *Oxidationsvorgang*, weil Elektronen abgegeben werden. Sie ist mit einem positiven *(anodischen)* Stromfluss verbunden. Bei dem Übergang der Metallionen vom Elektrolyten zum Metall werden Elektronen aufgenommen. Dieser Prozess entspricht demnach einer *(kathodischen) Reduktion*.

Mit fortschreitender Metallauflösung wird an der Phasengrenze Metall/Metallionen die anodische Reaktion durch die sich im Elektrolyten aufstauenden Metallionen verlangsamt, während die kathodische Reaktion als Folge der erhöhten Anzahl der im Metall angehäuften Elektronen beschleunigt wird. Im Gleichgewichtszustand ist die anodische (i_A) gleich der kathodischen (i_K) Teilstromdichte, Bild 1-75. Diese Größe wird auch *Austauschstromdichte* i_0 genannt. Bei der dann herrschenden *Urspannung* $\Delta\varphi^0$ stehen sich die negativen Ladungsträger im (unedlen) Metall und die positiven im Elektrolyten ähnlich wie bei einem Kondensator gegenüber *(»elektrolytische Doppelschicht«)*, Bild 1-75. Diese Potenzialdifferenz ist die treibende »Kraft« der Metallauflösung und Maßstab für das Bestreben der Metalle, anodisch in Lösung zu gehen. Danach zeichnen sich die unedlen Metalle durch ihre Neigung aus, verstärkt in Lösung zu gehen. Sie haben nach *Nernst* einen hohen *»Lösungsdruck«*. Ihre chemische Beständigkeit ist umso geringer (größer), je negativer (positiver) die Urspannung ist, d. h. je stärker ihre Tendenz ist, sich negativ (positiv) aufzuladen.

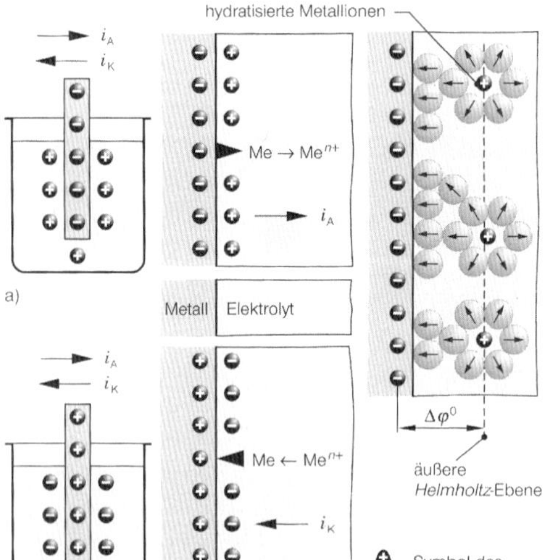

Die elektrolytische Doppelschicht erschwert den Übergang der Elektronen an die reduzierende Substanz (= kathodischen Bereiche). Der Ablauf dieser Reaktionen wird daher häufig von Aktivierungsprozessen bestimmt (Abschn. 1.7.4), weil diese Barriere durch Zufuhr einer Aktivierungsenergie überwunden werden muss. Art und Beschaffenheit dieser elektrolytischen Doppelschicht sind für den Korrosionsablauf von großer Bedeutung. An der Phasengrenze Metall/Elektrolyt wird zuerst eine Schicht der stark polaren H_2O-Moleküle (Dipole) adsorbiert. Die positiv geladenen Metallionen ziehen ebenfalls Wasserdipole an *(Hydratation)*. Sie können sich der negativ geladenen Metalloberfläche damit nur bis auf einen gewissen Mindestabstand nähern. Die durch diesen äquidistanten Abstand von der Metalloberfläche repräsentierte Ebene wird die *äußere Helmholtzsche Ebene* genannt, Bild 1-75c.

Eine vollständige Zerstörung (die Auflösung des Metalls) kann in einer Halbzelle nicht erfolgen, weil die zum fortlaufenden Aufrechterhalten der *anodischen* Metallauflösung erforderliche Reaktion fehlt, d. h. der *ständige* »Verbrauch« der Elektronen. Der kontinuierliche elektrolytische Werkstoffabtrag erfordert demnach einen geschlossenen Stromkreis, der aus einem Elektronenstrom im Metall und einem Ionenstrom im Elektrolyten (= Korrosionsmedium) besteht. Diese Anordnung – z. B. realisierbar durch zwei unterschiedliche Metalle, die sich in einem Elektrolyten befinden – wird als galvanisches Element oder *Korrosionselement* bezeichnet, s. Bild 1-76.

Bild 1-75
Die Urspannung $\Delta\varphi^0$ ist eine Folge der Struktur der äußeren Helmholtzschen Ebene. Skizziert sind die Vorgänge in der Halbzelle eines
a) unedlen und eines
b) edlen Metalls im Gleichgewichtszustand, d. h.
  $i_A = i_K = i_0$ bei dem Potenzial $E = \Delta\varphi^0$, Bild 1-87.
c) Struktur der äußeren Helmholtz-Ebene.

Die *Urspannung* $\Delta\varphi^0$ kann an einer Halbzelle nicht direkt gemessen werden, weil sich die elektrochemischen Verhältnisse merklich ändern, wenn die metallische Messspitze in einen Elektrolyten eintaucht. Dies gelingt erst mit einer zweiten Bezugselektrode, für die häufig die *Standardwasserstoffelektrode* verwendet wird, der man willkürlich den Spannungswert 0 V zuordnet[13].

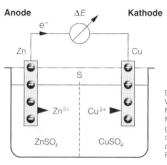

Zn geht anodisch in Lösung: Zn → Zn^{2+} + $2e^-$
Cu wird kathodisch abgeschieden: Cu^{2+} + $2e^-$ → Cu

Bild 1-76
Galvanisches Element.

Die semipermeable Wand (S) ist eine Membrane, die das Mischen der Lösungen verhindert, aber die Bewegung der Ladungsträger in jeder Richtung erlaubt.

Die das Korrosionselement bildenden anodischen und kathodischen Bereiche können durch örtlich unterschiedliche Werkstoffeigenschaften (unterschiedliche chemische Zusammensetzung, Kaltverformung) oder durch Konzentrationsunterschiede im Elektrolyten entstehen. Werkstoffbereiche, die dem thermodynamischen Gleichgewicht näher sind, bilden i. Allg. die kathodischen Bereiche. Innerhalb des Werkstoffes können Korrosionselemente z. B. entstehen zwischen

❐ kaltverformten – nicht verformten Bereichen,
❐ unterschiedlichen Phasen, z. B. α-Messing und β-Messing,
❐ geseigerten – nicht geseigerten Bereichen,
❐ homogenen – nicht homogenen Bereichen,
❐ Kornmitte – Korngrenzen.

Das unter genormten Bedingungen gemessene Potenzial ist das *Standardpotenzial* des jeweiligen Metalls (Me) $E^0_{Me^{n+}/Me}$. Dieser Wert unterscheidet sich vom wahren Lösungspotenzial lediglich um einen konstanten, aber nicht bestimmbaren Betrag. Die Anordnung der Metalle, geordnet nach ihren Standardpotenzialen, bezeichnet man als *elektrochemische Spannungsreihe*. Tabelle 1-6 zeigt die Standardpotenziale einiger Metalle. Diese Werte beruhen auf der 1953 in Stockholm getroffenen (IUPAC-)Konvention, nach der die *Reduktionsreaktion* als konventionelle Richtung einer elektrochemischen Reaktion angesehen wird:

$$Ox + n \cdot e^- \rightarrow Red. \qquad [1\text{-}21]$$

In der Gl. [1-21] bedeuten Ox ein *Oxidationsmittel*, Red ein *Reduktionsmittel*. Die mit der oben angegebenen elektrochemischen Reaktion verbundene Änderung der freien Energie ΔG beträgt:

$$\Delta G = - n \cdot F \cdot E, \qquad [1\text{-}22]$$

Tabelle 1-6
Standardpotenziale $E^0_{Me^{n+}/Me}$ einiger wichtiger Metalle (Me), gemessen gegen die Standardwasserstoffelektrode, nach der Stockholmer Konvention von 1953.

Reaktion Ox + $n \cdot e^-$ → Red	Standard- potenzial	Potenzial (pH ≠ 0) [1]
	V	V
$Mg^{2+} + 2e^- \rightarrow Mg$	– 2,40	
$Al^{3+} + 3e^- \rightarrow Al$	– 1,66	– 0,7 [c]
$2H_2O + 2e^- + H_2 \rightarrow 2OH^-$	– 0,83	
$Zn^{2+} + 2e^- \rightarrow Zn$	– 0,76	– 0,3 [c]
$Cr^{3+} + 3e^- \rightarrow Cr$	– 0,74	– 0,3 [c]
$Fe^{2+} + 2e^- \rightarrow Fe$	– 0,44	– 0,3 [c]
$Ni^{2+} + 2e^- \rightarrow Ni$	– 0,25	+ 0,04 [c]
$Sn^{2+} + 2e^- \rightarrow Sn$	– 0,14	
$2 \cdot H^+ + 2 \cdot e^- \rightarrow H_2$	± 0	– 0,44 [c]
$Cu^{2+} + 2e^- \rightarrow Cu$	+ 0,34	+ 0,1 [c]
$O_2 + 2H_2O + 4e^- \rightarrow 4OH^-$		+ 0,40 [a]
$Fe^{3+} + e^- \rightarrow Fe^{2+}$	+ 0,77	
$Ag^+ + e^- \rightarrow Ag$	+ 0,80	+ 0,15 [c]
$O_2 + 2H_2O + 4e^- \rightarrow 4OH^-$		+ 0,82 [b]
$O_2 + 4H^+ + 4e^- \rightarrow 2H_2O$	+ 1,23	
$Cl_2 + 2e^- \rightarrow 2Cl^-$	+ 1,36	
$Au^{3+} + 3e^- \rightarrow Au$	+ 1,50	+ 0,2 [c]

[13] Die Standardwasserstoffelektrode ist die am häufigsten verwendete Bezugselektrode. Sie besteht aus einem Platinblech, das von Wasserstoff umspült wird und in eine Lösung von H^+-Ionen der Aktivität »1« (1-molar) eintaucht.

[1] Keine Standardzustände, sie wurden lediglich für Referenzzwecke aufgeführt. Das Fußnotensymbol »a« kennzeichnet Potenziale für pH = 14, »b« solche für pH = 7 und »c« Potenziale für pH = 7,5.

wobei n die Anzahl der bei der Reaktion ausgetauschten Elektronen, F die *Faraday*konstante und E das Halbzellenpotenzial sind.

Der Vorteil der *Stockholmer Konvention* besteht darin, dass positive Halbzellenpotenziale E negative Werte für ΔG ergeben, d. h. spontane (also von »selbst« ablaufende) Reaktionen anzeigen. Je negativer (positiver) das Standardpotenzial ist, umso größer (kleiner) ist das Lösungsbestreben, d. h. die Neigung des Metalls zu Korrosionsprozessen. Jedes »unedle« Metall, das in eine Lösung »edlerer« Ionen eintaucht, geht danach in Ionenform in Lösung, während sich das edlere Metall metallisch abscheidet. Die unedlen Metalle sind starke Reduktionsmittel (sie geben leicht Elektronen *ab*), die edlen starke Oxidatoren (sie nehmen leicht Elektronen *auf*).

Diese Zusammenhänge bedeuten weiterhin, dass Säuren – also H^+-haltige Lösungen – normalerweise nur Metalle auflösen (korrodieren) können, die ein negativeres Standardpotenzial als Wasserstoff besitzen. Das sind gemäß Tabelle 1-6 z. B. Zinn, Nickel, Eisen, Zink, s. hierzu auch Beispiel 1-8, S. 73.

Aussagen zum *tatsächlichen* Korrosionsverhalten der Metalle mit Hilfe der Spannungsreihe sind aber nur tendenziell möglich bzw. unsicher, weil:
– Die Korrosionsbedingungen in der Praxis i. Allg. erheblich von den Standardbedingungen (Elektrolyt, Konzentration, Temperatur, Strömungsgeschwindigkeit des Mediums) abweichen,
– selten reine Metalle, sondern meistens Legierungen verwendet werden,
– reaktionshemmende Vorgänge (Deckschichten, Überspannungen, Abschn. 1.7.4) den Korrosionsablauf erheblich behindern.

---

[14] Ein Korrosionselement liegt auch in Werkstoffbereichen mit unterschiedlicher chemischer Zusammensetzung (z. B. Seigerungen, mehrphasige Werkstoffe) oder in Bereichen mit unterschiedlicher Annäherung an den thermodynamischen Gleichgewichtszustand (z. B. kaltverformte Bereiche in homogenen Werkstoffen) vor. Gleiches gilt für homogene Werkstoffe, die mit einem Elektrolyten unterschiedlicher Zusammensetzung benetzt werden.

1.7.3 Korrosionsmechanismen in wässrigen Lösungen

Durch die elektrisch leitende Verbindung zweier unterschiedlicher Metalle [14] entsteht in Anwesenheit eines Elektrolyten ein **Korrosionselement**. An den anodischen Bereichen wird das Metall durch *Oxidationsvorgänge* in Ionenform überführt und zerstört. Die freiwerdenden Elektronen fließen durch den metallischen Leiter zur Kathode und werden für die kathodische Reaktion (Reduktion der hier befindlichen Substanzen) »verbraucht«. Das Gleichgewichtspotenzial kann also ohne die kathodische Teilreaktion *nicht* erreicht werden. Die fortschreitende anodische Zerstörung des Metalls wird erst durch die Reduktionsreaktionen an der Kathode ermöglicht. Daraus ergibt sich ein sehr wichtiger Zusammenhang aller elektrolytischen Korrosionserscheinungen: Die Anzahl der an der Anode »freigesetzten« Elektronen muss der an der Kathode »verbrauchten« entsprechen. Mit der Zunahme der an der Kathode reduzierten Elektronen steigt daher auch im gleichen Maße die Anzahl der an der Anode freigesetzten Elektronen. Der Korrosionsangriff wird damit stärker, der Materialverlust durch Korrosion ist größer. Auf diese Zusammenhänge wird weiter unten in diesem Abschnitt noch genauer eingegangen.

Die Voraussetzung für die Bildung von Korrosionselementen ist demnach die elektronenleitende *und* die ionenleitende Verbindung der anodisch und der kathodisch wirkenden Werkstoffbereiche.

Das Maß der Zerstörung ist von der wirksamen Potenzialdifferenz und dem Gesamtwiderstand abhängig. Dieser setzt sich aus dem Widerstand des metallischen Leiters und dem inneren Widerstand des Elektrolyten zusammen.

In Bild 1-77 sind die wichtigsten Korrosionsformen bzw. -mechanismen in wässrigen Lösungen dargestellt. Die Zerstörung des n-wertigen Metalls Me_1 durch anodische Oxidation, also Elektronenentzug, kann durch unterschiedliche Vorgänge erfolgen, die im Folgenden näher erläutert werden:

Abschn. 1.7.3: Korrosionsmechanismen in wässrigen Lösungen

Tabelle 1-7
Zusammenstellung der wichtigsten kathodischen Reduktions-Reaktionen bei Korrosionsvorgängen.

Kathodische Reaktion	Kennzeichen
$2 \cdot H^+ + 2 \cdot e^- \to H_2$	**Wasserstoffentwicklung** ist eine weitverbreitete kathodische Reaktion, weil saure Lösungen sehr häufig in der Praxis anzutreffen sind. Die Wasserstoffkorrosion ist i. Allg. erst bei pH ≤ 5 zu beachten.
$O_2 + 4 \cdot H^+ + 4 \cdot e^- \to 2 \cdot H_2O$ $O_2 + 2 \cdot H_2O + 4 \cdot e^- \to 4 \cdot OH^-$	**Sauerstoffreduktion** in sauren (H^+-haltig) oder neutralen Lösungen (überwiegend aus neutralem Wasser bestehend) ist die wichtigste kathodische Reaktion. Sauerstoff ist damit die entscheidende die Korrosion fördernde und beschleunigende Substanz.
$Me^{3+} + e^- \to Me^{2+}$	**Reduktion** von Metallionen ist bei Korrosionsprozessen relativ selten, häufiger in chemischen Prozessdämpfen.
$2 \cdot H_2O + 2 \cdot e^- \to H_2 + 2 \cdot OH^-$	Durch geringste **Dissoziation der Wassermoleküle** extrem geringe Reaktionsgeschwindigkeit und Elektronenverbrauch. In sauerstofffreien Lösungen entsteht daher nahezu kein Korrosionsangriff.

❏ **Fremdstromkorrosion:**
Eine äußere Spannungsquelle entzieht der Anode (bzw. den anodischen Bereichen des Werkstoffs) Elektronen.

❏ **Wasserstoffkorrosion:**
Wasserstoffionen (Protonen, H^+) entziehen dem Metall Elektronen *(Säurekorrosion)*.

❏ **Sauerstoffkorrosion:**
Der gelöste Sauerstoff reagiert mit den Elektronen und bildet in neutralen Lösungen Hydroxydionen (OH^-), in sauren Lösungen Wasser (H_2O).

❏ **Redoxkorrosion:**
Mn^{3+}-Ionen werden durch Aufnahme eines Elektrons zu Mn^{2+}-Ionen reduziert.

❏ **Kontaktkorrosion:**
Der notwendige Elektronenstrom wird durch die Potenzialdifferenz zwischen unterschiedlichen Werkstoffen (bzw. Werkstoffbereichen) erzeugt.

Damit lassen sich zusammenfassend alle Korrosionsreaktionen mit der anodischen Metallauflösung (Oxidation)

$$Me \to Me^{n+} + n \cdot e^-$$

und kathodischen Reduktionsvorgängen beschreiben, bei der die freigesetzten Elektronen »verbraucht« werden. In Tabelle 1-7 sind die wichtigsten kathodischen Reduktions-Reaktionen aufgeführt, auf die in den folgenden Abschnitten noch ausführlicher eingegangen wird.

1.7.3.1 Wasserstoffkorrosion (Säurekorrosion)

Bei dieser Korrosionsform wird das Metall in sauerstofffreien, nichtoxidierenden Säuren unter Entwicklung von Wasserstoff aufgelöst, Bild 1-77. Mit der anodischen

$$Me \to Me^{n+} + n \cdot e^- \qquad [1\text{-}23a]$$

und der kathodischen Teilreaktion

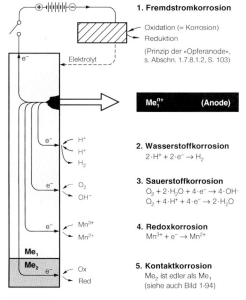

Bild 1-77
Elektrochemische Korrosionsformen in wässrigen Lösungen.

$$n \cdot H^+ + n \cdot e^- \rightarrow \frac{n}{2} \cdot H_2 \quad [1\text{-}23b]$$

ergibt sich die Gesamtreaktion:

$$Me + n \cdot H^+ \rightarrow Me^{n+} + \frac{n}{2} \cdot H_2. \quad [1\text{-}24]$$

Die Bedeutung der Wasserstoffkorrosion ist in der Praxis im Allgemeinen gering, erst bei einem höheren Gehalt von Wasserstoffionen H^+ (d. h. für pH ≤ 5) ist sie zu beachten, s. a. Bild 1-78.

Der Angriff *reduzierender Säuren* (z. B. HCl, H_2SO_3) führt in der Regel nicht zur Bildung der korrosionshemmenden Passivschichten bzw. kann sie sogar zerstören. Oxidierende Säuren (z. B. HNO_3, H_2SO_4, H_3PO_4) verstärken bei unedlen, aber passivierbaren Metallen die für die Korrosionsbeständigkeit notwendige Passivschicht. Die Stärke des Korrosionsangriffs ist aber nicht nur von der Art des Mediums abhängig. In vielen Fällen sind *Art* und *Menge* bestimmter *Verunreinigungen* im Elektrolyten weitaus wichtiger für die Stärke eines Angriffs.

Schützende Deckschichten können sich wegen der großen Löslichkeit der Korrosionsprodukte im Medium nicht bilden. Die Geschwindigkeit, mit der die Wasserstoffionen (H^+) die elektrolytische Doppelschicht durchdringen können (Abschn. 1.7.2), ist der langsamste Teilschritt und *potenzialabhängig*, wie Bild 1-79 zeigt.

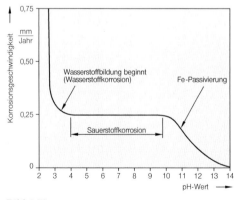

Bild 1-78
Einfluss des pH-Wertes auf die Korrosion von Eisen in belüftetem (sauerstoffhaltigem) Wasser, nach Whitman, Russel u. Altieri.

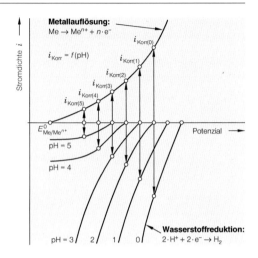

Bild 1-79
Abhängigkeit der Korrosionsgeschwindigkeit eines unter Wasserstoffentwicklung korrodierenden Metalls vom pH-Wert, nach Baldewig.

Die zum Verständnis dieser Zusammenhänge notwendigen Grundlagen werden in Abschn. 1.7.4.1 besprochen. Erst bei geringeren Wasserstoffionenkonzentrationen (pH ≥ 5) wird die Korrosion abhängig von der Diffusion, die dann der geschwindigkeitsbestimmende Vorgang ist.

1.7.3.2 Sauerstoffkorrosion

Dieser Korrosionsmechanismus ist wesentlich wichtiger als die Wasserstoffkorrosion. Korrosionsvorgänge in neutralen und alkalischen sauerstoffhaltigen Lösungen (z. B. verschiedene Prozesswässer und Seewasser) sind typische Beispiele der Sauerstoffkorrosion. In *sauren Lösungen* lautet die kathodische Teilreaktion:

$$O_2 + 4 \cdot H^+ + 4 \cdot e^- \rightarrow 2 \cdot H_2O. \quad [1\text{-}25]$$

In *neutralen Lösungen* führt die kathodische Reaktion zur Bildung von (OH)-Ionen:

$$O_2 + 2 \cdot H_2O + 4 \cdot e^- \rightarrow 4 \cdot OH^-. \quad [1\text{-}26]$$

Die Korrosionsgeschwindigkeit hängt im Wesentlichen von der Menge des für die kathodische Reaktion erforderlichen Sauerstoffs an der Phasengrenze Metall/Elektrolyt ab. Dieser kann entweder durch Diffusion oder durch die Reduktionsfähigkeit der Lokalkathodenflächen (oft oxidische Deckschichten) nachgeliefert werden. Die reine Sauerstoffkorrosion wird also durch Entfernen des Sauerstoffs aus dem angreifenden Medium vollständig vermieden.

Bild 1-80 zeigt, dass bis zu einem Grenzwert mit zunehmender Sauerstoffmenge die Korrosionsgeschwindigkeiten und die *Ruhepotenziale* (Abschn. 1.7.4.1) größer werden (s. a. Bild 1-83). Da die Diffusion potenzialunabhängig ist, verlaufen die kathodischen Teilstromkurven im Wesentlichen parallel zur Achse des Potenzials.

Aus Hydroxidionen und Metallionen entstehen als meistens feste Korrosionsprodukte Metallhydroxide, die die Oberfläche bedecken:

$$Me^{n-} + n \cdot OH^- \rightarrow Me(OH)_n. \quad [1\text{-}27]$$

Die anodische Teilreaktion kann damit nur in den Poren der Deckschichten stattfinden und führt häufig zur Bildung der gefürchteten Lokalkorrosionsformen.

Die hochlegierten *korrosionsbeständigen Stähle* erfordern Sauerstoff zum Erzeugen und Aufrechterhalten der passivierenden Eigenschaften (Abschn. 2.8.1, S. 200). Die Sauerstoffkorrosion kann bei ihnen nur entstehen, wenn z. B. durch Zerstören der Passivschicht (Lokalelementbildung durch »Kratzer« oder andere mechanische Zerstörung) die Korrosionsbeständigkeit örtlich verloren geht (s. Abschn. 1.7.6.1.2).

1.7.3.3 Das Korrosionsverhalten beeinflussende Faktoren

Ionenkonzentration

Die in Tabelle 1-6 aufgeführten Elektrodenpotenziale gelten nur für die in Fußnote 13 genannten Standardbedingungen. Insbesondere erreicht die Ionenaktivität der an den Korrosionsvorgängen beteiligten Ionen praktisch nie den den Tabellenwerten zugrunde liegenden Wert »1«. Mit Hilfe der *Nernstschen Gleichung* lassen sich die oft erheblich geänderten Potenziale bei von 1 abweichenden Ionenaktivitäten berechnen. Ausgehend von der allgemeinen Form der Redoxreaktion gemäß Gl. [1-21]:

$$Ox + n \cdot e^- \rightarrow Red$$

kann die *Nernst*sche Gleichung mit Hilfe thermodynamischer Berechnungen abgeleitet werden. Mit ihr lässt sich das aktivitätsabhängige Potenzial E einer Redoxreaktion berechnen, Gl. [1-28]:

$$E = E^0 + \frac{RT}{nF} \cdot \ln\frac{c_{Ox}}{c_{Red}} = E^0 + 2{,}3 \cdot \frac{RT}{nF} \cdot \log\frac{c_{Ox}}{c_{Red}}.$$

Hierin bedeuten E^0 das Standardpotenzial (V), n die Anzahl der bei der Reaktion ausgetauschten Elektronen, c_{Ox} bzw. c_{Red} die Massenwirkungsprodukte der Konzentrationen (genauer ihrer Aktivitäten) der Reaktionsteilnehmer, R die allgemeine Gaskonstante (= 8,314 J/K·mol) und F die *Faraday*konstante (= 96500 C/mol). Mit $T = 273 + 25 = 298$ K wird $2{,}3 \cdot (RT/F) = 0{,}059$ V. Mit diesen Angaben ergibt sich:

$$E = E^0 + \frac{0{,}059}{n} \cdot \log\frac{c_{Ox}}{c_{Red}}. \quad [1\text{-}29]$$

In die *Nernst*sche Gleichung, Gl. [1-28] bzw. in die vereinfachte Form Gl. [1-29], werden die Konzentrationen reiner, fester Körper, Flüssigkeiten und Gase gleich 1 gesetzt (aber nur, wenn $p_{Gas} = 1$ bar ist!), oder sie sind schon in den Standardpotenzialen, Tabelle 1-6, S. 67, berücksichtigt.

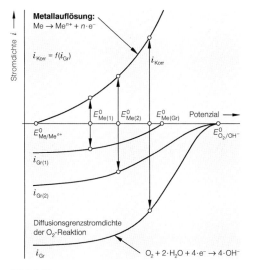

Bild 1-80
Einfluss der Sauerstoffkorrosion auf die Korrosionsgeschwindigkeit, nach Baldewig.

Für die wichtige Reaktion der Sauerstoffreduktion in neutralen oder alkalischen Lösungen, Gl. [1-26]:

$$O_2 + 2 \cdot H_2O + 4 \cdot e^- \rightarrow 4 \cdot OH^-$$

bzw. die äquivalente Reaktion in sauren Lösungen, Gl. [1-25]:

$$O_2 + 4 \cdot H^+ + 4 \cdot e^- \rightarrow 2 \cdot H_2O$$

ergibt sich mit $\log c_{Ox} = \log (H^-) = -pH$ und $p_{O_2} = 1$ bar:

$$E_{O_2/H_2O} = E^0_{O_2/H_2O} - 0{,}059 \cdot pH. \qquad [1\text{-}30]$$

Damit sind die folgenden pH-abhängigen Potenziale berechenbar:

– Für den Standardzustand gemäß Tabelle 1-6 in 1-molarer H^+-Lösung (pH = 0):
$E_{O_2/H_2O} = E^0_{O_2/H_2O} = +1{,}23$ V,

– in reinem Wasser (pH = 7):
$E_{O_2/H_2O} = 1{,}23$ V $- 0{,}059 \cdot 7 = +0{,}82$ V,

– in 1-molarer OH^--Lösung (pH = 14):
$E_{O_2/H_2O} = 1{,}23$ V $- 0{,}059 \cdot 14 = +0{,}40$ V.

Die oxidierende Wirkung dieser Reaktion nimmt also mit abnehmendem pH-Wert stark zu. In einer 1-molaren sauerstoffhaltigen H^+-Lösung (pH = 0) geht z. B. jedes Metall in Lösung, dessen Standardpotenzial $E < +1{,}23$ V ist. Dabei wird O_2 gemäß

$$O_2 + 4 \cdot H^+ + 4 \cdot e^- \rightarrow 2 \cdot H_2O$$

zu H_2O reduziert. In »neutralem«, belüftetem Wasser (pH = 7) werden daher alle Metalle oxidiert (korrodiert), deren Standardpotenzial $E < +0{,}82$ V ist, wobei die freigesetzten Elektronen nach der Reaktion

$$O_2 + 2 \cdot H_2O + 4 \cdot e^- \rightarrow 4 \cdot OH^-$$

an der Kathode verbraucht werden.

Der entscheidende Einfluss des pH-Wertes auf den Korrosionsprozess macht es wünschenswert, die Abhängigkeit der chemisch möglichen Reaktionen (Passivierung, Oxidation = Korrosion, Beständigkeitsbereiche) vom pH-Wert eines (Korrosions-)Mediums für ein Metall in einem elektrochemischen System zu kennen.

Das von *Pourbaix* entwickelte Schaubild gilt für die Korrosion von Metallen in wässrigen Lösungen, Bild 1-81. Die Gleichgewichtslinien wurden mit Hilfe der *Nernst*schen Gleichung, Gl. [1-28], für alle chemisch möglichen Reaktionen berechnet. Das *Pourbaix*-Schaubild ist damit die grafische Darstellung der *Nernst*schen Gleichung. Von besonderem Interesse sind dabei die Bedingungen, unter denen Korrosionserscheinungen thermodynamisch überhaupt möglich sind. Wie bei allen thermodynamischen Berechnungen gibt das *Pourbaix*-Schaubild aber lediglich die sich im *Gleichgewicht* einstellenden Phasen und die Reaktions*richtung* an, keinesfalls kann damit die *Geschwindigkeit* der Korrosionsreaktionen bestimmt werden. Diese lässt sich nur mit reaktionskinetischen Methoden abschätzen.

Mit Hilfe dieser Schaubilder lassen sich vor allem die *Richtung* einer spontanen Reaktion, die Zusammensetzung von Korrosionsprodukten und die Maßnahmen abschätzen, mit denen Korrosionserscheinungen vermieden werden können.

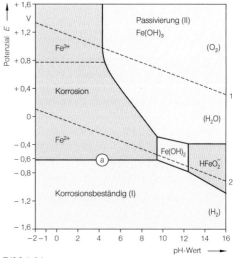

Bild 1-81
Vereinfachtes Potenzial-pH-Schaubild für das System Eisen/wässrige Lösung bei 25 °C bei einer Konzentration von $c_{Fe^{n+}} = 10^{-6}$ mol Fe^{n+}/l, nach Pourbaix. Die eingezeichneten Linien 1 und 2 repräsentieren folgende Abhängigkeiten:
1: $E_{O_2/H_2O} = E^0_{O_2/H_2O} - 0{,}059 \cdot pH$, d. h. Gl. [1-30],
2: $E_{H_2/H^+} = -0{,}059 \cdot pH$, d. h. Gl. [1-33].

Wegen der »Unanschaulichkeit« thermodynamischer Überlegungen soll im Folgenden beispielhaft der Verlauf der Linie »a« in Bild 1-81 mit Hilfe der *Nernst*schen Gleichung berechnet werden.

Die anodische Reaktion des sich zweiwertig in Ionenform lösenden Eisens lautet:

$Fe \rightarrow Fe^{2+} + 2 \cdot e^{-}$. [1-31a]

Damit ergibt sich aus Gl. [1-29] das pH-unabhängige Potenzial $E_{Fe/Fe^{2+}}$:

$$E_{Fe/Fe^{2+}} = E^{0}_{Fe/Fe^{2+}} + \frac{0,059}{2} \cdot \log(c_{Fe^{2+}}).$$ [1-31b]

Mit $E^{0}_{Fe/Fe^{2+}} = -0,44$ V und $c_{Fe^{2+}} = 10^{-6}$ wird:

$E_{Fe/Fe^{2+}} = -0,44 + 0,0295 \cdot \log(10^{-6})$
$= -0,44 - 0,0295 \cdot 6 = -0,62$ V.

Pourbaix-Schaubilder beschreiben die in Wasser ablaufenden Gleichgewichtsreaktionen eines metallischen Systems. Daher muss auch in jedem System das elektrochemische Verhalten des Wassers, d. h. dessen E-pH-Schaubild enthalten sein.

Je nach pH-Wert und Potenzial kann Wasser, Wasserstoff oder Sauerstoff vorliegen. Aus der Gleichgewichtsbeziehung des Sauerstoffs in einer *sauren* Lösung:

$O_2 + 4 \cdot H^+ + 4 \cdot e^- \rightarrow 2 \cdot H_2O$ [1-32a]

bzw. aus der gleichwertigen in *neutralen* oder *alkalischen* Lösungen:

$O_2 + 2 \cdot H_2O + 4 \cdot e^- \rightarrow 4 \cdot OH^-$ [1-32b]

ergibt sich nach *Nernst* für diese Reaktion die pH-Abhängigkeit der bei edleren Potenzialen ablaufenden Reaktion, Gleichung [1-30], Linie 1, Bild 1-81:

$E_{O_2/H_2O} = E^{0}_{O_2/H_2O} - 0,059 \cdot$ pH.

Eine ähnliche Gleichgewichtsbeziehung gilt zwischen Wasserstoff und sauren (bzw. neutralen oder basischen) Lösungen:

$2 \cdot H^+ + 2 \cdot e^- \rightarrow H_2$ (sauer),
$2 \cdot H_2O + 2 \cdot e^- \rightarrow H_2 + 2 \cdot OH^-$ (neutral),

für die sich nach *Nernst* die Gl. [1-33], d. h. Linie 2, Bild 1-81, ergibt:

$E_{H_2/H^+} = -0,059 \cdot$ pH. [1-33]

Bei kleineren Potenzialen als den durch Gl. [1-33] vorgegebenen Werten ist Wasserstoff, bei größeren Spannungswerten Wasser thermodynamisch beständig.

Für aktive Korrosionsschutzmaßnahmen (Abschn. 1.7.9.1) sollten die anzuwendenden Schutzpotenziale im Existenzbereich des Wassers liegen, andernfalls sind sehr hohe Schutzströme erforderlich, es bilden sich Gase oder die Mediumzusammensetzung ändert sich.

Eisen verhält sich in alkalischen Lösungen relativ stabil, weil sich auf seiner Oberfläche schützende Deckschichten [z. B. Fe(OH)$_3$] bilden können, wie Bild 1-81 zeigt. Deren Schutzwirkung ist allerdings sehr stark von der Beschaffenheit der Deckschicht (z. B. durchlässig, undurchlässig porös) und der Anwesenheit bestimmter korrosionsfördernder Stoffe (z. B. Chloride) abhängig. Bei pH-Werten unter 4 entsteht ein starker Korrosionsangriff (s. hierzu Bild 1-78). Eisen, das in eine Lösung von Eiseniionen mit der Konzentration $c_{Fe^{n+}} = 10^{-6}$ mol Fe^{n+}/l eintaucht, ist bei Potenzialen unter $-0,62$ V thermodynamisch beständig, Bild 1-81, s. hierzu auch Aufgabe 1-14, S. 119.

Beispiel 1-8:
Ein Streifen Nickel taucht in eine saure, entlüftete wässrige Lösung (pH = 1). Die Korrosionsvorgänge sind mit dem Pourbaix-Schaubild darzustellen.

Das Medium soll 10^{-4} mol Ni^{2+}/l enthalten, der Druck im Korrosionssystem beträgt 1 bar. Mit diesen Angaben ist der für die Aufgabe erforderliche Teil des Pourbaix-Schaubildes ermittelbar, Bild 1-82.

An der Phasengrenze Metall/Medium laufen zwei elektrochemische Reaktionen ab:

1) $Ni \rightarrow Ni^{2+} + 2 \cdot e^-$.
Mit $E^{0}_{Ni/Ni^{2+}} = -0,25$ V und $c_{Ni^{2+}} = 10^{-4}$ erhält man gemäß Gl. [1-29]:

$E_{Ni/Ni^{2+}} = -0,25 + 0,03 \cdot \log(c_{Ni^{2+}})$
$= -0,25 + 0,03 \cdot \log(10^{-4}) = -0,37$ V.

Das Nickelpotenzial ist also unabhängig vom pH-Wert, Linie a, Bild 1-82.

2) $2 \cdot H^+ + 2 \cdot e^- \rightarrow H_2$.
Nach Gl. [1-33] ist für pH = 1 $E_{H_2/H^+} = -0,06$ V.

Die E-pH-Abhängigkeit wird durch Linie 2 in Bild 1-82 (s. a. Bild 1-81) dargestellt. Für pH = 1 ist das Nickelpotenzial niedriger als das des Wasserstoffs, d. h., die vom negativeren Ni^{2+} zum positiveren H^+ fließenden Elektronen werden von H^+ aufgenommen. Nickel oxidiert (korrodiert) also unter diesen Bedingungen. Dies geschieht demnach bei einem (Misch-)Potenzial E_R, das zwischen $-0,06\,V$ und $-0,37\,V$ liegt. Mit zunehmendem pH-Wert wird die Korrosionsneigung geringer, weil die treibende Potenzialdifferenz linear abnimmt. Lösungen zwischen pH = 6 und 8 greifen Nickel nicht mehr an. Bei pH-Werten über 8 bilden sich schützende Oxidschichten, die den Korrosionsprozess erheblich verlangsamen können. Bei sehr starken alkalischen Lösungen (pH > 14) korrodiert Nickel ebenfalls, weil sich $HNiO_2$ bildet. Nickel wird demnach bei kleinen und großen pH-Werten angegriffen. Dieses Verhalten zeigen in typischer Weise amphotere Metalle (z. B. Aluminium, Blei, Zinn). Sie bilden in sauren Lösungen Kationen und in basischen Anionen, Aufgabe 1-13, S. 118.

Sauerstoffgehalt

Der pH-Wert beeinflusst die Korrosionsneigung metallischer Werkstoffe extrem, s. Abschn. 1.7.3.2. Bild 1-78 zeigt diesen Einfluss auf die Korrosion von Eisen in belüftetem Wasser (s. a. Bild 1-80). Die anodische Reaktion ist für alle pH-Werte gleich:

$$Fe \rightarrow Fe^{2+} + 2 \cdot e^-.$$

Die Korrosionsgeschwindigkeit v_{Korr} ist aber sehr von der Art und der Geschwindigkeit der kathodischen Reaktion abhängig. Im pH-Bereich zwischen 4 und 10 ist v_{Korr} annähernd konstant und abhängig von der gleichmäßigen Diffusion des gelösten Sauerstoffs an die Werkstückoberfläche.

Auf der mit einer porösen Eisenoxidschicht bedeckten Oberfläche wird der Sauerstoff in *neutralen* Lösungen gemäß

$$O_2 + 2 \cdot H_2O + 4 \cdot e^- \rightarrow 4 \cdot OH^-$$

zu OH^- reduziert. In *sauren* Lösungen wird der Sauerstoff wegen der größeren H^+-Konzentration zu H_2O reduziert:

$$O_2 + 4 \cdot H^+ + 4 \cdot e^- \rightarrow 2 \cdot H_2O.$$

Passiv wirkende $Fe(OH)_2$-Schichten bilden sich bei pH-Werten über 9. Sie verzögern den Korrosionsvorgang erheblich.

In sauerstofffreien wässrigen Lösungen ist die Korrosionsgeschwindigkeit sehr gering, Bild 1-83, weil die einzig mögliche kathodische Reaktion

$$2 \cdot H_2O + 2 \cdot e^- \rightarrow H_2 + 2 \cdot OH^-$$

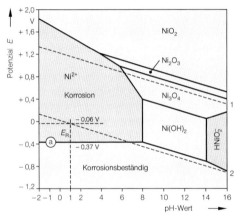

Bild 1-82
Vereinfachtes Pourbaix-Schaubild für das System Ni / wässrige Lösung, mit einer Ionenkonzentration von 10^{-4} mol Ni^{2+}/l bei 25 °C. Zur Bedeutung der Linien 1 und 2 siehe Bild 1-81.

Beispiel 1-9:

Konzentrationselemente (-zellen) bestehen aus zwei gleichartigen Elektroden, die sich im Kontakt mit einem Elektrolyten unterschiedlicher Zusammensetzung (El I, El II, Konzentration $c_1 < c_2$) befinden. Welche Elektrode bildet die Anode?

Gemäß Gl. [1-28] sind die Halbzellenpotenziale:

$$E_1 = E^0 + \frac{RT}{nF} \cdot ln(c_1) \quad E_2 = E^0 + \frac{RT}{nF} \cdot ln(c_2).$$

E_2 *ist positiver als* E_1, *weil* $c_2 > c_1$ – *d. h., Elektronen fließen von* E_1 *(El I) nach* E_2 *(El II) – wird die Elektrode, die in den verdünnteren* (c_1) *Elektrolyten El I eintaucht, anodisch aufgelöst.*

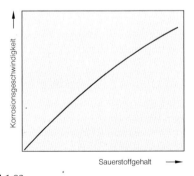

Bild 1-83
Einfluss des Sauerstoffgehalts auf die Korrosionsgeschwindigkeit von Metallen, schematisch.

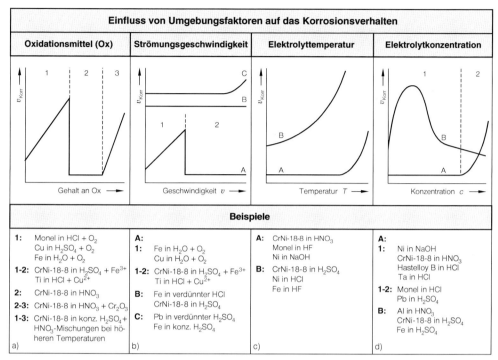

Bild 1-84
Einfluss einiger Umgebungsfaktoren auf die Korrosionsgeschwindigkeit v_{Korr}, vereinfacht, nach Fontana.

extrem langsam verläuft. Außerdem entfällt die Möglichkeit zur Bildung korrosionshemmender Oxidschichten. Kesselspeisewasser wird daher immer sauerstofffrei aufbereitet. Das kann mit verschiedenen Methoden erreicht werden:

– *Mechanische Mittel*
  Durch Erwärmen des Wassers auf etwa 80 °C, nimmt die Sauerstofflöslichkeit stark ab, Bild 1-83. Geeignete im Gegenstrom geführte Gase verringern ebenfalls sehr wirksam den Sauerstoffgehalt.

– *Chemische Mittel*
  Mit ihnen gelingt es, die Restsauerstoffgehalte auf sehr kleine Werte zu verringern. Häufig werden *Natriumsulfit* oder *Hydrazin* verwendet, die gemäß der folgenden Beziehungen den gelösten Sauerstoff in sehr kurzer Zeit binden können:

$$Na_2SO_3 + 0{,}5 \cdot O_2 \rightarrow Na_2SO_4,$$
$$N_2H_4 + O_2 \rightarrow N_2 + 2 \cdot H_2O.$$

Allerdings ist zu beachten, dass bei Metallen, deren Korrosionsbeständigkeit auf der Existenz einer chemisch beständigen Oxidschicht beruht (siehe hierzu *Passivität*, Abschn. 1.7.5), wie z. B. bei den korrosionsbeständigen Chrom-Nickel-Stählen, Abschn. 2.8.1, S. 200, die ständige (Neu-)Bildung der schützenden Oxidschicht erforderlich ist. Diese notwendigen chemischen Vorgänge sind natürlich nur bei einem *kontinuierlichen* und *ausreichenden* Sauerstoffangebot möglich, Bild 1-84a.

Elektrolyttemperatur

Mit zunehmender Elektrolyttemperatur werden chemische Reaktionen nach den Gesetzen der chemischen Reaktionstheorie, also auch (bestimmte) Korrosionsvorgänge, in der Regel beschleunigt. Die Korrosionsgeschwindigkeit v_{Korr} nimmt gemäß einer *Arrhenius*-Funktion exponentiell mit der Temperatur T aber nur dann zu, wenn sie *ausschließlich* von der Metalloxidation, d. h. einem rein chemischen Prozess, bestimmt wird (zur Bedeutung der Bezeichnungen s. Gl. [1-11], S. 38):

$$v_{\text{Korr}} = v_0 \cdot \exp\left(\frac{Q_\text{A}}{RT}\right). \qquad [1\text{-}34]$$

Der Einfluss der Temperatur auf die Korrosionsgeschwindigkeit lässt sich beschreiben, indem die Gl. [1-34] für zwei Temperaturen ($T_2 > T_1$) ausgewertet wird:

$$\ln\left(\frac{v_{\text{Korr.2}}}{v_{\text{Korr.1}}}\right) = \frac{Q_\text{A}}{R} \cdot \left(\frac{1}{T_1} - \frac{1}{T_2}\right). \qquad [1\text{-}35]$$

Der einfache Zusammenhang nach Gl. [1-35] gilt z. B. für die Korrosion von Eisen in Salzsäure oder Eisen in Natriumsulfat. Siehe hierzu auch die Aufgabe 1-12, S. 117.

Die Variable Temperatur bestimmt außerdem häufig die Löslichkeit von Substanzen, die den Korrosionsablauf entscheidend beeinflussen. Ein bekanntes Beispiel ist die Korrosion von Stahl in Anwesenheit von Sauerstoff in *offenen* und *geschlossenen Korrosionssystemen*. In letzteren bleibt der Sauerstoffgehalt des Elektrolyten unverändert, d. h., die Korrosionsgeschwindigkeit v_{Korr} nimmt mit der Temperatur zu. In offenen Systemen nimmt v_{Korr} oberhalb 80 °C bis 100 °C wegen der dann abnehmenden Sauerstofflöslichkeit des erwärmten Wassers stark ab, Bild 1-85. In der Praxis verursacht z. B. kondensierender Wasserdampf durch die Bildung von *Belüftungselementen* (Konzentrationselement: unterschiedlicher Sauerstoffgehalt im Bereich Tropfen/Umgebung, s. Beispiel 1-9, S. 74) an Kesselanlagen und Heißdampfleitungen z. T. extreme Korrosionserscheinungen.

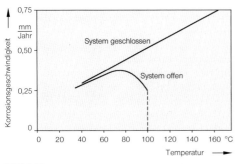

Bild 1-85
Einfluss der Elektrolyttemperatur auf die Korrosionsgeschwindigkeit von Eisen in belüftetem (sauerstoffhaltigem) Wasser, in offenen und geschlossenen Systemen, nach Speller.

Ein weiterer oft übersehener Einfluss ist die Abnahme des pH-Wertes – d. h. die Erhöhung der Wasserstoffionen-Konzentration – mit zunehmender Temperatur.

Strömungsgeschwindigkeit

Korrosionsvorgänge, eingeleitet durch die Aktivierungspolarisation, Abschn. 1.7.4.2, werden durch die Geschwindigkeit des Mediums *nicht* beeinflusst, Kurve B in Bild 1-84b. Im Gegensatz dazu übt die Geschwindigkeit bei der diffusionskontrollierten Konzentrationspolarisation, s. Abschn. 1.7.4.3, einen erheblichen Einfluss auf die Korrosionsgeschwindigkeit aus, Bild 1-86. Die Kurven 1 bis 6 repräsentieren die maximale Korrosionsstromdichte für die Mediengeschwindigkeit

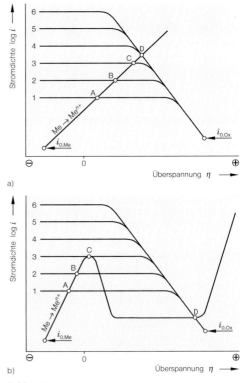

Bild 1-86
Einfluss der Strömungsgeschwindigkeit des Mediums (von 1 nach 6 zunehmend) auf das elektrochemische Verhalten von Metallen unter dem Einfluss diffusionskontrollierter Kathodenprozesse (Konzentrationspolarisation), nach Fontana.
a) Nicht passivierbares Metall,
b) passivierbares Metall.

1 bis 6. Bei nicht passivierbaren Metallen steigt die Stromdichte i bis Punkt C bei der Geschwindigkeit 3. Mit weiter zunehmender Geschwindigkeit bleibt ab Punkt D die Korrosionsgeschwindigkeit (= Stromdichte i) konstant, weil die Reduktionsreaktionen aktivitätskontrolliert werden, Bild 1-86a.

Bei passivierbaren Werkstoffen, wie z. B. austenitischem Cr-Ni-Stahl oder Titan, Bild 1-86b, nimmt die Stromdichte von A → B → C zu. Oberhalb der Geschwindigkeit 3 erfolgt der Übergang vom aktiven in den passiven Zustand, Punkt D. Passivierbare Metalle wer-

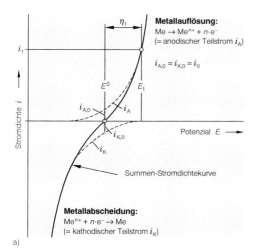

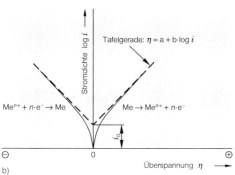

Bild 1-87
Stromdichte-Potenzial-Kurve (Polarisationskurve) für einen anodischen Metallauflösungs- ($Me \rightarrow Me^{n+} + n \cdot e^-$) und einen kathodischen Metallabscheidungsprozess ($Me^{n+} + n \cdot e^- \rightarrow Me$), ermittelt mit potenziostatischen Messmethoden, schematisch.
a) Abhängigkeit $i = f(E)$, s. a. Bild 1-90,
b) Abhängigkeit $\log i = f(\eta)$, Tafelgerade.

den bei einem stark strömenden Medium korrosionsbeständiger, weil durch das verstärkte Heranführen von Sauerstoff an die Werkstückoberfläche die oxidische Passivschicht erhalten bleibt.

Allerdings kann ein mit sehr großer Geschwindigkeit strömendes Medium, das feste, feinverteilte Partikel enthält, Erosion(skorrosion) hervorrufen, s. Kurve C in Bild 1-84b und Abschn. 1.7.6.2.3.

Medienkonzentration
Korrosionserscheinungen an passivierbaren Werkstoffen sind in der Regel in weiten Grenzen unabhängig von der Medienkonzentration, Kurve A, Bereich 1, Bild 1-84d. Der Korrosionsangriff von Säuren, die in Wasser lückenlos lösbar sind, lässt sich häufig mit der Kurve B, Bild 1-84d, beschreiben. Mit zunehmender Medienkonzentration steigt zunächst die Menge der H-Ionen, wodurch die Korrosionsgeschwindigkeit zunimmt. Weil der Dissoziationsgrad aber mit zunehmender Säurestärke abnimmt, verringert sich auch der Korrosionsangriff. Der Angriff sehr starker (nicht verunreinigter Säuren!) ist daher oft überraschend gering.

1.7.4 Elektrochemische Polarisation

Die elektrochemischen Reaktionen werden durch verschiedene chemische, physikalische und Einflüsse der Umgebung [z. B. Beschaffenheit der »Reaktionsoberfläche(n)«] verzögert bzw. *polarisiert*. Im Gleichgewicht ist bei Außenstromlosigkeit $i_A = i_K = i_0$, Bild 1-75. Stoffumsätze können aber nur dann stattfinden, wenn das Potenzial E der stromdurchflossenen Elektrode das Gleichgewichtspotenzial E^0 über- oder unterschreitet. Diese Spannungsdifferenz bezeichnet man als *Überspannung* η. Sie ist ein Maßstab für die Größe der Polarisation:

$$\eta = E - E^0. \qquad [1\text{-}36]$$

Die Polarisationserscheinungen teilt man ein in die
– Aktivierungspolarisation, die
– Konzentrationspolarisation und die
– Widerstandspolarisation.

Zum Verständnis der Polarisationserscheinungen ist die Kenntnis der Stromdichte-Potenzial-Kurven erforderlich. Sie werden im Folgenden zunächst beschrieben.

1.7.4.1 Stromdichte-Potenzial-Kurven

Die Abhängigkeit Überspannung η von der Korrosionsstromdichte i wird *Polarisationskurve* genannt. Sie wird als *Summen-Stromdichte-Potenzial-Kurve* mit Hilfe der hier nicht besprochenen potenziostatischen Messmethoden ermittelt. Mit diesen Methoden können die anodischen und kathodischen Teilstromdichten abhängig von den eingestellten Abweichungen vom *Ruhepotenzial* ermittelt werden. Eine typische Polarisationskurve zeigt Bild 1-87a. Im Gleichgewicht, also nach Einstellen des Gleichgewichtspotenzials E^0, fließt kein *messbarer* Strom, d. h., Korrosionserscheinungen können nicht auftreten. Tatsächlich ist bei diesem dynamischen Gleichgewicht aber der anodische Auflösungsstrom $i_{A,0}$ gleich dem kathodischen Abscheidungsstrom $i_{K,0}$, gleich der *Austauschstromdichte* i_0, s. Bild 1-75.

Im Gleichgewichtszustand ist die *Austauschstromdichte* i_0 ein Maßstab für die elektrochemische Reaktionsfähigkeit. Wird das Gleichgewichtspotenzial E^0 auf E_1 erhöht, dann steigt die anodische (Korrosions-)Stromdichte auf i_1. Korrosionsvorgänge, oder ganz allgemein Stoffumsätze, können daher nur bei positiveren Potenzialen als dem Gleichgewichtspotenzial bzw. bei Abweichungen vom Gleichgewichtspotenzial entstehen. Dieser Vorgang ist die weiter oben (Abschn. 1.7.4) beschriebene *Polarisation*.

Bild 1-88 zeigt die Stromdichte-Potenzial-Kurven für die an jeder Säurekorrosion beteiligten zwei verschiedenen Elektrodenprozesse im außenstromlosen Zustand. Eine *homogene Mischelektrode* ist vorhanden, wenn die Korrosionsstromdichte an jeder Stelle der Elektrodenoberfläche gleich groß ist. In der Korrosionspraxis sind die Teilströme wegen nicht vermeidbarer Unterschiede im Medium oder im Werkstoff (inhomogene Bereiche, z. B. Kristallseigerungen) meistens *unterschiedlich*. In diesem Fall spricht man von einer *heterogenen Mischelektrode* oder einem *Korrosionselement*.

Die Korrosion des Metalls Me lässt sich aus den Teilstromdichte-Kurven (1) – entspricht der anodischen Metallauflösung – und (4) – entspricht der kathodischen Reduktion des Wasserstoffs – in Form der Summen-Stromdichtekurve (gestrichelt in Bild 1-88) beschreiben. Ihr Schnittpunkt mit der x-Achse kennzeichnet das Korrosionspotenzial E_R, das zwischen beiden Gleichgewichtspotenzialen liegt. Dieses *Mischpotenzial* wird auch als *Ruhepotenzial* bezeichnet. Hier ist die anodische Korrosionsstromdichte gleich der kathodischen als Folge der Wasserstoffreduktion:

$$2 \cdot H^+ + 2 \cdot e^- \rightarrow H_2.$$

Das Bild 1-88 lässt auch die Grundidee des kathodischen Korrosionsschutzes (Abschn. 1.7.8.1) erkennen. Mit abnehmendem Potenzial wird der anodische Teilstrom, also auch der Korrosionsangriff, verringert.

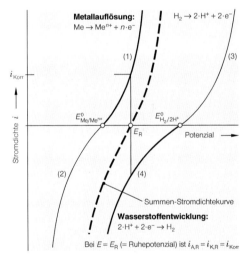

Bild 1-88
Stromdichte-Potenzial-Kurven für eine homogene Mischelektrode: Metall [Metallauflösung (1) / Metallabscheidung (2)] und eine Redoxreaktion [Oxidation (3), Reduktion (4)]. Im außenstromlosen Zustand ist $i_{A,R} = i_{K,R} = i_{Korr}$. Als Beispiel kann die Metallauflösung in einer nichtoxidierenden Säure unter Wasserstoffentwicklung dienen:

$$Me + n \cdot H^+ \rightarrow Me^{n+} + \frac{n}{2} \cdot H_2.$$

1.7.4.2 Aktivierungspolarisation

Aktivierungspolarisation liegt vor, wenn die elektrochemischen Vorgänge an der Phasengrenze Metall/Elektrolyt – d. h. der Ladungsträgeraustausch – durch einen oder einige (langsamere!) Teilvorgänge kontrolliert werden. Die Metallauflösung geschieht z. B. nach der Reaktionsfolge:

$$Me_{Gitter} \rightarrow Me^{n+}_{Oberfläche} \rightarrow Me^{n+}_{Lösung}.$$

Die Metallatome (Me_{Gitter}) werden von ihren Gitterplätzen in Ionenform an die Metalloberfläche ($Me^{n+}_{Oberfläche}$) und von hier in die wässrige Lösung ($Me^{n+}_{Lösung}$) befördert.

Die kathodische Reduktion des Wasserstoffs geschieht z. B. bei Zink (in saurer Lösung) durch eine Reihe möglicher Reaktionsschritte, die experimentell nicht notwendigerweise nachweisbar sind, Bild 1-89. Nach der Adsorption der Wasserstoffionen an der Metalloberfläche (1) erfolgt der Elektronenübergang auf die Wasserstoffionen (2), die Bildung molekularen Wasserstoffs (3) und die abschließende Entstehung von Wasserstoffblasen (4). Die langsamste Teilreaktion bestimmt im Wesentlichen die Reaktionszeit, d. h. die Korrosionsgeschwindigkeit.

Die Polarisationskurve, d. h. die Abhängigkeit der (Korrosions-)Stromdichte i von der Überspannung η ist gemäß der *Butler-Volmer-Beziehung* $i = f(\eta)$ berechenbar:

$$i = f(\eta) = i_A = i_K.$$

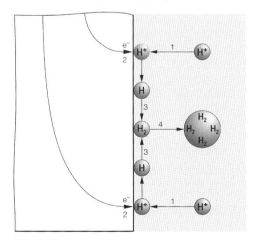

Bild 1-89
Mögliche Reaktionen bei der Reduktion des Wasserstoffs unter der Einwirkung der Aktivierungspolarisation, nach Fontana.

Danach betragen die Teilstromdichten i_A, i_K:

$$i_A = i_0 \cdot \exp\left(\frac{\alpha n F}{RT} \cdot \eta\right), \quad [1\text{-}37a]$$

$$i_K = i_0 \cdot \exp\left(-\frac{(1-\alpha) \cdot n F}{RT} \cdot \eta\right). \quad [1\text{-}37b]$$

Im Gleichungssystem [1-37] ist R die Gaskonstante, T die absolute Temperatur und α der Symmetriekoeffizient, der die Art der Energiebarriere des Ladungsträgertransports beschreibt. In den meisten Fälle kann für $\alpha = 0,5$ angenommen werden, d. h., die geometrische Form der beiden Teilstromdichtekurven sind annähernd gleich.

Bei der Aktivierungspolarisation ergibt sich durch Umformen der Gl. [1-37a und b] die Beziehung zwischen der Überspannung η und der Korrosionsstromdichte i zu:

$$\eta = \eta_A + \eta_K = a + b \cdot \log i. \quad [1\text{-}38]$$

Diese Gleichung ist auch als *Tafelsche Beziehung* bekannt, mit b als »Tafelneigung« und $a = -b \cdot \log i_0$, Bild 1-87b.

Bei Überspannungen $|\eta| \geq 50$ mV kann im Gleichungssystem Gl. [1-37] entweder der erste oder der zweite Term vernachlässigt werden. Damit ergibt sich die anodische (η_A) bzw. kathodische Teilspannung (η_K) vereinfacht zu:

$$\eta_A = \beta_a \cdot \log \frac{i_A}{i_0}, \quad \eta_K = -\beta_k \cdot \log \frac{i_K}{i_0}. \quad [1\text{-}39a, b]$$

Bei einer anodischen Überspannung ist η_A und β_a *positiv*, bei einer kathodischen Polarisation ist η_K und β_k *negativ*. Die Werte für die Tafelneigung β_a (β_k) liegen gewöhnlich im Bereich, Bild 1-87 und Bild 1-90:

$$\beta_a(\beta_k) = \frac{0,03 \text{ bis } 0,2}{1 \text{ Größenordnung}} \left[\frac{V}{\text{Stromdichte}}\right]$$

und sind oft auch nicht für die kathodischen und anodischen Reaktionen identisch. Als brauchbare Schätzwerte haben sich für β_a bzw. β_k die Werte $+ 0,1$ und $- 0,1$ erwiesen. Der große praktische Vorteil der Tafelbeziehung ist ihre einfache grafische Darstellbarkeit. In einem halblogarithmischen Koordinatensystem besteht zwischen der Korrosionsstromdichte und der Überspannung ein linearer Zusammenhang, Bild 1-90 (s. a. Darstellung Bild 1-87b).

Die Aktivierungspolarisation ist in höherkonzentrierten Medien meistens der wirksame »Verzögerungsmechanismus« der elektrolytischen Reaktionen d. h. der Korrosionsreaktionen.

1.7.4.3 Konzentrationspolarisation

Bisher wurde angenommen, dass die Korrosionsgeschwindigkeit vom anodischen oder kathodischen Ladungsträgertransport bestimmt wird. Wenn die kathodisch reagierende Substanz – z. B. H$^+$ – in ungenügender Menge zur Verfügung steht, dann wird der Massentransport dieser Substanz der geschwindigkeitsbestimmende Vorgang. Bei einem großen Umsatz der zu reduzierenden Metallionen kann die Konzentration des Reduktionsmittels an der Metalloberfläche im Extremfall bis auf Null abnehmen. Der Korrosionsprozess wird dann nur durch den diffusionsabhängigen Massentransport bestimmt. Im Allgemeinen fällt aber die Konzentration c_L der reduzierenden Substanz in der Diffusionsschicht der Dicke δ bis auf die von Null verschiedene Konzentration an der Blechoberfläche c_0, Bild 1-91. Die Korrosionsgeschwindigkeit wird zumindest teilweise von dem diffusionskontrollierten Massentransport der reduzierenden Substanz aus dem Medium zur Phasengrenze Medium/Metalloberfläche bestimmt. Bei sehr großen Reduktionsgeschwindigkeiten wird $c_0 = 0$. In diesem Fall ist die Korrosionsstromdichte i_{Korr} auf den folgenden Maximalwert i_{max} begrenzt:

$$i_{Korr} = \frac{nFD \cdot (c_L - c_0)}{\delta}, \qquad [1\text{-}40a]$$

für $c_0 = 0$ wird:

$$i_{Korr} = i_{max} = \frac{nFDc_L}{\delta}. \qquad [1\text{-}40b]$$

Im Gleichungssystem [1-40] bedeuten n die Anzahl der an der Korrosions-Reaktion beteiligten Elektronen, F die *Faraday*konstante, D der Diffusionskoeffizient und δ die Dicke der Diffusionsschicht, die in der Regel zwischen 0,1 mm und 0,5 mm liegt.

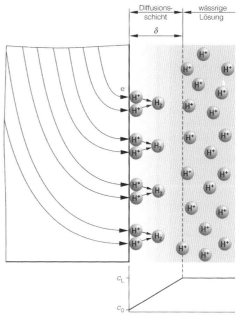

Bild 1-91
Darstellung der Konzentrationspolarisation am Beispiel der Wasserstoffreduktion, nach Fontana.

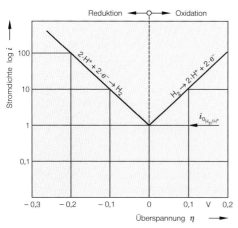

Bild 1-90
Aktivierungspolarisation, dargestellt in Form einer Tafelgeraden für eine Wasserstoffelektrode.

Die Konzentrationspolarisation ist bei Korrosionsvorgängen hauptsächlich bei kathodischen Reduktionsvorgängen zu erwarten, weil bei der anodischen Metallauflösung normalerweise unbegrenzt viele Metallionen geliefert werden können.

1.7.5 Passivität

Die Beziehung für die Überspannung η_K an der Kathode bei der Konzentrationspolarisation in Abwesenheit der Aktivitätspolarisation ist:

$$\eta_K = 2{,}3 \cdot \frac{RT}{nF} \cdot \log\left(1 - \frac{i}{i_{max}}\right). \quad [1\text{-}41]$$

Bild 1-92a zeigt diesen Zusammenhang. Die Konzentrationspolarisation macht sich erst bemerkbar, wenn die kathodische Stromdichte im Bereich von i_{max} liegt.

Jeder Vorgang im Korrosionssystem, der die Diffusionsbedingungen verbessert, erhöht demnach die Korrosionsgeschwindigkeit. Jede Bewegung des Korrosionsmediums verringert die Dicke der Diffusionsschicht δ und erhöht so die Stromdichte i, wie Bild 1-86 beispielhaft zeigt. Das Gleiche gilt für die Temperatur T (erhöht sehr stark die Diffusionsfähigkeit) und gemäß Gl. [1-40] für die Konzentration c.

In den meisten Korrosionsfällen treten die Aktivierungs- und die Konzentrationspolarisation gemeinsam auf. Die gesamte kathodische Polarisation $\eta_{ges,K}$ ist dann die Summe der kathodischen und anodischen Überspannung, Gl. [1-42]:

$$\eta_{ges,K} = -\beta_k \cdot \log\frac{i_K}{i_0} + 2{,}3 \cdot \frac{RT}{nF} \cdot \log\left(1 - \frac{i_K}{i_{max}}\right).$$

Bild 1-92b zeigt die grafische Darstellung der Beziehung Gl. [1-42]. Bei geringen Korrosionsgeschwindigkeiten wird der Korrosionsprozess in der Regel durch die Aktivierungspolarisation bestimmt, bei größeren überwiegend durch die Konzentrationspolarisation.

Die Konzentrationspolarisation herrscht i. Allg. vor, wenn die zu reduzierenden Substanzen in geringer Menge vorliegen, z. B. bei verdünnten Säuren und Salzlösungen.

In manchen Fällen ist auch die sog. *Widerstandspolarisation* zu beachten, bei der durch zusätzliche ohmsche Widerstände eine *Widerstandsüberspannung* η_Ω auftritt. Ähnliche Überspannungen können bei behinderten Reaktionsabläufen verschiedener Prozesse (Hydratation, Komplexbildung) entstehen.

Passivität entsteht bei verschiedenen (meistens sehr unedlen) Metallen wie Chrom, Nickel, Titan, Kobalt, Eisen, Aluminium durch die Bildung sehr dünner (1 bis 10 nm), schwer löslicher, porenfreier, festhaftender *Oxidschichten* unter oxidierenden Bedingungen. Diese schützenden Schichten verbessern die Korrosionsbeständigkeit z. T. um den Faktor 10^3 bis 10^6 und zeichnen sich durch eine geringe Ionenleitfähigkeit aus. Die Passivschichten können sich natürlich bilden oder elektrochemisch erzeugt bzw. verstärkt werden.

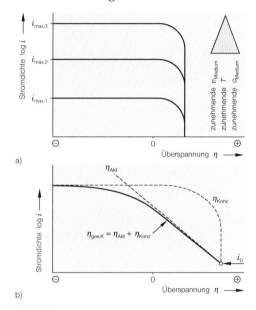

Bild 1-92
Abhängigkeit der Überspannung (kathodischer Prozess) von der Stromdichte log i bei der
a) Konzentrationspolarisation (η_{Konz}) und bei
b) gleichzeitiger Wirkung der Konzentrations- und Aktivierungspolarisation ($\eta_{ges,K}$).

Abhängig von der Art der Metalle werden Passivschichten (= Oxide) mit unterschiedlichen physikalischen und chemischen Eigenschaften gebildet:

– Metalle, die *elektronenleitende* Oxide bilden: z. B. Eisen, Chrom, nichtrostender Stahl und Kupferbasiswerkstoffe.
– Metalle, die *nicht* oder *sehr schlecht elektronenleitende* Oxide bilden: z. B. Aluminium, Titan, Zirkonium, Tantal. In diesen Fällen

ist weder ein Stoff- noch Ladungsträgeraustausch über die Passivschichten möglich.

Passivierbare Metalle müssen einen bestimmten Verlauf der (anodischen) *Stromdichte-Potenzial-Kurve* aufweisen, Bild 1-93. Danach fällt nach Überschreiten des von einer äußeren Spannungsquelle aufgeprägten Passivierungspotenzials E_p, die anodische Teilstromdichte von i_{max} auf die wesentlich geringere Passivstromdichte i_p. Zum Aufrechterhalten der Passivität muss eine der Passivstromdichte (= *passive Reststromdichte*) äquivalente kathodische Stromdichte ständig durch Oxidationsmittel im Elektrolyten aufgebracht werden. Anderenfalls wird das Metall aktiviert.

Oberhalb des *Durchbruchpotenzials* E_d bildet sich im Bereich der *Transpassivität* außerhalb der Passivschicht Sauerstoff, der die Metallauflösung wieder einleitet:

$$4 \cdot OH^- \rightarrow O_2 + 2 \cdot H_2O + 4 \cdot e^-.$$

Diese Reaktion kann nur bei elektronenleitenden oxidischen Passivschichten ablaufen, weil sie die erforderlichen metallischen bzw. Halbleiter-Eigenschaften besitzen.

Die Korrosionsbeständigkeit der Metalle, die Passivschichten bilden, kann bei Bedingungen, die die lokalen Korrosionsarten begünstigen empfindlich verringert werden. Sie sind bei gleichmäßigem Korrosionsangriff sehr beständig, bei lokalem Angriff – vor allem nach örtlicher Zerstörung der meistens sehr spröden und dünnen Passivschicht – kann der Werkstoff allerdings sehr rasch durch Formen der Lokalkorrosion zerstört werden. Bekannte Beispiele für derartige Werkstoffe sind die hochlegierten Chromstähle und die austenitischen Chrom-Nickel-Stähle, die in Anwesenheit vor allem von Chloridionen durch die Spannungsriss- (Abschn. 1.7.6.2.1) und Lochkorrosion (Abschn. 1.7.6.1.2) schnell und intensiv angegriffen werden.

Beispiel 1-10:
Ein Stahlbehälter ist im Kontakt mit einem korrosiven Medium, das den Werkstoff gleichmäßig korrodiert. Die Kontaktfläche beträgt $S = 1 m^2 = 10000 cm^2$. Aus vergleichbaren Fällen kann für den Korrosionsstrom ein Wert von $I = 0,10 A$ angenommen werden. Der Werkstoffverlust m_v innerhalb eines Jahres und die Abtragrate x in cm/a sind zu berechnen. Siehe a. Aufgabe 1-17, S. 120.

Die Menge m_v des durch elektrochemische Reaktionen in Ionenform umgewandelten Werkstoffs (Fe) lässt sich mit Hilfe des Faradayschen Gesetzes ermitteln:

$$m_v = \frac{I \cdot t \cdot M_{Fe}}{n \cdot F} \quad A \cdot \frac{s}{a} \cdot \frac{g}{mol} \cdot \frac{mol}{A \cdot s} = \frac{I \cdot t \cdot M_{Fe}}{n \cdot F} \, g/a.$$

Es bedeuten t (s/a) die Korrosionsdauer, M_{Fe} (g/mol) die Molmasse des Eisens, n die Anzahl der bei der elektrochemischen Reaktion ausgetauschten Elektronen und $F = 96500$ (C/mol = A·s/mol) die Faradaykonstante. Mit den gegebenen Werten erhält man:

$$t = 3600 \frac{s}{h} \cdot 24 \frac{h}{d} \cdot 365 \frac{d}{a} \approx 31 \cdot 10^6 \ s/a.$$

Daraus ergibt sich der jährliche Werkstoffverlust mit $n = 2$ (Fe $\rightarrow$ $Fe^{2+} + 2 \cdot e^-$) und $M_{Fe} = 56 g/mol$ zu:

$$m_v = \frac{I \cdot t \cdot M_{Fe}}{n \cdot F} = \frac{0,10 \cdot 31 \cdot 10^6 \cdot 56}{2 \cdot 96500} \approx 900 \ g/a.$$

Die jährliche Abtragrate x in cm/a ergibt sich mit der Dichte von Eisen $\rho_{Fe} = 7,9 g/cm^3$ zu:

$$x \cdot S \cdot \rho_{Fe} \frac{cm}{a} \cdot cm^2 \cdot \frac{g}{cm^3} = 900 \ g/a$$

$$x = \frac{900}{S \cdot \rho_{Fe}} = \frac{900}{10000 \cdot 7,9} \ \frac{g}{a} \cdot \frac{1}{cm^2} \cdot \frac{cm^3}{g} \approx 0,01 \ cm/a.$$

Gemäß Tabelle 1-5 ist dieser Werkstoff bei den gegebenen Korrosionsbedingungen »beständig«.

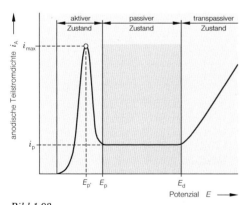

Bild 1-93
Anodische Teilstromdichte-Potenzial-Kurve eines passivierbaren Metalls.

1.7.6 Korrosionsarten

Aus praktisch-technischen Gründen und wegen der unterschiedlichen Schädigungsmechanismen werden nach DIN 50900 die Korrosionsarten und ihre Erscheinungsformen eingeteilt in
- Korrosionsarten *ohne* und
- *mit* zusätzlicher mechanischer Beanspruchung, überwiegend in Form von Zugspannungen (Last-, Eigen-, Verformungsspannungen).

1.7.6.1 Korrosionsarten ohne mechanische Beanspruchung

Der Verlauf der relativ ungefährlichen *gleichmäßig abtragenden* Flächenkorrosion ist verhältnismäßig einfach (z. B. *Faraday*sches Gesetz) berechenbar, ihre Auswirkungen auf die Bauteilsicherheit sind damit hinreichend genau bekannt bzw. abschätzbar. Als Maßstab für den Grad der Korrosionsbeständigkeit können die in Tabelle 1-5 genannten Werte der Abtragraten dienen.

Wegen der großen praktischen Bedeutung werden im Folgenden nur die auf der Bildung von **Lokalelementen** beruhenden Korrosionsarten beschrieben.

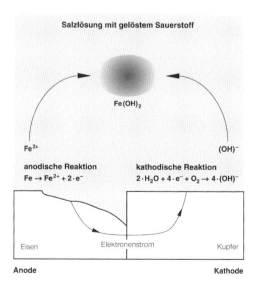

Bild 1-94
Das Korrosionselement bei der Kontaktkorrosion, schematische Darstellung.

Örtlich begrenzte Korrosionserscheinungen sind sehr schwer überwachbar und damit erheblich gefährlicher. Das gilt für die Entdeckung, für die meist aufwändigen Reparaturmaßnahmen (teure Stillstandzeiten) und für evtl. Folgeschäden (z. B. an der Umwelt und weiteren Betriebseinrichtungen durch auslaufende, aggressive Medien).

Korrosionselemente mit sehr kleinen anodischen oder kathodischen Flächenbereichen werden *Lokalelemente* genannt. Die Korrosionsgeschwindigkeit ist daher wegen der örtlich extrem begrenzten Zerstörung des Metalls in der Regel weniger entscheidend. Von großer technischer Bedeutung ist vielmehr die Kenntnis der Bedingungen, unter denen lokale Korrosionsformen entstehen bzw. vermieden werden können.

Lokale Korrosionsformen d. h., *Korrosionselemente* können bei sehr unterschiedlichen betrieblichen und korrosionstechnischen Bedingungen entstehen:

❒ *Passivschichten* werden örtlich durch
  - das angreifende Medium (*Lochkorrosion, Lochfraß, Pitting*, vorwiegend durch Chloridionen) oder durch
  - mechanische Beanspruchung (Gleitprozesse durch Kaltverformen: spangebende Fertigung: Fräsen, Bohren, Hammerschläge, Handlingsvorgänge, s. Abschn. 1.7.7) örtlich zerstört *(Spannungsrisskorrosion).*

❒ Zwischen zwei verschiedenen Metallen besteht metallischer Kontakt (Kontaktkorrosion). Der Korrosionsangriff nimmt mit der Größe der Potenzialdifferenz zwischen den Metallen zu, Bild 1-94.

❒ Es bestehen örtliche Unterschiede in der Zusammensetzung des
  - *Korrosionsmediums:*
    Konzentrationselement, z. B. Spaltkorrosion oder das *Belüftungselement* als Folge unterschiedlichen Sauerstoffgehalts an verschiedenen Orten des Mediums oder des
  - *Werkstoffs (De LaRive-Element):*
    Bei dieser *selektiven Korrosion* wer-

den bestimmte Gefügebestandteile, Legierungselemente oder korngrenzennahe Bereiche bevorzugt angegriffen [z. B. interkristalline Korrosion bei den hochlegierten Stählen oder der bevorzugte Angriff der β-Phase in den $(\alpha + \beta)$-Messingen].

1.7.6.1.1 Kontaktkorrosion

Die zwischen zwei unterschiedlichen Metallen vorhandene Potenzialdifferenz, Tabelle 1-6, ist in Anwesenheit eines wässrigen Elektrolyten treibende »Kraft« für Korrosionsvorgänge. Das unedlere Metall wird hierbei anodisch aufgelöst, Bild 1-94. Die Korrosionsgeschwindigkeit kann sich im Laufe der Zeit durch Reaktionsprodukte auf der Anode oder der Kathode merklich verringern *(Polarisation)*.

Bemerkenswert ist der große Einfluss des Verhältnisses der anodischen zur kathodischen Fläche auf die Intensität des Korrosionsangriffs. Bei einer *kleinen* anodischen Fläche (Schweißgut) ist die anodische Stromdichte sehr hoch, d. h. die Metallauflösung also sehr intensiv, Bild 1-95a. Die große Anzahl der freiwerdenden Elektronen kann an der großen, gut belüfteten Kathodenfläche (Grundwerkstoff) leicht entladen werden, s. a. Beispiel 1-11, S. 99.

Diese Zusammenhänge spielen z. B. bei korrosionsbeständigen Beschichtungen (Anstrichen, metallischen Überzügen, Lacken) eine wichtige Rolle. Erfahrungsgemäß sind »Fehlstellen« in Überzügen nur sehr schwer vollständig vermeidbar. Wird nur der unedlere Bereich der galvanisch gekoppelten Metalle beschichtet, dann entstehen im Falle von Beschichtungsfehlern sehr kleine anodische Bereiche. Die Folge sind sehr große anodische Ströme, d. h., das *unedle* Metall wird sehr rasch angegriffen bzw. zerstört. Diese Situation ist in Bild 1-96a schematisch dargestellt. Daraus ergibt sich die auf den ersten Blick überraschende Richtlinie für das korrosionstechnisch korrekte Beschichten von Konstruktionen, die aus unterschiedlichen, galvanisch gekoppelten Metallen bestehen:

> Das *edlere* Metall muss beschichtet werden, auf keinen Fall das *unedlere*, Bild 1-96b!

1.7.6.1.2 Lochkorrosion (Lochfraß)

Bei dieser Form der Lokalkorrosion entstehen mulden- bzw. nadelstichförmige Vertiefungen auf Werkstoffen, die mit *porösen* oder beschädigten korrosionshemmenden Passivschichten bedeckt sind, Bild 1-97. Die nur in Anwesenheit von Chlorid- und Bromidionen auftretende *Nadelstichkorrosion* wird auch als *Chloridionenkorrosion* oder *Pitting* be-

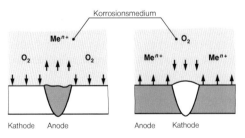

Bild 1-95
Einfluss des Verhältnis V =Anodenfläche / Kathodenfläche auf die Intensität der Kontaktkorrosion, dargestellt an einer Schweißverbindung.

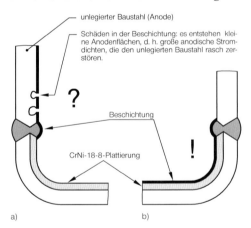

Bild 1-96
Korrosionsvorgänge in beschichteten, galvanisch gekoppelten Metallen.
a) Fehler in der Beschichtung des unedlen Metalls erzeugen kleine anodische Flächen, d. h. einen großen Werkstoffverlust durch Korrosion.
b) Daher muss der **edlere** *Werkstoff beschichtet werden, s. a. Beispiel 1-11, S. 99.*

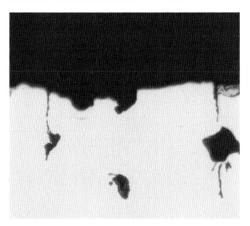

Bild 1-97
Lochkorrosion an einer Rohrleitung aus unlegiertem Stahl, BAM.

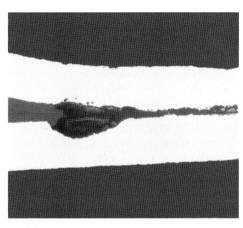

Bild 1-98
Spaltkorrosion an 2 mm dicken Blechen aus austenitischem Cr-Ni-Stahl, BAM.

zeichnet. Diese schwer entdeckbare und sehr schlecht beobachtbare Korrosionsform ist extrem gefährlich, weil in kurzer Zeit verheerende Schäden entstehen. Sie lässt sich mit Laboruntersuchungen nur unzuverlässig vorhersagen. Die Neigung des gewählten Werkstoffs zur Lochkorrosion sollte in Feldversuchen unter möglichst praxisnahen Bedingungen ermittelt werden. Diese Korrosionsform kann bei allen üblichen (metallischen) Werkstoffen entstehen.

Die korrosionsbeständigen *austenitischen Cr-Ni-Stähle* sind für Lochkorrosion anfälliger als jede andere Stahlart. Selbst unlegierte C-Mn-Stähle sind beständiger! Daher muss diese Korrosionsform, die bei diesen Stählen von großer praktischer Bedeutung ist, sehr intensiv kontrolliert werden.

Lochkorrosion entsteht bei den Cr-Ni-Stählen in chloridionenhaltigen Medien mit pH-Werten vorwiegend < 7. Die Korrosionsgeschwindigkeit hängt von der nicht vorhersagbaren Bewegung der korrodierenden Substanzen von und zu den Vertiefungen ab. Insbesondere bei tieferen Löchern muss mit Schadensvorgängen gerechnet werden, wie sie auch bei der Spaltkorrosion auftreten. Dazu gehört vor allem das Ansäuern des Elektrolyten durch *Hydrolyse* (pH = 1,5 bis 1!, Bild 1-99) und das Entstehen von Sauerstoff-Konzentrationselementen.

Alle für die Lochkorrosion anfälligen Metalle sind auch besonders empfindlich für die Spaltkorrosion. Der umgekehrte Schluss gilt nicht allgemein.

Die Lochkorrosion kann nur oberhalb eines bestimmten Grenzpotenzials *(Lochfraßpotenzial)* und nach Überschreiten der kritischen Konzentration der wirksamen Ionen entstehen. Die Größe des Lochfraßpotenzials, das ein zuverlässiger Maßstab der Lochfraßbeständigkeit darstellt, wird von verschiedenen Faktoren bestimmt:
– Dem Korrosionsmedium, insbesondere der Chlorid- und Bromid-Ionenmenge,
– der chemischen Zusammensetzung des Werkstoffs und
– dem Oberflächenzustand.

Die die Lochkorrosion stark begünstigenden Chloridionen sind praktisch in jedem wässrigen Elektrolyten enthalten. Zusätzlich vorhandene, stark oxidierende Metallionen (z. B. in Form von $CuCl_2$ oder $FeCl_3$, die zu Cu^{2+}, Fe^{3+} dissoziieren) führen zu einem extrem aggressiven Angriff, s. a. Tabelle 1-6. Diese Metallionen lassen sich auch *ohne* Sauerstoff kathodisch reduzieren:

$$Cu^{2+} + 2 \cdot e^- \rightarrow Cu,$$
$$Fe^{3+} + e^- \rightarrow Fe^{2+}.$$

$CuCl_2$ und $FeCl_3$ greifen selbst die korrosionsbeständigsten Werkstoffe an.

Zuverlässigen Schutz bieten molybdänlegierte korrosionsbeständige Stähle (s. Abschn. 2.8.3.3, S. 205) sowie das Beseitigen von Ablagerungen auf der Werkstückoberfläche durch Beizen und Passivieren. Auch das Reduzieren der Medienaggressivität ist sehr wirksam, aber meistens aus technisch-wirtschaftlichen Gründen nicht realisierbar. Besondere Beachtung verdient die korrosionsschutzgerechte Gestaltung der Bauteile. Hier ist vor allem darauf zu achten, dass stagnierende Medienströme, »Totwasserecken« und unvollständiges Entleeren von Behältern vermieden werden. In Sonderfällen kann das kaum zur Lochkorrosion neigende, aber sehr teure Titan eingesetzt werden. Der kathodische Schutz hat sich ebenso bewährt wie die Zugabe von Ionen, die Wasserstoffionen binden (z. B. OH^-- und NO_3^--Ionen).

1.7.6.1.3 Spaltkorrosion (Berührungskorrosion)

Diese Korrosionsart entsteht in engen Spalten (z. B. unter Schrauben, Sicherungsscheiben sowie Ablagerungen aller Art, z. B. Farben, Beläge, Bewuchs) als Folge eines *Konzentrationselementes* durch behinderte Diffusion, vor allem des Sauerstoffs, Bild 1-98. Der Spalt wird gebildet zwischen dem korrodierenden Metall und einer
- zweiten nicht angreifbaren metallischen Phase. Die Vorgänge werden dann von elektrochemischen Reaktionen überlagert *(Kontaktkorrosion)*;
- zweiten nichtmetallischen Substanz wie z. B. Kunststoffüberzügen, Ablagerungen oder den Korrosionsprodukten *(Berührungskorrosion)*.

Der Spalt muss so breit sein, dass das Korrosionsmedium eindringen kann (= einige hundertstel Millimeter), aber schmal genug, um einen stagnierenden Medienstrom erzeugen zu können ($\leq 2\,mm$ bis $3\,mm$).

Der Korrosionsmechanismus beruht nicht wie häufig angenommen wird auf einer unterschiedlichen Sauerstoff- bzw. Metallionen-Konzentration im Spalt und in der Spaltumgebung (oder in den Ablagerungen), sondern in einer Ansäuerung des Elektrolyten durch *Hydrolyse*.

Die Korrosion beginnt gleichmäßig im Spalt *und* der Umgebung. Der für die anodische Metallauflösung notwendige Sauerstoff gelangt aus der Umgebung durch Diffusion in das Korrosionsmedium. In den Spaltenraum dringt mit fortschreitendem Korrosionsprozess nur das Medium, kaum aber frischer Sauerstoff ein. Die kontinuierliche Metallauflösung im Spalt führt zu einer Erhöhung der Konzentration der Metallionen (Me^+). Sie begünstigen das Nachströmen der Anionen (Cl^-, Br^-). In den meisten Fällen ändern die im Spalt entstehenden und dort verbleibenden Korrosionsprodukte den pH-Wert erheblich durch die Hydrolyse der Korrosions-

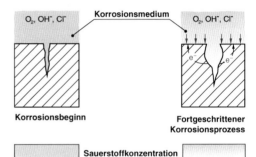

Korrosionsbeginn | **Fortgeschrittener Korrosionsprozess**

Sauerstoffkonzentration

ist in Umgebung und Spalt gleich. | Mit zunehmender Korrosionsdauer wird Diffusion des Sauerstoffs in den Spalt zunehmend erschwert: Sauerstoff nimmt in Richtung Spaltende kontinuierlich ab.

Korrosionsangriff

ist wegen gleicher Menge an Sauerstoff und korrodierender Anionen im Spalt und Umgebung annähernd gleich. | Wegen geringerer Belüftung des Spaltes Nachlassen der kathodischen Reaktionen, ohne dass die anodische Metallauflösung aufhört. Entladung der entstehenden Elektronen erfolgt in kathodischen Bereichen außerhalb des Spaltes. Hohe Konzentration der Metallionen begünstigt Eindiffundieren der Anionen (z. B. Cl^-, B^-).

pH-Wert

ist in Umgebung und Spalt konstant, z. B. 7 (neutrales Medium). | Korrosionsprodukte (z. B. Me^+Cl^-) werden zu Metallhydroxid und Säure hydrolysiert:
$Me^+Cl^- + H_2O \rightarrow Me^+OH^- + H^+Cl^-$.
Starke Ansäuerung des Mediums, pH-Werte bis etwa 3 möglich.

a) | b)

Bild 1-99
Vorgänge bei der Spaltkorrosion.
a) Bei Korrosionsbeginn besteht gleiche Sauerstoffkonzentration im Spalt und seiner Umgebung.
b) Mit fortschreitender Korrosion entsteht eine zunehmende Sauerstoffverarmung im Spalt. Durch Hydrolyse der Korrosionsprodukte ist Ansäuern des Elektrolyten auf pH von 5 bis 3 möglich.

produkte (Me⁺Cl⁻) gemäß der folgenden Reaktionsgleichung:

$$Me^+Cl^- + H_2O \rightarrow Me^+OH^- + H^+Cl^-.$$

Die Spaltwirkung besteht also in der Ansäuerung des Elektrolyten (freie H-Ionen erniedrigen den pH-Wert bis auf 3!), wodurch das Aktivierungspotenzial merklich erniedrigt wird. Bild 1-99 zeigt schematisch die Vorgänge bei der Spaltkorrosion.

Der geschilderte Mechanismus macht die Möglichkeiten verständlich, diese gefährliche und in der Praxis aufwändig zu bekämpfende Korrosionsart zu vermeiden:
- Die Oberflächen nichtrostender Stähle müssen frei von Ablagerungen jeder Art sein (z. B. Farbschichten, Anlauffarben, Oberflächenbeläge aller Art). Dies ist mit Hilfe von Inspektionen in angemessenen Zeiträumen sicherzustellen.
- Bewegte Flüssigkeiten erschweren die Bildung von Ablagerungen und verzögern das Ansteigen des pH-Wertes. Sie erleichtern aber die Diffusion des Sauerstoffs zu den kathodischen Bereichen, Abschn. 1.7.3.2.
- Kratzer, (Schleif-)Riefen, »Toträume«, die die freie Strömung und damit den Antransport von Sauerstoff erschweren, sind zu vermeiden.
- Festkörperteilchen sind, wenn dies wirtschaftlich vertretbar ist, aus dem strömenden Medium zu entfernen.
- Nichthygroskopische Dichtungen (z. B. Teflon) verwenden. Anderenfalls entstehen unkontrollierbare »Elektrolyte«.

1.7.6.1.4 Selektive Korrosion

Unter dem Einfluss eines korrosiven Mediums werden inhomogene Bereiche des Gefüges, das unedlere Element, häufiger die unedlere Phase, anodisch aufgelöst.

Ein bekanntes Beispiel ist das **Entzinken** der (α+β)-Messinge. Die Potenzialdifferenz zwischen der unedleren β-Phase und der edleren α-Phase führt zur Auflösung der β-Phase in Form von Kupfer- und Zinkionen. Das gelöste Cu^{2+} wird sofort kathodisch reduziert, d. h. metallisch abgeschieden, während die unedlen Zinkionen (Zn^{2+}) gelöst bleiben. Weil metallisches Zink nicht mehr vorhanden ist, bilden sich lediglich poröse Kupferpfropfen, die das Werkstück zerstören, Bild 1-100.

Diese Korrosionsform tritt nicht nur bei mehrphasigen Legierungen auf. In α- oder β-Messingen wird das Zink offenbar selektiv aufgelöst. Der Angriff wird durch oxidierende Medien bzw. Zusätze erheblich verstärkt (z. B. $CuCl_2$, $FeCl_3$).

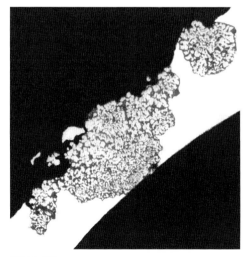

Bild 1-100
Entzinkung an einem Messingrohr (CuZn42) nach der Einwirkung eines chloridionenhaltigen Mediums.

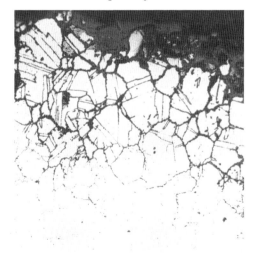

Bild 1-101
Interkristalline Korrosion in einem nichtstabilisierten austenitischen Cr-Ni-Stahl.

Die metallphysikalischen Grundlagen der **interkristallinen Korrosion (IK),** die vor allem bei korrosionsbeständigen austenitischen und ferritischen Stählen und Nickellegierungen, aber auch bei un- und niedriglegierten Stählen entsteht, werden in Abschn. 2.8.3.4.1, S. 208, ausführlicher beschrieben. Hier soll der Hinweis genügen, dass die Bildung von Chromcarbiden die IK einleitet. Die Carbide scheiden sich bevorzugt an den Korngrenzen in einem Temperaturbereich zwischen 450 °C und 850 °C aus. Der chemische Angriff ist *ausschließlich* auf die Korngrenzenbereiche beschränkt. Bild 1-101 zeigt den Verlauf der IK in einem unstabilisierten austenitischen Cr-Ni-Stahl.

Die sehr unterschiedliche Diffusionsfähigkeit der Chrom- und Kohlenstoffatome ist die Ursache einer ausgeprägten Chromverarmung der Korngrenzenbereiche bis unter die Resistenzgrenze, d. h. für deren Korrosionsanfälligkeit in Anwesenheit eines Korrosionsmediums, Bild 2-71, S. 208. Das Maß der Anfälligkeit ist vom Kohlenstoffgehalt des Stahles und seinem Wärmebehandlungszustand (erzeugt durch den Hersteller oder z. B. durch den Schweißprozess) abhängig.

Die **Spongiose (Grafitierung)** ist ein weiteres Beispiel für einen selektiven Angriff, der ausschließlich an grauem Gusseisen auftritt. Ferrit und Perlit werden dabei aufgelöst, während der Grafit, die Carbide und die Nitride als sprödes Gerüst zurückbleiben. Der Korrosionsangriff wird entscheidend vom Sauerstoffgehalt des Mediums bestimmt. Mit zunehmender Sauerstoffmenge wird die Fe(II)-Oxidschicht zu der wesentlich dichteren und damit beständigeren Fe(III)-Oxidschicht oxidiert. Der Korrosionsangriff nimmt dadurch deutlich ab.

1.7.6.1.5 Korrosionsvorgänge in besonderen Umgebungen

Die korrosionsfördernden Einflüsse der natürlichen Atmosphäre (ländliche, industrielle Atmosphäre und Seewasserbedingungen) und der industriellen Umgebung (Luftbeschaffenheit, Feuchtegehalt, Art und Menge von Verunreinigungen) werden im Folgenden kurz angesprochen.

Atmosphärische Korrosion
Diese Korrosionsform entsteht im Gegensatz zu den bisher besprochenen Formen nicht in *wässrigen* Lösungen, sondern in der *wasserdampfhaltigen* Atmosphäre, die mit den verschiedensten Bestandteilen verunreinigt ist. Ihr typisches Kennzeichen ist der ungefährliche, weil berechenbare gleichmäßig abtragende Verlauf der Korrosion. Das Sauerstoffangebot bestimmt entscheidend die Korrosionsgeschwindigkeit.

Aus dem Wasserdampf der Atmosphäre bildet sich nach Überschreiten des Sättigungsdampfdrucks auf der Werkstückoberfläche ein kondensierter Feuchtigkeitsfilm, der für die elektrochemischen Korrosionsvorgänge erforderlich ist und sehr dünn sein kann. Der Luftsauerstoff wird durch diesen Film sehr viel leichter an die Oberfläche transportiert als durch das große Volumen eines vollständig in eine Flüssigkeit eingetauchten Werkstücks.

Diese Tatsache erklärt auch den typischen Verlauf des Korrosionsangriffs auf teilweise in eine Flüssigkeit eingetauchte Körper, Bild 1-102. Im Spritzwasserbereich (2) kann sich der Sauerstoff leicht anreichern, außerdem wird die Konzentration der Chloride durch Trocknung und Kondensation erhöht. Der Korrosionsangriff ist hier auch wegen der sehr

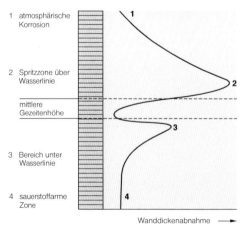

Bild 1-102
Einfluss der Eintauchtiefe in Seewasser auf das Korrosionsverhalten von Stahl, nach LaQue.

1 atmosphärische Korrosion
2 Spritzzone über Wasserlinie
mittlere Gezeitenhöhe
3 Bereich unter Wasserlinie
4 sauerstoffarme Zone

Wanddickenabnahme →

unterschiedlich belüfteten Bereiche (Wassertropfen neben nahezu trockenen Oberflächen) am stärksten. Weiter oberhalb der Wasserlinie entsteht die normale atmosphärische Korrosion. Die Bereiche dicht unter der Wasserlinie werden noch so gut belüftet, dass sie sich gegenüber der Zone 3 (= Anode) kathodisch verhalten. In größeren Tiefen ist wegen der geringen Sauerstoffzufuhr der Angriff deutlich geringer und gleichmäßig.

Der für die elektrolytischen Vorgänge notwendige Flüssigkeitsfilm kann sich erst oberhalb einer von der Art der Luftverunreinigung abhängigen relativen Feuchte φ bilden. Für die sehr häufig anzutreffende Verunreinigung Schwefeldioxid (SO_2) muss $\varphi = 60\%$ sein wie Bild 1-103 zeigt. Die verschärfende Wirkung der Luftverunreinigungen beruht auf der Bildung hygroskopischer Salze, die die Kondensation der Luftfeuchtigkeit bei φ-Werten kleiner als 1 ermöglichen.

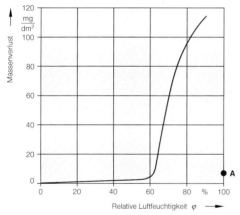

Bild 1-103
Einfluss der relativen Luftfeuchtigkeit auf den Massenverlust von Eisen bei einem SO_2-Gehalt von 0,01%. Punkt »A« entspricht dem Gewichtsverlust in einer SO_2-freien Atmosphäre nach 55 Tagen, nach Brown und Masters.

Zu den wichtigsten die Korrosion begünstigenden Luftverunreinigungen gehören neben NaCl der bei der Verbrennung fossiler Brennstoffe entstehende Schwefelwasserstoff (H_2S), Schwefeldioxyd (SO_2) und in geringerem Maße Kohlendioxyd (CO_2). Schwefelwasserstoff ist extrem aggressiv. Er säuert den Flüssigkeitsfilm auf pH-Werte von mindestens 4 an und verzögert weiterhin die Bildung von molekularem Wasserstoff an der Werkstückoberfläche gemäß der folgenden Reaktion:

$$H + H \rightarrow H_2.$$

Dadurch wird die Beständigkeitsdauer des atomaren Wasserstoffs verlängert, d. h., alle auf der Wirkung des Wasserstoffs beruhenden, vielfältigen Schäden (Fischaugen, SpRK, Kaltriss, Druckwasserstoff, Abschn. 3.5.1.1, S. 270, und Abschn. 3.5.1.6, S. 276) werden erheblich verstärkt.

Die Abtragrate *(m)* nimmt im Laufe der Zeit ab. Sie lässt sich in Abhängigkeit von der Zeit *(t)* mit dem folgenden einfachen Potenzgesetz beschreiben:

$$m = K \cdot t^{-n}.$$

K und n sind experimentell zu bestimmende Konstanten. Der Wert für n liegt zwischen 0,3 (poröse und wenig haftende Rostschicht) und 0,5 (dichte und gut haftende Rostschicht). Die Abtragrate kann also nicht (wie fälschlicherweise häufig vorausgesetzt wird) mit nur *einem* Parameter, z. B. einem mittleren Gewichtsverlust, beschrieben werden.

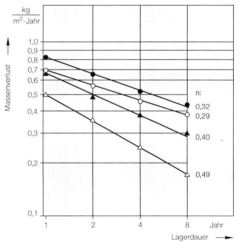

● Stahl 1 mit 0,10 % Cu
○ Stahl 2 mit 0,18 % Cu
▲ Stahl 3 mit 0,27 % Cu
△ Stahl 4 mit 0,34 % Cu; 0,13 % P; 0,85 % Cr; 0,01 % S

Bild 1-104
Mittlere Massenverluste Cu- und CuCr-legierter Stähle in Industrieluft, nach Rahmel und Schwenk.

Die Beständigkeit der Stähle gegen atmosphärische Korrosion lässt sich durch Zugabe von 0,2 % bis 0,3 % Kupfer oder von 0,5 % Chrom verbessern. Diese in DIN EN 10025-5 genormten Stähle werden als *wetterfest* (nicht korrosionsbeständig!) bezeichnet. Der Erfolg dieser Maßnahme beruht auf der Bildung etwas stabilerer Rostschichten auf der Werkstückoberfläche, Bild 1-104.

Mikrobiologische Korrosion

Un- und hochlegierte Stähle, Aluminium- und Kupferlegierungen werden durch die Mitwirkung von Mikroorganismen in annähernd neutralen (pH etwa 4 bis 9), vorwiegend unbewegten Wässern, meistens örtlich angegriffen. Pustelähnliche Ausblühungen – oft gefüllt mit schleimähnlichen Reaktionsprodukten und filmartigen Ablagerungen und Verkrustungen – sind typische äußere Kennzeichen dieser Korrosionsform. Mikroorganismen unterschiedlichster Formen und Arten sind in allen natürlichen Wässern vorhanden. Sie können in Medien mit pH-Werten zwischen 0 und 11 und bei Temperaturen zwischen 0 °C und 55 °C existieren.

In Anwesenheit *anaerober Bakterien,* die zum Aufrechterhalten ihrer Lebensfunktionen also keinen Sauerstoff benötigen, kann die Korrosionsgeschwindigkeit aber beträchtliche Werte annehmen. Es wird angenommen, dass *sulfatreduzierende anaerobe* Bakterien *(Desulfovibrio desulfuricans)* den den Korrosionsfortschritt entscheidend beschleunigenden Sauerstoff gemäß der folgenden Beziehung zu liefern imstande sind:

$$SO_4^{2-} \xrightarrow{\text{Sulfatreduzierende Bakterien}} S^{2-} + 4 \cdot O.$$

Die *aeroben* (sauerstoffverbrauchenden) Bakterien können Eisen, Schwefel und schwefelhaltige Verbindungen oxidieren. Dabei entste-

Tabelle 1-8
Kombinationen Werkstoff/Korrosionsmedium, die oberhalb T zur SpRK neigen, RT = Raumtemperatur.

Werkstoff	Korrosionsmedium	Temperatur T (°C)
C-Stahl	NaOH-Lösungen NaOH-NaSiO$_2$-Lösungen Calcium-, Ammonium- und Natriumnitrat-Lösungen Nitriersäure (H$_2$SO$_4$-HNO$_3$); entwässerter, flüssiger Ammoniak (NH$_3$); Carbonate; Bicarbonate saure H$_2$S-Lösungen; Meerwasser; CO/CO$_2$-Lösungen angesäuerte NCN-Lösungen; Amine	> 50 > 255 Siedetemperatur RT warm alle
Hochfeste Stähle	wässrige Elektrolyte, insbesondere wenn sie H$_2$S enthalten	RT
Austenitische Cr-Ni-Stähle	heiße konzentrierte Chloridlösungen (MgCl$_2$, BaCl$_2$, CaCl$_2$); Meerwasser konzentrierte Laugen; NaOH-H$_2$S-Lösungen; mit Chloridionen verunreinigter kondensierender Prozessdampf heißes Druckwasser mit ≥ 2 ppm gelöstem Sauerstoff	60 bis 200 > 120 300
Duplexstähle	wie austenitische Stähle, aber wesentlich beständiger; völlig beständig gegen H$_2$S$_2$O$_n$-Säuren	
Ferritische Cr-Stähle	H$_2$S; NH$_4$Cl; NH$_4$NO$_3$; Hypochlorite	
Hoch-Ni-haltige Legierungen	alkalische Lösungen	> 260
α-Messing	Ammoniaklösungen; Amine; Nitrite in Wasser	RT
Al-Legierungen	Luft mit Wasserdampf; Meerwasser; NaCl-Lösungen	RT
Ti-Legierungen	rote rauchende HNO$_3$ heiße Salze; geschmolzene Salze N$_2$O$_4$ Methanol	RT > 260 30 bis 75 RT

hen schleimartige Reaktionsprodukte und schweflige Säure. Der Sauerstoff kann unter die Schleimpusteln nur schwer diffundieren. Die dadurch entstehenden Belüftungselemente sind sehr aktive Lokalelemente, die z. B. bei den austenitischen Cr-Ni-Stählen die Lochkorrosion stark begünstigen. Die Mikroorganismen erzeugen also keine neuen Korrosionsformen, sondern beeinflussen in oft unerwarteter Weise die Geschwindigkeit und den Ablauf des Korrosionsangriffs.

In entlüfteten Wässern ist die Korrosionsgeschwindigkeit meistens sehr gering, weil dann die einzig mögliche kathodische Reaktion:

$$2 \cdot H_2O + 2 \cdot e^- \rightarrow H_2 + 2 \cdot OH^-$$

außerordentlich langsam verläuft.

Diese Korrosionsform kann mit Beschichtungen, z. B. Asphalt, Plastik, Emaille, verhältnismäßig wirksam vermieden werden.

1.7.6.2 Korrosionsarten mit mechanischer Beanspruchung

1.7.6.2.1 Spannungsrisskorrosion (SpRK)

Eine der gefährlichsten Korrosionsformen ist die *Spannungsrisskorrosion (SpRK)*, Bild 1-105. Sie entsteht nur, wenn *alle* folgenden Voraussetzungen erfüllt sind:
- *Zugspannungen* (gleichgültig ob Last- oder Eigenspannungen), ein
- *spezifisch* wirkendes Korrosionsmedium und die
- *Neigung* des Werkstoffs zur Spannungsrisskorrosion.

Für die Praxis ist die Erkenntnis wichtig, dass es weder SpRK-empfindliche Werkstoffe noch die SpRK erzeugende Medien gibt. Entscheidend ist vielmehr die Existenz einer *bestimmten* Kombination Werkstoff/Korrosionsmedium. Tatsächlich sind die meisten in der Praxis verwendeten metallischen Werkstoffe in für sie charakteristischen Medien SpRK-empfindlich. Die Empfindlichkeit steigt bei jedem Werkstoff mit zunehmender Festigkeit. Tabelle 1-8 zeigt einige in der Praxis wichtige Kombinationen Werkstoff/Medium, bei denen die SpRK auftritt.

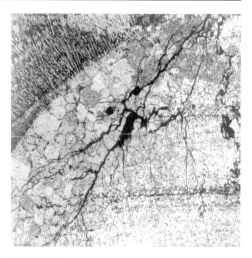

Bild 1-105
Spannungsrisskorrosion in der Grobkornzone einer Schweißverbindung aus einem normalgeglühten Feinkornbaustahl P460NL1 (TStE 460), BAM.

Diese Form der Zerstörung ist in der Praxis sehr gefürchtet, weil sie ohne erkennbare Anzeichen und ohne irgendwelche sichtbare Korrosionsprodukte auftritt und erst nach Eintritt des Schadensfalls bemerkt wird. Sie entsteht bei zähen, homogenen und heterogenen *deckschichtenbildenden* Werkstoffen, wie z. B. den niedrig- und hochlegierten Stählen, Aluminium, Magnesium und deren Legierungen. Reine Metalle sind relativ beständig gegen die Spannungsrisskorrosion, ohne vollständig immun zu sein. Die Zerstörung der Passivschicht ist Voraussetzung für das Entstehen der SpRK. Im Verlauf der Stromdichte-Potenzial-Kurve zeichnen sich deutlich zwei Empfindlichkeitsbereiche ab (aktiver, passiver Zustand), Bild 1-106.

Der Rissverlauf ist bei Aluminium-Legierungen typischerweise *interkristallin*, bei un- und niedriglegierten Stählen ist der *interkristalline* Rissverlauf charakteristischer, bei höheren Beanspruchungen entsteht häufig auch die *transkristalline* Form. Der Rissverlauf ist bei den austenitischen Chrom-Nickel-Stählen überwiegend *transkristallin*. Die Spannungsrisskorrosion wird bei ihnen in chloridhaltigen Lösungen (und in Anwesenheit oxidierender Stoffe) bei Grenztemperaturen über etwa 50 °C hervorgerufen.

In sehr vielen Fällen fällt die Unterscheidung schwer, ob die Risse auf der Wirkung des Wasserstoffs (= wasserstoffinduzierte Kaltrisse, s. Abschn. 3.5.1.6, S. 276) beruhen oder ein Phänomen der SpRK sind. Im letzteren Fall sind sie meistens stark verästelt, Bild 1-105, im ersteren meistens unverzweigt und in vielen Fällen transkristallin, Bild 4-73, S. 393. Auf den Bruchflächen sind oft die charakteristischen von eingeschlossenen Wasserstoffblasen herrührenden Mikroporen zu erkennen, Bild 3-40. Eine kathodische Wasserstoffbeladung *verstärkt* die wasserstoffinduzierte Rissbildung und *verhindert* sie aber bei der Spannungsrisskorrosion.

Die erforderliche untere Grenzspannung ist bei den Cr-Ni-Stählen sehr niedrig oder möglicherweise nicht vorhanden. Sie liegt bei etwa 20 N/mm², also deutlich unter der Streckgrenze. Die in Schweißverbindungen vorhandenen Eigenspannungen oder unvorsichtiges Beschleifen (Kaltverformung!) des Bauteils können den Riss auslösen.

Der Mechanismus der Rissbildung ist noch nicht vollständig geklärt. Es existiert eine Vielzahl möglicher Erklärungen. Nach den Vorstellungen der sehr anschaulichen, älteren Theorie erzwingen die Zugspannungen lokale Gleitvorgänge, die die Deckschicht (Passivschicht) an den Austrittsstellen der Gleitlinien örtlich zerstören. Das spezifische Angriffsmedium verhindert die Neubildung der Deckschicht und ermöglicht damit die örtliche anodische Auflösung des Metalls.

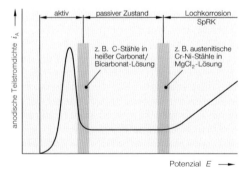

Bild 1-106
Empfindlichkeitsbereiche im Verlauf der anodischen Teilstromdichte-Potenzialkurve für die Entstehung der SpRK, schematisch.

Der Rissverlauf ist extrem lokalisiert und die Rissspitzenbereiche sind stark versprödet. Die Rissfortschrittsraten sind sehr gering (typisch z. B. 10^{-6} m/s). Zum Auslösen der Spannungsrisskorrosion sind verhältnismäßig kleine Spannungen erforderlich, sie liegen oft unter der (einachsigen) Streckgrenze des Werkstoffs, können aber abhängig von der Art des angreifenden Mediums in einem sehr großen Spannungsbereich liegen. Die beim Schweißen der un- und (niedrig-)legierten Stähle entstehenden Eigenspannungen sollten bei Betriebsbedingungen, die die Spannungsrisskorrosion begünstigen, durch ein Spannungsarmglühen bei hohen Temperaturen ($\geq 650\,°C$) beseitigt werden. Ebenfalls bewährt hat sich das Kugelstrahlen, mit dem im Oberflächenbereich Druckeigenspannungen erzeugt werden, die die Zugspannungen aufheben.

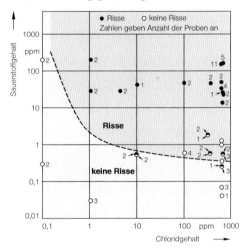

Bild 1-107
Einfluss des Gehaltes an gelöstem Sauerstoff und der Chloridkonzentration alkalischen Kesselspeisewassers bei intermittierendem Dampf-Kondensationsbetrieb auf die Neigung zur SpRK austenitischer Stähle, nach W. L. Williams.

Oxidierende Stoffe begünstigen ähnlich wie Chloride sehr stark die Spannungsrisskorrosion der austenitischen Cr-Ni-Stähle, Bild 1-107. Man beachte, dass für die Rissauslösung bereits Gehalte von nur einigen ppm ausreichend sind. Diese Korrosionsbedingungen sind als verhältnismäßig »mild« zu bezeichnen und werden daher häufig unterschätzt.

Die meisten korrosionsbeständigen austenitischen Cr-Ni-Stähle (vor allem die unstabilisierten und die nicht mit Molybdän legierten) werden in *chloridionenhaltigen* Medien oder konzentrierten *alkalischen* Lösungen durch die SpRK meistens sehr stark angegriffen. Der Einfluss der Temperatur auf den Umfang der SpRK ist erheblich. Die folgende Erfahrungstatsachen gelten für die in der Praxis wichtigen Kombinationen austenitischer Cr-Ni-Stahl/chloridionenhaltige Medien:
- Unter +50 °C und über +200 °C tritt die SpRK seltener auf,
- sie erfordert wässrige, sauerstoffhaltige Medien oder oxidierende Agenzien,
- sie entsteht bei sehr geringen Zugspannungen ($\leq 20\,N/mm^2$). Ein Spannungsarmglühen ist daher häufig *keine* ausreichende vorbeugende Maßnahme.

Die ferritischen Chromstähle mit 13% bis 17% Chrom (Abschn. 2.8.4.2, S. 215) sind gegen die SpRK verhältnismäßig unempfindlich. Allerdings ist ihre Neigung zur SpRK sehr von der Menge und Art der Stahlbegleiter und ihrer Verteilung im Gefüge abhängig. Vor allem auf Korngrenzen segregierter Phosphor erhöht die Korrosionsneigung sehr stark. Der Rissverlauf ist überwiegend interkristallin.

Aus der Wechselwirkung zwischen Wasserstoff und metallischen Werkstoffen entsteht die metallphysikalische Form der Spannungsrisskorrosion, die auch als *wasserstoffinduzierte Rissbildung* bezeichnet wird. Ein bekanntes Beispiel ist die Schädigung un- und (niedrig-)legierter ferritischer Stähle durch Druckwasserstoffangriff bei Temperaturen über 200 °C (Abschn. 3.3.3.3, S. 258).

Bei unlegierten und niedriglegierten Stählen ist die SpRK seit langem bekannt. Sie wurde an Nietverbindungen (Kaltverformung an Bohrlochrändern!) in Dampfkesseln beobachtet. Die Ursache dieser interkristallin verlaufenden Risse ist die Anreicherung von Natronlauge durch verdampfendes Kesselspeisewasser im Bereich der Nieten. Damit wird die Bezeichnung *Laugensprödigkeit* verständlich. Im Vergleich zu den hochlegierten austenitischen Chrom-Nickel-Stählen existiert hier eine definierte Grenzspannung, unterhalb der keine Risse entstehen. In ähnlicher Weise wird kaltverformtes Messing von Ammoniak, aber nicht von Chloridionen angegriffen (*»Season Cracking«*).

Bei dynamischer Belastung kann bei entsprechenden Werkstoff/Medium-Systemen die dehnungsinduzierte SpRK innerhalb bestimmter *Dehngeschwindigkeiten* entstehen. Im Bereich sehr hoher Dehngeschwindigkeiten erfolgt der Bruch nach Überschreiten der Bruchspannung, ohne Auftreten von Korrosionsvorgängen, weil diese verhältnismäßig langsam ablaufen. Bei sehr geringen Dehngeschwindigkeiten bleibt die Schutzwirkung durch das Ausheilen der Deckschicht nach einer Schädigung erhalten.

Mit metallurgischen Maßnahmen ist bisher kein absolut spannungsrisskorrosionsbeständiger Stahl herstellbar, weil trotz intensivster Forschungsarbeit der Schädigungsmechanismus noch nicht ausreichend geklärt ist. Sehr bewährt haben sich mit Aluminium besonders beruhigte niedriggekohlte und (niedrig-)legierte Chrom-Molybdän-Stähle.

1.7.6.2.2 Kavitation(skorrosion)

In schnellströmenden (korrosiven), vor allem aber turbulenten Flüssigkeiten, bilden sich durch Druckänderungen im flüssigkeitsführenden System Gasblasen. Nach Unterschreiten des Dampfdrucks entstehen durch Kondensation Blasen, die die Werkstoffoberflächen mit starken Stößen schlagartig beanspruchen. Die Passivschicht und damit der darunter liegende aktive Werkstoff werden mechanisch und (oder) chemisch durch die Bildung unterschiedlich geformter kraterähnlicher (lochfraßähnlicher) Vertiefungen deformiert oder (und) zerstört. Beispiele hierfür sind Pumpenlaufräder, Turbinenschaufeln, Flüssigkeitspumpen und Schiffspropeller. Diese Korrosionsform ist abgesehen von den fehlenden flüssigen (festen) Bestandteilen im strömenden Medium der Erosion(skorrosion) sehr ähnlich.

Abhilfe kann mit beständigeren (meistens härteren) Werkstoffen oder solchen mit beständigeren Passivschichten erreicht werden. Vor allem lässt sich die Kavitationsbeständigkeit aber mit Hilfe konstruktiver Maßnahmen verbessern. Dazu gehören in erster Linie möglichst geringe Druckunterschiede im System. Ebenso bewährt hat sich der kathodische Schutz. Weitere Einzelheiten findet man in Abschn. 1.7.8.1.

1.7.6.2.3 Erosion(skorrosion)

Schnellströmende (korrosive) Flüssigkeiten oder Gase, die i. Allg. feste oder flüssige Partikel enthalten, können durch die mitgeführte kinetische Energie Deck- oder Passivschichten angreifen und dadurch den freigelegten, aktiven Werkstoff mechanisch und (oder) chemisch zerstören. Es entstehen typische sehr verschiedenartig geformte furchenartige Vertiefungen.

Dieser *erosive* Werkstoffabtrag darf nicht mit *abrasivem* Verschleiß verwechselt werden, da in beiden Fällen unterschiedliche Schadensmechanismen wirksam sind, die unterschiedliche Werkstoffe erfordern.

Abhilfe kann durch verschiedene Maßnahmen geschaffen werden:
– Verwendung geeigneterer Werkstoffe. Diese Methode ist für die meisten Fälle die wirtschaftlichste Lösung,
– Beschichten oder Hartauftragen,
– Verringern der Strömungsgeschwindigkeit und evtl. der Medienturbulenzen,
– größere Krümmungsradien und Durchmesser der medienführenden Systeme,
– allmähliche Querschnittsübergänge, und eine »stromlinienförmige« Konstruktion verringern die Beanspruchung,
– Entfernen von Festkörperteilchen aus dem strömenden Medium, wenn wirtschaftlich vertretbar,
– leicht auswechselbare Verschleißteile (z. B. Krümmer) vorsehen.

1.7.6.2.4 Reibkorrosion (»Fressen«)

Diese Erscheinungsform ist eine Variante der Erosion(skorrosion), die durch sich berührende Körper entsteht, die bei überhöhter tribologischer Beanspruchung oft nur sehr geringe, meistens oszillierende Bewegungen gegeneinander ausführen.

Die Schäden entstehen durch *Adhäsionsverschleiß*. Dabei bilden sich Oxide, die durch die mechanische Beanspruchung zerkleinert werden. Diese Oxide und die Aktivität des freigelegten Werkstoffs erhöhen zusätzlich den Verschleiß.

Der Verschleiß gegen Reibkorrosion ist auch mit speziellen »geeigneten« Werkstoffen kaum auszuschließen, vielmehr muss das tribologische System geändert werden, z. B. durch folgende Maßnahmen:
– Ausreichendes Schmieren der sich berührenden Flächen. Das ist die wohl wirksamste Methode.
– Reduzieren der mechanischen Beanspruchung zwischen den sich berührenden Flächen.
– Vermeiden oder Vermindern der Relativbewegung.

1.7.7 Gestaltungsrichtlinien; Werkstoffwahl

Der Kampf gegen die Korrosion beginnt am Reißbrett! Die Schäden nahezu jeder Korrosionsform können durch eine optimierte, der Art der Korrosionsbeanspruchung angepassten Gestaltgebung minimiert werden. Mit *aktiven* und *passiven* Schutzmöglichkeiten (Abschn. 1.7.8) können die elektrochemischen Bedingungen verändert bzw. die korrosiven Reaktionen von der Werkstückoberfläche ferngehalten werden. Bild 1-108 zeigt anschaulich die Häufigkeit verschiedener Schadensursachen für ein Bauteilversagen im chemischen Apparatebau. Der überragende Einfluss einer fehlerhaften Gestaltung ist deutlich zu erkennen.

Die Beständigkeit der Konstruktion unter den gegebenen Korrosionsbedingungen hängt u. a. von folgenden Faktoren ab:
– Der Verwendung eines für den vorliegenden Fall ausreichend chemisch beständigen Werkstoffs;
– der korrosionsschutzgerechten Konstruktion;
– der Herstellung und Qualitätskontrolle (z. B. Schweißpläne, Zusatzwerkstoffe, Ausbildung der Schweißer);

- der Qualität und dem Umfang der periodischen Wartungsarbeiten (Beseitigen von Ablagerungen, Bewüchsen aller Art, Kontrolle von »Totwasserecken« usw.);
- der Reparaturmöglichkeit und damit der Zugänglichkeit, die gewöhnlich durch die Konstruktion geschaffen wird;
- dem betrieblichen Ablauf des Korrosionsprozesses (gleichbleibende Verfahrensparameter und Zusammensetzung des Mediums);
- den Umgebungseinflüssen (z. B. Luftfeuchte, Temperatur, Art und Menge der Luftverunreinigungen).

Man beachte, dass mit korrosionsbeständigen Werkstoffen keineswegs auch korrosionsbeständige Bauteile hergestellt werden können! Weil der Konstrukteur meistens weder über ausreichende Kenntnisse der korrosionsbeständigen Werkstoffe, noch über ausreichende Kenntnisse der Korrosionsmechanismen und der Korrosionsabwehr verfügt, sollte er mit dem Werkstofffachmann, dem Fertigungsspezialisten und dem Korrosionsfachmann eng zusammenarbeiten.

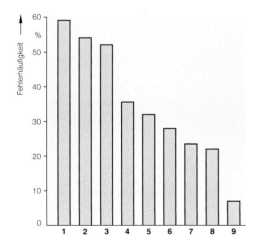

Bild 1-108
Häufigkeit verschiedener Schadensursachen für das Versagen von Bauteilen des chemischen Apparatebaus, nach Elliott.
1 = Konstruktionsfehler, 2 = Anwendung der Schutzbehandlung fehlerhaft, 3 = unvorhergesehene Betriebsbedingungen, 4 = Fehler in der Prozesskontrolle, 5 = Werkstofffehler, 6 = Bedienungsfehler im weitesten Sinn, 7 = Unterschätzen der Korrosionsgefahr, 8 = Produktverunreinigung, 9 = fehlerhafte Instrumente.

Die fachgerechte Werkstoffwahl erfordert die möglichst genaue Kenntnis der *Korrosionsbedingungen* (Art und Menge der Angriffsmedien einschließlich von »Spurenelementen«) und der *Betriebsbedingungen* bzw. *-abläufe* (Betriebsparameter wie Temperaturen, Drücke, Fließgeschwindigkeiten, intermittierende Betriebszustände, Produktreinheit, Medienkonzentration).

Die Zusammenstellung einer Auswahlliste geeigneter Werkstoffe kann geschehen mit Hilfe von:
- Erfahrungen aus dem Bau ähnlicher Anlagen,
- Literaturauswertung und
- Spezifikationen, Regelwerken, Werksnormen, Herstellervorgaben.

Der nach technischen und wirtschaftlichen Gesichtspunkten gewählte Werkstoff sollte möglichst unter den späteren Betriebsbedingungen geprüft werden. Insbesondere ist die Verwendung der *wirklichen* Angriffsmedien (nicht »ähnliche« Laborlösungen!) dringend angeraten. Während des späteren Betriebs sind periodische Inspektionen der kritischen Bereiche durch fachkundiges Personal notwendig. Auch die periodische Kontrolle von Materialstreifen, die in die Anlage an kritischen Orten eingebracht werden, liefert wichtige Rückschlüsse auf das Korrosionsverhalten des gewählten Werkstoffs.

Im Folgenden wird auf einige Konstruktionselemente zum Vermeiden der in der Praxis gefährlichsten Korrosionsformen hingewiesen, und an Hand von Beispielen werden die speziellen korrosionstechnischen Probleme der Fertigungstechnologie »Schweißen« dargestellt, Bild 1-109:
- Spalt-, Berührungskorrosion,
- Konzentrationselemente,
- Kontaktkorrosion,
- Wasserlinienkorrosion, atmosphärische Korrosion,
- Spannungsrisskorrosion (SpRK),
- Besonderheiten beim Schweißen.

Die Aufteilung der Konstruktionsempfehlungen für die verschiedenen Korrosionsformen geschieht nur aus Gründen der besseren

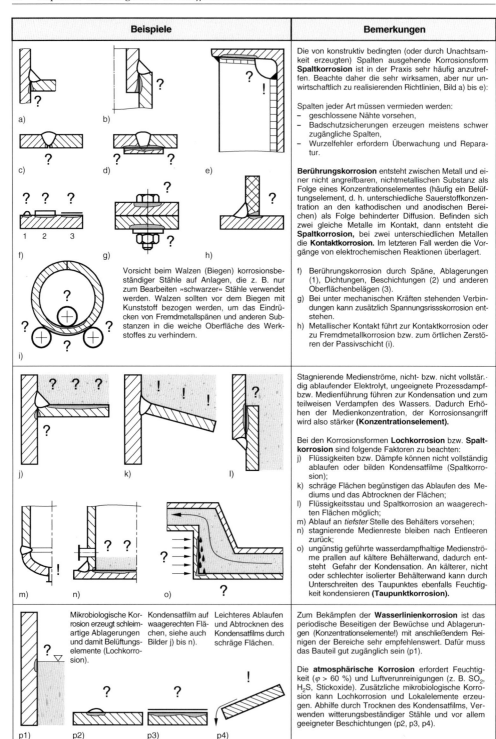

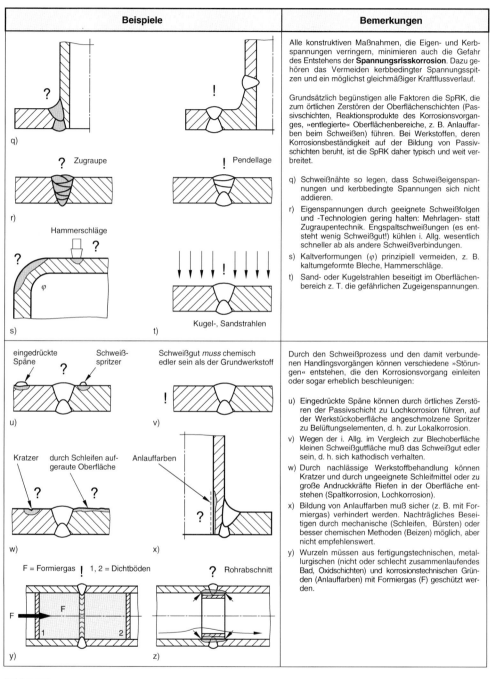

Bild 1-109
Zusammenstellung einiger typischer Konstruktionsempfehlungen, die für den Entwurf korrosionsbeständiger Werkstücke beachtet werden sollten. Die grau angelegten Flächen deuten mögliche Korrosionsorte an.
? = zeigt die korrosionstechnisch weniger empfehlenswerte Detaillösung,
! = zeigt die korrosionstechnisch zweckmäßigere Lösung.

Übersichtlichkeit. Grundsätzlich sollten *alle* bei jeder Form eines Korrosionsangriffs beachtet werden. In vielen Fällen sind selbst bei einer »alle« betrieblichen und korrosionstechnischen Gegebenheiten erfassenden Konstruktion die Vielzahl der möglichen Korrosionsformen nur schwer erkennbar.

1.7.7.1 Spalt-, Berührungskorrosion

Diese allgegenwärtige Korrosionsform, die auch in die extrem gefährliche Lochkorrosion übergehen kann, ist nur durch Schließen *jedes* Spaltes auf der Angriffsseite zu vermeiden. Konstruktiv nicht vermeidbare Spalten sind zu vergrößern (≥ 2 mm bis 3 mm) oder mit geeigneten Massen (z. B. elastische oder dauerplastische Werkstoffe) für das Medium unzugänglich zu machen, Bilder 1-109a bis 1-109e. Durch Schweißen bzw. Löten lassen sich Spalten fertigungstechnisch einfach vermeiden bzw. sie können meistens mit einem vertretbarem Aufwand geschlossen werden. Ein Entfernen der aggressiven Ionen ist nur in den seltensten Fällen (wirtschaftlich) möglich.

Sind die beiden sich berührenden Teile Metalle, dann werden die chemischen Vorgänge von elektrochemischen Reaktionen überlagert. Diese Kontaktkorrosion lässt sich nur mit Hilfe einer in aller Regel teuren, vollständigen elektrischen Isolation der Metalle verhindern, Bild 1-110. Hierbei muss beachtet werden, dass das Isolationsmittel bzw. die Dichtung keine Feuchtigkeit aufnehmen darf und dadurch zu einem Elektrolyten werden kann. Sehr bewährt haben sich Dichtungen aus Teflon und anderen Kunststoffen.

Für das Verhindern der Berührungskorrosion gelten prinzipiell ähnliche Überlegungen. Ablagerungen, örtlich beschädigte Beschichtungen und beim Schweißen entstandene Anlauffarben, Spritzer, Schlackenrückstände führen zu Konzentrationselementen und damit zu einer meistens sehr starken, örtlich begrenzten Schädigung. Die Bilder 1-109f bis 1-109i zeigen einige typische Beispiele zu einigen Korrosionsformen.

Sehr anfällig sind deckschichtenbildende Metalle (z. B. die üblichen Cr-Ni-Stähle), die in Anwesenheit von Chlorid- und H-Ionen diese Oxidschicht leicht zerstören.

1.7.7.2 Konzentrationselemente

Die Konstruktion sollte so beschaffen sein, dass sich möglichst keine stagnierenden Medienströme, »Toträume« oder nicht bzw. nur unvollständig ablaufender Elektrolyt oder Kondenswasser bilden können. Die einfache Reinigung der medienseitigen Wände, verbunden mit guter Zugänglichkeit ist hierfür neben konstruktiven Maßnahmen eine wichtige Voraussetzung. Die Bilder 1-109j bis 1-109n zeigen einige konstruktive Beispiele. In diesen Bereichen entstehen durch Kondensation und (oder) Verdampfen häufig höhere Medienkonzentrationen oder Konzentrationselemente, die den Korrosionsangriff oft sehr verstärken.

Die an kalten oder schlecht isolierten Behälterwandungen einsetzende *Taupunktunterschreitung* führt zur Feuchte- oder Medienkondensation (z. B. Säuren!), d. h. zur *Taupunktkorrosion*. Bild 1-109o zeigt ein praktisches Beispiel.

1.7.7.3 Wasserlinienkorrosion, atmosphärische Korrosion

Die Wasserlinienkorrosion lässt sich mit konstruktiven Maßnahmen kaum vermeiden. Sie wird durch den Sauerstoffgehalt, der Strömungsgeschwindigkeit, der Temperatur und verschiedene mikrobiologische Reaktionen hervorgerufen. Das periodische Beseitigen der Ablagerungen und Bewüchse im Bereich der Wasserlinie kann diese Korrosionsform in Grenzen halten, Bild 1-109p. Beschichtungen und kathodische Schutzmaßnahmen werden ebenfalls angewendet.

Das Ausmaß der atmosphärischen Korrosion hängt ausschließlich von der Art der Atmosphäre und vor allem von ihrem Gehalt an Verunreinigungen ab. Natriumchlorid und Schwefelverbindungen sind die wichtigsten Luftverunreinigungen. Wetterfeste Stähle, Beschichtungen und Konstruktionen, die ein Ansammeln und (oder) Kondensieren von Flüssigkeiten erschweren, sind die wichtigsten Schutzmaßnahmen, Bilder 1-109p2 bis 1-109p5.

1.7.7.4 Kontaktkorrosion

Konstruktionen, bei denen die unterschiedlichen metallischen Werkstoffe galvanisch gekoppelt sind (Schweißen, Löten, metallischer Kontakt), korrodieren auf Grund der zwischen den Metallen bestehenden Potenzialdifferenz. Die Stärke des Korrosionsangriffs ist im Wesentlichen abhängig von der Spannung und dem Verhältnis Anodenfläche/Kathodenfläche (siehe Bild 1-94 und Bild 1-95), die beide die Größe des anodischen Stromflusses bestimmen.

Die wichtigsten Gegenmaßnahmen bestehen darin, die sich berührenden metallischen Werkstoffe elektrisch vollständig voneinander zu isolieren (auch Schrauben und Bolzen müssen von ihrer Umgebung isoliert werden, anderenfalls entsteht ein sehr typischer Fehler!) und geeignete Beschichtungen vorzusehen, Bild 1-110. In den meisten Fällen nimmt der Angriff im Laufe der Zeit ab, weil sich korrosionshemmende Reaktionsprodukte bilden. Besonders zu beachten ist, dass Dichtungen und Hülsen vollständig feuchtigkeitsabweisend (z. B. aus Teflon bestehend) sein müssen. Anderenfalls können sehr leicht Konzentrationselemente entstehen, die zu schwer erkennbaren und gravierenden Korrosionsschäden führen. Es sollten leicht auswechselbare (anodisch wirkende!) Teile vorgesehen werden.

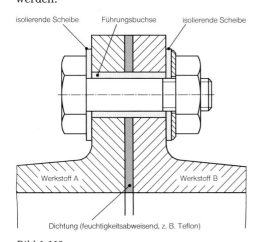

Bild 1-110
Kontaktkorrosion lässt sich zuverlässig nur durch eine elektrisch vollständige Isolierung der beiden unterschiedlichen Metalle erreichen.

Beispiel 1-11:
Eine Schweißverbindung aus Cr-Ni-Stahl wird korrosiv beansprucht. Es wird eine kathodische Korrosionsstromdichte von etwa $i_K = 0,0005$ A/cm² ermittelt. Der Werkstoffverlust im Jahr ($t \approx 31 \cdot 10^6$ s) unter folgenden Bedingungen ist zu berechnen:

a) Cr-Ni-Stahl ist Kathode: Fläche $S_{K,a} = 10^4$ cm²,
Schweißgut ist Anode: Fläche $S_{A,a} = 10^2$ cm².
b) Cr-Ni-Stahl ist Anode: Fläche $S_{A,b} = 10^4$ cm²,
Schweißgut ist Kathode: Fläche $S_{K,b} = 10^2$ cm².

Der Korrosionsstrom I in A ist das Produkt aus kathodischer (anodischer) Stromdichte i_K (i_A) und kathodischer (anodischer) Berührungsfläche S_K (S_A):

$$I = i_K \cdot S_K = i_A \cdot S_A.$$

Für die kleine Schweißgutanode ergibt sich nach Faraday mit $M_{Fe} = 56$ g/mol mit den im Beispiel 1-10, S. 82, eingeführten Bezeichnungen:

$$I = i_K \cdot S_{K,a} = 0,0005 \frac{A}{cm^2} \cdot 10^4 \ cm^2 = 5 \ A,$$

$$m_v = \frac{I \cdot t \cdot M_{Fe}}{n \cdot F} = \frac{5 \cdot 31 \cdot 10^6 \cdot 56}{2 \cdot 96\,500} \approx 45 \ kg/a.$$

Für die große Werkstückanode ergibt sich:

$$I = i_K \cdot S_{K,b} = 0,0005 \frac{A}{cm^2} \cdot 10^2 \ cm^2 = 0,05 \ A,$$

$$m_v = \frac{I \cdot t \cdot M_{Fe}}{n \cdot F} = \frac{0,05 \cdot 31 \cdot 10^6 \cdot 56}{2 \cdot 96\,500} \approx 0,45 \ kg/a.$$

Die Unterschiede sind extrem! Vergleiche auch die Bilder 1-94 und 1-95 mit diesen Ergebnissen. Das Ergebnis macht auch die Notwendigkeit verständlich, solche Schweißgüter zu wählen, die edler als der Grundwerkstoff sind, s. a. Abschn. 4.3.7.5, S. 431.

1.7.7.5 Spannungsrisskorrosion (SpRK)

Gemäß den Voraussetzungen für die Entstehung der SpRK bestehen die konstruktiven Abwehrmaßnahmen überwiegend im Vermeiden bzw. Beseitigen innerer (Zug-)Eigenspannungen zumindest in kritisch beanspruchten Bauelementen. Vor allem die durch Kerben und Querschnittssprünge erzeugten zusätzlichen Formspannungen müssen klein gehalten werden und sollten in keinem Fall im Bereich der Schweißnaht liegen, Bild 1-109q. Dazu gehört das unbedingte Vermeiden kaltverformter Bereiche bzw. der Einsatz kaltumgeformter Bauteile, Bild 1-109r bis 1-109s. Mit dem Kugelstrahlen können ebenfalls sehr wirksam die Zugspannungen beseitigt werden, Bild 1-109t. Für geschweißte Konstruktionen hat sich das Spannungsarmglühen bewährt, obwohl die verbleibenden Restspannungen nicht in jedem Fall – vor allem bei den austenitischen Cr-Ni-Stählen – die SpRK ausschließen. Der kathodische Schutz, Abschn. 1.7.8.1, ist ebenfalls sehr wirksam. Die kathodischen Ströme führen aber zur raschen Zerstörung des Bauteils, wenn der Korrosionsangriff durch Wasserstoff hervorgerufen wurde, Abschn. 1.7.6.2.1.

In manchen Fällen führen auch unsachgemäß angeordnete bzw. montierte Isolierungen zu Lochkorrosion und SpRK. Die häufigste Schadensursache sind nicht dicht schließende oder hygroskopische (Elektrolyt!) Isolierungen.

Allerdings muss berücksichtigt werden, dass der Schadensmechanismus noch nicht vollständig aufgeklärt ist. Die gewählten Maßnahmen sind daher nicht in jedem Fall geeignet, die Spannungsrisskorrosion zuverlässig abzuwenden, vor allem dann, wenn die Korrosionsbedingungen nicht in vollem Umfang bekannt sind.

1.7.7.6 Besonderheiten beim Schweißen
Beim Schweißen der korrosionsbeständigen Stähle und den damit verbundenen Verarbeitungs- und Handlingsvorgängen (z. B. Oberflächenzustand, Kaltverformungen, Qualität der Schweißzusatzwerkstoffe) können vielfältige »Störungen« entstehen, die den Korrosionsvorgang einleiten oder ihn sogar erheblich beschleunigen. Selbstverständlich sind außer den im Folgenden genannten schweißtechnischen Besonderheiten auch die meisten der in der Bildfolge 1-109 aufgeführten Hinweise zu beachten.

Die schweißtechnischen Verarbeitungsrichtlinien sind in Abschn. 4.3.7, S. 414, einige werkstoffliche Fragen in Abschn. 2.8.1, S. 200, zu finden. In der Hauptsache sind folgende Punkte zu beachten:

❐ Beschädigungen der Werkstückoberfläche möglichst vermeiden:
  – Eingepresste Späne aus Fremdmetallen (Kontaktkorrosion, Zerstören der Passivschicht),
  – durch Schleifen aufgeraute Oberflächen, (Spaltkorrosion, evtl. Lochkorrosion),
  – Schweißspritzer, (Konzentrationselement) Bilder 1-109u, 1-109w, 1-109x.

❐ Die Bildung von Anlauffarben muss aus metallurgischen und korrosionstechnischen Gründen prinzipiell vermieden werden. In der Praxis wird daher
  – die Schweißverbindung geschliffen,
  – zum Schweißen Formiergas verwendet
  – oder besser, aber deutlich teurer, nach dem Schweißen gebeizt, Bild 1-109y. Mit zunehmender Bildungstemperatur der Anlauffarben ändert sich der Farbton. Dunkelblaue Bereiche sind am korrosionsanfälligsten, hellgelbe können oft unbehandelt bleiben.

❐ Der manchmal als Badschutz in die zu verbindenden Rohre eingelegte Rohrabschnitt, Bild 1-109z, kann Spaltkorrosion, Lochkorrosion und (oder) Medienturbulenzen hervorrufen und Ursache schwer zu beseitigender Anlauffarben sein.

❐ Das deutlich kristallgeseigerte Schweißgut kann unter ungünstigen Bedingungen zur Lochkorrosion bzw. zu selektiven Korrosionsformen führen. Die Energiezufuhr beim Schweißen muss daher begrenzt, und die Zusatzwerkstoffe müssen sorgfältig gewählt werden (Mo!). Die Kristallseigerung ist nicht zu vermeiden und mit vertretbarem Aufwand auch nicht zu beseitigen, s. Abschn. 1.5.1.1, S. 40.

❐ Schweißspritzer und Schlackenreste auf der Naht führen vor allem bei chloridionenhaltigen Medien sehr rasch zur Berührungskorrosion oder (und) zur Lochkorrosion.

❐ Mikrorisse, vor allem die bei diesen Stählen leicht entstehenden Heißrisse bzw. Wiederaufschmelzrisse, können Loch- und Spaltkorrosion hervorrufen.

❐ Kaltverformungen jeder Art müssen wegen der extremen Gefahr der SpRK vermieden werden: Kaltumgeformte Bleche, Hammerschläge, Scherenschnitte, Bohrlochränder. Unter ungünstigen Bedingungen kann sogar die mit einer spangebenden Bearbeitung (z. B. Bohren, Fräsen, Feilen, auch Fremdmetalleinschlüsse wahrscheinlich) verbundene Kaltverformung zur SpRK führen, Bild 1-109s.

❐ Die Schweißzusatzwerkstoffe müssen umsichtig gewählt werden. Das Schweißgut *muss* elektrochemisch edler (Kathode) sein als der Grundwerkstoff (Anode), s. Bild 1-95 und Beispiel 1-11, S. 99.

❐ »Schwarz-Weiß«-Verbindungen sind bei korrosiver Beanspruchung grundsätzlich zu vermeiden.

Geübte Schweißer und umfangreiche qualitätssichernde Maßnahmen sind zum Realisieren der genannten schweißtypischen Erfordernisse notwendig.

1.7.8 Hinweise zum Korrosionsschutz

Im Wesentlichen sind folgende Maßnahmen bekannt:
– Konstruktive Maßnahmen (Abschn. 1.7.7),
– aktive Schutzverfahren,
– passive Schutzverfahren.

1.7.8.1 Aktive Schutzverfahren

Die Verfahren, mit denen die Korrosionsumgebung, die Korrosionsbedingungen und (oder) das Korrosionsmedium günstig beeinflusst werden können, sollten wirtschaftlich *und* effektiv sein. Sie erfordern aber meistens eingehende spezielle praktische *und* theoretische Kenntnisse des gesamten Korrosionsablaufes.

In den meisten Fällen führt eine Senkung der Arbeitstemperatur zu einer deutlichen Abnahme der Korrosionsgeschwindigkeit, weil chemische Prozesse mit zunehmender Temperatur prinzipiell schneller ablaufen.

Ähnliches gilt für die Strömungsgeschwindigkeit des Mediums. Allerdings sind Werkstoffe, die passive Deckschichten bilden (z. B. hochlegierte Chrom- und Chrom-Nickel-Stähle, Titan und -Legierungen) bei höheren Strömungsgeschwindigkeiten beständiger als bei stagnierenden Medienströmen. Wird der Korrosionsprozess durch die Aktivierungspolarisation kontrolliert, dann hat die Strömungsgeschwindigkeit keinen Einfluss auf den Korrosionsablauf.

Das Entfernen des Sauerstoffs und anderer oxidierender Agenzien ist für un- und niedriglegierte Stähle eine sehr wirksame Methode. Diese Maßnahme ist aber für die deckschichtbildenden hochlegierten Stähle ebenfalls nicht zu empfehlen, weil bei diesen Werkstoffen für den Aufbau der Passivschicht Sauerstoff erforderlich ist.

Die Medienkonzentration hat bei passivierbaren Metallen in großen Bereichen ebenfalls nur einen geringen Einfluss auf das Korrosionsverhalten. Wenn bei sehr hohen Konzentrationen die sich bildende Deckschicht gelöst wird, ist in der Regel mit starkem Angriff zu rechnen. Im anderen Fall nimmt er ab, weil wegen des nicht mehr vorhandenen Wassergehaltes (H^+) in der Säure, die Metallauflösung praktisch aufhört.

Inhibitoren
Inhibitoren sind dem Medium – meist in sehr geringer Menge – zugesetzte chemische Substanzen, die die Geschwindigkeiten elektrolytischer Teilreaktionen verringern. Man unterscheidet die *anodischen* und die *kathodischen* Inhibitoren. Erstere unterdrücken die anodischen (Metallauflösung wird verzögert), letztere behindern die kathodischen Reaktionen (z. B. die Sauerstoffreduktion wird verzögert). Ihre Wirksamkeit besteht demnach in einem Abflachen der jeweiligen Teilstromdichte-Potenzial-Kurve, Bild 1-111.

Bei der anodischen Inhibition wird das Ruhepotenzial U_R in positive Richtung verschoben. Im Falle einer unvollständigen Inhibitormenge oder anderer Störungen kann daher ein sehr rascher, oft verheerender Korrosionsangriff bzw. Lochkorrosion entstehen ($i_{Al'}$). Die anodischen Inhibitoren sind meistens wesentlich wirksamer als die kathodischen, aber weniger sicher anwendbar als diese. Letztere verschieben das Ruhepotenzial zu negativeren Werten ($U_R \rightarrow U_A$).

Die Wirkungsweise der Inhibitoren ist sehr komplex und noch nicht in allen Einzelheiten bekannt. Sie wirken an der Phasengrenzfläche Medium/Metall und bilden korrosionsvermindernde in der Regel sehr dünne Adsorptionsfilme oder Passiv- bzw. Deckschichten. Die Zugabe von Inhibitoren ist ein preiswertes und einfaches Verfahren des aktiven Korrosionsschutzes. Sie können sowohl die Geschwindigkeit der anodischen, der kathodischen als auch beider Teilreaktionen verzögern. Man unterscheidet:

☐ **Physikalische Inhibitoren,** die sich an der Metalloberfläche anlagern *(Physisorption)* und so die aktiven Bereiche der Oberfläche schützen. Zu ihnen gehören die sog. *Dampfphaseninhibitoren*, die aus organischen Verbindungen mit einem mittleren Dampfdruck bestehen. Diese Substanzen verdampfen oder sublimieren und werden auf dem Metall als monomolekulare Schichten adsorbiert. Sie bieten nur einen temporären Schutz, der vor allem für metallische Teile genutzt wird, die gelagert oder transportiert werden.

☐ **Chemische Inhibitoren,** sie bilden mit dem Metall Verbindungen *(Chemisorption)* oder reagieren mit den (aggressiven) Bestandteilen des Mediums. Im Einzelnen werden unterschieden:
- *Passivatoren,* die Passiv- bzw. Deckschichten bilden (z. B. Na_2CrO_4 bei un- und niedriglegierten Stählen).
- *Deckschichtbildner,* die schwerlösliche, möglichst porenfreie, festhaftende und damit korrosionshemmende Korrosionsprodukte bilden (z. B. Phosphate).
- *Destimulatoren,* wie z. B. Hydrazin und Natriumsulfit, Abschn. 1.7.3.3, die den für die kathodische Reaktion erforderlichen Sauerstoff entfernen.
- *Neutralisatoren,* sie verringern den Korrosionsangriff durch Reduzieren der Wasserstoffionenmenge, z. B. Ammoniak (NH_3) und Natriumhydroxid (NaOH).

Kathodische Inhibitoren bilden bei höheren pH-Werten einen unlöslichen Film, der das Medium von der Werkstückoberfläche fernhält. Bekannt ist die »natürliche« Inhibitorwirkung von Ca^{2+} in hartem Wasser durch die Bildung von $CaCO_3$ gemäß folgender Beziehungen:

$$Ca^{2+} + 2 \cdot HCO_3^- \rightarrow Ca(HCO_3)_2$$

$$Ca(HCO_3)_2 \rightarrow CaCO_3 + CO_2 + H_2O.$$

Inhibitoren sind für nahezu jedes Medium und jeden Werkstoff einsetzbar. Besonders empfehlenswert ist ihre Anwendung aus Kostengründen in geschlossenen (d. h. in aller Regel unzugänglichen!) Systemen. Sie dürfen keine Ablagerungen bilden, müssen in einem weiten Bereich der Temperatur, der Wasserqualität und des pH-Wertes wirksam bleiben, dürfen nicht umweltbelastend sein und keine toxischen Wirkungen haben.

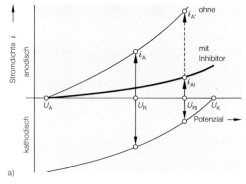

a)

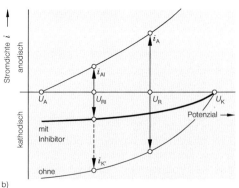

b)

Bild 1-111
Einfluss von Inhibitoren auf den Verlauf der Stromdichte-Potenzial-Kurven bei einer
a) anodischen Inhibition, Passivierung,
b) kathodischen Inhibition,
nach Rahmel und Schwenk.

Kathodischer Korrosionsschutz

Das Prinzip dieses häufig in der Praxis angewendeten Korrosionsschutzverfahrens besteht darin, das zu schützende Werkstück zur Kathode einer galvanischen Zelle zu machen. Die Korrosionsvorgänge erfolgen aus-

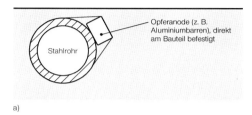

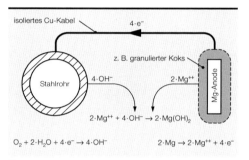

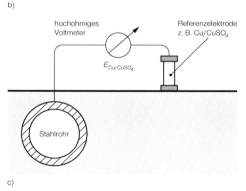

Bild 1-112
Kathodischer Korrosionsschutz erdverlegter Rohre mit »Opferanoden«.
a) Opferanode ist mit dem Bauteil direkt galvanisch gekoppelt, die Anode wird galvanisch aufgelöst.
b) Opferanode (z. B. Magnesium, Aluminium) ist über Kupferkabel mit dem Bauteil gekoppelt. Es ist zu beachten, dass nicht die technische Stromrichtung, sondern die Richtung des Elektronenstroms angegeben wurde.
c) Messanordnung zum Feststellen des Potenzials (z. B. Röhrenvoltmeter) zwischen dem zu schützenden Bauteil und der in der Praxis häufig verwendeten $Cu/CuSO_4$-Referenzelektrode.

schließlich an der Anode. Abhängig von der Art, wie der von außen aufgeprägte kathodische Schutzstrom erzeugt wird, unterscheidet man den passiven und den aktiven kathodischen Korrosionsschutz.

Passiver kathodischer Schutz
Durch Auflösen einer elektrochemisch unedleren Anode (z. B. Mg, Al, Zn) wird das Werkstück kathodisch geschützt, Bild 1-112a. Dieses gelingt nur, wenn die Metalle nicht nur elektronenleitend, sondern über den Elektrolyten auch ionenleitend miteinander verbunden sind. Die Schutzwirkung dieser Opferanoden ist umso besser, je unedler der Anodenwerkstoff gegenüber dem zu schützenden Objekt ist.

Die notwendige galvanische Kopplung von Metall und Opferanode kann durch direkten Kontakt – z. B. Aluminiumbarren an Schiffskörpern, Bild 1-112a – oder durch ihre leitende Verbindung mittels niederohmiger, isolierter Kupferkabel geschehen, Bild 1-112b.

Aktiver kathodischer Schutz
Der für einen aktiven kathodischen Schutz erforderliche Schutzstrom wird mit Fremdstromschutzanlagen erzeugt (z. B. Gleichrichter). Die Fremdstromanoden bestehen im Gegensatz zu den Opferanoden aus sich nicht verzehrenden Werkstoffen wie Silicium-Gusseisen (FeSi), Graphit oder Magnetit. Zum Erhöhen der Lebensdauer werden sie in leitfähigen, granulierten Koks eingebettet.

Bild 1-113a zeigt schematisch eine Fremdstromanlage zum Schutz erdverlegter Rohre. Zu beachten ist, dass hier immer die technische Stromrichtung – der Strom fließt im äußeren Stromkreis von Plus nach Minus – angegeben wird und nicht die physikalisch korrekte Richtung des Elektronenflusses. Der kathodische Schutz ist demnach nur dann vorhanden, wenn der Strom vom Elektrolyten in das Bauteil *eintritt*. Der negative Pol der Stromquelle muss mit dem Objekt (= *Kathode*) verbunden sein, Bild 1-113a.

Der kathodische Schutz wird in der Hauptsache für Offshore-Konstruktionen und erdverlegte bereits mit Schutzschichten versehenen Rohrleitungen aus unlegierten Kohlenstoffstählen bei nicht zu starkem Korrosionsangriff verwendet. Da die häufig dicken Beschichtungen immer Poren oder andere Beschädigungen enthalten, ist der erforderliche Schutzstrom gering und das Verfahren wirtschaftlich, weil nur diese in geringerer Anzahl vorhandenen »freiliegenden« anodischen Rohrbereiche vor Korrosionsangriff zu schützen sind.

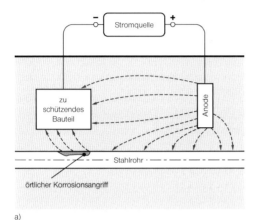

a)

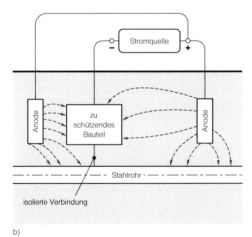

b)

Bild 1-113
Verlauf und Wirkung von Streuströmen beim kathodischen Schutz mit Fremdstromanlagen.
a) Ungeeignete Anordnung der Anode und fehlerhafte elektrische Schaltung des Bauteils erzeugen durch Streuströme hervorgerufene Korrosion des Rohrstranges im Bereich der Streustrom-Austrittsstelle in das Erdreich.
b) Eine geeignete »Streustromableitung« schützt das Bauteil und den Rohrstrang, nach Fontana.

Der Entwurf, die fachgerechte Installation und der zuverlässige Betrieb kathodischer Schutzanlagen sind vielfach nicht wissenschaftlich »korrekt« durchzuführen. In den meisten Fällen hilft nur die »*Trial and Error-Technik*« und begründete Erfahrung! Daher sollten diese Aufgaben nur zuverlässigen Firmen übertragen werden, die nachweislich über das erforderliche Fachwissen verfügen.

Von entscheidender Bedeutung für die ordnungsgemäße Funktion der Fremdstromanlagen ist die Kenntnis des von der Stromquelle aufzubringenden Schutzpotenzials E_s. Das schematische *Pourbaix*-Schaubild, Bild 1-81, zeigt, dass z. B. unterhalb des Gleichgewichtspotenzials $E_H = -0,6$ V (dem entspricht Kurvenzug »a«) die Korrosion stark verringert wird ($E_{Cu/CuSO_4} = -0,6$ V $- 0,32$ V $= -0,92$ V!), so dass von einer technisch völlig ausreichenden Korrosionsbeständigkeit gesprochen werden kann. Das Schutzpotenzial E_s wird daher nach DIN 50927 (und DIN 30676) als Potenzialgrenzwert definiert, bei dem eine Korrosionsgeschwindigkeit praktisch vernachlässigbar wird, d. h., es muss werden:

$$E \leq E_s.$$

Bei starker kathodischer Polarisation kann der entstehende Wasserstoff allerdings zu Korrosionsschäden führen. In diesen Fällen darf die Schutzspannung das in Tabelle 1-9 aufgeführte Grenzpotenzial E_s' nicht überschreiten.

Die vorhandenen Potenziale lassen sich mit der in Bild 1-112c schematisch dargestellten Messanordnung feststellen. In vielen Fällen wird hierfür die sehr robuste und einfach zu handhabende Cu/CuSO$_4$-Referenzelektrode verwendet. Der Zusammenhang mit den z. B. in *Pourbaix*-Schaubildern verwendeten auf die Standardwasserstoffelektrode E_H bezogenen Standard-Potenzialen lautet:

$$E_{Cu/CuSO_4} = E_H - 0,32 \text{ V}. \quad [1\text{-}44]$$

In Tabelle 1-9 sind die freien Korrosions- und Schutzpotenziale sowie die Grenzpotenziale einiger wichtiger metallischer Werkstoffe im Erdboden, in Süß- sowie in Salzwasser nach der zurückgezogenen DIN 30676 aufgeführt.

Bei unsachgemäßer Installation der Fremdstromeinrichtung werden benachbarte metallische Bauteile an der *Austrittsstelle* der Streuströme in den Elektrolyten stark korrodiert, Bild 1-113a. Die Verwendung isolierender Beschichtungen der Bauteile scheidet wegen der immer vorhandenen Fehler (z. B. Poren) aus. Eine effektive Methode besteht in der Ableitung der Streuströme wie z. B. in Bild 1-113b gezeigt wird. Das zu schützende Bauteil und die in der Nähe befindlichen metallischen Körper werden durch ein isoliertes, niederohmiges Kupferkabel miteinander verbunden, d. h. auf gleiches Potenzial gebracht. Dazu gehört auch die nicht immer einfache korrosionstechnische und logistische Zusammenarbeit der Betreiber (Eigentümer) der unterschiedlichen Anlagen!

Anodischer Korrosionsschutz

Das ist eine relativ neue – in den fünfziger Jahren entwickelte – Methode, metallische Bauteile vor Korrosionsangriff zu schützen. Sie ist *nur* bei passivierbaren Werkstoffen anwendbar, deren Korrosionsbeständigkeit auf der Bildung schützender (Passiv-)Schichten beruht. Die Metalle müssen also den in Bild 1-90 gezeigten Stromdichte-Potenzial-Verlauf besitzen. Das aufzubringende Schutzpotenzial muss im passiven Bereich zwischen E_p und dem Durchbruchpotenzial E_d liegen, in dem der Korrosionsangriff vernachlässigbar wird, Abschn. 1.7.5. Wegen dieser stark einschränkenden elektrochemischen Bedingungen ist der anodische Schutz daher nur bei wenigen Werkstoff/Elektrolyt-Systemen anwendbar.

Tabelle 1-9
Freie Korrosions- und Schutzpotenziale im Erdboden, in Süß- und Salzwasser, nach der ersatzlos zurückgezogenen DIN 30676 (Auszug).

Werkstoff bzw. System	Freies Korrosionspotenzial (ohne Elementbildung), Anhaltswert		Schutz-potenzial E_S	Grenz-potenzial E_S'
	Bedingungen	V	V	V
Un- und (niedrig-)legierte Eisenwerkstoffe	> 40 °C	– 0,65 bis – 0,40	– 0,85	entfällt
	> 60 °C	– 0,80 bis – 0,50	– 0,95	entfällt [1]
	in anaeroben Bereichen	– 0,80 bis – 0,65	– 0,95	entfällt
	in Sandböden > 500 Ω	– 0,50 bis + 0,30	– 0,75	entfällt
Nichtrostende Stähle mit Cr ≥ 16 % für Erdboden und Süßwasser	< 40 °C	– 0,20 bis + 0,50	– 0,10	entfällt
	> 60 °C	– 0,20 bis + 0,50	– 0,30	entfällt
Nichtrostende Stähle mit Cr ≥ 16 % für Salzwasser		– 0,20 bis + 0,50	– 0,10	entfällt
				entfällt
Aluminium	in Süßwasser	– 1,00 bis – 0,50	– 0,80	entfällt
	in Salzwasser	– 1,00 bis – 0,50	– 0,90	entfällt
Kupfer, Kupfer-Nickel-Legierungen		– 0,20 bis ± 0,00	– 0,20	entfällt
Stahl in Beton		– 0,60 bis – 0,10	– 0,75	– 1,3
Verzinkter Stahl		– 1,10 bis – 0,90	– 1,20	entfällt

[1] Die Gefahr einer NaOH-induzierten Spannungsrisskorrosion ist zu beachten!
Die Potenzialangaben beziehen sich auf die Cu/CuSO$_4$-Bezugselektrode $E_{Cu/CuSO_4} = E_H - 0,32$ V. Die aus *Pourbaix*-Schaubildern entnommenen auf die Standardwasserstoffelektrode bezogenen Potenzialwerte sind daher mit der angegebenen Beziehung umzurechnen! Siehe auch DIN 50927.

Das erforderliche Schutzpotenzial wird mit aufwändigen elektronischen Regeleinrichtungen erzeugt und konstant gehalten. Diese Schutzmethode kann im Gegensatz zum kathodischen Schutz auch bei stärkstem Korrosionsangriff angewendet werden, wobei der erforderliche Schutzstrom im Allgemeinen sehr gering ist. Die anzuwendenden Maßnahmen sind hinreichend genau in Laboruntersuchungen ermittelbar, weil die wissenschaftlichen Grundlagen dieser Methode seit längerer Zeit bekannt und ihre Ergebnisse reproduzierbar sind.

1.7.8.2 Passive Schutzverfahren

Auf das Werkstück aufgetragene *Schutzschichten* sehr unterschiedlicher Beschaffenheit und Wirkungsweise trennen das angreifende Medium von dem zu schützenden Bauteil. Die Schichten müssen dicht, porenfrei, nicht zu dünn, aber vor allem möglichst undurchlässig für Wasser und Sauerstoff sein. Diese Schutzschichten werden abhängig von dem jeweiligen Bildungsmechanismus eingeteilt in:

❐ *Beschichtungen* sind ein allgemeiner Sammelbegriff für eine oder mehrere in sich zusammenhängende Schichten auf einem Grundwerkstoff, die aus nicht vorgefertigten Stoffen hergestellt sind und deren Bindemittel meistens organischer Natur ist (DIN EN ISO 12944). Sie haften auf der Oberfläche durch Adhäsion und Nebenvalenzen. Die zum Korrosionsschutz von Metallen häufiger verwendeten *Auskleidungen* (organische Halbzeuge) sind danach keine Beschichtungen.

Im Folgenden wird unabhängig von dem jeweils wirksamen Bildungsmechanismus von *Schichten* gesprochen, wenn nicht die Gefahr einer Verwechslung besteht.

❐ *Überzüge* sind im Allgemeinen festhaftende Schichten, die mit dem zu schützenden Werkstoff chemisch reagiert haben. Es werden *anorganische* (glasige oder kristalline Substanzen auf keramischem, glasigem oder metallischem Untergrund), *galvanische* und *metallische* (Zn, Cr, Ni) Überzüge unterschieden.

Vor jeder Beschichtung muss als wichtigste vorbereitende Maßnahme die Werkstückoberfläche sorgfältig von Fetten, Ölen, Rost bzw. von jedem Oberflächenbelag gereinigt werden. Das gilt in besonderem Maße für Konversionsschichten, weil anderenfalls die »Metallumwandlung« nicht vollständig gelingt und die Haftung der Schichten unzureichend ist. Die Haftung der Schichten und Anstriche lässt sich auch durch haftvermittelnde Überzüge (z. B. Phosphatschichten) wesentlich verbessern. Die hierbei anzuwendenden Empfehlungen bzw. Richtlinien sind beispielsweise in DIN EN ISO 12944 zu finden.

Organische Beschichtungen

Für die Schutzschichten – auf den Werkstoff in flüssiger, pulveriger oder pastöser Form aufgebracht – werden in der Hauptsache Epoxidharze (EP), Vinylester (VE) und Polyurethane (PUR) verwendet. Bei ihnen entsteht die Schutzschicht durch Polymerisation bei Raumtemperatur. Pulverbeschichtungen – z. B. Polyethylen (PE), Polyamid (PA) – werden auf die vorgewärmten Teile aufgesintert oder flammgespritzt.

Wegen der immer vorhandenen Poren oder Verletzungen sollte die Beschichtung aus mindestens zwei Grundbeschichtungen und zwei Deckbeschichtungen bestehen. Die Grundbeschichtungen enthalten Korrosionsschutzpigmente, die die Korrosionsvorgänge langzeitig inhibieren (z. B. Bleimennige oder Zinkstaub für Stahl), Deckbeschichtungen, Pigmente und Füllstoffe, die das Eindringen von Wasser und/oder Luft möglichst wirksam behindern.

Anorganische Überzüge

Wegen ihrer herausragenden Eigenschaften sind *Konversionsschichten* von großer technischer Bedeutung. Sie werden durch elektrolytisches oder fremdstromloses Abscheiden mit Hilfe einer chemischen Umwandlung der Metalloberfläche (Konversion) erzeugt. Diese Bezeichnung bringt zum Ausdruck, dass ein Teil der Grundwerkstoffatome in der Schicht als in Metallionen umgewandelte (»konvertierte«) Teilchen vorliegt. Für niedriglegierte Stähle werden meistens Phosphatschichten verwendet *(Phosphatieren,* Firmenbezeichnung »*Bondern*«). Die wichtigsten Verfahren sind das Zinkphosphatierverfahren und das Alkaliphosphatierverfahren. Diese einige µm dicken relativ korrosionsbeständigen Schichten haften sehr fest auf dem Untergrund, wobei ihre mikroporige Beschaffenheit auch eine sehr feste Bindung der folgenden Schichten und das Einlagern von Schmierstoffen ermöglicht. Ihr hoher elektrischer Widerstand macht sie auch für Anwendungen im Elektromaschinenbau sehr geeignet. Besondere Anforderungen an die zu beschichtenden Stähle hinsichtlich ihrer chemischen Zusammensetzung sind nicht zu stellen.

Emaillierungen sind amorph erstarrende, glasartige aus Quarz und anderen Oxiden bestehende Überzüge, die durch partielles oder unvollständiges Schmelzen auf die Werkstückoberfläche aufgebracht werden. Sie verbessern vor allem die Korrosionsbeständigkeit der unlegierten Stähle (Haushaltswaren, chemische und pharmazeutische Industrie). Bei dem konventionellen Verfahren wird der Stahl mit einer Grund- und einer *Deckemail* durch ein doppeltes Einbrennen bei 800 °C bis 850 °C beschichtet. Daneben wird im großen Umfang das einschichtige *Direktemaillieren* verwendet, mit dem die Schichtdicke auf etwa 0,2 mm bis 0,3 mm herabgesetzt werden konnte. Die während des Einbrennprozesses entstehenden Gase, vor allem das sich aus dem Kohlenstoff des Stahls durch Oxidation gebildete CO, können die langsam erstarrende Emailschmelze nur z. T. verlassen und erzeugen Poren in der Emailschicht. Aus diesem Grund sind für diese Arbeiten sehr kohlenstoffarme (C ≤ 0,1 %) Stähle erforderlich.

Die in letzter Zeit entwickelten *Glaskeramiken* besitzen nicht die Sprödigkeit der Emaillierungen. Durch gesteuertes Kristallisieren thermodynamisch instabiler Gläser lässt sich ein teilkristalliner Überzug mit wesentlich besseren mechanischen Eigenschaften herstellen.

Metallische Überzüge

Diese Schichten werden häufig außer zum Korrosionsschutz auch zum Schutz gegen Verschleiß und für dekorative Zwecke verwendet.

Beim *Schmelztauchen* wird das gereinigte und flussmittelbenetzte (aus Zink-, Ammonium- und Alkalichloriden bestehende Salzgemische zum Vermeiden der Oxidation der Stahloberflächen) Werkstück in die Schmelze des Überzugsmetalls getaucht. Hierfür werden Zink und Zinklegierungen, Aluminium, Zinn und Blei verwendet. Dieses Verfahren bietet eine Reihe von Vorteilen. Es verbindet Wirtschaftlichkeit vor allem mit der Möglichkeit, auch schwer zugängliche Orte vollständig mit einer Metallschicht überziehen zu können. Die niedrige Schmelztemperatur des Überzugmetalls und die möglichen Änderungen der mechanischen Eigenschaften (Rekristallisieren, Erholen, Altern) während des Tauchprozesses sind die größten Nachteile. Der Prozess wird mit Breitband (≤ 2000 mm) und Bandgeschwindigkeiten bis 200 m/min auch kontinuierlich nach dem Verfahren von *Sendzimir* durchgeführt. Hierbei sind auf der Vorder- und Rückseite des Bleches unterschiedliche Zinkschichtdicken einstellbar.

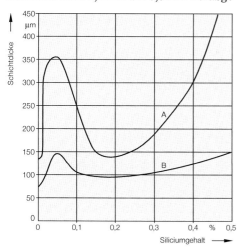

Bild 1-113
Einfluss des Siliciumgehaltes des Stahls und der Tauchzeit (A = 9 min, B = 3 min) auf die Schichtdicke feuerverzinkter Bauteile bei einer Badtemperatur von 460 °C, nach Horstmann.

Beim *Feuerverzinken* von Stahl, das bei Temperaturen zwischen 440 °C und 465 °C durchgeführt wird, entstehen an der Phasengrenze

– ähnlich wie beim Löten – Legierungszonen (dichte Fe-Zn-Legierungsschichten), deren Zusammensetzung aus dem Zustandsschaubild der Metalle Fe-Zn abgeschätzt werden kann. Die Schichtoberfläche besteht aus weichem Zink. Die Bildung verschiedener unerwünschter, spröder intermediärer Phasen beim Feuerverzinken von Stahl lässt sich durch Zugabe von 0,05 % bis 0,1 % Aluminium zum Zink-Schmelzbad modifizieren bzw. unterdrücken. Von der gleichzeitig entstehenden Hemmwirkung des Aluminium auf die Reaktion zwischen Eisen und Zink macht man beim Durchlaufverzinken von Bändern Gebrauch, weil sich nur dadurch eine sehr dünne, gut verformbare Legierungsschicht herstellen läßt. Beim Stückverzinken muss der Aluminiumgehalt $\leq 0,03\%$ sein, weil sich aus Aluminium und der Feuchtigkeit des Flussmittels Al_2O_3 bildet, das eine Benetzung der Oberfläche verhindert.

Das Feuerverzinken ist für Eisen und Stahl ein technisch und wirtschaftlich sehr wichtiges Schmelztauchverfahren. Die sinnvollen Schichtdicken liegen zwischen 20 µm und etwa 100 µm. Ihre Qualität und Beschaffenheit hängen sehr stark von der chemischen Zusammensetzung des Stahles ab. Vor allem der Siliciumgehalt (neben Phosphor) übt einen großen Einfluss aus, Bild 1-113. Silicium begünstigt danach sehr stark die Bildung aufgelockerter, dicker und spröder zum Abplatzen neigender d. h. unbrauchbarer Schichten. Vor allem bei Siliciumgehalten im Grundwerkstoff zwischen 0,03 % und 0,12 %, wie sie bei Pfannenstählen oder halbberuhigten Stählen vorkommen, entstehen dickere, aufgelockerte Schichten. Diese Erscheinung wird nach dem Entdecker dieses Phänomens *»Sandelin-Effekt«* genannt. Beim Feuerverzinken können diese dickeren Überzüge wegen der im Allgemeinen nur geringen Tauchdauer der Erzeugnisse kaum entstehen. Allerdings muss beispielsweise bei der Stückverzinkung und dem Verzinken von Einzelteilen mit der Bildung verhältnismäßig dicker Schichten gerechnet werden. Die Zinkschichten auf dem in der Regel höher siliciumhaltigen Schweißgut neigen daher aus diesem Grunde häufiger zum Abplatzen und weisen eine dunklere Färbung auf.

Die Bauteile müssen konstruktiv so vorbereitet werden, dass das Reinigungsmittel und die Zinkschmelze sämtliche zu behandelnden Oberflächen der Teile benetzen können. Das ist mit Bohrungen und Öffnungen an »geeigneten« Stellen erreichbar.

Hohlräume jeder Art müssen auch wegen der sonst entstehenden explosionsartigen Zerstörung dieser geschlossenen Räume unbedingt vermieden werden. Die während des Prozesses freiwerdenden Schweißeigenspannungen sind eine wichtige Ursache dieser Zerstörung. In Spalten können die Reinigungsmittel eindringen und Bedingungen erzeugen, die zur Dampfbildung und hohen Drücken führen können. Bei komplizierten Bauteilen ist daher eine vorherige Absprache mit der ausführenden Firma sehr zu empfehlen.

Beim Schweißen feuerverzinkter Halbzeuge ist eine Reihe von werkstoffspezifischer Besonderheiten zu beachten:
– Heißrissähnliche Defekte bilden sich, wenn flüssiges Zink in das Schweißgut eindringt (Lötrissigkeit). Aus diesem Grunde sollte die Zinkschicht im Bereich der Schweißnaht entfernt werden.
– Der Siliciumgehalt des Schweißguts sollte möglichst gering sein, daher sind z. B. rutil-umhüllte Stabelektroden besser geeignet als basisch-umhüllte.
– Das Schweißgut neigt wegen des niedrigen Zinkdampfdrucks zu einer deutlichen Porenanfälligkeit, Abschn. 5.2.1.1.2, S. 515. Die Schmelze muss daher ausgasen können.

Beim *Plattieren* werden unterschiedliche Metallschichten i. Allg. bei höheren Temperaturen und (oder) Druck durch *Walz-, Spreng-* oder *Schweißplattieren* (Abschn. 4.3.8.2, S. 448) zu einem Verbundwerkstoff vereinigt. Die Verbindung entsteht durch Diffusionswirkung, oder durch mechanische Verzahnung. Da die Schweißplattierungen meistens mit dem UP-Bandauftragschweißen hergestellt werden, entstehen im Gegensatz zu den mit einer wesentlich höheren Leistungsdichte arbeitenden Laser- bzw. Elektronenschweißverfahren umfangreiche metallurgische Reaktionen. Diese Vorgänge sind sorgfältig zu kontrollieren, weil bei der normalerweise sehr unterschiedlichen Zusammensetzung von Grund- und Plattierungswerkstoff die Bildung spröder intermediärer Phasen sehr wahrscheinlich ist, wenn nicht mit Pufferlagen gearbeitet wird.

Ein dem Schweißplattieren metallurgisch ähnlicher Prozess ist das *Randschichtumschmelzen* bzw. *Randschichtumschmelzlegieren*, Bild 1-114. Diese Schichten bilden sich im Gegensatz zu den mit Hilfe *chemischer* Reaktionen entstandenen Konversionsschichten als Folge *metallurgischer* Reaktionen. Die Gefüge der Schichten weichen wegen der für ihre Erzeugung verwendeten extremen Energiequellen (Energie- oder Partikelstrahlung) in ihren Eigenschaften oft extrem von denen des Grundwerkstoffs ab. Die Schichten werden entweder durch die hier nicht näher besprochene Technik der »*Ionenimplantation«* (**P**hysical **V**apour **D**eposition: **PVD-** bzw. **C**hemical **V**apour **D**eposition: **CVD-Verfahren**) oder mit dem Laserstrahl hergestellt.

Mit dem Laserstrahlverfahren sind folgende Modifikationen der Werkstückoberfläche erreichbar:
– Martensithärtung bei Vergütungsstählen als Folge der verfahrenstypischen extrem hohen Abkühlgeschwindigkeit.
– Umschmelzen der Oberflächenbereiche (Randschichtumschmelzen) führt bei den nichtpolymorphen Werkstoffen neben einer (mäßigen) Härtesteigerung vor allem zu einem sehr feinen Erstarrungsgefüge, Bild 1-114a.
– Umschmelzen der Oberflächenbereiche, wobei sich aber mit zusätzlich aufgebrachten Schichten (erzeugt durch Vakuumabscheidung, Spritzen, Streichen), die Legierungselemente enthalten, praktisch jede gewünschte metallurgische Wirkung erreichen lässt *(Randschichtumschmelzlegieren)*, Bild 1-114b.

Die sehr großen Abkühlgeschwindigkeiten ($\approx 10^7$ K/s) und steilen Temperaturgradienten ($\approx 10^5$ K/cm) begünstigen die Bildung extremer Ungleichgewichtsgefüge und vergrößern die Löslichkeitsgrenzen der beteiligten Phasen, wodurch (Ausscheidungs-)Phasen ent-

weder sehr fein verteilt vorliegen bzw. vollständig unterdrückt werden. Der große Temperaturgradient begünstigt grundsätzlich epitaktische Erstarrungsstrukturen (Abschn. 4.1.1.1, S. 300), die zu einer texturähnlichen Anordnung der Körner und der Korngrenzen führt, Bild 1-114a.

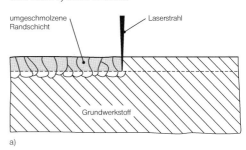

a)

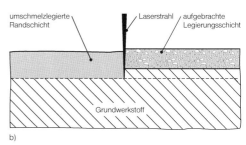

b)

Bild 1-114
Oberflächenmodifikation durch Aufschmelzen der Randschicht.
a) Randschichtumschmelzen,
b) Randschichtumschmelzlegieren.

1.8 Aufgaben zu Kapitel 1

Aufgabe 1-1:
Es ist die Korngrößen-Kennzahl G des Gefüges in Bild 1-55a zu ermitteln.

Die Korngröße wird nach DIN EN ISO 643, s. Abschn. 1.2.3, S. 12, mikroskopisch bei einer Vergrößerung von i. Allg. V = 100:1 auf einer Kreisfläche von $A_K = 5000$ mm² ermittelt. Die je Quadratmillimeter (bei V = 1:1!) vorhandene Körnerzahl m nach Tabelle 1-1, S. 13, ergibt sich danach aus der bei V = 100:1 festgestellten Kornzahl n_{100} zu:

$m = 2 \cdot n_{100}$ (weil $A_{Mess} = 2 \cdot A_K = 2 \cdot 5000$ mm²).

Aus Bild 1-55a wird eine mittlere Kornzahl von $n = 44$ bei V = 500:1 bestimmt. Die Bildfläche A beträgt im Original etwa:

$A = 54$ mm $\cdot 78$ mm $= 4212$ mm².

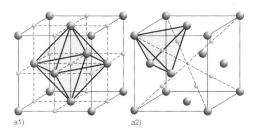

● Eisenatome   ● interstitielle Lücken

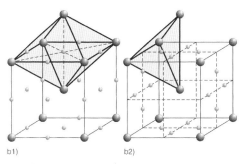

b1)   b2)

Bild A1-1
Lage der interstitiellen Hohlräume in Eisen.
a) Kfz Eisen: Oktaederlücken (a1) und Tetraederlücken (a2),
b) krz Eisen: Oktaederlücken (b1), Tetraederlücken (b2). Es wurden beispielhaft jeweils nur einige Hohlräume kenntlich gemacht.

Die Zahl der Körner m bei V = 1:1 ist bei einer Messfläche von $A_{Mess} = 10\,000$ mm²:

$$m = \left(\frac{500}{100}\right)^2 \cdot \frac{A_{Mess} \cdot n}{A} = \frac{25 \cdot 10^4 \cdot 44}{0,4212 \cdot 10^4} = 2611.$$

Daraus ergibt sich die Korngrößen-Kennzahl G nach Gl. [1-3], S. 13, zu:

$$2^{G+3} = 2611 \left[\frac{Körner}{mm^2}\right], \text{ d. h. } G \approx 8,35.$$

Nach Tabelle 1-1 ergibt sich mit $m = 2611$ der mittlere quadratische Korndurchmesser $\bar{d} = 1/\sqrt{m} \approx 0,02$ mm.

Aufgabe 1-2:
Es ist die maximale Größe der interstitiellen Hohlräume im krz Eisen (Gitterkonstante $a_{krz} = 0,287$ nm, Atomradius R) und kfz Eisen ($a_{kfz} = 0,357$ nm) zu berechnen. Welche Gitterlücken eignen sich im krz bzw. kfz Eisen bevorzugt für die Aufnahme von Kohlenstoff?

Im krz und kfz Eisen existieren die *Tetraeder-* und *Oktaederlücken*, Bild A1-1.

Der Radius der Tetraederlücke r_{tet} im krz Eisen ergibt sich mit den Beziehungen gemäß Bild A1-2a zu:

$$R = \frac{\sqrt{3}}{4} \cdot a_{krz},$$

$$(R + r_{tet})^2 = \left(\frac{a_{krz}}{4}\right)^2 + \left(\frac{a_{krz}}{2}\right)^2 = \frac{5}{16} \cdot a_{krz}^2,$$

$$r_{tet} = \frac{a_{krz}}{4} \cdot \left(\sqrt{5} - \sqrt{3}\right) = 0,0362 \text{ nm}. \quad \text{[A1-1a]}$$

Der Radius der Oktaederlücke r_{okt} im krz Eisen ergibt sich gemäß Bild A1-2a zu:

$$2 \cdot R + 2 \cdot r_{okt} = a_{krz},$$

$$\frac{\sqrt{3}}{2} \cdot a_{krz} + 2 \cdot r_{okt} = a_{krz},$$

$$r_{okt} = \frac{a_{krz}}{4} \cdot \left(2 - \sqrt{3}\right) = 0,019 \text{ nm}. \quad \text{[A1-1b]}$$

In die Oktaederlücke des kfz Eisens können Atome (ohne Gitterspannungen!) mit dem maximalen Durchmesser von $2 \cdot r_{okt}$ eingelagert werden. Aus Bild A1-2b folgt:

$$R = \frac{\sqrt{2}}{4} \cdot a_{kfz}$$

$$2 \cdot R + 2 \cdot r_{okt} = a_{kfz} = \frac{\sqrt{2}}{2} \cdot a_{kfz} + 2 \cdot r_{okt}$$

$$r_{okt} = \frac{a_{kfz}}{4} \cdot \left(2 - \sqrt{2}\right) = 0{,}0523 \text{ nm}. \qquad [\text{A1-2}]$$

Die Hohlräume im kfz Eisen sind merklich größer als die im krz Eisen. Die Menge gelöster interstitieller Atomsorten – z. B. Kohlenstoff mit $R_C = 0{,}071$ nm – ist beim kfz Eisen sehr viel größer als die im krz Eisen.

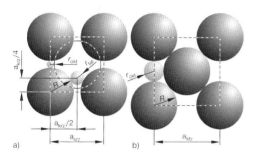

Bild A1-2
Größe und Lage der interstitiellen »Hohlräume« in Eisen. In die Gitterlücken können Fremdatome mit einem maximalen Radius von r eingelagert werden.
a) Tetraeder- und Oktaederlücken im krz Eisen,
b) Oktaederlücken im kfz Eisen.

Im krz Eisen müssen Atome, deren Durchmesser etwas größer sind als die des Hohlraumes im Fall der *Tetraederlücken* vier Eisenatome verschieben, im Fall der *Oktaederlücken* aber lediglich zwei. Daher haben die im krz Eisen interstitiell eingelagerten Atome wegen der geringeren Gitterverspannung trotzdem die Neigung, sich in die kleineren Oktaederlücken einzulagern.

Die Gitterverzerrungen sind daher *anisotrop*, d. h. statt der kubischen Symmetrie entsteht eine tetragonale (s. Martensitbildung, S. 35). Eine weitere Konsequenz der tetragonalen Symmetrie ist die Änderung der Verteilung der interstitiell gelösten Atome als Folge einer äußeren Spannung. Diese spannungsinduzierte Umlagerung der Atome in *andere* (durch die Spannung vergrößerte!) Oktaederlücken verursacht außerdem eine erhebliche Änderung der inneren Reibung *(Snoek-Effekt)*.

Aufgabe 1-3:
Der Diffusionskoeffizient des Kohlenstoffs im krz (D_{krz}) und kfz Eisen (D_{kfz}) bei der A_3-Temperatur (912 °C = 1185 K) ist zu berechnen.

Zum Lösen der Gl. [1-11] sind erforderlich:

$Q_{A,krz} = 87\,500$ J/mol, $Q_{A,kfz} = 137\,700$ J/mol,
$D_{0,krz} = 1{,}1 \cdot 10^{-2}$ cm²/s, $D_{0,kfz} = 0{,}23$ cm²/s.

Damit ergeben sich:

$$D_{krz} = D_{0,krz} \cdot \exp\left(-\frac{Q_{A,krz}}{RT}\right)$$

$$D_{krz} = 1{,}1 \cdot 10^{-2} \cdot \exp\left(-\frac{87\,500}{8{,}314 \cdot 1185}\right)$$

$$D_{krz} = 1{,}53 \cdot 10^{-6} \text{ cm}^2/\text{s}. \qquad [\text{A1-3a}]$$

$$D_{kfz} = 0{,}23 \cdot \exp\left(-\frac{137\,700}{8{,}314 \cdot 1185}\right)$$

$$D_{kfz} = 0{,}195 \cdot 10^{-6} \text{ cm}^2/\text{s} < D_{krz}. \qquad [\text{A1-3b}]$$

Als Folge der geringeren Packungsdichte P können die Kohlenstoffatome im krz Eisen ($P_{krz} = 0{,}68$) deutlich schneller diffundieren als im kfz Gitter ($P_{kfz} = 0{,}74$). Wie in Aufgabe 1-2 gezeigt wurde, ist aber die Löslichkeit interstitieller Atome in krz Metallen erheblich geringer als in kfz Metallen, s. a. Bild 1-6, S. 6.

Aufgabe 1-4:
Ein unlegierter Werkzeugstahl mit einem Kohlenstoffgehalt von $C = 1{,}1\%$ ($c_0 = 1{,}1\%$) wird in einer sauerstoffhaltigen Atmosphäre 20 h lang bei 1100 °C entkohlend geglüht. Der C-Gehalt in der Oberfläche ist danach bis auf Null abgefallen ($c_s = 0$). In welcher Tiefe $x_{0,15}$ beträgt der C-Gehalt noch 0,15%?

$x_{0,15}$ erhält man aus Gl. [1-15] mit $c_s = 0$, $c_0 = 1{,}1$ und $c_{x,t} = 0{,}15$ zu:

$$\frac{0-0{,}15}{0-1{,}1} = 0{,}1364 = \mathrm{erf}\left(\frac{x_{0{,}15}}{2\cdot\sqrt{D\cdot t}}\right), \text{ d. h.}$$

$$\frac{x_{0{,}15}}{2\cdot\sqrt{D\cdot t}} = 0{,}122, \text{ d.h.: } x_{0{,}15} = 0{,}122\cdot 2\cdot\sqrt{D\cdot t}.$$

Aus Gl. [1-11] wird D mit $Q_A = 137700$ J/mol, $D_0 = 0{,}23$ cm²/s, $T = 1372$ K berechnet:

$$D = D_0 \cdot \exp\left(-\frac{Q_A}{RT}\right)$$

$$D = 0{,}23 \cdot \exp\left(-\frac{137700}{8{,}314\cdot 1372}\right)$$

$$D = 1{,}315\cdot 10^{-6} \text{ cm}^2/\text{s}.$$

Mit $t = 20\,\text{h} = 7{,}2\cdot 10^4$ s ergibt sich:

$$\sqrt{D\cdot t} = \sqrt{1{,}315\cdot 10^{-6}\cdot 7{,}2\cdot 10^4} = 0{,}308 \text{ cm}.$$

Zusammen mit der oben abgeleiteten Beziehung für $x_{0{,}15}$ ergibt sich schließlich:

$$x_{0{,}15} = 0{,}122\cdot 2\cdot\sqrt{D\cdot t} \approx 0{,}75 \text{ mm}.$$

Aufgabe 1-5:
Es ist die antreibende »Kraft« ΔG für den Kristallisationsprozess metallischer Schmelzen zu bestimmen.

Die freie Enthalpie einer um $\Delta T = T_S - T_1$ unterkühlten Schmelze nimmt um den Betrag ΔG ab, Bild A1-3. ΔG ist die treibende Kraft der Kristallisation.

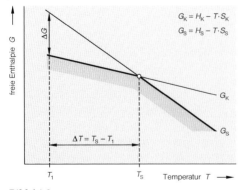

Bild A1-3
Abhängigkeit der freien Enthalpie G von der Temperatur im Bereich des Schmelzpunktes. Der Verlauf der Kurven wurde der Einfachheit halber als linear angenommen, s. a. Bild 1-26, S. 23.

Die freien Enthalpien der Schmelze (G_S) und der festen Phase (G_K) betragen bei der Temperatur $T = T_S$:

$$G_S = H_S - T\cdot S_S, \qquad \text{[A1-4a]}$$
$$G_K = H_K - T\cdot S_K. \qquad \text{[A1-4b]}$$

Damit erhält man aus dem Gleichungssystem Gl. [A1-4] ΔG zu:

$$\Delta G = (H_S - H_K) - T\cdot(S_S - S_K) =$$
$$\Delta H - T\cdot\Delta S. \qquad \text{[A1-5]}$$

Im Gleichgewichtsfall, d. h., für $T = T_S$ gilt $\Delta G = 0$, daraus folgt:

$$\Delta G = \Delta H - T_S\cdot\Delta S = 0.$$

Hierbei ist ΔS die *Schmelzentropie* und ΔH die auf die Volumeneinheit bezogene *latente Schmelzwärme H_F*:

$$\Delta S = \frac{\Delta H}{T_S} = \frac{H_F}{T_S}. \qquad \text{[A1-6]}$$

Für kleine Unterkühlungen ΔT kann der Unterschied der spezifischen Wärmen der flüssigen ($c_{p,S}$) und der festen Phase ($c_{p,K}$) vernachlässigt werden, d. h., ΔH und ΔS sind annähernd temperaturunabhängig. Aus Gl. [A1-5] und Gl. [A1-6] wird damit:

$$\Delta G \approx H_F - \frac{T}{T_S}\cdot H_F = H_F\cdot\frac{T_S - T}{T_S}.$$

Daraus folgt schließlich:

$$\Delta G \approx H_F\cdot\frac{\Delta T}{T_S}. \qquad \text{[A1-7]}$$

Gl. [A1-7] ist für die Berechnungen in Aufgabe 1-6 erforderlich.

Aufgabe 1-6:
Die Erstarrung metallischer Schmelzen beginnt, wenn feste Teilchen (Keime) mit dem kritischen Radius r_k in der Schmelze vorhanden sind (homogene Keimbildung), s. Abschn. 1.4.1 und Bild 1-27, S. 24. Aus der Beziehung [1-7], S. 25, ist der von der Unterkühlung der Schmelze ΔT abhängige kritische Keimradius r_k zu berechnen.

Bei $r = r_k$ besitzt die Abhängigkeit $\Delta G = f(r)$ – Gl. [1-7], S. 25, – eine waagerechte Tangente, d. h., die Ableitung ΔG nach r wird Null:

$$\frac{d[\Delta G(r = r_k)]}{dr} = -4\pi \cdot r_k^2 \cdot \Delta G_V + 8\pi \cdot r_k \cdot \gamma = 0.$$

Daraus ergibt sich r_k zu:

$$r_k = \frac{2 \cdot \gamma}{\Delta G_V}. \qquad [A1\text{-}8a]$$

Die für die Keimbildung erforderliche Aktivierungsenergie Q_A erhält man durch Einsetzen von $r = r_k$ in Gl. [1-7], S. 25:

$$\Delta G(r = r_k) = Q_A = \frac{16\pi \cdot \gamma^3}{3 \cdot (\Delta G_V)^2}. \qquad [A1\text{-}9a]$$

Mit der in Aufgabe 1-5 abgeleiteten Beziehung Gl. [A1-7] ergeben sich die rechnerisch einfacher handhabbaren Gleichungen:

$$r_k = \left(\frac{2 \cdot \gamma \cdot T_S}{H_F}\right) \cdot \frac{1}{\Delta T}, \qquad [A1\text{-}8b]$$

$$Q_A = \left(\frac{16\pi \cdot \gamma^3 \cdot T_S^2}{3 \cdot H_F^2}\right) \cdot \frac{1}{(\Delta T)^2}. \qquad [A1\text{-}9b]$$

Es ist zu beachten, dass r_k und Q_A mit zunehmender Unterkühlung ΔT *abnehmen*.

Der *kritische Keimradius* r_k bei einer homogenen Erstarrung einer Eisenschmelze beträgt z. B. mit $T_S = 1538\,°C$, $H_F = 1740\,J/cm^3$ und $\gamma = 20 \cdot 10^{-7}\,J/cm^2$ für eine typische Unterkühlung von $\Delta T \approx 400\,K$:

$$r_k = \left(\frac{2 \cdot 20 \cdot 10^{-7} \cdot 1810}{1740}\right) \cdot \frac{1}{400} \approx 10^{-8}\,cm.$$

Aufgabe 1-7:
Es ist schematisch das bei Kokillenguss metallischer Schmelzen entstehende Primärgefüge zu interpretieren und zu skizzieren, s. a. Bild 1-31, S. 27.

Die rasche Abkühlung der Schmelze an der Kokillenwandung erzeugt eine große thermische Unterkühlung der Schmelze und als Folge eine große Anzahl von Keimen, die ein sehr feines, äquiaxiales Gefüge erzeugen, Bild A1-4, Bereich 1. Anschließend kristallisiert die Schmelze vorzugsweise in Richtung Blockmitte durch die Schmelze »hindurch«. Das Ergebnis sind lange, stängelförmige, dendritische Kristallite. Dieser Vorgang wird als *Transkristallisation* bezeichnet, Bild A1-4, Bereich 2. Die niedriger schmelzenden Phasen werden vor den Kristallisationsfronten der Stängelkristalle hergeschoben. Sie liegen daher im Bereich der Blockmitte in konzentrierter Form vor. Diese häufig als Keime wirkenden Bestandteile und die hier vorhandene sehr große konstitutionelle (aber geringe thermische!) Unterkühlung (Bild 1-33a) sind die Ursache für die (oftmals) feinkörnige Erstarrung der Restschmelze, Bild A1-4, Bereich 3, s. a. Bild 1-31.

Die reale Gefügeausbildung ist aber sehr stark von den Gießbedingungen und der abkühlenden Wirkung der Kokillenwandung abhängig. Bei hohen Gießtemperaturen wird ein größerer Anteil der (heterogenen) Keime gelöst und die kühlende Wirkung der Kokillenwände erheblich verringert. Dadurch schmelzen die wandnahen Körner wieder auf. Nach dem erneuten Beginn der Kristallisation entstehen wegen der verringerten Abkühlung als Folge der erwärmten Kokillenwandung und der nur geringen Keimzahl sofort in das

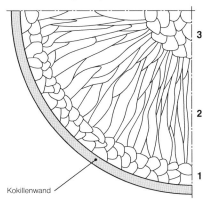

Bild A1-4
Schematische Darstellung des in einer Kokille entstehenden Primärgefüges.
1) Äquiaxiales, feines Korn in der Randzone,
2) transkristalline Erstarrung,
3) äquiaxiales Korn in Blockmitte.

Blockinnere wachsende Stängelkristalle, ohne dass sich die feinkörnige Randzone bildet. Eine geringere konstitutionelle Unterkühlung, z. B. erzeugt durch eine zusätzliche Wasserkühlung, kann die feinkörnige Erstarrung der Restschmelze verhindern, wodurch die Stängelkristalle bis zur Blockmitte wachsen können.

Aufgabe 1-8:
Für die Legierung L_1 sollen bei T_1, T_2 und T_3 die Freiheitsgrade, für die Legierung L_2 bei T_3 der Freiheitsgrad F gemäß dem Gibbsschen Phasengesetz bestimmt werden, Bild A1-5. Siehe a. Abschn. 1.6.2 und Bild 1-59.

Der *Freiheitsgrad* ist die Anzahl der frei wählbaren Zustandsgrößen (Temperatur, Konzentration, Druck), die unabhängig voneinander geändert werden können, ohne dass sich die Anzahl der Phasen ändert.

Legierung L_1, $T = T_1$:
Bei der Temperatur T_1 existiert nur die Phase Schmelze, d. h. $K = 2$, $P = 1$. Gemäß dem in Bild 1-59 angegebenen *Gibbsschen Phasengesetz* wird für $p = $ konst.:

$F = K - P + 1 = 2 - 1 + 1 = 2.$

Danach können im Gebiet der homogenen Schmelze (auch des homogenen Mischkristalls, s. unten) die Freiheitsgrade Temperatur T und die Zusammensetzung c geändert werden, ohne dass sich der Zustand ändert.

Legierung L_1, $T = T_2$:
Bei T_2 existieren Schmelze und Mischkristalle *gleichzeitig*, Mit $K = 2$, $P = 2$ wird:

$F = 2 - 2 + 1 = 1.$

In heterogenen Zustandsgebieten existiert nur der Freiheitsgrad »Temperatur«. Bei der Temperatur $T_2 = $ konst. ist demnach die Zusammensetzung der beiden Phasen Schmelze und Mischkristalle festgelegt, weil nur noch ein Freiheitsgrad vorhanden ist. Die Konzentrationen der Phasen sind demnach durch die Schnittpunkte der Waagerechten $T = $ konst. (= Konode) mit der Liquidus- (c_L) bzw. der Soliduslinie (c_S) festgelegt.

Legierung L_1, $T = T_3$:
Bei T_3 existiert nur eine Phase (α), d. h.:

$F = 2 - 1 + 1 = 2.$

Der Zustand der festen Phase wird daher durch die Temperatur und die Zusammensetzung festgelegt.

Legierung L_2, $T = T_3$:
Bei T_3 existieren drei Phasen (Schmelze, Eutektikum und Mischkristalle), d. h.:

$F = 2 - 3 + 1 = 0.$

Der Freiheitsgrad ist Null, d. h., das Eutektikum kann *nur* bei T_3 und der Zusammensetzung c_e existieren. Hier kann weder die Temperatur noch die Zusammensetzung geändert werden, ohne dass sich die Anzahl der Phasen ändert.

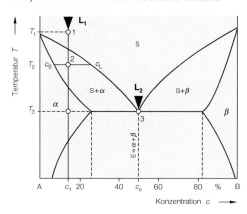

Bild A1-5
Zustandsschaubild zu Aufgabe 1-8.

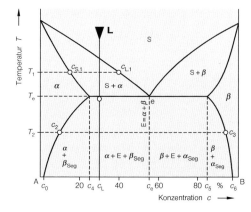

Bild A1-6
Zustandsschaubild für Aufgabe 1-9.

Aufgabe 1-9:
Die Mengen der bei T_1 und T_2 vorhandenen Phasen sind für die Legierung L gemäß dem Hebelgesetz zu berechnen. Die Legierung soll so langsam abkühlen, dass sich das thermodynamische Gleichgewicht einstellen kann.

Die Berechnung nach dem Hebelgesetz, s. Legende zu Bild 1-61, S. 51, ergibt:

Temperatur T_1:
Es liegen Schmelze m_S mit der Konzentration $c_{L.1} = 40\%$ B und Mischkristalle m_α mit $c_{S.1} = 15\%$ B in den Mengen vor, Bild A1-6:

$$m_S = \frac{30-15}{40-15} \cdot 100\% = 60\% \text{ und}$$
$$m_\alpha = 100 - m_S = 40\%.$$

Temperatur T_2:
Nach Unterschreiten der eutektischen Temperatur T_e liegen primär ausgeschiedene Mischkristalle α_P – eingebettet in Eutektikum $E = (\alpha_E + \beta_E)$ – in den Mengen vor:

$$m_{\alpha.P} = \frac{c_e - c_L}{c_e - c_4} \cdot 100\% = 83,33\%$$
$$m_E = 100 - m_{\alpha.P} = 100 - 83,33 = 16,67\%.$$

Das Eutektikum E besteht aus α_E und β_E in den Mengen:

$$m_{\alpha.E} = \frac{c_5 - c_e}{c_5 - c_4} \cdot 100\% = 50\%$$
$$m_{\beta.E} = m_\alpha = 100 - m_{\alpha.E} = 100 - 50 = 50\%.$$

Bei T_e liegen demnach mengenmäßig vor:
$m_{\alpha.P} = 83,33\%$, $m_{\alpha.E} = 8,335\%$, $m_{\beta.E} = 8,335\%$.

Aus 100% $\alpha (= c_4)$ scheidet sich bei der Temperatur T_2 die maximal mögliche Menge an β-Segregaten (β_{max}), aus 100% $\beta (= c_5)$ die maximal mögliche Menge an α-Segregaten (α_{max}) aus:

$$\beta_{max} = \frac{c_4 - c_2}{c_3 - c_2} = \frac{25-10}{95-10} \cdot 100\% = 17,65\%$$
$$\alpha_{max} = \frac{c_3 - c_5}{c_3 - c_2} = \frac{95-85}{95-10} \cdot 100\% = 11,76\%.$$

Aus den 83,33% primären α-MK.en scheidet sich bei T_2 die Menge an $\beta_{Seg.P}$ aus:

$\beta_{Seg.P} = 83,33 \cdot 0,1765 = 14,71\%$.

Die im Eutektikum meistens schwer nachweisbaren Segregate sollen hier nicht zahlenmäßig berücksichtigt werden, s. Bild 1-64.

Das Gefüge besteht also bei T_2 aus 68,62% primären α-MK.en, in denen sich 14,71% $\beta_{Seg.P}$ ausgeschieden haben und 16,67% Eutektikum (= $m_{\alpha.E} = 8,335\%$ und $m_{\beta.E} = 8,335\%$).

Bei rascher Abkühlung kann allerdings die Segregatbildung praktisch vollständig unterdrückt werden (s. Abschn. 2.6.3.3, S. 161), d. h., Ausbildung, Art und Anzahl der Gefügebestandteile, vor allem aber ihre berechneten Mengen, weichen dann merklich von denen des Gleichgewichtszustandes ab.

Aufgabe 1-10:
Es ist der Mechanismus der thermisch aktivierten Korngrenzenbewegung zu beschreiben, s. a. Abschn. 1.3.4, S. 19.

Ein polykristallines Gefüge ist wegen der Anwesenheit verschiedener Gitterbaufehler – vor allem der Großwinkelkorngrenzen – nicht im thermodynamischen Gleichgewicht. Während einer Wärmebehandlung stellt sich als Folge von Korngrenzenbewegungen ein metastabiles Gleichgewicht ein.

Ist die Korngrenzenenergie unabhängig von der Orientierung (d. h. frei von Torsionskräften), dann verhalten sich die Korngrenzen

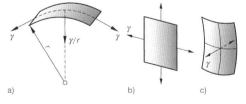

Bild A1-7
Größe der Oberflächenspannungen γ auf Korngrenzen unterschiedlicher geometrischer Form.
a) Auf eine zylinderförmige Korngrenze mit dem Radius r wirkt die Kraft γ/r.
b) Auf einer ebenen Fläche ist die Resultierende $\gamma = 0$.
c) Auf einer mit gleichem Radius entgegengesetzt doppelt gekrümmten Fläche ist $\gamma = 0$.

wie Seifenhäute. In diesem Fall muss für die Existenz eines metastabilen Gleichgewichts an der Verbindungsstelle dreier Körner bzw. Phasen – die flüssig, gasförmig oder fest sein können – die Oberflächenspannung Null werden (Bezeichnungen s. Bild 1-13a, S. 11):

$$\frac{\gamma_{BC}}{\sin\alpha_1} = \frac{\gamma_{AC}}{\sin\alpha_2} = \frac{\gamma_{AB}}{\sin\alpha_3}.$$ [A1-10]

Für $\gamma_{AB} = \gamma_{AC} = \gamma_{BC}$ wird $\alpha_1 = \alpha_2 = \alpha_3 = 120°$.

Ein aus Körnern aufgebautes Gefüge ist nur dann im metastabilen Gleichgewicht, wenn die Oberflächenspannungen der Phasengrenzflächen im Gleichgewicht sind.

Auf eine zylinderförmige Korngrenze wirkt in Richtung Zylindermitte eine Oberflächenspannung der Größe γ/r, Bild A1-7a. Die Korngrenzen sind demnach nur dann oberflächenspannungsfrei, wenn die Phasengrenzfläche eben ($r = 0$) oder mit gleichem Radius r jeweils in entgegengesetzter Richtung gebogen ist, Bild A1-7b und c.

In technischen Werkstoffen sind die Korngrenzen i. Allg. in *einer* Richtung gebogen, d. h., die auf sie einwirkenden Kräfte sind von Null verschieden. Das Gefüge ist grundsätzlich instabil. Durch thermisches Aktivieren können sich daher die Korngrenzen als Folge der einwirkenden Kräfte im Gefüge bewegen.

Der Einfachheit halber soll angenommen werden, dass im Gleichgewicht die Winkel zwischen den Korngrenzenflächen 120° betragen. Die Bewegung eines zweidimensionalen Korngrenzensystems zeigt schematisch Bild A1-8.

Wenn die Anzahl der Phasengrenzflächen (A_P) eines Kornes kleiner als sechs ist, entstehen während der Wärmebehandlung Kräfte, die die Korngrenzenfläche verkleinern oder das Korn sogar zum Verschwinden bringen, Bild A1-8a. Auf die Phasengrenzflächen von (größeren) Körnern mit sechs Grenzflächen wirken im Durchschnitt keine Oberflächenspannungen ein. Trotzdem wachsen sie aber bei einer ausreichenden thermischen Aktivierung, weil die freie Enthalpie des Systems, also im wesentlichen die *Korngrenzenenergie*, abnehmen muss. Bild A1-7b zeigt die Verhältnisse bei alleiniger Wirkung der Oberflächenspannung. Auf Körner mit mehr als sechs Grenzflächen wirken Kräfte ein, die das Korn vergrößern, weil das Zentrum der Biegung *außerhalb* des Kornes liegt, Bild A1-8c.

Diese Vorgänge sind die metallphysikalische Grundlage des *Kornwachstums* (Grobkornbildung) metallischer Werkstoffe.

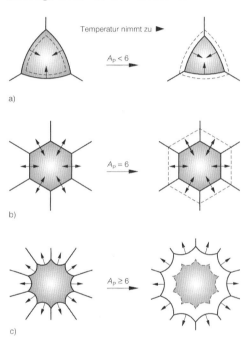

Bild A1-8
Korngrenzenbewegung in einem zweidimensionalen System bei einer Wärmebehandlung. Die Pfeilsymbole geben die Richtung an, in der sich die Korngrenzen bewegen. Angaben zu Aufgabe 1-10.
a) $A_P < 6$: Die Körner werden kleiner bzw. verschwinden, wenn die Anzahl der Phasengrenzflächen A_P eines Kornes kleiner als 6 ist.
b) $A_P = 6$: Die Phasengrenzflächen sind eben und metastabil. Die Oberflächenspannungen sind im Mittel Null. Die notwendige Abnahme der Korngrenzenenergie bei thermischer Aktivierung führt aber in jedem Fall zum Kornwachstum.
c) $A_P > 6$: Die Phasengrenzflächen sind nach außen gekrümmt, d. h., der Mittelpunkt der gekrümmten Phasengrenzflächen liegen innerhalb der Körner, s. Bild A1-7a. Die Oberflächenspannungen vergrößern die Körner.

Aufgabe 1-11:
Es sind die durch Kristallseigerungen hervorgerufenen Eigenschaftsänderungen von (Guss-)Werkstoffen zu beschreiben und zu analysieren.

Die Kristallseigerung (Abschn. 1.6.3.1, S. 55) entsteht innerhalb kürzester Distanzen, je nach Erstarrungsmorphologie zwischen Kornrand und Kornzentrum bzw. zwischen den Dendritenstämmen und der Restschmelze. Die Größe der entmischten Bereiche liegt damit in der Größenordnung üblicher Korndurchmesser, Dendritenlängen l_D, bzw. Abstände benachbarter sekundärer Dendritenarme l_S, Bild A1-9b. Die Korngrenzen- und die Restschmelzenbereiche zwischen den Dendritenarmen sind reich an niedrigschmelzenden Verunreinigungen. Zusammen mit bestimmten interdendritischen »Schwächen« (Poren, Mikrolunker) haben Gusswerkstoffe daher in den meisten Fällen ungünstigere mechanische Eigenschaften als analysenähnliche Walzwerkstoffe. Folgende Eigenschaftsverschlechterungen können in kristallgeseigerten Werkstoffen entstehen:

– In Bereichen, die niedrigschmelzende Verbindungen enthalten, entsteht in Anwesenheit ausreichender Eigenspannungen (beim Schweißen als Folge der hohen Abkühlgeschwindigkeit vorhanden!) eine ausgeprägte *Heißrissigkeit*.
– Die unterschiedliche chemische Zusammensetzung führt bei thermischer Beanspruchung zu unterschiedlicher Wärmeausdehnung der entsprechenden Bereiche bzw. zu deren Rissbildung.
– Vor allem die Zähigkeitseigenschaften dieser »entmischten« und mit erstarrungstypischen Ungänzen behafteten Werkstoffe sind vielfach unzureichend. Häufig besteht Versprödungsgefahr.

Die mechanischen Gütewerte kristallgeseigerter Werkstoffe lassen sich durch ein *Homogenisieren* deutlich verbessern (s. Beispiel 1-6, S. 41). Wenn der Werkstoff trotz der nachteiligen Eigenschaften (Heißrissanfälligkeit, Versprödung, Stängelgefüge, Poren) ein Warmumformen rissfrei zulässt, dann können die Zähigkeitswerte kristallgeseigerter Werkstoffe erheblich verbessert werden. Die Ursachen sind die mit der Warmverformung verbundene Neubildung der Korngrenzen (Rekristallisation), die Neuverteilung und die evtl. Zerkleinerung zusammenhängender Korngrenzenbeläge.

Die legierungsarme Restschmelze erstarrt
im Bereich der Korngrenzen   zwischen den Dendritenstämmen

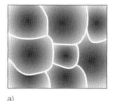
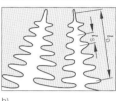

a)   b)

Bild A1-9
Erstarrungsformen in Gussgefügen.
a) Globulitische Erstarrung, z. B. im Randbereich einer Kokille, s. a. Aufgabe 1-7,
b) Dendritische (säulenförmige) Erstarrung.

Es bedeuten: l_D = Dendritenlänge, l_s = Abstand nebeneinander liegender sekundärer Dendritenarme.

Aufgabe 1-12:
Es ist der Einfluss der Reaktionstemperatur ($T_1 = 20\,°C$, $T_2 = 120\,°C$) auf die Korrosionsgeschwindigkeit abzuschätzen, wenn der Korrosionsprozess nur durch chemische Reaktionen hervorgerufen wird (s. hierzu auch Abschn. 1.7.3.3, S. 75).

Die Aktivierungsenergie Q_A für diesen Vorgang liegt etwa zwischen $40 \cdot 10^3$ J/mol und $80 \cdot 10^3$ J/mol. Mit einem mittleren Wert von $Q_A = 50 \cdot 10^3$ J/mol ergibt sich aus Gl. [1-35], S. 76:

$$\ln\left(\frac{v_{Korr.2}}{v_{Korr.1}}\right) = \frac{50 \cdot 10^3}{8,314} \cdot \left(\frac{1}{293} - \frac{1}{393}\right) = 5,22$$

$$\frac{v_{Korr.2}}{v_{Korr.1}} = \exp 5,22 \approx 185.$$

Die Korrosionsgeschwindigkeit bei einer um hundert Grad höheren Reaktionstemperatur $v_{Korr.2}$ ist demnach etwa um den Faktor 150 bis 200 größer.

Aufgabe 1-13:
Mit Hilfe der Pourbaix-Schaubilder, Bild A1-10 und Bild A1-11, ist das Korrosionsverhalten von (reinem) Kupfer und (reinem) Aluminium in (entlüftetem) Wasser in Abhängigkeit vom pH-Wert zu beschreiben. Der Gehalt löslicher Ionen im Wasser (z. B. Al^{3+}, Cu^{2+}) beträgt jeweils 10^{-6} mol/l. S. a. Beispiel 1-8, S. 73.

Einleitende Hinweise
Pourbaix-Schaubilder sind *Gleichgewichts-Schaubilder*, die alle möglichen chemischen Reaktionen und stabilen Reaktionsprodukte i. Allg. reiner Metalle bei unterschiedlichen Potenzialen in Abhängigkeit vom pH-Wert eines wässrigen (reines Wasser) elektrochemischen Systems grafisch darstellen. Die Reaktionsgeschwindigkeiten lassen sich aber weder berechnen noch zuverlässig abschätzen. Es kann lediglich bestimmt werden, welche Reaktionen (thermodynamisch) *nicht* möglich sind.

Danach *kann* Korrosion eines Metalls in den Bereichen (E-pH) des *Pourbaix*-Schaubildes entstehen, in denen lösliche Ionen existieren. Der Werkstoff wird aber unter technischen Gesichtspunkten als »beständig« bezeichnet, wenn die Reaktionsgeschwindigkeit aus verschiedenen Gründen gering ist. In Bereichen, in denen sich dichte, nicht lösliche Oxide bilden, ist der Werkstoff sehr wahrscheinlich beständig. In Bereichen, in denen nur die reduzierte Form des Werkstoffs stabil ist, ist das Metall unter den für die Aufstellung des Schaubildes verwendeten Bedingungen absolut korrosionsbeständig. »Passivierungsbereiche« zeigen lediglich an, dass ein Oxid bzw. Hydroxid bei den vorliegenden Bedingungen thermodynamisch stabil ist. Das Passivierungsvermögen hängt aber sehr stark von der Art des Oxids und den Eigenschaften des realen Korrosionssystems ab.

Ein Metall Me kann in wässrigen Lösungen durch eine oder mehrere der folgenden Reaktionen anodisch »zerstört« werden:

☐ **Oxidation zu wässrigen Kationen:**
$Me \to Me^{n+} + n \cdot e^{-}$,
☐ **Metallhydroxide oder Metalloxide:**
$Me + n \cdot H_2O \to Me(OH)_n + n \cdot H^+ + n \cdot e^{-}$,
☐ **Oxidation zu wässrigen Anionen:**
$Me + n \cdot H_2O \to MeO_n^{n-} + 2 \cdot n \cdot H^+ + n \cdot e^{-}$.

Gemäß Bild A1-10 ist die Korrosion von Kupfer in entlüftetem Wasser sehr unwahrscheinlich, weil das Cu/Cu^{2+}-Gleichgewichtspotenzial immer positiver ist als das H^+/H_2-Gleichgewichtspotenzial, Bild A1-10, Linie a.

Im Wasser gelöster Sauerstoff ist die Ursache der O_2/H_2O-Reduktion, deren Gleichgewichtspotenzial edler ist als das der Cu/Cu^{2+}-Reaktion, Bild A1-10, Linie b. Die ablaufenden elektrochemischen Reaktionen

$O_2 + 4 \cdot H^+ + 4 \cdot e^- \to 2 \cdot H_2O$,
$Cu \to Cu^{2+} + 2 \cdot e^-$

finden an der Phasengrenze Metall/Elektrolyt bei einem (Misch-)Potenzial E_R statt.

Korrosionsverhalten von Aluminium
Wie Bild A1-11 zeigt, ist Aluminium sowohl in Säuren (Al^{3+}) als auch in Basen (AlO_2^-) löslich. Dieses Verhalten ist für amphotere Metalle typisch. Zwischen pH = 4 und 8,6 verhält sich Aluminium – ähnlich wie Titan, Tantal und Niob – auf Grund der spontan gebildeten, sehr dichten, nichtleitenden Oxidhaut Al_2O_3 in sehr vielen Medien passiv.

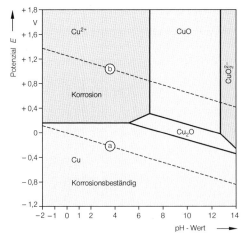

Bild A1-10
Vereinfachtes Pourbaix-Schaubild für das System Cu/wässrige Lösung mit einer Ionenkonzentration von 10^{-6} mol lösliche Ionenart/l bei 25 °C.

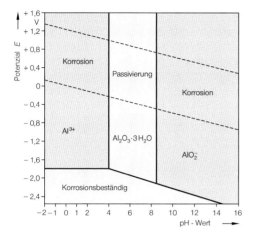

Bild A1-11
Vereinfachtes Pourbaix-Schaubild für das System Al/wässrige Lösung, mit einer Ionenkonzentration von $c = 10^{-6}$ mol lösliche Ionenart/l bei 25 °C.

Aufgabe 1-14:
Das Korrosionsverhalten von Eisen ist mit Hilfe des vereinfachten Pourbaix-Schaubildes gemäß Bild A1-12 zu beschreiben. Siehe hierzu auch S. 73.

Das Pourbaix-Schaubild des Eisens ist für das Verständnis der Korrosionsvorgänge aller technischen Eisenlegierungen (unlegierter, aber auch hochlegierter korrosionsbeständiger Stähle) von großer Bedeutung.

In sauren Lösungen können sich gemäß den folgenden Gleichgewichtsbeziehungen zwei Eisenionenarten (Fe^{3+}, Fe^{2+}) bilden:

$Fe^{3+} + e^- \rightleftharpoons Fe^{2+}$, [A1-11a]

$Fe^{2+} + 2 \cdot e^- \rightleftharpoons Fe$. [A1-11b]

Die zugehörigen Potenziale, gemessen gegen die Standardwasserstoffelektrode bei 25 °C und einer Ionenkonzentration von $c_{Fe^{n+}} = 10^6$ mol Fe^{n+}/l, betragen:

$E_{Fe^{2+}/Fe} = -0{,}62$ V, gemäß Gl. [1-31b], S. 73.
$E_{Fe^{3+}/Fe^{2+}}$ wird mit der *Nernst*schen Gleichung

aus der angegebenen Beziehung [A1-11a] mit $E^0_{Fe^{3+}/Fe^{2+}} = 0{,}77$ V (Tabelle 1-6, S. 67), $n=1$ und $c_{Fe^{3+}} = c_{Fe^{2+}} = 10^{-6}$ mol/l berechnet:

$$E_{Fe^{3+}/Fe^{2+}} = E^0_{Fe^{3+}/Fe^{2+}} + 0{,}06 \cdot \log \frac{c_{Fe^{3+}}}{c_{Fe^{2+}}} = 0{,}77 \text{ V}.$$

Bei großen pH-Werten (> 12,5) existieren im Gleichgewicht Eisen mit zwei- und dreiwertigen Hydroxiden, Gl. [A1-12a, b, c]:

$Fe(OH)_2 + H_2O \rightleftharpoons HFeO_2^- + H_3O^+$,

$HFeO_2^- + 3 \cdot H^+ + 2 \cdot e^- \rightleftharpoons Fe + 2 \cdot H_2O$,

$Fe(OH)_3 + e^- \rightleftharpoons HFeO_2^- + H_2O$.

Korrosion ist in Bereichen zu erwarten, in denen sich lösliche Ionen bilden; Korrosionsbeständigkeit in Bereichen, in denen feste Substanzen (metallische Phasen oder deckschichtbildende Oxide bzw. Hydroxide) entstehen.

Danach korrodiert Eisen in sauren Medien mit pH-Werten kleiner 9 und größer 12,5. In Medien 9 < pH < 12,5 bilden sich stabile Deckschichten, die das Eisen »korrosionsbeständig« machen. Ebenfalls erkennbar ist die Möglichkeit, Eisen in sauren Lösungen mit pH > 4 chemisch bzw. elektrochemisch passivieren zu können.

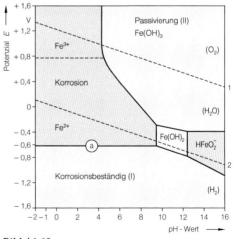

Bild A1-12
Vereinfachtes Potenzial-pH-Schaubild für das System Eisen/wässrige Lösung bei 25 °C bei einer Ionenkonzentration von $c_{Fe^{n+}} = 10^{-6}$ mol Fe^{n+}/l, nach Pourbaix. Zur Bedeutung der Linien 1 und 2 siehe Bild 1-81, S. 72.

Aufgabe 1-15:
In 1 l Wasser liegen $m_{Sn^{2+}} = 12\,g$ Zinnionen gelöst vor. Die Molmasse von Zinn beträgt $M_{Sn} = 118{,}69\,g/mol$. Es ist das Elektrodenpotenzial der Zinn-Halbzelle zu berechnen.

Die Konzentration des Elektrolyten beträgt:

$$c_{Sn^{2+}} = \frac{m_{Sn^{2+}}}{M_{Sn}} \cdot \frac{g}{l} \cdot \frac{mol}{g} = \frac{12}{118{,}69} = 0{,}10\,\frac{mol}{l}.$$

Aus der Gl. [1-29], S. 72, ergibt sich mit $E^0_{Ni^{2+}/Ni} = -0{,}14\,V$ (Tabelle 1-6, S. 67) $E_{Ni^{2+}/Ni}$:

$$E_{Ni^{2+}/Ni} = -0{,}14 + \frac{0{,}059}{2} \cdot \log(0{,}10) = -0{,}18\,V.$$

Aufgabe 1-16:
Das Potenzial einer Zn^{2+}/H_2O-Halbzelle beträgt $E_{Zn^{2+}/Zn} = -0{,}80\,V$. Es ist die Zinkmenge zu berechnen, die einem Liter Wasser zugegeben werden muss, um dieses Potenzial zu erzeugen.

Gemäß Tabelle 1-6, S. 67, beträgt das Standardpotenzial $E^0_{Zn^{2+}/Zn} = -0{,}76\,V$ und die Molmasse $M_{Zn} = 65{,}38\,g/mol$. Aus Gl. [1-29] erhält man mit $n = 2$ die Menge Zink x_{Zn}, die einem Liter Wasser zuzugeben ist:

$$E_{Zn^{2+}/Zn} = -0{,}80 = -0{,}76 + \frac{0{,}059}{2} \cdot \log\frac{x_{Zn}}{65{,}38}$$

$$\log\frac{x_{Zn}}{65{,}38} = -\frac{0{,}04 \cdot 2}{0{,}059} = -1{,}356$$

$$\frac{x_{Zn}}{65{,}38} = 0{,}044$$

$x_{Zn} = 2{,}88\,g$ Zink/l Wasser.

Hinweis:
Die *Nernst*sche Gleichung für komplexere elektrochemische Reaktionen als die gemäß Gl. [1-21], S. 67, von der Art:

$a \cdot A + h \cdot H^+ + n \cdot e^- \rightarrow b \cdot B + c \cdot H_2O$ [A1-13]

lautet (s. a. Gl. [1-28] bzw. Gl. [1-29], S. 71):

$$E = E^0 + \frac{0{,}059}{n} \cdot \log\frac{c_A^a \cdot c_{H^+}^h}{c_B^b \cdot c_{H_2O}^c}.$$ [A1-14]

Hierin bedeuten c_x die Konzentrationen der beteiligten Stoffe (A, H$^+$, B und H$_2$O) im Elektrolyten. Setzt man die Konzentration des Wassers in wässrigen Lösungen gleich 1, dann wird mit $c_{H^+} = \log(H^+) = -pH$:

$$E = E^0 + \frac{0{,}059}{n} \cdot \log\left(\frac{c_A^a}{c_B^b}\right) - \frac{h}{n} \cdot 0{,}059 \cdot pH.$$

Aufgabe 1-17:
Als Folge einer fehlerhaften Montage eines 200 cm langen Verbindungsrohrs aus Kupfer ($D_a \approx 5{,}6\,cm$, $D_i \approx 5{,}0\,cm$, Wanddicke $t = 3\,mm$) mit der elektrischen Anlage des Betriebes fließt in dem Rohr ein Strom von $I = 0{,}08\,A$. Es ist die Zeit t bis zum Eintreten einer Leckage unter der Annahme einer gleichmäßigen Korrosion abzuschätzen.

Eine Leckage tritt auf, wenn die gesamte Rohrmasse m_v durch Korrosion in Ionenform vorliegt. Die hierfür erforderliche Zeit t kann mit Hilfe des *Faraday*schen Gesetzes berechnet werden. Die Masse des Rohres beträgt mit $\rho_{Cu} = 8{,}95\,g/cm^3$:

$$m_v = V_R \cdot \rho_{Cu} = \frac{\pi}{4} \cdot (5{,}6^2 - 5{,}0^2) \cdot 200 \cdot 8{,}95;$$

$m_v = 8937\,g$.

Nach *Faraday* – s. a. Beispiel 1-10, S. 82 – ergibt sich die erforderliche Zeit t mit $M_{Cu} = 63{,}5\,g/mol$, $F = 96500\,A \cdot s/mol$, $I = 0{,}08\,A$ und $n = 2$ zu:

$$t = \frac{m_v \cdot n \cdot F}{I \cdot M_{Cu}} = \frac{8937 \cdot 2 \cdot 96500}{0{,}08 \cdot 63{,}5} = 3{,}40 \cdot 10^8\,s,$$

$t = 10{,}97\,a$.

Der Korrosionsschaden wird wohl sehr viel früher eintreten, weil sich im Laufe dieser langen Zeit sicherlich bevorzugte Orte für lokale Korrosionsformen bilden werden. Die berechnete Zeit kann damit als die maximal zu erwartende Lebensdauer des Rohres angesehen werden, bei einem durch Fremdstrom ausgelösten Bauteilversagen (Korrosionsschaden).

1.9 Schrifttum

Anderson, J. C., Leaver, K. D., Rawlings, R. D., u. J. M. Alexander: Materials Science. 4. Aufl. Chapman & Hall, London, 1995.

Arbeitsgemeinschaft Korrosion (AGK): Korrosionsschutzgerechte Konstruktion. DECHEMA, Frankfurt, 1981.

Ashby, M. F., u. D. R. H. Jones: Ingenieur-Werkstoffe. Springer-Verlag, Berlin, Heidelberg, New York, London, Paris, 1999.

Askeland, D. R.: The Science and Engineering of Materials. 4. Aufl., Brooks/Cole Publishing Co, 2003.

Aurich, D.: Bruchvorgänge in metallischen Werkstoffen. Werkstofftechnische Verlagsgesellschaft, Karlsruhe, 1978.

Bard, A. J. (Hrsg.): Encyclopedia of Electrochemistry. Volume 4: Corrosion and Oxide Films, 1992.

Bargel, H.-J., u. G. Schulze, (Hrsg.): Werkstoffkunde. 10. Aufl., Springer-Verlag, Berlin, 2008.

Boese, U., Werner, D., u. H. Wirtz: Das Verhalten der Stähle beim Schweißen, Teil 1: Grundlagen. Deutscher Verlag für Schweißtechnik, Düsseldorf, 1995.

Borland, J. C.: Generalized Theory of Super-Solidus Cracking in Welds (and Castings). Brit. Weld. J. 7 (1960), H. 8, S. 508/512.

Borland, J. C.: Hot Cracking in Welds. Brit. Weld. J. 7 (1960), H. 9, S. 558/559.

Brick, R. M., Pense, A. W., u. R. B. Gordon: Structure and Properties of Engineering Materials. 4. Aufl. McGraw-Hill, Kogakusha, 1977.

Callister, W. D.: Materials Science and Engineering, John Wiley & Sons, 2002.

Cary, H. B.: Modern Welding Technology. 5. Aufl., Prentice-Hall, 2002.

Dahl, W. (Hrsg.): Eigenschaften und Anwendungen von Stählen, Bd. 1. Verlag der Augustinus Buchhandlung, Aachen, 1998.

Dieter, G. E., u. D. Bacon: Mechanical Metallurgy. McGraw-Hill, New York, Toronto, London, 1989.

DIN 30676: Ersatzlos zurückgezogen, siehe aber DIN EN 12954.

DIN 50927: Planung und Anwendung des elektrochemischen Korrosionsschutzes für die Innenflächen von Apparaten, 8/1985.

DIN EN 12954: Kathodischer Korrosionsschutz von metallischen Anlagen in Böden und Wässern – Grundlagen und Anwendung für Rohrleitungen, 4/2001.

DIN EN 14879: Beschichtungen und Auskleidungen aus organischen Werkstoffen zum Schutz von industriellen Anlagen gegen Korrosion durch aggressive Medien.
Teil 2: Beschichtungen für Bauteile aus metallischen Werkstoffen, 12/2004.

DIN EN ISO 643: Stahl – Mikrophotographische Bestimmung der scheinbaren Korngröße, 9/2003.

DIN EN ISO 8044: Korrosion von Metallen und Legierungen – Grundbegriffe und Definitionen, 11/1999.

DIN EN ISO 12944: Beschichtungsstoffe – Korrosionsschutz von Stahlbauten durch Beschichtungssysteme.
Teil 1: Allgemeine Einleitung, 7/1998.
Teil 2: Einteilung der Umgebungsbedingungen, 2/2006.
Teil 3: Grundlagen zur Gestaltung, 12/2004.
Teil 4: Arten von Oberflächen und Oberflächenvorbereitung, 7/1998.
Teil 5: Beschichtungssysteme, 11/2005.
Teil 6: Laborprüfungen zur Bewertung von Beschichtungssystemen, 7/1998.
Teil 7: Ausführung und Überwachung der Beschichtungsarbeiten, 7/1998.
Teil 8: Erarbeiten von Spezifikationen für Erstschutz und Instandsetzung, 7/1998.

Fasching, G.: Werkstoffe für die Elektrotechnik. Mikrophysik, Struktur, Eigenschaften, Springer-Verlag Vienna, 1994.

Fontana, M. G.: Corrosion Engineering. 3. Aufl. McGraw-Hill, New York, 1986.

Gileadi, E.: Electrode Kinetics. VCH Publishers, Inc. New York, 1993.

Graedel, Th., u. E. Ch. Leygraf: Atmospheric Corrosion. John Wiley & Sons, 2000.

Guy, A. G.: Metallkunde für Ingenieure. 4. Aufl. Aula Verlagsgesellschaft, Wiesbaden, 1983.

Hornbogen, E., u. H. Warlimont: Metallkunde. 5. Aufl. Springer-Verlag, Berlin, Heidelberg, New York, London, Paris, 2006.

Hornbogen, E.: Werkstoffe. Aufbau und Eigenschaften von Keramik, Metallen, Kunststoffen und Verbundwerkstoffen. 7. Aufl. Springer-Verlag, Berlin, Heidelberg, New York, London, Paris, 2008.

Jones, D. A.: Principles and Prevention of Corrosion. 2. Aufl. Macmillan Publishing Company, New York, 1996.

Kaesche, H.: Die Korrosion der Metalle. 3. Aufl. Springer-Verlag, Berlin, Heidelberg, New York, London, Paris, 1990.

Kittel, C.: Einführung in die Festkörperphysik. Oldenburg-Verlag, München, 1991.

Lexikon der Korrosion: Grundlagen der Korrosion unter besonderer Berücksichtigung der nichtrostenden Stähle, Band 1. Mannesmann AG, Düsseldorf, 1970.

Liedtke, D. u. R. Jönsson: Wärmebehandlung. Grundlagen und Anwendungen für Eisenwerkstoffe. Expert-Verlag, 2004.

Livschitz, B. G.: Physikalische Eigenschaften der Metalle und Legierungen. Deutscher Verlag für Grundstoffindustrie, Leipzig, 1989.

Metals Handbook, Vol. 13: Corrosion. ASM International. Metals Park, Ohio, 1988.

Moore, J. J.: Chemical Metallurgy. 4. Aufl. Butterworth & Heinemann, 1994.

Oeteren, K.-A. van: Korrosionsschutz durch Beschichtungsstoffe, Grundlagen Verfahren – Anwendungen. Hanser, Wien, 1980.

Parkins, R. N., u. K. A. Chandler: Corrosion Control in Engineering Design. Department of Industry. Her Majesty's Stationery Office, 1978.

Porter, D. A., u. K. E. Easterling: Phase Transformations in Metals and Alloys. 2. Aufl. Chapman & Hall, London, 1996.

Pourbaix, M.: Atlas of Electrochemical Equilibria in Aqueous Solutions. Pergamon Press, 1966.

Rahmel, A., u. W. Schwenk: Korrosion und Korrosionsschutz von Stählen. Verlag Chemie, Weinheim, New York, 1984.

Revie, R. W: Uhlig's Corrosion Handbook. John Wiley & Sons, 2000.

Ruge, J.: Handbuch der Schweißtechnik. Band 1, 3. Aufl. Werkstoffe. Springer-Verlag, Berlin, Heidelberg, New York, London, Paris, 1991.

Schatt, W. u. H. Worch (Hrsg.): Werkstoffwissenschaft. 9. Aufl. Wiley-VCH, 2003.

Schumann, H., u. H. Oettel: Metallographie. 14. Aufl. Wiley-VCH. 2004.

Sedriks, A. J.: Corrosion of stainless steels. John Wiley & Sons, 1996.

Smallman, R. E.: Modern Physical Metallurgy. 4. Aufl. Butterworth & Heinemann, 1992.

Uhlig, H. H., u. R. W. Revie: Corrosion and Corrosion Control. 3. Aufl. John Wiley & Sons, New York, 1985.

Van Delinder, L. S. (Hrsg.): Corrosion Basics – An Introduction, National Association of Corrosion Engineers, 1984.

Verein Deutscher Eisenhüttenleute (Hrsg.): Werkstoffkunde Stahl, Band 1. Springer-Verlag, Berlin, Heidelberg, New York, Tokyo, Verlag Stahleisen m.b.H., Düsseldorf, 1984.

Weißbach, W. u. M. Dahms: Aufgabensammlung Werkstoffkunde: Fragen – Antworten. Vieweg + Teubner, 2008.

Wert, C. A., u. R. M. Thomson: Physics of Solids. 2. Aufl. McGraw-Hill, Kogakusha, 1970.

West, J. M.: Basic Corrosion and Oxidation. Ellis Horwood, 1980.

2 Stähle – Werkstoffgrundlagen

2.1 Allgemeines

Das erfolgreiche Schweißen metallischer Werkstoffe erfordert u. a. eingehende Kenntnisse über deren Verhalten unter der Einwirkung der für Schweißverfahren typischen extremen Temperatur-Zeit-Zyklen. Sie führen häufig im Schweißgut, vor allem aber in der Wärmeeinflusszone zu Gefügen, die in dieser Form nicht, bzw. nicht in diesem Umfang Ergebnis üblicher technischer Wärmebehandlungen sind. Die Gefüge sind in den meisten Fällen wesentlich härter d. h. weniger verformbar (zäher) als der Grundwerkstoff. Ihre potenzielle Rissneigung bei Belastung muss daher während der (schweißtechnischen) Fertigung minimiert und prüftechnisch sorgfältig überwacht werden.

Die für die notwendigen metallurgischen Reaktionen (Desoxidieren, Denitrieren, Auflegieren) im Schweißbad zur Verfügung stehende Zeit ist um Größenordnungen geringer als bei der Stahlherstellung. Die fehlende Reaktionszeit wird daher in den meisten Fällen gemäß dem Massenwirkungsgesetz durch eine erhöhte Konzentration der erforderlichen Legierungselemente kompensiert. Die chemische Zusammensetzung der Zusatzwerkstoffe muss aus diesem Grunde selbst bei einem artgleichen Schweißgut von der des Grundwerkstoffes abweichen. Bei der Herstellung der Zusatzwerkstoffe sind diese Besonderheiten durch metallurgische Maßnahmen zu berücksichtigen.

Die wichtigste Forderung zum Herstellen betriebssicherer Schweißverbindungen ist eine ausreichende Schweißeignung des Grundwerkstoffes (Abschn. 3.1.1, S. 238). Diese im Wesentlichen werkstoffabhängige Eigenschaft besitzt ein Stahl nur dann, wenn die Bruchzähigkeit in der Wärmeeinflusszone so groß ist, dass die Schweißverbindung die Last- und Eigenspannungen über die vorgesehene Beanspruchungszeit rissfrei erträgt. Abweichend von allen anderen Fügeverfahren spielen also die durch den Schweißprozess hervorgerufenen Eigenschaftsänderungen des Werkstoffes eine entscheidende Rolle. Selbst bei annähernd gleichen Festigkeitseigenschaften und gleicher chemischer Zusammensetzung kann sich die Zähigkeit und damit die Schweißeignung der Stähle erheblich voneinander unterscheiden.

Bild 2-1 zeigt beispielhaft den großen Einfluss des Gefüges, der Wärmebehandlung und der Menge der Verunreinigungen auf die Kerbschlagarbeit eines Stahles S235 (St 37) bei verschiedenen Temperaturen. Die Über-

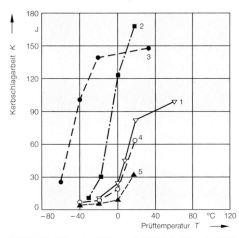

1: **RSt 37-2,** Walzzustand (GB)
2: **RSt 37-2,** normalgeglüht (GB)
3: **St 37-3,** normalgeglüht (GB)
4: **USt 37-2,** Walzzustand (FS)
5: **USt 37-1,** Walzzustand (FS)

Bild 2-1
Kerbschlagarbeit-Temperatur-Kurven (DVM-Längsproben) von Proben aus Baustählen S235 (St 37) verschiedener Gütegruppen (also unterschiedlichem Gehalt an Verunreinigungen!) und Wärmebehandlungszuständen. GB = Grobblech, FS = Formstahl.

gangstemperatur $T_ü$ ist ein sehr aussagefähiger Gütewert des Werkstoffs und eine praxisnahe Kenngröße für die Charakterisierung der Sprödbruchempfindlichkeit und der Schweißeignung. Die $T_{ü,27}$-Werte (Übergangstemperatur bei einer Kerbschlagarbeit von 27 J) liegen zwischen $-60\,°C$ [S235J2+N (normalgeglühter St 37-3)] und $-20\,°C$ (USt 37-1, Walzzustand).

Die Bewertung und Beurteilung der durch Schweißen entstandenen Gefüge und der sich daraus ergebenden mechanischen Gütewerte ist eine wichtige Aufgabe des Bauteil-Herstellers, der Qualitätssicherung und nicht zuletzt des Schweißingenieurs. Dafür sind eingehende Kenntnisse über
- das Werkstoffverhalten beim Schweißen (Aufhärtungsverhalten, Gaslöslichkeit, Zähigkeitsabfall),
- die Möglichkeiten und Grenzen einer gezielten Gefügeänderung der Schweißverbindung durch Wärmebehandlungen,
- und die Wirkung der Legierungselemente und Verunreinigungen auf die mechanischen Gütewerte

erforderlich. Also:

Schweißen ist angewandte Werkstoffwissenschaft

2.2 Einteilung der Stähle

Als Stahl werden Eisenwerkstoffe bezeichnet, die i. Allg. für eine Warmformgebung geeignet sind. Mit Ausnahme einiger weniger chromreicher Sorten enthält er höchstens 2 % Kohlenstoff (DIN EN 10020). Durch die Wärmebehandlung *Härten* und *Anlassen* (= Vergüten) lässt sich seine Festigkeit erheblich erhöhen, bei hoher Anlasstemperatur sogar entscheidend die Zähigkeit. Wegen der großen Vielfalt technischer Stähle ist eine sinnvolle und widerspruchsfreie Einteilung, die wesentliche technische und wirtschaftliche Gesichtspunkte berücksichtigt, nur schwer möglich. In der Praxis werden viele Prinzipien der Einteilung nebeneinander verwendet. Die wichtigsten sind:

- Unterscheidung nach den *Herstellverfahren*, d. h. nach den Erschmelzungs- und Vergießungsverfahren. Diese Methode der Klassifizierung ist weitgehend unzureichend. Die geforderten mechanischen Gütewerte des Stahles können durch geeignete Prüfverfahren nachgewiesen werden, die bei der Bestellung vereinbart werden (können). Der Stahlhersteller ist also für die Qualität seiner Produkte verantwortlich, die Wahl der Herstellverfahren muss daher in seiner Verantwortlichkeit bleiben.
- Unterscheidung nach den geforderten *Gebrauchseigenschaften*. In der neueren DIN EN 10020 (7/2000) werden nur noch die Hauptgüteklassen *Qualitätsstähle* und *Edelstähle* unterschieden. Die frühere Hauptgüteklasse *Grundstähle* wurde wegen ihrer geringen technischen Bedeutung (ihre nur mäßigen mechanischen Gütewerte sind für die Anforderungen an neuzeitliche Konstruktionen völlig unzureichend!) mit den unlegierten Qualitätsstählen zusammengelegt.

Qualitätsstähle sind Stähle, für die i. Allg. kein gleichmäßiges Ansprechen auf eine Wärmebehandlung[15] gefordert wird. Die höheren Anforderungen an ihre Gebrauchseigenschaften (z. B. Zähigkeit, Korngröße und/oder Umformbarkeit) erfordern aber eine besondere Sorgfalt bei ihrer Herstellung, vor allem hinsichtlich der Oberflächenbeschaffenheit, des Gefüges und der Sprödbruchunempfindlichkeit.

Für die Schweißpraxis wichtige legierte Qualitätsstähle sind z. B. verschiedene Kernreaktorstähle und Stähle zum Herstellen von Drähten für Schweißzusatzwerkstoffe. Feinkornbaustähle mit $R_{p0.2,min} < 380\,N/mm^2$, einschließlich Stähle für Druckbehälter und Rohre sind legierte Qualitätsstähle, Feinkornbaustähle mit $R_{p0.2,min} > 380\,N/mm^2$ sind wegen ihres höheren Legierungsgehalts gewöhnlich legierte Edelstähle. Siehe hierzu genauer die Festlegungen zur chemischen Zusammensetzung in DIN EN 10020.

---

[15] Glühbehandlungen werden im Sinne dieser Einteilung nicht als Wärmebehandlung bezeichnet.

Edelstähle sprechen auf Wärmebehandlungen [15] sehr gleichmäßig an. Sie sind daher meist für eine Vergütung oder Oberflächenhärtung bestimmt. Wegen ihrer besonders sorgfältigen Herstellbedingungen (z. B. genaue Einstellung der chemischen Zusammensetzung) weisen sie einen größeren Reinheitsgrad auf als die Qualitätsstähle. Vor allem ihr Gehalt an nichtmetallischen Einschlüssen ist deutlich geringer. Diese Eigenschaften, die i. Allg. in Kombination und in eng eingeschränkten Grenzen (z. B. Streckgrenzenwerte) auftreten, schließen manchmal die Eignung zum Kaltumformen oder Schweißen ein.

Nach der chemischen Zusammensetzung unterscheidet man weiter *unlegierte* und *legierte Stähle* (weiteres siehe Abschn. 2.7). Nach DIN EN 10020 gelten Stähle als legiert, wenn *ein* Legierungselement die in Tabelle 2-1 angegebenen Werte überschreitet.

2.3 Stahlherstellung

2.3.1 Erschmelzungsverfahren

Die Herstellbedingungen beeinflussen die Stahleigenschaften in hohem Maße. Die Kenntnisse über die metallurgischen und technologischen Einflüsse vor allem auf die Schweißeigenschaften des Stahles ist für den in der Schweißtechnik tätigen Ingenieur von großer Bedeutung. Dieses Wissen befähigt ihn
– die großen Unterschiede in der *Schweißeignung* der Stähle, abhängig von der Erschmelzungs- und Vergießungsart und weiteren (Sonder-)Behandlungen, zu erkennen und zu nutzen und
– den »richtigen«, d. h. den *technisch* und *wirtschaftlich* geeigneten Stahl für den Verwendungszweck auszuwählen.

Das im Hochofen gewonnene Roheisen ist als Konstruktionswerkstoff unbrauchbar, da es insbesondere durch die hohen Kohlenstoff-, Phosphor- und Schwefelgehalte hart und spröde ist [16]. Hohe Zähigkeit bzw. ein hohes Verformungsvermögen ist aber für die Bauteilsicherheit von ausschlaggebender Bedeutung. Daher müssen die versprödend wirkenden Eisenbegleiter Kohlenstoff, Phosphor, Schwefel, z. T. auch Mangan und Silicium schon im Roheisen auf sehr geringe Werte gesenkt werden. Ihre (Sauerstoff-)Affinität und ihre von der Temperatur und dem Druck abhängige Löslichkeit in der Stahlschmelze bestimmen den erreichbaren Mindestgehalt im Stahl.

Tabelle 2-1
Für die Abgrenzung der unlegierten von den legierten Stählen maßgebenden Gehalte der Legierungselemente (Schmelzenanalyse), nach DIN EN 10020.

Legierungselement	Grenzgehalt in Massen-%
Aluminium	0,10
Bismut	0,10
Blei	0,40
Bor	0,0008
Chrom	0,30
Kobalt	0,30
Kupfer	0,40
Lanthanoide (einzeln gewertet)	0,10
Mangan	1,65 [1]
Molybdän	0,08
Nickel	0,30
Niob	0,06
Selen	0,10
Silicium	0,60
Tellur	0,10
Titan	0,05
Vanadium	0,10
Wolfram	0,30
Zirkonium	0,05
Sonstige (mit Ausnahme von Kohlenstoff, Phosphor, Schwefel und Stickstoff) jeweils	0,1

[1] Falls für Mangan nur ein Höchstwert festgelegt ist, ist der Grenzwert 1,80 % und die sog. 70 %-Regel gilt nicht. Diese besagt, falls für die Elemente, außer Mangan, in der Erzeugnisnorm oder Spezifikation nur ein Höchstwert für die Schmelzenanalyse festgelegt ist, ist ein Wert von 70 % dieses Höchstwertes für die Einteilung zu verwenden.

Aber auch durch den Stahlherstellungsprozess selbst können zusätzlich in unterschiedlicher Menge Verunreinigungen in den Stahl gelangen. In erster Linie geschieht das durch:

[16] Eine typische Zusammensetzung von Roheisen ist z. B.: 3%...4,5% C; 0,2%...1,2% Si; 0,3%...1,5% Mn; 0,02%...0,12% S und (abhängig vom P-Gehalt der Erze) 0,06%...2% P und unterschiedliche Mengen nicht durch Frischen zu beseitigender Elemente, wie z. B. Cu. Die Menge dieser Elemente ist nur sehr begrenzt durch das Verfahren, gut durch die Zusammensetzung der Einsatzstoffe beeinflussbar.

- Reaktionen der Desoxidationsmittel (z. B. Mangan, Silicium, Aluminium, Magnesium, Calcium) mit den Verunreinigungen der Einsatzstoffe, die nichtlösliche exogene Einschlüsse (Schlacken) bilden (z. B. SiO_2, Al_2O_3).
- Lösen der atmosphärischen Gase (Sauerstoff, Stickstoff, Wasserstoff), die während der Stahlherstellung in die Schmelze eindringen können.

Die Roheisenschmelze muss also durch die Verfahren der Stahlherstellung raffiniert (Beseitigen der Verunreinigungen) und auf die gewünschte *chemische Zusammensetzung* (legiert) gebracht werden. Ein großer Teil der sauerstoffaffinen Verunreinigungen wird durch *Frischen*, d. h. Oxidation mit festen (z. B. Erze, Fe_2O_3) oder gasförmigen (überwiegend reiner Sauerstoff) Stoffen beseitigt. Durch das Frischen lassen sich nur Elemente entfernen, deren Sauerstoffaffinität bei der Reaktionstemperatur größer ist als die des Eisens. Danach können Zinn, Molybdän, Kobalt, Nickel, Kupfer grundsätzlich nicht entfernt werden. Hierfür eignen sich die Verfahren der *Sekundärmetallurgie* (z. B. *Vakuummetallurgie*), die in Abschn. 2.3.1.1, S. 128, besprochen werden.

Die unerwünschten Elemente, die bei dem Frischprozess entfernt werden, zeigen ein sehr unterschiedliches Verhalten. Sie können in folgenden Formen vorliegen:
- In *gasförmiger Form* entweichen, z. B. Kohlenstoff, Zink, Wasserstoff, Stickstoff, z. T. Schwefel;
- vollständig in *Form von Oxiden* in die Schlacke übergehen, z. B. Silicium, Aluminium, Niob;
- in der *Schmelze verbleiben*, wie z. B. Kupfer, Nickel, Zinn, Bismut, Antimon, Selen, Molybdän.

Das Frischen erfolgt in birnenförmigen (Konverter) oder in flachen, wannenförmigen (Herd) Behältern. In der Hauptsache wird das Roheisen zu *Sauerstoffblasstahl* und in zunehmender Menge zu *Elektrostahl*, in sehr geringen Mengen auch noch zu *Siemens-Martin-Stahl* verarbeitet. Die im Konverter erzeugten Stähle haben normalerweise noch nicht die geforderten Eigenschaften, insbesondere ihre Reinheit (vorwiegend silicatische und oxidische Einschlüsse) genügt in den meisten Fällen nicht den Anforderungen der Stahlverarbeiter. Sie werden daher mit den zunehmend wichtiger werdenden sekundärmetallurgischen Methoden nachbehandelt.

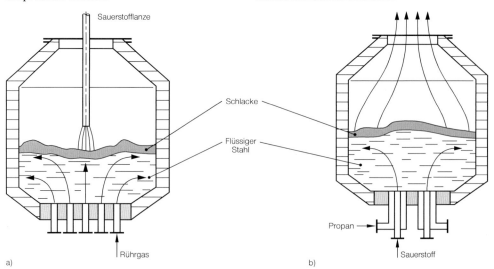

Bild 2-2
Frischen des Roheisens nach dem LD-Verfahren beim
a) Aufblasen des Sauerstoffs,
b) Durchblasen (bodenblasend) des Konverters mit Sauerstoff (z. B. OBM-Verfahren).

Thomasstahl wird in bodenblasenden Konvertern mit Luft als Sauerstoffträger im Blasstahlwerk erschmolzen. Wegen seiner extrem schlechten mechanischen Gütewerte (und der erheblichen Umweltbelastung!) wird er in der Bundesrepublik Deutschland seit Mitte der Sechziger Jahre, weltweit seit etwa 1980 nicht mehr hergestellt. Die typischen extremen Gehalte an Phosphor (bis 0,09%) und Stickstoff (bis 0,025%) können den Stahl bis zur Unbrauchbarkeit verspröden.

Grundsätzlich sollte bei Reparatur- und Umbauarbeiten an Konstruktionen aus T-Stahl (wahrscheinlich, wenn sie vor 1960 in Betrieb genommen wurden!) besonders sorgfältig und umsichtig vorgegangen werden, vor allem, wenn geschweißt werden muss. Die schlechte Schweißeignung dieser Stähle erfordert Zusatzwerkstoffe, die ein ausreichend verformbares Schweißgut ergeben. Als besonders gut geeignet erweisen sich basisch-umhüllte Stabelektroden, s. Abschn. 4.2.3.1.3, S. 341. Die Zähigkeit der (rissanfälligen) WEZ ist allerdings noch geringer als die des Grundwerkstoffs, s. hierzu Aufgabe 4-4, S. 480.

Das **Sauerstoffaufblasverfahren** *(LD-Verfahren)* ist weltweit das weitaus wichtigste Stahlherstellungsverfahren. In der Bundesrepublik Deutschland wird etwa 85% der gesamten Roheisenproduktion nach diesem Verfahren verarbeitet.

Auf das Roheisenbad wird durch eine wassergekühlte Lanze Sauerstoff geblasen, Bild 2-2a. Bei Roheisensorten mit höherem Phosphorgehalt wird zusammen mit dem Sauerstoff Kalkstaub in das Bad geblasen *(LDAC-Verfahren)*. Die Verwendung von reinem Sauerstoff ermöglicht die Herstellung sehr stickstoffarmer und verunreinigungsarmer Stähle ($\leq 0,002\%$ N; 0,0016% P; 0,002% S, in Sonderfällen $\leq 0,001\%$). Der flüssige Stahl kommt im Wesentlichen nur beim Vergießen mit der Luft in Berührung.

Durch intensives Mischen der Stahlschmelze mit der Schlacke werden die Reaktionsabläufe erheblich beschleunigt und dem thermodynamischen Gleichgewichtszustand beliebig genähert. Die mechanischen Gütewerte des Stahles lassen sich außerdem durch gleichzeitiges Homogenisieren des Stahlbades entscheidend verbessern. Diese Überlegungen führten zur Entwicklung der *kombinierten Blasverfahren*, die in vielfältigen Varianten angewendet werden und zu den Verfahren der *Sekundärmetallurgie* (Abschn. 2.3.1.1) gehören. Die Baddurchmischung wird durch Aufblasen von Sauerstoff und gleichzeitiges Bodenblasen mit Frisch- oder Rührgasen [17] verbessert. Es ergeben sich die folgenden Vorteile:

— Die metallurgischen Reaktionen nähern sich weitgehend dem thermodynamischen Gleichgewicht, wodurch eine wirtschaftliche Herstellung und eine weitgehende Entkohlung des Stahles möglich ist.
— Der Gehalt an Verunreinigungen (Phosphor, Schwefel, Sauerstoff) ist deutlich geringer als beim normalen Sauerstoffaufblasverfahren.
— Der Schrott wird schnell aufgelöst und dadurch die Schmelze frühzeitig homogenisiert.

Die Homogenisierung der Schmelze, ihre gleichmäßigere Durchmischung und eine Verringerung der Prozesszeiten lassen sich durch Bodenblasen mit Sauerstoff weiter verbessern. Hierfür sind allerdings Konverter besonderer Bauart erforderlich. Die Gefahr des Aufschmelzens der Konverterbodenauskleidung wird durch Kühlgase (z. B. Propan, Methan) beseitigt, die zusätzlich konzentrisch um den Sauerstoffstrahl angeordnet sind. Das Kühlgas verhindert die direkte Bodenberührung des Sauerstoffs. Diese Ver-

---

[17] Verwendet werden bei den auch als Lanzen-Bodenblasen/-rühren bekannten Verfahren Sauerstoff-Inertgas-, Sauerstoff-CaO-Gemische, Inertgasgemische und eine Vielzahl weiterer Gas-Feststoff-Gemische. Ein bekanntes Konverterverfahren ist: AOD=**A**rgon-**O**xygen-**D**ekarburierung, vorwiegend für die Herstellung hochlegierter korrosionsbeständiger Stähle. Wenn durch die Roheisenvorbehandlung S, P, Si bereits vorher entfernt wurden, kann fast ohne Schlacke nur noch entkohlt werden. Das VOD-Verfahren (**V**akuum-**O**xygen-**D**ekarburierung) entspricht weitgehend dem AOD-Verfahren. Es wird zum Herstellen hochlegierter Stähle mit extrem geringem Kohlenstoff- und Stickstoff-Gehalt verwendet. Siehe auch Abschn. 2.3.1.1.

fahrensvariante ist das OBM-Verfahren [18], das das LD-Verfahren wegen seiner erheblichen technischen und wirtschaftlichen Vorteile weitgehend verdrängt hat, Bild 2-2b.

In zunehmendem Umfang werden in diesen Blasstahlwerken Anlagen der Pfannenmetallurgie und Vakuummetallurgie betrieben. Wie weiter unten beschrieben, lassen sich die Stahleigenschaften mit Hilfe dieser Maßnahmen deutlich verbessern.

Bei den **Elektrostahl-Verfahren** wird die zum Schmelzen erforderliche Wärme mit Hilfe elektrischer Energie (überwiegend Lichtbogen, Induktionswirkung) erzeugt. Gefrischt wird mit eingeblasenem Sauerstoff oder Erz. Verunreinigungen durch Flammgase (Schwefel) entstehen nicht. Der Kohlelichtbogen erzeugt eine leicht reduzierende Atmosphäre, d. h., der Sauerstoffgehalt des Stahles ist gering. Die metallurgische Qualität ist hervorragend (aber abhängig von der der Einsatzstoffe) und der Abbrand gering. Mit basisch zugestellten Öfen lassen sich sehr geringe Phosphor- und Schwefelgehalte (je ≤ 0,005 %) erreichen. Der Stickstoffgehalt der nach dem Lichtbogenverfahren erschmolzenen Stähle wird durch die erleichterte Dissoziation der Luft geringfügig erhöht.

Wegen der umfangreichen gütesteigernden Möglichkeiten der Pfannenmetallurgie wird der Elektrolichtbogenofen heute meist nur als reine Einschmelzeinheit betrieben. Seine Aufgabe besteht darin, den festen Einsatz einzuschmelzen und das Bad auf die erforderliche Abstichtemperatur zu erhitzen. Danach werden die gewünschten pfannenmetallurgischen Maßnahmen durchgeführt.

2.3.1.1 Sekundärmetallurgie

Seit einigen Jahren wird zunehmend von der früher ausschließlich praktizierten Methode abgegangen, den gesamten Stahlherstellungsprozess in *einem* Gefäß (Pfanne) ablaufen zu lassen. Danach werden alle »primären« metallurgischen Prozesse, außer Schmelzen, Entkohlen und Entphosphorn in nachgeschaltete

[18] OBM = **O**xygen **B**ottom **B**lown **M**axhütte

»sekundäre« Einheiten verlegt. Mit diesen Verfahren werden die Schmelzen nach dem Abstich in der Pfanne weiter behandelt, um die Stahlqualität den unterschiedlichsten Anforderungen anzupassen. Die Stahlschmelze wird in der Regel beim Abstich desoxidiert (Abschn. 2.3.2).

Durch die Trennung der ofengebundenen primärmetallurgischen von den unter günstigeren Bedingungen ablaufenden *sekundärmetallurgischen* Maßnahmen kann die Qualität der Erzeugnisse in jeder gewünschten bzw. erforderlichen Weise verbessert und die Wirtschaftlichkeit der Stahlherstellung erhöht werden. Diese Verfahren dienen zum Herstellen von Stählen mit höchsten Qualitätsanforderungen.

Zu den Verfahren der Sekundärmetallurgie gehören die
- *Pfannenverfahren* ohne Vakuum, die
- *Vakuumverfahren* und die
- *Umschmelzverfahren*.

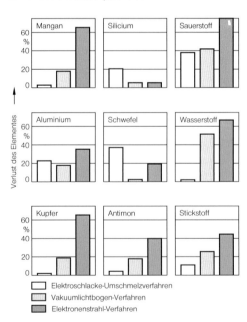

Bild 2-3
Gegenüberstellung der zu erwartenden Änderungen der chemischen Zusammensetzung während des Umschmelzens nach dem Elektroschlacke-Umschmelz-, Vakuumlichtbogen- und Elektronenstrahl-Verfahren, nach Baumann.

Zu den **pfannenmetallurgischen Verfahren** gehört die Spülung der Schmelze mit *Inertgas* in der basisch zugestellten Pfanne, wodurch die Legierungsmittel homogener verteilt und der Gehalt an Verunreinigungen verringert werden. Bei den *Injektionsverfahren* wird der Schwefelgehalt durch Einblasen von Calciumsilicium oder Magnesium mittels einer Lanze auf sehr geringe Werte verschlackt ($\leq 0{,}002\,\%$).

Bei besonders hohen Anforderungen an die Reinheit und Gleichmäßigkeit vor allem bei Edelstählen und schweren Schmiedestücken (mehrere Hundert Tonnen Stückgewichte) werden die Vakuumverfahren und (oder) die Stahl-Umschmelztechnik verwendet.

Mit den **Vakuumverfahren** lässt sich der Gasgehalt (Wasserstoff, Sauerstoff, Stickstoff) der Stahlschmelze entscheidend verringern. Man unterscheidet u. a. folgende Verfahrensvarianten:
– *Vakuumbehandlung in der Pfanne:*
  Durch den sehr geringen Gaspartialdruck über der Schmelze ergeben sich sehr geringe Gasgehalte.
– *Gießstrahlentgasung:*
  Im Vakuumgefäß befindet sich eine Kokille, in die der Gießstrahl über eine Zwischenpfanne vergossen wird. Die starke »Zerstäubung« des flüssigen Stahls beim Eintritt in das Vakuumgefäß sorgt für eine intensive Entgasung der Schmelze.

Die **Stahl-Umschmelzverfahren** werden für die Edelstahlerzeugung *nach* den Schmelz- und Gießverfahren angewendet. Es lassen sich sehr reine Stähle mit erheblich besseren mechanischen Gütewerten herstellen. Bild 2-3 zeigt qualitativ die mit den Umschmelzverfahren zu erwartenden Änderungen der chemischen Zusammensetzung (Legierungselemente und Verunreinigungen).

Feste Einsatzstoffe – meistens Abschmelzelektroden – werden in wassergekühlten, kupfernen Kokillen umgeschmolzen. Das Ergebnis ist ein meist gerichtet erstarrter Gussblock, der nahezu frei von Innenfehlern, Kristallseigerungen, Lunkern und Verunreinigungen ist. Als Wärmequelle für den auch unter Vakuum betreibbaren Umschmelzprozess kann der Lichtbogen, der Elektronenstrahl oder eine flüssige Schlackenschicht dienen. Die gut stromleitende Schlacke mit einer Temperatur von 1700 °C bis 1900 °C ermöglicht gezielte metallurgische Reaktionen mit der Schmelze. Insbesondere der Schwefelgehalt kann auf sehr geringe Werte reduziert werden. Mit unter Vakuum arbeitenden Verfahren (Lichtbogen- und Elektronenstrahlöfen) können Elemente mit hohem Dampfdruck (z. B. Mangan, Chrom, Kupfer, Zinn) wirksam entfernt werden. Eine schematische Darstellung des *Elektroschlacke-Umschmelzverfahrens* zeigt Bild 2-4.

Beispiel 2-1:

Nach der Herstellung beträgt der Stickstoffgehalt in einem Stahl 0,01 %. Mit Hilfe der Vakuummetallurgie soll dieser aus Qualitätsgründen auf 0,001 % reduziert werden. Wie groß muss der Stickstoff-Partialdruck $p_{N_2}^{vac}$ über dem Vakuumgefäß sein?

Das erforderliche Vakuum lässt sich mit Hilfe des Sievertsschen Gesetzes abschätzen, s. Abschn. 3.3.3, Gl. [3-9], S. 255, s. a. Aufgabe 2-6, S. 228:

$$\left[c_{N_1}\right] = N_1\,[\%] = K \cdot \sqrt{p_{N_2}^1}.$$

Daraus ergibt sich der erforderliche Druck $p_{N_2}^{vac}$ zu:

$$\frac{N_1\,[\%]}{N_{vac}\,[\%]} = \frac{0{,}01}{0{,}001} = 10 = \frac{K \cdot \sqrt{p_{N_2}^1}}{K \cdot \sqrt{p_{N_2}^{vac}}} = \sqrt{\frac{1}{p_{N_2}^{vac}}}$$

$$\frac{1}{p_{N_2}^{vac}} = 10^2,\ \text{daraus folgt: } p_{N_2}^{vac} = 10^{-2}\ bar.$$

Der erforderliche geringe Stickstoffgehalt kann auch mit Hilfe von Desoxidationsmitteln (z. B. Al, Ti, V) eingestellt werden. Allerdings sind bei qualitativ hochwertigen Stählen die Desoxidationsprodukte in vielen Fällen unerwünscht (Kerbwirkung!).

Die Vakuumverfahren bzw. allgemein die Vakuum-Metallurgie bieten eine Reihe bemerkenswerter Vorteile:
– Unerwünschte Reaktionen der Atmosphäre bei hohen Temperaturen können nicht stattfinden. Die Herstellung der hochreaktiven Werkstoffe wie z. B. Ti, Zr, Mo ist ohne diese Technologie wirtschaftlich nicht möglich.
– Entfernen schädlicher Bestandteile aus der Schmelze. Elemente mit niedrigem Dampfdruck (z. B. Zn und Cd aus NE-

Legierungen) und vor allem Gase (insbesondere Wasserstoff). Die Desoxidation gelingt ohne Bildung fester Desoxidationsprodukte gemäß der Gleichung:

$$C_{gelöst} + O_{gelöst} \rightarrow CO_{gas}.$$

Die metallurgische Reinheit des Stahles, d. h., seine Freiheit von Einschlüssen ist z. B. für hoch- und höchstfeste Stähle hinsichtlich ihrer Wirkung als potenzielle Rissstarter wichtig.

2.3.2 Vergießungsverfahren; Desoxidieren

Nach dem Frischen ist der Sauerstoffgehalt und der Gehalt verschiedener anderer Verunreinigungen in der Stahlschmelze sehr hoch. Wegen seiner stark schädigenden Wirkung (Versprödung, Alterungsanfälligkeit, Rotbrüchigkeit) muss er auf möglichst geringe Werte begrenzt werden. Der Sauerstoff liegt in der Stahlschmelze in Form von FeO vor. In Anwesenheit von Kohlenstoff reagiert FeO mit Kohlenstoff, wobei das entweichende Gas das Bad zum »Kochen« bringt gemäß der Beziehung:

$$FeO + C \rightarrow CO + Fe.$$

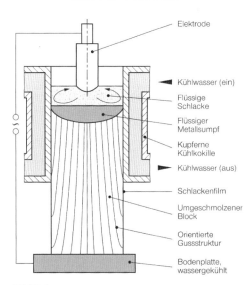

Bild 2-4
Schematische Darstellung des Elektroschlacke-Umschmelzverfahrens.

Je mehr Kohlenstoff die Stahlschmelze enthält, desto größer ist die Menge des gebildeten Kohlenmonoxids, d. h., umso geringer ist der Sauerstoffgehalt des Stahles. Dieser Zusammenhang lässt sich anschaulich mit Hilfe der Beziehung $C \cdot O$ = konst. beschreiben. Niedriggekohlte Stähle ($\leq 0,1\%$) enthalten daher nach dem Frischen erhebliche Mengen Sauerstoff. Die z. B. bei *Tiefziehblechen* geforderten niedrigen C- und O-Gehalte sind nur mit sekundärmetallurgischen Maßnahmen wirtschaftlich erreichbar.

Das Entfernen des Sauerstoffs aus der Stahlschmelze bezeichnet man als *Desoxidation*. Der Vorgang beruht auf der gegenüber Eisen höheren Affinität bestimmter Elemente zu Sauerstoff:

$$Mn - V - C - Si - Ti - B - Zr - Ca - Al.$$

Bei dieser Behandlung wird abhängig von der Art der zugegebenen Desoxidationsmittel auch der gefährliche Stickstoff (TiN, BN, AlN) bzw. Kohlenstoff und Stickstoff in Form von Carbonitriden [Ti(C,N), B(C,N), Nb(C,N)] gebunden. Der für das Auftreten der Heißrissigkeit verantwortliche Schwefel kann mit Mangan und anderen schwefelaffinen Elementen (Calcium, Titan, Cer, Zirkonium) beseitigt werden. Die schon bei etwa 1000 °C schmelzende Verbindung FeS wird z. B. durch das Element Mangan in die Verbindung MnS überführt, deren Schmelzpunkt deutlich höher ist als der des FeS:

$$FeS + Mn \rightarrow MnS.$$

MnS schmilzt erst bei ≈ 1440 °C. Es scheidet sich schon primär aus der Schmelze aus und kann daher *nicht* als flüssiger Film an den Korngrenzen erhalten bleiben. Dadurch wird die Heißrissbildung verhindert (Abschn. 1.2.3, S. 12). Bei der Warmformgebung werden diese Schwefelverbindungen in Walzrichtung deutlich stärker verformt als quer dazu, weil sie plastisch verformbar sind. Eine ausgeprägte Anisotropie, vor allem der Zähigkeit, ist die Folge. Für viele Anwendungsfälle, z. B. bei Bauteilen, die durch Kaltverformung als Fertigungsverfahren hergestellt werden, sind diese Zähigkeitsunterschiede nicht zulässig. Elemente, die nicht auswalzbare, spröde Reaktionsprodukte liefern, wie z. B. CeS, TiS oder

ZrS, verringern die Anisotropie der Zähigkeit ganz erheblich (nähere Informationen s. Abschn. 2.7.6.2).

2.3.2.1 Vergießen und Erstarren des Stahles

Der flüssige Stahl wird als *Standguss* in Form von Blöcken oder in heutiger Zeit wesentlich häufiger als *Strangguss* vergossen. In wenigen Fällen ist allerdings der Standguss noch immer erforderlich, z. B. für:
- Stähle für Bauteile, deren Oberflächen *emailliert* werden, müssen sehr kohlenstoff- und verunreinigungsarm sein, wie z. B. die Speckschicht unberuhigter Stähle (moderner ist die Vakuumentkohlung im flüssigen oder die *Offenbund-Glühung* im festen Zustand),
- hochlegierte Werkzeugstähle,
- spezielle Edelstähle und verschiedene NE-Metalle,
- große Schmiedestücke müssen wegen der notwendigen Steuerung der Erstarrungsvorgänge in besonders geformten Kokillen abgegossen werden.

Bei dem früher üblichen Standguss wird der Stahl in Kokillen fallend oder steigend vergossen. Je nach dem Sauerstoffgehalt in der Stahlschmelze, d. h., abhängig von dem Grad der Desoxidation, unterscheidet man mit den Bezeichnungen der DIN EN 10027 den *unberuhigt* FU (U), *nicht unberuhigt* FN (R = beruhigt, die Behandlungsart FU ist in der älteren DIN 17006 unbekannt und entspricht *nicht* dem bisherigen *beruhigten* Stahl!) und *besonders beruhigt* FF (RR) vergossenen Stahl. In Klammern sind die bisher gültigen Bezeichnungen nach DIN 17006 angegeben.

Beim *Stranggießen* wird die Stahlschmelze in einer wassergekühlten Kupferkokille als kontinuierlicher Strang vergossen. In der Bundesrepublik Deutschland wird etwa 95 % der Rohstahlproduktion als Strangstahl hergestellt. Bild 2-5 zeigt die wichtigste Bauform, die Bogen-Stranggießanlage. Das Verfahren bietet gegenüber dem Standguss eine Reihe wesentlicher Vorteile:
- Durch die hohe Abkühlgeschwindigkeit werden homogene, seigerungsfreie, feinkörnige Stähle erzeugt.
- Das Ausbringen ist größer als beim Kokillenguss, da der »*verlorene*« *Kopf* nur einmal im Strang vorhanden ist.
- Das Herstellen von endabmessungsnahen Flachprodukten verringert die Umformarbeit in den Walzwerken und erhöht damit die Wirtschaftlichkeit.

Strangvergossener Stahl *muss* beruhigt vergossen werden, weil die beim unberuhigten Stahl an der Strangoberfläche entstehenden CO-Blasen eine nicht tolerierbare Porigkeit im Produkt erzeugen würden, die sich nur sehr aufwändig, d. h. extrem unwirtschaftlich – z. B. mit Flammstrahlen – beseitigen ließe. Strangguss ist dem Standguss in den meisten Fällen überlegen.

Stähle für hoch beanspruchte Konstruktionen werden in zunehmendem Umfang vakuumvergossen, bzw. sekundärmetallurgisch verarbeitet. Der außerordentlich geringe Gehalt an Gasen, Schlacken und anderen Verunreinigungen und ist die Ursache für ihre hervorragenden mechanischen Gütewerte (insbesondere die Schlagzähigkeit).

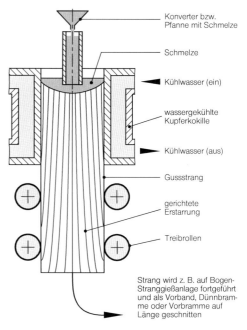

Bild 2-5
Bogen-Stranggießanlage, schematisch.

2.3.2.2 Unberuhigt vergossener Stahl; Kennzeichen FU (U)

Kennzeichen dieser Vergießungsart ist der in der Schmelze hochsteigende CO-Gasstrom, der aus der erneuten Reaktion des Kohlenstoffs mit dem FeO entsteht und die Ursache für die charakteristische Badunruhe des unberuhigt erstarrten Stahles ist. Als Folge verschiedener komplizierter Vorgänge ist das Gleichgewicht an der Phasengrenze Kokillenwand/Schmelze gestört. Die primäre Erstarrung der Schmelze an den Kokillenwandungen führt zu sehr kohlenstoff- und verunreinigungsarmen Mischkristallen, während sich die restliche Schmelze im Verlauf der Abkühlung mit Kohlenstoff und anderen niedrigschmelzenden Verunreinigungen anreichert. Die Legierungselemente und Verunreinigungen sind beim unberuhigten Stahl im Bereich des Blockrandes und der Blockmitte sehr ungleichmäßig verteilt. Diese Entmischung bezeichnet man als **Blockseigerung,** den entmischten Stahl als *geseigert.* Die Gehalte an Phosphor und Schwefel in der Seigerungszone können drei- bis viermal größer sein als der Durchschnittsgehalt. Diese Vergießungsart ist heutzutage sehr selten, da der größte Anteil des flüssigen Stahls strangvergossen wird, Abschn. 2.3.2.1.

Die saubere, verunreinigungsarme Randzone wird »*Speckschicht*« genannt, Bild 2-6.

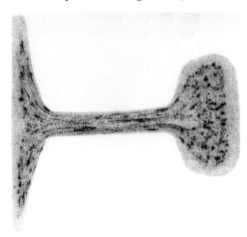

Bild 2-6
Phosphorseigerungen in einem Schienen-Profil aus unberuhigtem Stahl.

Die geseigerten Werkstoffbereiche eines Halbzeugs werden an den Orten an die Oberfläche »gedrückt«, wo die Verformung der Halbzeuge durch die Kaliberwalzen am *größten* war, d. h. im Bereich der *kleinsten* Verformungsradien (Hohlkehlen). Daher sind alle Schweißarbeiten an Profilen aus unberuhigten Stählen (Reparaturen!) in den Hohlkehlen nicht oder nur mit großer Vorsicht durchzuführen. Bild 2-6 zeigt Phosphorseigerungen in einem Schienen-Profil aus einem unberuhigt vergossenen Stahl.

2.3.2.3 Beruhigt vergossener Stahl; Kennzeichen (R)

Durch Zugabe von Silicium (und Mn) liegt der Sauerstoff nicht mehr als FeO, sondern als nicht mehr von Kohlenstoff reduzierbares SiO_2 abgebunden vor. Die durch das hochsteigende CO hervorgerufene Badunruhe des unberuhigten Stahles unterbleibt. In dem »ruhig«, also ohne größere Badbewegungen erstarrenden Stahl, entstehen nur unwesentliche Entmischungen. Der Umfang der Seigerungen ist demnach gering. Die chemische Zusammensetzung und damit die Eigenschaften sind über dem Erzeugnisquerschnitt nahezu gleich.

Die Folge der blasenfreien Erstarrung in beruhigten *(nicht strangvergossenen)* Stählen sind größere, meistens zusammenhängende *Schwindungslunker.* Werden diese im Blockwalzwerk nicht abgetrennt, dann entstehen beim Auswalzen im Halbzeug die gefürchteten *Dopplungen.* Das sind großflächige Werkstofftrennungen, die das Walzprodukt praktisch unbrauchbar machen. Dopplungen können in strangvergossenen Stählen *nicht* entstehen.

Die Desoxidationsprodukte (z. B. Mangan-Silicate) sind vor allem bei hohen Auswalzgraden die Ursache einer leicht »runzeligen« Blechoberfläche (»Apfelsinenhaut«, z. B. in der Automobilindustrie unzulässig), die sich vor allem bei Tiefziehblechen sehr unangenehm bemerkbar macht. Diese werden daher aus unberuhigten, niedriggekohlten (C ≤ 0,05 %), besonders beruhigten oder in heutiger Zeit aus mit sekundärmetallurgischen Methoden erzeugten Stählen hergestellt.

Abgesehen vom Strangguss *muss* der Stahl in den folgenden Fällen beruhigt vergossen werden:

- **Stahlguss:** Fertigteile aus Stahlguss werden nicht mehr mit Verfahren der Warmformgebung weiterbehandelt. Die z. B. für einen unberuhigten Stahl typischen Gaseinschlüsse lassen sich damit auch nicht mehr beseitigen.
- **Hartstahl:** In den höhergekohlten Stählen ($\geq 0{,}25\%$) und bei Anwesenheit bestimmter Legierungselemente ist die gebildete CO-Menge gemäß $C \cdot O = \text{konst.}$ so gering, dass das Gas die Schmelze entgegen ihrem statischen Druck nicht mehr vollständig verlassen kann. Diese Rest-CO-Menge ist durch Beruhigen zu beseitigen, im anderen Fall wären Poren bzw. Randblasen im Halbzeug die Folge.
- **Legierter Stahl:** In diesen Stählen *müssen* die Legierungselemente möglichst homogen verteilt sein, um hinreichend gleichmäßige Eigenschaften über den *gesamten* Querschnitt zu erreichen.

2.3.2.4 Besonders beruhigt vergossener Stahl; Kennzeichen FF (RR)

Durch die zusätzliche Zugabe von Aluminium (auch andere Elemente wie Titan, Niob, Vanadium werden verwendet) wird der restliche Sauerstoff zu Al_2O_3 und der atomare Stickstoff zu AlN abgebunden. Die Stickstoffabbindung reduziert die Auswirkung der Verformungsalterung (Abschn. 3.2.1.2, S. 240), verbessert die Tieftemperaturzähigkeit und erhöht die Sprödbruchsicherheit. Die AlN-Teilchen wirken über einen komplizierten Mechanismus als Keime, die die Sekundärkorngröße des Stahles (genauer des Ferrits) wesentlich verringern. Das Ergebnis dieser Behandlung sind hochwertige, sehr verunreinigungsarme, sprödbruchsichere und gut schweißgeeignete *Feinkornbaustähle* (Abschn. 2.7.6.1).

Die Zähigkeitseigenschaften werden maßgeblich vom Gehalt atomarer Gase beeinflusst. Dieser lässt sich vor allem durch eine Vakuumbehandlung wirksam verringern. Die Menge an Reaktionsschlacken z. B. MnS, Mangansilicate, Al_2O_3 u. a. ist dagegen relativ groß.

Die Folge ist die Zunahme der Heißrissanfälligkeit (*Liquation Cracking*, s. hierzu auch Abschn. 5.1.3, S. 506) in den Wärmeeinflusszonen von Schweißverbindungen. Die Reaktionsschlacken sind weiterhin die (Haupt-)Ursache für die beim Schweißen der Feinkornbaustähle entstehenden *Terrassenbrüche* (s. Abschn. 2.7.6.1).

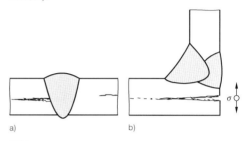

Bild 2-7
Entstehung von Werkstofftrennungen in Stählen mit sehr hohem Einschlussgehalt unter der Wirkung von Schweißeigenspannungen,
a) bei einer Stumpfnaht,
b) bei einer Kehlnaht.

Die möglichen Werkstofftrennungen, die durch Verflüssigen der niedrigschmelzenden Reaktionsschlacken entstehen, machen sich in der Hauptsache bei den besonders beruhigten Stählen unangenehm bemerkbar. Diese Eigenschaft wird auch als *Spaltfreudigkeit* bezeichnet, Bild 2-7.

2.4 Das Eisen-Kohlenstoff-Schaubild (EKS)

Das Eisen-Kohlenstoff-Schaubild beschreibt als Gleichgewichts-Schaubild das Umwandlungsverhalten in realen Stahl-Werkstoffen nur mit begrenzter Genauigkeit. Es gilt annähernd nur für die unlegierten Kohlenstoffstähle. Die erhebliche Wirkung der Legierungselemente und einer größeren Abkühlgeschwindigkeit ist nicht erkennbar. Hierfür sind die ZTU-Schaubilder (Abschn. 2.5.3) entwickelt worden, die den Einfluss der Abkühlgeschwindigkeit und der Legierungselemente erfassen. Trotzdem ist das Eisen-Kohlenstoff-Schaubild ein grundlegendes Hilfsmittel zum Abschätzen des Erstarrungs- und Umwandlungsverhaltens und für den Praktiker von besonderer Bedeutung.

Mit den in Abschn. 1.6.1, S. 46, besprochenen Grundtypen der Zustandsschaubilder ist das relativ schwer »lesbare« Eisen-Kohlenstoff-Schaubild vollständig erfaßbar.

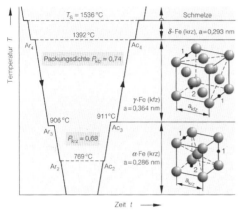

Bild 2-8
Abkühl- und Aufheizkurven von reinem Eisen. In den Elementarzellen des α- und γ-Gitters sind einige Oktaederlücken (1) und Tetraederlücken (2) eingezeichnet. Vgl. hierzu auch Aufgabe 1-2, S. 110.

Die Gitteränderungen von reinem Eisen beim *Erwärmen* bzw. *Abkühlen* sind schematisch in Bild 2-8 dargestellt. Danach ergeben sich folgende eigenschaftsbestimmende thermodynamische und werkstoffliche Zusammenhänge:
– Eisen ändert nach der Erstarrung beim Abkühlen mehrmals seine Gitterstruktur. Diese Gitterumwandlungen sind die Ursache für die herausragenden Eigenschaften des Werkstoffs »Stahl«. Für die Martensitbildung in Stählen, aber auch für die meisten Stahleigenschaften ist die *($\gamma \to \alpha$)*-Umwandlung der entscheidende Vorgang. Genauere Hinweise hierzu sind in Abschn. 1.4.2.2, S. 34 zu finden.
– Die beim Erwärmen (Ac) [19] auftretenden Haltepunkte unterscheiden sich von denen beim Abkühlen (Ar) [19]. Diese Erscheinung wird als thermische Hysterese bezeichnet, Bild 2-8.

– Zunehmende Abkühlgeschwindigkeit (Bild 2-14) und Menge an Legierungselementen (Bild 2-24) verschieben die Haltepunkte z. T. extrem zu tieferen Werten.
– Das Covolumen (das nicht von Atomen ausgefüllte Volumen der Elementarzelle) des α-Fe ist wegen der geringeren Packungsdichte größer als das des γ-Fe. Es ist in Form weniger, aber größerer Teilvolumina aufgeteilt, daher ist die Löslichkeit emk-bildender Legierungselemente etwa 100 bis 1000 Mal größer als im α-Gitter. Bild 2-8 zeigt einige wahrscheinliche Zwischengitterplätze für den Kohlenstoff in der krz und kfz Elementarzelle des Eisens.

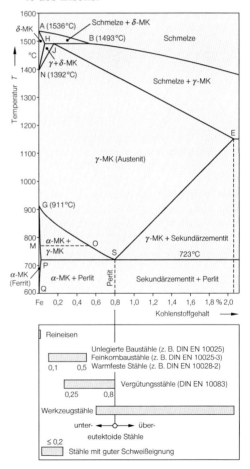

Bild 2-9
Ausschnitt des Eisen-Kohlenstoff-Schaubildes (EKS) für metastabile (Fe-Fe_3C) Ausbildung des Kohlenstoffs.

---

[19] A = Arrêt = Stillstand, c = chauffage = Erwärmen, r = refroidissement = Abkühlen.

– Die Beweglichkeit der Atome (Diffusion) ist dagegen von der Packungsdichte abhängig. Sie ist im »lockerer« geschichteten α-Fe größenordnungsmäßig um den Faktor 100 bis 1000 größer als im dichter gepackten γ-Fe. Das ist die wichtigste Ursache für die grundsätzlich höhere thermische Stabilität der kfz austenitischen Cr-Ni-Stähle (Abschn. 2.8.2.3) im Vergleich zu den krz ferritischen Chromstählen (Abschn. 2.8.2.2).

Der Kohlenstoff ist das wichtigste Legierungselement des Stahles. Er ist im α-, γ- und δ-Eisen auf Zwischengitterplätzen eingelagert. Seine Löslichkeit ist daher sehr begrenzt. Lediglich das γ-Fe kann bis zu 2,06 % Kohlenstoff lösen, Bild 2-9, Punkt E, die anderen Ferritmodifikationen weniger als 0,1 %. Kohlenstoff liegt in den meisten Stählen als Fe$_3$C vor, d. h. in der metastabilen Form und nicht in der thermodynamisch beständigsten Form Kohlenstoff. Allerdings ist er in den ferritisch-perlitischen Gusseisensorten, Abschn. 4.4.2.1, S. 463, als Grafit anzutreffen.

Technische Eisen-Legierungen enthalten bis ca. 5 % Kohlenstoff (Gusslegierungen). Höhere Gehalte werden wegen der vollständigen Versprödung durch den Zementit technisch nicht genutzt. Kohlenstoff erweitert den γ-Bereich, ist also austenitstabilisierend, Bild 2-9, Punkt E und Bild 2-42.

Die während der Abkühlung entstehenden Gefügeänderungen sind in Bild 2-10 für drei ausgewählte Legierungen L_1, L_2, L_3 dargestellt.

Die Einteilung der Fe-C-Legierungen kann nach folgenden werkstofflich begründeten Überlegungen erfolgen:

Untereutektoide Stähle, (C ≤ 0,8 %)

Ihr Gefüge besteht (z. B. nach einem Normalglühen oder Weichglühen) aus Ferrit und Perlit. Mit zunehmendem Gehalt des harten aus α-MK.en und Fe$_3$C bestehenden Kristallgemisches Perlit (dieser Gefügebestandteil wird metallkundlich als *Eutektoid* bezeich-

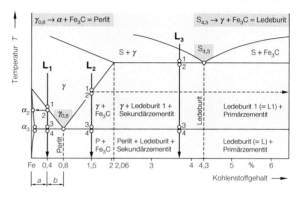

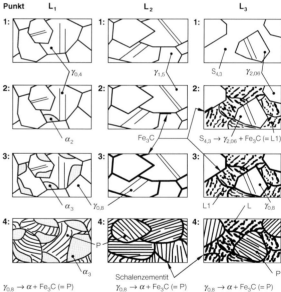

$\gamma_{0,8} \to \alpha + Fe_3C$ (= P) $\gamma_{0,8} \to \alpha + Fe_3C$ (= P) $\gamma_{0,8} \to \alpha + Fe_3C$ (= P)

Beispiel für die Berechnung der Gefügeanteile mit Hilfe des Hebelgesetzes für Legierung 1 bei Raumtemperatur (die Ausscheidung geringer Mengen Tertiärzementit wurde nicht berücksichtigt):

Perlit (P): $\dfrac{a}{a+b} \cdot 100\% = 50\%$, Ferrit (F): $\dfrac{b}{a+b} \cdot 100\% = 50\%$

Bild 2-10
Umwandlungsvorgänge in drei ausgewählten Fe-C-Legierungen, L_1, L_2, L_3 beim Abkühlen. Die Gefügeskizzen sind stark schematisiert. Die Indizes in S_x und γ_y geben den Kohlenstoffgehalt dieser Phasen an.

net, s. Bild 1-66d) nimmt die Stahlfestigkeit zu. Stähle mit C ≤ 0,20 % sind wegen ihrer hervorragenden Zähigkeitseigenschaften i. Allg. sehr gut schweißgeeignet, Bild 2-9.

Übereutektoide Stähle,
(0,8 % < C ≤ 2,06 %)
Ihr Gefüge besteht je nach Wärmebehandlung aus Perlit und Sekundärzementit, der entweder eingelagert (weichgeglüht) oder als Schalenzementit (normalgeglüht) vorliegt. In martensitischen Gefügen entsteht der Zementit durch Anlassen, in bainitischen Gefügen als Folge der Bildungsbedingungen, d. h. der Abkühlung sowie der chemischen Zusammensetzung der Stähle.

Diese Stähle sind wegen ihres hohen Kohlenstoffgehalts extrem schlecht schweißgeeignet. Typische Vertreter sind die Vergütungsstähle nach DIN EN 10083, Abschn. 2.7.3.1, und die Werkzeugstähle.

Gusslegierungen,
(2,06 % < C < 5 %)
Sie liegen meist im Bereich des Eutektikums Ledeburit, mit einem Kohlenstoffgehalt von 4,3 %. Mit dem Auftreten des harten, spröden Ledeburits ist nicht einmal ein Warmverformen mehr möglich. Diese Werkstoffe bezeichnet man definitionsgemäß als *Gusslegierungen* und nicht mehr als Stähle, Bild 2-11. Die hochgekohlten, spröden Eisen-Gusswerkstoffe sind erwartungsgemäß sehr schlecht schweißgeeignet (Abschn. 4.4.2, S. 462).

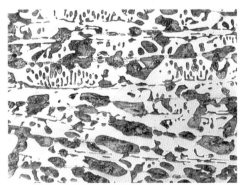

Bild 2-11
Untereutektisches Gusseisen mit primär in Perlit zerfallenen γ-MK.en und Ledeburit II, V = 200:1, 2 % HNO_3.

2.5 Die Wärmebehandlung der Stähle

Wärmebehandlungen sind in Anlehnung an DIN EN 10052 Verfahren oder auch die Kombination mehrerer Verfahren, bei denen ein Werkstück im festen Zustand einer oder mehrerer Temperatur-Zeit-Folgen und gegebenenfalls zusätzlich anderen physikalischen und (oder) chemischen Einwirkungen ausgesetzt wird, um durch gezielte Gefügeänderungen die gewünschten Verarbeitungs- und Gebrauchseigenschaften einzustellen. Die folgenden Werkstoffeigenschaften lassen sich mit Wärmebehandlungen ändern:
- Erhöhen der *Festigkeit* oder Verbessern des *Verformungsvermögens* (z. B. Härten, Normalglühen, Weichglühen).
- Beseitigen des *Eigenspannungszustandes*, z. B. Spannungsarmglühen, Normalglühen.
- Beseitigen der Auswirkung einer *Kaltverformung*, z. B. Rekristallisations-, Spannungsarm-, Normalglühen.
- Verändern der *Korngröße*, z. B. Normalglühen, Rekristallisationsglühen.
- Einstellen bestimmter *erwünschter Gefügezustände*, z. B. Härten, Normalglühen, Rekristallisationsglühen.

Mit Wärmebehandlungen lassen sich in vielen Fällen zahlreiche Eigenschaften einer geschweißten Konstruktion ändern, die durch die prozesstechnischen Besonderheiten beim Schweißen erzeugt wurden:
- Verringern der Härte in den wärmebeeinflussten (schmelzgrenzennahen) Bereichen der Schweißverbindung als Folge einer hohen Abkühlgeschwindigkeit. Die Martensitbildung und damit die Kaltrissgefahr wird mit dieser Wärmebehandlung wirksam vermindert (Abschn. 3.5.1.6, S. 276).
- Verbessern der Zähigkeitseigenschaften der WEZ, wichtig vor allem bei sprödbruchbegünstigender Beanspruchung.
- Wirksames Vermindern des (atomaren) Wasserstoffgehaltes im Schweißgut und der WEZ.
- Mildern des sprödbruchbegünstigenden Eigenspannungszustandes.
- Vermindern des Bauteilverzuges.

Die Wärmebehandlungsverfahren teilt man je nach der Art ihrer Temperatur-Zeit-Verläufe und ihrer eigenschaftsändernden Wirksamkeit ein in die zwei Hauptgruppen

❏ **Glühen,**
❏ **Härten (und Vergüten).**

Die **Glühbehandlungen** verändern das Gefüge und die Eigenschaften des Werkstoffs in Richtung des thermodynamischen Gleichgewichts. Die Abkühlung von der Wärmebehandlungstemperatur muss daher ausreichend langsam erfolgen.

Beim Härten (Abschn. 2.5.2.1) dagegen wird der austenitisierte Stahl mit der von seiner chemischen Zusammensetzung abhängigen oberen (bzw. unteren) kritischen Abkühlgeschwindigkeit abgekühlt, wodurch das Härtegefüge Martensit entsteht.

Ein wichtiges Kennzeichen jeder Wärmebehandlung ist die oft sehr genau einzuhaltende *Temperatur-Zeit-Führung.* Sie ist schematisch in Bild 2-12 dargestellt.

Bei technischen Wärmebehandlungsverfahren lassen sich alle den Temperatur-Zeit-Zyklus bestimmenden Größen (Aufheiz-, Abkühlgeschwindigkeit, Haltezeit) hinreichend genau einstellen, bei der »Wärmebehandlung« Schweißen ist das weitgehend unmöglich bzw. nicht erwünscht, Bild 2-12. Temperat*änderungen* in der Schweißverbindung sind wirksam nur durch Wärmevor- bzw. nachbehandlungen herbeizuführen, die wesentlich kürzere »Haltezeit« lässt sich dagegen kaum verändern.

Die Temperatur-Zeit-Führung bei der Wärmebehandlung muss werkstoff- und bauteilgerecht erfolgen. Aus wirtschaftlichen Gründen sollte die Wärmebehandlung möglichst rasch erfolgen. In den meisten Fällen sind aber aus sicherheitstechnischen Gründen sehr geringe Aufheiz- und bei Glühbehandlungen auch geringe Abkühlgeschwindigkeiten anzuwenden. Folgende Besonderheiten müssen zusätzlich beachtet werden:
– Die erwünschte gleichzeitige Erwärmung von Rand und Kern auf die erforderliche Solltemperatur ist physikalisch nicht möglich, wenn das Bauteil durch Wärmeübertragung erwärmt wird, Bild 2-12a. Die Folge dieser unvermeidbaren Temperaturdifferenzen zwischen Bauteilrand und Bauteilkern sind rissbegünstigende Eigenspannungszustände.
– Mit zunehmendem Legierungsgehalt nimmt die Wärmeleitfähigkeit der Stähle merklich ab. Die Rissanfälligkeit wird dadurch bei jeder Wärmebehandlung deutlich größer. In kritischen Fällen muss daher die Erwärmungs- und Abkühlgeschwindigkeit auf Werte von etwa 30 °C/h bis 50 °C/h begrenzt werden.

Bei Wärmebehandlungen, deren Solltemperaturen über Ac_3 liegen (z. B. Normalglühen, Härten), ist eine ausreichende Haltedauer t_H für die notwendige Homogenisierung des Austenits wichtig. Sie lässt sich für die Praxis genügend genau mit folgender Beziehung abschätzen:

$$\frac{t_H}{\min} = 20 + \frac{s}{2 \cdot \mathrm{mm}}. \qquad [2\text{-}1]$$

Für eine Werkstückdicke von z. B. $s = 80$ mm ergibt sich danach eine Haltezeit t_H von:
$t_H = (20 + 40)\,\mathrm{min} = 1\,\mathrm{h}.$

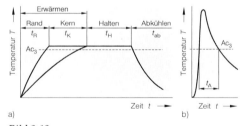

Bild 2-12
Temperaturführung beim Wärmebehandeln im weiteren Sinn, schematisch.
a) Temperaturführung bei technischen Wärmebehandlungsverfahren (Beispiel für Stahl und einem Verfahren, bei dem die Solltemperatur über Ac_3 liegt: z. B. Normalglühen, Härten): die Haltezeiten t_H liegen im Bereich von einigen zehn Minuten, die Aufheiz- und Abkühlgeschwindigkeiten müssen abhängig vom Verfahren in der Regel sehr genau eingehalten werden. Sie sind außer beim Härten meistens sehr gering.
b) Typische Temperaturführung beim Schweißen: Die »Austenitisierungszeiten« (t_A) liegen im Bereich von Sekunden, die Aufheiz- und Abkühlgeschwindigkeiten oft bei einigen 100 K/s.

2.5.1 Glühbehandlungen

2.5.1.1 Spannungsarmglühen

Temperaturdifferenzen innerhalb eines Bauteils erzwingen örtliche plastische Verformungen und damit (Eigen-)Spannungszustände, die zu Verzug, einschneidenden Änderungen der mechanischen Gütewerte des Werkstoffs oder zu Werkstofftrennungen führen können (Abschn. 3.3.2, S. 249). Die beim Schweißen entstehenden zum Teil extrem örtlichen Temperaturdifferenzen erzeugen insbesondere bei dickwandigen Konstruktionen die unerwünschten dreiachsigen Spannungen, die eine wesentliche Voraussetzung für das Entstehen spröder, instabiler Brüche (Abschn. 3.4, S. 261) sind.

Spannungsarmglühen geschweißter Bauteile bietet demnach folgende Vorteile:
- Der sprödbruchbegünstigende dreiachsige Spannungszustand wird wirksam abgebaut.
- Bei hohen Anforderungen an die zulässigen Toleranzen bei spangebender Bearbeitung müssen die geschweißten Teile ebenfalls spannungsarmgeglüht werden. Das zunächst bestehende Gleichgewicht zwischen den Druck- und Zug-Eigenspannungen würde sonst durch Abarbeiten zusammenhängender Werkstoffbereiche gestört, d. h., das Bauteil verformt sich *während* der Bearbeitung.

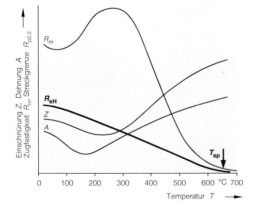

Bild 2-13
Abhängigkeit verschiedener Werkstoffkennwerte von der Temperatur, schematisch. T_{sp} ist die Spannungsarmglühtemperatur.

- Härteabnahme in der WEZ von Stahlschweißverbindungen (»Anlassglühen«).
- Verringern des Gehalts an atomarem Wasserstoff, wenn die Wärmebehandlung unmittelbar nach dem Schweißen erfolgt (Abschn. 3.5.1.1, S. 270 und 3.5.1.6).
- Beseitigen der Auswirkungen eventueller Kaltverformungen (Versprödung, s. Abschn. 1.3.3, S. 18).
- Abnahme der Empfindlichkeit gegenüber der Spannungsrisskorrosion.
- Zunahme der Zähigkeit – z. B. der Bruchzähigkeit – und damit des Risswiderstandes der Konstruktion.

Die Wirksamkeit des Verfahrens beruht auf der Abnahme der Festigkeitswerte mit zunehmender Temperatur, Bild 2-13, wodurch der Spannungsabbau durch Plastifizieren im Mikrobereich ermöglicht wird. Nach dem Spannungsarmglühen bleiben daher im Bauteil lediglich Eigenspannungen zurück, deren Größe die von der Glühtemperatur abhängige geringe Warmstreckgrenze nicht überschreitet. Die wichtigste verfahrenstechnische Voraussetzung ist daher ein durchgreifendes Erwärmen bei ausreichend hohen Temperaturen.

Unlegierte C-Mn-Stähle werden zwischen 600 °C und 650 °C je mm Wanddicke 2 min durch Flammwärmen, Induktionswärmen oder mit Wärmestrahlern spannungsarmgeglüht. Die Erwärmungsgeschwindigkeit sollte einstellbar und die Ofenatmosphäre möglichst neutral sein.

In der Regel werden geschweißte Verbindungen aus un- und (niedrig-)legierten Stählen spannungsarmgeglüht. Mit zunehmender Legierungsmenge besteht die Gefahr, dass während der Wärmebehandlung Ausscheidungen entstehen, die die Zähigkeit beeinträchtigen. In vanadiumlegierten Stählen können sich außerdem *Wiedererwärmungsrisse* (»reheat cracking«, Abschn. 4.3.5.5, S. 411) bilden. Grundsätzlich wird der Spannungsabbau mit zunehmender Temperatur vollständiger, aber die metallurgische Qualität nimmt tendenziell ab. Die höherfesten normalgeglühten, insbesondere aber die vergüteten Feinkornbaustähle werden aus diesen und anderen Gründen zwischen 550 °C und 580 °C geglüht.

Die Glüh*dauer* ist wie bei allen Wärmebehandlungsverfahren weniger kritisch als die Glüh*temperatur*. Sie ist dem der betreffenden Fertigung zugrunde liegenden Regelwerk zu entnehmen. Für den Bereich des Kesselbaus gilt z. B. die von der Erzeugnisdicke (und dem Werkstoff) abhängige Glühdauer, Tabelle 2-2.

Die nach VdTÜV-Merkblatt 451-03-3 anzuwendenden Glühtemperaturen für eine Reihe artgleicher Schweißverbindungen sind in Tabelle 2-3 zusammengestellt.

Tabelle 2-2
Glühdauer in Abhängigkeit von der Stahlsorte und der Bauteildicke, nach VdTÜV-Merkblatt 451-03/3.

Stahlsorte	Erzeugnisdicke	Glühdauer
	mm	min
unlegierte und (niedrig-)legierte Stahlsorten	≤ 15 > 15 bis ≤ 30 > 30	mind. 15 mind. 30 ca. 60

Tabelle 2-3
Glühtemperaturen für Schweißverbindungen artgleich, nach VdTÜV-Merkblatt 451-03/3 (Auswahl).

Stahlsorte	Glühtemperatur
	°C
C22.3 P250GH	520 bis 600
P195GH – P235GH – P265GH P295GH – P355GH	520 bis 580
16Mo3	530 bis 620
13CrMo4-5	600 bis 700
10CrMo9-10 11CrMo9-10	650 bis 750
15CrMoV5-10	710 bis 740
14MoV6-3	690 bis 730
X20CrMoV11-1	720 bis 780
12MnNiMo5-5 13MnNiMo5-4 11NiMoV5-3	530 bis 590
15NiCuMoNb5-6-4	530 bis 620
Feinkornbaustähle (nach verschiedenen Normen)	
WStE255 P275NH P355NH WStE380 P420NH P460NH	530 bis 580

Ein örtlicher Spannungsabbau ist möglich, wenn ein ausreichend breiter Werkstoffbereich erwärmt wird. Für Rundnähte im Kessel- und Apparatebau muss die Breite B der erwärmten Zone betragen:

$$B \geq 5 \cdot \sqrt{R \cdot t} \qquad [2\text{-}2]$$

R = mittlerer Radius des Behälters,
t = Wanddicke.

2.5.1.2 Normalglühen

Als Ergebnis dieser Wärmebehandlung entsteht unabhängig von der thermischen und der verarbeitungstechnischen Vorgeschichte des Werkstoffs ein neues, sehr *feinkörniges* Gefüge, das als das »normale« Gefüge jedes umwandlungsfähigen Stahles angesehen wird. Sämtliche durch Härten, Überhitzen, Schweißen, Kalt- und Warmverformung (Pressen, Walzen, Schmieden, Stauchen) erzeugten Gefüge- und Eigenschaftsänderungen werden damit rückgängig gemacht.

Abgesehen vom Vergüten (Abschn. 2.5.2), bei dem i. Allg. noch höhere mechanische Gütewerte (Festigkeitswerte und Tieftemperaturzähigkeit) erreicht werden (siehe. z. B. Bild 2-18), erzielt man mit dem Normalglühen bei den unlegierten Stählen hohe Streckgrenzenwerte verbunden mit hervorragender Zähigkeit. Diese erwünschten Eigenschaftsänderungen beruhen in erster Linie auf der erzeugten Feinkörnigkeit des Gefüges.

Untereutektoide Stähle werden auf Temperaturen erwärmt, die nur wenig über Ac_3 liegen. Das Abkühlen geschieht je nach Werkstückgröße an ruhender Luft oder mit bewegter Luft. Die Wirksamkeit des Normalglühens beruht also auf dem zweimaligen Umkörnen des Gefüges beim Aufheizen $\alpha \rightarrow \gamma$ und Abkühlen $\gamma \rightarrow \alpha$. Die beim Erwärmen unvollständig gelösten Zementitlamellen des Perlits wirken keimbildend und erzeugen so ein feinkörniges austenitisches Gefüge, aus dem während der beim Abkühlen stattfindenden Umwandlung $\gamma \rightarrow \alpha$ das gewünschte feinkörnige ferritisch-perlitische Gefüge entsteht.

Wie bei jeder über Ac_3 erfolgenden Wärmebehandlung muss ein Wachsen der γ-Körner durch:

- *Überhitzen* (die Glühtemperatur ist deutlich größer als Ac_3) und (oder)
- *Überzeiten* (die notwendige Haltezeit wird wesentlich überschritten)

möglichst vermieden werden.

Da das Normalglühen erhebliche Kosten verursacht, zum Verzundern des Glühguts führt und aufwändiges Unterbauen geometrisch komplexer bzw. dünnwandiger Bauteile erfordert, wird es in der Praxis nur in begrenztem Umfang angewendet.

Stahl(form)guss wird wegen seiner relativ schlechten mechanischen Gütewerte – vor allem seiner Zähigkeitseigenschaften – verbunden mit grobem *Widmannstättens*chem Gefüge fast immer normalgeglüht. Das gilt vorzugsweise für Stahlguss, der geschweißt wird. Große Schmiedestücke und dickwandige Walzwerkserzeugnisse, die als Folge einer langsamen Abkühlung oder (und) eines zu geringen Durchschmiedungsgrades grobkörnig geworden sind, werden ebenfalls normalgeglüht. In besonderen Fällen müssen auch hoch beanspruchte Schweißkonstruktionen des Kessel- und Apparatebaus nach bestimmten Behandlungen (z. B. Kaltverformung oder Wärmebehandlung bei zu niedrigen Temperaturen) oder konstruktiven Gegebenheiten (z. B. Wanddicke $t \geq 30$ mm) gemäß den Vorschriften der Abnahme- und Klassifikationsgesellschaften normalgeglüht werden. Diese Wärmebehandlung ist aber sehr teuer (hohe Temperatur, Verzundern, Bauteil muss im Ofen unterbaut werden, großer Verzug).

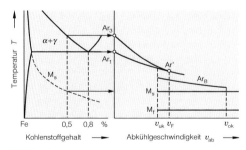

Bild 2-14
Einfluss der Abkühlgeschwindigkeit auf das Umwandlungsverhalten eines unlegierten Stahles (0,5 % C). Beachte die Verschiebung der Umwandlungstemperatur bei der γ/α-Umwandlung zu immer tieferen Temperaturen: $Ar_3 \rightarrow Ar' \rightarrow Ar_B \rightarrow M_s \rightarrow M_f$.

2.5.2 Härten und Vergüten

2.5.2.1 Härten

Nach DIN EN 10052 (DIN 17014) ist Härten eine Wärmebehandlung, bei der von Temperaturen oberhalb Ac_3 mit einer Geschwindigkeit abgekühlt wird, dass oberflächlich oder durchgreifend eine erhebliche Härtesteigerung, in der Regel durch Martensitbildung erfolgt.

Mit zunehmender Abkühlgeschwindigkeit des Austenits wird die Diffusion der Legierungselemente, aber vor allem des Kohlenstoffs zunehmend, erschwert. Die Bildung der Gleichgewichtsgefüge gemäß dem Eisen-Kohlenstoff-Schaubild (Bild 2-9) ist nicht mehr möglich. Es entsteht abhängig von der Abkühlgeschwindigkeit (also vom Umfang der Diffusionsbehinderung) eine erhebliche Anzahl der verschiedenartigsten *Nichtgleichgewichtsgefüge*, die z. T. wesentlich härter und spröder, aber auch zäher sein können als die Gleichgewichtsgefüge, s. a. Bild 2-14. Mit zunehmender Abkühlgeschwindigkeit des Austenits entstehen folgende Ungleichgewichtsgefüge:
- *Perlitische Gefüge* mit abnehmender Dicke der Zementitlamellen.
- *Bainitische Gefüge* (oberer, unterer, körniger *Bainit*). Diese Gefügeart bildet sich (allerdings abhängig von der Legierungsart und -menge) im Temperaturbereich *zwischen* der Perlit- und der Martensitstufe. Aus diesem Grunde wurde es vor allem im deutschsprachigen Raum anschaulich als *Zwischenstufe* bezeichnet. Die internationale Bezeichnung für diese Gefügeform ist bereits seit längerer Zeit *Bainit*.
- Martensit.

Das Härtegefüge Martensit entsteht nach unterkritischer Abkühlung (v_{uk}) erstmals bei der nur von der chemischen Zusammensetzung des Stahles abhängigen M_s-Temperatur zusammen mit bainitischen oder (und) perlitischen Gefügen. Oberhalb der oberen kritischen Abkühlgeschwindigkeit v_{ok} besteht das Gefüge nur noch aus Martensit. Ausführlichere Hinweise zu einigen metallphysikalischen Grundlagen der Martensitbildung sind im Abschn. 1.4.2.2, S. 34, zu finden.

Das typische Umwandlungsverhalten eines unlegierten Stahls ist vereinfacht in Bild 2-14 dargestellt. Mit zunehmender Abkühlgeschwindigkeit werden grundsätzlich die Umwandlungspunkte zu tieferen Temperaturen verschoben:

$$Ar_3 \to Ar' \to Ar_B \to M_s \to M_f,$$

wobei Ar_3 deutlich stärker fällt als Ar_1. Bei der Abkühlgeschwindigkeit $v_{ab} \geq v_F$ bildet sich demnach ein ferritfreies, sehr feinstreifiges, im Lichtmikroskop kaum auflösbares perlitisches Gefüge. Vergleichbare Umwandlungsvorgänge laufen auch in der WEZ von Schmelzschweißverbindungen aus Stahl ab (s. Abschn. 4.1.3, S. 310). Der austenitisierte Teil der Wärmeeinflusszone kühlt abhängig vom Abstand von der Schmelzgrenze mit sehr unterschiedlichen Geschwindigkeiten ab: an der Schmelzgrenze mit einigen hundert K/s, in den auf Ac_1 erwärmten Bereichen ist sie ungefähr eine Größenordnung geringer. In den schmelzgrenzennahen Bereichen der Wärmeeinflusszone bilden sich daher in der Regel Ungleichgewichtsgefüge, die Entstehung von (meistens sprödem) Martensit ist somit leicht möglich, Abschn. 4.1.3.2, S. 318.

Die Neigung umwandlungsfähiger Stähle, nach einem beschleunigten Abkühlen zu härten, bezeichnet man als *Härtbarkeit*. Dieser Begriff enthält die beiden wichtigen Teileigenschaften
– Aufhärtbarkeit und
– Einhärtbarkeit.

Die **Aufhärtbarkeit** ist ein Maßstab für die nur vom Kohlenstoffgehalt abhängige Höchsthärte (*»Ansprunghärte«*), Bild 2-15 (s. a. Bild 1-43, S. 37). Diese lässt sich annähernd nach der Formel berechnen:

$$HV_{max} = 930 \cdot C + 283. \qquad [2\text{-}3]$$

In der Wärmeeinflusszone einer Schweißverbindung aus dem gut schweißgeeigneten Baustahl S355J2 + N (St 52-3; C ≈ 0,2 %) können demnach bei einem nur aus Martensit bestehendem Gefüge (sehr schwer realisierbar, da die obere kritische Abkühlgeschwindigkeit beim Schweißen kaum erreicht wird) Härtewerte von etwa 470 HV_{max} entstehen. Härterisse und (oder) wasserstoffinduzierte Kaltrisse (s. Abschn. 3.5.1.6, S. 276) wären in diesem Fall nahezu unvermeidbar.

Die **Einhärtbarkeit** wird meistens durch die *Einhärtetiefe (ET)* und den vom Randabstand einer gehärteten Probe abhängigen Härteverlauf gekennzeichnet. Sie wird überwiegend von den Legierungselementen, wesentlich weniger vom Kohlenstoff beeinflusst. Mit zunehmendem Legierungsgehalt der Stähle sinkt die kritische Abkühlgeschwindigkeit und die M_s-Temperatur, die Folge ist eine abnehmende Schweißeignung.

Man bezeichnet daher (härtbare) Stähle auch nach der Höhe ihrer kritischen Abkühlgeschwindigkeit, d. h. nach dem für eine (vollständige) Härtung erforderlichen Abschreckmittel als:

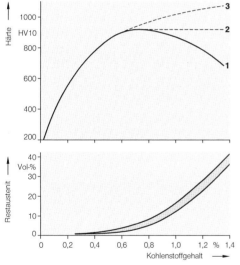

Bild 2-15
Einfluss des Kohlenstoffgehaltes auf die Maximalhärte und den Restaustenitgehalt reiner FeC-Legierungen nach üblicher Härtung (Stähle mit C ≤ 0,8 %, 20 °C bis 30 °C über Ac_3, Stähle mit C > 0,8 %, 20 °C bis 30 °C über Ac_1). S. a. Bild 1-43, S. 37.
1) *Abschrecken aus dem γ-Gebiet auf 0 °C (gesamter C-Gehalt ist gelöst!). Mit zunehmendem Gehalt an Restaustenit fällt die Härte.*
2) *Abschrecken aus dem (γ + Fe_3C)-Gebiet auf 0 °C. Die Härte wird überwiegend durch die Martensithärte bestimmt, weniger durch die eingelagerten Fe_3C-Teilchen.*
3) *Der gesamte C wird im γ-MK gelöst. Durch Abschrecken unter M_f entsteht 100 % Martensit.*

Wasserhärter
(Randhärter oder Schalenhärter)

Unlegierte Stähle, die zum Härten in der Regel in Wasser abgeschreckt werden müssen. Wegen der sehr hohen kritischen Abkühlgeschwindigkeit wird nur eine dünne Randschicht von etwa 5 mm Dicke martensitisch. Ihr Gehalt an Kohlenstoff ist gering, daher sind diese Stähle in aller Regel gut schweißgeeignet, s. a. Aufgabe 2-8, S. 230.

Ölhärter

(Niedrig-)legierte Stähle erlauben das Härten in Härteölen, die eine deutlich geringere Abschreckwirkung haben. Verzug, Härtespannungen und damit die Rissneigung werden geringer.

Lufthärter

Das sind hochlegierte Stähle, deren kritische Abkühlgeschwindigkeit im Bereich der Abkühlgeschwindigkeit in ruhender oder bewegter Luft liegt. Bei einem entsprechenden Kohlenstoffgehalt (C ≥ 0,20% bis 0,25%) ist damit ihre Schweißeignung schlecht bis extrem schlecht.

In dem mit v_{ok} abgekühlten Austenit beginnt die Martensitbildung bei M_s, bei M_f ist sie beendet. Das Gefüge besteht dann vollständig aus Martensit und besitzt seine maximal mögliche Härte (und Sprödigkeit!), s. a. Bild 1-43, S. 37.

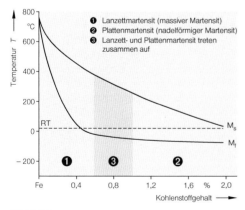

Bild 2-16
Einfluss des C-Gehalts auf die Größe der M_s- und M_f-Temperatur bei reinen C-Stählen und auf die Ausbildungsformen des Martensits, nach Eckstein.

Bild 2-17
Mikrogefüge eines niedriggekohlten Lanzettmartensits, 505 HV 10. Beachte die typische 60°- bzw. 120°-Anordnung der Lanzettpakete! Werkstoff: niedriglegierter Feinkornbaustahl mit 0,03% Kohlenstoff, $V = 500:1$, 3% HNO_3.

Nahezu alle Legierungselemente – vor allem aber der Kohlenstoff – setzen die M_s-(M_f-)Temperatur (Bild 2-16 und 2-24) und die kritische Abkühlgeschwindigkeit herab (Bild 1-38, S. 34). Die Martensitbildung legierter und (oder) höhergekohlter Stähle erfordert eine größere Unterkühlung (M_s tiefer!), andererseits nimmt durch Behindern der Kohlenstoffdiffusion die kritische Abkühlgeschwindigkeit ab. Bild 2-16 zeigt den großen Einfluss des Kohlenstoffgehalts auf die M_s- bzw. M_f-Temperatur.

Für niedrig- und mittellegierte Stähle kann nach *Stuhlmann* die M_s-Temperatur annähernd mit der folgenden Formel berechnet werden, in die die Elemente in Massenprozent einzusetzen sind:

$$M_s [°C] = 550 - 350 \cdot C - 40 \cdot Mn - \quad [2\text{-}4]$$
$$20 \cdot Cr - 10 \cdot Mo - 17 \cdot Ni -$$
$$10 \cdot Cu + 15 \cdot Co + 30 \cdot Al.$$

Beispiel 2-2:
Für den Feinkornbaustahl P690QL mit der Schmelzenanalyse 0,19% C; 0,26% Si; 0,75% Mn; 0,70% Cr; 0,38% Mo; 2,25% Ni; 0,12% V ergibt sich nach dem ZTU-Schaubild, Bild 4-77, S. 398, $M_s = 400°C$.

Die Beziehung nach Stuhlmann, Gl. [2-4], liefert:
$M_s = 550 - 350 \cdot 0,19 - 40 \cdot 0,75 - 20 \cdot 0,70 - 10 \cdot 0,38$
$\quad - 17 \cdot 2,25 = 398,5°C.$

Die Übereinstimmung ist sehr zufriedenstellend.

Die M_s-Temperatur kann bei Stählen mit bestimmter Zusammensetzung als Richtgröße für eine werkstofflich begründete Wahl der Vorwärmtemperatur beim Schweißen dienen (Abschn. 4.1.3.3, S. 327).

Die mit abnehmendem Kohlenstoffgehalt stark zunehmende M_s-Temperatur, Bild 2-16, führt bei niedriggekohlten Stählen schon während der Martensitbildung zu einem begrenzten Anlasseffekt (»Selbstanlassen«), dessen günstige Wirkung (die Martensithärte wird nicht reduziert!) aber nicht überschätzt werden darf (Abschn. 4.3.3, S. 398).

Durch das Selbstanlassen liegt ein (geringer) Teil des im Martensit gelösten Kohlenstoffs bereits in Form ausgeschiedener Carbide vor, Bild 2-17. Das Mikrogefüge des niedriggekohlten Martensits wird daher wegen der zahlreichen feinsten Carbidausscheidungen »dunkel« angeätzt, im Gegensatz zum hochgekohlten, der im Schliffbild wegen der fehlenden Carbidausscheidungen wesentlich heller erscheint.

Im Vergleich zu hochgekohltem Martensit ist der niedriggekohlte deutlich geringer verspannt, d. h. sehr viel zäher und deutlich weniger rissanfällig:
– Die im Martensit eingelagerte Kohlenstoffmenge, also die rissbegünstigende Gitterverspannung, ist geringer. Die günstigen

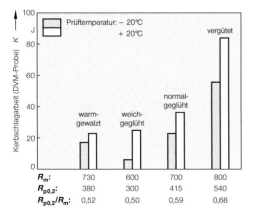

Bild 2-18
Einfluss des Gefüges (erzeugt mit verschiedenen Wärmebehandlungen) auf einige mechanische Gütewerte des Stahles C45E (Ck 45), nach Vetter.

Festigkeits-, Zähigkeits- und auch Schweißeigenschaften sind der Grund für die zunehmende Verwendung hochfester niedriggekohlter Stähle für dynamisch hoch beanspruchte Konstruktionen. Ihr Gefüge besteht aus hochangelassenem Martensit (Abschn. 2.7.6.3, S. 197). Bild 2-17 zeigt das Mikrogefüge eines niedriggekohlten Martensits, der im Gegensatz zum höhergekohlten nadelförmigen *Plattenmartensit* (Bild 1-45, S. 38) auch als *Lanzettmartensit* oder *massiver Martensit*, Bild 2-16, bezeichnet wird.
– Mit zunehmendem Legierungsgehalt sinken die M_s- und M_f-Temperatur, der *Restaustenitgehalt* nimmt kontinuierlich zu, Bild 2-15. Bei den schweißgeeigneten (weil niedriggekohlten) Stählen ist der Restaustenit relativ bedeutungslos. Die Eigenschaften der Vergütungs- und Werkzeugstähle werden aber durch die Anwesenheit dieser sehr weichen Phase sehr stark geschädigt, s. Aufgabe 2-4, S. 226.

2.5.2.2 Vergüten
Der gehärtete Stahl ist wegen seiner extremen Härte (»Glashärte«) und Sprödigkeit nicht verwendbar. Der zwangsgelöste Kohlenstoff kann durch eine **Anlassen** genannte Wärmebehandlung unter Ac_1 erneut diffundieren und das tetragonal verspannte Martensitgitter in Form feinster Carbidausscheidungen verlassen. Als Folge dieser Wärmebehandlung nehmen Festigkeit und Härte ab, die Zähigkeit z. T. stark zu. Der Martensit wird in Richtung eines gleichgewichtsnäheren Gefüges überführt.

Die kombinierte Wärmebehandlung Härten und anschließendes Anlassen wird als **Vergüten** bezeichnet.

Bemerkenswert ist der große Einfluss des Gefüges auf die Zähigkeit. Bild 2-18 zeigt deutlich den Einfluss unterschiedlicher mit verschiedenen Wärmebehandlungen eingestellter Gefüge auf die Kerbschlagarbeit eines unlegierten Stahles C45E (Ck 45). Die Überlegenheit des vergüteten Gefüges – selbst im Vergleich zum normalgeglühten – in dem die Gefügebestandteile extrem fein verteilt vorliegen, ist offensichtlich. Die Feinheit des Gefüges hängt aber in entscheidendem Maße von den Bauteilabmessungen ab, d. h. von der Art der wirksamen bzw. technisch möglichen Temperaturführung.

Die während des Anlassens bei verschiedenen Temperaturen stattfindenden Änderungen der mechanischen Gütewerte eines gehärteten Vergütungsstahles werden in Vergütungsschaubildern dargestellt, Bild 2-19. Die für die Bauteilsicherheit wichtigen (Schlag-)Zähigkeitseigenschaften sind nur dann in vollem Umfang vorhanden, wenn das Gefüge des Stahls nach dem Härten vollständig martensitisch ist. Enthält das Vergütungsgefüge auch nur geringe Mengen anderer Gefügebestandteile (Perlit, Bainit und vor allem Ferrit), dann fällt die Zähigkeit z. T. erheblich. Das kann z. B. durch eine unter der oberen kritischen Abkühlgeschwindigkeit liegenden Abkühlung oder zu tiefe Härtetemperaturen geschehen.

Je nach Werkstoff und gewünschter Kombination von Festigkeit und Zähigkeit für das Bauteil liegt die Anlasstemperatur zwischen 550 °C und 650 °C. Mit dieser Behandlung wird ein hohes Streckgrenzenverhältnis verbunden mit einer hohen Zähigkeit erreicht, Bild 2-19.

Die genaue Einhaltung der Anlasstemperatur ist wesentlich entscheidender als die der Anlasszeit, die im Bereich einiger Stunden liegt. Als Ergebnis einer Vergütung entsteht ein
– *wasservergüteter*,
– *ölvergüteter* oder
– *luftvergüteter* Stahl,
je nachdem, welches Härtemittel verwendet wurde.

Die Betriebstemperatur eines aus einem vergüteten Stahl gefertigten Bauteils muss unterhalb der Anlasstemperatur liegen. Anderenfalls ist ein von der Zeit abhängiger Festigkeitsabfall die Folge, der umso rascher eintritt, je schneller sich der Kohlenstoff aus dem Martensitgitter ausscheiden kann. Die große Beweglichkeit des Eisens und vor allem des Kohlenstoffs ist die Ursache für die frühe Bildung und Ausscheidung des unlegierten Fe_3C in gröberer Form. Die **Anlass-beständigkeit** unlegierter Stähle ist daher gering. In Stählen, die starke Carbidbildner wie z. B. Chrom, Molybdän, Vanadium, Wolfram enthalten, scheiden sich bis etwa 400 °C ebenfalls überwiegend Fe_3C-Teilchen aus. Bei weiterer Temperaturzunahme nimmt aber die Beweglichkeit der Carbidbildner soweit zu, dass sich die nun thermodynamisch stabileren *Sondercarbide* in sehr feiner, d. h. festigkeitssteigernder Form ausscheiden. Dieser Vorgang ist mit der Auflösung der bereits gebildeten Eisencarbide verbunden. Die sehr geringe Diffusionsfähigkeit der Carbidbildner ist damit die Ursache für die hervorragende Anlassbeständigkeit und Warmfestigkeit (s. genauer Abschn. 2.7.3) der mit Sondercarbidbildnern legierten (Vergütungs-)Stähle, s. Aufgabe 2-3, S. 225.

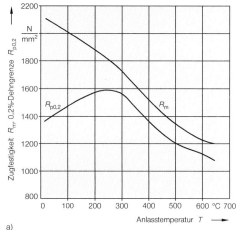

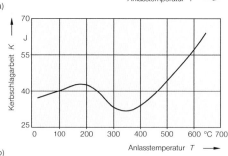

Bild 2-19
Vergütungsschaubild des hochfesten Vergütungsstahles 38NiCrMoV7-3,
Wärmebehandlung: 850°C/Öl/2 h Anlassen.
a) Verlauf der Festigkeitseigenschaften,
b) Verlauf der Kerbschlagarbeit (DVM-Probe), nach Vetter.

Das Vergütungsergebnis, d. h., die *Vergütungsfestigkeit* und die Vergütungszähigkeit hängen von dem beim Härten erreichten Martensitgehalt ab. Dieser ist abhängig von der Einhärtbarkeit, dem Abschreckmedium und der Werkstückdicke. Zum Bestimmen des Martensitgehaltes hat sich in der Praxis der *Härtungsgrad* bewährt. Er ist das Verhältnis der erreichten zur maximal möglichen Härte. In dickwandigen Werkstücken ist das gewünschte Härtegefüge im Kern meistens nicht oder nur mit höherlegierten Stählen einstellbar. Die hier vorliegenden Mischgefüge sind aber in der Regel »anlassfähig«, d. h., sie ändern ihre Eigenschaften durch Carbidausscheidungen. Wenn kein voreutektoider Ferrit vorliegt, entstehen in der Regel Anlassgefüge mit zufriedenstellenden Eigenschaften. Diese intensiv zeitabhängigen Umwandlungsvorgänge des Austenits (nicht aber die Anlassvorgänge!) lassen sich sinnvoll nur mit Hilfe der ZTU-Schaubilder beschreiben, s. Abschn. 2.5.3.

Beim Anlassen, vor allem Chrom-, Chrom-Mangan- und Chrom-Nickel-legierter Stähle, entsteht im Temperaturbereich um 300 °C *(300 °C-Versprödung)* und 500 °C *(475 °C-Versprödung)* häufig ein ausgeprägter Zähigkeitsabfall, der zusammenfassend **Anlassversprödung** genannt wird. Die Ursache sind im ersten Fall Ausscheidungen, im zweiten Legierungselemente, die sich auf den Korngrenzen anreichern (seigern). Vor allem sind das Phosphor, aber auch Antimon, Zinn und Arsen. Lange Glühzeiten und (oder) langsames Durchlaufen des kritischen Temperaturbereiches sind für diese Entmischungsvorgänge verantwortlich. Bild 2-20 zeigt beispielhaft den sehr großen Einfluss des Phosphors auf das Ausmaß der Anlassversprödung, die durch die starke Zunahme der Übergangstemperatur nachgewiesen wurde.

Die Anlassversprödung kann durch die folgenden Maßnahmen beseitigt bzw. ihre Wirkung vermindert werden:
– Rasches Durchlaufen des kritischen Temperaturbereichs, der zwischen 450 °C und 550 °C liegt. Bei dickwandigen Schmiedestücken ist diese Maßnahme aber wegen der entstehenden erheblichen Abkühlspannungen kaum anwendbar.
– Zulegieren von Molybdän oder Wolfram reduziert die Anlassversprödung auf ein vernünftiges Maß, ohne sie aber vollständig zu beseitigen.

2.5.3 Die Austenitumwandlung im ZTU- und ZTA-Schaubild

Die bisher behandelten Zustandsschaubilder, also auch das EKS, beschreiben nur die sich gemäß dem thermodynamischen Gleichgewicht ergebenden Phasenänderungen. Eine befriedigende Aussage über die Eigenschaften der nach einer technischen Wärmebehandlung mit ihren weit vom Gleichgewicht liegenden Aufheiz- und Abkühlgeschwindigkeiten (z. B. Schweißen, Härten) entstandenen Umwandlungsgefüge ist also nicht oder nur ungenau möglich.

Für eine gezielte Anwendung technischer *Wärmebehandlungen* ist daher eine genaue Kenntnis der zeit- und temperaturabhängigen Umwandlungsvorgänge erforderlich. Ähnliches gilt für die austenitisierten Bereiche der Wärmeeinflusszone von Schweißverbindungen, die extrem hohen »Austenitisierungstemperaturen« und geringsten Haltedauern ausge-

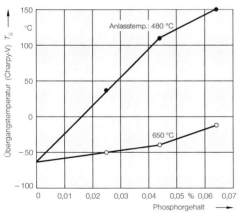

Bild 2-20
Einfluss des Phosphors auf die Anlassversprödung – ermittelt durch Ändern der $T_{ü}$, Charpy-V-Proben – für zwei Anlasstemperaturen bei einem Vergütungsstahl 34CrMo4 mit der mittleren chemischen Zusammensetzung: 0,33 % C; 0,20 % Si; ≤ 0,025 % P; 0,62 % Mn; 1,09 % Cr; 0,18 % Mo, nach Erhart u. a.

setzt waren (Abschn. 4.1.3, S. 310). Die Auswirkungen dieser völlig untypischen Wärmebehandlungsbedingungen auf die Eigenschaften der dabei entstehenden Umwandlungsgefüge sind mit konventionellen Mitteln nur schwer nachweisbar.

Für die quantitative Beschreibung des Umwandlungsverhaltens muss die temperatur- und zeitabhängige Diffusion des Kohlenstoffs und der Legierungselemente bekannt sein. Die Verteilung des Kohlenstoffs in den Gefügebestandteilen ist für ihre Eigenschaften entscheidend. Die Vorgänge sind aber wegen der im festen Zustand bei relativ niedrigen Temperaturen ablaufenden $(\gamma \rightarrow \alpha)$-Umwandlung z. T. sehr kompliziert. Die Folge sind leicht *unterkühlbare* Phasenumwandlungen (sie erfolgen deutlich unterhalb der Gleichgewichtstemperatur), die zu einer extrem großen Anzahl unterschiedlichster Umwandlungsgefügen mit unterschiedlichsten mechanischen Eigenschaften führen.

Wie das Bild 2-14 exemplarisch zeigt, werden mit zunehmender Abkühlgeschwindigkeit die Umwandlungstemperaturen des Austenits zu tieferen Werten verschoben.

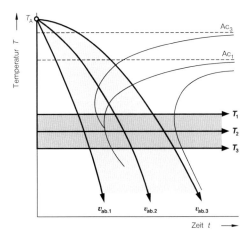

Bild 2-21
Temperaturführung bei der kontinuierlichen und isothermischen Austenitumwandlung in ZTU-Schaubildern.
a) T_1, T_2, T_3: Austenitumwandlung bei isothermischer Versuchsführung (T = konst.),
b) $v_{ab.1}$, $v_{ab.2}$, $v_{ab.3}$: Austenitumwandlung bei kontinuierlicher Abkühlung.

Die Austenitumwandlung kann je nach der angewendeten Temperatur-Zeit-Führung eingeleitet werden durch eine
– *kontinuierliche Abkühlung* in einem geeigneten Abkühlmedium oder durch
– *isothermisches Halten* unter der Gleichgewichtstemperatur, Bild 1-35.

Daraus ergeben sich je nach Art der in Bild 2-21 dargestellten Temperaturführung für die Austenitumwandlung folgende Möglichkeiten der bildlichen Darstellung:

❏ **ZTU-Schaubilder für kontinuierliche Abkühlung** und

❏ **ZTU-Schaubilder für isothermische Wärmeführung.**

Die bei der Austenitumwandlung auftretenden temperatur- und zeitabhängigen Umwandlungspunkte bzw. -temperaturen werden an Proben mit sehr geringer Masse dilatometrisch oder metallografisch festgestellt. Massearme Proben sind erforderlich, weil in ihnen die notwendigen Temperaturänderungen hinreichend rasch erfolgen müssen. Beim Übertragen der aus den ZTU-Schaubildern entnommenen Informationen auf reale technische Wärmebehandlungen von Bauteilen mit großer Masse muss man diese Tatsache berücksichtigen.

Auf Grund unvermeidlicher Messungenauigkeiten und von Messfehlern wird als Umwandlungsbeginn die Zeit angegeben, nach der sich 1%, als Umwandlungsende nach der sich 99% des neuen Gefüges gebildet hat. Um den versuchstechnischen Aufwand zu begrenzen, wird außerdem mit folgenden Vereinfachungen gearbeitet:
– Die Umwandlungslinie für das Ende der voreutektoiden Ferritausscheidung wird nicht angegeben.
– Die Bainitbildung unterhalb der M_s-Temperatur wird nicht festgestellt.

Das Ende der Martensitbildung (M_f) ist in den meisten Fällen nur angenähert zu bestimmen und wird daher i. Allg. nicht angegeben. Es hat sich in vielen Fällen als zweckmäßig erwiesen, die Abkühlbedingungen nicht durch die meistens nur ungenau feststellbare Abkühlkurve, sondern durch die Abkühlzeit zwischen 800 °C und 500 °C bzw. zwischen Ac_3 und 500 °C zu beschreiben. Dieser wichtige Wert wird $t_{8/5}$ genannt.

Die Diffusionsmöglichkeiten und der Diffusionsverlauf der Legierungselemente im Werkstoff bestimmen weitgehend die grundlegende Form und Aussehen dieser Schaubilder. Die Phasenumwandlung ist abhängig von der mit der Temperatur zunehmenden Beweglichkeit der Atome und der Größe der Unterkühlung. Die Umwandlungsgeschwindigkeit ist das Ergebnis der gegenläufigen Wirkung von Diffusion und der Austenitunterkühlung:

– Bei hohen Temperaturen ist die Diffusion groß, die Umwandlungs*neigung* ist aber wegen der geringen Größe der »Triebkraft« Unterkühlung klein.
– Bei niedrigen Temperaturen ist die Umwandlungsneigung wegen der erheblichen Unterkühlung zwar sehr groß, die Atombeweglichkeit (= Diffusionsfähigkeit) aber gering. Im Temperaturbereich zwischen 550 °C und 650 °C ist die Unterkühlung ausreichend groß und die Diffusionsbedingungen sind noch günstig. Die Umwandlungszeit des Austenits ist hier also kleiner als bei jeder anderen Temperatur, siehe z. B. Bild 2-24a.

Die C-Form der Linien für den Umwandlungsbeginn ist damit die Folge der diffusionsgesteuerten Austenitumwandlung und charakteristisch für alle ZTU-Schaubilder.

Man beachte, dass die in den ZTU-Schaubildern enthaltenen Informationen durch eine bestimmte Versuchstechnik gewonnen wurden. Sie sind daher keine x, y-Darstellungen bzw. grafische Darstellungen im üblichen mathematischen Sinn, sondern sie sind das Ergebnis der für ihre Ermittlung angewendeten Messvorschrift. Gemäß der in Bild 2-21 dargestellten Versuchstechnik sind diese Schaubilder, bzw. die auftretenden Umwandlungsvorgänge, also immer in bestimmter Weise zu deuten:

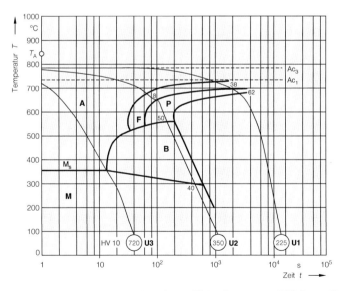

Werkstoff: 41Cr4,
Ausgangsgefüge: 25 % Ferrit / 75 % Perlit,
Austenitisierungstemperatur T_A: 840 °C

Die kontinuierliche Abkühlung des Austenits gemäß den eingetragenen Abkühlkurven führt zu den Umwandlungsgefügen:
U1: 38 % Ferrit, 62 % Perlit (ferritisch-perlitischer Stahl), 225 HV 10
U2: 8 % Ferrit, 50 % Perlit, 40 % Bainit, 2 % Martensit, 350 HV 10
U3: Rein martensitisches Gefüge (= 100 % Martensit), 720 HV 10

Bild 2-22
Kontinuierliches ZTU-Schaubild des Vergütungsstahles 41Cr4, nach Atlas zur Wärmebehandlung der Stähle.

- Das kontinuierliche ZTU-Schaubild, beginnend bei T_A und *ausschließlich* entlang der eingetragenen Abkühlkurven,
- das isothermische, beginnend bei T_A mit möglichst rascher Abkühlung (theoretisch unendlich schnell!) auf die Untersuchungstemperatur T_1 und ausschließlich entlang dieser Isothermen in Richtung zunehmender Zeiten.

Jeder andere »Ableseversuch« entspricht nicht den Messvorschriften und führt zwangsläufig zu falschen Ergebnissen.

2.5.3.1 ZTU-Schaubilder für kontinuierliche Abkühlung

Der Werkstoff wird von der Austenitisierungstemperatur T_A nach Maßgabe bestimmter Temperatur-Zeit-Kurven abgekühlt. Das kann mit technischen Abkühlmedien [z. B. Härteölen, Wasser, (Press-)Luft] oder mit der intensiven Wärmeleitung in der Wärmeeinflusszone einer Schmelzschweißverbindung erfolgen.

Eine Ablesung entlang der eingezeichneten Abkühlkurven liefert grundsätzliche Informationen zum Umwandlungsverhalten des Stahles. Sie lassen sich für Wärmebehandlungen (auch für den Schweißprozess, wie weiter unten noch erläutert wird) im weitesten Sinn nutzen. Die Methode soll an Hand von Bild 2-22, das die Austenitumwandlung des Vergütungsstahles 41Cr4 für drei Abkühlkurven zeigt, exemplarisch erläutert werden:

- *Die Mengenanteile und Arten der Umwandlungsgefüge.* Am Schnittpunkt der Abkühlkurve mit der *unteren* Grenzlinie des gerade durchlaufenen Gefügebereiches ist die prozentuale Menge dieses Gefüges angegeben.
  Beispiel, Abkühlkurve B: Das Umwandlungsgefüge besteht aus 8 % Ferrit, 50 % Perlit, 40 % Bainit und 2 % Martensit (nicht ablesbar, ergibt sich aus der Differenz zu 100 %!).
- *Die Härte des Umwandlungsgefüges.* Sie wird am Ende der Abkühlkurve in HV 10 oder HRC angegeben.
  Beispiel: Das gemäß Kurve B entstehende Gefüge hat eine Härte von 350 HV 10.
- *Die M_s-Temperatur,* die für die werkstoffgerechte Abschätzung der Vorwärmtemperatur zum Schweißen herangezogen werden kann.
  Beispiel: Die M_s-Temperatur des Stahles 41Cr4 beträgt etwa 360 °C.
- *Die Inkubationszeit t_i,* d. h. die Zeit der geringsten Austenitstabilität. Sie ist umgekehrt proportional der kritischen Abkühlgeschwindigkeit v_{ok}. Für den im Bild 2-22 dargestellten Vergütungsstahl beträgt die Inkubationszeit $t_i \approx 11$ s. Die Abkühlkurve C schneidet gerade noch keinen Umwandlungsbereich, sondern »taucht« nur in das Martensitgebiet ein. Dieser Temperatur-Zeit-Verlauf entspricht gerade der (oberen) kritischen Abkühlung. Es entsteht ein rein martensitisches Gefüge.

Begründet durch die Bedürfnisse der Praxis werden vor allem für Wärmebehandlungen, aber auch für Schweißvorgänge, verschiedene charakteristische Abkühlzeiten $t_{8/5}$ angegeben, die zu bestimmten Gefügeformen bzw. -mengen führen. Sie werden in Bild 2-23 beschrieben:

- K_m (K_{30}, K_{50}) ist die *längste* Abkühlzeit, unterhalb der noch 100 % (bzw. 30 %, 50 %) Martensit gebildet wird. Sie ist damit der oberen kritischen Abkühlgeschwindigkeit umgekehrt proportional.

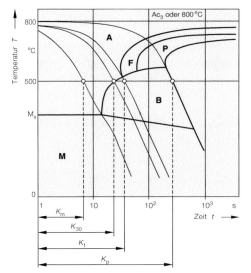

Bild 2-23
Zur Definition wichtiger Abkühlkennwerte.

- K_p ist die *kürzeste* Abkühlzeit, oberhalb der nur Gefüge der Perlitstufe (Ferrit und Perlit) gebildet werden. Diese Zeit ist damit der unteren kritischen Abkühlgeschwindigkeit umgekehrt proportional.
- K_f ist die *längste* Abkühlzeit, unterhalb der sich kein Ferrit mehr bildet.

Die Form der ZTU-Schaubilder (Lage, Art und Ausdehnung der Gefügefelder), d. h., das Umwandlungsverhalten ist von allen Faktoren abhängig, die die temperatur- und zeitabhängige Diffusion des Kohlenstoffs und der Legierungselemente beeinflussen. In der Hauptsache sind die folgenden Faktoren zu nennen:
- Die *Austenitumwandlung* wird durch Kohlenstoff und Legierungselemente grundsätzlich verzögert, d. h. zu längeren Zeiten und meistens auch zu tieferen Temperaturen verschoben. Die Inkubationszeit t_i nimmt also zu, d. h. die kritische Abkühlgeschwindigkeit nimmt ab.
- Die *Austenitstabilität* wird mit zunehmendem Legierungsgehalt größer. Die Bildung von Ferrit und Perlit, die bei hohen Temperaturen innerhalb kürzerer Zeiten entstehen, wird zu Gunsten des *Bainits* zurückgedrängt. Bainit (oberer, unterer, körniger) bildet sich bei tieferen Temperaturen und i. Allg. längeren Zeiten zwischen der Perlit- und Martensitstufe (daher früher anschaulich auch als »Zwischenstufe« bezeichnet). **Bainit** ist aus diesem Grund (neben Martensit) die typische Gefügeform legierter Stähle.

Die Bildfolge 2-24 zeigt schematisch die grundsätzliche Wirkung der *Legierungselemente* auf den Verlauf der Umwandlungslinien und der Art der Umwandlungsgefüge an Hand schematischer isothermischer ZTU-Schaubilder. Mit Hilfe von Darstellungen dieser Art kann das Umwandlungsverhalten beliebiger Stähle und damit ihr vermutliches Verhalten z. B. bei der »Wärmebehandlung« Schweißen ausreichend genau abgeschätzt werden.

Die *Austenitisierungstemperatur* T_A und die *Haltezeit* bei T_A beeinflussen die Anzahl der vorhandenen Keime, d. h. die Korngröße des Austenits und damit seine Umwandlungsneigung. Diese Werte sind daher in ZTU-Schaubildern als Referenz anzugeben.

Bild 2-25 zeigt vereinfacht den Einfluss metallurgischer und legierungstechnischer Maßnahmen (Art und Menge der Legierungselemente) auf das Umwandlungsverhalten des Austenits. Eine sehr genaue Übersicht liefert die Darstellung Bild 2-26. Die ZTU-Schaubilder der zum Schweißen geeigneten Stahltypen sind grau unterlegt.

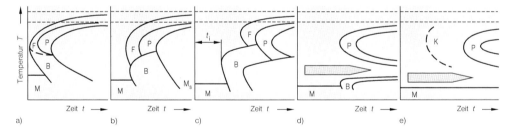

Bild 2-24
Allgemeine Wirkung der Legierungselemente auf das Umwandlungsverhalten von Stählen, dargestellt in (isothermischen) ZTU-Schaubildern, sehr vereinfacht. Der Legierungsgehalt nimmt vom Teilbild a) bis e) zu.

2.5.3.2 ZTU-Schaubilder für isothermische Wärmeführung

Von der Austenitisierungstemperatur T_A wird möglichst rasch (die Austenitumwandlung darf nicht schon während des Abkühlens beginnen!) auf die Untersuchungstemperatur T_i abgekühlt und bis zur vollständigen Umwandlung gehalten. Die Umwandlungsneigung kann mit der Umwandlungsgeschwindigkeit v_{um} beschrieben werden. Die antreibende Kraft der Umwandlung ist die Unterkühlung ΔT, s. a. Abschn. 1.4.2, S. 30.

Das Bild 2-27 zeigt das isothermische ZTU-Schaubild eines Vergütungsstahles 41Cr4 sowie die Gefügemengenkurven und die Härte der Umwandlungsgefüge.

Im eingezeichneten Beispiel wandelt sich der von 840 °C rasch auf 545 °C abgekühlte Austenit in einen aus ≈ 23 % Bainit und ≈ 77 % Perlit bestehenden Stahl (= Umwandlungsgefüge) um, der eine mittlere Vickershärte von ≈ 315 HV besitzt. Die Bainitbildung im unterkühlten Austenit beginnt nach ≈ 6 s, die Bildung des Perlits beginnt nach ≈ 100 s. Nach ≈ 7000 s ist die gesamte Austenitumwandlung in Bainit und Perlit beendet.

Die isothermische Umwandlung führt bei diesem Stahl bei einer Temperatur von etwa 650 °C in der kürzest möglichen Zeit (ungefähr 130 s) zu einem Umwandlungsgefüge, das aus etwa 5 % Ferrit und 95 % extrem feinem, d. h. sehr festem, aber auch hinreichend verformbarem Perlit besteht.

Der Verlauf der Umwandlungslinien in isothermischen und kontinuierlichen ZTU-Schaubildern muss prinzipiell ähnlich sein, da in beiden unabhängig von der Art der Versuchsführung das Diffusionsverhalten des Kohlenstoffs und der Legierungselemente beschrieben wird. Trotzdem gibt es grundsätzliche Unterschiede, wie z. B. der gleichmäßige Abfall der M_s-Temperatur im Bainitbereich. Der Grund sind voreutektoide Ferritausscheidungen und die teilweise Umwandlung in der oberen Bainitstufe, die zu einer Kohlenstoffzunahme des restlichen Austenits führen und damit zu einer Abnahme der M_s-Temperatur, s. Bild 2-22.

Während einer Austenitumwandlung mit isothermischer Wärmeführung ist im Vergleich zu einer kontinuierlichen Abkühlung bei T_i die maximal mögliche Unterkühlung sofort, d. h. schon zu Beginn der Wärmeführung vorhanden ($\Delta T = T_A - T_i$). Jede Umwandlung bei einer kontinuierlichen Abkühlung erfolgt also im Vergleich zur isothermischen Wärmeführung abhängig von der Größe der Abkühlgeschwindigkeit *später* und in aller Regel bei *niedrigeren* Temperaturen.

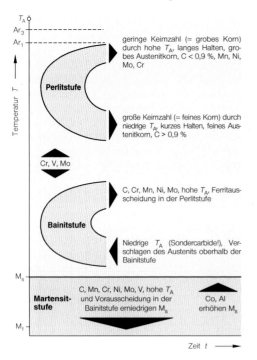

Bild 2-25
Wirkung metallurgischer und legierungstechnischer Einflüsse auf die Lage der wichtigsten Umwandlungslinien im ZTU-Schaubild, nach Kroneis.

Die Pfeilsymbole geben die Richtung an, in der die Umwandlungslinien unter der Wirkung des entsprechenden Einflusses verschoben werden.

2.5.3.3 Möglichkeiten und Grenzen der ZTU-Schaubilder

ZTU-Schaubilder beschreiben die Austenitumwandlung bei jedem möglichen Temperatur-Zeit-Verlauf. Sie sind daher für eine abschätzende Vorausschau des Werkstoff- bzw. Umwandlungsverhaltens bei Wärme-

Abschn. 2.5: Die Wärmebehandlung der Stähle   151

behandlungen unverzichtbare Hilfsmittel. Die Genauigkeit der Aussagen hängt von folgenden Faktoren ab:

– Das ZTU-Schaubild gilt nur für einen bestimmten Stahl. Analysentoleranzen, unterschiedliche thermische und gefügemä-

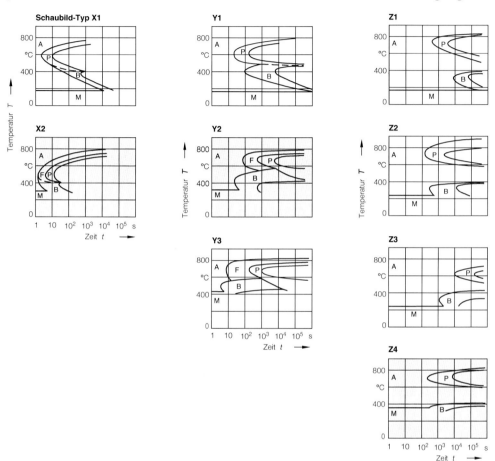

Bild 2-26
Charakteristische Grundformen isothermischer ZTU-Schaubilder, dargestellt für unterschiedliche Wirksummen L der Legierungselemente, vereinfacht nach Peter und Finkler. Die ZTU-Schaubilder der schweißgeeigneten Stähle (C ≤ 0,2 %) und die Felder ihrer Wirksummen sind grau unterlegt.

ßige Vorgeschichte (z. B. Wärmebehandlungszustand, Erschmelzungs- und Vergießungsverfahren, Gefügeanteile, Korngröße, Austenitisierungstemperatur und -dauer bzw. -Haltezeit, Seigerungen) führen zu merklichen Abweichungen.
– Das Umwandlungsverhalten wird an Proben mit sehr geringer Masse festgestellt. Die Übertragung auf das Verhalten eines großen Bauteils ist daher nur begrenzt möglich. Der Abkühlverlauf an der Oberfläche und im Kern muss bekannt sein. Als Folge der erheblichen Unterschiede der Abkühlgeschwindigkeiten entstehen sehr unterschiedliche Umwandlungsgefüge. Bild 2-28 zeigt diese Vorgänge vereinfacht an Hand des kontinuierlichen ZTU-Schaubildes für den Stahl 41Cr4, Bild 2-22, in dem die Abkühlbedingungen für ein dickwandiges zylindrisches Bauteil eingetragen sind.
– Die Austenitisierungsbedingungen in der Wärmeeinflusszone von Schmelzschweißverbindungen weichen extrem von denen einer technischen Wärmebehandlung ab (Abschn. 2.5.3.4).

2.5.3.4 Anwendbarkeit der ZTU-Schaubilder auf Schweißvorgänge

Die Übertragbarkeit der aus üblichen ZTU-Schaubildern gewonnenen Informationen auf die Vorgänge bei der »Wärmebehandlung« durch Schweißprozesse ist nur bei Beachtung einiger schweißtechnischer Besonderheiten hinreichend genau möglich.

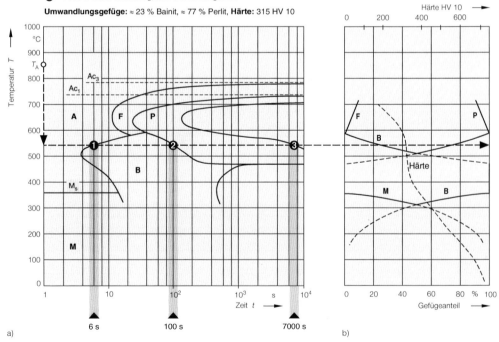

Bild 2-27
ZTU-Schaubild des Stahles 41Cr4 für isothermische Wärmeführung, nach Atlas zur Wärmebehandlung der Stähle. Siehe auch das kontinuierliche ZTU-Schaubild des gleichen Stahls, Bild 2-22.
a) ZTU-Schaubild,
b) Gefügemengenkurven.

Abschn. 2.5: Die Wärmebehandlung der Stähle 153

Das typische Kennzeichen der Wärmebehandlung der WEZ beim Schweißen ist der verfahrensabhängige und damit sehr unterschiedliche nicht bzw. schwer reproduzierbare Temperatur-Zeit-Verlauf. Im Gegensatz zu dem einer üblichen Wärmebehandlung zeigt er charakteristische Unterschiede:
- Die »Austenitisierungstemperatur« T_A in der Wärmeeinflusszone liegt mehrere hundert Grad über der Ac_3-Temperatur des Stahles, s. a. Bild 2-12b. Die Folge ist ein extremes *Kornwachstum*, das außerdem die Austenitumwandlung verzögert, Bild 2-25.
- Die »Austenitisierungsdauer« t_A und die Erwärmungsdauer liegen im Bereich einiger Sekunden. Die Homogenität des Austenits, d. h., die für die Austenitumwandlung vorausgesetzte gleichmäßige Verteilung der Legierungselemente wird dadurch verringert.

Diese Mängel versucht man durch die Aufnahme von ZTU-Schaubildern zu beheben, die den *gesamten* thermischen Zyklus des Schweißprozesses berücksichtigen. Sie beschreiben das reale Umwandlungsgeschehen in der WEZ relativ genau, sind zzt. aber nur für wenige Stähle verfügbar.

Trotz dieser erheblichen Einschränkungen liefern übliche (für die Härtereitechnik entwickelten!) ZTU-Schaubilder eine Reihe bemerkenswerter Informationen:
- Bei Kenntnis des Abkühlverlaufes (oder näherungsweise der Abkühlzeit $t_{8/5}$) kann die *Höchsthärte* in der WEZ verhältnismäßig zuverlässig abgeschätzt werden.
- Die bildliche Darstellung des gesamten *Umwandlungsgeschehens* ermöglicht dem Ingenieur eine schnelle »Über-Alles-Übersicht« des zu erwartenden Schweißverhaltens des Stahles und die Ausarbeitung einer erfolgversprechende Schweißtechnologie. Diese quantitativ kaum beschreibbaren Informationen sind für den kundigen Anwender von großer Bedeutung und mit anderen Hilfsmitteln nur schwer beschaffbar.
- Die aus den genannten Gründen nicht sehr zuverlässig bestimmbaren *Gefügearten* und -*mengen* sowie die zu erwartende *Höchsthärte* in der WEZ geben trotzdem verwertbare Hinweise auf eine erfolgversprechende Schweißtechnologie.
- Die *Aufhärtbarkeit* und *Einhärtbarkeit*, d. h., einige für das Schweißverhalten entscheidende Eigenschaften lassen sich aus der Martensithärte und der Inkubationszeit t_i bzw. der Zeit K_m recht zuverlässig abschätzen.
- Die M_s-*Temperatur* ist bei Stählen mit einer bestimmten Zusammensetzung [höhergekohlte und (oder) höherlegierte Stähle] als werkstofflich begründete Vorwärmtemperatur eine sehr geeignete Größe (Abschn. 4.1.3.3, S. 327).

Mit diesen Informationen lassen sich einige schweißmetallurgische Probleme bei Stählen erkennen und lösen, die

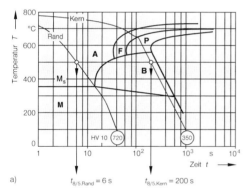

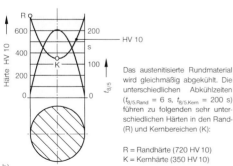

Bild 2-28
Einfluss unterschiedlicher Abkühlzeiten $t_{8/5}$ im Rand- ($t_{8/5.Rand}$) und Kernbereich ($t_{8/5.Kern}$) dickwandiger Bauteile auf die Härte der Umwandlungsgefüge (b), dargestellt an Hand des kontinuierlichen ZTU-Schaubilds eines Vergütungsstahls 41Cr4 (a), s. Bild 2-22, S. 147, schematisch.

– leicht aufhärten, z. B. höhergekohlte Vergütungsstähle oder
– die zum Herstellen risssicherer Verbindungen eine aufwändige und ohne diese Schaubilder nicht erkennbare Wärmeführung erfordern: z. B. vergütete (Feinkornbau-) Stähle, Werkzeugstähle.

Die folgenden Verfahrensvarianten werden in der Praxis für die vorgenannten in der Regel sehr schlecht schweißgeeigneten Stähle verwendet.

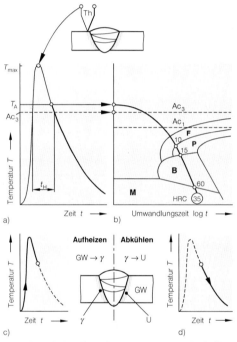

Eigenschaften der beim Schweißen austenitisierten Bereiche der WEZ nach der Umwandlung γ → U (Teilbild b):
Härte: 35 HRC
Gefüge der WEZ besteht aus: 10 % Ferrit, 15 % Perlit, 60 % Bainit, 15 % Martensit

Bild 2-29
Näherungsweises Bestimmen einiger Kennwerte (Härte, prozentuale Mengenanteile der einzelnen Gefügesorten) der WEZ von Schmelzschweißverbindungen mit Hilfe üblicher, konventioneller (kontinuierlicher) ZTU-Schaubilder, schematisch.
a) Der gemessene Temperatur-Zeit-Verlauf beim Schweißen wird in das
b) ZTU-Schaubild des Stahles punktweise übertragen.
c) Umwandlungsvorgänge in der WEZ während der Aufheizphase und der
d) Abkühlphase.

Allgemeines Verfahren
Die grundsätzliche Methode der Auswertung ist in Bild 2-29 dargestellt. Sie erfordert die Kenntnis eines charakteristischen Temperatur-Zeit-Verlaufes, der z. B. mit einem Thermoelement (bzw. einem Temperatur-Zeit-Schreiber) festgestellt werden kann. Nach dem punktweisen Übertragen der T-t-Kurve in das ZTU-Schaubild, können Gefügeart und -menge (10 % Ferrit, 15 % Perlit, 60 % Bainit, 15 % Martensit) und die Härte des in der WEZ entstandenen Gefüges (35 HRC) abgelesen werden.

Isothermisches Schweißen
Risssicherheit und ausreichende Zähigkeit der WEZ sind für die Bauteilsicherheit entscheidende Eigenschaften. In den meisten Fällen ist die Entstehung rissanfälliger und (oder) spröder Zonen durch ein Vorwärmen der Fügeteile vermeidbar. Die Wirksamkeit dieses Verfahrens besteht in der Verringerung der Abkühlgeschwindigkeit. Mit Hilfe der ZTU-Schaubilder lassen sich die zu ergreifenden Maßnahmen aber sehr viel einfacher erkennen.

Bild 2-30 zeigt das kontinuierliche ZTU-Schaubild eines schlecht schweißgeeigneten Vergütungsstahles. Ein Schweißen ohne Vorwärmung (Abkühlkurve 1) erzeugt ein nahezu vollständig martensitisches Gefüge mit einer Härte über 500 HV (s. a. Bild 1-43). Rissbildung in der WEZ ist damit unvermeidlich. Andererseits verringert ein Vorwärmen auf 380 °C (Kurve 2) bei einer M_s-Temperatur von etwa 350 °C zwar den Martensitanteil und die Härte, die Rissanfälligkeit als Folge des spröden hochgekohlten Martensits bleibt aber weitgehend bestehen. Bei Kenntnis des Umwandlungsverhaltens des Stahles ist die Wärmeführung gemäß Abkühlkurve 3 am sinnvollsten. Das Halten bei der über M_s liegenden Vorwärmtemperatur während der gesamten Schweißzeit bietet folgende Vorteile:
– Die zähen austenitisierten bzw. in Bainit umgewandelten Bereiche der Wärmeeinflusszone bauen die Eigenspannungen durch Plastifizieren gewöhnlich leichter ab als der wenig verformbare, d. h. wenig schweißgeeignete Grundwerkstoff.

– Das Gefüge der Wärmeeinflusszone besteht nach der Umwandlung (etwa 10 bis 12 min, Zeit t_z in Bild 2-30) *vollständig* aus dem wesentlich besser verformbaren und weniger rissanfälligen Bainit.

Stufenhärtungsschweißen
Dieses Verfahren wurde zum Schweißen der extrem schlecht schweißgeeigneten Werkzeug- und Vergütungsstähle entwickelt. Es setzt allerdings ein spezielles Umwandlungsverhalten des Austenits voraus, das aus Bild 2-24d erkennbar ist. Die für diese Technologie entscheidende Voraussetzung ist die Existenz eines umwandlungsfreien Bereichs zwischen der Perlit- und der Bainitstufe. Während des Aufenthaltes in der umwandlungsträgen Zone kann verhältnismäßig sicher geschweißt werden.

Das auf Härtetemperatur erwärmte Werkstück wird auf die etwa zwischen 500 °C und 550 °C liegende *Stufentemperatur* abgekühlt und während der gesamten Schweißdauer bei dieser Temperatur gehalten. Der zähe, austenitisierte Werkstoff kann die entstehenden Schweißeigenspannungen durch Verformen abbauen und damit die Rissneigung erheblich verringern. Bei Verwendung artgleicher (!) Zusatzwerkstoffe ist das Werkstück nach dem Abkühlen oder einem erneuten Austenitisieren mit anschließendem Härten und Vergüten rissfrei und vorschriftsmäßig wärmebehandelt.

2.5.3.5 ZTA-Schaubilder
Ähnlich wie die Art der Abkühlung beeinflusst auch der Temperatur-Zeit-Verlauf beim *Aufheizen* des Stahles den Ablauf und das Ergebnis der Austenitbildung. Die dabei stattfindenden werkstofflichen Änderungen lassen sich in den *Zeit-Temperatur-Austenitisierungs-Schaubildern (ZTA)* sehr anschaulich beschreiben.

Die daraus ableitbaren Informationen lassen sich in folgenden Teilschaubildern darstellen:
– ZTA-Schaubilder, sie zeigen in Abhängigkeit von der Aufheizgeschwindigkeit bzw. der Haltezeit die *Eigenschaften* des Austenits (z. B. Korngröße, Grad der Homogenität) und den *Verlauf* der Austenitauflösung;
– ZTA-Kornwachstum-Schaubild;
– ZTA-Abschreckhärte-Schaubild;
– ZTA-Martensitbeginn-Schaubild;
– ZTA-Carbidauflösung-Schaubild.

Die Austenitauflösung wird vor allem durch Carbide – besonders wenn sie kohlenstoffaffine Legierungselemente enthalten – stark verzögert. Die gewünschte Homogenität des Austenits, d. h., die gleichmäßige Verteilung des Kohlenstoffs und der Legierungselemente in den geseigerten Bereichen lässt sich demnach erst nach sehr langer Haltedauer erreichen. Häufig sind die hierfür erforderlichen Zeiten so groß, dass nicht der metallkundlich homogene, sondern nur der technisch homogene Austenit erreichbar ist.

Außer der chemischen Zusammensetzung bestimmt auch das Ausgangsgefüge und dessen Korngröße das Austenitisierungsverhalten. Ein Ungleichgewichtsgefüge (Martensit, Bainit) wandelt bei sonst gleichen Bedin-

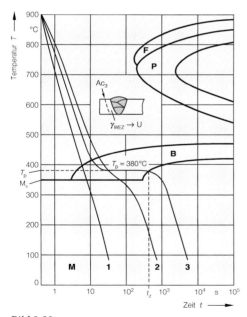

Bild 2-30
Einfluss der Vorwärmtemperatur T_p auf die Art des Umwandlungsgefüges in der WEZ beim isothermischen Schweißen eines Vergütungsstahles mit 0,25 % Kohlenstoff und 5 % Chrom, nach Cabelka.

gungen schneller und bei niedrigeren Temperaturen in Austenit um als ein gleichgewichtsnahes. Die im Ungleichgewichtsgefüge gespeicherte höhere Energie ist Ursache und treibende »Kraft« dieser beschleunigten Austenitauflösung.

Die Austenitbildung während des Erwärmens lässt sich durch eine kontinuierliche oder isothermische Temperaturführung erreichen. Daraus ergeben sich die folgenden Typen der ZTA-Schaubilder:

◻ **Kontinuierliche ZTA-Schaubilder,**
sie beschreiben die Wirkung unterschiedlicher Aufheizgeschwindigkeiten auf die Vorgänge während der Austenitbildung (z. B. Schweißen, Randschichtkurzzeithärten, Induktionshärtung).

◻ **Isothermische ZTA-Schaubilder,**
sie sind für Wärmebehandlungen wesentlich wichtiger. Mit ihnen ist die zeitabhängige Austenitbildung bei einer konstanten (isothermischen) Erwärmungstemperatur darstellbar.

Nach dem Eisen-Stahl-Prüfblatt 1680 werden in diesen Ungleichgewichts-Schaubildern zusätzlich zu den mit A gekennzeichneten Umwandlungstemperaturen weitere mit dem Index »c« (c = chauffage; Erwärmen, siehe Fußnote 19, S. 134) gekennzeichnete verwendet:

Ac_{1b} Temperatur, bei der die Bildung des Austenits beginnt (es liegt noch 1 % Austenit vor).

Ac_{1e} Temperatur, bei der die Bildung des Austenits endet (es liegen noch 1 % Carbide vor).

Ac_{cm} Temperatur, bei der die Auflösung des Zementits im Austenit übereutektoider Stähle endet.

Ac_c Temperatur, bei der die Auflösung von Carbiden im Austenit legierter Stähle endet.

Der sich nach Einstellung des thermodynamischen Gleichgewichts ergebende Existenzbereich des Austenits wird durch das Eisen-Kohlenstoff-Schaubild dargestellt, Bild 2-9. Dieses Schaubild wird mit Proben ermittelt, die »unendlich langsam« (etwa 3 K/min) auf die Solltemperatur erwärmt werden.

Isothermische ZTA-Schaubilder
In rasch auf die Untersuchungstemperatur aufgeheizten Proben ($v_{Auf} \approx 130$ K/s) wird der Ablauf der Austenitbildung abhängig von der *Haltezeit* im Austenitbereich festgestellt. Bild 2-31 zeigt das isothermische ZTA-Schaubild eines Stahles C45E (Ck 45). Im Bereich des inhomogenen Austenits sind zusätzlich Linien gleicher Härte eingetragen. Sie wurden mit Proben ermittelt, die durch schnelles Abkühlen in Martensit umwandelten. Je größer die Härte, umso größer ist daher die im Austenit gelöste Kohlenstoffmenge, d. h. auch seine Homogenität.

Das folgende Beispiel verdeutlicht die mit diesen Schaubildern mögliche Auswertung. In einer mit $v_{Auf} \approx 130$ K/s auf 800 °C aufgeheizten Probe beginnt nach etwa 0,4 s die Austenitbildung (Ac_{1b}), Bild 2-31. Nach 9 s sind die Carbide gelöst (Ac_{1e}) und das Gefüge besteht nur noch aus Ferrit und Austenit. Nach etwa 1600 s wird Ac_3 überschritten, d. h., das Gefüge besteht aus inhomogenem Austenit, der nach einem Abschrecken nur eine Martensithärte von 720 HV aufweist. Der sich nach

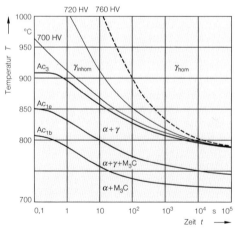

Bild 2-31
Isothermisches ZTA-Schaubild eines Stahles C45E (Ck 45). Die gestrichelte Linie trennt die Bereiche des inhomogenen (γ_{inhom}) und des homogenen (γ_{hom}) Austenits. In Bereich des inhomogenen Austenits sind Linien gleicher Härte von Proben angegeben, die in Salzwasser abgeschreckt wurden, nach Hougardy.

10 000 s bildende homogene Austenit hat den maximalen Gehalt an *gelöstem* Kohlenstoff und daher auch die maximal mögliche Härte von 760 HV.

Bei technischen Wärmebehandlungen wird daher wegen der gleichmäßigen Verteilung der Legierungselemente d. h. der größeren Gleichmäßigkeit des Gefüges und damit der mechanischen Eigenschaften in den meisten Fällen ein homogener Austenit angestrebt. Die Austenitisierungsbedingungen müssen allerdings so gewählt werden, dass es nicht zu der sehr unerwünschten Vergröberung des Kornes kommt. Das wird mit ZTU-Schaubildern erreicht, in denen Linien gleicher Korngröße eingetragen sind. Mit diesen Angaben lassen sich Wärmebehandlungsparameter wählen, mit denen eine gewünschte Austenitkorngröße sicher einstellbar ist.

Kontinuierliche ZTA-Schaubilder
Die von der im Allgemeinen großen Aufheizgeschwindigkeit abhängigen werkstofflichen Vorgänge bei der Austenitumwandlung sind z. B. bei der Induktionshärtung und bei den meisten Schweißprozessen von Bedeutung, Bild 2-32.

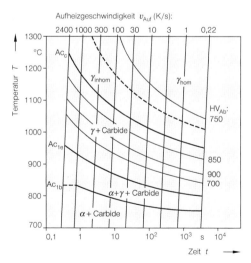

Bild 2-32
Kontinuierliches Abschreckhärte-ZTA-Schaubild des Wälzlagerstahles 100Cr6.
HV_{Ab} = *Härte von Proben, die von Temperaturen im Austenitgebiet in Salzwasser abgeschreckt wurden (=Abschreckhärte).*

Die Umwandlungspunkte werden mit zunehmender Aufheizgeschwindigkeit v_{Auf} zu höheren Temperaturen verschoben, weil sich nach den Diffusionsgesetzen eine geringe Zeit nur durch eine erhöhte Temperatur ausgleichen lässt. In dem z. B. mit v_{Auf} = 100 K/s aufgeheizten Wälzlagerstahl 100Cr6 beginnt über 790 °C die Austenitbildung und ist bei etwa 870 °C abgeschlossen. Die höchste Härte von etwa 900 HV ergibt sich nach einem Austenitisieren bei ungefähr 980 °C. Das Gefüge besteht aus Martensit und eingelagerten Carbiden.

Der unerwünschten Vergröberung des Austenitkorns bzw. der Korngröße des Umwandlungsgefüges kann wirksam durch Begrenzen der Austenitisierungstemperatur, vor allem aber mit Hilfe nicht gelöster Partikel in der Matrix (z. B. Carbide, Nitride), begegnet werden.

2.6 Festigkeitserhöhung metallischer Werkstoffe

2.6.1 Prinzip der Festigkeitserhöhung

Für das Verständnis der Wirkungsweise der festigkeitserhöhenden Mechanismen sind Kenntnisse der metallphysikalischen Vorgänge während der plastischen Verformung und deren Auswirkungen auf die Werkstoffeigenschaften von Metallen erforderlich. Die Fähigkeit metallischer Werkstoffe, sich unter der Wirkung äußerer Spannungen zu verformen, ist für die spanlosen Fertigungsverfahren (Walzen, Pressen, Schmieden, Stauchen, Ziehen) besonders wichtig. Für die Funktionssicherheit geschweißter Bauteile ist außerdem die Eigenschaft Zähigkeit »lebensnotwendig«, weil kurzzeitige, örtlich begrenzte Überlastungen durch plastische Verformungen unwirksam gemacht werden können.

Der Beginn der Versetzungsbewegung (Abschn. 1.2.2.1, S. 7) bedeutet, dass die Beanspruchung im Werkstoff die Streckgrenze örtlich erreicht hat. Damit beruht der prinzipielle Wirkmechanismus jeder Maßnahme, die die Festigkeit metallischer Werkstoffe erhöht, auf folgenden Grundtatsachen:

Die Versetzungen müssen blockiert bzw. ihre Bewegung erschwert werden. Hierfür stehen eine Reihe unterschiedlich geeigneter Methoden zur Verfügung:

- **Kaltverfestigung:**
  Die Versetzungsdichte wird erhöht: *Versetzungshärtung*.
- **Mischkristallverfestigung:**
  Die Versetzungsbewegung wird durch gelöste Atome erschwert.
- **Ausscheidungshärtung:**
  Die Versetzungsbewegung wird durch Teilchen erschwert: *Teilchenhärtung*.
- **Korngrenzenhärtung:**
  Die Versetzungsbewegung wird durch die Hindernisse »Korngrenzen« erschwert.
- **Martensithärtung:**
  Die Versetzungsbewegung wird durch übersättigte Mischkristalle und hohe Versetzungsdichte erschwert: *Versetzungshärtung* und *Mischkristallverfestigung*.
- **Thermomechanische Behandlung:**
  Die Versetzungsbewegung wird durch die *Ausscheidungs-* und *Versetzungshärtung* erschwert.

Die technische Nutzung der hier vorgestellten festigkeitssteigernden Methoden wird durch deren *additive Wirkung* (d. h. die gesamte Festigkeitssteigerung ist die Summe der einzelnen beteiligten festigkeitserhöhenden Mechanismen!) sehr erleichtert.

2.6.2 Abschätzen der maximalen Festigkeit

2.6.2.1 Theoretische Schubfestigkeit

Die zum plastischen Verformen eines idealen Gitters erforderliche kritische Schubspannung τ_{max} kann angenähert aus den Bindungskräften der Atome im Gitter berechnet werden. Bild 2-33 zeigt schematisch die geometrischen Einzelheiten der Ermittlung.

Das Verschieben der Atomebene I über II erfordert die Schubspannung τ, deren Verlauf in erster Näherung sinusförmig angenommen werden kann [20].

$$\tau = G \cdot \gamma \approx G \cdot \frac{x}{b} \approx \tau_{max} \cdot \frac{2\pi x}{a}. \quad [2\text{-}5]$$

Nach dem *Hooke*schen Gesetz gilt weiterhin:

$$\tau = \tau_{max} \cdot \sin\frac{2\pi x}{a} \approx \tau_{max} \cdot \frac{2\pi x}{a}. \quad [2\text{-}6]$$

Mit $b = \frac{a}{2} \cdot \sqrt{3}$ folgt aus Gl. [2-5]:

$$\tau_{max} = \frac{G}{2\pi} \cdot \frac{a}{b} = \frac{G}{\pi} \cdot \frac{1}{\sqrt{3}} \approx \frac{G}{8} \ldots \frac{G}{10}. \quad [2\text{-}7]$$

Für Eisen-Einkristalle ergibt sich z. B. daraus mit $G = 118\,000\,\text{N/mm}^2$ in der [111]-Richtung:

$$\tau_{max} \approx 12\,000\,\text{N/mm}^2 \text{ bis } 14\,500\,\text{N/mm}^2,$$

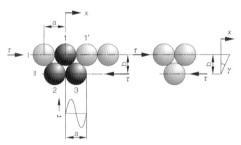

Bild 2-33
Zur Ableitung der theoretischen (maximalen) Schubfestigkeit eines idealen Gitters.

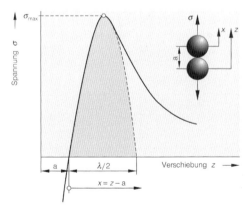

Bild 2-34
Abhängigkeit der Spannung σ von der Verschiebung z bei Änderung des Abstandes zwischen zwei Atomen, nach Dieter, s. a. Bild 1-3a, S. 4.

[20] Um das Atom 1 (Bild 2-33) der Atomebene I in den Zustand 1' zu bringen, muss die Schubspannung τ den skizzierten annähernd sinusförmigen Verlauf haben.

während bei realen (technischen) Eisenwerkstoffen Werte von etwa 20 N/mm² gemessen werden. Man erkennt, dass die theoretische Schubspannung etwa um den Faktor 100 bis 1000 größer ist als die gemessene, d. h. die tatsächlich vorhandene. Diese erhebliche Abweichung von den theoretischen Voraussagen lässt sich mit der Anwesenheit bestimmter Gitterstörstellen – hauptsächlich Versetzungen – und verschiedener rissähnlicher Defekte in realen Metallen erklären.

2.6.2.2 Theoretische Kohäsionsfestigkeit

Der Gleichgewichtsabstand zwischen zwei Atomen a lässt sich durch Aufbringen einer äußeren Spannung σ vergrößern, Bild 2-34. Die Form und Aussehen der Kurve ist das Ergebnis der anziehenden und abstoßenden Kräfte zwischen den Atomen, Bild 1-3, S. 4. Die Atombindung wird bei Erreichen der theoretischen Kohäsionsfestigkeit σ_{max} zerstört. Eine weitere Vergrößerung der Verschiebung z bzw. x führt dann zu einer Abnahme der Spannung.

Die theoretische σ-z-Kurve lässt sich angenähert in Form einer Sinusfunktion darstellen. Für hinreichend kleine Verschiebungen $x = z - a$, d. h. $\sin x \approx x$, gilt dann:

$$\sigma = \sigma_{max} \cdot \sin \frac{2\pi x}{\lambda} \approx \sigma_{max} \cdot \frac{2\pi x}{\lambda}. \qquad [2\text{-}8]$$

Nach dem *Hookes*chen Gesetz ist:

$$\sigma = E \cdot \varepsilon = E \cdot \frac{x}{a}. \qquad [2\text{-}9]$$

Daraus ergibt sich σ_{max} zu:

$$\sigma_{max} = \frac{\sigma \cdot \lambda}{2\pi x} = \frac{E \cdot \lambda}{2\pi a}. \qquad [2\text{-}10]$$

Die durch die Zerstörung der atomaren Bindungen entstehenden Bruchflächen erfordern für ihre Bildung die Oberflächenenergie der Größe $U = 2 \cdot \gamma$. Sie wird durch die Fläche unter der σ-z-Kurve repräsentiert, siehe Gl. [2-11]:

$$2 \cdot \gamma = \sigma_{max} \cdot \int_{a}^{a+\lambda/2} \sin \frac{2\pi x}{\lambda} dx$$

$$= -\sigma_{max} \cdot \frac{\lambda}{2\pi} \cdot \cos \frac{2\pi x}{\lambda} \bigg|_{a}^{a+\lambda/2} = \lambda \cdot \frac{\sigma_{max}}{\pi}.$$

Daraus ergibt sich mit Gl. [2-10] die theoretische Kohäsionsfestigkeit der Metalle angenähert zu:

$$\sigma_{max} = \sqrt{\frac{E \cdot \gamma}{a}}. \qquad [2\text{-}12]$$

Für Eisen- bzw. Stahlwerkstoffe ergibt sich z. B. σ_{max} mit $E = 21 \cdot 10^6$ N/cm², $a = 3 \cdot 10^{-8}$ cm und $\gamma = 10^{-2}$ N/cm ein Wert von $\sigma_{max} \approx E/8$.

Als grober Schätzwert wird für Metalle gewöhnlich angenommen:

$$\sigma_{max} \approx \frac{E}{10}. \qquad [2\text{-}13]$$

2.6.3 Methoden zum Erhöhen der Festigkeit

2.6.3.1 Kaltverfestigung

Im weichgeglühten Zustand beträgt die Versetzungsdichte (das ist die Gesamtlänge der Versetzungslinien in jedem cm³ Werkstoff) 10^6 cm/cm³ bis 10^8 cm/cm³. Je nach dem Grad der Kaltverformung erhöht sich die Versetzungsdichte auf 10^{10} cm/cm³ bis 10^{12} cm/cm³ (Abschn. 1.3.3, S. 18, Verfestigung). Die Folge der steigenden Versetzungsdichte ist eine zunehmende Behinderung der Versetzungsbewegung, d. h., die für eine plastische Verformung erforderliche Schubspannung nimmt ständig zu. Die Festigkeit und Härte steigen (Kaltverfestigung!), und die Verformungs- bzw. Zähigkeitskennwerte nehmen erheblich ab, Bild 2-35.

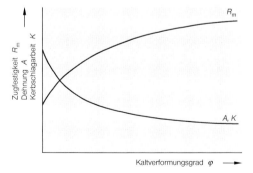

Bild 2-35
Einfluss der Kaltverformung (φ) auf Zugfestigkeit (R_m) und Zähigkeitseigenschaften (A, K) metallischer Werkstoffe, schematisch.

Diese Methode wird üblicherweise für NE-Metalle angewendet, bei Stahl ist sie wegen der damit verbundenen erheblichen Abnahme der (Schlag-)Zähigkeit weniger gebräuchlich. Außerdem wird beim Schweißen der über die Rekristallisationstemperatur erwärmte Bereich der Wärmeeinflusszone durch **Rekristallisationsvorgänge** entfestigt. Die Entfestigung nimmt mit der Höhe der Kaltverformung, der Glühtemperatur und der Verweilzeit zu, beim Schweißen mit der Größe des Wärmeeinbringens Q und der Vorwärmtemperatur T_p.

2.6.3.2 Mischkristallverfestigung

In Mischkristallen sind wegen der unterschiedlichen Größe der Matrixatome und der gelösten Atome Gitterverspannungen vorhanden. Sie sind eine Ursache für die höhere Festigkeit und Härte legierter Werkstoffe im Vergleich zu legierungsfreien d. h. »reinen« Metallen. Bei Annahme einer völlig *statistischen Verteilung* der gelösten Atome in der Matrix werden Versetzungen von den Spannungsfeldern gleich oft *angezogen* wie *abgestoßen*. In erster Näherung wird die für die Versetzungsbewegung erforderliche Schubspannung also nicht erhöht. Die Festigkeitszunahme durch gelöste Atome wäre bei alleiniger Wirkung des Größenunterschiedes der Atome und ihrer gleichmäßigen Verteilung in der Matrix nicht zutreffend beschreibbar, Bild 2-36. Tatsächlich sind aber die gelösten Atome *nicht* statistisch regellos im Gitter

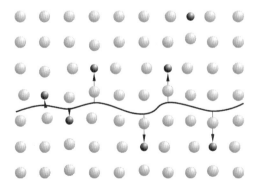

Bild 2-36
Die Bewegung einer Versetzungslinie durch einen Mischkristall erfordert nur geringfügig größere Schubspannungen als in einer Matrix, die nur aus einer Atomsorte besteht.

verteilt, sondern es entstehen praktisch immer bestimmte »nicht zufällige« Atomanordnungen (Abschn. 1.6):

– Die Atome liegen gehäuft und geordnet bzw. gehäuft und ungeordnet in bestimmten Gitterbereichen vor: *Zonenbildung* oder *einphasige Entmischung* mit geordneter Konzentration der gelösten Atome oder *Clusterbildung* mit ungeordneter Konzentration der gelösten Atome. Diese Form der Atomanordnung findet man vorwiegend als Vorausscheidungszustände bei der Ausscheidungshärtung nach einer thermischen Aktivierung.

– Zwischen ungleichen Atomen (A-B) wirken stärkere anziehende Kräfte als zwischen den gleichartigen (A-A, B-B). Es entsteht die geordnete Atomanordnung, die *Überstruktur (Fernordnung)*.

– Die Atomart A wird bevorzugt von B-Atomen umgeben, das ist die *Nahordnung (short range order)*.

– Die Atome lösen sich bevorzugt an Versetzungen, Korngrenzen und anderen *Gitterstörstellen*.

Nach *Cottrell* kann damit die Mischkristallverfestigung durch die Wechselwirkung gelöster Atome in Form von »Wolken« mit Versetzungen beschrieben werden. Die in den Versetzungskernen angehäuften Atome erschweren die Versetzungsbewegung erheblich, weil zum Losreißen der Versetzung von den sie umgebenden »Atomwolken« große Schubspannungen erforderlich sind. Diese Vorgänge sind im übrigen auch die Ursache der ausgeprägten Streckgrenze, eine bei unlegierten niedriggekohlten Stählen charakteristische Erscheinung. Das Losreißen der Atomwolken (Kohlenstoff- und Stickstoffatome) von den Versetzungen führt bei Zugversuchen zu Kraft-Verlängerungs-Schaubildern, die den typischen diskontinuierlichen Verlauf im Bereich der Streckgrenze zeigen.

Diese Methode wird überwiegend zur Festigkeitserhöhung von NE-Metallen, aber auch für die höherfesten thermomechanisch behandelten Stähle (Abschn. 2.7.6.2) verwendet. Bei anderen Stählen ist der legierungstechnische Aufwand zu groß und (oder) die erreichbaren mechanischen Eigenschaften sind unzureichend. Stähle auf der Basis »Einlagerungsmischkristall« (H, O, N, C) sind zwar z. T. extrem fest, aber meistens auch spröde bis zur Unbrauchbarkeit.

2.6.3.3 Ausscheidungshärtung

Ausscheidungshärtende Legierungen müssen bestimmte werkstoffliche und konstitutionelle Bedingungen erfüllen, Bild 1-64:
- Die Legierungen müssen mit *abnehmender* Temperatur eine *abnehmende Löslichkeit* für das Legierungselement B besitzen (alle Legierungen mit einem B-Gehalt von $c_0\%$ bis $c_2\%$ sind geeignet).
- Durch *rasches Abkühlen* von $T_{Lös}$ wird nach Unterschreiten der Löslichkeitslinie a-b die Ausscheidung der β_{seg} unterdrückt, d. h., es werden übersättigte, also lösungsverfestigte Mischkristalle erzeugt.
- Mit einer anschließenden Wärmebehandlung (*Auslagern*, auch *Aushärten* genannt) muss die gewünschte Größe d. h. im Wesentlichen die Kohärenzspannungen, Form und Verteilung der Ausscheidungen einstellbar sein (Aufgabe 5-2, S. 567).

Die Ausscheidungshärtung erfordert demnach die nachstehende Folge von Wärmebehandlungen, Bild 1-64, S. 53:
- *Lösungsglühen* bei $T_{Lös}$,
- *Abschrecken* auf Raumtemperatur zum Erzeugen der übersättigten Mischkristalle,
- *Auslagern* im Bereich der Raumtemperatur oder bei vom Legierungstyp abhängigen höheren Temperaturen. Bei dieser Behandlung entstehen kohärente bzw. inkohärente Ausscheidungen unterschiedlicher Größe und Verteilung. In der Praxis wird die bei niedrigen Temperaturen erfolgende Behandlung häufig noch, aber nicht korrekt als »Kaltauslagern«, die bei höheren als »Warmauslagern« bezeichnet (s. Fußnote 21, S. 165).

Die Bewegung der Versetzungen wird durch Ausscheidungen bzw. durch die von ihnen erzeugten Spannungsfelder (Verzerrungsfelder) erheblich behindert, der Widerstand gegen plastische Verformung d. h. die Festigkeit also erhöht. Form, Größe, Verteilung der Ausscheidungen und ihr mittlerer Abstand λ, d. h., die mechanischen Eigenschaften sind abhängig von der Menge des Legierungselementes und der Temperatur-Zeit-Führung beim Auslagern.

Das Legierungssystem bzw. die Legierungszusammensetzung muss so gewählt werden, bzw. so beschaffen sein, dass beim Auslagern möglichst rundliche Teilchen aus harten, möglichst intermediären Verbindungen entstehen. Mit zunehmender Teilchenfestigkeit nimmt auch die Festigkeit des Werkstoffs zu, weil die Wahrscheinlichkeit geringer wird, dass die wandernden Versetzungen die Teilchen »schneiden«, also durchtrennen, d. h. unwirksam machen können.

Der Ausscheidungsvorgang besteht aus einer Folge sehr komplizierter metallphysikalischer Prozesse. Vor der Bildung der eigentlichen Ausscheidung kommt es abhängig von der Zusammensetzung der Legierung meistens zu einer Reihe von *Vorausscheidungszuständen* aus dem übersättigten Mischkristall, die für die mechanischen Gütewerte bereits von großer Bedeutung sind. Man bezeichnet diese Bereiche beginnender Ansammlungen der Legierungsatome auch häufig als **Guinier-Preston-Zonen** (GP-Zonen). In der Regel werden beim Auslagern mit zunehmender Auslagerungstemperatur diese Zustände (aber abhängig vom Legierungssystem) in der Reihenfolge
- Cluster (ungeordnete Konzentration der gelösten Atome),
- Zone (geordnete Konzentration),
- kohärente Ausscheidung,
- inkohärente Ausscheidung

durchlaufen, Bild 2-37.

Cluster und *Zonen* sind Vorausscheidungszustände, die bereits zu einer merklichen Verspannung der Matrix in unmittelbarer Nähe der vorgebildeten »Ausscheidung« führen, weil die hier konzentrierten Legierungsatome entweder größer oder kleiner als die Matrixatome sind, Bild 2-37a und 2-37b. Die Höhe der Verspannung hängt also u. a. von geometrischen Größen (Teilchengröße, Teilchenzahl) und den von ihnen verursachten Verzerrungsfeldern ab.

Die Gitterparameter der *kohärenten Ausscheidungen* weichen nur wenig vom Matrixgitter ab. Dieses kann daher geometrisch nahezu vollkommen in das Gitter der Ausscheidung übergehen; die Phasengrenzen sind *kohärent*. Ihre räumliche Ausdehnung ist in der Regel sehr viel größer als die der Zonen. Die resultierende Gitterverspannung und damit auch die mögliche Festigkeitssteigerung ist daher größer als bei jeder anderen Ausscheidungsform, wie die Bilder 2-37c, 2-37f und 2-38a anschaulich zeigen.

Das Maß der Festigkeitssteigerung bei der Ausscheidungshärtung hängt ab von:
– der Teilchenfestigkeit,
– dem (mittleren) Teilchenabstand λ und
– der Teilchengröße.

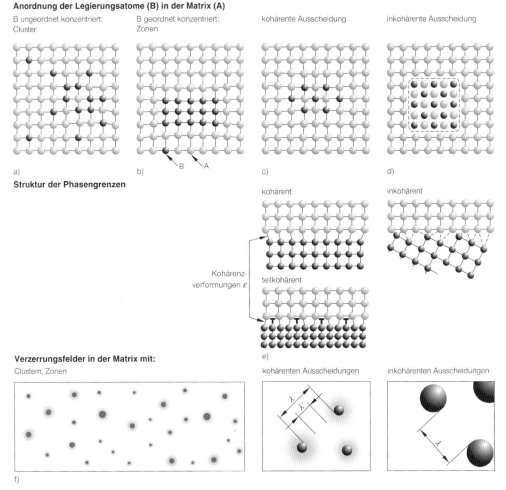

Bild 2-37
Möglichkeiten beim Auslagern ausscheidungshärtbarer Legierungen, die mit B-Atomen übersättigt sind.
a) und b) Vorausscheidungszustände: **Guinier-Preston-Zonen**,
a) ungeordnete Konzentration von B-Atomen: **Cluster**,
b) geordnete Konzentration von B-Atomen: **Zonen**,
c) kohärente Ausscheidung,
d) inkohärente Ausscheidung,
e) Struktur der Phasengrenzen,
f) Darstellung der von den Phasengrenzen ausgehenden Verzerrungsfelder in der Matrix.

Abschn. 2.6: Festigkeitserhöhung metallischer Werkstoffe   163

In Anwesenheit von Hindernissen wird die Versetzungslinie durch die äußere Spannung um den Radius R gekrümmt, Bild 2-38. Um eine Versetzung zwischen zwei Hindernissen (z. B. Teilchen) mit dem Abstand $\lambda = 2 \cdot R$ zu treiben, ist die Schubspannung τ erforderlich, s. Aufgabe 2-7, S. 229:

$$\tau = \text{konst.} \cdot \frac{G}{\lambda} = \text{konst.} \cdot \frac{G}{2 \cdot R}. \qquad [2\text{-}14]$$

Eine ausscheidungshärtende Legierung enthält meistens nur eine geringe Menge gelöster Atome, mit denen eine große Anzahl kleinster Teilchen oder wenige große Partikel erzeugt werden können. Abhängig von der Größe und dem mittleren Abstand der Teilchen λ lassen sich folgende Fälle unterscheiden, Bild 2-39, s. a. Bild 2-38:

☐ **Feinstverteilte Teilchen,** $(\lambda \ll R)$.
Die von den sehr kleinen Teilchen bzw. Atomen (= Mischkristallverfestigung) erzeugten Spannungsfelder sind zu gering, um die Versetzungslinie gemäß der Teilchenzahl biegen zu können. Die Versetzungen »überrennen« teilweise die schwachen Spannungsfelder der Teilchen. Daraus ergibt sich ein relativ großer Krümmungsradius $\lambda \ll R$. Die verfestigende Wirkung ist gering, Bild 2-39a. Nach *Cottrell* ergibt sich für diesen Verfestigungsmechanismus eine Streckgrenzenerhöhung τ_{MK} von:

$$\tau_{MK} = 2 \cdot G \cdot \varepsilon \cdot c. \qquad [2\text{-}15]$$

In Gl. [2-15] bedeuten ε die Kohärenzdehnungen, die zwischen der Ausscheidung und der Matrix entstehen (s. Bild 2-37e), G der Schubmodul und c die Konzentration der Legierungsatome. Diese Beziehung beschreibt in Übereinstimmung mit experimentellen Befunden, dass die Mischkristallverfestigung proportional der Legierungsmenge ist.

☐ **Kohärente oder semikohärente Teilchen,** $(\lambda \approx R, \lambda \approx 100\,\text{nm bis } 1000\,\text{nm})$.
Die einzelnen Kurventeile der Versetzung können sich unabhängig voneinander bewegen und biegen. Die Krümmungsradien der Versetzungen R sind kleiner als bei jeder anderen Ausscheidungsform, Bild 2-38a und 2-39b. In vielen Fällen schneiden die durchlaufenden Versetzungen die Teilchen. Der hierfür aufzubringende

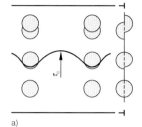

Nachfolgende Versetzungen können Gleitebene, in der sich geschnittenes Teilchen befindet, leichter durchlaufen als benachbarte Gleitebenen: Verformung ist auf wenige Gleitebenen beschränkt:
Grobgleitung.
Dadurch Gefahr der Mikrorissbildung durch große Gleitstufe an der Oberfläche.

a)

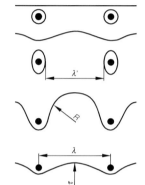

Beim *Orowan*-Mechanismus verringern die die Teilchen umgebenden Versetzungsringe den wirksamen Teilchenabstand λ auf λ'. Der Bewegung nachfolgender Versetzungen wird daher zunehmender Widerstand entgegengesetzt. Bei weiterer Plastifizierung wird eine größere Anzahl benachbarter Gleitebenen aktiviert:
Feingleitung.

b)

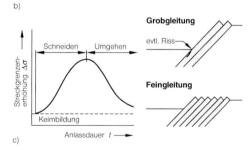

c)

Bild 2-38
Versetzungsreaktionen bei plastischer Verformung ausscheidungsgehärteter Legierungen. Es bedeuten:
τ_c = *Schubspannung, erforderlich zum Schneiden der Teilchen,*
λ = *Teilchenabstand, siehe auch Bild 2-37f,*
R = *Krümmungsradius, erzeugt durch die angreifende Schubspannung τ in der Versetzungslinie.*
a) *Schneiden der Teilchen bei kohärenten bzw. semikohärenten Ausscheidungen (Schneidemechanismus),*
b) *Umgehen der Teilchen bei inkohärenten Ausscheidungen (Orowan-Mechanismus),*
c) *Maß der Streckgrenzenerhöhung in Abhängigkeit von der Auslagerzeit, d. h. von der Art der sich ausbildenden Phasengrenzflächen Matrix/Ausscheidung (kohärent, inkohärent).*

Arbeit stellt neben den Spannungsfeldern um die Ausscheidungen einen wesentlichen Beitrag der festigkeitssteigernden Wirkung der kohärenten Teilchen dar, Bilder 2-37a, 2-37b, 2-39b. Die mittlere Teilchengröße für eine maximale Aushärtung beträgt etwa 2 bis 4 nm. Wenn die für den Schneideprozess erforderliche Arbeit unberücksichtigt bleibt, dann lässt sich der streckgrenzenerhöhende Beitrag τ_{MK} kohärenter Ausscheidungen nach *Mott* und *Nabarro* beschreiben:

$$\tau_{MK} = 2{,}5 \cdot G \cdot \varepsilon^{4/3} \cdot c. \quad [2\text{-}16a]$$

Bemerkenswert ist, dass τ_{MK} vom Teilchenabstand *unabhängig* ist. Wenn die Matrix sich in diesem Zustand befindet, dann ist ihre maximal mögliche Härte erreicht. Der Teilchenabstand λ_{min} und damit der Krümmungsradius R der Versetzungslinie sind für diesen kritischen Zustand dann kleinstmöglich. λ_{min} wird gemäß Gl. [A2-6], S. 230 (mit $\alpha = 0{,}5$), und Gl. [2-16a]:

$$\lambda_{min} = \frac{G \cdot b}{\tau_{MK}} = \frac{b}{2{,}5 \cdot \varepsilon^{4/3} \cdot c}. \quad [2\text{-}16b]$$

Mit $\varepsilon = 0{,}2$; $c \approx 0{,}02$ wird $\lambda_{min} \approx 170 \cdot b$. Als grober Schätzwert kann demnach für λ_{min} ein Wert von etwa $(150 \text{ bis } 200) \cdot b$ angenommen werden.

☐ **Große Teilchen,** $(\lambda \gg R)$.
Eine weitere Erhöhung der Auslagerungstemperatur ermöglicht die Bildung größerer Teilchen durch Koagulieren kleinerer *(Überaltern)*. Die für die Wirkung entscheidende Größe der Ausscheidungen und ihr mittlerer Abstand nehmen dadurch rasch zu. Zwischen den Teilchen und der Matrix bildet sich eine normale (Großwinkel-)Korngrenze. Die Folge der Koagulation der Teilchen ist ein erheblicher Festigkeitsabfall, oft verbunden mit einer starken Zähigkeitsabnahme. Das Auftreten inkohärenter Ausscheidungen wird gewöhnlich als die Grenze zwischen dem Kalt- und dem Warmauslagern[21] angesehen.

Die Teilchen sind groß und ihre Anzahl ist klein, d. h., die Versetzungen umgehen sie *(Orowan-Mechanismus)*. Diesen Teilchenzustand bezeichnet man auch als *Überalterung*. Um die Versetzung zwischen den Hindernissen hindurch zu treiben, ist die Spannung τ erforderlich:

$$\tau \sim R_{eH} = \text{konst.} \cdot \frac{G}{\lambda}. \quad [2\text{-}17]$$

Die verfestigende Wirkung dieses Ausscheidungszustandes ist so gering, dass er technisch nicht genutzt wird, Bild 2-38b, 2-39c. Die zurückbleibenden Versetzungsringe verringern den wirksamen Teilchenabstand von $\lambda \ (= 2 \cdot R)$ auf λ', wodurch der Bewegung der nachfolgenden Versetzungen ein zunehmender Widerstand entgegengesetzt wird. Bei einem weiteren Plastifizieren wird eine größere Anzahl benachbarter Gleitebenen aktiviert *(Feingleitung)*, Bild 2-38b.

Die Zähigkeit ausscheidungsgehärteter Legierungen ist meistens zufriedenstellend. Sie nimmt aber mit der Teilchengröße (Überalterung) und Festigkeit metallphysikalisch bedingt ab. Die Schweißeignung ist häufig schlecht, Abschn. 5.1.3, S. 505.

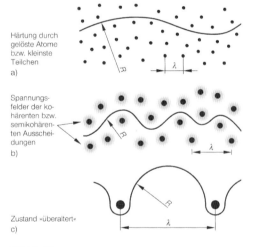

Bild 2-39
Versetzungsbewegung in Bereichen mit Hindernissen unterschiedlicher Größe und Verteilung.
a) Sehr kleine Teilchen bzw. gelöste Atome, $\lambda \ll R$,
b) optimaler Ausscheidungszustand (kohärente Bereiche, Schneidemechanismus), $\lambda \approx R$. Die grau angelegten Bereiche stellen die Spannungsfelder (Kohärenzspannungen) der Ausscheidungen dar.
c) Ausscheidungen größer als optimal, $\lambda \gg R$ (Orowan-Mechanismus).

2.6.3.4 Korngrenzenhärtung

Korngrenzen behindern die Versetzungsbewegung. Die Versetzungen laufen solange an den Korngrenzen auf, bis sie sich im Nachbarkorn weiter ausbreiten können. Meistens wird in polykristallinen Gefügen *Mehrfachgleiten* erzwungen, wodurch das Gefüge in hohem Maß spannungsverfestigt wird. Neben der verfestigenden Wirkung dämpfen die Korngrenzen durch die vielfache Um- und Ablenkung der Gleitebenen die dem Werkstück zugeführte Schlagenergie sehr stark, Bild 1-23, S. 21. Diese Tatsache ist die wichtigste Ursache für die hervorragende Schlagzähigkeit der **Feinkornbaustähle.** Bild 2-40 zeigt sehr vereinfacht das Verhalten metallischer Werkstoffe bei einer schlagartigen Beanspruchung.

Diese Methode ist eine der wirksamsten und wirtschaftlichsten zum Erhöhen der Festigkeit metallischer Werkstoffe. Korngrenzen sind ähnlich wie andere Gitterbaufehler (Zwillinge, Versetzungen, Leerstellen usw.) Bereiche mit erheblichen geometrischen Fehlanpassungen des Gitters. Ihre *Oberflächenenergie* (Abschn. 1.2, S. 2) ist wegen der extrem großen Fehlanpassung daher von allen Gitterbaufehlern am größten.

2.6.3.5 Martensithärtung

Durch Abschrecken mit der von der chemischen Zusammensetzung des Stahles abhängigen kritischen Abkühlgeschwindigkeit entsteht aus dem Austenit durch einen diffusionslosen Umwandlungsvorgang das Ungleichgewichtsgefüge **Martensit** (Abschn. 1.4.2.2, S. 34). Der im trz Gitter zwangsgelöste Kohlenstoff und die Verformungen zum Erhalten der Gitterform (Gleitung, Zwillingsbildung) führen zu großen Gitterverspannungen, die die augenscheinlichste Ursache für die z. T. extreme Festigkeit dieser Gefügeform sind.

Die Höhe der Gitterspannung ist von der Menge des gelösten Kohlenstoffs und der Legierungselemente abhängig. Sie bestimmt die Härte des Martensits und seine Rissneigung. Ein höhergekohlter Stahl (C $\geq$ 0,25 %) ist sehr rissempfindlich. Die Rissentstehung muss daher beim Schweißen durch entsprechende Maßnahmen vermieden werden. Die wirksamste Methode ist ein ausreichend hohes Vorwärmen der Fügeteile (Abschn. 4.1.3.3, S. 327). Niedriggekohlter Martensit (C $\leq$ 0,2 %) ist dagegen relativ wenig verspannt, seine Rissneigung ist daher bemerkenswert gering. Außerdem liegt der Kohlenstoff – der »Träger« der Festigkeit – nicht in Form grober, harter Zementitlamellen, sondern atomar vor. Er wird durch die immer erforderliche Anlassbehandlung in Form feinster Carbide ausgeschieden. Dieses durch Feinstausscheidungen in der krz Matrix gekennzeichnete Gefüge besitzt eine sehr große Sprödbruchsicherheit (Abschn. 3.4, S. 261).

Bild 1-43 (S. 37) zeigt den Einfluss des Kohlenstoffgehalts auf die Martensithärte. Danach kann selbst bei schweißgeeigneten unlegierten Stählen mit C $\leq$ 0,2 % im schmelzgrenzennahen Bereich der WEZ Martensit eine »unzulässige« Härte von etwa 500 HV entstehen, wenn die sehr große kritische Abkühlgeschwindigkeit dieser Stähle überschritten wird. Das ist bei halbwegs qualifizierten Fertigungsbedingungen aber nahezu ausgeschlossen.

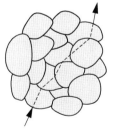

Bei schlagartiger Beanspruchung ist bei Stählen mit einem Gefüge aus:

Grobkorn: Verformungsgeschwindigkeit *geringer*
Dämpfung der Schlagenergie *geringer*

Feinkorn: Verformungsgeschwindigkeit *größer*
Dämpfung der Schlagenergie *größer*

Bild 2-40
Verhalten metallischer Werkstoffe mit unterschiedlicher Korngröße bei schlagartiger Beanspruchung. Man beachte die deutliche Überlegenheit feinkörniger Werkstoffe.

---

[21] Die anschaulichen, aber irreführenden Bezeichnungen »Kaltauslagern« und »Warmauslagern« sollten durch die metallphysikalisch korrekten Begriffe »Ausscheidung durch Teilchen mit kohärenten bzw. inkohärenten Phasengrenzen« ersetzt werden.

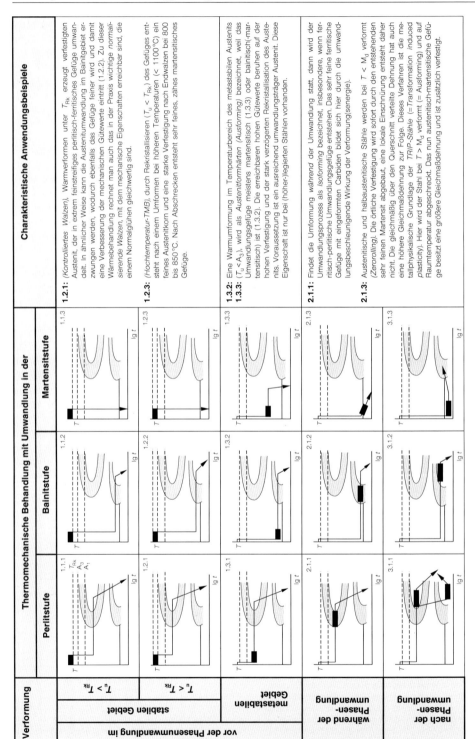

Bild 2-41
Zur Klassifikation thermomechanischer Behandlungen, T_u = Umformtemperatur, T_{Rk} = Rekristallisationstemperatur, nach Dahl u. a.

2.6.3.6 Thermomechanische Behandlung

Eine relativ neue Möglichkeit, die Gütewerte metallischer Werkstoffe auf möglichst kostengünstige Weise zu verbessern, ist die *thermomechanische Behandlung* (TM-Stahl). Sie besteht darin, dem Endprodukt durch eine gezielte Kontrolle der Temperatur- und Umformbedingungen Eigenschaften zu verleihen, die mit konventionellen Fertigungsschritten bzw. -methoden bei diesem Werkstoff nicht erreichbar wären.

Die Wirkung dieser Behandlung, bei der die Verformung *vor*, *während* oder *nach* der Umwandlung erfolgen kann, beruht in vielen Fällen auf der Erzeugung eines stark verspannten, also energiereichen Gefüges, das eine sehr große Anzahl Gitterbaufehler (vor allem Versetzungen) enthält. Die γ-Umwandlung wird daher sehr stark beschleunigt und ergibt zusammen mit der hohen Keimzahl (= Dichte der Gitterbaufehler) als Folge der geringen Umwandlungszeit ein extrem feines Gefüge mit hervorragenden mechanischen Gütewerten.

Die zahlreichen Methoden der thermomechanischen Behandlungen sind in Bild 2-41 zusammengestellt. Die für hochfeste Stähle wichtigsten Methoden sind das wegen der hohen Kosten nur in Sonderfällen angewendete *Austenitformhärten* (engl. *Ausforming* = austenite forming) und eine Reihe von Maßnahmen (vor allem die Erzeugung eines mit anderen Methoden kaum erreichbaren feinkörnigen Gefüges!), die bei den *thermomechanisch behandelten* Stählen (Abschn. 2.7.6.2) im Einzelnen besprochen werden.

2.7 Unlegierte und (niedrig-)legierte Stähle

Ein Stahl ist unlegiert, wenn *kein* Legierungselement die in Tabelle 2-1 angegebenen Werte überschreitet. Nach DIN EN 10027-1 werden lediglich unlegierte und legierte Stähle unterschieden. Die legierten Stähle teilt man in der betrieblichen Praxis zzt. noch häufig in die niedriglegierten und hochlegierten ein. Diese Festlegung dient aber lediglich dem Zweck einer einfacheren Namensgebung und verfolgt nicht etwa die Absicht, den Begriff legierter Stahl festzulegen. Diese Einteilung soll auch im Folgenden beibehalten werden:

☐ **Niedriglegierte Stähle:**
Der Gehalt *keines* Legierungselementes überschreitet 5 %.

☐ **Hochlegierte Stähle:**
Der Gehalt *eines* Elementes beträgt mindestens 5 %. Diese korrosionsbeständigen Stähle werden in Abschn. 2.8 behandelt.

Für die sichere schweißtechnische Verarbeitung ist in erster Linie der Kohlenstoffgehalt und die Menge und Art der Verunreinigungen maßgebend.

2.7.1 Wirkung der Legierungselemente

Legierungselemente haben die Aufgabe, bestimmte Eigenschaften im Stahl zu erzeugen und unerwünschte abzuschwächen.

Die wichtigsten Eigenschaften der *niedriglegierten* Stähle sind:
– Die wesentlich verbesserte *Härtbarkeit* im Vergleich zu den unlegierten Stählen. Vergütungsstähle sind daher meistens legiert, vor allem, wenn sie für dickwandigere Bauteile verwendet werden.
– Die erhöhte *Anlassbeständigkeit* von Vergütungsstählen z. B. durch Chrom und Molybdän. Sie bilden Carbide, die thermisch wesentlich beständiger sind als Zementit.
– Die erhöhte *Warmfestigkeit* der warmfesten und hitzebeständigen Stähle z. B. durch Molybdän und Chrom.
– Bestimmte *physikalische Eigenschaften* mit Extremwerten, z. B. das Wärmeausdehnungsverhalten, der elektrische Widerstand.

Hochlegierte Stähle werden in den meisten Fällen verwendet, weil die unlegierten und niedriglegierten Stähle über die erforderli-

chen Eigenschaften nicht, oder nur in unzureichendem Umfang verfügen, z. B.:
- Korrosionsbeständigkeit,
- Zunderbeständigkeit,
- Dauerstandfestigkeit,
- Schneidfähigkeit bei hohen Temperaturen.

Die Wirkung der Legierungselemente beruht weitestgehend auf ihrer im Stahl vorliegenden Form und Verteilung:
- Nicht gelöst, d. h. elementar. Die Wirksamkeit dieser »Legierungsform« ist gering und wird bei Stahlwerkstoffen daher nicht verwendet.
- Als intermediäre Verbindungen. Technisch wichtig sind vor allem die Carbide, die z. B. in Werkzeug- und Feinkornstählen (Abschn. 2.7.6.1) weitgehend verwendet werden.
- In der Matrix gelöst, d. h. als Mischkristalle. Aufgrund metallphysikalischer Gesetzmäßigkeiten lösen sich bestimmte Elemente bevorzugt im krz Gitter, andere bevorzugt im kfz Gitter. In erster Linie bestimmt dieses Verhalten die Fähigkeit der Elemente, die A_3- bzw. A_4-Punkte der Eisen-Kohlenstoff-Legierungen zu verändern (anzuheben, abzusenken). In Bild 2-42 ist diese Wirkung schematisch dargestellt. Danach begünstigen die Elemente

☐ **Cr – Al – Ti – Ta – Si – Mo – V – W**
die Entstehung des krz Ferrits und

☐ **Ni – C – Co – Mn – N**
die Entstehung des kfz Austenits.

Ferritstabilisierende Elemente ermöglichen die Bildung der ferritischen Stähle, austenitstabilisierende Elemente die der austenitischen Stähle. Als in der Praxis wichtige Stahlgruppen seien die *ferritischen Chrom-* bzw. die *austenitischen Cr-Ni-Stähle* genannt, die in Abschn. 2.8 näher besprochen werden.

Außer ihrer *verfestigenden* Wirkung beeinflussen die Legierungselemente den zeitlichen Ablauf der temperaturabhängigen Austenitumwandlung und damit in hohem Maße die Eigenschaften des Umwandlungsproduktes in einem entscheidenden Umfang. Diese Zusammenhänge lassen sich aus den ZTU-Schaubildern entnehmen (s. Abschn. 2.5.3.1). Bild 2-26 zeigt z. B. den Einfluss der Legierungselemente auf das Umwandlungsgeschehen des Austenits. Das skizzierte Verhalten beruht im Wesentlichen auf der Verringerung bzw. Änderung der Diffusionsgeschwindigkeit des Kohlenstoffs in den verschiedenen Gitterformen des Eisens.

2.7.2 Unlegierte Baustähle nach DIN EN 10025-2

Die unlegierten Baustähle bilden mengenmäßig den größten Anteil an der Gesamtstahlerzeugung. Sie sind ferritisch-perlitisch und werden im warmgeformten Zustand,

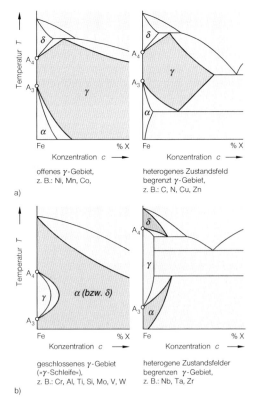

Bild 2-42
Einfluss der Legierungselemente auf die Art der Verschiebung der Umwandlungspunkte A_3 und A_4.
a) Austenitstabilisierende Elemente,
b) ferritstabilisierende Elemente.

Tabelle 2-4
Chemische Zusammensetzung (Schmelzenanalyse) und gewährleistete Kerbschlagarbeit warmgewalzter Erzeugnisse aus unlegierten Baustählen nach DIN EN 10025-2 (4/2005): Im Vergleich sind die älteren Bezeichnungen nach EU 25-72 und der Vorgängernorm DIN 17100 nach DIN 1706 angegeben.

Stahlsorte (Kurzname) nach				Desoxidationsart [1]	Chemische Zusammensetzung in Massenprozent, max.						KV, min. bei Temperatur T°C, angegeben als J/T für
EN 10027-1	EN 10025 (1995+A1)	EU 25-72	DIN 17006 DIN 17100		C für Erzeugnis-Nenndicken t in mm			P [3]	S [3,4]	N [5]	für $t \leq 150$ mm
					≤ 16	>16 ≤ 40	>40 [2]				
S185	S185	Fe 310-0	St 33	freigestellt	–	–	–	–	–	–	–
–	(S235JR)	(Fe 360 B)	(St 37-2)	(FN)	(0,17)	(0,17)	(0,20)	(0,035)	(0,035)	(0,012)	(27/20 °C)
–	(S235JRG1)	(Fe 360 BFU)	(USt 37-2)	(FF)	(0,17)	(0,17)	(–)	(0,045)	(0,045)	(0,007)	(27/20 °C)
S235JR	S235JRG2	Fe 360 BFN	RSt 37-2	FN	0,17	0,17	–	0,045	0,045	0,009	27/20 °C
S235J0	S235J0	Fe 360 C	St 37-3 U	FN	0,17	0,17	0,17	0,030	0,030	0,012	27/0 °C
S235J2 + N	S235J2G3	Fe 360 D1	St 37-3 N	FF	0,17	0,17	0,17	0,035	0,035	–	27/– 20 °C
S235J2	S235J2G4	Fe 360 D2	–	FF	0,17	0,17	0,17	0,025	0,025	–	27/– 20 °C
S275JR	S275JR	Fe 430 B	St 44-2	FN	0,21	0,21	0,22	0,035	0,035	0,012	27/20 °C
S275J0	S275J0	Fe 430 C	St 44-3 U	FN	0,18	0,18	0,18	0,030	0,030	0,012	27/0 °C
–	(S275J2G3)	(Fe 430 D1)	(St 44-3 N)	(FF)	(0,18)	(0,18)	(0,18)	(0,035)	(0,035)	(–)	(27/– 20 °C)
S275J2	S275J2G4	Fe 430 D2	–	FF	0,18	0,18	0,18	0,025	0,025	–	27/– 20 °C
S355JR	S355JR	Fe 510 B	–	FN	0,24	0,24	0,24	0,045	0,045	0,012	27/20 °C
S355J0	S355J0	Fe 510 C	St 52-3 U	FN	0,20	0,20)	0,22	0,040	0,040	0,012	27/0 °C
S355J2 + N	S355J2G3	Fe 510 D1	St 52-3 N	(FF)	(0,20)	(0,20)	(0,22)	(0,035)	(0,035)	(–)	(27/– 20 °C)
S355J2	S355J2G4	Fe 510 D2	–	FF	0,20	0,20	0,22	0,035	0,035	–	27/– 20 °C
–	(S355K2G3)	(Fe 510 DD1)	(–)	(FF)	(0,20)	(0,20)	(0,22)	(0,035)	(0,035)	(–)	(40/– 20 °C)
S355K2	S355K2G4	Fe 510 DD2	–	FF	0,20	0,20	0,22	0,035	0,035	–	40/– 20 °C
S450J0	–	–	–	FF	0,20	0,20	0,20	0,030	0,030	0,025	27/0 °C
E295	E295	Fe 490-2	St 50-2	FN	–	–	–	0,045	0,045	0,012	–
E335	E335	Fe 590-2	St 60-2	FN	–	–	–	0,045	0,045	0,012	–
E360	E360	Fe 690-2	St 70-2	FN	–	–	–	0,045	0,045	0,012	–

[1] FN: Unberuhigter Stahl nicht zulässig, FF: Vollberuhigter Stahl.
[2] Bei Profilen mit einer Nenndicke > 100 mm ist der Kohlenstoffgehalt zu vereinbaren.
[3] Für Langerzeugnisse dürfen die Gehalte an Phosphor und Schwefel um 0,005 % höher sein.
[4] Für Langerzeugnisse kann zwecks verbesserter Bearbeitbarkeit der Höchstgehalt an Schwefel um 0,015 % angehoben werden, falls der Stahl zwecks Änderung der Sulfidausbildung behandelt wurde und die chemische Zusammensetzung mindestens 0,0020 % Ca aufweist.
[5] Der Höchstwert für den Stickstoffgehalt gilt nicht, wenn der Stahl einen Gesamtgehalt an Aluminium von mindestens 0,020 % oder einen Gehalt von säurelöslichem Al von mindestens 0,015 % oder genügend andere Stickstoff abbindende Elemente enthält. Diese sind in der Prüfbescheinigung anzugeben.

Tabelle 2-5
Technologische Eigenschaften der unlegierten Baustähle nach DIN EN 10025-2 (4/2005): Im Vergleich sind die älteren Bezeichnungen dieser Stähle gemäß DIN 17006 und EU 25-72 angegeben.

Stahlsorte (Kurzname) nach				Eignung zum		
EN 10027-1 und CR 10260	EN 10025 (1995+A1)	EU 25-72 DIN 10025 (1990) [1) 2)]	DIN 17006 DIN 17100 [1) 3)]	Abkanten	Walzprofilieren	Kaltziehen
S235JRC	S235JRC	Fe 360 B	St 37-2	x	x	x
–	S235JRG1C	Fe 360 BFU	USt 37-2	x	x	x
–	S235JRG2C	Fe 360 BFN	RSt 37-2	x	x	x
S235J0C	S235J0C	Fe 360 C	St 37-3 U	x	x	x
S235J2C	S235J2G3C	Fe 360 D1	St 37-3 N	x	x	x
	S235J2G4C	Fe 360 D2	–	x	x	x
S275JRC	S275JRC	Fe 430 B	St 44-2	x	x	x
S275J0C	S275J0C	Fe 430 C	St 44-3 U	x	x	x
S275J2C	S275J2G3C	Fe 430 D1	St 44-3 N	x	x	x
	S275J2G4C	Fe 430 D2	–	x	x	x
S355J0C	S355JRC	Fe 510 B	–	–	–	x
	S355J0C	Fe 510 C	St 52-3 U	x	x	x
S355J2C	S355J2G3C	Fe 510 D1	St 52-3 N	x	x	x
	S355J2G4C	Fe 510 D2	–	x	x	x
S355K2C	S355K2G3C	Fe 510 DD1	–	x	x	x
	S355K2G4C	Fe 510 DD2	–	x	x	x
E295GC	E295GC	Fe 490-2	St 50-2	–	–	x
E335GC	E335GC	Fe 590-2	St 60-2	–	–	x
E360GC	E360GC	Fe 690-2	St 70-2	–	–	x

[1)] Kurzbezeichnungen der Stähle – bisher genormt in DIN EN 10025-2 (2005+A1) und (in der nicht mehr gültigen) DIN 17100 – nach den bisher gültigen Bezeichnungssystemen EU 25-72 und DIN 17006.
[2)] In der Stahlbezeichnung sind die Kennbuchstaben KQ (Abkanten), KP (Walzprofilieren) bzw. KZ (Kaltziehen) anzugeben, z. B.: Fe 510 C KQ.
[3)] Der Stahlbezeichnung ist ein Q (Abkanten), ein K (Walzprofilieren) bzw. ein Z (Kaltziehen voranzustellen, z. B.: Q St 37-3 N, Z St 44-2.

nach einem Normalglühen bzw. einem normalisierenden Walzen oder nach einer Kaltumformung in den verschiedensten Bereichen eingesetzt.

Eine wichtige Eigenschaft unlegierter Baustähle ist eine ausreichende *Schweißeignung*. Erfahrungsgemäß darf die Maximalhärte in der Wärmeeinflusszone von Schweißverbindungen etwa 350 HV nicht übersteigen, um bei einer praxisüblich ordnungsgemäßen Fertigung die Kaltrissbildung auszuschließen (Abschn. 4.1.3.2, S. 318). Dieser Grenzwert wird bei Stählen mit einem Kohlenstoffgehalt von etwa 0,25 % erreicht, wenn der Martensitanteil im Gefüge etwa 50 % beträgt, Bild 1-43, S. 37.

Die Baustahlnorm DIN 17100 wurde zwischen 1991 und 2005 mehrmals durch die in vielen Einzelheiten sehr viel weitergehende DIN EN 10025-2 ersetzt. Die wichtigsten Änderungen sind in Tabelle 2-4 vorgestellt:

❐ Sorteneinteilung und Festlegungen der Desoxidationsart:
  – Einführung der Gütegruppe J0 bei den Baustahlsorten S235, S275, S335 und S450. Diese entspricht der Gütegruppe 3 nach DIN 17100 (= Kerbschlagarbeit, min. 27 J bei 0 °C) im warmgeformten bzw. unbehandelten Zustand (3U). Für sie ist aber nicht wie in der DIN 17100 die Desoxidationsart FF (RR) vorgeschrieben.
  – Die Gütegruppe J2 (3 nach DIN 17100) wird nicht mehr mit unterschiedlichen Festlegungen für die Lieferart und die Geltung der mechanischen Gütewerte in J2G3 und J2G4 unterteilt.
  – Aufnahme der in der bisher gültigen DIN 17100 nicht enthaltenen Stahlsorte S450J0 mit einem festgelegten Mindestwert der Kerbschlagarbeit von 27 J bei – 0 °C.

❐ Senkung der Höchstwerte für den P- und S-Gehalt (Schmelzenanalyse) abhängig von der Gütegruppe auf je:
  JR: = 0,035 %,
  J0: = 0,030 %,
  J2, K2: = 0,025 %.

❐ Die mechanischen und technologischen Eigenschaften werden bis zu Dicken von 400 mm (J2, K2) garantiert.

❐ Der Biegeversuch und der Aufschweißbiegeversuch wurden gestrichen.

Die für die Eignung zum Kaltbiegen, Walzprofilieren und Stabziehen geeigneten Stähle und ihre Bezeichnung auch nach der bisherigen DIN EN 10027 und DIN 17006 sind in Tabelle 2-5 zusammengestellt.

2.7.3 Stähle für den Maschinen- und Fahrzeugbau

Wegen ihrer hervorragenden Eignung für den Bereich des Maschinen- und Fahrzeugbaus, zusammen mit hoher dynamischer Beanspruchbarkeit und eine der Verwendung angepassten Wärmebehandlung, ist es aus praktischen Erwägungen sinnvoll, die
– Vergütungsstähle,
– Stähle zum Randschichthärten und die
– Einsatzstähle
zusammenfassend zu beschreiben.

Vergütungsstähle müssen abhängig von der Werkstückdicke und dem Verwendungszweck nach dem Austenitisieren und einem sich daran anschließenden beschleunigten Abkühlen (Abschrecken) Martensit und (oder) Bainit bilden können.

Vor dem *Randschichthärten*, das in der Regel nur eine teilweise Härtung anstrebt, wird das Bauteil in den meisten Fällen vergütet. Diese Stähle entsprechen also in ihrer chemischen Zusammensetzung sehr den Vergütungsstählen. Auch die *Nitrierstähle* werden vor der Oberflächenbehandlung mit Stickstoff (Nitrieren) »vergütet«.

Die *Einsatzstähle* werden nach dem Aufkohlen einer einigen zehntel Millimeter dicken Oberflächenschicht im gehärteten Zustand verwendet. Die sehr harte, verschleißfeste Oberfläche erfordert einen zähen Kern. Der Kohlenstoffgehalt dieser Stähle ist daher auf 0,3 % begrenzt und damit niedriger als der der Vergütungsstähle.

Tabelle 2-6
Chemische Zusammensetzung (Schmelzenanalyse) der Vergütungsstähle (Qualitäts- und Edelstähle) nach DIN EN 10083 Teil 2 und 3 (Auswahl).

Stahlsorte Kurzname	Legierungstyp	Chemische Zusammensetzung in Massenprozent [1),2)]						Mech. Eigenschaften bei Raumtemperatur im vergüteten Zustand (+QT) [3)]			
		Mn	P max.	S	Cr max.	Mo max.	Ni max.	R_e, min. MPa	R_m, min. MPa	A, min. %	Z, min. %
Unlegierte Qualitätsstähle (DIN EN 10083-2)											
C35	C-Stahl	0,50 bis 0,80	0,045	≤ 0,045	0,40	0,10	0,40	430	630 bis 780	17	40
C45	C-Stahl	0,50 bis 0,80	0,045	≤ 0,045	0,40	0,10	0,40	490	700 bis 850	14	35
C55	C-Stahl	0,60 bis 0,90	0,045	≤ 0,045	0,40	0,10	0,40	550	800 bis 950	12	30
C60	C-Stahl	0,50 bis 0,90	0,045	≤ 0,045	0,40	0,10	0,40	580	850 bis 1000	11	25
Edelstähle (DIN EN 10083-2 und 3)											
C22E		0,40 bis 0,70	0,025	max. 0,035	0,40	0,10	0,40	340	500 bis 650	20	50
C22R				0,020 bis 0,040							
C35E		0,50 bis 0,80	0,025	max. 0,035	0,40	0,10	0,40	430	630 bis 780	17	40
C35R				0,020 bis 0,040							
C40E		0,50 bis 0,80	0,025	max. 0,035	0,40	0,10	0,40	460	650 bis 800	16	35
C40R				0,020 bis 0,040							
C45E	C-Stahl	0,50 bis 0,80	0,025	max. 0,035	0,40	0,10	0,40	490	700 bis 850	14	35
C45R				0,020 bis 0,040							
C50E		0,60 bis 0,90	0,025	max. 0,035	0,40	0,10	0,40	520	750 bis 900	13	30
C50R				0,020 bis 0,040							
C55E		0,60 bis 0,90	0,025	max. 0,035	0,40	0,10	0,40	550	800 bis 950	12	30
C55R				0,020 bis 0,040							
C60E		0,60 bis 0,90	0,025	max. 0,035	0,40	0,10	0,40	580	850 bis 1000	11	25
C60R				0,020 bis 0,040							
28Mn6	C-Mn-Stahl	1,30 bis 1,65	0,025	max. 0,035	0,40	0,10	0,40	590	800 bis 950	13	40

Tabelle 2-6, Fortsetzung.

Stahlsorte Kurzname	Legierungstyp	Chemische Zusammensetzung in Massenprozent [1]					Mech. Eigenschaften bei Raumtemperatur im vergüteten Zustand (+QT)			
		Mn	P max.	S	Cr	Mo	Ni	R_e, min. MPa	R_m, min. MPa	A, min. %	Z, min. %

Stahlsorte Kurzname	Legierungstyp	Mn	P max.	S	Cr	Mo	Ni	R_e, min. MPa	R_m, min. MPa	A, min. %	Z, min. %
Legierte Edelstähle (DIN EN 10083-3), ohne Bor											
38Cr2	C-Cr-Stahl	0,50 bis 0,80	0,025	max. 0,035	0,40 bis 0,60	–	–	550	800 bis 950	14	35
46Cr2	C-Cr-Stahl	0,50 bis 0,80	0,025	max. 0,035	0,40 bis 0,60	–	–	650	900 bis 1100	12	35
34Cr4	C-Cr-Stahl	0,60 bis 0,90	0,025	max. 0,035	0,90 bis 1,20	–	–	700	900 bis 1100	12	35
34CrS4	C-Cr-Stahl	0,60 bis 0,90	0,025	0,020 bis 0,040	0,90 bis 1,20	–	–	700	900 bis 1100	12	35
41Cr4	C-Cr-Stahl	0,60 bis 0,90	0,025	max. 0,035	0,90 bis 1,20	–	–	800	1000 bis 1200	11	30
41CrS4	C-Cr-Stahl	0,60 bis 0,90	0,025	0,020 bis 0,040	0,90 bis 1,20	–	–	800	1000 bis 1200	11	30
25CrMo4	C-Cr-Mo-Stahl	0,60 bis 0,90	0,025	max. 0,035	0,90 bis 1,20	0,15 bis 0,30	–	700	900 bis 1100	12	50
25CrMo4S4	C-Cr-Mo-Stahl	0,60 bis 0,90	0,025	0,020 bis 0,040	0,90 bis 1,20	0,15 bis 0,30	–	700	900 bis 1100	12	50
42CrMo4	C-Cr-Mo-Stahl	0,60 bis 0,90	0,025	max. 0,035	0,90 bis 1,20	0,15 bis 0,30	–	900	1100 bis 1300	10	40
42CrMoS4	C-Cr-Mo-Stahl	0,60 bis 0,90	0,025	0,020 bis 0,040	0,90 bis 1,20	0,15 bis 0,30	–	900	1100 bis 1300	10	40
50CrMo4	C-Cr-Mo-Stahl	0,50 bis 0,80	0,025	max. 0,035	0,90 bis 1,20	0,30 bis 0,50	–	900	1100 bis 1300	9	40
30CrNiMo8	C-Cr-Ni-Mo-Stahl	0,30 bis 0,60	0,025	max. 0,035	1,80 bis 2,20	0,30 bis 0,50	1,80 bis 2,20	1050	1250 bis 1450	9	40
39NiCrMo3	C-Cr-Ni-Mo-Stahl	0,30 bis 0,60	0,025	max. 0,035	1,80 bis 2,20	0,30 bis 0,50	0,70 bis 1,00	785	980 bis 1180	11	40
30NiCrMo16-6	C-Cr-Ni-Mo-Stahl	0,30 bis 0,60	0,025	max. 0,025	1,60 bis 2,00	0,25 bis 0,45	3,3 bis 4,3	880	1080 bis 1230	10	45
51CrV4	C-Cr-V-Stahl	0,70 bis 1,10	0,025	max. 0,035	0,90 bis 1,20	–	–	900	1100 bis 1300	9	40
Legierte Edelstähle (DIN EN 10083-3), mit Bor											
20MnB5	C-B-Stahl	1,10 bis 1,40	0,025	max. 0,035	–	–	–	700	900 bis 1050	14	55
39MnCrB6-2	C-B-Stahl	1,40 bis 1,70	0,025	max. 0,035	0,30 bis 0,60	–	–	900	1100 bis 1350	12	50

[1] In dieser Tabelle nicht aufgeführte Elemente dürfen dem Stahl, außer zum Fertigbehandeln der Schmelze, ohne Zustimmung des Bestellers nicht absichtlich zugesetzt werden. Es sind alle angemessenen Vorkehrungen zu treffen, um die Zufuhr solcher Elemente aus dem Schrott oder anderen bei der Herstellung verwendeten Stoffen zu vermeiden, die die Härtbarkeit, die mechanischen Eigenschaften und die Verwendbarkeit beeinträchtigen.

2.7.3.1 Vergütungsstähle

Im Gegensatz zu den in Abschn. 2.7.6.3 behandelten *schweißgeeigneten* niedriggekohlten (C ≤ 0,20%) vergüteten Feinkornbaustählen ist der Kohlenstoffgehalt der u. a. in der DIN EN 10083 genormten Vergütungsstähle (C ≥ 0,25% ... 0,5%) wesentlich höher, Tabelle 2-6.

Die werkstofflichen Grundlagen und die notwendige Wärmebehandlung dieser Stähle (Härten, Vergüten) sind im Abschn. 2.5.2 zu finden. Die Stähle werden vorwiegend im Maschinen- und Fahrzeugbau bei hoher dynamischer Beanspruchung eingesetzt. Die speziellen Gebrauchseigenschaften müssen durch eine dem Verwendungszweck angepasste Wärmebehandlung erzeugt werden. Für höchste dynamische Beanspruchbarkeit ist vor dem Anlassen ein rein martensitisches Gefüge (evtl. Martensit und Bainit) erforderlich bzw. zweckmäßig. Die Möglichkeit der Martensitbildung ist nur davon abhängig, ob die Abkühlgeschwindigkeit im Kern des Bauteils die kritische Abkühlgeschwindigkeit des Werkstoffs erreicht. Die hierfür notwendige chemische Zusammensetzung wird daher weitestgehend von der *Werkstückdicke* bestimmt. Im gegenwärtigen deutschen Normenwerk werden mechanische Gütewerte bis zu einer Werkstückdicke von 250 mm gewährleistet.

Außer den Festigkeitseigenschaften sind insbesondere ausreichende *Zähigkeitseigenschaften* erforderlich. Bild 2-18 zeigt überzeugend die überlegenen Zähigkeitswerte vergüteter Gefüge, deren Ursache das sehr gleichmäßige, feine Gefüge ist, Bild 2-43. Selbst die mechanischen Eigenschaften eines normalgeglühten Gefüges sind nicht mit denen eines vergüteten vergleichbar. Der Vergütungszustand wird meistens mit den Ergebnissen von Zug- und Kerbschlagbiegeprüfungen beurteilt.

Der Härtungsgrad, d. h. das Verhältnis der durch das Härten erreichten zur maximal möglichen Härte, muss bei hoher Beanspruchung bei ≥ 90% liegen. Abhängig von der Werkstückdicke wird eine ausreichende Einhärtbarkeit durch die chemische Zusammensetzung des Stahles sichergestellt. Vor allem bei hoher Vergütungsfestigkeit und Beanspruchung ist bei hohen Ansprüchen an die Zähigkeit der Reinheitsgrad und die Homogenität des Stahles von größter Bedeutung für die mechanischen Gütewerte. Selbst Einschlüsse geringster Größe sind mit zunehmender Vergütungsfestigkeit in vielen Fällen Ausgangspunkte von Dauerbrüchen.

Bei geringerer Beanspruchung können Stähle mit ferritisch-perlitischem Gefüge bzw. solche mit geringerem Härtungsgrad verwendet werden. Hierfür sind die in Tabelle 2-6 aufgeführten unlegierten Stähle gut geeignet.

Vergütungsstähle werden häufig wegen ihres hervorragenden Verschleißwiderstandes eingesetzt, der im Wesentlichen von ihrer Zugfestigkeit (bzw. Härte) abhängt. In vielen Fällen wird die oft komplizierte Form der Bauteile durch spangebende Bearbeitungsverfahren hergestellt. Die technologische Eigenschaft *Zerspanbarkeit* ist daher eine wichtige technologische Eigenschaft. Sie ist abhängig von der Zugfestigkeit im vergüteten Zustand und wird durch Schwefel und andere Elemente (z. B. Blei, Selen) verbessert. Der erforderliche Schwefelgehalt wird aus wirtschaftlichen Gründen als Spanne von etwa 0,020% bis 0,035% angegeben.

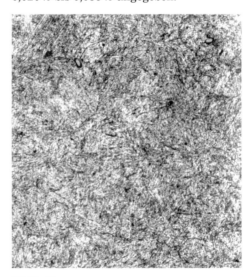

Bild 2-43
Mikrogefüge eines niedriglegierten Vergütungsstahls 50CrMo4 im angelassenen Zustand, V = 400:1.

Durch die immer häufiger verwendete Konstruktionsschweißung vorgefertigter Teile ist die Eigenschaft Schweißeignung von gewisser Bedeutung. Als Beispiel kann die Herstellung geschweißter *Rundstahlketten* dienen. Die hierfür verwendeten Werkstoffe besitzen Kohlenstoffgehalte bis etwa 0,30 % (z. B. 27MnSi5 nach DIN 17115). Sie sind demnach hinreichend schweißgeeignet, s. a. Aufgabe 4-5, S. 481.

Die Einteilung der Vergütungsstähle nach ihrer Leistungsfähigkeit ist kaum möglich, weil allseits anerkannte und widerspruchsfreie Bewertungskriterien fehlen. Ihre Eigenschaften hängen weitgehend von dem nach dem Härten vorliegenden Gefüge ab, das vor allem von der
- Härtbarkeit, dem
- Vergütungsquerschnitt und dem
- Härtemittel

bestimmt wird. Die Härtbarkeit hängt ausschließlich von der chemischen Zusammensetzung ab. Sie wird mit zunehmender Legierungsmenge besser, Tabelle 2-6. Die Vorteile der höherlegierten Vergütungsstähle (Zugfestigkeit *und* Brucheinschnürung steigen) sind aus Bild 2-44 zu erkennen.

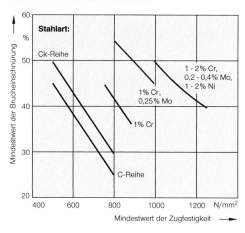

Bild 2-44
Abhängigkeit der Zugfestigkeit und Brucheinschnürung (Mindestwerte) von den Stahlreihen der (nicht mehr gültigen) DIN 17200 im vergüteten Zustand.

Von den in Tabelle 2-6 aufgeführten Stählen haben sich vor allem die folgenden Legierungssysteme bewährt, die in Richtung zunehmender Härtbarkeit (zunehmender Legierungsmenge) aufgeführt sind:
- Stähle mit Mangan bzw. Mangan und Bor (evtl. geringe Chromzusätze), z. B.: 28Mn6 und 30MnB5. Bor verbessert in gelöster Form bereits in geringsten Mengen (s. Tabelle 2-1) die Härtbarkeit. Die erst 1996 genormten borlegierten Vergütungsstähle sind in der DIN EN 10083-3 aufgeführt.
- Stähle mit Chrom bzw. Chrom und Molybdän, z. B.: 41Cr4, 42CrMo4.
- Mehrfach mit Cr, Ni, Mo legierte Stähle höchster Leistungsfähigkeit, z. B.: 30NiCrMo16-6.

2.7.3.2 Einsatzstähle

Diese Stähle werden für Bauteile verwendet, die in der Regel oberflächlich auf 0,8 % bis 0,9 % aufgekohlt, anschließend gehärtet und bei niedrigen Temperaturen (etwa bis 200 °C) angelassen werden. Die nur wenige zehntel Millimeter starke, gehärtete Randschicht ist aufgrund ihrer hohen Härte extrem verschleißfest, der sehr viel zähere Kern kann hohe statische, dynamische und schlagartige Lasten rissfrei aufnehmen.

Die niedrige Anlasstemperatur ist notwendig, um die Härte der martensitischen Oberflächenschicht nicht unzulässig zu verringern. Außer der für die Gebrauchseigenschaften entscheidenden *Härtbarkeit* ist ein möglichst geringes Austenitkornwachstum bei den Temperaturen des Aufkohlungsprozesses (z. T. über 900 °C) ein weiteres wichtiges Kriterium der Einsatzstähle. Diese Eigenschaften lassen sich mit Stählen erreichen, die ein ausreichend schmales Härtbarkeitsstreuband und eine möglichst konstante Korngröße besitzen. Der Härteverlauf wird durch die sog. *Einsatzhärtungstiefe* (Eht) beschrieben. Sie wird nach DIN EN ISO 2639 (DIN 50190) durch die dem Härtegrenzwert 615 HV zugeordnete Einhärtungstiefe definiert.

Die Phosphor- und Schwefelgehalte sind wie für wärmebehandelbare Stähle üblich sehr gering. Die Legierungselemente (vorwiegend Mn, Cr, Mo, Ni) bestimmen die Härtbarkeit des Stahls, d. h. die Beanspruchbar-

Tabelle 2-7
Chemische Zusammensetzung (Schmelzenanalyse) der Einsatzstähle nach DIN EN 10084 (6/2008).

Stahlsorte (Kurzname) nach			Chemische Zusammensetzung in Massenprozent [1), 2), 3)]						
EN 10027-1	EN 10027-2	DIN 17006	C	Si	Mn	S	Cr	Mo	Ni
C10E	1.1121	Ck 10	0,07 bis 0,30	≤ 0,40	0,30 bis 0,60	≤ 0,035	–	–	–
C10R	1.1207	Cm 10				0,020 bis 0,040			
C15E	1.1141	Ck 15	0,12 bis 0,18	≤ 0,40	0,30 bis 0,60	≤ 0,035	–	–	–
C15R	1.1140	Cm 15				0,020 bis 0,040			
17Cr3	1.7016	17 Cr 3	0,14 bis 0,20	≤ 0,40	0,60 bis 0,90	≤ 0,035	0,70 bis 1,00	–	–
20Cr4	1.7030	20 Cr 4	0,24 bis 0,31	≤ 0,40	0,60 bis 0,90	≤ 0,035	0,90 bis 1,20	–	–
20CrS4	1.7036	20 CrS 4				0,020 bis 0,040			
16MnCr5	1.7131	16 MnCr 5	0,14 bis 0,19	≤ 0,40	1,00 bis 1,30	≤ 0,035	0,80 bis 1,10	–	–
16MnCrS5	1.7139	16MnCrS 5				0,020 bis 0,040			
20MnCr5	1.7147	20 MnCr 5	0,17 bis 0,23	≤ 0,40	1,10 bis 1,40	≤ 0,035	1,00 bis 1,30	–	–
20MnCrS5	1.7149	20 MnCrS 5				0,020 bis 0,040			
20MoCr4	1.7321	20 MoCr 4	0,17 bis 0,23	≤ 0,40	0,70 bis 1,00	≤ 0,035	0,60 bis 1,00	–	–
20MoCrS4	1.7323	20 MoCrS 4				0,020 bis 0,040			
15CrNi13	1.5752	15 CrNi 13	0,14 bis 0,20	≤ 0,40	0,40 bis 0,70	≤ 0,035	0,60 bis 0,90	–	0,80 bis 1,00
17NiCrMo6-4	1.6566	17 NiCrMo 6 4	0,14 bis 0,20	≤ 0,40	0,60 bis 0,90	≤ 0,035	0,80 bis 1,10	0,15 bis 0,25	3,00 bis 3,50
17NiCrMoS6-4	1.6569	17 NiCrMoS 6 4				0,020 bis 0,040			0,15 bis 1,50

[1)] In dieser Tabelle nicht aufgeführte Elemente dürfen dem Stahl außer zum Fertigbehandeln der Schmelze ohne Zustimmung des Bestellers nicht absichtlich zugesetzt werden. In Zweifelsfällen sind die Grenzgehalte nach DIN EN 10020, s. Tabelle 2-1 (entspricht der alten EURONORM 20-74) maßgebend.
[2)] Außer bei den Elementen Phosphor und Schwefel sind geringfügige Abweichungen von den Grenzen für die Schmelzenanalyse zulässig, wenn eingeengte Streubänder der Härtbarkeit im Stirnabschreckversuch bestellt werden.
[3)] Der Phosphorgehalt beträgt bei allen Stahlqualitäten ≤ 0,35 %.

keit des Bauteils. Der Stahl 17CrNiMo6 besitzt die höchste Härtbarkeit, die geringste der niedriglegierten Stähle der Stahl 17Cr3. Die un- und (niedrig-)legierten Einsatzstähle nach DIN EN 10084 sind in Tabelle 2-7 aufgeführt.

Diese verunreinigungsarmen Stähle sind im nicht aufgekohlten Zustand gut schweißgeeignet. Von einem Schweißen bereits eingesetzter Stähle ist wegen des hohen Kohlenstoffgehalts und der damit verbundenen extremen Rissgefahr abzuraten.

2.7.4 Warmfeste Stähle

Bauteile, die bei erhöhten Temperaturen mechanischen (meistens auch korrosiven) Beanspruchungen ausgesetzt sind, werden aus warmfesten Stählen hergestellt. Die Spanne der Betriebstemperaturen reicht von 300 °C, über 500 ... 550 °C (z. B. Frischdampftemperaturen bei Dampfturbinen), 700 °C (z. B. Gasturbinen) bis zu der zzt. maximal beherrschbaren von etwa 1100 °C, die bei Flugtriebwerken entsteht.

Eine mechanische Beanspruchung bei höheren Temperaturen führt zum **Kriechen** des Werkstoffes. Darunter versteht man die stetige Zunahme der Verformung bei einer konstanten Belastung. Der zeitabhängige Spannungsabfall bei konstanter Verformung wird als **Relaxation** bezeichnet. Diese Erscheinung ist vor allem bei Federwerkstoffen und Werkstoffen für Schrauben von großer technischer Bedeutung.

Der unzureichende Kriechwiderstand der unlegierten Stähle lässt sich durch Legierungselemente erhöhen, die die Warmfestig-

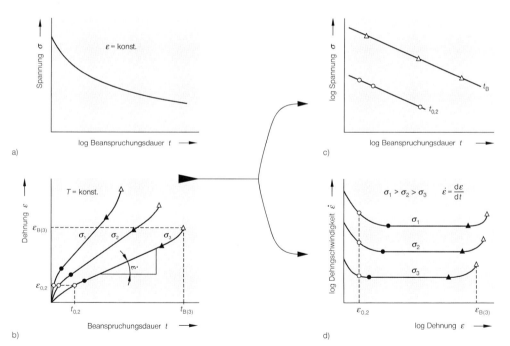

Bild 2-45
Mögliche Auswertungen von Kriechversuchen.
a) **Relaxationsversuch:** zeitabhängige Spannungsabnahme bei konstanter Dehnung,
b) **Zeitstandversuch:** Zeit-Dehnungs-Kurven für konstante Spannungen, hieraus c) und d) ermittelbar,
c) **Zeitstandversuch:** Zeitstand-Schaubild mit eingetragener Zeitbruchlinie (t_B) und Zeitgrenzlinie für 0,2 % plastischer Dehnung bis zum Brucheintritt ($t_{0,2}$),
d) Schaubild zum Bestimmen der Dehnungsgeschwindigkeit $\dot{\varepsilon} = d\varepsilon / dt$.

keit der Matrix erhöhen. Die Wirksamkeit dieser Maßnahmen beruht auf dem Erschweren der Versetzungsbewegung, d. h. der Gleitprozesse. Diese Mischkristallhärtung kann bereits mit Mangan erreicht werden. Wesentlich effektiver sind fein verteilte möglichst kohärente Ausscheidungen, die bei den Beanspruchungstemperaturen nicht koagulieren bzw. in Lösung gehen. Besonders geeignet sind die temperaturbeständigen Sondercarbide der Elemente Molybdän, Chrom und Vanadium, die erst bei hohen Temperaturen ihre Hinderniswirkung verlieren, d. h. gelöst werden. Bei Langzeitbeanspruchungen oberhalb 550 °C müssen die Stähle für eine ausreichende Zunderbeständigkeit mit Chrom legiert werden. Für Beanspruchungen bei diesen hohen Temperaturen werden gewöhnlich austenitische Cr-Ni-Stähle verwendet.

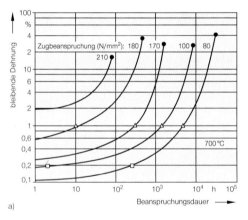

a)

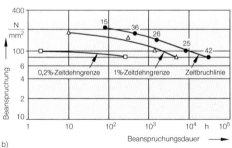

b)

Bild 2-46
Auswertung von Zeitstandversuchen an dem hochwarmfesten austenitischen Stahl X12CrCoNi21-20.
a) Zeit-Dehnungslinien für T = 700 °C,
b) Zeitstand-Schaubild. Die Zahlenwerte an der Zeitbruchlinie sind die gemessenen Zeitbruchdehnungen, nach Steinen.

Bild 2-45 zeigt schematisch das Verhalten der Werkstoffe unter Kriech- bzw. Relaxationsbedingungen und die verschiedenen Möglichkeiten der Versuchsauswertung von Kriechversuchen.

Bei den *Zeitstandversuchen* (DIN EN 10291) werden die bis zum Erreichen bestimmter plastischer Dehnungen bzw. bis zum Bruch der Probe vergangenen Belastungsdauern ermittelt. Die Auswertung von Kriechversuchen ergibt die für die Bauteil-Bemessung wichtigen Festigkeitswerte, wie z. B. in Bild 2-45c schematisch dargestellt ist:

– Die *Zeitstandfestigkeit* ist die bei bestimmter Prüftemperatur ertragene Spannung, die nach einer festgelegten Beanspruchungsdauer zum Bruch führt. $R_m/10^5/550$ kennzeichnet die Zeitstandfestigkeit bei 550 °C für 100 000 h.

– Die *Zeitdehngrenze* ist die bei bestimmter Prüftemperatur ertragene Spannung, die nach einer bestimmten Beanspruchungsdauer zu einer festgelegten plastischen Dehnung führt. $R_{p1}/10^4/500$ kennzeichnet die 1%-Zeitdehngrenze bei einer Temperatur von 500 °C für 10 000 h.

Für den Stahl X12CrCoNi21-20 zeigt das Bild 2-46 die Auswertung von Zeitstandversuchen. Die extrem aufwändige Ermittlung dieser Kenngrößen (100 000 h = 12 Jahre!) ist notwendig, weil Extrapolationen aus den Ergebnissen von Kurzzeitversuchen zzt. noch nicht mit der erforderlichen Genauigkeit möglich sind.

Statisch beanspruchte, warmgehende Bauteile werden abhängig von der Höhe der Betriebstemperatur mit unterschiedlich ermittelten Festigkeitskennwerten berechnet:
– Die *Warmstreckgrenze* ist für niedrige Betriebstemperaturen der Berechnungskennwert.
– Bei hohen Temperaturen sind die Ergebnisse aus Langzeitversuchen erforderlich, d. h. *Zeitdehngrenzen* oder die *Zeitstandfestigkeit*. Der Schnittpunkt der von der Temperatur abhängigen Kurve der Warmstreckgrenze mit der der Zeitfestigkeit (10^5 h) dient gewöhnlich als Grenzwert für den Einsatz der Berechnungskennwerte.

Ausreichende Zähigkeitsreserven sind für die Betriebssicherheit von (geschweißten) Bauteilen aus warmfesten Stählen von großer Bedeutung. Sie sind zum Spannungsabbau in der Nähe konstruktiv bedingter Kerben im Bauteil und vor allem in den schmelzgrenzennahen Orten der WEZ erforderlich. Weiterhin muss der Werkstoff beim Durchfahren der z. T. extremen Temperaturdifferenzen so verformbar bleiben, dass eine Rissbildung ausgeschlossen ist. Die Zähigkeitseigenschaften werden in zunehmendem Umfang durch die *NDT-Temperatur* (s. Abschn. 6.2.2, S. 586) bestimmt, deren Wert unterhalb der Raumtemperatur liegen muss.

In Tabelle 2-8 sind einige wichtige warmfeste Stähle und Stahlgusssorten aufgeführt. Die warmfesten Feinkornbaustähle sind bis etwa 400 °C einsetzbar (s. auch Tabelle 2-11, S. 186). Sie werden im normalgeglühten, thermomechanisch behandelten oder im wasservergüteten Zustand verwendet. Die wichtigste technologische Forderung ist eine gute Schweißeignung. Sie wird durch Begrenzen des Kohlenstoffgehalts auf 0,2 %, eine besonders hohe Reinheit und die ausgeprägte Feinkörnigkeit dieser Stähle erreicht.

Die (niedrig-)legierten warmfesten Stähle sind im Dauerbetrieb bis ungefähr 450 °C (15Mo3, 13MnMoNi5-4, 22NiMoCr3-7), der ferritische Chromstahl X20CrMoV12-1 ist bis maximal 590°C einsetzbar. Die im Kessel- und Apparatebau sehr häufig verwendeten warmfesten Stähle 13CrMo4-5 und 10CrMo9-10 sind sehr gut schweißgeeignet. Der bis 560 °C im Dauerbetrieb einsetzbare Stahl 14MoV6-3 ist wie jeder ausscheidungsgehärtete Werkstoff nur bei Beachtung besonderer Vorsichtsmaßnahmen schweißbar. Bild 2-47 zeigt das ferritisch-bainitische Mikrogefüge des (niedrig-)legierten warmfesten Stahls 13CrMo4-5.

Betriebstemperaturen über etwa 600 °C erfordern den Einsatz austenitischer Stähle, s. Tabelle 2-9. Im Vergleich zu den korrosionsbeständigen Cr-Ni-Stählen (Abschn. 2.8.2.3) wird zum Erhöhen der Austenitstabilität der Chromgehalt auf etwa 16 % abgesenkt, der Nickelgehalt auf 13 % erhöht. Die Ausscheidungsneigung (Sigma-Phase!) dieser vollaustenitischen Stähle ist dann gering, aber ihre Schweißeignung wegen der Gefahr der Heißrissbildung im Schweißgut schlechter. Mit Schweißzusatzwerkstoffen, die zu etwa 5 % bis 10 % (primären!) δ-Ferrit im Schweißgut führen, lassen sich Heißrisse relativ sicher vermeiden, allerdings kann es dann durch die Bildung der Sigma-Phase stark verspröden. Der borlegierte Stahl X8CrNiMoB16-16 höchster Zeitstandfestigkeit ist wegen des Entstehens eines borreichen Eutektikums – vorwiegend an den Korngrenzen – nicht mehr (schmelz-)schweißgeeignet.

Bild 2-47
Ferritisch-bainitisches Gefüge des legierten warmfesten Stahls 13CrMo4-5, V = 800:1, 2 % HNO_3.

Die Entwicklungstendenz ist wegen der ständig zunehmenden Sicherheitsanforderungen und der zum Teil erheblichen Wanddicken der warmgehenden Bauteile eindeutig die Verbesserung der Schweißeignung der Stähle, weniger die Steigerung der Warmfestigkeit. Die hierfür angewendeten metallurgischen Maßnahmen verbessern gleichzeitig die Zähigkeit. Diese Eigenschaft ist vor allem bei Stählen erforderlich, die für Reaktorsicherheitsbehälter verwendet werden. Das Absenken des Schwefelgehaltes und das Abbinden des Schwefels zu kugeligen, nicht verformbaren Sulfiden – vorzugsweise geschieht dies mit pfannenmetallurgischen Maßnahmen (Umschmelztechnik), mit der auch wegen der raschen Erstarrung ein feinkörniges Gefüge herstellbar ist – haben sich als sehr wirksam erwiesen.

Tabelle 2-8
Chemische Zusammensetzung (Schmelzenanalyse) warmfester ferritischer Stähle und Stahlgusssorten nach verschiedenen Normen und Regelwerken.

Stahlsorte	Chemische Zusammensetzung in Massenprozent (Schmelzenanalyse)						
	C	Si	Mn	Cr	Mo	Ni	V
Ferritische Stähle für Bleche und Rohre (DIN EN 10028-2)							
17Mn4	0,14 bis 0,20	≤ 0,40	0,90 bis 1,40	≤ 0,25	≤ 0,10	≤ 0,30	≤ 0,03
19Mn6	0,15 bis 0,22	0,30 bis 0,60	1,00 bis 1,60	≤ 0,025	≤ 0,10	0,30	–
15Mo3	0,12 bis 0,20	0,10 bis 0,35	0,40 bis 0,80	–	0,25 bis 0,35	–	–
13CrMo4-5 (13 CrMo 4 4) [3]	0,10 bis 0,18	0,10 bis 0,35	0,40 bis 0,70	0,70 bis 1,10	0,45 bis 0,65	–	–
10CrMo9-10	0,08 bis 0,15	≤ 0,50	0,40 bis 0,70	2,00 bis 2,50	0,90 bis 1,20	–	–
14MoV6-3	0,10 bis 0,18	0,10 bis 0,35	0,40 bis 0,70	0,30 bis 0,60	0,50 bis 0,70	–	0,22 bis 0,32
12CrMo19-5	≤ 0,15	≤ 0,50	0,30 bis 0,60	4,0 bis 6,0	0,45 bis 0,65	–	–
X20CrMoV12-1	0,17 bis 0,23	≤ 0,50	≤ 1,00	10,00 bis 12,50	0,80 bis 1,20	0,30 bis 0,80	0,25 bis 0,35
Ferritische Stahlgusssorten (DIN EN 10213-2)							
GP240GH (GS-C 25) [3]	0,18 bis 0,23	0,30 bis 0,60	0,50 bis 0,80	≤ 0,30	–	–	–
G20Mo5 (GS-22 Mo 4) [3]	0,18 bis 0,23	0,30 bis 0,60	0,50 bis 0,80	≤ 0,30	0,35 bis 0,45	–	–
G17CrMo5-5	0,15 bis 0,20	0,30 bis 0,60	0,50 bis 0,80	1,20 bis 1,50	0,45 bis 0,55	–	–
GX8CrNi12	0,06 bis 0,10	0,10 bis 0,40	0,50 bis 0,80	11,5 bis 12,5	≤ 0,50	0,80 bis 1,50	–

Tabelle 2-9
Chemische Zusammensetzung (Schmelzenanalyse) einiger austenitischer hochwarmfester Stähle.

Stahlsorte	Chemische Zusammensetzung in Massenprozent (Schmelzenanalyse)								
	C	Cr	Mo	Ni	V	Ti	B	Nb [1]	Sonstige
Austenitische hochwarmfeste Stähle (DIN EN 10088, DIN EN 10302)									
X6CrNi18-11	0,06	18,0	≤ 0,50	11,0	–	–	–	–	–
X6CrNiMo17-13	0,06	17,0	2,25	13,0	–	–	–	–	–
X8CrNiMoNb16-16	0,07	16,5	1,8	16,5	–	–	–	≈ 10 %C [2]	–
X10NiCrMoTiB-15-15	0,10	15,0	1,15	15,5	–	0,45	0,005	–	–
X12CrCoNi21-20	0,12	21,0	3,0	20,0	–	–	–	1,0	20 Co; 0,15 N; 2,5 W
X5NiCrTi26-15	≤ 0,08	14,5	1,25	26,0	0,30	2,1	0,007	–	≤ 0,08 Al

[1] Die Werte geben die Summe Nb % + Ta % an.
[2] Zusätzlich gilt die Bedingung: Nb ≥ 10 C % + 0,4 ≤ 1,2 %.
[3] Ältere Stahlbezeichnungen (nach DIN 17006) sind in Klammern angegeben, wenn sie wesentlich von den neuen nach DIN EN 10027-1 abweichen.

Tabelle 2-10
Chemische Zusammensetzung (Schmelzenanalyse) kaltzäher Stähle und hoch nickelhaltiger Werkstoffe nach verschiedenen Normen und Regelwerken.

Stahlsorte	Chemische Zusammensetzung in Massenprozent (Schmelzenanalyse)							
	C	Si	Mn	P	S	Cr	Mo	Ni	V
P275NL2 [1)]	≤ 0,16	≤ 0,40	0,80 bis 1,50	≤ 0,025	≤ 0,015	≤ 0,30	≤ 0,08	≤ 0,50	≤ 0,05
P460NL2 [1)]	≤ 0,20	≤ 0,60	1,10 bis 1,70	≤ 0,025	≤ 0,015	≤ 0,30	≤ 0,10	≤ 0,80	≤ 0,20
P265NL [2)]	≤ 0,20	≤ 0,40	0,60 bis 1,40	≤ 0,025	≤ 0,020	≤ 0,030	≤ 0,08	≤ 0,30	≤ 0,05
11MnNi5-3 [2) 3)]	≤ 0,14	≤ 0,50	0,70 bis 1,50	≤ 0,025	≤ 0,015	–	–	0,30 bis 0,80	≤ 0,05
13MnNi6-3 [2) 3)]	≤ 0,16	≤ 0,50	0,85 bis 1,70	≤ 0,025	≤ 0,015	–	–	0,30 bis 0,85	≤ 0,05
15NiMn6 [2)]	≤ 0,18	≤ 0,35	0,80 bis 1,50	≤ 0,020	≤ 0,015	–	–	1,30 bis 1,70	≤ 0,05
12Ni14 [2)]	≤ 0,15	≤ 0,35	0,30 bis 0,80	≤ 0,020	≤ 0,010	–	–	3,25 bis 3,75	≤ 0,05
11MnNi5-3 [2)]	≤ 0,14	≤ 0,50	0,70 bis 1,50	≤ 0,025	≤ 0,010	–	–	0,30 bis 0,80	≤ 0,05
X12Ni5 [2)]	≤ 0,15	≤ 0,35	0,30 bis 0,80	≤ 0,020	≤ 0,010	–	–	4,75 bis 5,25	≤ 0,05
X7Ni9 [2)]	≤ 0,10	≤ 0,35	0,30 bis 0,80	≤ 0,015	≤ 0,005	–	0,10	8,5 bis 10,00	≤ 0,05
X8Ni9 [2)]	≤ 0,10	≤ 0,35	0,30 bis 0,80	≤ 0,020	≤ 0,010	–	≤ 0,1	8,0 bis 10,0	≤ 0,05
X10Ni9 [2)]	≤ 0,13	0,15 bis 0,35	0,30 bis 0,80	≤ 0,020	≤ 0,010	–	≤ 0,015	0,30 bis 0,80	≤ 0,02
X5CrNi17-7 [4)]	≤ 0,07	≤ 1,00	≤ 2,00	≤ 0,045	≤ 0,030	77,0 bis 18,0	≤ 0,80	6,0 bis 8,0	–
X3CrNiN18-10 [4) 5)]	≤ 0,04	≤ 1,00	≤ 2,00	≤ 0,045	≤ 0,030	17,0 bis 19,0	≤ 0,50	9,0 bis 11,5	–
X6CrNiNb18-10 [4) 6)]	≤ 0,08	≤ 1,00	≤ 2,00	≤ 0,045	≤ 0,030	17,0 bis 19,0	≤ 0,50	9,0 bis 12,0	–
X6CrNiT18-10 [4) 7)]	≤ 0,08	≤ 1,00	≤ 2,00	≤ 0,045	≤ 0,030	17,0 bis 19,0	≤ 0,50	9,0 bis 12,0	–
X2CrNiMo17-12-5 [4) 5)]	≤ 0,04	≤ 1,00	≤ 2,00	≤ 0,045	≤ 0,015	16,8 bis 18,5	2,00 bis 2,50	10,0 bis 12,5	–
X3CrNiCu18-9-5 [4)]	≤ 0,04	≤ 1,00	≤ 2,00	≤ 0,045	≤ 0,015	17,0 bis 19,0	–	8,5 bis 10,5	–
Ni36 [8)]	≤ 0,07	≤ 1,00	≤ 0,50	≤ 0,030	≤ 0,030	–	–	35,0 bis 37,0	–
X2CrNi18-9 [2)]	≤ 0,030	≤ 1,00	≤ 2,00	≤ 0,045	≤ 0,030	17,5 bis 19,5	–	8,00 bis 11,00	–
NiCr20TiAl [2)]	0,04 bis 0,10	≤ 1,00	≤ 1,00	≤ 0,020	≤ 0,015	18,00 bis 21,00	–	≥ 65	–

[1)] Beispiel für einen (kaltzähen) Stahl nach DIN EN 10028-3 (Flacherzeugnisse aus Druckbehälterstählen).
[2)] Weitere Einzelheiten s. DIN EN 10028-4, DIN EN 10216-4, DIN EN 10217-4/-6, DIN EN 10269.
[3)] Niobgehalt bis max. 0,05 %.
[4)] Weitere Einzelheiten s. DIN EN 17440, DIN EN 10028-7, DIN EN 10088 (11/2001).
[5)] Außerdem 0,10 % bis 0,18 % Stickstoff.
[6)] Niobgehalt bis max. 1,0 %.
[7)] Titangehalt bis max. 0,8 %.
[8)] Weitere Einzelheiten siehe DIN 17745 (9/2002).

In diesem Zusammenhang ist auch die Versprödung bei Langzeitbeanspruchung und die in Abschn. 2.5.2 besprochene Anlassversprödung zu beachten. Beide Versprödungsformen werden durch Spurenelemente (P, As, Sb, Sn) hervorgerufen, die sich auf Korngrenzen anreichern. Die ferritischen Stähle, Tabelle 2-8, sind daher außer zum Erreichen der geforderten Warmfestigkeit zum Unterdrücken der Anlassversprödung mit etwa 0,5 % Molybdän legiert. Schweißverbindungen aus molybdänfreien, warmfesten Stählen neigen daher beim Spannungsarmglühen zur Anlassversprödung, die aber mit einer geeigneten Wärmeführung in Grenzen gehalten wird.

2.7.5 Kaltzähe Stähle

Stähle, die bei tiefen Temperaturen (etwa unterhalb – 10 °C) eingesetzt werden können, bezeichnet man als *kaltzäh*. Ihre wichtigste Eigenschaft ist eine ausreichende Zähigkeit bei der Betriebstemperatur. Sie werden z. B. in der Kälteindustrie, der Petrochemie und der Kernforschung zum Herstellen von Apparaten, Transport- und Vorratsbehältern verwendet. Die Betriebstemperaturen dieser Konstruktionen erreichen Werte bis zu 2 K.

Bild 2-48 zeigt den Anwendungsbereich verschiedener kaltzäher Baustähle in der Flüssiggas-Technologie. Der Begriff *Tieftemperaturtechnik (Kryogenik)* sollte nach dem National Institute of Standards and Technology für Temperaturen unter –150 °C angewendet werden. In Tabelle 2-10 sind die mechanischen Gütewerte einiger wichtiger kaltzäher Stähle nach verschiedenen Normen und Regelwerken zusammengestellt.

Die Temperaturabhängigkeit der mechanischen Gütewerte dieser Stähle muss für ihren fachgerechten Einsatz bekannt sein. Versprödungserscheinungen im Schweißgut und der Wärmeeinflusszone sind ein zentrales Problem und dürfen bei der Betriebstemperatur noch nicht entstehen. Grundsätzlich steigen mit abnehmender Temperatur die Festigkeitswerte bei gleichzeitiger Verringerung der Zähigkeitswerte, Bild 2-49. Die Dimensionierung der Bauteile aus kaltzähen Stählen erfolgt aber mit den wesentlich niedrigeren Festigkeitskennwerten bei Raumtemperatur. Bei den austenitischen Stählen wird in vielen Fällen für die Berechnung auch die 1%-Dehngrenze verwendet, mit der die extreme Verformbarkeit dieser Stähle berücksichtigt d. h. nutzbar gemacht wird.

Stahlsorte	Streckgrenze bei RT min.	Kerbschlagarbeit KV [1] min.	Anwendung in der Technologie von											
			Butan	Propan	Propen	Kohlendioxid	Äthan	Äthen	Methan	Sauerstoff	Argon	Stickstoff	Wasserstoff	Helium
	N/mm²	Prüftemperatur °C / J	±0°C	–42°C	–47°C	–78°C	–89°C	–104°C	–164°C	–183°C	–186°C	–196°C	–253°C	–269°C
						mit einer Siedetemperatur von								
S275NL bis S460NL	275 bis 460	–50 / 27												
11MnNi5-3	285	–60 / 41												
13MnNi6-3	355	–60 / 41												
10Ni14	345	–100 / 27												
10Ni14V	390	–120 / 27	Anwendungsbereich											
12Ni19	420	–140 / 35												
X7NiMo6	490	–170 / 39												
X8Ni9	490	–196 / 39												
austenitische Cr-Ni-Stähle	240 bis 340	–196 / 55												

[1] Mittelwert aus drei Einzelversuchen (*Charpy*-V-Proben, entnommen in Längsrichtung)

Bild 2-48
Anwendungsbereich kaltzäher Baustähle in der Flüssiggas-Technologie. Chemische Zusammensetzung s. Tabelle 2-10, nach Degenkolbe und Haneke.

Das Verformungsverhalten bzw. die Schlagzähigkeit wird überwiegend mit dem *Kerbschlagbiegeversuch*, s. Abschn. 6.3, S. 587, festgestellt.

Die zum Erreichen der Tieftemperaturzähigkeit entscheidenden metallurgischen Maßnahmen sind:
- Erzeugen eines feinkörnigen ferritischen Gefüges mit den in Abschn. 2.7.6.1 beschriebenen Maßnahmen (s. a. Abschn. 1.3, Einfluss der Korngrenzen, S. 15). Grundsätzlich wird eine weitgehende allgemeine Gefügeverfeinerung angestrebt, die durch verschiedene Legierungselemente erreicht wird. Die Ursache ist meistens die Abnahme der Umwandlungstemperatur des Austenits, die zu einer starken Verzögerung der Diffusionsvorgänge während der Umwandlung führt. Die Folge ist eine geringere Sekundärkorngröße und die sehr feinstreifige Ausbildung des Perlits. Als sehr effektiv haben sich Manganzusätze bis 2 % erwiesen. Höhere Gehalte sind ungünstig, weil sich wegen der stark erniedrigten Umwandlungstemperatur der die Zähigkeit verringernde Bainit bildet.

- Hoher Reinheitsgrad (nichtmetallische Einschlüsse). Insbesondere die Phosphor- und Schwefelgehalte sollten möglichst niedrig sein (je etwa $\leq 0{,}025\,\%$).
- In den meisten Fällen ist eine gezielte Wärmebehandlung der Stähle sehr wirksam. Die Zähigkeit der (niedrig-)legierten Stähle und die Gleichmäßigkeit ihres Gefüges lassen sich durch ein Normalglühen stark verbessern. Legierte Stähle werden meistens vergütet. Das hierbei entstehende martensitische bzw. martensitisch-bainitische Gefüge besitzt wesentlich bessere Zähigkeitseigenschaften als das normalgeglühte bei gleichzeitig hohen Festigkeitswerten.

Die kaltzähen Stähle lassen sich in drei große Gruppen einteilen:

1. (Niedrig-)legierte Feinkornstähle
Die *manganlegierten* Tieftemperaturstähle z. B. nach DIN EN 10028-3 (Tabelle 2-12, Abschn. 2.7.6.1) sind bekannte Beispiele für diese bis etwa $-50\,°C$ einsetzbaren Stähle.

2. Ni- bzw. Ni-Mn-legierte vergütete Feinkornstähle
Ein Einsatz bei tieferen Betriebstemperaturen als etwa $-50\,°C$ erfordert außer Mangan das hierfür besonders geeignete Legierungselement Nickel, das zwischen 1 % und 9 % zugesetzt wird, z. B. nach DIN EN 10028-4. Bei geringen Gehalten besteht die Wirkung des Nickels in der Absenkung der Umwandlungstemperatur, bei höheren in der Erzeugung martensitischer (Vergütungs-)Gefüge. Die wasservergüteten Nickelstähle sind extrem schlagzäh. Sie erreichen Übergangstemperaturen (*Charpy*-V) bis zu $-200\,°C$, Bild 2-48. Den erhebliche Einfluss des Nickels auf die Zähigkeit kaltzäher Stähle zeigt schematisch Bild 2-50.

3. Austenitische Stähle
Für Betriebstemperaturen unter $-200\,°C$ müssen austenitische Cr-Ni-Stähle verwendet werden. Sie zeigen nicht den für die krz ferritischen Stähle typischen Steilabfall der Kerbschlagzähigkeit, sondern eine in der Regel gleichmäßige und geringe Zähigkeitsabnahme mit sinkender Temperatur. Der Stahl

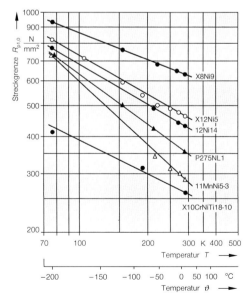

Bild 2-49
Abhängigkeit der Streckgrenze $R_{p1,0}$ verschiedener kaltzäher Stähle (s. Tabelle 2-10) von der Temperatur, in Anlehnung an Haneke und Müsgen.

mit 13% Ni in Bild 2-50 zeigt deutlich dieses Verhalten. Voraussetzung für diese extreme Zähigkeit ist das kfz Gitter. Ein Umwandeln des metastabilen austenitischen Gefüges dieser Stähle bei tiefen Betriebstemperaturen führt aber zu einer teilweisen Martensitbildung und damit zu einer einschneidenden Verschlechterung der Zähigkeitseigenschaften und des Korrosionsverhaltens. Diese Situation lässt sich durch Energiezufuhr in das Gefüge (z. B. Kaltverformen) herbeiführen. Die in Martensit umgewandelte Austenitmenge hängt außer von der chemischen Zusammensetzung des Stahls von der Energiemenge und den die Umwandlung »antreibenden« Kräften ab. Die Austenitumwandlung wird damit von der Größe der Kaltverformung und der Unterkühlung bestimmt, d. h. direkt von der Betriebstemperatur. Als Maßstab für die Umwandlungsneigung austenitischer Stähle wird z. B. die Temperatur gewählt, bei der sich nach einer 30%igen Kaltverformung ≤ 50% Martensit gebildet hat ($M_d 30$). Sie wird nach der Gleichung Gl. [2-18] berechnet, in die die Legierungselemente in Massenprozent einzusetzen sind:

$$M_d 30[°C] = 413 - 462 \cdot (C + N) - 9{,}2 \cdot Si - 8{,}1 \cdot Mn - 13{,}7 \cdot Cr - 9{,}5 \cdot Ni - 18{,}5 \cdot Mo.$$

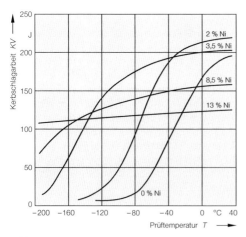

Bild 2-50
Einfluss des Nickelgehalts auf den Verlauf der Kerbschlagarbeit-Temperatur-Abhängigkeit verschiedener Stähle:
Stähle mit 3,5% bis 13% Ni, 0,01% C,
Stahl mit 2% Ni, 0,15% C,
Stahl mit 0% Ni, 0,20% C, nach Armstrong.

2.7.6 Feinkornbaustähle

Diese Stähle gehören zu der großen Gruppe der Baustähle, die z. B. im Hoch-, Tief-, Wasser-, Brücken-, Maschinen- und Schiffbau verwendet werden. Sie werden hauptsächlich aufgrund ihrer Festigkeitseigenschaften und ihrer sehr guten *Schweißeignung* verwendet, weil der Kohlenstoffgehalt dieser Stähle fast immer unter 0,2% liegt. Daher ist eine Einteilung in normalfeste und hochfeste Baustähle naheliegend.

Normalfeste Stähle haben bei Raumtemperatur eine Mindeststreckgrenze, die größer als 355 N/mm² ist. Sie werden im Walzzustand oder im normalgeglühten Zustand verwendet. Wenn die Mindeststreckgrenze dieser Stähle bei Raumtemperatur ≥ 355 N/mm² ist, werden sie vereinbarungsgemäß als hochfest bezeichnet. Sie sind feinkörnig erschmolzen und werden im normalgeglühten, thermomechanisch behandelten oder vergüteten Zustand eingesetzt.

Höhere Werkstoffbeanspruchungen (Maschinen-, Fahrzeug-, Leicht-, Druckbehälterbau), und eine zunehmende Ausrichtung der konstruktiven Gestaltung zum Leichtbau erfordern Stähle mit höherer Festigkeit. Sie müssen ähnlich gut ver- und bearbeitbar sein wie die konventionellen Stähle, d. h. als wichtigste technologische Eigenschaft eine ausreichende **Schweißeignung** besitzen (Abschn. 3.2, S. 239).

Feinkornstähle sind grundsätzlich **vollberuhigt (FF)** und durch ihren Gehalt an Elementen gekennzeichnet, die fein verteilte, erst bei hohen Temperaturen ($T \geq 1000\,°C$) in Lösung gehende Ausscheidungen, vor allem von *Nitriden* und (oder) *Carbiden* bzw. *Carbonitriden*, enthalten. Diese Ausscheidungen behindern sehr wirksam das Wachstum der Austenitkörner während einer Wärmebehandlung bzw. beim Schweißen und sind die Ursache des feinen Korns im Anlieferzustand (ASTM-Ferritkorngröße i. Allg. 8 bis 11). Deshalb weisen die Feinkornstähle auch eine sehr hohe **Sprödbruchsicherheit** auf, d. h., ihre Übergangstemperatur $T_ü$ der Kerbschlagarbeit liegt meistens deutlich unter $-40\,°C$.

Als Ergebnis einer in den Fünfziger Jahren begonnenen Entwicklung zeichnen sich drei Gruppen schweißgeeigneter Feinkornbaustähle ab:

Gruppe 1
Normalgeglühte und (oder) *thermomechanisch behandelte Stähle* mit Streckgrenzen bis etwa 500 N/mm². Wegen der geringen Mengen charakteristischer Legierungselemente (Carbid/Nitridbildner, z. B. Al, Ti, V, Nb) werden diese Stähle auch als *mikrolegiert*, die Elemente als *Mikrolegierungselemente* bezeichnet.

Diese Stähle wurden in den letzten Jahren für eine Vielzahl von Anwendungsbereichen genormt. Die wichtigsten sind die Feinkornbaustähle für die Herstellung von hoch beanspruchten geschweißten Bauteilen aus dem Stahlbaubereich z. B. für Brücken, Lagerbehälter, Wassertanks nach DIN EN 10025-3, die thermomechanisch behandelten nach DIN EN 10025-4, die feinkörnigen Druckbehälterstähle nach DIN EN 10028-5, sowie ISO 9328-3 und ISO 9328-5. Die Stähle sind in den Tabellen 2-11 bis 2-14 aufgeführt.

Gruppe 2
Wasser-, seltener *ölvergütete Stähle* mit Streckgrenzen bis etwa 1400 N/mm² bei Zugfestigkeiten bis etwa 1600 N/mm².

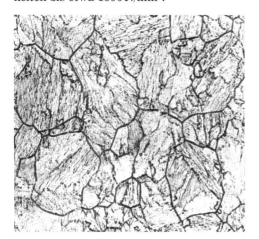

Bild 2-51
Mikrogefüge eines ausgehärteten martensitaushärtbaren Stahls X2NiCoMo18-9-5, V=600:1, 10%ige wässrige Chromsäure, elektrolytisch und mit V2A-Beize geätzt.

Gruppe 3
Ultrahochfeste Stähle, deren Festigkeits- und Zähigkeitseigenschaften auf der Wirksamkeit verschiedener Festigkeitsmechanismen beruhen. Die wichtigsten Mechanismen sind neben der *Korngrenzenhärtung* die *Martensithärtung,* die *Ausscheidungshärtung* und das *Martensitformhärten.*

Typische – und zurzeit noch sehr teure – Vertreter sind die ausscheidungshärtenden, extrem niedriggekohlten (C ≤ 0,05%) und damit gut schweißgeeigneten martensitaushärtenden Stähle *(Maraging Steel),* die Streckgrenzenwerte von etwa 2500 N/mm² erreichen. Bild 2-51 zeigt das Mikrogefüge des von der Schweißwärme unbeeinflussten Grundwerkstoffs X2NiCoMo18-9-5.

Hochfeste Stähle bieten folgende Vorteile:
– Deutlich größere zulässige Querschnittsbelastung,
– geringere Werkstückdicken (geringere Eigenspannungen),
– geringeres Bauteilgewicht,
– geringere Kosten für den Werkstofftransport,
– größere Sprödbruchsicherheit trotz höherer Streckgrenze.

Für ihren technisch sinnvollen Einsatz sind aber verschiedene Voraussetzungen zu erfüllen und werkstoffliche Besonderheiten zu beachten:
– Die Bauteile sollten möglichst nur auf Zug beansprucht werden. Das *Stabilitätsverhalten* wird außer von der Streckgrenze, vor allem vom *E-Modul* bestimmt, der nahezu unabhängig von der Stahlart ist.
– Einer *Verringerung der Wanddicke* sind durch Witterungseinflüsse Grenzen gesetzt. Die Abrostrate dieser Stähle entspricht der der konventionellen Stähle. Die kupfer- und chromlegierten wetterfesten Stähle nach DIN EN 10025-5 mit etwa 0,3% bis 1,2% Chrom und 0,25% bis 0,55% Kupfer werden daher in Zukunft stärker an Bedeutung gewinnen.
– Die *Dauerfestigkeit* steigt nicht proportional mit der Streckgrenze (u. U. überhaupt nicht!). Wegen der mit zunehmender Festigkeit zunehmenden Kerbempfindlichkeit

Tabelle 2-11
Chemische Zusammensetzung, Höchstwerte des Kohlenstoffäquivalents CEV und Mindestwerte der Kerbschlagarbeit (Charpy-V-Längsproben) der normalgeglühten/normalisierend gewalzten Feinkornbaustähle nach DIN EN 10025-3.

Stahlsorte (Kurzname) nach		Chemische Zusammensetzung in Massenprozent					CEV [1]	Kerbschlagarbeit KV in J bei einer Prüftemperatur T in °C						
EN 10027-1	EU 25-72 (DIN 17102) [2]	C	P	S	N	Nb	V	%	+20	0	-10	-20	-30	-40	-50
S275N	StE 285	0,18	0,035	0,030	0,015	0,05	0,05	0,40	55	47	43	40	–	–	–
S275NL	TStE 285	0,16	0,030	0,025	0,015	0,05	0,05	0,40	63	55	51	47	40	31	27
S355N	StE 355	0,20	0,035	0,030	0,015	0,05	0,12	0,43	55	47	43	40	–	–	–
S355NL	TStE 355	0,18	0,030	0,025	0,015	0,05	0,12	0,43	63	55	51	47	40	31	27
S420N	StE 420	0,20	0,035	0,030	0,025	0,05	0,20	0,48	55	47	43	40	–	–	–
S420NL	TStE 420	0,20	0,030	0,025	0,025	0,05	0,20	0,48	63	55	51	47	40	31	27
S460N	StE 460	0,20	0,035	0,030	0,025	0,05	0,20	–	55	47	43	40	–	–	–
S460NL	TStE 460	0,20	0,030	0,025	0,025	0,05	0,20	–	63	55	51	47	40	31	27

[1] CEV = Kohlenstoffäquivalent (nach Schmelzenanalyse), die angegebenen Werte gelten für Stähle mit den Nenndicken ≤ 63 mm. CEV wird nach folgender Formel berechnet:

$$CEV = C + \frac{Mn}{6} + \frac{Cr+Mo+V}{5} + \frac{Ni+Cu}{15}$$

[2] Stahlbezeichnung nach Vorgängernorm DIN 17102 (10/1983).
[3] Bei Langerzeugnissen beträgt der Kohlenstoffgehalt max. 0,15 % für S275 und max. 0,16 % für S355.
[4] Für Langerzeugnisse aus S420 und S460 beträgt der Kohlenstoffgehalt max. 0,18 %.

Abschn. 2.7.6: Feinkornbaustähle

Tabelle 2-12
Chemische Zusammensetzung, Höchstwerte des Kohlenstoffäquivalents CEV und Mindestwerte der Kerbschlagarbeit (Charpy-V-Längsproben, Erzeugnisdicke 5 mm bis 250 mm, für die Stahlsorten P460NH, P460NL1, P460NL2 bis 100 mm Erzeugnisdicke) der normalgeglühten Feinkornbaustähle (Druckbehälterstähle nach DIN EN 10028-3).

Stahlsorte (Kurzname) nach		Stahl-sorte [2]	Chemische Zusammensetzung in Massenprozent [1]						CEV [3]	Kerbschlagarbeit KV in J bei einer Prüftemperatur T in °C (Längsproben)				
EN 10027-1	EU 25-72 (DIN 17102) [1]		C max.	P max.	S max.	N max.	Nb max.	V max.	%	+20	0	-20	-40	-50
P275NH	WStE 285	UQ	0,16	0,025	0,015				0,40	75	65	45	–	–
P275NL1	TStE 355	UQ		0,025	0,015	0,012	0,05	0,05		80	70	50	40	30
P275NL2	EStE 355	UE		0,020	0,010					85	75	55	45	42
P355N	StE 355	UQ	0,18	0,025	0,015				0,43	75	65	45	–	–
P355NH	WStE 355	UQ		0,025	0,015	0,012	0,05	0,10		75	65	45	–	–
P355NL1	TStE 355	UQ		0,025	0,015					80	70	50	40	30
P355NL2	EStE 355	UE		0,020	0,010					85	75	55	45	42
P460NH	WStE 460	LE	0,20	0,025	0,015	0,025	0,05	0,20	0,53	75	65	45	–	–
P460NL1	TStE 460	LE		0,025	0,015					80	70	50	40	30
P460NL2	EStE 460	LE		0,020	0,010					85	75	55	45	42

[1] Stahlbezeichnung nach Vorgängernorm DIN 17102 (10/1983).
[2] UQ = unlegierter Qualitätsstahl; UE = unlegierter Edelstahl; LE = legierter Edelstahl.
[3] CEV = Kohlenstoffäquivalent (nach Schmelzenanalyse), die angegebenen Werte gelten für Nenndicken ≤ 60 mm. CEV wird nach folgender Beziehung berechnet:

$$CEV = C + \frac{Mn}{6} + \frac{Cr+Mo+V}{5} + \frac{Ni+Cu}{15}$$

wirken selbst kleinste Kerben bzw. Defekte (Korngrenzen, Poren, Einschlüsse, konstruktiv bedingte Kerben usw.) rissbegünstigend, d. h., die Dauerfestigkeit nimmt ab. Die viel größere Streckgrenze lässt sich bei dynamischer Beanspruchung vor allem bei zunehmendem Spannungsverhältnis κ = Oberspannung/Unterspannung ($\kappa = \sigma_o/\sigma_u$) der Belastung ausnutzen, wie Bild 2-52 zeigt. Außerdem müssen innere und äußere Kerben im Bereich der Schweißnaht möglichst vollständig beseitigt werden. Günstig sind Beanspruchungen im hohen Zeitfestigkeitsgebiet mit geringen dynamischen Spannungsamplituden (»quasistatische« Beanspruchung).

2.7.6.1 Normalgeglühte Feinkornbaustähle

Die attraktiven mechanischen Eigenschaften der Feinkornbaustähle verbunden mit ihrer guten Schweißeignung sind die Ursache für ihre immer stärker zunehmende Anwendung z. B. im Stahlbau, Druckbehälterbau, Rohrleitungsbau und Maschinenbau.

Die angebotenen Stahlqualitäten sind zzt. noch in zahlreichen Normen- und Regelwerken beschrieben. Die bisher wichtigste nationale Norm DIN 17102 ist im Rahmen der europäischen Harmonisierungsbestrebungen

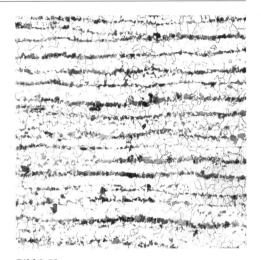

Bild 2-53
Mikrogefüge eines normalgeglühten Feinkornbaustahls, V=200:1, 2% HNO_3.

im Wesentlichen durch die DIN EN 10028-3 (Druckbehälterstähle) und DIN EN 10025-3 (normalisierend gewalzte Feinkornbaustähle) ersetzt worden.

In Tabelle 2-11 und 2-12 sind die chemische Zusammensetzung, das Kohlenstoffäquivalent sowie die Kerbschlagarbeit dieser Stähle bei verschiedenen Prüftemperaturen zusammengestellt.

Die Stähle werden – wenn nicht anders vereinbart – im normalgeglühten Zustand bzw. normalisierend gewalzt geliefert. Das normalisierende Walzen ist ein Walzverfahren mit einer Endumformung in einem bestimmten Temperaturbereich, das zu einem Werkstoffzustand führt, der dem nach einem Normalglühen gleichwertig ist. Die Sollwerte der mechanischen Eigenschaften werden demnach auch nach einem *zusätzlichen* Normalglühen eingehalten.

Die Vorteile dieser Behandlung sind der Fortfall des Normalglühens (Energieeinsparung!) und die nicht mit Glühzunder behaftete bessere Oberfläche. Als großer Nachteil ist allerdings die merklich geringere Leistung der Walzstraße zu nennen, da das Halbzeug an Luft (etwa 0,5 K/s) auf die Endwalztemperatur abkühlen muss.

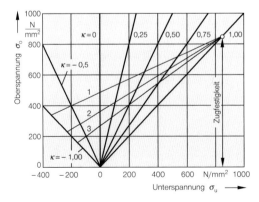

1: Grundwerkstoff geschliffen
2: Grundwerkstoff mit Walzhaut
3: Stumpfnahtschweißverbindung, überschliffen

Bild 2-52
Dynamische Festigkeitseigenschaften des Stahles P690QL (StE 690), nach Beratungsst. f. Stahlverw.

Eine weitere effektive Möglichkeit, die Gefügeausbildung des Stahles günstig zu beeinflussen, ist die zu den thermomechanischen Verfahren zählende *Intensivkühlung*. Hierbei wird das Blech nach dem Walzen mit Wasserbrausen auf etwa 550 °C gekühlt. Die Vorteile sind ein deutlich feinkörnigeres und vor allem gleichmäßigeres Gefüge, Bild 2-53, das auch wegen seiner homogeneren Kohlenstoffverteilung eine deutlich geringere Neigung zur Bildung wasserstoffinduzierter Risse zeigt.

Die normalgeglühten Feinkornbaustähle nach DIN EN 10028-3 werden abhängig von der Art der Betriebsbeanspruchung in vier Reihen geliefert, Tabelle 2-12:

- **Grundreihe**, z. B. P275N,
- **warmfeste Reihe**, z. B. P355NH,
- **kaltzähe Reihe**, z. B. P460NL1,
- **kaltzähe Sonderreihe**, z. B. P355NL2.

Die im Zugversuch ermittelten Festigkeitseigenschaften bei Raumtemperatur (R_m, $R_{p0,2}$, A, Biegewinkel) gelten jeweils für sämtliche Stähle mit gleicher gewährleisteter Mindeststreckgrenze (z. B. P275N, P275NH, P275NL1, P275NL2). Die Gewährleistungswerte für die 0,2%-Dehngrenze bei erhöhten Temperaturen und für die Kerbschlagzähigkeit unterscheiden sich aber erheblich, Tabelle 2-12.

Die Stähle der kaltzähen Sonderreihe werden für Bauteile verwendet, an die sehr hohe Zähigkeitsanforderungen (Längs- und Querrichtung, Terrassenbruch*un*empfindlichkeit) gestellt werden. Dazu müssen diese Stähle einen sehr geringen Schwefel- und Phosphorgehalt haben und entgast sein.

Eine übermäßige Wärmebehandlung nach dem Schweißen kann die mechanischen Gütewerte verschlechtern. Wenn beim Spannungsarmglühen (T_S) der Parameter P

$$P = T_S \cdot (20 + \lg t) \cdot 10^{-3} \text{ (mit } T_S \text{ in K, } t \text{ in h)}$$

den kritischen Wert von P_{crit} = 17,3 überschreitet, sollte der Hersteller prüfen, ob nach einer derartigen Wärmebehandlung die in dieser Europäischen Norm festgelegten mechanischen Eigenschaften noch als gültig zu betrachten sind.

Terrassenbruch

Diese besonders beruhigten Stähle besitzen einen relativ hohen Gehalt nichtmetallischer Einschlüsse, das sind im Wesentlichen die Reaktionsprodukte der Desoxidationsvorgänge. Die Schlackenmenge ist daher relativ groß, obwohl der Gehalt der atomar gelösten Verunreinigungen (z. B. P, N – die die Schlagzähigkeit erheblich herabsetzen – viel niedriger ist als der in konventionellen Stählen. Mit Hilfe der Vakuum-Metallurgie (Abschn. 2.3.1.1) und ausgewählten sekundärmetallurgischen Maßnahmen lassen sich die Verunreinigungen aber soweit verringern, dass die Anfälligkeit gegen Terrassenbruch gering ist, ohne sie vollständig zu beseitigen.

Die Schlacken sind wegen der sehr geringen Korngröße dieser Stähle meistens in Zeilenform angeordnet. Verbunden mit einer geringen Zähigkeit in Dickenrichtung ist diese Gefügebesonderheit bei dickwandigen geschweißten Konstruktionen (t = 20 mm ...

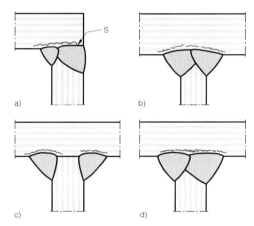

Bild 2-54
Einige Schweißverbindungen aus Feinkornbaustählen, bei denen die Gefahr des Terrassenbruchs besteht.
a) Etwa »parallel« zu den Walzzeilen verlaufende Schmelzgrenze (S) ist ungünstig, weil konstant große Schweißeigenspannungen im Bereich von S den Terrassenbruch leicht auslösen können.
b) Schweißnaht »parallel« zu Walzzeilen des dickeren Blechs erzeugt hier hohe Eigenspannungen, die auch wegen der mit zunehmender Werkstückdicke abnehmenden Verformbarkeit in Dickenrichtung Risse auslösen können.
c), d) Je größer die Schweißnahtquerschnitte sind [bei d) größer als bei c)], umso größer werden die rissauslösenden Spannungen.

30 mm) häufig Ursache für die Schadensform **Terrassenbruch** *(lamellar tearing)*. Die Bezeichnung beschreibt die Erscheinungsform der Risse: längere, parallel zur Oberfläche verlaufende Rissteile *(terrace fracture)* werden von kürzeren annähernd senkrecht zu diesen verlaufenden Rissprüngen *(shear walls)* unterbrochen. Die Bildfolge 2-54 zeigt einige terrassenbruchempfindliche Verbindungsformen. Da diese Rissart meist außerhalb der WEZ auftritt, ist Wasserstoff als Ursache auszuschließen.

Der Terrassenbruch lässt sich mit verschiedenen Möglichkeiten bekämpfen:
- Die *werkstofflichen Maßnahmen* bestehen außer im Entschwefeln mit Hilfe sekundärmetallurgischer Maßnahmen (Zuführen von Calcium) im Wesentlichen darin, die Desoxidationsprodukte nicht in der unerwünschten *flächigen* Form, sondern als *rundliche* Einschlüsse zu erzeugen (Abschn. 2.7.6.2, Eigenschaften und Verarbeitung). Das Ergebnis dieser Behandlung ist eine deutlich geringere Zähigkeitsanisotropie und eine in Dickenrichtung wesentlich verbesserte Schlagzähigkeit. Nach den Stahl-Eisen-Lieferbedingungen 096 werden drei Güteklassen mit unterschiedlichen gewährleisteten Brucheinschnürungen Z (Z_{mittel} = 15 %, 25 %, 35 %, in der Kerntechnik 45 %) in Dickenrichtung angeboten. Bei Z-Werten, die größer als 25 % sind, ist erfahrungsgemäß die Neigung zum Terrassenbruch gering.
- Die *konstruktiven Maßnahmen* sollten grundsätzlich ergriffen werden. Dabei sind die Schweißnähte so anzuordnen, dass die (Eigen-)Spannung *senkrecht* zur Blechoberfläche d. h. die Verformung bzw. die Verformungswege in Dickenrichtung möglichst gering bleiben, Bild 2-55. Das gelingt konstruktiv durch den Anschluss *aller* »Schichten« des Erzeugnisses. Die Schmelzgrenzen müssen daher möglichst »senkrecht« zum Zeilenverlauf liegen, Bild 2-55a, nie »parallel« zu ihnen, Bild 2-54a. Ein kleineres Nahtvolumen erzeugt geringere Schrumpfwege, d. h. es erfordert vom Werkstoff geringere Formänderungen, vgl. Bild 2-54c und 2-54d, aber in aller Regel größere Eigenspannungen.
- Bei den *fertigungstechnischen Maßnahmen* wird mit zähen Pufferlagen (eine, besser zwei Pufferlagen), Bild 2-54c, bzw. wirtschaftlicher mit einer Raupenfolge gearbeitet, die einem örtlichen Puffern entspricht, Bild 2-54b. Die zähe Pufferschicht kann die rissauslösenden Eigenspannungen wenigstens z. T. durch plastische Verformung abbauen und damit eine Rissbildung vermeiden.

Bild 2-56 zeigt eine typische Terrassenbruchfläche.

2.7.6.2 Thermomechanisch gewalzte Feinkornbaustähle

Die Forderung nach einer hinreichend guten Schweißeignung wird im Wesentlichen durch einen geringen C-Gehalt (C ≤ 0,2 %) und möglichst geringe Gehalte der Verunreinigungen (P, S, As, u. a.) erreicht. Gleichmäßigkeit der Werkstoffeigenschaften (z. B. Zähigkeitseigenschaften in Längs- und Querrichtung) sind besonders bei Erzeugnissen der Massenfertigung erforderlich.

Ausreichende mechanische Gütewerte sollten bei unlegierten Baustählen aus Kostengründen bereits im *Walzzustand* oder nach einem *Normalglühen* erreichbar sein. Bei den thermomechanisch gewalzten Stählen werden außerdem die festigkeitserhöhenden Mechanismen **Korngrenzenhärtung** *(Kornfeinung)* und **Ausscheidungshärtung** *(Teilchenhärtung)* ausgenutzt.

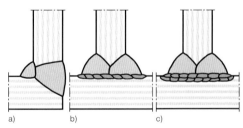

Bild 2-55
Maßnahmen zum Vermeiden des Terrassenbruchs in Schweißverbindungen aus Feinkornbaustählen.
a) Schmelzgrenze etwa »senkrecht« zu den Walzzeilen verlaufend schließt alle »Schichten« an.
b) Besondere Schweißtechnologie (entspricht einem örtlichen Puffern) oder
c) vor dem Schweißen mit zähem Zusatzwerkstoff Puffern (sehr aufwändig und teuer!).

Abschn. 2.7.6: Feinkornbaustähle 191

Metallkundliche Grundlagen; Stahlherstellung

Die mechanischen Gütewerte dieser Stähle werden durch das feine Ferritkorn und Ausscheidungen in der Matrix bestimmt. Diese werden durch Zugabe geeigneter Legierungselemente in i. Allg. geringer Menge (»Mikrolegierungselemente«) und einer sehr genau einzuhaltenden Wärmebehandlung erzeugt (Abschn. 1.6.1, S. 46, und Abschn. 2.6.3.6). Die wichtigsten Elemente sind Niob, Vanadium, Titan. Mit Niob wird Kornfeinung *und* eine Ausscheidungshärtung erreicht, mit Vanadium im Wesentlichen nur die Ausscheidungshärtung.

Größe, Form und Verteilung der Ausscheidungen bestimmen die mechanischen Gütewerte (Abschn. 2.6). Die bei hohen Temperaturen im γ-Mk ausgeschiedenen inkohärenten Carbonitride sind relativ groß. Ihre verfestigende Wirkung ist daher gering. Die während und nach der $(\gamma \rightarrow \alpha)$-Umwandlung ausgeschiedenen Teilchen sind mit der α-Matrix kohärent. Sie sind neben der Korngrenzenhärtung entscheidend für die Festigkeit dieser Werkstoffe.

Ein großer Vorteil des Mikrolegierungselementes Niob ist die Verzögerung der Rekristallisation durch gelöstes Niob und (oder) feinste Nb(C,N)-Teilchen bei der Warmformgebung, Bild 2-57. Man erkennt, dass bei 900 °C eine zeitliche Verzögerung der Rekristallisation um den Faktor 100 im Vergleich zu üblichen Kohlenstoff-Mangan-Stählen eintritt. Die Rekristallisation kann soweit verzögert werden, dass die Kornneubildung mit der Austenitumwandlung zusammenfällt. Dadurch wird eine hohe Störstellendichte im Austenit erzeugt. Diese treibende »Kraft« ist die Ursache für das sehr feine Umwandlungsgefüge, das während der »Quasi-Kaltverformung« des Austenitkorns entsteht, wie Bild 2-58 zeigt.

Wesentlich für die mechanischen Gütewerte sind *Vorausscheidungsvorgänge (Clusterbildung)* im Temperaturbereich zwischen 550 °C und 650 °C. Diese mit der Matrix kohärenten »Bereiche« führen in der Regel zu den höchsten Festigkeitswerten, verbunden mit guter Zähigkeit (Abschn. 2.6.3.3).

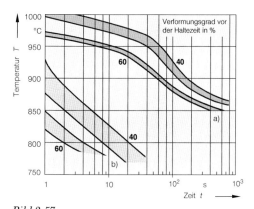

Bild 2-57
Linien beginnender Rekristallisation in Abhängigkeit vom Verformungsgrad für isothermische Versuchsführung bei Baustahl mit/ohne Niob.
a) 0,18 % C; 0,33 % Si; 1,49 % Mn; 0,042 % Nb,
b) 0,18 % C; 0,33 % Si; 1,51 % Mn, nach IRSID.

Die (Ferrit-)Korngröße bestimmt entscheidend die mechanischen Gütewerte, vor allem die Schlagzähigkeit (und damit die Schweißeignung) und die Streckgrenze (Abschn. 1.3, S. 15). Inkohärente Teilchen (100 nm bis etwa 1000 nm) verfeinern das Austenitkorn bzw. behindern dessen Wachstum. Bild 2-59 zeigt die stark kornfeinende (Ferritkorngröße!) Wirkung des Niobs.

Die komplexen werkstofflichen Vorgänge in diesen thermomechanisch behandelten Stäh-

Bild 2-56
Makroaufnahme einer Terrassenbruchfläche in einer geschweißten Kreuzzugprobe aus einem niedriglegierten Feinkornbaustahl, BAM.

Bild 2-58
Mikrogefüge eines thermomechanisch gewalzten Feinkornbaustahls S460ML (TStE 460 TM), V = 200:1, s. a. Bild 2-53, nach Thyssen Stahl AG.

len erfordern bei ihrer Herstellung eine genau einzuhaltende Verformungs- und Temperatur-Zeitfolge, die nachstehend näher erläutert wird, Bild 2-60:
– Vorwärmen der Bramme im Stoßofen auf so hohe Temperaturen, dass ausreichend viel Niob gelöst wird. Zu hohe Temperaturen sind allerdings wegen der unerwünschten Vergröberung des Austenitkorns in der Bramme ungünstig. Die nicht gelösten Carbidreste behindern sehr wirksam das Wachsen der Austenitkörner.
– Vorwalzen bei höheren Temperaturen (≈ 950 °C). Vor Beginn des Fertigwalzens erfolgt wegen der dann nur geringen Ausscheidungsneigung spontanes und gleichmäßiges Rekristallisieren.
– Unterbrechen des Walzens und Halten an Luft zum Erreichen des rekristallisationsträgen Bereiches.
– Fertigwalzen im rekristallisationsträgen Bereich (800 °C bis 900 °C) bei erhöhter Verformung. Diese »Quasi-Kaltverformung« führt zu einem sehr feinkörnigen, zeilenförmig angeordneten Austenit. Die anschließende Umwandlung ergibt wegen des feinen Austenitkornes und der starken Gitterverzerrung ein extrem feinkörniges Endgefüge. Es ist anzunehmen, dass als Folge der starken Gitterverspannung die Austenitumwandlung, die Rekristallisation und die Ausscheidung der Nb(C,N)-Teilchen gleichzeitig ablaufen.

– Abkühlen auf Haspeltemperatur (550 °C bis 650 °C) erzeugt die gewünschten kohärenten Ausscheidungen. Diese Walzbedingungen sind im Gegensatz zu den betrieblich meistens vorgegebenen Größen (Stoßofentemperatur, Endverformungsgrad) weitgehend veränderbar.

Eigenschaften und Verarbeitung

Die Einstellung des optimalen Vorausscheidungszustandes *(Cluster)* ist großtechnisch nur bei Beachtung verschiedener Bedingungen wirtschaftlich realisierbar. Vanadium und Titan wirken grundsätzlich ähnlich wie Niob, nur ist ihre verfestigende Wirkung geringer. Andererseits ist die durch eine Ausscheidungshärtung maximal erreichbare Festigkeitserhöhung wegen der damit verbundenen merklichen Zunahme der Sprödbruchempfindlichkeit in den meisten Fällen nicht nutzbar.

Die Methoden zum Erhöhen der Festigkeit sind daher nicht nur aufgrund ihrer streckgrenzenerhöhenden Wirkung zu bewerten, sondern vor allem hinsichtlich ihrer Beeinflussung der Übergangstemperatur. Als Maßstab hierfür ist die *Versprödungskennzahl K* geeignet:

$$K = \Delta T_{\text{ü}} / \Delta R_{p0,2}. \qquad [2\text{-}18]$$

$\Delta T_{\text{ü}}$ = Veränderung der Übergangstemperatur durch eine festigkeitserhöhende Maßnahme, die zu der Streckgrenzenerhöhung $\Delta R_{p0,2}$ führt.

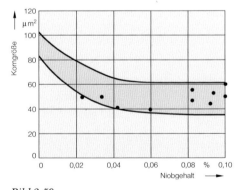

Bild 2-59
Ausmaß der Kornfeinung in normalgeglühten nioblegierten Stählen mit 0,08 % C; 0…0,4 % Si; 0,9 % Mn; 0,08 % Al; 0,0023 %…0,006 % N, nach Meyer u. a.

K [°C/(N/mm²)] bewegt sich zwischen etwa

❑ **– 60** bei der *Kornfeinung* und
❑ **+ 35** bei der *Ausscheidungshärtung*.

K-Werte *größer* als 1 weisen auf eine erhöhte Sprödbruchanfälligkeit hin, Werte *kleiner* als 1 bedeuten zunehmende Sicherheit gegen spröde Brüche. Eine Streckgrenzenerhöhung ist dann sinnvoll, wenn die Sprödbruchsicherheit nicht oder nur unwesentlich verringert wird. Die stark kornfeinende Wirkung des Niobs ist zusammen mit anderen Wirkungen dieses Elements im Vergleich zu anderen Mikrolegierungselementen eine wichtige Ursache für die Überlegenheit der thermomechanisch behandelten Stähle.

Hohe Sprödbruchunempfindlichkeit (= große Schlagzähigkeit) bedeutet nicht zwangsläufig auch eine große plastische Verformbarkeit wie sie z. B. mit dem Zugversuch (senkrechte Anisotropie r und der Verfestigungsexponent n) oder anderen technologischen Prüfverfahren (z. B. der nicht mehr zu verwendende Tiefziehversuch nach *Erichsson*) gemessen werden kann. Für die spanlose Verformung (Ziehen, Drücken, Stauchen usw.) ist vor allem eine ausreichend hohe *Kaltumformbarkeit* (Duktilität) erforderlich, eine Eigenschaft, die die Fähigkeit kennzeichnet, Kaltumformungen rissfrei zu ertragen.

Wegen ihrer guten mechanischen Gütewerte, der hervorragenden Kaltumformbarkeit und der guten Schweißeignung werden diese Stähle vor allem im Fahrzeugbau (kaltumgeformte Träger, Radschüsseln, Hinterachstrichter) und im Großrohrleitungsbau verwendet. Eine weitere wichtige Eigenschaft dieser Stähle ist ihre sehr gute *Feinschneidbarkeit*. Mit bestimmten Werkzeugbauarten können vollkommen glatte Schnittflächen erzeugt werden. Als Ursache werden die hervorragende Kaltumformbarkeit und der sehr geringe Perlitanteil angesehen.

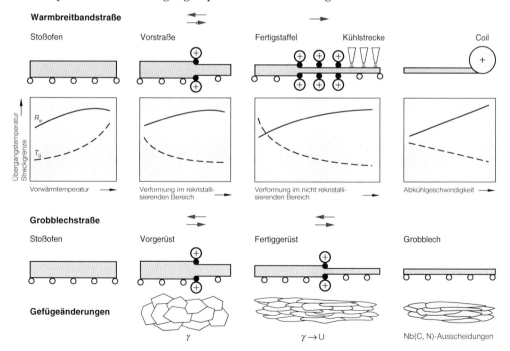

Bild 2-60
Vorgänge beim thermodynamischen Walzen (Warmbreitband- und Grobblechstraße).

194 Kapitel 2: Stähle – Werkstoffgrundlagen

In der Zwischenzeit sind für viele Bereiche thermomechanisch behandelte Stähle entwickelt, zugelassen und genormt worden, Tabelle 2-13 und 2-14.

Alle Prüfverfahren, die die Grenze der rissfreien Umformung festzustellen gestatten, sind grundsätzlich zur Kennzeichnung der Umformbarkeit geeignet. Bewährt haben sich z. B. Kerbschlagbiegeproben, entnommen quer zur Walzrichtung, die auf den abnehmenden Perlitanteil bzw. eine kürzere Sulfidlänge empfindlich reagieren oder die sog. »Taschentuchfaltprobe«, die im »Faltenbereich« eine extreme, rissbegünstigende zweiachsige Verformung erzeugt.

Das kontinuierlich gewalzte Warmbreitband zeigt wegen seiner streng einsinnigen Verformung bei der Herstellung eine ausgeprägte Zeilenanordnung (Walzzeiligkeit). Die in Walzrichtung angeordneten carbidischen und oxidischen Einschlüsse, vor allem aber die plastifizierbaren sulfidischen Bestandteile führen zu einer unerwünschten Anisotropie der Zähigkeitseigenschaften in Längs-und Querrichtung. Bild 2-61 zeigt beispielhaft den Einfluss der Probenlage auf das Ausmaß der Zähigkeitsanisotropie bei einem unlegierten Baustahl. Das Verhältnis der Kerbschlagarbeit von Längs- zu Querproben verhält sich etwa wie 2:1, die Übergangstemperatur der Kerbschlagarbeit wird aber nicht wesentlich geändert.

Die Mangansulfide sind außerdem die Ursache des Terrassenbruchs (Abschn. 2.7.6.1). Die Verringerung des Schwefelgehaltes gelingt mit den heute zur Verfügung stehenden sekundärmetallurgischen Maßnahmen (im Wesentlichen Zuführen von Calcium) auf ein früher nicht vorstellbares Maß. Damit sind Werte unter 0,001 % erreichbar. Auch die Zugabe schwefelaffiner Elemente, die die *Sulfidform* günstig beeinflussen – statt verformbarer, rundlicher sulfidischer Einschlüsse entstehen durch Zugaben von Zirkonium, Cer, Titan und anderer seltener Erden sprö-

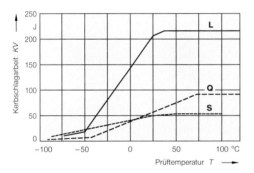

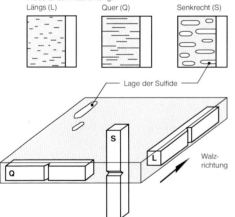

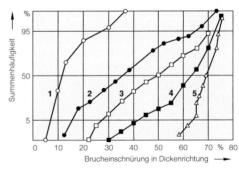

1: 0,015 % bis 0,054 % S; $n = 256$
2: ≤ 0,010 % S; $n = 437$
3: ≤ 0,006 % S; $n = 297$
4: 0,003 % bis 0,011 % S; $n = 310$ (mit Sulfidformbeeinflussung)
5: 0,002 % S; $n = 165$ (mit Sulfidformbeeinflussung)

Bild 2-61
Einfluss der Lage der Mangansulfide und der Probenlage von Charpy-V-Proben auf die Form der Kerbschlagarbeit-Temperatur-Kurve für Versuchsschmelzen aus S355J2 +N (St 52-3) mit 0,015 % Schwefel, nach Dahl, Gammal und Lorenz.

Bild 2-62
Einfluss des Schwefelgehaltes und der Sulfidform auf die Brucheinschnürung in Dickenrichtung von Blechen aus S355N (StE 355), nach Degenkolbe u. a.

de Einschlüsse – ist eine weitgehend verwendete Methode. Bild 2-62 zeigt den Einfluss des Schwefelgehaltes und der Sulfidform auf die für das Vermeiden von Terrassenbrüchen wichtigen Brucheinschnürung Z in Dickenrichtung. Mit den geschilderten Maßnahmen lässt sich die Zähigkeitsanisotropie praktisch vollständig beseitigen.

Thermomechanisch gewalzte Feinkornbaustähle sind in DIN EN 10028-5 und DIN EN 10025-4 genormt. Nach DIN EN 10027-1 werden Stähle für den allgemeinen Stahlbau mit S (**S** = **S**tructural steels) und Druckbehälterstähle für Flacherzeugnisse mit P bezeichnet, (**P** = **S**teels for **P**ressure purpose) Tabelle 2-13 und Tabelle 2-14. Letztere waren bisher in den Stahl-Eisen-Werkstoffblättern SEW 083/84 genormt und für den Einsatz in Stahlkonstruktionen bestimmt. Ähnlich zusammengesetzte Stähle haben sich seit Jahren für Ferngasleitungen bewährt, sie sind in DIN EN 10208 genormt.

Die Mindeststreckgrenze der thermomechanisch gewalzten Stähle nach DIN EN 10028-5 liegt zwischen 355 N/mm² und 550 N/mm². Die Bezeichnung der in zwei Reihen lieferbaren Sorten lautet für die Stähle der
– *Grundreihe* z. B. P355M, für die der
– *kaltzähen Reihe* z. B. P460ML.

Die Kerbschlagzähigkeit der Stähle der Grundreihe wird bis – 20 °C, die der kaltzähen Reihe bis – 50 °C garantiert, falls keine anderen Vereinbarungen zwischen Hersteller und Verbraucher getroffen wurden.

Die im Vergleich zur DIN 17172 wesentlich umfassendere DIN EN 10208 gibt die technischen Lieferbedingungen für nahtlose und geschweißte Rohre an, die für den Transport und die Verteilung brennbarer Flüssigkeiten (z. B. für Erdöl/Erdölerzeugnisse) und verdichteter und verflüssigter Gase vorgesehen sind. Nach DIN EN 10027-1 werden Stähle für den Rohrleitungsbau mit dem Symbol L gekennzeichnet (**L** = **S**teels for **L**inepipes). Erstmals wurden Leitungsrohre genormt, an die sehr unterschiedliche Anforderungen hinsichtlich Qualität und Werkstoffprüfumfang gestellt werden. Es werden die Grundqualität »A«

(DIN EN 10208-1) und die Qualitätsstufen »B« (DIN EN 10208-2) und »C« (DIN EN 10208-3) unterschieden. Die Ausgangswerkstoffe für die Rohrherstellung sind abhängig von der Festigkeit normalgeglühte, thermomechanisch gewalzte oder vergütete Stähle.

Die Bezeichnung der Stähle lautet für die Qualitätsstufe »A« z. B.:
– *L210;*
für die Qualitätsstufe »B« z. B.:
– *L240NB* (normalgeglüht),
– *L360MB* (thermomechanisch gewalzt),
– *L550QB* (vergütet).

Beispiel 2-3:
Die höherfesten warm- oder kaltgewalzten Dualphasen-Stähle sind »Verbundwerkstoffe«, die aus Ferrit mit inselartig in die ferritische Matrix eingelagertem Martensit (20 % bis 30 %) bestehen. Sie verbinden herausragende Kaltumformbarkeit mit hoher Festigkeit (R_m bis 1000 N/mm², abhängig vom Martensitanteil) und einem niedrigen Streckgrenzenverhältnis S von 0,4 bis 0,6 [S = Streckgrenze ($R_{p0,2}$)/Zugfestigkeit (R_m)]. Der niedriggekohlte (C ≤ 0,1 %), hervorragend kaltumformbare und eine große Versetzungsdichte (resultierend aus der Volumen- und Formänderung bei der Austenit-Martensitumwandlung) aufweisende Ferrit wird durch Substitutionselemente verfestigt. Ein weiterer Vorteile ist das Fehlen einer ausgeprägten Streckgrenze, die die wichtigste Voraussetzung für Fließfigurenfreiheit und ein starkes Verfestigungsvermögen im Bereich kleiner Verformungsgrade ist. Diese Stähle sind meistens mit Chrom, Silicium und Mangan legiert, um die für eine wirtschaftliche Herstellung wichtige kritische Abkühlgeschwindigkeit zu reduzieren und das Umwandlungsverhalten in gewünschter Weise zu beeinflussen (die Perlitbildung muss ausreichend stark unterdrückt werden). Bei einer Wärmebehandlung im Durchlaufofen kann wegen der hier möglichen raschen Abkühlung die Menge der Legierungselemente geringer sein.

Es ist an Hand des EKS, z. B. Bild 2-9, für einen unlegierten Stahl mit C = 0,1 %, der einen Martensitgehalt von 30 % haben soll, die Wärmebehandlung zu ermitteln, die zu einem im geschilderten Sinn aufgebauten »Dualphasen-Stahl« führt.

Der Stahl (C = 0,1 %) wird aus dem Zweiphasenfeld ($\gamma + \alpha$) von einer Temperatur T_x abgeschreckt, bei der 30 % Austenit (entspricht 30 % Martensit) vorhanden ist. Der Hebelarm für Austenit muss etwa 30 %, der für Ferrit etwa 70 % betragen. Aus Bild 2-9, S. 134, entnimmt man für T_x = 830 °C. Der nach dieser Behandlung erzeugte »dualphasenähnliche« Stahl besitzt bemerkenswerte mechanische Eigenschaften: Streckgrenze $R_{p0,2}$ = 420 N/mm², Zugfestigkeit R_m = 610 N/mm², Bruchdehnung A_5 = 9 % und Einschnürung Z = 51 %.

Tabelle 2-13
Mechanische Eigenschaften thermomechanisch gewalzter schweißgeeigneter Feinkornbaustähle nach DIN EN 10025-4.

Bezeichnung		Mindeststreckgrenze, R_{eH} in MPa für Erzeugnisdicke in mm			Kohlenstoffäquivalent (CEV) in Prozent, max., für Erzeugnisdicke in mm			Mindestwert der Kerbschlagarbeit in J bei der Prüftemperatur in °C [1]		
nach EN 10027-1 und CR 10260	nach EN 10027-2	≤ 16	> 16 ≤ 40	> 40 ≤ 63	≤ 16	> 16 ≤ 40	> 40 ≤ 63	+ 20	− 20	− 50
S275M	1.8818	275	265	255	0,34	0,34	0,35	55	40 [2]	–
S355M	1.8823	355	345	335	0,39	0,39	0,40			
S420M	1.8825	420	400	390	0,43	0,45	0,46			
S460M	1.8827	460	440	430	0,45	0,46	0,47			
S275ML	1.8819	275	265	255	0,34	0,34	0,35	63	47	27
S355ML	1.8834	355	345	335	0,39	0,39	0,40			
S420ML	1.8836	420	400	390	0,43	0,45	0,46			
S460ML	1.8838	460	440	430	0,45	0,46	0,47			

[1] Werte gelten für Spitzkerb-Längsproben
[2] Dieser Wert enspricht 27 J bei −30°C

Tabelle 2-14
Mechanische Eigenschaften thermomechanisch gewalzter schweißgeeigneter Feinkornbaustähle nach DIN EN 10028-5.

Bezeichnung		Mindeststreckgrenze, R_{eH} in MPa für Erzeugnisdicke in mm			Kohlenstoffäquivalent (CEV) in Prozent, max., für Erzeugnisdicke in mm			Mindestwert der Kerbschlagarbeit in J bei der Prüftemperatur in °C [1]		
nach EN 10027-1 und CR 10260	nach EN 10027-2	≤ 16	> 16 ≤ 40	> 40 ≤ 70	≤ 16	> 16 ≤ 40	> 40 ≤ 70	+ 20	− 20	− 50
P355M	1.8821	355	345	335	0,39	0,39	0,40	55	40	–
P355ML	1.8833	355	345	335	0,39	0,39	0,40	100	65	30
P420M	1.8824	420	400	390	0,43	0,45	0,46	55	40	–
P420ML	1.8835	420	400	390	0,43	0,45	0,46	100	65	30
P460M	1.8826	460	440	430	0,45	0,46	0,47	55	40	–
P460ML	1.8837	460	440	430	0,45	0,46	0,47	100	65	30
P550M	1.8830	550	530	520	0,47	0,47	–	55	40	–

[1] Werte gelten für Spitzkerb-Längsproben

Die Kohlenstoffgehalte der Stähle der Qualitätsstufe »A« reichen von 0,21 % (L210) bis 0,22 % (L360), die der thermomechanisch behandelten (Qualitätsstufe »B«) von nur 0,12 % (L290MB) bis 0,16 % (L550MB).

2.7.6.3 Vergütete Feinkornbaustähle

Stähle mit Mindeststreckgrenzen über etwa 510 N/mm^2 werden im Allgemeinen mit der Wärmebehandlung Vergüten erzeugt. Das martensitische Gefüge besitzt die maximal erreichbaren Festigkeiten metallischer Werkstoffe. **Niedriggekohlter Martensit** ist wegen seiner ausgezeichneten Festigkeits- *und* (Schlag-)Zähigkeitseigenschaften das Gefüge, das bis zu höchsten Werkstofffestigkeiten gewählt wird. Sogar ihre Unempfindlichkeit gegenüber Sprödbruch ist größer als die der ferritisch-perlitischen C-Mn-Stähle. Diese Eigenschaften beruhen auf folgenden Ursachen:
– Der Bruch entsteht bei Schlagbeanspruchung hauptsächlich im Ferrit.
– Die Kerbschlagzähigkeit steigt i. Allg. mit abnehmender Größe der »Struktureinheit« (z. B. Korngröße, Paketbreite, Größe/Breite der Martensitnadeln usw.), s. Aufgabe 2-4, S. 226.
– Mit abnehmendem Kohlenstoffgehalt werden die während der Martensitbildung entstehenden rissbegünstigenden Umwandlungsspannungen geringer, und die Martensithärte nimmt ab.
– Mit abnehmendem Kohlenstoffgehalt steigt die kritische Abkühlgeschwindigkeit, d. h., die Martensitbildung beim Schweißen wird zunehmend erschwert.

Mit der gewählten Temperatur-Zeit-Führung der Wärmebehandlung (z. B. bei der Herstellung des Stahles oder beim Schweißen!) muss ein martensitisches bzw. martensitisch-bainitisches Gefüge erzeugbar sein. Das Entstehen von voreutektoidem Ferrit (bzw. anderer weicherer Gefügebestandteile) muss in jedem Fall verhindert werden, da dieser die Zähigkeitseigenschaften entscheidend verschlechtert. Bild 2-63 zeigt anschaulich die hervorragenden Zähigkeitswerte vergüteter Stähle. Sie sind aber nur vorhanden, wenn das Gefüge *vollständig* aus angelassenem Martensit besteht, Bild 2-64.

Ein weiterer Vorteil der niedriggekohlten Vergütungsstähle besteht darin, dass wegen des niedrigen Kohlenstoffgehaltes und der begrenzten Legierungsmenge die M_s-Temperatur dieser Stähle relativ hoch liegt. Dadurch erfolgt beim Abkühlen von der weit über Ac_3 liegenden Temperatur nach Unterschreiten der M_s-Temperatur eine Art **Selbstanlassen** (Abschn. 2.5.2.1) der schmelzgrenzennahen, aufgehärteten (martensitischen) Bereiche. M_s sollte also möglichst hoch sein. Die dabei entstehenden feinstdispersen Carbidausscheidungen verringern die Gitterspannung und damit die Rissneigung. Der Selbstanlasseffekt ist zwar sehr erwünscht, seine Wirkung sollte aber nicht überbewertet werden, Bild 4-75, S. 396.

Aus wirtschaftlichen Gründen werden diese Stähle praktisch ausschließlich wasservergütet. Da sie zur Sicherung einer ausreichenden Schweißeignung einen niedrigen C-Gehalt (C ≤ 0,2 %) besitzen müssen, wird die erforderliche kleine kritische Abkühlgeschwindigkeit durch Zugabe geeigneter Legierungselemente in ausreichender Menge erreicht. Die Eigenschaften dieser Werkstoffe hängen also im Gegensatz z. B. zu den nicht vergüteten Feinkornbaustählen – bei ihnen werden die Gütewerte außer von der chemischen Zusammensetzung durch (beschleunigtes) Abkühlen an Luft nach dem Walzen oder einem

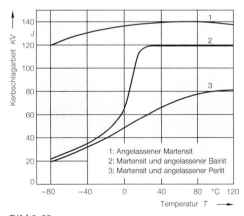

Bild 2-63
Einfluss des Gefüges auf die Kerbschlagzähigkeit (Charpy-V-Proben) eines niedriggekohlten Vergütungsstahles, der durch unterschiedliche Wärmebehandlungen erzeugt wurde.

Bild 2-64
Mikroaufnahme eines vergüteten Feinkornbaustahls P690QL (StE 690) im Anlieferzustand, V=800:1.

Normalglühen bestimmt – erheblich von den jeweiligen im Blechinneren (= Wanddickeneinfluss) herrschenden Abkühlbedingungen ab.

Diese bemerkenswerten Eigenschaften besitzen die Stähle aber erst im vergüteten Zustand. Sie werden zwischen 620 °C und 720 °C angelassen, also bei deutlich höheren Temperaturen als die üblichen Vergütungsstähle z. B. nach DIN EN 10083 (DIN 17200), Abschn. 2.7.3.1. Selbst bei niedrigeren Anlasstemperaturen sind die Zähigkeits- und Festigkeitseigenschaften der (niedrig-)legierten wasservergüteten Feinkornbaustähle hervorragend. Die von der Anlasstemperatur abhängigen mechanischen Gütewerte zeigt schematisch das *Vergütungsschaubild* Bild 2-65.

Den Legierungselementen kommt außer der Erhöhung der Festigkeit und Zähigkeit die Aufgabe zu, die **Anlassbeständigkeit** so zu verbessern, dass in den beim Schweißen über die Anlasstemperatur erwärmten Bereichen der WEZ kein unzulässiger »Härtesack« entsteht. Optimale Eigenschaften sind von den Elementen zu erwarten, die eine maximale Anlassbeständigkeit – das sind die in Abschn. 2.5.2.2 näher besprochenen Sondercarbidbildner, wie Chrom, Molybdän, Wolfram – mit geringstem Abfall der M_s-Temperatur verbinden. Daraus ergibt sich folgende Reihenfolge zunehmender Eignung:

Cr – Mn – Ni – Mo.

Die werkstofflichen und schweißtechnischen Besonderheiten der wasservergüteten Feinkornbaustähle lassen sich wie folgt zusammenfassen:

☐ **Kohlenstoffgehalt**
Der niedrige C-Gehalt ($C \leq 0{,}2\%$), verbunden mit einem geringen Legierungsgehalt (meistens deutlich unter 5%), ergibt eine relativ hohe M_s-Temperatur von oft über 400 °C. Der entstehende Martensit ist relativ wenig verspannt und daher erstaunlich (schlag-)zäh. Aus diesem Grunde ist die Schweißeignung gut. Die Kaltrissneigung ist bei Beachtung der üblichen Vorsichtsmaßnahmen beherrschbar (Abschn. 4.3.2, S. 384). Bei einem martensitischen Gefüge ist aber die schädliche Wirkung selbst geringster Mengen Wasserstoff zu beachten. Diese Forderung ist beim Schweißen der niedriggekohlten, schweißgeeigneten Vergütungsstähle unbedingt zu berücksichtigen.

☐ **Chemische Zusammensetzung**
Legierungselemente sollen
– für eine angemessene *Durchhärtung* sorgen, d. h. die kritische Abkühlgeschwindigkeit soweit verringern, dass wasserhärtbare Stähle entstehen, die
– *Anlassbeständigkeit* verbessern und
– die M_s-*Temperatur* möglichst wenig senken. Außerdem muss sichergestellt sein, dass bei praxisnahen Schweißbedingungen die austenitisierten Bereiche der WEZ beim Abkühlen in Martensit oder besser in Martensit und Bainit (nicht in Perlit!) umwandeln können, s. Abschn. 4.3.3, S. 398.

Flüssigkeitsvergütete Stähle sind bisher unter anderem in der DIN EN 10028-6 (vergütete Druckbehälterstähle), in DIN EN 10025-6 (Flacherzeugnisse mit höherer Streckgrenze im vergüteten Zustand) und in ISO 9328-6 (Flacherzeugnisse aus Stahl für Druckbeanspruchungen) genormt. Die Streckgrenzenwerte liegen zwischen 460 N/mm² (P460Q, S460Q) und 890 N/mm² (P690Q, S890Q), Tabelle 2-15 und 2-16.

Tabelle 2-15
Mechanische Eigenschaften vergüteter schweißgeeigneter Feinkornbaustähle nach DIN EN 10028-6 (Auszug).

Bezeichnung		Mechanische Eigenschaften									
		Mindeststreckgrenze, R_{eH} in MPa für Erzeugnisdicke in mm			Zugfestigkeit, R_m in MPa für Erzeugnisdicke in mm			Mindestwerte der Kerbschlagarbeit in J für Erzeugnisdicken zwischen 10 mm und 70 mm bei der Prüftemperatur in °C [1]			
nach EN 10027-1 und CR 10260	nach EN10027-2	≤ 50	> 50 ≤ 100	> 100 ≤ 150	≤ 100	> 100 ≤ 150		0	− 20	− 40	− 60
P460Q	1.8870	460	440	400	550 bis 720	500 bis 670		40	30	–	–
P460QL	1.8871							40	30	–	–
P460QL1	1.8872							60	50	40	30
P500Q	1.8873	500	480	440	590 bis 770	540 bis 720		40	30	–	–
P500QL	1.8874							40	30	–	–
P500QL1	1.8875							60	50	40	30
P550Q	1.8876	550	530	490	640 bis 820	590 bis 770		40	30	–	–
P550QL	1.8877							40	30	–	–
P550QL1	1.8878							60	50	40	30

[1] Werte gelten für Spitzkerb-Längsproben

Tabelle 2-16
Mechanische Eigenschaften vergüteter Stähle mit höherer Streckgrenze nach DIN EN 10025-6 (Auszug).

Bezeichnung		Mechanische Eigenschaften									
		Mindeststreckgrenze, R_{eH} in MPa für Erzeugnisdicke in mm			Zugfestigkeit, R_m in MPa für Erzeugnisdicke in mm			Mindestwerte der Kerbschlagarbeit (Spitzkerb-Längsproben) in J bei der Prüftemperatur in °C			
nach EN 10027-1 und CR 10260	nach EN10027-2	≥ 3 ≤ 50	> 50 ≤ 100	> 100 ≤ 150	≥ 3 ≤ 50	> 50 ≤ 100		0	− 20	− 40	− 60
S460Q	1.8821	460	440	400	550 bis 720			30	27	–	–
S460QL	1.8833							35	30	27	–
S460QL1	1.8824							40	35	30	27
S620Q	1.8914	620	580	560	700 bis 890			30	27	–	–
S620QL	1.8927							35	30	27	–
S620QL1	1.8987							40	35	30	27
S890Q	1.8940	890	830	–	940 bis 1100	880 bis 1100		30	27	–	–
S890QL	1.8983							35	30	27	–
S890QL1	1.8925							40	35	30	27

2.8 Korrosionsbeständige Stähle

2.8.1 Erzeugen und Erhalten der Korrosionsbeständigkeit

Korrosionsbeständige Stähle enthalten mindestens 11 % Chrom, der in der Matrix (krz oder kfz Gitter) gelöst – also z. B. nicht in Form von Chromcarbid abgebunden – vorliegen muss. Mit zunehmendem Chromgehalt wird der chemische Angriff auf einen oft vernachlässigbaren Wert herabgesetzt. Mit weiteren Legierungselementen, wie z. B. Nickel, Molybdän, Kupfer u. a., lassen sich die vielfältigsten Gebrauchseigenschaften einstellen und die chemische Beständigkeit oft extrem verbessern.

Diese legierungstechnischen Maßnahmen machen sie gegen Angriffsmedien wie z. B.
- Luftsauerstoff,
- Wässer aller Art (belüftete, unbelüftete, stehende Wässer, Brackwässer),
- chemische Produkte (Säuren, Alkalien)

»beständig«.

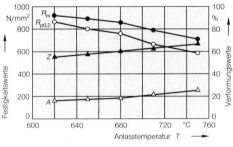

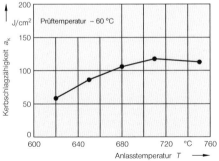

Bild 2-65
Vergütungsschaubild eines niedriglegierten wasservergüteten Feinkornbaustahles P690QL (StE 690).

Die chemische Beständigkeit (Resistenz) beruht auf der spontanen Bildung einer extrem dünnen (1 bis 20 nm), porenfreien, mechanisch und chemisch sehr beständigen Chromoxidschicht auf der Werkstoffoberfläche [22]. Der *aktive* Zustand des Metalls geht dadurch in den beständigen *passiven* (Abschn. 1.7.5) über. Die Korrosionsbeständigkeit erfordert demnach die ständige Bildung der schützenden Chromoxid-Deckschicht, was nur bei einem ausreichenden Sauerstoffangebot möglich ist. Unter reduzierenden Bedingungen, z. B. schweflige Säure, Salzsäure, ist der Aufbau der Deckschicht erschwert oder u. U. unmöglich. Der Angriff erfolgt dann in diesen Fällen flächenmäßig.

Eine allumfassende Korrosionsbeständigkeit im Sinne des Wortes ist allerdings nie gegeben. Ein Werkstoff ist bestenfalls gegenüber einigen wenigen Medien oder Mediengruppen beständig. In vielen Fällen gilt dies auch nur bei bestimmten Betriebs- und Korrosionsbedingungen:
- Betriebstemperatur und -Druck,
- mechanische Beanspruchung,
- Konzentration des Mediums.

Häufig führen nur geringfügig geänderte Angriffs- bzw. Umgebungsbedingungen zu einer drastischen Abnahme oder Zunahme der Korrosionsbeständigkeit.

Unter einem praxisnäheren Gesichtspunkt können die Anforderungen an die chemische Beständigkeit der Werkstoffe technisch sinnvoller formuliert werden:
- Das Abtragen des Werkstoffs sollte *gleichmäßig*, d. h. mit den bekannten Methoden *berechenbar* und in *flächenförmiger* Form erfolgen, wenn Korrosionserscheinungen nicht oder nur mit einem nicht vertretbaren Aufwand vermieden werden können. Jeder lokale, also begrenzte Angriff, beeinträchtigt die Sicherheit und die Betriebsbereitschaft des Bauteils (s. hierzu Abschn. 1.7.6.1, S. 83).

---

[22] Eine andere Theorie besagt, dass durch Sättigen der freien Valenzen der Oberflächenatome mit Sauerstoff das Metall Edelmetall-Charakter annimmt und dadurch unlöslich wird.

Abgesehen von den sehr gefährlichen lokalen Korrosionsformen, gilt ein Stahl bei flächenförmigem Angriff als chemisch beständig, wenn die Abtragrate die Richtgröße von etwa $0{,}05\,\text{g/m}^2\text{h}$ nicht überschreitet, Tabelle 1-5, S. 65. Aber z. B. in der Lebensmittelindustrie oder der Pharmazie sind selbst geringste Mengen Metallionen unzulässig.

Das Korrosionsverhalten der Stähle bzw. der aus ihnen hergestellten Bauteile, ist von verschiedenen Faktoren abhängig:

❐ Der *chemischen Zusammensetzung*.

❐ Dem angreifenden *Medium*, seiner Konzentration, den Betriebsbedingungen (Temperatur, Druck, Mediengeschwindigkeit), der Art und Menge der Verunreinigungen, evtl. zusätzlich korrosiv wirkende Substanzen (Erosionskorrosion).

❐ Der *korrosionsschutzgerechten Konstruktion*. Wichtige Einzelheiten sind in Abschn. 1.7.7, S. 94, zusammengestellt.

❐ Dem mit einer Wärmebehandlung (aber auf keinen Fall Sensibilisieren!) häufig beeinflussbaren *Gefüge*, das möglichst einphasig, homogen und gleichgewichtsnah sein sollte. In der Praxis sind allerdings nur heterogene und (oder) inhomogene Werkstoffe anzutreffen:
Werkstoffe mit einem *heterogenen* Gefüge bestehen aus mehreren Phasen oder Phase(n) und unerwünschten Einschlüssen/Ausscheidungen, z. B.:
– austenitischer Chrom-Nickel-Stahl mit geringem δ-Ferritanteil,
– ferritischer Chromstahl mit Anteilen von Sigma-Phase.

Werkstoffe mit einem *inhomogenen* Gefügeaufbau oder solche, die sich nicht im thermodynamischen Gleichgewichtszustand befinden, z. B.:
– Geseigerte Grundwerkstoffe oder wesentlich häufiger, kritischer und in der Praxis kaum vermeidbar, Kristallseigerungen im Schweißgut. Elektrochemische Korrosionserscheinungen können nun die Folge sein.

– Kaltverformungen begünstigen die Spannungsrisskorrosion bzw. andere lokale Korrosionsformen (Abschn. 1.7.6.2.1, S. 91). In bestimmten Fällen bildet sich durch Verformen austenitischer Stähle der krz Schiebungsmartensit. Die entstehende Potenzialdifferenz (zweiphasiges Gefüge!) begünstigt ebenso wie der höhere Energiegehalt des Martensits lokale Korrosionsformen.

❐ Dem *Oberflächenzustand* des Werkstoffs. Er ist besonders wichtig, seine Bedeutung wird aber in der Praxis häufig unterschätzt. Grundsätzlich ist die Korrosionsbeständigkeit bei höchster Oberflächengüte am besten, d. h. im polierten Zustand. Raue, nicht glatte Oberflächen nehmen leichter Verunreinigungen, Salze und Feuchtigkeit auf, wodurch vor allem die gefährlichen lokalen Korrosionsformen stark begünstigt werden:
– Riefen, Kratzer, Oberflächenschichten [(Anlauf-)Farben, organischer Bewuchs, Beläge aller Art, Öle, Fette] zerstören örtlich die Passivschicht oder bilden Belüftungselemente und begünstigen so die Spalt-, Loch- und Spannungsrisskorrosion. Daher sollten die Oberflächen der Werkstücke vor jeder Ver- oder Bearbeitung sorgfältigst (chemisch, mechanisch) gesäubert werden. Eine ausreichende Oberflächengüte wird überwiegend durch die fachgerechte Ver- und Bearbeitung der Werkstoffe und eine periodische Überwachung und Wartung durch qualifiziertes Personal sichergestellt.

❐ Von *Handlingsvorgängen* während der Ver- und Bearbeitung der Werkstoffe.
– Fremdstoffe – z. B. in die Oberfläche eingepresste Metallspäne, Kunststoffteilchen, Schleifstaub – begünstigen ebenfalls den lokalen Angriff, z. B. durch Bilden von galvanischen Elementen, Konzentrationselementen (Belüftungselementen), das Beschädigen der Passivschicht oder die Entstehung der Berührungskorrosion durch Kontakt mit nichtmetallischen Stoffen.

Die Werkstückoberfläche muss von Verunreinigungen aller Art – vor allem *vor* Wärmebehandlungen – mit geeigneten Mitteln befreit werden. Die mit Werkzeugen (Bohren, Feilen, Schleifen), Spannvorrichtungen (z. B. die Befestigungsschrauben des Erdanschlusses am Fügeteil oder Schweißtisch!), Abkanten, Drücken und Verformen in die Oberfläche eingepressten Fremdmetallpartikel lassen sich zuverlässig *nur* mit chemischen Mitteln beseitigen. Sandstrahlen *muss* mit eisenfreien (extreme Oxidationswirkung!) Strahlkörpern erfolgen. Die sicherste Methode zum Beseitigen von Fremdmetallspänen und schwer entfernbaren Oberflächenschichten ist das *Passivieren*. Diese Methode besteht aus einem Reinigen, einer Behandlung in einer Lösung bestehend aus 20 Vol% 50%iger HNO_3, Rest Wasser (oft mit Zusätzen von oxidierenden Salzen, z. B. $Na_2Cr_2O_7 \cdot 2H_2O$ zum Verstärken der Chromoxidschicht) und dem abschließenden Reinigen, s. a. Tabelle 4-37, S. 415. Das Passivieren ist zum Erzeugen der Passivschicht *nicht* erforderlich. Diese bildet sich spontan, selbst in Anwesenheit sehr geringer Sauerstoffmengen.

2.8.2 Korrosionsverhalten der Stähle in speziellen Medien

Die korrosionsbeständigen Stähle werden nahezu ausschließlich durch Schweißen verbunden. Die schweißtechnischen und werkstofflichen Besonderheiten und Erfordernisse werden ausführlicher in den Abschnitten 1.7.7.6, S. 100, und 4.3.7.1, S. 414, besprochen. Die beim Schweißprozess entstehenden Spannungszustände und verschiedene werkstoffliche Probleme – vor allem des geseigerten Schweißguts – können die Korrosionseigenschaften geschweißter Bauteile außerordentlich verschlechtern.

Die korrosionsbeständigen Stähle werden bevorzugt durch die Spannungsrisskorrosion, Lochkorrosion, Spaltkorrosion und die Kontaktkorrosion angegriffen.

Die Auswahl geeigneter Stähle wird von der geforderten Korrosionsbeständigkeit bestimmt (Einzelheiten s. Abschn. 1.7.7, S. 94).

Dazu gehört die möglichst vollständige Kenntnis des Korrosionssystems: Art und Konzentration des Mediums, Strömungsgeschwindigkeit, pH-Wert, Art und Menge der Verunreinigungen, Medientemperatur. Weiterhin sind die mechanischen Gütewerte und die Möglichkeiten und Grenzen der Herstellung festzulegen und zu beachten.

Korrosion in Wässern
Die Art der (industriellen) Wässer ist extrem unterschiedlich. Sie können hochrein, chemisch behandelt, Frischwasser (Menge der Chloridionen beträgt gewöhnlich ≤ 600 ppm) oder Meerwasser sein und gelöste Stoffe (z. B. Chloridionen, O_2) in unterschiedlicher Menge enthalten. Vor allem in chloridionenhaltigen Wässern kann bei Betriebstemperaturen über 50 °C die SpRK entstehen.

In *Frischwasser* sind alle üblichen austenitischen Cr-Ni-Stähle weitestgehend beständig. In *Meerwasser* ebenso, wenn die Strömungsgeschwindigkeit ≥ 1,5 m/s ist. Bei stagnierendem Meerwasser sind höherlegierte Stähle erforderlich, weil das verringerte Sauerstoffangebot den Aufbau der Passivschicht sehr erschwert.

Korrosion durch chemischen Angriff
Hier sind die Vorgänge besonders unübersichtlich und komplex und die Auswahl korrosionsbeständiger Werkstoffe nur mit großer Erfahrung zuverlässig möglich. Selbst wenn ein entsprechender Werkstoff bekannt ist, können z. B. die allgegenwärtigen Chloridionen zur Spannungsrisskorrosion führen. Eine unzureichende Belüftung, unkontrollierte Streuströme, oder die Kontaktkorrosion können Wasserstoffversprödung oder die wasserstoffinduzierte Korrosion auslösen. Übliche Tests (möglichst unter Einbeziehung des *gesamten* »Korrosionssystems«!) liefern ebenso wie die Datenblätter des Werkstoffherstellers entscheidende Hinweise auf das Korrosionsverhalten des Stahls.

Anorganische Säuren
Die chemische Zusammensetzung des Stahls zusammen mit dem Wasserstoffionengehalt und der Oxidationsfähigkeit der Säure bestimmen seine Korrosionsbeständigkeit.

Die meisten austenitischen Cr-Ni-Stähle, die hochsiliciumhaltigen Gusseisensorten und vor allem das Titan (Abschn. 5.4.1, S. 554), sind in der stark oxidierenden *Salpetersäure* (HNO_3) in Konzentrationen zwischen 0 % und 65 % bis zum Siedepunkt beständig. Mit zunehmender Korrosionsschärfe oder höheren Temperaturen sind größere Chromgehalte im Stahl erforderlich.

Die ferritischen Chromstähle sind in *Schwefelsäure* (H_2SO_4) wenig, die Superferrite sehr gut beständig. Die normalen austenitischen Cr-Ni-Stähle können für sehr verdünnte und hochkonzentrierte Schwefelsäure (101 %) verwendet werden. Für Konzentrationen größer 70 % werden im großen Umfang unlegierte Kohlenstoffstähle verwendet. Die austenitischen Stähle werden in der Regel nur für die 101%ige Säure eingesetzt und wenn Eisenverunreinigungen in der Säure unzulässig sind. Höhere Nickel- und Kupfergehalte verbessern die Beständigkeit erheblich.

Die üblichen korrosionsbeständigen Stähle sind selbst in verdünnter *Salzsäure* nicht verwendbar. Geringe Mengen an Verunreinigungen – besonders oxidierende Substanzen und Belüftung – führen zu unübersichtlichen, z. T. extremen Korrosionserscheinungen. Tantal und spezielle Gläser sind absolut beständig. Tantal wird aber wegen seines hohen Preises nur eingesetzt, wenn z. B. selbst geringste Verunreinigungen nicht zulässig sind, s. Abschn. 5.4.4, S. 564.

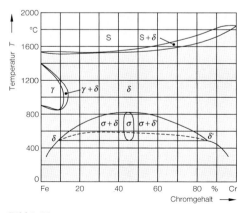

Bild 2-66
Das Zustandsschaubild Fe-Cr, nach Kubaschewski.

(Wässrige) Flusssäure greift alle korrosionsbeständigen Stähle durch Lochkorrosion sehr stark an. Für Konzentrationen größer 60 % bis 100 % können unlegierte Stähle und hoch nickelhaltige Legierungen (z. B. *Hastelloy C*, Ni-Cu-Legierungen, z. B. Monel) verwendet werden.

Organische Säuren
Sie sind in der Regel wesentlich weniger aggressiv, weil sie in einem viel geringeren Umfang dissoziieren, d. h., der Anteil an Wasserstoffionen im Medium ist kleiner.

2.8.3 Werkstoffliche Grundlagen

Einige wichtige und grundlegende Informationen über die z. T. komplexen werkstofflichen Vorgänge lassen sich aus den üblichen Zwei- und Dreistoff-Schaubildern ableiten. Insbesondere das Fe-Cr-Ni-Schaubild liefert verschiedene wichtige Hinweise. Da die Stähle aber meistens hoch und mit mehreren Elementen legiert sind, ist die Aussagefähigkeit dieser Gleichgewichts-Schaubilder wie schon mehrfach angesprochen deutlich begrenzt. Der Einfluss einer beschleunigten Abkühlung auf die Umwandlungs- und Ausscheidungsvorgänge – ebenso wie die Wirkung der Legierungselemente – können nur sehr angenähert abgeschätzt werden.

2.8.3.1 Die Zustandsschaubilder Fe-Cr, Fe-Ni

Die für das Verständnis der werkstofflichen Zusammenhänge grundlegenden Systeme sind das Fe-Cr- und das Fe-Ni-Zustandsschaubild, Bild 2-66 und 2-67. Gemäß Fe-Cr-Schaubild, Bild 2-66, wird bei mehr als 12 % Chrom das γ-Gebiet vollständig abgeschnürt, eine γ/α-Umwandlung kann also nicht mehr stattfinden. Chrom gehört demnach zu den Elementen, die den ferritischen Zustand stabilisieren, Bild 2-42. Diese bis unter Raumtemperatur umwandlungsfreien Werkstoffe werden **korrosionsbeständige ferritische Chromstähle** genannt (Abschn. 2.8.4.2).

Üblicherweise bezeichnet man den sich aus der Schmelze und aus dem Austenit bildenden Ferrit als δ-Ferrit *(primärer)*. Aus verschiedenen Gründen sollte der aus der peritektischen Reaktion entstehende Ferrit δ-Ferrit (wie bei unlegierten Stählen), der aus dem Austenit entstehende Ferrit α-Ferrit genannt werden, s. a. Aufgabe 2-9, S. 232. Diese unterschiedlichen Ferritsorten sind auch mit metallografischen Hilfsmitteln unterscheidbar.

Unter 820 °C beginnt bei höheren Chromgehalten gemäß Bild 2-66 die Ausscheidung der spröden intermediären Sigma-Phase aus dem $\delta(\alpha)$-Ferrit (Abschn. 2.8.3.4.2). Da sie etwa 45 % Chrom enthält, kann außer einer Versprödung des Werkstoffs auch eine unerwünschte Chromverarmung an der Phasengrenze Matrix/Ausscheidung entstehen. In Legierungen mit Chromgehalten zwischen etwa 10 % und 85 % entmischt sich der Ferrit bei Temperaturen unter 600 °C. Es entstehen sehr chromreiche δ'-Mischkristalle und chromarme δ-Mischkristalle. Auf diesem Vorgang beruht die so genannte *475 °C-Versprödung* der ferritischen bzw. der ferrithaltigen korrosionsbeständigen Chromstähle (s. Abschn. 2.8.3.4.3).

Eine weitere Unzulänglichkeit der Zweistoff-Schaubilder besteht darin, dass sich der Einfluss des wichtigen Legierungselementes Kohlenstoff (und auch jedes anderen Elementes) nicht quantitativ erfassen lässt. Hierfür sind sogar die relativ komplizierten Dreistoff-Schaubilder nur bedingt geeignet (Abschn. 1.6.5, S. 59).

Selbst geringe Kohlenstoffmengen (C ≤ 0,1 %) beeinflussen das Umwandlungsgeschehen stärker als jedes andere Legierungselement (außer Stickstoff!). Aus den hochlegierten γ-Mischkristallen entstehen nach Durchlaufen der γ-Schleife kohlenstoffhaltige krz α-Umwandlungsgefüge. Das sind die **korrosionsbeständigen** (lufthärtenden) **martensitischen Stähle.**

Im Gegensatz zu Chrom erweitert das Legierungselement Nickel den Austenitbereich sehr stark, wie das Fe-Ni-Zustandsschaubild Bild 2-67 zeigt. Hierauf beruht die Möglichkeit, **korrosionsbeständige austenitische Chrom-Nickel-Stähle** herzustellen. Sie sind ähnlich wie die ferritischen Chromstähle im gesamten Temperaturbereich umwandlungsfrei (sie bestehen nur aus γ-Mischkristallen) und damit im klassischen Sinne nicht mehr wärmebehandelbar, d. h. weder härtbar noch normalglühbar.

2.8.3.2 Das Zustandsschaubild Fe-Cr-Ni

Dieses Dreistoffsystem ist für das Verständnis der werkstofflichen Vorgänge ein unverzichtbares Hilfsmittel, Bild 2-68. Aus den Teil-Zweistoff-Schaubildern Fe-Cr, Fe-Ni und Ni-Cr wird der Verlauf der wichtigen eutektischen Rinne (Linie I-II in Bild 2-68) verständlich. Oberhalb dieser Phasengrenze scheiden sich beim Abkühlen aus der Schmelze nach dem Durchstoßen der Liquidusfläche primäre $\delta(\alpha)$-Kristalle, unterhalb dieser Fläche primäre γ-Kristalle aus. Der Existenzbereich dieser beiden Mischkristallarten ist durch einen Dreiphasenraum (»Dreikantröhre«, »Pflugschar«, s. Abschn. 1.6.5, S. 59) getrennt, in dem $\delta(\alpha)$, γ und Schmelze gleichzeitig existieren.

Der Verlauf der beiden Teil-Liquidus- bzw. Solidusflächen ist für die Neigung zur Heißrissbildung der Stähle (Schweißgut) neben anderen Faktoren von entscheidender Bedeutung. Bild 2-68 lässt erkennen, dass der Temperaturgradient im Bereich der primären γ-Ausscheidung wesentlich flacher verläuft als im Gebiet der primären $\delta(\alpha)$-Ausscheidung. Dieses Werkstoffverhalten begünstigt die Schmelzenentmischung, die Bildung niedrig-

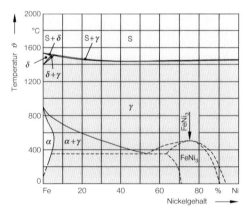

Bild 2-67
Das Zustandsschaubild Fe-Ni, nach Kubaschewski.

schmelzender Phasen und damit die Heißrissbildung, wie z. B. aus Bild 1-67, S. 55, deutlich wird. Bild 4-8, S. 305, zeigt, dass außerdem die an den Korngrenzen vorhandene niedrigschmelzende Restschmelze die Heißrissbildung erleichtert. Diese vorzugsweise bei austenitischen Stählen auftretende Schadensform lässt sich z. B. mit einer geeigneten Zusammensetzung des Stahles vermeiden. In erster Linie ist hierfür ein Ausscheiden von *primärem δ(α)*-Ferrit aus der Schmelze erforderlich, weil die Löslichkeit der den Heißriss verursachenden Elemente im Austenit wesentlich geringer ist als im Ferrit. Der aus Gründen einer besseren Heißrissbeständigkeit notwendige geringe Ferritanteil muss aber primär aus der Schmelze, nicht aber als Folge einer hierfür wirkungslosen Sekundärkristallisation aus den γ-Mischkristallen entstanden sein (Abschn. 4.3.7.5, S. 431).

2.8.3.3 Einfluss wichtiger Legierungselemente

Nickel

Nickel ist ein starker Austenitbildner, d. h., es erniedrigt die A_3- und erhöht die A_4-Temperatur, Bild 2-42. Dadurch werden die mechanischen Gütewerte und die Verarbeitbarkeit wesentlich verbessert. Es ist neben Chrom das wichtigste Legierungselement und in austenitischen Cr-Ni-Stählen zwischen 8 % und 30 % enthalten. In erster Linie verbessert Nickel die Korrosionsbeständigkeit in normaler Atmosphäre, Frischwässern und entlüfteten nichtoxidierenden Säuren sowie alkalischen Medien. Nickelgehalte über 30 % machen den Werkstoff in praktisch allen Angriffsmedien SpRK-beständig. Die Beständigkeit gegenüber Schwefel und schwefelhaltigen Medien ist dagegen geringer.

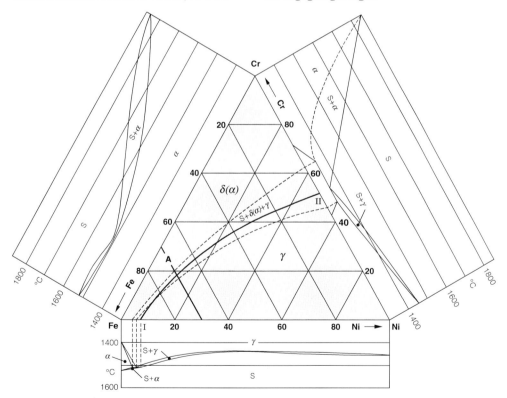

Bild 2-68
Ternäres Fe-Cr-Ni-Zustandsschaubild mit eingezeichneten Teil-Zweistoff-Schaubildern Fe-Ni, Fe-Cr, Ni-Cr. Die Linie »A« entspricht dem Konzentrationsschnitt für einen konstanten Eisengehalt von 70 %, vergleiche auch Bild 2-82.

Technisch bedeutsam ist die durch Nickel verursachte Änderung der Form des γ-Raumes. Mit zunehmendem Nickelgehalt wird er zu größeren Chromgehalten und tieferen Temperaturen verschoben, Bild 2-69. Dieses Werkstoffverhalten zusammen mit sehr geringen Kohlenstoffgehalten (≤ 0,05 %) ermöglichte die Entwicklung der schweißgeeigneten, praktisch deltaferritfreien und extrem kohlenstoffarmen **weichmartensitischen Stähle**

Kohlenstoff
Kohlenstoff begünstigt ähnlich wie Stickstoff sehr wirksam den austenitischen Zustand. Selbst geringste Mengen erweitern erheblich die *(γ+δ)*-Schleife des Fe-Cr-Schaubildes erheblich, Bild 2-70. Alle Legierungen, die den *(γ+δ)*-Bereich durchlaufen, wandeln daher beim Abkühlen in einen aus Ferrit und weiteren Gefügen bestehenden Stahl um, der auch als **halbferritischer Stahl** bezeichnet wird (Abschn. 2.8.4.2).

In ferritischen Chromstählen scheiden sich bereits ab 0,01 % Kohlenstoff Carbide aus, deren Chromgehalt zwischen 40 % und 65 % liegen kann. Die dadurch hervorgerufene *Chromverarmung* der Matrix ist die Ursache für die Entstehung der interkristallinen Korrosion (Abschn. 2.8.3.4.1). Die Carbidbildung ist wegen der sehr großen Affinität des Chroms zu Kohlenstoff nahezu unvermeidlich, s. a. Aufgabe 4-16, S. 494.

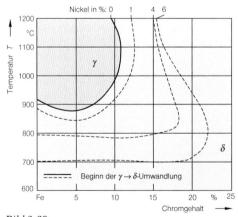

Bild 2-69
Einfluss, des Nickels auf die Form der γ- bzw. (γ+δ)-Schleife im System Fe-Cr, nach Kunze.

Im Gegensatz zum unlegierten Austenit löst der mit Chrom und Nickel legierte erheblich weniger Kohlenstoff (≤ 0,006 % bei Raumtemperatur), d. h., auch austenitische Stähle scheiden noch bei Kohlenstoffgehalten, die ähnlich gering sind wie die der ferritischen Stähle Chromcarbide aus. Die Ausscheidungskinetik ist aber wegen der sehr unterschiedlichen Lösungsfähigkeit der krz und kfz Gittertypen und der sehr unterschiedlichen Diffusionseigenschaften der Atome in ihnen sehr unterschiedlich.

Die Diffusionsgeschwindigkeit des Kohlenstoffs im Ferrit ist etwa um den Faktor 100 bis 1000 größer als im Austenit, seine Löslichkeit ist dagegen wesentlich geringer. Beide Faktoren begünstigen die Carbidausscheidung aus dem Ferrit und erschweren sie aus dem Austenit (s. Fußnote 23, S. 208). Die ferritische Matrix ist damit thermisch sehr viel unbeständiger als die austenitische und neigt in größerem Maße zu Ausscheidungen aller Art. Hochwarmfeste, aber auch die korrosionsbeständigsten Stähle müssen daher das thermisch stabile (voll-)austenitische Gefüge besitzen.

Stickstoff
Ähnlich wie Nickel und Kohlenstoff ist Stickstoff ein sehr starker Austenitbildner und beeinflusst daher weitgehend die Art der Austenitumwandlung. Die Löslichkeit dieses bei un- und (niedrig-)legierten Stählen sehr unerwünschten »Stahlschädlings« ist im hochlegierten Austenit wesentlich größer als die des Kohlenstoffs. Der Stickstoff scheidet sich nach Überschreiten der Löslichkeitsgrenze in Form von Cr_2N aus. Der Beginn aller Ausscheidungen, die *keinen* Stickstoff lösen können, z. B. die Sigma-Phase und das Carbid $Me_{23}C_6$, wird daher grundsätzlich behindert. Diese allgemein gültige Gesetzmäßigkeit beruht darauf, dass die Bildung der Ausscheidung erst dann erfolgen kann, wenn in dem entsprechenden Gefügebereich *kein* gelöster Stickstoff mehr vorliegt. Dieser diffusionskontrollierte Vorgang erfordert längere Zeiten. Die Ausscheidung dieser unerwünschten Phasen wird durch Stickstoff also stark verzögert. Daher werden vor allem die austenitischen Stähle häufig mit Stickstoff legiert.

Diese sehr geringe Neigung zu gütevermindernden Ausscheidungen ist vor allem bei Austeniten wichtig, die mit Molybdän, Silicium und anderen Elementen legiert sind. Derartige Stähle neigen meistens zum Ausscheiden verschiedener, sehr unerwünschter, weil güteverschlechternder intermediärer Phasen (z. B. die *Chi-* und die *Laves-Phase,* verschiedene Carbidmodifikationen).

Der entscheidende Vorteil stickstofflegierter austenitischer Stähle ist aber die deutliche Erhöhung der jeder Bauteilberechnung zugrunde liegenden *Streckgrenze* bei nur geringfügig verminderten Zähigkeitseigenschaften, Tabelle 2-17. Die Korrosionsbeständigkeit und vor allem die Schweißeignung dieser Stähle sind gut.

Molybdän
Dieses wichtige Legierungselement begünstigt die Ferritbildung, erhöht die Beständigkeit gegenüber Lochkorrosion und reduzierenden Korrosionsmedien, verbessert die Festigkeitseigenschaften bei höheren Temperaturen und verschiebt den Existenzbereich der Sigma-Phase zu geringeren Chromgehalten und zu höheren Temperaturen und beschleunigt ihre Ausscheidung. Es bildet aber mit Eisen verschiedene intermediäre Phasen, die die Korrosionsbeständigkeit und die mechanischen Eigenschaften merklich beeinträchtigen. Die wichtigsten sind die *Laves-Phase* Fe_2Mo, die ungefähr 45% Molybdän enthält und die *Chi-Phase* (χ-Phase) mit der Summenformel $Fe_{36}Cr_{12}Mo_{10}$. Mit der Bildung der *Laves-Phase* muss bei mehr als 2% ... 3% Molybdän gerechnet werden. Höhere Temperaturen und längere Zeiten erleichtern sehr stark ihre Entstehung.

Silicium
Silicium (4% ... 5%) erhöht die Beständigkeit austenitischer Chrom-Nickel-Stähle gegenüber konzentrierter Salpetersäure und verbessert erheblich ihre Zunderbeständigkeit. Die Neigung zur Bildung der Sigma-Phase und verschiedener niedrigschmelzender Phasen wird allerdings deutlich vergrößert. Die Heißrissgefahr vor allem der vollaustenitischen Stähle wird dadurch merklich erhöht (Abschn. 2.8.4.3).

Wasserstoff
Wasserstoff hat den kleinsten Atomdurchmesser aller Elemente (Abschn. 3.3.3.3, S. 258), sein Diffusionsvermögen ist daher größer als das jedes anderen Elements. Die Wasserstofflöslichkeit der kfz Metalle ist um einige Zehnerpotenzen größer als die der krz Metalle. Nickel kann besonders viel Wasserstoff lösen, d. h., seine Neigung, beim Schweißen (Wasserstoff-)Poren zu bilden, ist sehr groß und muss fertigungstechnisch beachtet werden, Abschn. 5.2.2.2, S. 525.

Bei den kfz Metallen besteht wegen der großen Wasserstofflöslichkeit und der extremen Verformbarkeit keine Gefahr der wasserstoffinduzierten Kaltrissigkeit, Abschn. 3.5.1.6, S. 276. Große Vorsicht ist aber bei den polymorphen Stählen geboten, weil bei ihnen in der Wärmeeinflusszone die γ/α-Umwandlung stattfindet. Ist diese Umwandlung mit einer Martensitbildung verbunden ($\gamma \rightarrow$ Martensit), dann ist die Bildung von Kaltrissen kaum zu vermeiden. Daher sind die 13%igen Chromstähle, die weichmartensitischen CrNi-13-4-Stähle, vor allem aber die martensitischen korrosionsbeständigen Stähle für diese Rissform besonders anfällig.

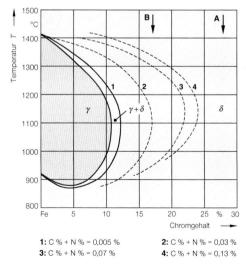

1: C % + N % = 0,005 %   2: C % + N % = 0,03 %
3: C % + N % = 0,07 %   4: C % + N % = 0,13 %

Bild 2-70
Einfluss des Kohlenstoffs und Stickstoffs auf Lage und Ausdehnung des ($\gamma+\delta$)-Raumes im System Fe-Cr, nach Schmidt und Jarleborg.

2.8.3.4 Ausscheidungs- und Entmischungsvorgänge

2.8.3.4.1 Interkristalline Korrosion (IK)

Die mehrfach legierten korrosionsbeständigen Stähle zeigen abhängig von der Art der Legierungselemente und ihrer Menge sowie ihrem Gittertyp eine ausgeprägte Neigung zur Bildung unerwünschter Ausscheidungen, die die Korrosionsbeständigkeit, das Schweißverhalten und (oder) die mechanischen Eigenschaften sehr beeinträchtigen können.

Chromcarbide sind die weitaus gefährlichsten Ausscheidungen. Sie sind die Ursache der interkristallinen Korrosion (»*Kornzerfall*«, s. a. Abschn. 1.7.6.1.4, S. 88). Die austenitischen Stähle werden daher grundsätzlich im *lösungsgeglühten* und *abgeschreckten* Zustand geliefert. Durch eine Erwärmung auf 1050 °C bis 1150 °C mit einem nachfolgenden möglichst schnellem Abkühlen bleiben diese Elemente zwangsgelöst, d. h., ein Ausscheiden dieser Phasen unterbleibt. Eine Wärmebehandlung (z. B. Schweißen) kann in diesem Ungleichgewichtsgefüge aber erneut Diffusionsvorgänge auslösen, die wiederum zu Ausscheidungen führen.

Die Kohlenstofflöslichkeit der austenitischen Stähle ist gering ($\leq 0,03\%$ bei Raumtemperatur), die der ferritischen Chromstähle noch geringer ($\leq 0,01\%$). Die die Löslichkeitsgrenze übersteigende Kohlenstoffmenge wird als Chromcarbid ausgeschieden, das bis zu 65 % Chrom enthalten kann, Bild 2-71a. Dadurch sinkt in der umgebenden Matrix u. U. der Chromgehalt unter die Resistenzgrenze, und der Stahl wird korrosionsanfällig. Zum Verständnis und zur Erklärung dieses für die hochlegierten Stähle wichtigen Mechanismus muss die sehr unterschiedliche Diffusionsfähigkeit der Kohlenstoff- und Chromatome berücksichtigt werden[23].

Bild 2-71 zeigt schematisch die bei der Ausscheidung von Chromcarbiden ablaufenden Vorgänge. Das für die Carbidbildung erforderliche Chrom wird zunächst der unmittelbaren Nähe der Ausscheidung entzogen, d. h., die Chromverteilung in der Matrix zeigt den in Bild 2-71a skizzierten muldenförmigen Verlauf. Das Nachströmen der sehr trägen, diffusionsunwilligen Chromatome aus dem Korninneren ist ein diffusionskontrollierter Prozess, also temperatur- und zeitabhängig. Unterschreitet der Chromgehalt in der »Mulde«

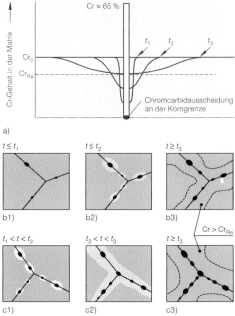

Bild 2-71
Zum Mechanismus der Chromverarmungstheorie.
a) Chromprofil in der Nähe der Chromcarbidausscheidungen bei verschiedenen Haltezeiten t_i.
b) Bei niedrigerem C-Gehalt des Stahles ist direkt nach Bildung des Carbids (t_1, t_2) die Chromverarmung der Matrix gering. Eine zusammenhängende, chromverarmte Zone entlang der Korngrenzen kann nicht entstehen. Nach Ablauf der Zeit t_3 sind diese Bereiche mit aus dem Korninneren nachströmenden Chrom auf Werte über der Resistenzgrenze aufgefüllt. Kornzerfall entsteht nicht.
c) Bei höherem C-Gehalt des Stahles scheiden sich die Chromcarbide in größerer Menge und perlschnurartig aus. Bei einer Verweilzeit $t_2 < t < t_3$ sinkt der Chromgehalt im Bereich der Korngrenzen unter 12 %. Kornzerfall kann entstehen. Nach Ablauf der Zeit t_3 ist die »Chrommulde« aufgefüllt, d. h., Kornzerfall kann nicht entstehen.

---

[23] Bei 800 °C beträgt der Diffusionskoeffizient D von Chrom im γ-Eisen nur 10^{-18} cm²/s, von Kohlenstoff aber 10^{-8} cm²/s.

den für die Passivität erforderlichen Wert von 12%, dann wird der Stahl in diesem Bereich korrosionsanfällig. Diese Vorgänge finden überwiegend an den energiereichen »Störstellen« Korngrenzen statt. Entstehen hier nichtzusammenhängende Ausscheidungen, dann ist der chemische Angriff in der Regel vernachlässigbar, Bild 2-71b.

Wenn die Resistenzgrenze durch eine kontinuierliche Folge von Ausscheidungen in der unmittelbaren Nähe der Korngrenzen unterschritten wurde, dann wird dieser Bereich durch einen Korrosionsangriff zerstört, und der Kornverbund zerfällt. Diese nur auf die Korngrenzenbereiche beschränkte Form der Korrosion wird **interkristalline Korrosion (IK)** oder auch anschaulich **Kornzerfall** genannt. Bemerkenswert ist, dass die Ursache der IK nicht die *Menge* ausgeschiedener Carbide ist, sondern ein bestimmter Ausscheidungszustand, bei dem die Chromverarmung der Matrix ein Maximum erreicht. Daher bezeichnet man die der interkristallinen Korrosion zugrunde liegenden werkstofflichen Vorgänge als *Chromverarmungstheorie*.

Die bisher geschilderten Ausscheidungsvorgänge lassen sich sehr anschaulich in *Zeit-Temperatur-Ausscheidungs-Schaubildern* (ZTA-Schaubild) darstellen, Bild 2-72. Die Ausscheidung von Chromcarbiden (Linien 1 und 4) ist noch nicht gleichbedeutend mit der Neigung zum Kornzerfall bzw. zu seinem Beginn. Dies geschieht erst dann, wenn der in Bild 2-71b skizzierte Zustand erreicht ist. Bei Temperaturen oberhalb der vom Kohlenstoffgehalt abhängigen Löslichkeitstemperatur T_L ist eine Carbidausscheidung nicht mehr möglich.

Die IK-Anfälligkeit kann durch Auffüllen der »Chromsenken« in den Korngrenzenbereichen auf die Resistenzgrenze von 12% beseitigt werden, wie Bild 2-71c schematisch zeigt. Die hierfür erforderlichen Temperaturen und Zeiten sind in erster Linie vom Gittertyp des Stahles abhängig:
– Bei den thermisch relativ instabilen *krz Stählen* ist ein Glühen bei 750 °C/1 h ausreichend. Das Auffüllen der Chromsenken geschieht wegen des sehr großen Diffusionskoeffizienten D_{Cr} (s. Fußnote 23, S. 206) sehr rasch.
– Die *kfz Stähle* werden durch ein Glühen im Bereich 600 °C bis 800 °C am schnellsten sensibilisiert, also IK-anfällig gemacht. Die Annahme liegt nahe, dass die IK-Anfälligkeit bei diesen Stählen eine andere Ursache hat als bei den ferritischen Chromstählen.

Dieses sehr unterschiedliche Verhalten ist aber lediglich eine Folge der unterschiedlichen Diffusions- und Löslichkeitsbedingungen der Legierungselemente in den krz und kfz Gittern. Bild 2-73 zeigt schematisch die temperatur- und zeitabhängige Ausscheidung der Chromcarbide aus einem ferritischen Chromstahl und einem austenitischen Chrom-Nickel-Stahl.

Der eingezeichnete für eine Lichtbogenschweißung typische Abkühlverlauf (Linie »A«) gibt die Unterschiede sehr deutlich wieder. Beim Schweißen des ferritischen Stahles ist die Carbidausscheidung beim Abkühlen nicht unterdrückbar, der Stahl wird also sofort nach dem Schweißen kornzerfallsanfällig. Der gleiche Vorgang erfordert bei den austenitischen Stählen eine sehr viel länge-

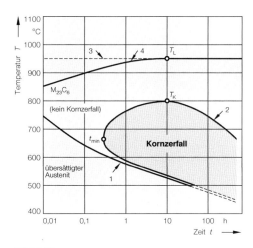

Bild 2-72
Zeit-Temperatur-Ausscheidungs-Schaubild ($M_{23}C_6$) eines austenitischen Cr-Ni-Stahles X5CrNi18-9 mit eingetragenem Bereich des Kornzerfalls. Wärmebehandlung: Lösungsglühen 1050 °C/Abschrecken, nach Herbsleb, Schüller und Schwaab.

re Zeit; er ist aber sehr stark von der Menge an Kohlenstoff und anderen Legierungselementen abhängig, Bild 2-74. Ein Kornzerfall direkt nach dem Schweißen ist unwahrscheinlich, s. a. Bild 4-101, S. 432.

Gegenmaßnahmen
Zum Abwenden der gefährlichen IK sind verschiedene Methoden bekannt, deren Wirksamkeit z. T. von der Stahlsorte abhängt. Die folgenden Maßnahmen werden in der Praxis angewendet.

❑ *Lösungsglühen und Abschrecken.*
Die Ausscheidungen werden gelöst und ihr Wiederausscheiden durch rasches Abkühlen verhindert. Diese Methode wird in der Praxis kaum (wohl aber vom Stahlhersteller!) angewendet. Die erforderlichen hohen Temperaturen führen zu erheblichen Bauteilverzügen (Festigkeit ist gering!), verzunderten Oberflächen und verursachen hohe Kosten.

❑ *Absenken des Kohlenstoffgehalts unter die temperaturabhängige Löslichkeitsgrenze des Stahles.*
Dieser C-Gehalt beträgt etwa bei den
- **ferritischen Cr-Stählen < 0,01 %**, bzw. C + N < 0,015 %. Sie werden daher auch **ELI-Stähle**[24] genannt. Wegen der größeren Kohlenstofflöslichkeit beträgt er bei den
- **austenitischen Stählen ≤ 0,03 %**.

Bei höheren als den angegebenen Anteilen scheidet sich der überschüssige Kohlenstoff als Carbid ($Me_{23}C_6$) aus. Das Einstellen dieser extrem geringen Kohlenstoffgehalte gelang erst mit dem Aufkommen neuerer Stahlherstellungsverfahren (Abschn. 2.3). Diese austenitischen Werkstoffe bezeichnet man auch als **ELC-Stähle** bzw. **ULC-Stähle**[25].

❑ *Zugabe von Sondercarbidbildnern.* Die große Affinität der Elemente Ti, Ta, Nb führt zum Abbinden des Kohlenstoffs in Form stabiler Carbide als TiC, TaC, NbC. Der Kohlenstoff wird *stabilisiert*. Die weniger stabilen, unerwünschten Chromcarbide können sich nicht mehr bilden, d. h., Kornzerfall ist weitgehend ausgeschlossen. Abhängig vom Kohlenstoffgehalt des Stahles beträgt die Menge der erforderlichen **Stabilisatoren** genannten Sondercarbidbildner:

$$Ti \geq 5 \cdot C, \quad Nb\,(Ta) \geq (10 \text{ bis } 12) \cdot C.$$

Diese Mengen sind größer als dem stöchiometrischen Verhältnis entspricht, weil sie als stickstoffaffine Elemente auch den im Stahl immer enthaltenen Stickstoff abbinden.

Diese Stähle werden **stabilisierte Stähle** genannt, weil bei ihnen der Kohlenstoff fest (stabil) abgebunden ist.

2.8.3.4.2 Sigma-Phase (σ-Phase)
Alle Ausscheidungsvorgänge im Gefüge der hochlegierten Stähle entstehen im festen Zustand. Sie erfordern daher sehr lange Zei-

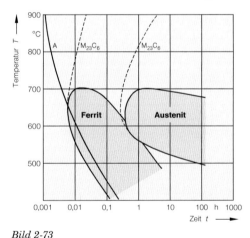

Bild 2-73
Einfluss der Gitterform auf die $M_{23}C_6$-Ausscheidung und die IK-Anfälligkeit eines ferritischen Chromstahles (C = 0,05 %, Cr = 17 %) und eines austenitischen Cr-Ni-Stahles (C = 0,05 %, Cr = 18 %, Ni = 8 %), geprüft im Strauss-Test. Die eingetragene Abkühlkurve »A« entspricht den Schweißbedingungen: Wärmeeinbringen 5 kJ/cm, Blechdicke 20 mm, Vorwärmtemperatur 300 °C, nach Bäumel.

---

[24] **ELI** = Extra Low Interstitial, d. h. ein Stahl mit einem sehr geringen Gehalt interstitiell gelöster Elemente. Diese Stähle werden auch als *Superferrite* bezeichnet (Abschn. 2.8.4.2, S. 215).

[25] **ELC** = Extra Low Carbon, also ein Stahl mit einem sehr geringen Kohlenstoffgehalt.
ULC = Ultra Low Carbon.

ten und beginnen erst bei höheren Temperaturen. Es entstehen meistens intermediäre Verbindungen, die die
- *mechanischen Gütewerte,* insbesondere die *Zähigkeitseigenschaften* und die
- *Korrosionsbeständigkeit* z. T. extrem verschlechtern.

Die Sigma-Phase ist eine intermediäre Verbindung mit der Näherungsformel FeCr. Sie setzt die Zähigkeit herab, häufig auch die Korrosionsbeständigkeit. Bild 2-66 zeigt, dass in reinen Eisen-Chrom-Legierungen die Ausscheidung der Sigma-Phase ab 15% Chrom unter 800 °C beginnt. Ihre Bildung wird u. a. durch Molybdän, Niob, Silicium, Titan, Vanadium erleichtert, durch Nickel und Kobalt erschwert. Molybdän begünstigt sehr stark die Bildung der Sigma-Phase. Es verschiebt ihren Bildungsbereich zu niedrigeren Chromgehalten und höheren Temperaturen. Die Lösungsglühtemperatur molybdänlegierter Stähle muss daher mit etwa 1150 °C deutlich höher liegen als die der molybdänfreien (ca. 1050 °C).

Die Ausscheidungskinetik der Sigma-Phase ist wegen der unterschiedlichen Lösungsfähigkeit für bestimmte Legierungselemente und ihrer unterschiedlichen Diffusionsmöglichkeit im kfz bzw. krz Gitter sehr stark vom Gittertyp abhängig. Kohlenstoff und Stickstoff verzögern die Bildung der Sigma-Phase stark, da sie beide Elemente nicht lösen kann. Die Ausscheidung der Sigma-Phase kann daher erst dann erfolgen, wenn der Gehalt dieser Elemente an den Orten beginnender Ausscheidung gegen Null geht. Diese Zusammenhänge gelten nur für atomar im Gitter gelösten Kohlenstoff und Stickstoff. In stabilisierten Stählen ist Kohlenstoff fest, Stickstoff z. T. gebunden. Bei diesen Stählen ist daher die ausscheidungshemmende Wirkung des Kohlenstoffs nur noch in einem geringen Umfang vorhanden.

Kohlenstoff scheidet sich im Gegensatz zu Stickstoff relativ leicht in Form von Carbiden aus. Die Löslichkeit des Stickstoffs im (hochlegierten) kfz Gitter ist deutlich größer als die des Kohlenstoff, daher ist auch seine ausscheidungshemmende Wirkung wesentlich größer.

Die Sigma-Phase scheidet sich aus dem Ferrit grundsätzlich schneller aus als aus Austenit. Dies geschieht beim δ-Ferrit im Temperaturbereich zwischen 600 °C und 900 °C und führt zu einer sehr erheblichen Versprödung. Durch Glühen bei 950 °C wird die Sigma-Phase gelöst und ihre versprödende Wirkung beseitigt. Besonders nachteilig ist ihre Bildung in den austenitisch-ferritischen Duplexstählen, die ungefähr 50% δ-Ferrit enthalten (Abschn. 2.8.4.4).

2.8.3.4.3 475 °C-Versprödung

Die Versprödung beruht auf einer Nahentmischung des δ-Ferrits, der sich in Stählen mit mehr als 12% Chrom und sehr langen Glühzeiten (einigen tausend Stunden) unterhalb 500 °C in eine sehr chromreiche δ'- und eine chromarme δ-Phase entmischt. Bei den austenitisch-ferritischen Stählen (Duplexstählen) setzt die Versprödung allerdings schon nach einigen Minuten Aufenthaltsdauer im kritischen Temperaturbereich ein (Bild 2-84). Im Zweistoff-System Fe-Cr, Bild 2-66, sind diese werkstofflichen Vorgänge schematisch dargestellt.

Mit zunehmendem Chromgehalt wird dieser Entmischungsvorgang stark beschleunigt und seine versprödende Wirkung größer. In ferritfreien Stählen tritt diese Erscheinung nicht auf.

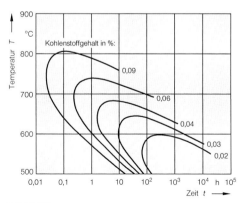

Bild 2-74
Einfluss des Kohlenstoffgehalts auf die IK-Anfälligkeit eines nichtstabilisierten austenitischen Stahles vom Typ CrNi-18-9, nach Rocha.

Tabelle 2-17
Mechanische Eigenschaften ausgewählter nichtrostender Stähle für die Erzeugnisform C, Werkstückdicke 6 mm [(auch P und H für Werkstückdicken 12 mm (H) bzw. 75 mm (P)], nach DIN EN 10088-2, Auswahl (9/2005).

Stahlsorte		Wärmebehand-lungszustand [1,2]	$R_{p0,2}$ [2] (quer)	R_m [2]	Bruchdehnung, A_{80} (quer) $t > 3$ mm [3]	KV (Charpy-V) > 10 mm		Beständigkeit gegen IK (nach EURONORM 114)	
						längs	quer		
Kurzname	Werkst. Nr.		N/mm²	N/mm²	%	J	J	Liefer. [4]	sens. [4]
Austenitische Stähle									
X10Ni18-8	1.4310	AT	250	600...950	40	–	–	nein	nein
X2CrNiN18-7	1.4318	AT (H/12 [5])	330	650...850	35	90	60	ja	ja
X2CrNi18-9	1.4307	AT (H/12 [5])	200	520...670	45	90	60	ja	ja
X2CrNi19-11	1.4306	AT (H/12 [5])	200	500...650	45	90	60	ja	ja
X5CrNi18-10	1.4301	AT (H/12 [5])	210	520...720	45	90	60	ja	nein
X6CrNiTi18-10	1.4541	AT (H/12 [5])	200	520...720	40	90	60	ja	ja
X4CrNi18-12	1.4303	AT	220	500...650	45	–	–	ja	nein
X1CrNi25-21	1.4335	AT (H/12 [5])	200	400...600	45	90	60	ja	ja
X2CrNiMo17-12-2	1.4404	AT (H/12 [5])	220	530...680	40	90	60	ja	ja
X1CrNiMoN17-11-2	1.4406	AT (H/12 [5])	280	580...780	40	90	60	ja	ja
X1CrNiMoN25-22-2	1.4466	AT (P/75 [5])	250	540...780	40	90	60	ja	ja
X6CrNiMoNb17-12-2	1.4580	AT (H/12 [5])	220	520...720	40	90	60	ja	ja
X2CrNiMoN17-13-3	1.4429	AT (H/12 [5])	280	580...780	35	90	60	ja	ja
X3CrNiMo17-13-3	1.4436	AT (H/12 [5])	220	550...700	40	90	60	ja	ja
X1CrNiSi18-15-4	1.4438	AT (H/12 [5])	220	550...700	35	90	60	ja	nein
X12CrMnNiN18-9-5	1.4372	AT (H/12 [5])	330	750...950	45	90	60	ja	ja
X2CrNiMoN17-13-5	1.4439	AT (H/12 [5])	270	580...780	35	90	60	ja	ja
X2CrNiMo18-12-4	1.4434	AT (H/12 [5])	270	570...770	35	90	60	ja	ja
X2CrNiMo18-15-4	1.4438	AT (H/12 [5])	270	570...770	35	90	60	ja	ja
X1CrMnNiN17-7-5	1.4372	AT (H/12 [5])	330	750...950	45	90	60	ja	nein
X1CrNiMoCuN25-25-5	1.4537	AT (P/75 [5])	290	600...800	40	90	60	ja	ja
X1NiCrMoCuN25-20-7	1.4529	AT (P/75 [5])	270	600...800	25	90	60	ja	ja
Austenitisch-ferritische Stähle (Duplexstähle)									
X2CrNiN23-4	1.4362	AT (H/12 [5])	490	600...850	20	90	60	ja	ja
X2CrNiMoN27-5-2	1.4460	AT (H/12 [5])	460	620...880	20	90	60	ja	ja
X2CrNiMoN22-5-3	1.4462	AT (H/12 [5])	460	660...950	25	90	60	ja	ja
X2CrNiMoCuN25-6-3	1.4507	AT (H/12 [5])	490	690...940	17	90	60	ja	ja
X2CrNiMoN25-7-4	1.4410	AT (H/12 [5])	530	750...1000	15	90	60	ja	ja
X2CrNiMoCuWN25-7-4	1.4501	AT (P/75 [5])	530	730...930	25	90	60	ja	ja

Abschn. 2.8.3: Korrosionsbeständige Stähle (Werkstoffliche Grundlagen)

Stahlsorte		Wärmebehandlungszustand [1,2]	$R_{p0,2}$ [2] (längs)	R_m [2]	Bruchdehnung, A_{80} (quer) $t > 3$ mm [3]	KV (Charpy-V) $t > 10$ mm		Beständigkeit gegen IK (nach EURONORM 114)	
						längs	quer		
Kurzname	Werkst. Nr.		N/mm²	N/mm²	%	J	J	Liefer. [4]	sens. [4]
Ferritische Stähle									
X2CrNi12	1.4003	A	280	450 … 650	20	–	–	nein	nein
X6CrNiTi12	1.4516	A	280	450 … 650	23	–	–	nein	nein
X6Cr13	1.4000	A	240	400 … 600	19	–	–	nein	nein
X6Cr17	1.4016	A	260	450 … 600	20	–	–	ja	nein
X3CrNb17	1.4511	A	230	420 … 600	23	–	–	ja	ja
X6CrMo17-1	1.4113	A	260	450 … 630	18	–	–	ja	nein
X2CrTi17	1.4520	A	180	380 … 530	24	–	–	ja	ja
X6CrNi17-1	1.4017	A	480	650 … 750	12	–	–	ja	ja
X2CrTiNb18	1.4509	A	230	430 … 630	18	–	–	ja	ja
X1CrMoTi29-4	1.4592	A	430	550 … 700	20	–	–	ja	ja
Martensitische Stähle									
X12Cr13	1.4006	QT550 (P/75 [5])	400	550 … 750	15	[6]	–	–	–
X20Cr13	1.4021	QT650 (P/75 [5])	450	650 … 850	12	[6]	–	–	–
X30Cr13	1.4028	QT800 (P/75 [5])	600	800 … 1000	10	–	–	–	–
X39Cr13	1.4031	QT	–	–	12	–	–	–	–
X46Cr13	1.4034	A	–	max. 780	12	–	–	–	–
X50CrMoV15	1.4116	A	–	max. 850	12	–	–	–	–
X39CrMo17-1	1.4122	A	–	max. 900	12	–	–	–	–
Weichmartensitische Stähle									
X3CrNiMo13-4	1.4313	QT780 (P/75 [5])	650	780 … 980	14	70 min.	–	–	–
X4CrNiMo16-5-1	1.4418	QT840 (P/75 [5])	680	840 … 980	14	55 min.	–	–	–
Ausscheidungshärtende Stähle									
X5CrNiCuNb16-4	1.4542	P900	700	≥ 900	6	–	–	–	–
X7CrNiAl17-7	1.4568	P1450	1310	≥ 1450	2	–	–	–	–
X8CrNiMoAl15-7	1.4532	P1550	1380	≥ 1550	2	–	–	–	–

[1] A = Geglüht, AT = lösungsgeglüht, Pwxyz = ausscheidungsgehärtet auf Zugfestigkeit wxyz, SR = spannungsarmgeglüht, QTwxyz = vergütet auf Zugfestigkeit wxyz.
[2] Gilt für Werkstückdicken $s = 6$ mm und die Erzeugnisform C = altgewalztes Band (andere Erzeugnisformen sind P = warmgewalztes Blech, H = warmgewalztes Band).
[3] Die Werte gelten für Proben mit einer Messlänge von 80 mm und einer Breite von 20 mm.
[4] Liefer. = IK-Beständigkeit im Lieferzustand, sens. = IK-Beständigkeit im geschweißten Zustand.
[5] Die Zahl nach dem Schrägstrich gibt die für diese Fälle geltenden von $s = 6$ mm abweichenden Werkstückdicken an.
[6] Nach Vereinbarung.

2.8.4 Einteilung und Stahlsorten

Je nach chemischer Zusammensetzung wird eine Vielzahl korrosionsbeständiger Stähle mit unterschiedlichsten Gefügen und für unterschiedlichste Anwendungsbereiche bzw. Korrosionsmedien hergestellt. In Tabelle 2-17 sind einige Stahlsorten mit ihren kennzeichnenden mechanischen Eigenschaften zusammengestellt.

Das Entstehen der möglichen Gefügeformen der Stähle lässt sich vereinfacht mit den Zweistoff-Zustandsschaubildern Fe-Cr und Fe-Ni erklären. Die Legierung A (B) in Bild 2-70 erstarrt bei einem Kohlenstoffgehalt $\leq 0{,}13\,\%$ ($\leq 0{,}03\,\%$) rein ferritisch. Ist die Menge des stark austenitstabilisierenden Kohlenstoffs gering (C $\leq$ 0,1%), dann bilden sich überwiegend ferritische Stähle mit geringeren Anteilen von Umwandlungsprodukten. Diese Werkstoffe werden daher »*halbferritische*« Stähle genannt. Bei größeren Kohlenstoffgehalten (C > 0,10%...0,20%) entstehen nach einer Austenitumwandlung die martensitischen korrosionsbeständigen (Vergütungs-)Stähle.

Austenitische bzw. austenitisch-ferritische Stähle entstehen nur, wenn außer dem aus Gründen der Korrosionsbeständigkeit immer erforderlichen Chrom noch weitere austenitstabilisierende Elemente vorhanden sind. In jedem Fall wird hierfür – neben anderen Legierungselementen – Nickel verwendet.

Die Art des entstehenden Gefüges dieser Stähle hängt in komplizierter Weise von ihrem Legierungssystem ab. Als Gedächtnishilfe können folgende selbstverständlich erscheinende Hinweise dienen:
- Das Gefüge der 12% bis 13% Chrom enthaltenden Stähle ist ferritisch (ferritisch-martensitisch) bzw. bei höherem Kohlenstoffgehalt martensitisch. Die Zugabe weiterer Legierungselemente »verschiebt« das Gefüge dieses »Standardstahles« in eine Richtung, die von ihrer austenit- bzw. ferritbegünstigenden Wirkung abhängt.

Die ferrit- bzw. austenitbildende Fähigkeit der Elemente wird häufig in Form von »Wirksummen« festgestellt. Die bekanntesten Beispiele sind die von *DeLong*, *Schaeffler* und vom WRC entwickelten **Chrom-** und **Nickeläquivalente** (Abschn. 4.3.7.2, S. 417).

Aus dem bisher Gesagten wird die folgende Einteilung der korrosionsbeständigen Stähle verständlich:

❏ **Perlitisch-martensitische Chromstähle**
Cr = 12% bis 18%, C = 0,15% bis 1,2%.
Stähle mit C $\geq$ 0,20% sind in der Regel Luft- bzw. Ölhärter.

❏ **Ferritische und halbferritische Chromstähle**
Cr = 12% bis 30%, C $\leq$ 0,2%.
Die Zusammensetzung dieser Stähle ist so beschaffen, dass sie während der Abkühlung den ($\gamma + \delta$)-Raum durchlaufen, z. B. Legierung B in Bild 2-70. Das aus der γ-Umwandlung entstehende überwiegend martensitische Gefüge ist der Grund für diese Bezeichnung.

❏ **Austenitisch-ferritische Stähle (Duplexstähle)**
Cr = 20% bis 25%, Ni = 5% bis 7%, bis 4% Mo und geringe Mengen N.
Das Gefüge dieser Stähle besteht aus etwa 50% Ferrit und 50% Austenit.

❏ **Austenitische Chrom-Nickel-Stähle**
(oft mit bis zu 10% Ferrit), Cr = 14% bis 30%, Ni = 6% bis 36%, C $\leq$ 0,1%.

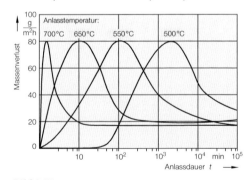

Bild 2-75
Korrosionsverhalten des Stahles X40Cr13 in Abhängigkeit von der Anlasstemperatur in siedender 5%iger Essigsäure, nach Bäumel.

2.8.4.1 Martensitische Chromstähle

Die Schweißeignung dieser höhergekohlten (C ≥ 0,15 % bis etwa 1,2 %) bis etwa 650 °C warmfesten und mäßig korrosionsbeständigen Chromstähle mit sehr hoher Zugfestigkeit (≤ 900 N/mm^2) ist schlecht, Tabelle 2-17. Von einem Schweißen ist grundsätzlich abzuraten. Hinzu kommt die extreme Gefahr der Bildung wasserstoffinduzierter Kaltrisse in den hochaufgehärteten, versprödeten Zonen der WEZ. Die Schweißeigenschaften und vor allem die Zähigkeitswerte lassen sich aber durch Herabsetzen des Kohlenstoff- und Anheben des Nickelgehaltes auf 4 % bis 6 % erheblich verbessern.

Diese Entwicklung führte zu den niedriggekohlten (C ≤ 0,05 %, siehe Tabelle 2-17) **weichmartensitischen Stählen**, die stets im vergüteten (angelassenen) Zustand eingesetzt werden. Die große thermische Hysterese des Ac$_3$-Punktes beim Aufheizen bzw. Abkühlen dieser Nickelmartensite erleichtert ihr einfaches und sehr wirksames Aushärten, Bild 4-91. Ein weiterer Vorteil ist das nahezu δ-ferritfreie Vergütungsgefüge dieser Stähle, wenn ihre chemische Zusammensetzung genau abgestimmt wird.

Im gehärteten (kaum verwendbaren) Zustand ist die Korrosionsbeständigkeit dieser Stähle am besten. Nach einer Anlassbehandlung liegt ein Teil des ausgeschiedenen Kohlenstoffs als Chromcarbid vor, wodurch die Entstehung der *interkristallinen Korrosion* (Abschn. 2.8.3.4.1) sehr begünstigt wird. Gemäß den Ergebnissen der Chromverarmungstheorie ist die IK eine Folge der Chromcarbidausscheidungen, des Umfangs der damit verbundenen Chromverarmung der Matrix und der Möglichkeit des zeit- und temperaturabhängigen Nachströmens des Chroms aus der Umgebung.

Bild 2-75 zeigt die Verhältnisse für den Messerstahl X40Cr13. Der Verlauf der Massenverlustkurven (g/m^{2}h) zeigt die typischen Werkstoffänderungen beim Anlassen. Mit zunehmender Anlasstemperatur wird das Maximum der Abtragrate in immer kürzeren Zeiten erreicht. Bei noch längeren Zeiten werden die »Mulden« von aus der Matrix nachströmendem Chrom aufgefüllt, die Chromanreicherung im Carbid kommt zum Stillstand, d. h., der Gewichtsverlust nimmt wieder ab.

2.8.4.2 Ferritische Chromstähle

Wegen ihrer gegenüber vielen Angriffsmedien ausreichenden Korrosionsbeständigkeit werden die rein ferritischen Chromstähle mit 12 % bis 17 % Cr und C ≤ 0,1 % für nicht allzu aggressiv beanspruchte Bauteile häufig verwendet. Ihre Streckgrenzen sind im Vergleich zu den austenitischen Cr-Ni-Stählen deutlich höher und können durch geeignete Wärmebehandlungen in weiten Grenzen eingestellt werden. Die Übergangstemperatur der Kerbschlagzähigkeit liegt aber in den meisten Fällen über der Raumtemperatur, ihre Zähigkeitseigenschaften und damit ihre Schweißeignung sind daher erwartungsgemäß sehr schlecht. Ein entscheidender Vorteil ist ihre Beständigkeit gegen die durch chloridionenhaltige Angriffsmedien hervorgerufenen lokalen Korrosionsformen wie die Spannungsrisskorrosion. Bild 2-76 zeigt das Mikrogefüge eines rein ferritischen Chromstahles.

Sie werden grundsätzlich im geglühten Zustand (750 °C/1...2 h/Luft) eingesetzt. Diese Wärmebehandlung sorgt für das Auffüllen der Chromsenken und macht den Stahl IK-beständig. Das Gefüge besteht aus Ferrit mit eingelagerten Carbiden. Als Folge der geringen Löslichkeit und der um ein Vielfaches größeren Diffusionskoeffizienten der Elemente im krz Gitter ist der Ferrit thermisch sehr

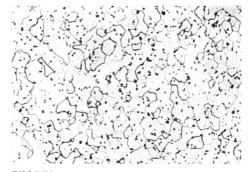

Bild 2-76
Mikrogefüge eines ferritischen Chromstahles X6CrTi17, V = 500:1, Vilella-Ätzung.

instabil, d. h., die Stähle neigen zu Ausscheidungen aller Art.

Je nach Zusammensetzung unterscheidet man:

- **Rein ferritische Stähle**, d. h., die resultierende Wirkung der ferrit- und austenitstabilisierenden Elemente verschiebt die Legierung in den reinen Ferritbereich, z. B. die Legierung A in Bild 2-70. Die Stähle sind umwandlungsfrei.
- **Halbferritische Stähle**, d. h., sie durchlaufen beim Abkühlen den $(\gamma + \delta)$-Phasenraum. Ein größerer Teil der γ-MK.e wandelt in Martensit (oder Bainit) um. Die Legierung B in Bild 2-64 durchläuft den Zweiphasenraum z. B. dann, wenn C + N > 0,03 % ist.

Die ferritischen Stähle werden durch Chrom und in noch größerem Umfang durch Molybdän versprödet. Die Ursache ist die Ausscheidung der *Sigma-Phase* oberhalb 550 °C und die 475 °C-Versprödung (Abschn. 2.8.3.4.2). Bei nichtstabilisierten Stählen kommt außer der IK-Anfälligkeit auch noch die Versprödung durch Carbid- bzw. Nitridbildung hinzu. Wegen dieser temperaturabhängigen Versprödungsformen sollte die Betriebstemperatur von aus diesen Stählen hergestellten Bauteilen auf etwa 250 °C begrenzt werden.

Die Korrosionsvorgänge sind bei den 17%-igen ferritischen Chromstählen durch verschiedene werkstoffliche Besonderheiten sehr unübersichtlich. Wie Bild 2-70 zeigt, durchlaufen die Stähle bei einer Wärmebehandlung (z. B. Schweißen, Abschn. 4.3.7.4, S. 425) das Zweiphasenfeld $(\gamma + \delta)$. Aus Bild 2-77 erkennt man, dass sich über 900 °C Austenit zu bilden beginnt, dessen Menge bis etwa 1100 °C zunimmt. Mit steigender Temperatur geht ein Teil der Carbide in Lösung. Der freiwerdende Kohlenstoff wird bevorzugt vom Austenit aufgenommen, da er eine wesentlich größere Lösungsfähigkeit für dieses Element besitzt. Im Bereich des Zweiphasenfeldes existieren also gleichzeitig der *chromärmere Austenit* und der wesentlich *chromreichere δ-Ferrit*. Durch schnelles Abkühlen wandelt der Stahl in kohlenstoffreichen Martensit und kohlenstoffarmen, chromreichen δ-Ferrit um, der nicht zu Chromcarbidausscheidungen neigt. In einem korrosiven Medium wird daher nur der Martensit *flächenförmig* (sehr viel ungefährlicher!) angegriffen. Die Stärke des Korrosionsangriffs nimmt also mit zunehmender Wärmebehandlungstemperatur stark zu. Oberhalb 1100 °C wird der Austenitanteil zunehmend geringer, d. h., der δ-Ferritanteil nimmt zu. Die sich aus dem Ferrit an den Korngrenzen ausscheidenden Carbide verstärken den Korrosionsangriff entscheidend. Beim Schweißen sind diese Vorgänge ebenfalls zu beachten. Weitere Hinweise sind in Abschn. 4.3.7.4, S. 425, zu finden.

Dieser Zusammenhang ist die Ursache für die komplizierte Abhängigkeit der interkristallinen Korrosion von der Höhe des Kohlenstoffgehalts bei den 17%igen Chromstählen. Bei den einphasigen austenitischen und ferritischen Stählen ist die Neigung zur IK proportional der Höhe des Kohlenstoffgehalts. Die IK-Anfälligkeit der 17%igen Chromstähle ist in einem extrem weiten Bereich (bis ungefähr C ≤ 0,2 %) nahezu unabhängig vom Kohlenstoffgehalt, wie auch Bild 2-77 zeigt.

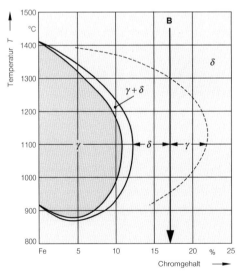

Bild 2-77
Vorgänge bei der Wärmebehandlung 17%iger Chromstähle, z. B. Legierung B in Bild 2-70 mit etwa 17 % Cr und 0,07 % C, Kurve 3. Bei 1100 °C besteht der Stahl aus γ und δ-Ferrit mit Anteilen gemäß den eingezeichneten Hebelarmen.

Die (nichtstabilisierten) ferritischen Stähle müssen wegen der kaum unterdrückbaren Ausscheidungsvorgänge und der Gefahr des Kornwachstums aus der Walzhitze genügend schnell abgekühlt werden. Daher ist ein möglichst feinkörniges Gefüge für ausreichende Zähigkeitswerte von großer Bedeutung, weil mit abnehmender Korngröße die Belegungsdichte der Korngrenzen mit Ausscheidungen geringer wird. Der zähigkeitsmindernde Einfluss der Korngrenzenbeläge nimmt damit deutlich ab.

Zum *Stabilisieren* dieser Stähle werden die sehr kohlenstoffaffinen Elemente (Sondercarbidbildner) verwendet (Abschn. 2.8.3.4):

$$Ti \geq 5 \cdot C, \quad Nb\,(Ta) \geq (10\ bis\ 12) \cdot C.$$

Die sehr schlechte Schweißeignung der ferritischen Chromstähle (Abschn. 4.3.7.4, S. 425) beruht im Wesentlichen auf ihrem zu hohen Gehalt an Kohlenstoff und Stickstoff, der zu unerwünschten Ausscheidungen in der WEZ führt. Die Zähigkeitseigenschaften und damit das Schweißverhalten dieser Stähle kann aber erheblich verbessert werden, wenn $C + N \leq 0{,}015\,\%$ wird. Mit den modernen Stahlherstellungsverfahren (Vakuumtechnik, AOD-Verfahren) sind diese Gehalte erreichbar.

Diese extrem sauberen bei allen Temperaturen austenitfreien, rein ferritischen Stähle

enthalten etwa 28 % Chrom und 5 % Molybdän. Sie werden auch als *Superferrite* bezeichnet. Ihre herausragende Eigenschaft ist die hervorragende Beständigkeit gegen die in wässrigen, chloridionenhaltigen Lösungen hervorgerufenen lokalen Korrosionsformen (Loch-, Spannungsriss-, Spaltkorrosion). Die Stähle können ohne eine Wärmevor- und nachbehandlung geschweißt werden, weil sie über eine hervorragende Zähigkeit verfügen und eine Martensitbildung bei ihnen ausgeschlossen ist.

Interstitielle Verunreinigungen, die z. B. während des Schweißprozesses aufgenommen werden, Abschn. 4.3.7.4, S. 425, versproden die Superferrite extrem.

2.8.4.3 Austenitische Chrom-Nickel-Stähle

Diese Stähle sind die bei weitem wichtigsten korrosionsbeständigen Werkstoffe. Sie sind unmagnetisch und bei höchsten Korrosionsbeanspruchungen einsetzbar, Bild 2-78. Sie sind wegen der fehlenden Allotropie (Polymorphie) ähnlich wie die rein ferritischen Stähle im klassischen Sinn nicht wärmebehandelbar. Im Vergleich zu den ferritischen Chromstählen sind sie aber gegen schwefelhaltige Gase unter reduzierenden Bedingungen oberhalb 650 °C weitaus empfindlicher. Sie besitzen eine relativ geringe Streckgrenze von etwa $190\,N/mm^2$ bis $220\,N/mm^2$, hervorragende Zähigkeitseigenschaften, vor allem bei tiefen Temperaturen, s. Tabelle 2-17, und sind aufgrund ihres Gitteraufbaus sehr stark kaltverfestigbar. Diese Möglichkeit der Festigkeitserhöhung kann wegen der latenten Gefahr der *Spannungsrisskorrosion* (Abschn. 1.7.6.2.1, S. 91) nur in den seltensten Fällen genutzt werden. Die Festigkeit dieser einphasigen Werkstoffe lässt sich technisch sinnvoll nur durch die Verfahren der Kaltverfestigung, Mischkristallverfestigung und Ausscheidungshärtung erhöhen.

Fertigungstechnisch notwendige Kaltverformungen (z. B. spangebende Bearbeitung) können vor allem austenitische Stähle, die bei höheren Temperaturen zu Ausscheidungen neigen, erheblich verspröden. Bild 2-79 zeigt ein durch Kaltverformung und hohe Betriebs-

Bild 2-78
Mikrogefüge eines austenitischen Cr-Ni-Stahles,
$V = 300:1$, *Mischsäure.*

temperaturen durch spannungsinduzierte Ausscheidung von Chromcarbiden und Sigma-Phase versprödetes austenitisches Gefüge (X15CrNiSi20-12).

Werkstoffe mit einem kfz Gitter sind nicht versprödbar und wegen der wesentlich geringeren Diffusionskoeffizienten der Elemente im kfz Gitter thermisch wesentlich stabiler als solche mit jedem anderen Gittertyp. Sie sind daher grundsätzlich für Beanspruchungen bei hohen Temperaturen ($\geq 550\,°C$) einzusetzen.

Die für das Schweißverhalten wichtigen physikalischen Werkstoffeigenschaften *Wärmeausdehnungskoeffizient α* und *Wärmeleitfähigkeit λ* unterscheiden sich ganz erheblich von denen der unlegierten Baustähle, wie Tabelle 2-18 zeigt. Der 60 % größere Wärmeausdehnungskoeffizient ist zusammen mit der geringeren Wärmeleitfähigkeit die Ursache für den erheblichen Verzug und die (bei krz Metallen) sehr viel größere Rissneigung der geschweißten Bauteile.

Die Festigkeit kann vor allem durch einlagerungsmischkristallbildende Elemente sehr wirksam erhöht werden. Außer Kohlenstoff, der aber wegen seiner Neigung zur IK nicht in Frage kommt, wird vorzugsweise Stickstoff verwendet. Diese *stickstofflegierten austenitischen Stähle* werden im nächsten Abschnitt ausführlicher besprochen.

Zum Verbessern der Korrosionseigenschaften werden dem Stahl weitere Legierungselemente zugesetzt. Bild 2-80 zeigt schematisch und vereinfacht ihre Wirkung auf das

Bild 2-79
Versprödungserscheinung in einem austenitischen Werkstoff X15CrNiSi20-12 durch spangebende Bearbeitung und hohe Betriebstemperaturen (525 °C). Die Gleitlinien zeigen eine dichte Belegung mit Ausscheidungen (Carbide und Sigma-Phase), hervorgerufen durch Kaltverformung (spannungsinduzierte Ausscheidungen) und thermische Wirkung, V = 500:1.

Korrosionsverhalten des klassischen austenitischen Stahls vom Typ CrNi-18-8. Die wichtigsten Ergebnisse sind:
– Zunehmender Chromgehalt verbessert prinzipiell die Korrosionsbeständigkeit.
– Verwenden von ULC-Stählen (= **U**ltra **L**ow **C**arbon), mit Kohlenstoffgehalten < 0,03 % (sie sind auch für schwere Kaltumformarbeiten geeignet), oder (und) Abbinden mit Stabilisatoren (Titan, Niob) erhöht die IK-Beständigkeit.
– Nickel (Molybdän) verbessert die Beständigkeit gegenüber Spannungsrisskorrosion (Lochkorrosion), vor allem in chloridhaltigen Medien.

Zu beachten ist aber, dass sich mit zunehmendem Legierungsgehalt in der Regel weitere (vor allem Mo- und Nb-haltige) Ausscheidungen bilden. Das Schweißverhalten wird ungünstiger und die Langzeitbeanspruchung bei höheren Temperaturen deutlich geringer.

Die zulässigen maximalen Betriebstemperaturen werden durch die mögliche Entstehung der interkristallinen Korrosion bestimmt. Danach können die stabilisierten austenitischen Stähle bis etwa 400 °C, die niedriggekohlten (C $\leq$ 0,05 %) bis ca. $\leq$ 300 °C langzeitig beansprucht werden.

Tabelle 2-18
Physikalische Eigenschaften (hoch-)legierter Stähle im Vergleich zum unlegierten Stahl.

Werkstoff	Wärmeleitfähigkeit λ	Wärmeausdehnungskoeffizient α
	W/(m·K)	10^{-6} m/m °C
unlegierter Stahl	50	10 bis 12
ferritischer Cr-Stahl	30	10 bis 12
austenitischer Cr-Ni-Stahl	15	16 bis 19

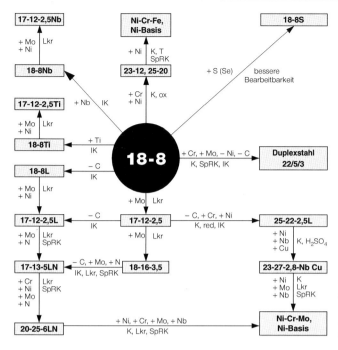

Bild 2-80
Wirkung wichtiger Legierungselemente auf das Korrosionsverhalten des CrNi-18-8-Stahles. Die Zahlenfolgen x-y-z geben die Elemente in der Reihenfolge Cr-Ni-Mo an, nach Folkhard.

Es bedeuten:
K = erhöhte Korrosionsbeständigkeit in oxidierender (ox), bzw. in reduzierender (red) Umgebung. Die Menge des Elementes wird erhöht (+) bzw. verringert (−).

Die Beständigkeit gegen folgende Korrosionsformen wird durch die Wirkung der angegebenen Legierungselemente erhöht:

Lochkorrosion (Lkr),
interkristalline Korrosion (IK),
Spannungsrisskorrosion (SpRK).

Die zusätzlichen Buchstaben haben folgende Bedeutung:

T = erhöhte Temperatur,
L = C < 0,03 %,
N = stickstofflegiert.

Je nach dem Gefüge unterscheidet man die folgenden Austenitformen:

- **Stabilen Austenit (Vollaustenit)**, der vollständig aus γ-Mischkristallen besteht und den
- **labilen Austenit (metastabil)**, mit einem δ-Ferritanteil bis etwa zehn Massenprozent (FN ≤ 10).

Die vollaustenitischen Stähle sind extrem verformbar, hitze- und korrosionsbeständig, sie neigen aber vor allem beim Schweißen zu ausgeprägter Heißrissbildung.

Nach den in Abschn. 1.6.2.1, S. 50, besprochenen Grundlagen sind die Ursache niedrigschmelzende, vor allem eutektische Schmelzen, die im Korngrenzenbereich kurz vor dem Erstarrungsende filmartig konzentriert sind. Die zu diesem Zeitpunkt schon vorhandenen Zugspannungen des schrumpfenden Schweißguts führen zu dieser gefürchteten Rissbildungsform, die sowohl im Schweißgut als auch in der WEZ[26] auftreten kann. Bild 4-105, S. 435, zeigt einen typischen Heißriss in einem austenitischen Schweißgut.

Die Gefahr der Erstarrungsrisse kann verhältnismäßig leicht mit Zusatzwerkstoffen beseitigt werden, die die Entstehung einiger Prozent primär erstarrten Ferrits im austenitischen Schweißgut ermöglichen. Die austenitischen Chrom-Nickel-Stähle gelten als die am besten schweißgeeigneten korrosionsbeständigen Stähle. Weitere Einzelheiten zu den die Schweißmetallurgie betreffenden Fragen sind in Abschn. 4.3.7.5, S. 431, zu finden.

Ebenso wie die ferritischen Chromstähle neigen auch die austenitischen Chrom-Nickel-Stähle zur Chromcarbidausscheidung und damit zur IK bei Temperaturen zwischen 500 °C und 850 °C. Die Gegenmaßnahmen werden in Abschn. 2.8.3.4.1 besprochen.

---

[26] Die auch *Wiederaufschmelzrisse* (Liquation cracks) genannten Trennungen entstehen *unmittelbar* neben der Schmelzgrenze in der Wärmeeinflusszone in dem partiell verflüssigten Bereich durch Aufschmelzen der hier vorhandenen Einschlüsse/Schlacken oder nach dem Mechanismus der konstitutionellen Verflüssigung, Abschn. 5.1.3, S. 505. Sie sind in den meisten Fällen nur einige zehntel Millimeter lang.

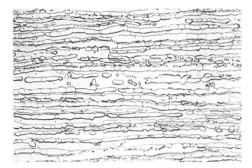

Bild 2-81
Mikrogefüge eines hochlegierten austenitisch-ferritischen Stahles (»Duplexstahl«).
dunkel umrandete Bänder = δ-Ferrit,
helle Flächen = Austenit, V = 250:1.

Die austenitischen Cr-Ni-Stähle sind *die* prototypischen korrosionsbeständigen Werkstoffe schlechthin. Es muss aber nachdrücklichst beachtet werden, dass die »Korrosionsbeständigkeit« des Bauteils in keinem Fall bereits durch die Wahl eines korrosionsbeständigen Werkstoffs sichergestellt ist (s. genauer Abschn. 2.8.1).

Diese Stähle sind z. T. extrem empfindlich für verschiedene lokale Korrosionsformen (Spannungsriss-, Spalt-, Lochkorrosion). Das Vermeiden dieser Lokalkorrosion ist daher die wichtigste, aber am schwersten gezielt zu lösende Aufgabe bei der Werkstoffwahl, die technisch ausreichend und wirtschaftlich vertretbar sein muss. Hinzu kommt, dass die »Korrosionsbeständigkeit« sehr stark beeinträchtigt werden kann durch werkstoffliche und konstruktive Gegebenheiten:
– Die Güte der Konstruktion (korrosionsschutzgerecht!),
– die Ver- und Bearbeitung (z. B. Handlingsvorgänge, Schweißen),
– den Oberflächenzustand der Werkstoffe,
– die Qualität der Überwachung und
– kaum zu vermeidende Änderungen der Betriebs- (z. B. Temperatur, Druck, Luftfeuchtigkeit) und Angriffsbedingungen (z. B. Konzentration, Sauerstoff-, Chloridionengehalt).

Weitere Einzelheiten, die die Korrosionsvorgänge und -mechanismen betreffen, sind in Abschn. 1.7, ab S. 63, zu finden.

Stickstofflegierte austenitische Stähle

Ein gravierender Nachteil der austenitischen Cr-Ni-Stähle ist ihre verhältnismäßig niedrige 0,2%-Dehngrenze von etwa 190 N/mm² bis 220 N/mm², Tabelle 2-17. Sie können annähernd 0,2 % Stickstoff interstitiell lösen, wodurch die Dehngrenze auf etwa 300 N/mm² erhöht, die Zähigkeit aber nur geringfügig verringert und die Korrosionsbeständigkeit aus bisher nicht ganz geklärten Gründen deutlich verbessert wird.

In letzter Zeit ist es gelungen, Stahl unter erhöhtem Stickstoffdruck umzuschmelzen. Mit diesem *Druckelektroschlackeumschmelzen* (DESU) genannten Verfahren kann der Stickstoffgehalt im Stahl auf mehr als 1 % erhöht werden. Diese Stähle besitzen Streckgrenzen ($R_{p0,2} \approx 700$ N/mm² bei N $\approx$ 1 %), die bisher als unerreichbar galten. Stähle mit mehr als 0,3 % Stickstoff werden als HNS (**H**igh **N**itrogen **S**teels) bezeichnet.

Stickstoff ist ein sehr wirksamer Austenitbildner und behindert daher intensiv die Ausscheidung der sehr unerwünschten Sigma-Phase und des Chromcarbids (Abschn. 2.8.3.4.2).

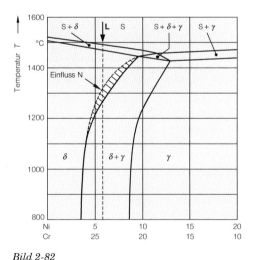

Bild 2-82
Konzentrationsschnitt im Dreistoff-Schaubild Fe-Cr-Ni bei 70 % Fe (Linie A in Bild 2-68). Das Umwandlungsverhalten der Legierung L (zum Beispiel im Text) ähnelt dem des Stahls X2CrNiMoN22-5-3. Der Einfluss des Stickstoffs auf das Umwandlungsverhalten wird durch die gestrichelte Linie dargestellt.

2.8.4.4 Austenitisch-ferritische Stähle (Duplexstähle)

Die austenitischen Cr-Ni-Stähle ändern bei der Wärmebehandlung und den erforderlichen Fertigungsmaßnahmen im Vergleich zu den thermisch nur wenig stabilen ferritischen Chromstählen ihre Eigenschaften nur geringfügig. Andererseits besitzen sie einige bemerkenswerte Nachteile:
– In chloridionenhaltigen Lösungen neigen auf Zug beanspruchte Bauteile zur *Spannungsrisskorrosion*.
– Sie zeigen eine nur mäßige Beständigkeit gegen *Lochkorrosion*.
– Die *0,2%-Dehngrenze* ist mit maximal 250 N/mm² verhältnismäßig niedrig.

Diese Eigenschaften forcierten die Entwicklung der niedriggekohlten hochlegierten Stähle, deren Gefüge aus etwa 50% Ferrit und 50% Austenit besteht (*»Duplex«*), Bild 2-81, und die die günstigen Eigenschaften beider Stahlgruppen in sich vereinen. Diese zweiphasigen Stähle haben 0,2%-Dehngrenzen von über 450 N/mm², Zähigkeitseigenschaften, die mit denen der austenitischen vergleichbar sind und ein Korrosionsverhalten, das dem der austenitischen Stähle meistens überlegen ist, Tabelle 2-17. Ihre Schweißeignung liegt zwischen der der ferritischen und der austenitischen Cr-Ni-Stähle. Sie lässt sich vor allem durch Stickstoff verbessern, Abschn. 4.3.7.6, S. 440.

Die verhältnismäßig komplexen, temperaturabhängigen Gefügeänderungen bei diesen Stählen lassen sich näherungsweise mit einem Vertikalschnitt des Fe-Cr-Ni-Schaubildes bei 70 % Eisen erklären. Das Umwandlungsverhalten der Legierung L in Bild 2-82 entspricht angenähert dem des Duplexstahls X2CrNiMoN22-5-3. Der diesen Stählen immer zulegierte stark austenitisierende Stickstoff verschiebt die Phasengrenze zwischen dem Existenzbereich der δ-Phase und dem Zweiphasengebiet $(\delta + \gamma)$ im *oberen* Temperaturbereich zu höheren Temperaturen, Bild 2-82. Die Menge des ausgeschiedenen Austenits nimmt deutlich zu, weil bei höheren Temperaturen Diffusionsvorgänge wesentlich schneller ablaufen. Diese Eigenschaft ist vor allem bei großen Abkühlgeschwindigkeiten (z. B. bei nahezu allen Schweißverfahren) sehr erwünscht, weil sich trotz erschwerter Diffusion bei hohen Temperaturen eine ausreichend große Austenitmenge bilden kann, s. Bild 2-83 und Bild 4-110, S. 441.

Aus dem durch die Primärkristallisation entstandenen Ferrit scheidet sich bei Temperaturen unterhalb 1250 °C in den Körnern – vor allem aber an den Korngrenzen – Austenit aus, dessen Anteil mit abnehmender Temperatur zunimmt. Bei Raumtemperatur ist das gewünschte Gefüge vorhanden, bestehend

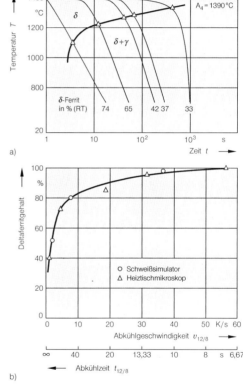

Chemische Zusammensetzung der Stähle, Massenprozent:
a) 30,0 % Cr; 14,2 % Ni; Haltezeit bei 1400 °C: 30 s bis 45 s.
b) 0,02 % C; 23 % Cr; 7,6 % Ni.

Bild 2-83
Einfluss der Abkühlbedingungen auf den δ-Ferritgehalt von zwei austenitisch-ferritischen Duplexstählen, nach Mundt und Hoffmeister.
a) Kontinuierliches ZTU-Schaubild mit beginnender $(\gamma + \delta)$-Umwandlung,
b) Abhängigkeit des δ-Ferritgehalts von den Abkühlbedingungen ($t_{12/8}$ bzw. $v_{12/8}$).

aus etwa 50 % Austenit und 50 % Ferrit. Diese im festen Zustand ablaufenden Vorgänge sind stark unterkühlbar. Die mit zunehmender Abkühlgeschwindigkeit zunehmende Behinderung der Diffusionsvorgänge führt zu immer geringeren Austenitmengen. Bild 2-83 zeigt beispielhaft den großen Einfluss der Abkühlbedingungen für zwei austenitisch-ferritische Stähle.

Der für die mechanischen und korrosionstechnischen Eigenschaften dieser Stähle entscheidende Austenitanteil bildet sich überwiegend im Temperaturbereich zwischen 1200 °C und 800 °C. Aus diesem Grunde wird die *Abkühlzeit* $t_{12/8}$ bei allen Wärmebehandlungen und Schweißprozessen als charakteristischer Kennwert verwendet. Die schweißmetallurgischen Zusammenhänge werden ausführlicher in Abschn. 4.3.7.6, S. 440, besprochen.

Der hohe Ferritanteil dieser Stähle erfordert eine genau einzuhaltende Temperatur-Zeit-Führung beim Wärmebehandeln und Schweißen. Anderenfalls muss bei höheren Betriebstemperaturen mit den für den Ferrit typischen Versprödungserscheinungen *475 °C-Versprödung* und *Sigma-Phase* gerechnet werden. Aus diesen Gründen sind die Duplexstähle nur für Betriebstemperaturen bis maximal 250 °C zugelassen.

Bei den Duplexstählen sind wegen der wesentlich größeren Kohlenstoff- und Stickstofflöslichkeit des Austenits diese Elemente überwiegend im Austenit gelöst. Sie scheiden sich nach längerem Glühen im Temperaturbereich zwischen 550 °C und 850 °C in Form von Carbiden ($Me_{23}C_6$) bzw. Nitriden (Cr_2N) aus. Im Vergleich zum Austenit ist die Löslichkeit des Kohlenstoffs und Stickstoffs im Ferrit aber sehr viel geringer. Die Menge der ausgeschiedenen Carbide und Nitride ist daher nur gering, der Ausscheidungsprozess verläuft aber wegen der großen Diffusionskoeffizienten (Kohlenstoff im Ferrit, bzw. Stickstoff im Ferrit) extrem schnell. Eine Zunahme der Ferritmenge, z. B. als Folge einer erhöhten Abkühlgeschwindigkeit beim Wärmebehandeln oder Schweißen, Bild 2-83, führt daher zu einer Erhöhung des Stickstoff- und Kohlenstoffgehaltes im Austenit. Wenn die

Lösungsfähigkeit des Austenits für diese Elemente überschritten wird, dann scheiden sie sich in Form der stark versprödenden Nitrid- (Cr_2N), Carbidteilchen ($Me_{23}C_6$) sowie anderer Bestandteile (z. B. Chi- und Sigma-Phase) extrem schnell aus der ferritischen Matrix aus. Diese Ausscheidungen sind auch nach einer schroffster Abkühlung zum größten Teil *nicht* unterdrückbar.

Die ferritstabilisierenden Elemente Chrom und Molybdän scheiden sich dagegen aus dem Ferrit bereits nach relativ kurzen Zeiten in Form der Sigma- und der Chi-Phase aus. Beide Elemente sind in der Sigma-Phase löslich und erweitern deren Existenzbereich hinsichtlich der Konzentration und der Temperatur. Die Bildung dieser Phase erfolgt daher in diesen hoch chrom- und molybdänhaltigen Stählen deutlich schneller als in den reinen ferritischen Chromstählen. Danach führt eine Wärmebehandlung (auch Schweißen!) im Temperaturbereich zwischen 700 °C und 900 °C sehr rasch zur Bildung dieser stark versprödenden Ausscheidungen. Nach *Norström* erzeugt bereits ein Prozent Sigma-Phase im Gefüge einen Abfall der Kerbschlagzähigkeit um etwa 50 %. Im ZTA-Schaubild, Bild 2-84, sind stellvertretend für diese Stähle einige wichtige Ausscheidungsphasen des Stahls X2CrNiMoN22-5-3 dargestellt.

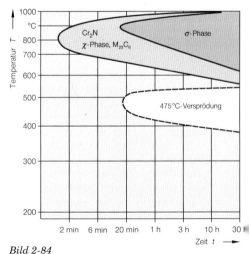

Bild 2-84
Zeit-Temperatur-Ausscheidungsschaubild des Duplexstahls X2CrNiMoN22-5-3 (Wkst. Nr.: 1.4462), nach Schwaab.

Die meisten Ausscheidungen lassen sich lichtmikroskopisch nicht oder nur zweifelhaft identifizieren. Für Grundsatzuntersuchungen sollte daher die Transmissionselektronenmikroskopie herangezogen werden. Bild 2-85 zeigt die möglichen Ausscheidungsformen in einem schematischen ZTA-Schaubild, abhängig von der spezifischen Wirkung typischer Legierungselemente.

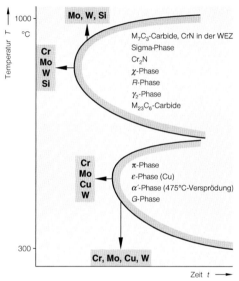

Bild 2-85
Ausscheidungsphasen in Duplexstählen, abhängig von typischen Legierungselementen, dargestellt in einem schematischen ZTA-Schaubild, nach J. Charles.

2.9 Aufgaben zu Kapitel 2

Aufgabe 2-1:
Eine unlegierte Fe-C-Legierung mit 0,2 % Kohlenstoff wird gemäß Bild A2-1 auf die Temperaturen T_1, T_2, T_3, T_4 erwärmt und mit jeweils oberer kritischer Abkühlgeschwindigkeit bis unter M_f abgeschreckt. Es ist der jeweilige Anteil des Martensits und seine Härte nach Bild 1-43, S. 37, zu bestimmen.

Abschrecktemperatur $T_1 = 850\,°C$:
Das Gefüge wurde vollständig austenitisiert ($T \geq Ac_3$), daher wandelt es »vollständig« in Martensit um. Die Härte beträgt gemäß Bild 1-43 für einen Martensitanteil von 99,5 % etwa 44 HRC.

Abschrecktemperatur $T_2 = 825\,°C$:
Das teilaustenitisierte Gefüge enthält nach dem Hebelgesetz annähernd (der Hebelarm für die γ-MK.e wurde vereinfacht mit 0,2 % angenommen) einen Austenit- bzw. Martensitanteil von:

$$m_\gamma^{825} = m_{\text{Mart}} = \frac{0,2}{0,27} \cdot 100 = 74\,\%.$$

Die Härte des Martensits mit 0,27 % C beträgt nach Bild 1-43 etwa 48,5 HRC.

Abschrecktemperatur $T_3 = 800\,°C$:
Die Menge des Austenits (= Martensit) mit einem C-Gehalt von etwa 0,39 % beträgt ungefähr:

$$m_\gamma^{800} = m_{\text{Mart}} = \frac{0,2}{0,39} \cdot 100 = 51\,\%.$$

Die Martensithärte beträgt etwa 54 HRC.

Abschrecktemperatur $T_4 = 750\,°C$:
Die Austenitmenge (C = 0,63 %) beträgt:

$$m_\gamma^{750} = m_{\text{Mart}} = \frac{0,2}{0,63} \cdot 100 = 32\,\%.$$

Die Martensithärte beträgt etwa 64 HRC. Die angegebenen Härtewerte sind nur erreichbar, wenn die Umwandlung der jeweiligen Austenitmengen in Martensit vollständig gelingt, s. a. Beispiel 2-3, S. 195.

Aufgabe 2-2:
Die in Bild A2-2 mit L_1, L_2, L_3, L_4 bezeichneten Legierungen sollen auf ihre Eignung für ein Ausscheidungshärten untersucht werden.

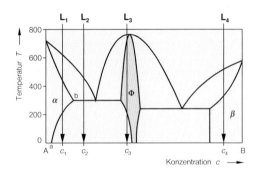

Bild A2-2
Hypothetisches Zustandsschaubild A-B für die Aufgabe 2-2.

Die Härtesteigerung einer Legierung durch Ausscheidungshärten ist nur möglich, wenn sich während einer geeigneten Wärmebehandlung aus einer möglichst einphasigen Matrix Teilchen bestimmter Größe, Verteilung, Anordnung und Festigkeit (intermediäre Verbindungen!) ausscheiden können.

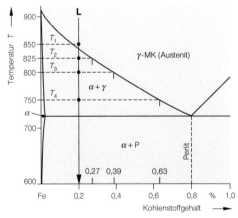

Bild A2-1
EKS für die Angaben zu Aufgabe 2-1.

Legierung L_1:
Unterhalb der Segregatlinie a-b scheidet sich aus dem α-MK die intermediäre Phase Φ aus. Diese Legierung hat alle metallphysikalischen Eigenschaften für eine Ausscheidungshärtung. Die Wärmebehandlung besteht aus einem Lösungsglühen bei Temperaturen (T_L) unterhalb der eutektischen Temperatur ($220\,°C \leq T_L \leq 300\,°C$) und einem anschließenden Auslagern bei Temperaturen $T_A \leq 220\,°C$.

Legierung L_2:
Die Legierung besteht bei Raumtemperatur aus primären α-MK.en, eingebettet in Eutektikum, das etwa zu 50 % aus der spröden intermediären Phase Φ besteht. Die verfestigende Wirkung der Ausscheidungen ist gering, die ausscheidungsgehärtete Legierung ist wegen ihrer spröden Matrix technisch weitestgehend unbrauchbar.

Legierung L_3:
Aus einer Legierung, die aus spröder Phase Φ besteht, scheiden sich bei der erforderlichen Wärmebehandlung weiche α-Segregate aus. Die Legierung ist für das Ausscheidungshärten völlig ungeeignet.

Legierung L_4:
Die Legierung ist bei allen Temperaturen einphasig, ein Ausscheidungshärten ist *nicht* möglich.

Aufgabe 2-3:
Es sind die unterschiedlichen metallphysikalischen Vorgänge beim Anlassen gehärteter unlegierter und legierter Vergütungsstähle zu beschreiben.

Martensit kann als eine stark mit Kohlenstoff übersättigte ferritische Phase (trz) angesehen werden. Während des Anlassens wird bei unlegierten Vergütungsstählen (z. B. C45) der Kohlenstoff in Form des Carbids Fe_3C ausgeschieden. Die Bildung des Fe_3C erfordert lediglich die Diffusion des interstitiell eingelagerten Kohlenstoffs, der wegen seines kleinen Atomdurchmessers sehr rasch diffundieren kann. Zementitausscheidungen bilden sich bei Anlasstemperaturen zwischen $250\,°C$ und $700\,°C$. Sie werden mit zunehmender Temperatur sehr schnell größer. Gefüge, die nur Fe_3C-Ausscheidungen enthalten, sind daher kaum anlassbeständig, d. h., ihre mechanischen Eigenschaften ändern sich erheblich mit zunehmender Anlasstemperatur, Bild A2-3.

In legierten Stählen, die das carbidbildende Element Me enthalten, entstehen gewöhnlich die im Vergleich zum Zementit beständigeren *Mischcarbide* $(Fe, Me)_3C$.

Der Ausscheidungsmechanismus der Carbide ändert sich merklich, wenn der Stahl mit ausreichenden Mengen *Sondercarbidbildnern* (V, Nb, Mo, Ti, Ta, Hf) legiert ist. Bei Anlasstemperaturen oberhalb $500\,°C$ wird die Beweglichkeit der substituierenden Legierungselemente so groß, dass die sehr stabilen Sondercarbide entstehen. Diese sind sehr fein, z. T. semikohärent und ersetzen den weniger stabilen Zementit. Ihre festigkeitssteigernde Wirkung ist wesentlich größer als die des groben Zementits. Der durch sie verursachte Festigkeitsanstieg wird als *Sekundärhärte* bezeichnet, Bild A2-3. Als Folge der großen Bildungsenthalpie der Carbide und der »Unbeweglichkeit« der sie aufbauenden Elemente, sind Stähle mit Sondercarbidbildnern sehr anlassbeständig.

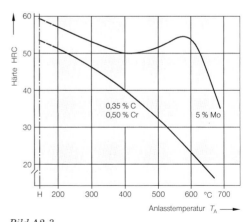

Bild A2-3
Einfluss der Anlasstemperatur und des Molybdängehaltes (Sekundärhärte) auf die Härte zweier vergüteter Stähle. H = Härte im gehärteten Zustand.

Aufgabe 2-4:
In welcher Weise beeinflusst die Austenitkorngröße die Martensitbildung bzw. die mechanischen Eigenschaften des Martensits?

Die Martensitnadeln haben oft die Form von *Linsen*. Sie bilden sich unter M_s innerhalb von etwa 10^{-7} s und breiten sich über das gesamte Austenitkorn aus, Bild A2-4a. Die weiteren Martensitnadeln entstehen zwischen der ersten und der Korngrenze, bzw. zwischen den bereits vorhandenen. Sie werden damit immer kürzer, Bild A2-4b.

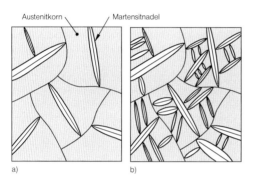

Bild A2-4
Vorgänge bei der Martensitbildung, schematisch.
a) Martensit (»Linsen«) beginnt sich zu bilden. Die erste Martensitnadel wächst durch das Austenitkorn. Ihre Länge entspricht etwa dem mittleren Austenitkorndurchmesser.
b) Die weiteren Martensitnadeln wachsen zwischen der ersten und der Korngrenze. Sie werden somit immer kleiner.

Die Umwandlung des Austenits zum Martensit (s. Packungsdichte, Aufgabe 1-3, S. 111 und Bild 1-6, S. 6) ist mit einer erheblichen Volumenvergrößerung, d. h. Umwandlungsspannung verbunden. Die Umwandlungsneigung des zwischen den Martensitnadeln eingeschlossenen Austenits ist daher wegen der hohen Spannungen gering. Das größere Volumen des Martensits kann nicht durch Verformen des sehr harten Martensits erzeugt werden, d. h., entweder entstehen Risse im Martensit oder der Austenit wird nicht umgewandelt. Mit zunehmendem Kohlenstoffgehalt wird das Martensitvolumen größer, d. h., die Menge dieses sehr unerwünschten *Restaustenits* (Festigkeitseigenschaften!) nimmt noch weiter zu.

Die wachsenden Nadeln werden sehr wirksam von den Austenitkorngrenzen aufgehalten, weil zwischen den Martensitnadeln und dem ihn umgebenden Austenit eine gewisse Kohärenz besteht. Die Nadellänge ist damit direkt von der Korngröße abhängig. Mit zunehmender Nadellänge werden die Umwandlungsspannungen größer, die zu erheblichen elastischen Spannungen zwischen den Körnern führen. Die Folge können Korngrenzenbrüche (Härterisse) sein. In feinkörnigen Stählen ist die Länge der Martensitnadeln wesentlich kleiner. Die geringeren Spannungen, verbunden mit den sehr viel kürzeren Martensitnadeln (*Structure Unit*, s. Abschn. 4.1.3.2, S. 318) ergeben ein deutlich zäheres, risssichereres und festeres Gefüge.

Aufgabe 2-5:
Es ist der Bildungsmechanismus der im Sekundärgefüge warmverformter, untereutektoider Stähle häufig auftretenden Gefügezeiligkeit (Walzzeiligkeit, Sekundärzeiligkeit) zu erklären. Bild 2-53 zeigt diese typische Ferrit-Perlit-Zeiligkeit im Gefüge eines Feinkornbaustahls.

Die während der Primärerstarrung entstehenden primären Kristallseigerungen (Primärseigerung, Abschn. 1.4.1.2, S. 27) können vor allem bei polymorphen Werkstoffen zu einer Kohlenstoffentmischung im festen Zustand führen. Die Stahlschmelze kristallisiert in Form von in die Schmelze einschießender Dendriten gemäß dem Mechanismus der konstitutionellen Unterkühlung, Abschn. 1.4.1.2, S. 27. Wie Bild 1-33b zeigt, sind die Dendritenstämme sehr viel *legierungsärmer* als die zwischen den Dendriten eingeschlossene Restschmelze. Durch die Warmformgebung werden beide Bereiche in Verformungsrichtung gestreckt, so dass die typische zeilenförmige Anordnung von nebeneinander liegenden Dendriten und Restschmelzenbereichen entsteht.

Der voreutektoide Ferrit wird aus *homogenem Austenit* nach Unterschreiten der A_3-Temperatur an den Austenitkorngrenzen ausgeschieden. Das Umwandlungsverhalten des primärgeseigerten, inhomogenen Austenits wird aber in hohem Maße von der Art und der Richtung der Kohlenstoffentmischung bestimmt, Bild A2-5.

Die Ursache des Zeilengefüges beruht auf der unterschiedlichen Höhe der A_3-Temperatur der primärgeseigerten Zeilen (Bereiche der Dendritenstämme und Restschmelzenbereiche), hervorgerufen durch den Einfluss der unterschiedlichen Gehalte an Legierungselementen in den primärgeseigerten Zeilen, Bild A2-5.

Austenitbildner (z. B: Mn, Ni) erweitern das γ-Gebiet, d. h., sie senken mit zunehmender Menge zunehmend die A_3-Temperatur. Ferritbildner (z. B. Si, Cr, Al, Ti) schnüren das γ-Gebiet ab, d. h., sie erhöhen A_3. Liegt z. B. in den Restschmelzenbereichen das ferrit-

stabilisierende Si in höheren Gehalten vor, dann bildet sich hier *zuerst* voreutektoider Ferrit. Der ursprünglich homogen verteilte Kohlenstoff diffundiert in die dendritischen Zeilen, die nach der Austenitumwandlung aus Perlit bestehen. Diese Form der Zeiligkeit wird auch als *Siliciumzeiligkeit* bezeichnet, Bild A2-6a. Weil sich Einschlüsse überwiegend in der Restschmelze bilden, ist bei in Ferritzeilen liegenden Einschlüssen eine Siliciumzeiligkeit anzunehmen, Bild A2-5. Austenitbildner senken A_3, so dass die Ferritbildung jetzt in den Zeilen beginnt, in denen A_3 am größten ist, d. h. in den dendritischen Bereichen *(Manganzeiligkeit)*, Bild A2-6b.

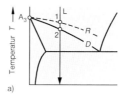

Ferritstabilisierende Elemente wie Si, Cr, Al, Ti, Mo, V verengen das γ-Gebiet, d. h. *Erhöhen* die Ac_3-Temperatur.

Die Ferritbildung beginnt daher in den Restschmelzenbereichen R, (1) der Perlit entsteht anschließend in den Zeilen, die die Dendritenstämme D bilden (2).

a)

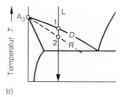

Austenitstabilisierende Elemente wie Mn, Ni, Co erweitern das γ-Gebiet, d. h. *Erniedrigen* die Ac_3-Temperatur.

Die Ferritbildung beginnt daher in den Bereichen der Dendritenstämme D (1), der Perlit entsteht anschließend in den Restschmelzenbereichen R (2).

b)

Bild A2-6
Zur Entstehung der Ferrit-Perlit-Zeiligkeit.
a) Siliciumzeiligkeit,
b) Manganzeiligkeit.

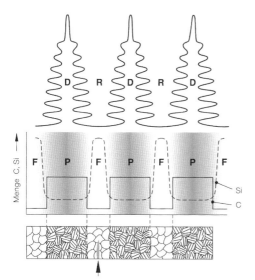

Einschlüsse werden überwiegend in der Restschmelze gebildet, d. h., bei einer Siliciumzeiligkeit liegen sie in der Ferritzeile

Bild A2-5
Zur Entstehung eines Zeilengefüges bei kontinuierlicher Abkühlung infolge einer Siliciumseigerung in den zwischen den Dendritenstämmen liegenden Restschmelzenbereichen, nach Pitsch.
Es bedeuten:
F = Ferrit,
P = Perlit,
D = Bereiche primärer Dendriten,
R = Bereiche ehemaliger Restschmelze.

Die Gefügezeiligkeit erzeugt eine meistens unerwünschte Anisotropie der Werkstoffeigenschaften (z. B. Zerspanbarkeit, mechanische Eigenschaften quer und senkrecht zur Walzrichtung). Ein zeilenfreies Gefüge ist nur durch die Kombination von Ferritbildnern und einer darauf abgestimmten gegenläufig wirkenden Menge austenitstabilisierender Elemente erreichbar. Ähnlich wirkt ein ausreichend rasches Abkühlen des inhomogenen Austenits (weitgehende Zeilenfreiheit nach dem Härten!). Die Temperaturführung muss aber so gewählt werden, dass die Ferritbildung in der umwandlungsträgeren Zeile einsetzt, bevor eine Kohlenstoffanreicherung aus dem Bereich einer umwandlungsfreudigeren Zeile wegen der fortgeschrittenen Ferritbildung erfolgt. Bei kontinuierlicher Abkühlung muss die Abkühlgeschwindigkeit so gewählt werden, dass die Kohlenstoffdiffusion genügend stark behindert wird, der Stahl aber schon in der Ferrit- und Perlitstufe umwandelt.

Aufgabe 2-6:
Es sind die Wirkungen von im Werkstoff gelösten Gasen und die metallphysikalischen Grundlagen des Entgasens metallischer Schmelzen zu beschreiben, siehe hierzu auch Abschn. 2.3.1.1, S. 128.

Im Werkstoff gelöste Gase können Poren verursachen und die mechanischen Gütewerte, vor allem die Zähigkeit, extrem herabsetzen, Abschn. 3.3.3, S. 254. Die »einfachen« Gase O_2, N_2, H_2, werden in atomarer Form (O, N, H) in der Schmelze gelöst.

Komplexe Gase, wie CO_2, SO_2, CO, H_2O entstehen durch Reaktionen von in der Schmelze gelöstem O, C oder S, bzw. durch metallurgische Reaktionen von Schweißpulver, Umhüllungsbestandteilen der Stabelektroden oder der Atmosphäre mit dem Schweißbad. Die Bildung von Poren wird durch den großen Löslichkeitsunterschied des festen und flüssigen Zustandes und große Abkühlgeschwindigkeiten der Schmelze sehr begünstigt, siehe z. B. Bild 3-18, S. 255.

Die einfachen Gase lösen sich in den meisten Metallen durch eine *endotherme* Reaktion, d. h. mit abnehmender Schmelzentemperatur die Gaslöslichkeit abnimmt. Diese Tatsache begünstigt die Einschlussneigung des Gases während der Erstarrung, d. h. die Porenbildung. In einigen Metallen lösen sich Gase *exotherm*, z. B. Wasserstoff in Titan, Zirkon, Niob. Die Wasserstofflöslichkeit dieser Metalle nimmt also zu mit abnehmender Schmelzentemperatur.

Die einfachen Gase lösen sich in der Metallschmelze gemäß dem *Sievertsschen Gesetz*, Gl. [3-9], S. 255:

$$[c_a] = m_{G,atom} = K \cdot \sqrt{p_{G,mol}}. \qquad [A2-1]$$

In Gl. [A2-1] bedeuten c_a die Konzentration, $m_{G,atom}$ die Menge des im Metall atomar gelösten Gases G und $p_{G,mol}$ der Druck des molekularen Gases G über der Schmelze. Das *Sievertssche Gesetz ist für O_2, N_2, H_2 bei geringen Gaskonzentrationen unter 1 % anwendbar.

Aus der *Sievertsschen* Beziehung ist erkennbar, dass sich mit einer Vakuumbehandlung die Menge der in der Schmelze gelösten Gase erheblich reduzieren lässt (Beispiel 2-1, S. 129). Die Wirksamkeit dieser Methode beruht auf einer ausreichenden Diffusionsfähigkeit der zu beseitigenden Gase. Danach lassen sich Wasserstoff und Stickstoff gut, Sauerstoff dagegen nur unzureichend mit einer Vakuumbehandlung aus der Schmelze entfernen.

Das Spülen der Schmelze mit inerten Gasen ist ähnlich wirksam. Die in der Schmelze gelösten Gase können vom flüssigen Metall in die Inertgasblase diffundieren, weil der Partialdruck der Gase in der Blase Null ist. Die hochsteigenden Inertgasblasen verringern so erheblich den Gehalt der schädlichen Gase in der Schmelze.

Desoxidationsmittel sind Elemente, die mit dem Sauerstoff der Schmelze reagieren und in der Regel Oxide bilden. Die freie Reaktionsenthalpie dieser Oxidations-Reaktion ist negativer als jede, die mit den Legierungselementen der Schmelze und Sauerstoff möglich sind, s. a. Abschn. 2.3.2, S. 130. Je negativer die Reaktionsenthalpie des jeweiligen Desoxidationsmittels mit Sauerstoff ist, desto vollständiger kann die Reaktion ablaufen, d. h., umso vollständiger wird der atomare Sauerstoff aus der Schmelze entfernt. Ein weiterer Maßstab für die Wirksamkeit des Desoxidationsprozesses ist die Menge, Form und Größe der Desoxidationsprodukte. Die Menge der nichtmetallischen Desoxidationsprodukte (feste oder flüssige Oxide) hängt bei gegebener Sauerstoffmenge im Wesentlichen von ihrer Aufstiegsgeschwindigkeit v_{auf} in der Metallschmelze und ihrer Form (z. B. kugelig, »filmartig«) ab. Aus physikalischen Gründen ist die Kugelform die zweckmäßigste. Danach lässt sich mit dem *Stokeschen Gesetz* v_{auf} abschätzen:

$$v_{\text{auf}} = \frac{2}{9} \cdot \frac{g\,r^2 \cdot (\rho_{\text{Schmelze}} - \rho_{\text{Produkt}})}{\eta}. \quad [A2\text{-}2]$$

In Gl. [A2-2] bedeuten g die Fallbeschleunigung im Vakuum, r der Radius des Desoxidationsprodukts, ρ_{Schmelze}, ρ_{Produkt} die Dichten der Schmelze bzw. des Desoxidationsprodukts und η die Viskosität der Schmelze. Die Beziehung belegt den großen Einfluss des Teilchenradius r auf die Aufstiegsgeschwindigkeit. Damit wird auch die sehr große Anzahl der z. B. in mit basisch-umhüllten Stabelektroden hergestellten Schweißgütern nachweisbaren Mikroschlacken verständlich. Die sehr umfangreichen Desoxidationsreaktionen verbunden mit einer extremen Abkühlgeschwindigkeit erzeugen vorwiegend kleine, d. h. im Schmelzbad langsam hochsteigende Schlacken. Ein weiterer Einfluss auf die Aufstiegsgeschwindigkeit ist die Grenzflächenenergie $\gamma_{\text{S/D}}$ zwischen Schmelze und Desoxidationsprodukt. Je größer (geringer) $\gamma_{\text{S/D}}$ ist, desto geringer (größer) ist ihre gegenseitige Benetzung, d. h., das Aufsteigen der Desoxidationsprodukte wird erleichtert (erschwert).

Aufgabe 2-7:
Es ist die Beziehung Gl. [2-14], S. 163, abzuleiten und die Größe des konstanten Faktors »konst.« zu bestimmen.

Für die Lösung der Aufgabe ist es notwendig, die auf Versetzungen einwirkenden Kräfte quantitativ zu erfassen. Diese sind dem *Burgers*-Vektor b der Versetzungslinie proportional. Bild A2-7 zeigt Kristallbereiche der Dicke »1«, die durch die Bewegung einer Stufenversetzung von der Fläche 1 zur Fläche 2 plastisch verformt wurden. Mit F, der auf die Längeneinheit der Versetzung bezogenen Kraft, ist die hierfür aufzubringende Arbeit $W_1 = F \cdot L$. Die in der Gleitebene durch die äußere Schubspannung τ entstehende Kraft leistet durch die Verschiebung um b die Arbeit:

$$W_2 = \tau \cdot \text{Gleitfläche} \cdot b = \tau \cdot 1 \cdot b = \tau \cdot L \cdot b.$$

Die zum Erzeugen der Verschiebung b notwendige Arbeit W_2 muss gleich der zum Verschieben der Versetzungslinie erforderlichen W_1 sein, daraus ergibt sich:

$\tau \cdot L \cdot b = F \cdot L$, d. h. $F = \tau \cdot b$. [A2-3]

Versetzungslinien besitzen ähnlich wie Flüssigkeiten (Oberflächenspannung γ) eine Linienspannung T, die sie ohne Einwirkung äußerer Kräfte als möglichst gerade Linie erhalten will. Äußere Spannungen krümmen die Versetzungslinie, wobei der Krümmungsradius R beträgt. Abhängig von der Größe von R entsteht die rücktreibende Kraft der *Linienspannung T*, die zu dem Zentrum der Krümmung weist und die Größe hat:

$F_T = T / R.$

Diese Beziehung entspricht der, die auch für die Biegung zylinderförmiger Flächen (z. B. Korngrenzen) mit der Oberflächenspannung γ und dem Radius r gilt *($F = \gamma / r$)*, s. hierzu genauer Aufgabe 1-10, S. 115.

Für T, mit der Maßeinheit [Energie/Einheitslänge der Versetzung], lässt sich die Beziehung ableiten:

$$T = \alpha \cdot G \cdot b^2. \quad [A2\text{-}4]$$

In Gl. [A2-4] bedeutet α ein Faktor, der zwischen 0,5 und 1 liegt, für den i. Allg. 0,5 angenommen wird. Die Versetzungslinie bleibt nur dann gekrümmt, wenn auf sie eine äußere Schubspannung τ einwirkt. Daraus ergibt sich aus dem Gleichgewicht der krüm-

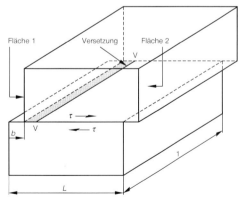

Bild A2-7
Zur Berechnung der auf eine Stufenversetzung V–V einwirkenden Kraft. Die Versetzung hat sich unter dem Einfluss der Schubspannung τ von der Fläche 1 zur Fläche 2 bewegt. Der grau angelegte Bereich kennzeichnet einen Zwischenzustand in der Versetzungsbewegung, s. a. Bild 1-8, S. 8.

menden (Wirkung von τ) Kräfte F_τ (die Länge der Versetzungslinie ist nicht 1, sondern dS, Bild A2-8) und der entgegengesetzt gerichteten Kraft F_T (aus der Linienspannung T) die Beziehung:

$$\tau \cdot b \cdot \mathrm{d}S = 2T \cdot \sin\frac{\mathrm{d}\Theta}{2}. \quad [\text{A2-5}]$$

Für kleine Winkel Θ wird $\sin\Theta = \Theta$ und es ist $\mathrm{d}\Theta/\mathrm{d}S = 1/R$. Damit ergibt sich die Schubspannung τ, die zum Krümmen der Versetzungslinie mit dem Biegeradius R führt, zusammen mit Gl. [A2-4] und der üblichen Abschätzung $\alpha = 0{,}5$ zu, Gl. [A2-6]:

$$\tau = \frac{T}{b \cdot R} = \alpha \cdot \frac{G \cdot b}{R} \approx \frac{G \cdot b}{2 \cdot R} = \text{konst.} \cdot \frac{G}{2 \cdot R}.$$

Daraus folgt: $b = \text{konst.}$

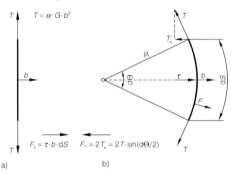

Bild A2-8
Zur Berechnung der Schubspannung τ, die in der Versetzungslinie einen Krümmungsradius R erzeugt. $b =$ Burgers-Vektor, F ist die durch die äußere Schubspannung τ auf die Versetzungslinie ausgeübte Kraft, die immer senkrecht auf ihr angreift.
a) Ohne die Wirkung einer äußeren Schubspannung bleibt die Versetzungslinie als Folge der Linienspannung T gerade.
b) Die zusätzliche Schubspannung τ erzeugt in der Versetzungslinie eine Krümmung mit dem Radius R.

Aufgabe 2-8:
Es sind schematisch die (kontinuierlichen) ZTU-Schaubilder eines unlegierten, (niedrig-)legierten und hochlegierten Stahles zu skizzieren und die charakteristischen Unterschiede im Umwandlungsverhalten, Gefügeaufbau und das zu erwartendes Schweißverhalten abzuschätzen.

Der *unlegierte Stahl* wandelt beim Abkühlen von der Austenitisierungstemperatur T_A nahezu unabhängig von der wirksamen Abkühlgeschwindigkeit in ein ferritisch-perlitisches Gefüge um, wie Bild A2-9a zeigt. Stähle dieser Art werden daher weder wärmebehandelt (nur Walzzustand bzw. unbehandelt) geliefert oder eingesetzt. Wegen der sehr großen oberen kritischen Abkühlgeschwindigkeit v_{ok} (s. Bild 1-38, S. 34) der unlegierten C-Mn-Stähle (Wasserhärter) ist selbst bei schroffster Abkühlung nicht mit merklichen Martensitmengen zu rechnen, ebenso gering ist bei diesen Stählen erwartungsgemäß der Anteil an (unterem) Bainit. Als Maßstab für v_{ok} ist in den ZTU-Schaubildern die *Inkubationszeit* t_i ($=1$ s) eingetragen, für die die Beziehung gilt:

$$t_i \propto \text{konst.} \cdot \frac{1}{v_{ok}}. \quad [\text{A2-7}]$$

In den Bildern A2-9a, b, c ist der bei den Handschweißverfahren zu erwartende Bereich der Abkühlgeschwindigkeiten als grau unterlegte Fläche eingetragen. Bei einem angenommenen Kohlenstoffgehalt von 0,22 % für alle Stähle besteht das Gefüge der WEZ aus Ferrit und Perlit mit geringen Anteilen Martensit (geschätzt bis 15 %). Daraus ergibt sich ein Schätzwert für die maximale Härte der Wärmeeinflusszone von Schweißverbindungen aus dem unlegierten C-Mn-Stahl von etwa 200 ... 220 HV. Die Kaltrissneigung ist damit gering und die Schweißeignung gut. Außerdem wird der Martensit wegen der relativ hohen M_s-Temperatur von etwa 420 °C bei seiner Bildung »selbstangelassen«, d. h. in geringerem Umfang bereits entspannt, s. Abschn. 2.5.2.1, S. 140. Ein geringes Vorwärmen ist abhängig von der Werkstückdicke empfehlenswert, Abschn. 4.3.1, S. 374, s. a. Aufgabe 3-1, S. 290.

Der *niedriglegierte Stahl* besteht nach einer Abkühlung aus dem Austenitgebiet aus Martensit bzw. überwiegend Martensit und Bainit, weil die Inkubationszeit t_i bei diesen »Ölhärtern« wesentlich größer ist (etwa 8 s) als bei den »Wasserhärtern«. Wegen des höheren Gehalts an Legierungselementen ist außerdem die M_s-Temperatur mit 350 °C deutlich geringer. Beim Schweißen ist mit einer nahezu vollständig martensitischen WEZ zu rechnen, deren Härte dann gemäß Bild 1-43, S. 37, etwa 450 HV beträgt.

Ohne Vorwärmen, sorgfältiges Säubern des Schweißnahtbereiches (vor allem von feuchtehaltigen Verunreinigungen) und die Verwendung trockener Zusatzwerkstoffe bzw. »wasserstoffarmer« Schweißverfahren ist die Entstehung von Kaltrissen praktisch unvermeidlich, s. a. Aufgabe 3-2 und Aufgabe 3-3, S. 291.

Der *hochlegierte lufthärtende Stahl* ($t_i \approx 2$ min), Bild A2-9c, wandelt vollständig in Martensit um. Dies trifft aber nur dann zu, wenn nach der Umwandlung kein Restaustenit zurückbleibt. Die sehr geringe M_s-Temperatur ($\approx 240\,°C$) und die geringe Beweglichkeit der Legierungsatome machen einen gewissen Restaustenitgehalt jedoch sehr wahrscheinlich. Bei einer vollständigen Martensitbildung ist mit Höchsthärten in der WEZ von etwa 500 HV zu rechnen. Kaltrisse in der WEZ sind damit ohne weitere vorsorgliche Maßnahmen (vor allem sind möglichst wasserstoffarme Schweißbedingungen zu schaffen) sehr wahrscheinlich. Nach dem Schweißen sollte das Werkstück – wenn dies werkstoffabhängig ohne Probleme möglich ist, s. Absatz unten – aus der Schweißwärme sofort anlassgeglüht werden. Ein Vorwärmen verringert zwar kaum die Härte, reduziert aber sehr wirksam den Gehalt des Wasserstoffs im Schweißgut und in der WEZ und damit die für diese Stähle charakteristische, extreme Kaltrissgefahr.

Weitere Schwierigkeiten können durch güteverschlechternde Ausscheidungen aller Art entstehen, vor allem im Bereich der WEZ. Ein typisches Beispiel ist der warmfeste martensitische Stahl X20CrMoVW12-1, s. Abschn. 4.3.5.3, S. 409. Durch eine unsachgemäße, aber zunächst sehr naheliegende Wärmebehandlung nach dem Schweißen, versprödet der Stahl nahezu vollständig durch Chromcarbidausscheidungen bei den Wärmebehandlungstemperaturen an den Korngrenzen und verschiedenen damit zusammenhängenden Vorgängen. Bild 4-88, S. 410, zeigt einige dieser werkstoffabhängigen Pro-

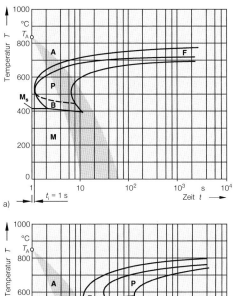
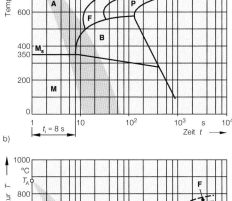
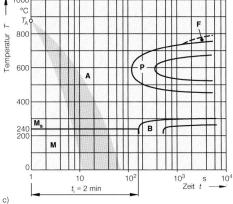

Bild A2-9
Umwandlungsverhalten und Gefügeausbildung schematisch dargestellt in kontinuierlichen ZTU-Schaubildern für einen
a) unlegierten C-Mn-Stahl, $C \approx 0{,}2\,\%$,
b) (niedrig-)legierten Stahl, $C \approx 0{,}2\,\%$,
c) hochlegierten Stahl, $C \approx 0{,}2\,\%$.

bleme teilweise. Insbesondere ist die bei 650 °C schon nach einigen Minuten einsetzende Ausscheidung der versprödenden Chromcarbide zu beachten.

Aufgabe 2-9:
Die wichtigsten Gefügeänderungen im Fe-Cr-Zustandsschaubild, Bild A2-10, sind anzugeben und zu bewerten. Der Einfluss der stark austenitisierenden Elemente C und N auf den Verlauf der Umwandlungslinien und der Einfluss auf die entstehenden Gefüge ist schematisch zu beurteilen.

Für das Verständnis der folgenden Ausführungen ist die Einsicht wesentlich, dass das Fe-Cr-Zustandsschaubild, Bild A2-10, ein übliches *Gleichgewichts-Zweistoffsystem* ist. Der Einfluss anderer Elemente und die Wirkung einer erhöhten Abkühlgeschwindigkeit kann daher bestenfalls abgeschätzt werden. In das Schaubild wurde die erwartete Wirkung des stark austenitisierenden Kohlenstoffs, s. Bild 2-70, S. 207, durch die strichlierte Kurve »C« dargestellt. Die γ-Schleife und damit der Existenzbereich des Austenits werden vergrößert. Mit dieser Maßnahme lässt sich das Verhalten chromlegierter (korrosionsbeständiger) Stähle angemessen beschreiben.

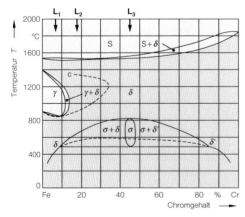

Bild A2-10
Gefügeumwandlungen im Zustandsschaubild Fe-Cr dargestellt für drei Legierungen L_1, L_2, L_3. C stellt den Verlauf der ($\gamma + \delta$)-Schleife dar, wenn das System außer Cr und Fe noch Kohlenstoff enthält.

Legierung L_1 (7% Chrom):
Nach der Erstarrung besteht das Gefüge aus δ-Ferrit, der bei etwa 1300 °C in γ umzuwandeln beginnt und unter 1250 °C vollständig aus Austenit besteht. Bei 850 °C ist die erneute Umwandlung des Austenits in α-Ferrit abgeschlossen. Bis Raumtemperatur bleibt das rein ferritische Gefüge unverändert. Wärmebehandlungen im klassischen Sinn der Werkstoffgruppe »umwandlungsfähige Stähle«, die die Umwandlung $\gamma \to \alpha$ erfordern, ließen sich demnach durchführen. Ihre Anwendung ist aber bei den Zweistofflegierungen Fe-Cr wenig sinnvoll, weil alle weiteren für eine Wärmebehandlung erforderlichen Merkmale der Stähle fehlen (unterschiedliche Löslichkeit eines dritten Elements, z. B. Kohlenstoff, in den beiden Mischkristallarten α und γ).

Legierung L_2 (17% Chrom):
Die Schmelze erstarrt zu δ-Ferrit, aus dem sich unter etwa 650 °C die spröde intermediäre etwa 45% Chrom enthaltende Sigma-Phase σ(FeCr) auszuscheiden beginnt. Durch ihren großen Chromgehalt kann außer einer Werkstoffversprödung auch eine Chromverarmung der sie umgebenden Matrix auftreten, wodurch die Korrosionsbeständigkeit beeinträchtigt werden kann (Abschn. 2.8.3.4.2, S. 210). Nach Abkühlen auf 480 °C ist der Chromgehalt des δ-Ferrits dadurch von 17% auf 8% gesunken. Die Menge an Sigma-Phase m_σ beträgt nach dem Hebelgesetz:

$$m_\sigma = \frac{17-8}{45-8} \cdot 100\% = 24{,}3\%.$$

Unter 480 °C entmischt sich der δ-Ferrit in einen chromarmen (δ) mit etwa 8% Chrom und einen sehr chromreichen (δ') mit 85% Chrom. Dieser Vorgang ist die Ursache der *475 °C-Versprödung* (Abschn. 2.8.3.4.3, S. 211). Sie kann nur in ferritischen Gefügen (ferritische, austenitisch-ferritische, in geringerem Maße auch weichmartensitische Stähle) entstehen. In allen üblichen 12%igen Chromstählen sind allerdings für ihre Bildung sehr lange (Glüh-)Zeiten im Bereich von 10^5 h erforderlich. Mit zunehmendem Chromgehalt wird ihre Entstehung stark beschleunigt und das Ausmaß der Versprödung vergrößert. Die strichlierte Linie in

Bild A2-10 ist die obere Begrenzungslinie für das Auftreten der 475 °C-Versprödung.

Enthält die Legierung L_1 außerdem noch Kohlenstoff, dann ändert sich das Umwandlungsverhalten. Die γ-Schleife wird etwa gemäß Linie »C« in Bild A2-10 selbst bei geringeren Kohlenstoffgehalten relativ stark aufgeweitet. Diese Fe-Cr-C-Legierung wandelt nach Unterschreiten von »C« bei einer Gleichgewichtsabkühlung in kohlenstoffhaltigen α-MK.en, bei technischen Abkühlgeschwindigkeiten aber in lufthärtenden Martensit (Vergütungsstahl!) um. Bei martensitischen korrosionsbeständigen Stählen, Abschn. 2.8.4.1, S. 215, laufen die gleichen Vorgänge ab.

Legierung L_3 (45 % Chrom):
Diese Legierung hat keinerlei technische Bedeutung. Sie wandelt unter 820 °C vollständig in Sigma-Phase um und zerfällt unter 480 °C in den chromarmen δ-Ferrit und den chromreichen δ'-Ferrit. Die Vorgänge laufen in der geschilderten Form nur bei einer extrem langsamen Abkühlung ab. Die für technische Wärmebehandlungen typischen wesentlich größeren Abkühlgeschwindigkeiten machen die Bildung der bei niedrigeren Temperaturen im festen Zustand entstehenden Ausscheidungen unmöglich.

Aufgabe 2-10:
Es sind anhand Bild A2-11 und Bild A2-12 einige wichtige werkstofflichen Grundlagen und schweißtechnischen Verarbeitungshinweise der martensitischen korrosionsbeständigen Chromstähle aufzuzeigen. S. a. Aufgabe 4-13, S. 491, und Aufgabe 2-9.

Der Kohlenstoffgehalt der martensitischen Chromstähle liegt etwa zwischen 0,15 % und 1,2 %, bei einem Chromgehalt über 11,5 % bis ca. 18 %, Tabelle 2-17. Der Chromgehalt der höhergekohlten Stähle beträgt ≤18 %, um die Korrosionsbeständigkeit (durch erhöhte Chromcarbidbildung wird der Matrix zu viel Chrom entzogen!) sicherzustellen. Molybdän (≤ 1,5 %) wird zum Verbessern der Korrosionsbeständigkeit, Nickel (≤ 2,5 %) zum Verbessern der mechanischen Eigenschaften und zum Verringern des in martensitischen Stählen sehr unerwünschten voreutektoiden Ferrits zulegiert.

Ihr großer Legierungsgehalt macht sie lufthärtend. Die Martensitbildung in der WEZ ist als Folge der großen Abkühlgeschwindigkeiten beim Schweißen praktisch nicht unterdrückbar, Abschn. 2.8.4.1, S. 213, und Abschn. 4.3.7.3, S. 422.

Die 13%igen Chromstähle können innerhalb eines großen Kohlenstoffbereiches (≥ 0,1 % bis etwa 0,6 %) austenitisiert, d. h. gehärtet wer-

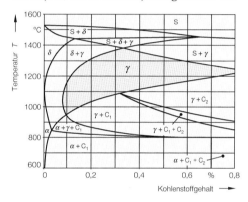

Bild A2-11
Vertikalschnitt in dem Dreistoffsystem Fe-Cr-C bei 13% Cr, nach Castro und Tricot.
Es bedeuten: C_1: $M_{23}C_6$, C_2: M_7C_3.

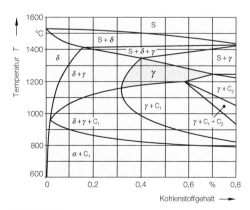

Bild A2-12
Vertikalschnitt in dem Dreistoffsystem Fe-Cr-C bei 17% Cr, nach Castro und Tricot.
Es bedeuten: C_1: $M_{23}C_6$, C_2: M_7C_3.

den, wie Bild A2-11 zeigt. Bei den 17%igen Chromstählen ist der γ-Bereich vergleichsweise sehr viel kleiner (0,4 % bis etwa 0,5 %), wie aus Bild A2-12 entnommen werden kann. Der Härteprozess (Austenitisierungstemperatur und erforderlicher Kohlenstoffgehalt) muss daher sehr sorgfältig kontrolliert werden, wodurch der Aufwand erheblich steigt.

Bei den höhergekohlten Stählen ist wegen ihrer niedrigen M_s- (ca. 300 °C) bzw. M_f-Temperaturen (ca. 200 °C) insbesondere beim Schweißen bei Raumtemperatur in der WEZ mit merklichen Mengen an Restaustenit zu rechnen. Dieser Gefügebestandteil ist in gehärteten Stählen äußerst unerwünscht, s. Abschn. 2.5.2.1, S. 143. In diesen Fällen ist eine meistens aufwändige Wärmenachbehandlung (z. B. doppeltes Anlassen) erforderlich, um die gewünschten mechanischen Gütewerte der Schweißverbindung zu erzielen.

Die Vorwärmtemperatur lässt sich recht genau mit Hilfe der M_s-Temperatur berechnen, Abschn. 4.1.3.3, S. 327, die für derartige Stähle mit der vom *Institute of Welding* entwickelten Formel berechnet werden kann:

$$M_s = 540 - 497 \cdot C - 6,3 \cdot Mn - 36,3 \cdot Ni - 10,8 \cdot Cr - 46,6 \cdot Mo. \quad [\text{A2-8}]$$

In Gleichung [A2-8] sind die Elemente in Massenprozent einzusetzen.

Die niedriggekohlten korrosionsbeständigen **Chromstähle** sollten auf Temperaturen unter der M_f-Temperatur (etwa 250 °C) vorgewärmt werden, die höhergekohlten ($\geq 0,2$ %) auf Werte über der M_s-Temperatur. Ursache sind die bei Temperaturen ≤ 150 °C entstehenden Kaltrisse (s. Abschn. 3.5.1.6, S. 276) durch Wasserstoff, die sich bei den höhergekohlten Chromstählen besonders leicht bilden, vor allem im (hoch-)gekohlten Martensit. Ein isothermes Schweißen über der M_s-Temperatur hält den in der WEZ gebildeten Austenit während der gewählten Haltedauer solange in diesem Zustand, bis ausreichend viel Wasserstoff effundiert ist. Aus diesem Grunde werden auch häufig nicht artgleiche kubisch-raumzentrierte, sondern austenitische Zusatzwerkstoffe verwendet, weil deren Löslichkeit für Wasserstoff wesentlich größer ist als die der krz Werkstoffe, Abschn. 4.3.4, S. 402. Der während des Schweißens gelöste Wasserstoff, der immer und unabhängig von der Qualität der Säuberung der Werkstückoberflächen und Schweißmittel vorhanden ist, verbleibt im Schweißgut. Der Wasserstoff kann nicht mehr in die WEZ diffundieren und zur Kaltrissigkeit führen.

2.10 Schrifttum

Atlas zur Wärmebehandlung der Stähle, herausgegeben vom Max-Planck-Inst. f. Eisenforschung in Zusammenarbeit mit dem VDEh. Verlag Stahleisen m. b. H., Düsseldorf, 1954/1976.

Bäumel, A., Horn, E-M., u. G. Siebers: Entwicklung, Verarbeitung und Einsatz des stickstofflegierten, hochmolybdänhaltigen Stahles X3CrNiMoN17-13-5. Werkst. u. Korr. 23 (1972), S. 973/983.

Brezina, P.: Martensitische Chrom-Nickel-Stähle mit tiefem Kohlenstoffgehalt. Escher Wyss Mitt. (1980), S. 218/236, Zürich.

Dahl, W.: Werkstoffliche Grundlagen zum Verhalten von Schwefel im Stahl. Stahl u. Eisen 97 (1977), S. 402/409.

Dahl, W. (Hrsg.): Eigenschaften und Anwendungen von Stählen, Bd. 2. Verlag der Augustinus Buchhandlung, Aachen, 1993.

Dahl, W., Hengstenberg, H., u. C. Düren: Entstehungsbedingungen der verschiedenen Sulfideinschlußformen. Stahl u. Eisen 86 (1966), S. 782/795.

Degenkolbe, J., u. B. Müsgen: Schweißen hochfester vergüteter Baustähle - Untersuchungen an Chrom-Molybdän-Zirkon-legierten Stählen. Schw. u. Schn. 17 (1965), S. 343/353.

DIN 17115: Stähle für geschweißte Rundstahlketten; Technische Lieferbedingungen, 2/1987.

DIN EN 10020: Begriffsbestimmungen für die Einteilung der Stähle, 7/2000.

DIN EN 10025: Warmgewalzte Erzeugnisse aus unlegierten Baustählen, 2/2005.
Teil 1: Allgemeine Lieferbedingungen, 4/2005.
Teil 2: Allgemeine Lieferbedingungen für unlegierte Baustähle, 2/2005.
Teil 3: Technische Lieferbedingungen für normalgeglühte/normalisierend gewalzte schweißgeeignete Feinkornbaustähle, 3/2005.
Teil 4: Technische Lieferbedingungen für thermomechanisch gewalzte schweißgeeignete Feinkornbaustähle, 4/2005.
Teil 5: Technische Lieferbedingungen für wetterfeste Baustähle, 2/2005.
Teil 6: Technische Lieferbedingungen für Flacherzeugnisse aus Stählen mit höherer Streckgrenze im vergüteten Zustand, 2/2005.

DIN EN 10027: Bezeichnungssysteme für Stähle.
Teil 1: Kurznamen, Hauptsysmbole, 10/2005.
Teil 2: Nummernsystem, 9/1992.

DIN EN 10028: Flacherzeugnisse aus Druckbehälterstählen.
Teil 1: Allgemeine Anforderungen, 2/2008.
Teil 2: Unlegierte und legierte Stähle mit festgelegten Eigenschaften bei erhöhten Temperaturen, 12/2008.
Teil 3: Schweißgeeignete Feinkornbaustähle, normalgeglüht, 9/2003.
Teil 4: Nickellegierte kaltzähe Stähle, 2003.
Teil 5: Schweißgeeignete Feinkornbaustähle, thermomechanisch gewalzt, 5/2003.
Teil 6: Schweißgeeignete Feinkornbaustähle, vergütet, 10/2003.
Teil 7: Nichtrostende Stähle, 6/2000.

DIN EN 10079: Begriffsbestimmungen für Stahlerzeugnisse, 6/2007.

DIN EN 10083: Vergütungsstähle.
Teil 1: Allgemeine technische Lieferbedingungen, 10/2006.
Teil 2: Technische Lieferbedingungen für unlegierte Stähle, 10/2006.
Teil 3: Technische Lieferbedingungen für legierte Stähle, 1/2007.

DIN EN 10084: Einsatzstähle – Technische Lieferbedingungen, 6/2008.

DIN EN 10088: Nichtrostende Stähle.
Teil 1: Verzeichnis der nichtrostenden Stähle, 9/2005.
Teil 2: Technische Lieferbedingungen für Blech und Band für allgemeine Verwendung, 9/2005.
Teil 3: Technische Lieferbedingungen für Halbzeug, Stäbe, Walzdraht und Profile für allgemeine Verwendung, 9/2005.

DIN EN 10130: Kaltgewalzte Flacherzeugnisse aus weichen Stählen zum Kaltumformen, 2/2007.

DIN EN 10208: Stahlrohre für Rohrleitungen für brennbare Medien – Technische Lieferbedingungen.
Teil 1: Rohre der Anforderungsklasse A, 7/2009.
Teil 2: Rohre der Anforderungsklasse B, 7/2009.

DIN EN 10216: Nahtlose Stahlrohre für Druckbeanspruchungen – Technische Lieferbedingungen.
Teil 1: Rohre aus unlegierten Stählen mit festgelegten Eigenschaften bei Raumtemperatur, 7/2004.
Teil 2: Rohre aus unlegierten und legierten Stählen mit festgelegten Eigenschaften bei erhöhten Temperaturen, 7/2004.
Teil 3: Rohre aus legierten Feinkornbaustählen, 7/2004.
Teil 4: Rohre aus unlegierten und legierten Stählen mit festgelegten Eigenschaften bei tiefen Temperaturen, 7/2004.

DIN EN 10327: Kontinuierlich schmelztauchveredeltes Band und Blech aus weichen Stählen zum Kaltumformen – Technische Lieferbedingungen, 7/2009.

DIN V 17006-100: Zurückgezogen und durch DIN EN 10027-1/2 ersetzt.

Eckstein, H. J.: Wärmebehandlung von Stahl. Deutscher Verlag für Grundstoffindustrie, Leipzig, 1973.

Hougardy, H. P.: Die Darstellung des Umwandlungsverhaltens von Stählen in ZTU-Schaubildern. Härterei-Tech. 33 (1978), S. 63/70.

ISO 9328: Flacherzeugnisse aus Stahl für Druckbeanspruchungen – Technische Lieferbedingungen.
Teil 1: Allgemeine Anforderungen, 11/2003.
Teil 2: Unlegierte und legierte Stähle mit festgelegten Eigenschaften bei erhöhten Temperaturen, 8/2004.
Teil 3: Schweißgeeignete Feinkornstähle, normalisiert, 8/2004.
Teil 4: Nickellegierte Stähle für tiefe Temperaturen, 8/2004.
Teil 5: Schweißgeeignete Feinkornstähle, thermomechanisch gewalzt, 8/2004.
Teil 6: Schweißgeeignete Feinkornstähle, vergütet, 8/2004.

Krawietz, A.: Materialtheorie. Springer-Verlag, Berlin, Heidelberg, New York, Tokyo, 1986.

Van Vlack, L. H.: Elements of Materials Science & Engineering. Addison-Wesley Longman, 1989.

Verein Deutscher Eisenhüttenleute (Hrsg.): Werkstoffkunde Stahl, Bd. 2. Springer-Verlag, Berlin, Heidelberg, New York, Tokyo, Verlag Stahleisen m.b.H., Düsseldorf, 1984.

3 Einfluss des Schweißprozesses auf die Eigenschaften der Verbindung

Der typische Temperatur-Zeit-Zyklus beim Schweißen ist gekennzeichnet durch:
- Extreme Aufheiz- (400 bis 1000 K/s) und Abkühlgeschwindigkeiten (einige hundert K/s), Bild 1-1. Die Folge sind abhängig von der Werkstückdicke hohe (dreiachsige) Spannungszustände.
- Die Werkstoffbereiche neben der Schmelzgrenze werden auf dicht unter Solidus liegende Temperaturen erwärmt.
- Das Entstehen von Gleichgewichtsgefügen ist wegen der kurzen zur Verfügung stehenden Reaktionszeiten unmöglich. Grobkörnige, oft harte und meistens spröde Gefügebestandteile sind für die WEZ typisch. Dendritisches, in manchen Fällen auch zelluläres, geseigertes Gussgefüge ist kennzeichnend für das Schweißgut.

Diese extreme Wärmebehandlung ist die Ursache für die sich nahezu immer verschlechternden mechanischen Gütewerte der WEZ und des Schweißguts. Die Abnahme des Verformungsvermögens ist der für die Bauteilsicherheit entscheidende Vorgang. Der Umfang der Zähigkeitsabnahme ist werkstoffabhängig und wird von den Schweißbedingungen zum Schweißen (mit den verschiedenen Verfahren) unterschiedlich gut geeignet.

3.1 Schweißbarkeit – Begriff und Definition

Der sehr komplexe Begriff Schweißbarkeit wird in der DIN 8528-1 (Juni 1973) wie folgt beschrieben:

Die Schweißbarkeit eines Bauteils aus metallischem Werkstoff ist vorhanden, wenn der Stoffschluss durch Schweißen mit einem gegebenen Schweißverfahren bei Beachtung eines geeigneten Fertigungsablaufes erreicht werden kann. Dabei müssen die Schweißungen hinsichtlich ihrer örtlichen Eigenschaften und ihres Einflusses auf die Konstruktion, deren Teil sie sind, die gestellten Anforderungen erfüllen [27].

Der gedanklich unscharfe und teilweise nicht genau definierte Begriff Schweißbarkeit wird durch die leichter überschaubaren Teileigenschaften
- Schweißeignung,
- Schweißsicherheit und
- Schweißmöglichkeit

ersetzt und beschrieben, Bild 3-1.

Bild 3-1
Abhängigkeit des Oberbegriffes Schweißbarkeit von den Teilproblemen Werkstoff (Schweißeignung), Konstruktion (Schweißsicherheit) und Fertigung (Schweißmöglichkeit), nach DIN 8528-1.

---

[27] Dieser Text stimmt sinngemäß mit der Norm ISO/TR 581 (2/2005) überein.

3.1.1 Schweißeignung

Diese Teileigenschaft ist überwiegend werkstoffabhängig. Sie ist vorhanden, wenn bei der Fertigung aufgrund der werkstoffgegebenen chemischen, metallurgischen und physikalischen Eigenschaften und Besonderheiten des Werkstoffes eine den jeweils gestellten Anforderungen entsprechende Schweißung hergestellt werden kann.

Die Schweißeignung eines Werkstoffs ist um so besser, je weniger die werkstoffbedingten Faktoren bei der schweißtechnischen Fertigung einer Konstruktion beachtet werden müssen.

Die Schweißeignung wird in der Hauptsache von folgenden Faktoren und Eigenschaften bestimmt:

❏ **Chemische Zusammensetzung,**
sie beeinflusst z. B.:
- Sprödbruchneigung (Gehalt der Verunreinigungen),
- Alterungsneigung (Gehalt vorwiegend des freien Stickstoffs),
- Härteneigung (Gehalt des Kohlenstoffs),
- Heißrissbildung (Schwefelgehalt, bzw. Menge an niedrigschmelzenden Verunreinigungen),
- Löslichkeit und Diffusionsfähigkeit von Gasen,
- Schmelzbadverhalten.

❏ **Metallurgische Eigenschaften,**
bedingt durch Herstellverfahren, Desoxidationsart, Wärmebehandlung. Sie werden z. B. beeinflusst von:
- Seigerungen,
- Art, Form und Verteilung von Einschlüssen,
- Anisotropie der mechanischen Gütewerte,
- Korngröße,
- Gefügeausbildung.

❏ **Physikalische Eigenschaften,** z. B.:
- Ausdehnungsverhalten,
- Wärmeleitfähigkeit,
- Erstarrungsintervall von Legierungen.

3.1.2 Schweißsicherheit

Die Schweißsicherheit *(konstruktionsbedingte Schweißsicherheit)* wird nur in geringem Umfang vom Werkstoff bestimmt. Sie hängt weitgehend von der schweißgerechten Konstruktion ab. Die Schweißsicherheit ist vorhanden, wenn mit dem verwendeten Werkstoff das Bauteil aufgrund der vorgesehenen konstruktiven Gestaltung unter den vorgesehenen Betriebsbedingungen funktionsfähig bleibt.

Die Schweißsicherheit eines vorgegebenen Bauwerks oder Bauteils ist umso größer, je weniger die konstruktionsbedingten Faktoren bei der Auswahl des Werkstoffs für eine bestimmte schweißtechnische Fertigung beachtet werden müssen.

Diese konstruktionsabhängige Schweißsicherheit wird u. a. von folgenden Faktoren beeinflusst:
- *Konstruktive Gestaltung* [z. B. Kraftfluss, (unterschiedliche) Werkstückdicken, Kerben aller Art], die entscheidend die Größe und Schärfe des Eigenspannungszustandes bestimmt,
- *Beanspruchungszustand* (z. B. Art und Größe der Spannungen im Bauteil; Mehrachsigkeitsgrad der (Eigen-)Spannungen; Beanspruchungsgeschwindigkeit; Spannungsgradient; statische, dynamische Beanspruchung),
- *Betriebstemperatur.*

3.1.3 Schweißmöglichkeit

Die Schweißmöglichkeit *(fertigungsbedingte Schweißsicherheit)* in einer schweißtechnischen Fertigung ist vorhanden, wenn die an einer Konstruktion vorgesehenen Schweißarbeiten unter den gewählten Fertigungsbedingungen hergestellt werden können.

Die Schweißmöglichkeit einer für ein bestimmtes Bauwerk oder Bauteil vorgesehenen Fertigung ist umso besser, je weniger die fertigungsbedingten Faktoren beim Entwurf der Konstruktion für einen bestimmten Werkstoff beachtet werden müssen.

Die Schweißmöglichkeit wird u. a. von folgenden Faktoren beeinflusst:
- *Vorbereitung zum Schweißen:*
z. B. Schweißverfahren, Art der Zusatzwerkstoffe und Hilfsstoffe, Stoßarten, Fugenformen, Vorwärmen.
- *Ausführen der Schweißarbeiten:*
z. B. Lagenaufbau, Wärmeführung, Wärmeeinbringen, Schweißfolge.
- *Nachbehandlung:*
z. B. Wärmenachbehandlung, Beizen, Richtarbeiten.

3.1.4 Bewertung und Folgerungen

Anders als bei jedem anderen Fertigungsverfahren ist für die Herstellung betriebssicherer geschweißter Konstruktionen die Zusammenarbeit einer Vielzahl von Fachleuten erforderlich. Der Schweißingenieur als Repräsentant des Herstellers muss den gesamten Herstellprozess mit dem Werkstofffachmann, dem Konstrukteur und u. U. dem Fertigungs- und dem Prüfspezialisten festlegen.

Die naheliegende Überlegung, die Teileigenschaften Schweißeignung, Schweißsicherheit und Schweißmöglichkeit zahlenmäßig zu bewerten, ist aus verschiedenen Gründen nicht sinnvoll. Verschiedene Einflussfaktoren, die beispielsweise für die Schweißeignung unlegierter Stähle entscheidender sind (Härteneigung, (Härte-)Rissneigung, nicht aber Sensibilisieren durch Chromcarbidausscheidung), spielen bei den hochlegierten austenitischen (Korrosionsbeständigkeit, Ausscheidungsneigung) keine Rolle.

Die für den Verwendungszweck ausreichend belastbare und sichere Konstruktion muss möglichst kostengünstig herstellbar sein. Das »richtige« Zusammenwirken der drei Teileigenschaften bestimmt die *Bauteilsicherheit*, d. h. die technische Wertigkeit der Konstruktion, aber auch die Wirtschaftlichkeit ihrer Herstellung. Es ist demnach unsinnig, die Schweißbarkeit durch einen hervorragend schweißgeeigneten Werkstoff zu verbessern, um sie durch eine nicht schweißgerechte Konstruktion bzw. ungeeignete Fertigungsbedingungen gleichzeitig zu verschlechtern.

3.2 Schweißeignung der Stähle

3.2.1 Unlegierte Stähle

Die Schweißeignung der Stähle hängt von folgenden Werkstoffeigenschaften ab, die entscheidend von der *Art der Herstellung* und der *chemischen Zusammensetzung* des Stahles bestimmt werden:
- Eine geringe Aufhärtungsneigung in der WEZ. Sie verhindert die gefährliche *Kaltrissbildung* (Abschn. 3.5.1.6). Das ist die für eine gute Schweißeignung wichtigste Eigenschaft.
- Eine geringe Neigung zur Entstehung spröder, rissanfälliger Gefüge in der Wärmeeinflusszone und von Heißrissen im Schweißgut.

Die Schweißeignung der unlegierten Baustähle, z. B. der nach DIN EN 10025-2, ist der wichtigste Werkstoffkennwert dieser überwiegend durch Schweißen weiterverarbeiteten Stähle.

Die Grundlagen der Stahlherstellung (Erschmelzungs- und Vergießungsverfahren) und die Eigenschaften einiger wichtiger Stähle sind in den Abschnitten 2.3, S. 125, und 4.1.3.4, S. 333, beschrieben. Hier sollen nur einige Besonderheiten der schweißtechnischen Verarbeitung dargestellt werden.

3.2.1.1 Erschmelzungs- und Vergießungsart

Das *Sauerstoffaufblasverfahren* und die *Elektrostahlverfahren* sind in der Bundesrepublik Deutschland die wichtigsten Verfahren der Stahlherstellung. Der Gehalt und die Art der Verunreinigungen sind in gewissen Grenzen von der Erschmelzungsart abhängig. Die Qualität der Stähle kann aber nicht zuverlässig der Erschmelzungsart zugeordnet werden. Entscheidend ist der gesamte Herstellprozess einschließlich der Qualität der Erze und des (Rücklauf-)Schrotts. Als zuverlässiger Maßstab zum Beurteilen der metallurgischen Qualität der unlegierten Baustähle haben sich z. B. die *Gütegruppen* erwiesen (Abschn. 4.3.1.1., S. 379).

Der erzeugte Stahl wird seit einigen Jahren überwiegend im *Stranggguss* vergossen. Diese Technik erfordert aus verschiedenen Gründen ein Beruhigen der Schmelze. Die üblichen Blockseigerungen und die damit verbundenen Probleme beim Schweißen entstehen also nicht.

Das Schweißverhalten der *beruhigten* (Calcium- und Silicium-Zugaben) und vor allem der *besonders beruhigten* Stähle (Calcium-, Silicium- und z. B. Aluminium-Zugaben) ist daher i. Allg. gut. Ihr Gehalt an Sauerstoff ist gering. Die besonders beruhigten Stähle sind darüber hinaus noch weitgehend *alterungsbeständig*, weil der Stickstoff als AlN abgebunden vorliegt. Ein weiterer Vorteil ist die durch AlN bewirkte *Feinkörnigkeit* des Sekundärgefüges, die zu einem Ansteigen des Verformungsvermögens und der Schlagzähigkeit und zu einer Abnahme der *Übergangstemperatur* führt. Als Folge der erhöhten Umwandlungsneigung des Austenits (siehe z. B. Bild 2-25, S. 150) entstehen in den Wärmeeinflusszonen von Schweißverbindungen zähere, risssicherere Gefüge. Bild 3-2 zeigt sehr anschaulich den Einfluss der Korngröße auf die maximale Härte in der Wärmeeinflusszone von Auftragschweißungen aus einem normalen (feinkörnigen) S355J2+N und einem nicht mit Aluminium desoxidierten (also nicht feinkörnigen) Stahl.

Die Schweißeignung der besonders beruhigten Stähle ist i. Allg. sehr gut, weil der Gehalt an Verunreinigungen außerordentlich gering ist (z. B. P und S je max. 0,025 % nach DIN EN 10025-2, s. a. Tabelle 2-4, S. 169).

3.2.1.2 Chemische Zusammensetzung

Die Stahleigenschaften und damit auch die Schweißeignung hängen in der Hauptsache von den folgenden Einflüssen ab:
– *Kohlenstoff*, der die Neigung zur Aufhärtung, d. h. zur Bildung von Härte- bzw. (wasserstoffinduzierten) Kaltrissen in kohlenstofflegierten Eisenwerkstoffen bestimmt.
– *Verunreinigungen* (z. B. P, S, O, N, H, Cu, Sb, As), die die Zähigkeitseigenschaften stark beeinträchtigen und die Heißrissbildung begünstigen (S).

Unlegierte Stähle mit einem **Kohlenstoffgehalt ≤ 0,2 %** sind erfahrungsgemäß sehr gut schweißgeeignet (Abschn. 4.1.3, S. 310). Die Maximalhärte in der aufgehärteten Zone beträgt dann bei einer angenommenen Martensitmenge von 50 % etwa 300 HV, Bild 1-43, S. 37. Eine Rissbildung durch spröde Gefügebestandteile ist bei diesen Härtewerten nicht zu befürchten. Selbst die für Zündstellen typischen extremen Aufheiz- und Abkühlbedingungen führen bei diesen niedriggekohlten Kohlenstoffstählen i. Allg. nicht zur Rissbildung, weil die kritische Abkühlgeschwindigkeit v_{ok} dieser niedriggekohlten Stähle sehr groß ist (ca. 800 ... 1000 K/s), Bild 1-38, S. 34. Bei einer annähernd fachgerechten Schweißausführung und Einhalten der üblichen Bedingungen für eine schweißgerechte Fertigung kühlen die austenitisierten Bereiche der WEZ wesentlich langsamer als v_{ok} ab.

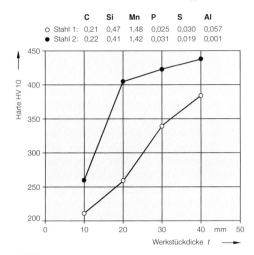

Bild 3-2
Einfluss der Korngröße auf die Maximalhärte in der WEZ von Einlagenauftragschweißungen (Stabelektrode 5 mm) in Abhängigkeit von der Blechdicke. Verglichen wird ein S355J2+N (St 52-3 N) mit einem nur beruhigten Stahl sehr ähnlicher Zusammensetzung, nach Folkhard.

Stähle mit einem deutlich über 0,2 % liegenden Kohlenstoffgehalt erfordern für die Herstellung ausreichend betriebssicherer Bauteile z. T. wirtschaftlich aufwändige schweiß- und fertigungstechnische Maßnahmen. Dazu gehört eine Reihe von Methoden, von denen die wichtigsten sind:

❐ Herabsetzen der Abkühlgeschwindigkeit z. B. durch *Vorwärmen* oder (und) Schweißen mit erhöhter *Streckenenergie E*. Darunter versteht man die von der Wärmequelle jedem Zentimeter Schweißnaht zugeführte Energie. Mit diesem für elektrische Schweißverfahren einfach berechenbaren Ausdruck lässt sich die thermische Beeinflussung des Werkstoffs durch den Schweißprozess hinreichend genau beschreiben. Für elektrische Schweißverfahren wird E nach folgender Beziehung berechnet:

$$E = \frac{U \cdot I}{v_s} \text{ in } \frac{V \cdot A \cdot s}{cm} = \frac{J}{cm}. \qquad [3\text{-}1]$$

Es bedeuten:
U = Schweißspannung in V,
I = Schweißstrom in A,
v_s = Vorschubgeschwindigkeit der Wärmequelle in cm/s.

Die tatsächlich in das Werkstück eingebrachte Wärmemenge Q (= *Wärmeeinbringen*, $Q = k \cdot E$) ist vom thermischen Wirkungsgrad k des Schweißverfahrens abhängig, s. hierzu auch Abschn. 4.3.2.2, S. 385.

❐ Verbessern der Risssicherheit der Gefüge z. B. durch
  – Wärmenachbehandlung oder (und)
  – geeigneten Nahtaufbau (z. B. Pendellagen-, Vergütungslagentechnik).

❐ Erhöhen der Verformbarkeit des Schweißgutes. Die spröden Bereiche der WEZ werden durch ein zähes Schweißgut entlastet. Die Rissbildung wird so wirksam unterdrückt. Besonders geeignet sind die basischen Stabelektroden, mit denen sehr zähe Schweißgüter herstellbar sind (Abschn. 4.2.3.1.3, S. 341).

Schwefel bildet mit Eisen das bei 988 °C schmelzende entartete Fe-FeS-Eutektikum. Kurz vor der Erstarrung der Legierung besteht die Korngrenzensubstanz aus der noch flüssigen, niedrigschmelzenden Phase FeS. Verformungen des Werkstoffs zu diesem Zeitpunkt z. B. durch
  – Eigenspannungen, die beim Schweißen entstehen oder durch eine
  – Warmformgebung in diesem Temperaturbereich

führen zur Bildung von *Heißrissen* (z. B. Abschn. 1.6.3.1, S. 55, und 3.5.1.6, S. 276).

Schwefel erzeugt eine ausgeprägte Anisotropie der Zähigkeitswerte und verringert prinzipiell die Kerbschlagzähigkeit (Abschn. 2.7.6.2, S. 190). Bei den gut schweißgeeigneten Qualitätsstählen nach DIN EN 10025-2 (Gütegruppe J2 und K2) ist der Schwefelgehalt auf 0,025 % begrenzt. Bei der Mehrzahl der höherfesten niedriglegierten Stähle beträgt er sogar weniger als 0,020 %.

Bei den höherfesten Feinkornbaustählen ist die Brucheinschnürung von in Dickenrichtung entnommenen Zugproben ein wichtiges Kriterium für ihre Neigung zum *Terrassenbruch*. Die wirksamste Maßnahme zum Verbessern dieses Kennwertes und Verringern der Zähigkeitsanisotropie besteht darin, die Bildung der durch den Walzvorgang langgestreckten, verformbaren MnS-Einschlüsse zu vermeiden. Metallurgisch ist dieses Ziel auf unterschiedliche Weise erreichbar (Abschn. 2.7.6.2, S. 190):
  – Begrenzen des Schwefelgehaltes auf sehr geringe Werte (≤ 0,01 %).
  – Entschwefeln mit Cer, Calcium oder Zirkonium führt gleichzeitig zu einer günstigen Form der Sulfide. Die Sulfide liegen nicht mehr in der schädlichen *ausgewalzten* Form vor, sondern als harte, nicht verformbare Einschlüsse.

Phosphor ist einer der gefährlichsten Stahlbegleiter. Durch ihn werden insbesondere die Zähigkeitseigenschaften sehr verschlechtert. Die Übergangstemperatur der Kerbschlagzähigkeit wird um etwa 400 °C/ Atomprozent Phosphor erhöht. Die Ursache dieser extremen Versprödung scheint auf einer entsprechenden Abnahme der Korngrenzen-Oberflächenenergie d. h. der Kohäsion zu beruhen.

Der durch Phosphor verursachte Bruch ist verformungsarm (kaltspröder Werkstoff) und entsteht vorzugsweise bei tieferen Temperaturen. Phosphor begünstigt also die Kaltrissneigung des Stahles.

Die starke Seigerungsneigung ist eine weitere unangenehme Eigenschaft des Phosphors, die bei Schweißarbeiten an (den kaum noch anzutreffenden) unberuhigten Stählen berücksichtigt werden muss. Mit basischen Stabelektroden wird der Phosphoranteil im Schweißgut durch den hohen Calciumgehalt in der Umhüllung weitgehend verschlackt.

Ähnlich wie bei Schwefel ist der Höchstgehalt des Phosphors im Stahl zu begrenzen. Die zugelassenen Grenzwerte entsprechen in der Regel denen des Schwefels.

Gelöster **Stickstoff** ist die Ursache für die *Abschreck-* und *Verformungsalterung*, deren Wirkung durch Kohlenstoff möglicherweise unterstützt wird. Die Abschreckalterung entsteht nach raschem Abkühlen eines stickstoffhaltigen Stahls von Temperaturen um Ac_1. Im Gegensatz zur Verformungsalterung ist die Abschreckalterung verhältnismäßig ungefährlich. Durch Zusatz von etwa 0,5 % Mangan lässt sich ihre leicht versprödende Wirkung einfach beseitigen. Die Verformungsalterung im kaltverformten Werkstoff entsteht durch die Wanderung des interstitiell gelösten Stickstoffs in die Versetzungskerne (Abschn. 1.5.2, S. 42). Durch diese blockierten, »bewegungsunwilligen« Versetzungen wird die Härte mäßig heraufgesetzt, die Zähigkeit bei gleichzeitiger Zunahme der Übergangstemperatur erheblich herabgesetzt.

Bild 3-3 zeigt den Einfluss des Gehalts an nicht gebundenem Stickstoff auf den Anstieg der Übergangstemperatur gealterter unlegierter Baustähle in unterschiedlichen Wärmebehandlungszuständen.

Nach einem Abbinden des Stickstoffs mit starken Nitridbildnern (z. B. Al, Ti, Nb) entstehen die alterungsunempfindlichen besonders beruhigten Feinkornstähle. Der als Nitrid gebundene Stickstoff (z. B. AlN, TiN) kann aber im hocherhitzten Bereich der WEZ z. T. wieder gelöst werden.

Der Stickstoffgehalt wird daher bei den unberuhigten und beruhigten Stählen begrenzt. Nach DIN EN 10025-2 wird für diese Stähle ein Höchstgehalt von 0,012 % zugelassen.

Die Löslichkeit des **Sauerstoffs** im festen Eisen ist sehr gering. Sie hängt offenbar sehr stark vom Reinheitsgrad des Werkstoffs ab. Sauerstoff kann im Stahl atomar gelöst oder in Form von Oxideinschlüssen vorliegen (Abschn. 3.5.1.1, S. 270). Ähnlich wie andere Gase wirkt Sauerstoff versprödend. Er begünstigt außerdem die Bildung des versprödend wirkenden, unerwünschten groben, polygonalen Hochtemperaturferrits. Die Folge ist eine merkliche Verringerung der Kerbschlagarbeit bei gleichzeitiger Zunahme der Übergangstemperatur.

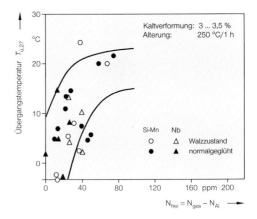

Bild 3-3
Einfluss des Gehalts an freiem Stickstoff auf den Anstieg der Übergangstemperatur der Kerbschlagarbeit (Charpy-V-Proben) gealterter (3%/250 °C/1 h) unlegierter Baustähle, nach Düren und Schönherr.

Bei großvolumigen Schweißgütern, wie sie z. B. beim UP-Schweißen entstehen, sind allerdings bestimmte Mindest-Sauerstoffgehalte erforderlich, weil für die Bildung des gewünschten feinkörnigen *Nadelferritgefüges* heterogene, oxidische Keime notwendig sind (Abschn. 4.2.3.3.2, S. 366). Die praktische Erfahrung zeigt, dass der Sauerstoffgehalt im Schweißgut etwa 300 ppm betragen sollte.

Die schädliche Wirkung des Sauerstoffs lässt sich durch Desoxidation mit stark sauerstoffaffinen Elementen beseitigen. Hierfür werden z. B. Silicium und Aluminium verwendet. Die entstehenden silicatischen Oxide verursachen abhängig von ihrer Größe und Verteilung ebenfalls eine Abnahme der Verformbarkeit.

Die Erscheinungsformen der durch **Wasserstoff** verursachten oder begünstigten Schäden sind außerordentlich vielfältig. Eine Ursache ist sicherlich sein sehr geringer Atomdurchmesser. Die Beweglichkeit der Wasserstoffatome in der Matrix ist um einige Zehnerpotenzen größer als die jedes anderen Legierungselementes. Wasserstoff kann daher schon bei niedrigen Temperaturen und sehr kurzen Zeiten sehr große Werkstoffbereiche durchdringen d. h. schädigen.

Der *wasserstoffinduzierte Kaltriss* ist die bei weitem gefährlichste Schadensform des Wasserstoffs (Abschn. 3.5.1.6). Mit zunehmender Werkstofffestigkeit nimmt die Kaltrissneigung zu. Beim Schweißen der vergüteten Feinkornbaustähle (Abschn. 4.3.3, S. 398) ist der Wasserstoffgehalt des Schweißguts zwingend auf Werte unter 5 ppm zu begrenzen.

Der Wasserstoffgehalt hochwertiger Stähle kann z. B. mit Hilfe der Sekundärmetallurgie (Abschn. 2.3.1.1, S. 128) auf etwa 5 ppm eingestellt werden. Der Wasserstoffgehalt der mit trockenen basisch-umhüllten Stabelektroden hergestellten Schweißgüter liegt unter 5 ppm, der mit dem WIG Schweißverfahren bei 1 ppm und der mit zellulose-umhüllten Stabelektroden bei 40 ppm bis 50 ppm (Abschn. 4.2.3.1.3, S. 344).

3.2.2 Legierte Stähle

Die Schweißeignung (hoch-)legierter Stähle ist grundsätzlich schlechter als die der unlegierten. Für eine werkstofflich begründete Aussage ist die Einteilung in niedrig- und hochlegierte Stähle sinnvoll und ausreichend.

Niedriglegierte Stähle werden meistens im wärmebehandelten Zustand verwendet. Vielfach werden sie vergütet oder in definierter Weise *wärmebehandelt* (z. B. bainitisiert oder mit einem anderen gewünschten Gefüge). Vergütungsstähle enthalten Elemente, die die Durchhärtbarkeit (z. B. Cr, Mo), die Anlassbeständigkeit (z. B. Mo) und die mechanischen Gütewerte verbessern (z. B. Ni). Wegen des erforderlichen genauen Ansprechens auf die Wärmebehandlung sind sie u. a. gekennzeichnet durch einen sehr hohen Reinheitsgrad, eine vorgeschriebene chemische Zusammensetzung, eine sehr gleichmäßige Korngröße und eine ausreichend geringe *Überhitzungsempfindlichkeit* (Abschn. 2.7.3.1, S. 175).

Legierungselemente bewirken:
– Herabsetzen der kritischen Abkühlgeschwindigkeit. Sie beeinflussen in hohem Maße das Umwandlungsverhalten der Stähle (Abschn. 2.5.3, S. 145). Bei gleichen Schweißbedingungen und gleichem C-Gehalt ist die Maximalhärte in der WEZ des legierten Stahles also merklich größer als in der des unlegierten. Die Härtbarkeit wird verbessert, die Schweißeignung also verschlechtert. Die mit zunehmender Legierungsmenge entstehenden Lufthärter lassen sich nur bei Beachtung verschiedener Vorsichtsmaßnahmen zufriedenstellend schweißen. Dazu gehören z. B. hohe Vorwärmtemperaturen und Zusatzwerkstoffe, mit denen zähe (wasserstoffarme!) Schweißgüter herstellbar sind. In den meisten Fällen ist außerdem eine Wärmenachbehandlung erforderlich. Beispiele sind die hochlegierten, martensitischen, korrosionsbeständigen lufthärtenden Chromstähle (Abschn. 2.8.4.1, S. 215, und Abschn. 4.3.7.3, S. 422).
– Erhöhen der Festigkeitswerte durch geändertes Umwandlungsverhalten, Ausscheidungshärtung, Carbidbildung und (oder) Mischkristallbildung.
– Erhebliche Verringerung der thermischen Leitfähigkeit. Bei einer zu geringen Vorwärmtemperatur oder einem zu schnellen Vorwärmen (Abkühlen) können die großen Temperaturdifferenzen zwischen Rand und Kern des Bauteils dann Verformungen bzw. Risse erzeugen.

Bei den hochlegierten Stählen sind allgemeingültige Aussagen zur Schweißeignung nicht möglich. Lediglich für die hochlegierten Vergütungsstähle (Öl- und Lufthärter) kann in der Regel eine so extrem schlechte Schweißeignung angenommen werden, dass von einem Schweißen abgeraten werden muss. Das Ausmaß der Rissbildung beim Schweißen ist aber in erster Linie vom Kohlenstoffgehalt des

Stahles, genauer von dem im Martensitgitter zwangsgelösten Kohlenstoff abhängig.

Die schweißtechnischen Probleme der *korrosionsbeständigen Stähle* sind äußerst vielfältig und komplex. Sie werden gewöhnlich im wesentlich geringeren Umfang durch den Kohlenstoffgehalt bestimmt. Die spezifischen Besonderheiten werden im Abschn. 4.3.7, S. 414, ausführlich besprochen. Im Folgenden sollen beispielhaft nur einige grundsätzliche Hinweise gegeben werden.

❏ **Austenitische Chrom-Nickel-Stähle**
– Möglichkeit der Chromcarbidbildung im Schweißgut und (oder) der WEZ bei gleichzeitigem weitgehendem Verlust der Korrosionsbeständigkeit und/oder der Zähigkeit.
– Ausgeprägte Gefahr der Heißrissbildung durch verschiedene Verunreinigungen (z. B. B, P, S) bereits in sehr geringer Menge.
– Seigerungsneigung z. B. der Elemente Molybdän und Chrom, die die Korrosionsanfälligkeit stark begünstigt und die Zähigkeitseigenschaften verringern.

❏ **Ferritische Chromstähle**
– Schlechte Zähigkeitseigenschaften als Folge ihres krz Gitters.
– Chromcarbidausscheidungen sind in der WEZ unvermeidbar, wenn der Kohlenstoff nicht stabil abgebunden ist, s. Abschn. 2.8.4.2, S. 215.

❏ **Martensitische Chromstähle**
– Je nach Kohlenstoffgehalt schlecht bis extrem schlecht schweißgeeignet.
– Nach dem Anlassen verringerte Korrosionsbeständigkeit.

3.3 Wirkung der Wärmequelle

Die verwendete Wärmequelle bewirkt während des Schweißens eine Reihe von werkstofflichen, chemischen und (metall-)physikalischen Änderungen der Schweißverbindung und maßlichen Abweichungen des geschweißten Bauteils. Werkstoffänderungen treten im großen Umfang nur bei den Schmelzschweißverfahren auf. Sämtliche Änderungen sind nachteilig für das Bauteil. Die Hauptursache ist der für den Schweißprozess charakteristische extreme Temperatur-Zeit-Verlauf. Er ist durch verschiedene Besonderheiten gekennzeichnet, Bild 1-1, S. 1:
– Große *Aufheizgeschwindigkeit*. Sie beträgt einige 100 K/s.
– Große *Abkühlgeschwindigkeit*. Werte bis zu 600 K/s werden erreicht.
– Geringe »*Austenitisierungsdauer*«. Sie liegt im Bereich einiger Sekunden.

Der Temperatur-Zeit-Verlauf beim Schweißen ist damit die Ursache für:
❏ *Werkstoffänderungen*. Art und Umfang werden für Eisen-Werkstoffe im Abschn. 4.1, S. 299, für Nichteisen-Metalle im Abschn. 5.1, S. 503, beschrieben.
❏ *Maßänderungen* der geschweißten Verbindung (Konstruktion). Sie entstehen als Folge der durch örtliche Temperaturdifferenzen hervorgerufenen Eigenspannungen.

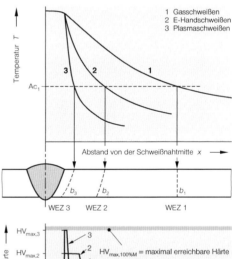

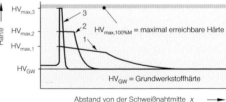

Bild 3-4
Einfluss der Leistungsdichte verschiedener Schweißverfahren auf die Maximalhärte in der WEZ ($HV_{max,1}$, $HV_{max,2}$, $HV_{max,3}$) und auf ihre Breite (b_1, b_2, b_3), dargestellt für unwandlungsfähige Stähle. Stark schematisiert.

❐ *Verminderung der Korrosionsbeständigkeit* durch Eigenspannungen und Gefügeänderungen (Abschn. 4.3.7, S. 414).
❐ Verschiedene *chemische* und *physikalische Prozesse* vorwiegend in dem Bereich der Schweißschmelze. Dazu gehören:
 – Lösen von Gasen (Schlacke, Atmosphäre), wodurch Reaktionen im Gas-Metall-System oder mit in der Schmelze gelösten Elementen entstehen,
 – Ausscheiden der Gase (Poren),
 – Reaktionen mit Schweißpulver oder der Schlacke.

3.3.1 Temperatur-Zeit-Verlauf

Die Leistungsdichte des Schweißverfahrens bestimmt den T-t-Verlauf, Tabelle 3-1. Bei gleichen Bedingungen nimmt mit zunehmender Leistungsdichte die Abkühlgeschwindigkeit zu, die Breite der WEZ ab, und die Maximalhärte in der WEZ wird größer, Bild 3-4. Die maximal mögliche Härte $HV_{max,100\%M}$ wird in der WEZ erreicht, wenn deren Gefüge aus 100 % Martensit besteht.

Tabelle 3-1
Leistungsdichtenbereich einiger bekannter Schweißverfahren.

Schweißverfahren	Leistungsdichte W/cm²
E-Handschweißen	$10^{4...5}$
Schutzgasschweißen	$10^{5...6}$
UP-Schweißen	$10^{5...6}$
Elektronenstrahlschweißen	$10^{7...8}$
Laserschweißen	$10^{8...9}$

Verfahren mit großer Leistungsdichte erzeugen eine sehr schmale Wärmeeinflusszone und führen nur zu einem sehr geringen Bauteilverzug. Der oft entscheidende Nachteil ist aber die sehr große Maximalhärte in der WEZ von Stahlschweißungen als Folge der sehr hohen Abkühlgeschwindigkeit.

Das entstehende Temperatur-Zeit-Feld ist von der Leistungsdichte der Wärmequelle abhängig. Die thermische Beeinflussung des Werkstoffes kann mit dem mit Gl. [3-1] eingeführten Parameter Wärmeeinbringen Q für praktische Bedürfnisse hinreichend genau beschrieben werden.

Der Verlauf der Isothermen in der Blechebene für einen bestimmten Zeitpunkt ist in Bild 3-5 dargestellt. Bild 3-6 zeigt schematisch den *zeitabhängigen* Verlauf von vier Temperaturzyklen, die mit unterschiedlich weit von der Schmelzlinie angebrachten Thermoelementen gemessen wurden (vgl. auch Bild 1-1, S. 1). Die jeweils erreichte höchste Temperatur wird *Spitzentemperatur* T_{max} genannt.

Der Temperaturverlauf kann experimentell bestimmt, mit einigen Vereinfachungen und Annahmen aber auch berechnet werden.

Es ist deutlich die Unmöglichkeit zu erkennen, *eine* Abkühlgeschwindigkeit anzugeben. Je nach Temperatur-Zyklus und Bezugstemperatur lassen sich beliebig viele sehr unterschiedliche Werte angeben. Es erweist sich in der Praxis auch nicht als sinnvoll, die

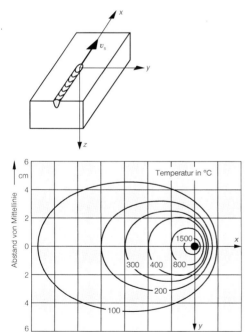

Bild 3-5
Verlauf der Isothermen beim Lichtbogenhandschweißen (Wärmeeinbringen $Q = 42$ kJ/cm), nach Rykalin.

Abkühlgeschwindigkeit durch die fehlerbehaftete Tangentenkonstruktion (dT/dt) zu bestimmen. Die werkstofflichen Vorgänge beim Abkühlen werden einfach und für die Praxis genügend genau durch die *Abkühlzeit* $t_{8/5}$ zwischen 800 °C und 500 °C (bzw. Ac$_3$ und 500 °C) bestimmt, Bild 3-7. In dem angegebenen Temperaturbereich finden bei Stählen die wichtigsten Gefügeumwandlungen statt. In manchen werkstofflichen Situationen erweisen sich andere Abkühlzeiten als aussagefähiger. Für Untersuchungen des Kaltrissverhaltens wird z. B. die Abkühlzeit $t_{3/1}$ vorgezogen, weil die Bildung und der Fortschritt der Kaltrisse im Wesentlichen unterhalb 300 °C erfolgt.

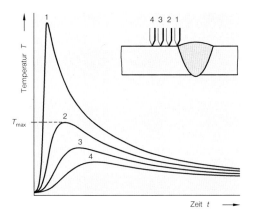

Bild 3-6
Temperatur-Zeit-Verlauf an vier unterschiedlich weit von der Schmelzlinie entfernten Orten, gemessen mit Thermoelementen 1, 2, 3, 4.

Die Messung der Abkühlgeschwindigkeit v_{ab} wird durch die experimentell viel leichter bestimmbare Größe Zeit $t_{8/5}$ ersetzt:

$$v_{ab} = \frac{\Delta T}{t_{8/5}} = \frac{300}{t_{8/5}} \sim \frac{1}{t_{8/5}} \text{ in } °C/s. \quad [3\text{-}2]$$

Eine vollständige Beschreibung der thermischen Ereignisse und Vorgänge beim Schweißen ist aber durch die alleinige Angabe der Abkühlzeit $t_{8/5}$ nicht möglich. Bild 3-7 (s. a. Bild 2-12, S. 137) zeigt schematisch die wichtigsten Zusammenhänge (s. auch Abschn. 4.1.3, S. 310):
– Durch das rasche Aufheizen werden die Gefügebestandteile nicht vollständig auf-

gelöst. Die zurückbleibenden Carbidreste behindern das Wachstum der Austenitkörner. Die nicht gelösten Legierungselemente verändern das Umwandlungsverhalten des heterogenen (und inhomogenen) Austenits.
– Als Folge der extremen Spitzentemperatur unmittelbar neben der Schmelzgrenze entsteht ein von anderen technischen Wärmebehandlungen nicht bekanntes unerwünschtes, grobes Austenitkorn und damit auch ein grobes, d. h. wenig verformbares Umwandlungsgefüge.
– Die geringe »Haltezeit« im Austenitgebiet begünstigt zusätzlich die Austenitheterogenität.

In vielen Fällen ist die rechnerische Ermittlung der Abkühlgeschwindigkeit bzw. -zeit der aufwändigen messtechnischen vorzuziehen. Die von *Rykalin* u. a. entwickelten Beziehungen beruhen auf folgenden Annahmen:
– Eine punktförmige Wärmequelle bewegt sich mit konstanter Geschwindigkeit v über die Blechoberfläche.
– Die physikalischen Eigenschaften, wie Wärmeleitfähigkeit λ, spezifische Wärme c_p sind *temperaturunabhängig*.
– Ein Wärmeaustausch Blech-Umgebung darf nicht stattfinden, d. h., das System verhält sich adiabatisch.
– Die Plattenabmessungen müssen thermisch »unendlich« groß sein, d. h., die Wärme kann radial in alle Richtungen mit gleicher Intensität abfließen.

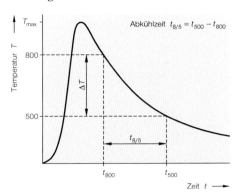

Bild 3-7
Zur Definition der Abkühlzeit $t_{8/5}$.

Die Erfahrung zeigt, dass die berechneten Abkühlzeiten bzw. -geschwindigkeiten trotz der in der Schweißpraxis oft nicht zutreffenden Annahmen genügend genau sind.

Nach der Art der Wärmeabführung, Bild 3-8, unterscheidet man die beiden Fälle:

☐ **Zweidimensionaler Wärmefluss,**
d. h., die Wärme fließt nur in der Blechebene ab, nicht in Dickenrichtung. Die Temperaturverteilung über der Blechdicke muss also annähernd konstant sein. Diese Situation trifft z. B. für dünne Werkstücke und beim Brennschneiden zu.

☐ **Dreidimensionaler Wärmefluss,**
d. h., die Wärme kann in alle Richtungen abfließen. Diese Bedingungen liegen bei dicken Blechen vor.

Für den dreidimensionalen Wärmefluss ergibt sich die Abkühlgeschwindigkeit zu:

$$\frac{dT}{dt} = \frac{2\pi\lambda}{Q} \cdot (T - T_0)^2. \quad [3\text{-}3]$$

$\frac{dT}{dt}$ Abkühlgeschwindigkeit in der Mittellinie der Schweißnaht in K/h,
λ Wärmeleitfähigkeit in W/mK,
Q Wärmeeinbringen, $Q = k \cdot E = k \cdot UI/v$ in Wh/m, s. Abschn. 3.2.1.2. Diese unüblichen Einheiten resultieren aus der Tatsache, dass die Vorschubgeschwindigkeit der Wärmequelle v_s in m/h angegeben wird.
T_0 Werkstücktemperatur, z. B. Vorwärm- oder Raumtemperatur in K.

Die Abkühlgeschwindigkeit bei dreidimensionalem Wärmefluss ist *unabhängig* von der Werkstückdicke. Dieses Ergebnis darf nicht zu dem Schluss verleiten, dass mit weiter steigender Blechdicke auch keine Eigenschaftsänderungen mehr stattfinden. Natürlich können die von der Abkühlgeschwindigkeit abhängigen *werkstofflichen* Änderungen nicht auftreten. Der mit der Werkstückdicke schärfer werdende Eigenspannungszustand begünstigt aber die Rissneigung und fördert die Werkstoffversprödung (Spannungsversprödung, s. Abschn. 3.4.1).

Für thermisch dünne Bleche gilt:

$$\frac{dT}{dt} = 2\pi\lambda\rho c_p \cdot \left(\frac{d}{Q}\right)^2 \cdot (T - T_0)^3. \quad [3\text{-}4]$$

ρ Dichte des Werkstoffs in kg/m³,
c_p spezifische Wärme in J/kg·K,
d Werkstückdicke in m.

Wie bereits erwähnt, wird die Abkühlzeit $t_{8/5}$ als Maßstab für die Abkühlgeschwindigkeit in den meisten Fällen vorgezogen. Hierfür ergeben sich für den dreidimensionalen Wärmefluss:

$$t_{8/5} = \frac{Q}{2\pi\lambda} \cdot \left(\frac{1}{500 - T_0} - \frac{1}{800 - T_0}\right) \quad [3\text{-}5]$$

und für den Wärmefluss in zwei Richtungen, Gl. [3-6]:

$$t_{8/5} = \frac{1}{4\pi\lambda c_p \rho}\left(\frac{Q}{d}\right)^2\left[\left(\frac{1}{500 - T_0}\right)^2 - \left(\frac{1}{800 - T_0}\right)^2\right].$$

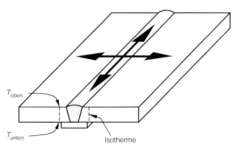

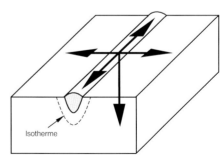

Bild 3-8
Möglichkeiten des Wärmeflusses.
a) *Zweidimensionaler Wärmefluss (»dünne« Bleche), die Isothermen verlaufen theoretisch senkrecht zur Blechoberfläche: $T_{oben} = T_{unten}$,*
b) *dreidimensionaler Wärmefluss (thermisch »unendlich dickes« Blech). Beachte den geänderten Verlauf der Isothermen.*

248 Kapitel 3: Einfluss des Schweißprozesses auf die Eigenschaften der Verbindung

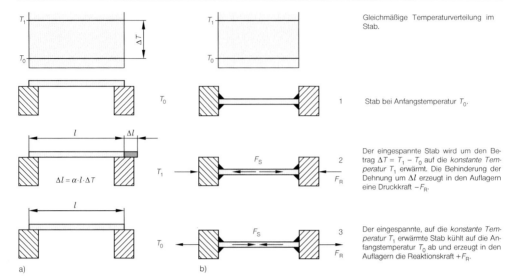

Bild 3-9
Ausdehnung eines gleichmäßig erwärmten Stabes.
a) *Stab bei unbehinderter Ausdehnung wird beim Erwärmen um $\Delta l = \alpha \cdot l \cdot (T_1 - T_0)$ länger, beim Abkühlen um den gleichen Betrag kürzer. Der Stab bleibt völlig spannungsfrei.*
b) *Stab bei behinderter Ausdehnung (1) dehnt sich aus und versucht, die Widerlager wegzudrücken (2). Diese müssen die dadurch entstehenden Reaktionskräfte $-F_R$ aufnehmen. Beim Abkühlen auf T_0 zieht sich der Stab um den gleichen Betrag $\Delta l = \Delta l_{el} + \Delta l_{pl}$ zusammen. Der plastische Anteil der Verformung erzeugt gemäß Beziehung [3-8] die Reaktionskraft $+F_R$ und die gleichgroße Stabkraft F_S (3).*

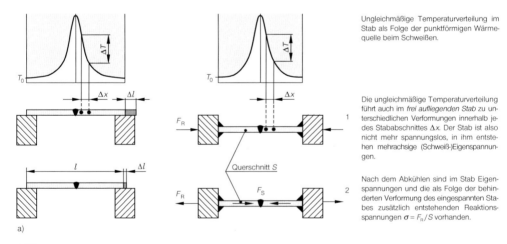

Bild 3-10
Behinderte Ausdehnung einer geschweißten Verbindung.
a) *Die frei aufliegende Schweißverbindung kann sich bei der für den Schweißprozess typischen ungleichmäßigen Temperaturverteilung nicht frei ausdehnen, weil bei konstanten Wegdifferenzen Δx_i unterschiedliche Temperaturdifferenzen ΔT_i und damit unterschiedliche Verformungen Δl_i entstehen. Die ungleichmäßige Temperaturverteilung ist auch die Ursache für das Entstehen der Eigenspannungen (nicht Reaktionsspannungen!) und der Bauteilverzüge (Schrumpfung).*
b) *Bei der eingespannten Schweißverbindung (1) entstehen gemäß Bild 3-9b zusätzlich Reaktionskräfte F_R(2), die sich den hier nicht eingezeichneten Eigenspannungen überlagern (s. Bild 3-11).*

Der Übergang vom zwei- zum dreidimensionalen Wärmefluss geschieht bei der *Übergangsblechdicke* $d_{ü}$, die durch Gleichsetzen der Beziehungen [3-5] und [3-6] ermittelt wird:

$$d_{ü} = \sqrt{\frac{Q}{2c_p\rho} \cdot \left(\frac{1}{500-T_0} + \frac{1}{800-T_0}\right)}. \quad [3\text{-}7]$$

Das Konzept der Abkühlzeiten erweist sich vor allem bei den höherfesten (vergüteten) Feinkornbaustählen als zuverlässiges Mittel zum Bestimmen bzw. Festlegen der erforderlichen Abkühl-, d. h. der Schweißbedingungen (d. h. Q). Für diese Stähle existieren verschiedene grafische Methoden und mathematische Beziehungen, in denen die physikalischen Eigenschaften der Werkstoffe bereits zahlenmäßig berücksichtigt sind (Abschn. 4.3.2.2, S. 385). Die Berechnung bzw. Bestimmung wird dadurch erleichtert und übersichtlich.

3.3.2 Eigenspannung; Schrumpfung, Verzug

Die Ursache und die Art der werkstofflichen Änderungen beruhen auf dem typischen Temperatur-Zeit-Verlauf beim Schweißen. Die punktförmige und leistungsdichte Wärmequelle erzwingt Eigenspannungen und Änderungen der Bauteilabmessungen Δl. Eigenspannungen entstehen nicht wie Lastspannungen durch die Einwirkung *äußerer* Kräfte und Momente, sondern durch eine Reihe von Faktoren, die zu ungleichmäßig verteilten plastischen Verformungen im Bauteil führen:
– *Temperaturdifferenzen* ΔT,
– *Umwandlungsvorgänge*, z. B. $\gamma \rightarrow$ Martensit,
– *plastisches Verformen*,
– *Änderung des Stoffschlusses*, z. B. durch unterschiedliche Wärmeausdehnungskoeffizienten der zu verbindenden Werkstoffe.

Die Temperaturdifferenzen sind die wichtigste Ursache für die im geschweißten Bauteil entstehenden Eigenspannungen bzw. Deformationen.

Ein frei beweglicher Stab mit der Länge l und dem *Wärmeausdehnungskoeffizienten* α wird nach einer Erwärmung um ΔT um den Betrag $\Delta l = \alpha \cdot l \cdot \Delta T$ länger. Wird die Ausdehnung vollständig behindert, dann entsteht im Stab nach dem *Hookeschen Gesetz* folgende Spannung, Gl. [3-8]:

$$\sigma = \frac{F}{S} = \varepsilon \cdot E = \frac{\Delta l}{l} \cdot E = \frac{\alpha l \Delta T}{l} \cdot E = \alpha \cdot \Delta T \cdot E.$$

Die Verhältnisse bei einem auf die konstante Temperatur T_1 erwärmten frei beweglichen Körper zeigt Bild 3-9a. Beim Erwärmen wird der Stab kräftefrei um Δl länger, beim Abkühlen auf T_0 um den gleichen Betrag kürzer. Er ist nach dem Abkühlen völlig spannungslos.

Die Ausdehnung des erwärmten fest eingespannten Stabes $\Delta l = \Delta l_{el} + \Delta l_{pl}$ erfolgt zunächst elastisch (Δl_{el}), dann plastisch (Δl_{pl}). Für die folgenden Betrachtungen soll angenommen werden, dass der Stab frei von mechanischen Instabilitäten (z. B. Ausknicken) bleibt. Die Ausdehnung des Stabes erzeugt in den Widerlagern die Reaktionskraft F_R (Druck). Beim anschließenden Abkühlen versucht der Stab, um Δl kürzer zu werden. Bei der vorausgesetzten festen Einspannung erzeugt der plastische Anteil gemäß der Beziehung Gl. [3-8] im Auflager die Reaktionskraft $F_R = \varepsilon_{pl} \cdot E \cdot S$, die die gleiche Größe hat wie die Stabkraft F_S.

In Schweißverbindungen entstehen aufgrund der nicht mehr konstanten Temperaturverteilung bei konstanten Wegstrecken Δx unterschiedliche Temperaturdifferenzen ΔT, d. h. auch unterschiedliche Verformungen, Bild 3-10 zeigt nähere Einzelheiten. Diese ungleichmäßige Verformungsverteilung ist die Ursache der Eigenspannungen im geschweißten Bauteil. In der Nähe der Schweißnaht entstehen wegen der hohen Temperaturen überwiegend plastische, kaum aber elastische Verformungen.

In eingespannten Schweißverbindungen entstehen zusätzlich *Reaktionsspannungen*, deren Größe vom Grad der Einspannung abhängt, Bild 3-10b. Bei fester Einspannung bildet sich durch das Zusammenwirken der

Eigen-, Last- und Reaktionsspannungen ein sehr stark rissbegünstigender Beanspruchungszustand aus. Außerdem wird durch den Mechanismus der Spannungsversprödung die Bildung spröder Brüche sehr erleichtert.

Die Werkstückdicke und Verformbarkeit des Werkstoffs bestimmen neben dem Grad der Einspannung weitgehend die Größe der Eigen- und Reaktionsspannungen. Dünnere Werkstücke können der Last leichter durch Beulen, Knicken oder plastische Verformung ausweichen als dickere. Gefährliche Spannungszustände im Schweißteil entstehen in der Regel nicht. Allerdings ist das Bauteil deutlich stärker verformt. Je größer die Werkstoffzähigkeit ist, desto leichter werden Spannungen durch plastische Verformungen abgebaut.

Damit ergibt sich folgender wichtiger Zusammenhang:

❐ Größe und Verteilung der *Eigenspannungen* werden ausschließlich von der Temperaturverteilung in der Schweißverbindung und der Steifigkeit der Konstruktion bestimmt. Die Temperaturdifferenzen nehmen mit zunehmender Leistungsdichte des Schweißverfahrens und abnehmender Wärmeleitfähigkeit des Werkstoffs zu. Die Eigenspannungen lassen sich demnach verringern:
  – Durch Vorwärmen der Fügeteile,
  – mit einem weniger leistungsdichten Verfahren,
  – mit einem Werkstoff, der die Spannungen durch Plastifizieren abbauen kann und (oder)

  – Verringern der Steifigkeit der Konstruktion.

❐ Die Reaktionsspannungen werden nur von der Größe der Verformungsbehinderung Δl, dem E-Modul und der Steifigkeit der Konstruktion bestimmt.

Grundsätzlich gilt, dass eine geschweißte Konstruktion weder eigenspannungsfrei noch verzugsfrei hergestellt werden kann. Die Ursache beider Erscheinungen ist die nicht verhinderbare Schrumpfung Δl der Fügeteile bzw. der Konstruktion. Daraus ergeben sich die folgenden Zusammenhänge:

In dünnwandigen, geschweißten Konstruktionen entsteht als Folge der Schrumpfung überwiegend Verzug (Verformungen, Maßänderungen). Eigenspannungen können sich nicht aufbauen. Dickwandige sind so steif, dass die Schrumpfbewegung Δl nicht entstehen kann. Nach *Hooke* wird Δl vollständig in Spannung »umgesetzt«.

Der Verzug ist bei dünnwandigen Teilen mit einer festen Einspannung und einer geeigneten Schweißfolge weitgehend vermeidbar. Mit den folgenden praxiserprobten Methoden lassen sich die Wirkungen der prinzipiell nicht verhinderbaren Schweißeigenspannungen beseitigen bzw. klein halten:
– Wahl von Zusatzwerkstoffen, die ein zähes, risssicheres Schweißgut ergeben. Die Schweißeigenspannungen werden dann durch plastische Verformung weitgehend »abgebaut«.
– Spannungsarmglühen ist das wirksamste, aber auch ein verhältnismäßig teures Verfahren.

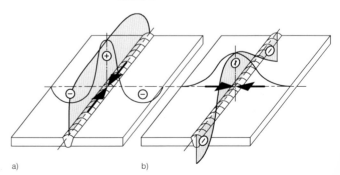

Bild 3-11
Verteilung der Eigenspannungen in einer Stumpfnaht.
a) Längseigenspannungen,
b) Quereigenspannungen.

Die Verteilung der im Werkstück entstehenden Eigenspannungen zeigt einige Besonderheiten, Bild 3-11. Wichtiges Kennzeichen ist das Spannungs- und Momentengleichgewicht im Bauteil. Eine Störung des Gleichgewichts z. B. als Folge einer spangebenden Bearbeitung entfernt zusammenhängende Volumenbereiche, in denen Zug- *oder* Druckeigenspannungen wirken. Durch das nun gestörte Gleichgewicht wird das Bauteil in eine gemäß der resultierenden Spannung vorgegebenen Richtung verzogen. Bei hohen Anforderungen an die Maßgenauigkeit müssen daher solche Schweißkonstruktionen *vor* der spangebenden Bearbeitung spannungsarm geglüht werden.

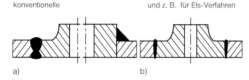

Bild 3-12
Konstruktive Möglichkeiten einer Bohrungsverstärkung für:
a) Konventionelle Schweißverfahren,
b) Verfahren mit hoher Leistungsdichte (z. B. Elektronenstrahlschweißen).

Eigenspannungen in Dickenrichtung entstehen erst bei größeren Werkstückdicken. Der dann vorliegende dreiachsige Eigenspannungszustand ist wegen seiner versprödenden Wirkung gefürchtet (Abschn. 3.4.1). Ein Spannungsarmglühen ist in den meisten Fällen unerlässlich.

Reaktionsspannungen entstehen durch *äußere* Einspannungen, die das Bauteil an der Schrumpfbewegung hindern (z. B. Rippen, Aussteifungen), wie bereits in Bild 3-10 erläutert wurde. Wenn die einzelnen Schweiß- bzw. Fügeteile durch eine fachgerechte Schweißfolge frei schrumpfen können, dann werden die Reaktionsspannungen entsprechend klein sein. Konstrukteur und Fertigungsingenieur beeinflussen durch die Gestaltung und die Auswahl der Fugenform die Höhe der Reaktionsspannungen. Bei der Bohrungsverstärkung, Bild 3-12, einer klassischen festen Einspannung im Sinne der technischen Mechanik, treten bei der Variante a) Reaktionsspannungen in der Stumpf- bzw. Kehlnaht auf, Bild 3-12a, deren Größe mit dem Schweißgutvolumen zunimmt. Die Anwendung leistungsdichter Verfahren, z. B. des Plasma- oder Elektronenstrahlschweißverfahrens, führt bei der Konstruktion zu einer Verringerung der Reaktionsspannungen, Bild 3-12b. Bei konventionellen Verfahren muss häufig die konstruktive Auslegung an die verfahrenstechnischen Möglichkeiten bei Beachtung wirtschaftlicher Gesichtspunkte angepasst werden, wie z. B. Bild 3-12a zeigt.

Unabhängig von der gewählten Schweißtechnologie besteht in großen Nahtbereichen eine ausgeprägte *Spannungsinhomogenität*. Bei unsymmetrischen Profilen bestimmen dann die Steifigkeitsverhältnisse der einzelnen Bauelemente und die Lage ihrer Schwerachse *(S)* im geschweißten Bauteil die Verteilung der Längsspannungsanteile im Gesamtsystem, Bild 3-13.

Die nahezu vollständige Durchwärmung des schwächeren Gurtes, Bild 3-13a, durch die Halsnaht und damit das schnellere Auslösen von plastischen Verformungen im Wurzelbereich des Steges führen mit dem größeren Hebelarm zu konkaven Krümmungen. Der dickwandige Gurt erwärmt sich dagegen langsamer, Bild 3-13b, und stellt im Verhältnis zum Stegblech einen größeren Verformungswiderstand dar. Die Krümmung ist konvex.

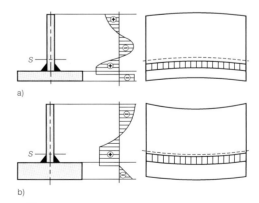

Bild 3-13
Modellvorstellung von der Ausbildung von Schrumpfungen und Spannungen bei unterschiedlichen Ausführungsformen eines T-Trägers.

Je nach Schrumpfart und -richtung unterscheidet man die Längs-, Quer-, Dicken- und Winkelschrumpfung, Bild 3-14. Das Schrumpfen beeinträchtigt kaum die Bauteilsicherheit, wohl aber die Gebrauchseigenschaften der Konstruktion. In diesem Fall muss der Verzug mit meistens aufwändigen Maßnahmen beseitigt werden.

3.3.2.1 Querschrumpfung

Die *Querschrumpfung* erfolgt senkrecht zur Schweißnaht. Der Hauptanteil der Gesamtschrumpfung (ca. 85% bis 90%) erfolgt in den hocherhitzten Werkstoffbereichen geringer Festigkeit, die parallel unmittelbar neben der Schmelzlinie verlaufen. Der Rest geht auf das Schwinden des Schweißgutes zurück. Man spricht auch von *Parallelschrumpfung*. Die absolute Größe der Querschrumpfung ist vom Nahtquerschnitt, der Nahtform, der Nahtlänge, dem Schweißverfahren und der Technologie der Ausführung (z. B. Einlagen- Mehrlagentechnik, Größe des Schweißstromes bzw. der Schweißgeschwindigkeit) abhängig. Zu dick ausgeführte oder beim Schweißen der Wurzellage nicht genügend durchgewärmte Heftstellen können der Querschrumpfung entgegenwirken, aber die Unternahtrissigkeit begünstigen. Der dominierende Einfluss der Naht- oder Blechdicke bei Stumpfnähten geht z. B. aus Untersuchungen von *Malisius* hervor, Bild 3-15.

Die Querschrumpfung von Bauteilen, die durch Kehlnähte an Rippen oder Aussteifungen quer zur Richtung der Kehlnaht hervorgerufen wird, ist hauptsächlich vom Verhältnis Nahtdicke zu Werkstückdicke a/t abhängig. Mit zunehmendem Verhältnis a/t wird die Querschrumpfung größer, wie Bild 3-16 zeigt. Ursächlich hängt sie mit der thermischen Wirkung des geschmolzenen Schweißgutes zusammen. Um die Querschrumpfung gering zu halten, muss entsprechend der Werkstückdicke die günstigste Nahtdicke festgelegt bzw. ermittelt werden.

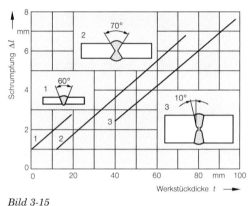

Bild 3-15
Querschrumpfung in Abhängigkeit von der Werkstückdicke, nach Malisius.

3.3.2.2 Winkelschrumpfung

Mit der Querschrumpfung ist auch immer eine Winkelschrumpfung verbunden. Der unsymmetrische Nahtaufbau und das sich daraus entwickelnde Temperaturfeld lösen nach dem Erkalten außermittige Schrumpfkräfte aus, die je nach Steifigkeit eine Winkeländerung hervorrufen. Das *einlagige* Schweißen von Kehlnähten größerer Dicke sollte der *Mehrlagentechnik* vorgezogen werden, wenn geringe Winkelschrumpfungen gefordert bzw. erwünscht sind. Im Dünnblechbereich, bei dem in der Regel eine gute Durchwärmung erreicht wird, ist die Winkelschrumpfung kleiner und muss in der Regel nicht beachtet werden. Auch hier bestimmt das Verhältnis Nahtdicke zu Werkstückdicke die Höhe der Winkelschrumpfung. Bei den Stumpfnähten sind dagegen Nahtöffnungswinkel, Nahtdicke und Lagenanzahl die entscheidenden Einflussgrößen, Bild 3-17.

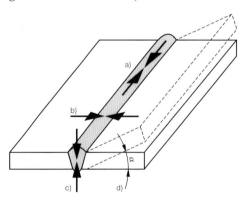

Bild 3-14
Schrumpfarten und -richtungen in einer Schweißverbindung.
a) Längsschrumpfung,
b) Querschrumpfung,
c) Dickenschrumpfung,
d) Winkelschrumpfung α.

3.3.2.3 Längsschrumpfung

Die Größe der Längsschrumpfungen ist in erster Linie von der Gesamtsteifigkeit der Konstruktion abhängig. Je nach dem Verhältnis Gesamtquerschnitt der Konstruktion zu Schweißnahtquerschnitt kann die Längsschrumpfung folgende geometrische Änderungen des Bauteils erzeugen:
– Kürzung,
– Krümmung,
– Verwerfungen und Beulung.

Eine *Bauteilverkürzung* ist besonders bei symmetrisch angeordneten sehr langen Nähten zu beobachten. Im Allgemeinen rechnet man mit Werten von 0,1 bis 0,3 mm für jeden Meter Schweißnahtlänge. Einlagig und *durchgehend* geschweißte Halsnähte, z. B. von I-Trägern, ergeben eine größere Längenverkürzung als unterbrochene oder mehrlagig geschweißte Nähte. Bei letzteren wirkt sich die bessere Durchwärmung günstiger auf die Schrumpfwirkung aus.

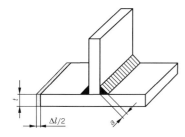

Verhältnis $\frac{a}{t}$	$\frac{2,5}{10}$	$\frac{5}{10}$	$\frac{6}{10}$
Querschrumpfung Δl in mm	0	0,3	0,5

Bild 3-16
Querschrumpfung durch Kehlnähte unterschiedlicher Auslegungsart.

Außermittig liegende Schweißnähte bei unsymmetrischen Profilen können eine *Krümmung* des Konstruktionselementes hervorrufen, wenn der Verformungswiderstand der Konstruktion zu gering ist. Die Größe der Krümmung lässt sich durch gegenüberliegende oder unterbrochen angeordnete Schweißnähte beseitigen bzw. verringern. Für dünnwandige Bauteile sind *Beulprobleme* typisch und unangenehm.

3.3.2.4 Haupteinflüsse auf Schrumpfungen und Spannungen

Wärmemenge und Schweißverfahren

Den größten Einfluss auf Dehnungen und Schrumpfungen hat die in das Bauteil eingebrachte *Wärmemenge* bzw. der von ihr erzeugte *Temperaturgradient*. Schweißverfahren mit geringer Leistungsdichte bewirken ein breites Temperaturfeld, wobei der interessierende Isothermenbereich (bis 600 °C) besonders groß ist. Beim Gasschweißen z. B. wandert der größte Teil der Wärme in den Werkstoff ab. Schrumpfungen und geringere Spannungen über größere Bereiche entwickeln sich deshalb stärker als beim E-Schweißverfahren, Bild 3-5.

Mit der Änderung der Elektrodenpolung ändert sich auch die Temperatur im Lichtbogenbrennfleck um einige hundert Grad Celsius und folglich auch die Größe der Spannungen und Schrumpfungen.

Die Größe des Temperaturfeldes hängt auch von der Schweißgeschwindigkeit ab. Nimmt sie zu, dann verkleinert sich das Isothermenfeld und somit die Größe der Schrumpfungen. Die Eigenspannungen nehmen wegen des größeren Temperaturgradienten zu, ihre Wirkung ist allerdings meistens geringer, weil sie nur in kleineren Werkstoffbereichen wirksam sind. Hier zeigt sich das viel günstigere Schrumpfungsverhalten der mechani-

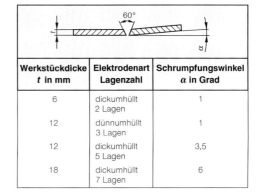

Werkstückdicke t in mm	Elektrodenart Lagenzahl	Schrumpfungswinkel α in Grad
6	dickumhüllt 2 Lagen	1
12	dünnumhüllt 3 Lagen	1
12	dickumhüllt 5 Lagen	3,5
18	dickumhüllt 7 Lagen	6

Bild 3-17
Einfluss der Werkstückdicke und der Lagenzahl beim Lichtbogenhandschweißen auf den Schrumpfungswinkel α bei Stumpfnähten.

schen bzw. der Hochleistungsverfahren als Folge ihrer wesentlich größeren Schweißgeschwindigkeit. Die besonderen Vorteile der *Impulsschweißverfahren* sind neben dem verbesserten Tropfenübergang und einer weitgehenden Spritzerfreiheit deshalb vor allem die Reduzierung der eingebrachten Wärmemenge (bis zu 30 %).

Werkstoffeinfluss

Die unterschiedlichen Schrumpfungs- und Spannungsreaktionen der Werkstoffe lassen sich zum größten Teil mit ihren physikalischen Eigenschaften erklären. Zu ihnen gehören u. a. die temperaturabhängigen Größen wie die spezifische Wärme c_p, die Dichte ρ, die Wärmeleitfähigkeit λ und der Wärmeausdehnungskoeffizient α, von denen die letzten beiden für die genannten Prozesse die weitaus größte Bedeutung haben. Vergleicht man das Schrumpfungs- und Spannungsverhalten wichtiger Werkstoffgruppen mit denen der unlegierten Baustähle, dann findet man diese Tatsache bestätigt, Tabelle 2-18, S. 218.

Wegen ihres größeren Wärmeausdehnungskoeffizienten schrumpfen *hochlegierte Stähle* (vor allem die austenitischen Cr-Ni-Stähle) wesentlich stärker als die unlegierten Stähle. Werkstoffe mit großen Wärmeausdehnungskoeffizienten werden daher – auch wegen einiger metallurgischer Gründe (Abschn. 4.3.7, S. 414, Abschn. 5.1, S. 503) – häufig »kälter« geschweißt, wenn die große Wärmeleitfähigkeit des Werkstoffs ein Vorwärmen erforderlich macht. Das gilt z. B. für *Aluminium* und dessen Legierungen vor allem dann, wenn die Schweißarbeiten an »geschlossenen« Bauteilgruppen, wie Rippen oder Gehäusewänden ausgeführt werden. Wegen der höheren spezifischen Wärme c_p und der Wärmeleitfähigkeit λ ist bereits bei Werkstückdicken ab 6 mm ein Vorwärmen erforderlich, wobei als Folge der wesentlich intensiveren Schrumpfungsvorgänge nicht selten Spannungsrisse entstehen.

Allgemein gilt, dass mit der Fließgrenze des Werkstoffs die Eigenspannungen, aber auch die Schrumpfungen (aber abhängig von λ, vom E-Modul und von α) ansteigen.

Konstruktionseinfluss

Die Entstehung der Schrumpfungen und Eigenspannungen sowie ihre Auswirkungen werden in hohem Maße von der Art der Konstruktion und der Schweißfolge bestimmt. Die folgenden wechselwirkenden Einflüsse sind zu nennen:
– Steifigkeit der Konstruktionselemente,
– ihr Einspannungsverhältnis untereinander,
– ihr Verformungs- und Dehnungsvermögen,
– Nahtdicke, -lage, -länge sowie Nahtgeometrie,
– Ausführungsreihenfolge der Nähte, Einsatz von Schweißvorrichtungen.

Die Minimierung der Schrumpfungen und Spannungen ist daher für die technische Bewährung des Bauteils von großer (wirtschaftlicher) Bedeutung. Die analytische Beschreibung der Schrumpfungseffekte ist, sofern überhaupt vorhanden, sehr ungenau. Den meisten Kenntnissen liegen experimentelle Ergebnisse auf der Basis von annähernd optimalen Schweißparametern zugrunde. Eine Abschätzung der zu erwartenden Schrumpfungen und Spannungen muss deshalb bei jeder Konstruktion immer wieder von Fall zu Fall vorgenommen werden.

3.3.3 Metallurgische Wirkungen des Temperatur-Zeit-Verlaufs

Die molekularen Gase (N_2, H_2, O_2) können in den Werkstoff nur in *atomarer* Form eindringen. Die Löslichkeit nimmt praktisch unabhängig von der Art des Gases mit der Temperatur stark zu. Bild 3-18 zeigt beispielhaft den Verlauf der Wasserstofflöslichkeit von Eisen und Aluminium in Abhängigkeit von der Temperatur. Bemerkenswert ist das sehr unterschiedliche Lösungsvermögen der krz (α und δ) und der kfz (γ) Eisenmodifikationen. Vor allem im schmelzflüssigen Zustand des Werkstoffs ist die Gaslöslichkeit extrem groß ist. Bei seinem Schmelzpunkt (1536 °C) können 100 g Eisen 6 cm³ Wasserstoff lösen. Beim Kristallisieren einer Eisenschmelze, die mehr Wasserstoff enthält als 6 cm³/(100 g Eisenschmelze), muss sich also der überschüssige Wasserstoff in Form von Blasen (Poren) ausscheiden, wenn die Kristallisationsgeschwindigkeit der Schmelze nicht größer ist als die »Aufstiegsgeschwindigkeit« des Wasserstoffs.

Beim Kristallisieren einer Aluminiumschmelze, die bei ihrem Schmelzpunkt (660 °C) lediglich 0,05 cm³ H/100 g Schmelze lösen kann, bleibt jede darüber hinausgehende Wasserstoffmenge zwangsgelöst im Gitter oder sie wird molekular, d. h. in Form von Poren ausgeschieden. Das ist der wesentlichste Grund für die ausgeprägte Neigung zur Porenbildung von Aluminium beim Schweißen, Abschn. 5.3.1, S. 531.

In den rasch erstarrenden Schweißschmelzen verbleibt demnach je nach dem Diffusionsvermögen des Gases ein Teil zwangsgelöst im Gitter oder an Werkstofffehlstellen (z. B. Einschlüssen, Korngrenzen, Versetzungen, Mikrorissen) meistens in molekularer (Poren) oder sehr viel gefährlicher in der die Zähigkeit stark vermindernden atomaren Form, s. Abschn. 3.5.1.6.

Die in der flüssigen Schweißschmelze atomar gelöste Menge (c_a) eines unter dem (Partial-)Druck p_m stehenden molekularen Gases wird bei den hier vorliegenden »verdünnten« Lösungen unabhängig von der Art des Gases weitgehend durch das *Sievertssche Gesetz* beschrieben:

$$[c_a] = p_a = K \cdot \sqrt{p_m}. \qquad [3\text{-}9]$$

$[c_a]$ = Konzentration (= Druck) des atomar gelösten Gases,
p_a = Druck des im Metall gelösten Gases,
p_m = Partialdruck des molekularen Gases,
K = Gleichgewichtskonstante.

Für die Gleichgewichtskonstante K gilt die allgemeine Beziehung:

$$K = \exp\left(-\frac{\Delta G}{RT}\right). \qquad [3\text{-}10]$$

Hierbei ist R die Gaskonstante, T die Temperatur in K und ΔG die freie Lösungsenergie, die eine lineare Funktion der Temperatur ist:

$$\Delta G = A + B \cdot T. \qquad [3\text{-}11]$$

Damit wird mit den neuen Konstanten k_1, k_2 die Gaslöslichkeit c_a:

$$\ln\left(\frac{c_a}{\sqrt{p_m}}\right) = -\frac{k_1}{T} - k_2. \qquad [3\text{-}12]$$

Die Löslichkeit c_H von (atomaren) Wasserstoff in einer Aluminiumschmelze wird mit $p_m = p_{H_2}$ z. B.:

$$\ln\left(\frac{c_H}{\sqrt{p_{H_2}}}\right) = -\frac{6355}{T} + 6{,}438 \text{ in } \frac{\text{ml}}{100\,\text{g}}. \qquad [3\text{-}13]$$

Die unerwünschten die Zähigkeit vermindernden atomaren Gase gelangen in das Schweißgut als Folge verschiedener Vorgänge bzw. Prozesse:
– Atmosphärische Gase,
– Schutzgase (O_2, CO, CO_2),
– Reaktionen vor allem oxidischer Schlacken im Lichtbogenraum und im Schweißbad.

Die Schweißverfahren, bzw. die Beschaffenheit der Lichtbögen üben einen großen Einfluss auf die Neigung zur Gasaufnahme aus. Die Lichtbogenlänge (Schweißspannung) und die Lichtbogenturbulenz beeinflussen neben der chemischen Aktivität des Lichtbogenraums sehr stark die absorbierte Gasmenge, Bild 3-19. Der sehr kurze, wenig turbulen-

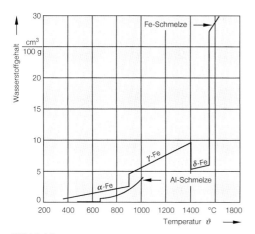

Bild 3-18
Gleichgewichts-Löslichkeit von Wasserstoff in festem und flüssigem Eisen und Aluminium bei p = 1 bar in Abhängigkeit von der Temperatur.

te WIG-Lichtbogen (ein Eindringen atmosphärischer Gase in den Lichtbogenraum ist relativ unwahrscheinlich!) mit der vollständig inerten Schutzgasatmosphäre ergibt das gasärmste Schweißgut.

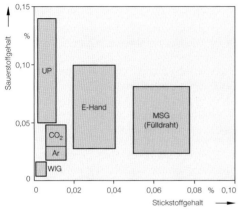

Bild 3-19
Typische Sauerstoff- und Stickstoffgehalte in mit ausgewählten Lichtbogen-Schweißverfahren hergestellten Schweißgütern, nach Eagar.

Der Gasgehalt im Schweißgut hängt nicht nur vom Verlauf der geschilderten überwiegend chemischen Reaktionen ab, sondern wird auch in einem bisher noch nicht quantifizierbaren Umfang von den im Schmelzbad stattfindenden Strömungen bestimmt, die im Abschn. 4.1.1.2, S. 307, ausführlicher beschrieben werden. Im Folgenden wird die Abhängigkeit der Gaslöslichkeit für Stickstoff von in bestimmter Weise strömenden Schweißschmelzen bei gleichzeitiger Anwesenheit von Sauerstoff erläutert.

In reinen Werkstoffen ergibt sich nach Bild 4-12a, S. 308, (s. a. Abschn. 4.1.1.2, S. 307) eine nach außen gerichtete *divergente* Schmelzenströmung. Die an Legierungselementen reiche strömende (Rest-)Metallschmelze kommt mit der Lichtbogenatmosphäre in Berührung, deren Stickstoffpartialdruck (p_N) wesentlich geringer ist als der in der Atmosphäre (p). Es ist anzunehmen, dass der Stickstoffgehalt der Schmelze etwa diesem Partialdruck entspricht, Bild 3-20a. In Anwesenheit des sehr oberflächenaktiven Sauerstoffs ändert sich die Richtung der strömenden Schmelze, Bild 3-20b, (s. a. Bild 4-12b, S. 308), wodurch der

z. B. stickstoffhaltige Schmelzenstrom nach unten gedrückt wird. Erst wenn der Stickstoffpartialdruck p_N den Umgebungsdruck p erreicht – etwa 1 bar! – können sich aufwärts steigende Stickstoffblasen bilden. Der Stickstoffgehalt der Schmelze ist bei einer *divergenten* Strömung daher sehr viel geringer als bei der *konvergenten*, weil $p_N \ll p$ ist. Mit dieser noch etwas spekulativen Theorie lässt sich der in Bild 3-23 gezeigte Zusammenhang zwanglos deuten.

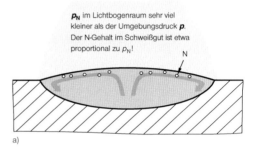

a)

N-Gehalt im Schweißgut ist etwa proportional dem Umgebungsdruck p!

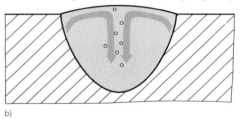

b)

Bild 3-20
Einfluss der Richtung der Schmelzenströmung (abhängig von Art und Menge der oberflächenaktiven Elemente) bzw. der durch sie erzeugten Schweißbadform auf die im Schweißgut gelöste Menge Stickstoff.
a) Strömung in reinen Schmelzen,
b) in Anwesenheit oberflächenaktiver Stoffe.

Im Folgenden werden in aller Kürze vorzugsweise die in Eisenwerkstoffen ablaufenden Gas-Metall-Reaktionen und ihre Wirkung auf ausgewählte mechanische Eigenschaften der Schweißverbindung besprochen.

3.3.3.1 Sauerstoff
Im flüssigen Eisen gelöster Sauerstoff, der entweder aus der Lichtbogenatmosphäre, aus Reaktionen mit der Schlacke oder den aktiven Komponenten der Schutzgase (O_2, CO, CO_2) stammt, verbindet sich zu FeO:

$Fe + \{O\} \rightarrow FeO.$ [3-14]

Unterschreitet der Sauerstoffgehalt den temperaturabhängigen Gleichgewichtswert, dann bildet sich FeO. Porenbildung durch Sauerstoff ist bei Eisenwerkstoffen und den meisten Metallen danach nicht möglich, weil er im festen Metall nicht löslich ist, d.h., er wird in Form von Oxiden ausgeschieden, Bild 3-20. Im rasch erstarrenden Schweißgut bilden sich annähernd kugelige Oxideinschlüsse mit einem Durchmesser bis zu etwa 10 µm und einer mittleren Anzahl auf jeden Quadratmillimeter, die bei einigen 10^4 liegt.

Die im Lichtbogenraum übergehenden direkt an der Elektrodenspitze befindlichen Werkstofftröpfchen haben wegen der hier herrschenden maximalen Reaktionstemperatur Sauerstoffgehalte von bis zu 2000 ppm. Die meisten sauerstoffaffinen Elemente verringern den Gehalt an gelöstem Sauerstoff im Schweißgut merklich, Bild 3-21. Dieses gewollte Verhalten der Desoxidationsmittel macht es aber nahezu unmöglich, hochreaktive Elemente (Me) wie z. B. Zirkonium und Titan über die Lichtbogenstrecke in das flüssige Schweißgut zu transportieren, weil sie durch den Sauerstoff gemäß folgender Beziehung abbinden (»verschlackt«) werden:

$2 \cdot Me + O_2 \rightarrow 2 \cdot MeO.$ [3-15]

3.3.3.2 Stickstoff

Das Löslichkeitsverhalten des Stickstoffs in Eisen ist in Bild 3-22 dargestellt. Oberflächenaktive Substanzen in der Schmelze, wie z. B. Sauerstoff, erhöhen den Stickstoffgehalt erheblich, Bild 3-23. Die Ursache beruht auf der Richtungsänderung der strömenden Schmelze, wie weiter oben bereits erwähnt wurde.

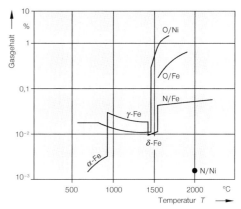

Bild 3-22
Gleichgewichts-Löslichkeit von Stickstoff und Sauerstoff in Eisen und Nickel bei p = 1 bar in Abhängigkeit von der Temperatur.

Der Stickstoff- ebenso wie der Sauerstoffgehalt der Schweißschmelze nimmt im Allgemeinen mit zunehmender Schweißstromstärke ab, weil die Entgasungsbedingungen güns-

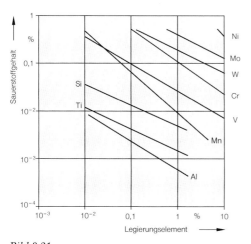

Bild 3-21
Einfluss der Legierungselemente auf den Sauerstoffgehalt von Eisen-Schweißgut, nach Kasamatsu.

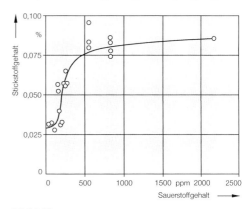

Bild 3-23
Einfluss des Sauerstoffgehalts auf den Stickstoffgehalt von Schweißschmelzen (bestehend aus Eisen mit unterschiedlichem Sauerstoffgehalt), die mit dem MAG-Verfahren (Ar + 5 % N_2) niedergeschmolzen wurden, nach Uda und Ohno.

tiger werden. Dies gilt nicht für Verfahren, die mit stark turbulenten (unruhigen!) Lichtbögen arbeiten, z. B. das Lichtbogenhandschweißen. Bei den Metall-Schutzgas-Verfahren mit Fülldrähten nimmt der Stickstoffgehalt des Schweißguts mit der Stromstärke zu, siehe z. B. Bild 3-19.

Die stark versprödende Wirkung des Stickstoffs (Verformungsalterung) wurde bereits in den Abschnitten 2.3.2.4, S. 133, und 3.2.1.2, S. 240, besprochen.

3.3.3.3 Wasserstoff

Stahl kann bei Korrosionsvorgängen in neutralen und sauren Medien als Folge der kathodischen Abscheidung Wasserstoff aufnehmen. Die sich an der Stahloberfläche einstellende Wasserstoffaktivität steigt mit zunehmender Wasserstoffionenkonzentration d. h. fallendem pH-Wert. Durch *Hydrolyse* (Hydratation) des anodisch in Lösung gegangenes Metall (z. B. Eisen, Chrom; Abschn. 1.7.6.1.3, S. 86) kann in (Riss-)Spalten der pH-Wert des Mediums auf 3 bis 4 fallen und damit zu einem unterkritischem Risswachstum führen.

Wasserstoff schädigt den Werkstoff in einer komplexen, heute immer noch nicht ganz verstandenen sehr vielfältigen Weise. Das Ausmaß der Schädigung hängt entscheidend von der Werkstofffestigkeit (Gefügeart und -menge) und der Form ab, in der der Wasserstoff im Gitter vorliegt:
– Mit zunehmender Werkstofffestigkeit nimmt die Schadenswirksamkeit der in Abschn. 3.5.1.6 genauer besprochenen *wasserstoffinduzierten Kaltrisse* sehr stark zu. Besonders gefährdet sind martensitische, d. h. harte, wenig verformbare Gefüge. Die schweißgeeigneten Vergütungsstähle (Abschn. 2.7.6.3, S. 197, und 4.3.3, S. 398) und die höhergekohlten Vergütungsstähle sind hierfür typische Beispiele.
– Gelöst auf Zwischengitterplätzen.
– Wechselwirkend mit verschiedenen Gitterdefekten oder
– in Hohlräumen und Gitterdefekten als molekularer Wasserstoff ausgeschieden, der zu Poren und Schlacken führt.

Zur Deutung der durch den Wasserstoffangriff hervorgerufenen unterschiedlichen Schädigungsformen bzw. Schädigungsmechanismen existieren eine Vielzahl der unterschiedlichsten Theorien. Bisher kann keine *allein* die vielfältigen Erscheinungsformen der Schädigungsphänomene metallphysikalisch richtig beschreiben.

Wasserstoff verursacht folgende Werkstoffschädigungen:
– *Entfestigen* und *Entkohlen* durch Druckwasserstoff.
– *Fischaugen* und *Beizsprödigkeit*.
– *Bildung spröder Hydride* in hochreaktiven Werkstoffen (z. B. Titan, Tantal, Zirkonium) durch Eindiffundieren von atomaren Wasserstoffs bei Temperaturen $\geq 250\,°C$.
– *Wasserstoffinduzierte Kaltrisse* (Abschn. 3.5.1.6).

In verfahrenstechnischen Anlagen kann hochgespannter Wasserstoff (bis 1000 bar) den Werkstoff bei hohen Prozesstemperaturen (bis 600 °C) gemäß folgender Reaktion stark schädigen:

$$Fe_3C + 4 \cdot \{H\}_{Fe} \rightarrow 3 \cdot Fe + CH_4. \quad [3\text{-}16]$$

Nach dieser Beziehung werden die Carbide zersetzt und der Werkstoff entkohlt, d. h. entfestigt. Das sich an Gitterfehlstellen unter hohem Druck ansammelnde Methan führt durch die entstehende erhebliche »Sprengwirkung« zu Werkstofftrennungen. Diese Schadensform lässt sich weitgehend mit Werkstoffen vermeiden, die mit starken Carbidbildnern (z. B. Cr, Mo) legiert sind. Die sich dabei bildenden sehr stabilen Sondercarbide werden bei den vorliegenden Betriebsbedingungen nicht mehr vom Wasserstoff reduziert.

Wasserstoff kann auf vielfältige Weise in den Werkstoff gelangen:

❑ Während des metallurgischen Prozesses der *Herstellung*.
❑ Während des *Schweißens* bzw. während einer *Wärmebehandlung* in wasserstoffhaltiger Atmosphäre:
  – Das hocherhitzte Schweißgut kann aus der Atmosphäre, aus

- Oberflächenablagerungen, wie z. B. Fett, Farbe, Öl, Rost, Beschichtungen aller Art und anderen vergasbaren Substanzen, aus
- Schweißpulvern, Stabelektrodenumhüllungen, Schutzgasen, Verunreinigungen, metallischen Überzügen von Drahtelektroden und Schweißstäben Wasserstoff aufnehmen.
❒ Bei verschiedenen *Betriebs-* und *Verarbeitungsbedingungen*, wie z. B. in wasserstoffhaltiger Umgebung, beim Beizen in säurehaltigen Medien, bei bestimmten Oberflächenbehandlungen (z. B. Verzinken, Elektroplattieren) und in großem Umfang bei Korrosionsprozessen, bei denen durch die kathodische Reduktion von Wasserstoff oder Wasser molekularer Wasserstoff entsteht:

$$2 \cdot H^+ + 2 \cdot e^- \rightarrow H_2$$
$$2 \cdot H_2O + 2 \cdot e^- \rightarrow H_2 + 2 \cdot OH^-.$$

Die Wasserstoffaufnahme gemäß obiger Beziehung hängt außer vom Zustand der Werkstückoberfläche (spezielle Verunreinigungen sind hierfür erforderlich!) von der Zusammensetzung des Gases ab. Gelöste Bestandteile, wie z. B. Arsen, Antimon, Schwefel, Cyanidionen und vor allem Schwefelwasserstoff (H_2S) verzögern die Bildung von molekularem Wasserstoff an der Werkstückoberfläche erheblich (*»Promotoren«*). Dadurch wird die für das Eindiffundieren des atomaren Wasserstoffs zur Verfügung stehende Zeit verlängert, d. h. der durch Wasserstoff hervorgerufene Schaden verstärkt. Eine Verringerung des Schwefelwasserstoffgehaltes in der Atmosphäre oder der Prozessdämpfe unter 50 ppm erhöht die Beständigkeit gegen Wasserstoffschäden (insbesondere Versprödung und Rissbildung) bei unlegierten und (niedrig-)legierten Stählen sehr stark.

Nach dem Dissoziieren des molekularen und Adsorbieren des atomaren Wasserstoffs (H_{ad}) an der Werkstückoberfläche gemäß

$$H_2 \rightarrow 2 \cdot H_{ad} \qquad [3\text{-}17]$$

wird der atomare Wasserstoff im Kristallgitter absorbiert (gelöst):

$$H_{ad} \rightarrow H_{ab}. \qquad [3\text{-}18]$$

Im thermodynamischen Gleichgewicht besteht zwischen dem im Gitter gelösten (H_{ab}) und dem molekularen Wasserstoff (H_2) an der Phasengrenze Werkstoff/Umgebung die Beziehung nach *Sieverts*, Gl. [3-9]:

$$[c_{H.ab}] = p_{H.ab} = K \cdot \sqrt{p_{H_2}}.$$

Sie bestätigt, dass der Wasserstoff ebenso wie jedes andere molekulare Gas *nur* im atomaren Zustand gelöst wird. Diese Beziehung lässt ebenfalls erkennen, dass der Druck (= die Menge) des atomaren Gases proportional der Quadratwurzel des (Partial-)Drucks des molekularen Gases ist. Der Druck z. B. im Inneren einer mit molekularem Wasserstoff gefüllten Pore kann also beträchtliche Werte erreichen. Diese Zusammenhänge bilden die Grundlagen der ältesten und einfachsten Modellvorstellung über die Wirkung des Wasserstoffs im Werkstoff. Mit dieser *Drucktheorie* genannten Hypothese lässt sich z. B. der Bildungsmechanismus der Beizblasen und Fischaugen durch die Einwirkung von Wasserstoff physikalisch korrekt erklären, nicht aber der Wirkmechanismus der wasserstoffinduzierten Kaltrissbildung, siehe hierzu Abschn. 3.5.1.6.

Atomarer Wasserstoff kann (bei Raumtemperatur) in weiche, unlegierte Stähle eindiffundieren und sich an dicht unter der Oberfläche liegenden Poren oder Mikrorissen molekular ausscheiden. Der dabei gemäß der Beziehung von *Sieverts* entstehende sehr hohe innere Druck des dabei gebildeten molekularen Wasserstoffs führt an der Rissspitze zu einer großen mehrachsigen Beanspruchung, die zum weiteren Rissfortschritt bzw. zum Aufreißen der »Blase« führt.

Beim Beizen von Halbzeugen – hierbei werden (wasserstoffhaltige!) Säurelösungen, bestehend aus Schwefel-, Salz- und Salpetersäure, z. T. auch Laugen bei Temperaturen von 20 °C bis 80 °C verwendet – kann Blasenbildung entstehen und ist deshalb in der Praxis als *Beizsprödigkeit* bekannt. Die Rissflächen zeigen meistens ein überwiegend duktiles Verhalten. Die Wirkung des Wasserstoffs wird häufig mit dem strapazierten Begriff Wasserstoffversprödung beschrieben. Diese Einschätzung ist metallphysikalisch nicht korrekt und sollte daher nicht verwendet werden.

Auf dem gleichen Mechanismus beruht auch das Phänomen der *Fischaugen* [28)] in Schweißgütern von Schweißverbindungen aus weichen Stählen. Der an Poren und Schlacken in molekularer Form ausgeschiedene Wasserstoff erzeugt in einem etwa kugelförmigen Volumen um die Fehlstelle große, mehrachsige Eigenspannungen. Diese führen aber nur selten zu einem Aufreißen dieses im Inneren des Schweißguts liegenden dreiachsig beanspruchten hinreichend verformbaren Werkstoffbereichs. Durch äußere zum Bruch des Bauteils führende Belastungen entsteht eine Bruchfläche, in der sich der mehrachsig beanspruchte relativ kleine Bereich (Abmessungen meistens im Millimeterbereich) als helle, glänzende, kreisförmige Fläche mit der in ihrem Zentrum liegenden Pore/Schlacke abzeichnet. Dieses einem Auge gleichende Bruchbild hat zu der Bezeichnung *Fischauge* geführt.

Der Wasserstoff kann in der Regel nicht genügend schnell aus der Umgebung in das Porenzentrum nachdiffundieren, weil die Beanspruchung beim Ziehen oder Biegen i. Allg. verhältnismäßig rasch aufgebracht wird. Obwohl im Schweißgut gelegentlich Mikrorisse entstehen – vor allem bei nicht sehr zähen Schweißgütern – wird die Auswirkung auf die Bauteilsicherheit aber als gering eingeschätzt. Diese Erscheinung wird in der Praxis häufig lediglich als Indiz dafür gewertet, dass die Schweißarbeiten hinsichtlich der Wasserstoffaufnahme sorglos durchgeführt wurden und nicht als typische »Versagensform«. Eine entsprechende Belehrung des Schweißers ist dann angebracht.

Zwischen dem im Gitter gelösten Wasserstoff und den Spannungsfeldern der Gitterfehlstellen (z. B. Versetzungen, Leerstellen, Ausscheidungen) bestehen erhebliche Wechselwirkungen. Diese Orte stellen für den wandernden Wasserstoff »Fallen« *(Traps)* dar, die seine Bewegung (Diffusion) durch das Gitter merklich behindern. In Bild 3-24 ist der Diffusionskoeffizient D von Wasserstoff in ferritischen und austenitischen Eisenwerkstoffen dargestellt. Mit zunehmendem Gehalt an Verunreinigungen des ferritischen Werkstoffs nimmt die Anzahl der Defekte *zu*, d. h., die Diffusionsfähigkeit des Wasserstoffs wird um einige Zehnerpotenzen geringer.

Entsprechend der Größe der Wechselwirkungsenergie Wasserstoff/»Falle« wird der Wasserstoff fester oder weniger fest an die Hindernisse (Traps) gebunden. Je größer der Anteil des fest gebundenen Wasserstoffs ist, desto geringer ist die zu den Rissspitzen diffundierende Wasserstoffmenge, d. h., die Gefahr einer wasserstoffinduzierten Rissbildung nimmt i. Allg. ab (Abschn. 3.5.1.6).

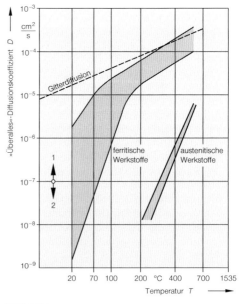

Bild 3-24
Der Diffusionskoeffizient D des Wasserstoffs in krz und kfz Eisenwerkstoffen in Abhängigkeit von der Temperatur und dem Reinheitsgrad des Werkstoffs. In Richtung 1 wird die Zahl der »Fallen« (Verunreinigungen) kleiner, in Richtung 2 größer.

[28)] im englischen Sprachraum wird diese Erscheinung *birdeye*, im amerikanischen meistens *fisheye* genannt.

In stark kaltverformtem Eisen wird z. B. die Diffusion des Wasserstoffs durch die große, bewegungshemmende Versetzungsdichte erheblich erschwert, d. h. seine Aufenthaltsdauer im Gitter (= Schädigungsdauer) verlängert. Die Folge sind damit deutliche Versprödungserscheinungen.

Die Voraussetzung für jede durch Wasserstoff hervorgerufene Schädigung ist also eine lokal ausreichend hohe Konzentration von Gitterfehlstellen, in die der Wasserstoff zeitabhängig diffundieren kann. Mit zunehmender Fehlstellenkonzentration wird der Umfang der Versprödung größer.

Die stärkste und für die Eigenschaftsänderungen entscheidende Wechselwirkung zeigt der Wasserstoff aber mit inneren »Oberflächen«, wie z. B. Poren, Rissen und Phasengrenzflächen. Hier wird er *chemisorbiert*, er ist also an chemischen Reaktionen beteiligt. Dadurch wird die für die Bildung weiterer Rissoberflächen erforderliche Energie erniedrigt, d. h., die Kohäsion und damit die Trennfestigkeit nehmen ab. Diese Zusammenhänge bilden die Grundlagen der *Dekohäsionstheorie* von *Oriani*. Sie ist die für das Verständnis der gefährlichsten durch Wasserstoff ausgelösten Schadensform – die wasserstoffinduzierten Kaltrisse – wichtigste Modellvorstellung (Abschn. 3.5.1.6).

Neben dieser anschaulichen Theorie sind noch einige weitere Modellvorstellungen bekannt, mit denen die Art der Wechselwirkung zwischen Wasserstoff und den Gitterfehlstellen beschrieben werden kann. Mit keiner Theorie lassen sich allerdings *alle* beobachteten Erscheinungen und Phänomene des Wasserstoffs richtig deuten.

Wasserstoff ist in vieler Hinsicht das die mechanischen Eigenschaften (vor allem der Zähigkeit und der Kaltrissneigung) des Schweißguts und der WEZ von Schweißverbindungen aus unlegierten Kohlenstoffstähle, vor allem aber aus vergüteten (Feinkorn-)Baustählen am stärksten schädigende Element. Ausführlichere Einzelheiten hinsichtlich der wasserstoffinduzierten Kaltrissigkeit sind in Abschn. 3.5.1.6 zu finden.

3.4 Das Sprödbruchproblem

3.4.1 Werkstoffmechanische Grundlagen

Eine Reihe spektakulärer Schadensfälle an geschweißten Konstruktionen in den Dreißiger und Vierziger Jahren des 20. Jh.s machte auf eine bis dahin nicht oder nicht in diesem Umfang bekannte Schadensform aufmerksam[29]. Kennzeichen dieser Versagensform ist ein weitgehend verformungsloser Bruch, entstanden durch die Wirkung von Normalspannungen bei sehr geringen Nennspannungen (30...50 N/mm^2). Die *Rissfortschrittsgeschwindigkeit* beträgt hierbei in der Regel einige 1000 m/s, d. h., Sicherheitsvorkehrungen jeder Art können nicht mehr veranlasst werden. Im englischen Schrifttum wird diese Versagensform daher auch sehr anschaulich und treffend *catastrophic failure* genannt. Diese Bruchform wird als *Sprödbruch* oder *Trennbruch* bezeichnet.

Als Ursache dieser meist nur auf Schweißkonstruktionen beschränkten Bruchform sind die durch den Schweißprozess erzeugten *Schweißeigenspannungen* anzusehen. Diese lassen sich nur relativ unzuverlässig im Oberflächenbereich des Werkstücks durch aufwändige, teure und damit in der Praxis kaum anwendbare Methoden (z. B. Röntgenfeinstrukturuntersuchungen) feststellen. Selbst wenn ihr Verlauf hinreichend bekannt wäre, existiert zzt. keine verlässliche Methode, diese mehrachsigen Spannungen im Festigkeitsnachweis zu berücksichtigen.

Für die Entstehung des Sprödbruchs ist der mehrachsige (Eigen-)Spannungszustand eine entscheidende Voraussetzung, der wie im Folgenden beschrieben, zu einer vollständigen Versprödung des Werkstoffs bzw. des Bauteils führen kann.

---

[29] Die bekanntesten Schadensfälle sind die Brüche an der Brücke am Bahnhof Zoo in Berlin und die extensiven Brucherscheinungen an den Schiffen der amerikanischen Handelsflotte *(Liberty-Klasse)* im zweiten Weltkrieg.

Der Werkstoff verformt sich plastisch, wenn die in einer bestimmten Gleitebene vorhandene äußere Schubspannung τ größer ist als die kritische τ_0 (Abschn. 1.3, Bild 1-18, S. 17). Bei einer einachsigen Beanspruchung (σ_1) ist die unter 45° zur Last wirkende Schubspannung maximal und beträgt:

$$\tau_{max}^{'1'} = \tau_\varphi(\varphi = 45°) = \frac{\sigma_1}{2}. \quad [3\text{-}19]$$

Plastische Verformungen finden statt, wenn

$$\tau_{max}^{'1'} = \frac{\sigma_1}{2} > \tau_0 \quad [3\text{-}20]$$

wird. Bei mehrachsigen Beanspruchungen (σ_1, σ_3) kann die für eine plastische Verformung erforderliche Schubspannung so klein werden, dass die Gleitbedingung $\tau_\varphi > \tau_0$ nicht mehr erfüllbar ist. Für die gefährlichste dreiachsige Beanspruchung gilt:

$$\tau_{max}^{'3'} = \tau_\varphi(\varphi = 45°) = \frac{\sigma_1 - \sigma_3}{2}. \quad [3\text{-}21]$$

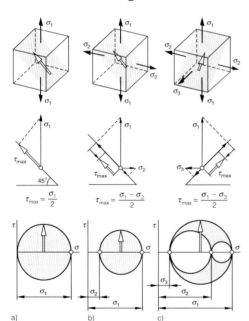

Bild 3-25
Darstellung verschiedener Spannungszustände und der mit ihnen verbundenen maximalen Schubspannungen mit Hilfe des Mohrschen Spannungskreises.
a) einachsige Zugbeanspruchung, $\tau_{max} = \sigma_1/2$,
b) zweiachsige Zugbeanspruchung, $\tau_{max} = (\sigma_1 - \sigma_2)/2$,
c) dreiachsige Zugbeanspruchung, $\tau_{max} = (\sigma_1 - \sigma_3)/2$.

Die Verformung des Bauteils ist nicht mehr möglich, seine Zerstörung daher nur durch Normalspannungen möglich. Diese Erscheinung wird als *Spannungsversprödung* bezeichnet. Sie ist Voraussetzung für das Entstehen spröder Brüche. In Bild 3-25 sind schematisch die verschiedenen Beanspruchungszustände mit Hilfe des anschaulichen *Mohrschen Spannungskreises* beschrieben.

Die Werkstoffbeanspruchung in Form der *Mohr*schen Spannungskreise lässt sich übersichtlich mit Hilfe der *Leon*schen Hüllparabel darstellen. Alle Spannungszustände führen demnach zum Versagen, deren Kreise innerhalb dieser parabolischen Hüllkurve liegen. In Bild 3-26 sind auch die Versagensgrenzlinien nach der *Hauptschubspannungshypothese* eingetragen.

Mit zunehmendem *Mehrachsigkeitsgrad* (»Räumlichkeit«) der Spannungen M, der durch die Beziehung

$$M = \left\{\frac{\sigma_3}{\sigma_1}; \frac{\sigma_2}{\sigma_1}; 1\right\} \quad [3\text{-}22]$$

angegeben wird, werden die Hauptnormalspannungen σ_i zunehmend größer. Der durch sie repräsentierte *Mohr*sche Spannungskreis, z. B. C in Bild 3-26, wandert auf der Abszisse in Richtung Scheitelpunkt S der *Leon*schen Hüllparabel. Mit dieser Darstellung lassen sich diese Beanspruchungsbedingungen sehr anschaulich deuten. Nach Erreichen des Punktes S ist die eine plastische Verformung auslösende Schubspannung Null. Bei diesem theoretischen Grenzfall wird $\sigma_1 = \sigma_2 = \sigma_3 = \sigma_T$. Die **Trennfestigkeit** σ_T beträgt etwa:

$$\sigma_T = (2 \ldots 3) \cdot R_m. \quad [3\text{-}23]$$

Hierbei ist R_m die Zugfestigkeit. Das Bauteil wird unter diesen Spannungsbedingungen ausschließlich durch Normalspannungen zerstört. Die Werkstoffbereiche in der Nähe der Rissufer zeigen keinerlei Verformungen, der Makro-Bruchverlauf ist spröde (Sprödbruch). Die für die Bruchentstehung erforderliche Normalspannung liegt (theoretisch) zwischen einigen 10 N/mm² und dem Grenzwert Trennfestigkeit des Werkstoffs. Der Bruch in einem (geschweißten) Bauteil kann also in einem sehr großen Spannungsbereich entstehen.

3.4.2 Probleme konventioneller Berechnungskonzepte

Unter Bedingungen, die zu spröden, instabilen Brüchen führen können, zeigen die konventionellen Berechnungskonzepte bemerkenswerte Unzulänglichkeiten. Im Allg. geht man von den folgenden nicht immer zutreffenden Voraussetzungen aus:
- *Gestaltänderungen* des Bauteils treten nicht auf, da die Beanspruchung im Bauteil unter der Fließgrenze $R_{p0,2}$ bleibt.
- Die Werte für die *Fließgrenze* $R_{p0,2}$ werden üblicherweise bei *Raumtemperatur* ermittelt, obwohl sich die mechanischen Eigenschaften bei höheren Betriebstemperaturen (Dampf- und Gasturbinen) erheblich, bei tiefen (Flüssiggastechnik) extrem ändern können. Dieses Verhalten wird z. B. im Kerbschlagbiegeversuch (genauere Hinweise s. Abschn. 6.3, S. 587) anschaulich wiedergegeben.
- *Örtliches Fließen* in der Nähe von Diskontinuitäten (Kerben, Poren, Einschlüsse, Werkstoffungänzen, z. B. Korngrenzen) wird zugelassen.

In jedem Fall wird angenommen, dass die Bruchfestigkeit R_{Br} größer ist als die Fließgrenze $R_{p0,2}$, Bild 3-27a. Diese Annahme trifft für die meisten zähen (verformbaren) Werkstoffe zu, für sprödbruchanfällige Konstruktionen allerdings nicht mehr. Die Zähigkeitswerte werden in diesen Fällen ausreichend praxisgenau mit dem Kerbschlagbiegeversuch nachgewiesen. Kennzeichen der nahezu verformungslosen, instabilen Brüche ist ihr Entstehen bei Spannungen weit unterhalb der Fließgrenze (sie liegen im Bereich von etwa $30\,\text{N/mm}^2 \ldots 50\,\text{N/mm}^2$, Bild 3-27b), wenn die Betriebstemperatur die Übergangstemperatur des Bauteils unterschreitet.

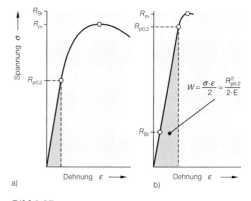

Bild 3-27
Spannungsverhältnisse beim Bruch.
a) *zäher Werkstoff*: $R_{Br} \gg R_{p0,2}$,
b) *spröder Werkstoff*: $R_{Br} \ll R_{p0,2}$.

Bei einachsiger Beanspruchung und hinreichend zähen Werkstoffen tritt der Bruch bei $R_{Br} > R_{p0,2}$ ein, Bild 3-28[30]. Die Bruchverformung ε_1 ist hoch und größtenteils plastisch. Diese Beanspruchungssituation (des Werkstoffs und der Spannungsverhältnisse im Bauteil) ist mit den konventionellen Berechnungsmethoden zweifelsfrei bestimmbar, d. h., das Bauteil kann »sicher« dimensioniert werden.

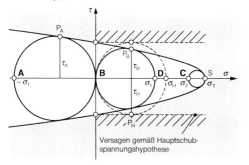

A: einachsiger Druck, Versagen bei $\sigma = -\sigma_1$, $\tau = \tau_A$, Punkt P_A
B: einachsiger Zug, Versagen bei $\sigma = \sigma_1$, $\tau = \tau_B$, Punkt P_B
C: zweiachsiger Zug, Versagen bei $\sigma = \sigma_1 = \sigma_T$, Punkt S
D: Versagen nach Hauptschubspannungshypothese
bei $\sigma = \sigma_H = R_{p0,2}$, $\tau = \tau_H = R_{p0,2}/2$, Punkt P_H.

Bild 3-26
Verschiedene Grenzspannungszustände in der Mohrschen Darstellung, eingeschrieben in die Leonsche Hüllparabel, im Vergleich zu den Versagensbedingungen gemäß der Hauptschubspannungshypothese (σ_H, τ_H, Punkt P_H), nach Gl. [3-24], σ_T = Trennfestigkeit.

---

[30] Die Bruchspannung R_{Br} darf nicht mit der im Zugversuch ermittelten Zugfestigkeit R_m verwechselt werden. R_{Br} ist die zum Entstehen des Risses erforderliche Spannung. R_m hat für den metallphysikalischen Prozess der Rissentstehung keine werkstoffmechanische Bedeutung. Dieser Wert ist lediglich Ausdruck und Ergebnis einer unter bestimmten Versuchsbedingungen ermittelten Spannung.

Die Vorgänge bei einer mehrachsigen Beanspruchung werden mit elastischen und plastischen Instabilitäten beschrieben, d. h. mit Schubspannungen. Die Wirkung mehrachsiger Beanspruchungen lässt sich mit der nur für zähe Werkstoffe gültigen, anschaulichen *Hauptschubspannungshypothese* beschreiben (siehe aber auch Bild 3-26!). Nach dieser Festigkeitshypothese tritt Versagen ein, wenn die Schubspannung bei dreiachsiger Beanspruchung gleich der bei einachsiger Belastung als kritisch erkannten Schubspannung ist:

$$\tau_{max}^{'1'} = \tau_{max}^{'3'}. \qquad [3\text{-}24]$$

Durch Gleichsetzen der Beziehungen Gl. [3-20] und Gl. [3-21] folgt:

$$\frac{R_{p0,2}^{'1'}}{2} = \frac{R_{p0,2}^{'3'} - \sigma_3}{2}. \qquad [3\text{-}25]$$

Daraus ergibt sich die Streckgrenze bei dreiachsiger Beanspruchung (*Tresca-Kriterium*) zu:

$$R_{p0,2}^{'3'} = R_{p0,2}^{'1'} + \sigma_3. \qquad [3\text{-}26]$$

Die Verformung bei Brucheintritt ist rein elastisch und viel geringer als bei einachsiger Belastung: $\varepsilon_3 \ll \varepsilon_1$, Bild 3-28. Die die Plastizität u. U. völlig erschöpfenden Eigenspannungszustände entstehen insbesondere beim Schweißen dickwandiger Bauteile.

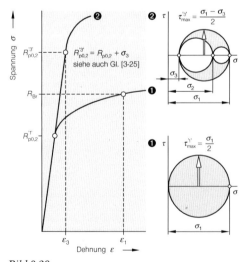

Bild 3-28
Einfluss dreiachsiger Spannungszustände auf das Verformungsverhalten (dargestellt durch die im Zugversuch ermittelte Dehnung).

Der Konstrukteur sollte daher beachten:
– Der Werkstoff kann durch verschiedene Vorgänge (z. B. Spannungsversprödung, Kaltverformung, Aufhärtung in der WEZ) verspröden. Ein Festigkeitsnachweis mit konventionellen Berechnungsmethoden ist dann nicht möglich und auch nicht sinnvoll, weil mit ihnen die Versagensform Sprödbruch quantitativ nicht erfasst werden kann.
– Eine sichere Maßnahme, den Sprödbruch in geschweißten, mit mehrachsigen Eigenspannungen behafteten Konstruktionen zu vermeiden, besteht in der Wahl schlagzäher Werkstoffe mit ausreichend niedrigen Übergangstemperaturen. Diese Möglichkeit der »Selbsthilfe« zäher Werkstoffe wird vom Konstrukteur oft nicht genügend beachtet oder unterschätzt.

Die sich im Bereich von (Konstruktions-)Kerben aufbauende mehrachsige Spannung ist für die Entstehung des Sprödbruchs bzw. des Bauteilversagens von größter Bedeutung. Bild 3-29a zeigt die Kerbgeometrie und beschreibt die Definitionen der Spannungen und Spannungsrichtungen. Die in der Richtung der angreifenden Kräfte entstehende (Kerb-)Spannung σ_{yy} ist abhängig von der Kerbschärfe größer als die Nennspannung. Mit Hilfe der Formzahl α_k kann die Wirkung der Kerbe auf die Größe der elastischen Spannungen mit folgender Beziehung ermittelt werden:

$$\sigma_{max} = \sigma_{yymax} = \alpha_k \cdot \sigma_n. \qquad [3\text{-}27]$$

Hierbei ist σ_{max} die maximale Spannung im Kerbgrund und σ_n die mit den Methoden der elastischen Festigkeitstheorie berechenbare mittlere (Nenn-)Spannung. Es bauen sich außerdem Zugspannungen in der x- (σ_{xx}) *und* der z-Richtung (σ_{zz}) auf, weil eine Einschnürung in Dickenrichtung mit zunehmender Werkstückdicke t zunehmend behindert wird. σ_{xx} erreicht in den Bereichen der Kerbumgebung ein Maximum, in denen durch die Spannungsverteilung die Dehnungsbehinderung am größten wird, Bild 3-29b. Die Spannung in der x-Richtung verschwindet auf den Kerboberflächen (S), die Spannung in z-Richtung auf den freien Probenoberflächen, Bilder 3-29b und 3-29c.

Der an der Oberfläche existierende zweiachsige Spannungszustand ($\sigma_{zz} = 0$) wird *ebener Spannungszustand (ESZ)*, der im Inneren dicker Proben herrschende dreiachsige wird *ebener Verzerrungszustand (EVZ)* genannt, weil eine Verformung in z-Richtung ($\varepsilon_{zz} = 0$) verhindert wird.

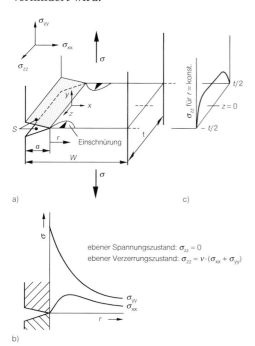

Bild 3-29
Spannungsverhältnisse in einem »dicken« gekerbten Blech (ebener Verzerrungszustand, $\varepsilon_{zz} = 0$).
a) Definitionen und Kerbgeometrie,
b) Spannungsverlauf in x- und y-Richtung ($z = 0$),
c) in z-Richtung für r = konst.

Bild 3-30 zeigt schematisch den Einfluss der Werkstoffzähigkeit auf das Bruchgeschehen zäher und spröder Werkstoffe. Der gekerbte Stab aus einem ausreichend zähen Werkstoff kann die Rissgefahr durch Plastifizieren des Querschnitts und Abstumpfen des Kerbradius *(»Blunting«)* sehr wirksam vermindern. Im spröden (oder durch den Schweißprozess versprödeten) Werkstoff entsteht der Riss bei sehr niedrigen ($20 \, \text{N/mm}^2 \ldots 50 \, \text{N/mm}^2$) Spannungen und läuft instabil und mit großer Geschwindigkeit durch das Bauteil, d. h., die »Selbsthilfe« des Werkstoffes ist nicht mehr vorhanden.

Die Größe der Rissfortschrittsgeschwindigkeit wird u. a. von der zum Erzeugen neuer Rissoberflächen verfügbaren Energie bestimmt. In geschweißten Konstruktionen ist die Rissfortschrittsenergie im Wesentlichen die gespeicherte elastische Energie der Eigenspannungen. Ihr maximaler Wert $W_{\max}$ wird gemäß Bild 3-27 für $\sigma = R_{p0,2}$ erreicht:

$$W_{\max} = \frac{\varepsilon \cdot \sigma}{2} = \frac{\sigma^2}{2 \cdot E} = \frac{R_{p0,2}^2}{2 \cdot E}. \qquad [3\text{-}28]$$

Die Rissfortschrittsenergie nimmt danach mit dem Quadrat der Streckgrenze zu.

3.4.3 Sprödbruchbegünstigende Faktoren

Das Entstehen des Sprödbruchs wird außer durch schweißtechnische Gegebenheiten (Abschn. 4, S. 299) begünstigt durch
– werkstoffliche und
– konstruktive Faktoren.

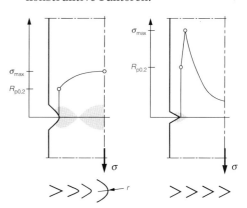

Der Radius r der Kerbe wird mit zunehmender Spannung σ
abgestumpft (»blunting«)   **nicht abgestumpft**

Der Riss entsteht bzw. pflanzt sich erst fort, wenn durch Lasterhöhung die plastische Verformung in Kerbgrundnähe vergrößert wird.

Große plastische Zone; Restquerschnitt wird durchplastifiziert; milder kerbbedingter Spannungszustand, $\sigma_{\max}$ ist nur gering.

     plastisch verformte Zone

Nach Überschreiten einer oft geringen Beanspruchung ($\sigma \approx 30$ bis $50 \, \text{N/mm}^2$) entsteht der spröde, instabile Sprödbruch, der sich mit einigen 1000 m/s ausbreitet. Das Bauteil wird durchschlagen.

Scharfer kerbbedingter Spannungszustand aufgrund behinderten Fließens, verbunden mit großer $\sigma_{\max}$.

a)   b)

Bild 3-30
Einfluss der Werkstoffzähigkeit auf die Rissart bei
a) einem zähen (große plastische Zone!),
b) spröden Werkstoff (kleine plastische Zone, scharfer kerbbedingter Spannungszustand).

Für seine Auslösung müssen die folgenden Voraussetzungen erfüllt sein:

❒ Der Werkstoff muss versprödbar sein. Alle krz (hdP) Metalle verspröden beim Erreichen bestimmter Betriebs- bzw. Werkstoffbedingungen nahezu schlagartig:
 – Die Betriebstemperatur ist kleiner als die nach verschiedenen Prüfverfahren feststellbare Übergangstemperatur der Zähigkeit.
 – Der vorhandene Spannungszustand führt zur Spannungsversprödung.
 – Die zu geringe (Schlag-)Zähigkeit des Grundwerkstoffs ist Ursache für das Verspröden der WEZ und damit der Verbindung.

❒ Der Werkstoff muss die für die Entstehung des Sprödbruchs erforderlichen mechanischen oder metallurgischen Kerben enthalten. Die hier vorhandenen Spannungsspitzen führen zum Anriss.

❒ Die im Bauteil *gespeicherte Energie* muss für die instabile Fortpflanzung des Risses ausreichend sein.

3.4.3.1 Werkstoffliche Faktoren

Ausreichende (Schlag-)Zähigkeitseigenschaften des Werkstoffs und vor allen Dingen der WEZ sind Voraussetzungen für sprödbruchsichere Konstruktionen. Alle werkstofflichen Veränderungen, die die Verformbarkeit der wärmebeeinflussten Zone (und des Schweißguts) verringern, begünstigen grundsätzlich den Sprödbruch.

Die *Sprödbruchempfindlichkeit* kann erfahrungsgemäß *nicht* mit Prüfverfahren beurteilt werden, die *statische* Zähigkeitseigenschaften feststellen. Das gilt z. B. für die im Zugversuch ermittelten Werte der Bruchdehnung und Einschnürung.

Die *Sprödbruchneigung* des Bauteils kann bisher nicht mit der wünschenswerten Zuverlässigkeit bestimmt werden. Die Vielzahl der existierenden Verfahren kann nur bestimmte Teilaspekte dieser komplexen Werkstoffeigenschaft feststellen. In der Praxis hat sich der *Kerbschlagbiegeversuch* (Abschn. 6, S. 579) zum Bestimmen der Sprödbruchempfindlichkeit des Grundwerkstoffs (aber nicht der Schweißkonstruktion!) bewährt. Dieser Versuch verbindet
 – scharfe, mehrachsige, sprödbruchbegünstigende Beanspruchungen in gekerbten Proben,
 – schlagartige Beanspruchung und
 – Prüfen bei beliebig tiefen Temperaturen
 – mit Praxisnähe und Wirtschaftlichkeit.

Das Ergebnis einer Auswertung zeigt Bild 3-31. Als Bewertungskriterien werden verwendet:
 – Die *Übergangstemperatur* z. B. $T_{ü,27}$ oder $T_{ü,40}$,
 – die *Kerbschlagarbeit* in der Hochlage K.

Die Erfahrung aus vielen Schadensfällen zeigt, dass zum Vermeiden eines spröden Bruches eine Mindest-Kerbschlagarbeit von 27 J, bei den heutzutage geforderten höheren Werten bzw. höheren Beanspruchungen eine von 40 J (bzw. 47 J) erforderlich ist. Die zugehörigen Prüftemperaturen werden *Übergangstemperaturen* $T_{ü,27}$ bzw. $T_{ü,40}$ genannt. Diese sind wegen ihrer im Vergleich zur Probe völlig andersartigen Beanspruchung, Werkstückdicke, Kerbschärfe (und Anzahl der Kerben und Größe) *nicht* mit der Versprödungstemperatur geschweißter Bauteile identisch. Der Kerbschlagbiegeversuch erlaubt trotzdem eine zuverlässige Einordnung und Einschätzung der Stähle hinsichtlich ihrer *Sprödbruchsicherheit*. Als Bewertungsmaßstab der Sicherheit gegen Sprödbruch ist die Übergangstemperatur aus verschiedenen Gründen wesentlich besser geeignet als die Kerbschlagarbeit in der Hochlage, Bild 3-31.

Als Folge der hohen metallurgischen Qualität der heutigen Stähle ist ein Versagen durch Sprödbruch selten, wenn die bekannten Standards und Empfehlungen beachtet werden. Große Vorsicht ist allerdings bei Reparaturschweißungen an Bauteilen aus früheren Jahren geboten.

Die Sprödbruchanfälligkeit wird durch alle Faktoren größer, die auch die Schweißeignung verschlechtern. In erster Linie sind zu nennen:

- Die Elemente P, N und C begünstigen die Versprödung (P, N, C) bzw. Aufhärtung (C) der wärmebeeinflussten Zonen. In diesem Sinn müssen auch die (angeschnittenen) Seigerungen in unberuhigten Stählen beachtet werden.
- Korngröße, Art, Menge und Anordnung der Korngrenzensubstanz. Das Gefüge der WEZ ist häufig grobkörnig und daher meist deutlich weniger verformbar als der Grundwerkstoff. Ausscheidungen innerhalb der Körner oder wesentlich gefährlicher auf den Korngrenzen sind für manche Stähle typisch.
- Kaltverformte Werkstoffe können nach dem Schweißen altern und grobkörnig werden, wenn im Bereich des kritischen Verformungsgrads (etwa 3%...10%) kaltverformt wurde. Hierzu sind die Richtlinien gemäß DIN 18800-1 zu beachten (s. Abschn. 4.1.3.4, S. 333).

Die Sprödbruchunempfindlichkeit und damit die Schweißeignung lässt sich relativ zuverlässig durch eine Mindestkerbschlagzähigkeit oder besser die Übergangstemperatur der Stähle angeben. Darauf beruht das Konzept der **Gütegruppen** für unlegierte Baustähle, das in Abschn. 4.3.1.1., S. 379, ausführlicher behandelt wird.

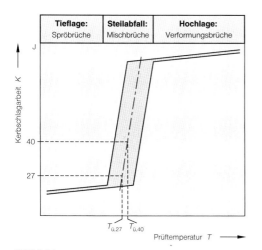

Bild 3-31
Typischer Verlauf einer Kerbschlagarbeit-Temperatur-Kurve mit den charakteristischen Bewertungskriterien Mindestarbeit K (z. B. 27 J und 40 J) und den zugeordneten Übergangstemperaturen $T_ü$ (z. B. $T_{ü,27}$ oder $T_{ü,40}$).

3.4.3.2 Konstruktive Faktoren

Die gespeicherte elastische Energie der mehrachsigen Eigenspannungen ist nach dem Stand unserer Kenntnisse Hauptursache für das Entstehen des Sprödbruchs in geschweißten Konstruktionen. Sie begünstigt und erleichtert nicht nur die Werkstoffversprödung, sondern liefert auch die erforderliche (große) Rissfortschrittsenergie, ohne die ein Sprödbruch nicht entstehen bzw. sich fortpflanzen könnte.

Danach sind die folgenden vom Konstrukteur beeinflussbaren Faktoren zu beachten:
- Im Bereich scharfer geometrischer (Wanddickenunterschiede, rissähnlich wirkende innere oder äußere Defekte) oder metallurgischer (Korngrenzenbeläge, Einschlüsse, Korngröße, Mikrodefekte) Kerben entstehen örtliche *Spannungskonzentrationen* mit einem hohen Mehrachsigkeitsgrad.
- Mit zunehmender Wanddicke wird der Eigenspannungszustand und seine Schärfe (*Mehrachsigkeitsgrad*) größer. Gemäß Bild 3-30 kann ein zäher Werkstoff Spannungen durch Plastifizieren abbauen. Auf dieser Eigenschaft beruht die große Überlegenheit verformbarer Stähle. Das Entstehen spröder Brüche ist bei ihnen selbst im geschweißten Zustand nahezu ausgeschlossen. Ein *Spannungsarmglühen* nach dem Schweißen hat die gleiche Wirkung, weil die Eigenspannungen weitgehend beseitigt werden.
- Der Einfluss der *Betriebstemperatur* ist nach Bild 3-31 bei versprödbaren Werkstoffen außerordentlich groß. Ein Betreiben der Konstruktion unterhalb ihrer Übergangstemperatur $T_{ü,Bauteil}$ führt schon bei geringsten Beanspruchungen (20 N/mm² bis etwa 50 N/mm²) unweigerlich zum Entstehen des Sprödbruchs. Das Bauteil ist also bei $T > T_{ü,Bauteil}$ zu betreiben.
- Der Werkstoff kann nur dann plastisch verformt werden, wenn die *Geschwindigkeit der Lastaufbringung* kleiner ist als die *Verformungsgeschwindigkeit*. Die Gleitbewegungen verlaufen im Gegensatz zur Zwillingsverformung verhältnismäßig langsam. Ist diese Bedingung *nicht* erfüllt, dann ist der Sprödbruch unvermeidlich.

3.4.4 Maßnahmen zum Abwenden des Sprödbruchs

Das Entstehen des Sprödbruchs wird in erster Linie durch Wahl ausreichend zäher Werkstoffe vermieden. Außerdem steht dem Konstrukteur und dem Verarbeiter eine Reihe wirkungsvoller Maßnahmen zur Verfügung, die beachtet werden sollten.

Der Konstrukteur kann die bauteilabhängigen Betriebsbedingungen nicht beeinflussen. Lediglich Größe und Schärfe ungünstiger, weil sprödbruchbegünstigender (meistens dreiachsiger) Spannungszustände kann er begrenzen. Dazu gehören u. a. folgende Maßnahmen:
- *Kerben*, d. h. *Steifigkeitssprünge* vermeiden.
- *Wanddicken begrenzen* oder Fügeteil(e) in dünnere Lamellen auflösen.
- *Kaltverformungen vermeiden* oder geeignete Stahlqualitäten wählen (z. B. Feinkornbaustähle oder thermomechanisch behandelte Feinkornstähle nach DIN EN 10025-3/4 bzw DIN EN 10028-3/5).
- *Nachgiebig konstruieren*. Starres Einspannen der Fügeteile vermeiden.
- *Kräfte »breitbandig«, nicht »punktförmig« einleiten*, vgl. Stab- und Flächentragwerke.
- *Anhäufungen von Schweißnähten vermeiden*, z. B. Nahtkreuzungen oder »Angstlaschen«.

Die Aufgabe des Schweißingenieurs besteht u. a. darin, die Verformbarkeit des (schweißgeeigneten) Werkstoffs in der Wärmeeinflusszone und dem Schweißgut durch den Schweißprozess möglichst wenig herabzusetzen. Hierzu lässt sich eine Reihe von Maßnahmen anwenden:
- *Seigerungszonen* nicht anschmelzen oder geeignete Zusatzwerkstoffe wählen, z. B. basisch-umhüllte Stabelektroden.
- Bei *Temperaturen* über +5 °C schweißen oder Fügeteile evtl. auf »*Handwärme*« anwärmen.
- Bei großen *Wanddicken* vorwärmen.
- Fügeteile durch Wahl einer geeigneten Schweißfolge möglichst lange *frei beweglich* lassen (Eigenspannungen!).

3.5 Fehler in der Schweißverbindung

Die in einer Schweißverbindung vorhandenen Fehler können sehr unterschiedliche Ursachen haben. Im Folgenden sollen lediglich einige grundlegende Tatsachen mitgeteilt werden, eine auch nur annähernd vollständige Darstellung ist nicht möglich.

Die in Schweißverbindungen aus metallischen Werkstoffen vorkommenden Fehler sind in der DIN EN ISO 6520 (DIN 8524-3) zusammengestellt und klassifiziert. Eine Bewertung der Fehler hinsichtlich ihrer möglichen Auswirkungen auf das Bauteilverhalten erfolgt nicht. Abhängig von der Art und dem Zeitpunkt der Fehlerentstehung während des Herstellprozesses des Bauteils unterscheidet man folgende Fehlerarten:

❒ **Fertigungsfehler**
Das sind im Wesentlichen (vermeidbare) Handhabungsfehler, deren Auftreten und Umfang allerdings von fertigungstechnischen und werkstofflichen Besonderheiten sowie von konstruktiven Mängeln beeinflusst werden. Für die folgende Diskussion werden sie in *mechanische* und *metallurgische* Fehler eingeteilt.

Zu den mechanischen (Handhabungsfehlern) gehören z. B:
- Naht- bzw. Wurzelüberhöhung.
- Zündstellen, Heftnähte, Einbrandkerben, Wurzelfehler, Kantenversatz sind fast immer Bereiche mit starker geometrischer bzw. metallurgischer Kerbwirkung. Sie sind meistens die Folge einer nicht verantwortungsbewussten (häufig schlampigen) Arbeitsweise des Schweißers und einer nicht kontrollierten und nicht schweißgerechten Fertigung.
- Verunreinigungen, die aus der Umgebung (Gase aus der Atmosphäre, Fette, Farben, Rost, Beschichtungen, Ablagerungen aller Art auf der Werkstückoberfläche) aufgenommen werden. Sie sind Ursachen von Poren und festen Einschlüssen.

Fehler mit überwiegend metallurgischem Charakter sind:
- Risse (Heiß-, Kalt-, Endkraterrisse, Risse im Schweißgut und der Wärmeeinflusszone), Bindefehler, Kaltstellen. Die rissähnlichen Defekte entstehen in der Regel als Folge unzureichender Handfertigkeit des Schweißers, können aber oft bei einem entsprechend schlecht schweißgeeigneten Werkstoff mit einem wirtschaftlich vertretbaren Aufwand nicht vermieden werden. Diese planaren Fehler beeinträchtigen die Tragfähigkeit stärker als jeder andere, sie müssen daher in jedem Fall fachgerecht beseitigt werden (s. aber »konstruktive Fehler«!).
Unzulässiger Aufschmelzgrad (Vermischung mit dem oft schlechter schweißgeeigneten Grundwerkstoff ist zu groß) erzeugt sprödes oder (und) heißrissanfälliges Schweißgut.
- Poren, Porennester, Schlauchporen, Startporosität. Ursachen dieser Fehlerart sind meistens Handhabungsfehler, aber auch z. B. eine entsprechend große Porenneigung des Werkstoffs bzw. des Zusatzwerkstoffs können eine Rolle spielen. In diesem Fall muss der Schweißingenieur die Probleme durch entsprechende Maßnahmen (Zusatzwerkstoffwahl, Einstellwerte, Probeschweißung, Schweißerqualifikation) klären.
- Anschneiden von Seigerungszonen in unberuhigten Stählen.

❐ **Werkstofffehler**
Vor dieser Fehlerart kann sich der Anwender hinreichend sicher durch Wahl eines für den Verwendungszweck geeigneten Werkstoffs schützen. Die hierfür entscheidende Eigenschaft ist eine ausreichende Schweißeignung. Trotzdem müssen nachstehende Probleme grundsätzlich beachtet werden:
- Terrassenbruchempfindlichkeit der Feinkornbaustähle (Abschn. 2.7.6.1, S. 189),
- Heißrissempfindlichkeit, bzw. Neigung zu Wiederaufschmelzrissen,
- Kaltrissempfindlichkeit.

❐ **Konstruktive Fehler**
Durch ungeeignete Nahtformen oder eine unzweckmäßige Gestaltung können hohe Eigenspannungszustände, gefährliche Spannungsspitzen, Spannungsversprödung und (oder) große Bauteilverzüge entstehen.

Der Anwender muss sich aber bewusst sein, dass nicht jede geometrische Abweichung der Schweißnaht von dem »Ideal« der Zeichnung ein Fehler in dem beschriebenen Sinn darstellt. Nach den Grundlagen der statistischen Qualitätskontrolle wird aus einer »Diskontinuität« erst nach Überschreiten einer festgelegten oder vereinbarten Toleranzgrenze ein zu beseitigender Fehler. Im Übrigen führt das Reparieren »fehlerbehafteter« Schweißverbindungen häufig nicht zu der beabsichtigten Fehlerfreiheit, sondern zu weiteren, eventuell sehr viel schwerwiegenderen Defekten. Der wichtigste Grund sind die abhängig von der Werkstückdicke entstehenden erheblichen Eigenspannungszustände, die bei nicht fachgerechter Ausführung zur Rissbildung führen können. Auch die häufig sehr begrenzte Zugänglichkeit der Schweißstelle ist zu beachten.

Nachstehend werden nur die metallurgischen Fehler behandelt, da die anderen Fehlerarten bereits in verschiedenen Abschnitten dieses Buches erwähnt wurden.

3.5.1 Metallurgische Fehler

Eine eindeutige Unterscheidung zwischen metallurgischen und mechanischen Fehlern ist kaum möglich, in den meisten Fällen auch nicht erforderlich. Eine größere Anzahl der unterschiedlichsten, vorwiegend auf bestimmten Werkstoffeigenschaften beruhenden Fehler, wurden in den verschiedenen Abschnitten schon ausführlicher besprochen, z.B. Abschn. 3.3.3 (Einfluss der Gase auf die mechanischen Eigenschaften). An dieser Stelle sollen nur einige Hinweise auf wichtige charakteristische metallurgische Fehler und den Mechanismus der Porenbildung gegeben werden.

3.5.1.1 Die Wirkung der Gase

Die Gase können im Werkstoff in atomarer oder molekularer Form vorhanden sein und die Werkstoffeigenschaften in sehr unterschiedlicher Weise in jedem Fall negativ beeinflussen:

- Das atomar im Gitter gelöste Gas beeinträchtigt die mechanischen Gütewerte in der Regel sehr viel stärker als Gas in molekularer Form. In erster Linie wird die (Bruch-)Zähigkeit z. T. extrem herabgesetzt, d. h. die Rissneigung erhöht. Dieses komplexe Verhalten trifft vor allem für das in vielen Beziehungen gefährlichste Gas Wasserstoff zu.
  Die metallurgische Wirkung der Gase Sauerstoff, Wasserstoff und Stickstoff wurde bereits ausführlicher in Abschn. 3.3.3 besprochen und wird hier daher nicht mehr erörtert.
- Das gelöste Gas kann bei Löslichkeitssprüngen (z. B. Gitterumwandlung, Übergang flüssig/fest), begünstigt durch große Abkühlgeschwindigkeiten der Schmelze und eine große Schmelzenviskosität, (Aufgabe 2-6, S. 228) den Werkstoff nicht verlassen und rekombiniert überwiegend an Gitterstörstellen zu molekularem Gas. Es entstehen die oft ungefährlicheren *Poren*. Bild 3-32 zeigt eine sich über die gesamte Länge einer UP-geschweißten Wurzel ausdehnende Schlauchpore. Ihre Entstehung kann darauf zurückgeführt werden, dass die nachfließende Schmelze nicht mehr das durch die hohe Schweißgeschwindigkeit geschaffene Schweißgutvolumen auffüllen konnte.

Die Wirkung auf das mechanische Verhalten der Werkstoffe hängt von einer Reihe physikalischer und chemischer Eigenschaften der Gase ab:
- Der Größe der *Löslichkeit* des Gases im flüssigen und der Größe des Löslichkeitsunterschieds im flüssigen und festen Zustand. Mit zunehmender Menge des gelösten Gases nimmt die Wahrscheinlichkeit der Porenbildung (vor allem bei rascher Abkühlung) ebenso zu wie der im festen Werkstoff zwangsgelöste Anteil, d. h. auch dessen schädigende Wirkung wird größer.
- Der Größe des *Diffusionskoeffizienten D*. Der geschädigte Werkstoffbereich ist in der Regel umso größer, je schneller sich das Gas durch ihn bewegen kann. Allerdings ist diese große Beweglichkeit auch nützlich, weil sich das Gas schon bei verhältnismäßig niedrigen Temperaturen leicht aus dem Werkstoff austreiben lässt. Wasserstoff mit dem kleinsten Atomdurchmesser aller Gase zeigt dieses Verhalten in typischer Weise.
- Der Fähigkeit, *Verbindungen* zu bilden. In gebundener Form, d. h., in Form von festen Teilchen, also Schlacken und Einschlüssen, wirken die Gase hauptsächlich als mechanische Kerben im Sinne der *Neuber*schen Kerbspannungslehre. Ihr Einfluss auf die mechanischen Gütewerte wird als relativ gering eingeschätzt und hängt vorwiegend von der Kerbwirkung, Größe, Art und Verteilung der Einschlüsse ab. Sauerstoff und Stickstoff werden leicht von entsprechenden desoxidierenden bzw. denitrierenden Elementen (z. B. Mn, Si, Al, Ti, Nb) gebunden, die Verbindungsneigung von Wasserstoff (Hydrid) ist dagegen deutlich geringer. Daher lässt sich Wasserstoff aus Metallschmelzen kaum mit Desoxidationsmitteln (Metallen), sondern sehr viel effektiver mit einer Vakuumbehandlung, s. Abschn. 2.3.1.1, S. 128, entfernen. Wasserstoff schädigt den Werkstoff daher überwiegend in gasförmiger, besonders stark in atomarer Form.

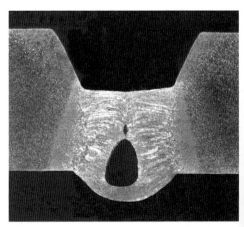

Bild 3-32
Schlauchpore in einer UP-geschweißten Wurzel.

Verhindern der Gasaufnahme
Mit zunehmender Festigkeit und zunehmendem Kohlenstoffgehalt des Werkstoffs ist die rigorose Begrenzung des in das Schweißgut gelangenden Wasserstoffs und der anderen Gase zwingend erforderlich.

Folgende Möglichkeiten der *Gasaufnahme* sind in der Schweißpraxis bedeutsam und bekannt. Sie sollten beachtet und kontrolliert werden:
- Umgebungsfeuchtigkeit oder mit Schichten aller Art bedeckte Blechoberflächen. Öl, Rost, Farbe, Fette und Feuchtigkeit sind vergasbare Bestandteile, die erhebliche Gasmengen erzeugen können. Sie lassen sich durch Anwärmen, mit mechanischen Verfahren (z. B. Schleifen, Bürsten) oder mit geeigneten Lösungsmittel beseitigen.
- Ziehfettrückstände, Rost oder andere Verunreinigungen (Fette, Farben, Schmutz) auf den Oberflächen von Drahtelektroden und Schweißstäben.
- Feuchtigkeit in Schutzgasen, Stabelektroden und Schweißpulvern.
- Falsche Handhabung des Schweißgerätes und eine nicht fachgerechte Schweißtechnologie. Hierzu gehören z. B.:
  – *Zu langer Lichtbogen:* Luft kann in den Lichtbogenraum gelangen. In kritischen Fällen kann der Lufteinbruch auch durch Wahl von Verfahren verhindert bzw. behindert werden, deren Lichtbogen kurz, wenig turbulent und chemisch nicht aktiv ist. Das WIG-Verfahren ist hierin besonders sicher, Bild 3-19.
  – *Falsche Führung des Schweißbrenners beim Gas- und Schutzgasschweißen:* Anstellwinkel zu groß/klein; Injektorwirkung; der helleuchtende Kegel der Gasflamme taucht in die Schmelze ein, die dann Kohlenstoff und Wasserstoff aufnimmt.
  – *Falsche Einstellwerte:* eine zu große Vorschubgeschwindigkeit erzeugt hohe Abkühlgeschwindigkeiten und erschwert das Ausgasen des Schweißguts. Diese Tatsache wird oft als Ursache für eine deutliche Porenbildung unterschätzt.

Die Viskosität der Schmelze ist im großen Umfang verantwortlich für die Neigung zur Porenbildung und wird in erster Linie von ihrem Sauerstoffgehalt bestimmt. Sie ist demnach von der chemischen Charakteristik der Umhüllung der Stabelektroden sowie der Schweißpulver abhängig.

Der wichtigste Wasserstofflieferant ist das von den Umhüllungen und Schweißpulvern aus der Atmosphäre aufgenommene und in ihnen chemisch gebundene *Kristall-* bzw. *Konstitutionswasser* (OH-Gruppen). Grundsätzlich sollte der Feuchtegehalt der zum Schweißen höherfester Vergütungsstähle verwendeten basischen Stabelektroden und basischen Schweißpulvern durch Trocknen möglichst gering sein. Das gilt aber nur für basische Stabelektroden. Die Umhüllung jeder anderen Stabelektrodenart muss zum Stabilisieren und Konditionieren des Lichtbogens sowie für einen gerichteten Werkstoffübergang einen bestimmten Feuchtegehalt aufweisen. Zellulose-umhüllte Stabelektroden müssen zum Erzeugen eines stabilen Lichtbogens z. B. bis 4 % Feuchtigkeit enthalten. Weiterführende Einzelheiten sind im Abschn. 4.2.3.1.3, S. 341, zu finden.

3.5.1.2 Fehler beim Schweißbeginn und Schweißende

Bei einigen Zusatzwerkstoffen – vor allem bei Stabelektroden – besteht die Neigung, zu Beginn der Schweißarbeiten im *Anfangskrater* (Ansatzstelle) des Schweißguts eine deutliche Porenbildung zu erzeugen. Die Ursache ist eine unzureichende Desoxidation der Schmelze. Die notwendige metallurgische Reinigung der Schmelze muss mit Desoxidationselementen in der Umhüllung erfolgen, weil der Kernstab von Stabelektroden zum Schweißen unlegierter Stähle unberuhigt ist. Kernstäbe der zum Schweißen hochfester Stähle verwendeten Stabelektroden enthalten aber nur geringe Mengen Silicium, weil dieses Element die Zähigkeitseigenschaften beeinträchtigt.

Die Menge des in der Umhüllung enthaltenen Ferrosiliciums ist für eine vollständige Desoxidation unzureichend, weil die zur Verfügung stehende Reaktionszeit bei Schweißbeginn zu kurz ist. Porenbildung ist dann unvermeidlich, Bild 3-33a

Diese Erscheinung kann durch spezielle Schweißtechnologien vermieden werden:
– *Verwenden von Vorschweißblechen.* Der Anfangskrater, d. h., die ersten 2 cm bis 3 cm der Schweißnaht werden nach dem Schweißen abgetrennt, Bild 3-33b.
– *Wählen einer besonderen Elektrodenführung*, Bild 3-33c. Die Elektrode wird etwa 2 cm bis 3 cm in der Fuge vor dem Nahtende gezündet (S) und in Richtung des Nahtendes geführt (S → 1). Nach dessen Aufschmelzen wird die Schweißrichtung umgekehrt und dadurch der Bereich des eigentlichen Nahtbeginns erneut aufgeschmolzen (1 → S). Durch die jetzt höhere Reaktionstemperatur, die verlängerte Reaktionszeit und die größere zur Verfügung stehende Siliciummenge wird dieser Bereich vollständiger desoxidiert und damit die Porenbildung unterbunden.

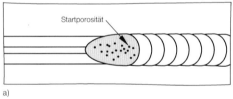
a)

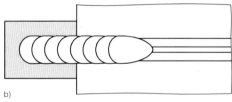
b)

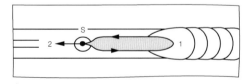
c)

Bild 3-33
Fertigungstechnische Möglichkeiten zum Vermeiden
a) der »Startporosität«, (Poren im Anfangskrater),
b) Verwenden von Vorschweiß- bzw. Auslaufblechen,
c) spezielle Elektrodenführung (»Back-Start-Stepping«:
   S → 1 → S → 2).

Ähnliche metallurgische Probleme wie bei den Nahtansatzstellen findet man auch im Bereich des *Endkraters*. Sie machen sich vor allem bei den Handschweißverfahren mit ihrem häufigen Stabelektroden- bzw. Schweißstabwechsel unangenehm bemerkbar.

Folgende metallurgische Fehler können am Nahtende entstehen, wenn die Wärmequelle zu schnell vom Schweißbad fortgerissen wird:
– *Endkraterrisse* und *Endkraterporen.* Das Nahtende kühlt wegen der fehlenden Wärmezufuhr der Wärmequelle sehr rasch ab, und die Zufuhr flüssigen Zusatzwerkstoffs unterbleibt schlagartig. Die Folge ist ein eingefallenes *(Endkrater)*, schlecht desoxidiertes (Porenbildung wegen zu geringer Reaktionszeit) Nahtende, in dem sich wegen der hohen thermischen Spannungen und dem hohen Gehalt an Verunreinigungen in der hier erstarrenden Restschmelze häufig auch noch heißrissähnliche Werkstofftrennungen bilden *(Endkraterrisse)*.
– *Aufnahme atmosphärischer Gase* durch den weitgehend fehlenden Schutzgasschleier.

Vor allem beim Schweißen der zur Heißrissigkeit neigenden Legierungen – vor allem bestimmte NE-Metall-Legierungen – entstehen bevorzugt Endkraterrisse. Auch diese Defekte lassen sich durch geeignete Führung des Zusatzwerkstoffs und apparative Ergänzungen bzw. speziellen Hilfsmitteln der Schweißeinrichtung vermeiden. In erster Linie sind zu nennen:
– *Verwenden einer Kraterfülleinrichtung* bei Schutzgasschweißverfahren. Diese Einrichtung schaltet den Schweißstrom nicht sofort ab. Der Strom fällt kontinuierlich oder wird mit Hilfe geeigneter Regeleinrichtungen nach Maßgabe bestimmter, einstellbarer Strom-Zeit-Folgen ausgeschaltet. Die Zugabe des flüssigen Zusatzwerkstoffs wird somit *allmählich* beendet. Die Abkühlgeschwindigkeit ist geringer, der Endkrater wird aufgefüllt, d. h., die Rissbildung wirksam behindert.
– *Geeignete Führung der Zusatzwerkstoffe.* Beim Lichtbogenhandschweißen wird der

Lichtbogen vom Endkrater auf die Flanke geführt und im Kurzschluss »ausgedrückt«. Für bestimmte hochlegierte (austenitische Cr-Ni-Stähle) Stähle ist diese Maßnahme wegen der großen Heißrissgefahr häufig auch nicht ausreichend. Ein sorgfältiges Ausschleifen des Endkraters ist dann unumgänglich.
– *Verwenden von Auslaufblechen*, Bild 3-33b. Die Schweißnaht wird auf ein außerhalb der Naht liegendes angeheftetes Blech geführt, das man wie das Vorschweißblech nach dem Ende der Schweißarbeiten abtrennt.

3.5.1.3 Probleme des Einbrands
In den meisten Fällen ist ein tiefer Einbrand aus werkstofflichen Gründen unerwünscht (Abschn. 4.1.1, S. 300), Bild 3-34a. Die entscheidenden Nachteile sind:

– Die ungünstige Form der *Primärkristallisation* des Schweißguts (Bild 4-8 und Abschn. 4.1.1.1, S. 300), die die Heißrissbildung stark begünstigt, und der
– große *Aufschmelzgrade*, d. h. der Umfang der Vermischung von Grundwerkstoff und Zusatzwerkstoff, Bild 3-34b, der verbunden mit der normalerweise großen Schweißgutmenge grundsätzlich stark (heiß-)rissbegünstigend wirkt.

Das Verformungsvermögen des Schweißguts nimmt i. Allg. mit zunehmendem Grundwerkstoffanteil ab, weil die metallurgische Reinheit der Zusatzwerkstoffe – zumindest bei konventionellen Stählen – deutlich größer ist als die der Grundwerkstoffe.

Aus technischen Gründen ist eine große Einbrandtiefe nicht erforderlich, sie wird aber in der Schweißpraxis oft wegen ihrer Fähigkeit geschätzt, Anpassungenauigkeiten der Nahtvorbereitung »auszugleichen«. Beim Verbindungs-, vor allem aber beim Auftragschweißen unterschiedlicher Werkstoffe ist wegen der fast immer zu erwartenden metallurgischen Unverträglichkeiten und anderer Probleme ein geringer *Aufschmelzgrad* erforderlich (Abschn. 4.1.1.1, S. 300).

Im Stahlbau und im Schiffbau werden (aus wirtschaftlichen Gründen) häufig in einer Lage hergestellte Kehlnähte mit sehr tiefem Einbrand verwendet, weil unter bestimmten Umständen die Hälfte der »zusätzlichen« Einbrandtiefe z in der statischen Berechnung berücksichtigt werden darf, Bild 3-34c. Wegen der hohen Abkühlgeschwindigkeit (siehe z. B. Bild 4-23, S. 321) und der ungünstigen Kristallisationsbedingungen sollte die Unbedenklichkeit dieser Technik durch Versuche nachgewiesen werden.

Bei der z. B. im Schiffbau vielfach angewendeten Doppel-Kehlnahtschweißung, Bild 3-34d, kann durch das *gleichzeitige* Schweißen der Kehlnähte mit Automaten der Steg in *keine* Richtung schrumpfen. Dieses hier durchaus beabsichtigte Ergebnis führt aber zu großen Schrumpfspannungen in den erstarrenden Nähten und damit in den meisten Fällen zur Heißrissbildung.

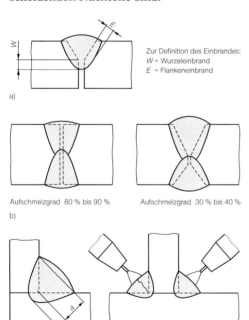

Bild 3-34
Einbrandverhältnisse bei Stumpf- und Kehlnähten.
a) Zur Definition des Einbrandes,
b) Einfluss der Fugenform (und des Schweißverfahrens) auf den Aufschmelzgrad,
c) zusätzlicher Einbrand z bei Kehlnähten,
d) verstärkte Heißrissneigung bei gleichzeitig doppelseitig geschweißten Kehlnähten.

3.5.1.4 Einschlüsse; Schlacken

Nach der Art ihrer Entstehung im Schweißgut unterscheidet man die
- exogenen und die
- endogenen Schlacken.

Exogene Schlacken gelangen durch Handhabungsfehler des Schweißers in die Schmelze. Das kann beispielsweise durch in die Schweißschmelze eingespülte, abgeplatzte Teile der Umhüllung oder durch Einschwemmen geschmolzener Schlacke in das Metallbad als Folge einer fehlerhaften Führung der Elektroden oder Elektrodenbehandlung (nicht getrocknet!) geschehen, Tabelle 3-2.

Aber auch die unkontrollierten Reaktionen beliebiger Verunreinigungen in Fugennähe können zu unerwünschten festen/flüssigen Schlacken (bzw. Poren) führen, die nicht in die Schlackendecke aufsteigen. In der Fertigung häufig anzutreffende Verunreinigungen sind z. B. Öle, Fette, Farben, Rost, Walzhaut, Beschichtungen und grafithaltige Schmiermittel (Kohlenstoff!). Die durch diese Verunrei-

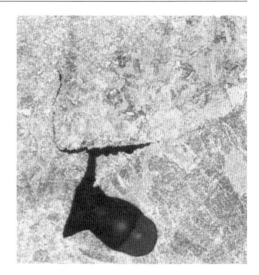

Bild 3-36
Mikroaufnahme eines durch einen Einschluss in einer 30 mm dicken Schweißverbindung aus dem Stahl 15Mo3 entstandenen Risses, V = 100 : 1.

nigungen verursachten Probleme nehmen mit zunehmender Schweißgeschwindigkeit meistens stark zu, Abschn. 4.1.1.1, S. 300.

Endogene Schlacken sind das erwünschte Ergebnis der Reaktionen der Desoxidationsmittel (z. B. Mn, Si, Al, Abschn. 2.3, S. 125) mit den zu beseitigenden Verunreinigungen (z. B. O, N, S, P). Wegen der hohen Reaktionstemperaturen in der Schmelze und ihrer großen Abkühlgeschwindigkeit sind sie in der Regel sehr klein. Eine Beeinträchtigung der mechanischen Gütewerte durch diese Schlacken ist ebensowenig zu erwarten wie bei den desoxidierten Grundwerkstoffen. Diese Aussage gilt uneingeschränkt allerdings nur für konventionelle niedrigfeste Stähle. Mit zunehmender Werkstofffestigkeit wirken auch kleinere Schlacken (Poren) zunehmend rissauslösend, d. h. tragfähigkeitsvermindernd. Größere, und vor allem flüssige Schlacken können das Schmelzbad prinzipiell einfacher verlassen.

Die durch fehlerhafte Handhabung entstandenen exogenen Einschlüsse sind in den meisten Fällen wesentlich größer als die endogenen und gewöhnlich nicht mehr rundlich, sondern sehr häufig eckig. Sie sind damit

Kaltstellen entstehen bei Handschweißverfahren,
Schlackeneinschlüsse bei tiefeinbrennenden Schweißverfahren weil:

Öffnungswinkel α zu klein:
Schlackenreste in Nahtflanken,
Ausschleifen erforderlich
a)

Stegabstand c zu klein:
Bindefehler an Nahtflanken,
Schlacken, Wurzelfehler
b)

Falsche Elektrodenführung:
Blaswirkung erzeugt Wurzel in
»Osterei«-Form. Ohne Ausschleifen festgekrallte, schwer
aufschmelzende Einschlüsse
Schlacken nach nächster Lage
c)

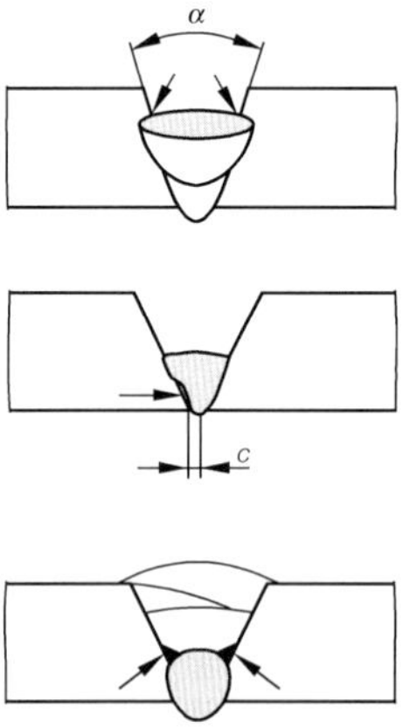

Bild 3-35
Einfluss der Nahtvorbereitung und der Elektrodenführung auf die Entstehung von Schlacken und Kaltstellen im Schweißgut.
a) Einfluss des Öffnungswinkels α und des Schweißverfahrens,
b) Einfluss des Stegabstands,
c) Einfluss falscher Elektrodenführung beim Schweißen der Wurzel.

deutlich gefährlicher, und ihre Beseitigung ist daher im Gegensatz zu den endogenen meistens erforderlich bzw. nach den Regelwerken bindend vorgeschrieben.

»Vermeidbare« Schlacken und Schlackennester entstehen auch häufig durch eine falsche Elektrodenführung, durch Schweißen in bestimmten (manuell schwer ausführbaren) Positionen und durch eine fehlerhafte Nahtvorbereitung. Die wichtigsten Ursachen sind danach:
– Die beim Schweißen der Wurzel besonders starke *Blaswirkung* wird vom Schweißer nicht beachtet, Bild 3-35c. Die Schmelze wird bei falscher Elektrodenhaltung auf die bereits geschweißte Naht »geblasen« und erstarrt dann in der charakteristischen Eiform (»*Osterei*«). Die Wärme der nachfolgenden Lage kann die an den Fugenflanken meistens fest verkrallten Schlackenreste meistens nicht zuverlässig aufschmelzen. Einschlüsse sind nur vermeidbar, wenn die Schlackenreste vorher ausgeschliffen wurden. Ähnliche Probleme ergeben sich bei Schweißnähten mit zu geringem Öffnungswinkel, die mit Hochleistungsverfahren hergestellt werden. Die Schlacke der weit in die Nahtflanken einbrennenden Naht lässt sich i. Allg. nur durch intensives Schleifen evtl. auch mit Nadelwerkzeigen beseitigen. Unterbleibt dieser Arbeitsschritt bzw. wird die festgeklammerte Schlacke nicht restlos entfernt, dann entstehen auch hier Schlackeneinschlüsse. Weitere Hinweise über die Wirkung der Schmelzbadströmungen findet man im Abschn. 4.1.1.2, S. 307.
– Der *Stegabstand ist zu gering*. Neben der größeren Gefahr der Bildung von Bindefehlern, Bild 3-35b, muss auch mit Schlackeneinschlüssen gerechnet werden. Die Handhabung für den Schweißer wird sehr erschwert.
– *Schweißen in bestimmten Positionen.* Beim Schweißen z. B. in der PE-Position (ü-Pos) ist das Aufsteigen der Reaktionsschlacken und evtl. der Gase grundsätzlich erschwert. Schlackeneinschlüsse und eine gewisse Porigkeit sind daher charakteristisch für diese Schweißtechnologie.

Die Mikroaufnahme Bild 3-36 zeigt sehr anschaulich die rissauslösende Wirkung einer im Bereich der Schmelzgrenze entstandenen Schlacke.

3.5.1.5 Zündstellen

Dieser Handhabungsfehler entsteht beim Zünden des Lichtbogens *neben* der Schweißnahtfuge (nicht im Schweißgut!) überwiegend bei Handschweißverfahren. Seine Ursache ist also nicht eine mangelhafte Handfertigung, sondern Nachlässigkeit und (oder) eine unzureichende Kontrolle des Schweißers bzw. des Fertigungsablaufs.

Der Bereich der etwa kreisförmigen Zündstelle besteht aus einer geringen Menge extrem schnell aufgeheizten und erstarrten flüssigen Werkstoffs, umgeben von einer sehr rasch abgekühlten WEZ. In dem häufig in Martensit umgewandelten austenitisierten Teilbereich entstehen bei größeren Kohlenstoffgehalten im Grundwerkstoff leicht Risse, begünstigt durch den scharfen Eigenspannungszustand. Schleifspuren neben den Schweißnähten weisen häufig auf nur oberflächlich beseitigte Zündstellen hin, die immer noch »zugeschmierte« Risse enthalten. Eine Prüfung mit dem Farbeindringverfahren oder anderen geeigneten Verfahren ist daher sehr empfehlenswert.

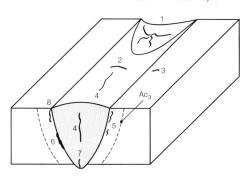

1 Endkraterriss
2 Querriss im Schweißgut
3 Querriss in der WEZ
4 Längsriss im Schweißgut
5 Kaltriss in der WEZ
6 Bindefehler
7 Wurzelriss
8 Kantenriss

Bild 3-37
Einteilung der Rissarten nach dem Ort der Entstehung in Schweißverbindungen, schematisch.

Eine ähnliche Wirkung besitzen zu kurze Heftstellen. Ihre Aufgabe ist es, die Fügeteile rissfrei zu fixieren. Dies gelingt aber nur dann, wenn die Heftstellen ausreichend dicht liegen [(20 ... 30)·Blechdicke d] und genügend lang sind (≈ 20 bis 40 mm), Abschn. 4.1.3.2, S. 318.

3.5.1.6 Rissbildung im Schweißgut und in der WEZ

Rissbildung im Schweißgut und der WEZ ist die wohl gefürchtetste und am schwersten gezielt zu vermeidende Fehlerart. Eine Reparatur ist unumgänglich. Die Rissbildungsmechanismen sind meistens sehr komplex und die Rissursachen häufig nicht genügend bekannt oder nur mit großem Aufwand feststellbar. Damit ist die Wahl entsprechender Gegenmaßnahmen erschwert und oft nur mit großer Erfahrung und ohne Garantie für eine erneute Rissbildung möglich.

Risse entstehen nach örtlicher Überschreitung der Festigkeit durch eine irreversible Trennung des atomaren Zusammenhalts unter Bildung von Rissoberflächen.

Abhängig vom Entstehungsort in Schweißverbindungen unterscheidet man die folgenden Risstypen:
– Risse im *Schweißgut*,
– Risse im Bereich der *Schmelzgrenze* und
– Risse im restlichen Bereich der *WEZ*.

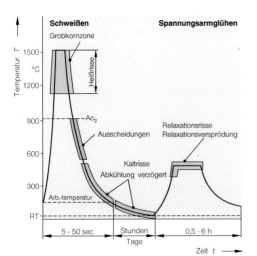

Bild 3-38
Rissbildung beim Schmelzschweißen, nach MPA Stuttgart.

Rissart	Entstehungsort(e)	Rissverlauf	Skizze
Aufhärtungsriss Unternahtriss	WEZ	transkristallin	$\gamma \to M$
wasserstoffinduzierter Riss	WEZ und Schweißgut	transkristallin und (oder) interkristallin	
Terrassenbruch	WEZ	parallel zur Walzrichtung	

Bild 3-39
Klassifizierung des Schweißfehlers Kaltriss.

Bild 3-37 zeigt die wichtige Rissentstehungsorte in einer schematischen Übersicht.

Die Definitionen und Klassifizierungen der Rissarten geschieht gemäß Bild 3-38:

❐ In Abhängigkeit von dem Temperaturbereich, in dem die Rissbildung erfolgt unterscheidet man
  – *Heißrisse* und
  – *Kaltrisse*. Nach DIN EN ISO 6520 werden Kaltrisse in Schweißverbindungen nach Risslage und Ausbildungsform eingeteilt in Aufhärtungs-, Wurzel-, Kerb-, Schrumpf- und Lamellenrisse (Terrassenbruch, Abschn. 2.7.6.1, S. 188). Bild 3-39 gibt einige Hinweise zur Klassifikation der Kaltrisse.
❐ Je nach Risslänge werden unterschieden
  – *Mikrorisse*. Deren Länge liegt häufig im Bereich eines Korndurchmessers. Sie sind daher nur mit mikroskopischen (metallografischen) Verfahren erkennbar und die
  – *Makrorisse*, die bereits mit unbewaffnetem Auge erkennbar sind.
❐ Gewaltbrüche treten als
  – *Verformungsbrüche* und als
  – *Sprödbrüche* auf. Sie verlaufen kristallin oder interkristallin und entstehen durch Spalten (Trennen) der Kristallebenen im Korn (Spaltbruch, Trennbruch). Diese Risse erscheinen makroskopisch verformungslos, obwohl ihre Entstehung eine bestimmte Plastizi-

tät im Mikrobereich voraussetzt *(Mikroplastizität)*, Bild 3-40b.

Die gefährlichste Schadensform ist der *wasserstoffinduzierte Kaltriss* (s. auch Abschn. 3.5.1.1). Da er nach der Wasserstoffbeladung u. U. erst nach Tagen entsteht, wird er im englischen Sprachraum auch als *delayed fracture* (engl.; *delayed* = verzögert) bezeichnet. Daher wird noch gelegentlich die Bezeichnung *verzögerter Riss* verwendet. Bild 3-40 zeigt die Bruchfläche eines typischen Kaltrisses in makroskopischer und rasterelektronenmikroskopischer Darstellung.

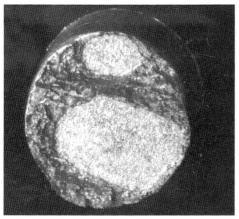
a)

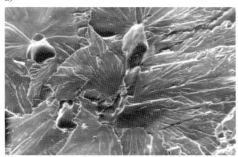
b)

Bild 3-40
Bruchflächenaufnahmen eines wasserstoffinduzierten Kaltrisses in einer Implantprobe aus dem Werkstoff C15 (C 15), BAM.
a) *Makroaufnahme, die helleren Flächen sind die Kaltbruchflächen.*
b) *REM-Aufnahme. Die Bruchfläche zeigt außer sprödflächigen Anteilen auch Bereiche mit deutlicher Mikroplastizität und die für diese Rissart typischen Mikroporen.*

Die Bildung der Kaltrisse erfolgt in folgenden Schritten:
– Entstehung von Mikrorissen an Gitterdefekten nach einer bestimmten Inkubationszeit. Sie sind im Lichtmikroskop nicht nachweisbar.
– Langsames Wachsen der Mikrorisse bis eine kritische Länge erreicht ist. Dabei sammelt sich zeitabhängig atomarer (diffusibler) Wasserstoff an. Anschließend erfolgt durch Verminderung der Kohäsionskräfte der Übergang zum
– instabilen Rissfortschritt.

Der im Werkstoff vorhandene atomare Wasserstoff diffundiert, sicherlich begünstigt durch größere Spannungsgradienten, in Bereiche mit hoher Fehlstellendichte, die i. Allg. bereits Zonen erniedrigter Trennfestigkeit sind. Der Wasserstoff reichert sich in dem durch die Wirkung des dreiachsigen Spannungszustandes hydrostatisch gedehnten Bereiches vor der »Rissspitze« an. Dadurch wird die Trennfestigkeit soweit erniedrigt, dass sich Mikrorisse bilden.

Der Riss läuft in der Regel durch Werkstoffbereiche mit kritischer Wasserstoffkonzentration und bleibt dann stehen. Ein Weiterwachsen kann erst dann erfolgen, wenn an seiner Rissspitze erneut die kritische Wasserstoffkonzentration und der kritische Spannungszustand erreicht ist. Der diffusionskontrollierte (Wasserstoff!) Fortschritt des Risses erfordert daher längere Zeiten, d. h., der vollständige Bruch tritt erst nach Stunden bzw. einigen Tagen auf.

Die Auslösung des Schadens hängt von der Möglichkeit ab, dass sich am Rissort eine kritische Kombination von Beanspruchung und Wasserstoffgehalt einstellen kann. Das Ausmaß der Versprödung wird daher sehr stark von der Betriebstemperatur bestimmt, die die Diffusionsfähigkeit des Gases bestimmt. Bei hohen Temperaturen kann sich wegen der verbesserten Diffusionsbedingungen *kein* kritischer Wasserstoffgehalt einstellen, bei niedrigen sehr spät oder überhaupt nicht. Die Temperatur maximaler Schädigung liegt etwa im Bereich üblicher Umgebungstemperaturen ($-30\,°C$ bis $+30\,°C$).

Tabelle 3-2
Zusammenstellung wichtiger metallurgischer Fehler beim Schweißen.

Fehlerart	Entstehung	Maßnahmen zu ihrer Vermeidung
Risse	**Kaltrisse** gelten als die gefährlichste Rissform. Sie entstehen überwiegend durch Wasserstoff, begünstigt durch große Härte des Gefüges: **wasserstoffinduzierte Kaltrisse**. Bei Maximalhärten in der WEZ über 350 ... 400 HV ist ihre Bildung wahrscheinlich. Nach der Lage der Risse werden sie auch manchmal (vor allem in der Praxis) als **Unternahtrisse** (neben der Schmelzlinie in der WEZ verlaufend) bezeichnet. Der Rissverlauf kann trans- oder interkristallin sein. Mit zunehmendem C-Gehalt nimmt die Rissbildungswahrscheinlichkeit grundsätzlich zu, da Härte und Rissempfindlichkeit des extrem fehlgeordneten (vor allem des höhergekohlten) Martensits (Versetzungen, Zwillinge) stark zunehmen. Kaltrisse können sofort nach dem Schweißen oder erst nach einigen Tagen entstehen. Ihr Nachweis mit zerstörungsfreien Prüfverfahren ist nicht immer zuverlässig möglich. Die Kaltrissneigung läßt sich hinreichend einfach mit dem Implant-Test feststellen. Nach DIN 8524 unterscheidet man in Schweißverbindungen nach Risslage und Ausbildungsform die Kaltrissarten: **Aufhärtungs-, Schrumpf-, Kerb- und Lamellenrisse (Terrassenbruch).** In Schweißverbindungen aus bestimmten ausscheidungshärtenden (warmfesten) Stählen können in der WEZ beim Spannungsarmglühen **Wiedererwärmungsrisse** (Stress Relief Cracking) auftreten. Dies sind Mikrorisse, die überwiegend interkristallin verlaufen. Sie entstehen durch Korngrenzengleitung als Folge der »Versteifung« der Körner durch Ausscheidungen, die sich beim Spannungsarmglühen gebildet haben.	Mit zunehmender **Werkstofffestigkeit** (d. h. Martensitanteil und/oder Kohlenstoffmenge) nimmt die durch Wasserstoff verursachte Kaltrissneigung extrem zu. In den meisten Fällen sind nur einige cm³ H/100 g Schweißgut ausreichend, um ihn auszulösen. Die wichtigste, sehr rigoros einzuhaltende Fertigungsmaßnahme besteht bei hochfesten Stählen darin, alle wasserstoffhaltigen Substanzen dem Schmelzbad möglichst vollständig fernzuhalten. Neben der Luftfeuchtigkeit und anderen vergasbaren Substanzen auf der Werkstückoberfläche sind dies in der Zusatzwerkstoffe (Stabelektroden-Umhüllung, Schweißpulver) **absorptiv** eingedrungene und das **chemisch gebundene Wasser** (Kristall- und Konstitutionswasser) die entscheidenden Wasserstofflieferanten. Die Verwendung wasserstoffkontrollierter basischumhüllter Stabelektroden ist zwingend. Ihre Verarbeitung erfordert aber Schweißer, die mit deren Besonderheiten vertraut sind. Stabelektroden und Schweißpulver müssen vor dem Verschweißen nach den Angaben der Hersteller sorgfältig **getrocknet** werden. Meistens wird nach dem Schweißen das Bauteil mindestens bei 250°C bis 350°C/2h **wasserstoffarmgeglüht** (»Soaken«), besser ist ein **Spannungsarmglühen**. Eigenspannungen und Kerben aller Art (konstruktiv bedingte, vom Schweißer erzeugte mechanische Fehler, wie z. B. Nahtüberhöhung, Kantenversatz, Schlacken, Poren, Zündstellen) begünstigen grundsätzlich die Rissentstehung. Mit zunehmender Werkstofffestigkeit müssen daher auch »harmlos« erscheinende Fehler beseitigt werden.
Grobkorn in der WEZ	Schweißspezifischer »Fehler«, der in Schmelzgrenznähe (Grobkornzone) der WEZ als Folge der extrem hohen Temperatur unvermeidlich ist und nur bei umwandlungsfähigen Stählen durch eine Wärmenachbehandlung bzw. durch die Mehrlagentechnik beseitigt werden kann. Die **Korngröße** nimmt zu mit dem **Wärmeeinbringen Q** und der Höhe der **Vorwärmtemperatur T_p**. Das Kornwachstum ist bei krz Werkstoffen bei gleichen Bedingungen stärker als bei kfz Metallen. Mit zunehmender Korngröße nimmt die Festigkeit *und* Zähigkeit ab.	Die Korngröße läßt sich bei umwandlungsfähigen Stählen sehr wirksam durch die **Mehrlagentechnik (Pendellagentechnik)** beeinflussen. In kritischen Fällen – z. B. bei Feinkornbaustählen und verschiedenen NE-Metallen – sind Wärmeeinbringen und Vorwärmtemperatur zu begrenzen.

Fehlerart	Entstehung	Maßnahmen zu ihrer Vermeidung
Poren	Das gelöste Gas kann wegen der raschen Abkühlung nicht das Schweißbad verlassen, sondern scheidet sich im Werkstoff in molekularer Form als **Poren** aus. Umgebungsfeuchtigkeit oder vergasbare Ablagerungen auf den Werkstückoberflächen können Poren erzeugen, wie z. B.: **Feuchte, Rost, Farben, metallische Überzüge (z. B. Zink)**. Schweißspezifische Feuchtelieferanten, wie z. B.: **Feuchtigkeit in Schweißgasen, Kristall- und Konstitutionswasser in Elektroden-Umhüllungen und Schweißpulvern, Ablagerungen auf Stab- und Drahtelektroden, Schweißstäben.** Als Folge von Fertigungs- bzw. Handhabungsfehlern, wie z. B.: **falsche Einstellwerte, Lichtbogen zu lang, Vorschubgeschwindigkeit der Wärmequelle zu groß.**	Saubere, trockene Werkstückoberflächen z. B. durch mechanische Verfahren im Bereich der Schweißnaht (z. B. Bürsten, Schleifen) und Anwärmen auf etwa 100 °C (Adsorptionswasser wird beseitigt!) erzeugen. Zusatzwerkstoffe nach Herstellervorschrift trocknen (Stabelektroden, Schutzgase, Schweißpulver). Naht sorgfältig vorbereiten (Öffnungswinkel, Stegabstand, Steghöhe fachgerecht wählen, Kantenversatz vermeiden), dadurch werden handhabungsbedingte Mängel ausgeschlossen bzw. verringert. Schweißstelle mit Windschutz versehen. Einfluss der Poren wird nach Regelwerk häufig zu konventionell beurteilt. Bei statischer Beanspruchung sind mindestens 6 % Poren zulässig. Reparaturen erzeugen häufig noch schwerwiegendere Fehler: hohe Eigenspannungszustand, Kerben, Schlackeneinschlüsse, neue Risse.
Schlacken	Unterscheide: **exogene** (von außen i. Allg. durch Handhabungsfehler in die Schmelze gelangende Schlacke, z. B. Umhüllungsbestandteile werden in die Schmelze geschwemmt) und **endogene** Schlacken, die durch die notwendigen Desoxidationsreaktionen entstehen *müssen*, da sie den ordnungsgemäßen Ablauf der Desoxidation anzeigen. Es entstehen oft rundliche, sehr kleine nichtmetallische Verbindungen, die z. T. in die Schmelze steigen, z. T. im erstarrenden Schweißgut eingeschlossen werden. Die als Folge der notwendigen Desoxidation entstehenden Schlacken beeinträchtigen i. Allg. die Tragfähigkeit in einem nur geringen Umfang (aber große Vorsicht bei hochfesten Vergütungsstählen!). Sie entstehen in einem nicht tolerierbaren Umfang durch unzureichende Handfertigkeit des Schweißers und Fertigungsfehler, z. B. durch: **Ungeeignete Elektrodenführung (»Osterei« in der Wurzel) und Haltung des Stabelektrodenhalters, Öffnungswinkel und (oder) Stegabstand zu klein oder durch ungeeignete Einstellwerte.**	Nur exogene Schlacken sind i. Allg. bedenklich, sie müssen häufig beseitigt werden. Nahtvorbereitung (Öffnungswinkel, Stegabstand, Steghöhe, Kantenversatz) sorgfältig durchführen, Handhabungsbedingte Mängel werden damit ausgeschlossen bzw. verringert. Zwischenlagen, vor allem bei einer »Baustellenschweißung«, überschleifen. **Offnungswinkel α zu klein:** Schlackenreste in Nahtflanken, Ausschleifen erforderlich. **Stegabstand c zu klein:** Bindefehler an Nahtflanken, Schlacken, Wurzelfehler. **Ungeeignete Elektrodenführung:** Blaswirkung erzeugt Wurzel in »Osterei«-Form. Ohne Ausschleifen erzeugen die festgeschmelzten, schwer aufschmelzbaren Einschlüsse Schlacken nach nächster Lage. **Ausbildung der Schweißer und laufende Qualitätskontrolle sind Voraussetzung für eine kontrollierte Fertigung.**
Zündstellen	Zünden des Lichtbogens außerhalb der Schweißnaht erzeugt Zündstellen. Abhängig vom Kohlenstoffgehalt, der Werkstückdicke und Abkühlgeschwindigkeit entsteht aus dem austenitisierten Bereich der WEZ harter, spröder, rissanfälliger Martensit. Hohe Eigenspannungen begünstigen die Rissbildung selbst bei gut schweißgeeigneten Stählen.	Ein Problem der Qualifikation des Schweißers und seines Verantwortungsbewußtseins, der Qualitätskontrolle und der Schweißaufsicht. Es ist besonders auf angeschliffene Bereiche der Oberfläche zu achten: Durch das Schleifen nicht beseitigte, sondern nur »verschmierte« Risse können Probleme bereiten. Diese sind durch Farbeindringprobe nachweisbar. **Daher: Nur in der Naht zünden.**

Fehlerart	Entstehung	Maßnahmen zu ihrer Vermeidung
»Start-porosität«	Beim Beginn der Schweißarbeiten kann insbesondere bei verschiedenen Stabelektrodentypen eine ausgeprägte Porosität im Anfangskrater bzw. Endkrater entstehen. Die Ursache sind die nur begrenzten Mengen Ferrosilicium in der Umhüllung (der Kernstab ist bei unlegierten Stählen unberuhigt!), weil $Si > 0,35 \%$ im Schweißgut die Zähigkeitseigenschaften vermindert. Zu Beginn sind die zur Verfügung stehenden Reaktionszeiten zu gering, die Temperatur noch nicht hoch genug, die Desoxidation also noch unvollständig. Ähnliches gilt für den Endkrater, wenn der Lichtbogen plötzlich erlischt.	Startporosität Schweißbeginn bei S bis 1, zurück nach 2, S wird erneut aufgeschmolzen Abhilfe prinzipiell durch Verlängern der für die vollständige Desoxidation erforderlichen Reaktionszeit möglich. Die sicherste Methode ist bei empfindlichen Werkstoffen eine besondere Schweißtechnologie: Starten etwa 1 bis 2 cm vor dem eigentlichen Nahtbeginn (S), Elektrode in Richtung Nahtbeginn (1) führen und Schweißrichtung umkehren.
Einbrandtiefe	Kein Fehler im eigentlichen Sinn, ein zu großer **Einbrand** kann aber zu erheblichen metallurgischen Problemen führen. In **Einlagenschweißungen** mit einer großen Einbrandtiefe kristallisiert das Schweißgut in einer sehr unerwünschten Weise. Der ungünstige Nahtformfaktor erleichtert die Heißrissneigung erheblich. Bei tiefeinbrennenden Schweißverfahren (z. B. UP) wird daher häufig die hohe Vorschubgeschwindigkeit, nicht so sehr die große Abschmelzleistung genutzt. Aus werkstofflichen Gründen wäre ein Schweißverfahren mit der Einbrandtiefe »Null« optimal und festigkeitsmäßig völlig ausreichend. Metallurgische Probleme beim Verbindungs- bzw. Auftragsschweißen unterschiedlicher Werkstoffe sind dann ausgeschlossen. Aus fertigungstechnischen Gründen muss aber wegen der Gefahr von Bindefehlern (Kaltstellen) ein definierter Einbrand vorhanden sein.	Nahtformverhältnis φ: $\varphi = b/t$ $\varphi \ll 1$ $\varphi > 1$ Heißriss wahrscheinlich Heißriss unwahrscheinlich, Verunreinigungen steigen in die Schlacke. Zu geringer Einbrand führt zu Binde- und Wurzelfehlern (K).	Vor allem bei mechanisierten Verfahren mit ihrem meistens großen Einbrand und ihrer tiefen Abschmelzleistung ist die Kontrolle der Einbrandtiefe bzw. des Nahtformverhältnisses wichtig. Das kann einfach und zu- verlässig mit metallographischen Methoden geschehen. Ein größerer Einbrand ist in der Praxis häufig erwünscht, da Anpassungenauigkeiten der Nahtvorbereitung leichter »ausgeglichen« werden können. Bei Verbindungs- oder Auftragsschweißungen sollte der Einbrand so klein wie nötig sein.
Risse	Risse sind die gefährlichste und am unzuverlässigsten zu vermeidende Fehlerart. Sie entstehen durch Last- oder Eigenspannungen durch örtliches Überschreiten der Festigkeit und irreversibler Trennung des atomaren Zusammenhalts. Man unterscheidet Mikrorisse (Risslänge im Bereich der Korndurchmesser, meistens nicht mit bloßem Auge erkennbar) und Makrorisse. Abhängig vom Temperaturbereich der Rissentstehung unterscheidet man Kaltrisse (wichtigstes rissauslösendes Element ist der Wasserstoff) und Heißrisse (entstehen durch niedrigschmelzende, meist eutektische, flüssige Filme an den Korngrenzen, d. h. interkristalliner Rissverlauf).	1 Endkraterriss 2 Querriss in S 3 Querriss in WEZ 4 Längsriss in S 5 Kaltriss in WEZ 6 Bindefehler 7 Wurzelriss S = Schweißgut	Vermeiden der Heißrisse ist oft einfacher: **Verunreinigungen** auf Blechoberflächen beseitigen, **Nahtformverhältnis** beachten, **Zusatzwerkstoffe** wählen, die niedrigschmelzende Verunreinigungen verschlacken können (am Sichersten sind B-Elektroden), **Schweißbadgröße** und **Schweißeigenspannungen** begrenzen.

Bei großen Beanspruchungsgeschwindigkeiten kann der Wasserstoff ebenfalls nicht genügend rasch diffundieren, d. h., ein entstehender Bruch kann nur die Folge einer zu großen mechanischen Belastung sein, nicht aber auf der Wirkung des Wasserstoffs beruhen. Aus diesem Grunde kann diese Form der Werkstoffversprödung auch nicht mit dem Kerbschlagbiegeversuch nachgewiesen werden. Hierfür sind grundsätzlich Prüfverfahren erforderlich, mit denen die Last in Proben mit definierten Bereichen hoher Spannungskonzentration (große mehrachsige Spannungen sind erforderlich!) ausreichend langsam aufgebracht werden kann. Der Zugversuch mit scharfgekerbten Proben und *geringer* Belastungsgeschwindigkeit oder besser der *Implantversuch* (Abschn. 6.2.1, S. 583) sind geeignete Prüftechniken zum Nachweis der Wasserstoffversprödung.

Das Aussehen und der Verlauf dieser Rissart ähnelt der Spannungsrisskorrosion (Abschn. 1.7.6.2.1, S. 91). Der Rissverlauf ist aber bei der SpRK deutlich verzweigter und wesentlich häufiger interkristallin verlaufend als im Fall der Kaltrisse. Kathodische Polarisation ruft Kaltrissigkeit hervor, unterdrückt aber die SpRK.

Der *wasserstoffinduzierte Kaltriss* ist beim Schweißen hochfester Vergütungsstähle besonders zu beachten und gefährlich. Abhängig von der Werkstofffestigkeit ist mit seinem Auftreten bei Wasserstoffgehalten im Schweißgut schon ab 2 cm³/100 g (etwa oberhalb einer Streckgrenze von R_m = 1000 N/mm²) zu rechnen. Der sich in der WEZ bildende Martensit ist die für diese Rissart anfälligste Gefügeform, Bild 4-73, S. 393. Risse entstehen dann bei Beanspruchungen weit unterhalb der Trennfestigkeit, weil ein Spannungsabbau durch Plastifizieren nicht möglich ist. Daher wird durch Wahl geeigneter Schweißparameter bei Schweißverbindungen aus diesen Stählen in der rissgefährdeten WEZ ein Gefüge angestrebt, das aus Bainit und Martensit besteht (Abschn. 4.3.3, S. 398). Mit zunehmender Härte des Gefüges, also zunehmendem Martensitgehalt, wird die Kaltrissbildung daher grundsätzlich begünstigt (Bild 4-66, S. 385).

Der Wirkmechanismus dieser Rissart macht gleichzeitig eine in der Schweißpraxis häufig verwendete sehr effektive Abwehrmaßnahme verständlich. Der an Gitterstörstellen örtlich konzentrierte atomare Wasserstoff wird durch das zwischen nur 250 °C und 350 °C/1 h ... 2 h wirtschaftlich durchführbare *Wasserstoffarmglühen* (»*Soaken*«) so schnell aus dem Werkstoff ausgetrieben, dass er sich nicht mehr an den »Wasserstofffallen« im Gefüge anlagern kann. Diese Behandlung wird gewöhnlich sofort direkt nach dem Schweißen aus der Schweißwärme durchgeführt. Die Bildung von Kaltrissen ist daher nicht mehr möglich. Bild 3-41 zeigt beispielhaft die Wirkung dieser Wärmebehandlung bei einem legierten Vergütungsstahl. Der kathodisch mit Wasserstoff beladene Stahl wurde bei 150 °C unterschiedlich lange geglüht. Bemerkenswert ist die Tatsache, dass mit zunehmender Glühzeit, also abnehmendem Gehalt atomaren Wasserstoffs, die ertragene Spannung sehr stark zunimmt.

Tabelle 3-2 zeigt in einer zusammenfassenden Übersicht Hinweise zur Entstehung und Vermeidung der wichtigsten metallurgischen Fehler beim Schweißen.

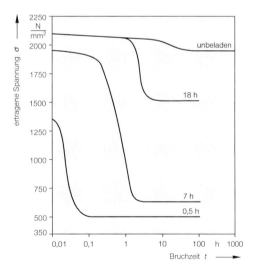

Bild 3-41
Bruchverhalten kathodisch mit Wasserstoff beladener Proben aus einem Vergütungsstahl (Typ CrMoV mit 0,4 % Kohlenstoff) bei 150 °C in Abhängigkeit von der Glühzeit, nach Troiano.

Tabelle 3-3
Grenzwerte für Unregelmäßigkeiten, nach DIN EN ISO 5817, Auswahl.
Es bedeuten: a = Sollmaß der Kehlnahtdicke, b = Breite der Nahtüberhöhung, d = Porendurchmesser, h = Höhe der Unregelmäßigkeit (Höhe und Breite), l = Länge der Unregelmäßigkeit, s = Nennmaß der Stumpfnahtdicke, t = Wanddicke.

Nr.	Unregelmäßigkeit Benennung	Bemerkungen	t mm	Grenzwerte für die Unregelmäßigkeiten bei Bewertungsgruppe D	C	B
1 Oberflächenunregelmäßigkeiten						
1.1	Riss	—	$\geq 0{,}5$	Nicht zulässig	Nicht zulässig	Nicht zulässig
1.2	Endkraterriss	—	$\geq 0{,}5$	Nicht zulässig	Nicht zulässig	Nicht zulässig
1.3	Oberflächenpore	Größtmaß einer Einzelpore für – Stumpfnähte – Kehlnähte	0,5 bis 3	$d \leq 0{,}3 \cdot s$ $d \leq 0{,}3 \cdot a$	Nicht zulässig	Nicht zulässig
		Größtmaß einer Einzelpore für – Stumpfnähte – Kehlnähte	> 3	$d \leq 0{,}5 \cdot s$, aber max. 3 mm $d \leq 0{,}5 \cdot a$, aber max. 3 mm	$d \leq 0{,}2 \cdot s$, aber max. 2 mm $d \leq 0{,}2 \cdot a$, aber max. 2 mm	Nicht zulässig
1.5	Bindefehler (unvollständige Bindung)	—	$\geq 0{,}5$	Nicht zulässig	Nicht zulässig	Nicht zulässig
	Mikro-Bindefehler	Nur nachzuweisen anhand einer mikroskopischen Untersuchung		Zulässig	Zulässig	Nicht zulässig
1.6	Ungenügender Wurzeleinbrand	Nur für einseitig geschweißte Stumpfnähte	$\geq 0{,}5$	Kurze Unregelmäßigkeit: $h \leq 0{,}2 \cdot t$, aber max. 2 mm	Nicht zulässig	Nicht zulässig

Tabelle 3-3, Fortsetzung.

Nr.	Unregelmäßigkeit Benennung	Bemerkungen	t mm	Grenzwerte für die Unregelmäßigkeiten bei Bewertungsgruppe		
				D	C	B
1.7	**Durchlaufende Einbrandkerbe Nichtdurchlaufende Einbrandkerbe**	Weicher Übergang wird verlangt. Wird nicht als systematische Unregelmäßigkeit angesehen.	0,5 bis 3	Kurze Unregelmäßigkeit: $h \leq 0,2 \cdot t$	Kurze Unregelmäßigkeit: $h \leq 0,1 \cdot t$	Nicht zulässig
			> 3	$h \leq 0,2 \cdot t$, aber max. 1 mm	$h \leq 0,1 \cdot t$, aber max. 0,5 mm	$h \leq 0,05 \cdot t$, aber max. 0,5 mm
1.8	**Wurzelkerbe**	Weicher Übergang wird verlangt	0,5 bis 3	$h \leq 0,2$ mm $+ 0,1 \cdot t$	Kurze Unregelmäßigkeit: $h \leq 0,1 \cdot t$	Nicht zulässig
			> 3	Kurze Unregelmäßigkeit: $h \leq 0,2 \cdot t$, aber max. 2 mm	Kurze Unregelmäßigkeit: $h \leq 0,1 \cdot t$, aber max. 1 mm	Kurze Unregelmäßigkeit: $h \leq 0,05 \cdot t$, aber max. 0,5 mm
1.9	**Zu große Nahtüberhöhung (Stumpfnaht)**	Weicher Übergang wird verlangt	$\geq 0,5$	$h \leq 1$ mm $+ 0,25 \cdot b$, aber max. 10 mm	$h \leq 1$ mm $+ 0,15 \cdot b$, aber max. 7 mm	$h \leq 1$ mm $+ 0,1 \cdot b$, aber max. 5 mm

Tabelle 3-3, Fortsetzung.

Nr.	Unregelmäßigkeit Benennung	Bemerkungen	t mm	\multicolumn{3}{c}{Grenzwerte für die Unregelmäßigkeiten bei Bewertungsgruppe}
				D	C	B
1.16	**Übermäßige Asymmetrie der Kehlnaht (übermäßige Ungleichschenkligkeit)**	In Fällen, bei denen eine symmetrische Kehlnaht festgelegt worden ist	$\geq 0{,}5$	$h \leq 2\text{ mm} + 0{,}2 \cdot a$	$h \leq 2\text{ mm} + 0{,}15 \cdot a$	$h \leq 1{,}5\text{ mm} + 0{,}15 \cdot a$
1.17	**Wurzelrückfall**	Weicher Übergang wird verlangt	0,5 bis 3	$h \leq 2\text{ mm} + 0{,}2 \cdot a$	Kurze Unregelmäßigkeit:	Nicht zulässig
			> 3	Kurze Unregelmäßigkeit: $h \leq 0{,}2 \cdot t$, aber max. 2 mm	Kurze Unregelmäßigkeit: $h \leq 0{,}1 \cdot t$, aber max. 1 mm	Kurze Unregelmäßigkeit: $h \leq 0{,}05 \cdot t$, aber max. 0,5 mm
1.18	**Wurzelporosität**	Schwammige Ausbildung der Nahtwurzel als Folge von Blasenbildungen des Schweißgutes bei der Erstarrung (z. B. mangelnder Gasschutz der Wurzel)	$\geq 0{,}5$	Örtlich zulässig	Nicht zulässig	Nicht zulässig
1.19	**Ansatzfehler**	—	$\geq 0{,}5$	Zulässig Die Grenze hängt von der Art der Unregelmäßigkeit ab, die beim Wiederbeginn auftritt.	Nicht zulässig	Nicht zulässig
1.22	**Zündstelle**	—	$\geq 0{,}5$	Zulässig, wenn die Eigenschaften des Grundwerkstoffes nicht beeinflusst werden.	Nicht zulässig	Nicht zulässig

Tabelle 3-3, Fortsetzung.

Nr.	Unregelmäßigkeit Benennung	Bemerkungen	t mm	Grenzwerte für die Unregelmäßigkeiten bei Bewertungsgruppe D	C	B
2 Innere Unregelmäßigkeiten						
2.1	Riss	Alle Risstypen außer Mikrorisse und Endkraterrisse	≥ 0,5	Nicht zulässig	Nicht zulässig	Nicht zulässig
2.2	Mikroriss	Ein Riss, der gewöhnlich nur unter dem Mikroskop sichtbar ist (50x)	≥ 0,5	Zulässig	Die Zulässigkeit hängt ab von der Art des Grundwerkstoffes und vor allem von der Rissanfälligkeit	
2.3	Pore, Porosität (gleichmäßig verteilt)	Folgende Bedingungen und Grenzwerte für Unregelmäßigkeiten müssen erfüllt werden:				
		a1) Größtmaß der Fläche der Unregelmäßigkeit (einschließlich systematischer Unregelmäßigkeit) bezogen auf die projizierte Fläche *Anmerkung*: Die Porosität in der Abbildungsfläche hängt von Lagenanzahl ab	≥ 0,5	einlagig: ≤ 2,5 % mehrlagig: ≤ 5 %	einlagig: ≤ 1,5 % mehrlagig: ≤ 3 %	einlagig: ≤ 1 % mehrlagig: ≤ 2 %
		a2) Größtmaß der Unregelmäßigkeit in der Querschnittsfläche (einschließlich systematischer Unregelmäßigkeit) bezogen auf die gebrochene Oberfläche (nur in der Produktion, bei Schweißer- und Verfahrensprüfungen anwendbar)	≥ 0,5	≤ 2,5 %	≤ 1,5 %	≤ 1 %
		b) Größtmaß einer einzelnen Pore für – Stumpfnähte – Kehlnähte	≥ 0,5	$d ≤ 0,4 \cdot s$, aber max. 5 mm $d ≤ 0,4 \cdot a$, aber max. 5 mm	$d ≤ 0,3 \cdot s$, aber max. 4 mm $d ≤ 0,3 \cdot a$, aber max. 4 mm	$d ≤ 0,2 \cdot s$ (max. 3 mm) $d ≤ 0,2 \cdot a$ (max. 3 mm)

3.5.2 Bewertung der Fehler

Die Bewertung von Unregelmäßigkeiten in Lichtbogenschweißverbindungen aus Stahl, Nickel, Titan und deren Legierungen erfolgt mit der in der Praxis schon seit Jahren weitgehend eingeführten DIN EN ISO 5817 (die Vorgängernorm DIN EN 25817 wurde bereits 1992 der Öffentlichkeit vorgestellt) mit Hilfe der *Bewertungsgruppen*. Sie haben die Funktion von Referenznormen, mit denen »Festlegungen zum Bewerten von Schweißnähten sowohl für die verschiedenen Anwendungsgebiete, z. B. für den Stahlbau, Druckbehälterbau, Maschinenbau als auch für Prüfungsnachweise, z. B. für die Prüfung der Schweißer, Verfahrensprüfung« geschaffen werden. Damit wird auch der Festlegung anwendungsbezogener, in Umfang, Auswahl und Bewertung abweichender, die schweißtechnische Fertigung belastender Regelungen vorgebeugt.

Die mechanischen »Fehler« werden in dieser Norm als *Unregelmäßigkeiten* bezeichnet. Mit dieser Benennung wird der falschen Vorstellung vorgebeugt, dass jede Abweichung von den Zeichnungsmaßen ein zu beseitigender Fehler darstellt.

Mit der Norm DIN EN ISO 5817 werden Unregelmäßigkeiten definiert, die in einer »normalen« Fertigung erwartet werden können. Sie kann in einem Qualitätssystem für die Herstellung von werkstattgeschweißten Verbindungen benutzt werden. In der Norm werden drei mit D, C und B bezeichnete Bewertungsgruppen für die Unregelmäßigkeiten an Schweißverbindungen aus Werkstoffen im Dickenbereich von 3 mm bis 63 mm festgelegt, aus denen eine Auswahl für eine bestimmte Anwendung getroffen werden kann. Die Größe der zulässigen Unregelmäßigkeiten ist in der Gruppe D am höchsten, in der Gruppe B am geringsten.

Bewertungsgruppen sind vorgesehen, um Grundbezugsdatenzur Verfügung zu stellen und beziehen sich nicht auf eine spezielle Anwendung. Sie gelten für die Schweißnähte in der Fertigung und nicht auf das ganze Erzeugnis oder Bauteil.

Bei der Angabe der Grenzwerte für die Unregelmäßigkeiten unterscheidet man:

- *Kurze Unregelmäßigkeit:* eine oder mehrere Unregelmäßigkeiten mit einer Gesamtlänge nicht größer als 25 mm von jeweils 100 mm der Schweißnaht oder höchstens 25 % der Gesamtlänge einer Schweißnaht, die kürzer als 100 mm ist. Der Bereich mit den meisten Unregelmäßigkeiten ist zugrunde zu legen.
- *Systematische Unregelmäßigkeit:* Unregelmäßigkeiten, die sich in regelmäßigen Abständen in der Schweißnaht über die untersuchte Schweißnahtlänge wiederholen; dabei liegen die Abmessungen der einzelnen Unregelmäßigkeiten innerhalb der Zulässigkeitsgrenzen der Unregelmäßigkeiten nach Tabelle 3-3.

Die Bewertungsgruppen decken die Mehrzahl der praktischen Anwendungen ab. Sie werden durch die Anwendernorm (geregelter Bereich) oder den verantwortlichen Konstrukteur zusammen mit dem Hersteller und/oder Anwender vor Fertigungsbeginn im Angebots- oder Bestellstadium festgelegt. In Sonderfällen der Beanspruchung, z. B. bei dynamischer Belastung oder bei geforderter Lecksicherheit, können weitere zusätzliche Anforderungen spezifiziert werden. Metallurgische Besonderheiten bzw. Defekte (z. B. Korngröße, Art und Härte des Gefüges) werden von dieser Norm nicht erfasst. Es sollten aus technischen, organisatorischen und wirtschaftlichen Gründen nicht alle aufgeführten Unregelmäßigkeiten berücksichtigt werden, sondern nur die, die für das gewählte Schweißverfahren und das Bauteil wichtig sind. Die Grenzwerte für einige Unregelmäßigkeiten nach DIN EN ISO 5817 sind in Tabelle 3-3 angegeben.

Grundsätzlich gelten alle Hinweise nur für das »Maschinenelement« Schweißverbindung. Objektspezifische Besonderheiten [z. B. Art der Beanspruchung (stoßartig, statisch, dynamisch], Höhe der Betriebstemperatur, Schadensgefährlichkeit, Werkstückdicke und Eigenspannungszustand) müssen durch Wahl der entsprechenden Bewertungsgruppe oder durch zusätzliche Forderungen berücksichtigt werden.

Die Bewertungsgruppen werden im *geregelten Bereich* abhängig vom jeweiligen Anwendungsfall in dem betreffenden Regelwerk festgelegt. Für den zzt. noch *ungeregelten Bereich* werden die Bewertungsgruppen abhängig von der Beanspruchungsart und -höhe des geschweißten Bauteils vom Hersteller (Auftraggeber) festgelegt. Bei der Beanspruchungsart unterscheidet man die
- vorwiegend ruhende Belastung (statisch)
- und die nicht vorwiegend ruhende (dynamische: schwellende, wechselnde) Beanspruchung.

Bei statischer Belastung werden je nach Ausnutzung der zulässigen Spannungen die Beanspruchungen nach dem DVS-Merkblatt 0705 (ohne Ersatz zurückgezogen) eingestuft in
- etwa 50 %   (vorh $\sigma \leq 0{,}5 \cdot$ zul σ),
- etwa 75 %   (0,5 · zul $\sigma <$ vorh $\sigma \leq$ zul σ),
- bis zu 100 % (0,75 · zul $\sigma <$ vorh $\sigma \leq$ zul σ).

Ein entscheidender Faktor für die Wahl der Bewertungsgruppe bei dynamischer Beanspruchung ist hierbei das Ermüdungsverhalten der Schweißverbindung. Die Auswahl

Tabelle 3-4
Empfehlungen für die Auswahl von Bewertungsgruppen nach DIN EN ISO 5817 (DIN EN 25817) für Stumpf- und Kehlnähte bei vorwiegend ruhender (statischer) Beanspruchung, nach DVS-Merkblatt 0705.

Nr.	Unregelmäßigkeit Benennung		Bewertungsgruppe bei Ausnutzung der zulässigen Spannung, zul σ		
			etwa 50 %	etwa 75 %	etwa 100 %
1	Risse		nicht zulässig	nicht zulässig	nicht zulässig
2	Endkraterriss		D	nicht zulässig	nicht zulässig
3	Porosität und Poren		D	C	B
4	Porenneat		D	C	B
5	Gaskanal,		D	C	B
6	Schlauchporen		D	C	B
7	Feste Einschlüsse (außer Kupfer)		nicht zulässig	nicht zulässig	nicht zulässig
8	Kupfer-Einschlüsse		D	nicht zulässig	nicht zulässig
9	Ungenügende Durchschweißung		D	C	B
10	Schlechte Passung (Kehlnaht)		D	C	B
11	Einbrandkerbe		D	C	B
12	Zu große Nahtüberhöhung (Stumpfnaht)		D	D	D
13	Zu große Nahtüberhöhung (Kehlnaht)		D	D	D
14	Nahtdickenüberschreitung (Kehlnaht)		D	D	D
15	Nahtdickenüberschreitung (Stumpfnaht)		D	B	B
16	Zu große Wurzelüberhöhung		D	D	D
17	Örtlicher Vorsprung		D	C	B
18	Kantenversatz		D	C	B
19	Decklagenunterwölbung – Verlaufenes Schweißgut		D	C	B
20	Übermäßige Ungleichschenkligkeit (Kehlnaht)		D	C	C
21	Wurzelrückfall; Wurzelkerbe		D	C	B
22	Schweißgutüberlauf		D	nicht zulässig	nicht zulässig
23	Ansatzfehler		D	nicht zulässig	nicht zulässig
24	Zündstelle		X	X	X
25	Schweißspritzer		X	X	X
26	Mehrfachunregelmäßigkeiten im Querschnitt		D	C	B
Vorschlag für die Auswahl einer einheitlichen Bewertungsgruppe für Unregelmäßigkeiten		ohne Sonderbestimmungen	C	C	B
		mit Sonderbestimmungen	D*		

X: Zulässigkeit hängt von der Anwendung ab (z. B. Werkstoff, Korrosionsschutz oder Funktion). Sonderbestimmung für D*: Bei Unregelmäßigkeit Nr. 11 (Einbrandkerbe) ist bei Ausnutzung von etwa 50 % die Bewertungsgruppe C zu wählen.

der Bewertungsgruppe wird durch das DVS-Merkblatt 0705 (ohne Ersatz zurückgezogen) sehr erleichtert.

Tabelle 3-4 zeigt beispielhaft die Empfehlungen für die Auswahl von Bewertungsgruppen für Schrumpf- und Kehlnähte nach DIN EN ISO 5817 bei vorwiegend statischer Belastung gemäß DVS-Merkblatt 0705.

Die Richtwerte für die zulässigen Spannungen für die Schweißverbindungen (zul σ) sind bei:
- Stumpfnähten zul σ gleich der zulässigen Spannung des Grundwerkstoffs,
- Kehlnähten (Quer- und Längs-Kehlnähte) zul σ gleich 65 % der zulässigen Spannung des Grundwerkstoffs.

Bei dynamischer Beanspruchung wird ein Netz von *Wöhler*linien empfohlen, in das die jeweiligen Kerbfälle der Schweißverbindungen und geschweißten Bauteile eingeordnet werden. Die Kerbfälle werden durch zulässige Schwingbreiten der Spannungen (bei Schwingspielzahlen $N = 10^6$) angegeben und durch Schwingfestigkeitsklassen gekennzeichnet, deren Größe für die Wahl der Bewertungsgruppe bestimmend ist. Wegen der grundsätzlich geringeren Belastbarkeit dynamisch beanspruchter Bauteile, wird meistens die Bewertungsgruppe B gewählt.

Diese Norm wird als Qualitätssicherungssystem zum Herstellen von Schweißverbindungen mit gewünschten oder geforderten Eigenschaften vorteilhaft verwendet. Über den tatsächlichen Einfluss einer bestimmten Unregelmäßigkeit auf die Tragfähigkeit eines geschweißten Bauteils sind natürlich keine Informationen möglich, da sie bauteilspezifisch sind und durch Experiment festgestellt werden müssen. Bild 3-42 zeigt als Beispiel den Einfluss der Porenmenge, dargestellt durch die Qualitätsbereiche V, W, X, Y und Z, auf die zulässige dynamische Betriebsbeanspruchung bei $\kappa = 0$ (Schwellbelastung) für Stahl nach *Harrison* und *Young*.

Ähnlich wie bei der für Stahl gültigen DIN EN ISO 5817 wird die Bewertung von Unregelmäßigkeiten für Lichtbogenschweißverbindungen aus Aluminium und seinen schweißgeeigneten Legierungen nach DIN EN ISO 10042 (DIN EN 30042) vorgenommen. Sie ist ebenfalls als Referenznorm für Festlegungen zum Bewerten von Schweißnähten sowohl für die verschiedenen Anwendungsgebiete (Stahlbau, Druckbehälterbau), als auch für Prüfungsnachweise (Verfahrensprüfung, Schweißerprüfung) vorgesehen.

Die Norm DIN EN ISO 10042 legt die Anforderungen für die mit B, C, D bezeichneten Bewertungsgruppen von Unregelmäßigkeiten für Schweißnahtdicken größer als 0,5 mm fest. Die Bewertungsgruppen sind ebenfalls nicht objektspezifisch, sondern beziehen sich ausschließlich auf Schweißnahtarten und *nicht* auf das gesamte Erzeugnis oder Bauteil. Mit ihnen wird die Fertigungsqualität und nicht die Gebrauchstauglichkeit beurteilt. Die Bewertungsgruppen für strahlgeschweißte Verbindungen sind in ISO 13919-2 zu finden.

Einzelheiten über die für den Nachweis und Größenbestimmung der Unregelmäßigkeiten zu verwendenden Prüfverfahren werden in der Norm nicht genannt.

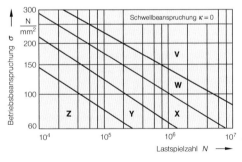

Bild 3-42
Einfluss der Porenmenge – dargestellt durch die Qualitätsbereiche V, W, X, Y, Z – auf die ertragbare Lebensdauer von Schweißverbindungen aus Stahl mit Zugfestigkeiten bis 780 N/mm², nach Harrison und Young.

3.6 Aufgaben zu Kapitel 3

Aufgabe 3-1:
Es ist das Schweißverhalten (Schweißeignung) unlegierter niedriggekohlter ($\leq 0,2\%$) C-Mn-Stähle zu beurteilen.

Der geringe Kohlenstoffgehalt dieser unlegierten Baustähle macht eine Martensitbildung im schmelzgrenzennahen Bereich der WEZ wegen ihrer sehr großen kritischen Abkühlgeschwindigkeit nahezu unmöglich. Die Schweißeignung ist daher gut bis sehr gut, weil die wichtigste die Schweißeignung beeinträchtigende Versagensform Kaltrissbildung praktisch ausgeschlossen ist.

Das Schweißverhalten, d. h. die Neigung des Werkstoffs beim Schweißen in der Verbindung Defekte – vor allem Risse in der WEZ – zu erzeugen, wird außer vom Kohlenstoffgehalt in geringerem Umfang von folgenden Faktoren bestimmt:
– *Gehalt an Verunreinigungen* (vorwiegend S und P).
  Der Gehalt an Verunreinigungen wird im Wesentlichen durch den Grad der Beruhigung bzw. der Gütegruppe, Abschn. 4.3.1.1, S. 379) vorgegeben, in Richtung FU (U) → R → FF (RR) nimmt die Reinheit des Stahles und damit die Kerbschlagarbeit d. h. die Schweißeignung zu.
– *Werkstückdicke.*
  Mit der Werkstückdicke steigt die Abkühlgeschwindigkeit, die Schärfe des Eigenspannungszustandes und damit die Sprödbruchanfälligkeit. Ein Vorwärmen der Fügeteile auf »Handwärme« ist erst bei Werkstückdicken über 30 mm sinnvoll.
– *Zähigkeitseigenschaften von WEZ und Schweißgut.*
  Die Zähigkeit der Schweißverbindung wird bei diesen Stählen überwiegend vom Gefüge der WEZ bestimmt, denn die Zähigkeit des Schweißguts ist bei den heutzutage zur Verfügung stehenden hochwertigen Zusatzwerkstoffen in den meisten Fällen besser als die des Grundwerkstoffs.

Die in der Praxis einzig bedeutsame Versagensform des Schweißguts sind neben der Porenbildung die Entstehung von Heißrissen vorwiegend durch Schwefel, hauptsächlich bei unberuhigten Stählen.

Die WEZ besteht in der Regel aus Gefügen der Perlitstufe, in geringen Mengen auch Bainit, mit Seitenplattenferrit und (oder) Ferrit in *Widmannstätten*scher Anordnung. Die maximale Härte in der WEZ beträgt etwa 200 HV ... 250 HV, d. h., sie liegt weit unterhalb der Härte, die gewöhnlich zugelassen wird (300 HV bis 320 HV). Werden die Schweißarbeiten in Mehrlagentechnik (Pendellagentechnik) ausgeführt, dann ist das (bei Stählen!) weitgehend umgekörnte Gefüge der schmelzgrenzennahen Bereiche auch ausreichend feinkörnig.

Aufgabe 3-2:
Es ist das Schweißverhalten (Schweißeignung) der höhergekohlten ($> 0,2\%$) (Vergütungs-)Stähle zu beurteilen. Hinweise zur Martensitbildung sind in Abschn. 1.4.2.2, S. 34, einige Werkstoffgrundlagen zu den Vergütungsstählen in Abschn. 2.7.3.1, S. 174, und wichtige Schweißempfehlungen in Abschn. 4.3.4, S. 402, zu finden.

Wegen der vom Kohlenstoffgehalt abhängigen u. U. sehr geringen kritischen Abkühlgeschwindigkeit muss das Entstehen kritischer Martensitmengen in der WEZ mit Hilfe meistens unüblich hoher Vorwärmtemperaturen ($\geq 200\,°C ... 300\,°C$) verhindert werden. Der höhergekohlte, stark verzwillingte, im nicht angelassenen Zustand extrem spröde Martensit ist wegen der bei der Austenit/Martensitbildung entstehenden großen Umwandlungsspannungen extrem kaltrissanfällig. Die beträchtlichen Schweißeigenspannungen wirken zusammen mit der sehr geringen Verformbarkeit des aufgehärteten Bereichs der WEZ und dem immer anwesenden Wasserstoff zusätzlich rissbegünstigend. Daraus ergeben sich die folgenden Schweißempfehlungen für ein erfolgreiches Schweißen der hochgekohlten Stähle:

- Hohe Vorwärmtemperaturen verringern die Abkühlgeschwindigkeit und das Spannungsgefälle in den schmelzgrenzennahen Bereichen der WEZ. Die Bildung des Martensits wird ebenso erschwert wie die der wasserstoffinduzierten Kaltrisse.
- Zusatzwerkstoffe, die hinreichend zähe Schweißgüter ergeben, ermöglichen einen merklichen Spannungsabbau in der WEZ durch Plastifizieren des Schweißguts und verringern damit die Gefahr der Kaltrissbildung. Als besonders geeignet erweisen sich basisch-umhüllte Stabelektroden, Abschn. 4.2.3.1.3, S. 341.
- Das Wasserstoffangebot muss so gering wie möglich sein, weil selbst Gehalte im ppm-Bereich schon kaltrissauslösend wirken, Abschn. 4.2.3.1.4, S. 344.
- Wenn wirtschaftlich vertretbar, ist ein Wasserstoffarmglühen (»Soaken«) des Bauteils nach dem Schweißen bei etwa 200 °C bis 300 °C direkt aus der Schweißhitze sehr zu empfehlen. Mit dieser Behandlung lässt sich der atomare Wasserstoff aus dem Schweißgut und der WEZ sehr zuverlässig austreiben.

Mit zunehmendem Legierungsgehalt nehmen die Schweißprobleme in der Regel sehr stark zu. Die kritische Abkühlgeschwindigkeit nimmt mit der Legierungsmenge ab (Lufthärter, s. Abschn. 4.3.7.3, S. 422). Die Schweißwärme bewirkt außerdem häufig güteverschlechternde, durch die Schweißfertigung kaum beeinflussbare Gefügeänderungen. Ein typisches Beispiel hierfür sind die rissbegünstigenden Carbidausscheidungen beim Anlassen von Schweißverbindungen aus dem warmfesten Stahl X20CrMoVW12-1 direkt aus der Schweißhitze, wie in Abschn. 4.3.5.3, S. 409, ausführlicher besprochen wurde.

Aufgabe 3-3:
Es ist das Schweißverhalten (Schweißeignung) der hochlegierten Cr-Ni-Stähle zu beurteilen. Hinweise zu einigen Werkstoffgrundlagen sind in Abschn. 2.8.3, S. 203, wichtige Schweißempfehlungen in Abschn. 4.3.7.5, S. 431, zu finden.

Diese umwandlungsfreien, nicht härtbaren austenitischen Stähle besitzen eine hervorragende (Tieftemperatur-)Zähigkeit, sind nicht versprödbar, unmagnetisch und weitgehend unempfindlich gegenüber Wasserstoff (frei von wasserstoffinduzierten Kaltrissen!), d. h., sie besitzen alle Voraussetzungen für eine exzellente Schweißeignung.

Die Gefahr von güteverschlechternden bzw. die Korrosionsbeständigkeit beeinträchtigenden Ausscheidungen ist kaum zu befürchten bzw. nur unter fertigungs- und schweißtechnisch i. Allg. selten vorhandenen Voraussetzungen. Trotzdem müssen für fehlerfreie und sichere Schweißverbindungen eine Reihe von Besonderheiten beachtet werden.

Die im Vergleich zu unlegierten Stählen deutlich kleinere *Wärmeleitfähigkeit* λ hat eine wesentlich geringere Abkühlung der Schweißverbindung zur Folge. Der dadurch entstehende Wärmestau kann bei unvorsichtigen Schleifarbeiten zu *Brandstellen* führen, die Mikrorisse erzeugen können.

Der sehr große *Wärmeausdehnungskoeffizient* α ist die Ursache für große Schweißverzüge, wenn die Fügeteile nicht fest gespannt werden oder (und) oft geheftet wird.

Erfahrungsgemäß ist zum Vermeiden der *Heißrissbildung* (Erstarrungsrisse und Wiederaufschmelzrisse) die chemische Zusammensetzung so einzustellen, dass in den Stählen, vor allem aber im Schweißgut, ein δ-Ferritgehalt von etwa 5 % bis 10 % vorhanden ist. Aus dem δ-Ferrit dieser metastabilen Austenite kann sich aber die stark versprödende Sigma-Phase ausscheiden.

Wegen der Gefahr der *Sensibilisierung* durch Ausscheiden von Chromcarbiden auf den Korngrenzen (IK, Abschn. 1.7.6.1.4, S. 87) werden zum Schweißen oft stabilisierte Stähle bevorzugt, Abschn. 4.3.7.5, S. 431.

Wie bei allen (hoch) nickelhaltigen Legierungen ist die Schweißschmelze relativ dickflüssig, Abschn. 5.2.2.3, S. 529, wodurch das Benetzen der Schmelze und ihr Ausgasen erschwert werden.

Die Auswahl der Zusatzwerkstoffe wird von der Notwendigkeit bestimmt, Schweißgüter zu erzeugen, deren primärer δ-Ferritgehalt $\geq 5\%$ beträgt. Dies gelingt zuverlässig mit Hilfe der üblichen Konstitutions-Schaubilder (*DeLong*, WRC-1992, Abschn. 4.3.7.2, S. 417). Die Vermeidung von Heißrissen (Schweißgut und WEZ) ist neben den vielfältigen Möglichkeiten der Beeinträchtigung der Korrosionsbeständigkeit der geschweißten Konstruktion (Abschn. 4.3.7.1, S. 414) das wichtigste zu lösende Problem.

Aufgabe 3-4:
Es sind die metallurgischen Unterschiede des Fügeverfahrens Löten im Vergleich zum Schweißen aufzuzeigen. Die werkstoffabhängige Eigenschaft Löteignung (DIN 8514-1) – die begrifflich und gedanklich weitestgehend dem Begriff Schweißeignung entspricht – ist zu diskutieren.

Beim Löten wird im Gegensatz zum Schweißen nicht die Schmelz- bzw. Solidustemperatur des Grundwerkstoffs erreicht. Die Verbindung entsteht durch Reaktionen eines flüssigen Lots mit dem auf *Arbeitstemperatur* erwärmten Grundwerkstoffs an der Phasengrenze flüssiges Lot/Grundwerkstoff. Die Löteignung wird im Wesentlichen bestimmt durch:
– Benetzungs- und Ausbreitungsvorgänge von Lot und Flussmittel sowie die
– wechselseitige Diffusion von Lot- und Grundwerkstoffatomen während des Prozesses der Bindung.

Die für den Lötprozess entscheidenden Vorgänge der Benetzung und Ausbreitung des flüssigen Lottropfens eines auf die Arbeitstemperatur erwärmten Werkstoffs lassen sich gemäß Bild A3-1 mit Hilfe der Grenzflächenspannungen γ beschreiben:

$$\gamma_{1,3} = \gamma_{1,2} + \gamma_{2,3} \cdot \cos\varphi$$
$$\gamma_{1,3} - \gamma_{1,2} = \gamma_{2,3} \cdot \cos\varphi.$$
[A3-1]

Die Grenzflächenspannungen und der Benetzungswinkel φ sind die den Benetzungsvorgang bestimmenden Größen. Bei vollständiger Benetzung ist $\varphi = 0$, d. h., der Tropfen breitet sich als einmolekularer Flüssigkeitsfilm auf der Oberfläche aus, s. a. Bild 1-13, S. 11. Dieser theoretische Zustand ist beim Löten *nicht* erreichbar. Er liegt nach Bild A3-1 vor, wenn gilt:

$$\gamma_{1,3} \geq \gamma_{1,2} + \gamma_{2,3}.$$
[A3-2]

Nach DIN 8514 ist eine ausreichende Benetzbarkeit eine der wichtigsten Forderungen an die Eigenschaft *Löteignung*. Im Gegensatz zu den sehr komplexen Werkstoffanforderungen an die Schweißeignung, findet ein Benetzen bereits statt, d. h., die Löteignung ist bereits weitgehend vorhanden, wenn Lot und Grundwerkstoff Mischkristalle oder intermediäre Verbindungen bilden, wobei die Löslichkeit sehr gering sein kann. Nur bei völliger Unlöslichkeit der Metalle werden deren Oberflächen nicht benetzt oder das Lot »entnetzt«, d. h., der bei höheren Temperaturen noch existierende Lottropfen zieht sich beim Abkühlen kugelförmig zusammen (z. B. flüssiges Silber auf Stahloberflächen) Nicht benetzende Lotschmelzen sind daher in der Praxis sehr selten. Technisch wichtig sind Bleischmelzen (= reine Bleilote), die Stahloberflächen nicht benetzen. Mit reinen Bleiloten lassen sich Stahlteile daher nicht löten.

Die metallurgischen Anforderungen an den Grundwerkstoff und das hierfür geeignete Lot sind sehr gering, weil die metallurgischen Reaktionen an der Phasengrenze Grundwerkstoff/Lot unter den sehr erschwerten Diffusionsbedingungen fest/flüssig und nicht wie bei Schweißprozessen flüssig/flüssig stattfinden. Metallurgische Reaktionen können

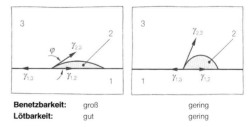

Bild A3-1
Beziehungen zwischen den Grenzflächenspannungen an den Phasengrenzen Grundwerkstoff (1), flüssiges Lot (2), Atmosphäre, d. h. Flussmittel, Schutzgas, Vakuum (3).

daher nur in einer extrem dünnen Schicht (Schichtbreite $D_{Leg} \leq 0{,}5\,\mu m$ bis $20\,\mu m$!) an der Phasengrenze erfolgen, Bild A3-2. Die Bauteilsicherheit gelöteter Verbindungen wird daher selbst durch die Anwesenheit intermediärer Phasen in der Regel nicht beeinträchtigt. Damit sind – sehr im Gegensatz zum Schweißen – metallurgische Überlegungen für die Auswahl »geeigneter« Lote von untergeordneter Bedeutung. Die geringen metallurgischen Probleme erlauben in der Regel auch Lötverbindungen zwischen Werkstoffen mit extremen werkstofflichen »Inkompatibilitäten«.

Wesentlicher ist die richtige Wahl der *Lot-Flussmittel-Kombination*. Die erforderlichen chemisch-physikalischen Reaktionen des Flussmittels (Reduzieren der noch vorhandenen/neugebildeten Oxide) bzw. des Lots (Benetzen und Ausbreiten des Lots) müssen in einem engen Bereich um die Arbeitstemperatur ablaufen. Die Eigenschaften der verwendeten Lot-Flussmittel-Kombination sind daher aufeinander abzustimmen. Die chemische Aggressivität des Flussmittels muss außerdem an die Art (Bildungsenthalpie) der zu lösenden Grundwerkstoffoxide angepasst werden.

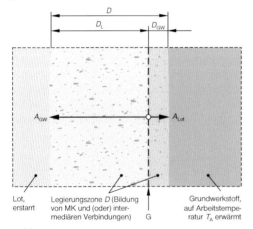

Bild A3-2
Legierungszone $D_{Leg} = D_L + D_{GW}$ an der Phasengrenze (G) Grundwerkstoff/flüssiges Lot bei einer (Hartlöt-) Verbindung.
D_L Diffusionszone im Lot,
D_{GW} Diffusionszone im Grundwerkstoff,
A_{GW} Grundwerkstoffatome.
A_{Lot} Lotatome.

Aufgabe 3-5:
Die Schweißfehler Rissbildung (im Grundwerkstoff und WEZ), Poren und Einschlüsse sind in tabellarischer Form aufzuzählen und die wichtigsten Maßnahmen zu ihrer Vermeidung anzugeben. Es sind vorzugsweise die Gegenmaßnahmen für den Werkstoff unlegierter Kohlenstoff-Manganstahl anzugeben.

Tabelle A3-1 zeigt in einer schematischen Übersicht die wichtigsten Maßnahmen zum Vermeiden der genannten Fehler beim Schweißen üblicher Eisenwerkstoffe. Sie wurden weitgehend aus verschiedenen im gesamten Buch zu findenden Hinweise zusammengetragen. Spezielle Defekte, wie sie bei NE-metallischen Werkstoffen und hochlegierten Stählen entstehen können, wurden hierbei nicht berücksichtigt. Über diese kann sich der Leser an den entsprechenden Stellen im Buch informieren.

Aufgabe 3-6:
Erkläre den Schadensmechanismus des wasserstoffinduzierten Kaltrisses. Welche Voraussetzungen müssen für sein Auftreten erfüllt sein? Welche Gefügeform ist für diese Rissform am anfälligsten? Es sind einige Maßnahmen zur Abwehr dieser Schadensform zu beschreiben.

Die werkstoffphysikalischen Grundlagen sind in den Abschnitten 3.3.3.3 und 3.5.1.6, einige Hinweise zum Auftreten und zu anfälligen Werkstoff in Abschn. 2.7.6.3, S. 197, und Abschn. 4.3.7.3, S. 422.

Wasserstoff schädigt den Werkstoff in vielfältiger, in vielen Fällen in einer äußerst komplizierten und bis heute noch nicht ganz verstandenen Weise. Ein Grund ist sein extrem kleiner Atomdurchmesser, der es ihm ermöglicht, in sehr unterschiedlicher Weise (gelöst auf Zwischengitterplätzen, wechselwirkend mit Gitterdefekten, in molekularer Form ausgeschieden als Pore) wirksam zu werden und in kürzesten Zeiten in den Werkstoff eindringen zu können, d. h. diesen zu schädigen.

Abschn. 3.6: Aufgaben zu Kapitel 3   293

Tabelle A3-1
Typische Schweißfehler und die wichtigsten Gegenmaßnahmen in einer schematisierenden Übersicht.

Ursache und Erscheinung	Gegenmaßnahmen
Rissbildung im Schweißgut	
Schwefel im GW oder aus der Umgebung aufgenommen	Zusatzwerkstoff wählen, der S (P) binden (z. B. B-Elektrode) oder (und) Oberflächenschichten (Rost, Farben, Öl, Beläge) beseitigen kann.
Kraterrisse	Kraterfülleinrichtung verwenden, Zusatzwerkstoffe und (oder) Einstellwerte ändern (Q reduzieren!), Krater mit Hand auffüllen.
Große Verspannung der Füge- bzw. Bauteile	Vorwärmen, durch entsprechende Schweißfolge sind Eigenspannungen klein zu halten.
Zusatzwerkstoffe defekt bzw. ungeeignet	Zusatzwerkstoffe wechseln, B-Elektroden, UP-Schweißpulver sind zu trocknen (min. 250 °C/2 h, bzw. nach Herstellerangaben), Schweißstäbe von Flugrost befreien (Schleifleinen!), Drahtelektroden sauber halten, nicht knicken.
Unzulässige Aufnahme von Legierungselementen aus GW	Ändern der Einstellwerte, der Polarität, evtl. anderes Verfahren wählen, Aufschmelzgrad möglichst gering halten.
Schweißgutvolumen zu gering	Einstellwerte ändern (I größer, v kleiner), Zusatzwerkstoffe mit größerem Durchmesser oder leistungsfähigeres Schweißverfahren wählen.
Bindefehler, Kaltstellen	Handfertigkeit des Schweißers überprüfen, Einstellwerte und Führung des Lichtbogens überwachen, Schweißnahtvorbereitung kontrollieren.
Rissbildung im Grundwerkstoff (GW) und der WEZ	
Wasserstoff in Schweißatmosphäre (aus Luft, Schutzgas, Zusatzwerkstoff).	Wasserstoffinduzierter Kaltriss (auch Unternahtriss, Härteriss). Wasserstoffarmen Zusatzwerkstoff (unbedingt trocknen!) oder »*wasserstofffreien*« Prozess (WIG, MIG) verwenden, hohe Vorwärmung oder (und) Wärmezufuhr.
Spröde Phasen	Vor dem Schweißen Lösungsglühen (evtl. rekristallisierend Glühen), Zusatzwerkstoff fachgerecht wählen (evtl. artfremd), Probeschweißung.
Zündstellen, kurze Heftnähte	Schweißer aufklären bzw. schulen, ausschleifen, evtl. Farbeindringprüfverfahren einsetzen um Risse aufzudecken.
Rissbildung während des Aufheizens oder Schweißens	Vorwärmen vermeiden, Wärmeeinbringen reduzieren, schneller schweißen. Besonders bei (hoch)legierten Stählen (Wärmeleitfähigkeit!) zu beachten.
Wiedererwärmungsrisse (Stress Relief Cracking)	Durch Ausscheiden spröder Phasen in der WEZ während bzw. wesentlich häufiger *nach* einem Spannungsarmglühen (vor allem in Mo-V- und Mo-B-legierten warmfesten Stählen) durch Korngrenzengleitung erzeugte Risse. Bei möglichst geringen Temperaturen Spannungsarmglühen (550 °C), zähes Schweißgut anstreben, Kerben d. h. Spannungsspitzen vermeiden.
Wiederaufschmelzrisse (Liquation cracks)	In WEZ verschiedener (hoch-)legierter Eisenwerkstoffe und NE-metallischer Werkstoffe durch Mechanismus der konstitutionellen Verflüssigung und (oder) Verflüssigen niedrigschmelzender, eutektischer Bestandteile entstehen. Abhilfe schwer, weitgehend vom GW abhängig. Bewährt haben sich sehr saubere GW.e mit feinkörnigem Gefüge und geringes Wärmeeinbringen.
Aufhärtungsgefahr	Vorwärmen, Einstellwerte ändern (Q größer), zähen, wasserstoffarmen Zusatzwerkstoff wählen, evtl. Wärmenachbehandlung (Anlassglühen).
Sprödbruchgefahr durch große Wanddicke und hohen Verspannungsgrad	Vorwärmen, zähen, wasserstoffarmen Zusatzwerkstoff wählen, mit Schweißfolgeplan arbeiten, konstruktiv bedingte Kerben vermeiden, um Eigenspannungen klein zu halten, Spannungsarmglühen sehr wirksam.
Poren und Einschlüsse	
H-, O-, N-Einschlüsse	Schützende Atmosphäre des Verfahrens, Werkstückoberflächen oder (und) Schweißer kontrollieren. Verfahren wechseln (WIG). Zusatzwerkstoffe müssen ausreichend desoxidiert (Ti, Si) und getrocknet sein.
Verunreinigungen aller Art	Fett, Farben, Kreide, Anstriche, Oberflächenschichten jeder Art beseitigen.
Zusatzwerkstoffe verunreinigt	Schweißstäbe, Drahtelektroden mit fehlerhafter Oberfläche zurückweisen, oder mit Schleifleinen, Lösungsmitteln säubern.
Schweißbad erstarrt zu schnell	Vorwärmen, größere Energiezufuhr, langsamer schweißen.
Handfertigkeit unzureichend	Probeschweißungen, Arbeitsproben, Schweißerschulung und -überwachung.

Der dissoziierte und an der Werkstückoberfläche adsorbierte Wasserstoff wird im Kristallgitter gemäß

$$H_{ad} \rightarrow H_{ab} \qquad [A3\text{-}3]$$

gelöst. Die Theorie lehrt, dass für jede durch Wasserstoff hervorgerufene Schädigung eine lokal ausreichend hohe Konzentration an Gitterfehlstellen (Versetzungen, Leerstellen, Ausscheidungen) notwendig ist, in die der Wasserstoff zeitabhängig diffundieren kann. Zwischen den Fehlstellen und dem gelösten Wasserstoff bestehen Wechselwirkungen und damit abhängig von der Art der Fehlstelle eine unterschiedlich große Wechselwirkungsenergie.

Die stärkste Wechselwirkung entsteht zwischen Wasserstoff und inneren Oberflächen (Poren, Risse, Phasengrenzflächen), an denen er chemisorbiert wird, d. h. an chemischen Reaktionen beteiligt ist. Nach der Dekohäsionstheorie von *Oriani* wird hierdurch die für die Bildung weiterer Rissoberflächen erforderliche Energie erniedrigt, d. h. die Kohäsion und die Trennfestigkeit nehmen in diesen Bereichen ab. Der atomare Wasserstoff wandert, begünstigt durch große Spannungsgradienten, in diese hydrostatisch gedehnten Bereiche mit verringerter Kohäsion und erzeugt hier Mikrorisse. Dieser Vorgang wird durch die versprödende Wirkung der dreiachsigen Spannung sehr erleichtert, Abschn. 3.4.1, Bild A3-3a. In zähen Werkstoffen können sich die Eigenspannungen durch Plastifizierung des Kerbgrundes abbauen, d. h. eine Rissbildung ist dann unwahrscheinlich. In spröden oder versprödeten ist das nicht mehr möglich. Demnach sind nur Werkstoffe bzw. Gefüge mit einer vernachlässigbaren Verformbarkeit anfällig. In martensitischen (Vergütungs-)Stählen – zunehmend mit steigendem Kohlenstoffgehalt – entsteht diese Schadensform besonders leicht, Abschn. 2.7.3, S. 171, Abschn. 4.3.4, S. 402, Abschn. 4.3.7.3, S. 422.

Der Riss kann nur durch Bereiche mit einer kritischen Kombination von (mehrachsiger) Spannung und Wasserstoffkonzentration laufen. Ein Weiterwachsen ist erst dann möglich, wenn sich an der Rissspitze erneut eine kritische Spannungs-/Wasserstoffkonzentration gebildet hat, Bild A3-3b. Die Rissbildung erfordert also eine diffusionskontrollierte Wasserstoffbewegung, sie ist abhängig von der Betriebstemperatur stark zeitabhängig. Der vollständige Bruch entsteht meistens erst nach vielen Stunden bzw. Tagen, Bilder A3-3c und 3d. Im englischen Sprachraum wird diese Schadensform daher auch als *delayed fracture* (= verzögerter Riss) bezeichnet.

Bei hohen Betriebstemperaturen kann sich wegen der guten Diffusionsbedingungen kein kritischer Wasserstoffgehalt einstellen, bei niedrigen sehr spät oder überhaupt nicht. Die Temperatur maximaler Schädigung liegt daher etwa im Bereich üblicher Umgebungstemperaturen (– 30 °C bis + 30 °C).

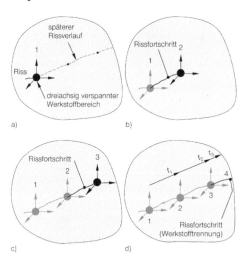

Bild A3-3
Zum Entstehungsmechanismus der wasserstoffinduzierten Risse, schematisch.
a) *Im dreiachsig verspannten Bereich entsteht an inneren Oberflächen ein Mikroriss, nachdem sich hier die kritische Wasserstoffmenge / Spannungszustand gebildet hat. Das erzeugte »Rissvolumen« baut die Spannung und den Wasserstoffgehalt auf wieder unkritische Werte ab.*
b) *Nach Ablauf einer Zeit t_1 erneuter Aufbau des für ein weiteres Risswachstum erforderlichen kritischen Spannungs- / Wasserstoffzustandes.*
c) *Erneutes Risswachstum nach Ablauf von t_2.*
d) *Nach Ablauf der Gesamtzeit $t_1 + t_2 + t_3$ wird der Querschnitt getrennt: verzögerte Rissbildung.*
●: *mehrachsig beanspruchter Bereich an der Rissspitze*

Bei großen Beanspruchungsgeschwindigkeiten kann sich kein kritischer Spannungszustand einstellen, weil der Wasserstoff während der kurzen Zeit nicht in kritischer Menge an die Rissspitze diffundieren kann.

Besonders gefährdet sind Vergütungsstähle (vor allem die legierten Lufthärter mit höherem Kohlenstoffgehalt, Abschn. 4.3.7.3, S. 422). Bei ihnen kann ein Wasserstoffgehalt von ≤ 2 cm³/100 g im Schweißgut zum Kaltriss im (teilweise) *nichtangelassenen* martensitischen Gefüge der WEZ führen. Das Gefüge der grobkörnigen, nichtangelassenen, d. h. besonders rissanfälligen WEZ ist auch wegen des hier vorliegenden hohen dreiachsigen Spannungszustandes besonders kaltrissgefährdet. Die Risse entstehen vorzugsweise in der partiell aufgeschmolzenen Zone nahe der Schmelzgrenze. Die z. T. verflüssigten Korngrenzenfilme stellen bevorzugte Pfade für die Diffusion des Wasserstoffs aus dem Schweißgut dar, weil flüssiges Eisen etwa 3 bis 4 Mal mehr atomaren Wasserstoff lösen kann als festes. Nach dem raschen Erstarren bilden diese mit Wasserstoff angereicherten Bereiche die bevorzugten Orte der Kaltrissentstehung.

Als Element mit dem kleinsten Atomdurchmesser kann Wasserstoff schon bei mäßigen Temperaturen sehr schnell in den Werkstoff eindringen. Vor allem bei der schweißtechnischen Verarbeitung o. g. Werkstoffe muss daher große Sorgfalt hinsichtlich eines ausreichend geringen Wasserstoffangebots aufgewendet werden, weil in vielen Fällen schon ein Gehalt von einigen ppm im Schweißgut für die Kaltrissentstehung ausreichend ist. Im Einzelnen ist zu beachten:
– Verunreinigungen im Bereich der Schweißnaht, an Schweißstäben/-drähten (Ziehfett!) sind rückstandslos zu beseitigen. Hierzu gehören: Feuchtigkeit, Fette, Farben, (Fett-)Kreide, Rost, Anstriche, organische Substanzen aller Art: Haare (Schweißnahtbürsten!), Bewüchse.
– »Wasserstoffarme« Schweißverfahren (Schutzgasschweißverfahren, vor allem WIG), getrocknete, basische Stabelektroden/UP-Pulver, evtl. Schutzgase mit herabgesetztem Taupunkt wählen.
– Vorwärmen auf $\geq 120\,°C$ (bzw. Herstellervorgaben oder andere Spezifikationen) beseitigt zuverlässig das Adsorptionswasser auf den Werkstückoberflächen, vermindert die Abkühlgeschwindigkeit der Schweißverbindung: die *vollständige* Bildung des extrem rissanfälligen Martensits wird damit verhindert. Das entstehende martensitisch-bainitische Gefüge in der Wärmeeinflusszone ist erfahrungsgemäß deutlich weniger rissanfällig.
– Der im Gitter gelöste atomare Wasserstoff kann wirtschaftlich durch das zwischen nur $250\,°C$ und $350\,°C$ durchzuführende *Wasserstoffarmglühen* (»Soaken«) ausgetrieben werden. Meistens wird diese Wärmebehandlung direkt im Anschluss an das Schweißen aus der Vorwärmtemperatur durchgeführt.

3.7 Schrifttum

Adams, C. M. jr.: Cooling Rate and Peak Temperature in Fusion Welding. Weld. J. Res. Suppl. 37 (1958), H. 5, S. 210s/215s.

Campbell, W. P.: Experiences with HAZ Cold Cracking Tests on a C-Mn Structural Steel. Weld. J. Res. Suppl. 55 (1976), S. 135s/43s.

DIN 8514: Lötbarkeit, 5/2006.

DIN 8524-3: s. DIN EN ISO 5817.

DIN 8528-1: Ersatzlos zurückgezogen.

DIN 18800-1: Stahlbauten – Teil 1: Bemessung und Konstruktion, 11/2008.

DIN EN ISO 10042: Lichtbogenschweißverbindungen an Aluminium und seinen Legierungen – Bewertungsgruppen von Unregelmäßigkeiten, 2/2006.

DIN EN ISO 5817: Schweißen – Schmelzschweißverbindungen an Stahl, Nickel, Titan und deren Legierungen (ohne Strahlschweißen) – Bewertungsgruppen von Unregelmäßigkeiten, 10/2006.

DIN EN ISO 6520: Schweißen und verwandte Prozesse – Einteilung von geometrischen Unregelmäßigkeiten an Metallen.
Teil 1: Schmelzschweißen, 11/2007.
Teil 2: Pressschweißungen, 4/2002.

Dolby, R. E., u. *D. J. Widgery:* Simulation of HAZ Microstructures. The Welding Institute, London, 1972.

Düren, C., u. *J. Korkhaus:* Zum Einfluß des Reinheitsgrades im Stahl auf die Neigung zur Bildung von wasserstoffinduzierten Kaltrissen in der Wärmeeinflußzone von Schweißverbindungen. Schw. u. Schn. 39 (1987), H. 2, S. 87/89.

DVS-Merkblatt 0703: Grenzwerte für Unregelmäßigkeiten von Schmelzschweißverbindungen nach DIN EN ISO 5817, 7/2008.

DVS-Merkblatt 0705: Wurde ohne Ersatz zurückgezogen.

DVS-Merkblatt 0713: Empfehlungen zur Auswahl von Bewertungsgruppen nach DIN EN 30042 und ISO 10042 Stumpfnähte und Kehlnähte an Aluminiumwerkstoffen, 5/1995.

Easterling, K.: Introduction to the Physical Metallurgy of Welding, 2. Aufl., Butterworth & Heinemann, 1992.

Fritz, A. H., u. *G. Schulze (Hrsg.):* Fertigungstechnik, 8. Aufl., Springer-Verlag, Berlin, 2008.

Harrison, J. D., u. *J. G. Young:* A Rational Approach to Weld Defect Acceptance Levels and Quality Control. Public Session Int. Inst. Weld. Ann. Assembly 1972.

Haumann, W., u. a.: Der Einfluß von Wasserstoff auf die Gebrauchseigenschaften von unlegierten und niedriglegierten Stählen. Stahl. u. Eisen 107 (1987), S. 585/594.

Keene, B. J.: A Survey of extant Data for Surface Tension of Iron and its binary Alloys. NPL Report DM(A)67, National Physical Laboratory, Teddington, Middlesex, UK, 1983.

Kihara, H.: Welding Cracks and Notch-Toughness of Heat-Affected Zone in High-Strength Steels. Houdremont Lecture 1968.

Kou, S.: Welding Metallurgy, 2. Aufl., John Wiley & Sons, 2002.

Metals Handbook, Vol. 6: Welding, Brazing and Soldering. Metals Park, OH, 1994.

Lancaster, J. F.: Metallurgy of Welding, 6. Aufl., Chapman & Hall, 1999.

Parlane, A. J. A.: The Determination of residual Stresses: A Review of contemporary measurement Techniques. In: Conference on Residual Stresses in Welding Construction and their Effects, S. 63. The Welding Institute, London, 1977.

Rosenthal, D.: Mathematical Theory of Heat Distribution during Welding and Cutting. Weld. J. Res. Suppl. 20 (1941), H. 4, S. 220s/225s.

Rosenthal, D., u. *R. Schmerber:* Thermal Study of Arc Welding. Weld. J. Res. Suppl. 62 (1983), H. 1, S. 2s/16s.

Ruge, J.: Handbuch der Schweißtechnik, Bd. 1: Werkstoffe. Springer-Verlag, Berlin, Heidelberg, New York, London, Paris, 1991.

Rykalin, N. N.: Berechnung der Wärmevorgänge beim Schweißen. Berlin, 1957.

Schulze, G.: Einfluß der Fehlergröße auf die Schwingfestigkeit von Schweißverbindungen aus hochfestem Stahl. Schw. u. Schn. 38 (1986), H. 1, S. 33/39.

Sicherung der Güte von Schweißverbindungen. Vorträge der Sondertagung »Sicherung der Güte von Schweißverbindungen«. DVS-Bericht 55, DVS-Verlag, Düsseldorf, 1979.

Tetelmann, A. S., u. *A. J. McEvily:* Bruchverhalten technischer Werkstoffe. Verlag Stahleisen, Düsseldorf, 1971.

Uwer, D., u. *J. Degenkolbe:* Kennzeichnungen von Schweißtemperaturzyklen beim Lichtbogenschweißen, Einfluß des Wärmebehandlungszustandes und der chemischen Zusammensetzung von Stählen auf die Abkühlzeit. Schw. u. Schn. 27 (1975), S. 303/306.

4 Schweißmetallurgie der Eisenwerkstoffe

Die zum Schweißen verwendeten nahezu punktförmigen, konzentrierten Wärmequellen beeinflussen und verändern in charakteristischer Weise das Schweißgut und einen gewöhnlich nur höchstens einige Millimeter breiten Bereich des Grundwerkstoffes unmittelbar neben der Schmelzgrenze, der als **Wärmeeinflusszone (WEZ)** bezeichnet wird. Das Ausmaß der entstandenen Gefügeänderungen und damit der Eigenschaftsänderungen in den schmelzgrenzennahen Bereichen ist im Wesentlichen abhängig von:
- dem *Temperatur-Zeit-Verlauf* in diesen Bereichen, d. h. von der Werkstückdicke, dem gewählten Schweißverfahren, den Einstellwerten (Schweißstrom, Schweißspannung und Vorschubgeschwindigkeit der Wärmequelle) und der Höhe der Vorwärmtemperatur und
- der Art des *Nahtaufbaus* (Ein-, Mehrlagentechnik, Pendellagen, Zugraupen).

Die Folge sind Eigenschaftsänderungen in der WEZ und dem Schweißgut, die bis zur völligen Unbrauchbarkeit der Schweißverbindung führen können, z. B.:
- Extreme Grobkornbildung im Bereich der Schmelzgrenze, abhängig von der Art des Grundwerkstoffs (kfz, krz) und der Größe des Wärmeeinbringens.
- Aufnahme atmosphärischer Gase bei hochreaktiven Werkstoffen (z. B. Titan, Zirkonium, Molybdän) mit der Folge einer vollständigen Versprödung.
- Aufhärtung der schmelzgrenzennahen Bereiche der WEZ bei härtbaren, d. h. vor allem bei höhergekohlten Stählen.
- Abnahme der Korrosionsbeständigkeit durch geseigertes Schweißgut, Eigenspannungen (SpRK) und (oder) andere metallurgische Veränderungen in der WEZ (z. B. Chromcarbidbildung).

Die im Schweißbad ablaufenden metallurgischen Vorgänge sind identisch mit denen bei der Stahlherstellung. Die zur Verfügung stehende Reaktionszeit beträgt beim Schmelzschweißprozess aber nur einige Sekunden, bei der Stahlherstellung mindestens zehn Minuten. Nach dem Massenwirkungsgesetz muss für ein gleichartiges metallurgisches Ergebnis die fehlende Reaktionszeit durch eine größere Masse der Reaktionspartner ausgeglichen werden. Damit ergeben sich erhebliche qualitative und quantitative Unterschiede im Vergleich zur Metallurgie der Stahlherstellung.

4.1 Aufbau der Schweißverbindung

Die für Schmelzschweißverfahren typischen sehr intensiven nahezu punktförmig wirkenden Wärmequellen (z. B. Lichtbogen, Plasma, Elektronenstrahl) führen zu großen Abkühlgeschwindigkeiten der Schweißnaht, vor allem aber der benachbarten hocherhitzten Bereiche. Als Folge dieser »Wärmebehandlung« ändern sich verschiedene Werkstoffeigenschaften, wodurch die Sicherheit geschweißter Konstruktion ganz erheblich beeinträchtigt werden kann.

Die mechanischen Gütewerte, d. h., das Verhalten und die Bauteilsicherheit von Schweißverbindungen, werden von folgenden Faktoren bestimmt:
- Die chemische Zusammensetzung des Schweißguts, die von der Art der Zusatzstoffe (Drahtelektrode, Stabelektrode, Schweißstab, Pulver, Schutzgas), dem Grundwerkstoff (abhängig von der Art der Nahtvorbereitung und dem gewählten Schweiß-

verfahren, dem Aufschmelzgrad, d. h. der Vermischung mit dem Grundwerkstoff) abhängig ist.
- Die in der Wärmeeinflusszone und im Schweißgut entstehenden Gefüge. Sie werden im Wesentlichen von verfahrensabhängigen Parametern (von ihnen hängen weitgehend die Abkühlgeschwindigkeit ab: Verfahren, Nahtvorbereitung, Einstellwerte, Pendel-, Zugraupentechnik, Wärmevor- bzw. nachbehandlung) und der chemischen Zusammensetzung von Grund- und Zusatzwerkstoff bestimmt.
- Die Möglichkeiten der erwünschten, aber i. Allg. nicht gezielt einsetzbaren »Wärmebehandlung« durch die Mehrlagentechnik, vor allem bei Stahlschweißungen (Abschn. 4.1.3.1). Ein Teil des nicht erwünschten Primärgefüges (dendritisches Gussgefüge) wird dabei durch »Umkörnen« beseitigt. Darunter versteht man die stark kornfeinende Wirkung der beim Erwärmen über Ac_3 erfolgenden doppelten Umkristallisation: $\alpha \rightleftharpoons \gamma$.
- Der durch die typischen extremen Temperaturgradienten in der WEZ und im Schweißgut entstehende Eigenspannungszustand, der Verzug und die gefährliche Spannungsversprödung hervorruft.
- Die hohe Temperatur in den schmelzgrenzennahen Bereichen, die dicht unter der Solidustemperatur liegt. Als Folge bildet sich unabhängig von der Art des zu schweißenden Werkstoffs eine ausgeprägte Grobkornzone. Bei Stahlwerkstoffen können u. U. rissanfällige (martensitische) Zonen entstehen, bei hochlegierten Stählen kann der Verlust der Korrosionsbeständigkeit die Folge sein.
- Die Art, Menge und Verteilung der exogenen und endogenen Schlacken im Schweißgut (Abschn. 3.5.1.4, S. 274).
- Die manuelle Fertigkeit, dem Leistungswillen und dem Verantwortungsbewusstsein des ausführenden Schweißers. Bindefehler, Schlackeneinschlüsse, Poren, Kantenversatz, unzulässige Naht- und Wurzelüberhöhung, Zündstellen und andere »Fehler« sind bei einem kontrollierten Fertigungsablauf weitgehend vermeidbare »Diskontinuitäten«. Weitere Einzelheiten sind in Abschn. 3.5, S. 268, zu finden.

4.1.1 Vorgänge im Schweißbad

4.1.1.1 Die Primärkristallisation der Schweißschmelze

Die aus Grund- und Zusatzwerkstoff bestehende Schweißschmelze kühlt von hohen Temperaturen vorwiegend durch Wärmeleitung sehr rasch (einige hundert Grad Kelvin in der Sekunde) ab.

Wie fast jede Phasenänderung besteht auch die Kristallisation aus den Teilvorgängen *Keimbildung* und dem anschließenden *Kristallwachstum*. Ausführlichere Informationen über die Vorgänge bei der Primärkristallisation findet man in Abschn. 1.4.1.2, S. 27. Das Entstehen homogener Keime durch die spontane Bildung wachstumsfähiger Teilchen als Folge einer Schmelzenunterkühlung ist unwahrscheinlich. Als äußerst wirksame heterogene Keime bieten sich die aufgeschmolzenen Körner der Schmelzgrenze (Phasengrenze flüssig/fest) an. Diese *epitaktische Kristallisation* wird weiter unten in diesem Abschnitt ausführlicher beschrieben (s. a. Abschn. 1.4.1, S. 24).

Die Erstarrungsvorgänge in der Schweißschmelze, die Form des Schweißbades, die Art des entstehenden Primärgefüges (äquiaxial, dendritisch, zellulär, stängelförmig, eben), sind von der Größe der konstitutionellen (und der thermischen) Unterkühlung der Schmelze abhängig. Die konstitutionelle Unterkühlung (s. Abschn. 1.4.1.2, S. 27) wird von dem Temperaturgradienten G, der Kristallisationsgeschwindigkeit R und der Menge der in der Schmelze gelösten Legierungselemente bestimmt, wie Bild 1-33a, S. 29, zeigt. Diese Zusammenhänge sind in Bild 4-1b dargestellt.

---

[31] Die Temperatur fällt, beginnend an der Schmelzgrenze, in Richtung des maximalen Temperaturgradienten am schnellsten. In diese Richtung der maximalen Wärmeableitung (= Schmelzbadisothermen) wachsen daher die Kristallite bevorzugt in Form ausgeprägter Stängelkristalle, bzw. Zellen, s. Bild 4-1b.

Die Vorschubgeschwindigkeit der Wärmequelle v beeinflusst die *Kristallisationsgeschwindigkeit R*, die Schweißbadform und damit die Heißrissneigung. Die auch aus praktischen Gründen erforderliche gleichmäßige geometrische Form des Schweißbades ist nur erreichbar, wenn die aufgeschmolzene Werkstoffmenge gleich der kristallisierten ist. Zwischen R und v muss aus geometrischen Gründen folgende Beziehung bestehen, Bild 4-1a:

$$R = v \cdot \cos \beta. \qquad [4\text{-}1]$$

Dabei ist β der Winkel zwischen der jeweiligen Schmelzflächennormalen und der Richtung der Vorschubgeschwindigkeit.

Eine bemerkenswerte Konsequenz der unterschiedlichen Kristallisationsgeschwindigkeiten R an jedem Ort der Schweißbadisothermen ist auch das von R (und von dem Temperaturgradienten G) abhängige Mikrogefüge des Schweißguts, s. Bild 1-33a, S. 29. Nach Bild 4-1a ist G an der Schmelzgrenze am größten, in der Schweißnahtmitte am kleinsten, R steigt dagegen von der Schmelzgrenze bis zur Schweißnahtmitte auf einen der Vorschubgeschwindigkeit der Wärmequelle v entsprechenden Wert. Daraus lässt sich für die Schweißnahtoberfläche entlang der Erstarrungsisothermen die Verteilung des der konstitutionellen Unterkühlung entsprechenden Parameters R/G berechnen, Bild 4-2.

Die Kristallisation beginnt an den Orten mit der höchsten Abkühlgeschwindigkeit, d. h. an der Schmelzgrenze. Die Kristalle wachsen wegen der stark gerichteten Wärmeabfuhr von der Schmelzgrenze *senkrecht* zu den Erstarrungsisothermen – aber natürlich nicht senkrecht zur Schmelzgrenze! – mit der jeweiligen ortsabhängigen Kristallisationsgeschwindigkeit $R = v \cdot \cos \beta$, Bild 4-1b [31].

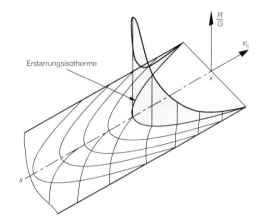

Bild 4-2
Verteilung des Parameters R/G entlang der Erstarrungsisotherme eines Schweißbades, nach Wittke.

Solange die größte Kristallisationsgeschwindigkeit R_{max} größer oder gleich der Vorschubgeschwindigkeit v ist, bleibt die ellipsenförmi-

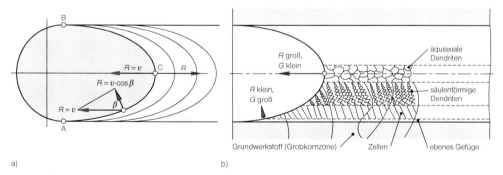

a) b)

Bild 4-1
Einfluss der Schweißgeschwindigkeit v auf die
a) Kristallisationsgeschwindigkeit R an ausgewählten Punkten der Schweißbadisothermen. Bei A und B ist $R = 0$, bei C ist $R = R_{max} = v$; v = Vorschubgeschwindigkeit der Wärmequelle, nach Savage.
b) Art des entstehenden Schweißgutgefüges als Folge unterschiedlicher Kristallisationsgeschwindigkeit R an jedem Punkt der Schweißbadisothermen. Die unterschiedlichen Erstarrungsstrukturen hängen gemäß Bild 1-33a von dem Parameter ab, d. h. von einer Größe, die ein Maßstab der konstitutionellen Unterkühlung der Schmelze ist, s. a. Bild 4-2, nach Matsuda, Hashimoto, Senda. S. a. Aufgabe 5-3, S. 567.

302 Kapitel 4: Schweißmetallurgie der Eisenwerkstoffe

ge Gestalt des Schweißbades erhalten, Bild 4-1b. Wenn $v > R_{max}$ wird, dann bleibt die erstarrende Schweißschmelze »zurück«, d. h., das flüssige Schweißgut wird »länger« und schmaler, die Kontur also tropfenförmig. Wegen des nun sehr viel geringeren Radius' des Tropfens werden beim Kristallisieren die Verunreinigungen konzentriert im Bereich der »Tropfenspitze« ausgeschieden, wodurch die Heißrissgefahr deutlich zunimmt, Bild 4-3b. Bei noch größerem Wärmeeinbringen Q und größerer Schweißgeschwindigkeit v können im Bereich der Mittellinie durch heterogene Keimbildung feinkörnige Dendriten entstehen. Wegen der großen Anzahl der Korngrenzen nimmt ihre Verunreinigungsdichte ab, d. h., die Heißrissgefahr wird reduziert.

Die mechanischen Eigenschaften von Gefügen mit stängelförmigen Dendriten sind stark anisotrop. Außerdem ist die sehr un-

gleichmäßige Verteilung der Legierungselemente innerhalb der dendritischen Stängelkristalle (Bild 1-33b) im Vergleich zu den Zellstrukturen (Bild 1-33c) nachteilig.

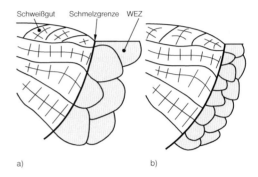

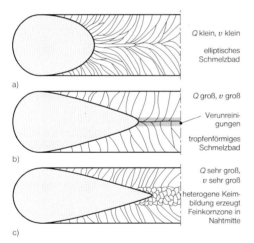

Bild 4-3
Das Erstarrungsgefüge ist abhängig von der Größe der konstitutionellen Unterkühlung bzw. von der Größe des Parameters R/G (nach Bild 4-2) bzw. von $G/\sqrt{R}$ (nach Bild 1-33a, S. 29).
a) Das »normale« elliptische Schweißbad entsteht, wenn das Wärmeeinbringen Q und die Schweißgeschwindigkeit v ausreichend niedrig sind.
b) Große Q- und v-Werte ergeben ein tropfenförmiges Schweißbad, bei dem sich im Bereich des Tropfenendes die Verunreinigungen aus der Restschmelze bevorzugt und konzentriert ausscheiden. Es besteht erhöhte Heißrissgefahr.
c) In Nahtmitte können bei sehr großem Q und v, gemäß Bild 1-33a durch heterogene Keimbildung feinkörnige, äquiaxiale Dendriten entstehen.

Bild 4-4
Epitaktische Erstarrung von Schweißschmelzen.
a) Bei nichtpolymorphen Metallen beginnt die Kristallisation der Schmelze auf den Gitterebenen der WEZ (Epitaxie), die Korngröße der WEZ bestimmt die des Schweißguts.
b) Bei polymorphen Metallen ändert sich durch die Sekundärkristallisation (z. B. $\gamma \to \alpha$ bei Eisen) die Korngröße des Gefüges der WEZ, die epitaktische Kristallisation der Schmelze ist daher nicht mehr erkennbar.

Bei nichtpolymorphen Metallen beginnt das Kristallwachstum an der Schmelzgrenze entsprechend der Orientierung der Gitterebenen der hier angeschmolzenen Körner. Dieser Mechanismus wird als *epitaktisches Wachstum* bezeichnet. Für diesen Vorgang ist keine Aktivierungsenergie oder thermische Unterkühlung erforderlich, Abschn. 1.4.1.1, S. 24. Die Korngröße des Schweißgutgefüges hängt bei nicht polymorphen Metallen direkt von der der WEZ ab, Bild 4-4a, s. a. Abschn. 5.1. Polymorphe Metalle (z. B. Stahl) »kristallisieren« während der Abkühlung auch im festen Zustand (das ist die Sekundärkristallisation $\gamma \to \alpha$), wodurch sich bei Stahl die Korngröße ändert, Bild 4-4b.

Als Ergebnis der Kristallisation entstehen bei krz Metallen häufig längliche, schmale *Stängelkristalle*, deren Kristallisationsfronten in der Nahtmitte aufeinandertreffen. Die hier erstarrende Restschmelze enthält den größten Anteil der im Stahl bereits vorhandenen niedrigschmelzenden, nichtlöslichen Verunreinigungen (besonders Schwefel- und Phosphorverbindungen, mit einer Erstarrungstemperatur von etwa 1000 °C) oder solche, die als Folge metallurgischer Reaktionen während des Schweißens zugeführt wurden (z. B. durch Anschneiden von Seigerungen, Überschweißen von Anstrichen, organischen/anorganischen Oberflächenbelägen). Während der weiteren Abkühlung können in ungünstigen Fällen die Schrumpfspannungen **Heißrisse** in der Schweißnahtmitte im Bereich der Restschmelze erzeugen, Bild 4-5. Man unterscheidet dabei die bei der Kristallisation der Schweißschmelze entstehenden **Erstarrungsrisse** und die sich in der Wärmeeinflusszone unmittelbar neben der Phasengrenze flüssig/fest bildenden **Wiederaufschmelzrisse**. Letztere werden ausführlicher in Abschn. 5.1.3, S. 505, besprochen.

Die Bildung der Heißrisse erfordert Spannungen – bzw. Dehnungen – *und* niedrigschmelzende Verbindungen an Korngrenzen oder zwischen wachsenden Dendriten. Bedeutsam ist dabei die Geschwindigkeit, mit der die Spannung (Dehnung) aufgebaut wird. Rasches Erstarren und Abkühlen führt daher zu einem schnellen Ansteigen der rissauslösenden Spannung, die der Werkstoff durch Kriechprozesse nicht mehr abbauen kann. Die Heißrissempfindlichkeit ist daher unter diesen Bedingungen groß.

Bei gegebenem Werkstoff lässt sich die Neigung zur Heißrissigkeit daher nur durch Fertigungs- und Schweißbedingungen verringern, die die Schweißspannungen klein halten. In erster Linie sind folgende Maßnahmen zu nennen:

Nahtform	Erstarrungsmuster	Metallurgische Eigenschaften des Schweißgutes
I-Naht		Nahtformen (bzw. Schweißparameter!), die zu annähernd »parallelen« Schmelzgrenzen führen, begünstigen stark die **Heißrissbildung**. Die vor den Kristallisationsfronten hergeschobenen niedrigschmelzenden, schmelzflüssigen Verunreinigungen werden in Schweißnahtmitte konzentriert. Sie sind zusammen mit Last-, und (oder) Eigenspannungen Ursache der Heißrisse.
Verfahren mit tiefem Einbrand $\varphi = b/t < 1$		
Steilflankennaht		Ähnliche Vorgänge entstehen bei tiefeinbrennenden Verfahren. Mit dem UP-Verfahren hergestellte Schweißgüter neigen wegen der besonderen Einbrandverhältnisse und der verfahrenstypischen Nahtgeometrie häufig zur Heißrissbildung (z. B. die Wurzel einer Y-Naht). Mit der Nahtform und häufig auch dem Nahtquerschnitt lassen sich aber diese Besonderheiten berücksichtigen.
Y-Naht (mit Wurzel, UP-geschweißt)	niedrigschmelzende Verunreinigungen	
V-Naht		Je weniger »parallel« die Schmelzgrenzen verlaufen, desto größer ist der Anteil der Verunreinigungen, der in Richtung Decklage abgedrängt wird und damit metallurgisch unwirksam ist.
Verfahren mit flachem Einbrand $\varphi = b/t > 1$		Diese Nahtform lässt sich mit Verfahren und Einstellwerten erreichen, die flache, breite Schweißnähte erzeugen.

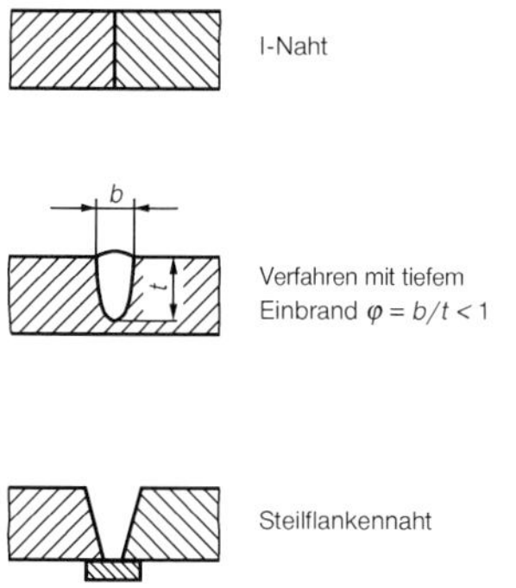

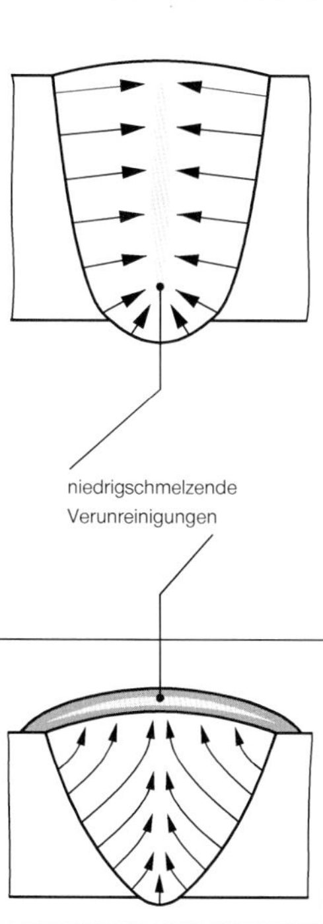

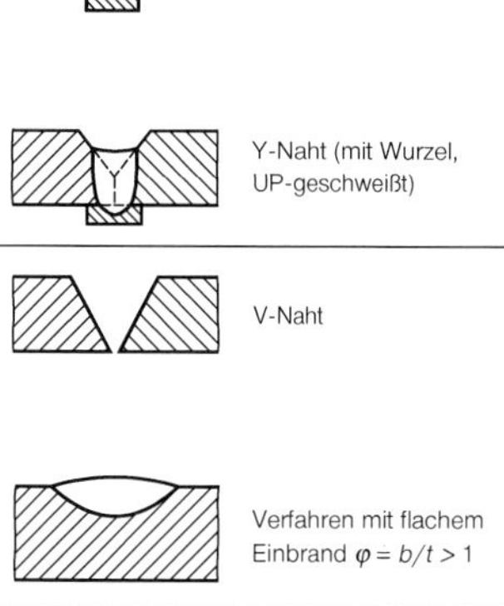

Bild 4-5
Zur Primärkristallisation von Schweißschmelzen in einlagig hergestellten Schweißnähten. Es wird schematisch der Einfluss des Schweißverfahrens und der Nahtvorbereitung auf die Art der Erstarrung gezeigt.

- Nahtformen und Einstellwerte wählen, die ausreichend große Schweißnahtquerschnitte erzeugen.
- Eigenspannungen klein halten.
- Schweißgeschwindigkeit kontrollieren.

Die Heißrissanfälligkeit ist vor allem bei Einlagenschweißungen und Werkstoffen mit einem hohen Gehalt an Verunreinigungen (z. B. die Seigerungszonen unberuhigter Stähle) ein gravierendes Problem, das sorgfältig beachtet werden muss.

Die Heißrissanfälligkeit nimmt zu mit:
- Abnehmender Zahl und zunehmendem Querschnitt der *Schweißlagen*. Großvolumige Schweißgüter zeigen in besonders hohem Maße »Gusseigenschaften«.

- Dem *Gehalt an Verunreinigungen*, die aus dem aufgeschmolzenen Grundwerkstoff oder von außen in die Schmelze gelangen. Der Aufschmelzgrad, d. h., das Maß der Vermischung des sehr reinen Zusatzwerkstoffs mit dem Grundwerkstoff, ist abhängig von dem Schweißverfahren (vor allem die mögliche Einbrandtiefe), den Einstellwerten beim Schweißen (Größe des einstellbaren Schweißstroms) und der Art der Nahtvorbereitung (z. B. I-Naht mit einem Aufschmelzgrad von etwa 70% bis 80% oder V-Naht mit 25% bis 35%), Bild 4-5.
- Zunehmender »Parallelität« der Schmelzgrenzen. Die in Richtung der Schweißbadmitte wachsenden Dendriten stoßen senkrecht aufeinander, Bild 4-5. Die vor den Kristallisationsfronten vorhandenen filmartigen Verunreinigungen können *nicht* in Richtung der Nahtoberfläche in die Schlackendecke geschwemmt werden, Bild 1-67, S. 55.
- Der Schärfe des mechanischen *Beanspruchungszustandes* (Last-, Schrumpf-, Eigenspannungen), der mit der Werkstückdicke erheblich zunimmt.

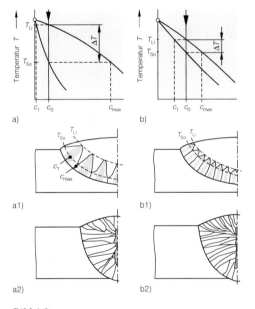

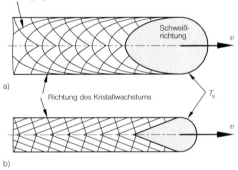

Bild 4-6
Einfluss der Größe des Erstarrungsintervalls ΔT auf die Primärkristallisation und die Art des entstehenden (Primär-)Gefüges in einlagig geschweißten Verbindungen, schematisch.
a) Zustandsschaubild mit großem ΔT und a1) zugeordnetem Erstarrungsmuster: dendritische Erstarrung mit ausgeprägter Kristallseigerung und a2) Heißrissentstehung in Nahtmitte.
b) Zustandsschaubild mit kleinem ΔT und b1) zugeordnetem Erstarrungsmuster: dendritische Erstarrung mit deutlich geringerer Kristallseigerung und b2) Heißrissneigung. Beachte aber auch Bild 4-5.

Bild 4-7
Einfluss der Schweißgeschwindigkeit v auf die Heißrissneigung, s. a. Bild 4-3b.
a) Die Kristallite wachsen mit zunehmender Krümmung in Schweißrichtung. Die Verunreinigungen werden in das Schweißbad gedrückt und können in die Schlacke steigen.
b) Bei großer Schweißgeschwindigkeit und geringem Wärmeeinbringen Q prallen die Kristallisationsfronten in Nahtmitte zusammen. Die sich aus der kristallisierenden Schmelze ausscheidenden, niedrigschmelzenden Verunreinigungen konzentrieren sich in Nahtmitte und begünstigen so erheblich die Heißrissbildung.

- Der Breite des *Erstarrungsintervalls,* dessen Einfluss bei un- und niedriglegierten Stählen leicht beherrschbar ist, bzw. keine Rolle spielt, bei hochlegierten austenitischen Stählen (Abschn. 4.3.7.5) aber sehr kritisch werden kann.
- Der *Schweißgeschwindigkeit,* Bild 4-3b und Bild 4-7.

Bild 4-6 zeigt schematisch den Einfluss des Erstarrungsintervalls auf die Neigung zur (Kristall-)Seigerung und Heißrissbildung. Bei sonst gleichen thermischen Bedingungen ist die Verweilzeit im Erstarrungsintervall und die mögliche Spannweite der Konzentrationen $\Delta c = (c_{max} - c_1)$ ein Maßstab für das Ausmaß der Kristallseigerung und der Heißrissneigung.

Die Heißrissneigung hängt außerdem in hohem Maße von der Schweißgeschwindigkeit ab. Bild 4-3 und Bild 4-7 zeigen die Orientierung der wachsenden Kristallite bezüglich der Schmelzlinie. Wachsen die Kristallite mit zunehmender Krümmung in Richtung Nahtmitte, dann werden die niedrigschmelzenden Verunreinigungen überwiegend in die Schmelze abgedrängt, sie sammeln sich in der Schweißschlacke und sind dann metallurgisch praktisch unwirksam, Bild 4-7a. Bei großen Schweißgeschwindigkeiten besteht diese Möglichkeit aber nicht, wie Bild 4-7b deutlich zeigt. Die nichtmetallischen Verunreinigungen werden in der Nahtmitte konzentriert und begünstigen den Heißriss. Diese Verhältnisse findet man häufig bei großvolumigen (UP-)Schweißgütern, die mit großen Vorschubgeschwindigkeiten hergestellt wurden.

Bei sehr großen Kristallisationsgeschwindigkeiten und einem großen Wärmeeinbringen können sich gemäß Bild 1-33a, S. 29, äquiaxiale Dendriten bilden. Durch die nun vorhandene große Korngrenzenfläche ist deren Belegungsdichte mit den heißrissauslösenden Substanzen klein, die Heißrissgefahr also deutlich geringer. Dieses Kristallisationsgefüge lässt sich bei Eisenwerkstoffen praktisch nicht gezielt erreichen, bei Aluminiumlegierungen (Abschn. 5.3.1.5, S. 537) dagegen sehr viel leichter.

Um die Heißrissbildung zu vermeiden, muss aus metallurgischen Gründen die Wanddicke für in einer Lage auszuführende Schweißarbeiten begrenzt werden. In der Praxis liegt

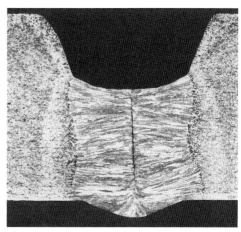

a)

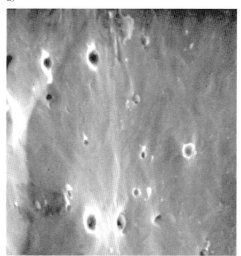

b)

Bild 4-8
Heißriss in einer UP-geschweißten Verbindung, Werkstückdicke $t = 25$ mm.
a) Makroaufnahme der Wurzel. Die von der Schmelzgrenze aus wachsenden Stängelkristalle schieben die niedrigschmelzenden Verunreinigungen vor sich her bis sie in Nahtmitte konzentriert zusammentreffen, $V = 2:1$.
b) REM-Aufnahme der Bruchfläche einer Kerbschlagbiegeprobe, entnommen aus Schweißnahtmitte einer UP-geschweißten Verbindung. Beachte den glatten Rissverlauf und die Struktur der Körner und Korngrenzen, $V = 2000:1$.

der Grenzwert für diese sehr »wirtschaftliche« Schweißtechnologie bei etwa 8 mm bis 10 mm. Je geringer der Gehalt an Verunreinigungen im Stahl ist, desto unbesorgter kann diese Technik angewendet werden. Auf jeden Fall sollte die Einlagenschweißung aber nicht für hoch beanspruchte Bauteile angewendet werden. Die Kerbschlagzähigkeit (gemessen mit Kerblage in Schweißnahtmitte) ist meistens selbst bei geringen Beanspruchungen unzureichend.

Erfahrungsgemäß neigen die mit dem UP-Schweißen hergestellten *großvolumigen* Schweißgüter zur Heißrissbildung. Bild 4-8a zeigt einen Heißriss in der Mitte einer UP-geschweißten Wurzel. Die REM-Aufnahme der Bruchfläche einer aus Schweißnahtmitte entnommenen Kerbschlagbiegeprobe einer nicht gerissenen in einer Lage geschweißten Verbindung, Bild 4-8b, enthüllt die typische glatte Rissfläche und den charakteristischen interkristallinen Rissverlauf. Die sehr geringe Kerbschlagarbeit konnte kaum ermittelt werden. Die »Qualität« dieser Verbindung kommt der einer schlechten Klebverbindung sehr nahe! Durch Wahl eines geeigneten Nahtaufbaus und entsprechender Einstellwerte kann die Heißrissbildung UP-geschweißter Verbindungen unterdrückt werden, ohne die Heißrissneigung aber vollständig zu beseitigen.

Bild 4-5 zeigt, dass mit fertigungstechnischen Mitteln (Schweißverfahren, Nahtvorbereitung, Einstellwerten) die Heißrissbildung verhindert, in jedem Fall aber gemindert werden kann. Die wirksamste Gegenmaßnahme besteht in der Wahl von Zusatzwerkstoffen, die die niedrigschmelzenden eutektischen Filme metallurgisch unschädlich machen, d. h. »verschlacken« können. Der basische Elektrodentyp (Abschn. 4.2.3.1.3) erweist sich als besonders gut geeignet. Eine sorgfältige visuelle Prüfung auf Heißrissfreiheit der Verbindung, verbunden mit einer zerstörenden Prüfung (z. B. Falt-, Biege-, Zug-, Kerbschlagbiegeproben) ist in jedem Fall anzuraten.

Außer den genannten werkstofflichen und fertigungstechnischen Einflüssen wird insbesondere bei den Eisenwerkstoffen die Heißrissneigung von den speziellen Lösungsbedingungen der Elemente Schwefel und Phosphor im Ferrit bzw. Austenit, der Art der Primärkristallisation und dem Ausmaß der dabei entstehenden Seigerung bestimmt. Der erhebliche Einfluss des Kohlenstoffs beruht auf der Art der bei der Primärkristallisation entstehenden Gefüge. In Stählen mit Kohlenstoffgehalten unterhalb 0,10 % bildet sich primär δ-Ferrit, dessen Löslichkeit für Schwefel und Phosphor wesentlich größer ist als die des Austenits. Bei C $\geq$ 0,1 % entsteht bei $T = 1493\,°C$ durch die peritektische Reaktion ($\delta + S \rightarrow \delta + \gamma$, s. Bild 4-9) Austenit, dessen Löslichkeit für die genannten Elemente sehr gering ist. Damit besteht die Möglichkeit, dass sich Phosphor und Schwefel an den primären Austenitkorngrenzen anreichern. Bild 4-9 zeigt, dass bei Kohlenstoffgehalten über 0,1 % der zum Unterdrücken der Heißrissbildung erforderliche Mn-Gehalt stark zunimmt, s. a. Aufgabe 4-11, S. 488. Phosphor segregiert in Korngrenzenbereichen und setzt die Schmelztemperatur der »Korngrenzensubstanz« oder (und) die Kohäsion zwischen den Kristalliten herab.

Außer den genannten Einflüssen ist für die Heißrissneigung auch die von der Führung des Lichtbogens abhängige Oberflächenspannung der Schweißschmelze von Bedeutung (s. a. Abschn. 4.1.1.1.1). Bild 4-10 zeigt die Wirkung unterschiedlicher Oberflächenspannungen, erzeugt mit unterwölbt bzw.

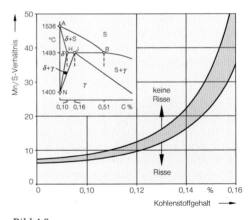

Bild 4-9
Einfluss des Mn/S-Verhältnisses und des Kohlenstoffgehalts auf die Heißrissneigung von unlegiertem Schweißgut, nach Lancaster.

überwölbt hergestellten Schweißlagen, auf die Heißrissneigung des Schweißguts und die Schlackenentfernbarkeit.

4.1.1.2 Massentransporte im Schweißbad

Auf die flüssige Schweißschmelze wirken eine Vielzahl unterschiedlicher Kräften ein, die sehr schnelle Flüssigkeitsströmungen erzeugen können. Die Größe des Schweißbades, also auch der Nahtform, hängt damit nicht nur von den Schweißparametern und der physikalischen und chemischen Charakteristik des schützenden Gases ab, sondern in einem erstaunlich großen Umfang von diesen Badbewegungen. Die Flüssigkeitsströme – genauer die sie erzeugenden Kräfte – beeinflussen nicht nur die Schweißnahtgeometrie, sondern ändern auch den Wärmetransport, die Temperaturgradienten, die Einfluss auf das Mikrogefüge und den Eigenspannungszustand haben, verschiedene »Unregelmäßigkeiten« der Schweißverbindung [u. a. Einbrandkerben, Einbrandformen (flach, tief, breit, fingerförmig), Schuppenform und -art der Nahtoberfläche, sowie das in Abschn. 3.5.1.4, S. 274, näher beschriebene »Hochblasen« der Wurzel (»Osterei«)].

Die Schmelzenströmung wird durch verschiedene Kräfte erzwungen bzw. beeinflusst, die bei den einzelnen Schweißverfahren unterschiedlich groß d. h. wirksam sind. Die wichtigsten sind:
– Die von *Oberflächenspannungs-Temperaturgradienten* ($d\gamma/dT$) in der Schweißbadoberfläche erzeugten Kräfte,
– Elektromagnetische oder *Lorentz-Kräfte*, die quadratisch von der Schweißstromstärke abhängen,
– *Aerodynamische Kräfte*, die bei der Bewegung eines Plasmastrahls über die Schweißbadoberfläche entstehen und
– *Buoyancy-Kräfte* (engl.; buoyancy = Tragkraft, Auftrieb), die aufgrund der Temperaturunterschiede (= Dichteunterschiede) zwischen dem Schweißbadrand und der Schweißbadmitte entstehen. Ihre Wirkung auf die Badbewegung ist normalerweise verhältnismäßig gering.

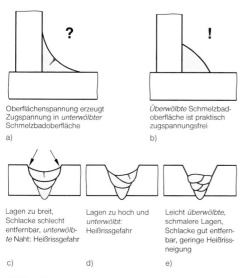

a) Oberflächenspannung erzeugt Zugspannung in *unterwölbter* Schmelzbadoberfläche

b) *Überwölbte* Schmelzbadoberfläche ist praktisch zugspannungsfrei

c) Lagen zu breit, Schlacke schlecht entfernbar, *unterwölbte* Naht: Heißrissgefahr

d) Lagen zu hoch und *unterwölbt*: Heißrissgefahr

e) Leicht *überwölbte*, schmalere Lagen, Schlacke gut entfernbar, geringe Heißrissneigung

Bild 4-10
Einfluss der Form der Oberfläche der Schweißschmelze auf die Heißrissneigung (und andere Eigenschaften).
a) *Die Schweißschmelze **unterwölbter** Schweißnähte erzeugt Zugspannungen in der Schmelzbadoberfläche: Heißrissneigung,*
b) *die Schweißschmelze **überwölbter** Schweißnähte ist im Wesentlichen zugspannungsfrei,*
c) *unterwölbte, breite Lagen sind daher nicht empfehlenswert, sie begünstigen den Heißriss und erschweren den Schlackenabgang,*
d) *hohe, unterwölbte Lagen begünstigen ebenfalls den Heißriss,*
e) *leicht überwölbte Lagen, die auch die Schlackenentfernbarkeit begünstigen, sind anzustreben, nach Lincoln Electric Company.*

Bei Schweißverfahren, die mit großen Schweißströmen betrieben werden – z. B. das UP- und das MSG-Schweißverfahren – ist die *Lorentz*-Kraft die die Massentransporte praktisch allein bestimmende Größe. Sie erzeugt den für diese Verfahren charakteristischen tiefen Einbrand aus dem sich die in Bild 4-11 dargestellten Strömungsverhältnisse in der Schmelze ergeben.

Bei den Schutzgasverfahren – insbesondere dem mit relativ geringen Schweißströmen arbeitenden WIG-Verfahren – ist die *Lorentz*-Kraft i. Allg. so gering, dass sie keinen Krater im Schmelzbad erzeugen kann. Massentransporte und Schmelzenströmungen entstehen hier vorwiegend durch die Wirkung von Kräften, die auf den Oberflächenspannungs-Gradienten in der Schmelze beruhen, Bild 4-12.

In *reinen* Werkstoffen und einer Reihe von Legierungen nimmt die Oberflächenspannung mit zunehmender Temperatur *ab*, Bild 4-12a, d. h., der Oberflächenspannungs-Temperaturgradient $d\gamma/dT$ ist negativ. Die Oberflächenspannung ist dann an den verhältnismäßig kalten Schweißbadrändern am größten. Bei einem Temperaturgradienten über die Schmelzenoberfläche von dT/dr – mit r als Abstand vom »Mittelpunkt« der Wärmequelle – ergibt sich die entstehende bezogene Kraft zu:

$$\left(-\frac{d\gamma}{dT}\right) \cdot \left(-\frac{dT}{dr}\right) = \frac{d\gamma}{dr} \text{ in } \frac{N}{m^2}.$$

Diese positive, d. h. nach außen gerichtete Kraft ist die Ursache einer Strömung, die man als *divergent* bezeichnet. Die durch die intensive divergente Strömung an die Ränder des Schweißbads transportierte Wärme erzeugt eine breite, flache Schweißnaht mit einem *Nahtformverhältnis* φ (= Nahtbreite b zu Nahttiefe t) von etwa 3 ... 5.

wieder *erhöht*. Die resultierende Kraft und damit auch die *konvergente* Schmelzenströmung ist jetzt nach *innen* gerichtet und erzeugt ein tiefes, deutlich schmaleres Schweißbad, Bild 4-12b. Diese auf Gradienten der Oberflächenspannung beruhende Bewegung der Flüssigkeit bezeichnet man auch als *Marangoni-Strömung*.

Metallschmelzen haben Oberflächenspannungen von etwa 0,5 N/m bis 2 N/m, dabei liegt Eisen mit etwa 2 N/m an der Spitze. Das

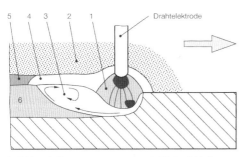

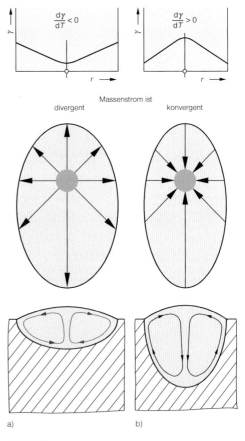

Bild 4-11
Typisches Einbrandverhalten und Schmelzenströmung beim UP-Schweißen, schematisch.

1 Pulsierende Kaverne
2 aufgeschüttetes Pulver
3 strömende Schmelze
4 flüssige Schlacke
5 feste Schlacke
6 erstarrtes Schweißgut

Verschiedene oberflächenaktive Elemente, die im Werkstoff gelöst vorhanden sein müssen, segregieren im Oberflächenbereich der Schmelze und setzen die Oberflächenspannung oft extrem herab. Zu den im Bereich von einigen ppm wirksamen Elementen gehören bei Stählen z. B. Sauerstoff, Schwefel und Arsen. Durch eine Temperaturerhöhung wird aber die Löslichkeit dieser Spurenelemente in der Schmelzenoberfläche verringert und damit die Oberflächenspannung

Bild 4-12
Richtung des Massenstroms (Marangoni-Strömung) in Schweißbädern.
a) **Divergenter Massenstrom:** *Gradient Oberflächenspannung γ / Temperatur $T < 0$, diese Verhältnisse sind für reine Metalle typisch.*
b) **Konvergenter Massenstrom:** *Gradient Oberflächenspannung γ / Temperatur $T > 0$, diese Verhältnisse sind für Schweißschmelzen typisch, die oberflächenaktive Elemente enthalten (z. B. S, O, As).*

ist wenigstens z. T. die Ursache für die extremen Unterschiede der Schmelzenviskosität von Stählen mit unterschiedlichen Gehalten oberflächenaktiver Elemente. Geringe Mengen dieser Stoffe erzeugen daher beim WIG-Verfahren (bei den kratererzeugenden Verfahren ist die *Lorentz*-Kraft für das Erzeugen der Schmelzenströmung die bei weitem wichtigste Kraft!) extreme Unterschiede des Einbrands und der Nahttiefe. Für Präzisionsschweißungen sollte daher die Menge der oberflächenaktiven Spurenelemente sehr genau kontrolliert werden. Dies gilt vor allem dann, wenn aus unterschiedlichen Schmelzen hergestellte Stähle an einem Stoß verbunden werden, s. Aufgabe 4-1, S. 478.

Das in Abschn. 3.5.1.4, S. 274, beschriebene »Hochblasen« der Wurzel wird hauptsächlich durch *Lorentz*-Kräfte verursacht, die quadratisch mit der Stromstärke zunehmen, d. h. vorwiegend bei großen Strömen entstehen. Sind die *Lorentz*-Kräfte größer als die Oberflächenspannung der Schmelze, dann ist die Entstehung dieses Fehlers wahrscheinlich. Die Auswirkungen der Lichtbogenkräfte lassen sich durch Wahl einer geeigneten Elektrodenführung meistens gering halten. Allerdings ist mit erheblichen und kaum behebbaren Schwierigkeiten zu rechnen, wenn infolge größere Mengen oberflächenaktiver Elemente im Werkstoff die Oberflächenspannung der Schmelze kleiner als die *Lorentz*-Kraft wird.

4.1.2 Werkstoffliche Vorgänge in der Wärmeeinflusszone

Die Eigenschaften der Wärmeeinflusszonen von Schmelzschweißverbindungen und jede hier stattfindende Werkstoffänderung werden im Wesentlichen von der Größe des Wärmeeinbringens Q und den davon abhängigen charakteristischen Temperatur-Zeit-Verläufen bestimmt, die diese Gefügebereiche während des Schweißens »wärmebehandeln«. Das Ausmaß der Veränderungen in der WEZ ist demnach von vielen Faktoren abhängig. Die wichtigsten sind die
– *Schweißparameter (U, I, v)*, d. h. Q, die
– *Werkstückabmessungen*, die
– *Geometrie der Nahtform*, der
– *Eigenspannungszustand* und die
– *chemische Zusammensetzung* des Grundwerkstoffs und der Zusatzwerkstoffe.

Bild 4-13 zeigt vereinfacht die wichtigsten in der Wärmeeinflusszone von Schweißverbindungen aus Stahl entstehenden Werkstoff- bzw. Eigenschaftsänderungen, abhängig von der Größe des Wärmeeinbringens und der Vorwärmtemperatur.

Unabhängig von der chemischen Zusammensetzung des Werkstoffs und seinem Wärmebehandlungszustand ist prinzipiell mit den nachstehenden Änderungen des Werkstoffs in der WEZ zu rechnen:

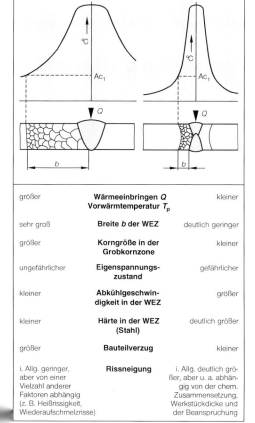

Bild 4-13
Einfluss der »Wärmezufuhr« (Q und T_p) auf einige Eigenschaften der WEZ von Stahlschweißverbindungen, sehr vereinfacht.

❐ Als Folge der sehr hohen Temperatur entsteht in den schmelzgrenzennahen Werkstoffbereichen ein ausgeprägtes *Kornwachstum*. Mit zunehmender Korngröße des Gefüges dieser »Grobkornzone« werden die mechanischen Gütewerte (vor allem die Schlagzähigkeit, Abschn. 1.3.4, S. 19) ungünstiger. Das Ausmaß des Kornwachstums ist abhängig von
- den *Diffusionsbedingungen*, d. h. der Verweildauer (die maximale Temperatur ist nahezu konstant und liegt im Bereich der Schmelztemperatur),
- dem *Wärmeeinbringen Q*, der *Vorwärmtemperatur* T_p. Beide Faktoren verlängern die Verweildauer, d. h. begünstigen die Diffusionsvorgänge,
- der *Gitterstruktur*. Die thermisch beständigen kfz Metalle neigen mit zunehmender Temperatur zu einem wesentlich geringeren Kornwachstum als die krz Metalle (Abschn. 2.8.4.3, S. 217).

❐ Die *Abkühlgeschwindigkeit* ist oft extrem groß, (einige hundert K/s sind verfahrenstypisch!) und der *Temperaturgradient*[32] sehr steil. Eine Reihe von speziellen werkstoffabhängigen Problemen ist die Folge:
- Abhängig von der Werkstückdicke und den Einstellwerten können hohe und vor allem *dreiachsige Spannungszustände* entstehen, die zu Änderungen der Bauteilabmessungen (Schrumpfen, Verzug) und Zähigkeitsverlust (Folgen: Sprödbruchneigung, Spannungsversprödung, Abschn. 3.4, S. 261) führen.
- Der austenitisierte Bereich der WEZ von Schweißverbindungen aus *Stählen* härtet merklich auf, wodurch meistens die Verformbarkeit und die Schlagzähigkeit empfindlich abnehmen. Nach Überschreiten der oberen kritischen Abkühlgeschwindigkeit entsteht ein rein martensitisches Gefüge.

- Thermodynamisch mögliche *Ausscheidungsprozesse* – vor allem in der Wärmeeinflusszone von Schweißverbindungen – können nicht oder nicht in der gewünschten Weise (z. B. unvollständig oder bevorzugt an den Korngrenzen) ablaufen. In den meisten Fällen werden hierdurch die mechanischen Eigenschaften verschlechtert.

Die Rissanfälligkeit ist allerdings in hohem Maße vom Kohlenstoffgehalt abhängig.

Die besondere Art der Wärmeführung beim Schweißen erzeugt bei einer Reihe von Werkstoffen spezifische Eigenschaftsänderungen in der WEZ und im Schweißgut:
- Lösen und Wiederausscheiden von Teilchen, z. B. bei den ausscheidungshärtenden Werkstoffen (Abschn. 5.1.3, S. 506). In vielen Fällen sind ein Zähigkeitsverlust und (oder) eine verringerte Korrosionsbeständigkeit die Folge, Bild 4-14.
- Hochreaktive Werkstoffe wie Ti, Mo u. a. nehmen häufig schon bei Temperaturen im Bereich um 250 °C ... 300 °C atmosphärische Gase auf, die diese Zonen vollständig verspröden (Abschn. 5.1.4, S. 507).

Der Schweißprozess ändert damit die Werkstoffeigenschaften der Wärmeeinflusszone und damit das Bauteilverhalten grundsätzlich in nachteiliger Weise.

4.1.3 Die WEZ in Schweißverbindungen aus umwandlungsfähigen Stählen

Die werkstofflichen Vorgänge in der WEZ von Schweißverbindungen aus Stahl sind verhältnismäßig komplex und wegen der vielfältigen Phasenänderungen z. T. unübersichtlich. Als Folge der leichten Austenitunterkühlbarkeit kann eine große Anzahl lichtmikroskopisch schwer beschreibbarer Gefüge mit sehr unterschiedlichen mechanischen Eigenschaften entstehen, die die Interpretation weiter erschwert. In erster Linie wird die für die Bauteilsicherheit wichtige Eigenschaft (Bruch-)Zähigkeit dieses Gefügekontinuums verringert.

---

[32] Der Temperaturgradient kennzeichnet die Temperaturänderung bezogen auf eine *Ortskoordinate* mit der Maßeinheit [K/cm], die Abkühlgeschwindigkeit kennzeichnet die Temperaturänderung bezogen auf die *Zeit* mit der Maßeinheit [K/s].

Abschn. 4.1: Aufbau der Schweißverbindung (WEZ in umwandlungsfähigen Stählen) 311

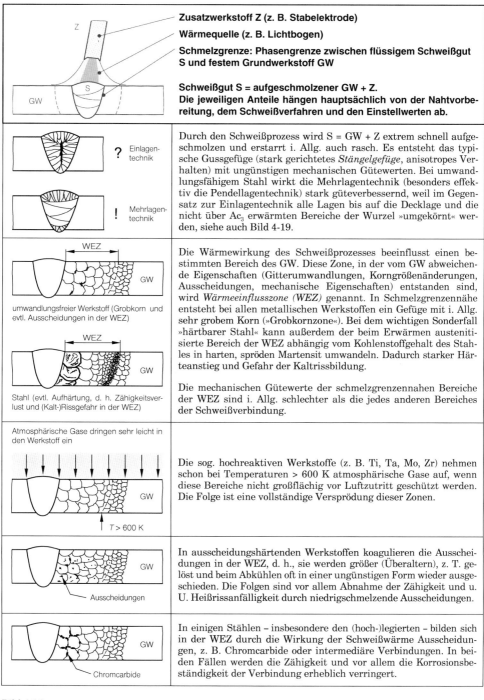

Bild 4-14
Typische Werkstoffänderungen im Schweißgut und der Wärmeeinflusszone von Schmelzschweißverbindungen, schematisch.

Bei Schweißverbindungen aus unlegierten Stählen gibt das Eisen-Kohlenstoff-Schaubild grundsätzliche Hinweise. Allerdings sind die Auskünfte von begrenztem Wert, da sie nur die Phasenänderungen beschreiben, die gemäß dem thermodynamischen Gleichgewicht möglich sind.

In Bild 4-15 sind die Gefügeänderungen in der WEZ bei einer

– sehr gleichgewichtsnahen, d. h. sehr langsamen Abkühlung (die werkstofflichen Vorgänge werden mit dem Eisen-Kohlenstoff-Schaubild noch ausreichend zuverlässig beschrieben [33]),
– und einer für Schweißbedingungen realistischeren rascheren Abkühlung (ZTU-Schaubild mit drei unterschiedlichen Abkühlkurven)

schematisch dargestellt.

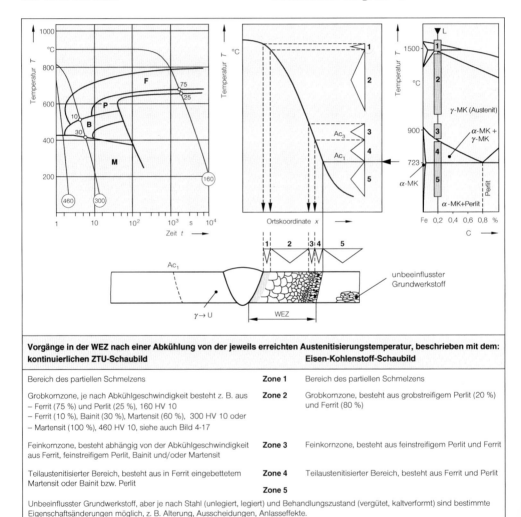

Vorgänge in der WEZ nach einer Abkühlung von der jeweils erreichten Austenitisierungstemperatur, beschrieben mit dem:		
kontinuierlichen ZTU-Schaubild		Eisen-Kohlenstoff-Schaubild
Bereich des partiellen Schmelzens	Zone 1	Bereich des partiellen Schmelzens
Grobkornzone, je nach Abkühlgeschwindigkeit besteht z. B. aus – Ferrit (75 %) und Perlit (25 %), 160 HV 10 – Ferrit (10 %), Bainit (30 %), Martensit (60 %), 300 HV 10 oder – Martensit (100 %), 460 HV 10, siehe auch Bild 4-17	Zone 2	Grobkornzone, besteht aus grobstreifigem Perlit (20 %) und Ferrit (80 %)
Feinkornzone, besteht abhängig von der Abkühlgeschwindigkeit aus Ferrit, feinstreifigem Perlit, Bainit und/oder Martensit	Zone 3	Feinkornzone, besteht aus feinstreifigem Perlit und Ferrit
Teilaustenitisierter Bereich, besteht aus in Ferrit eingebettetem Martensit oder Bainit bzw. Perlit	Zone 4	Teilaustenitisierter Bereich, besteht aus Ferrit und Perlit
	Zone 5	
Unbeeinflusster Grundwerkstoff, aber je nach Stahl (unlegiert, legiert) und Behandlungszustand (vergütet, kaltverformt) sind bestimmte Eigenschaftsänderungen möglich, z. B. Alterung, Ausscheidungen, Anlasseffekte.		

Bild 4-15
Vorgänge in der Wärmeeinflusszone einer Schweißverbindung aus dem umwandlungsfähigen Stahl S355J2+N (St 52-3), dargestellt in einem schematischen ZTU-Schaubild und dem Eisen-Kohlenstoff-Schaubild für eine Fe-C-Legierung L mit 0,2% Kohlenstoff. Beachte, dass mit dem EKS der Mangangehalt des S355 nicht berücksichtigt werden kann!

Je nach der Höhe der in der WEZ erreichten »Austenitisierungstemperaturen« lassen sich bei Stahlwerkstoffen mit dem unzureichenden Hilfsmittel Fe-C-Schaubild fünf sehr unterschiedlich beeinflusste Bereiche der WEZ unterscheiden, Bild 4-15.

Bereich 1 ($T_{Li} \geq T \geq T_{So}$)
partiell aufgeschmolzene Zone

Die sich unmittelbar an die Schmelzgrenze anschließende Zone wird teilweise aufgeschmolzen, d. h., die Temperatur liegt zwischen der Solidus- und Liquidustemperatur. Wie Bild 1-67, S. 55, zeigt, enthält die zuletzt erstarrte Restschmelze (S_4 in Bild 1-67) – vor allem nach einem raschen Abkühlen – den Großteil der niedrigschmelzenden Phasen, die sich im Bereich der Korngrenzen konzentrieren. Diese seigerungsähnliche »Entmischung« kann in bestimmten Fällen die Heißrissneigung begünstigen. Die Breite dieser Zone beträgt in der Regel nur einige hundertstel Millimeter.

Bereich 2 ($T_{So} \geq T \gg Ac_3$)
Grobkornzone

Trotz der nur geringen Haltezeit ist (bei Einlagenschweißungen) bei Temperaturen oberhalb 1050 °C ... 1150 °C mit einem extremen Kornwachstum zu rechnen. Die Temperaturen erreichen in diesem Bereich Werte bis T_{So} (etwa 1450 °C). Die Korngröße ist im Wesentlichen von der chemischen Zusammensetzung des Stahles, vom Wärmeeinbringen Q und von der Vorwärmtemperatur T_p abhängig, s. a. Aufgabe 4-11, S. 488.

Die mit dem Kornwachstum verbundenen Eigenschaftsänderungen sind ein direkter Maßstab für die Schweißeignung des Stahles. Grobkörnige Gefüge besitzen eine Reihe entscheidender Nachteile:

– Gemäß der *Hall-Petch*-Beziehung, Gl. [1-4], S. 20, nehmen die Zähigkeit und (ohne eine festigkeitserhöhende allotrope Umwandlungen) auch die Festigkeit ab.
– Die Austenitumwandlung wird verzögert, d. h. die Bildung des unerwünschten, versprödenden, polygonalen Hochtemperaturferrits begünstigt, Bild 2-25.
– Die geringere Korngrenzenfläche erhöht ihre Belegungsdichte mit Verunreinigungen, d. h. vergrößert die Neigung zu Wiederaufschmelzrissen.

Da die Abkühlgeschwindigkeit an der Phasengrenze flüssig/fest ebenfalls einen Maximalwert erreicht, ist dieses Gefüge gekennzeichnet durch die Eigenschaften:

– Gefügekontinuum mit in Richtung der Schmelzgrenze extrem zunehmender Korngröße.
– Größte Härte, meistens verbunden mit gering(st)er Zähigkeit (Abschn. 4.1.3.2).

Die mechanischen Gütewerte der Grobkornzone sind daher ungünstiger als die jedes anderen Gefügebereichs der WEZ. Bild 4-16

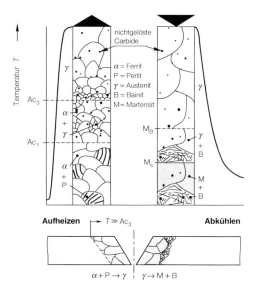

Bild 4-16
Zeit-Temperatur-Verlauf in der Grobkornzone der Wärmeeinflusszone einer Stahlschweißverbindung mit Zuordnung der Gefügeänderungen beim Aufheizen und Abkühlen. Die Abkühlung dieser Einlagenschweißung erfolgte mit $v_{ok} \geq v_{ab} \geq v_{uk}$.

---

[33]) Man beachte, dass die aus dem Eisen-Kohlenstoff-Schaubild ablesbaren Informationen nur für eine »unendlich« langsame Abkühlung gelten. Dieser Zustand kann näherungsweise z. B. durch das Gasschweißen als erreicht angesehen werden.

zeigt schematisch die werkstofflichen Änderungen in diesem Bereich der Wärmeeinflusszone während des Aufheizens und Abkühlens. Dieser Darstellung liegt die plausible Annahme zugrunde, dass dieser Teilbereich mit $v_{ok} \geq v_{ab} \geq v_{uk}$ abgekühlt wurde.

Bereich 3 ($T \geq Ac_3$)
Feinkornzone

In diesem Bereich der WEZ wurde etwa die Normalglühtemperatur erreicht. Trotz der sehr geringen Haltezeit, siehe z. B. Bild 2-12, S. 137, bewirkt das doppelte Umkristallisieren eine erhebliche Kornfeinung. Diese Möglichkeit der Umkörnung ist bei umwandlungsfähigen Stählen eine sehr wirksame Methode, um bei Mehrlagenschweißungen die Korngröße in den Grobkornzonen der einzelnen Lagen ohne eine aufwändige Wärmebehandlung sehr stark verringern zu können (Abschn. 4.1.3.1).

Bereich 4 ($Ac_3 \geq T \geq Ac_1$)
teilaustenitisierte Zone

Die Vorgänge sind verhältnismäßig unübersichtlich und hängen stark von den Aufheiz- bzw. Abkühlbedingungen ab. Das Bild 4-17 zeigt schematisch die Gefügeänderungen für einen knapp über Ac_1 erwärmten Bereich, der rasch (Kurve 1) bzw. langsam (Kurve 2) abkühlte. Beim Erwärmen werden die Perlitkolonien in eine Vielzahl γ-Körner der Zusammensetzung γ_1 umgewandelt (Keimwirkung der Zementitlamellen!). Abhängig von der Abkühlgeschwindigkeit entsteht aus den sehr C-reichen γ_1-Körnern erneut Perlit oder Martensit. Diese aus einer weichen Ferritmatrix mit eingebetteten harten Bestandteilen bestehende Anordnung ähnelt den *Dualphasen-Stählen* (s. Beispiel 2-3, S. 195), die bemerkenswerte Festigkeits- und und vor allem Zähigkeitseigenschaften besitzen. Eine Beeinträchtigung der Bauteilsicherheit durch diese Gefüge besteht nicht. Beachte aber die sehr viel komplexeren Gefügeänderungen in diesem Bereich bei Mehrlagenschweißungen, Abschn. 4.1.3.1.

Bereich 5 ($T \leq Ac_1$)
keine Gefügeänderungen nach EKS

Änderungen des Gefüges sind nach dem Fe-C-Schaubild unter Ac_1 nicht mehr möglich. Trotzdem können bei bestimmten Stählen bzw. Wärmebehandlungszuständen folgende Gefügeänderungen entstehen:

❏ Durch Rekristallisieren kaltverformter Fügeteile im Temperaturbereich um T_{Rk} ≈ 650 °C. Die Folgen sind unerwünschte
  – *Entfestigung* und *Grobkornbildung*, wenn im Bereich des φ_{krit} verformt wurde (Abschn. 1.5.2) oder (und)
  – *Alterungsneigung*, vor allem bei stickstoffhaltigen Stählen (Abschn. 3.2.1.2, S. 240) durch Ausscheiden von Eisennitriden. Bei der Qualität der heute hergestellten Stähle ist die Auswirkung einer evtl. Alterung als relativ gering einzuschätzen. Nach DIN 18800-1 müssen allerdings bestimmte Voraussetzungen erfüllt sein, wenn in kaltverformten Bereichen geschweißt wird

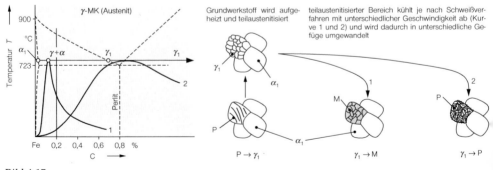

Bild 4-17
Gefügeänderungen in Bereichen der Wärmeeinflusszone von Stahlschweißungen, die beim Schweißen auf Temperaturen knapp über der Ac_1-Temperatur erwärmt wurde. Schematisch dargestellt sind die Vorgänge für Schweißverfahren mit großer (Kurve 1), geringer Leistungsdichte (Kurve 2).

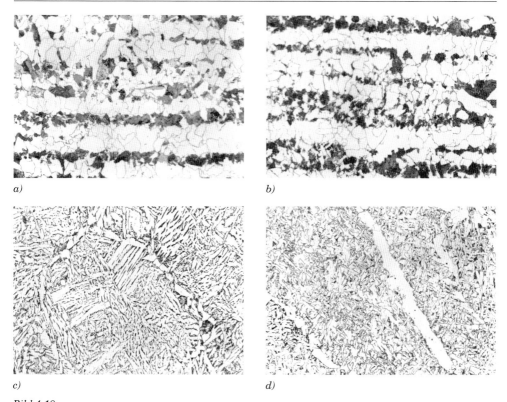

Bild 4-18
Typische Mikrogefüge aus der Wärmeeinflusszone von Stahlschweißungen, Werkstoff S355J2+N (St 52-3),
V = 500:1, 2 % HNO_3.
a) Grundwerkstoff mit ausgeprägter Sekundärzeiligkeit. Beachte die ausgewalzten MnS-Einschlüsse im Perlit.
b) Um Ac_1 erwärmter Bereich. Die stattgefundene Perlitauflösung und anschließende Wiederbildung (»retransformierter Perlit«) ist ebenso wie die beginnende Feinkornbildung deutlich zu erkennen, s. a. Bild 4-17.
c) Gefüge im Grobkornbereich nahe der Schmelzgrenze. Typisch für diesen Bereich ist ein ausgeprägtes, sehr grobkörniges Widmannstättensches Gefüge mit voreutektoiden Ferritausscheidungen an den Korngrenzen.
d) Umgekörntes (Mehrlagenschweißung!) Schweißgutgefüge (oberer Bainit mit nadelförmigem Ferrit) aus dem Bereich der Wurzellage mit ausgeprägten Ferritbändern an den Korngrenzen, s. a. Bild 4-24.

(Abschn. 4.1.3.4). Deshalb sind Reparaturarbeiten an den hoch stickstoffhaltigen *Thomas*stählen sehr sorgfältig und überlegt durchzuführen.
Das Ausmaß dieser diffusionskontrollierten Eigenschaftsänderungen ist also temperatur- und zeitabhängig. Lange Verweilzeiten (z. B. Gasschweißen) begünstigen die Entfestigung und Alterung.

❐ Beim Schweißen vergüteter Stähle können die über Anlasstemperatur erwärmten Bereiche zusätzlich erweichen. Diese ungewollte Anlasswirkung wird von der Anlassbeständigkeit des Stahles und der Länge der Einwirkzeit bestimmt.

❐ Bildung und Wachstum von Ausscheidungen vor allem bei mehrfach legierten Stählen, die sich gütemindernd auswirken können.

Wie in Bild 4-15 dargestellt, können mit ZTU-Schaubildern die Umwandlungsvorgänge in der WEZ ausschließlich für die *vollständig* austenitisierten Bereiche der WEZ beschrieben werden (Abschn. 2.5.3.4, S. 152). In dem vereinfachten für Härtereizwecke entwickelten ZTU-Schaubild für einen Stahl S355, sind drei charakteristische, realistische Abkühlkurven eingetragen. Mit folgenden Umwandlungsgefügen U_i ist zu rechnen:

U_1: 75 % Ferrit, 25 % Perlit mit einer Härte von 160 HV 10. Dieses Gefüge, entstanden nach einer $t_{8/5}$-Zeit von etwa 3000 s, entspricht etwa dem nach dem Eisen-Kohlenstoff-Schaubild entstehenden Gleichgewichtsgefüge.

U_2: 10 % Ferrit, 30 % Bainit, 60 % Martensit, Härte 300 HV 10, $t_{8/5}$-Zeit etwa 6 s. Das Gefüge der WEZ realer Schweißverbindungen entsteht etwa bei diesen Abkühlbedingungen.

U_3: 100 % Martensit, Härte 460 HV 10, $t_{8/5}$-Zeit etwa 1 s. Schweißbedingungen, die zu einem harten martensitischen Gefüge führen, sind aus Gründen einer ausreichenden Risssicherheit zumindest bei konventionellen Stählen zu vermeiden. Dies gelingt einfach und zuverlässig mit einem Vorwärmen der Fügeteile. Mit dieser Maßnahme wird die Abkühlgeschwindigkeit herabgesetzt und die Bildung weicherer Gefügebestandteile ermöglicht bzw. erleichtert, s. ZTU-Schaubilder Abschn. 2.5.3, S. 145.

Die Bildfolge 4-18 zeigt Mikroaufnahmen typischer Gefüge des Grundwerkstoffs und der WEZ einer Schweißverbindung aus dem unlegierten Baustahl S355J2+N (St 52-3). Man beachte die sehr verschiedenartigen Gefügearten, die auch zu sehr unterschiedlichen Eigenschaften in den einzelnen Bereichen der WEZ führen.

4.1.3.1 Der Einfluss des Nahtaufbaus; Einlagen-, Mehrlagentechnik

Der durch den z. T. extremen Temperatur-Zeit-Verlauf beim Schweißen entstehende ungünstige Gefügezustand der WEZ – vor allem das grobkörnige Gefüge – lässt sich mit der **Mehrlagentechnik** erheblich verbessern. Dies trifft aber nur für die umwandlungsfähigen Stähle zu. Nichtpolymorphe Werkstoffe sind durch keine Wärmebehandlung gefügemäßig veränderbar, s. Abschn. 5.1, S. 503. Die nicht umwandlungsfähigen austenitischen Chrom-Nickel-Stähle oder die ebenfalls nicht umwandlungsfähigen ferritischen Chromstähle sind bekannte Beispiele für derartige Werkstoffe (Abschn. 2.8, S. 200).

Meistens wird aber in der Praxis das Wärmeeinbringen auch zum Schweißen der NE-Metalle begrenzt, weil prinzipiell erhebliche metallurgische Schwierigkeiten (wie z. B. Heißrissgefahr, Ausscheidungsneigung, Kornvergrößerung, breite Wärmeeinflusszonen) erwartet werden können.

Die güteverbessernde Wirkung der Mehrlagentechnik bei den umwandlungsfähigen Stählen beruht auf einer Reihe von Ursachen:

– Die Gefüge der Grobkornzone und das der jeweils darunter liegenden Lage(n) des Schweißguts werden durch die doppelte Umkristallisation beim Erwärmen bzw. Abkühlen ($\alpha \rightleftharpoons \gamma$) sehr stark gefeint. Der gleiche Mechanismus ist auch die Ursache für das beim Normalglühen entstehende sehr feine Korn (Abschn. 2.5.1.2, S. 139).
– Die mitgeführte Wärme jeder Lage verringert die Härte in der WEZ und im Schweißgut (»*Anlassglühen*«) und mildert den Eigenspannungszustand.
– Durch die im Vergleich zur Einlagentechnik wesentlich geringere Wärmezufuhr der einzelnen Lagen, werden die Korngröße in der Grobkornzone und die Breite der WEZ deutlich verringert.
– Die Abkühlgeschwindigkeit wird durch den »Vorwärmeffekt« der einzelnen Lagen geringer, aber deutlich größer als bei einlagig hergestellten Verbindungen.

Allerdings sind die Vorteile der Mehrlagentechnik nur nutzbar, wenn die beim Schweißen eingebrachte Wärme ausreichend groß ist, d. h. ein Umkörnen der Grobkornzone(n) möglich ist.

Bild 4-19 zeigt in einer zusammenfassenden schematischen Übersicht die in der WEZ und im Schweißgut von Stahlschweißungen stattfindenden Gefügeänderungen. Der Umfang der Kornfeinung nimmt mit der Breite des über Ac_3 erwärmten Bereiches der WEZ zu. Bei geeigneten (durch Versuch festgestellten)

Schweißparametern kann nahezu die gesamte Grobkornzone feinkörnig gemacht werden. Die hierfür erforderliche Wärmeführung wird gewöhnlich als **Pendellagentechnik** bezeichnet. Durch die zunehmende Breite der Grobkornzone kann allerdings bei thermisch empfindlichen Werkstoffen die Zähigkeit abnehmen, es können sich Ausscheidungen in der Wärmeeinflusszone und im Schweißgut bilden, es können Heißrisse entstehen, und der Verzug des Bauteils nimmt in der Regel erheblich zu.

Diese Technik des Nahtaufbaus ist *nicht* mit der **Zugraupentechnik** zu verwechseln. Bei dieser Methode wird mit so geringen Werten des Wärmeeinbringens gearbeitet, dass ein merkliches Umkörnen oder Umschmelzen der darunterliegenden Lage *nicht* erfolgen kann. Diese unwirtschaftliche Arbeits-

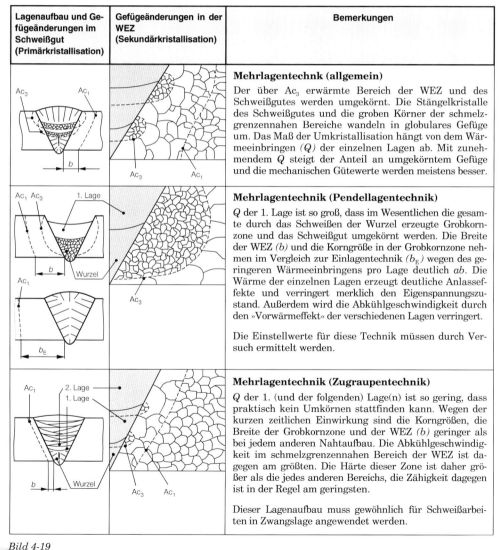

Bild 4-19
Schematische Darstellung der Gefügeänderungen im Schweißgut und der Wärmeeinflusszone von Stahlschweißverbindungen bei der Mehrlagentechnik (Pendellagen- und Zugraupentechnik).

weise muss aber bei allen Schweißaufgaben angewendet werden, die ein kleines Schmelzbadvolumen erfordern, z. B.:
- Wurzeln in Stumpfnähten,
- Dünnblechschweißen,
- Zwangslagenschweißen,
- Auftragschweißen.

Bild 4-20 zeigt einen fertigungstechnischen Sonderfall der Pendellagentechnik, der z. B. beim UP-Tandem-Schweißen auftreten kann. Die von der »hinteren« Drahtelektrode beim Schweißen der zweiten Lage erzeugte Ac_3-Isotherme erreicht das Schweißgut und die WEZ der ersten Lage (Wurzel) noch im *austenitischen* Zustand, d. h., ein Umkörnen der grau angelegten über Ac_3 erwärmten Zone in der Wurzellage, Bild 4-20a, kann zu diesem Zeitpunkt nicht stattfinden. Diese Vorgänge sind in der Makroaufnahme, Bild 4-20b, sehr deutlich zu erkennen.

4.1.3.2 Eigenschaften und mechanische Gütewerte

Die Bauteilsicherheit geschweißter Konstruktionen lässt sich mit Werkstoffprüfverfahren ermitteln und bewerten, die die mechanischen Eigenschaften des meistens schmalen Gefügekontinuums »WEZ« und des Schweißguts festzustellen in der Lage sind. Die »Gefügegradienten« sind in der WEZ sehr steil und die Breite der Zonen mit annähernd gleichen oder ähnlichen Eigenschaften sehr schmal, Abschn. 4.1.3. Mit den gewählten Prüfverfahren müssen also die Eigenschaften sehr dicht nebeneinander liegender, extrem schmaler Werkstoffbereiche ermittelbar sein.

Die wichtige Kenngröße Zähigkeit wird mit der Kerbschlagbiegeprüfung oder der schwer handhabbaren CTOD-Prüfung (Abschn. 6.5, S. 594) festgestellt. In beiden Fällen kann die Kerbe recht genau in dem zu prüfenden Bereich positioniert werden. Allerdings wird der Werkstoff im Bereich des Kerbgrunds bei den meisten Stählen plastisch verformt, so dass der Einfluss der daneben liegenden Bereiche in den meisten Fällen »mitgeprüft« wird. Mit derartigen Untersuchungen lässt sich daher nur das Verhalten *größerer* Bereiche der WEZ feststellen. Mit der bisher überwiegend nur im wissenschaftlichen Be-

reich und in der Forschung angewendeten »*Simulationstechnik*« werden größere, d. h. einfach untersuchbare Prüfstücke mit einem Schweißtemperatur-Zyklus wärmebehandelt. Die Prüfung kann so an Proben mit einer weitgehend homogenen Mikrostruktur erfolgen, die Ergebnisse sind daher leichter interpretierbar. Ihre Übertragbarkeit auf das Verhalten bzw. die Eigenschaften geschweißter Bauteile ist aber ebenfalls unsicher.

Als eine weitere, in der betrieblichen Praxis leicht durchzuführende Prüfmethode hat sich die Härteprüfung erwiesen. Sie ist eine relativ zuverlässige Methode zum Feststellen der (wasserstoffinduzierten) Kaltrissneigung der Wärmeeinflusszone (Abschn. 4.1.3.2) und gestattet ebenfalls (mit Hilfe von Umrechnungsbeziehungen) eine hinreichend selektive Ermittlung der Eigenschaft »Festigkeit«.

Die Bauteilsicherheit geschweißter Konstruktionen wird demnach außer von den Grundwerkstoffeigenschaften weitestgehend von den Festigkeits-, aber vor allem den Zähigkeitseigenschaften und dem Verhalten des Gefügekontinuums

GW – WEZ – Schweißgut – WEZ – GW

bestimmt. Folgende Eigenschaftsänderungen bzw. verfahrenstechnischen Besonderheiten können abhängig von der Werkstoffart (krz, kfz Metalle), der Schweißtechnologie (Verfahren, Einstellwerte, Wärmevor- bzw. nachbehandlung, Zusatzwerkstoffe) in unterschiedlichem Umfang und unterschiedlicher Wirkung auftreten:

❑ *Art und Umfang der werkstofflichen Änderungen:*
- Entstehen des spröden Umwandlungsgefüges Martensit, das die Kaltrissneigung extrem begünstigt.
- Durch Gasaufnahme aus der Atmosphäre Versprödungen bestimmter Teilbereiche (z. B. hochreaktive Werkstoffe wie Ti, Ta, Zr).
- Entstehen von Ausscheidungen bzw. versprödenden (intermediären) Phasen (Chromcarbide; Ausscheidungsrisse beim Spannungsarmglühen chrom-molybdän-legierter Stähle).

❏ *Korngröße und Korngrößenverteilung* vor allem in der Grobkornzone.

❏ *Breite der thermisch beeinflussten Zone.* Sie ist abhängig von der Größe des Wärmeeinbringens Q und der Vorwärmtemperatur T_p.

❏ *Eigenschaften des Schweißguts* und dessen Beeinflussbarkeit durch den Schweißprozess sind abhängig von:
- Der chemischen Zusammensetzung des *Zusatzwerkstoffs* und des *Grundwerkstoffs*.
- Dem Grad der *Aufmischung* zwischen Grundwerkstoff und abgeschmolzenem Zusatzwerkstoff. Der Gehalt der Verunreinigungen im Grundwerkstoff ist häufig der qualitätsbestimmende Faktor.
- Dem *Lagenaufbau* (Einlagen-, Mehrlagentechnik).
- Der *Art, Menge* und *Ausbildung* des dendritischen, bei schweißgeeigneten Stahlwerkstoffen überwiegend ferritischen *Gussgefüges*: Umfang der Umkörnung, Größe der Dendriten, Art des Ferrits (*Widmannstätten*scher, nadelförmiger, bainitischer).

Härteverteilung

Während des Aufheizens wird ein schmaler Bereich der Wärmeeinflusszone dicht neben der Schmelzgrenze vollständig austenitisiert. Abhängig von der Abkühlgeschwindigkeit wandelt dieser Austenit in ein merklich härteres Umwandlungsgefüge (U) um. Wird die kritische Abkühlgeschwindigkeit des Stahles überschritten, dann entsteht sogar der in den meisten Fällen unerwünschte (abhängig vom Kohlenstoffgehalt), oft rissanfällige Martensit. Die Härtewerte werden gewöhnlich quer und (oder) senkrecht zur Schweißnaht in einem Abstand von etwa 1 mm von der Blechoberfläche gemessen.

Die Abkühlgeschwindigkeit ist an der Phasengrenze flüssig/fest am größten, d. h., die Härte des hier entstehenden Umwandlungsgefüges ist größer als die jedes anderen Gefüges der Schweißverbindung.

Die Maximalhärte in der Wärmeeinflusszone, Bild 4-21, ist bei konventionellen niedriggekohlten Stählen ein Maß für die Rissneigung dieser Bereiche. Bei den hoch- und höherfesten Stählen sind andere Eigenschaften wichtiger (Abschn. 4.3.2 und Abschn. 4.3.3). Die bei diesen Stählen immer zu beachten-

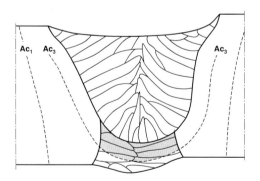
a)

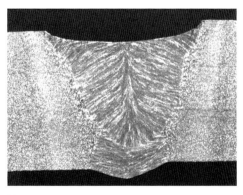
b)

Bild 4-20
Ein zu geringer Abstand der zweiten Drahtelektrode (z. B. beim UP-Tandem-Schweißen) von der ersten hat zur Folge, dass durch sie der über Ac_3 erwärmte Bereich der Wurzellage nicht umgekörnt werden kann, weil das Gefüge der Wurzellage sich noch immer im austenitischen Zustand befindet, wenn die Wärme der zweiten Lage die Wurzellage erreicht.
*a) Der grau angelegte Teil der Wurzel wurde durch die Wärme der Decklage wegen der geschilderten Bedingungen bei der zeitlichen Folge der zu schweißenden Lagen **nicht** umgekörnt, obwohl in diesem Bereich die Temperatur Ac_3 überschritten wurde, schematische Skizze,*
b) Makroaufnahme einer UP-Tandem-Schweißverbindung.

de *Kaltrissbildung* erfolgt erfahrungsgemäß oberhalb bestimmter Härtegrenzwerte, d. h. vorzugsweise bei martensitischen bzw. martensitisch-bainitischen Gefügen in der WEZ. Die die (Kalt-)Rissbildung begünstigenden und untereinander wechselwirkenden Faktoren sind:
- Der *C-Gehalt*, d. h. die von ihm abhängige Maximalhärte des Werkstoffs, die z. B. mit folgender Näherungsformel berechnet werden kann (Bild 1-43, S. 37):

$HV_{max} = 930 \cdot C + 283$.

Mit zunehmender Härte wird die Wahrscheinlichkeit der (Kalt-)Rissbildung größer, weil durch die damit verbundene geringe statische Zähigkeit die Schweißeigenspannungen nicht mehr durch plastische Verformung abgebaut werden können.
- *Eigenspannungen* oder äußere Beanspruchungen sind notwendig, um die für die Bildung der Rissoberflächen erforderliche Bruchflächenenergie bereitzustellen.

- Der *Wasserstoff* ist für die bei den höhergekohlten (C ≥ 0,25 %) und vor allem den hochfesten vergüteten Feinkornbaustählen auftretende Kaltrissbildung entscheidend. Diese Rissform wird daher auch wasserstoffinduzierter Kaltriss genannt.

Die Höhe der Höchsthärte in der Wärmeeinflusszone wird damit zumindest für konventionelle C-Mn-Stähle in der Praxis als erprobter und vielfach verwendeter Maßstab für die Neigung zur *Kaltrissbildung* verwendet. Nach verschiedenen Regelwerken und Spezifikationen muss die Höchsthärte für eine genügende Betriebssicherheit der geschweißten Konstruktion daher auf bestimmte zulässige Maximalwerte in der WEZ begrenzt werden. Tabelle 4-1 zeigt die in der Schweißpraxis anerkannten zulässigen Höchstwerte für verschiedene »Betriebszustände«.

Die von der Höchsthärte und dem Wasserstoffgehalt abhängige Kaltrissneigung ist auch bei folgenden »Schweißfehlern« zu beachten:

☐ »**Zündstellen**« sind vom Lichtbogen auf der Werkstückoberfläche durch Antippen erzeugte extrem schnell aufgeheizte und abgekühlte kleinste Werkstoffbereiche. Ihre WEZ kann (abhängig vom C-Gehalt des Werkstoffs) aus hartem, sprödem, rissanfälligem Martensit bestehen.

☐ **Heftstellen,** d. h. zu kurze oder mit zu geringem Wärmeeinbringen geschweißte Nähte haben die gleiche Wirkung.

Mit einer geeigneten Wärmeführung beim Schweißen und/oder einem Vorwärmen, Abschn. 4.1.3.3, können die nachteiligen Eigenschaften aufgehärteter Gefüge der Wärmeeinflusszonen im Decklagenbereich weitgehend beseitigt werden. Entsprechende Maßnahmen sind insbesondere beim Schweißen der vergüteten Stähle (z. B. niedriggekohlte schweißgeeignete Vergütungsstähle) sinnvoll, da ohne eine anschließende Wärmebehandlung im Schmelzgrenzenbereich leicht ein vollständig martensitisches Gefüge entstehen kann. Die hierfür erforderliche Schweißtechnologie wird i. Allg. als **Vergütungslagentechnik** bezeichnet. Bild 4-22 zeigt, dass

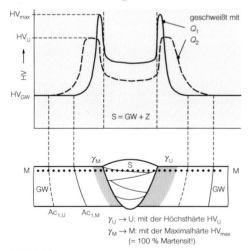

Bild 4-21
Härteverteilung quer zu einer mehrlagigen Schweißverbindung aus einem umwandlungsfähigen Stahl, geschweißt mit unterschiedlichem Wärmeeinbringen Q ($Q_1 < Q_2$). Die Härtehöchstwerte sind abhängig von der Abkühlgeschwindigkeit der austenitisierten Bereiche der WEZ. Sie liegen zwischen der maximal möglichen HV_{max} (=100 % Martensit!) und der des von der jeweiligen Abkühlgeschwindigkeit abhängigen Umwandlungsgefüges U (HV_U). M-M ist die Messgerade für die Härtemessung, schematisch. Der angelegte Bereich ist die vollständig austenitisierte Zone der WEZ.

Tabelle 4-1
Zusammenhang zwischen der Höchsthärte in der WEZ und der Kaltrissneigung bei un- und niedriglegierten Stählen, nach R. Müller.

Höchsthärte HV 10	Kaltrissneigung
400	Rissbildung wahrscheinlich
350 ... 400	Rissbildung möglich
350	Rissbildung unwahrscheinlich
280	Genügende Betriebssicherheit ohne Wärmebehandlung vorhanden

insbesondere die *Lage* der Schweißraupen von Bedeutung ist.

Die Wirksamkeit dieser speziellen Schweißnahtfolge beruht darauf, dass bei geeigneten Einstellwerten – im Wesentlichen ist ein ausreichend großes Wärmeeinbringen erforderlich – die von der Vergütungslage auf über Ac_3 erwärmten aufgehärteten, grobkörnigen Bereiche der Wärmeeinflusszonen der Lagen 1 und 2 in ein sehr viel feineres Gefüge umgekörnt (»*Normalisierungseffekt*«) werden. Das feine Korn weist meist eine wesentlich höhere Zähigkeit auf, s. a. Abschn. 2.7.6, S. 184.

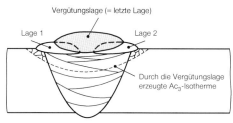

Bild 4-22
Schematische Darstellung der Vergütungslagentechnik.

Die maximal mögliche Höchsthärte in der Wärmeeinflusszone ist nur vom Kohlenstoffgehalt, die beim Schweißen tatsächlich erreichte aber abhängig vom:
❒ Kohlenstoffgehalt und der chemischen Zusammensetzung des Stahles und der
❒ Abkühlgeschwindigkeit (bzw. Abkühlzeit $t_{8/5}$). Sie wird bestimmt von der
– Werkstückdicke, der Vorwärmtemperatur, den Schweißparametern (*I, U, v*), der geometrischen Anordnung der

Fügeteile (Stumpf-, Kehlnaht, Bild 4-23), den thermisch-physikalischen Eigenschaften des Stahles und dem
– Nahtaufbau (Einlagen-, Mehrlagentechnik). Die Härte in der WEZ mehrlagengeschweißter Verbindungen ist deutlich geringer als in der WEZ von Einlagenschweißungen. Die Ursachen sind die wiederholte Umkörnung (»Austenitisierung«) der einzelnen Lagen und ihre »Anlassbehandlung« der jeweiligen darunter liegenden Lagen.

Bemerkenswert ist die Tatsache, dass eine Kehlnaht bei gleichen Bedingungen (Werkstückdicke und Einstellwerten) wesentlich schneller abkühlt als eine Stumpfnaht. Die Maximalhärten in der WEZ von Stumpfnähten sind daher deutlich geringer als die in Kehlnähten.

In der Praxis kann durch geeignete Schweißbedingungen und Schweißtechnologien die Abkühlgeschwindigkeit in der Regel auf unkritische Werte herabgesetzt werden. Die wichtigsten Maßnahmen sind das in Abschn. 4.1.3.3 besprochene Vorwärmen der Fügeteile und ein zweckmäßiger Lagenaufbau.

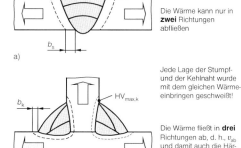

Bild 4-23
Wärmefluss in einer
a) *Stumpfnaht,*
b) *Kehlnaht*, dargestellt durch die Richtungen der Pfeile. Die Maximalhärte in der WEZ einer Stumpfnaht $HV_{max,s}$ ist also bei gleichen Bedingungen (Werkstoff, Werkstoffdicke, Wärmeeinbringen) kleiner als die in der WEZ einer Kehlnaht $HV_{max,k}$. Die Breite der WEZ der Kehlnaht b_k ist geringer als die der Stumpfnaht.

Die naheliegende Überlegung, die »richtige« Abkühlgeschwindigkeit ausschließlich mit einem großen Wärmeeinbringen Q erreichen zu wollen, ist aus verschiedenen werkstofflichen und fertigungstechnischen Gründen nur begrenzt möglich bzw. schweißtechnisch nicht sinnvoll, weil die folgenden Nachteile bzw. Besonderheiten berücksichtigt werden müssen:
- Die *thermische Empfindlichkeit* mancher Werkstoffe (z. B. korrosionsbeständige Cr-Ni-Stähle, viele NE-Metalle) für verschiedenen Versagensformen bzw. metallurgischen Mängeln, z. B. der Heißrissbildung oder dem Abbrand von Desoxidations- oder (und) Legierungselementen führt.
- Die *Breite der Grobkornzone* und die *Korngröße* der schmelzgrenzennahen Bereiche zunehmen bzw. Versprödungserscheinungen und andere unerwünschte Eigenschaftsänderungen (z. B. Ausscheidungen, Wiederaufschmelzrisse) die Folge sein können.
- Die Schweißarbeiten wegen der großen Schweißgutmenge sich ausschließlich in den *Normallagen* ausführen lassen.

Abgesehen von der unerwünschten Härtesteigerung der austenitisierten Bereiche der Wärmeeinflusszone entstehen als Folge der großen Temperaturgradienten außerdem kritische mehrachsige *Eigenspannungszustände*. Sie sind die Ursachen für die Spannungsversprödung und den gefährlichen *Sprödbruch* (Abschn. 3.4, S. 261).

Mechanische Eigenschaften des Schweißguts

Die Schweißguteigenschaften sind von folgenden Faktoren abhängig:
- Chemische Zusammensetzung des Grund- und der Zusatzstoffe (Zusatzwerkstoffe, Schutzgase, Hilfsstoffe);
- Nahtaufbau (Einlagen-, Mehrlagen-, Zugraupentechnik);
- Art und Ablauf der Primärkristallisation (dendritisches, zelluläres Gefüge);
- Nahtform und ihr Einfluss auf die Heißrissneigung;
- Art und Vollständigkeit der in den übergehenden Tropfen und im Schweißbad ablaufenden metallurgischen Vorgänge (Zubrand und Abbrand von Legierungselementen, Desoxidationselemente) und ihr Einfluss auf die entstehende Poren- und Schlackenmenge im Schweißgut.

Den größten Einfluss auf die mechanischen Gütewerte der Schweißverbindung (Wärmeeinflusszone und Schweißgut) hat die Korngröße, die bei konventionellen Kohlenstoff-Mangan-Stählen weitgehend von der ehemaligen Austenitkorngröße abhängt. Bei nadelförmigen Gefügen (nadelförmiger Ferrit, Bainit, Martensit) wird die sog. *»Structure Unit«* als Maßstab für die Korngröße angesehen. Sie repräsentiert die kleinste existierende Gefügeeinheit, die als »Korngröße« im Gefüge wirksam ist, d. h., im Wesentlichen ist das die *Breite* der Nadeln. Die Zähigkeit des Schweißguts ist aber nicht hinreichend zuverlässig mit der Korngröße korrelierbar, weil sie auch durch die Morphologie des Ferrits (*Widmannstätten*scher, nadelförmiger, Korngrenzenferrit) und die Verteilung der Carbide beeinflusst wird, zwei für die Zähigkeitseigenschaften wichtige Faktoren.

Die Festigkeit und Härte von Schweißgütern in Schweißverbindungen aus üblichen schweißgeeigneten Kohlenstoff-Mangan-Stählen, hergestellt mit artähnlichen Zusatzwerkstoffen, ist in den meisten Fällen höher als die der Grundwerkstoffe, z. B. Bild 4-21. Die Ursache ist die sehr große Versetzungsdichte im Schweißgut und die verfahrenstypische sehr hohe Abkühlgeschwindigkeit beim Schweißen. Dieser leicht entstehende Härteanstieg muss wegen der dann deutlich verringerten Verformbarkeit und Kerbschlagzähigkeit des Schweißguts kontrolliert werden.

Die Zähigkeitswerte im Wurzelbereich dickwandiger Schweißverbindungen sind meistens geringer als die im Bereich der Decklage. Die Ursache ist in einigen Fällen sicherlich der mit der größeren Aufmischung im Wurzelbereich verbundene größere Gehalt an Verunreinigungen. Entscheidender ist aber sicher die in der Wurzel durch plastische Verformung und Erwärmen auf 200 °C bis 300 °C auftretende *Verformungsalterung* (Abschn. 3.2.1.2, S. 240).

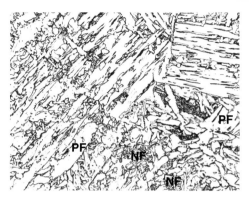

Bild 4-24
Polygonaler »allotriomorpher« Ferrit (PF) und nadelförmiger Ferrit (NF) in der WEZ einer Schweißverbindung aus einem normalgeglühten Feinkornbaustahl.

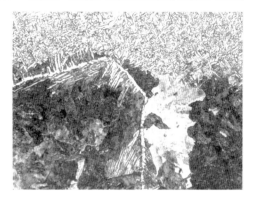

Bild 4-25
Voreutektoide Ferritausscheidung (Widmannstättensche Art, Seitenplatten) an den Korngrenzen in der WEZ einer Schweißverbindung aus E360 (St 70-2).

Das Schweißgutgefüge der schweißgeeigneten Stähle (z. T. auch der Wärmeeinflusszone) besteht wegen des sehr kohlenstoffarmen Zusatzwerkstoffs aus ferritischem Gefüge. Ferrit kann in sehr unterschiedlichen Formen vorliegen und damit auch sehr unterschiedliche Eigenschaften besitzen. Die zunächst naheliegende Annahme eines weichen, zähen ferritischen Gefüges kann sich als gefährlicher Fehlschluss erweisen.

Für eine sinnvolle Diskussion müssen die einzelnen Gefüge zweifelsfrei identifiziert werden können. Geeignete im Bereich der Schweißmetallurgie häufiger verwendete gefügebeschreibende Systeme sind die von *Dubé* (für Walzstahl) und *Abson, Duncan* und *Pargeter* entwickelten Schemata. Mit ihnen lassen sich die unterschiedlichen Ferritgefüge relativ einfach und zuverlässig klassifizieren und unterscheiden und einordnen.

Für das Verständnis der verschiedenen komplexen Erscheinungsformen des Ferrits muss bedacht werden, dass Ferrit vorzugsweise an Korngrenzen, aber auch an (meistens silicatischen) Einschlüssen durch heterogene Keimbildung entsteht.

Das Umwandlungsverhalten des Schweißguts (s. a. Abschn. 2.5.3, S. 145) wird von der chemischen Zusammensetzung des Stahls und des Zusatzwerkstoffs, dem Wärmeeinbringen, d. h. der davon abhängigen Abkühlzeit $t_{8/5}$, dem Sauerstoffgehalt, d. h. dem Gehalt der als Keime wirkenden silicatischen Einschlüsse (Abschn. 4.2.3.3.2) und den die Umwandlung beschleunigenden plastischen Dehnungen bestimmt.

Das Gefüge des Schweißguts ist üblicherweise ein Gemisch aus primärem (Korngrenzenferrit, polygonaler Ferrit) und *Widmannstätten*schem Ferrit. Beim Abkühlen bildet sich aus dem Austenitgebiet zuerst der *Korngrenzenferrit (polygonaler Ferrit oder Hochtemperaturferrit)*, Bild 4-24, der auch *allotriomorpher Ferrit* genannt wird. Die Bezeichnung bringt zum Ausdruck, dass dieser Ferrit »formlos« ist, d. h., seine Gestalt spiegelt nicht die kristallographische Symmetrie wieder, die z. B. der *Widmannstätten*sche (Nadeln, Platten) oder der nadelförmige Ferrit aufweist. Bei tieferen Bildungstemperaturen – hervorgerufen z. B. durch rasches Abkühlen oder die Zugabe von Legierungselementen – entsteht der bekannte *Widmannstättensche Ferrit*, der in Form seitlicher »Platten« oder »sägezahnförmig« angeordnet ist, Bild 4-25. Diese Ferritform ist für rasch abgekühlte Schweißgüter, die hocherhitzten Bereiche der Wärmeeinflusszone und Gussgefüge charakteristisch.

Im Inneren der Austenitkörner entsteht bei noch tieferen Temperaturen der sich vorwiegend an Einschlüssen bildende und von dort in *unterschiedlichen* Richtungen wach-

sende *nadelförmige* Ferrit, Bild 4-24. Diese »chaotische« Anordnung der sehr kleinen, nadelförmigen Ferritplatten ist die Ursache für die hervorragende Zähigkeit dieses Gefüges. Die Bildung des nadelförmigen Ferrits erfordert einen
- gewissen Gehalt silicatischer Einschlüsse, d. h. einen Sauerstoffgehalt von ungefähr 300 ± 50 ppm (s. Abschn. 4.2.3.3.2),
- eine bestimmte Legierungsmenge,
- eine bestimmte Austenitkorngröße und
- eine ausreichende Abkühlzeit $t_{8/5}$.

In einem aus nadelförmigem Ferrit bestehenden Gefüge wird der fortschreitende Bruch am häufigsten gezwungen, seine Richtung zu wechseln, d. h., die bei der Kerbschlagbiegeprüfung aufzubringende Arbeit ist am größten. Der Einfluss der z. B. durch den Sauerstoffgehalt (= als Keime wirkende silicatische Einschlüsse) im Schweißgut erzeugten Menge nadelförmigen Ferrits auf die Übergangstemperatur der Kerbschlagarbeit zeigt beispielhaft Bild 4-26.

In der Bildfolge Bild 4-27a bis 27c ist der Einfluss der Abkühlgeschwindigkeit, der Menge der Legierungselemente, des Gehalts der silicatischen Einschlüsse (d. h. des Sauerstoffgehaltes) und der Austenitkorngröße auf die Ausbildung der Ferritgefüge dargestellt. Die Entstehung der unterschiedlichen Ferritformen lässt sich an Hand des schematischen kontinuierlichen ZTU-Schaubildes, Bild 4-27d, verfolgen.

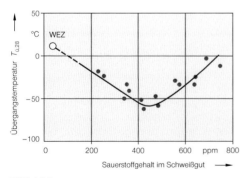

Bild 4-26
Einfluss des Sauerstoffgehalts auf die Übergangstemperatur $T_{ü,27}$ der Kerbschlagzähigkeit (Charpy-V-Proben) von C-Mn-Schweißgut im Vergleich zu dem für die WEZ ermittelten Wert, nach Ahlblom.

Zwischen den zusammenstoßenden Ferritplatten des nadelförmigen Ferrits bilden sich feinverteilte »*Mikrophasen*«. Diese entstehen durch die (teilweise) Umwandlung der zwi-

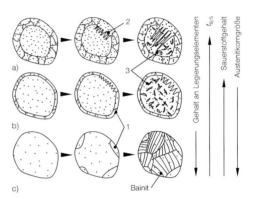

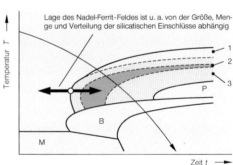

1 Voreutektoider Korngrenzenferrit (= allotriomorpher Ferrit)
2 *Widmannstätten*scher Seitenplattenferrit
3 Nadelförmiger Ferrit

Bild 4-27
Zum Bildungsmechanismus der verschiedenen Ferritgefüge im unlegierten C-Mn-Schweißgut, nach Bhadeshia u. Svensson.
a) An den Austenitkörnern bildet sich eine gleichmäßige Belegung von allotriomorphem Ferrit, gefolgt von Widmannstättenschem Ferrit mit anschließender Bildung von nadelförmigem Ferrit.
b) Der Widmannstättensche Ferrit kann sich wegen erschwerter Diffusionsbedingungen nicht mehr über das ganze Austenitkorn ausbreiten. Die silicatischen Einschlüsse innerhalb der Austenitkörner wirken als Keime für die anschließende Bildung nadelförmigen Ferrits.
c) Bei höherem Gehalt an Legierungselementen und zunehmender Austenitkorngröße wird die Bildung des allotriomorphen Ferrits im Wesentlichen unterdrückt, wodurch die Entstehung des oberen Bainits aus dem restlichen Austenit möglich wird.
d) Entstehung der verschiedenen Ferritgefüge, dargestellt im ZTU-Schaubild, nach Dolby.

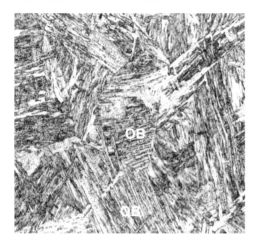

Bild 4-28
Paketförmig angeordnete Ferritplatten (oberer Bainit, bainitischer Ferrit, OB) in der Wärmeeinflusszone einer Schweißverbindung aus einem Feinkornbaustahl.

Die werkstofflichen Vorgänge in der WEZ von Mehrlagenschweißungen und deren Eigenschaften sind deutlich komplexer und unübersichtlicher. Bild 4-29 zeigt schematisch den typischen Verlauf der Zähigkeit in der WEZ konventioneller Kohlenstoff-Mangan-Stähle und schweißgeeigneter Vergütungsstähle nach der vom IIW vorgeschlagenen Versuchstechnik mit Kerbschlagbiegeproben. Der in manchen Fällen mit dem Kerbschlagbiegeversuch nicht nachweisbare Zähigkeitsabfall lässt sich aber eindeutig mit der CTOD-Methode (Abschn. 6.5, S. 594) erfassen, z. B. Bild 4-31.

Nach Bild 4-30 lassen sich bei allen Schweißverbindungen aus aufhärtendem Stahl durch die thermische Wirkung der aufeinanderfolgenden Lagen prinzipiell vier unterschiedlich beeinflusste Zonen unterscheiden:

schen den Ferritplatten vorhandenen aufgekohlten Austenitinseln – entstanden als Folge der Ferritbildung – in höhergekohlten Martensit. Aus diesem Grunde ist ein hoher Gehalt an nadelförmigem Ferrit (etwa 70 %) sehr erwünscht, noch höhere Mengen sind kaum erzeugbar. Sie verringern überdies durch die schädigende Wirkung der »Mikrophasen« die Zähigkeit erheblich. Mit weiter steigender Legierungsmenge oder einem zu geringen Gehalt an silicatischen Einschlüssen wird die Bildung des *allotriomorphen Ferrits* zunehmend unterdrückt, so dass sich der in Plattenpaketen angeordnete obere bainitische Ferrit an den Austenitkorngrenzen bilden kann, Bild 4-27c. Seine Zähigkeit ist wie die aller lamellaren Gefüge deutlich geringer. Bild 4-28 zeigt ein typisches bainitisches Mikrogefüge mit paketförmigen Ferritplatten (OB).

Mechanische Eigenschaften der Wärmeeinflusszone

Der gefügemäßige Aufbau und einige Eigenschaften der Wärmeeinflusszone (Grobkornzone, Feinkornzone, teilaustenitisierte Zone) bei Einlagenschweißungen wurden in Abschn. 4.1.3 besprochen. Die Grobkornzone ist im Allgemeinen der Bereich mit der geringsten Zähigkeit. Aber auch der unter Ac_1 erwärmte Bereich kann durch Alterungsvorgänge verspröden.

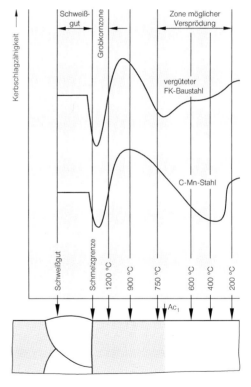

Bild 4-29
Typischer Verlauf der Kerbschlagarbeit in der (erweiterten) Wärmeeinflusszone von Schweißverbindungen aus konventionellen C-Mn-Stählen und vergüteten Feinkornbaustählen, nach Hrivnák.

- **Bereich 1:** unveränderte Grobkornzone, die entweder nicht oder erneut auf über 1200 °C erwärmt wurde.
- **Bereich 2:** Die Grobkornzone wurde durch Temperaturen $T \geq Ac_3$ umgekörnt, d. h. sie wurde feinkörnig.
- **Bereich 3:** Die Grobkornzone wurde auf Temperaturen $Ac_1 < T < Ac_3$ erwärmt.
- **Bereich 4:** Die Grobkornzone wurde auf Temperaturen $T < Ac_1$ erwärmt.

Bild 4-31 zeigt Ergebnisse von Proben aus einem niedriglegierten hochfesten Stahl, die schweißsimulierend mit einem konstanten Temperaturzyklus (T_{max} = 1400 °C; $t_{8/5}$ = 20 s) und einen zweiten, mit geänderter Spitzentemperatur beaufschlagt wurden. Die CTOD-Werte der auf Temperaturen gemäß Bereich 3 erwärmten Proben weisen auf eine ausgeprägte Versprödung hin, die sich allerdings nur auf einen sehr schmalen Bereich der WEZ erstreckt. Die Ursache beruht wie bei den Einlagenschweißungen (s. Abschn. 4.1.3) auf der Bildung örtlich stark mit Kohlenstoff angereicherten Martensits in diesem teilaustenitisierten Bereich der WEZ.

Obwohl bisher noch kein Fall bekannt wurde, bei dem diese örtlich versprödeten Bereiche die Ursache eines Bauteilversagens waren, sollte durch die Wahl einer geeigneten Schweißtechnologie die Breite dieser Zone möglichst gering gehalten werden. Das kann wirtschaftlich z. B. mit einer auf dieses Ziel abgestimmten Mehrlagentechnik, Abschn. 4.1.3.1, oder bei dickwandigen Bauteilen mit der ähnlich wirkenden Mehrdrahttechnik geschehen.

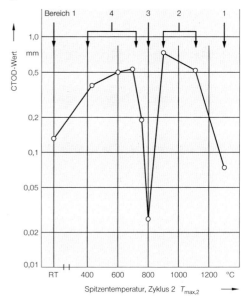

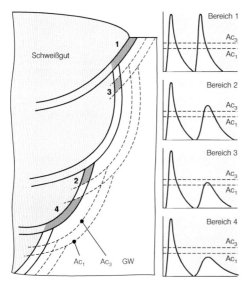

Bild 4-30
Typische Gefüge in der Wärmeeinflusszone mehrlagig geschweißter Verbindungen, schematisch. Bei umwandlungsfähigen Stählen können prinzipiell vier verschiedene »wärmebehandelte« Bereiche unterschieden werden, nach Haze und Aihara.

Bild 4-31
Abhängigkeit der CTOD-Werte schweißsimulierend mit zwei Temperaturzyklen wärmebehandelter Proben aus einem hochfesten niedriglegierten Stahl. Dem ersten konstanten Zyklus (T_{max} = 1400 °C; $t_{8/5}$ = 20 s) folgte der zweite mit unterschiedlicher Spitzentemperatur. In das Bild wurden die in Bild 4-30 eingeführten vier Bereiche (1 bis 4) der Wärmeeinflusszone eingetragen, nach Haze und Aihara.

Der Schweißprozess kann auch die Korrosionsbeständigkeit nicht nur der aus korrosionsbeständigen Stählen bestehenden Schweißkonstruktionen beeinträchtigen (Anlauffarben, Eigenspannungen, Gefügeänderungen in der WEZ, Spannungsspitzen durch Kerbwirkung, Schweißspritzer). Auch unlegierte Stähle werden außer durch Spannungsrisskorrosion vor allem in Anwesenheit bestimmter schwefelhaltiger Verbindungen (in erster Linie sind H_2S-haltige saure Lösungen zu nen-

Tabelle 4-2
Nach IIW empfohlene Vorwärmtemperatur T_p, die von der Größe des nach Gl. [4-2] berechneten Kohlenstoffäquivalents C_{eq} abhängig ist.

C_{eq}	Vorwärmtemperatur T_p
%	°C
≤ 0,45	≥ 100
0,45 bis 0,60	100 ... 250
> 0,60	250 ... 350 (evtl. höher)

nen, vor allem »*Sauergas*«) angegriffen, wenn die Härte der WEZ 240 HV bis 280 HV übersteigt.

Die in dem austenitisierten Teil der WEZ entstehenden Gefügearten sind auch mit dem **Spitzentemperatur-Abkühlzeit-Schaubild (STAZ)** bestimmbar. Es entsteht durch die Kombination verschiedener bei unterschiedlichen Austenitisierungstemperaturen aufgenommener ZTU-Schaubilder. Aus diesen Darstellungen lassen sich die in der WEZ entstehenden Gefüge abhängig von der erreichten Spitzentemperatur und vor allem die Gefügegradienten ablesen. Werden die zum Ermitteln des Schaubildes erforderlichen größeren Proben schweißsimulierend wärmebehandelt, dann können mit ihrer Hilfe verschiedene mechanische Eigenschaften der WEZ ermittelt und im **Spitzentemperatur-Abkühlzeit-Eigenschafts-Schaubild (STAZE)** dargestellt werden, Bild 4-32. Diese Schaubilder erlauben grundlegende Aussagen über den Einfluss der Schweißparameter und der Werkstoffe auf die Eigenschaften der WEZ.

4.1.3.3 Vorwärmen der Fügeteile

Die Härte der neben der Schmelzgrenze entstehenden Umwandlungsgefüge ist von der chemischen Zusammensetzung (C-Gehalt!) und der Abkühlgeschwindigkeit des austenitisierten Werkstoffs abhängig. Bei gegebenem Stahl lässt sich die Härte demnach nur durch Verringern der Abkühlgeschwindigkeit des über Ac_3 erwärmten Teils der Wärmeeinflusszone herabsetzen. Diese Aufgabe übernimmt das **Vorwärmen** der Fügeteile. Das ist eine Wärmebehandlung, bei der die Fügeteile möglichst gleichmäßig und spannungsarm auf die erforderliche **Vorwärmtemperatur T_p** *(p = preheat)* erwärmt und während des Schweißens i. Allg. mindestens auf dieser Temperatur gehalten werden. Die Abkühlgeschwindigkeit wird dadurch abhängig von der Höhe der Vorwärmtemperatur herabgesetzt und die Bildung aufgehärteter, spröder und damit rissanfälliger Gefüge vermieden. Bei Mehrlagenschweißungen darf bei aufhärtungsempfindlichen Stählen die

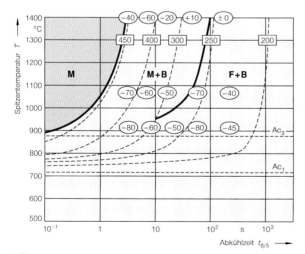

Bild 4-32
Spitzentemperatur-Abkühlzeit-Eigenschafts-Schaubild (STAZE) eines FK-Baustahls, nach Van Adrichem und Kas.

Beispiel:
Bei einer Abkühlzeit $t_{8/5} = 10\,s$ ergeben sich folgende aus dem Schaubild ablesbaren mechanischen Eigenschaften der WEZ. Das Gefüge dicht neben der Schmelzgrenze, $T_{max} = 1400\,°C$, hat eine Härte von ungefähr 400 HV 30 und eine Übergangstemperatur $T_{ü,21} \approx -40\,°C$. Das auf $T_{max} \approx 900\,°C$ erhitzte Gefüge der WEZ hat eine Härte von 290 HV 30 und $T_{ü,21} \approx -60\,°C$. Diese Auswertung beruht auf der Erfahrung, dass die $t_{8/5}$-Werte für alle Temperaturen $T_{max} \geq 900\,°C$ praktisch konstant sind.

Es ist zu beachten, dass diese Darstellungen im Gegensatz zu den üblichen kontinuierlichen ZTU-Schaubildern entlang $t_{8/5} = konst.$ gelesen werden müssen!

Vorwärmtemperatur nicht unter die Zwischenlagentemperatur T_i (i = interpass) fallen. Da die Werkstücktemperatur in der Regel von Lage zu Lage zunimmt, wird sie im Normalfall als *höchste* Temperatur angegeben, wie es in DIN EN ISO 13916 beschrieben wird. Die Temperaturen T_p und T_i bestimmen neben der Abkühlzeit $t_{8/5}$ weitgehend die Gefügeausbildung und die Heißrissneigung.

Die Unternahtrissigkeit bzw. Kaltrissanfälligkeit (s. Abschn. 6.2, S. 583) entsteht vor allem bei den höhergekohlten Stählen und praktisch bei allen höherfesten – vor allem den vergüteten – Feinkornbaustählen. Sie lässt sich durch Vorwärmen der Fügeteile und Wahl wasserstoffkontrollierter Zusatzwerkstoffe, s. Abschn. 4.3.3, S. 398, fertigungstechnisch sicher vermeiden. Dabei ist aber zu beachten, dass unabhängig von eventuellen Schweißunterbrechungen eine *niedrigste* (Vorwärm-)Temperatur einzuhalten ist, die nach DIN EN ISO 13916 als *Haltetemperatur T_m (m = preheat maintenance temperature)* bezeichnet wird.

Mit Hilfe des Vorwärmens wird das *Aufhärten* der schmelzgrenzennahen Bereiche wirksam verhindert bzw. behindert. Die erreichte Höchsthärte in der WEZ ist nur vom Kohlenstoffgehalt und dem Gehalt der Legierungselemente abhängig, die zusammen die kritische Abkühlgeschwindigkeit bestimmen.

Niedriggekohlte Stähle (C ≤ 0,2 %) erfordern wegen ihrer geringen Aufhärtungsneigung häufig erst bei größeren Werkstückdicken ein Vorwärmen. Höhergekohlte (C > 0,25 %) Stähle müssen grundsätzlich *vorgewärmt* werden, weil die Neigung zur Kaltrissbildung harter Gefügebestandteile in der Regel mit der Höhe der Höchsthärte zunimmt.

Die werkstofflich »richtige« Vorwärmtemperatur ist abhängig
– in der Hauptsache von der chemischen Zusammensetzung des Werkstoffs, in erster Linie also von der Höhe des Kohlenstoffgehalts und damit vor allem von seiner *Kaltrissanfälligkeit*,
– von der Art (Gefüge, Ausscheidungen, Menge, Art und Verteilung der Verunreinigungen usw.) des Werkstoffs, der
– Werkstückdicke, den
– Zusatzwerkstoffen, dem
– Verspannungszustand der Konstruktion,
– dem Schweißverfahren und
– der Temperatur des Werkstücks vor dem Schweißen.

Lediglich die Wirkung der werkstoffabhängigen Faktoren ist bei Inkaufnahme verschiedener Vereinfachungen quantitativ z. B. mit Hilfe des *Kohlenstoffäquivalents* bestimmbar. Der Einfluss der übrigen Faktoren ist nur aufgrund von Erfahrungen beschreibbar bzw. wird durch Regelwerke aufgrund von Erfahrungen »vorgegeben«.

Die Wirkung der Legierungselemente auf die (Kalt-)Rissneigung der aufgehärteten Zonen lässt sich zahlenmäßig z. B. mit dem **Kohlenstoffäquivalent C_{eq}** angeben.

Diese Methode beruht auf der durch die Schweißpraxis begründeten Erfahrung, wonach die Rissneigung eines Gefüges nicht nur vom *Kohlenstoffgehalt*, sondern auch in unterschiedlichem Umfang von verschiedenen *Legierungselementen* bestimmt wird. Der Einfluss der wichtigsten Legierungselemente im Stahl wird durch experimentell ermittelte Faktoren (= Äquivalenzzahlen) beschrieben, die ein wahrscheinlicher Maßstab für ihre rissbegünstigende Wirkung bezogen auf den Kohlenstoff sind.

Es existieren einige Dutzend Formeln zum Berechnen des Kohlenstoffäquivalents. Sie gelten aber jeweils nur für Stähle, deren chemische Zusammensetzung in einem bestimmten Bereich liegt. Eine für C-Mn-Stähle häufig verwendete Beziehung ist die für längere Abkühlzeiten ($t_{8/5}$ = 10 s) geltende IIW-Formel, die auch in einigen Produktnormen – z. B. der Baustahlnorm DIN EN 10025-2, hier als CEV bezeichnet – Eingang gefunden hat, Gl. [4-2]:

$$C_{eq} = C + \frac{Mn}{6} + \frac{Cr + Mo + V}{5} + \frac{Ni + Cu}{15} \text{ in \%.}$$

Danach wird abhängig von der Größe des C_{eq}-Wertes z. B. die in Tabelle 4-2 angegebene Vorwärmtemperatur empfohlen.

Feinkornbaustähle und höherfeste Stähle werden meistens mit einem geringeren Wärmeeinbringen und einer niedrigeren Vorwärmtemperatur geschweißt als die konventionellen C-Mn-Stähle (s. Abschn. 4.3.2.2). Sie dürfen daher nur mit einer deutlich geringeren Zeit $t_{8/5}$ abgekühlt werden. Nach IIW gilt für zwischen 2 und 6 Sekunden liegenden $t_{8/5}$-Zeiten ein C_{eq} (in Prozent), Gl. [4-3]:

$$C_{eq} = C + \frac{Mn}{20} + \frac{Mo}{15} + \frac{Ni}{40} + \frac{Cr}{10} + \frac{V}{10} + \frac{Cu}{20} + \frac{Si}{25}.$$

Danach ist bei niedriggekohlten, mikrolegierten Stählen mit $C_{eq} < 0{,}25\,\%$ ein Vorwärmen nicht erforderlich, wenn mit basischen Stabelektroden geschweißt wird. Bei Werkstückdicken > 20 mm und $C_{eq} > 0{,}25\,\%$ sollte die Vorwärmtemperatur errechnet (z. B. mit Hilfe von Gl. [4-19] und Tabelle 4-31) oder mit den Ergebnissen von Implantversuchen (Abschn. 6.2.1, S. 583) bestimmt werden.

Die Bedeutung und Wirksamkeit dieser C_{eq}-Methode ist aus werkstofflicher Sicht aus verschiedenen Gründen zweifelhaft, d. h. anfechtbar:
❏ Kohlenstoff als Maß für die Aufhärtbarkeit wird zu einer die Einhärtbarkeit bestimmenden Legierungskennzahl addiert. Ein werkstofflich fragwürdiges Vorgehen, das aber in Teilbereichen durch Versuchsergebnisse bestätigt wird.

❏ Wichtige Faktoren, die die Rissneigung in unterschiedlichem Umfang bestimmen, werden nicht oder unzureichend berücksichtigt:
  – Gefügeart, Gefügeausbildung, Korngröße, Desoxidationszustand, Art einer vorangehenden Wärmevor- und nachbehandlung, Menge, Art und Verteilung der Verunreinigungen im Stahl;
  – Werkstückdicke, z. B. der Eigenspannungszustand;
  – Schweißbedingungen: Schweißverfahren, Zusatzwerkstoff(e), Fugenform, Lagenaufbau (Pendellagen-, Zugraupentechnik), Werkstücktemperatur, Vorwärmtemperatur;
  – der für die Kaltrissneigung entscheidende Gehalt des atomaren Wasserstoffs in der WEZ und im Schweißgut.

Die Höhe der Maximalhärte in der WEZ hat sich als ein einfach zu handhabender und relativ zuverlässiger Maßstab zum Bestimmen der vor allem bei den höherfesten Feinkornbaustählen wichtigen **Kaltrissneigung** erwiesen, Abschn. 4.3.2.3. Davon völlig unberührt bleibt allerdings die Notwendigkeit, in diesen Bereichen eine ausreichende Bruchzähigkeit sicherzustellen. Diese Eigenschaft lässt sich allein mit Härtemessungen in den meisten Fällen nicht ausreichend zuverlässig nachweisen.

Das Bild 4-33 zeigt einen bisher häufiger verwendeten Zusammenhang zwischen der für die Unterdrückung der Kaltrissbildung erforderlichen Vorwärmtemperatur und dem Kohlenstoffäquivalent C_{eq} (in Prozent):

$$C_{eq} = C + \frac{Mn}{6} + \frac{Cr}{5} + \frac{Mo}{4} + \frac{Si}{24} + \frac{Ni}{40}. \qquad [4\text{-}4]$$

Die zum Vermeiden der wasserstoffinduzierten Risse (Kaltrisse) erforderliche Vorwärmtemperatur (T_p, in °C) lässt sich damit mit der folgenden Beziehung abschätzen:

$$T_p \approx 200 \cdot C_{eq}. \qquad [4\text{-}5]$$

Vor allem in Japan wird häufig die *Ito-Bessyo-Beziehung* P_{cm} verwendet, ursprünglich entwickelt zur Charakterisierung der Kaltrissneigung, wird sie aber auch zum Kennzeichnen der Härtbarkeit der Stähle verwen-

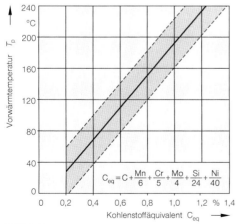

Bild 4-33
Die zum Vermeiden von Kaltrissen in der WEZ erforderliche Vorwärmtemperatur (Streubereich) in Abhängigkeit vom Kohlenstoffäquivalent, nach Winn.

det. Sie gilt gewöhnlich als zuverlässiger als die IIW-Beziehung:

$$P_{cm} = C + \frac{Si}{30} + \frac{Mn + Cu + Cr}{20} + \frac{Ni}{60} + \frac{Mo}{15} + \frac{V}{10} + 5 \cdot B + \frac{t}{600} + \frac{H}{60}. \quad [4\text{-}6]$$

In dieser Beziehung bedeuten:
t in mm, Erzeugnisdicke,
H in cm³/100 g, H-Gehalt im Schweißgut.

Die Kaltrissneigung nimmt bei $P_{cm} > 0{,}3\%$ schlagartig zu. Oberhalb dieses Grenzwertes ist vorzuwärmen. Dieser Wert gilt für die (niedrig-)legierten Feinkornbaustähle. Die konventionellen C-Mn-(Bau-)Stähle sind erst bei einem kritischen Wert $P_{cm} > 0{,}35\%$ vorzuwärmen.

Bild 4-34 zeigt die Abhängigkeit des Kohlenstoffäquivalents P_{cm} vom Martensitgehalt schweißsimulierend wärmebehandelter Proben aus einem niedriglegierten Feinkornbaustahl mit Spitzentemperaturen von 1350 °C und 1000 °C. Diese Bedingungen entsprechen etwa dem thermischen Geschehen in der Grob-

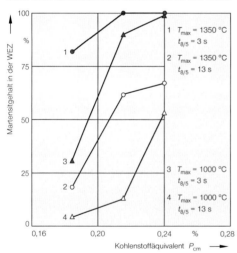

Bild 4-34
Einfluss des nach Gl. [4-6] berechneten Kohlenstoffäquivalents P_{cm} auf die Martensitmenge von schweißsimulierend bei Spitzentemperaturen von 1350 °C (Grobkornzone) und 1000 °C (etwa Feinkornzone) und unterschiedlichen Abkühlzeiten $t_{8/5}$ wärmebehandelten Proben aus einem Feinkornbaustahl, nach Grong und Akselsen.

korn- sowie der Feinkornzone in der WEZ von Schweißverbindungen. Danach beträgt der Martensitanteil in der Wärmeeinflusszone bei $P_{cm} > 0{,}24\%$ bereits mehr als 50 %.

Von *Yurioka* und *Oshita* wurde das Kohlenstoffäquivalent CEN vorgeschlagen, das die *Ito-Bessyo-Beziehung* und die IIW-Beziehung berücksichtigt. Für niedriggekohlte Stähle mit C < 0,17 % ähnelt sie der *Ito-Bessyo-Beziehung*, während sie bei höhergekohlten Stählen weitgehend der IIW-Beziehung (Gl. [4-3]) entspricht, Gl. [4-7]:

$$CEN = C + A(C)\left[\frac{Si}{24} + \frac{Mn}{6} + \frac{Cu}{15} + \frac{Ni}{20} + \frac{Cr + Mo + Nb + V}{5} + 5B\right].$$

Hierbei ist A(C) der nur vom Kohlenstoffgehalt abhängige *Anpassungsfaktor*:

$$A(C) = 0{,}75 + \tan[20 \cdot (C - 0{,}12)].$$

Die Härte in der WEZ hängt aber nicht nur von der chemischen Zusammensetzung des Stahles ab, sondern auch von der Abkühlzeit $t_{8/5}$. Für eine Abkühlung, die zu einem rein martensitischen Gefüge führt, ist das Kohlenstoffäquivalent einfach $C_{eq} = C$.

Die Härte der vollmartensitischen schmelzgrenzennahen Bereiche beträgt dann etwa:

$$HV_{max} = 930 \cdot C + 283.$$

Für Abkühlgeschwindigkeiten kleiner als die obere kritische – das Gefüge besteht aus Martensit und Bainit – lässt sich die Härte HV_{WEZ} in der WEZ mit folgender Beziehung abschätzen, Gl. [4-8]:

$$HV_{WEZ} = 2019 \cdot \left[C \cdot (1 - 0{,}5 \cdot \log t_{8/5}) + 0{,}3 \cdot \left(\frac{Si}{11} + \frac{Mn}{8} + \frac{Cu}{9} + \frac{Cr}{5} + \frac{Ni}{17} + \frac{Mo}{6} + \frac{V}{3}\right)\right] + 66 \cdot (1 - 0{,}8 \cdot \log t_{8/5}).$$

Mit zunehmendem Bainitanteil, d. h. abnehmendem Martensitanteil, nimmt die Wirkung des C-Gehaltes ab, die der Legierungselemente zu. Bei rein bainitischen Gefügen werden die Faktoren außer von C in großem Umfang von der Art und Menge der Legierungselemente bestimmt. Die Härte rein bainitischer Gefüge hängt vom C_{eq} (in Prozent) nach Bild 4-35 in folgender Weise ab, Gl. [4-9]:

$$C_{eq} = C + \frac{Si}{11} + \frac{Mn}{8} + \frac{Cr}{5} + \frac{Mo}{6} + \frac{Ni}{17} + \frac{Cu}{9} + \frac{V}{3}.$$

Bei aus Martensit und Bainit bestehenden Gefügen liegen diese Faktoren zwischen denen für reinen Martensit und reinen Bainit.

Die bisher beschriebenen Beziehungen für das Kohlenstoffäquivalent beruhen bis auf die von *Ito, Bessyo* sowie *Yurioka* und *Oshita* auf Untersuchungen zur Härtbarkeit. Sie kennzeichnen die Kaltrissneigung lediglich durch den Parameter Höchsthärte. Diese Annahme trifft aber nicht allgemein zu. Das Kaltrissverhalten wird nicht nur von der chemischen Zusammensetzung des Grundwerkstoffs und des Schweißguts bestimmt, sondern auch vom Wasserstoffgehalt, der Werkstückdicke, dem Wärmeeinbringen beim Schweißen und den Eigenspannungen. Nach neueren Untersuchungen ist z. B. das Kohlenstoffäquivalent CET nach *Uwer* und *Höhne* (s. Gl. [4-18] in Abschn. 4.3.2.3) wesentlich aussagefähiger hinsichtlich des Kaltrissverhaltens als die nur die Härtbarkeitseigenschaften beschreibenden üblichen Kohlenstoffäquivalente.

Die in der Schweißpraxis angewendeten Vorwärmtemperaturen liegen zwischen etwa 100 °C und 350 °C, in Sonderfällen – wie z. B.

bei den höhergekohlten Vergütungsstählen, Abschn. 4.3.4 – auch höher, wie Tabelle 4-2, S. 327, zeigt.

Eine bestechend einfache und elegante Methode zum Bestimmen der Vorwärmtemperatur beruht auf den Gesetzmäßigkeiten der Martensitbildung (Abschn. 2.5.3.4, S. 152). Sie beginnt bei der kritischen Abkühlung *und* dem Unterschreiten der M_s-Temperatur. Ein Vorwärmen der Fügeteile *über* die M_s-Temperatur des Werkstoffs verhindert damit während des Schweißens die Bildung des Martensits unabhängig von der Größe der Abkühlgeschwindigkeit.

Bild 4-36 zeigt schematisch die bereits in Abschn. 2.5.3.4 besprochenen werkstofflichen Vorgänge. Abhängig vom Umwandlungsverhalten des Stahles entsteht in jedem Fall bei $T_p > M_s$ ein martensitfreies Gefüge, im gezeigten Beispiel ein bainitisches Gefüge.

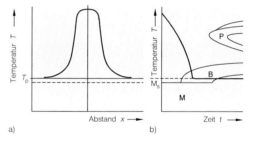

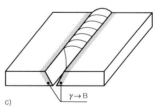

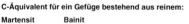

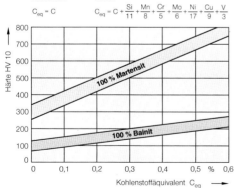

Bild 4-35
Härte des Martensits und des Bainits in der Wärmeeinflusszone von Stahl-Schweißverbindungen in Abhängigkeit vom Kohlenstoffäquivalent C_{eq}, nach Lorenz und Düren.

Bild 4-36
Werkstoffliche Vorgänge beim Schweißen mit Vorwärmtemperaturen $T_p > M_s$:
a) Temperaturverteilung einer auf T_p vorgewärmten Schweißverbindung,
b) Abkühlkurve des schmelzgrenzennahen Bereichs dargestellt im ZTU-Schaubild,
c) V-Naht mit in Bainit umgewandelter WEZ.

Der austenitisierte Bereich der WEZ wandelt in keinem Fall in Martensit um, sondern abhängig vom Umwandlungsverhalten des Stahls in ein martensitfreies Gefüge. Im gezeigten Beispiel entsteht ein rein bainitisches Gefüge.

Der Vorteil dieser Methode beruht nicht nur auf dem martensitfreien Gefüge in der WEZ, sondern auch auf der Verringerung der Eigenspannungen und der Abnahme des Verzuges. Während der Schweißzeit befindet sich die über Ac_3 erwärmte Zone im austenitischen bzw. teilaustenitisierten Zustand (ein Teil des Austenits kann während des Schweißens umwandeln!). Der zähe Austenit kann durch plastische Verformung die Eigenspannungen wesentlich leichter abbauen als das krz Umwandlungsgefüge. Die Kaltrissneigung ist erheblich geringer.

Diese werkstofflich überzeugende Methode ist nicht für alle Stähle sinnvoll einsetzbar. In Abschn. 2.5.2, S. 140, (s. a. Bild 2-25) wird gezeigt, dass M_s mit zunehmender Legierungsmenge und zunehmendem Kohlenstoffgehalt kontinuierlich abnimmt. Unlegierte, kohlenstoffarme d. h., gut schweißgeeignete Stähle besitzen demnach eine hohe M_s-Temperatur und eine sehr große kritische Abkühlgeschwindigkeit (Bild 1-38, Bild 2-16). Ein Vorwärmen ist bei ihnen nicht, nur bei großen Werkstückdicken oder nicht in dieser Höhe erforderlich. Die Wahl der Vorwärmtemperatur mit Hilfe der M_s-Temperatur ist daher nur sinnvoll, wenn diese genügend niedrig, der Stahl also ausreichend legiert d. h. ungeeignet zum Schweißen ist. Diese Grenztemperatur kann bei etwa 300 °C bis 350 °C angenommen werden. Die M_s-Temperaturen sind aus den ZTU-Schaubildern (s. Abschn. 2.5.3, S. 145) direkt ablesbar.

In DIN EN 1011-1 sind allgemeine Anleitungen für das Schmelzschweißen metallischer Werkstoffe zu finden.

Beispiele 4-1:
1) Für den Stahl 51CrV4 ($C \approx 0,5\%$; $Cr \approx 1\%$; $Mn \approx 1\%$; $V \approx 0,15\%$) ist die Vorwärmtemperatur T_p zum Schweißen mit dem Kohlenstoffäquivalent gemäß Gl. [4-2] und Tabelle 4-2 zu bestimmen. Aus den gegebenen Werten erhält man $C_{eq} = 0,9\%$. Damit ergibt sich $T_p \approx 300\,°C ... 350\,°C$. Die Werkstückdicke, die Art des Zusatzwerkstoffs und der Wasserstoffgehalt des Schweißguts wurden mit dieser älteren Beziehung nicht berücksichtigt. Die »ermittelte« T_p ist daher nur mit Vorsicht anzuwenden. Sie repräsentiert in aller Regel den Maximalwert.

*2) Für einen mikrolegierten Stahl mit $C_{eq} = 0,3\%$ (errechnet nach Gl. [4-2]) und einer Werkstückdicke von 30 mm soll die Vorwärmtemperatur gemäß Tabelle 4-35 bestimmt werden. Es wird mit basisch-umhüllten Stabelektroden geschweißt, die ein Schweißgut mit weniger als 5 cm^3 H/100 g liefern. Aus $T_p = 826 \cdot C_{eq} - 158 = 826 \cdot 0,3 - 158 = 90\,°C$ ergibt sich eine Vorwärmtemperatur von etwa 90 °C.
Aus der in Abschn. 4.3.2.3 angegebenen Beziehung von Uwer und Höhne, Gl. [4-18], ermittelt man für diesen Stahl mit $Q \approx 1\,kJ/mm$ und einem Wasserstoffgehalt von 5 [cm^3/100 g Schweißgut] eine Vorwärmtemperatur von $\approx 84\,°C$. Die Übereinstimmung ist zufriedenstellend.*

3) Der Stahl S355J2 +N (St 52-3) hat eine M_s-Temperatur von etwa 420 °C. Ein Vorwärmen wegen der Gefahr einer eventuellen Aufhärtung ist nicht erforderlich. Trotzdem werden dickwandige Fügeteile (etwa ≥30 mm) zum Schweißen auf 100 °C bis 150 °C vorgewärmt. Diese Maßnahme dient aber im Wesentlichen dazu, die sprödbruchbegünstigenden dreiachsigen Eigenspannungszustände zu mildern. Durch eine nicht fachgerechte Schweißausführung (z. B. bei Zündstellen oder bei Verwendung zu dünner Draht- oder Stabelektroden) kann nach kritischer Abkühlung allerdings eine Höchsthärte entstehen von:
$HRC_{max} = 30 + 50 \cdot C\% = 45\,HRC \approx 450\,HV.$

4) Der Stahl X20CrMoVW12-1 mit einer M_s-Temperatur von etwa 270 °C, Bild 4-88, wird (auch aus anderen Gründen) auf etwa 400 °C vorgewärmt.

5) Der Stahl 51CrV4 ($M_s \approx 300\,°C$) wird auf etwa 350 °C vorgewärmt. Bei einer Gesamthaltedauer von etwa $1000\,s \approx 17\,min$ (diese Angaben sind aus dem ZTU-Schaubild des Stahles zu entnehmen!) wandelt der gesamte austenitisierte Bereich der WEZ in Bainit um.

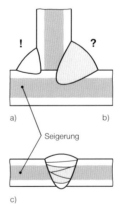

Kehlnähte:
a) Verfahren mit geringem Einbrand schmelzen die Seigerungszonen **nicht** auf.
b) Tiefeinbrennende Schweißverfahren (z. B. UP) sind prinzipiell nicht zum Schweißen geseigerter Stähle geeignet: Großer Aufmischungsgrad begünstigt **Heißrissbildung**.

Stumpfnähte:
c) Aufschmelzen der geseigerten Bereiche nicht vermeidbar. Zusatzwerkstoffe wählen, die Verunreinigungen (z. B. P und S) verschlacken können, z. B. basisch-umhüllte Stabelektroden.

Bild 4-37
Aufschmelzen der geseigerten Bereiche während des Schweißens unberuhigter Stähle bei Kehlnähten und Stumpfnähten, schematisch.

4.1.3.4 Einfluss der Stahlherstellungsart und der chemischen Zusammensetzung

Die Menge und Art der Stahlbegleiter – das sind hauptsächlich die Verunreinigungen Stickstoff, Wasserstoff, Sauerstoff, Schwefel und Phosphor – bestimmen weitgehend die mechanischen Gütewerte des Stahles, insbesondere aber seine Zähigkeitseigenschaften. Die metallurgische Qualität der Stähle wird also neben anderen Faktoren im Wesentlichen von den Erschmelzungs- und Vergießungsverfahren bestimmt (Abschn. 2.3, S. 125).

Im Folgenden werden nur die für eine fachgerechte schweißtechnische Verarbeitung wichtigsten Einflüsse besprochen.

Seigerungen

Die Schwefel- und Phosphorgehalte in Seigerungszonen unberuhigt vergossener Stähle sind etwa zwei- bis dreimal größer als der Durchschnittsgehalt. Schwefelgehalte über etwa 0,05 % machen den Stahl durch die Bildung des bei ca. 1000 °C schmelzenden FeS *heißrissanfällig*. Selbst geringe Phosphorgehalte ($\leq$ 0,05 %) begünstigen sehr stark die *Kaltrissneigung* (Bild 2-6, S. 132).

Der größte Teil aller Stähle wird seit etwa Mitte der achtziger Jahre nach dem Stranggussverfahren vergossen. Diese Stähle müssen beruhigt vergossen werden, d. h., sie sind nicht geseigert. Vorsicht ist allerdings bei Reparaturschweißungen an Bauten aus *Thomasstählen* und allen »älteren« Stählen geboten. Die in den Schweißgütern von Stumpf- und Kehlnähten ablaufenden metallurgischen Vorgänge zeigt Bild 4-37 schematisch. Je größer die Aufmischung ist, umso größer ist gewöhnlich der Anteil des im Vergleich zum Zusatzwerkstoff stärker verunreinigten Grundwerkstoffs. Die Gefahr der Heißrissbildung (S) und Versprödung (P) des Schweißguts nimmt zu. Ein tiefer Einbrand ist also oft mit metallurgischen Nachteilen verbunden.

Sehr ähnliche Probleme entstehen beim Einschweißen von Stegblechaussteifungen in Profile aus geseigertem Stahl, Bild 4-38. Die Konstruktion gemäß Teilbild »a« ist wegen des hohen Eigenspannungszustandes im Bereich der Hohlkehle besonders rissgefährdet (Heiß- und Kaltrisse!). Bei hohem Schwefelgehalt im Grundwerkstoff besteht außerdem Porengefahr durch die SO_2-Bildung gemäß folgender Beziehung:

$$2 \cdot FeO + FeS \rightarrow 3 \cdot Fe + SO_2.$$

Die konstruktive Lösung dieses Problems besteht in einem genügend weiten Ausklinken der Stegblechaussteifungen gemäß Bild 4-38b und c. Die Variante »c« ist konstruktiv wesentlich zweckmäßiger, aber auch teurer. Durch die fertigungstechnische Möglichkeit, die Schweißnähte schließen zu können, entfallen die End- bzw. Anfangskrater, die die Spaltkorrosion begünstigen und Orte hoher Gehalte an Verunreinigungen und großer Spannungskonzentrationen sind.

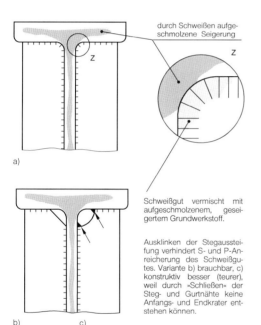

Bild 4-38
Stegaussteifungen in einem T-Profil aus unberuhigtem Stahl.
a) Hohe Eigenspannungszustände und stark verunreinigtes Schweißgut durch Anschneiden der Seigerungen begünstigen Heißrissbildung und Versprödung.
b) Ausklinken der Bleche verhindert die unerwünschte Vermischung.
c) Umlaufende Schweißnähte verbessern die Beständigkeit gegen Spaltkorrosion und verringern die Kerbwirkung durch Ausrunden der Stegblechaussteifungen.

Alterungsprobleme

Stickstoff in kaltverformten Stählen führt oberhalb 0,001 % durch Blockieren von Versetzungen zur *Verformungsalterung*, (früher als Reckalterung bezeichnet) die mit einer nur mäßigen Festigkeits- und Härtezunahme, aber einer erheblichen Abnahme der Zähigkeit verbunden ist (Abschn. 3.2.1.2, S. 240). Diese Versprödungserscheinung ist vor allem bei den älteren (also höher stickstoffhaltigen) Stählen – das gilt vor allem für die *Thomas*stähle – anzutreffen. Obwohl diese Versprödungsart bei den heutigen in aller Regel sehr verunreinigungsarmen Stählen beherrschbar erscheint, enthalten verschiedene Regelwerke noch Bedingungen für das Schweißen an kaltverformten Bauteilen.

In Tabelle 4-3 sind die Bedingungen für das Schweißen nach der DIN 18800-1 aufgeführt. Danach darf in kaltverformten Bauteilen einschließlich der angrenzenden Flächen von der Breite $5 \cdot t$ geschweißt werden, wenn die angegebenen Werte für die Dehnung ε oder bei Biegeverformungen die für Biegeradius der inneren Dehnung zur Werkstückdicke r/t eingehalten sind. Dabei werden Kaltverformungsgrade $\varphi \leq 2\%$, mit denen infolge des Walzvorgangs oder nicht vermeidbarer Fertigungsmaßnahmen – z. B. Richten, bzw. andere Verformungsvorgänge – immer zu rechnen ist, nicht berücksichtigt.

Die Bedingungen nach DIN 18800-1 müssen nicht eingehalten werden, wenn die Teile vor dem Schweißen normalgeglüht werden.

Tabelle 4-3
Bedingungen für das Schweißen an kaltverformten Bauteilen (Kaltverformung ε) nach DIN 18800-1.

ε %	r/t	zul. t mm	Konstruktive Anordnung
< 2	≥ 25	alle	
< 5	≥ 10	≤ 16 [1]	
≤ 12	≥ 3	≤ 12	
≤ 14	≥ 1,5	≤ 8	

[1] $t \leq 16$ mm gilt für jede Gütegruppe
$t > 16$ mm gilt für die Gütegruppe JR und jede höhere.

4.1.4 Verbinden unterschiedlicher Werkstoffe

Die metallurgischen Vorgänge im Schweißgut und im schmelzgrenzennahen Bereich der Wärmeeinflusszone bei Verwendung artfremder Zusatzwerkstoffe oder bei der Verbindung unterschiedlicher Grundwerkstoffe GW_1, GW_2, Bild 4-39a, können sehr komplex, Bild 4-39b2, aber auch sehr übersichtlich und unproblematisch sein, Bild 4-39b1.

Das werkstoffliche Problem gemäß Bild 4-39b2 besteht darin, dass durch Mischen unterschiedlicher Mengen GW_1, bzw. GW_2 mit dem Zusatzwerkstoff Z unerwünschte meistens intermediäre Phasen (spröde!) entstehen. Hinzu kommt, dass der extreme Temperatur-Zeit-Verlauf beim Schweißen die Bildung von Wiederaufschmelzrissen begünstigt. Ohne gesicherte Werkstoffkenntnisse sind solche Verbindungen in den wenigsten Fällen betriebssicher herzustellen, s. hierzu auch Aufgabe 4-3, S. 479.

Als wichtige Konsequenz dieser Überlegung ist festzuhalten, dass zuverlässig Verbindungen bzw. Auftragschichten nur herzustellen sind, wenn mit dem angewendeten Schweißverfahren und den Schweißparametern ausreichend kleine Aufschmelzgrade realisiert werden können. Die möglichen metallurgischen Reaktionen müssen demnach möglichst begrenzt werden.

Mit Hilfe eines geschätzten Aufschmelzgrades $A = (GW/Z) \cdot 100\% \approx 20\% \ldots 40\%$ für eine V-Naht ergibt sich z. B. ein Schweißgutgefüge S, das im Bereich $A = 20\%$ bis 40% liegt, Bild 4-39b2. Der große Anteil der spröden Phase V macht eine Rissbildung wahrscheinlich.

Zusatzwerkstoffe, die sich zum Verbinden unterschiedlicher Grundwerkstoffe GW_1 und GW_2 eignen, müssen mit jedem Werkstoff metallurgisch »verträglich« sein, d. h., es dürfen sich keine spröden Phasen wie intermediäre Verbindungen oder (und) höhergekohlter Martensit bilden. Der Zusatzwerkstoff Z in Bild 4-39d ist z. B. für GW_2 geeignet, für GW_1 nicht. Zum Auswählen geeigneter Zusatz-

werkstoffe für das Auftrag- bzw. Verbindungsschweißen sind folgende Maßnahmen und Methoden bekannt:
- Wahl von Zusatzwerkstoffen, die mit den Legierungselementen keine spröden Verbindungen bilden können. Besonders geeignet sind hoch nickelhaltige Zusatzwerkstoffe. Nickel bildet mit den meisten Elementen eine lückenlose Mischkristallreihen bzw. ausgedehnte Mischkristallbereiche, selten intermediäre Verbindungen und ist extrem zäh (Abschn. 1.6.2.1, S. 50).
- Auftragen von Pufferlage(n) auf eine (oder beide) Nahtflanke(n) mit einem möglichst geringem Wärmeeinbringen, um den Aufschmelzgrad klein zu halten. Es kann Z oder ein spezieller Puffer-Zusatzwerkstoff (P) verwendet werden. Als Folge der geringen Aufmischung ist die entstehende Menge der spröden Phase dann so gering, dass das Schweißgut nahezu aus Z (P) besteht und in vielen Fällen rissfrei bleibt, Bild 4-39d. Der restliche Nahtquerschnitt wird mit der üblichen Technik des Nahtaufbaus hergestellt. Die verwendeten Zusatzwerkstoffe müssen sich metallurgisch mit P und GW »vertragen«. Diese Methode ist sehr zuverlässig, aber wegen des langsamen Arbeitsfortschritts beim Puffern extrem teuer.

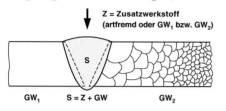

Zustandsschaubild b1):
Schweißgut S besteht unabhängig von A aus verformbarem, weitgehend rissfreiem, einphasigem α! Wiederaufschmelzrisse in der WEZ können aber je nach Beschaffenheit der GW entstehen.

Zustandsschaubild b2):
Für $A = 20\%$ besteht das Schweißgut S aus 100% V, für $A = 40\%$ besteht das Schweißgut bei der eutektischen Temperatur aus etwa 37% α und 63% E. E besteht aus etwa 5% α und 95% V.

Voraussetzung für die Gültigkeit dieser Berechnung ist eine annähernd gleichgewichtsnahe Abkühlung.

a)

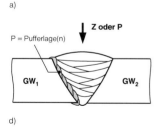

d)

Bild 4-39
Bei Verwendung artfremder Zusatzwerkstoffe (Z) oder beim Verbinden unterschiedlicher Werkstoffe (GW_1 mit GW_2) können je nach Aufschmelzgrad $A = (GW/Z) \cdot 100\%$ verschiedene metallurgische Probleme entstehen.
a) Für $A = 20\% ... 40\%$ (entspricht etwa den Verhältnissen bei einer V-Naht) und einem angenommenen
b) Zustandsschaubild mit lückenloser Mischbarkeit (b1) und einem mit einer intermediären Phase V (b2) können die werkstofflichen Vorgänge nachvollzogen werden.
c) Unterschiedliche Grundwerkstoffe GW_1 und GW_2 werden mit Z verbunden. Das aus Z und GW_1 (Zustandsschaubild b1) bestehende Schweißgut S ist rissfrei, Wiederaufschmelzrisse können aber entstehen. Das aus GW_2 und Z bestehende Schweißgut enthält intermediäre Phasen V (Zustandsschaubild b2), die das Schweißgut vollständig verspröden können. Erstarrungs- und Wiederaufschmelzrisse sind ebenfalls möglich.
d) Puffern des Grundwerkstoffs (der sich nicht mit dem Zusatzwerkstoff Z verträgt), mit zähem Zusatz- (Z) oder einem anderen geeigneten Pufferwerkstoff P (z. B. Ni) verhindert in der Regel die Rissbildung, wenn der Aufschmelzgrad A sehr gering ist ($\leq 5\%$).

- Wahl von Schweißverfahren, die keine Schmelze erzeugen, z. B. Kaltpressschweißen oder Reibschweißen.
- Wahl geeigneter Lötverfahren, mit denen sich die metallurgischen Vorgänge auf eine einige zehn µm dicke Schicht begrenzen lassen.

Außer den genannten Faktoren sind noch weitere Einflüsse zu beachten, die die Gebrauchseigenschaften der Schweißverbindung beeinträchtigen:
- Die Metalle sollten ähnliche *Schmelztemperaturen* haben, weil anderenfalls das niedriger schmelzende überhitzt wird oder das Schmelzbad durchbricht. Eine Verbindung ist dann kaum möglich.
- Unterschiedliche *Wärmeleitfähigkeit* der Metalle – z. B. Stahl mit Kupfer – muss mit einer geeigneten Wärmeführung beim Schweißen (selektives Vorwärmen) ausgeglichen werden.
- Unterschiedliche *Wärmeausdehnungskoeffizienten* erzeugen beim Abkühlen in einem Fügeteil Zug- im anderen Druckspannungen. Im dem mit Zugspannungen beanspruchten Teil können Heißrisse oder unzulässige Bauteilverzüge bzw. Kaltrisse entstehen. Aus diesem Grunde ist die Wahl von Zusatzwerkstoffen mit einem den Werkstoffen vergleichbaren Wärmeausdehnungskoeffizienten sehr wichtig, s. hierzu auch Abschn. 4.3.8.
- Die *Korrosionsbeständigkeit* eines derartigen »galvanischen Elementes« ist oft unzureichend (Kontaktkorrosion, s. Abschn. 1.7.6.1.1, S. 84).

Eine wertvolle Informationsquelle über die zu erwartenden werkstofflichen Schwierigkeiten stellen die üblichen (binären) Gleichgewichtsschaubilder der beteiligten Hauptlegierungselemente dar. Als grundsätzliche Erkenntnis kann in diesem Zusammenhang gelten, dass die Bildung selbst geringer Mengen intermediärer Phasen die Rissneigung der Verbindung erheblich begünstigt.

Man beachte, dass die Grobkornbildung im schmelzgrenzennahen Bereich unvermeidbar bzw. nur in geringem Umfang beeinflussbar ist. Das Kornwachstum ist ein temperatur- und zeitabhängiger Diffusionsvorgang. Die einzig mögliche Maßnahme besteht damit in einem Verkürzen der für das Kornwachstum zur Verfügung stehenden Zeit. Dieses Ziel ist nur mit Verfahren erreichbar, die mit großer Leistungsdichte und (oder) hoher Schweißgeschwindigkeit betrieben werden können. Grundsätzlich ist ein »schnelles« und »kaltes« Schweißen bei allen thermisch empfindlichen Werkstoffen aus metallurgischen Gründen empfehlenswert und aus wirtschaftlichen Gründen anzustreben.

4.2 Zusatzwerkstoffe und Hilfsstoffe zum Schweißen unlegierter Stähle und von Feinkornbaustählen

4.2.1 Konzepte der Normung

Die Zusatzwerkstoffnormen sind für die Schweißpraxis von überragender Bedeutung. Trotzdem waren die bis Anfang der neunziger Jahre verabschiedeten Normen in ihrer Bezeichnungsweise (welche Eigenschaften werden ausgewiesen?) und ihrer inneren Logik nicht zwingend und vor allem nicht konsistent. Es existieren *werkstoffbezogene* Normen, die Zusatzwerkstoffe für bestimmte Werkstoffe bzw. Werkstoffgruppen beschreiben und *verfahrensbezogene* Normen, in denen die Zusatzwerkstoffe nur *bestimmten* Schweißverfahren zugeordnet werden.

Im Rahmen der europäischen Normung erwies es sich als notwendig, die bisherigen nationalen Normen und Regelwerke durch europäische »Regeln« zu ersetzen. Im Bereich der Zusatzwerkstoffnormen wurde dabei strikt das ausschließlich werkstoffbezogene Konzept gewählt. Schweißhilfsstoffe (z. B. Schutzgase, Schweißpulver) werden dabei in separaten Normen getrennt erfasst.

Als weitere Vereinfachung, die vor allem die Übersicht erhöht, werden die Schweißzusatzwerkstoffe für *alle* Lichtbogen-Schweißverfahren und Stähle mit einer Mindeststreckgrenze bis 500 N/mm^2 nach einem einheitlichen System bezeichnet, Abschn. 4.2.3.

4.2.2 Metallurgische Betrachtungen

Die Zusammensetzung der Zusatzwerkstoffe entspricht in der Regel der der zu schweißenden Grundwerkstoffe. Das niedergeschmolzene Schweißgut ist *artgleich*, wenigstens aber *artähnlich*. In Sonderfällen werden auch aus Gründen der metallurgischen »Verträglichkeit« *artfremde* Zusatzwerkstoffe (z. B. bei praktisch allen Auftragschweißungen, Verbindungsschweißungen unterschiedlicher Werkstoffe, sowie verschiedene nichteisenmetallische Werkstoffe) gewählt.

Durch diese Maßnahme werden bei einem »ordnungsgemäßen« Ablauf der metallurgischen Reaktionen
– *mechanische Gütewerte* (Tragfähigkeit und Zähigkeit) und ein
– *Korrosionsverhalten* des Schweißguts erreicht,

die mit dem Grundwerkstoff vergleichbar sind. Der naheliegende Versuch, die metallurgischen Reaktionen beim Schweißen mit denen bei der Werkstoffherstellung (z. B. Erschmelzen, Desoxidieren, Legierungsarbeit, Raffinieren für den Werkstoff Stahl) vergleichen zu wollen, ist nur zulässig bei Berücksichtigung der jeweiligen sehr unterschiedlichen Reaktionsbedingungen, d. h. den sehr viel höheren Reaktionstemperaturen und den erheblich kürzeren Reaktionszeiten.

Während für die Stahlherstellung mit der »Hüttenmetallurgie« mindestens einige zehn Minuten erforderlich sind, muss das Schweißgut wegen der spezifischen Besonderheiten des Schweißprozesses (punktförmige Wärmequelle, große Leistungsdichte, hohe Aufheiz- und Abkühlgeschwindigkeiten) innerhalb einiger Sekunden desoxidiert und (oder) auflegiert werden. Allerdings sind für das Ergebnis der metallurgischen Prozesse die Höhe der Reaktionstemperaturen entscheidender als die Länge der Reaktionszeiten. Sie sind meistens um einige hundert Grad größer als bei der Werkstoffherstellung. Insgesamt kann daher davon ausgegangen werden, dass das entstehende Primärgefüge nicht soweit vom thermodynamischen Gleichgewichtszustand entfernt ist, wie aufgrund der geschilderten Zusammenhänge vermutet werden könnte.

4.2.3 Schweißzusätze für Stähle mit einer Mindeststreckgrenze bis 500 N/mm²

4.2.3.1 Umhüllte Stabelektroden für das Lichtbogenhandschweißen (DIN EN ISO 2560)

Aus verfahrenstechnischen Gründen (leichteres Zünden, stabiler Lichtbogen) und wegen metallurgischer Eigenschaften (deutlich bessere Gütewerte, Heißrissfreiheit, Poren-, Gas- und Einschlussarmut) werden zum Lichtbogenhandschweißen praktisch ausschließlich **umhüllte Stabelektroden** verwendet. Die Umhüllung wird um den Kernstab gepresst *(Pressmantelelektroden)*. Die in früherer Zeit verwendeten »getauchten« oder nicht umhüllten *(»nackten«)* Stabelektroden werden aus diesen Gründen nicht mehr hergestellt.

Wegen der sehr schädlichen Wirkungen, die durch dissoziierte bzw. ionisierte Feuchtigkeit im Lichtbogenraum entsteht, werden die Elektroden vor dem Verpacken bei unterschiedlichen Temperaturen getrocknet[34]. Bild 4-40 zeigt das Verfahrensprinzip des Lichtbogenhandschweißens.

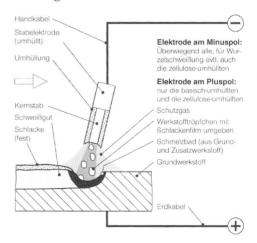

Bild 4-40
Verfahrensprinzip des Lichtbogenhandschweißens mit umhüllten Stabelektroden.

---

[34] Saure und rutil-saure werden bei etwa 100 °C, basische bei etwa 350 °C getrocknet.

4.2.3.1.1 Aufgaben der Elektrodenumhüllung

Die Elektrode besteht aus einem metallischen Kern, dem *Kernstab* und der umpressten *Umhüllung*. Die chemische Zusammensetzung des Kernstabs ist bei allen unlegierten Stabelektroden der DIN EN ISO 2560 in der Regel gleich. Der Kohlenstoffgehalt und vor allem die Gehalte der stark zähigkeitsvermindernden Verunreinigungen wie Schwefel und Phosphor müssen auf extrem niedrige Werte begrenzt werden (C ≤ 0,1 %; S ≤ 0,03 % und P ≤ 0,02 %).

Die Stabelektroden werden in der Praxis nach der Art der *chemischen Charakteristik der Umhüllung*, dem *Anwendungsgebiet* (z. B. Elektroden für das Verbindungs-, Auftragschweißen) und zum Teil nach der *Umhüllungsdicke* eingeteilt (Abschn. 4.2.3.1.3). In der neueren Normung (DIN EN ISO 2560 und die ältere DIN EN 499) wird die Umhüllungsdicke nicht mehr explizit mit Kurzzeichen bezeichnet. Lediglich die Bezeichnung des Umhüllungstyps »RR« weist noch direkt auf eine dick-rutil-umhüllte Elektrode hin. Für diese gilt ein Verhältnis von Umhüllungs- zu Kernstabdurchmesser von 1 zu 1,6 (= 160 %). Die dünn-umhüllten und die mitteldick-umhüllten Stabelektroden werden im Normenwerk nicht mehr erwähnt, obwohl sie noch hergestellt werden.

Mit der Umhüllungsdicke ändern sich die Schweißeigenschaften und die Gütewerte des Schweißguts erheblich. Mit zunehmender Menge an Umhüllungsbestandteilen, d. h. mit zunehmender Umhüllungsdicke, laufen die notwendigen metallurgischen Reaktionen, wie z. B. Auflegieren, Desoxidieren und Entschwefeln, vollständiger ab, d. h., die Gütewerte, besonders die Zähigkeit, nehmen zu. Der Gasschutz ist wegen der großen Menge der entwickelten »schützenden« Gase sehr gut. Die Viskosität der Schmelze nimmt wegen der zunehmenden Wärmemenge aus den exothermen Verbrennungsvorgängen der Desoxidationsmittel Mangan und Silicium (evtl. auch der Legierungselemente) ab, d. h., das Schweißgut wird zunehmend dünnflüssiger (= schlechte Zwangslagenverschweißbarkeit) und der Werkstoffübergang feintropfiger.

Die Umhüllung besteht aus Erzen, sauren sowie basischen und organischen Stoffen. Sie bestimmt das Verhalten des Schweißguts bzw. der Elektrode (z. B. die Schmelzenviskosität, also das *Verschweißbarkeitsverhalten,* d. h. die Zwangslagenverschweißbarkeit und die Spaltüberbrückbarkeit) und die mechanischen Gütewerte der Schweißverbindung.

Die Umhüllung hat folgende Aufgaben:

☐ **Stabilisieren des Lichtbogens**
Durch Stoffe, die eine geringe Elektronenaustrittsarbeit haben (z. B. die Salze der Alkalien Na, K und der Erdkalien Ca, Ba), wird die Ladungsträgerzahl im Lichtbogen wesentlich erhöht, d. h. die Leitfähigkeit der Lichtbogenstrecke verbessert. Der Bogen zündet leichter und brennt stabiler.

☐ **Bilden eines Schutzgasstroms**
Das Schmelzbad und der Lichtbogenraum müssen zuverlässig vor dem Zutritt der Luft geschützt werden, da sonst ein starker Abbrand der Legierungselemente und die Aufnahme von Stickstoff und anderen Gasen, verbunden mit einer entscheidenden Verschlechterung der mechanischen Gütewerte, die Folge wären. Durch Schmelzen und Verdampfen der Umhüllung entsteht die Gasatmosphäre. Sehr wirksam ist das aus Carbonaten – z. B. $CaCO_3$ – entstehende Kohlendioxid CO_2:

$$CaCO_3 \to CaO + CO_2.$$

Die Umhüllung aller Stabelektroden enthält in sehr unterschiedlichen Mengen Wasser [35], das im Lichtbogen in Wasserstoff und Sauerstoff aufgespalten wird.

☐ **Bilden einer metallurgisch wirksamen Schlacke**
Die den Lichtbogenraum durchlaufenden Werkstofftröpfchen sind von einem Schlackenfilm umgeben, der den schmelzflüssi-

---

[35] Zum Verringern der Reibung der Umhüllung an der Pressdüsenwand werden jedem Elektrodentyp Gleitmittel zugesetzt. In der Hauptsache wird dafür wasserhaltiges Natron- oder Kaliwasserglas (K_2SiO_3 bzw. Na_2SiO_3) verwendet.

gen Werkstoff zuverlässig vor Luftzutritt schützt. Das Auflegieren bzw. Desoxidieren erfolgt im Wesentlichen über den Schlackenfilm, weil die Legierungselemente und die Desoxidationsmittel dem Schweißgut meistens über die Umhüllung (seltener über den Kernstab) in Form feinverteilter Vorlegierungen zugeführt werden.

Wie bei der Stahlherstellung muss das Schweißgut »gereinigt« (raffiniert, d. h. desoxidiert, entschwefelt usw.) werden. Die Sauerstoff-, Schwefel-, Phosphor-, Stickstoffmengen sowie die Gehalte anderer Verunreinigungen sind also auf Werte zu begrenzen, die sich nicht mehr schädlich auf die mechanischen Gütewerte auswirken. Auch diese metallurgischen Aufgaben übernimmt die (flüssige) Schlacke. Das *Entgasen* und *Entschlacken* (= Reaktionsprodukte der Desoxidationsbehandlung!) der Schmelze werden durch die flüssige, schlecht wärmeleitende Schlackendecke erleichtert. Der Sauerstoffgehalt in der Schlacke bestimmt in großem Umfang die *Viskosität der Schmelze*, d. h. die Tropfengröße und die Tropfenzahl.

Die thermisch isolierende Schweißschlacke verringert die *Abkühlgeschwindigkeit* deutlich und damit auch die *Härtespitzen* in den Wärmeeinflusszonen. Schließlich formt und stützt die Schlackendecke die flüssige Schweißnaht sehr wirksam und reduziert so die Gefahr entstehender Kerben erheblich.

4.2.3.1.2 Metallurgische Grundlagen
Legierungselemente können dem Schweißbad aus dem Kernstab und (oder) der Umhüllung zugeführt werden. Bei komplizierten metallurgischen Systemen, vor allem bei hochlegierten Stählen, werden in der Regel kernstablegierte Elektroden bevorzugt (homogene Schmelze ist leichter erzeugbar!). Die metallurgischen Reaktionen finden überwiegend an der Phasengrenze Schlacke/flüssiger Metalltropfen statt. Ein Teil der zugeführten Desoxidations- und Legierungselemente geht als Folge verschiedener physikalischer und metallurgischer Prozesse verloren:

– *Verdampfen* im Lichtbogenraum. Dieser Anteil nimmt zu mit abnehmender Verdampfungstemperatur (Schmelztemperatur) der Elemente.
– *Verschlacken* sauerstoffaffiner Elemente wie z. B. Bor, Titan, Zirkonium, Aluminium in der meist sauerstoffhaltigen Lichtbogenatmosphäre. Die entstehenden Oxide können andererseits weniger stabile Verbindungen (z. B. MnO) reduzieren und damit den Legierungshaushalt des Schweißguts empfindlich stören. Mit zunehmender Sauerstoffaffinität der Elemente wird ihr Abbrand grundsätzlich größer.

Tabelle 4-4
Wichtige Umhüllungsbestandteile von Stabelektroden, eingeteilt nach ihrer metallurgischen Wirksamkeit.

Chemische Wirkung der Umhüllungsbestandteile			
Basisch	**Sauer**	**Oxidierend**	**Reduzierend (desoxidierend)**
$BaCO_3$ [1]	SiO_2 [2]	Fe_2O_3 [1]	Al
K_2CO_3 [1]	TiO_2 [5]	Fe_3O_4 [3]	Mn
CaO [4]	ZrO_2	MnO_2	Si
$CaCO_3$ [4]	Verbindung der	TiO_2	Ti
MgO [1]	Eisenbegleiter		C
$MgCO_3$ [1], MnO	P und S		
CaF_2 [6]			
Hinweise zur Wirkung einzelner Umhüllungsbestandteile			
[1] Schutzgas- und Schlackebildner
[2] erhöht Strombelastbarkeit, dient zum Verdünnen der Schlacke
[3] feinerer Tropfenübergang, lichtbogenstabilisierend
[4] wie Fußnote »1«, verringert die Lichtbogenspannung
[5] erleichtert das Wiederzünden des Lichtbogens und den Schlackenabgang
[6] verdünnt die Schlacke bei basisch-umhüllten Elektroden			

Der Hauptort der metallurgischen Reaktionen ist die Elektrodenspitze (5), Bild 4-41, weil hier die Temperaturen am größten sind. Der Umfang der Reaktionen im deutlich kühleren Schweißbad ist daher meistens vernachlässigbar. Bei Fülldrahtelektroden (Abschn. 4.2.3.2) schmilzt allerdings der stromführende Metallmantel *vor* den Füllstoffen. Hier erfolgen die metallurgischen Prozesse daher zum größten Teil erst im Schweißbad.

Die unerwünschte *Oxidation der Legierungselemente* erfolgt im Lichtbogenraum im Wesentlichen durch freien Sauerstoff:

$$Fe + O_2 \rightarrow 2 \cdot FeO$$
$$Mn + O_2 \rightarrow 2 \cdot MnO$$

oder durch oxidische Schlacken:

$$Fe_2O_3 + Fe \rightarrow 3 \cdot FeO$$
$$SiO_2 + 2 \cdot Cr \rightarrow 2 \cdot CrO + Si.$$

Die *Desoxidation* der Schmelze erfolgt mit Elementen, die eine größere Affinität zum Sauerstoff haben als Eisen. Die Vollständigkeit des *Auflegierens* wird von der Oxidationsneigung der Elemente bestimmt, d. h. von deren Sauerstoffaffinität. Für den Vorgang

gilt etwa die schematische, vereinfachte Reaktionsgleichung:

$$MeO + Fe \rightarrow FeO + Me.$$

Das aufzulegierende Element Me liegt als Oxid MeO in der flüssigen Schlacke vor.

Das chemische Verhalten der geschmolzenen Elektrodenumhüllungen – der Schlacken, nicht der Umhüllungsbestandteile! – beschreibt die metallurgische Qualität der Stabelektroden sehr genau. Je nach Zusammensetzung verhalten sich die Schlacken chemisch *sauer*, *neutral* oder *basisch*.

Die Verbindungen des Schwefels und Phosphors verhalten sich chemisch sauer. Sie können daher nur durch die Reaktion mit basischen Schlacken aus dem Schweißgut entfernt (»verschlackt«) werden. Basisch-umhüllte Stabelektroden liefern demnach neben dem WIG-Schweißen sehr verunreinigungsarme, d. h. extrem zähe Schweißgüter.

Die Umhüllungsbestandteile der Stabelektroden teilt man je nach ihrem chemischen Verhalten ein in
– saure,
– basische,
– oxidierende (sauerstoffabgebende) und
– reduzierende (sauerstoffbindende) Stoffe.

Außer dem Sichern der mechanischen Gütewerte muss die Umhüllung eine Reihe weiterer Aufgaben (z. B. Schlackeverdünner, Beeinflussen der Lichtbogenspannung, Wiederzündfähigkeit des Lichtbogens) übernehmen, Tabelle 4-4. Die folgenden Erfahrungswerte bzw. Grundtatsachen sind hier zu beachten:
– *Nichtmetalloxide* (z. B. SiO_2, F_2O) und Metalloxide mit hohen Oxidationszahlen (z. B. CrO_3) reagieren überwiegend sauer. Die Acidität der Metalloxide nimmt innerhalb einer Periode von links nach rechts zu, Bild 1-2, S. 3.
– *Metalloxide* mit niedrigen Oxidationszahlen (z. B. CaO, BaO) reagieren basisch.
– *Ampholyte* (amphoterios griechisch = beides) reagieren je nach Reaktionspartner basisch oder sauer (z. B. Al_2O_3, ZrO_2, TiO_2). In den Formeln zum Berechnen des Basizitätsgrades bei UP-Schweißpulvern (z.

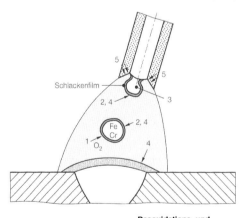

Oxidationsvorgänge

durch freien Sauerstoff:
1: $Fe + O \rightarrow FeO$
    $Mn + O \rightarrow MnO$

durch oxidische Schlacken:
2: $SiO_2 + 2 \cdot Cr \rightarrow 2 \cdot CrO + Si$
    $Fe_2O_3 + Fe \rightarrow 3 \cdot Fe$

Desoxidations- und Legierungsvorgänge

durch Kohlenstoff:
3: $FeO + C \rightarrow Fe + CO$

durch oxidische Schlacken:
4: $SiO_2 + 2 \cdot Fe \rightarrow 2 \cdot FeO + Si$
    $MnO + Fe \rightarrow FeO + Mn$
5: $MeO + Fe \rightarrow FeO + Me$

Bild 4-41
Metallurgische Vorgänge beim Schweißen mit umhüllten Stabelektroden, stark vereinfacht.

B. Gl. [4-12a]) wird ihre Wirkung daher nur zur Hälfte eingesetzt.

Abhängig von dem chemischen Verhalten der den Metalltropfen einfilmenden Schlacke unterscheidet man folgende Grundtypen der Stabelektroden:
- *sauer-umhüllte* (Kurzzeichen **A**),
- *rutil-umhüllte* (Kurzzeichen **R**),
- *basisch-umhüllte* (Kurzzeichen **B**),
- *zellulose-umhüllte* (Kurzzeichen **C**).

Je nach Art der Umhüllung und der Umhüllungsdicke ergeben sich also sehr unterschiedliche Eigenschaften der Schweißschlacken und damit der Schweißgüter:
- Die Viskosität (Maß für innere Reibung in Flüssigkeiten) der Schlacke ist im Wesentlichen temperaturabhängig. Die Umhüllung der Stabelektroden-Typen enthält unterschiedliche Mengen sauerstoffabgebender Verbindungen. Die zusätzliche Verbrennungswärme (Einfluss der Umhüllungsdicke!) erhöht die Schlackentemperatur und verringert so die Viskosität. Sauerstoff ist einer der stärksten Regulatoren der Schmelzenviskosität.
- Der *Sauerstoffgehalt* der Schlacke beeinflusst das Abbrandverhalten, die mechanischen Gütewerte des Schweißguts und die Tropfengröße. Vor allem die Schweißeignung legierter Stähle hängt vom Sauerstoffgehalt der Schweißschlacke ab.

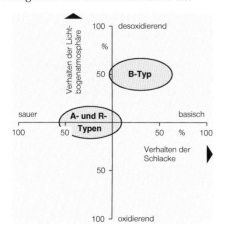

Bild 4-42
Verhalten der Schweißschlacke und der Lichtbogenatmosphäre bei den A-, R- und B-Elektroden.

- Die *chemische Charakteristik* der Schlacke bestimmt die Art und den Umfang der Verunreinigungen im Schweißgut. Die stark güteschädigende Verunreinigung Phosphor kann im Schweißgut z. B. nur mit basischen Schlacken, d. h. basischen Elektroden verschlackt werden.

4.2.3.1.3 Eigenschaften der wichtigsten Stabelektroden

Die mechanischen Gütewerte und die Verschweißbarkeitseigenschaften der Stabelektroden werden bestimmt durch das
- chemische und physikalische (Schlacken- und Schmelzenviskosität) Verhalten der Schweißschlacke: sauer, neutral, basisch und die
- Art der Lichtbogenatmosphäre: Oxidierend, desoxidierend (reduzierend). Bild 4-42 (s. auch Aufgabe 4-2, S. 478) zeigt schematisch das Verhalten der Schweißschlacke in der Lichtbogenatmosphäre.

Im Folgenden werden die Umhüllungstypen, eingeteilt nach Streckgrenze und Kerbschlagarbeit von 47 J, gemäß DIN EN ISO 2560, Systematik »A« besprochen.

Sauer-umhüllte Stabelektroden (A) [36]
Ihre Umhüllung enthält große Anteile von Schwermetalloxiden (typisch ca. 50 % Fe_3O_4, Fe_2O_3, SiO_2, Ferromangan). Der Gehalt an freiem Sauerstoff und oxidischen Schlacken im Schweißgut ist mit etwa 0,1 % größer als bei jeder anderen Elektrodentype. Das ist auch der Grund für die relativ schlechten mechanischen Gütewerte und den weitgehenden Abbrand der Desoxidationsmittel, vor allem von Mangan (»Manganfresser«), aber auch Silicium.

Die frei werdende Verbrennungswärme und der hohe Sauerstoffgehalt in der Lichtbogenatmosphäre bestimmen weitgehend die Eigenschaften der A-Elektroden:
- Die Viskosität der Schmelze ist wegen ihres großen Sauerstoffgehalts sehr gering. Die sehr dünnflüssige, heiße Schmelze begünstigt einen sprühregenartigen, *feintropfigen* Werkstoffübergang. Die *Zwangs-*

---

[36] englisch: acid; sauer, Säure.

lagenverschweißbarkeit ist daher eingeschränkt und die *Spaltüberbrückbarkeit* (Wurzel!) schlecht.
– Der große Sauerstoffgehalt führt zu einem erheblichen Abbrand der Legierungselemente und Desoxidationsmittel und damit zu einer beträchtlichen Zunahme der Menge der Reaktionsprodukte (Ausscheidungen, Schlacken!). Daher ist es weder technisch noch wirtschaftlich sinnvoll, legierte A-Elektroden herzustellen.

Die Nahtoberfläche ist glatt und feingezeichnet, Einbrandkerben entstehen kaum. Die mechanischen Gütewerte des Schweißguts sind aber wegen des hohen Sauerstoffgehalts nur mäßig. Der Anwendungsbereich ist daher auf sehr verunreinigungsarme Werkstoffe und auf Bauteile begrenzt, die dünnwandig sind, geringer und statisch beansprucht werden, oder bei denen das Nahtaussehen im Vordergrund steht. Stärker verunreinigte oder geseigerte Stähle sollten vornehmlich mit basisch-umhüllten Elektroden geschweißt werden.

Rutil-umhüllte Stabelektroden (R) [37)]
Der Hauptbestandteil TiO_2 wirkt im Lichtbogen wesentlich schwächer oxidierend als die Schwermetalloxide der A-Elektrode. Die Lichtbogenatmosphäre ist annähernd neutral, der Legierungsabbrand gering, aber die Schweißschlacke ist sauer. Wegen der hohen elektrischen Leitfähigkeit der Schlacke ist ihre (Wieder-)Zündfähigkeit besser als bei allen anderen Elektrodentypen.

R-Elektroden werden in zahlreichen **Mischtypen** hergestellt. Man unterscheidet solche mit sauer (Kennzeichen RA) bzw. basisch wirkender (RB) Umhüllungscharakteristik. Ihre Eigenschaften variieren daher in einem weiten Bereich. Sie sind der universellste und am häufigsten verwendete Elektrodentyp. Der *rutil-saure* Elektrodentyp RA hat sich im Laufe der letzten Jahre wegen seiner günstigen Kombination der Verschweißbarkeits-

eigenschaften und der erreichbaren mechanischen Gütewerte zu einem weiteren Grundtyp entwickelt.

R-Elektroden werden in allen drei Umhüllungsdicken (dünn-, mitteldick-, dick-umhüllt) hergestellt. Die Zwangslagenverschweißbarkeit und Spaltüberbrückbarkeit sind bei den mitteldick-umhüllten Elektroden sehr gut, die Heißrissempfindlichkeit ist aber geringer. Sie wird vorwiegend zum Schweißen der Wurzellagen (dickflüssigeres Schweißgut!) verwendet, wenn die damit erzielbaren Gütewerte ausreichen.

Das mit dick-umhüllten R-Elektroden hergestellte Schweißgut besitzt gute bis sehr gute mechanische Gütewerte.

Basisch-umhüllte Stabelektroden (B) [38)]
Die Umhüllung besteht aus etwa 80 % Calciumoxid (CaO) und Calciumfluorid (CaF_2). Diese basisch wirkenden Bestandteile können kaum Sauerstoff in der Lichtbogenatmosphäre abspalten. Diese ist neutral bis reduzierend, Bild 4-42, und weitgehend frei von Wasserstoff und Sauerstoff. Der Abbrand von Legierungselementen ist daher gering.

Die Schweißschlacke ist basisch, d. h., die chemisch sauren Verunreinigungen können

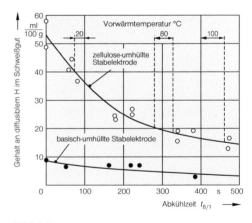

Bild 4-43
Einfluss der Vorwärmtemperatur auf die Abkühlzeit $t_{8/1}$ und den Wasserstoffgehalt von Schweißgütern, hergestellt mit basisch- und zellulose-umhüllten Stabelektroden bei einem mittleren Wärmeeinbringen von 8 kJ/cm bis 9 kJ/cm, nach Düren.

[37)] Diese Bezeichnung leitet sich von Rutil (TiO_2), dem Hauptbestandteil und wichtigsten titanhaltigen Erz ab

[38)] englisch: basic; basisch.

daher (nur) mit B-Elektroden beseitigt (verschlackt) werden. Das auch aus verschiedenen anderen Gründen sehr reine Schweißgut ist der wichtigste Grund für die prinzipielle Überlegenheit dieses Elektrodentyps.

Die mechanischen Gütewerte, die Sicherheit gegen Kaltrisse in der Wärmeeinflusszone und Erstarrungsrisse im Schweißgut sind hervorragend. Mit keinem anderen Stabelektrodentyp lassen sich Schweißgüter mit niedrigeren Übergangstemperaturen der Kerbschlagarbeit ($T_{ü,27} \geq -70\,°C$, *Charpy*-V-Proben) und geringeren Wasserstoffgehalten erzeugen. Mit trockenen (getrockneten!) Elektroden sind leicht Werte von $\geq 5\,cm^3$ Wasserstoff/ 100 g Schweißgut erreichbar. Diese Eigenschaft macht die basisch-umhüllten Elektroden zum Schweißen der niedriggekohlten, niedriglegierten, schweißgeeigneten vergüteten Feinkornbaustähle hervorragend geeignet, s. Aufgabe 2-7, S. 229. Bild 4-43 zeigt die sehr unterschiedlichen Wasserstoffgehalte in Schweißgütern, hergestellt mit zelluloseumhüllten und mit basisch-umhüllten Stabelektroden, abhängig von der Abkühlzeit $t_{8/1}$ und der Vorwärmtemperatur T_p.

Die von der Umhüllung aufgenommene Wasserstoffmenge hängt hauptsächlich von der Größe der relativen *Luftfeuchtigkeit* φ des Lagerraumes ab, Bild 4-44. Als grundsätzliche Regel für viele basische Typen gilt:

- $\varphi \leq 50\,\%$: Die Feuchtigkeitsaufnahme ist sehr gering.
- $\varphi \leq 70\,\%$: Bei vielen Elektroden kann die aufgenommene Feuchtigkeitsmenge noch toleriert werden.
- $\varphi > 70\,\%$: Die erhebliche aufgenommene Wasserstoffmenge begünstigt die Kaltrissneigung extrem. In der DIN EN ISO 3690 (DVS 0504) werden daher als Lagerbedingungen $\varphi < 60\,\%$ bei einer Temperatur von mindestens 18 °C angegeben.

Diese bemerkenswerten Vorteile sind aber nur dann erreichbar, wenn einige Besonderheiten im Umgang mit der B-Elektrode beachtet werden:

- Wegen der reduzierenden Lichtbogenatmosphäre muss vom »Reaktionsraum« Lichtbogen jede Spur von Feuchtigkeit ferngehalten werden. Anderenfalls wird Wasserdampf zu atomarem Wasserstoff reduziert, der in das Schweißgut gelangt und es versprödet. Der in die WEZ eindringende diffusible Wasserstoff kann zur Kaltrissbildung führen. Daher müssen die folgenden Verarbeitungshinweise strikt eingehalten werden:
  – Die Elektrode ist kurz und steil zu halten (sonst besteht die Gefahr der Lufteinwirbelung),
  – Pendeln möglichst vermeiden (Gefahr der Feuchteaufnahme und Porenbildung),
  – Die Elektroden vor dem Schweißen in jedem Fall trocknen: Nach Herstellerangaben oder mindestens 250 °C/2 h. Damit wird nicht nur das adsorptiv aufgenommene, sondern vor allem auch das in der Umhüllung vorhandene chemisch gebundene Wasser *(Kristall-* und *Konstitutionswasser)* beseitigt.
- Die Schweißschmelze (und die Schweißschlacke!) ist sehr »zähflüssig«, ihr Ausgasen daher prinzipiell erschwert. Häufig müssen – vor allem bei Schweißungen in Zwangslage – größere Öffnungswinkel bei der Nahtvorbereitung gewählt werden. Für V-Nähte wird z. B. oft ein Öffnungswinkel von etwa 70 °C angewendet.
- Die reinbasische Elektrode *muss* am Pluspol der Schweißstromquelle verschweißt werden.

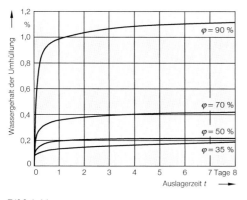

Bild 4-44
Einfluss der Auslagerzeit t auf die Wasseraufnahme einer basisch-umhüllten Stabelektrode bei 18 °C und unterschiedlicher relativer Feuchtigkeit φ der Luft, nach Weyland.

❐ Die Schweißer müssen diese Besonderheiten kennen und beachten. Sie sind sorgfältig in die spezielle Arbeitstechnik einzuweisen. Die Schweißnähte sind öfter und sorgfältiger zu kontrollieren.

Zellulose-umhüllte Stabelektroden (C) [39]
Diese Stabelektroden enthalten einen hohen Anteil an verbrennbaren Substanzen (Zellulose). Sie werden nahezu ausschließlich für Schweißarbeiten in Fallnahtposition verwendet. Hierfür muss die Elektrode, die zum Konditionieren des Lichtbogens eine bestimmte Feuchtemenge in der Umhüllung erfordert (Behälter sind luftdicht verlötet!), die folgenden Anforderungen erfüllen:
– Die Menge der entstehenden Schlacke muss gering sein, weil die in Schweißrichtung vorlaufende Schlacke den Schweißprozess empfindlich stören würde.
– Wegen der großen Schweißgeschwindigkeit sollte der Einbrand möglichst tief sein, weil die Blechkanten sicher aufgeschmolzen werden müssen, um Wurzelfehler zu vermeiden.

Als Folge der erreichbaren großen Schweißgeschwindigkeit und Abschmelzleistung ergeben sich wesentliche wirtschaftliche Vorteile. Das Verarbeiten dieser stark spritzenden, große Mengen Qualm und Rauch entwickelnden Elektroden ist aber lästig und unbequem. Außerdem muss der Schweißer zum Erlernen der schwierigen manuellen Technik besonders geschult werden. Zellulose-umhüllte Elektroden werden vorzugsweise für Wurzelschweißungen von Rohrleitungen eingesetzt, vor allem beim Verlegen von Pipelines.

Bild 4-45 zeigt in einer Zusammenfassung das Verhalten beim Schweißen und die wichtigsten Eigenschaften der A-, R- und B-Stabelektroden.

Die Umhüllungstypen, eingeteilt nach Zugfestigkeit und Kerbschlagarbeit von 27 J, gemäß DIN EN ISO 2560, Systematik »B«, sollen lediglich anhand Tabelle 4-5 mitgeteilt werden. Für genauere Hinweise sei auf die DIN-Norm verwiesen, Abschn. 4.2.3.1.5.

---

[39] englisch: cellulose; Zellulose.

4.2.3.1.4 Bedeutung des Wasserstoffs

Atomarer Wasserstoff setzt neben Stickstoff die (Kerbschlag-)Zähigkeit der Metalle schon in geringsten Mengen am stärksten herab. Einige ppm sind für diese extrem schädigende Wirkung schon ausreichend. Seine zähigkeitsvermindernde Wirkung beruht auf der Abnahme der Kohäsion in der plastisch verformten Zone vor Rissen und Kerben bzw. anderen rissähnlichen Defekten (Abschn. 3.5.1.6, S. 276). Vor allem bei den hochfesten vergüteten (Feinkorn-)Baustählen führt Wasserstoff zu den gefürchteten wasserstoffinduzierten Kaltrissen, Abschn. 4.3.3.

Für die basisch-umhüllten Stabelektroden garantieren die Hersteller einen Wasserstoffgehalt < 5 ml/100 g Schweißgut. Das DVS-Merkblatt 0504 (s. auch DVS-Merkblatt 0957) vereinheitlicht und regelt das Verschweißen und Trocknen der basisch-umhüllten Stabelektroden. Die Kenntnis der möglichen Wasserstoffquellen und ihre zuverlässige Beseitigung ist die Voraussetzung für eine kaltrissfreie Schweißverbindung.

Die wichtigsten Wasserstoffquellen, die beim Schweißen zu beachten sind, werden im Folgenden beschrieben:
– *Wasserstoffverbindungen* in der Umhüllung, die bei der Fertigungstrocknung *nicht* entfernt werden können. Vor allem ist hier das Bindemittel *Wasserglas* zu nennen. Diese Wasserstoffverbindungen erzeugen den für die jeweilige Stabelektrode umhüllungstypischen *Grundwasserstoffgehalt* der Umhüllung. Nach dem DVS-Merkblatt 0504 wird dieser als *Ausgangsfeuchtigkeit* der Stabelektrode bezeichnet. Die Ausgangsfeuchtigkeit ist der Wassergehalt der Umhüllung unmittelbar vor dem Verpacken der Elektroden.
– Die *Umgebungsfeuchtigkeit,* die von dem Wasserstoffpartialdruck, d. h. von der relativen Feuchte und der Temperatur der umgebenden Luft abhängig ist. Sie wird je nach der Beschaffenheit der Umhüllung zeitabhängig in die Umhüllung aufgenommen und kann durch mangelnde Handfertigkeit oder/und Unachtsamkeit des Schweißers auch in den Lichtbogenraum eindringen.

Stabelektrodentyp / Merkmal	sauer-umhüllt (A)	rutil-umhüllt (R)	basisch-umhüllt (B)
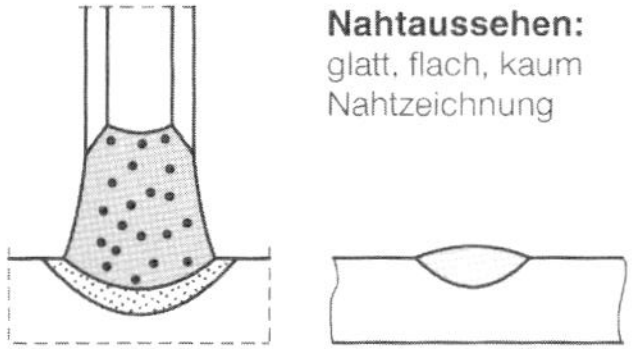 Nahtaussehen:	glatt, flach, kaum Nahtzeichnung	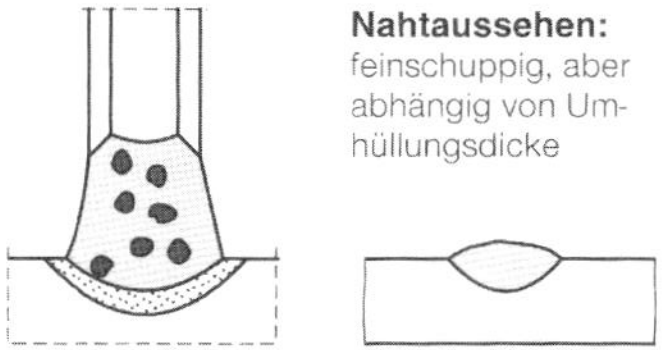 feinschuppig, aber abhängig von Umhüllungsdicke	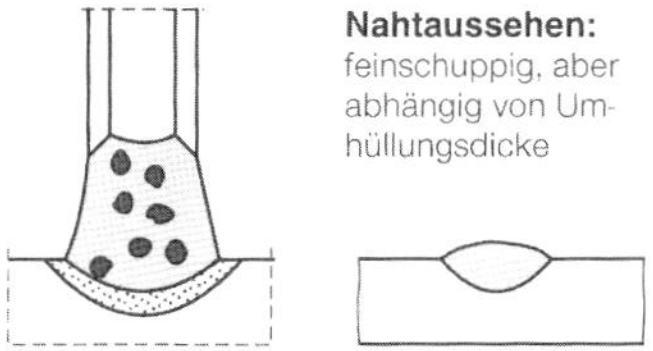 feinschuppig, aber abhängig von Umhüllungsdicke
Lichtbogenatmosphäre	Gehalt an freiem und gebundenem O sehr groß.	annähernd neutral	neutral bis reduzierend
Abbrand der Legierungselemente: $Me + O \rightarrow MeO - Q_V$	Desoxidationsmittel (Mn, Si) nahezu vollständig; »Manganfresser«, daher grundsätzlich nicht für legierte Elektroden geeignet.	geringfügig, für legierte Elektroden gut geeignet.	klein, aber Verlust durch Verdampfen, Spritzer. Für legierte Elektroden daher gut geeignet.
Schmelzenviskosität	sehr groß durch zusätzliche Verbrennungswärme Q_V.	geringer bis größer, abhängig vom Sauerstoffgehalt im Lichtbogenraum.	am geringsten, weil Q_V sehr gering.
Tropfengröße	sehr klein, sprühregenartiger Werkstoffübergang (»heißgehende« Elektrode).	mittel bis groß, abhängig von Umhüllungsdicke und Schmelzenviskosität.	groß, grobtropfiger Werkstoffübergang (»kaltgehend«).
mechanische Gütewerte	schlechter, weil im Schweißgut der Gehalt an O, N, H und silicatischen Schlacken größer ist als bei jeder anderen Elektrodenart.	gut bis sehr gut, die mit B-Elektroden den möglichen Gütewerte in keinem Fall erreichbar.	am besten, Übergangstemperatur des Schweißgutes bis −70 °C, Wasserstoffgehalte im Schweißgut < 5 ppm leicht erreichbar.
Besonderheiten	mit hohem Strom schweißen; sehr glatte, feingezeichnete Nahtoberfläche, aber wegen schlechterer mechanischer Gütewerte nur für untergeordnete Schweißkonstruktionen anwendbar; schlechter für Zwangslagen geeignet; Nahtübergänge kerbenfrei.	in allen Umhüllungsdicken (d, m, s) lieferbar, d. h. breites Spektrum der Verschweißbarkeitsverhaltens; mechanischen Eigenschaften und sehr leichtes Wiederzünden; für alle Positionen möglich; universellste Stabelektrode.	Trocknen mind. 250 °C/2h erforderlich; Lichtbogen kurz, Elektrode steil halten; kann meist nur mit Gleichstrom am Pluspol verschweißt werden; i. Allg. nicht für Fallnaht verwendbar; große manuelle Anforderung erfordert besondere Ausbildung des Schweißers.

Bild 4-45
Vergleichende Übersicht einiger Eigenschaften der wichtigsten Stabelektrodentypen, schematisch.

Tabelle 4-5
Umhüllungstypen von Stabelektroden, Einteilung nach Zugfestigkeit und Kerbschlagarbeit von 27 J (Auswahl).

Umhüllungstyp	Eigenschaften der Umhüllung
03	Diese Stabelektroden enthalten ein Gemisch aus Titandioxid (Rutil) und Calciumcarbonat (Kalk), so dass sie einige charakteristische Eigenschaften von rutil-umhüllten Stabelektroden und einige basisch-umhüllter Stabelektroden besitzen. Siehe Umhüllungstyp 13 und 16.
10	Diese Stabelektroden enthalten in der Umhüllung einen hohen Anteil an verbrennbaren organischen Substanzen, insbesondere Zellulose. Auf Grund ihres intensiven Lichtbogens eignen sie sich besonders für das Schweißen in Fallposition. Der Lichtbogen wird vorwiegend mit Natrium stabilisiert, so dass die Stabelektroden überwiegend für das Schweißen mit Gleichstrom geeignet sind, üblich ist positive der Elektrodenpolung.
11	Diese Stabelektroden enthalten in der Umhüllung einen hohen Anteil an verbrennbaren organischen Substanzen, insbesondere Zellulose. Auf Grund ihres intensiven Lichtbogens eignen sie sich besonders für das Schweißen in Fallposition. Der Lichtbogen wird vorwiegend mit Kalium stabilisiert, so dass die Stabelektroden für das Schweißen sowohl mit Wechsel- als auch mit Gleichstrom, Elektrode positiv, geeignet sind.
12	Diese Stabelektroden enthalten in der Umhüllung einen hohen Anteil von Titandioxid (üblicherweise in Form des Minerals Rutil). Auf Grund ihres weichen Lichtbogens sind sie zum Überbrücken breiter Spalte bei schlechter Nahtvorbereitung geeignet, d. h. gute Zwangslagenverschweißbarkeit.
13	Diese Stabelektroden enthalten in der Umhüllung hohe Anteile von Titandioxid (Rutil) und Kalium. Sie besitzen bei niedrigerer Schweißstromstärke im Vergleich zu Stabelektroden des Umhüllungstyps 12 einen weichen, ruhigen Lichtbogen und sind besonders für dünne Bleche geeignet.
14	Diese Stabelektroden enthalten in der Umhüllung hohe Anteile von Titandioxid (Rutil) und Kalium. Sie besitzen bei niedrigerer Schweißstromstärke im Vergleich zu Stabelektroden des Umhüllungstyps 12 einen weichen, ruhigen Lichtbogen und sind besonders für dünne Bleche geeignet.
15	Diese Stabelektroden besitzen eine hochbasische Umhüllung, die zu großen Teilen aus Kalk und Flussspat besteht. Der Lichtbogen wird hauptsächlich durch Natrium stabilisiert; sie sind in der Regel nur zum Schweißen mit Gleichstrom (+) geeignet. Sie liefern ein Schweißgut hoher metallurgischer Güte mit einem niedrigen Gehalt an diffusiblen Wasserstoff.
16	Diese Stabelektroden besitzen eine hochbasische Umhüllung, die zu großen Teilen aus Kalk und Flussspat besteht. Die Lichtbogenstabilisierung durch Kalium macht sie zum Schweißen mit Wechselstrom geeignet. Sie liefern ein Schweißgut hoher metallurgischer Güte mit einem niedrigen Gehalt an diffusiblen Wasserstoff.
19	Die Umhüllung dieser Stabelektrode enthält Titan- und Eisenoxide, üblicherweise vereint im Mineral Ilmenit. Obwohl sie nicht basisch-umhüllt sind, d. h. einen niedrigen Wasserstoffgehalt liefern, ergeben sie ein Schweißgut mit einer relativ hohen Zähigkeit.
20	Die Umhüllung dieser Stabelektrode enthält hohe Anteile an Eisenoxid. Die Schlacke ist sehr dünnflüssig, so dass im Allgemeinen das Schweißen nur in waagrechter und horizontaler Position möglich ist. Die Stabelektroden sind in erster Linie für Kehl- und Überlappnähte vorgesehen.
24	Diese Stabelektroden besitzen eine Umhüllung wie der Umhüllungstyp 14, aber die Umhüllung ist dicker und weist einen höheren Gehalt an Eisenpulver auf. Sie sind im Allgemeinen zum Schweißen nur in waagrechter und horizontaler Position geeignet, hauptsächlich für Kehl- und Überlappnähte.
27	Diese Stabelektroden besitzen eine Umhüllung wie der Umhüllungstyp 20, aber ihre Umhüllung ist dicker und besitzt hohe Anteile an Eisenpulver zusätzlich zum Eisenoxid des Umhüllungstyps 20. Stabelektroden des Umhüllungstyps 27 sind zum Schweißen von Kehl- und Überlappnähten mit hoher Geschwindigkeit vorgesehen.
28	Diese Stabelektroden besitzen eine Umhüllung wie der Umhüllungstyp 18, aber ihre Umhüllung ist dicker und enthält mehr Eisenpulver. Dadurch ist ihre Anwendung im Allgemeinen auf die waagerechte und horizontale Schweißposition beschränkt. Sie ergeben ein Schweißgut hoher metallurgischer Güte mit niedrigem Gehalt an diffusiblem Wasserstoff.

Die *Gesamtfeuchtigkeit der Umhüllung* ist die Summe aus Ausgangsfeuchtigkeit und Umgebungsfeuchtigkeit. Wasserstoff kann auch durch zahlreiche *äußere* Quellen in das Schmelzbad gelangen, z. B. durch:

- *Ziehfette* (z. B. Schweißstäbe, Drahtelektroden), und andere Kohlenwasserstoffverbindungen (z. B. Öle, Fettkreiden).
- Wasserstoff aus der *Verkupferung* bzw. *Vernickelung* der Drahtelektroden.

Für basisch-umhüllte Elektroden erweist es sich als notwendig, die Neigung der Umhüllung zu definieren, während der Lagerung Feuchtigkeit aufzunehmen. Der Grad der Wasseraufnahmefähigkeit wird *Feuchteresistenz* genannt. Die Vorschriften für ihre Ermittlung sind in DIN EN ISO 14372 genormt. Sie wird durch die Zeit bestimmt, innerhalb der die Elektrode während der Lagerung in definierten Befeuchtungsräumen eine bestimmte Wasserstoffaufnahme nicht überschreitet. Je größer diese Zeitspanne ist, desto unkritischer verhält sich diese Elektrode bei einer nicht vorschriftsmäßigen Lagerung/ Trocknung durch den Verarbeiter. Hinweise auf die Eigenschaften und Verarbeitung der feuchteresistenten Elektroden gab das DVS-Merkblatt 0944 (ersatzlos zurückgezogen!).

Die qualitätsbestimmenden Eigenschaften basisch-umhüllter Stabelektroden hinsichtlich des Wasserstoffs sind demnach:
- Der Gehalt an diffusiblem Wasserstoff im Schweißgut. Der Wasserstoffgehalt wird nach DIN EN ISO 3690 bestimmt.
- Die Feuchteresistenz der Umhüllung.

Aufgrund neuerer Entwicklungen auf dem Gebiet der Stahlherstellung (vergütete Feinkornbaustähle!) besteht der Wunsch, Elektroden mit Wasserstoffgehalten < 3 ml/100 g Schweißgut zur Verfügung zu haben.

Die Vorteile dieser extrem wasserstoffarmen Elektroden sind:
- Keine (bzw. geringe) Vorwärmung.
- Kein Rücktrocknen der Elektroden, wenn Verpackungen zur Verfügung stehen, die keine Feuchtigkeit durchlassen.
- Kein Rücktrocknen der Elektroden erforderlich, da sie Feuchtigkeit aus der Atmosphäre nur langsam aufnehmen können. Damit entfällt die Notwendigkeit, für die rückgetrockneten Elektroden beheizte (aufwändig, unwirtschaftlich) Köcher zur Verfügung stellen zu müssen.

Bei gleicher Umhüllungsfeuchtigkeit (= Gesamtfeuchtigkeit) hat die Ausgangsfeuchtigkeit einen größeren Einfluss auf den Wasserstoffgehalt des Schweißguts als die durch kapillare (adsorptive) Kräfte aufgenommene.

Diese ist wesentlich weniger fest an die Umhüllung gebunden als die chemisch gebundene Ausgangsfeuchtigkeit und wird z. T. während des Schweißens durch Widerstandserwärmung aus der Umhüllung ausgetrieben, ehe sie das Schweißgut schädigen kann.

Die über den Lichtbogen praktisch immer eindringende Feuchtigkeit ist in hohem Maße von der Lichtbogenlänge, also der Schweißspannung abhängig.

Bei der Entwicklung der extrem wasserstoffarmen Elektroden sind einige physikalische Gesetzmäßigkeiten zu beachten. In erster Linie ist zu berücksichtigen, dass der Einfluss der Umgebungsfeuchtigkeit umso größer ist, je niedriger der zu messende Wasserstoffgehalt im Schweißgut ist. Die Messung des aufgenommenen Wasserstoffs für nur ein »Normklima« ist daher nicht ausreichend. Für alle Schweißarbeiten unter anderen klimatischen Bedingungen müssen die von der Luftfeuchte abhängigen – meistens größeren –Wasserstoffgehalte bekannt sein. Schweißungen z. B. an Konstruktionen im Offshorebereich oder in anderen Gebieten mit hoher Luftfeuchtigkeit sind Beispiele für extreme klimatische Bedingungen.

Der Wasserstoffgehalt in mit basisch-umhüllten Stabelektroden hergestellten Schweißgütern setzt sich aus einem umhüllungstypischen konstanten Anteil H_0 und dem luftfeuchteabhängigen Anteil H_L zusammen. H_L ist nach dem *Sievertsschen Gesetz*:

$E \cdot \sqrt{p_{H_2O}}$.

H_0 und E sind konstant und nur von der Art der Stabelektrodenumhüllung abhängig. Damit ergibt sich:

$H_{ges} = H_0 + E \cdot \sqrt{p_{H_2O}}$. [4-10]

H_{ges} hängt nach Gl. [4-10] also nur vom Wasserdampfpartialdruck p_{H_2O} ab.

Sehr anschaulich lässt sich der Gehalt des diffusiblen Wasserstoffs im Schweißgut als Funktion der Luftfeuchte mit dem von *Ruge* entwickelten Schaubild vorhersagen, Bild 4-46. Im Teilbild a ist der Wasserdampfpartialdruck in Abhängigkeit von der Temperatur aufgetragen mit der relativen Luftfeuchtigkeit als Parameter. Zum Bestimmen der den entsprechenden Kurven zugehörenden Partialdrücken ist die Kenntnis des temperaturabhängigen Sättigungsdrucks p_s (hPa) erforderlich. Aus der Beziehung für die relative Luftfeuchtigkeit φ:

$$\varphi = \frac{p_{H_2O}}{p_s} \cdot 100 \text{ in \%.} \qquad [4\text{-}11]$$

ergibt sich der Wasserstoffpartialdruck zu

$$p_{H_2O} = \frac{\varphi \cdot p_s}{100} \text{ in hPa.}$$

Für den in Bild 4-46 eingetragenen »Klimapunkt« ❶ ($\varphi = 60\%$, $T = 20\,°C$) wird z. B.

$$p_{H_2O} = \frac{60 \cdot 23{,}33}{100} = 14{,}00 \text{ hPa, d.h.}$$

$$\sqrt{p_{H_2O}} = 3{,}74 \sqrt{\text{hPa}}.$$

Bild 4-46b zeigt sehr deutlich den oben genannten Zusammenhang, wonach mit abnehmendem Wasserstoffgehalt im Schweißgut der Einfluss der Umgebungsfeuchtigkeit stark zunimmt, weil die Neigung der Linien konstanten diffusiblen Wasserstoffgehalts hier wesentlich größer ist. Daraus ergeben sich wichtige, manchmal nicht genügend beachtete Konsequenzen beim Verschweißen sehr wasserstoffarmer basisch-umhüllter Elektroden in vom Herstellort der Elektrode abweichenden Gegenden.

Die Möglichkeit der Wasseraufnahme (Adsorption) von Stabelektroden durch Unterschreiten des *Taupunktes*[40] wird häufig unterschätzt. Dies gilt vor allem unter Baustellenbedingungen. Bei den in Bild 4-46 angegebenen klimatischen Bedingungen $\varphi = 60\%$ und $T = 20\,°C$ beginnt die Kondenswasserbildung auf den Elektroden bei Temperaturen unter $+12\,°C$. Sie dürfen daher z. B. nicht in der Nacht bei den oft stark abnehmenden Temperaturen im Freien gelagert werden.

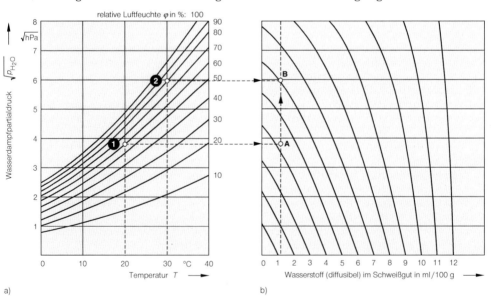

Bild 4-46
Abhängigkeit des diffusiblen Wasserstoffgehalts im Schweißgut von der relativen Luftfeuchte φ, nach Ruge.
a) *Bei dem Ausgangsklima ❶, gekennzeichnet durch das Wertepaar $\varphi = 60\%$, $T = 20\,°C$, wird im Schweißgut ein Wasserstoffgehalt von $H_0 = 4{,}3\,ml / 100\,g$ gemessen (nicht etwa berechnet oder angenommen!). Diese Werte ergeben*
b) *den Klimapunkt A. Der Wasserstoffgehalt im Schweißgut für geänderte klimatische Bedingungen (mit der gleichen Elektrode wird an einem anderen Ort geschweißt!), gekennzeichnet durch das Klima ❷ ($\varphi = 80\%$ und $T = 30\,°C$) beträgt dann $6\,ml/100\,g$, Punkt B. Dieser Wert kann beim Schweißen der empfindlichen vergüteten Stählen bereits zur Bildung der wasserstoffinduzierten Kaltrisse führen.*

Tabelle 4-6
Kennziffern für Streckgrenze, Festigkeit und Dehnung des reinen Schweißguts, nach DIN EN ISO 2560.

Kennziffer	Mindeststreckgrenze [1]	Zugfestigkeit	Mindestdehnung [2]
	N/mm²	N/mm²	%
35	355	440 bis 570	22
38	380	470 bis 600	20
42	420	500 bis 640	20
46	460	530 bis 680	20
50	500	560 bis 720	18

[1] Es gilt die untere Streckgrenze (R_{el}). Bei nicht ausgeprägter Streckgrenze ist die 0,2%-Dehngrenze ($R_{p0.2}$) zu wählen.

[2] $L_0 = 5 \cdot d$.

4.2.3.1.5 Normung der umhüllten Stabelektroden

Die DIN EN ISO 2560 ist unter Anwendung des sog. *Kohabitationsprinzips* (lat.: co habere = zuammenwohnen; ungeschickte Wortwahl, denn »*Kohabitation*« ist auch die ältere Bezeichnung für Geschlechtsverkehr!) erarbeitet worden. Hierbei werden für denselben Gegenstand der Normung zwei Merkmalbeschreibungen »A« und »B« festgelegt. Die Einteilung nach dem System »A« entspricht dabei weitgehend den europäischen Festlegungen, d. h. im Wesentlichen der Vorgängernorm DIN EN 499. Die Einteilung nach dem System »B« beruht überwiegend auf Normen, die im Pazifikraum gelten. Im Folgenden werden überwiegend die Festlegungen des europäischen Systems »A« beschrieben. Nur in Einzelfällen (vorwiegend für Vergleichszwecke) werden Hinweise zur Merkmalbeschreibung »B« gegeben.

Das in Abschn. 4.2.1 skizzierte Konzept des europäischen Normungssystems sieht für alle Lichtbogen-Schweißverfahren einen einheitlichen Aufbau der Bezeichnungsweise vor. Es besteht aus vier Teilen:

[40] Wird ein ungesättigtes Gas-Dampf-Gemisch bei konstantem Gesamtdruck abgekühlt, dann bleibt auch der Partialdruck p_D des Dampfes konstant. Bei einer bestimmten Temperatur T_T – der Taupunkttemperatur oder kurz Taupunkt – wird p_D gleich dem Sättigungsdruck p_s. Das Gemisch ist gesättigt, und die Bildung des ersten Kondensats beginnt.

Teil 1
Schweißverfahren, Schweißzusatz.

E	Lichtbogenhandschweißen,
G	Metall-Schutzgasschweißen,
T	Schweißen mit Fülldrahtelektroden,
W	Wolfram-Inertgasschweißen,
S	Unterpulverschweißen.

Teil 2
Mechanische Eigenschaften des Schweißguts bzw. der Legierungstyp.

Die Festigkeitseigenschaften werden durch die Mindeststreckgrenze des Schweißguts gekennzeichnet. Jedem Mindeststreckgrenzenwert ist ein »erlaubter« Festigkeitsbereich und eine Mindestdehnung zugeordnet, Tabelle 4-6.

Schweißzusätze, die für das Einlagen- bzw. Lagen/Gegenlagen-Schweißen geeignet sind, werden durch ein Symbol gekennzeichnet, das sich auf die Mindeststreckgrenze des Stahles bezieht, für den der Zusatzwerkstoff geeignet ist.

Die Kerbschlagzähigkeit des Schweißguts wird wegen der ständig zunehmenden Anforderungen an die Zähigkeitseigenschaften nur noch durch die der Kennziffer für 47 J entsprechenden Prüftemperatur angegeben, die Kennziffer für 28 J entfällt. Dieses »offene System« kann für tiefere Temperaturen, z. B. für die erhöhten Anforderungen der hochfesten Stähle, beliebig erweitert werden, Tab. 4-8.

Tabelle 4-7
Anforderungen an die mechanischen Gütewerte des reinen Schweißguts (Einteilung nach Zugfestigkeit und Kerbschlagarbeit von 27 J, gemäß Systematik »B« nach DIN EN ISO 2560 (Auswahl).

Einteilung	Zugfestigkeit R_m [1]	Streckgrenze $R_{p0,2}$ [1]	Bruchdehnung A_5 [1]	Temperatur für die Mindest-Kerbschlagarbeit [2]
	N/mm²	N/mm²	%	°C
E4303	430	330	20	0
E4310	430	330	20	−30
E4311	430	330	20	−30
E4312	430	330	16	NS
E4318	430	330	20	−30
E4319	430	330	20	−20
E4320	430	330	20	NS
E4324	430	330	16	NS
E4340	430	330	20	0
E4903	490	400	20	0
E4912	490	400	16	NS
E4916	490	400	20	−30
E4919	490	400	20	−20
E4924	490	400	16	NS
E4927	490	400	20	−30
E4928	490	400	20	−30
E5728	570	490	16	−20
E4927-1M3	490	400	20	NS
E5517-3M3	550	460	17	−50
E4916-N1	490	400	20	−40
E4916-N2	490	400	20	−40
E5516-3N3	550	460	17	−50
E5518-N5	550	460	17	−60
E5717-NC	570	490	16	0
E4903-CC	490	390	20	0
E5716-CC	570	490	16	0
E4903-NCC	490	390	20	0
E4903-NCC1	390	390	20	0
E4918-NCC2	490	420	20	−20

[1] Einzelwerte sind Mindestwerte.
[2] NS = keine Vorgabe (Not Specified).

Teil 3
Die mit dem jeweiligen Zusatzwerkstoff verwendeten Schweißhilfsstoffe.
– Die Art der Umhüllung (chemische Wirksamkeit) der Stabelektrode,
– Schutzgas zum Metallschutzgas-Schweißen,
– Füllung und (oder) das Schutzgas beim Fülldrahtschweißen,
– Schweißpulver beim UP-Schweißen.

Teil 4
Kennziffer für erforderliche zusätzliche Angaben.

Je nach Schweißzusatz werden unterschiedliche Eigenschaften beschrieben, z. B. Hinweise über das Ausbringen und die Stromeignung (Stabelektroden) oder Angaben über den Drahtelektrodentyp als Bestandteil der bezeichneten Draht/Schutzgas- oder Draht/Pulverkombination.

Die bisher gültige DIN EN 499 wurde 2006 durch die DIN EN ISO 2560 ersetzt. Diese Norm legt die Anforderungen fest zur Einteilung umhüllter Stabelektroden und des (reinen) Schweißgutes im Schweißzustand und nach einer Wärmenachbehandlung für das Lichtbogenhandschweißen von unlegierten Stählen und von Feinkorn(-bau)stählen mit einer Mindeststreckgrenze bis zu 500 N/mm² oder mit einer Mindestzugfestigkeit bis zu 670 N/mm². Mit ihrer Hilfe wird die Auswahl und Anwendung erleichtert und ein rationelles Abschätzen der Qualität der Schweißverbindung und z. T. der Wirtschaftlichkeit (z. B. Ausbringung nach DIN EN 22401 festgestellt) der Stabelektrode ermöglicht.

Die mechanischen Gütewerte werden an *reinem Schweißgut* im nicht wärmebehandelten Zustand ermittelt. Die Gütewerte des Schweißguts sollen denen des Grundwerkstoffs entsprechen. Selbst bei völliger Übereinstimmung der Gütewerte des Proben-Schweißguts und des Schweißguts in den Nähten des Bauteils ist ein Versagen des Bauteils aus folgenden Gründen nicht auszuschließen:

– Schweißfehler (z. B. Risse, Kerben, Bindefehler) sind z. T. nicht bekannt und auch mit Hilfe einer noch so hochwertige Schweißnahtausführung nicht vollständig vermeidbar und prüftechnisch auch nicht vollständig aufdeckbar.
– Aussagen über die Eigenschaften der Wärmeeinflusszone sind nicht möglich.
– Die für die Bauteilsicherheit entscheidende Werkstoffzähigkeit ist *keine* Konstante, sondern hängt von der Werkstückdicke, d. h. im Wesentlichen vom Eigen- und vom Lastspannungszustand ab.
– Die Art des Nahtaufbaus (Einlagen-, Mehrlagentechnik), abweichende Zusatzwerkstoffe und Wärmebehandlungen werden nicht berücksichtigt.

Die Bezeichnungen nach DIN EN ISO 2560 (DIN EN 499) sind aussagefähiger und anwenderfreundlicher. Im Folgenden werden überwiegend die Merkmale nach dem Bezeichnungssystem »A« (europäische Festlegungen) beschrieben. Hinweise zu System »B« können der Originalnorm entnommen werden.

Die Bezeichnung besteht aus den folgenden Teilen (s. a. Abschn. 4.2.1).
– Kurzzeichen für das Schweißverfahren (**E** = Lichtbogenhandschweißen).
– Kennziffer für die Festigkeit und Dehnung des Schweißguts, Tabelle 4-6. Die Anforderungen an die mechanischen Gütewerte des Schweißguts gemäß den Spezifikationen nach DIN EN ISO 2560, Systematik »B« zeigt z. B. Tabelle 4-7.
– Kennziffer für die Mindestkerbschlagarbeit *(KV)* des Schweißguts, Tabelle 4-8.
– Kurzzeichen für die chemische Zusammensetzung des Schweißguts, Tabelle 4-9.
– Kurzzeichen für die Art der Umhüllung, die mit Hilfe der folgenden z. T. schon bekannten Buchstaben bzw. Buchstabengruppen gebildet werden:

Tabelle 4-8
Kennziffern der Kerbschlagarbeit des reinen Schweißguts, nach DIN EN ISO 2560 (und DIN EN 757).

Kennbuchstabe/ Kennziffer	Temperatur für Mindestkerbschlagarbeit *KV* = 47 J
	°C
Z	Keine Anforderung
A	+ 20
0	± 0
2	– 20
3	– 30
4	– 40
5	– 50
6	– 60
7	– 70 [1]
8	– 80 [1]
9	– 90 [1]
10	– 100 [1]

[1] Die Werte gelten für die erhöhten Anforderungen an die Stabelektroden nach DIN EN 756 bzw. DIN EN 757 (hochfeste Stähle, s. Abschn. 4.3.3).

Tabelle 4-9
Kurzzeichen für die chemische Zusammensetzung des Schweißguts mit Mindeststreckgrenzen bis zu 500 N/mm², nach DIN EN ISO 2560.

Legierungs-kurzzeichen	Chemische Zusammensetzung % [1]		
	Mn	Mo	Ni
kein	2,0	–	–
Mo	1,4	0,3 bis 0,6	–
MnMo	1,4 bis 2,0	0,3 bis 0,6	–
1Ni	1,4	–	0,6 bis 1,2
2Ni	1,4	–	1,8 bis 2,6
3Ni	1,4	–	2,6 bis 3,8
Mn1Ni	1,4 bis 2,0	–	0,6 bis 1,2
1NiMo	1,4	0,3 bis 0,6	0,6 bis 1,2
Z	Jede andere vereinbarte chemische Zusammensetzung		

[1] Falls nicht festgelegt: Mo < 0,2 %, Ni < 0,3 %, Cr < 0,2 %, V < 0,08 %, Nb < 0,05 %, Cu < 0,3 %.

Tabelle 4-10
Kennziffern für die Ausbringung und die Stromart, nach DIN EN ISO 2560.

Zusätziche Kennziffer	Ausbringung %	Stromart [1]
1	< 105	Wechsel- und Gleichstrom
2	< 105	Gleichstrom
3	> 105 ≤ 125	Wechsel- und Gleichstrom
4	> 105 ≤ 125	Gleichstrom
5	> 105 ≤ 125	Wechsel- und Gleichstrom
6	> 105 ≤ 125	Gleichstrom
7	> 160	Wechsel- und Gleichstrom
8	> 160	Gleichstrom

[1] Um die Eignung für Gleichstrom nachzuweisen, müssen die Prüfungen mit einer Leerlaufspannung von max. 65 V durchgeführt werden.

Tabelle 4-11
Kennzeichen für den diffusiblen Wasserstoffgehalt im Schweißgut, nach DIN EN ISO 2560.

Kennzeichen	Wasserstoffgehalt im Schweißgut max.
	cm³/100g
H5	5
H10	10
H15	15

A = sauer-umhüllt
C = zellulose-umhüllt
R = rutil-umhüllt
RR = dick-rutil-umhüllt
RC = rutil-zellulose-umhüllt
RA = rutil-sauer-umhüllt
RB = rutil-basisch-umhüllt
B = basisch-umhüllt.

– Kennziffer für Ausbringung (sie ist abhängig von der Umhüllung) und die Stromart, Tabelle 4-10.

– Kennziffer für die Schweißposition, die für eine Stabelektrode empfohlen wird. Sie wird wie folgt angegeben:
1: alle Positionen
2: alle Positionen, außer Fallposition
3: Stumpfnaht, Wannenposition; Kehlnaht, Wannen-, Horizontal-, Steigposition
4: Stumpfnaht, Wannenposition
5: wie 3, aber auch für Fallposition empfohlen.

– Kennzeichen für wasserstoffkontrollierte Stabelektroden, gemäß Tabelle 4-11. Zum Einhalten der Wasserstoffgehalte, muss der Hersteller die empfohlene Stromart und die Trocknungsbedingungen bekannt geben.

Die (effektive) *Ausbringung* R_E und die *Abschmelzleistung* S sind nach DIN EN 22401 Kenngrößen, mit denen die Wirtschaftlichkeit der Stabelektrode beurteilt wird:
– Abschmelzleistung $S = m_D/t_s$,
– Ausbringung $R_E = m_D/m_{CE} \cdot 100$.

m_D Masse des aufgetragenen Metalls,
m_{CE} Kernstabmasse in kg,
t_s reine Schweißzeit in h.

Beispiel 4-2:
*Eine basisch-umhüllte Stabelektrode (**B**) für das Lichtbogenhandschweißen (**E**), die ein Schweißgut mit einer Mindeststreckgrenze von 460 N/mm² (**46**) aufweist und für das eine Mindestkerbschlagarbeit von 47 J bei*

−30°C **(3)** erreicht wird. Das Schweißgut ist mit 1,1 % Nickel legiert **(1Ni)**. Die Stabelektrode kann mit Wechsel- und Gleichstrom **(5)** für Stumpf- und Kehlnähte in Wannenposition **(4)** geschweißt werden und ist dickumhüllt mit einer Ausbringung von 140 % **(5)**. Der Wasserstoff darf 5 cm^3/100 g im Schweißgut nicht überschreiten **(H5)**. Für diese Stabelektrode lautet der verbindliche Teil der Normbezeichnung:

E 46 3 1Ni B, der nicht verbindliche:

5 4 H5.

Die vollständige Bezeichnung, die auf Verpackungen und in den technischen Unterlagen (Datenblättern) des Herstellers angegeben ist, lautet:

DIN EN ISO 2560−E 46 3 1Ni B 5 4 H5.

4.2.3.2 Schweißzusätze für das Schutzgasschweißen

Die metallurgische Qualität und damit die mechanischen Eigenschaften des Schweißguts werden außer von der chemischen Zusammensetzung des Grund- und Zusatzwerkstoffs, der Aufmischung, den Einstellwerten, der Art des Lagenaufbaus (Einlagen-, Mehrlagen- Zugraupentechnik), einer evtl. Wärmevor- und Wärmenachbehandlung auch in erheblichem Umfang von der Art des Schutzgases, d. h. von dessen chemischen (Abbrand als Folge der Schutzgasaktivität) und weiteren physikalischen Eigenschaften (Viskosität des Schweißbads, Tropfengröße, Art und Größe der auf die Tropfen einwirkenden Kräfte) bestimmt.

WIG-Schweißen

Der Schutz der Schmelze unter inerten Gasen (Ar, He und deren Gemische) ist vollkommen, die metallurgische Qualität des Schweißguts und die mechanischen Gütewerte sind hervorragend. Unerwünschte Reaktionen jeder Art sind nicht möglich, wenn alle Verunreinigungen (Rost, Farbe, Öl) im Schweißbereich durch teure, d. h. unwirtschaftliche fertigungstechnische Maßnahmen restlos beseitigt wurden. Bei Einhaltung der genannten Bedingungen ist der »Edelgaslichtbogen« eine »reine« Wärmequelle ohne Dämpfe, Schlacken und sonstige Verunreinigungen. Der Lichtbogen ist weitgehend frei von Turbulenzen, d. h. Lufteinbrüche sind unwahrscheinlich. Ein geeigneter Zusatzwerkstoff und eine fachgerechte Ausführung sind natürlich vorausgesetzt. Außerordentliche Sauberkeit ist besonders wichtig, weil das »Reinigen« (Raf-

finieren) der Schmelze nur mit der in dem massiven Schweißstab untergebrachten wesentlich geringeren Desoxidationsmittelmenge (z. B. Mn, Si) erfolgen muss. Während des Schweißens können daher keine »zusätzlichen« Reinigungsvorgänge ablaufen, wie sie z. B. beim Gasschweißen (reduzierende Zone), beim Lichtbogenhandschweißen (Reaktionen der Umhüllungsbestandteile) oder beim UP-Schweißen (Draht-Pulverkombination) möglich sind, siehe Aufgabe 4-9, S. 486. Der WIG-Schweißstab wird dem Schmelzbad wie beim Gasschweißen mit Hand (d. h. stromlos) zugeführt, Bild 4-47. Eine wassergekühlte WIG-Anlage zeigt Bild 4-48.

In der Handhabung ähnelt das WIG-Verfahren dem Gasschweißen, auch die Zusatzwerkstoffe sind äußerlich gleich. Allerdings enthalten die Gasschweißstäbe wegen der reduzierenden Zone in der Gasflamme (CO, H_2) eine deutlich geringere Desoxidationsmittelmenge als die für den gleichen Werkstoff verwendeten WIG-Schweißstäbe. Diese können daher bei gleichen Legierungssystemen normalerweise zum Gasschweißen ohne Probleme verwendet werden. Wegen der zu geringen Desoxidationsmittelmenge entstünden im umgekehrten Fall Poren und andere metallurgische Probleme im Schweißgut, weitere Einzelheiten s. Aufgabe 4-8, S. 485.

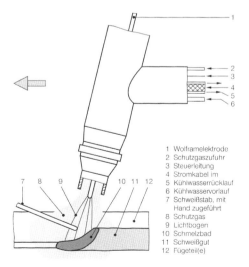

1 Wolframelektrode
2 Schutzgaszufuhr
3 Steuerleitung
4 Stromkabel im
5 Kühlwasserrücklauf
6 Kühlwasservorlauf
7 Schweißstab, mit Hand zugeführt
8 Schutzgas
9 Lichtbogen
10 Schmelzbad
11 Schweißgut
12 Fügeteil(e)

Bild 4-47
Verfahrensprinzip des WIG-Schweißverfahrens.

Tabelle 4-12
Chemische Zusammensetzung (Auswahl) der Stäbe und Drähte zum WIG-Schweißen von unlegierten Stählen und Feinkornstählen, Einteilung nach Streckgrenze und Kerbschlagarbeit von 47 J, nach DIN EN ISO 636.

Kurz-zeichen	Chemische Zusammensetzung (Prozent Massenanteil) [1]							
	C	Si	Mn	P	S	Mo	Ni	Sonstige
W0	Jede andere in dieser Norm nicht angegebene chemische Zusammensetzung.							
W2Si	0,06 – 0,14	0,50 – 0,80	0,90 – 1,30	0,025	0,025	0,15	0,15	Cr ≤ 0,15
W3Si1	0,06 – 0,14	0,70 – 1,00	1,30 – 1,60	0,025	0,025	0,15	0,15	Cr ≤ 0,15
W4Si1	0,06 – 0,14	0,80 – 1,20	1,60 – 1,90	0,025	0,025	0,15	0,15	Cr ≤ 0,15
W2Ti	0,06 – 0,14	0,40 – 0,80	0,90 – 1,40	0,025	0,025	0,15	0,15	Ti ≤ 0,25
W3Ni1	0,06 – 0,14	0,50 – 0,90	1,00 – 1,60	0,020	0,020	0,15	0,80 – 1,50	Cr ≤ 0,15
W2Ni2	0,06 – 0,14	0,40 – 0,80	0,80 – 1,40	0,020	0,020	0,15	2,10 – 2,70	Cr ≤ 0,15
W2Mo	0,08 – 0,12	0,30 – 0,70	0,90 – 1,30	0,020	0,020	0,40 – 0,60	0,15	Cr ≤ 0,15

[1] Einzelwerte in der Tabelle sind Höchstwerte.

In Tabelle 4-12 sind die für das WIG-Schweißen der unlegierten Stähle und der Feinkornbaustähle mit einer Mindeststreckgrenze bis 500 N/mm² nach DIN EN ISO 636 genormten Zusatzwerkstoffe (Drähte, Schweißstäbe) und die chemische Zusammensetzung der damit hergestellten Schweißgüter aufgeführt. Die Norm bezeichnet Stäbe und Drähte mit Hilfe der *Streckgrenze* des (reinen) Schweißguts im Schweißzustand und legt die Anforderungen für die Einteilung der Zusatzwerkstoffe und des Schweißguts fest. Das Schweißgut wird gemäß DIN EN ISO 14175 mit dem Schutzgas I1 hergestellt.

Beispiel 4-3:

Bezeichnung eines Schweißgutes für das WIG-Schweißen **(W)**, *mit einer Mindeststreckgrenze von 460 N/mm²* **(46,** *Tabelle 4-7) und für das eine durchschnittliche Mindestkerbschlagarbeit von 47 J bei –30°C* **(3,** *Tabelle 4-6) erreicht wird, hergestellt mit Schutzgas Argon I1, nach DIN EN ISO 14175., (es wird nur ein Schutzgas für die Einteilung verwendet, daher enthält die Normbezeichnung kein Kurzzeichen für das Schutzgas!), unter Verwendung des Stabes* **W3Si1** *(Tabelle 4-12):*

Stab EN ISO 636–W 46 3 W3Si1.

Der Schweißstab kann auch einzeln als Produkt bezeichnet werden:

Stab EN ISO 636–W3Si1.

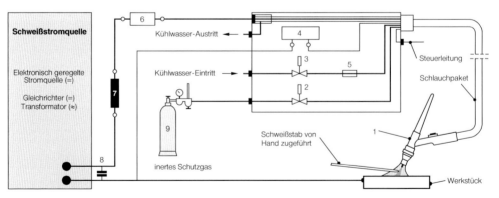

Bild 4-48
Wassergekühlte WIG-Schweißanlage, schematisch. Die Positionen 7 und 8 sind nur erforderlich, wenn die nicht mehr zugelassenen Hochfrequenz-Zündeinrichtungen verwendet werden.

Abschn. 4.2: Zusatzwerkstoffe und Hilfsstoffe zum Schweißen unlegierter Stähle ... 355

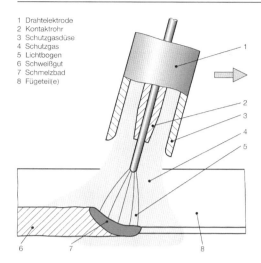

1 Drahtelektrode
2 Kontaktrohr
3 Schutzgasdüse
4 Schutzgas
5 Lichtbogen
6 Schweißgut
7 Schmelzbad
8 Fügeteil(e)

Schutzgas schützt Schmelzbad, Elektrodenspitze und hocherhitzten Bereich der Schweißnaht vor Zutritt der Atmosphäre (H, N, O).

Schmelzbad kann große Mengen atmosphärischer Gase lösen. Die Folgen können Poren (O_2, N_2), Einschlüsse (SiO_2), Abbrand (FeO, MeO) und Versprödung (N, H, O) sein.

Bild 4-49
Verfahrensprinzip der MSG-Schweißverfahren.

Die Art (inert/aktiv) und die Zusammensetzung (Art und Menge der Gasbestandteile) der Schutzgase bestimmen ihr *metallurgisches* (Abbrand, Menge der oxidischen Einschlüsse bestimmen Erstarrungsbedingungen, Wechselwirkung mit Grundwerkstoff) und *metallphysikalisches* (Art des Werkstoffübergangs, Tropfengröße, -zahl, -viskosität, Lichtbogenform) Verhalten. Daher müssen diese Faktoren bei der Wahl des Schutzgases zum Schweißen der verschiedenen Werkstoffe beachtet werden.

Die physikalischen und chemischen Eigenschaften der Schutzgase bestimmen den Bildungsmechanismus des Lichtbogens und sein Verhalten beim Schweißen. Tabelle 4-13 zeigt wichtige Eigenschaften verschiedener zum Schweißen verwendeter Schutzgase.

Die *Ionisierungsspannung* U_i ist ein Maßstab für den Aufwand, ein Elektron aus dem neutralen Atom zu entfernen. Mit abnehmender U_i (z. B. Argon) wird das Zünden erleichtert und die Stabilität des Lichtbogens erhöht. Die große Ionisierungsspannung unter Helium erschwert das Zünden des deutlich weniger stabil brennenden Lichtbogens.

Die sehr geringe radiale *Wärmeleitfähigkeit* des Argon-Lichtbogens ist die Ursache für den durch das konzentrierte Plasma entstehenden tiefen, fingerförmigen primären Einbrand

MSG-Schweißen

Der mit konstanter Vorschubgeschwindigkeit geförderte Zusatzwerkstoff (Drahtelektrode) wird im Lichtbogen unter einem extern zugeführten Schutzgas abgeschmolzen, s. Bild 4-49. Bild 4-50 zeigt eine wassergekühlte MSG-Schweißanlage.

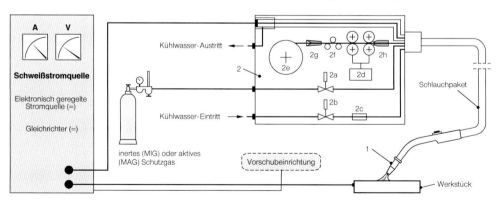

1 Schweißbrenner
2 Drahtvorschubgerät
2a Magnetventil für Schutzgas
2b Magnetventil für Kühlwasser
2c Wassermangelsicherung
2d Antrieb für Drahtvorschubrollen
2e Drahtelektrode auf Rolle
2f Drahtrichtrollen
2g Drahtzulauf-, Drahteinlaufdüse (2h)

Bild 4-50
Wassergekühlte MSG-Schweißanlage, schematisch.

Tabelle 4-13
Physikalische Eigenschaften einiger für das Schutzgasschweißen verwendeter Schutzgase.

Gas	Dichte ρ [1]	Molare Masse M	Ionisierungsspannung U_i	Reinheit	Taupunkt	Wärmeleitfähigkeit λ [2]
	kg/m³	g/mol	eV	Vol.-%	°C	W/(m·K)
Argon	1,784	39,95	15,7	99,995	−60	0,018
Helium	0,178	4,00	24,5	99,99	−50	0,15
Wasserstoff	0,090	2,016	13,5	99,5	−50	0,18
CO₂	1,978	44,01	14,4	99,7	−35	0,016
Stickstoff	1,25	28,01	14,5	99,7	−50	0,026
Sauerstoff	1,43	32,00	13,2	99,5	−50	0,026

[1] Bei 273 K und 1001,3 hPa
[2] Bei 293 K

und den von der »Lichtbogenaureole« erzeugten flachen und breiteren Sekundäreinbrand. Mit zunehmender radialer Wärmeleitfähigkeit wird die Wärme gleichmäßiger über den Lichtbogenraum verteilt, d. h., der Einbrand wird tiefer. Diese Einbrandform ist für Helium, Helium-Argon und CO₂-Argon charakteristisch. Die Bilder 4-51 zeigen schematisch die sich bei den einzelnen Gasen (Gasgemischen) ergebenden Nahtformen. Spezielle oder gewünschte Nahtformverhältnisse bzw. Einbrandformen lassen sich danach mit geeigneten Gasen bei Beachtung des zusätzlichen Einflusses der Schweißparameter »konstruieren«.

Mehratomige Gase, wie z. B. CO₂, H₂, werden im Lichtbogen aufgespalten. Die hierfür erforderliche Dissoziationsenergie Q wird dem Energievorrat des Lichtbogen entnommen. Beim Auftreffen der Gasbestandteile auf die relativ kühle Werkstückoberfläche erfolgt die Rekombination der Gasatome. Die freiwerdende Wärme vergrößert merklich die Einbrandtiefe.

Aktive oxidierende Gaskomponenten (z. B. O₂, CO₂) brennen Legierungselemente ab, erhöhen die Stabilität des Lichtbogens, ändern den Werkstoffübergang und verringern erheblich die Oberflächenspannung der Schweißschmelze. Die sehr große Anzahl der mikroskopisch kleinen, oxidischen Schlacken kann außerdem die Erstarrungsbedingungen entscheidend beeinflussen, Abschn. 4.1.3.2.

Beim MSG-Schweißen von Eisen-Werkstoffen unter inerten Gasen ergibt sich ein unruhiger zur Spritzerbildung neigender Lichtbogen. Die Oberflächenspannung des Schweißguts ist extrem groß und die Benetzungsfähigkeit gering. Das Schweißgut ist dickflüssig, porös, d. h. völlig unbrauchbar. Sauerstoff- (1 % bis 15 %) und (oder) CO₂-Zusätze (bis 50 %) stabilisieren den Lichtbogen und

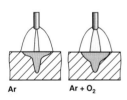

Argon:
vorwiegend für NE-Metalle: Al, Mg, Cu, Ti; leichtes Zünden, stabiler Lichtbogen, erzeugt tiefen, fingerförmigen Einbrand.
Argon/Sauerstoff:
O₂ verbessert LB-Stabilität, verringert Oberflächenspannung, für legierte Stähle, aber Abbrand beachten.

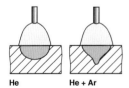

Helium/Argon:
hohe Wärmeleitfähigkeit erzeugt tiefen Einbrand und erlaubt hohe Vorschubgeschwindigkeit bevor Porenbildung entsteht; für große Querschnitte aus Al, Cu und Legierungen. Argon verändert abhängig von Menge stark die Einbrandform (Sekundäreinbrand).

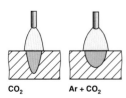

Argon/CO₂:
Für C- und niedriglegierte, kaum für hochlegierte Stähle; bis 20 % CO₂ Sprühlichtbogen, über 18 % bis 20 % Kurzlichtbogen bei sehr geringer Spritzerbildung, wenn dünne Drahtelektroden (≤ 1,2 mm) verwendet werden.

Bild 4-51
Einfluss der Schutzgase und Schutzgasgemische auf die Nahtform von Verbindungen, die mit dem MSG-Verfahren geschweißt wurden, sehr vereinfacht.

verringern die Schmelzenviskosität so weit, dass die unlegierten (Kohlenstoff-)Stähle ohne Probleme geschweißt werden können. Bei hochlegierten Stählen lassen sich die Schmelzenviskosität und damit die Größe der Werkstofftröpfchen wesentlich wirksamer und metallurgisch unbedenklicher mit der Impulslichtbogentechnik beeinflussen.

Der Zusatz *aktiver Gase* (O_2, CO_2) führt vor allem zu einem Abbrand der sauerstoffaffinen Legierungselemente Me (Cr, Al, V, Mn, Si) gemäß:

$$2 \cdot Me + O_2 \rightarrow 2 \cdot MeO.$$

Mit zunehmendem Gehalt aktiver Gase werden der Abbrandverlust und die Menge der Reaktionsprodukte (MeO) im Schweißgut größer. Ein Teil dieser (Mikro-)Schlacken bleibt im Schweißgut zurück und verringert insbesondere die Zähigkeit. Gasförmige Reaktionsprodukte können außerdem Poren erzeugen, wenn sie nicht entweichen können. Der negativen Wirkung des Sauerstoffs muss daher durch ausreichende Zugaben von Desoxidationsmitteln (Mn, Si) begegnet werden. Mit zunehmender Legierungsmenge in den zu schweißenden Werkstoffen muss daher die Menge der aktiven Bestandteile im Schutzgas abnehmen. Daraus ergibt sich die wichtige Erkenntnis, dass für eine optimale metallurgische Qualität der Schweißverbindung eine auf die chemische Zusammensetzung des Grundwerkstoffes abgestimmte Zusatzwerkstoff-Schutzgaskombination gewählt werden muss. Einige Eigenschaften der wichtigsten Schutzgase und ihre Anwendungsbereiche sind aus Tabelle 4-14 zu entnehmen.

Von großer Bedeutung für das Schweißverhalten ist die Art des *Werkstoffübergangs*, der hauptsächlich bestimmt wird von dem
– Schutzgas, Tabelle 4-15 und 4-14, dem
– Schweißstrom und der
– chemischen Zusammensetzung der Drahtelektrode.

In Tabelle 4-15 sind der Werkstoffübergang und das Lichtbogenverhalten bei den MSG-Verfahren in Abhängigkeit vom verwendeten Schutzgas aufgeführt. Tabelle 4-16 zeigt die für das MSG-Schweißen gebräuchlichen Schutzgase nach DIN EN ISO 14175 (DIN EN 439).

Tabelle 4-14
Anwendungsbereiche der wichtigsten Schutzgase beim MSG-Schweißen. Die Bezeichnungen in Klammern entsprechen den Kurzbezeichnungen der Schutzgase nach DIN EN ISO 14175, Tabelle 4-16.

Schutzgas	Chemisches Verhalten	Anwendung
Ar (I1, I2, I3)	inert	Al, Mg, Cu, Ti, (Ti nur I1) Ni und deren Legierungen sowie andere stark oxidierende Metalle. Hervorragend zum Schweißen der zähen, korrosionsbeständigen, Oxidschichten bildenden Metalle geeignet (*»Reinigungswirkung«*): Al, Mg, Ti.
Ae-He 20/80 bis 50/50	inert	Al, Mg, Cu, Ni und deren Legierungen. He erhöht Temperatur und vergrößert Einbrand, erlaubt höhere Schweißgeschwindigkeiten, ohne dass Einbrandkerben entstehen. Für hochlegierte Stähle geeignet,
1% bis 3% O_2 (M13)	oxidierend	wenn O_2-Zusatz gering, wesentlich besser geeignet ist aber die Impulstechnik.
Ar-CO_2 (M11, M12, M21, M31)	oxidierend	Für Kurzlichtbogentechnik > 5 % CO_2, für unlegierte Stähle 10 % bis 25 % CO_2 erforderlich. Standardgemisch ist Ar + 18 % CO_2, in bestimmten Fällen auch für hochlegierte Stähle anwendbar, aber nur bei geringer Korrosionsbeanspruchung empfehlenswert.
Ar-CO_2-O_2 (M23, M24, M33)	oxidierend	Mit CO_2-Anteilen bis 15 % und O_2-Anteilen bis 6 % für un- und (niedrig-)legierte Stähle, auch FK-Stähle ($R_{p0.2} \geq 500 N/mm^2$). Bei geringer Korrosionsbeanspruchung auch für hochlegierte Stähle anwendbar.
CO_2 (C1)	oxidierend	Für die meisten unlegierten und viele (niedrig-)legierten Stähle sowie für normalgeglühte und thermomechanisch behandelte Feinkornbaustähle geeignet, aber nicht für höhergekohlte Stähle.

Tabelle 4-15
Werkstoffübergang und Lichtbogenverhalten beim MSG-Schweißen, abhängig von den verwendeten Schutzgasen, stark vereinfacht.

Art des Werkstoffübergangs	Bemerkungen
He	**Helium:** Schwach gerichteter Tropfenstrom, heißer Lichtbogen, Einbrand breiter und flacher als bei Argon. Einbrandkerben entstehen erst bei einer um 40% höheren Schweißgeschwindigkeit im Vergleich zu Argon. Geeignet für mechanische Schweißverfahren und größere Werkstückdicken. Gute Reinigungswirkung.
Ar	**Argon:** Stark gerichteter Tropfenstrom, kurzschlussfreier, feinsttropfiger Werkstoffübergang, typischer fingerförmiger Einbrand, daher Vorsicht bei Wurzelschweißungen (Schmelzbad kann »durchfallen«). Bei höherer Schweißgeschwindigkeit Neigung zu Einbrandkerben, weil Bereiche am Decklagenauslauf nicht mehr mit Schmelze aufgefüllt werden können. Beste Reinigungswirkung aller Gase, stabiler, nicht zum »Wandern« neigender Lichtbogen, geringer Spannungsabfall in der Lichtbogensäule, daher wegen annähernd konstanter Lichtbogenleistung gut geeignet für Handschweißverfahren. **Lichtbogenform Sprühlichtbogen:** Feinsttropfiger, kurzschlussfreier, wenig zum »Spritzen« neigender Werkstoffübergang durch überwiegenden Einfluss des Pinch-Effekts. Für viele Werkstoffe geeignet, besonders für NE-Metalle.
Mischgase: Ar + CO_2 + O_2	Noch feintropfiger, kurzschlussfreier Werkstoffübergang, günstige Einbrandform, gut geeignet zum Schweißen un- und (niedrig-)legierter Stähle. Aktive Bestandteile (CO_2, O_2) im Lichtbogenraum bewirken Legierungsabbrand. Drahtelektroden müssen daher entsprechend legiert und desoxidiert sein. Nicht geeignet zum Schweißen hochlegierter Stähle und NE-Metalle (Sauerstoff!). **Lichtbogenform Sprühlichtbogen**
CO_2	Wenig gerichteter, grobtropfiger Werkstoffübergang durch überwiegende Wirkung der Schwerkraft, relativ tiefer Einbrand, deutliche Spritzerbildung und merklicher Abbrand von Legierungs- und Desoxidationselementen. Daher nur für unlegierte und bestimmte (niedrig-)legierte Stähle zu empfehlen. Es sind hochdesoxidierte Drahtelektroden (z. B. G4Si, G3Si2) erforderlich. Billiges Schutzgas. Für Kurzlichtbogenvariante besonders geeignet. **Lichtbogenform Langlichtbogen:** Gröbere, häufig um die Elektrodenspitze rotierende Tröpfchen mit gelegentlichen Kurzschlüssen.
CO_2 und hoch CO_2-haltige Gase	Durch erzwungene, periodische Kurzschlüsse sind energiearme (»kältere«) Tropfen erzeugbar. Für Schweißarbeiten zweckmäßig, die ein geringes Wärmeeinbringen erfordern: Wurzelschweißungen, Dünnbleche, Zwangslagen, Auftragschweißungen. Nur für CO_2 und hoch CO_2-haltige Mischgase anwendbar. Es sind Schweißstromquellen mit einer Mindestinduktivität erforderlich. **Lichtbogenform Kurzlichtbogen:** Kleinere, kältere Tröpfchen, die durch gesteuerte (gewollte) Kurzschlüsse mit einer für diesen Prozess geeigneten Schweißstromquelle erzeugt werden. Die hohen Kurzschlussströme müssen mit Induktivitäten begrenzt werden.
Inerte und hoch argonhaltige Gase	Durch Überlagern eines Grundstroms (Gleichstrom) mit Stromimpulsen (Frequenz und Amplitude sind vom Anwender nahezu beliebig einstellbar) kann praktisch jede gewünschte Tropfengröße, Tropfenzahl und Viskosität der übergehenden Tropfen unabhängig von der Art des Schutzgases erzeugt werden. Nur unter inerten und hoch argonhaltigen Schutzgasen möglich, weil der Pinch-Effekt erforderlich ist. **Lichtbogenform Impulslichtbogen**

Tabelle 4-16
Einteilung der Schutzgase für das Lichtbogenschweißen und Schneiden, nach DIN EN ISO 14175.

Kurzbezeichnung		Komponenten in Volumenprozent							Übliche Anwendung	Bemerkungen
		oxidierend			inert		reduzierend	reaktionsträge		
Gruppe	Kennzahl	CO_2	O_2	Ar	He		H_2	N_2		
R	1	–	–	Rest[1]	–		> 0 bis 15	–	WIG, Plasmaschweißen, Plasmaschneiden, Wurzelschutz	reduzierend
R	2	–	–	Rest[1]	–		> 15 bis 35	–		
I	1	–	–	100	–		–	–	WIG, MIG, Plasmaschweißen, Wurzelschutz	Inert
I	2	–	–	–	100		–	–		
I	3	–	–	Rest	> 0 bis 95		–	–		
M1	1	> 0 bis 5	–	Rest[1]	–		> 0 bis 5	–		schwach oxidierend
M1	2	> 0 bis 5	–	Rest[1]	–		–	–		
M1	3	–	> 0 bis 3	Rest[1]	–		–	–		
M1	4	> 0 bis 5	> 0 bis 3	Rest[1]	–		–	–		
M2	1	> 5 bis 25	–	Rest[1]	–		–	–	MAG	stärker oxidierend
M2	2	> 0 bis 5	> 3 bis 10	Rest[1]	–		–	–		
M2	3	> 5 bis 25	> 3 bis 10	Rest[1]	–		–	–		
M2	4	–	> 0 bis 8	Rest[1]	–		–	–		
M3	1	> 25 bis 50	–	Rest[1]	–		–	–		stark oxidierend
M3	2	–	> 10 bis 15	Rest[1]	–		–	–		
M3	3	> 5 bis 50	> 8 bis 15	Rest[1]	–		–	–		
C	1	100	–	–	–		–	–	Plasmaschneiden, Wurzelschutz	reaktionsträge
C	2	Rest	> 0 bis 30	–	–		–	–		
F	1	–	–	–	–		–	100		reaktionsträge
F	2	–	–	–	–		> 0 bis 50	Rest		reduzierend

[1] Argon kann bis zu 95 % durch Helium ersetzt werden. Der Heliumanteil wird gemäß Bezeichnungsbeispiel 2 mit einer zusätzlichen Kennzahl angegeben.

Bezeichnungsbeispiele:
Beispiel 1: Ein Mischgas mit 10 % Kohlendioxid, 3 % Sauerstoff und Rest Argon: **Schutzgas DIN EN ISO 14175 - M24.**
Beispiel 2: Ein Schutzgas der Gruppe M21, das 25 % Helium enthält: Schutzgas **DIN EN ISO 14176 - M21 (1).** Wird Argon z. T. durch Helium ersetzt, so wird der Heliumanteil durch eine zusätzliche Kennzahl bezeichnet, die in Klammern am Ende der Bezeichnung steht und den Heliumanteil angibt. Es bedeuten:
(1): Heliumanteil > 0 bis 33 Vol.-%,
(2): Heliumanteil > 33 bis 66 Vol.-%,
(3): Heliumanteil > 66 bis 95 Vol.-%.
Wenn nicht in der Tabelle aufgeführte Komponenten zugemischt werden, dann wird das Mischgas als Spezialgas mit dem Buchstaben S bezeichnet.

Tabelle 4-17
Kurzzeichen für die chemische Zusammensetzung von Drahtelektroden zum MSG-Schweißen von unlegierten Stählen und Feinkornbaustählen, nach DIN EN ISO 17632.

Kurzzeichen	Chemische Zusammensetzung in Massenprozent [1), 2), 3)]					Hinweise zur Verwendung
	C	Si	Mn	Ni	Sonstige	
G0	Jede andere vereinbarte Zusammensetzung					
G2Si1	0,06 bis 0,14	0,50 bis 0,80	0,90 bis 1,30	0,15	Mo: 0,15	Massivdrahtelektroden zum Schweißen der unlegierten Baustähle (DIN EN 10025-2), der Einsatzstähle (DIN EN 10084), den niedriglegierten warmfesten Stähle (z. B. DIN EN 10028-2), den normalgeglühten und thermomechanisch gewalzten Feinkornbaustählen (z. B. DIN EN 10025-3, DIN EN 10028-5). Nicht besonders gut geeignet zum Schweißen höhergekohlter Stähle (z. B. DIN EN 10083).
G3Si1	0,06 bis 0,14	0,70 bis 1,00	1,30 bis 1,60	0,15	Mo: 0,15	
G4Si1	0,06 bis 0,14	0,80 bis 1,20	1,60 bis 1,90	0,15	Mo: 0,15	
G3Si2	0,06 bis 0,14	1,00 bis 1,30	1,30 bis 1,60	0,15	Mo: 0,15	
G2Ti	0,04 bis 0,14	0,40 bis 0,80	0,90 bis 1,40	0,15	Mo: 0,15	
G3Ni1	0,04 bis 0,14	0,50 bis 0,90	1,00 bis 1,60	0,80 bis 1,50	Mo: 0,15	Geeignet zum Schweißen der warmfesten (Mo) und kaltzähen (Ni) niedriglegierten Stähle. Umfang der metallurgischen Reaktionen ist begrenzt. Daher sind höchste Gütewerte z. B. mit Lichtbogenhand- oder WIG-Verfahren erreichbar.
G2Ni2	0,04 bis 0,14	0,40 bis 0,80	0,80 bis 1,40	2,10 bis 2,70	Mo: 0,15	
G2Mo	0,08 bis 0,12	0,30 bis 0,70	0,90 bis 1,30	0,15	Mo: 0,40 bis 0,60	
G4Mo	0,06 bis 0,14	0,50 bis 0,80	1,70 bis 2,10	0,15	Mo: 0,40 bis 0,60	
G2Al	0,08 bis 0,14	0,30 bis 0,50	0,90 bis 1,30	0,15	Mo: 0,15; Al: 0,35 ... 0,75	Al-Gehalt erzeugt feinkörnigeres Schweißgut. Vor allem sinnvoll für großvolumige Schweißgüter (Einlagenschweißung!) und zum Schweißen der normalgeglühten Feinkornbaustähle.

[1)] Falls nicht festgelegt: $Cr \leq 0,15\%$; $Cu \leq 0,35\%$ und $V \leq 0,03\%$. Der Anteil an Kupfer im Stahl plus Umhüllung darf 0,35 % nicht überschreiten.
[2)] Einzelwerte in der Tabelle sind Höchstwerte.
[3)] Die Phosphor- und Schwefelgehalte betragen bei jedem Drahtelektrodentyp jeweils $\leq 0,25\%$.

CO$_2$ ist das einzige aktive Schutzgas, das nicht gemischt mit anderen (Edel-)Gasen verwendet werden kann. Im Lichtbogen wird das CO$_2$ dissoziiert. Die hierfür erforderliche Energie ($Q_{D.1}$) wird dem Energievorrat des Lichtbogens entnommen:

$$CO_2 \rightarrow CO + 0{,}5 \cdot O_2 + Q_{D.1}.$$

Die hohen Lichtbogentemperaturen führen zu einer weiteren Dissoziation des Kohlenmonoxids CO gemäß:

$$CO \rightarrow C + O + Q_{D.2}.$$

Diese Reaktion befindet sich abhängig von der Temperatur im (dynamischen) Gleichgewicht. Enthält das metallurgische System (Schweißgut + C + CO) z. B. wenig Kohlenstoff, dann verläuft die Reaktion nach rechts, d. h., durch »Zerfall« weiterer CO-Moleküle wird das Schweißgut aufgekohlt. Dieser metallurgische Prozess ist vor allem bei den hochlegierten Cr-Ni-Stählen von Bedeutung. Ihre Korrosionsbeständigkeit nimmt sehr stark mit dem Kohlenstoffgehalt im Schweißgut ab. Schon geringste Mengen CO$_2$ im Schutzgas führen zu einem erheblichen Anstieg des Kohlenstoffgehaltes im Schweißgut. Aus diesem Grund ist das MAG-Schweißen dieser Werkstoffe mit CO$_2$ oder Schutzgasen mit CO$_2$-Anteilen, zumindest bei hoher Korrosionsbeanspruchung, nicht zu empfehlen.

Die grundsätzlichen Empfehlungen für die Wahl der Drahtelektroden sind:
– An den Grundwerkstoff anpassen, d. h. artgleiche oder artähnliche Drahtelektroden wählen.
– Mit zunehmender Aktivität des Schutzgases (Sauerstoff und CO$_2$) ist eine zunehmende Legierungs- bzw. Desoxidationsmittelmenge in der Drahtelektrode erforderlich.

Die Drahtelektrode muss also in Abhängigkeit von dem Abbrandverhalten des verwendeten Schutzgases ausgewählt werden. Die Gütewerte des reinen Schweißguts werden von der Drahtelektrode, vom Grundwerkstoff und vom Schutzgas bestimmt. In Tabelle 4-17 sind die Massivdrahtelektroden zum MSG-Schweißen von unlegierten Stählen und Feinkornstählen zusammengestellt.

Beispiel 4-4:
*Bezeichnung eines Schweißguts, das unter Mischgas (**M**) [es werden für die Prüfungen entweder **M2** oder CO$_2$ (=**C**) verwendet, s. Tabelle 4-16] mit einer Drahtelektrode **G3Si1** (Tabelle 4-17) durch Metall-Schutzgasschweißen (**G**) hergestellt wurde und das eine Mindeststreckgrenze von 460 N/mm^2 (**46,** Tabelle 4-7) sowie eine Mindestkerbschlagarbeit von 47 J bei $-30\,°C$ (3, Tabelle 4-8) aufweist:*

EN 440 – G 46 3 M G3Si1

Die Drahtelektrode kann auch getrennt als genormtes Produkt bezeichnet werden:

EN 440 – G3Si1.

Neben den Massivdrahtelektroden werden in zunehmendem Maße **Fülldrahtelektroden** nach DIN EN ISO 17632 (DIN EN 758) verwendet, die unter CO$_2$, verschiedenen Mischgasen oder schutzgaslos verschweißt werden, Tabelle 4-18. Sie bestehen aus einem verschiedenartig geformten Stahlmantel (Röhrchendraht oder gefalzter Draht) und aus (sieben) Füllsystemen, die den Umhüllungsbestandteilen (bzw. der metallurgischen Wirkungsweise) der umhüllten Stabelektroden bzw. den UP-Schweißpulvern entsprechen. Sie werden nicht mehr – wie in der früheren DIN 8559, in der auch nur zwei Typen (SG R1 und SG B1) genormt wurden – gemeinsam mit den Massivdrahtelektroden genormt.

Beispiel 4-5:
Ähnlich wie in der DIN EN ISO 2560 ist auch hier die Schweißgutanalyse Bestandteil der Bezeichnung (Tabelle 4-7), wenn das Schweißgut mehr als 2 % Mn enthält.

*Eine Fülldrahtelektrode (**T**) für das Schutzgasschweißen mit einer basischen Füllung (**B,** Tabelle 4-18), geschweißt unter Mischgas (**M**) [es werden für die Prüfungen entweder **M2** ohne He, oder CO$_2$ (=**C**), Tabelle 4-16, verwendet], erzeugt ein Schweißgut mit 1 % Ni (**1Ni,** Tabelle 4-9) und 1,4 % Mn, einer Streckgrenze von mindestens 460 N/mm^2 (**46,** Tabelle 4-7) und einer Mindestkerbschlagarbeit von 47 J bei $-30\,°C$ (3, Tabelle 4-8). Der Draht ist für die horizontale Position geeignet (4). Das erzeugte Schweißgut besitzt weniger als 5 ml Wasserstoff/100 g Schweißgut (H5):*

EN 758 – T 46 3 1Ni B M 4 H5.

Tabelle 4-18
Die wichtigsten Eigenschaften und Anwendungsbereiche sowie Kennzeichen für die Zusammensetzung und die Eigenschaften der Füllung von Fülldrahtelektroden, nach DIN EN 758.

Kenn-buchstabe	Eigenschaften der Füllung	(S) Einlagen-, (M) Mehrlagen-Schweißung	Schutz-gas	Eigenschaften und Anwendung der Fülldrahtelektroden
R	Rutilbasis, langsam erstarrende Schlacke	S und M	erforderlich	Feintropfiger Werkstoffübergang und geringe Spritzverluste. Schlacke bedeckt vollständig die Naht. Für Ein- und Mehrlagenschweißungen in Wannen- und Horizontal-Vertikalposition. Diese Fülldrahtelektrode wird allgemein unter CO_2 verschweißt, aber sie eignet sich auch für Argon-CO_2-Mischgase, wenn vom Hersteller empfohlen. Damit Verbessern des Werkstoffübergangs und Reduzieren der Spritzerbildung.
B	Basische Schlacke	S und M	erforderlich	Vorzugsweise in Wannen- und Horizontal-Vertikalposition mit CO_2 angewendet, weil sie einen grobtropfigen Werkstoffübergang besitzt. Sie ergibt eine basische Schlacke (Fluoride und Oxide der Erdalkalimetalle) erzeugt ein Schweißgut mit bester Kerbschlagarbeit und niedrigstem Gehalt an diffusiblen Wasserstoff.
M	Metallpulver-Füllung	S und M	erforderlich	Sehr feintropfiger Werkstoffübergang und sehr dünne Schlackenschicht. Die Füllung besteht im Wesentlichen aus Metall-Legierungen, Eisenpulver und lichtbogenstabilisierenden Bestandteilen. Dadurch entsteht eine hohe Abschmelzleistung und ein tiefer Einbrand. Vorzugsweise in Wannen- und Horizontal-Vertikalposition mit Argon-CO_2-Mischgasen verwendet. Andere Positionen mit Kurzlichtbogen- und Impulstechnik möglich.
V	Rutil- oder Fluoridbasis	S	nicht erforderlich	Selbstschützend, mit einem grob- bis feintropfigen Werkstoffübergang. Rutiles oder fluorid-basisches Schlackensystem ergibt Bereich von langsamer (bevorzugt für Einlagenschweißung von verzinkten, aluminierten oder anders beschichteten Blechen in allen Positionen) bis schneller Schlackenerstarrung (bevorzugt für automatisches Schweißen mit hoher Schweißgeschwindigkeit, vor allem in Wannen- und Horizontal-Vertikalposition).
W	Fluoridbasis, langsam erstarrende Schlacke	S und M	nicht erforderlich	Selbstschützend, grobtropfiger Werkstoffübergang. Das fluorid-basische Schlackensystem ermöglicht hohe Abschmelzleistungen. Aufgrund des sehr niedrigen Schwefelgehalts ergibt sich ein sehr risssicheres Schweißgut. Geeignet für Ein- und Mehrlagenschweißungen in Wannen- und Horizontal-Vertikalposition.
Z	Andere Typen			Alle Fülldrahtelektroden, die durch die vorstehende Beschreibungen nicht erfasst werden.

Die Füllstoffe ermöglichen umfangreichere metallurgische Reaktionen als die massiven Drahtelektroden und erzeugen eine größere Lichtbogenstabilität. Die Schlackendecke schützt die Schweißnaht und verbessert ihre Oberfläche. Die Fülldrahtelektroden bieten folgende Vorteile:
- Über das Pulver können dem Schmelzbad größere Mengen verschiedenartiger Legierungselemente zugeführt werden. Sie können mit zusätzlichem Schutzgas betrieben werden, sind aber bei entsprechender Rezeptur auch selbstschützend.
- Wegen der im Vergleich zu Massivdrähten wesentlich höheren Stromdichte – der Strom fließt nur im Stahlmantel, nicht im schlecht stromleitenden Pulverkern – ist die Abschmelzleistung größer und der Einbrand tiefer.
- Bei hohem basischem Pulveranteil können qualitativ hochwertige Schweißverbindungen auch an schlecht schweißgeeigneten Werkstoffen erzielt werden.
- Wegen des besseren Schutzes des Bades und der übergehenden Werkstofftröpfchen sind sie für Schweißarbeiten auf Baustellen gut geeignet.

4.2.3.3 Schweißzusätze für das UP-Schweißen

Ähnlich wie bei den MSG-Verfahren muss beim UP-Schweißen die Drahtelektrode *und* das Schweißpulver für eine bestimmte Schweißaufgabe *getrennt* ausgewählt werden, Bild 4-52. Die Zusammensetzung des Schweißguts und damit die Gütewerte der Schweißverbindung werden von den folgenden Faktoren bestimmt:
- Der metallurgischen Wirksamkeit der gewählten *Drahtelektroden-Pulver-Kombination*. Sie bestimmt die Metallurgie der Legierungs-, Desoxidations- und Oxidationsvorgänge, das Entschwefeln und die Porenfreiheit des Schweißguts. Durch die zuverlässige Pulverabdeckung ist der Stickstoffgehalt im flüssigen Schweißgut sehr gering. Der Sauerstoffgehalt ist allerdings sehr stark von der Pulvercharakteristik (sauer, basisch, neutral), der Wasserstoffgehalt von der vorschriftsmäßigen Trocknung des Schweißpulvers abhängig, Tabelle 4-34.

- Dem Anteil an aufgeschmolzenem *Grundwerkstoff*, der bei Verbindungsschweißungen etwa 60 % bis 70 % betragen kann und durch seinen mehr oder weniger großen Gehalt an Verunreinigungen die Bildung von Heißrissen begünstigt und besonders die Zähigkeit des Schweißguts beeinträchtigt.
- Den *Abkühlbedingungen*, die vom Nahtaufbau, den Einstellwerten, der Werkstückdicke und -temperatur abhängen. In der Regel sind die Abkühlgeschwindigkeiten klein, die Gefahr der Porenbildung also gering. Feuchte Schweißpulver können aber zu hohen Wasserstoffgehalten im Schweißgut (Kaltriss) führen.

4.2.3.3.1 Drahtelektroden
Das sind unlegierte und legierte *Runddrähte* oder *Flachbänder*. Die chemische Zusammensetzung entspricht weitgehend der der zu schweißenden Stahlsorten; die Drahtelektroden erzeugen ein *artgleiches* oder ein hinreichend *artähnliches* Schweißgut. Die Drahtelektroden und die Draht-Pulver-Kombinationen sind in DIN EN 756 für das UP-Schweißen von unlegierten Stählen und Feinkornstählen genormt, Tabelle 4-19.

Die Sicherung des UP-Schweißguts gegen Heißrisse ist von großer Bedeutung und eine der wichtigsten Forderungen an eine »sichere« Schweißverbindung. Daher ist es na-

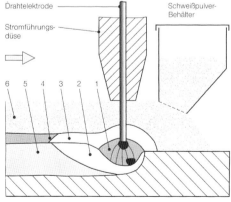

1 Kaverne
2 flüssige Metall- /Schlackenschmelze
3 flüssige Schlacke
4 feste Schlacke
5 erstarrtes Schweißgut
6 aufgeschüttetes Pulver

Bild 4-52
Verfahrensprinzip des UP-Schweißens.

Tabelle 4-19
Chemische Zusammensetzung von Massivdrahtelektroden zum Unterpulververschweißen, nach DIN EN 756.

Kurzzeichen	Chemische Zusammensetzung in Prozent (m/m) [1), 2), 3)]					Hinweise zur Anwendung
	C	Si	Mn	Mo	Ni	
S Z	Jede vereinbarte chemische Zusammensetzung					
S 1	0,05 bis 0,15	0,15	0,35 bis 0,60	0,15	0,15	Drahtelektroden zum Schweißen der unlegierten Baustähle (z. B. nach DIN EN 10025-2). Auswahl sollte nur zusammen mit dem Schweißpulver erfolgen, da *nur* die gewählte Drahtpulver-Kombination die metallurgischen und mechanischen Eigenschaften bestimmt.
S 2	0,07 bis 0,15	0,15	0,80 bis 1,30	0,15	0,15	
S 3	0,07 bis 0,15	0,15	> 1,30 bis 1,75	0,15	0,15	
S 4	0,07 bis 0,15	0,15	> 1,75 bis 2,25	0,15	0,15	
S 1Si	0,07 bis 0,15	0,15 bis 0,50	0,35 bis 0,60	0,15	0,15	Je mehr Mn ein Draht enthält, desto größer wird auch der Si-Gehalt im Schweißgut.
S 2Si	0,07 bis 0,15	0,15 bis 0,40	0,80 bis 1,30	0,15	0,15	Si-zubrennende Drähte sind i. Allg. unerwünscht, weil Si die (Kerbschlag-)Zähigkeit herabsetzt. Für verrostete Werkstücke sind Drahtelektroden mit höherem Si-Gehalt aber häufig zweckmäßig.
S 2Si2	0,07 bis 0,15	0,40 bis 0,60	0,80 bis 1,30	0,15	0,15	
S 3Si	0,07 bis 0,15	0,15 bis 0,40	> 1,30 bis 1,85	0,15	0,15	
S 4Si	0,07 bis 0,15	0,15 bis 0,40	> 1,85 bis 2,25	0,15	0,15	
S 1Mo	0,05 bis 0,15	0,05 bis 0,25	0,35 bis 0,60	0,45 bis 0,65	0,15	Vor allem zum Schweißen der warmfesten Stähle (Mo erhöht entscheidend die Warmfestigkeit). Niedrig siliciumhaltige (hoch)basische Pulver haben sich besonders bewährt. Wegen der Gefahr der Vermischung sind I-Nähte unzweckmäßig.
S 2Mo	0,07 bis 0,15	0,05 bis 0,25	0,80 bis 1,30	0,45 bis 0,65	0,15	
S 3Mo	0,07 bis 0,15	0,05 bis 0,25	> 1,30 bis 1,75	0,45 bis 0,65	0,15	
S 4Mo	0,07 bis 0,15	0,05 bis 0,25	> 1,75 bis 2,25	0,45 bis 0,65	0,15	
S 2Ni1	0,07 bis 0,15	0,05 bis 0,25	0,80 bis 1,30	0,15	0,80 bis 1,20	Vor allem zum Schweißen der warmfesten und der kaltzähen Stähle (Nickel verbessert entscheidend die Kaltzähigkeit). Die große Aufmischung kann bei vielen Stählen metallurgische Probleme hervorrufen: Falls Si und Ni in größerer Menge in das Schweißbad gelangt, dann wird das Schweißgut sehr heißrissanfällig.
S 2Ni2	0,07 bis 0,15	0,05 bis 0,25	0,80 bis 1,30	0,15	> 1,80 bis 2,40	
S 2Ni3	0,07 bis 0,15	0,05 bis 0,25	0,80 bis 1,30	0,15	> 2,80 bis 3,70	
S 2Ni1Mo	0,07 bis 0,15	0,05 bis 0,25	0,80 bis 1,30	0,45 bis 0,65	0,80 bis 1,20	
S 3Ni1Mo	0,07 bis 0,15	0,05 bis 0,25	> 1,30 bis 1,80	0,45 bis 0,65	0,80 bis 1,20	

[1)] Chemische Zusammensetzung des Fertigproduktes, Kupfer einschließlich Kupferüberzug ≤ 0,30 %; Al ≤ 0,30 %.
[2)] Einzelwerte in der Tabelle sind Höchstwerte.
[3)] Der Phosphor- und der Schwefelgehalt beträgt allen Massivdrahtelektroden max. 0,025 %, der Chromgehalt max. 0,20 %.

Tabelle 4-20
Typische chemische Zusammensetzung und Bestandteile, die wichtigsten Eigenschaften und Anwendungsbereiche sowie Kennzeichen für den Schweißpulvertyp, nach DIN EN 760.

Kennzeichen	Chemische Zusammensetzung, Hauptbestandteile und Grenzwerte	Eigenschaften und Anwendung der Schweißpulver
MS Mangan-Silicat	MnO (min. 50 %) CaO (max. 15 %)	Hoher Mn-Zubrand im Schweißgut, d. h. mit niedrig Mn-haltigen Drahtelektroden verwendbar. Hoher Si-Zubrand ergibt meistens eingeschränkte Zähigkeit, z. T. auf hohen Sauerstoffgehalt im Schweißgut zurückführbar.
CS Calcium-Silicat	CaO + MgO + SiO$_2$ (min. 55 %) CaO + MgO (min. 15 %)	Die sauren Typen haben höchste Strombelastbarkeit aller Pulver und bewirken hohen Si-Zubrand. Strombelastbarkeit sinkt mit zunehmendem Basizitätsgrad. Für Lage/Gegenlageschweißen dicker Bleche geeignet, wenn geringe Anforderungen an mechanische Eigenschaften.
AR Aluminat-Rutil	Al$_2$O$_3$ + TiO$_2$ (min. 40 %)	Mittlere Mn- und Si-Zubrände. Durch hohe Schlackenviskosität gutes Nahtaussehen und hohe Schweißgeschwindigkeit bei sehr guter Schlackenentfernbarkeit (besonders bei Kehlnähten) möglich. Zum Schweißen dünnwandiger Behälter und Rohre, von Kehlnähten bei Stahlkonstruktionen und im Schiffbau geeignet.
AB Aluminat-basisch	Al$_2$O$_3$ + CaO + MgO (min. 40 %) Al$_2$O$_3$ (min. 20 %) CaF$_2$ (max. 22 %)	Mittlerer Mn-Zubrand. Hoher Al$_2$O$_3$-Anteil erzeugt »kurze« Schlacke. Besonders beim Schweißen von Lage und Gegenlage gute Zähigkeitswerte erreichbar. Zum Schweißen von unlegierten und niedriglegierten Baustählen für die unterschiedlichsten Anwendungsfälle einsetzbar. Für Gleich- und Wechselstrom.
AS Aluminat-Silicat	Al$_2$O$_3$ + SiO$_2$ + ZrO$_2$ (min. 40 %) CaF$_2$ + MgO (min. 30 %) ZrO$_2$ (min. 5 %)	Meist neutrales metallurgisches Verhalten, aber Mn-Abbrand ist möglich, daher vorzugsweise mit S3-Drahtelektroden-Typen (1,5 % Mn!) angewendet. Durch hohe Schlackenbasizität entsteht sauberes, niedrig sauerstoffhaltiges Schweißgut. Wie die FB-Typen, besonders bei hohen Zähigkeitsanforderungen, vor allem für hochfeste Feinkornbaustähle im Druckbehälterbau, für Nuklear- und Offshore-Bauteile geeignet.
AF Aluminat-Fluoridbasisch	Al$_2$O$_3$ + CaF$_2$ (min. 70 %)	Vorwiegend mit legierten Drahtelektroden zum Schweißen nichtrostender Stähle und Nickellegierungen verwendet. Durch hohen Fluoridanteil gute Benetzungsfähigkeit und gutes Nahtaussehen.
FB Fluoridbasisch	CaO + MgO + CaF$_2$ + MnO (min. 50 %) SiO$_2$ (max. 20 %) CaF$_2$ (min. 15 %)	Weitgehend neutrales metallurgisches Verhalten. Höchste Zähigkeitswerte bis zu sehr tiefen Temperaturen erreichbar. Durch basische Schlackencharakteristik begrenzte Strombelastbarkeit und Schweißgeschwindigkeit. Für Mehrlagenschweißen bei hohen Anforderungen an die Zähigkeit, vor allem für hochfeste Feinkornbaustähle, aber auch für nichtrostende Stähle empfohlen.
Z	Andere Typen	Alle Schweißpulver, die durch diese Beschreibungen nicht erfasst werden.

heligend, die Drahtelektroden nach ihrem Mangangehalt einzuteilen. Man unterscheidet nach DIN EN 756 u. a. die folgenden Qualitäten:

S1 – S1Si – S2 – S2Si – S3 – S3Si – S4.

Ihr mittlerer Mangangehalt entspricht annähernd dem Produkt, das sich aus der Multiplikation von 0,5 und der nach dem Symbol »S« stehenden Ziffer ergibt. Der Mangangehalt der Drahtelektrode S4 beträgt also:

$$4 \cdot 0{,}5 \approx 2\ \%.$$

In vielen Fällen brennt abhängig von der Art des gewählten Schweißpulvers und der chemischen Zusammensetzung der Drahtelektrode Silicium *zu*. Die Folge des unerwünscht hohen Siliciumgehaltes ist eine merkliche Abnahme der Kerbschlagzähigkeit. Daher muss der Siliciumzubrand in der Regel begrenzt werden.

Die Drahtelektroden werden zum Verbessern des Stromübergangs und zum mäßigen Schutz gegen atmosphärische Korrosion verkupfert. Sie müssen sorgfältig aufgespult (sonst Drahtförderschwierigkeiten!), kreisrund (Draht passiert nicht ruckfrei die kupferne, kalibrierte Stromführungsdüse) und fettfrei (metallurgische Probleme, wie Gasbildung, Abbrand von Legierungselementen!) sein.

Beispiel 4-6:
Bisher waren die genormten Drahtelektroden nach einer Verfahrensprüfung austauschbar. Nach der jetzt gültigen DIN EN 756 müssen Drahtelektroden verschiedener Hersteller mit gleicher Bezeichnung gemäß den Vorschriften der neuen Norm geprüft werden.

Bezeichnung einer Draht-Pulver-Kombination **(S)** *für das Mehrlagen-Unterpulverschweißen, deren Schweißgut eine Mindeststreckgrenze von 460 N/mm² (**46**, Tabelle 4-7) und eine Mindestkerbschlagarbeit von 47 J bei* $-30\,°C$ *(**3**, Tabelle 4-8) aufweist, hergestellt mit einem aluminat-basischen Pulver (**AB**, Tabelle 4-20) und einer Drahtelektrode* **S2** *(Tabelle 4-19):*

Draht-Pulver-Kombination EN 756 – S 46 3 AB S2.

Die Drahtelektrode **S2** *kann auch getrennt bezeichnet werden:*

Drahtelektrode EN 756 – S2.

4.2.3.3.2 Schweißpulver

Die mechanischen Gütewerte der Schweißverbindung werden im Wesentlichen von der chemischen Zusammensetzung des Schweißguts und den Eigenschaften der Wärmeeinflusszonen bestimmt, d. h. von der Drahtelektrode, dem Schweißpulver und dem Anteil an aufgeschmolzenem Grundwerkstoff.

Die Schweißgutzusammensetzung von Einlagenschweißungen wird wegen des großen Aufschmelzgrades im Wesentlichen vom Anteil des aufgeschmolzenen Grundwerkstoffes bestimmt. Bei Mehrlagenschweißungen hängt sie praktisch ausschließlich von der Draht-Pulver-Kombination ab. Allerdings sind auch die Größe des Öffnungswinkels und die Einbrandverhältnisse zu beachten. Bild 4-53 zeigt die genannten Einzelheiten. Mit zunehmendem Aufschmelzgrad A nehmen der Reinheitsgrad und damit die mechanischen Gütewerte des Schweißguts meistens ab. Insbesondere Schweißverfahren, die großvolumige Schweißbäder erzeugen, eignen sich daher nur sehr bedingt für die Einlagentechnik (s. a. Abschn. 4.1.3.1, S. 316).

Ein wichtiges Kennzeichen der Schweißpulver ist ihr Herstellungsverfahren. Nach der DIN EN 760 (bisher DIN 32522) unterscheidet man folgende Pulversorten:
- **F** (fused)   *Schmelzpulver,*
- **A** (agglomerated) *agglomerierte Pulver,*
- **M** (mixed) *Mischpulver.*

Die Mischpulver werden vom Hersteller (nicht vom Anwender!) aus zwei oder mehreren Pulversorten gemischt.

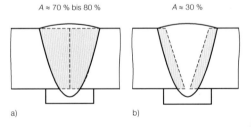

Bild 4-53
Einfluss der Fugenform bzw. der Nahtvorbereitung auf den Aufschmelzgrad A von Stumpfschweißungen, schematisch.
a) I-Naht,
b) V-Naht.

Tabelle 4-21
Kennziffern für das metallurgische Verhalten von Schweißpulvern der Klasse 1, nach DIN EN 760.

Metallurgisches Verhalten	Kennziffer	Massenanteil %
Abbrand	1	> 0,7
	2	> 0,5 bis 0,7
	3	> 0,3 bis 0,5
	4	> 0,1 bis 0,3
Zu- und/oder Abbrand	5	0 bis 0,1
Zubrand	6	> 0,1 bis 0,3
	7	> 0,3 bis 0,5
	8	> 0,5 bis 0,7
	9	> 0,7

Das metallurgische Verhalten der Pulver wird außer von den Schweißparametern nur von ihrer chemischen Zusammensetzung – d. h. ihrer chemischen Wirksamkeit – und ihrem mineralogischen Aufbau bestimmt. Tabelle 4-20 zeigt die chemische Zusammensetzung der in der DIN EN 760 genormten Schweißpulversorten.

Das Legierungsverhalten eines Schweißpulvers ist durch den Zu- und (oder) Abbrand der Legierungselemente gekennzeichnet. Zu- bzw. Abbrand ist die Differenz zwischen den Gehalten der Legierungselemente des reinen Schweißguts und des Schweißzusatzwerkstoffes. Dieses metallurgische Verhalten wird durch verschiedene Kennziffern gemäß Tabelle 4-21 beschrieben.

Die für die verschiedenen Werkstoffe verwendbaren Pulversorten können aus den Pulverklassen (Klasse 1 bis 3) entnommen werden. Tabelle 4-22 gibt Hinweise für den Anwendungsbereich und die Anzahl und Art der anzugebenden Elemente in der Pulverbezeichnung.

Für das Schweißen der höherfesten bzw. der höhergekohlten (Vergütungs-)Stähle ist ein wasserstoffarmes Schweißgut eine der wichtigsten Forderungen. Wasserstoffkontrollierte Pulver werden nach Tabelle 4-11 entsprechend ihrem Gehalt an diffusiblen Wasserstoff im Schweißgut durch die Kennziffern H5, H10 oder H15 bezeichnet. Üblicherweise sind für diese Stähle nur Schweißgüter zulässig, deren Wasserstoffgehalt kleiner als 5 cm^3/100 g ist. Für Vergleichszwecke und zusätzliche Information des Anwenders können die Strombelastbarkeit und der Korngrößenbereich des Pulvers angegeben werden. In der Pulverbezeichnung sind diese Angaben aber nicht enthalten.

Tabelle 4-23 zeigt ein vollständiges Bezeichnungsbeispiel eines UP-Schweißpulvers nach DIN EN 760.

Tabelle 4-22
Klasseneinteilung und Anwendungsbereich der UP-Schweißpulver, nach DIN EN 760.

Klasse	Ziffern und Reihenfolge der Elemente	Anwendungsbereich
1	Für ein Pulver der Klasse 1 kann das metallurgische Verhalten durch Kennziffern nach Tabelle 4-21 ausgedrückt werden. Zum Ermitteln des Zu- und Abbrandverhaltens wird nach DIN EN 756 eine Drahtelektrode S2 verwendet. Zu- und Abbrand wird in der Reihenfolge Silicium Mangan angegeben	Für unlegierte und niedriglegierte Stähle (allg. Baustähle, hochfeste und warmfeste Stähle). Pulver enthalten i. Allg. außer Mangan und Silicium keine Legierungselemente. Sie eignen sich für Verbindungs- und Auftragsschweißen. Meist auch für Mehrlagen- sowie Einlagen- und (oder) zum Lage-/Gegenlagenschweißen anwendbar.
2	Der Zubrand von Legierungselementen, außer Silicium und Mangan, wird mittels des entsprechenden chemischen Symbols angegeben (z. B. Cr).	Für Verbindungs- und Auftragsschweißen von nichtrostenden und hitzebeständigen Chrom- und Chrom-Nickel-Stählen und (oder) Nickel und Nickellegierungen.
3	Der Zubrand wird durch die entsprechenden chemischen Symbole angegeben (z. B. Cr).	Schweißpulver, bevorzugt zum Auftragsschweißen, die durch Zubrand von Legierungselementen – Kohlenstoff, Chrom oder Molybdän – dem Pulver ein verschleißfestes Schweißgut ergeben.

Schmelzpulver

Die Pulverbestandteile – vorwiegend Oxide der Elemente Al, Ba, Ca, K, Mn, Na, Zr – werden zerkleinert und bei 1500 °C bis 1800 °C geschmolzen. Die glasartige Schmelze wird danach durch *Wassergranulieren* oder *Schäumen* »körnig« gemacht. Die Teilchen werden nach dem Mahlen auf die gewünschte Körnung ausgesiebt.

Die homogenen, glasartigen Schmelzpulver sind Vielstoffsysteme, d. h., ihre Bestandteile können nicht mehr einzeln reagieren. Da die Ofentemperatur deutlich größer sein muss als die Schmelztemperatur des am höchsten schmelzenden Bestandteils, geht beim Herstellprozess ein Teil des »Reaktionsvermögens« des Pulvers verloren. Den Schmelzpulvern können daher temperaturempfindliche Stoffe *nicht* zugegeben werden, d. h. fast alle Legierungselemente. Sie eignen sich daher weniger zum Schweißen der legierten Stähle. Es sind daher die typischen Pulver zum Schweißen der un- und (niedrig-)legierten Stähle.

Die Vorteile dieser Pulver sind demnach:
– Geringe Neigung zur *Feuchtigkeitsabsorption* als Folge der glasartigen Struktur. Allerdings muss die *adsorptive* Feuchteaufnahme der Pulverteilchen wegen ihrer extrem großen Gesamtoberfläche beachtet werden.
– Geringe Neigung zur *Entmischung* und geringer *Abrieb* aufgrund der glasartigen Struktur der Körner.
– Geringer *Staubanteil* im Pulver während der Verarbeitung.

Agglomerierte Pulver

Sie bestehen aus feinstgemahlenen Bestandteilen, die mit einem Bindemittel eingedickt und durch Mischen bei Prozesstemperaturen zwischen 50 °C und 80 °C zu größeren Körnern vereinigt (agglomeriert) werden. Dabei wird die Schmelztemperatur des am niedrigsten schmelzenden Gemengebestandteils nicht überschritten.

Agglomerierte Pulver sind heterogene Substanzen, deren Einzelbestandteile ihren ursprünglichen Zustand behalten haben. Die metallurgischen Reaktionen im Schweißbad sind sehr intensiv. Ihre Reaktionsfähigkeit bleibt im Gegensatz zu den Schmelzpulvern fast vollständig erhalten. Desoxidationsmittel und Legierungselemente können daher wirtschaftlich zugegeben werden. Sie eignen

Tabelle 4-23
Vollständige Bezeichnung eines UP-Schweißpulvers, nach DIN EN 760.

	Pulver EN 760 —	A	FB	1	65	DC	H5

Herstellungsart:
A = Agglomeriert

Pulvertyp (Tabelle 4-18):
FB = Fluorid-basisch

Pulverklasse (Tabelle 4-20):
1 = Zum Schweißen unlegierter und (niedrig-)legierter Stähle

Legierungsverhalten (Tabelle 4-19):
6 = Zubrand an Si bis 0,3 %
5 = Neutrales Mn-Verhalten

Kennzahl für Stromart:
DC = Geeignet für Gleichstrom

Kennzahl für wasserstoffkontrollierte Schweißpulver (z. B. Tabelle 4-9):
H5 = Max. 5 ml H/100 g Schweißgut

sich daher bevorzugt zum Schweißen der legierten Stähle. Im Gegensatz zu den Schmelzpulvern ist aber die starke Neigung der porösen Teilchen(oberflächen) zur Feuchtigkeitsaufnahme ihr größter Nachteil. Ein Trocknen ist daher immer erforderlich. Auch die geringe Abriebfestigkeit der Pulverteilchen (großer Staubanteil!) kann Anlass zu Schwierigkeiten geben.

Zum Herstellen der hochwertigen agglomerierten Pulver werden ausschließlich Substanzen eingesetzt, die hochgeglüht oder sogar geschmolzen sind, d. h. keine Wasser(stoff)quellen darstellen. Lediglich das als Bindemittel erforderliche *Wasserglas* enthält chemisch gebundenes *Kristallwasser*. Durch das in jedem Fall notwendige Trocknen bei 300 °C bis 500 °C, Tabelle 4-35, ergeben sich typische Wassergehalte im Pulver von ca. 0,02 %, die zu Wasserstoffgehalten von 3 ppm bis 4 ppm im Schweißgut führen.

Metallurgisches Verhalten der Schweißpulver

Die Kenntnis des metallurgischen Verhaltens des Pulvers, d. h., sein *Zu- und Abbrandverhalten* ist für die zuverlässige Abschätzung der mechanischen Gütewerte der Schweißverbindung und seines Schweißverhaltens unerlässlich.

Die Methoden, mit denen das metallurgische Verhalten des Schweißpulvers ermittelt wird, müssen berücksichtigen, dass die Zusammensetzung des Schweißguts von den folgenden Faktoren abhängt:
- Dem Grundwerkstoff, dem
- Schweißpulver, der
- Drahtelektrode, den
- Einstellwerten beim Schweißen (Aufschmelzgrad!) und der
- Anzahl der geschweißten Lagen.

Während bei den Stabelektroden das metallurgische Verhalten durch die Art der Umhüllung festlegt, ist beim UP-Schweißen die metallurgische Wirksamkeit durch Wahl der verschiedenen Pulversorten (und der Drahtelektroden) in weiten Grenzen frei änderbar. Sie sollte für den gezielten Einsatz der Zusatzwerkstoffe mit einer geeigneten Kenngröße

bestimmbar sein. Dies geschieht in der Regel mit dem *Basizitätsgrad*, der meistens mit der Formel von *Tuliani, Boniszewski* und *Eaton* berechnet wird, in die die Bestandteile in Massenprozent eingesetzt werden, Gl. [4-12a]:

$$B = \frac{CaO + MgO + BaO + Na_2O + K_2O}{SiO_2 + 0,5 \cdot (Al_2O_3 + TiO_2 + ZrO_2)} +$$

$$\frac{Li_2O + CaF_2 + 0,5 \cdot (MnO + FeO)}{SiO_2 + 0,5 \cdot (Al_2O_3 + TiO_2 + ZrO_2)}.$$

Die Summe der basisch wirkenden Bestandteile wird durch die Summe der sauer wirkenden dividiert. Danach ergibt sich eine auf der *chemischen Wirksamkeit* beruhende Einteilung der Schweißpulver:

$B > 1$ basische (> 0 nach *Mori*),
$B \approx 1$ neutrale (≈ 0 nach *Mori*),
$B < 1$ saure Schweißpulver (< 0 nach *Mori*).

Bei dem von *Mori* entwickelten *Basizitätsindex BI* werden die Komponenten als Molenbruch angegeben, Gl. [4-12b]:

$$BI = 6,05 \cdot CaO + 4,8 \cdot MnO + 4,0 \cdot MgO +$$
$$3,4 \cdot FeO - 6,31 \cdot SiO_2 - 4,97 \cdot TiO_2 -$$
$$0,2 \cdot Al_2O_3.$$

Beispiel 4-7:
Berechnung des Basizitätsgrades nach Mori und Boniszewski für ein FB-Schweißpulver, Tabelle 4-20, dessen Zusammensetzung in Massenprozent lautet: 5 % SiO_2, 20 % MnO, 45 % CaO, 20 % CaF_2.

Die Stoffmengen in mol werden berechnet, indem die jeweilige Masse durch ihre Molmasse dividiert wird.

Die Stoffmengen in $n(x) = \left(\frac{g}{g/mol}\right) = n(x) [mol]$ *für die einzelnen Bestandteile sind danach (gerundet):*
$n(SiO_2) = 15 / 60 = 0,25$ mol,
$n(MnO) = 20 / 71 = 0,28$ mol,
$n(CaO) = 45 / 56 = 0,80$ mol,
$n(CaF_2) = 20 / 80 = 0,25$ mol.

Die Gesamtstoffmenge $n(Ges) = \Sigma n(x)$ beträgt 1,58 mol. Daraus ergeben sich für die Molenbrüche $nx = n(x) / n(Ges)$ folgende Werte:
$n(SiO_2) = 0,16$; $n(MnO) = 0,18$; $n(CaO) = 0,50$;
$n(CaF_2) = 0,16$.

Nach Mori, Gl. [4-12b], ergibt sich ein BI von:
BI = 6,5 · n(CaO) + 4,8 · n(MnO) − 6,31 · n(SiO_2) = 3,11;
das Pulver ist demnach hochbasisch.

Nach Boniszewski, Gl. [4-12a], ergibt sich B zu:
B = 45 / 15 = 3,0; d. h., das Pulver ist hochbasisch.

Wegen der hohen Schmelzbadtemperaturen laufen aber statt der vorauszusetzenden chemischen Reaktionen überwiegend Ionenreaktionen ab. Die oben angegebene (theoretische) Einteilung ist daher etwa gemäß Bild 4-54 zu korrigieren. Diese Pulvereinteilung und die grundlegenden Eigenschaften sind vergleichbar mit den für die Stabelektroden bekannten Bezeichnungen.

Mit dem Basizitätsgrad lässt sich allerdings sehr viel genauer das *Sauerstoffpotenzial*, Bild 4-54, als das chemische Verhalten des Pulvers beschreiben. Saure Komponenten (z. B. SiO_2, TiO_2) sind nicht nur weniger stabil, sie spalten im Lichtbogen auch wesentlich mehr Sauerstoff ab als basische (z. B. MgO, MnO). Als Folge entstehen aus den Desoxidations- und Legierungselementen Oxide, die teilweise als Oxideinschlüsse im Schweißgut eingelagert sind. Ihre Menge, Art und Verteilung sind stark abhängig vom Sauerstoffpotenzial des verwendeten Pulvers, d. h. von dessen Basizitätsgrad.

Die Reinheit des Schweißguts hinsichtlich der nichtmetallischen Einschlüsse wird i. Allg. mit zunehmendem Basizitätsgrad B größer. Nach Gl. [4-12a] als sauer bewertete Pulver besitzen ähnlich wie sauer-umhüllte Stabelektroden eine hohe Schmelzenviskosität, d. h., sie erzeugen glatte, kerbenfreie Nähte, ergeben hohe Abschmelzleistungen und ermöglichen große Schweißgeschwindigkeiten. Die mechanischen Gütewerte der mit ihnen hergestellten Schweißgüter, vor allem die Zähigkeit, sind in jedem Fall schlechter als die mit basischen Pulvern hergestellten. Die Viskosität der Schlacken beeinflusst aber auch die für das Entgasen der Schmelze und die Legierungsarbeit notwendigen Massentransporte innerhalb der Schmelze. Mit zunehmender Schlackenviskosität (dickflüssiger!) wird der Einbrand zwar tiefer, aber die Fähigkeit des flüssigen Schweißguts zum Entgasen nimmt zunehmend ab.

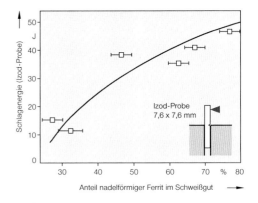

Bild 4-55
Einfluss des Gehalts an nadelförmigem Ferrit im UP-Schweißgut einer Verbindung aus einem vergüteten Feinkornbaustahl (Mn-Mo-Nb-Typ, Q = 30 kJ/cm) auf die Schlagenergie (gemessen mit nicht genormten Izod-Proben, Querschnitt 7,6 mm × 7,6 mm, Prüftemperatur −40 °C), nach Fleck u. a.

Durch ihre Keimwirkung beeinflussen die sauerstoffhaltigen Einschlüsse im Schweißgut entscheidend das Umwandlungsverhalten des Austenits und vor allem die Form des voreutektoiden Ferrits. Ein mittlerer Sauerstoffgehalt im Schweißgut von 300 (± 100) ppm führt zu optimalen Umwandlungsbedingungen, wenn er als Aluminium-Mangan-Silicat vorliegt. Besonders wichtig ist die Ausbildung des Ferrits in Form des bei tieferen Temperaturen entstehenden *Nadelferrits*, nicht aber als grober Korngrenzenferrit, Abschn. 4.1.3.2. Sauerstoffgehalte über 600 ppm begünstigen

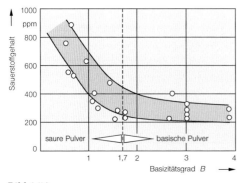

Bild 4-54
Einfluss des Basizitätsgrades auf den Sauerstoffgehalt des Schweißguts UP-geschweißter Verbindungen, nach Boniszewski (modifiziert).

die Bildung des unerwünschten *Widmannstätten*schen Gefüges.

Mit der Menge an nadelförmigem Ferrit steigt die Zähigkeit des Schweißguts erheblich an, wie Bild 4-55 beispielhaft zeigt (s. a. Abschn. 4.1.3.2). Die Größe der silicatischen Einschlüsse liegt überwiegend im Bereich von einigen zehnteln μm. Die Teilchen sind damit in der Lage, das Wachsen der Austenitkörner während der Aufheizphase und damit die Grobkornbildung wirksam zu behindern, wie Bild 4-56 zeigt. Mit steigendem Sauerstoffgehalt nimmt die Teilchenmenge zu, also auch die Anzahl der Orte für eine bevorzugte Ferritbildung.

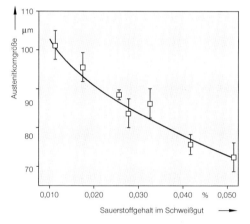

Bild 4-56
Einfluss des Sauerstoffgehalts auf die Austenitkorngröße des Schweißguts (s. Bild 4-55), nach Fleck u. a.

Nach Bild 4-54 hängt der Sauerstoffgehalt im Schweißgut bei sauren und neutralen Pulvern ($B = 1,5 \ldots 1,7$) sehr stark vom Basizitätsgrad B des Schweißpulvers ab. Damit ergibt sich eine sehr wirksame Methode, das die Zähigkeitseigenschaften des Schweißguts entscheidend bestimmende Sauerstoffpotenzial über den Basizitätsgrad des Pulvers zu steuern. Der gesamte aktive Sauerstoffanteil im Schweißgut ist aber auch von der chemischen Zusammensetzung der Drahtelektrode und in einem nur ungenau abzuschätzenden Umfang (Aufschmelzgrad!) auch von der des Grundwerkstoffs abhängig ist. Probeschweißungen sind daher zum Erreichen höchster Zähigkeitswerte unumgänglich.

Die Wirkung des für die Schweißguteigenschaften wichtigen Sauerstoffs lässt sich damit zusammenfassend beurteilen:
– Brennt Legierungselemente ab,
– erzeugt (oxidische) Einschlüsse,
– begünstigt die Porenbildung,
– reduziert die Härtbarkeit.

Die mechanischen Gütewerte der Mehrlagenschweißungen sind weitestgehend von der Draht-Pulver-Kombination abhängig, da der Einfluss des aufgeschmolzenen Grundwerkstoffanteils mit zunehmender Lagenzahl vernachlässigbar wird. Bild 4-57 zeigt beispielhaft den Einfluss der Lagenzahl auf den Mangangehalt im Schweißgut. Die Legierungsvorgänge nähern sich bereits nach der vierten Lage dem metallurgischen Gleichgewicht, d. h., Zu- und Abbrandvorgänge finden nicht mehr statt. Jede Draht-Pulver-Kombination ergibt abhängig von den gewählten Einstellwerten ein charakteristisches (dynamisches) Gleichgewichtsniveau der Legierungselemente, das nach unterschiedlicher Lagenzahl erreicht wird.

Das metallurgische Verhalten der Schweißpulver wird durch *Auftragschweißversuche* nach DIN EN ISO 6847 (ISO 6847) festgestellt. Die zu untersuchenden Pulver werden aber nur mit der Drahtelektrode S2 kombiniert. Aussagen über das Zu- und Abbrandverhalten mit anderen Drahtelektroden sind nicht oder nur unzuverlässig möglich.

Das Legierungsverhalten einer beliebigen Draht-Pulver-Kombination wird daher meis-

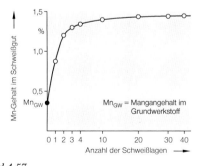

Bild 4-57
Einfluss der Lagenzahl auf den Mangangehalt im Schweißgut, hergestellt mit einer bestimmten Draht-Pulver-Kombination, schematisch.

tens mit der im DVS-Merkblatt 0907 vorgeschlagenen Versuchstechnik bestimmt. Achtlagen-Auftragschweißungen, Bild 4-58, werden mit dem zu untersuchenden Pulver und den Drahtelektroden S1 bis S4 mit konstanten Einstellwerten hergestellt. Die chemische Zusammensetzung des Schweißguts, d. h. des Zu- und Abbrandverhaltens, wird aus der obersten Lage ermittelt, die weitgehend der chemischen Zusammensetzung des reinen Schweißguts entspricht. Die Ergebnisse lassen sich sehr anschaulich in Abhängigkeit vom Legierungsgehalt der Drahtelektrode in Schaubildern darstellen, Bild 4-58. In vielen Fällen schneiden die *Legierungsgeraden* die Abszisse. Diese Schnittpunkte werden *neutrale Punkte* genannt, weil für eine gegebene Draht-Pulver-Kombination weder Zunoch Abbrand entsteht. Das metallurgische Verhalten ist also von der gewählten Draht-Pulver-Kombination abhängig; ein neutrales Pulver gibt es nicht.

Mit Hilfe dieser Schaubilder lassen sich wichtige Erkenntnisse über das metallurgische Verhalten des Schweißguts gewinnen. Dies sei an Hand von Bild 4-58 erläutert:

☐ **Beispiel ❶:**
Mit einer Draht-Pulver-Kombination S1/P1 wird ein Manganzubrand erreicht von $\Delta Mn \approx 0{,}6\,\%$. Der Mn-Gehalt im reinen Schweißgut beträgt:
$0{,}5\,\% + 0{,}6\,\% = 1{,}1\,\%$.

☐ **Beispiel ❷:**
Mit dem Pulver P3 soll ein Mn-Gehalt im Schweißgut von 1 % erreicht werden. Mit welcher Drahtelektrode lässt sich das erreichen? Diese Aufgabe ist nur durch Probieren und normalerweise nie »genau« lösbar, weil die Abszissenwerte nicht beliebig wählbar sind, sondern nur als diskrete Werte existieren, die einem Vielfachen von 0,5 (der Mn-Stufung der Drahtelektroden!) entsprechen. S3 und P3 ergeben in diesem Fall einen Mn-Abbrand von 0,4 %, d. h. ungefähr den geforderten Mn-Gehalt im Schweißgut von:
$1{,}5\,\% = 0{,}4\,\% + 1{,}1\,\%$.

☐ **Beispiel ❸:**
Das Pulver P2 verhält sich nur mit der Drahtelektrode S2 neutral, jede andere Kombination führt zum Mn-Zubrand oder -Abbrand.

Das Legierungsverhalten der Pulver hängt sehr stark von ihrem Basizitätsgrad ab. Silicium wird in der Regel zulegiert. Erfahrungsgemäß brennen basische Pulver sehr wenig, saure relativ viel Silicium zu.

Die Ergebnisse der Darstellung nach DVS-Merkblatt 0907-1 gelten streng nur für die festgelegten Schweißparameter[41]. Der große Einfluss geänderter Einstellwerte kann also nicht erfasst werden. Bild 4-59a zeigt schematisch den Verlauf der Legierungslinien für Mn-zubrennende, das Bild 4-59b den Verlauf für Mn-abbrennende Schweißpulver für von den Standardwerten abweichende Schweißströme. Mit zunehmender Stromstärke wird der Zubrand bzw. der Abbrand geringer, weil die Viskosität der Schmelze und damit die Größe der Tropfen kleiner werden.

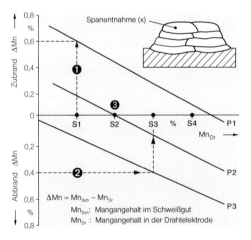

Bild 4-58
Zu- und Abbrandverhältnisse beim UP-Schweißen mit verschiedenen Schweißpulvern (P1, P2, P3) in Abhängigkeit vom Mangangehalt der Drahtelektroden (S1, S2, S3, S4), gemäß DVS-Merkblatt 0907-1, schematisch. Für die Ermittlung der chemischen Zusammensetzung des Schweißguts wurden Späne aus der obersten Lage (x) einer achtlagigen Auftragschweißung verwendet.

---

[41] Geschweißt wird mit 4 mm Ø Drahtelektroden, einem Schweißstrom von 580 ± 20 A, einer Schweißspannung von 29 ± 1 V, einer Vorschubgeschwindigkeit der Wärmequelle von 55 ± 5 cm/min, und einer Zwischenlagentemperatur von $150 \pm 50\,°C$.

Der Einfluss der Schweißspannung auf das Zu- und Abbrandverhalten ist für manganzubrennende Schweißpulver in Bild 4-59c, für manganabbrennende in Bild 4-59d dargestellt. Mit zunehmender Spannung wird die Lichtbogenlänge, d. h. die Reaktionszeit (= Verweildauer im Lichtbogenraum) länger. Der Zubrand (Abbrand) wird demgemäß größer.

Die in Bild 4-59 dargestellten Ergebnisse belegen, dass das metallurgische Verhalten des Schweißpulvers nicht so sehr von der den Tropfen umgebenden Schlackenmenge, sondern in erster Linie von der Reaktionszeit und damit vor allem von der Lichtbogenlänge l_B bestimmt wird. Diese hängt gemäß der *Ayrtonschen Beziehung* von der Lichtbogenspannung U und dem gegensinnig wirkenden Schweißstrom I mit den Konstanten k_1 und k_2 ab:

$$l_B = k_1 \cdot U + k_2 \cdot \frac{1}{I}. \qquad [4\text{-}13]$$

Die Stromstärke beeinflusst darüber hinaus durch Ändern der Schmelzenviskosität, d. h. der Tropfengröße und der Aufenthaltsdauer der Tropfen im Lichtbogenraum die metallurgischen Reaktionen in einem allerdings nicht quantifizierbaren Umfang. Eine Verringerung der Tropfengröße beschleunigt die metallurgischen Reaktionen, eine geringere Aufenthaltsdauer im Lichtbogenraum verlangsamt sie.

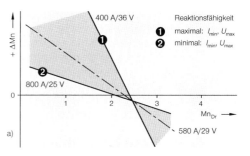

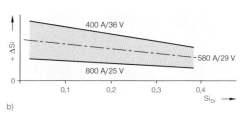

Bild 4-60
Grenzkurven für den Einsatz eines Mn-zu-/abbrennenden und Si-zubrennenden Schweißpulvers.
a) Mn-Zubrand/Abbrand,
b) Si-Zubrand.

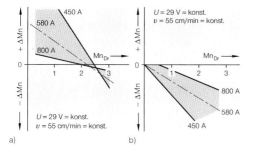

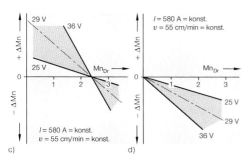

Bild 4-59
Einfluss der Schweißstromstärke auf den Mangan-Zu- bzw. Abbrand im UP-Schweißgut bei einem
a) Mn-zubrennenden (MnO-haltig) Schweißpulver,
b) Mn-abbrennenden (MnO-frei) und der Schweißspannung bei einem
c) Mn-zubrennenden,
d) Mn-abbrennenden Schweißpulver.

Zum Bestimmen der Zu- und Abbrand*grenzen* eines Schweißpulvers werden achtlagige Auftragschweißungen mit Einstellwerten hergestellt, die extreme *Reaktionsbedingungen* ergeben und in der schon bekannten Weise ausgewertet. Die gewählten Grenzwerte der Einstellparameter sind in der Praxis aber noch anwendbar. Nach Bild 4-59 entsteht durch Kombinieren von I_{max} und U_{min} der minimal mögliche, durch Kombination von I_{min} und U_{max} der maximal mögliche Reaktionsumfang. In Bild 4-60 sind beispielhaft die Grenzkurven für den Mangan- und Silicium-Abbrand eines Pulvers dargestellt.

4.2.4 Schweißzusätze für Stähle mit einer Mindeststreckgrenze über 500 N/mm²

In DIN EN 757 werden die basisch-umhüllten Stabelektroden mit Hilfe der Mindeststreckgrenze des Schweißguts bezeichnet. Erfahrungsgemäß sind mit basisch-umhüllten Stabelektroden die hohen Anforderungen an die Festigkeit und vor allem an die Zähigkeit des Schweißguts hinreichend zuverlässig erreichbar. Von größter Bedeutung für die Bauteilsicherheit ist dabei ein möglichst geringer Wasserstoffgehalt im Schweißgut. Weitere Einzelheiten sind in Abschn. 4.3.3 zu finden. Das Konzept der Normung wurde bereits in Abschn. 4.2.1 besprochen. Lediglich einige Besonderheiten der vergüteten Stähle müssen bei der Normbezeichnung zusätzlich berücksichtigt werden.

Tabelle 4-24 gibt die mechanischen Eigenschaften, Tabelle 4-25 die chemische Zusammensetzung des reinen Schweißguts wieder. Sie entspricht in ihrem Aufbau Tabelle 4-7, die die Schweißguteigenschaften der Stabelektroden nach DIN EN ISO 2560 beschreibt (Abschn. 4.2.3.1.5). Das zusätzliche Kurzzeichen »T« ist zu verwenden, wenn die Festigkeits- und Zähigkeitseigenschaften für den spannungsarm geglühten Zustand (560 °C bis 600 °C/1 h) gelten, s. Beispiel 4-8.

In DIN EN 12534 sind Drahtelektroden und Schweißgut für das MSG-Schweißen genormt, in DIN EN 14295 Drähte, Fülldrahtelektroden und UP Draht-Pulverkombinationen.

Beispiel 4-8:

Basisch-umhüllte (B) Stabelektrode zum Lichtbogenhandschweißen (E), deren Schweißgut nach einem Spannungsarmglühen (T) eine Mindeststreckgrenze von 620 N/mm² aufweist (62, Tabelle 4-24), eine Mindestkerbschlagarbeit von 47 J bei −70 °C erbringt (7, Tabelle 4-8) und eine Zusammensetzung außerhalb der in Tabelle 4-25 enthaltenen Grenzen hat (Z), an Wechsel- und Gleichstrom verschweißbar ist, eine Ausbringung von 120% hat (3, Tabelle 4-10), für Kehl- und Stumpfnähte in Wannenposition geeignet ist (4) und dessen Wasserstoffgehalt im Schweißgut 5 ml/100 g nicht überschreitet (H5, Tabelle 4-11):

EN 757 – E 62 7 Z B T 3 4 H5.

4.3 Schweißen der wichtigsten Stahlsorten

4.3.1 Unlegierte niedriggekohlte C-Mn-Stähle

Die wichtigsten unlegierten niedriggekohlten C-Mn-Stähle sind:
- Baustähle nach DIN EN 10025-2,
- verschiedene warmfeste Stähle nach DIN EN 10028-2, DIN EN 10216-2, DIN EN 10217-2, SEW 081,
- Einsatzstähle (aber nicht einsatzgehärtet!) nach DIN EN 10084.

Die Schweißeignung der oben genannten Stähle ist ähnlich. Sie lassen sich mit allen Lichtbogenschweißverfahren verbinden. Die Wahl des Verfahrens wird von wirtschaftlichen und den hier im Vordergrund stehenden (schweiß-)technischen und werkstofflichen Gesichtspunkten bestimmt. Im Folgenden werden daher das Schweißverhalten und die fertigungs- und schweißtechnischen Verarbeitungshinweise dieser Stähle gemeinsam beschrieben. Die wichtigsten Besonderheiten der schweißtechnischen Verarbeitung aufgrund spezieller Werkstoffeigenschaften werden in eigenen Abschnitten dargestellt. Empfehlungen zum Schweißen dieser Stähle sind in DIN EN 1011-2 enthalten.

Das Schweißverfahren verursacht eine Reihe werkstofflicher Änderungen in der Wärmeeinflusszone und im Schweißgut bzw. beeinflusst viele wichtige Eigenschaften der Verbindung:
– Es bestimmt zusammen mit der Vorwärmtemperatur, das angewendete/mögliche Wärmeeinbringen, d. h. die Abkühlgeschwindigkeit, die Breite, die Korngrößenverteilung und z. B. die Ausscheidungsneigung in der Wärmeeinflusszone sowie im Schweißgut. Je »einfacher« der Werkstoff ist – z. B. unlegierte Baustähle – desto unbesorgter, also »wirtschaftlicher«, kann mit großem Wärmeeinbringen geschweißt werden. Komplexe, vor allem legierte Werkstoffe und NE-Metalle erfordern nahezu immer ein begrenztes Wärmeeinbringen, weil anderenfalls die Breite und die Korn-

Tabelle 4-24
Kennzeichen für Streckgrenze, Festigkeit und Dehnung des reinen Schweißguts, hergestellt mit umhüllten Stabelektroden, mit Mindeststreckgrenzen über 500 N/mm², nach DIN EN 757 (5/97).

Kennziffer	Mindeststreckgrenze [1]	Zugfestigkeit	Mindestdehnung [2]
	N/mm²	N/mm²	%
55	550	610 bis 780	18
62	620	690 bis 890	18
69	690	760 bis 960	17
79	790	880 bis 1080	16
89	890	980 bis 1180	15

[1] Es gilt die untere Streckgrenze (R_{el}). Bei nicht ausgeprägter Streckgrenze ist die 0,2%-Dehngrenze ($R_{p0,2}$) anzuwenden.
[2] Die Messlänge ist gleich dem fünffachen Probendurchmesser ($L_0 = 5 \cdot d$).

größe der Wärmeeinflusszone unzulässig zunähmen, die mechanischen Eigenschaften vermindert würden und (oder) unerwünschte werkstoffliche Änderungen (z. B. Ausscheidungen, Phasenänderungen aller Art) einträten.

– Der Grad der schützenden Wirkung der im Lichtbogen entwickelten/vorhandenen Schutzgase ist vom Schweißverfahren abhängig. Je stabiler und kürzer der Lichtbogen, und je weniger bewegt der Plasmastrom ist, umso geringer ist im Allgemeinen die Gasaufnahme aus der Atmosphäre (vgl. den »turbulenten« Lichtbogen beim Handschweißen mit dem stabilen, kurzen, nahezu laminar und sehr gleichmäßig strömenden Lichtbogen des WIG-Verfahrens!).

– Das Schweißverfahren, die Einstellwerte und die Nahtform bestimmen weitgehend die Größe der Aufmischung. Stark aufschmelzende Verfahren sind meistens unerwünscht, weil sie oft metallurgische Komplikationen erzeugen, die mit geeigneten Prüfmethoden kontrolliert werden müssen (teuer!). Das Schweißgut kann z. B. Verunreinigungen aus dem Grundwerkstoff (P, S) aufnehmen, wodurch vor allem UP-Schweißgüter extrem heißrissanfällig werden, Abschn. 4.2.3.3.

Tabelle 4-25
Kurzzeichen für die chemische Zusammensetzung des Schweißguts mit Mindeststreckgrenzen über 500 N/mm², nach DIN EN 757 (5/97). Einzelwerte in der Tabelle sind Höchstwerte.

Legierungskurzzeichen	Chemische Zusammensetzung (Prozent Massenanteil) [1]			
	Mn	Ni	Cr	Mo
MnMo	1,4 bis 2,0	–	–	0,3 bis 0,6
Mn1Ni	1,4 bis 2,0	0,6 bis 1,2	–	–
1NiMo	1,4	0,6 bis 1,2	–	0,3 bis 0,6
1,5NiMo	1,4	1,2 bis 1,8	–	0,3 bis 0,6
2NiMo	1,4	1,8 bis 2,6	–	0,3 bis 0,6
Mn1NiMo	1,4 bis 2,0	0,6 bis 1,2	–	0,3 bis 0,6
Mn2NiMo	1,4 bis 2,0	1,8 bis 2,6	–	0,3 bis 0,6
Mn2NiCrMo	1,4 bis 2,0	1,8 bis 2,6	0,3 bis 0,6	0,3 bis 0,6
Mn2Ni1CrMo	1,4 bis 2,0	1,8 bis 2,6	0,6 bis 1,0	0,3 bis 0,6
Z	Jede andere vereinbarte Zusammensetzung			

[1] Falls nicht festgelegt: Mo < 0,2 %, Ni < 0,3 %, Cr < 0,2 %, V < 0,08 %, Nb < 0,05 %, Cu < 0,3 %.

Tabelle 4-26
Hinweise zur Wahl einiger Lichtbogenschweißverfahren.

Eigenschaften	Lichtbogenhandschweißen	MSG-Schweißen	WIG-/Plasmaschweißen	UP-Schweißen
Anwendbarkeit	Sehr anpassungsfähig, in allen Positionen verarbeitbar. Leichte Nahtzugänglichkeit und Verfügbarkeit, einfaches, robustes, preiswertes Verfahren, hervorragend für nicht wiederkehrende Arbeiten und Reparaturen einsetzbar, nicht mechanisierbar.	In allen Positionen anwendbar. Werkstoffübergang und damit physikalische Eigenschaften des Lichtbogens und mechanische des Schweißguts durch Sprühlicht-, Kurzlicht- und Impulslichtbogen sowie vielfältigst wirksamer Schutzgase in weiten Grenzen änderbar. Für Blechdicken von 0,5 mm bis ca. 30 mm anwendbar. Unter Baustellenbedingungen unzweckmäßig. Schutzgas verwehbar. Einfach mechanisierbar.	In allen Positionen anwendbar, für Baustellenbetrieb kaum geeignet. Angewendet für Blechdicken von 0,1 mm (Mikroplasma) mm bis etwa 10 mm (Wurzelschweißung, vor allem an Rohren). WIG-Schweißen für komplizierte Schweißungen (z. B. Wurzel, Zwangslage, schlechte Passung) besonders gut geeignet, weil »Wärme« und Zusatz mit zwei Händen *getrennt* einstellbar. Wie das MIG-Verfahren hervorragend für Leichtmetalle anwendbar (Beseitigen des Oxidfilms durch »Reinigungswirkung«).	Nur in w- und h-Position anwendbar, fast immer mechanisiert und oft mit aufwändigen, meist teuren Vorrichtungen betrieben. Ab etwa 3 mm bis zu größten Dicken einsetzbar. Sehr hohe Schweißgeschwindigkeit möglich.
Erreichbare Qualität	Gut, aber stark von Handfertigkeit des Schweißers abhängig. Rauche, Dämpfe, Verbrennungsgase im Lichtbogenraum und stark bewegter Gasschutz begrenzen erreichbare Qualität. Bindefehler, Poren, Einschlüsse sind typische Fehlerarten. In Mehrlagentechnik (Umkörnen und unteren Lagen bei Stahlwerkstoffen!) und basischen Elektroden sehr hohe Zähigkeit erreichbar.	Gut, aber meist auf Handhabungsfehler beruhende Porosität und Bindefehler können Probleme verursachen. Anfälligkeit gegenüber Rost und Oberflächenbelägen als Verfahren, die mit Pulver/Umhüllung arbeiten. In Schmelze aufgenommene O- und N-Mengen können sehr gering sein.	Extrem hohe Qualität erreichbar, wenn Nahtbereich metallisch blank ist, da Lichtbogen »reine« Wärme darstellt, ohne Gütewerte beeinträchtigende Gase und Reaktionsprodukten. Kleine Nahtquerschnitte erzeugen feineres Korn in und geringere Breite der WEZ.	Hohe Qualität möglich, aber sehr von fachgerecht gewählter Draht-Pulver-Kombination und Einstellwerten abhängig. Sehr hoher Aufschmelzgrad möglich (Stumpfnähte ohne Vorbereitung). Weniger empfindlich für Rost und Blechablagerungen (basische Pulver). Nur sehr geringe Mengen an N werden aufgenommen, aber O aus Pulver.
Wirtschaftlichkeit	Preiswertes Verfahren (> 2500 € bis 5000), hoher Ausbildungsstand des Schweißers erforderlich. Abschmelzleistung bis 6 kg/h, geringe Schweißgeschwindigkeit, für Blechdicken über 20 bis 30 mm i. Allg. unwirtschaftlich.	Teureres Verfahren (> 3000 € bis 15000 bei Impulsanlagen), hoher Abstand des Schweißers erforderlich. Abschmelzleistung > 20 kg/h, hohe Schweißgeschwindigkeit (bis 2 m/min unter CO_2).	Sehr teures Verfahren (> 50000 €). Wegen geringer Abschmelzleistung (3 bis 4 kg/h) überwiegend für hochwertigste Schweißarbeiten angewendet.	Abschmelzleistung kann sehr hoch sein (> 25 kg/h). Verfahren und fast immer erforderliche Vorrichtung teuer (> 30000 €). Meistens teure Nahtvorbereitung erforderlich, weil große Menge (dünn-) flüssiger Schmelze vorhanden.
Wirkung auf den Grundwerkstoff	Geringes Wärmeeinbringen (Zünd-, Heftstellen) führt zu hoher Abkühlgeschwindigkeit (Härtesteigerung in WEZ bei Stahlwerkstoffen, mehrachsige Eigenspannungen. Umhüllung stellt »Speicher« für Wasserstoff dar, daher B-Stabelektroden trocknen.	Geringes bis sehr großes Wärmeeinbringen je nach Verfahrens-Variante einstellbar. Sehr geringer H-Gehalt im Schweißgut möglich.	Relativ geringes Wärmeeinbringen kann hohe Abkühlgeschwindigkeit erzeugen, extrem geringer H-Gehalt im Schweißgut möglich.	Das häufig große Wärmeeinbringen erzeugt breite WEZ (Grobkorn), geringe Abkühlgeschwindigkeit (leichtes Ausgasen), große Aufmischung, d. h. evtl. metallurgische Probleme.

- Vor allem bei den höhergekohlten Stählen (C ≥ 0,2 %) muss das Schweißgut möglichst wenig Wasserstoff enthalten. Hierfür sind geeignete Technologien (Vorwärmen), Schweißverfahren bzw. Zusatzwerkstoffe zu wählen.

In der Tabelle 4-26 sind für einige wichtige Schweißverfahren Hinweise für eine fachgerechte Auswahl (technische und wirtschaftliche Gesichtspunkte) zusammengestellt.

Die Schweißeignung wird von vielen Faktoren bestimmt (Abschn. 3.2, S. 239):

❐ Dem *Kohlenstoffgehalt* des Werkstoffs. Er beträgt bei den meisten der genannten Werkstoffe ≤ 0,2 % (Abschn. 4.1.3), d. h., gravierende Probleme beim Schweißen sind in keinem Fall zu erwarten:
  - Die Kaltrissneigung ist als gering einzustufen, obwohl sie nicht völlig auszuschließen ist, s. Aufgabe 2-8, S. 230.
  - Die mechanischen Eigenschaften des hocherhitzten Teils der Wärmeeinflusszone sind selbst bei sorgloser Fertigung meistens ausreichend.

❐ Dem *Gehalt der Verunreinigungen*. Die wichtigsten Elemente sind Phosphor, Schwefel und die atmosphärischen Gase. Ihre Menge, Art und Verteilung sind entscheidend für die Zähigkeit, die Neigung zu verschiedenen Defekten (Poren, Heiß- und Kaltrisse) und damit für die Sicherheit des geschweißten Bauteils:
  - Die *Zähigkeit* der Stähle lässt sich praxisnah und relativ zuverlässig mit der Übergangstemperatur der Kerbschlagarbeit $T_{ü,40}$, also z. B. mit dem Konzept der *Gütegruppen* beschreiben (s. Baustähle nach DIN EN 10025-2, Abschn. 4.3.1.1).
  - *Poren* (Abschn. 3.5.1.1) entstehen im Schweißgut vor allem durch Gase (CO, N, H), die beim Schweißprozess gebildet oder aufgenommen wurden (Atmosphäre, Rost, Beschichtungen, Fette, Öle, organische Substanzen). Unberuhigte Stähle enthalten nur eine geringe Desoxidationsmittelmenge, sie sind daher besonders empfindlich.
  - *Heißrisse* entstehen meistens durch Schwefel und Phosphor bevorzugt in großvolumigen Schweißgütern (UP) und bei großen Schweißgeschwindigkeiten, die tropfenförmige Schweißgüter erzeugen, Abschn. 4.1.1.1.
  - *Terrassenbrüche* entstehen überwiegend in Schweißverbindungen aus Feinkornbaustählen (Abschn. 4.3.2). Die besonders beruhigten Stähle mit ihrer ausgeprägten Walzzeiligkeit neigen aber bei größeren Wanddicken ebenfalls zu dieser Versagensform.

❐ Der *Werkstückdicke*. Mit zunehmender Dicke ändern sich einige für die Bauteilsicherheit wichtige Eigenschaften:
  - Der Mehrachsigkeitsgrad und die Höhe der Schweißeigenspannungen werden größer, und damit wächst die Gefahr der Kaltrissneigung und Spannungsversprödung.
  - Die Abkühlgeschwindigkeit nimmt zu, wodurch ungünstige Gefüge (härter und spröder) vor allem in der WEZ, aber auch im Schweißgut entstehen.
  - Die mechanischen Gütewerte werden bei diesen konventionellen Stählen im Gegensatz z. B. zu den Feinkornbaustählen (Abschn. 4.3.2) schlechter, vor allem quer zur Walzrichtung. Der geringere Durchschmiedungsgrad und Verunreinigungen aller Art bewirken oft eine unzureichende Gleichmäßigkeit des Gefüges (Zähigkeitsanisotropie) und eine ungünstigere Verteilung der Einschlüsse.

Von größter Bedeutung für die mechanischen Eigenschaften, vor allem für die Zähigkeit, ist Art und Menge der im Stahl vorhandenen Verunreinigungen. Aus Gründen der besseren Übersicht sollen sie in *lösliche* (in der Matrix statistisch verteilte oder als oberflächenaktive in Korngrenzenbereichen segregiert: z. B. B, P, Sn, Pb) und *nichtlösliche* (Ausscheidungen, Einschlüsse, z. B. Sulfide, Carbide, Oxide) unterteilt werden. Außer ihrer zähigkeitsvermindernden Wirkung können sie bei einer unzureichenden thermischen Stabilität Anlass zur Porenbildung und zur Entstehung der *Wiederaufschmelzrisse (liquati-*

on cracks) geben. Ausscheidungen besitzen aber auch eine Reihe bemerkenswerter Vorteile:
- Durch Abbinden des interstitiell vorhandenen Stickstoffs werden Alterungserscheinungen wirksam unterdrückt, d. h. die Zähigkeitseigenschaften verbessert. Die Bildung von Carbiden vermindert den Gehalt an gelöstem Kohlenstoff im Austenit, wodurch die Schweißeignung des Stahles günstig beeinflusst wird.
- Sie erhöhen die Festigkeit, wenn ihr mittlerer Durchmesser im Bereich einiger hundert nm liegt (Dispersionshärtung).
- Sie behindern sehr wirksam (bis etwa 0,5 nm) die Korngrenzenbewegung beim Rekristallisationsvorgang und erschweren somit auch das Kornwachstum in der Grobkornzone von Schweißverbindungen. Sie dienen außerdem als heterogene Keime für die Bildung des in Schweißgütern bevorzugten nadelförmigen Ferrits.
- Die vor allem an der Phasengrenze Matrix/Ausscheidung vorhandenen »Hohlräume« stellen *Fallen (»traps«)* für den atomaren Wasserstoff dar (Abschn. 3.3.3.3, S. 258). Die Neigung zur wasserstoffinduzierten Rissbildung wird deutlich geringer.

Abhängig von der Zusammensetzung des Schweißguts kann die Heißrissneigung (von UP-Schweißgütern) mit dem von *Bailey* und *Jones* entwickelten Heißrissparameter P_{HR} abgeschätzt werden, Gl. [4-14]:

$$P_{HR} = 230 \cdot C + 190 \cdot S + 75 \cdot P + 45 \cdot Nb - 12{,}3 \cdot Si - 5{,}4 \cdot Mn - 1.$$

$P_{HR} \leq 10$: Heißrissgefahr ist gering,
$P_{HR} \geq 30$: Heißrissbildung ist wahrscheinlich,
$10 < P_{HR} < 30$: die Heißrissentstehung wird entscheidend von den Einstellwerten und der Art des Lagenaufbaus beeinflusst.

Die Schweißeignung dieser Stähle ist in der Regel für alle Schmelzschweißverfahren gegeben. Die Auswahl geeigneter Schweißzusätze ist noch unproblematisch. Die fachgerechte Wahl der Zusatzwerkstoffe wird durch folgende Normen erleichtert bzw. ermöglicht:

❏ **DIN EN ISO 2560:**
Umhüllte Stabelektroden zum Lichtbogenhandschweißen unlegierter und mikrolegierter Stähle (Abschn. 4.2.3.1).

❏ **DIN EN ISO 636:**
Schweißstäbe zum WIG-Schweißen unlegierter und mikrolegierter Stähle, Tabelle 4-12.

❏ **DIN EN ISO 14341** und **DIN EN ISO 17632:**
Massivdraht- und Fülldrahtelektroden zum MSG-Schweißen unlegierter und niedriglegierter (Feinkorn-)Stähle, Tabelle 4-17 und Tabelle 4-18.

❏ **DIN EN 756** und **DIN EN 760:**
Massivdrahtelektroden und Schweißpulver zum UP-Schweißen, Tabelle 4-19 und Tabelle 4-20.

Weitere Einzelheiten über die metallurgische Wirksamkeit und einige Eigenschaften der Schweißzusatzwerkstoffe sowie der Hilfsstoffe sind in Abschn. 4.2 zu finden.

Mit zunehmender Werkstückdicke werden Zusatzwerkstoffe verwendet, die ein möglichst verformbares, risssicheres und wasserstoffarmes Schweißgut ergeben. Der Abbau mehrachsiger Spannungen im Schweißnahtbereich durch plastische Verformung wird erleichtert, d. h. die Kaltrissbildung in dem aufgehärteten schmelzgrenzennahen Bereich deutlich erschwert. Besonders gut geeignet sind daher die basisch-umhüllten Stabelektroden (Abschn. 4.2.3.1.3), die auch die Kaltrissneigung der aufgehärteten Bereiche der WEZ (ermöglicht durch die hervorragende Verformbarkeit des sehr zähen Schweißguts!) vermindern. Aus wirtschaftlichen Gründen (Abschmelzleistung!) werden sie allerdings nur bis zu Werkstückdicken von etwa 15 mm bis 20 mm verwendet. Die MSG-, und vor allem das UP-Verfahren sind für größere Dicken der Fügeteile wirtschaftlicher.

Ein Vorwärmen der Fügeteile ist i. Allg. bei Werkstückdicken über 20 ... 30 mm erforderlich, vor allem bei verspannten Konstruktionen. Die Vorwärm- bzw. die Zwischenlagentemperaturen liegen zwischen »Handwärme« und 200 °C. Sie werden in der Regel durch Spezifikationen, Regelwerke oder Werksvorschriften festgelegt und können im ungeregelten Bereich z. B. experimentell oder mit Hilfe des Kohlenstoffäquivalents ermittelt werden (Abschn. 4.1.3.2).

Dickwandige Konstruktionen ($t \geq 30$ mm) werden gemäß einschlägiger Regelwerke häufiger spannungsarmgeglüht. Die erforderlichen Glühtemperaturen sind aus Tabelle 2-3, S. 139, bzw. den Regelwerken zu entnehmen. Ein Normalglühen *kann* bei Werkstückdicken über 30 mm erfolgen. Aus wirtschaftlichen und technischen Gründen wird diese teure Wärmebehandlung aber nur angewendet, wenn sie nach den Regelwerken oder nach (schweiß-)technischem Verständnis erforderlich ist.

Besonders beruhigte Stähle, vor allem aber die normalgeglühten Feinkornbaustähle, neigen bei größeren Wanddicken ($t \geq 20$ mm) und hohem Verspannungsgrad der Konstruktion als Folge der zeilenförmigen Anordnung der Desoxidationsprodukte (z. B. SiO_2, Al_2O_3, MnS) zum **Terrassenbruch**. Die zum Abwenden dieser Versagensform angewendeten verschiedenartigen Maßnahmen sind in Abschn. 2.7.6.1, S. 189, beschrieben.

4.3.1.1 Baustähle nach DIN EN 10025-2

Diese mengenmäßig bei weitem wichtigsten Werkstoffe sind unlegiert und werden aufgrund ihrer Zugfestigkeit und Streckgrenze (bei Raumtemperatur) im warmgeformten Zustand nach einem Normalglühen oder normalisierenden Walzen oder nach einer Kaltumformung im Hochbau, Tiefbau, Brückenbau, Behälterbau, z. T. Rohrleitungsbau und im Fahrzeug- und Maschinenbau verwendet. Sie werden überwiegend durch Schweißen weiterverarbeitet.

Das Gefüge dieser Stähle ist ferritisch-perlitisch. Die Bildfolge 4-61 zeigt Aufnahmen der Mikrogefüge der Stähle S235 (St 37), S355J2+N (St 52-3) und E335 (St 60). Der mit zunehmendem C-Gehalt zunehmende Perlit- (bzw. Bainit-)Anteil ist deutlich zu erkennen, ebenso die für manganlegierte Stähle charakteristische Walzzeiligkeit bei dem Baustahl S355J2+N (St 52-3). Der Kohlenstoffgehalt liegt etwa zwischen 0,17 % (S235JR) und 0,35 % bis 0,40 % (E360), Tabelle 2-4.

Die Stähle der Gütegruppen JR, JO, K2 sind zum Schweißen nach allen Verfahren geeignet. Die Schweißeignung (und die Zähigkeitseigenschaften) verbessert sich bei jeder Sorte von der Gütegruppe JR bis zur Gütegruppe K2, Tabelle 2-5. Für die Stähle ohne Gü-

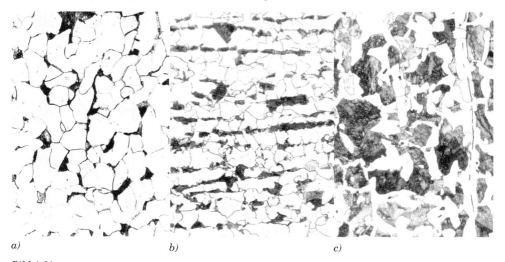

Bild 4-61
Mikroaufnahmen der Gefüge verschiedener Baustähle nach DIN EN 10025-2 (DIN 17100), 2 % HNO_3.
a) S235JR (St 37), V = 500:1, b) S355J2 +N (St 52-3), V = 800:1, c) E335 (St 60), V = 500:1.

Tabelle 4-27
Schweißeignung der unlegierten Baustähle nach DIN EN 10025-2. Die Angaben gelten jeweils für die gleiche Erzeugnisdicke. Die Wertigkeit der Kreuze ist für die einzelnen Faktoren unterschiedlich. Versuch einer Einordnung gemäß DIN 8528-1. Einzelheiten zur chemischen Zusammensetzung und mechanische Eigenschaften s. Tabelle 2-4.

Gruppe	Stahlsorte (Kurzname) nach				Desoxidationsart [1,2]	Beachten von [3]:			
	EN 10027-1					Sprödbruch-neigung	Alterungs-neigung	Härtungs-neigung	Seigerungs-verhalten
	EN 10025-2 (2005)	EN 10025 (1995+A1)	EU 25-72 EN 10025 (1990)	DIN 17006 DIN 17100					
1	–	S235J2G4	Fe 360 D2	(–)	(FF)	(–)	(–)	(–)	(–)
	–	S235J2G3	Fe 360 D1	St 37-3 N	FF	–	–	–	–
	S235 + N [2]	S275J2G4	Fe 430 D2	(–)	(FF)	(–)	(–)	(–)	(–)
	–	S275J2G3	Fe 430 D1	St 44-3 N	FF	–	–	–	–
	S275J + N	S355K2G4	Fe 510 DD2	(–)	(FF)	(–)	(–)	(x)	(–)
	–	S355K2G3	Fe 510 DD1	(–)	(FF)	(–)	(–)	(x)	(–)
	–	S355J2G4	Fe 510 D2	(–)	FF	(–)	(–)	(x)	(–)
	S355 + N	S355J2G3	Fe 510 D1	St 52-3 N	FF	(–)	(–)	x	–
	S235J0	S235J0	Fe 360 C	St 37-3 U	FF	x	x	–	–
	S275J0	S275J0	Fe 430 C	St 44-3 U	FF	x	x	x	–
	S355J0	S355J0	Fe 510 C	St 52-3 U	FF	x	x	x	–
	S355K2	S355K2G4	Fe 510 DD2	–	FF	–	–	–	–
	–	S235JRG2	Fe 360 BFN	RSt 37-2	(FN)	(xx)	(x)	(–)	(–)
	–	S235JRG1	Fe 360 BFU	USt 37-2	(FU)	(xx)	(x)	(–)	(x)
	S235JR	S235JR	Fe 360 B	St 37-2	FN	x	x	–	–
	S275JR	S275JR	Fe 430 B	St 44-2	FN	xx	x	x	–
2	S185	S185	Fe 310-0 [4]	St 33	freigestellt	xxx	xx	xxx	xx
3	E295	E295	Fe 490-2	St 50-2	FN	xxx	xx	xxx	–
	E335	E335	Fe 590-2	St 60-2	FN	xxx	xx	xxx	–
	E360	E360	Fe 690-2	St 70-2	FN	xxx	xx	xxx	–

[1] FN: unberuhigter Stahl nicht zulässig, FF: vollberuhigter Stahl.
[2] Sollen die Erzeugnisse im normalgeglühten/normalisierend gewalzten Zustand geliefert werden, dann ist an die Stahlbezeichnung +N anzufügen. Dadurch wurden die Kennzeichen für den Lieferzustand (G3, G4) überflüssig. Da auch unberuhigte Stähle in der Norm nicht mehr enthalten sind, wurden auch die Kurzzeichen für die Desoxidationsart (G1, G2) überflüssig.
[3] –: bedeutet, diese Eigenschaft ist bei den Stählen *nicht* zu beachten,
x: Mit zunehmender Anzahl der Kreuze wird der Einfluss des betreffenden metallurgischen Einflusses auf die Schweißeignung größer.
[4] Nur in Nenndicken ≤ 25 mm lieferbar.

tegruppen (S185, E295, E335 und E360) werden keine Angaben zur Schweißeignung gemacht und keine Kerbschlagarbeiten gewährleistet.

Die Kennzeichen für die Desoxidationsart (G1, G2) sind seit dem Erscheinen der neueren DIN EN 10025 (4/2005) überflüssig, Tabelle 2-4, weil unberuhigte Stähle nicht mehr enthalten sind. Der Lieferzustand der Erzeugnisse bleibt, wenn nicht anders vereinbart, dem Hersteller überlassen. Sollten die Erzeugnisse im normalgeglühten/normalisierend gewalzten Zustand geliefert werden, dann ist an die Stahlbezeichnung +N anzufügen. Dadurch werden die Kennzeichen für den Lieferzustand (G3, G4) ebenfalls überflüssig. Bestellbar ist auch der Lieferzustand +AR (=As Rolled = »wie gewalzt« d.h. der Stahl wird ohne jegliche besonderen Walz- und/oder Wärmebehandlungsbedingungen hergestellt).

Bei der Bestellung ist für die Stähle aller Gütegruppen (JR, JO, J2, K2) ein Höchstwert für das nach der Formel Gl. [4-2] zu berechnende *Kohlenstoffäquivalent* CEV einzuhalten:

$$CEV = C + \frac{Mn}{6} + \frac{Cr + Mo + V}{5} + \frac{Ni + Cu}{15} \ [\%].$$

Diese vom International Institute of Welding (IIW) empfohlene Beziehung gilt für Stähle mit mehr als 0,18 % Kohlenstoff. Für CEV-Werte ≤0,40 % ist eine *Kaltrissbildung* auszuschließen. In diesem Fall sind die in der Formel genannten Elemente in der Bescheinigung über Materialprüfungen anzugeben.

Die Tabelle 4-27 zeigt in der Darstellungsart der (ersatzlos zurückgezogenen) DIN 8528-1 die Schweißeignung der unlegierten Baustähle nach DIN EN 10025-2. Die wichtigsten Faktoren, die die Schweißeignung beeinflussen, sind durch Kreuze gekennzeichnet. Mit zunehmender Zahl der Kreuze wachsen die Schwierigkeiten und der Aufwand bei der schweißtechnischen Fertigung.

Bild 4-62a zeigt beispielhaft das Mikrogefüge des Schmelzgrenzenbereichs einer Verbindungsschweißung aus einem höhergekohlten C ≈ 0,40 %) Stahl E360 (St 70), die mit dem MAG-Verfahren unter Verwendung basischer Fülldrähte bei einer Vorwärmtemperatur von $T_p = 300\,°C$ hergestellt wurde. Das Gefüge der Wärmeeinflusszone ist bainitisch-perlitisch (feinstreifig) mit Anteilen von Martensit und geringen Mengen voreutektoiden (= allotriomorphen) Korngrenzen- und Seitenplattenferrits. Das Schweißgut besteht im Bildausschnitt überwiegend aus nadelförmigem Ferrit und größeren Ferritblöcken. Die

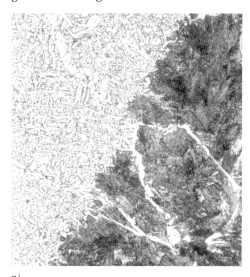

a)

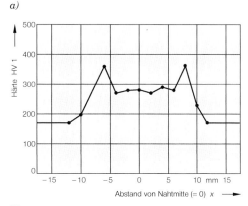

b)

Bild 4-62
Verbindungsschweißung an einem E360 (St 70) bei einer Vorwärmtemperatur von $T_p = 300\,°C$.
a) Mikroaufnahme aus dem Schmelzgrenzenbereich (oben rechts Schweißgut: überwiegend nadelförmiger Ferrit, unten links WEZ: perlitisch-bainitisches Gefüge). V = 800:1; 2 % HNO_3.
b) Härteverteilung (HV 1), gemessen 1 mm unter der Oberfläche.

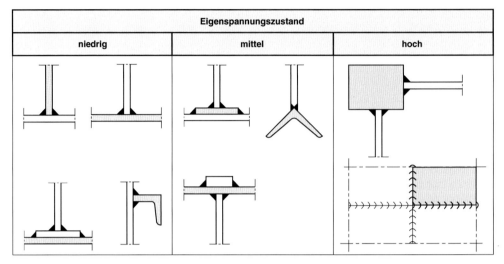

Bild 4-63
Beispiele zum Beurteilen des Eigenspannungszustandes einiger geschweißter Elemente, nach DASt-Richtlinie 009 und Anpassungsrichtlinie zur DIN 18800-1/A1.

maximale Härte in der Nähe der Schmelzgrenze beträgt ca. 350 HV 1. Die Bauteilsicherheit ist damit wohl sichergestellt, wenn für diese nicht noch andere Eigenschaften erforderlich sind.

Ohne Vorwärmen ergab sich eine Maximalhärte von etwa 650 HV 1, bei $T_p = 100\,°C$ eine von 580 HV 1 und bei $T_p = 200\,°C$ immerhin noch eine Härte von 480 HV 1. Man erkennt nicht nur die Bedeutung des Vorwärmens, sondern vor allem die Notwendigkeit, höhergekohlte Stähle sehr hoch vorwärmen zu müssen, s. Abschn. 4.3.4. Die Verwendung basisch wirkender Zusatzwerkstoffe ist sehr empfehlenswert.

Die fachgerechte Auswahl des Stahls muss nach technischen *und* wirtschaftlichen Überlegungen erfolgen. Ein sehr wichtiges Kriterium ist seine Schweißeignung. Das Schweißverhalten der un- und (niedrig-)legierten Baustähle kann recht zuverlässig und praxisnah mit Hilfe der *Gütegruppen* bestimmt werden[42].

Gütegruppen (Stahlgütegruppen)

Ein günstiges Schweißverhalten (Zähigkeitseigenschaften, (Kalt-)Rissfreiheit der Verbindung) ist die wohl wichtigste Eigenschaft der schweißgeeigneten Baustähle. Allgemein akzeptierte und bewährte Kennwerte sind die *Kerbschlagarbeit K* und (oder) besser die *Übergangstemperatur* $T_{ü,27}$ bzw. $T_{ü,40}$. Beide Werkstoffkennwerte bestimmen im schweißtechnischer Hinsicht die Qualität des Stahles, die durch seine **Gütegruppe** angegeben wird.

In der letzten Ausgabe der DIN EN 10025-2 (4/2005) werden nur noch vier technisch und wirtschaftlich völlig ausreichende Gütegruppen unterschieden, Tabelle 2-5, S. 170:

$$JR - JO - J2 - K2.$$

Die Gütegruppen werden durch nachstehende Festlegungen beschrieben:

☐ **Gütegruppe, keine Angabe**
Es bestehen keine Anforderungen an die *chemische Zusammensetzung des Stahles*, (S185, E295, E335, E360). Angaben über die Schweißeignung sind dann in der Regel nicht möglich oder unsicher. Werte für K und $T_{ü,27}$ können nicht angegeben werden. Die Stahlqualität, d. h., die Verformbarkeit ist gering.

---

[42] In der bis 1991 gültigen DIN 17100 als *Stahlgütegruppe* bezeichnet.

☐ **Gütegruppe JR bis K2**
Die Schweißeignung verbessert sich bei jeder Sorte von der Gütegruppe JR bis zur Gütegruppe K2.
Zunehmende Qualität (Sprödbruchsicherheit, Schweißeignung) des Stahles, also eine höhere Gütegruppe, ist gekennzeichnet durch eine zunehmende gewährleistete Kerbschlagarbeit, meistens verbunden mit einer abnehmenden Übergangstemperatur der Kerbschlagzähigkeit, und einem abnehmendem Gehalt ab Verunreinigungen (Schwefel, Phosphor, Stickstoff), Tabelle 2-4, S. 169.

Die Schweißeignung des Stahles S185 (St 37) ist damit nicht gewährleistet, obwohl er für untergeordnete Zwecke in der Regel ohne Probleme geschweißt werden kann. Schweißarbeiten an den Stählen E295 (St 50), E335 (St 60) und E360 (St 70) sollten wegen ihrer hohen Kohlenstoffgehalte (im Allgemeinen $\geq 0{,}35\,\%$) nur sehr überlegt erfolgen. Ohne aufwändige, die Wirtschaftlichkeit stark belastende vorbereitende Maßnahmen (Vorwärmen, Säubern, Zusatzwerkstoffwahl, Wärmenachbehandlung, qualifizierte Schweißer und umfangreiche qualitätssichernde Maßnahmen) sind rissfreie bzw. betriebssichere Schweißverbindungen sehr schwer herstellbar. Daher werden Schweißarbeiten an diesen Stählen mit nicht gewährleisteter Schweißeignung nur in Notfällen (z. B. bei Reparaturen, wenn eine Neubeschaffung nicht mehr möglich oder zu teuer ist) durchgeführt.

Wahl der Gütegruppe
Die Auswahl eines hinreichend sprödbruchsicheren Stahls für eine zu schweißende Konstruktion ist abhängig von der Art, der Anzahl und der Schärfe der sprödbruchwirksamen Faktoren. In der DASt-Richtlinie 009 »Empfehlungen zur Wahl der Gütegruppen für geschweißte Bauteile« und der Anpassungsrichtlinie zur DIN 18800 werden die Faktoren verwendet:
– Spannungszustand (hoch, mittel, niedrig),
– Bedeutung des Bauteils,
– Temperatur,
– Werkstückdicke und der
– Kaltverformung(sgrad).

Der *Spannungszustand* wird mit drei Gruppen beurteilt:
– *niedrig:* z. B. Schotte, Aussteifungen,
– *mittel:* z. B. Knotenbleche an Zuggurten,
– *hoch:* z. B. scharfe Querschnittssprünge.
Einige Konstruktions-Beispiele zeigt Bild 4-63.

Je nach der Bedeutung unterscheidet man Bauteile *1. Ordnung* (die Beanspruchung ist z. B. ständig größer als 70 % der zulässigen) und *2. Ordnung* (bei einem örtlichen Versagen bleibt die Gebrauchsfähigkeit des Gesamt-Bauwerks erhalten), Tabelle 4-28. Die angeführten *Temperaturbereiche* berücksichtigen die *tiefste* Temperatur in geschlossenen Hallen (bis $-10\,°C$) und die *tiefste* Außentemperatur (bis $-30\,°C$).

Tabelle 4-28
Bestimmung der Klassifizierungsstufen nach der DASt-Richtlinie 009.

Spannungszustand/ Konstruktionsfaktor K		Bedeutung des Bauteils	Beanspruchung bei Gebrauchslast			
			Druck		Zug	
			Temperatur im Gebrauchszustand in °C			
			bis −10	von −10 bis −30	bis −10	von −10 bis −30
Hoch	≥ 0,75	1. Ordnung	IV	III	II	I
		2. Ordnung	V	IV	II	II
Mittel	0,6 bis 0,74	1. Ordnung	V	IV	III	II
		2. Ordnung	V	V	IV	III
Niedrig	≤ 0,59	1. Ordnung	V	V	IV	III
		2. Ordnung	V	V	V	IV

Beim Schweißen kaltverformter Bauteile müssen die Bedingungen der DIN 18800-1 berücksichtigt werden, Tabelle 4-3.

Aus der Bewertung der sprödbruchwirksamen Einflüsse ergeben sich die Klassifizierungsstufen I bis V gemäß Tabelle 4-28. Die Gütegruppe ist dann nach Bild 4-64 zu bestimmen.

4.3.2 Feinkornbaustähle; normalgeglüht und thermomechanisch behandelt

4.3.2.1 Allgemeine Konzepte

Die Auswahl der Zusatzwerkstoffe ist bei den hervorragend schweißgeeigneten normalgeglühten Feinkornbaustählen noch unproblematisch, bei den rissempfindlicheren wasservergüteten deutlich kritischer. Die Stähle lassen sich mit allen üblichen Verfahren schweißen, bevorzugt aber mit dem
– Lichtbogenhandschweißen, den
– Schutzgasschweißverfahren und dem
– Unterpulverschweißverfahren.

Grundsätzliche Hinweise für die Verarbeitung der normalgeglühten (bzw. thermomechanisch behandelten) Feinkornbaustähle enthält das Stahl-Eisen-Werkstoffblatt 088-93. Bei Beachtung einiger werkstoffspezifischer Besonderheiten und der Regeln der Technik ist die Schweißeignung der Feinkornbaustähle gut bis sehr gut. Die TM-Stähle haben im Vergleich zu gleichfesten normalgeglühten Feinkornbaustählen einen deutlich geringeren Kohlenstoffgehalt. Ihre Schweißeignung ist daher sehr gut. Tabelle 2-11 bis 2-14 zeigt die chemische Zusammensetzung der Stähle nach DIN EN 10025-3, DIN EN 10028-3 (Feinkornstähle), DIN EN 10025-4, DIN EN 10028-5 (Feinkornstähle, thermomechanisch gewalzt), die normalgeglüht und thermomechanisch behandelt geliefert werden. Bedingt durch die Art ihrer Herstellung (s. Abschn. 2.7.6.2, S. 190) dürfen Wärmebehandlungen aller Art entweder nicht oder nur sehr umsichtig vorgenommen werden (Gefahr des Lösens der gütebestimmenden Ausscheidungen bestimmter Größe und Verteilung). Normalerweise ist nur das Spannungsarmglühen bei *niedrigeren* Glühtemperaturen zulässig. Die Schweißparameter sind sorgfältig zu wählen. In der Regel ist die Wärmezufuhr zu begrenzen (kontrollierte Wärmezufuhr).

Die Eigenschaften der normalgeglühten Feinkornbaustähle beruhen im Wesentlichen auf ihrer *Feinkörnigkeit*, die während der Sekundärkristallisation durch als Keime wirkende Teilchen [AlN, VN, Nb(C,N)] erzeugt wurde. Durch den Schweißprozess sollten daher die die Feinkörnigkeit bewirkenden Ausscheidungen in der Wärmeeinflusszone in einem möglichst geringen Umfang gelöst werden.

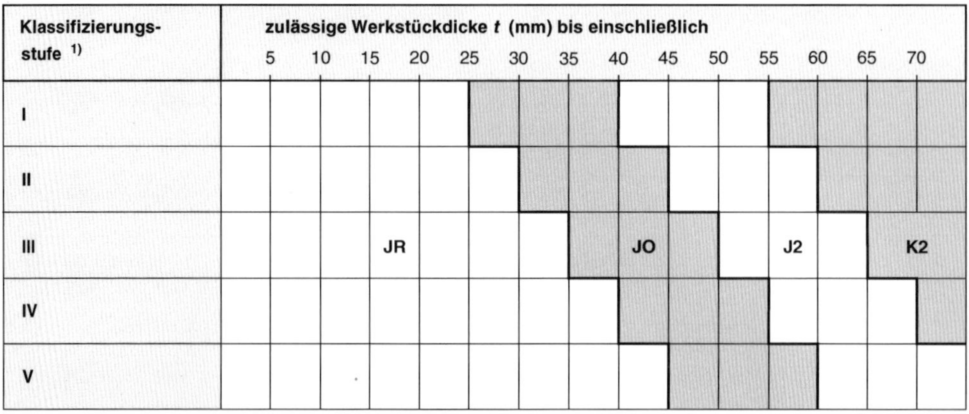

Klassifizierungs-stufe [1]	zulässige Werkstückdicke t (mm) bis einschließlich														
	5	10	15	20	25	30	35	40	45	50	55	60	65	70
I														
II														
III					JR				JO		J2		K2	
IV														
V				.										

[1] gemäß DASt-Richtlinie 009

Bild 4-64
Wahl der Gütegruppen für Stähle nach DIN EN 10025-2.

Die Wärmezufuhr beim Schweißen ist daher zu *kontrollieren*, genauer zu begrenzen, um die Menge an gelösten Teilchen gering zu halten. Die hierfür erforderliche Temperaturführung lässt sich am einfachsten mit dem Lichtbogenhand-, dem Schutzgas- und dem Unterpulverschweißen realisieren.

Selbst mit einer geeigneten Temperaturführung kann nicht vermieden werden, dass ein Teil der Ausscheidungen in der WEZ gelöst und beim Abkühlen z. T. in einer nachteiligen Form (z. B. spießig, nadelförmig, bevorzugt an den Korngrenzen und hier zusammenhängend) wieder ausgeschieden wird, wodurch ein erheblicher Zähigkeitsabfall entstehen kann. Der Verlust an Zähigkeit ist bei einlagig geschweißten Verbindungen deutlich größer als bei mehrlagigen. Die Ursachen dürften auf dem »Normalisierungseffekt« der folgenden Lagen und dem günstigeren Ausscheidungszustand in mehrlagig geschweißten Verbindungen beruhen.

Daraus ergibt sich die Notwendigkeit, den Einfluss dieser komplexen metallurgischen Vorgänge auf die mechanischen Eigenschaften zuverlässig beschreiben zu können. Als gut geeignet hat sich hierfür die *Abkühlgeschwindigkeit* bzw. einfacher und genauer die *Abkühlzeit* $t_{8/5}$ erwiesen (siehe Abschn. 3.3.1, S. 245). Mit der Abkühlzeit $t_{8/5}$ wird das thermische Geschehen im Bereich der Schweißnaht grundsätzlich zuverlässiger beurteilt als mit dem *Wärmeeinbringen Q*.

4.3.2.2 Einfluss der Abkühlbedingungen auf die mechanischen Gütewerte der Verbindung

Das Umwandlungsverhalten des abkühlenden Austenits im Temperaturbereich zwischen 800 °C bis 500 °C beeinflusst die Stahleigenschaften am stärksten. Während dieser Abkühlzeit $t_{8/5}$ finden praktisch alle für die Eigenschaften des Stahles entscheidenden Umwandlungsvorgänge des Austenits statt. Sie können daher weitgehend mit der Abkühlzeit $t_{8/5}$ beschrieben und beurteilt werden, d. h. mit *einem* Parameter, Bild 4-65.

Der **Temperatur-Zeit-Verlauf** an beliebigen Orten der WEZ wird von den Schweißbedingungen (Wärmeeinbringen, Vorwärmtemperatur, Werkstückdicke, d. h. der Art der Wärmeabfuhr: zwei- bzw. dreidimensionale Wärmeableitung, Nahtform, Art des Lagenaufbaus) bestimmt. Die Höhe der Spitzentemperatur ist abhängig von der Lage des Messpunktes innerhalb der WEZ.

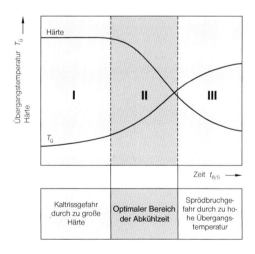

Bild 4-66
Abhängigkeit der Übergangstemperatur der Kerbschlagzähigkeit und der Härte in der wärmebeeinflussten Zone von der Abkühlzeit $t_{8/5}$, schematisch.

Bild 4-66 zeigt schematisch die grundsätzliche Abhängigkeit der Härte und der Übergangstemperatur des Gefüges der WEZ von der Abkühlzeit $t_{8/5}$. Bei kleinen $t_{8/5}$-Werten ist die Übergangstemperatur zwar sehr gering und damit die Sprödbruchsicherheit

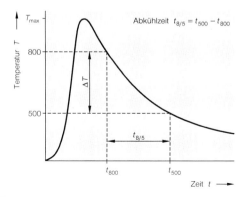

Bild 4-65
Zur Definition der Abkühlzeit $t_{8/5}$ in einem für das Schweißen typischen Temperatur-Zeit-Zyklus.

groß, aber die sehr hohe Härte (Bereich I, überwiegend Martensit) erhöht die Gefahr der *Kaltrissbildung* erheblich. Die maximale Härte muss zwar aus diesem Grund begrenzt werden, sie liegt aber mit etwa 350 bis 400 HV deutlich höher als bei den konventionellen Stählen, Bild 4-67. Sehr große Abkühlzeiten führen andererseits zu deutlich geringeren Härten, aber die Kerbschlagzähigkeit wird durch die Bildung weicherer Gefügebestandteile (Bereich III, Ferrit!) ebenso stark verringert wie die Übergangstemperatur der Zähigkeit erhöht wird. Die Schweißbedingungen müssen daher so gewählt werden, dass die $t_{8/5}$-Werte innerhalb bestimmter zulässiger Grenzwerte bleiben, Bereich II). Diese sind von der chemischen Zusammensetzung des Stahles, der Art des Lagenaufbaus und der Vorwärmtemperatur abhängig. Daraus ergibt sich das Konzept der **kontrollierten Wärmeführung** beim Schweißen: Die Abkühlung darf nicht zu langsam, aber auch nicht zu schnell erfolgen. Untersuchungen ergaben, dass für das Schweißen von Vergütungsstählen $t_{8/5}$-Zeiten zwischen 10 und 25 Sekunden zweckmäßige Abkühlbedingungen sind (s. a. Abschn. 4.3.2.2).

Die Abkühlzeiten lassen sich mit einigem versuchstechnischen Aufwand experimentell ermitteln oder sehr viel einfacher und für die Praxis genügend genau berechnen. Dabei ist

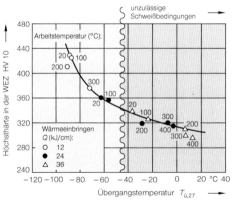

Bild 4-67
Einfluss der Höchsthärte in der WEZ von Einlagenschweißungen aus dem hochfesten vergüteten Feinkornbaustahl P690QL (StE 690), Werkstückdicke 20 mm, auf die Übergangstemperatur der Kerbschlagarbeit $T_{ü,27}$ (Charpy-V-Proben), nach Thyssen.

Tabelle 4-29
Thermischer Wirkungsgrad k üblicher Schweißverfahren. Er ist das Verhältnis des Wirkungsgrades des in Betracht kommenden Schweißverfahrens zu demjenigen des Unterpulverschweißens, Hinweise nach DIN EN 1011-1.

Es ist einfacher, die Abkühlzeit nach den Gleichungen [4-15] und [4-16] zu berechnen. Der größere so ermittelte Wert gibt die Art der vorliegenden Wärmeableitung an, Bild 4-69. Es ist grundsätzlich zu beachten, dass die den Gleichungen zugrunde liegenden Annahmen (Wärmeableitungsverhältnisse, punktförmige Wärmequelle) häufig nicht genau erfüllt sind. Daraus ergeben sich Abweichungen von den wahren Werten von etwa 10 %. In kritischen Fällen ist es daher ratsam, den $t_{8/5}$-Wert zu messen.

k	Schweißverfahren
1,0	Unterpulverschweißen
0,8	Lichtbogenhandschweißen
0,8	MIG-Schweißen
0,8	MAG-Schweißen
0,8	MSG-Schweißen mit Fülldraht bzw. metallgefüllter Drahtelektrode
0,6	WIG-Schweißen
0,6	Plasmaschweißen

zwischen der **zwei-** und **dreidimensionalen Wärmeableitung** zu unterscheiden (Abschn. 3.3.1, S. 245). Unter Berücksichtigung der Zahlenwerte für die physikalischen Eigenschaften der Stähle ergibt sich für die dreidimensionale Wärmeableitung folgende Beziehung:

$$t_{8/5} = \left(0,67 - 5 \cdot 10^{-4} \cdot T_p\right) \cdot Q \cdot \left(\frac{1}{500 - T_p} - \frac{1}{800 - T_p}\right) \cdot F_3 \, [\text{s}]. \quad [4\text{-}15]$$

Die Abkühlzeit $t_{8/5}$ ist im Bereich der dreidimensionalen Wärmeableitung von der Werkstückdicke unabhängig. Bei der zweidimensionalen Wärmeableitung ist sie der Größe $1/d^2$ proportional, also stark wanddickenabhängig. Es gilt:

$$t_{8/5} = \left(0,043 - 4,3 \cdot 10^{-5} \cdot T_p\right) \cdot \left(\frac{Q}{d}\right)^2 \cdot \left[\left(\frac{1}{500 - T_p}\right)^2 - \left(\frac{1}{800 - T_p}\right)^2\right] \cdot F_2 \, [\text{s}]. \quad [4\text{-}16]$$

Tabelle 4-30
Einfluss der Nahtformen (F_2, F_3) auf die nach den Gleichungen [4-15] und [4-16] zu berechnenden $t_{8/5}$-Werte.

Nahtart		Nahtfaktor für	
		zweidimensionale Wärmeableitung F_2	dreidimensionale Wärmeableitung F_3
Auftragraupe		1	1
Fülllagen eines Stumpfstoßes		0,9	0,9
Einlagige Kehlnaht am Eckstoß		0,9 bis 0,67 [1]	0,67
Einlagige Kehlnaht am T-Stoß		0,45 bis 0,6 [1]	0,67

[1] Der Nahtfaktor F_2 ist abhängig vom Verhältnis Wärmeeinbringen zu Werkstückdicke. Mit zunehmender Annäherung an die Übergangsdicke $d_ü$ wird F_2 der einlagigen Kehlnaht am Eckstoß kleiner, bei der einlagigen Kehlnaht am T-Stoß größer.

In Gl. [4-15] und Gl. [4-16] bedeuten:

$t_{8/5}$ Abkühlzeit, in s,
k thermischer Wirkungsgrad des Schweißverfahrens, Tabelle 4-29,
Q Wärmeeinbringen, $Q = k \cdot E$, in J/cm,
E Streckenenergie, $E = U \cdot I/v$, in J/cm,
T_p Vorwärmtemperatur, in °C,
F_2 Nahtfaktor bei zweidimensionaler,
F_3 Nahtfaktor bei dreidimensionaler Wärmeableitung, Tabelle 4-30,
d Werkstückdicke in cm.

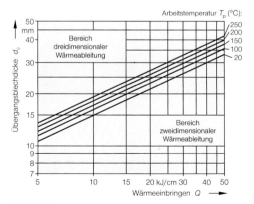

Bild 4-68
Blechdicke $d_ü$ für den Übergang von der zweidimensionalen (II) zur dreidimensionalen (III) Wärmeableitung in Abhängigkeit vom Wärmeeinbringen Q und der Arbeitstemperatur T_p, nach SEW 088.

Der Übergang von der drei- zur zweidimensionalen Wärmeableitung erfolgt bei der *Übergangsdicke* $d_ü$, die durch Gleichsetzen der Beziehungen [4-15] und [4-16] und Auflösen nach $d = d_ü$ berechnet oder aus Bild 4-68 entnommen wird.

Damit ergeben sich die Wärmeableitungsbedingungen wie folgt:

❏ $d > d_ü$, die Wärmeableitung ist *dreidimensional*, d. h., es gilt Gl. [4-15].

❏ $d < d_ü$, die Wärmeableitung ist *zweidimensional*, d. h., es gilt Gl. [4-16].

Der fachgerechte Ablauf des Schweißprozesses und die Sicherstellung ausreichender mechanischer Gütewerte wird durch die Größe des $t_{8/5}$-Wertes bestimmt. Er lässt sich berechnen bzw. grafisch ermitteln:
– Der sich aus den Beziehungen Gl. [4-15] und Gl. [4-16] ergebende *größere* Zahlenwert ist der korrekte, Bild 4-69. Damit ist gleichzeitig die Art der Wärmeableitung festgestellt.
Erfahrungsgemäß muss dieser Wert bei den normalgeglühten Feinkornbaustählen etwa zwischen 10 s und 30 s, bei den vergüteten Feinkornbaustählen etwa zwischen 5 s und 20 s liegen. Anderenfalls

sind die mechanischen Gütewerte – insbesondere die Zähigkeitswerte – nicht ausreichend. Daher sind meistens Korrekturen der gewählten Schweißparameter erforderlich. Diese praxiserprobten Erfahrungswerte werden dann verwendet, wenn keine genaueren Angaben – z. B. experimentell ermittelte Daten, s. Bild 4-79 – verfügbar sind.
- Die im Folgenden besprochene grafische Auswertemethode nach SEW 088 ist oftmals einfacher, anschaulicher und übersichtlicher, sie wird daher häufig der rechnerischen vorgezogen.

Je nach den Vorgaben bzw. dem gewünschten praktischen Fertigungsablauf können mit dieser grafischen Methode geeignete Schweißbedingungen (Wärmeeinbringen Q Einstellwerte U, I, v und die Arbeitstemperatur T_p) oder die erforderliche/gewünschte Abkühlzeit $t_{8/5}$ nach einem der folgenden Verfahren berechnet werden:
- Die *Schweißbedingungen*, d. h. im Wesentlichen das Wärmeeinbringen Q[43] (Einstellwerte U, I, v), die Arbeitstemperatur T_p und die Werkstückdicke d sind bekannt. Mit diesen Vorgaben wird die Abkühlzeit $t_{8/5}$ ermittelt.
- Die *Abkühlzeit* $t_{8/5}$ ist vorgegeben. Das Wärmeeinbringen Q (also die Schweißparameter U, I, v und die Arbeitstemperatur T_p) müssen bestimmt werden.

Zunächst sind die Wärmeableitungsbedingungen mit Hilfe des Bildes 4-68 oder mit den Beziehungen Gl. [4-15] und Gl. [4-16] festzustellen. Dazu müssen das Wärmeeinbringen Q des gewählten Schweißverfahrens gemäß Tabelle 4-29 (berücksichtigt den thermischen Wirkungsgrad k des Schweißverfahrens) und die Nahtform nach Tabelle 4-30 (berücksichtigt andere Nahtformen als die Auftragraupe) korrigiert werden. Abhängig von diesem Ergebnis ist die Bestimmung der zu wählenden Schweißbedingungen *(U, I, v, die Arbeitstemperatur T_p und die Werkstückdicke d)* bzw. der Abkühlzeit $t_{8/5}$ bei Beachtung der Fußnote 43 dann in folgender Weise möglich:

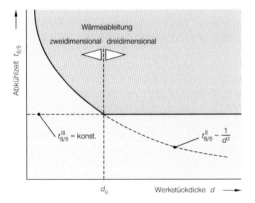

Bild 4-69
Die Abkühlzeit $t_{8/5}$ ist immer der größere der nach den Gleichungen [4-15] bzw. [4-16] berechneten Werte.

[43] Das Wärmeeinbringen für die Referenz-Auftragschweißraupen gemäß den Bildern 4-68, 4-70, 4-71 wird mit Q oder Q_{Ref} bezeichnet. Bei beliebigen Nahtanordnungen (F_3, F_2) muss entsprechend ihrer unterschiedlichen thermischen Wirksamkeit das gewählte/gesuchte Wärmeeinbringen Q_{Ref} korrigiert werden, um in den Bildern 4-68, 4-70, 4-71 verwendet werden zu können. Dieser Wert wird als $Q_{therm,äq}$ bezeichnet und ist in den Gl. [4-15], [4-16] und den genannten grafischen Darstellungen zu berücksichtigen:

$Q_{therm,äq,III} = Q_{Ref} \cdot F_3$ und

$Q_{therm,äq,II} = Q_{Ref} \cdot \sqrt{F_2}$.

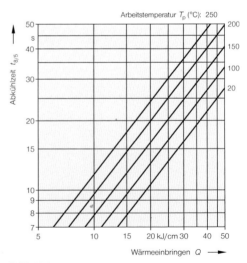

Bild 4-70
Abkühlzeit $t_{8/5}$ von Auftragschweißungen bei dreidimensionaler Wärmeableitung in Abhängigkeit vom Wärmeeinbringen Q und der Arbeitstemperatur T_p, nach SEW 088.

☐ Dreidimensionale Wärmeableitung, Bild 4-70.

- $Q(=k \cdot E)$ und T_p sind gegeben, $t_{8/5}$ wird gesucht:
  Die Nahtform (F_3, Tabelle 4-30) muss berücksichtigt werden, d. h., Q ist mit F_3 zu multiplizieren. Mit diesem Wert $Q_{\text{therm,äq,III}}$ ermittelt man aus Bild 4-70 den gesuchten Wert $t_{8/5}$.
- $t_{8/5}$ ist gegeben, Q und T_p werden gesucht:
  Aus Bild 4-70 entnimmt man mit einer gewählten Arbeitstemperatur T_p das Wärmeeinbringen $Q_{\text{therm,äq,III}}$, das dividiert durch F_3 den gesuchten Wert $Q = Q_{\text{Ref}}$ ergibt.

☐ Zweidimensionale Wärmeableitung, Bild 4-71.

- $Q(=k \cdot E)$ und T_p sind gegeben, $t_{8/5}$ wird gesucht:
  Q ist mit $\sqrt{F_2}$ zu multiplizieren. Mit diesem $Q_{\text{therm,äq,II}}$ ergibt sich aus Bild 4-71 die Zeit $t_{8/5}$.
- $t_{8/5}$ ist gegeben, Q und T_p werden gesucht:
  Das aus Bild 4-71 bei einer gewählten Arbeitstemperatur T_p entnommene Wärmeeinbringen $Q_{\text{therm,äq,II}}$ ergibt dividiert durch $\sqrt{F_2}$ den korrekten Wert $Q = Q_{\text{Ref}}$.

Für andere als in Bild 4-71 dargestellte Werte der Wanddicke (d_{Bauteil}) im Geltungsbereich der Gl. [4-16] (d_{Bild}) gilt für gleiches Wärmeeinbringen Q und gleicher Vorwärmtemperatur T_p:

$$t_{8/5(\text{Bauteil})} = t_{8/5(\text{Bild})} \cdot \left(\frac{d_{\text{Bild}}}{d_{\text{Bauteil}}}\right)^2. \quad [4\text{-}17]$$

4.3.2.3 Fertigungstechnische Hinweise

Nahtvorbereitung

Die Nahtvorbereitung erfolgt in der Regel durch spangebende Verfahren oder thermisches Schneiden. Bis zu Werkstückdicken von etwa 30 mm ist ein Vorwärmen zum thermischen Trennen nicht erforderlich, wenn die Werkstücktemperatur über + 5 °C liegt. Anderenfalls sind 100 mm breite Werkstoffbereiche neben der Schnittfläche auf mindestens Handwärme zu erwärmen. Werden die Schnittkanten während des Weiterverarbeitens umgeformt (z. B. Abkanten), dann ist der umgeformte Bereich in einer Breite von etwa 100 mm auf etwa 200 °C vorzuwärmen.

Wegen der grundsätzlichen Gefahr des Terrassenbruches sollten die Schnittflächen in jedem Fall z. B. durch eine Sichtkontrolle oder Farbeindringprüfung auf Trennungen untersucht werden.

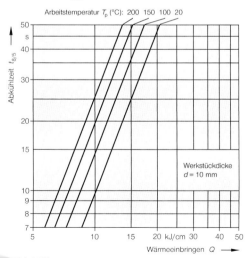
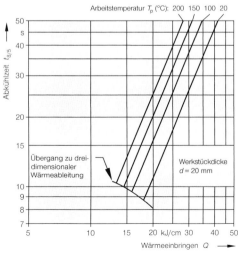

Bild 4-71
Abkühlzeit $t_{8/5}$ von Auftragschweißungen bei zweidimensionaler Wärmeableitung in Abhängigkeit vom Wärmeeinbringen Q und der Arbeitstemperatur T_p für Werkstückdicken von 10 mm und 20 mm, nach SEW 088.

Wärmebehandlung

Die für diese Stähle wichtigsten Wärmebehandlungen sind das
- Vorwärmen,
- Wasserstoffarmglühen und das
- Spannungsarmglühen.

Die Vorteile des *Vorwärmens* sind zusammengefasst:
- Geringere und gleichmäßiger verteilte Eigenspannungen.
- Der Gehalt des unerwünschten Wasserstoffs ist sehr viel geringer. Daher ist es ratsam, z. B. die durch Wasserstoff besonders gefährdeten vergüteten Feinkornbaustähle immer – d. h. unabhängig von den in Tabelle 4-31 genannten Grenzdicken – auf etwa 120 °C vorzuwärmen. (Das gilt besonders für die wasservergüteten Feinkornbaustähle).
- Als Folge der stark verringerten Abkühlgeschwindigkeit kann die vor allem durch Wasserstoff und eine unzulässige Härte in der WEZ verursachte Kaltrissbildung sicher und wirtschaftlich einfach vermieden werden.

Die Vorwärmtemperaturen liegen abhängig von der chemischen Zusammensetzung des Grundwerkstoffes, dem Wärmeeinbringen und der Werkstückdicke etwa zwischen 50 °C und 250 °C. Die Höhe der Vorwärmtemperatur für kaltrisssichere Schweißverbindungen hängt ab von der chemischen Zusammensetzung des Grundwerkstoffs und des Schweißguts, vom Wasserstoffgehalt des Schweißguts, von der Höhe des Wärmeeinbringens beim Schweißen und der Schärfe und dem Mehrachsigkeitsgrad der Eigenspannungen der Schweißkonstruktion, d. h. im Wesentlichen von dem Grad ihrer Verspannung, bzw. einem fachgerechten Schweißfolgeplan, der Werkstückdicke und evtl. bestehenden Regelwerken, die eine bestimmte Vorwärmtemperatur bindend vorschreiben.

Nach SEW 088 sollten bei einer Werkstücktemperatur T

☐ $T < +5\,°C$ in jedem Fall die Nahtbereiche in einer Breite von mindestens 100 mm beiderseits der Naht auf Handwärme, wenn

☐ $T > +5\,°C$ dann sollte abhängig von der Höhe des Kohlenstoffäquivalents CET, gemäß den Bedingungen in Tabelle 4-31, vorgewärmt werden.

Das Kohlenstoffäquivalent CET nach *Uwer* und *Höhne* beschreibt zuverlässig die Kaltrissneigung (s. Abschn. 4.1.3.2) des Stahls, Gl. [4-18]:

$$\text{CET} = \text{C} + \frac{\text{Mn} + \text{Mo}}{10} + \frac{\text{Cr} + \text{Cu}}{20} + \frac{\text{Ni}}{40}\,[\%].$$

In der Tabelle 4-31 sind in Abhängigkeit vom Kohlenstoffäquivalent CET Grenzwerte der Werkstückdicke angegeben, bis zu denen ohne ein Vorwärmen geschweißt werden kann. Dies gilt für eine Zone mit einer Breite von 4·(Erzeugnisdicke) beidseitig neben der Naht. Voraussetzung sind »übliche« Schweißbedingungen, d. h. eine ausreichende Sauberkeit der Schweißnahtbereiche, ein Wasserstoffgehalt im Schweißgut von HD ≈ 5 cm³/100 g und ein Wärmeeinbringen von ≈ 0,5 kJ/mm bis 1 kJ/mm beim Lichtbogenhandschweißen und etwa 1,5 kJ/mm bis 4 kJ/mm beim Unterpulverschweißen.

Die Mindestvorwärmtemperatur T_p (p = preheat) bzw. die höchste Zwischenlagentemperatur T_i (i = interpass), s. Abschn. 4.1.3.3, lässt sich bei Bedingungen, die von Tabelle 4-31 nicht erfasst werden, mit folgender Formel zuverlässig berechnen, Gl. [4-19]:

Tabelle 4-31
Anhaltswerte der Grenzdicke für das Vorwärmen zum Schweißen unter üblichen Bedingungen in Abhängigkeit vom Kohlenstoffäquivalent CET (nach Gl. [4-18]) des Grundwerkstoffs, nach SEW 088.

Kohlenstoffäquivalent CET	Grenzdicke
%	mm
0,18	60
0,22	50
0,26	40
0,31	30
0,34	20
0,38	12
0,40	8

$$T_p = 700 \cdot CET + 160 \cdot \tanh\left(\frac{d}{35}\right) +$$
$$62 \cdot HD^{0,35} + (53 \cdot CET - 32) \cdot Q - 330.$$

Hierin bedeuten:

T_p, T_i Mindestvorwärm- oder höchste Zwischenlagentemperatur in °C,
CET Kohlenstoffäquivalent in %, Gl. [4-18],
d Werkstückdicke in mm,
HD Wasserstoffgehalt im Schweißgut nach DIN EN ISO 3690 in cm³/100 g,
Q Wärmeeinbringen $Q = k \cdot E$ in kJ/mm.

Beispiel 4-9:
Es ist die Vorwärmtemperatur T_p zum Schweißen eines Feinkornbaustahls zu ermitteln. Gegeben sind:
CET = 0,40 %, ermittelt nach Gl. [4-18],
Werkstückdicke d = 30 mm.

Die gewählten Fertigungsbedingungen sind:
Zusatzwerkstoff, der ein Schweißgut mit einem Wasserstoffgehalt von HD ≤ 5 cm³/100 g ergibt,
Q = 1,5 kJ/mm.

Daraus wird nach Gl. [4-19] eine Vorwärmtemperatur von $T_p (\approx T_i) = 150$ °C berechnet.

Die Gl. [4-19] beschreibt zuverlässig die Ergebnisse der Kaltrissversuche, wenn die Eigenspannungen die Größe der Streckgrenze des Grundwerkstoffs nicht überschreiten.

Die erforderliche Vorwärmtemperatur lässt sich mit dem Kohlenstoffäquivalent annähernd abschätzen, wenn zusätzlich die Beanspruchung und der Wasserstoffgehalt des Schweißguts bekannt sind. Tabelle 4-35 zeigt z. B. die Ergebnisse von *Implantversuchen* (s. genauer Abschn. 6.2.1, S. 583) an unterschiedlich hoch mit Wasserstoff beladenen und bis zur Streckgrenze belasteten Proben aus einem hochfesten vergüteten (Bau-)Stahl (P690QL).

Für die normalgeglühten Feinkornbaustähle mit Mindeststreckgrenzen > 460 N/mm² – vor allem aber für die wasservergüteten Feinkornbaustähle – sind Wasserstoffgehalte im Schweißgut von ≤ 5 ppm erforderlich. Außer den entsprechenden Zusatzwerkstoffen (hochgetrocknetes Pulver) ist vor allem darauf zu achten, dass der Nahtbereich trocken und sauber ist. Besonders bei UP-geschweißten Bauteilen aus Stählen mit Streckgrenzen von mehr als 460 N/mm² und Werkstückdicken ≥ 30 mm ist zum Erhöhen der Kaltrisssicherheit direkt aus der Schweißwärme ein **Wasserstoffarmglühen** bei 200 °C bis 280 °C/ mind. 2 h (auch als »*Soaken*« bezeichnet) sehr zu empfehlen (diffusibler Wasserstoff, s. Abschn. 3.3.3.3, S. 258). Die *Zwischenlagentemperatur T_i* darf während der gesamten Schweißzeit nicht unter die sog. *Haltetemperatur T_m* (Abschn. 4.1.3.3, S. 327) fallen. Sie sollte andererseits etwa 220 °C auch nicht überschreiten.

Nach dem Schweißen ist ein *Spannungsarmglühen* in folgenden Fällen zweckmäßig bzw. erforderlich:
– Die Werkstückdicke ist so groß, dass die Gefahr der *Spannungsversprödung* oder der *Spannungsrisskorrosion* besteht.
– Die Härte in der WEZ muss wegen der Gefahr der *Kaltrissbildung* verringert werden. Diese Behandlung wird üblicherweise als »Anlassglühen« bezeichnet.
– Für bestimmte Konstruktionen ist diese Behandlung nach den gültigen *Regelwerken* vorgeschrieben.

Die Glühtemperaturen sollten zwischen 530 °C und 580 °C liegen, die Haltezeit soll mindestens 30 min, aber bei Mehrfachglühungen nicht mehr als 150 min betragen. Das Aufheizen bzw. Abkühlen muss ausreichend langsam erfolgen, damit keine rissbegünstigenden Temperaturunterschiede, d. h. Spannungen entstehen. Bei Temperaturen über 300 °C betragen die Abkühlgeschwindigkeiten 50 K/h bis 100 K/h.

Die Feinkörnigkeit dieser Stähle beruht auf Ausscheidungen, die durch das Spannungsarmglühen in keinem Fall gelöst oder verändert (Korngrenzenausscheidungen!), insbesondere vergröbert werden dürfen. Deshalb werden die Haltezeiten und vor allem die Temperaturen begrenzt. Bei verschiedenen Stählen – es sind vor allem die vanadiumlegierten – können die Zähigkeitseigenschaften in der Wärmeeinflusszone durch Spannungsarmglühen als Folge von Ausscheidungsvorgängen erheblich beeinträchtigt werden.

Schweißtechnologie

Außer der kontrollierten Wärmeführung beim Schweißen (Abschn. 4.3.2.2) ist die Art des *Lagenaufbaus* für die Zähigkeitseigenschaften des Schweißguts und der WEZ von großer Bedeutung. Insbesondere soll in diesem Zusammenhang die Einlagen- bzw. Lage-Gegenlagentechnik im Vergleich zur Mehrlagentechnik verstanden werden. Die bei der Einlagentechnik entstehenden werkstofflichen Eigenschaftsänderungen sind nicht allein mit dem Prinzip »kontrollierte Wärmeführung« beschreibbar.

Die Kerbschlagarbeit einlagiger Schweißverbindungen ist grundsätzlich wesentlich geringer als die mehrlagiger. Die Ursachen sind die bei dieser Technik entstehenden großen Schweißgutvolumina, das Fehlen jeglicher güteverbessernder Umwandlungen im Schweißgut und der Wärmeeinflusszone (Grobkorn). Der entscheidende Faktor ist allerdings die nachteilige Änderung des Ausscheidungszustandes in der WEZ. In Abschn. 2.7.6.1, S. 188, wurde bereits beschrieben, dass die Feinkörnigkeit und damit die mechanischen Gütewerte dieser Stähle auf der Wirksamkeit von Ausscheidungen beruhen, die aus den *Mikrolegierungselementen* (z. B. Al, Ti, Nb) und Kohlenstoff und (oder) Stickstoff bestehen. Die über etwa 1000 °C in Lösung gehenden Teilchen scheiden sich während der undefinierten Abkühlung in einer unkontrollierten und ungünstigen Form (nadelförmig, spießig, an den Korngrenzen) z. T. in der Wärmeeinflusszone wieder aus, wodurch die Zähigkeit dieser Gefügebereiche (siehe a. Abschn. 5.1.3, S. 505) empfindlich abnimmt. In Bild 4-72 ist der Verlauf der Kerbschlagarbeit in der Wärmeeinflusszone einer Einlagenschweißung aus einem normalgeglühten Feinkornbaustahl (hier ein MnNiCr-Typ) dargestellt. In der Grobkornzone fällt die Zähigkeit auf Werte von etwa 20 J. Bei geringer Ausdehnung dieser versprödeten Zone wird durch die stützende Wirkung der benachbarten zähe(re)n Bereiche die Bauteilsicherheit erfahrungsgemäß *nicht* nachweisbar beeinträchtigt.

Risserscheinungen

Die Gefahr der *Heißrissbildung* ist bei den Feinkornbaustählen verhältnismäßig gering. Ähnliches gilt für den **Terrassenbruch**, allerdings nur, wenn sich durch konstruktive (z. B. DAST 014) und (oder) fertigungstechnische Maßnahmen die Schweißeigenspannungen in Dickenrichtung wirksam verringern lassen. In schwierigen Fällen sollten Stähle nach DIN EN 10164 verwendet werden, die in Dickenrichtung eine wesentlich größere Brucheinschnürung besitzen (siehe Stahl-Eisen-Lieferbedingungen 096).

Die metallphysikalischen Grundlagen zur Entstehung der Terrassenbrüche, die werkstofflichen, die konstruktiven und die fertigungstechnischen Möglichkeiten zu seiner Vermeidung wurden in Abschn. 2.7.6.1, S. 189, eingehender besprochen. Bild 2-56, S. 191, zeigt eine Terrassenbruchfläche, die in einem auf Zug beanspruchten geschweißten Kreuzstoß entstanden ist.

Die ausgeprägte **Kaltrissanfälligkeit** ist bei Schweißarbeiten an hochfesten Stählen eine immer zu beachtende Gefahr. Die Kalt-

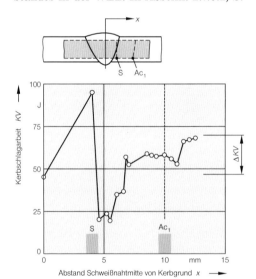

Bild 4-72
Einfluss der Kerblage auf die Kerbschlagarbeit (Prüftemperatur −20 °C, Charpy-V-Proben) einlagig geschweißter Verbindungen aus einem normalgeglühten Feinkornbaustahl (MnNiCr-Stahl).
Erläuterung: ΔKV ist der Bereich der gemessenen Kerbschlagarbeit des unbeeinflussten Grundwerkstoffs. In dem durch Ac_1 gekennzeichneten Bereich erreichte die Temperatur etwa die Höhe von $T = Ac_1$.

tens 100 °C, oberhalb 25 mm auf mindestens 150 °C vorzuwärmen. Montagehilfen z. T. auch Heftschweißungen – sie sollten länger als 50 mm sein – werden häufig mit unlegierten (basischen) Zusatzwerkstoffen ausgeführt, die ein möglichst zähes Schweißgut ergeben.

4.3.2.4 Schweißzusatzwerkstoffe

Die grundlegenden werkstofflichen und fertigungstechnischen Hinweise sind in Abschn. 4.2 zu finden. An dieser Stelle werden nur die für die höherfesten Feinkornbaustähle geltenden Besonderheiten der Zusatzwerkstoffe genannt.

Stabelektroden
Alle in Abschn. 4.2.3 aufgeführten Zusatzwerkstoffe sind zum Schweißen der normalgeglühten mikrolegierten Feinkornbaustähle und der TM-Stähle mit Mindeststreckgrenzen bis 500 N/mm² geeignet. Der im Wurzelbereich des Schweißguts entstehende größte Aufschmelzgrad führt meistens zu einer unerwünschten Festigkeitssteigerung. Aus diesem Grunde werden für die Wurzellagen bei Schweißverbindungen aus Feinkornbaustählen mit $R_{p0,2} > 460$ N/mm² häufig zähe, niedriger legierte Zusatzwerkstoffe (vorwiegend basisch-umhüllte Stabelektroden) gewählt als für Füll- und Decklagen.

Bei der Wahl der Zusatzwerkstoffe muss außerdem der Umfang und die Art der Wärmevor- bzw. nachbehandlungen berücksichtigt werden. In der Regel werden durch ein Normal- und (oder) Spannungsarmglühen die Festigkeitswerte geringer. Einige Werkstoffe neigen zu zähigkeitsvermindernden Ausscheidungen in den Wärmeeinflusszonen der Schweißverbindung, wenn bestimmte Glühtemperaturen überschritten wurden. Besonders kritisch verhalten sich in dieser Beziehung die vanadiumlegierten FK-Stähle [z. B. V(C,N)].

Zum Abwenden der gefährlichen *Kaltrissbildung* eignen sich besonders gut Zusatzwerkstoffe, die ein *zähes, sehr wasserstoffarmes* Schweißgut ergeben. Diese Forderung erfüllt zuverlässig das Lichtbogenhand- und das Unterpulverschweißen mit basischen Schweiß-

Bild 4-73
Wasserstoffinduzierter Kaltriss in einer UP-geschweißten Verbindung aus dem Stahl 20MnMo5-5. $v = 50:1$, 2% HNO_3.

issneigung hängt von der Festigkeit der Stähle, dem Wasserstoffgehalt des Schweißguts, er chemischen Zusammensetzung des Grundwerkstoffs und des Schweißguts und der Größe der Schweißeigenspannungen ab. Eine Zunahme der Legierungsmenge, der Wanddicke, des Wasserstoffgehalts im Schweißgut und der (Schweißeigen-)Spannungen erhöht ie Kaltrissgefahr. Ein größeres Wärmeeinbringen vermindert sie.

ild 4-73 zeigt die Mikroaufnahme eines wasserstoffinduzierten Kaltrisses in Schmelzgrenennähe einer UP-geschweißten Stumpfnahterbindung (Werkstoff: 20MnMo5-5), s. auch ild 4-80.

esondere Aufmerksamkeit erfordert die Reaaraturschweißung. Nach sorgfältigem Ausschleifen der defekten Bereiche (Einbrand-, Wurzelkerben, Montagehilfen, Risse, Zündstellen) mit *nicht* zum Brennen neigenden chleifscheiben bei mäßigem Anpressdruck nd anschließender Risskontrolle durch Sichtder Farbeindringprüfung ist bei Wanddiken zwischen 12 mm und 25 mm auf mindes-

Tabelle 4-32
Bewertung des Gehaltes an diffusiblem Wasserstoff im mit basisch-umhüllten Stabelektroden hergestelltem Schweißgut.

Gehalt an diffusiblem Wasserstoff im Schweißgut [1]	Bewertung
ml/100 g	
> 15	hoch
≤ 15 bis > 30	mittel
≤ 10 bis > 5	niedrig
≤ 5	sehr niedrig

[1] Nach DIN EN ISO 3690

zusätzen. In Tabelle 4-32 ist die Bewertung der Wasserstoffgehalte in Schweißgütern zusammengestellt, die mit basisch-umhüllten Stabelektroden hergestellt wurden.

Danach ist ein Wasserstoffgehalt im Schweißgut von 15 ml/100 g die oberste Grenze für basisch-umhüllte *Stabelektroden,* der aber für diesen Elektrodentyp sehr untypisch wäre. Die gemäß dieser Vorgabe höchste Qualität umhüllter Stabelektroden mit ≤ 5 ml Wasserstoff/100 g Schweißgut lässt sich mit den basisch-umhüllten Elektroden relativ leicht erreichen. Sie spielen daher in Normen- und Regelwerken eine bevorzugte Rolle.

Ein großes Problem ist die Wasseraufnahme der Umhüllungsbestandteile während der Lagerung oder des Transportes trotz Verpackung in Kunststoffhüllen. Bei allen nichtbasischen Stabelektroden ist die aufgenommene Feuchte weniger kritisch, da der Wasserstoff hauptsächlich aus verschiedenen *wasserhaltigen* organischen Verbindungen der Umhüllung stammt. Außerdem ist bei einigen nicht-basischen Stabelektroden ein bestimmter Feuchtegehalt in der Umhüllung für ein einwandfreies Schweißverhalten erforderlich (s. hierzu zellulose-umhüllte Stabelektroden, Abschn. 4.2.3.1.3). Bei basisch-umhüllten Stabelektroden ist die aus der Atmosphäre aufgenommene Feuchtigkeit die wichtigste Wasserstoffquelle. Über die Bedeutung und Problematik des Wasserstoffs im Schweißgut sei auf Abschn. 4.2.3.1.4 verwiesen.

Für die Praxis bedeutsam ist die Neigung mancher basisch-umhüllter Stabelektroden und basischer UP-Pulver, schon in den ersten Stunden nach ihrer Herstellung relativ viel Feuchtigkeit aufzunehmen. Die Entwicklung und Produktion ausreichend *feuchteresistenter Stabelektroden* ist für eine wirtschaftliche und qualitätsbewußte Fertigung ein wesentliches Ziel der Zusatzwerkstoff-Forschung.

Basisch-umhüllte Stabelektroden müssen vor der Verarbeitung rückgetrocknet werden, um die nach ihrer Herstellung vorhandene optimale Qualität wieder herzustellen. Die Trocknungstemperatur hängt von der Kaltrissneigung der Stähle ab, d. h. von ihrer Festigkeit. Wenn der Hersteller nichts anderes vorschreibt, dann können die in Tabelle 4-33 zusammengestellten Angaben als erster Anhalt dienen.

Basisch-umhüllte Stabelektroden haben damit die entscheidenden Vorteile, die sie zum Schweißen der höherfesten Stähle hervorragend geeignet machen. Das mit ihnen hergestellte Schweißgut
– ist extrem verformbar und schlagzäh, d. h. *risssicher,*
– besitzt eine hohe *Kerbschlagzähigkeit,* verbunden mit sehr tiefen *Übergangstemperaturen* (bis – 75 °C),

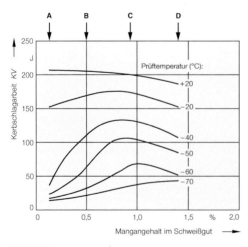

Bild 4-74
Einfluss des Mangangehalts im Schweißgut auf die Kerbschlagarbeit reiner Schweißgüter A, B, C, D, die sich nur durch ihren Mangangehalt unterscheiden, nach Weyland.

– hat einen sehr geringen Gehalt an diffusiblem Wasserstoff. Es können Gehalte von ≤ 5 ml/ 100 g Schweißgut relativ einfach erreicht werden.

Schweißgüter mit Mn-Gehalten von maximal 1,2 % besitzen bei – 40 °C eine Kerbschlagarbeit von höchstens 47 J. Diese Werte wurden von den in der alten DIN 1913 aufgeführten basisch-umhüllten Elektroden sicher erfüllt. Für hochfeste (Feinkorn-)Stähle sind deutlich geringere Übergangstemperaturen (und höhere Kerbschlagzähigkeiten) erforderlich. Die in der DIN EN ISO 2560, Tabelle 4-9, genormten Stabelektroden zum Schweißen höherfester Stähle haben daher Mangangehalte von 1,4 % bis 2,0 %, mit denen Übergangstemperaturen des Schweißguts bis zu – 60 °C erreichbar sind, Bild 4-74. Für noch höhere Anforderungen (bis – 80 °C), wie sie z. B. für die hochfesten vergüteten (legierten) Feinkornbaustähle gestellt werden, sind höherlegierte Zusatzwerkstoffe erforderlich. Sie haben Nickelgehalte bis zu 3 %, Chromgehalte bis 1 % und Molybdängehalte bis 0,6 %, Tabelle 4-25. DVS-Merkblatt 0956 gibt Hinweise für die Auswahl und Anwendung von Stabelektroden nach DIN EN ISO 2560.

Drahtelektroden; Schweißpulver (UP-Schweißen)

Die mechanischen Gütewerte der Schweißverbindung werden von der Drahtelektrode-Pulverkombination, den Schweißparametern (Schweißstrom, Schweißspannung, Vorschubgeschwindigkeit des Lichtbogens) und den Fertigungsbedingungen (Einlagen-, Mehrlagentechnik, Wärmevorbehandlung, Wärmenachbehandlung, Variante des Schweißverfahrens, Nahtform) bestimmt. Mit den in der DIN EN 756 genormten Drahtelektroden, Tabelle 4-19, lassen sich Feinkornbaustähle mit einer Mindeststreckgrenze bis zu 500 N/mm² schweißen.

Die metallurgische Qualität der Schweißpulver wird im Allgemeinen mit dem Basizitätsgrad nach der Formel von *Boniszewski* beschrieben (Abschn. 4.2.3.3.2). Danach haben die *aluminat-basischen* Pulver (Kennzeichen AB nach DIN EN 760) einen Basizitätsgrad von 1 bis 2, die *fluorid-basischen* einen von 2 bis 3. Pulver mit Basizitätsgraden größer 3 haben ein sehr schlechtes Schweißverhalten und werden daher nicht hergestellt. Hohe mechanische Gütewerte können i. Allg. nur mit fluorid-basischen Pulvern und darauf ab-

Tabelle 4-33
Trocknung und Zwischenlagerung basisch-umhüllter Stabelektroden, nach SEW 088.

Mindestwerte der Streckgrenze des Grundwerkstoffs	Trocknung		Zwischenlagerung im Trockenschrank und (oder) Köcher	
	Temperatur	Dauer	Temperatur	Dauer
N/mm²	°C	h	°C	Tage
≤ 355	250 bis 300	2 bis 24	100 bis 150	≤ 30
	300 bis 350	2 bis 10	150 bis 200	≤ 14
> 355	300 bis 350	2 bis 10	150 bis 200	≤ 14

Tabelle 4-34
Trocknung und Zwischenlagerung von fluorid-basischen Schweißpulvern, nach SEW 088.

Herstellungsart	Trocknung		Zwischenlagerung	
	Temperatur	Dauer [1]	Temperatur	Dauer
	°C	h	°C	Tage
agglomeriert	300 bis 400	2 bis 10	rd. 150	≤ 30
erschmolzen	200 bis 400			

[1] Bei Verwendung von Umwälzöfen ist eine kürzere Trocknungsdauer zulässig.

gestimmten Drahtelektroden erreicht werden. Besonders wichtig ist bei diesen Pulvern – ähnlich wie bei den basisch-umhüllten Stabelektroden, Abschn. 4.2.3.1.3, S. 341 – das Rücktrocknen (Gefahr der Wasserstoffaufnahme und damit der Versprödung!). Nach dem SEW 088 soll die Trocknung und Zwischenlagerung bei den in der Tabelle 4-34 angegebenen Temperaturen erfolgen, wenn vom Hersteller des Pulvers keine anders lautenden Angaben gemacht werden.

Um die im Wesentlichen durch Schwefel hervorgerufenen Heißrisse auszuschließen, muss das Schweißgut mindestens 1,5% Mangan enthalten. Neben der prinzipiell vorhandenen Heißrissneigung vor allem der großvolumigen Schweißgüter ist die oft unzureichende Kerbschlagarbeit eines vorwiegend mit wenigen Lagen hergestellten Schweißguts ein weiteres Problem. Die Kerbschlagarbeit hängt unter anderem sehr stark vom Sauerstoffgehalt des Schweißguts ab (Abschn. 4.2.3.3.2).

a) $t_{8/5} = 4\,s$, $420\,HV1$, $KV(-20\,°C) = 8\,J$.

b) $t_{8/5} = 10\,s$, $416\,HV1$, $KV(-20\,°C) = 16\,J$.

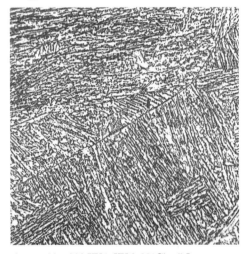

c) $t_{8/5} = 80\,s$, $290\,HV1$, $KV(-20\,°C) = 5\,J$.

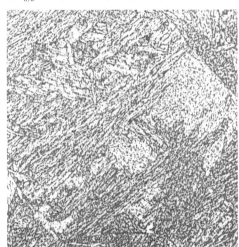

d) $t_{8/5} = 816\,s$, $280\,HV1$, $KV(-20\,°C) = 4\,J$.

Bild 4-75
Mikrogefüge von schweißsimulierend wärmebehandelten Proben aus dem hochfesten Vergütungsstahl P690QL (StE 690). Bei einer konstanten Spitzentemperatur $T_{max} = 1350\,°C$ und einer konstanten Aufheizzeit $= 8\,s$ wurde die Abkühlzeit $t_{8/5}$ des Temperatur-Zeit-Verlaufs geändert, $V = 500:1$.

Abschn. 4.3: Schweißen der wichtigsten Stahlsorten (Feinkornbaustähle)

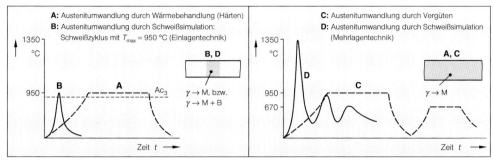

a) **Wärmebehandlung:** $950\,°C / 10' / H_2O$, $400\,HV1$, $KV(-20\,°C) = 54\,J$, (A).

c) **Wärmebehandlung:** $950\,°C / 10' / H_2O + 670\,°C / 20' / Luft$, $280\,HV1$, $KV(-20\,°C) = 110\,J$, (C).

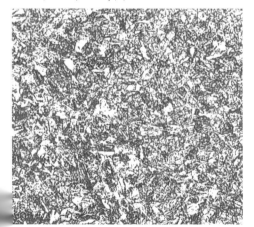

b) **Temperaturzyklus:** $950\,°C$ mit $t_{8/5} = 4\,s$, $390\,HV1$, $KV(-20\,°C) = 57\,J$, (B).

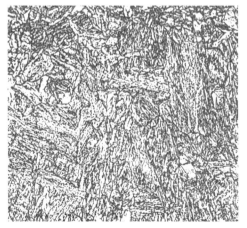

d) **Temperaturzyklus:** $1350\,°C + 950\,°C + 670\,°C$, $340\,HV1$, $KV(-20\,°C) = 35\,J$, (D).

Bild 4-76
Mikrogefüge bei unterschiedlichen Spitzentemperaturen schweißsimulierend wärmebehandelter Proben (B und D) im Vergleich zu den nach üblicher Wärmebehandlungspraxis (gehärtet und angelassen) entstehenden, Werkstoff P690QL (StE 690), V = 500:1.

Drahtelektroden; Schutzgase (MSG-Schweißen)

Die Gütewerte der Schweißverbindung werden neben den bekannten Faktoren (z. B. Einstellwerte, Lagenaufbau, Wärmevor- und Wärmenachbehandlung) von der Drahtelektrode und dem Schutzgas bestimmt. Für die normalgeglühten bzw. thermomechanisch behandelten Feinkornbaustähle mit Mindeststreckgrenzen bis zu 500 N/mm² wird die Drahtelektrode G4Si1 (G3Ni1) in Verbindung mit Mischgas empfohlen.

Fülldrahtelektroden erlangen zunehmende Bedeutung zum Schweißen der hochfesten Stähle, DIN EN 12535. Die Ursachen beruhen auf ihren vielfältigen metallurgischen Reaktionen (Desoxidieren, Zubrand von Legierungselementen) und ihrer relativen Unempfindlichkeit hinsichtlich Porenbildung. Als Schutzgase werden überwiegend CO_2 und Zweikomponentengase mit möglichst hohen CO_2-Anteilen verwendet. Die Anwesenheit von freiem Sauerstoff begünstigt die Gefahr der Mikroschlackenbildung. Mit basischen Fülldrahtelektroden lassen sich extrem wasserstoffarme Schweißgüter erzeugen (1 bis 2 ml/100 g Schweißgut). Ein Rücktrocknen ist bei geschlossenem Metallmantel in der Regel nicht erforderlich.

4.3.3 Feinkornbaustähle; vergütet

Der in der WEZ von Schweißverbindungen entstehende von hohen Temperaturen (bis Solidustemperatur 1400 °C) abgeschreckte grobkörnige Austenit wandelt in grobkörnigen, nichtangelassenen, spröden Martensit um. Wenn dieser durch einen zweckmäßigen Lagenaufbau von den nachfolgenden Schweißlagen nicht ausreichend umgekörnt bzw. angelassen wird, ist die Entstehung von Kaltrissen sehr wahrscheinlich. Vergütete Feinkornbaustähle sind in DIN EN 10025-6 und DIN EN 10028-6 genormt, siehe S. 197.

Die Mikroaufnahmen, Bildfolge 4-75, geben den Einfluss der extrem hohen »Austenitisierungstemperatur« beim Schweißen einlagiger Verbindungen anschaulich wieder. Die Proben wurden mit einem Temperatur-Zeit-Zyklus, s. Bild 4-65, bei einer Spitzentemperatur von 1350 °C schweißsimulierend wärme-

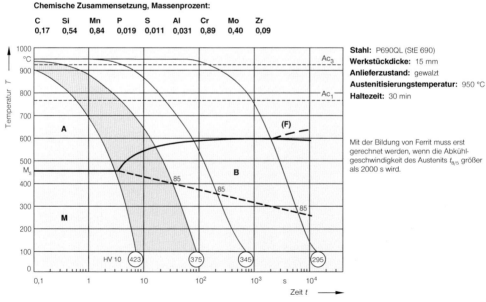

Bild 4-77
Kontinuierliches ZTU-Schaubild eines hochfesten vergüteten Feinkornbaustahls P690QL (StE 690) mit eingetragenem, grau unterlegtem Bereich der »zulässigen« Abkühlverläufe beim Schweißen.

behandelt. Diese thermischen Bedingungen entsprechen weitgehend denen in einer realen Einlagen-Schweißverbindung. Unabhängig von der Größe der Abkühlzeit $t_{8/5}$ sind sämtliche Umwandlungsgefüge versprödet. Eine günstige Wirkung des Selbstanlassens ist nicht erkennbar bzw. wird vollständig vom negativen Einfluss der extremen »Austenitisierungstemperatur« überdeckt. Aus diesen Gründen wird in der Praxis ausschließlich die *Mehrlagentechnik* angewendet, bei der das bei hohen Temperaturen austenitisierte Gefüge umgekörnt bzw. angelassen wird.

Die Bildfolge 4-76 zeigt die stark güteverbessernde Wirkung des Umkörneffektes durch das zweimalige Passieren der Ac_3-Temperatur. Der ungünstige und entscheidende Einfluss der sehr hohen Austenitisierungstemperatur beim Schweißen (vgl. Bild 4-75a und Bild 4-76b) und das durch sie hervorgerufene extreme Kornwachstum lässt sich offenbar nur durch die »Mehrlagentechnik« beseitigen, wie der Vergleich der Bilder 4-75a und 4-76d belegt. Die gewählte Wärmeführung (Wärmeeinbringen Q und Vorwärmtemperatur T_p) sollte das Umkörnen der gesamten Grobkornzone ermöglichen. Die mit dieser Schweißtechnologie erreichbare Kerbschlagarbeit (35 J bei −20 °C) liegt aber noch deutlich unter der des angelassenen Grundwerkstoffes (110 J bei −20 °C). Die aufgehärteten Bereiche in der WEZ der letzten Lage können mit der Vergütungslagentechnik (s. Abschn. 4.1.3.2) umgekörnt und »angelassen« werden.

Die wichtigsten werkstofflichen und verfahrenstechnischen Unterschiede beim Schweißen der normalgeglühten (thermomechanisch behandelten) und der wasservergüteten Feinkornbaustähle werden im Folgenden etwas ausführlicher beschrieben:

☐ **Feinkornbaustähle; normalgeglüht, thermomechanisch behandelt**
Sie sind abgesehen von einigen warmfesten Sorten ähnlich gut schweißgeeignet wie die konventionellen niedriggekohlten C-Mn-Stähle. Die wichtigste Schweißempfehlung ist die Wahl einer kontrollierten Wärmeführung, mit der die Lösung der Ausscheidungen in der WEZ nur in einem möglichst geringen Umfang erfolgt (s. genauer Abschn. 4.3.2.3). Diese Stähle lassen sich mit allen bekannten Schweißverfahren verbinden. Die Auswahl geeigneter Schweißzusatzwerkstoffe ist nicht problematisch.

☐ **Feinkornbaustähle; vergütet**
Die typischen Kennzeichen des niedriggekohlten hoch angelassenen (600 °C bis 680 °C) Martensits sind die Feinkörnigkeit und die hervorragenden Festigkeits- und Zähigkeitseigenschaften. Die im Folgenden besprochenen werkstofflichen Besonderheiten und die fertigungstechnischen Probleme ihrer schweißtechnischen Verarbeitung bzw. Umsetzung in der Praxis sind erheblich größer als bei den normalgeglühten Feinkornbaustählen. Sie erschweren aus vielerlei Gründen die Herstellung (kalt-)rissfreier und betriebssicherer Verbindungen:

– Die Schlagzähigkeit und damit die Sprödbruchsicherheit ist zwar groß, aber die z. B. im Zugversuch gemessene »*statische*« *Verformbarkeit* vor allem der schmelzgrenzennahen Bereiche ist relativ gering. Die unzureichende *Duktilität* erschwert den Abbau der rissbegünstigenden dreiachsigen Eigenspannungen erheblich. Diese (und auch ihr Mehrachsigkeitsgrad) sind wegen der höheren Streckgrenzen dieser Stähle sehr viel größer als die der normalfesten. Die Gefahr der wasserstoffinduzierten Kaltrissbildung nimmt dadurch erheblich zu.

– Nur der *hoch angelassene* Werkstoff besitzt die hervorragende Sprödbruchsicherheit, die für die niedriggekohlten Vergütungsstähle charakteristisch ist (Bild 2-63, S. 197). Mit der gewählten Schweißtechnologie muss daher dieser Gefügezustand in der WEZ erzeugbar sein. In erster Linie sind dafür die Mehrlagentechnik und Einstellwerte erforderlich, die den gebildeten grobkörnigen Martensit möglichst vollständig umkörnen, Bildfolge 4-75 und Bildfolge 4-76 zeigt nähere Einzelheiten.

– Schweißen mit zu großer Wärmezufuhr und (oder) Arbeitstemperatur hat

geringe Abkühlgeschwindigkeiten zur Folge. Damit wird das Entstehen weicherer Bestandteile (Ferrit, Perlit) begünstigt. Die Bildung voreutektoiden Ferrits während der Abkühlung führt zu einer Anreicherung des Kohlenstoffs im restlichen Austenit und damit zu einer Umwandlung in härteren und spröderen Martensit und (oder) Bainit. Durch dieses Mischgefüge entsteht ein extremer Zähigkeitsverlust. Andererseits darf die Abkühlung nicht so rasch erfolgen, dass Kaltrisse in den dann aufgehärteten Bereichen entstehen, Bild 4-66. In dem ZTU-Schaubild des bekannten Vergütungsstahles P690QL (StE 690), Bild 4-77, sind die Abkühlverläufe, die beim Schweißen noch zu ausreichenden mechanischen Gütewerten führen, grau unterlegt eingetragen. Bei $t_{8/5}$-Werten unter 10 Sekunden muss mit zunehmender Menge an Martensit d. h. mit der Bildung von Kaltrissen gerechnet werden.
- Wegen der Gefahr der Kaltrissneigung muss der Wasserstoffgehalt auf kleinste Werte begrenzt und jede Möglichkeit der Wasseraufnahme ausgeschaltet werden. Dazu gehört z. B. die Verwendung ausreichend getrockneter basisch-umhüllter Elektroden (s. Abschn. 4.2.3.1.4 und 4.2.3.3.2) bzw. basischer Pulver, Tabelle 4-34, und trockene Werkstückoberflächen.
- Da die Bauteile nach dem Schweißen vor allem aus wirtschaftlichen Gründen nie neu vergütet werden, muss insbesondere das »gegossene« Schweißgut annähernd ähnliche Gütewerte aufweisen wie der Grundwerkstoff. Diese Forderung lässt sich im Wesentlichen mit (hochgetrockneten!) basisch-umhüllten Stabelektroden zuverlässig und wirtschaftlich erfüllen.

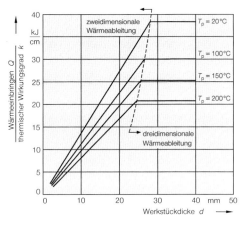

Bild 4-79
Abhängigkeit des maximal zulässigen Wärmeeinbringens von der Werkstückdicke d und der Vorwärmtemperatur T_p bei der Abkühlzeit $t_{8/5} = 20 s = konst.$ beim UP-Schweißen von Stumpfnähten aus dem wasservergüteten Feinkornbaustahl P690QL (StE 690 CrMoZr), nach Thyssen.

Im Gegensatz zu den normalgeglühten Feinkornbaustählen sind bei den vergüteten Stählen Maßnahmen zum Sicherstellen einer ausreichenden Trennbruchsicherheit wichtiger und aufwändiger.

Die Zähigkeit der WEZ wird häufig mit der üblichen Kerbschlagbiegeprüfung (Abschn. 6.3, S. 587) ermittelt. Dieses Prüfverfahren erfasst aber nicht einige wesentliche Faktoren, die die Versagensform Sprödbruch maßgeblich bestimmen. Daher lassen sich die Ergebnisse dieses Prüfverfahrens nur mit einiger Vorsicht auf das Sprödbruchverhalten geschweißter Konstruktionen (deutlich größere Abmessungen als Probe!) übertragen.

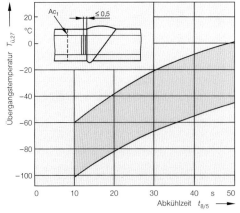

Bild 4-78
Einfluss der Schweißbedingungen (Abkühlzeit $t_{8/5}$) auf die Übergangstemperatur $T_{ü,27}$ (Charpy-V-Probe, quer) des Gefüges der Wärmeeinflusszone einer Mehrlagenschweißung aus einem wasservergüteten Feinkornbaustahl P690QL (StE 690 CrMoZr), nach Thyssen.

Ein gut bestätigtes Ergebnis einer Vielzahl von Untersuchungen ist die Erkenntnis, dass die Abkühlzeit $t_{8/5}$ beim Schweißen der Vergütungsstähle zwischen etwa 5 s und 20 s, die der normalgeglühten zwischen etwa 10 s und 30 s liegen muss. Bild 4-78 zeigt exemplarisch das Zähigkeitsverhalten der WEZ von Schweißverbindungen aus einem wasservergüteten CrMoZr-Stahl mit einer Streckgrenze von 700 N/mm².

Die Auswahl geeigneter Schweißparameter wird durch Schaubilder der Art gemäß Bild 4-79 erheblich erleichtert. Für die (in diesem Fall konstante) Abkühlzeit $t_{8/5} = 20$ s und einer betriebsüblichen Schwankung der Vorwärmtemperatur T_p zwischen z. B. 100 °C und 150 °C ergibt sich für Stumpfnähte bei einer Werkstückdicke von 30 mm ein maximal zulässiges Wärmeeinbringen von $Q/k \approx 26$ kJ/cm. Daraus lassen sich einfach die aktuellen Einstellwerte U, I und v berechnen. Dabei entsprechen die Festigkeitseigenschaften der Wärmeeinflusszone den Gewährleistungswerten des Grundwerkstoffs, und die Kerbschlagarbeit (*Charpy*-V) beträgt bei –40 °C mindestens 28 J. Man beachte, dass derartige Schaubilder genauere Informationen liefern, als die in Abschn. 4.3.2.2 beschriebene allgemeine Methode, die *nicht* auf Prüfergebnissen beruht.

Die erforderliche Vorwärmtemperatur zum Vermeiden der Kaltrissigkeit kann mit dem Kohlenstoffäquivalent C_{eq} berechnet werden. Wie in Abschn. 4.1.3.2 bereits geschildert, gilt die IIW-Beziehung Gl. [4-2] für Abkühlzeiten, die für die vergüteten Feinkornbaustähle meistens zu lang sind. Bei diesen Stählen lässt sich eine ausreichende Zähigkeit nur mittels einer hohen Härte der Umwandlungsgefüge der WEZ erreichen, d. h. mit geringen Abkühlzeiten. Für eine raschere Abkühlung mit $t_{8/5}$-Zeiten zwischen 2 s und 6 s beschreibt Gl. [4-18] und die IIW-Beziehung, Gl. [4-3] den Zusammenhang zwischen Kaltrissneigung und C_{eq} (in Prozent) genauer:

$$C_{eq} = C + \frac{Mn}{20} + \frac{Mo}{15} + \frac{Ni}{40} + \frac{Cr}{10} + \frac{V}{10} + \frac{Cu}{20} + \frac{Si}{25}.$$

Die Beziehung Gl. [4-3] gilt für Stähle mit Legierungselementen in den in Massenprozent angegebenen Bereichen:

C = 0,02 bis 0,22   Mn = 0,4 bis 2,1
Si = 0 bis 0,5   Cr = 0 bis 0,5
Ni = 0 bis 3,5   Mo = 0 bis 0,5
Cu = 0 bis 0,6   Nb = 0 bis 0,1
V = 0 bis 0,1.

Tabelle 4-35 zeigt die Ergebnisse von Implant-Versuchen (Abschn. 6.2.1, S. 583) an 20 mm dicken geschweißten Blechen aus einem hochfesten Stahl P690QL. Angegeben ist die zum Vermeiden von Kaltrissen erforderliche Vorwärmtemperatur T_p in Abhängigkeit von der Beanspruchung $\sigma = R_{p0,2}$ und dem Wasserstoffgehalt, bei dem die Proben rissfrei bleiben. Danach müssen die hochfesten wasservergüteten Feinkornbaustähle vorgewärmt werden, wenn bei einer Werkstückdicke > 20 mm $C_{eq} > 0,25$ % ist.

Von entscheidender Bedeutung für den Erfolg jeder Schweißung ist die rigorose Begrenzung des angebotenen Wasserstoffgehalts.

Schweißverfahren	Wasserstoffgehalt HD cm³/100 g	Vorwärmtemperatur T_p $T_p = f(C_{eq})$ °C
Zellulose-umhüllte Stabelektrode	40	$T_p = 416 \cdot \log(100 \cdot C_{eq}) - 456$ $T_p = 678 \cdot C_{eq} - 52$
Basisch-umhüllte Stabelektrode	10	$T_p = 490 \cdot \log(100 \cdot C_{eq}) - 596$ $T_p = 739 \cdot C_{eq} - 104$
	5	$T_p = 597 \cdot \log(100 \cdot C_{eq}) - 784$ $T_p = 826 \cdot C_{eq} - 158$
Schutzgasschweißen	3	$T_p = 764 \cdot \log(100 \cdot C_{eq}) - 1064$ $T_p = 994 \cdot C_{eq} - 233$

Tabelle 4-35
Vorwärmtemperaturen T_p in Abhängigkeit von dem nach Gl. [4-3] berechneten Kohlenstoffäquivalent C_{eq} bei $t_{8/5}$-Werten zwischen 2 s und 6 s für verschiedene Wasserstoffgehalte, gültig für warmgewalzte, niedriggekohlte, niedriglegierte Stähle. Es wurde mit Streckenenergien zwischen 8 und 9 kJ/cm geschweißt.

Dargestellt sind die Ergebnisse von Implant-Tests (Blechdicke 20 mm), Bleche aus dem Stahl P690QL, bei einer Beanspruchung von $\sigma = R_{p0,2}$, nach *Düren* und *Schönherr*.

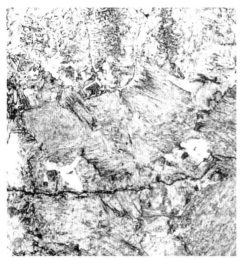

Bild 4-80
Kaltriss in der WEZ einer Schweißverbindung aus dem Vergütungsstahl C45 (C 45), V =200:1, 2% HNO₃

Trotz der Abnahme der Abkühlgeschwindigkeit ist daher ein Vorwärmen auf etwa 120 °C bis 200 °C sehr empfehlenswert. Durch diese Maßnahme wird wenigstens der adsorbierte Wasserstoff zuverlässig beseitigt. Geschweißt wird mit kontrolliertem Wärmeeinbringen – meist mit Zugraupen – unter Anwendung der Vergütungslagentechnik (Abschn. 4.1.3.2). Häufig hat sich ein Halten nach jeder Lage zum Erleichtern der Wasserstoffeffusion als zweckmäßig erwiesen. Das häufig angewendete *Wasserstoffarmglühen (»Soaken«)* bei etwa 250 °C/1 ... 2 h nach dem Schweißen gilt als Standardwärmebehandlung bei diesen Stählen. Stabelektroden zum Schweißen der vergüteten Baustähle sind in DIN EN 757 genormt, Abschn. 4.2.4.

4.3.4 Höhergekohlte Stähle

Höhergekohlte Stähle sind überwiegend Vergütungsstähle. Sie werden im vergüteten, seltener im normalgeglühten Zustand verwendet. Die zu wählenden Schweißzusatzwerkstoffe müssen daher auf die erforderliche Wärmebehandlung in gleicher Weise ansprechen wie die Grundwerkstoffe. Das ist in den meisten Fällen aber nicht möglich, weil in aller Regel derartige spezielle Zusatzwerkstoffe nicht zur Verfügung stehen. Schweißarbeiten an diesen Stählen werden daher wie weiter unten noch begründet wird, mit Zusatzwerkstoffen ausgeführt, die in erster Linie für eine rissfreie Verbindung aus diesen sehr schlecht schweißgeeigneten Stählen sorgen (Schweißgut muss ausreichend zäh und wasserstoffarm sein). Schweißarbeiten werden daher normalerweise nur in »Notfällen« (Reparaturen) an diesen Stählen vorgenommen; Konstruktions(schmelz-)schweißungen sind noch relativ selten, obwohl sie Vorteile böten. Die folgenden Hinweise sollen in diesem Sinn verstanden werden, sie geben im Wesentlichen den werkstofflichen Hintergrund zum fachgerechten Schweißen dieser Stähle.

Die wichtigsten höhergekohlten Stähle sind die z. B. in der DIN EN 10083 genormten *Vergütungsstähle* (Abschn. 2.7.6.3, S. 197). Ihr Kohlenstoffgehalt beträgt meistens deutlich mehr als 0,2 %, Tabelle 2-6. Die Schweißeignung ist daher schlecht. Die *Kaltrissbildung* im schmelzgrenzennahen, aufgehärteten Bereich der WEZ ist sehr wahrscheinlich, wenn nicht vorgewärmt wird. Mit zunehmendem Kohlenstoffgehalt des Stahles ändern sich folgende für die Schweißeignung entscheidenden Werkstoffeigenschaften:
– Die Härte des Martensits steigt, Bild 1-43, S. 37, und damit nimmt seine (Kalt-)Rissneigung zu,
– die kritische Abkühlgeschwindigkeit fällt, d. h., die Martensitbildung im austenitisierten Bereich der WEZ beim Abkühlen der Schweißnaht wird zunehmend erleichtert,
– die Martensitstart-Temperatur M_s nimmt stark ab, Gl. [2-4], d. h., die günstige Wirkung des allerdings nicht zu überschätzenden Selbstanlasseffektes geht verloren (Abschn. 2.5.2.1 und 2.7.6.3).

Die Kaltrissigkeit ist die beim Schweißen höherfester und hochgekohlter Stähle häufigste Versagensform. Martensitische Gefüge sind ganz besonders anfällig. Kaltrisse entstehen vorwiegend in der WEZ, aber auch im Schweißgut beim Abkühlen unter Temperaturen von 300 °C. Das Bild 4-80 zeigt einen Kaltriss in der WEZ einer Schweißverbindung aus dem Vergütungsstahl C45 (C 45).

Die extreme Neigung zur Bildung von Kaltrissen ist die entscheidende Ursache für die schlechte Schweißeignung der höhergekohlten Stähle. Die Entstehung des nahezu verformungslosen, extrem rissempfindlichen Martensits lässt sich zuverlässig nur mit einer ausreichend hohen *Vorwärmung* der Fügeteile vermeiden. Außerdem sollten zusätzlich die folgenden fertigungstechnischen Maßnahmen beachtet werden, s. hierzu a. Aufgabe 4-5, S. 481:

– Verwenden von Zusatzwerkstoffen, die zu einem möglichst geringen *Wasserstoffgehalt* im Schweißgut führen. Die Gefahr der Entstehung von wasserstoffinduzierten Kaltrissen (Abschn. 3.5.1.6, S. 276) wird sehr viel geringer.

– Verwenden von Zusatzwerkstoffen, mit denen ein möglichst verformbares, zähes Schweißgut herstellbar ist. Die basischumhüllten Stabelektroden sind hierfür hervorragend geeignet (siehe Abschn. 4.2.3.1.3). Die rissbegünstigenden Eigenspannungen lassen sich dann durch plastisches Verformen des Schweißguts abbauen, d. h., die spröden, verformungslosen, martensitischen Zonen bleiben verhältnismäßig unbelastet. Die Rissbildung wird dadurch erheblich behindert. Die Verwendung artgleicher Zusatzwerkstoffe ist daher nicht sinnvoll, obwohl es wegen der hervorragenden mechanischen Gütewerte vergüteter Gefüge technisch sehr wünschenswert wäre.

– Wasserstoffarmglühen (»*Soaken*«) direkt aus der Schweißhitze bei etwa 200 °C bis 300 °C ist eine sehr wirksame Methode zum Beseitigen des atomaren Wasserstoffs aus dem Schweißgut und den Wärmeeinflusszonen und ist daher unbedingt zu empfehlen.

– Wahl geeigneter Schweißfolgepläne, die es gestatten, eine möglichst wenig verspannte Konstruktion herzustellen.

Zum Ermitteln der »richtigen« Vorwärmtemperatur T_p sind folgende Methoden anwendbar:

– Die Entstehung von Martensit in der WEZ kann durch Vorwärmen über M_s vermieden werden. Die Umwandlung des Austenits in den in der Regel wesentlich rissunempfindlicheren Bainit kann gewöhnlich durch ausreichend langes Halten auf der Vorwärmtemperatur erzwungen werden. Die hierfür erforderliche Vorwärmtemperatur und die Haltezeit werden aus dem ZTU-Schaubild des Stahles entnommen. Diese Methode, die auch *isothermisches Schweißen* genannt wird, ist ausführli-

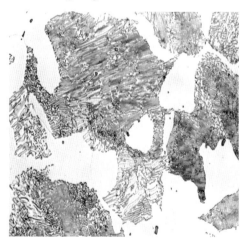

a)   b)

Bild 4-81
Aufnahmen des Mikrogefüges eines Vergütungsstahles C45 (C 45) nach unterschiedlicher Wärmebehandlung.
a) normalgeglüht, 220 HV 10, V = 800:1, 2 % HNO_3,
b) vergütet, Anlasstemperatur 600 °C, 250 HV 10, V = 500:1, 2 % HNO_3.

cher in Abschn. 2.5.3.4 beschrieben. Näherungsweise lässt sich die Martensit-Starttemperatur mit der Beziehung Gl. [2-4] berechnen. Diese Methode kann sinnvoll nur für Stähle angewendet werden, deren M_s-Temperaturen unter 300 °C liegen.
- Die Berechnung des Kohlenstoffäquivalents mit Hilfe der verschiedenen Beziehungen (s. Abschn. 4.1.3.2) ermöglicht ebenfalls eine recht genaue Abschätzung der Vorwärmtemperatur.
- Ein hohes Vorwärmen auf Temperaturen zwischen 250 °C und 350 °C gilt als allgemein gültige, praxiserprobte Empfehlung zum Schweißen der höhergekohlten Vergütungsstähle. Das Adsorptionswasser auf den Fügeteilen wird dadurch ebenfalls zuverlässig beseitigt, s. Bild 4-62.

Die Vergütungsstähle lassen sich im vergüteten Zustand schweißen, aber wesentlich einfacher und risikoloser im verformbareren normalgeglühten (bzw. weichgeglühten), Bildfolge 4-81. In den meisten Fällen ist ein nachträgliches Neuvergüten (= Härten und Anlassen!) nicht möglich und wegen des weichen Schweißguts technisch auch selten sinnvoll. Die vom Kohlenstoffgehalt abhängige oft extreme Härte in der Wärmeeinflusszone lässt sich durch ein Anlassglühen entscheidend herabsetzen.

Bild 4-82 zeigt einige für die Wärmeeinflusszone von Vergütungsstählen typische Gefügebesonderheiten. In Bereichen, die bis zur Anlasstemperatur T_{Anl} des Stahles erwärmt wurden, treten keine Gefügeänderungen auf. Mit zunehmender Temperatur fällt die Härte (Festigkeit) merklich ab. Der maximale Abfall der Härte um Ac_1 wird als »Härtesack« bezeichnet. Die Ursache ist die zunehmende Beweglichkeit vorwiegend der Kohlenstoffatome und seine damit verbundene Ausscheidung als Fe_3C. Wird der Kohlenstoff mit Sondercarbidbildnern (z. B. Cr, Mo) fest abgebunden, dann ist der Härteabfall in der Regel vernachlässigbar, s. *Anlassbeständigkeit*, Abschn. 2.5.2.2, S. 143.

Bei Temperaturen über Ac_3 erfolgt eine vollständige Austenitisierung des Gefüges, dessen Korngröße kontinuierlich bis zur Schmelz-

grenze zunimmt. Abhängig von der Höhe der Vorwärmtemperatur und dem Wärmeeinbringen bildet sich beim Abkühlen ein mehr oder weniger hartes, grobkörniges, rissanfälliges Umwandlungsgefüge. Eine hohe Vorwärmung verringert zwar die Höchsthärte, vergrößert aber die Breite der Wärmeeinflusszone und erhöht den Festigkeitsabfall in der »Anlasszone«.

Die Bildfolge 4-83 zeigt den Einfluss einer Vorwärmung auf die Maximalhärte in der WEZ einer mit basischen Stabelektroden geschweißten Verbindung aus dem Vergütungsstahl C45 (C 45). Sie beträgt ohne Vorwärmen 480 HV 1, eine Kaltrissbildung ist damit wahrscheinlich. Ein Vorwärmen auf etwa 300 °C verringert die Härte auf 300 HV 1. Die Verbindung ist jetzt betriebssicher, wenn sie nicht schlagartig beansprucht wird. Die Erfahrung zeigt, dass mit einer ausreichenden

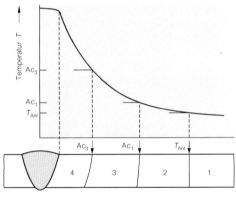

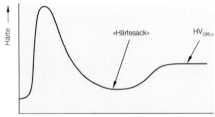

1: unbeeinflusster (vergüteter, HV = $HV_{GW,V}$) Grundwerkstoff, $T \leq T_{Anl}$
2: Anlasstemperatur T_{Anl} wird überschritten, Härte nimmt ab
3: maximale Härteabnahme bei $T \approx Ac_1$
4: Werkstoff wird vollständig austenitisiert, Härtezunahme durch zunehmende Abkühlgeschwindigkeit

Bild 4-82
Wirkung der Schweißwärme auf die Gefüge und Härte der WEZ von Vergütungsstählen.

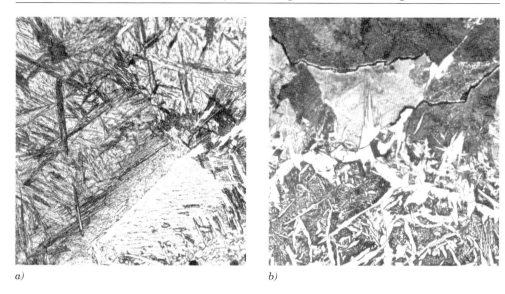

a)   b)

Bild 4-83
Einfluss des Vorwärmens auf die Gefügeausbildung und Härte der schmelzgrenzennahen Bereiche bei einer Schweißverbindung aus dem Vergütungsstahl C45 (C 45), Werkstückdicke 10 mm, V = 200:1, 2 % HNO_3.
a) *Ohne Vorwärmung. Das Gefüge der aufgehärteten Zone besteht aus Martensit und Bainit mit Gefügen der Perlitstufe, Maximalhärte 550 HV 10.*
b) *Vorwärmung T_p = 300 °C. Das Gefüge besteht überwiegend aus Bainit, Perlit mit Ferritsäumen an den ehemaligen Austenitkörnern, Maximalhärte 300 HV 10.*

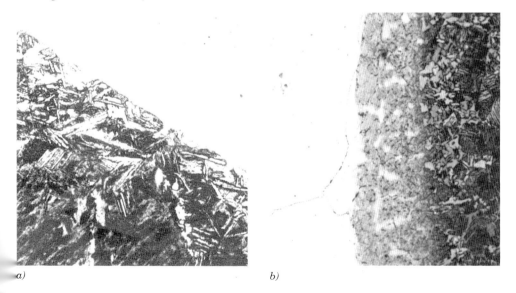

a)   b)

Bild 4-84
Gefügeausbildung einer mit der Stabelektrode vom Legierungstyp CrNiMn-18-8-6 geschweißten Verbindung aus dem Vergütungsstahl C45 (C 45) in Schmelzgrenzennähe bei verschiedenen Vorwärmtemperaturen T_p.
a) *T_p = 20 °C, 610 HV 1, überwiegend martensitisches Gefüge, V = 1000:1, 2 % HNO_3.*
b) *T_p = 250 °C, 340 HV 1, durch Diffusion entstandene legierungsreiche in Martensit umgewandelte Zone (grau), V = 500:1, V2A-Beize.*

Vorwärmung und einem zähen, unlegierten Schweißgut risssichere Schweißverbindungen herstellbar sind.

Verschiedentlich werden zum Schweißen der Vergütungsstähle aber auch austenitische Zusatzwerkstoffe verwendet. Der wesentlichste Vorteil ist ihre große Zähigkeit, verbunden mit einer verhältnismäßig geringen Streckgrenze. Der Abbau der thermischen Spannungen und der bei der Martensitbildung entstehenden Umwandlungsspannungen wird erleichtert. Die Verformbarkeit dieser mit austenitischem Zusatzwerkstoff hergestellten Schweißverbindung ist aber häufig deutlich schlechter als die der mit basischen Elektroden geschweißten Naht. Als Ursache ist die Vermischung des legierten Schweißguts mit dem martensitischen Grundwerkstoff an der Schmelzgrenze anzunehmen. Der sich bildende legierte und höhergekohlte Martensit ist sehr hart und spröde. Die Breite dieser martensitischen Zone nimmt mit zunehmender Vorwärmtemperatur ebenso zu wie die Rissneigung.

Austenitische Zusatzwerkstoffe (vor allem der CrNi-24-9-Typ) können allerdings eine sinnvolle Alternative für Reparaturschweißungen an höhergekohlten Stählen sein, die aus betrieblichen Gründen (Vorwärmtemperatur gefährdet Bauteilsicherheit und Funktion) nicht vorgewärmt werden können. Außer dem rissunanfälligen Schweißgut ist vor allem die wesentlich größere Wasserstofflöslichkeit des austenitischen Schweißguts, d. h. die geringere Kaltrissneigung der WEZ der größte Vorteil.

Bild 4-84 zeigt Mikroaufnahmen aus dem Bereich der Schmelzgrenze einer Verbindung aus C45, hergestellt mit der sehr heißrisssicheren Stabelektrode vom Legierungstyp CrNiMn-18-8-6. In der nicht vorgewärmten Verbindung, Bild 4-84a, besteht das Gefüge der WEZ aus reinem Martensit mit der Härte von 610 HV 1. Durch Vorwärmen der Fügeteile auf 250 °C entsteht ein breiter Streifen martensitischen Gefüges, der die Verformbarkeit der Verbindung deutlich verringert, Bild 4-84b. Die Anwendung hoher Vorwärmtemperaturen und insbesondere von Wärmenachbehandlungen ist auch aus anderen Gründen unzweckmäßig. Das große Konzentrationsgefälle des Kohlenstoffs an der Phasengrenze Schweißschmelze (kfz)/hocherhitzte Grobkornzone (krz) führt zu einer deutlichen Kohlenstoffdiffusion in Richtung Schweißgut. Der sich unmittelbar neben der Schmelzgrenze bildende dünne Carbidsaum versprödet die Verbindung.

4.3.5 Warmfeste Stähle

Je nach der Höhe der thermischen und mechanischen Betriebsbeanspruchung (konstante oder wechselnde) werden für den Bau warmgehender Anlagen unterschiedliche Stähle eingesetzt.

❑ *Ferritische Stähle*
(ferritisch-perlitische, ferritisch-bainitische, martensitische Stähle).
Für Betriebstemperaturen bis ungefähr 400 °C genügen die warmfesten Feinkornbaustähle mit ferritisch-perlitischem Gefüge nach DIN EN 10025-3 und DIN EN 10025-4, (Tabelle 2-11 und Tabelle 2-8), DIN EN 10028-2 und DIN EN 10216-2. Hierzu gehören z. B. die niedriglegierten Stähle P195, P2355, P355, 8MoB5-4 und der hochlegierte X10CrMoVNb9-1.
Für den Zeitstandbereich müssen legierte Stähle mit ferritisch-bainitisch-martensitischem Gefüge verwendet werden. Die wichtigsten sind die CrMo-legierten Stähle, z. B. 13CrMo4-5, 10CrMo9-10. Durch die zusätzliche Wirkung einer Ausscheidungshärtung wird die Warmfestigkeit bei dem Stahl 14MoV6-3 verbessert.
Der lufthärtende hochlegierte Vergütungsstahl X20CrMoV12-1 wird zwischen 700 °C und 750 °C angelassen. In dem martensitischen Gefüge sind feinstverteilte Sondercarbide $M_{23}C_6$ eingelagert. Er ist im Dauerbetrieb bei Temperaturen bis etwa 600 °C (650 °C) einsetzbar.

❑ *Austenitische Stähle*
Für Betriebstemperaturen über 600 °C müssen austenitische Stähle verwendet werden, wie z. B. der X6CrNi18-11 oder der X8CrNiMoNb16-16, Tabelle 2-9.

4.3.5.1 Ferritische Stähle (ferritisch-perlitisch)

Schweißprobleme sind bei den unlegierten Feinkornstählen z. B. nach DIN EN 10025-3 und den legierten nach DIN EN 10216-2 aufgrund ihrer chemischen Zusammensetzung *nicht* zu erwarten. Lediglich bei dickwandigen Konstruktionen ($t \geq 40$ mm) ist ein Vorwärmen zwischen 100 °C und 150 °C und Spannungsarmglühen bei 600 °C bis 650 °C zu empfehlen. In Tabelle 4-36 sind für das Schweißen der unlegierten und legierten warmfesten Stähle einige Hinweise für eine erforderliche Wärmevor- und nachbehandlung zusammengestellt.

4.3.5.2 Ferritische Stähle (ferritisch-bainitisch)

Konstruktionen aus warmfesten Stählen werden nahezu ausschließlich durch Schweißen hergestellt. Eine ausreichende *Schweißeignung* ist damit die wichtigste zu fordernde technologische Eigenschaft. Die niedriglegierten Stähle mit ferritisch-bainitisch-martensitischem Gefüge wandeln im austenitisierten Bereich der WEZ in einem erheblichen Umfang in unerwünschten Martensit um. Während des Abkühlens besteht bei diesen Stählen daher grundsätzlich die Gefahr der Bildung von *Härterissen*, bei dickwandigen Teilen auch die von *Spannungsrissen*.

Wegen der hohen M_s-Temperaturen dieser Stähle (≥ 400 °C) brauchen sie nur auf etwa 200 °C bis 300 °C vorgewärmt zu werden. Ein Martensitgehalt bis zu 50 % kann man bei diesen niedriggekohlten Stählen erfahrungsgemäß in Kauf nehmen, ohne dass Rissbildung befürchtet werden müsste.

Allerdings ist je nach Stahl ein *Anlassglühen* zwischen 690 °C und 780 °C erforderlich. Ziel dieser Behandlung ist das Beseitigen der Eigenspannungen und vor allem das Reduzieren der Härte in der WEZ durch Anlassen des hier entstandenen niedriggekohlten Martensits. Durch die Anlassbehandlung darf der optimale Ausscheidungszustand hinsichtlich seiner Fähigkeit, die Warmfestigkeit zu erhöhen und die Kriechhemmung möglichst wenig herabzusetzen, nur wenig geändert werden. Die größte kriechhemmende Wirkung haben kohärente Ausscheidungen (Abschn. 2.6.3.3, S. 161). Durch eine geeignete chemische Zusammensetzung wird angestrebt, dass die Warmfestigkeit durch Koagulieren

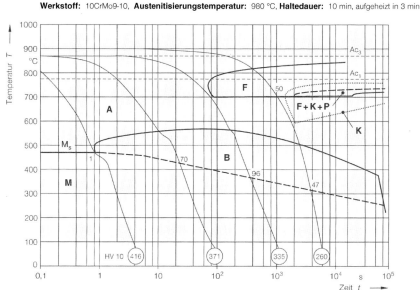

Bild 4-85
Kontinuierliches ZTU-Schaubild des Stahles 10CrMo9-10, nach Atlas zur Wärmebehandlung der Stähle.

Tabelle 4-36
Anhaltsangaben zur Wärmebehandlung einiger warmfester Rohrstähle nach Merkblatt 328 der Beratungsstelle für Stahlverwendung, Düsseldorf.

Werkstoff nach EN 10 027-1 (DIN 17 006)	Warmformgebung °C	Wärmebehandlung nach Warmformgebung	nach Kaltformgebung	vor dem Schweißen	nach dem Schweißen
P235G1TH (St 35.8) P255G1TH (St 45.8)	1100 ... 850	Liegt die Temperatur der Endverformung an der oberen Grenze des Temperaturbereiches, so ist ein Normalglühen bei 900 (870) bis 930 (900) °C bei einer Haltedauer von mind. 10 min durchzuführen. Abkühlen an Luft.	Nach starker Verformung ist ein Spannungsarmglühen bei 600 bis 650 °C bei einer Haltedauer von mind. 15 min durchzuführen. Abkühlen an Luft.	Kein Vorwärmen.	Bei Wanddicken über 20 (10) mm Spannungsarmglühen bei 600 bis 650 °C (Haltedauer mind. 15 min). Abkühlen an Luft.
16Mo3 (15 Mo 3) 16Mo5	1100 ... 850 1100 ... 850	Liegt die Temperatur der Endverformung an der oberen Grenze des Temperaturbereiches, so ist ein Normalglühen bei 910 bis 940 °C bei einer Haltedauer von mind. 10 min durchzuführen. Abkühlen an Luft.	Nach starker Verformung ist ein Spannungsarmglühen bei 600 bis 650 °C bei einer Haltedauer von mind. 15 min durchzuführen. Abkühlen an Luft.	Bei Wanddicken über 10 mm Vorwärmen auf etwa 150 °C.	Bei Wanddicken über 10 mm Spannungsarmglühen bei 600 bis 650 °C (Haltedauer mind. 15 min). Abkühlen an Luft.
13CrMo4-5 (13 CrMo 4 4)	1100 ... 850	Liegt die Temperatur der Endverformung an der oberen Grenze des Temperaturbereiches, so ist ein Normalglühen bei 910 bis 940 °C bei einer Haltedauer von mind. 10 min, anschließend ein Abkühlen an Luft durchzuführen. Bei Endverformung an der unteren Temperaturgrenze genügt ein Anlassen.	Nach starker Verformung ist ein Anlassen bei 600 bis 650 °C bei einer Haltedauer von mind. 15 min durchzuführen. Abkühlen an Luft.	Bei Wanddicken über 10 mm Vorwärmen auf 200 bis 300 °C.	Anlassen bei 690 bis 720 °C (Haltedauer mind. 15 min). Abkühlen an Luft.
14MoV6-3	1100 ... 850	Normalglühen bei 950 bis 980 °C bei einer Haltedauer von von mind. 60 min, anschließend ein Anlassen bei 690 bis 720 °C (Haltedauer 240 bis 60 min) durchzuführen. Abkühlen an Luft.	Nach starker Verformung ist ein Anlassen bei 670 bis 700 °C bei einer Haltedauer von mindestens 60 min durchzuführen. Abkühlen an Luft.	Bei Wanddicken ab 6 mm Vorwärmen auf 200 bis 300 °C.	Anlassen bei 690 bis 720 °C (Haltedauer 60 bis 120 min). Abkühlen an Luft.
10CrMo9-10	1100 ... 850	Liegt die Temperatur der Endverformung an der oberen Grenze des Temperaturbereiches, so ist ein Normalglühen bei 930 bis 960 °C bei einer Haltedauer von mindestens 10 min, anschließend ein Anlassen bei 730 bis 780 °C (Haltedauer mindestens 20 min) und ein Abkühlen an Luft durchzuführen. Bei Endverformung an der unteren Temperaturgrenze genügt ein Anlassen.	Nach starker Verformung ist ein Anlassen bei 600 bis 650 °C bei einer Haltedauer von mindestens 20 min durchzuführen. Abkühlen an Luft.	Bei Wanddicken ab 10 mm Vorwärmen auf etwa 200 bis 300 °C.	Anlassen bei 730 bis 780 °C (Haltedauer mind. 20 min). Abkühlen an Luft.

der Teilchen bei höheren Temperaturen möglichst wenig abnimmt.

Aus dem kontinuierlichen ZTU-Schaubild z. B. des Stahles 10CrMo9-10, Bild 4-85, lassen sich einige für die schweißtechnische Verarbeitung wichtige Informationen ablesen. Dazu gehört u. a. die M_s-Temperatur und die Art und Härte der sich bildenden Umwandlungsgefüge. Das für diesen Stahl typische ferritisch-bainitische Grundwerkstoff-Gefüge zeigt Bild 4-86.

Die Warmfestigkeit der Cr-Mo-legierten warmfesten Stähle lässt sich mit V – besser mit V und Nb – erheblich verbessern. Ihre Warmfestigkeit hängt von der Verteilung, Größe und dem mittleren Abstand der ausgeschiedenen Carbide und Nitride ab. Die Neigung der Niobcarbide zum Koagulieren und/oder Wiederauflösen ist besonders gering. Niobhaltige Stähle behalten daher auch noch bei höheren Temperaturen ihre kriechhemmende Wirkung.

Das Schweißverhalten dieser ausscheidungshärtenden Stähle ist ungünstiger. Durch die beim Schweißen entstehenden Temperatur-Zeit-Verläufe wird der optimale Ausscheidungszustand in der WEZ weitgehend verändert, wodurch die Zähigkeit und Warmfestigkeit abnehmen und eine deutliche Rissneigung der schmelzgrenzennahen Bereiche auftritt.

4.3.5.3 Ferritische Stähle (martensitisch)

Die lufthärtenden 12%igen Chromstähle verbinden die höchsten *Zeitfestigkeitswerte* ferritischer Stähle mit einer sehr guten *Zunderbeständigkeit*. Sie werden im Kraftwerks- und Turbinenbau für Überhitzer- und Frischdampfleitungen bei den höchsten für ferritische Stähle möglichen Arbeitstemperaturen zwischen 530 °C und 560 °C eingesetzt. Der hochlegierte Stahl X20CrMoVW12-1 ist der typische Vertreter, Bild 4-87.

Das Schweißen dieses Stahls erfordert besondere Vorsichtsmaßnahmen und ist wegen der umfangreichen Wärmebehandlungen sehr aufwändig und teuer. Die für ein erfolgreiches Schweißen benötigten Informationen über das Werkstoffverhalten können überwiegend aus dem ZTU-Schaubild des Stahles entnommen werden, Bild 4-88. Die breite umwandlungsfreie bzw. umwandlungsträge Zone des Austenits zwischen 300 °C und 550 °C zusammen mit der verhältnismäßig tiefliegenden M_s-Temperatur von etwa 270 °C (M_f = 120 °C) bestimmen die fertigungstechnisch anzuwendende aufwändige Schweißtechnologie.

Bild 4-86
Typisches Mikrogefüge eines Stahles 10CrMo9-10, $V = 400:1$, 2 % HNO_3.

Bild 4-87
Mikrogefüge eines Stahles X20CrMoVW12-1, $V = 400:1$.

Abhängig von der Wanddicke werden die Fügeteile auf etwa 350 °C bis 450 °C vorgewärmt, wobei die Zwischenlagentemperatur 450 °C nicht überschreiten soll. Dadurch wandelt sich der austenitisierte Bereich der WEZ während der gesamten Schweißzeit nicht vollständig in Martensit, sondern z. T. in den wesentlich zäheren Bainit um. Die Schrumpfspannungen werden damit durch plastische Verformung leichter abgebaut. Eine Rissbildung ist damit weitgehend ausgeschlossen. Eine anschließende Wärmenachbehandlung (z. B. Anlassglühen) ist wegen der extremen Maximalhärte in den Wärmeeinflusszonen von etwa 500 HV 1 und mehr sowie der Optimierung der Warmfestigkeitseigenschaften zwingend erforderlich.

Die naheliegende Überlegung, *direkt* aus der Schweißhitze auf die erforderliche Temperatur von 730 °C bis 780 °C zu erwärmen, ist aus verschiedenen Gründen unzweckmäßig:
– Ein Teil des im Austenit des austenitisch-bainitischen bzw. -martensitischen Gefüges der WEZ und im Schweißgut gelösten Kohlenstoffs beginnt sich an den Korngrenzen in Carbidform auszuscheiden wie Bild 4-88 erkennen lässt.

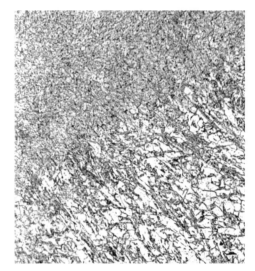

Bild 4-89
Mikrogefüge aus dem Bereich der Schmelzgrenze einer Schweißverbindung aus dem Stahl X20CrMoVW12-1 (Rohr 38 x 5 mm). Vorwärmtemperatur 300 °C mit nachfolgender Abkühlung auf Raumtemperatur und Anlassglühen 760 °C/0,5 h/Luft.

– Der Kohlenstoffgehalt des Austenits nimmt als Folge der Carbidausscheidung ab, d. h., die M_s- und M_f-Temperatur des Restaustenits werden dadurch größer. Bei der anschließenden Abkühlung wandelt der Austenit in spröden, nicht angelassenen Martensit um.
– Bei längeren Glühzeiten erfolgt eine Teilumwandlung des Austenits in perlitische Gefügeformen, die sehr schlechte mechanische Gütewerte aufweisen.

Die mechanischen Gütewerte der Verbindung – vor allem die Zähigkeitseigenschaften – sind nach dieser Wärmebehandlung völlig unzureichend.

Daher wird aus der Schweißwärme zunächst auf eine Temperatur zwischen 150 °C und 100 °C abgekühlt und etwa 2 Stunden gehalten, d. h., der austenitisierte Teil der Wärmeeinflusszone wird nahezu vollständig in den in diesem Fall deutlich weniger rissanfälligen (niedriggekohlten) Martensit umgewandelt. Ein anschließendes Anlassglühen erzeugt ein risssicheres Vergütungsgefüge mit einer Härte von etwa 300 HV 1.

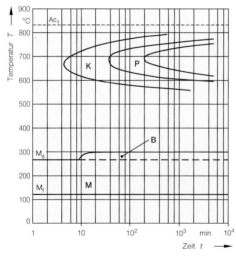

Austenitisierungstemperatur: 1020 °C M_s-Temperatur: 270 °C
Ac_1: 860 °C (1 °C/min) M_f-Temperatur: 120 °C
Martensithärte: 610 HV 10

Bild 4-88
Isothermisches ZTU-Schaubild des Stahles X20CrMoVW12-1, nach Kauhausen.

Bild 4-89 zeigt das typische Mikrogefüge einer Schweißverbindung (X20CrMoVW12-1, Rohr 38 x 5 mm) in Schmelzgrenzennähe. Wegen der geringen Wanddicke wurde in diesem Fall aus der Schweißhitze auf Raumtemperatur abgekühlt, da die Gefahr der Spannungsrissbildung gering ist.

4.3.5.4 Austenitische Stähle

Einige wichtige hochwarmfeste austenitische Stahlsorten sind in Tabelle 2-9 aufgeführt. Ein kennzeichnendes Merkmal ist ihr vollaustenitisches, ferritfreies Gefüge. Wegen der thermischen Instabilität des Ferrits ist dieser Gefügebestandteil bei den hochwarmfesten Stählen unerwünscht bzw. nicht zulässig.

Das entscheidende Problem beim Schweißen ist die deutliche Heißrissanfälligkeit dieser vollaustenitischen Stähle und ihre ausgeprägte Neigung zur Bildung von Mikrorissen als Folge örtlicher Seigerungen an den Korngrenzen. Sie lassen sich durch Zusatzwerkstoffe vermeiden, die zu einem Schweißgut mit etwa 5 % δ-Ferrit führen. Ihr Schweißverhalten entspricht weitgehend dem der korrosionsbeständigen austenitischen Stähle. Für weitere Hinweise sei daher auf Abschn. 4.3.7 verwiesen.

4.3.5.5 Versprödungs- und Rissmechanismen

Bei einer Reihe von niedriglegierten Stählen, vor allem bei den CrMo-legierten, entstehen bei verschiedenen Betriebs- und Wärmebehandlungsbedingungen folgende charakteristische Versagensformen:
- Wiedererwärmungsrisse und die
- Anlassversprödung.

Wiedererwärmungsriss (Ausscheidungsriss)

Diese Rissart entsteht durch die Ausscheidung spröder Phasen (Carbide, Carbonitride) während des Schweißens oder häufiger bei/während einer Wärmenachbehandlung überwiegend dickwandiger Bauteile.

In dickwandigen Schweißverbindungen aus warmfesten mit Sondercarbidbildnern (z. B. Mo, V) legierten Feinkornbaustählen können während des Spannungsarmglühens in der WEZ meistens interkristallin verlaufende Risse entstehen. Die Neigung zur Rissbildung ist von der chemischen Zusammensetzung des Stahls abhängig, nimmt mit zunehmender Wanddicke zu und ist auch von der Temperatur-Zeitführung der Wärmebehandlung abhängig.

Diese Erscheinung – sie ist phänomenologisch mit den Unterplattierungsrissen sehr verwandt, Abschn. 4.3.8.2 – wird im englischen Schrifttum als **S**tress **R**elief **C**racking (SRC) oder reheat cracking bezeichnet. Als deutsche Bezeichnungen sind *Wiedererwärmungsriss, Ausscheidungsriss* oder *Relaxationsriss* gebräuchlich. Grundsätzlich neigen die meisten Stähle zu dieser besonderen Art der Versprödung. Cr, Cu, Mo, B, Nb und Ti begünstigen diese Rissbildung. Mo-V- und Mo-B-Stähle sind besonders bei einem Vanadiumgehalt > 0,1 % stark rissgefährdet. Die tendenzielle Neigung zur Bildung von Wiedererwärmungsrissen lässt sich mit den Beziehungen von *Nakamura*, Gl. [4-20], und von *Ito*, Gl. [4-21], beschreiben:

$$P_C = Cr + 3{,}3 \cdot Mo + 8{,}1 \cdot V - 10 \cdot C - 2 \quad [4\text{-}20]$$
$$P_{SC} = Cr + Cu + 2 \cdot Mo + 10 \cdot V - \quad [4\text{-}21]$$
$$7 \cdot Nb + 5 \cdot Ti - 2.$$

Die Beziehung von *Ito*, Gl. [4-21], gilt für Stähle, deren chemische Zusammensetzung in den Bereichen liegt:

Cr = 1,5 %,   Mo = 2,0 %,
Cu = 1,0 %,   Nb, V, Ti je = 0,15 %.

Stähle sind danach empfindlich für Wiedererwärmungsrisse, wenn die Parameter P_C bzw. P_{SC} gleich oder größer Null sind.

Die oberflächenaktiven Elemente, vorzugsweise Schwefel und Phosphor, gelten als sehr stark rissbegünstigend. Obwohl Schwefel i. Allg. im Gitter überwiegend abgebunden (z. B. FeS) vorliegt, kann sich ein geringer Teil noch in der Matrix in gelöster Form befinden. Ähnliches gilt für Phosphor, der im Korngrenzenbereich segregieren kann und so die Kohäsion herabsetzt. Nach *Tamaki* muss dafür ein Grenzgehalt von 0,008 % überschritten werden. Kupfer begünstigt nach Gl. [4-21]

den Wiedererwärmungsriss. Daher dürfen in keinem Fall verkupferte Drahtelektroden zum Schweißen (SG und UP) verwendet werden.

Während des Schweißens hat sich im schmelzgrenzennahen (Grobkorn-)Bereich der größte Teil der die Warmfestigkeit erzeugenden Carbide/Carbonitride gelöst, beim Abkühlen aus der Schweißwärme aber nur zum Teil wieder ausgeschieden. Die Ursache dieser nur bei sehr dickwandigen ($t \geq 50$ mm) Bauteilen auftretenden Rissform sind die durch den Abbau der Eigenspannungen entstehenden plastischen Verformungen und die sich im Bereich der Spannungsarmglühtemperatur wieder ausscheidenden Sondercarbide oder Carbonitride. Diese versteifen die Matrix und behindern so die normale Gittergleitung, Bild 4-90. Die notwendigen Relaxationsvorgänge können nur über die weniger festen Korngrenzenbereiche *(Korngrenzengleitung)* erfolgen, die zu den genannten überwiegend interkristallinen Trennungen führen. Besonders anfällig sind naturgemäß martensitische Gefüge der Grobkornzone von Schweißverbindungen.

Diese Versagensform lässt sich verhindern, wenn die Bedingungen für die Ausscheidungsbildung beim Spannungsarmglühen nicht erreicht werden. In der Praxis glüht man anfällige Stähle bei entsprechend niedrigeren Temperaturen (etwa 550 °C bis 580 °C). Der dadurch erzeugte Ausscheidungszustand verringert deutlich weniger die Relaxationshemmung. Weitere Maßnahmen bestehen im Beseitigen konstruktiv oder schweißtechnisch bedingter Kerben und in der Wahl zäher Zusatzwerkstoffe, die verformbare Schweißgüter erzeugen. Durch ein Plastifizieren des Schweißguts ist der Abbau der rissauslösenden Spannungen möglich, wodurch die spröderen Grobkornbereiche entlastet werden.

Kritische Grenzgehalte der Sondercarbide sind damit ursächlich für das Entstehen der Ausscheidungsrisse in der Wärmeeinflusszone beim Spannungsarmglühen. Für größere Wanddicken und Betriebstemperaturen bis etwa 400 °C wird daher bei erhöhten Anforderungen häufig der wasservergütete Feinkornbaustahl 20MnMoNi5-5 eingesetzt, der aufgrund seiner chemischen Zusammensetzung keine Sondercarbide bildet.

Anlassversprödung

Schweißverbindungen aus chrom-molybdänlegierten warmfesten Stählen können bei einer langzeitigen Beanspruchung im Temperaturbereich zwischen 400 °C und 600 °C verspröden. Die Zähigkeitsabnahme beruht ähnlich wie bei der Anlassversprödung auf Verunreinigungen von Arsen, Antimon, Zinn und Phosphor, die sich an den Korngrenzen angereichert haben. Die Neigung der Grundwerkstoffe zu dieser Langzeitversprödung wird mit dem *J-Faktor* nach *Watanabe* beschrieben, der unter 150 bzw. besser unter 100 liegen sollte:

$$J = (Si + Mn) \cdot (P + Sn) \cdot 10^4. \quad [4\text{-}22]$$

Die Angabe der Elemente Mangan und Silicium berücksichtigt ihre Neigung, mit Phosphor und Zinn verspödende Verbindungen einzugehen. In dem sehr rasch abkühlenden Schweißgut können sich diese Ausscheidungen nicht bilden. Die für das Schweißgut zutreffenden Versprödungsbedingungen lassen sich zuverlässiger mit der Beziehung von *Bruscato* beurteilen:

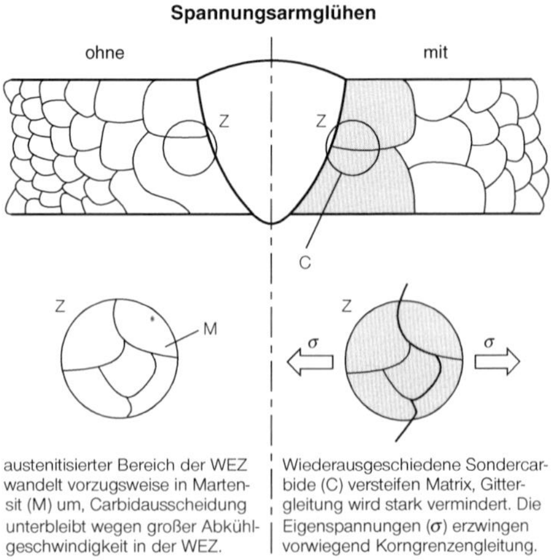

austenitisierter Bereich der WEZ wandelt vorzugsweise in Martensit (M) um, Carbidausscheidung unterbleibt wegen großer Abkühlgeschwindigkeit in der WEZ.

Wiederausgeschiedene Sondercarbide (C) versteifen Matrix, Gittergleitung wird stark vermindert. Die Eigenspannungen (σ) erzwingen vorwiegend Korngrenzengleitung.

Bild 4-90
Vorgänge in der WEZ von Schweißverbindungen aus warmfesten Stählen, die während des Spannungsarmglühens zu Ausscheidungsrissen neigen, stark vereinfacht.

$$L = \frac{10 \cdot P + 5 \cdot Sb + 4 \cdot Sn + As}{100}. \quad [4\text{-}23]$$

Der nach Gl. [4-23] berechnete Wert soll kleiner als 20 sein, wobei die Gehalte der Elemente in ppm einzusetzen sind.

4.3.6 Kaltzähe Stähle

Das Schweißen der un- bzw. niedriglegierten Tieftemperaturstähle z. B. nach DIN EN 10028-3, DIN EN 10028-4, DIN EN 10216-4, DIN EN 12217-4/6, siehe auch Tabelle 2-10, S. 181, wurde in Abschn. 4.3.2 besprochen. Die Verwendung trockener, möglichst wasserstoffarmer Zusatzwerkstoffe ist eine der wichtigsten Forderungen, die für betriebssichere, rissfreie Schweißverbindungen aus kaltzähen Stählen zu erfüllen ist.

Alle in Tabelle 2-10 aufgeführten mangan- und nickellegierten und austenitischen kaltzähen Stähle sind gut schweißgeeignet. Die Fugenflanken und deren Umgebung müssen frei von Rost, Zunder und Oberflächenbelegungen sein. Jede Art von Verunreinigung vermindert die Zähigkeitswerte und erhöht die Übergangstemperatur der Kerbschlagarbeit. Aus dem gleichen Grunde wird ein hoher Reinheitsgrad (oxidische, sulfidische, nichtmetallische Einschlüsse) des Grundwerkstoffs und des Schweißguts gefordert. Der Schwefelgehalt im Schweißgut sollte unter 0,02 % liegen. Der Gefahr von Kaltrissen muss mit Hilfe geringster Wasserstoffgehalte im Schweißgut und in der WEZ begegnet werden. Erschwerend in diesem Zusammenhang ist die große Wasserstofflöslichkeit nickellegierter (Schweiß-)Schmelzen. Sie wird mit zunehmendem Nickelgehalt größer. Die Vorwärmtemperatur muss bei den höherlegierten Nickelstählen wegen der zunehmenden *Heißrissgefahr* auf etwa 80 °C begrenzt werden.

Eine unangenehme Erscheinung der höher nickellegierten kaltzähen Nickelstähle – das gilt vor allem für den X8Ni9 – ist ihre Neigung zum Aufbau oftmals sehr starker magnetischer Felder und die damit verbundene erhebliche *Blaswirkung* des Lichtbogens. Diese unkontrollierte Ablenkung des Lichtbogens macht sich besonders beim Schweißen der Wurzellage sehr störend bemerkbar. Abhilfe kann der Werkstoff-Hersteller durch Entmagnetisieren der Halbzeugteile auf ungefähr 1600 A/m (entsprechend 20 Oe) schaffen. Die gewünschte magnetische Feldstärke sollte in einer Prüfbescheinigung vereinbart werden. Die während der Verarbeitung entstehenden größeren Magnetfelder können u. a. durch eine geeignete Positionierung eines Gegenpoles oder durch einige aufgesetzte Permanentmagnete geschwächt werden. Die Verwendung von Wechselstrom stellt ebenfalls eine in der Praxis bewährte Gegenmaßnahme dar.

Für Stähle mit Nickelgehalten bis zu 5 % werden sowohl ferritische (2,5 % Nickel) als auch austenitische Zusatzwerkstoffe (Elektroden, Stäbe) vom Typ CrNiMn-18-12-8 verwendet. Eine Wärmenachbehandlung ist bei Verwendung austenitischer Zusatzwerkstoffe nicht zu empfehlen, da der Kohlenstoff aus dem Grundwerkstoff an die Schmelzgrenze diffundiert und hier durch intensive Chromcarbidbildung versprödend wirkt.

Grundwerkstoffe mit einem Nickelgehalt über 5 % werden mit den üblichen austenitischen Zusatzwerkstoffen des Typs CrNi-18-8 oder mit hoch nickelhaltigen der Zusammensetzung NiCr15FeNb nach DIN EN ISO 14172 und DIN EN ISO 18274 (z. B. Incoweld A) geschweißt. Die Wärmezufuhr beim Schweißen muss wegen der grundsätzlichen Heißrissgefahr begrenzt sein, d. h., die Zwischenlagentemperatur sollte 150 °C nicht überschreiten, und der Nahtaufbau muss mit der *Strichraupentechnik* erfolgen.

Der 9%ige Nickelstahl X8Ni9 verbindet hohe Festigkeit ($R_{p0,2} = 500 \,\text{N/mm}^2$, $R_m = 600 \,\text{N/mm}^2$ bis 800 N/mm^2) mit der höchsten Kaltzähigkeit aller (hochlegierten) ferritischen Stähle ($T_ü$ etwa −200 °C). Diese Eigenschaften erhält er durch

❏ *Wasservergüten* bei 800 °C mit anschließendem Anlassen bei 570 °C und Abkühlen an Luft oder durch

❏ *doppeltes Normalglühen* bei 900 °C und 790 °C mit anschließendem Anlassen bei 570 °C und Abkühlen an Luft.

Nach dieser Wärmebehandlung besitzt der Stahl ein weiches (C = 0,08 %) martensitisch-bainitisches Gefüge mit geringen Anteilen von Austenit. Der Austenit hat sich während der Anlassbehandlung wegen der extremen thermischen Hysterese der α/γ-Umwandlung bei der Erwärmung bzw. Abkühlung neu gebildet. Bild 4-91 zeigt schematisch diese Vorgänge an Hand des Fe-Ni-Schaubildes.

Wegen der Gefahr der Austenitbildung in der Wärmeeinflusszone wird in Strichraupentechnik geschweißt und *nicht* vorgewärmt, um die Dauer der zeitlichen Einwirkung möglichst klein zu halten. Wenn ein Spannungsarmglühen bei dickwandigen Konstruktionen erforderlich erscheint, dann muss die *niedrigere* zulässige Glühtemperatur gewählt werden. Anderenfalls entsteht ein merklicher Festigkeitsabfall durch Teilaustenitisierung des Werkstoffs. Zum Schweißen werden die bereits erwähnten austenitischen oder hoch nickelhaltigen Zusatzwerkstoffe verwendet.

4.3.7 Korrosionsbeständige Stähle

4.3.7.1 Einfluss der Verarbeitung auf das Korrosionsverhalten

Die Wahl eines für ein bestimmtes Angriffsmedium korrosionsbeständigen Stahls ist noch keine ausreichende Garantie für die chemische Beständigkeit der daraus hergestellten *geschweißten* Konstruktion. In den Schadenstatistiken der chemischen Industrie wird als Ursache für das Versagen der Bauteile in der Mehrzahl aller Fälle ein Korrosionsangriff genannt! Weitaus am häufigsten wird dabei die Schweißnaht angegriffen. Mechanische Beanspruchungen sind relativ selten für das Bauteilversagen verantwortlich.

Die Korrosionsbeständigkeit ist u. a. vom Oberflächenzustand abhängig (Abschn. 2.8.1, S. 200). Sie ist grundsätzlich bei einer polierten Werkstoffoberfläche am höchsten. Diese Tatsache wird in der betrieblichen Praxis oft unterschätzt bzw. nicht genügend beachtet. Die Oberflächengüte kann während der Be- und Verarbeitung des Halbzeugs durch verschiedene Faktoren beeinträchtigt bzw. herabgesetzt werden:

☐ Kratzer, Riefen, Oberflächenbeschädigungen. Hierzu gehören auch Anstriche, Beläge aller Art (anorganische Beschichtungen bzw. organischer Bewuchs). Die beim Schweißen entstehenden *Anlauffarben* müssen durch eine mechanische oder besser chemische Nachbehandlung (Beizen) beseitigt werden. Beschädigungen der Oberflächen können zum Belüftungselement (Spaltkorrosion, Abschn. 1.7.6.1.3, S. 86), d. h. zu einem sehr unterschiedlichen Sauerstoffangebot an den anodisch und kathodisch wirkenden Bereichen der Werkstückoberfläche führen.

☐ Kaltverformungen (z. B. Hämmern, Biegen, Randbereiche von Bohrlöchern) können bei austenitischen Stählen zur Bildung des sog. (krz) *Schiebungsmartensits* führen, der wesentlich korrosionsanfälliger ist als der Cr-Ni-Austenit.

☐ Eingepresste Fremdmetallteilchen begünstigen selektive Korrosionsformen, wie z. B. die Kontakt- oder die Lochkorrosion durch Zerstören der Passivschicht. Während der schweißtechnischen Verarbeitung kann diese Situation besonders leicht entstehen, so z. B.:

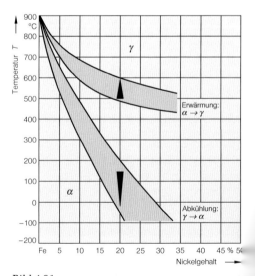

Bild 4-91
Fe-Ni-Schaubild. Man beachte die extreme thermische Hysterese der α/γ-Umwandlung bei der Erwärmung des α- und der Abkühlung des γ-Gefüges.

Tabelle 4-37
Empfehlungen für das Herstellen von Oberflächen, die denen der Walzprodukte entsprechen, nach *Strassburg*.

Nr.	Arbeitsfolge Bezeichnung	Bemerkung	Empfohlenes Schleifmittel	Körnung
1a	Putzschleifen	Voroperation für raue Schweißnähte; nur für sehr grobe Arbeiten, Nacharbeit entsprechend Arbeitsfolge 1b oder 60er Korn wird empfohlen	Vorzugsweise Schleifscheibe in Hartgummi- oder Kunstharzbindung	24/36
1b	Vorschleifen	Anfangsoperation an dicken Blechen, warmgewalzten Blechen oder glatten Schweißnähten.	Schleifscheibe in Hartgummi- oder Kunstharzbindung Pließtscheibe Schleifband, wenn es die Form zulässt	Wenn 36er Korn erforderlich ist, muss mit 60er Korn nachgeschliffen werden
2	Fertigschleifen	Übliche Vorarbeit für kaltgewalztes Blech oder Band	Schwabbelscheibe Pließt- oder Gummischeibe. Schleifband, wenn es die Form zulässt	80/100
3a		Die Oberflächengüte entspricht etwa derjenigen von Walzwerkprodukten nach Verfahren IV, DIN EN 10088-3.	Pließtscheibe Schleifband, wenn es die Form zulässt	120/150
3b	Feinschleifen	Vorbereitungsmaßnahme für das Herstellen normaler Politur im Anschluss an Arbeitsfolge 3a	Pließtscheibe Schleifband, wenn es die Form zulässt	180
3c		Zwischenarbeitsgang für das Herstellen normaler Politur im Anschluss an Arbeitsfolge 3b	Polierscheibe Schleifband, wenn es die Form zulässt	240er Fertigschleifpaste für Pließtscheibe oder 240er Schleifband
4	Bürsten	Zum Herstellen eines glatten, matten Seidenglanzes. Durch Bürsten im Anschluss an eines der Feinschleifverfahren erhält man eine Oberflächengüte, die dem Zustand »satiniert« entspricht. Durch Bürsten feiner vorbereiteter, z. B. hochglanzpolierter Oberflächen sind besondere Effekte erzielbar. Oberflächengüte von der Bürstengeschwindigkeit und dem Schleifmittel abhängig.	Tampico 1G oder 2G	Paste aus Bimssteinpulver oder Quarzmehl mit Öl. Je nach gewünschter Oberflächengüte können auch andere feinkörnige Schleifmittel verwendet werden
5	Polieren oder Läppen	Letzter Arbeitsgang für das Herstellen normaler Politur im Anschluss an Arbeitsfolge 3c (nach dem Läppen sind noch feine Schleifriefen vorhanden).	Polierscheibe	Poliermittel für nichtrostende Stähle in Stab- oder Kuchenform
6a	Polieren	Vorbereitungsmaßnahme für das Herstellen hochglanzpolierter Oberflächen im Anschluss an Arbeitsfolge 3c	Polierscheibe	320 ... 400er Fertigpoliermittel in Stab- oder Kuchenform
		Vorbereitungsmaßnahme für das Herstellen von hochglanzpoliertem Band	Polierband	320
6b	Hochglanzpolieren	Letzter Arbeitsgang zum Herstellen hochglanzpolierter, riefenfreier, spiegelblanker Oberflächen.	Polierscheibe	Poliermittel für nichtrostende Stähle in Stab- oder Kuchenform
7	Strahlen	Fertigoperation für das Herstellen einer matten, nicht richtungsorientierten Oberflächenstruktur.	Glasperlen eisenfreier Quarzsand	Verschieden

- Bearbeiten mit Werkzeugen, die schon für »schwarze« Werkstoffe verwendet wurden oder aus »schwarzen« Werkstoffen (unlegierter Stahl jeder Art) bestehen, z. B. Bohren, Feilen, mechanische Bearbeitung, Schleifen mit Schweißbürsten aus »schwarzem« Stahl, Schleifleinen (!), Topfbürsten.
- Durch Transport- oder Handlingsvorgänge werden auf dem Hallenboden liegende »schwarze« Späne in die Oberfläche der relativ weichen Stähle eingepresst.

Bei einer umfangreichen »weißen« Fertigung muss mit den genannten Problemen in ganz besonderem Maße gerechnet werden. Am sichersten, aber auch am aufwändigsten ist die rigorose räumliche und logistische Trennung des »weißen« von dem »schwarzen« Fertigungsbereich.

Von besonderer Bedeutung sind in diesem Zusammenhang die Anlauffarben im Bereich der Schweißnaht. Ihre Bildung ist ohne die Anwendung spezieller Technologien (Spülen mit Formier- oder Edelgas) nicht vermeidbar. Die Anlauffarben müssen aus den oben genannten Gründen zuverlässig beseitigt bzw. ihre Entstehung verhindert werden. Daher sollte schon bei der Konstruktion des Bauteils die Möglichkeit für eine möglichst beidseitige Zugänglichkeit der Schweißnähte vorgesehen werden.

Anlauffarben sind Oxidschichten, die sich nur in Anwesenheit oxidierender Medien (z. B. Sauerstoff, oxidierende Säuren) bilden. Ihre Dicke und Farbe werden von der Höhe des Sauerstoffangebotes bestimmt. Mit zunehmender Schichtdicke, d. h. zunehmender Korrosionsneigung des Werkstoffs, ändert sich der Farbton von hell (gelb) zu dunkel (blau, bräunlich). Für anlauffarbenfreie Schweißnähte muss der Sauerstoff im Nahtbereich vollständig von einem sauerstofffreien Schutzgas verdrängt werden. Die Erfahrung zeigt aber, dass die Bildung von Anlauffarben nur bei hoher Oberflächengüte der Fügeteile zuverlässig verhindert wird. Durch mechanische Reinigungsmethoden (Bürsten, Schleifen, Feilen) entsteht leicht eine aufgeraute Oberfläche, in der sich der Sauerstoff sehr einfach und relativ schwer beseitigbar adsorptiv anlagern kann, d. h. vom Schutzgas nicht mehr vollständig verdrängt wird.

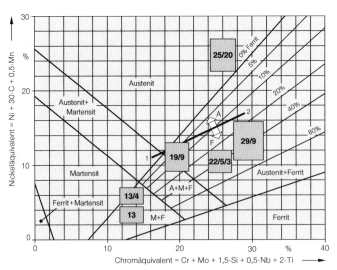

Bild 4-92
Das Schaeffler-Schaubild. Eingetragen sind die Toleranzfelder der chemischen Zusammensetzung einiger Schweißgutsorten (von Stabelektroden nach DIN EN ISO 14343 und des Grundwerkstoffs X2CrNiMoN22-5-3. Die in den grau unterlegten Symbolen stehenden Ziffern a/b/c geben die prozentualen Gehalte in der Reihenfolge Cr, Ni, Mo an. Die Grenzlinie 1-2 trennt die Bereiche primärer Austenit- von primärer δ-Ferriterstarrung.

Das Herstellen der geforderten Oberflächengüte geschieht durch Vor- und Fertigschleifen mit Bändern und Scheiben verschiedener Körnung vorzugsweise in Kautschukbindung. In Tabelle 4-37 sind einige Empfehlungen zum Herstellen der unterschiedlicher Oberflächengüten zusammengestellt.

Mit dem *elektrolytischen Polieren* (Elektropolieren) erreicht man Orte, die mit mechanischen Verfahren nicht mehr zugänglich sind. Dazu wird das Bauteil in einem Elektrolysegefäß anodisch geschaltet, d. h., die oberflächennahen Schichten werden abgetragen.

Die chemische Behandlung in Beizbädern oder mit Beizpasten ist wesentlich wirksamer als die mechanische (Bürsten, Schleifen, Polieren). Säurereste müssen aber vollständig beseitigt werden, da die in Spalten und Hohlräumen durch Verdunsten des Wassers entstehende konzentrierte Säure lokalen Korrosionsangriff einleiten kann. Nach dem Beizen wird daher mit basischen Lösungen (evtl. reicht auch Spülen mit Wasser) neutralisiert. Die Beizbäder können so eingestellt werden, dass die den Korrosionsschutz bewirkende Oxidschicht verstärkt wird. Diese künstliche *Passivierung* ist gewöhnlich nicht erforderlich, da sich die Oxidschicht in sauerstoffhaltiger Atmosphäre ausreichend schnell bildet. Sie ist aber die einzige Methode, mit der sich eingepresste Fremdmetallspäne beseitigen lassen.

4.3.7.2 Konstitutions-Schaubilder

Aus verschiedenen Gründen (Art der Primärerstarrung, Gehalt an δ-Ferrit, zu erwartendes Schweißverhalten) ist es wünschenswert, die Gefüge der korrosionsbeständigen Stähle und der erzeugten Schweißgüter mit möglichst einfachen Methoden feststellen zu können:

❐ Die Zusammensetzung des Schweißguts und damit die Ausbildung des Mikrogefüges hängt nicht nur von der chemischen Zusammensetzung des Zusatzwerkstoffes ab, sondern auch von dem Aufschmelzgrad, d. h. dem Umfang der Vermischung mit dem Grundwerkstoff. Dieser wird von dem Schweißverfahren und den Einstellwerten bestimmt. Vor allem beim Auftrag- und Verbindungsschweißen unterschiedlicher Werkstoffe ist der Erfolg von den mechanischen Gütewerten des entstehenden Schweißgutgefüges abhängig.

❐ Die Art und Menge der Gefügesorten bestimmen maßgeblich die mechanischen Eigenschaften und das Korrosionsverhalten, z. B.:
  – Ein δ-Ferritgehalt von 5 % bis 10 % in der Schweißschmelze, der während der Erstarrung *primär* ausgeschieden wurde, ist für die Heißrisssicherheit des Schweißguts erforderlich. Unabhängig von der Art der Nahtvorbereitung, der Schweißtechnologie und den Einstellwerten muss der vorhandene δ-Ferritgehalt im Schweißgut einfach überprüfbar sein. Vor allem beim Verbindungsschweißen unterschiedlicher Werkstoffe **A** und **B** mit einem Zusatzwerkstoff **Z** ist der δ-Ferritgehalt im Schweißgut mit anderen Mitteln nur sehr aufwändig (chemische Analyse!) feststellbar.
  – Die beim Verbindungs- und Auftragschweißen unterschiedlicher Werkstoffe häufig entstehenden spröden Gefüge (z. B. Martensit, intermediäre Phasen aller Art, in bestimmten Fällen δ-Ferrit) können erkannt und dann häufig vermieden werden.

Die sich in Abhängigkeit von der chemischen Zusammensetzung der hochlegierten Stähle und Schweißgüter einstellenden Gefüge sind näherungsweise mit einer Reihe von Schaubildern feststellbar. Die erste Ende der Vierziger Jahre entwickelte Darstellung war das **Schaeffler-Schaubild**, Bild 4-92. Es wurde für die thermischen Bedingungen des Handschweißens mit Stabelektroden ermittelt [44] und gilt für alle üblichen austeniti-

---

[44] Die sich einstellenden Gefüge gelten strenggenommen nur für das Lichtbogenhandschweißen mit Stabelektroden mit 5 mm Durchmesser an etwa 12 mm dicken Blechen. Die Erfahrung zeigt, dass es auch für die Abkühlbedingungen bei der Grundwerkstoff-Herstellung genügend genaue Ergebnisse liefert.

schen Schweißgüter und Cr-Ni-Stähle. Dieses Schaubild ist demnach kein Gleichgewichts-Schaubild, sondern wurde mit realen Temperatur-Zeit-Verläufen beim Schweißen ermittelt. Es wird aus verschiedenen weiter unten besprochenen Gründen überwiegend nur noch als (zusätzliche) Informationsquelle verwendet, wenn *unterschiedliche* Werkstoffe verschweißt werden müssen. Das *Schaeffler*-Schaubild macht keine Aussagen über den Einfluss des stark austenitbegünstigenden Stickstoff und unterschätzt die δ-Ferritmenge in hoch manganlegierten Stählen bzw. Schweißgütern erheblich und systematisch. Außerdem wird die Ferritmenge in der ungenauen Einheit Prozent und nicht in der sehr viel präziser und einfacher messbaren Einheit *Ferrit-Nummer* FN angegeben.

Allen Konstitutions-Schaubildern ist die Bewertung der Legierungselemente hinsichtlich ihrer Wirkung auf die genannten Gefü-

Werkstoffpaarung	Verbindung		Äquivalentzahlen		
	Geometrie	Mischungsverhältnisse	Werkstoff	$Cr_{äqu}$	$Ni_{äqu}$
G1: S235 **G2:** X6CrNiTi18-10 **M** = 50% G1+50% G2		50 % G1 + 50 % G2 = M	G1 G2	0 18+1=19	30·0,1=3 10+30·0,06=12,4
G1: S235 **G2:** X6CrNiTi18-10 **Z:** X2CrNi23-12		50 % G1 + 50 % G2 = M	G1 G2 Z	0 18+1=19 23	30·0,1=3 10+30·0,06=12,4 12+30·0,02=12,6
M = 50% G1+50% G2					
S =15% G1+15% G2+70% Z		15 % G1 + 70 % Z + 15 % G2 = S			

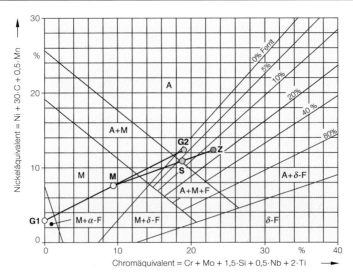

Bild 4-93
Bestimmen der Schweißgutzusammensetzung mit Hilfe des Schaeffler-Schaubildes. Beispiele:
1) Die Werkstoffe G1: S235 (St 37), G2: X6CrNiTi18-10 werden z. B. durch Punktschweißen verbunden. Die Schweißlinse M besteht aus 50% G1 und 50% G2, ihr Gefüge ist rein martensitisch.
2) G1 und G2 werden mit dem Zusatzwerkstoff (Z) X2CrNi23-12 verbunden. Aus den aufgeschmolzenen gleichen Grundwerkstoffanteilen ergibt sich die Zusammensetzung M. Das Schweißgut S besteht aus etwa 1% G1, 15% G2 und 70% Z. Die Zusammensetzung von S liegt demnach auf der z. B. in zehn Teillängen geteilten Verbindungslinie M-Z drei Längenanteile von Z entfernt.

gemerkmale mit Hilfe von sog. Wirksummen gemeinsam.

Auf der x-Achse ist die *Wirksumme* der ferritisierenden Elemente (**Chromäquivalent = Cr$_{äq}$**), auf der y-Achse die der austenitisierenden (**Nickeläquivalent = Ni$_{äq}$**) aufgetragen. Die Wirksummen lassen sich mit folgenden Beziehungen, Gl. [4-24] und Gl. [4-25] berechnen, Angaben in Prozent:

$Cr_{äq} = Cr + Mo + 1{,}5 \cdot Si + 0{,}5 \cdot Nb + 2 \cdot Ti$,
$Ni_{äq} = Ni + 30 \cdot C + 0{,}5 \cdot Mn$.

Damit wird das Schweißgut (der Stahl) im *Schaeffler*-Schaubild durch einen Punkt *(x, y)* = (Cr$_{äq}$, Ni$_{äq}$) dargestellt. Die Lage des Punktes beschreibt eindeutig das Gefüge des Werkstoffs. Die einzelnen Felder kennzeichnen den Existenzbereich folgender Gefügearten hochlegierter Stähle:

- ☐ **A:** vollaustenitische Stähle, z. B. X1NiCrMoCuN25-20-6;
- ☐ **A + F:** austenitische Stähle mit einem geringen δ-Ferritgehalt, z. B. X5CrNi18-10 oder austenitisch-ferritische Duplexstähle, z. B. X2CrNiMoN22-5-3;
- ☐ **F:** rein ferritische Stähle, z. B. X6CrTi17;
- ☐ **M:** martensitische Stähle, z. B. X46Cr13;
- ☐ **M + F:** martensitisch-ferritische Stähle, z. B. der weichmartensitische Stahl X4CrNi13-4.

In Bild 4-92 sind einige bekannte hochlegierte Schweißgutsorten und der Duplexstahl X2CrNiMoN22-5-3 als rechteckige (Toleranz-) Flächen eingetragen.

Die Bedeutung der Konstitutions-Schaubilder beruht aber nicht so sehr auf der Möglichkeit, das Gefüge eines gegebenen Werkstoffs bestimmen zu können. Ihre besondere Leistungsfähigkeit besteht darin, auch die Gefüge von in beliebigem Verhältnis hergestellten (Legierungs-)Mischungen zu erkennen. Diese Kenntnisse sind für die Beurteilung verschiedener schweißmetallurgischer Prozesse besonders wichtig:

- Die Werkstoffe **A** und **B** werden im schmelzflüssigen Zustand *ohne* Zusatzwerkstoff verbunden. Diese Situation kennzeichnet z. B. das Punktschweißen.
- Die Werkstoffe **A** und **B** werden mit dem Zusatzwerkstoff **Z** verbunden. Informationen über die Art der entstehenden Gefüge sind mit anderen Methoden nur sehr schwer beschaffbar.

Eine homogene Mischung der beteiligten Teilschmelzen ist die wichtigste Voraussetzung für die Anwendbarkeit des *Schaeffler*-Schaubildes. Diese häufig nicht genau zutreffende Annahme ermöglicht dann die »korrekte« Ermittlung der Zusammensetzung des Schweißguts mit Hilfe der sog. *Mischungsgeraden*. Das ist die zwischen den Punkten Werkstoff **A** (Cr$_{äq(A)}$, Ni$_{äq(A)}$) und Werkstoff **B** (Cr$_{äq(B)}$, Ni$_{äq(B)}$) gezogene Verbindungslinie im *Schaeffler*-Schaubild. Der Punkt **A** repräsentiert die »Mischung« (100 % A, 0 % B), der Punkt **B** die »Mischung« (100 % B, 0 % A). Danach wird eine beliebige Mischung auf dieser Geraden durch einen dem Mischungsverhältnis entsprechenden Punkt dargestellt.

Die sich in einer Punktschweißverbindung aus dem unlegierten S235 (St 37) **(G1)** und dem hochlegierten Stahl X6CrNiTi18-10 **(G2)** ergebende chemische Zusammensetzung der »Schweißlinse« **(M)** ist in Bild 4-93 dargestellt. Das Gefüge ist rein martensitisch und kann damit abhängig von der Höhe des Kohlenstoffgehalts rissanfällig sein.

Die Auswertung für eine Verbindungsschweißung *unterschiedlicher* Werkstoffe **A** und **B** mit einem beliebigen Zusatzwerkstoff **Z** ist ähnlich, aber die formale Berechnung komplizierter. Je nach Aufschmelzgrad, der von der Nahtform, dem Verfahren und den Einstellwerten abhängt, wird ein bestimmter Grundwerkstoffanteil beim Schweißen aufgeschmolzen. Für die in Bild 4-93 gewählte V-Naht kann als realistische Schätzung 15 % **G1** und 15 % **G2** angenommen werden. Wird ohne Zusatzwerkstoff geschweißt, dann ergäbe sich also der Punkt **M**. Aus diesen 30 % Grundwerkstoff entsteht mit 70 % **Z** das Schweißgut **S**. Dessen Zusammensetzung liegt damit auf der zwischen **M** und **Z** gezogenen Geraden drei Teilstriche von **Z** entfernt, d. h. bei 70% **Z** und 30% **M** (Mischungsgerade).

Die in den meisten Fällen erforderliche »genaue« Abschätzung des δ-Ferritgehalts ist bis zu einem Volumenanteil von 15% mit einer Genauigkeit von ± 4% möglich, s. Aufgabe 4-12. Bei höheren Ferritgehalten macht sich die starke Einfluss der Abkühlgeschwindigkeit auf die δ/γ-Umwandlung bemerkbar. Der Ferritanteil nimmt mit der Abkühlgeschwindigkeit erheblich zu (s. Bild 2-83, S. 221). Man beachte, dass die 0%-Ferritlinie *nicht* die Grenze zwischen primärer δ-Ferrit- und primärer Austenitkristallisation darstellt. Diese für die Heißrissbeständigkeit (Abschn. 4.3.7.5, S. 431) wichtige Grenze ist in Bild 4-92 als Linie 1-2 eingetragen.

Eine weitere Quelle der Unsicherheit sind die unvermeidlichen Analysenstreuungen der Grundwerkstoff- und Zusatzwerkstoff-Zusammensetzung wie sie z. B. in den Toleranzfeldern für die im Bild 4-92 angegebenen Schweißgutsorten und des Grundwerkstoffs X2CrNiMoN22-5-3 anschaulich zum Ausdruck kommt.

In manchen Fällen – vor allem bei den Zusatzwerkstoffen für die Duplexstähle, Abschn. 4.3.7.6, S. 440 – sind zum Einhalten der gewünschten mechanischen Eigenschaften sehr kleine Analysenstreuungen, d. h. verhältnismäßig aufwendig herzustellende Zusatzwerkstoffe erforderlich.

Das *Schaeffler*-Schaubild gilt in der ursprünglichen Form nur für Stickstoffgehalte zwischen 0,05% und 0,10%, einen Kohlenstoffgehalt ≥ 0,03% und einen Siliciumgehalt von etwa 0,3%.

Zum Bestimmen der Ferritmenge im Schweißgut ist das *DeLong-Schaubild* wesentlich genauer, Bild 4-94. Die Genauigkeit des mit metallografischen oder physikalischen (z. B. magnetische Waage bzw. auf dem Ferromagnetismus beruhende Verfahren: magnetische Permeabilität) Methoden ermittelten δ-Ferritgehaltes ist für die Erfordernisse der Schweißpraxis oft zu gering, die Methoden zu seiner Bestimmung nicht reproduzierbar oder nicht international genormt. *DeLong* führte daher eine mit Ferrit-Standard-Eichproben arbeitende Messmethode ein, die den Ferritgehalt mit einer wesentlich größeren Genauigkeit bei definierten Messbedingungen festzustellen gestattet. Die Ferritmenge wird nicht mehr prozentual, sondern in Form der *Ferrit-Nummer FN* angegeben. Die Ferritprozentwerte stimmen mit der Ferrit-Nummer bis etwa 8% hinreichend genau überein. Gleichzeitig wurde das stark austenitisierende Element Stickstoff in das Nickel-Äquivalent des *DeLong*-Schaubildes aufgenommen. Der Gültigkeitsbereich des Messverfahrens reicht von FN = 2 bis FN = 27. Für Stähle mit höherem Ferritgehalt (z. B. die Duplexstähle mit etwa 50% Ferrit) musste der Messbereich der FN erweitert werden. Mit der EFN (**E**xtended **F**errite **N**umber) lässt sich

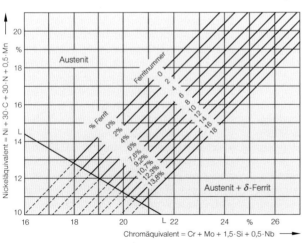

Bild 4-94
Das DeLong-Schaubild wird zum Bestimmen der Ferrit-Nummer FN in hochlegierten Schweißgütern verwendet. Sind die Stickstoffgehalte zum Berechnen des $Ni_{äq}$ nicht bekannt, dann wird für ein mit Stabelektroden und dem WIG-Verfahren hergestelltes Schweißgut N = 0,06%, und für ein mit dem MAG-Verfahren niedergeschmolzenes Schweißgut ein Stickstoffgehalt von 0,08% angenommen. Zur Problematik der Ferritmengenbestimmung s. a. Aufgabe 4-12, S. 489.

L-L ist die aus dem Schaeffler-Schaubild, Bild 4-92, übertragene obere Linie des (A + M)-Bereichs.

der maximal mögliche Ferritgehalt feststellen, der für das ausschließlich aus Ferrit bestehende Armcoeisen bei EFN = 180 liegt. Die Bestimmung der Ferrit-Nummer erfolgt nach DIN EN ISO 8249.

Das *DeLong*-Schaubild *überbewertet* die Ferrit-Nummer bei hochlegierten Schweißgütern (z. B. CrNi-22-12) und *unterschätzt* ebenso wie das *Schaeffler*-Schaubild systematisch den Einfluss des Mangans auf den δ-Ferritgehalt des Schweißguts. Es eignet sich hervorragend zum Bestimmen des δ-Ferritgehalts in allen üblichen austenitischen Cr-Ni-Stählen bzw. austenitischen Cr-Ni-Schweißgütern. Es ist ungeeignet für Stähle, deren chemische Zusammensetzung außerhalb seines Gültigkeitsbereichs liegen, wie z. B. die Duplexstähle. Hierfür eignet sich das WRC-1992-Schaubild besonders gut.

Das weiter unten besprochene WRC-1992-Schaubild ermöglicht eine viel genauere Abschätzung des δ-Ferritgehalts hochlegierter Schweißgüter als das *Schaeffler*-Schaubild. Letzteres wird aber vor allem bei »Schwarz-Weiß-Verbindungen« vorteilhaft eingesetzt, weil es als einziges Schaubild Hinweise auf eine mögliche Martensitbildung gibt. Diese Aussage wird durch die Erfassung des Manganeinflusses im Nickeläquivalent möglich. Mangan hat einen geringen Einfluss auf die bei hohen Temperaturen erfolgende $(\delta \rightarrow \gamma)$-Umwandlung, aber eine entscheidende Wirkung auf die während des Abkühlens bei tieferen Temperaturen ablaufende Reaktion $\gamma \rightarrow$ Martensit. Eine Martensitphasengrenze ist daher nur bei Berücksichtigung des Mangans im Nickeläquivalent vorhanden.

Die zzt. genaueste Darstellung zum Ermitteln der δ-Ferritmenge ist das WRC-1992-Schaubild (Welding Research Council), Bild 4-95. Mit ihm werden die meisten der vom *Schaeffler*- und vom *DeLong*-Schaubild bekannten Nachteile beseitigt. Die Angabe der Ferritmenge erfolgt mit der Ferrit-Nummer FN, bei Duplexstählen mit der EFN, die Einschätzung des Mangans ist nicht mehr fehlerhaft, und die systematische Überbewertung der FN bei einem sehr hochlegiertem Schweißgut wird beseitigt.

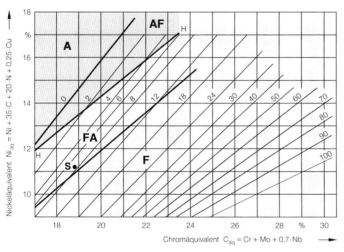

Aus den Gl. [4-26] und [4-27] werden die Cr- und die Ni-Äquivalente der beteiligten Werkstoffe berechnet.

Werkstoff A (S235):
$Cr_{äq(A)} = 0\ \%$
$Ni_{äq(A)} = 35 \cdot C = 35 \cdot 0,1 = 3,5\ \%$

Werkstoff B (X6CrNiTi18-10):
$Cr_{äq(B)} = Cr = 18\ \%$
$Ni_{äq(B)} = Ni + 35 \cdot C = 10 + 2,1 = 12,1\ \%$

Zusatzwerkstoff Z (X2CrNi23-12):
$Cr_{äq(Z)} = Cr = 23\ \%$
$Ni_{äq(Z)} = Ni + 35 \cdot C = 12 + 0,7 = 12,7\ \%$

Schweißgut S:
$Cr_{äq(S)} = 0,7 \cdot Cr_{äq(Z)} + 0,3 \cdot Cr_{äq(M)} = 18,8\ \%$
$Ni_{äq(S)} = 0,7 \cdot Ni_{äq(Z)} + 0,3 \cdot Ni_{äq(M)} = 11,2\ \%$

Bild 4-95
Das WRC-1992-Schaubild, nach Kotecki und Siewert. Die dick ausgezogenen Linien repräsentieren Grenzlinien, die die Art der Primärerstarrung angeben. A = austenitische, AF = austenitisch-ferritische, FA = ferritisch-austenitische, F = ferritische Primärerstarrung. Die mit H-H gekennzeichnete Linie trennt also die heißrissanfälligen von den heißrissfreien Legierungsbereichen. Der eingezeichnete Punkt S gibt die Chrom- und Nickeläquivalente des Schweißguts im Textbeispiel an. Die im Schaubild angegebenen Zahlen sind Ferrit-Nummern (FN) bzw EFN. Die Anwendung dieses Schaubildes auf Duplexstähle erfordert die Angabe der Ferritmenge in Massenprozent. Als guter Näherungswert für die Umrechnung kann die folgende Beziehung verwendet werden: $0,70 \cdot EFN = Ferritgehalt\ [\%]$.

Die Art der primären Erstarrung kann ebenfalls mit großer Genauigkeit abgelesen werden. Das Schaubild gilt ebenfalls für Stähle, die ≤ 10 % Mangan, ≤ 3 % Molybdän, ≤ 1 % Silicium und nicht mehr als 0,2 % Stickstoff enthalten, obwohl diese Elemente in den Beziehungen für die Wirksummen nicht enthalten sind. Besonders zu beachten ist, dass z. B. durch Lichtbogenlängenänderungen der stark austenitstabilisierende Stickstoff im Schweißgut auf Werte bis zu 0,1 % steigen kann. Die Ermittlung des δ-Ferritgehalts mit Hilfe dieses Schaubilds wird dann recht fehlerhaft. Außerdem kann sich die Art der Primärkristallisation ändern!

Bild 4-95 lässt erkennen, dass die Trennlinie (H–H) zwischen den Legierungsbereichen mit primärer ferritischer und primärer austenitischer Kristallisation nicht identisch ist mit der Null-Prozent-Ferritlinie. Mit zunehmendem Legierungsgehalt des Stahls (bzw. des Schweißguts) ist für eine primäre Ferriterstarrung ein immer größerer Ferritgehalt bei Raumtemperatur erforderlich.

Die Beziehungen für die Wirksummen lauten für das WRC-1992-Schaubild:

$$\mathbf{Cr_{äq} = Cr + Mo + 0{,}7 \cdot Nb}, \quad [4\text{-}26]$$
$$\mathbf{Ni_{äq} = Ni + 35 \cdot C + 20 \cdot N + 0{,}25 \cdot Cu}. \quad [4\text{-}27]$$

Im Folgenden soll die in Bild 4-93, Beispiel 2, mit dem *Schaeffler*-Schaubild ermittelte Schweißgutzusammensetzung mit dem WRC-1992-Schaubild, Bild 4-95, festgestellt werden. Die Punkte der Legierung für die Grundwerkstoffe und den Zusatzwerkstoff

- (A) S235 $\quad\quad\quad\quad$ $Cr_{äq(A)}$, $Ni_{äq(A)}$,
- (B) X6CrNiTi18-10, $\quad$ $Cr_{äq(B)}$, $Ni_{äq(B)}$,
- (Z) Zusatz: X2CrNi23-12, $Cr_{äq(Z)}$, $Ni_{äq(Z)}$

liegen z. T. nicht mehr im Bereich des Schaubildes. Sie können daher nicht abgelesen, sondern müssen »mathematisch« berechnet werden. Mit den angenommenen Mischungsverhältnissen M werden mit den Massenprozenten G der Legierungsanteile

$$M_{(A)(B)} = M_{(M)} = G_{(A)} / G_{(B)} = 0{,}5 = 50\,\%,$$
$$M_{(S)} = M_{(M)(Z)} = G_{(M)} / G_{(Z)} = 0{,}3 = 30\,\%$$

die Wirksummen des daraus resultierenden Schweißguts errechnet. Die Cr- und Ni-Äquivalentzahlen der Mischung M ergeben sich mit den Werten in Bild 4-95 aus den Beziehungen Gl. [4-26] und Gl. [4-27] zu:

$$Cr_{äq(M)} = 0{,}5 \cdot Cr_{äq(B)} = 0{,}5 \cdot Cr_{äq(A)} = 9\,\%,$$
$$Ni_{äq(M)} = 0{,}5 \cdot Ni_{äq(B)} = 0{,}5 \cdot Ni_{äq(A)} = 7{,}8\,\%,$$

die des Schweißguts (S) schließlich zu:

$$Cr_{äq(S)} = 0{,}7 \cdot Cr_{äq(Z)} + 0{,}3 \cdot Cr_{äq(M)} = 18{,}8\,\%,$$
$$Ni_{äq(S)} = 0{,}7 \cdot Ni_{äq(Z)} + 0{,}3 \cdot Ni_{äq(M)} = 11{,}2\,\%.$$

Die durch diese Wirksummen repräsentierte Legierung (= Schweißgut) ist im Bild 4-95 durch »S« dargestellt. Sie enthält ≈ 7,5 % (d. h. FN ≈ 7,5) primär erstarten Ferrits und ist daher nicht heißrissanfällig. Aus dem *Schaeffler*-Schaubild, Bild 4-93, ergab sich ein ausreichenden Gehalt an Ferrit von 5 %, der gemäß dem Linienverlauf 1–2 in Bild 4-92 ebenfalls primär aus der Schmelze entstand.

4.3.7.3 Martensitische Chromstähle

Die Schweißeignung der martensitischen Chromstähle (Tabelle 2-17) nimmt mit zunehmendem Kohlenstoffgehalt extrem ab. Abhängig von ihrer chemischen Zusammensetzung sind sie meistens lufthärtend, aber auch ölhärtend. Das Gefüge der Wärmeeinflusszone besteht daher nahezu unabhängig von der Abkühlgeschwindigkeit beim Schweißen überwiegend aus nicht angelassenem Martensit. Je nach der Höhe des Kohlenstoffgehaltes ist die Wärmeeinflusszone grundsätzlich *kaltrissgefährdet*. Bild 1-43 zeigt, dass selbst bei Kohlenstoffgehalten von nur etwa 0,1 % bereits Härtewerte von 350 HV bis 400 HV entstehen können.

Der im Vergleich zu den ferritischen Chromstählen (Abschn. 2.8.4.2 und 4.3.6.3, Tabelle 2-17) deutlich höhere Kohlenstoffgehalt der martensitischen Chromstähle ist auch die Ursache für ihre extreme Ausscheidungsneigung der Chromcarbide im Temperaturbereich zwischen 600 °C und 700 °C. Das isothermische ZTU-Schaubild, Bild 4-88, zeigt exemplarisch dieses Ausscheidungsverhalten für den hochlegierten, warmfesten, martensitischen Stahl X20CrMoV12-1.

Zum Vermeiden von Kaltrissen ist ein Vorwärmen unumgänglich. Bewährt hat sich das in Abschn. 2.5.3.4, S. 154, besprochene isothermische Schweißen mit Vorwärmtemperaturen knapp über der M_s-Temperatur, die bei diesen Stählen in erster Linie abhängig vom Kohlenstoffgehalt bei ungefähr 200 °C bis 350 °C liegt. Eine vollständige Umwandlung in der Bainitstufe ist aber wegen der hierfür erforderlichen sehr langen Zeit nicht möglich und meistens auch nicht erwünscht bzw. erforderlich. Bei den weniger rissanfälligen niedriggekohlten Stählen (C ≤ 0,2 %) wird auch häufig im Bereich der M_f-Temperatur vorgewärmt, die bei diesen Stählen etwa 100 °C unter M_s liegt. Der noch vorhandene »weiche« Martensit ist erfahrungsgemäß nur wenig rissanfällig und kann selbst in größeren Mengen toleriert werden.

Aus der Schweißwärme erfolgt zunächst eine Zwischenabkühlung auf etwa 150 °C bis 200 °C, durch die der Austenit nahezu vollständig in Martensit umwandelt. Damit wird sichergestellt, dass aus dem evtl. wasserstoffhaltigen Austenit beim Abkühlen nicht der extrem kaltrissanfällige und nicht angelassene Martensit entsteht. Bei den höhergekohlten martensitischen Stählen muss der durch die Zwischenabkühlung erzeugte Martensitanteil geringer sein, weil er anderenfalls die Rissbildung stark begünstigt. Je höher der Kohlenstoffgehalt ist, desto höher muss also die zwischen M_s und M_f liegende Temperatur der Zwischenabkühlung sein.

M_s kann aus ZTU-Schaubildern abgelesen oder z. B. nach der vom »*The Welding Institute*« entwickelten Beziehung berechnet werden:

$$M_s = 540 - 497 \cdot C - 6,3 \cdot Mn - 36,3 \cdot Ni - 10,8 \cdot Cr - 46,6 \cdot Mo \qquad [4\text{-}28]$$

Durch ein anschließendes Anlassglühen bei 650 °C bis 750 °C wandelt sich der noch vorhandene Austenit während des Abkühlens in ein weniger sprödes, feines martensitisches Gefüge um, und die nichtangelassenen martensitischen Bereiche der WEZ werden »vergütet«. Außerdem wird der diffusionsfähige Wasserstoff aus dem Schweißgut und der WEZ wirksam beseitigt. Die martensitischen warmfesten Stähle (Abschn. 4.3.5) werden sehr ähnlich wärmebehandelt. Für verspannte, dickwandige Konstruktionen ist zum Reduzieren der Eigenspannungen und Beseitigen des während des Schweißens aufgenommenen atomaren Wasserstoffs eine Glühbehandlung im Bereich des umwandlungsträgen Bereich (400 °C bis 500 °C) vor der eigentlichen Wärmenachbehandlung zweckmäßig.

Wegen der extremen Kaltrissgefahr werden häufig nicht artgleiche, sondern austenitische Zusatzwerkstoffe verwendet, die ein Schweißgut mit einer Ferritnummer FN 4 bis 6 ergeben müssen. Mit Hilfe dieser Maßnahme ist das Schweißgut in jedem Fall heißrissfrei und ausreichend verformbar, erreicht aber nicht die Festigkeit des Grundwerkstoffs. Außerdem löst der Austenit wesentlich mehr Wasserstoff als der Ferrit (bzw. Martensit), wodurch der vom Schweißgut aufgenommene Wasserstoff nicht mehr in die Wärmeeinflusszone diffundieren und im Umwandlungsgefüge Martensit dann kaum noch Kaltrisse erzeugen kann. Die Gefahr der Kaltrissbildung entsteht vorzugsweise bei *artgleichen* Zusatzwerkstoffen. Der Wasserstoff im wenig verformbaren ferritischen Schweißgut diffundiert in die noch austenitischen Bereiche der WEZ. Der sich anschließend bildende wasserstoffreiche Martensit neigt zu extremer Kaltrissigkeit. Für die Auswahl geeigneter Zusatzwerkstoffe lässt sich vorteilhaft das WRC-1992-Schaubildes verwenden, das ausführlich im Abschn. 4.3.7.2 besprochen wird.

In schwierigen Fällen kann auch die *Pufferlagentechnik* verwendet werden, bei der die Nahtflanken der Fügeteile mit austenitischem Zusatzwerkstoff aufgetragen, wärmebehandelt und anschließend fertiggeschweißt werden. Der Aufschmelzgrad (und damit die Rissgefahr) ist bei dieser sehr teuren und damit äußerst unwirtschaftlichen Methode wesentlich geringer.

In Tabelle 4-38 sind einige Zusatzwerkstoffe nach DIN EN ISO 14343 für die wichtigsten Lichtbogenschweißverfahren aufgeführt, s. a. Tabelle 4-39 und Tabelle 4-40.

Tabelle 4-38
Anhaltswerte über Schweißzusätze zum Lichtbogenhandschweißen der in Betracht kommenden Stähle sowie über die Wärmebehandlung nach dem Schweißen, nach DIN EN ISO 14343 (5/2007), Auszug.

Stahlsorte		Geeignete Schweißzusätze [1]			Wärmebehandlung nach dem Schweißen
Kurzname	Werkst. Nr.	Kurzzeichen des Schweißgutes der umhüllten Stabelektroden [2]	Schweißstäbe, Drahtelektroden, Schweißdrähte		
			Kurzzeichen	Werkstoffnummer	
Ferritische und martensitische Stähle [2]					
XCr13	1.4000	19 9, 19 9 Nb, 13 [3]	X5CrNi19-9, X5CrNiNb19-9, X8Cr14	1.4302, 1.4551, 1.4009 [3]	Glühen
X10Cr13	1.4006	19 9, 19 9 Nb, 13 [3]	X5CrNi19-9, X5CrNiNb19-9, X8Cr14	1.4302, 1.4551, 1.4009 [3]	
X20Cr13	1.4021	**19 9, 19 9 Nb, 13** [3]	**X5CrNi19-9, X5CrNiNb19-9, X8Cr14**	**1.4302, 1.4551, 1.4009** [3]	
X30Cr13	1.4028				Anlassen
X46Cr13	1.4034				
X45CrMoV15	1.4116	S-NiCr19 Nb, S-NiCr16FeMn	S-NiCr-20Nb	24.806	
X6Cr17 [4]	1.4016	*19 9, 19 9 Nb, 17* [3]	*X5CrNi19-9, X5CrNiNb19-9, X8CrTi18* [3]	*1.4302, 1.4551, 1.4502* [3]	I. Allg. nicht erforderlich; bei größeren Querschnitten Glühen bei 600 bis 800 °C.
X6CrTi17 [4]	1.4510	***19 9, 19 9 Nb, 17*** [3]	***X5CrNi19-9, X5CrNiNb19-9, X8CrTi18*** [3]	***1.4302, 1.4551, 1.4502*** [3]	
X20CrNi17-2	1.4057	S-NiCr19Nb, S-NiCr16FeMn	S-NiCr-20Nb	2.4806	Anlassen 650 bis 700 °C
Austenitische Stähle					
X5CrNi18-10	1.4301	19 9, 19 9 L, 19 Nb	X5CrNi19-9, X2CrNi19-9, X5CrNiNb19-9	1.4302, 1.4316, 1.4551	I. Allg. nicht erforderlich
X2CrNi19-11	1.4306	19 9 L, *19 9 Nb*	X2CrNi19-9, *X5CrNi19-9*	1.4316, *1.4551*	
X2CrNiN18-10	1.4311	19 9 L, *20 16 3 MnL*	X2CrNi19-9, *X2CrNiMnMoN20-16*	1.4316, *1.4455*	
X6CrNiTi18-10	1.4541	19 9 Nb, 19 9 L	X5CrNiNb19-9, X2CrNi19-9	1.4551, 1.4316	
X6CrNiNb18-10	1.4550	**19 9 Nb, 19 9 L**	**X5CrNiNb19-9, X2CrNi19-9**	**1.4551, 1.4316**	
X2CrNiMo17-13-2	1.4404	19 12 3 L, *19 12 3 Nb*	X2CrNiMo19-12, *X5CrNiMoNb19-12*	1.4430, *1.4576*	I. Allg. nicht erforderlich
X2CrNiMoN17-12-2	1.4406	19 12 3, 20 16 3 MnL	X2CrNiMo19-12, X2CrNiMnMoN20-16	1.4430, 1.4455	
X6CrNiMoTi17-12-2	1.4571	19 12 3 Nb, 19 12 3 L	X5CrNiMoNb19-12, X2CrNiMo19-12	1.4576, 1.4430	
X6CrNiMoNb17-12-2	1.4580	**19 12 3 Nb, 19 12 3 L**	**X5CrNiMoNb19-12, X2CrNiMo19-12**	**1.4576, 1.4430**	
X2CrNiMoN17-13-3	1.4429	19 12 3 L, 20 16 3 MnL	X2CrNiMo19-12, X2CrNiMnMoN20-16	1.4430, 1.4455	I. Allg. nicht erforderlich
X2CrNiMo18-14-3	1.4435	19 12 3 L, *19 12 3 Nb*	X2CrNiMo19-12, *X5CrNiMoNb19-12*	1.4430, *1.4576*	
X2CrNiMo18-16-4	1.4438	18 16 5	X2CrNiMo18-16-5	1.4440	
X2CrNiMo18-16-5	1.4439	**18 16 5**	**X2CrNiMo18-16-5**	**1.4440**	

[1] Weitere Angaben zu den Schweißzusätzen siehe DIN EN 1600, DIN EN ISO 14172 und DIN EN ISO 18274. Kursive Auszeichnung weist auf eine nur eingeschränkte Bedeutung des betreffenden Schweißzusatzes hin.

[2] Nur unter Einhaltung bestimmter Maßnahmen schweißbar; über 0,25 % C ist Schweißeignung nur bedingt gegeben.

[3] Decklagen mit artähnlichen Schweißzusätzen.

[4] Stähle mit 17 % Cr sind vorwiegend zum Schweißen mit Verfahren geeignet, die ein geringes Wärmeeinbringen verursachen, wie Punkt- oder Rollennahtschweißen. Schweißen mit Zusätzen stellt bei diesen Verfahren die Ausnahme dar.

4.3.7.4 Ferritische und halbferritische Stähle

Die ferromagnetischen ferritischen Chromstähle sind krz und bestehen nach einer Abkühlung auf Raumtemperatur je nach der chemischen Zusammensetzung aus δ-Ferrit bzw. unterschiedlichen Anteilen von δ-Ferrit und Martensit *(Halbferrit)*. Ihr Kohlenstoffgehalt liegt i. Allg. unter 0,10 %, Tabelle 2-17. Der δ-Ferritgehalt beträgt bei den 13%igen Chromstählen 20 % bis 30 %, bei den 17%igen 80 % bzw. 100 % bei den rein ferritischen. Da der selbst nach einer Luftabkühlung entstehende Martensit verhältnismäßig spröde ist, werden die 13%igen *immer* vergütet, die 17%igen *vergütet* oder meistens *geglüht* (750 °C/1...2 h/Luft). In den schmelzgrenzennahen (meistens sehr grobkörnigen) Werkstoffbereichen der Wärmeeinflusszone besteht das Gefüge daher unabhängig von der Höhe der Vorwärmtemperatur aus δ-Ferrit und einem erheblichen Anteil rissanfälligen Martensits.

Die rein ferritischen Stähle lassen sich nicht mit Verfahren wärmebehandeln, die die Phasenumwandlung krz $\rightleftarrows$ kfz erfordern (Härten, Normalglühen). Eine Änderung des Gefüges ist damit ebenso wie bei den austenitischen Cr-Ni-Stählen nicht mehr möglich. Die Korngröße lässt sich nur durch Warmverformen oder ein rekristallisierendes Glühen verändern. Beide Methoden sind in der Praxis kaum anwendbar. Auch die mechanischen Gütewerte sind nur im geringen Umfang beeinflussbar. Die Zähigkeit der Stähle ist gering, und die Übergangstemperatur der Kerbschlagzähigkeit liegt im Bereich der Raumtemperatur, bei den hochreinen Superferriten etwa bei etwa $-100\,°C$. Die Gefahr des nicht mehr zu beseitigenden Kornwachstums in der Grobkornzone der Wärmeeinflusszone ist wegen der thermischen Instabilität der krz Werkstoffe größer als bei jeder anderen Stahlart (s. Abschn. 2.8.4.2, S. 215), s. a. Aufgabe 4-16, S. 494.

Die Schweißeignung und das Schweißverhalten der ferritischen Chromstähle ist erwartungsgemäß verhältnismäßig schlecht. Sie wird von folgenden werkstoffabhängigen Gegebenheiten bestimmt:

❐ Die Zähigkeit (vor allem die Kerbschlagzähigkeit) des δ-Ferrits ist gering. Das ist die Ursache für seine erhebliche Sprödbruchanfälligkeit.

❐ Die ausgeprägte Neigung zur Grobkornbildung und der große Martensitgehalt in der WEZ verringern weiter die Zähigkeit, d. h. erhöhen die Gefahr der Rissbildung.

❐ Als Folge der thermischen Instabilität neigen diese mehrfach legierten Stähle zu einer Vielzahl von Ausscheidungen, die die Zähigkeit herabsetzen und (oder) die Korrosionsbeständigkeit vermindern. Die wichtigsten sind:
 – Bei Temperaturen zwischen 450 °C und 550 °C entsteht in Stählen mit mehr als 15 % Chrom die bei Raumtemperatur stark zähigkeitsvermindernde *475 °C-Versprödung* (Abschn. 2.8.3.4.3, S. 211, und Bild 2-66, S. 203). Diese auf Nahentmischungsvorgängen beruhende Erscheinung lässt sich durch ein Glühen bei 700 °C bis 800 °C mit anschließendem raschem Abkühlen sicher beseitigen.
 – Zwischen 600 °C und 900 °C scheidet sich aus Stählen mit 13 % bis etwa 80 % Chrom die *Sigma-Phase* aus, Bild 2-66, S. 203. Diese intermediäre Verbindung mit der Näherungsformel FeCr scheidet sich nur aus dem δ-Ferrit aus und führt zu einer deutlichen Versprödung. Durch Glühen bei etwa 950 °C wird sie gelöst und damit ihre versprödende Wirkung beseitigt.
 Die Entstehung der 475 °C-Versprödung und der Sigma-Phase erfordert i. Allg. sehr lange Zeiten. Sie können beim fachgerechten Schweißen nicht erreicht werden. Im Gegensatz dazu ist die Ausscheidung von *Chromcarbiden* in der WEZ von Schweißverbindungen aus nichtstabilisierten ferritischen Chromstählen selbst bei den für den Schweißprozess typischen hohen Abkühlgeschwindigkeiten nicht vermeidbar, Bild 2-73. Der Stahl ist bei einem Korrosionsangriff sofort kornzerfallsanfällig. Die nichtstabilisierten Stähle müssen daher nach dem Schweißen etwa eine Stunde bei 750 °C

geglüht werden. Die chromverarmten Korngrenzenbereiche werden dadurch auf den für die Resistenzgrenze erforderlichen Gehalt von ≈ 12 % aufgefüllt (Abschn. 2.8.3.4.1). Der Kohlenstoff scheidet sich aus dem Ferrit und Austenit direkt in Form des hoch chromhaltigen Gleichgewichtscarbids $M_{23}C_6$ aus. Bei den martensitischen Stählen läuft die C-Ausscheidung über die Reaktionsfolge:

$$M_3C \rightarrow M_7C_3 \rightarrow M_{23}C_6.$$

☐ Das martensitische Gefüge der WEZ und des Schweißguts ist die Ursache für die extreme Empfindlichkeit gegen wasserstoffinduzierte Kaltrisse dieser Stähle.

Die Neigung der ferritischen Chromstähle zur Bildung von Heißrissen im Schweißgut und von Wiederaufschmelzrissen in der WEZ ist verhältnismäßig gering. Der sehr viel geringere *Wärmeausdehnungskoeffizient* und die wesentlich größere Löslichkeit für Schwefel und Phosphor dieser Stähle sind hierfür die Ursache.

Diese werkstofflichen Besonderheiten machen die für diese Stähle zu beachtenden sich z. T. widersprechenden Schweißregeln bzw. -empfehlungen verständlich:

– Die Wärmezufuhr beim Schweißen muss begrenzt werden. Damit lässt sich die Grobkornbildung und die Ausscheidungsneigung am wirksamsten behindern. Für den Lagenaufbau sollte die Zugraupentechnik mit dünnen Elektroden angewendet werden. Nahtkreuzungen und Schweißtechnologien, die große Wärmemengen in den Werkstoff einbringen (s-Position!) müssen vermieden werden.
– Ein Vorwärmen auf 150 °C bis 250 °C erzeugt einen wesentlich milderen Eigenspannungszustand und ist daher wegen der geringen Zähigkeit des Grundwerkstoffs sehr zu empfehlen.
– Die maximale Werkstückdicke bei Konstruktionsschweißungen sollte auf 5 mm bis 6 mm begrenzt werden. Die Stähle sollten nur bei geringen Anforderungen an die Zähigkeit der Verbindung – das gilt insbesondere für die 17%igen Chromstähle – eingesetzt werden.
– Wegen der versprödenden Wirkung des Wasserstoffs müssen Stabelektroden und UP-Pulver sorgfältig nach Herstellerangaben getrocknet werden.

In der Praxis werden artgleiche und austenitische Zusatzwerkstoffe verwendet. Letztere werden oft bevorzugt, weil sie ein zähes Schweißgut ergeben, d. h., nur die WEZ kann verspröden. Wegen der sehr ungünstigen Wirkung des δ-Ferrits wird die chemische Zusammensetzung der »artgleichen« Zusatzwerkstoffe häufig modifiziert. Durch eine Erhöhung des Kohlenstoffgehalts auf nur 0,1 % und eine leichte Absenkung des Chromgehalts kann der δ-Ferritgehalt im Schweißgut verringert werden.

Tabelle 4-39 zeigt für einige Zusatzwerkstoffe nach DIN EN 1600 die chemische Zusammensetzung des Schweißguts von Stabelektroden zum Lichtbogenhandschweißen. In der Tabelle 4-40 ist die chemische Zusammensetzung von Schweißzusätzen für das Lichtbogenschweißen nichtrostender und hitzebeständiger Stähle nach DIN EN ISO 14343 angege-

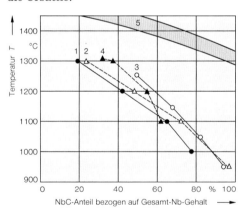

1: Stahl X7CrNiMoNb16-25-2 (t_H = 1 h)
2: Stahl X7CrNiNb16-16 (t_H = 1 h)
3: Stahl X7CrNiNb17-13 (t_H = 1 h)
4: Stahl X6CrNiMoVNb16-13-1 (t_H = 0,5 h)
5: Schweißgut X4CrNiNb20-10 (t_H = 5 sek)

t_H = Haltezeit bei der angegebenen Temperatur

Bild 4-96
Einfluss der Temperatur und der Haltezeit auf die Auflösung von Niobcarbid bei verschiedenen hochlegierten Stählen und einem hochlegierten Schweißgut, nach Folkhard.

ben. Im Kurznamen für die chemische Zusammensetzung des Schweißguts von Stabelektroden werden die Legierungsbestandteile in der Reihenfolge Chrom, Nickel, Molybdän hintereinander ohne das chemische Symbol aufgeführt. Der Zusatzbuchstabe L bedeutet ein besonders niedriger Kohlenstoffgehalt (L = Low; englisch: niedrig).

Zum Schweißen der 17%igen Chromstähle wird häufiger der austenitische Zusatzwerkstoff X5CrNi19-9 (Werkst. Nr.: 1.4302) oder der artgleiche titanstabilisierte X8CrTi17 (Werkstoff Nr.: 1.4502) verwendet. In der Regel wird aber aus bestimmten Gründen mit *nichtstabilisierten* Zusatzwerkstoffen eine größere IK-Beständigkeit des Schweißguts erreicht, unabhängig von der Art der stabilisierenden Elemente. Das Schweißgutgefüge wird von der Art und Menge der ferrit- bzw. austenitstabilisierenden Elemente bestimmt. Das ferritstabilisierende Titan wird beim WIG-Verfahren nicht, beim Lichtbogenhandschweißen dagegen fast vollständig abgebrannt. Das nicht sauerstoffaffine Niob brennt bei keinem Verfahren ab. In dem titan- bzw. niobhaltigen rein ferritischen Schweißgut scheidet sich fast der gesamte gelöste Kohlenstoff in Form von TiC bzw. NbC und entgegen dem thermodynamischen Gleichgewicht auch Chromcarbid aus. Im Vergleich zu der im Stahl vorhandenen Menge an Titan (Niob) ist der Chromanteil wesentlich größer. Dadurch wird der mittlere Abstand zwischen den Chrom- und Kohlenstoffatomen zumindest örtlich geringer als der zwischen den Ti- und C-Atomen. Die teilweise Bildung der Chromcarbide wird damit reaktionskinetisch verständlich.

Bild 4-96 zeigt den Umfang der Wiederauflösung bereits ausgeschiedener NbC bei verschiedenen Grundwerkstoffen und einem hochlegierten Schweißgut in Abhängigkeit von der Temperatur. Bei 1400 °C liegt danach neben der Schmelzgrenze bereits die Hälfte des Niobcarbids in gelöster Form vor.

Geht ein Teil des ferritstabilisierenden Ti durch Abbrand im Lichtbogen verloren, dann entsteht nicht mehr ein rein ferritisches Gefüge, sondern ein austenitisch-ferritisches. Die Löslichkeit des Austenits für Kohlenstoff ist erheblich größer als die des Ferrits, d. h., der Kohlenstoff wird überwiegend vom Austenit aufgenommen. Die Phasenumwandlung aus dem Zweiphasenfeld ($\gamma \rightarrow \alpha$) führt zu einem martensitisch-ferritischen Gefüge. Die martensitische, chromärmere Phase (Abschn. 2.8.4.2, S. 215) wird flächenartig angegriffen. Der Korrosionsangriff bei martensitisch-ferritischen Stählen ist damit erheblich geringer als bei rein ferritischen,

Schweißverfahren		Werkstoffliche Vorgänge
WIG-Schweißverfahren	Lichtbogenhandschweißen	

Stabilisierungselement		WIG-Schweißverfahren	Lichtbogenhandschweißen	Werkstoffliche Vorgänge
	Ti	Ti brennt **nicht** ab 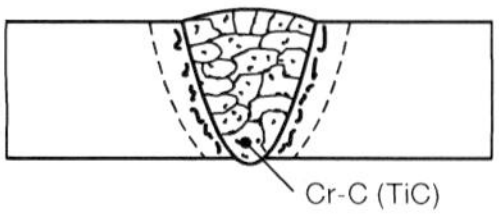 Cr-C (TiC) Cr-C- und TiC-Ausscheidungen im **rein ferritischen** Schweißgut	Ti brennt ab 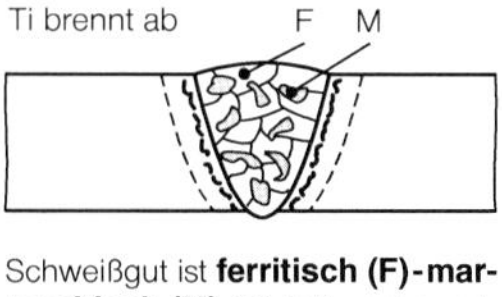 F M Schweißgut ist **ferritisch (F)-martensitisch (M)**, C ist überwiegend in Martensitinseln gelöst	**Stabilisierendes Element brennt ab** Beim LB-Handschweißen brennt Ti vollständig ab. Durch Verlust des ferritstabilisierenden Ti erfolgt die Umwandlung im Zweiphasenfeld (F + A). A nimmt C der gelösten Ti- bzw. Nb-Carbide auf. Nach Umwandlung ist die IK-Anfälligkeit gering, weil durch M praktisch nur die ungefährliche flächenförmige Korrosion möglich ist.
	Nb	Nb brennt **nicht** ab 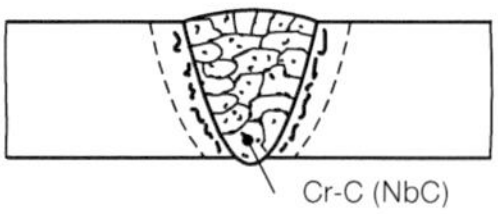 Cr-C (NbC) Cr-C- und NbC-Ausscheidungen im **rein ferritischen** Schweißgut	Nb brennt **nicht** ab 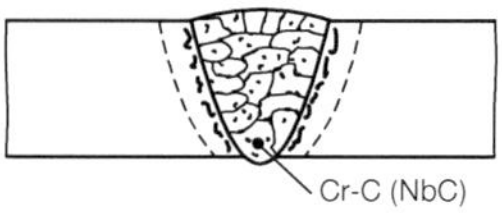 Cr-C (NbC) Cr-C- und NbC-Ausscheidungen im **rein ferritischen** Schweißgut	**Stabilisierendes Element brennt nicht ab** Beim LB-Handschweißen brennt Nb nicht ab, beim WIG-Schweißen weder Ti noch Nb. Das Schweißgut ist rein ferritisch. Das gelöste C scheidet sich aus dem stark übersättigten ferritischen Schweißgut außer in Form geringer Mengen NbC bzw. TiC entgegen dem thermodynamischen Gleichgewicht vorwiegend als Chromcarbid (Cr-C) aus, die Folge ist IK-Anfälligkeit.

Bild 4-97
Zum Abbrandverhalten der Elemente Titan und Niob beim WIG- und Lichtbogenhandschweißen nichtstabilisierter 17%iger Chromstähle mit stabilisierten Zusatzwerkstoffen, schematisch.

Tabelle 4-39
Chemische Zusammensetzung und ausgewählte mechanische Eigenschaften des Schweißgutes der umhüllten Stabelektroden für das Lichtbogenhandschweißen von nichtrostenden und hitzebeständigen Stählen nach DIN EN 1600 (10/1997), Auswahl.

Legierungs-Kurzzeichen	Chemische Zusammensetzung des reinen Schweißgutes in % (m/m) [1), 2), 3), 4)]							Mechanische Eigenschaften Schweißgut		
	C	Si	Mn	Cr	Mo	Ni	Sonstige	$R_{p0,2}$ (N/mm²)	R_m (N/mm²)	A_{min} (%)
13	0,12	1,0	1,5	11,0...14,0	–	–	–	250	450	15
13 4	0,06	1,0	1,5	11,0...14,5	0,4...1,0	3,0...5,0	–	500	750	15
17	0,12	1,0	1,5	16,0...18,0	–	–	–	300	450	15
19 9	0,08	1,2	2,0	18,0...21,0	–	9,0...11,0	–	350	550	30
19 9 L	0,04	1,2	2,0	18,0...21,0	–	9,0...11,0	–	320	510	30
19 9 Nb	0,08	1,2	2,0	18,0...21,0	–	9,0...11,0	Nb [3)]	350	550	25
19 12 2	0,08	1,2	2,0	17,0...20,0	2,0...3,0	10,0...13,0	–	350	550	25
19 12 3 L	0,04	1,2	2,0	17,0...20,0	2,5...3,0	10,0...13,0	–	320	510	25
19 12 3 Nb	0,08	1,2	2,0	17,0...20,0	2,5...3,0	10,0...13,0	Nb [3)]	350	550	25
19 13 4 N L	0,04	1,2	1,0...5,0	17,0...20,0	3,0...4,5	12,0...15,0	N 0,20	350	550	25
22 9 3 N L	0,04	1,2	2,5	21,0...24,0	2,0...4,0	7,0...10,5	N 0,08/0,20	450	550	20
25 7 2 N L	0,04	1,2	2,0	24,0...28,0	1,0...3,0	6,0...8,0	N 0,20	500	700	15
25 9 3 Cu N L	0,04	1,2	2,5	24,0...27,0	2,5...4,0	7,5...10,5	–	550	620	18
25 9 4 N L [5)]	0,04	1,2	2,5	24,0...27,0	2,5...4,5	8,0...10,5	–	550	620	18
18 15 3 L [5)]	0,04	1,2	1,0...4,0	16,0...19,5	2,5...3,5	14,0...17,0	–	300	480	25
18 16 5 NL	0,04	1,2	1,0...4,0	17,0...20,0	3,5...5,0	15,5...19,0	N 0,20	300	480	25
20 25 5 Cu N L [5)]	0,04	1,2	1,0...4,0	19,0...22,0	4,0...7,0	24,0...27,0	Cu 1,0/2,0	320	510	25
27 31 4 Cu L [5)]	0,04	1,2	2,5	26,0...29,0	3,0...4,5	30,0...33,0	Cu 0,6/1,5	240	500	25
18 8 Mn [5)]	0,20	1,2	4,5...7,5	17,0...20,0	–	7,0...10,0	–	350	500	25
29 9	0,15	1,2	2,5	27,0...31,0	–	8,0...12,0	–	450	650	15
18 9 MnMo	0,04...0,14	1,2	3,0...5,0	18,0...21,5	0,5...1,5	9,0...11,0	–	350	500	25
16 8 2	0,08	1,0	2,5	14,5...16,5	1,5...2,5	7,5...9,5	–	320	510	25
19 9 H	0,04...0,08	1,2	2,0	18,0...21,0	–	9,0...11,0	–	350	550	30
25 4	0,15	1,2	2,5	24,0...27,0	–	4,0...6,0	–	400	600	15
22 12	0,15	1,2	2,5	20,0...23,0	–	10,0...13,0	–	350	550	25
18 36 [5)]	0,25	1,2	2,5	14,0...18,0	–	33,0...37,0	–	350	550	10

1) Einzelwerte in der Tabelle sind Höchstwerte.
2) In der Tabelle nicht aufgeführte umhüllte Stabelektroden sind ähnlich zu kennzeichnen, wobei der Buchstabe Z voranzustellen ist.
3) Die Summe von P und S darf 0,050 % nicht übersteigen; dies gilt nicht für 25 7 2, 18 16 5 L, 18 8 Mn und 29 9.
4) Der Schwefelgehalt jedes Schweißguts beträgt höchstens 0,025 %, der Phosphorgehalt höchstens 0,035 %.
5) Das reine Schweißgut ist weitgehend vollaustenitisch und kann deshalb anfällig sein für Mikrorisse und Erstarrungsrisse. Das Auftreten von Rissen wird durch Erhöhen des Mangananteils im reinen Schweißgut reduziert. Daher ist der Mangananteil für einige Legierungstypen höher.

Tabelle 4-40
Kurzzeichen für die chemische Zusammensetzung von Drahtelektroden, Drähten und Stäben zum Lichtbogenschweißen von nichtrostenden und hitzebeständigen Stählen nach DIN EN ISO 14343 (5/2007), Auswahl.

Legierungs-Kurzzeichen	Chemische Zusammensetzung in % (m/m) [1]					
	C	Si	Mn	Cr	Ni	Mo
Martensitisch/ferritisch						
13	0,15	1,0	1,0	12,0 bis 15,0	–	–
13 L	0,05	1,0	1,0	12,0 bis 15,0	–	–
13 4	0,05	1,0	1,0	11,0 bis 14,0	3,0 bis 5,0	3,0 bis 5,0
17	0,12	1,0	1,0	16,0 bis 19,0	–	–
Austenitisch						
19 9 L [2]	0,03	0,65	1,0 bis 2,5	19,0 bis 21,0	9,0 bis 11,0	–
19 9 Nb [2]	0,03	0,65	1,0 bis 2,5	19,0 bis 21,0	9,0 bis 11,0	–
19 12 3 L [2]	0,03	0,65	1,0 bis 2,5	18,0 bis 20,0	11,0 bis 14,0	2,5 bis 3,0
19 12 3 Nb [2]	0,03	0,65	1,0 bis 2,5	18,0 bis 20,0	11,0 bis 14,0	2,5 bis 3,0
Ferritisch-austenitisch (korrosionsbeständig)						
22 9 3 NL	0,03	1,0	2,5	21,0 bis 24,0	7,0 bis 10,0	2,5 bis 4,0
25 7 2 L	0,03	1,0	2,5	24,0 bis 27,0	6,0 bis 8,0	1,5 bis 2,5
25 9 4 NL	0,03	1,0	2,5	24,0 bis 27,0	8,0 bis 10,5	2,5 bis 4,5
Vollaustentisch (hochkorrosionsbeständig)						
18 15 3 L [3]	0,03	1,0	1,0 bis 4,0	17,0 bis 20,0	13,0 bis 16,0	2,5 bis 4,0
18 16 5 N L [3]	0,03	1,0	1,0 bis 4,0	17,0 bis 20,0	16,0 bis 19,0	3,5 bis 5,0
19 13 4 L [3]	0,03	1,0	1,0 bis 5,0	17,0 bis 20,0	12,0 bis 15,0	3,0 bis 4,5
20 25 5 Cu L [3]	0,03	1,0	1,0 bis 5,0	19,0 bis 22,0	24,0 bis 27,0	4,0 bis 6,0
20 16 3 Mn L [3]	0,03	1,0	5,0 bis 9,0	19,0 bis 22,0	15,0 bis 18,0	2,5 bis 4,5
25 22 2 NL [3]	0,03	1,0	3,5 bis 6,5	24,0 bis 27,0	21,0 bis 24,0	1,5 bis 3,0
27 31 4 Cu L [3]	0,03	1,0	1,0 bis 3,0	26,0 bis 29,0	30,0 bis 33,0	3,0 bis 4,5
Spezielle Typen						
18 8 Mn [3]	0,20	1,2	5,0 bis 8,0	17,0 bis 20,0	7,0 bis 10,0	–
20 10 3	0,12	1,0	1,0 bis 2,5	18,0 bis 20,0	8,0 bis 12,0	1,5 bis 3,5
23 12 L [2]	0,03	0,65	1,0 bis 2,5	22,0 bis 25,0	11,0 bis 14,0	–
23 12 Nb	0,08	1,0	1,0 bis 2,5	22,0 bis 25,0	11,0 bis 14,0	–
29 9	0,15	1,0	1,0 bis 2,5	28,0 bis 32,0	8,0 bis 12,0	–
Hitzebeständige Typen						
16 8 2	0,10	1,0	1,0 bis 2,5	14,5 bis 16,5	7,5 bis 9,5	1,0 bis 2,5
19 9 H	0,04 bis 0,08	1,0	1,0 bis 2,5	18,0 bis 21,0	9,0 bis 11,0	–
19 12 3 H	0,04 bis 0,08	1,0	1,0 bis 2,5	18,0 bis 20,0	11,0 bis 14,0	2,0 bis 3,0
22 12 H	0,04 bis 0,15	2,0	1,0 bis 2,5	21,0 bis 24,0	11,0 bis 14,0	–
25 4	0,15	2,0	1,0 bis 2,5	24,0 bis 27,0	4,0 bis 6,0	–
25 20 [3]	0,08 bis 0,15	2,0	1,0 bis 5,0	24,0 bis 27,0	18,0 bis 22,0	–
25 20 Mn	0,08 bis 0,15	2,0	2,5 bis 2,5	24,0 bis 27,0	18,0 bis 22,0	–
25 20 H [3]	0,35 bis 0,45	2,0	1,0 bis 2,5	24,0 bis 27,0	18,0 bis 22,0	–
18 36 H [3]	0,18 bis 0,25	0,4 bis 2,0	1,0 bis 2,5	15,0 bis 19,0	33,0 bis 37,0	–

In der Tabelle nicht aufgeführte Drahtelektroden sind ähnlich, mit dem vorangestellten Buchstaben Z zu kennzeichnen.
Si ist an das Legierungs-Kurzzeichen anzuhängen, wenn Si > 0,65 bis 1,2 %.
Das reine Schweißgut ist in den meisten Fällen *vollaustenitisch* und kann daher zu Mikrorissen und Heißrissen neigen. Das Entstehen von Rissen wird durch Anheben des Mangangehalts im Schweißgut reduziert. Unter Berücksichtigung dieser Tatsache wurde der Manganbereich für einige Sorten erweitert.

bei denen die mit Chromcarbiden belegten Korngrenzen linienförmig wesentlich schneller abgetragen werden.

Wenn »artgleiches« Schweißgut gefordert wird, dann sollten wegen der geschilderten Zusammenhänge nichtstabilisierte Zusatzwerkstoffe verwendet werden. Ein anschließendes Glühen (750 °C/1 h) ist bei nichtstabilisierten Stählen zwingend erforderlich. Das Bild 4-97 zeigt schematisch die geschilderten Vorgänge.

Eine unerwartete Erscheinung tritt bei allen Schweißverbindungen aus titanstabilisierten 17%igen Chromstählen auf. Die in dem hocherhitzten, schmalen Bereich neben der Schmelzgrenze während der Aufheizphase gelösten TiC führen zu einer starken Übersättigung des Ferrits. Beim Abkühlen scheidet sich aus dem Ferrit an den Korngrenzen ein zusammenhängendes Netzwerk von Niob- bzw. Titancarbiden aus. Durch einen starken oxidierenden Angriff – z. B. durch konzentrierte Salpetersäure – wird das TiC in das weiße, nicht korrosionsbeständige TiO_2 überführt. Niobstabilisierte Stähle werden dagegen von Salpetersäure nicht angegriffen. Aus dem gleichen Grund sind auch titanstabilisierte austenitische Cr-Ni-Stähle nicht für den Angriff konzentrierter Salpetersäure – vor allem bei höherer Temperatur – geeignet (Abschn. 4.3.7.5).

Die schlechte Schweißeignung der ferritischen Chromstähle führte in den siebziger Jahren des 20. Jahrhunderts zur Entwicklung der höherchromhaltigen (bis 28%) und molybdänlegierten (etwa 5%) *Superferrite*. Die Verbesserung der Schweißeignung, d. h. im Wesentlichen der Zähigkeitseigenschaften, gelang durch extremes Verringern der Menge der interstitiell gelösten Elemente Kohlenstoff, Stickstoff (und Sauerstoff) auf Werte von $C + N \leq 150$ ppm bis etwa 500 ppm, s. Aufgabe 4-15, S. 493.

Dieser extrem geringe Gehalt an Verunreinigungen bestimmt sehr stark die Schweißtechnologie und die Wahl der Schweißverfahren. Grundsätzlich muss ein dem Grundwerkstoff vergleichbares, extrem verunreinigungsarmes Schweißgut herstellbar sein. Dazu sind eine Reihe verschiedener Maßnahmen zu ergreifen:
– Extreme Sauberkeit des Schweißnahtbereiches und der Zusatzwerkstoffe ist unabdingbar, saubere Schweißerhandschuhe verwenden, Schweißbrenner, -pistole vor dem Schweißen reinigen.

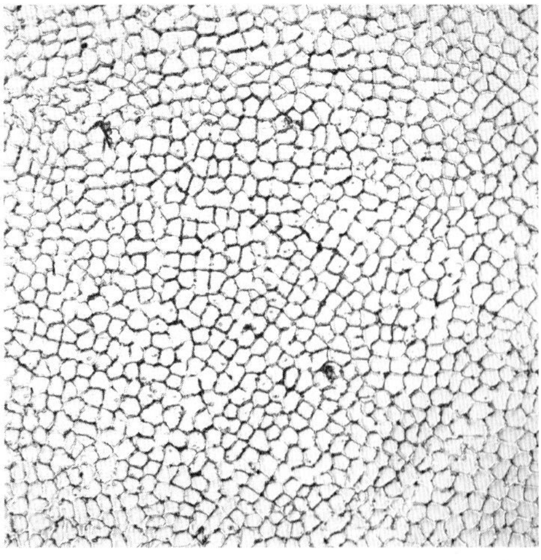

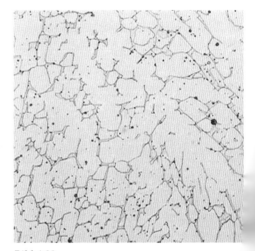

Bild 4-98
Wabenförmig (Zellenstruktur) angeordneter δ-Ferrit in einem austenitischen Cr-Ni-Stahl X6CrNiTi18-6, Querschliff. Anodisch geätzt mit 10%iger Oxalsäure, $V = 200:1$.

Bild 4-99
Netzartig angeordneter δ-Ferrit – auch als skelettartiger oder vermicularer Ferrit bezeichnet – ist ein nahezu sicherer Hinweis auf eine primäre Ferritkristallisation eines austenitischen Schweißguts.

- Nur hochreines Schutzgas in ausreichender Menge (25 bis 30 l/min) verwenden.
- Auf dichte Verbindungen im gesamten Schutzgassystem achten, um ein An-/Einsaugen von Luft zuverlässig zu vermeiden. Dies lässt sich vor dem Schweißen mit kreisförmigen Probeauftragschweißungen kontrollieren, die nach Schweißende (Strom aus!) einige Sekunden lang mit weiter strömendem Schutzgas bespült werden. Es dürfen keine Verfärbungen entstehen, d. h., das Schweißgut muss metallisch blank sein.
- Formiergase dürfen keinen Stickstoff enthalten, weil durch Stickstoffaufnahme das Schweißgut extrem verspröden kann.
- Brenner senkrecht zur Schweißnaht halten und nicht pendeln, um Einwirbeln der Luft durch Injektorwirkung des ausströmenden Gases zu vermeiden.
- Schutzgasdüsen mit großem Innendurchmesser (etwa 20 mm) und Schutzgaslinse verwenden.
- Endkrater ausschleifen und mit Farbeindringverfahren auf Risse prüfen, Schleifstäube sorgfältigst beseitigen.
- Das Wärmeeinbringen ist ausreichend klein zu wählen, die Zwischenlagentemperatur sollte auf etwa 100 °C begrenzt werden.

4.3.7.5 Austenitische Chrom-Nickel-Stähle

Austenitische Stähle mit einem δ-Ferritgehalt $\leq 10\,\%$ bezeichnet man als *metastabile (labile) Austenite*, die ferritfreien als *Vollaustenite* (*stabile* Austenite). Die stabilen Austenite neigen beim Schweißen zur Heißrissbildung. Die Ausbildung des δ-Ferrits kann abhängig von der chemischen Zusammensetzung und der Wärmebehandlung sehr unterschiedlich sein. Bild 4-98 zeigt eine zellartige Anordnung im Grundwerkstoff, Bild 4-99 eine skelettartige Form in einem austenitischen Schweißgut. Sie wird auch als *vermicularer* (»wurmförmiger« Ferrit; lat: *vermiculus* = Würmchen) Ferrit bezeichnet, der in den meisten Fällen durch Primärkristallisation aus der Schmelze entstand.

Die Schweißeignung der umwandlungsfreien, nicht härtbaren austenitischen Stähle ist gut. Sie werden zum Schweißen in der Regel weder wärmevorbehandelt noch nach dem Schweißen wärmenachbehandelt. Etwaige die Korrosionsbeständigkeit beeinträchtigenden oder die mechanischen Eigenschaften verschlechternden Ausscheidungen sind in der Regel nicht zu befürchten. Die nachstehend aufgeführten werkstofflichen und fertigungstechnischen Besonderheiten müssen aber beachtet werden:

- Die *Wärmeleitfähigkeit* λ ist etwa um den Faktor 3 geringer als die der unlegierten Stähle, Tabelle 2-18, S. 218. Die Abkühlung der Schweißverbindung erfolgt daher merklich langsamer. Die Neigung zum Wärmestau, z. B. beim Ausschleifen von Schweißfehlern oder Beschleifen der Nahtoberflächen, ist zu beachten. Anderenfalls besteht die Gefahr von »Brandstellen«, die häufig zu Mikrorissen führen und damit die Neigung zur Spaltkorrosion begünstigen.
- Der *Ausdehnungskoeffizient* α ist etwa 50 % größer als der der unlegierten Stähle. Der Verzug geschweißter Bauteile ist also erheblich. Bei geringeren Wanddicken sind daher für maßstabstreue Bauteile häufig aufwändige Nacharbeiten erforderlich. Als Folge des starken »Arbeitens« der Schweißverbindung müssen die Fügeteile fest gespannt und häufig geheftet werden.
- Die metastabilen austenitischen Stähle enthalten δ-Ferrit, aus dem sich die stark versprödende Sigma-Phase ausscheiden kann (Abschn. 2.8.3.4.2, S. 210). Ihre versprödende Wirkung wird mit zunehmendem Chromgehalt größer.
- Die Entstehung der 475 °C-Versprödung ist in vollaustenitischen Stählen nicht zu befürchten, sie wird allerdings mit steigendem Chromgehalt bzw. δ-Ferritgehalt stark beschleunigt. Bis zu einer Ferrit-Nummer von 14 machen sich ihre Auswirkungen aber kaum bemerkbar.
- Die Bildung von Chromcarbiden im Bereich der Korngrenzen führt bei nichtstabilisierten Stählen zur IK, Bild 4-100, (Abschn. 2.8.3.4.1, S. 208). Die Carbidausscheidung erfolgt am schnellsten bei Temperaturen zwischen 650 °C und 750 °C, aber um einige Größenordnungen langsamer

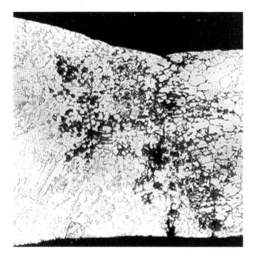

Bild 4-100
Interkristalline Korrosion neben der Schmelzgrenze einer Schweißverbindung aus einem nichtstabilisierten austenitischen Chrom-Nickel-Stahl.

als bei den ferritischen Chromstählen. Der während des Aufheizens beim Schweißen im Austenit gelöste Kohlenstoff kann sich beim Abkühlen gewöhnlich nicht in Form von Chromcarbid ausscheiden, weil die zur Verfügung stehenden Zeiten zu kurz sind. Dies geschieht erst nach einer längeren Verweildauer bei Temperaturen zwischen 650 °C und 750 °C (s. a. Messerlinienkorrosion weiter unten in diesem Abschnitt). Ein Zulegieren von Stickstoff verzögert den Beginn des Kornzerfalls erheblich.
– Die Schweißschmelze ist wie bei allen nickellegierten Werkstoffen verhältnismäßig dickflüssig, Abschn. 5.2.2.3, S. 529. Die träge Schmelzbadbewegung erschwert die Benetzbarkeit der Schweißschmelze. Die Gefahr von Bindefehlern ist daher sehr zu beachten.

Aufgrund der unterschiedlichen Löslichkeits- und Diffusionsbedingungen ist die Erscheinungsform, aber nicht der Mechanismus der IK bei den ferritischen Chromstählen und den austenitischen Cr-Ni-Stählen scheinbar unterschiedlich. Bild 4-101 zeigt die Lage der durch die IK zerstörten Werkstoffbereiche bei den austenitischen Cr-Ni-Stählen im Vergleich zu den ferritischen Chromstählen. Nicht stabilisierte Cr-Ni-Stähle werden bei einer ausreichenden Verweildauer im Temperaturbereich zwischen etwa 650 °C und 850 °C sensibilisiert. In Schweißnahtbereichen, die auf mehr als etwa 850 °C erwärmt wurden, können wegen der hier herrschenden großen Abkühlgeschwindigkeit keine Carbidausscheidungen mehr auftreten. Bei den stabilisierten Cr-Ni-Stählen ist ein Wiederausscheiden der gelösten Carbide dicht neben der Schmelzgrenze, z. B. während eines Spannungsarmglühens möglich (Angriff erfolgt dann als *Messerlinienkorrosion*, s. S. 436).

Im Folgenden werden einige für das Schweißergebnis wichtige werkstoffliche Probleme näher beschrieben.

a)

ferritischer Cr-Stahl, nicht stabilisiert:
Carbidausscheidungen neben der Schmelzgrenze sind nicht unterdrückbar, d. h. IK-anfällig

b)

austenitischer Cr-Ni-Stahl, nicht stabilisiert:
Carbidausscheidung im Sensibilisierungsbereich (650 °C bis 850 °C) ist möglich, wenn Verweildauer ausreichend, d. h. IK-anfällig

c)

austenitischer Cr-Ni-Stahl, stabilisiert:
Wiederausscheiden gelöster Carbide dicht neben der Schmelzgrenze z. B. während Spannungsarmglühen (650 °C) möglich. Angriff dann als **Messerlinienkorrosion (M)**

d)

austenitischer Cr-Ni-Stahl, nicht stabilisiert:
Durch Glühen im Sensibilisierungsbereich (650 °C bis 850 °C) erfolgt Carbidausscheidung im *gesamten* Bauteil, d. h. IK-anfällig (nicht unbedingt das Schweißgut!)

Bild 4-101
Unterschiedliche Erscheinungsformen der auf Carbidausscheidungen beruhenden Korrosionsformen bei ferritischen Chromstählen und austenitischen Chrom-Nickel-Stählen.
a) IK bei nicht stabilisierten ferritischen Chromstählen,
b) IK bei nicht stabilisierten austenitischen Chrom-Nickel-Stählen,
c) Messerlinienkorrosion als Folge von wiederausgeschiedenen Chromcarbiden an der Schmelzgrenze z. B. während eines Spannungsarmglühens,
d) Spannungsarmglühen eines nicht stabilisierten austenitischen Chrom-Nickel-Stahls sensibilisiert das gesamte Bauteil (nicht unbedingt das meistens chemisch edlere Schweißgut!).

Primärkristallisation

Bei Stählen mit krz Gitter erstarrt das artgleiche Schweißgut primär überwiegend zu einem Gefüge, das aus dendritischen Stängelkristallen besteht (Abschn. 4.1.1.1). Bei der Primärkristallisation nichtrostender austenitischer Schweißgüter entsteht bei üblichen Abkühlgeschwindigkeiten in einem erheblichen Umfang zelluläres Gefüge, wie Bild 4-102 schematisch zeigt. An Orten größter Abkühlgeschwindigkeit (an den Schmelzgrenzen, auch im Schweißgut möglich) bildet sich Zellgefüge, das mit abnehmender Abkühlung in gerichtete und stärker verzweigte bzw. völlig regellose dendritische Stängelkristalle in der Decklage übergeht.

Die Primärkristallisation der hochlegierten Schweißgüter beginnt abhängig von der chemischen Zusammensetzung mit der Bildung von δ-Ferrit oder Austenit. Die grundsätzlichen Zusammenhänge zeigt das Dreistoff-Schaubild Fe-Ni-Cr, Bild 2-68, S. 205. Die primäre Erstarrung zu δ-Ferrit (Austenit) erfolgt bei allen Legierungen, die oberhalb (unterhalb) der eutektischen Rinne liegen. Der Konzentrationsschnitt im Dreistoff-System bei 70 % Eisen (Linie A in Bild 2-68), Bild 2-82, S. 220, zeigt diese Vorgänge deutlicher. Alle links von der »Dreikantröhre« liegenden Legierungen erstarren primär zu δ-Ferrit, alle rechts liegenden primär zu Austenit. Die Art der primären Erstarrung ist von entscheidender Bedeutung für das Heißrissverhalten, wie weiter unten dargestellt wird.

Wegen der wesentlich größeren Seigerungsneigung der hochlegierten Stähle unterscheidet sich in der Regel ihr primäres Gefüge deutlicher von dem sekundären als dies bei den un- und (niedrig-)legierten Stählen der Fall ist. Die Seigerungsneigung ist auch für die Wiederaufschmelzrisse (s. u.) verantwortlich, die für diese Stähle typisch sind.

Die Primärätzung erfolgt mit den relativ schwer handhabbaren, aufwändigen, aber sehr aussagefähigen Farbniederschlagsätzungen, z. B. nach *Lichtenegger* oder *Beraha*. Bild 4-103 zeigt das Primärgefüge eines ferritisch erstarrten Schweißguts vom Typ CrNi-20-10. Die weiß und blau gefärbten Gefügebestandteile sind δ-Ferrit, der braune die zu Austenit umgewandelte Restschmelze. Bei der üblichen Primärätzung lässt sich nur der weiße Bestandteil als δ-Ferrit identifizieren.

Heißrissbildung

Die Neigung zur Bildung von Heißrissen im Schweißgut und von Wiederaufschmelzrissen in der WEZ und zwischen einzelnen Lagen ist neben der Möglichkeit der Chromcarbidbildung (IK) sicherlich das wichtigste werkstoffliche Problem beim Schweißen austenitischer Stähle. Die Ursache sind niedrigschmelzende Phasen bzw. Phasengemische (meistens eutektische), die sich während des Erstarrungsvorgangs an den Korngrenzen sammeln und unter der Wirkung von Last- und (oder) Eigenspannungen reißen.

Die wichtigsten heißrissauslösenden Elemente sind Schwefel, Pb, B, Ni, Ti und Si. Sie bilden mit den Legierungselementen des Stahles (meistens) entartete niedrigschmelzende Eutektika. Als Beispiele seien die Eutektika Fe-FeS mit einem Schmelzpunkt von etwa 1000 °C, Ni-NiS (650 °C), Fe-Fe$_2$B (1180 °C) und Fe-Fe$_2$Nb (1370 °C) genannt. Bemerkenswert ist der extrem große Einfluss von Bor auf die Heißrissanfälligkeit, dessen Gehalt daher unter 0,0050 % (50 ppm!) liegen sollte. Unterschreitet der primäre δ-Gehalt in niobstabilisierten Stählen 5 FN, dann entstehen ebenfalls niedrigschmelzende, niobreiche Phasen, die zum Heißriss führen. Die Rissneigung ist bei dickwandigen, nicht nachgebenden Konstruktionen wegen der scharfen (Eigen-)Spannungszustände besonders groß.

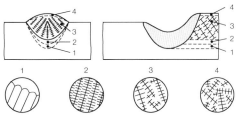

Bild 4-102
Kristallisationsformen bei korrosionsbeständigen Schweißgütern.
1) *Gerichtete Zellen,*
2) *gerichtete dendritische Stängelkristalle,*
3) *stärker verzweigte dendritische Stängelkristalle,*
4) *ungerichtete dendritische Stängelkristalle.*

Abhängig vom Entstehungsort unterscheidet man zwei Heißrissarten:
- die sich im Schweißgut bildenden *Erstarrungsrisse,* (englisch: *Solidification cracks*), s. a. Abschn. 4.1.1.1, S. 300, und
- die *Wiederaufschmelzrisse (Liquation cracks)* in der WEZ (Schmelzgrenze) und zwischen aufeinanderfolgenden Lagen.

Die Länge der in der WEZ auftretenden Wiederaufschmelzrisse beträgt meistens nur einige zehntel Millimeter. Sie entstehen ähnlich wie der Erstarrungsriss durch niedrigschmelzende Phasen, aber auch durch Korngrenzen-Seigerungen und nach dem Mechanismus der konstitutionellen Verflüssigung, Abschn. 5.1.3, S. 505. Das Bild 4-104 zeigt schematisch ihren Bildungsmechanismus nach der grundlegenden Theorie von *Apblett* und *Pellini*. Diese Erscheinung wird auch als »*Mikrorissigkeit*« bezeichnet.

Die Belegungsdichte der Korngrenzen, d. h., die Korngröße der Gefüge der WEZ und des Schweißguts bestimmt außer der Anwesenheit verschiedener in der Matrix nicht löslicher Elemente weitgehend die Neigung zur Bildung von Erstarrungsrissen. Danach entsteht diese Rissart bevorzugt in *vollaustenitisch* erstarrtem Schweißgut. Bildet sich bei der primären Erstarrung δ-Ferrit, dann wird das Kornwachstum und damit die Heißrissneigung wirksam behindert. Sekundär aus γ-MK gebildeter Ferrit ist offenbar unwirksam im Unterdrücken der Heißrissigkeit.

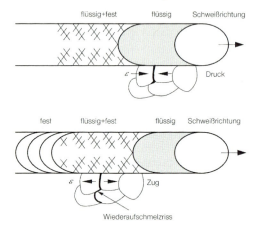

Bild 4-104
Zur Entstehung von Wiederaufschmelzrissen in der WEZ von Schweißverbindungen aus austenitischem Cr-Ni-Stahl, nach Apblett und Pellini.

Die wichtigsten Gründe für die Heißrissanfälligkeit des austenitischen Gefüges sind:
- Die Löslichkeit der den Heißriss verursachenden Elemente ist im Austenit wesentlich geringer als im Ferrit. Sie werden daher bereits bei geringen Gehalten im Stahl ausgeschieden und bilden dann die niedrigschmelzenden Phasen.
- Die Seigerungsneigung der heißrissauslösenden Elemente ist bei der austenitischen Erstarrung – begünstigt durch die vielfach geringere Diffusionsfähigkeit der Elemente im kfz Gitter – deutlich größer.
- Der Verlauf der Liquidus- und Solidusflächen ist im Bereich der primär zu Austenit erstarrenden Legierungen merklich flacher als im Bereich der primären Ferriterstarrung wie aus dem Dreistoff-Schaubild Fe-Ni-Cr erkennbar ist, Bild 2-68. Dieses Werkstoffverhalten begünstigt die Schmelzenentmischung, die Bildung niedrigschmelzender Phasen und damit die Heißrissbildung.

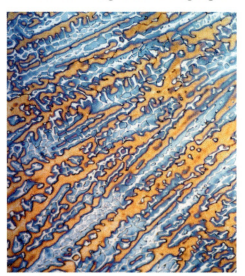

Bild 4-103
Mikroaufnahme eines Schweißguts vom Typ CrNi-20-10, das etwa 10 % primären δ-Ferrit (= weiß), primären Austenit (= blau) und sekundären Austenit (bräunlich) enthält. Farbniederschlagsätzung nach Lichtenegger, V = 500:1, nach Sandvik.

Das zum Schweißen dieser Stähle vielfach verwendete *Schaeffler*-Schaubild (Bild 4-92) gibt keine Hinweise auf die Art der Ferritentstehung. Die 0%-Ferritlinie entspricht *nicht* dem Verlauf der eutektischen Rinne in dem Gleichgewichts-Schaubild Bild 2-68. Vielmehr gibt die eingezeichnete Linie 1-2 angenähert die Grenze der primären Ferrit- bzw. Austenitausscheidung an. Wesentlich genauer und damit besser geeignet ist das WRC-1992-Schaubild, Bild 4-95.

Der Nachweis der ferritischen Primärerstarrung im Schweißgut kann sehr zuverlässig mit der Farbniederschlagsätzung nach *Lichtenegger* (Bild 4-103) oder rechnerisch, z. B. mit der Formel von *Suutala* und *Moisio* erfolgen, Gl. [4-28] und Gl. [4-29], Angaben in Prozent:

$$Cr_{äq} = Cr + 1{,}37 \cdot Mo + 1{,}5 \cdot Si + 2 \cdot Nb + 3 \cdot Ti,$$
$$Ni_{äq} = Ni + 0{,}3 \cdot Mn + 22 \cdot C + 14{,}2 \cdot N + Cu.$$

Danach erstarrt jedes mit praxisüblichen Verfahren »konventionell« niedergeschmolzene Schweißgut primär ferritisch, wenn das Verhältnis $Cr_{äq}/Ni_{äq}$ größer als 1,5 bis 1,6 ist. Dieses Verhältnis steigt allerdings sehr stark mit der Kristallisationsgeschwindigkeit. Diese Bedingungen liegen z. B. beim Elektronenstrahlschweißen vor. Hier sind $Cr_{äq}/Ni_{äq}$-Verhältnisse von etwa 1,7 bis 1,9 erforderlich. Ähnliche Bedingungen können bei Schweißparametern entstehen, die tropfenförmige Schweißbäder erzeugen, wie es in Abschn. 4.1.1.1.1, S. 300, ausführlicher erläutert wird (s. a. Bild 4-1). Diese Situation tritt auf, wenn die Vorschubgeschwindigkeit in Schweißnahtmitte größer als die maximal mögliche Kristallisationsgeschwindigkeit wird, Abschn. 4.1.1.1.1. Die sich dabei bildende konzentrierte Ansammlung von Verunreinigungen ist nicht nur die Ursache der Heißrissbildung, sondern bewirkt unter bestimmten Umständen auch einen Wechsel in der Art der Primärkristallisation, s. a. Bild 4-3c. Bild 4-105 zeigt einen typischen Heißriss in einem austenitischen Schweißgut.

In vollaustenitischem Schweißgut – vor allem bei größeren Wanddicken – ist die Heißrissbildung reproduzierbar schwer zu vermeiden. Im Wesentlichen ist sie nur durch rigoroses Verringern der heißrissbegünstigenden Elemente im Schweißgut und mit fertigungstechnischen Maßnahmen zu bekämpfen, die Kerb- und Schrumpfspannungen herabsetzen.

Mit geeigneten Schweißparametern oder (und)-bedingungen lässt sich die Entstehung dieser Rissart fertigungstechnisch wirksam vermeiden bzw. behindern. Die folgenden grundsätzlichen Empfehlungen müssen dazu beachtet werden:
– Es sind Einstellwerte wählen, die zu einer möglichst kurzen Verweilzeit im Bereich zwischen der Liquidus- und Solidustemperatur führen. Diese Forderung bedeutet ein ausreichend geringes Wärmeeinbringen, eine geringe Vorwärmtemperatur sowie eine hinreichend große Schweißgeschwindigkeit. Schweißtechnologien, die viel Wärme einbringen, sind grundsätzlich zu vermeiden (z. B. in s-Position geschweißte Nähte).
– Wegen der extrem stark austenitisierenden Wirkung des Stickstoffs muss der Lichtbogen möglichst kurz gehalten werden, um einen Lufteinbruch zu verhindern. Die Folge wäre eine u. U. unzuläs-

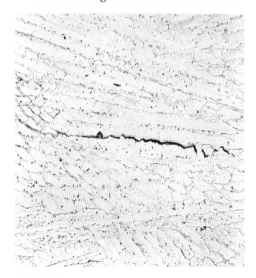

Bild 4-105
Heißriss in einem austenitischen Schweißgut mit wabenförmig verteiltem δ-Ferrit, anodisch geätzt (Oxalsäure), V = 400:1.

sige Abnahme des primären δ-Ferritgehalts. Mit Versuchsschweißungen, deren Schweißgut im einfachsten Fall z. B. mit einem Magneten abgetastet wird, kann sowohl die austenitisierende Wirkung einer zu großen Aufmischung als auch die einer geänderten Lichtbogenlänge hinreichend genau bestimmt werden.

Die Verfahren zum Prüfen der Heißrissneigung werden ausführlicher in Abschn. 6.1, S. 579, besprochen.

Messerlinienkorrosion
Diese besondere Form der Korrosion tritt nur in Schweißverbindungen aus stabilisierten austenitischen Stählen auf. Unmittelbar neben der Schmelzgrenze geht beim Aufheizen auf Temperatur dicht unter Solidus ein merklicher Teil des an Titan (Niob) gebundenen Kohlenstoffs in Lösung (Bild 4-96). Während der anschließenden raschen Abkühlung wird nur ein geringer Teil des Kohlenstoffs als TiC (NbC) ausgeschieden, der größere bleibt zwangsgelöst im Austenit. Wird die Schweißverbindung aber bei Temperaturen zwischen 550 °C und 650 °C wärmebehandelt, dann scheidet sich der Kohlenstoff entgegen dem thermodynamischen Gleichgewicht nicht als TiC, sondern als Chromcarbid $M_{23}C_6$ aus. Wegen der im Vergleich zum stabilisierenden Element wesentlich größeren Chrommenge ist auch der mittlere Abstand zwischen den Chrom- und den Kohlenstoffatomen kleiner als der zwischen den Titan- und den Kohlenstoffatomen. Die Bedingungen für eine chemische Reaktion zwischen Chrom und Kohlenstoff sind also wesentlich günstiger als die zwischen Titan und Kohlenstoff.

Bei einem chemischen Angriff entsteht ein nur auf eine extrem schmale Zone neben der Schmelzlinie begrenzter Kornzerfall. Diese »wie mit einem Messer geschnittene« Korrosionserscheinung wird in der englischen Literatur daher als »*Knife-Line-Attack*«, im deutschen Sprachraum als *Messerlinienkorrosion* bezeichnet, Bild 4-106.

Bei nichtstabilisierten Stählen werden bei der angegebenen Wärmebehandlung der gesamte Bereich der Schweißverbindung und der Grundwerkstoff flächenförmig angegriffen, Bild 4-101d. Abhilfe schafft ein Absenken des Kohlenstoffgehalts auf ≤ 0,04 % und ein Überstabilisieren des Stahles gemäß folgender Empfehlung:

$$Nb \geq 8 \cdot C, \quad Ti \geq 15 \cdot C.$$

Allerdings nimmt bei Niobgehalten über 1 % die Heißrissneigung i. Allg. zu. Möglich, aber sehr aufwändig und daher in der Praxis nur selten angewendet, ist auch eine Glühbehandlung bei etwa 1050 °C. Bei diesen Temperaturen bilden sich nicht mehr Chrom-, sondern die wesentlich stabileren Niob- bzw. Titancarbide.

Ungeeignete Schweißnahtquerschnitte oder eine ungeeignete Schweißfolge können ebenfalls die Messerlinienkorrosion auslösen. Die Ti-(Nb-)Carbide im Schmelzgrenzenbereich

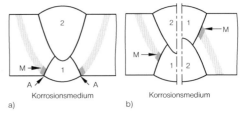

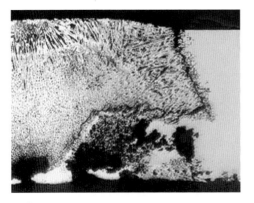

Bild 4-106
Messerlinienkorrosion (Knife Line Attack) in einem austenitischen titanstabilisierten Cr-Ni-Stahl.

Bild 4-107
Einfluss der Schweißfolge und des Schweißnahtquerschnitts auf die Messerlinienkorrosion, M = sensibilisierte Bereiche, A = Korrosionsangriff.
a) Angriff (A) durch Sensibilisieren der WEZ,
b) kein Angriff durch zweckmäßige Schweißnahtfolge oder angepaßte Schweißnahtquerschnitte.

der Lage 1, Bild 4-107a, werden gelöst. Der frei werdende Kohlenstoff scheidet sich durch die Wärme der zweiten Lage in den auf etwa 600 °C bis 650 °C erwärmten Bereichen z. T. in Form von Chromcarbiden aus (entspricht einem Sensibilisierungsglühen). Bild 4-107b zeigt, wie z. B. durch Änderung der Schweißfolge bzw. der Größe der Schweißnahtquerschnitte der sensibilisierte Bereich nicht mehr im Oberflächenbereich der Medienseite liegt, d. h., ein Angriff kann nicht mehr stattfinden.

Metallurgie des Schweißens
Die austenitischen Cr-Ni-Stähle (Tabelle 2-17) lassen sich mit allen üblichen Verfahren sehr gut schweißen. Voraussetzung ist die Verwendung von Zusatzwerkstoffen, die 5 % bis 10 % primären δ-Ferrit im Schweißgut ergeben. Der Ferritgehalt muss in stabilisierten Stählen etwas größer sein, um die Heißrissbildung zu verhindern. Die Grundwerkstoffe werden gewöhnlich mit FN = 4 bis 8 hergestellt, um Rissbildung in den zu walzenden Blöcken zu vermeiden. Weitere Hinweise zum Schweißen der korrosionsbeständigen Stähle sind in DIN EN 1011-3 zu finden.

Beim Walzen wandelt der nicht im Gleichgewicht befindliche Ferrit aber in Austenit um, d. h., das Walzprodukt ist i. Allg. ferritfrei. Wenn I-Nähte ohne Zusatzwerkstoff geschweißt werden, besteht das Schweißgut aus reinem Grundwerkstoff, daher sollte der tatsächlich vorhandene Ferritgehalt des Grundwerkstoffs an einer »Testschmelze« festgestellt werden. Im allgemeinen wird sie durch Aufschmelzversuche vor dem Schweißen (z. B. mit einem WIG-Lichtbogen) erzeugt. Das erstarrte Schweißgut hat dann den (Gleichgewichts-)Ferritgehalt, der aufgrund der chemischen Zusammensetzung der Schmelze zu erwarten war. Bei FN-Werten < 3 bis 4 ist die Verwendung ferrithaltiger Zusatzwerkstoffe wegen der geringeren Heißrissgefahr zweckmäßiger.

Der im Schweißgut tatsächlich vorhandene δ-Ferritgehalt wird meistens mit Hilfe des *Schaeffler*-Schaubildes oder genauer mit dem *DeLong*-Schaubild bzw. dem WRC-1992-Schaubild bestimmt (Abschn. 4.3.7.2).

Allerdings ist die gewünschte Heißrisssicherheit bei den oft als ausreichend erachteten FN-Werten ≥ 5 aus folgenden Gründen nicht immer vorhanden:
– Da die FN-Werte in Nahtmitte im Decklagenbereich gemessen werden, sind bei Mehrlagenschweißungen durch Wiedererwärmen im Bereich der Wurzel als Folge der verlängerten Aufenthaltsdauer im $(\delta + \gamma)$-Gebiet deutlich geringere Ferritgehalte vorhanden, s. Bild 2-83.
Bild 4-108 zeigt die unterschiedlichen δ-Ferritgehalte im austenitischen Schweißgut einer Schweißverbindung im Bereich der Wurzel im Vergleich zu dem deutlich größeren Gehalt im Decklagenbereich.
– Durch eine unzureichende Handfertigkeit des ausführenden Schweißers kann der stark austenitbegünstigende Stickstoff durch einen zu lang gehaltenen Lichtbogen in das Schweißbad gelangen, wodurch die Ferritmenge abnimmt.

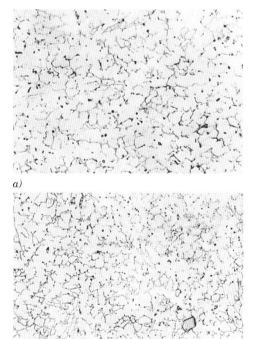

Bild 4-108
Unterschiedlicher δ-Ferritgehalt im austenitischen Cr-Ni-Schweißgut im Bereich der
a) Wurzellage,
b) Decklage.

– Bei erheblich von der »Norm« abweichender Abkühlgeschwindigkeit der Schweißschmelze (z. B. kleine Abkühlgeschwindigkeit beim Plattieren: geringe FN-Nummer, hohe Abkühlgeschwindigkeit beim Plasmaschweißen erzeugt u. U. einen unzulässig großen Ferritgehalt) ergeben sich sehr unterschiedliche FN-Werte.

Aus Korrosionsgründen werden die Stähle immer artgleich geschweißt, wobei die chemische Zusammensetzung der Zusatzwerkstoffe so abgestimmt wird, dass ein »edleres« (= höherlegiertes) Schweißgut entsteht. Die nichtstabilisierten ELC-Stähle und die stickstofflegierten Stähle lassen sich mit stabilisierten oder nichtstabilisierten Zusatzwerkstoffen schweißen. Wegen der stark austenitisierenden Wirkung des Stickstoffs muss die Aufmischung mit dem Grundwerkstoff aber möglichst gering bleiben. Die nichtstabilisierten Zusatzwerkstoffe haben im Vergleich zu den stabilisierten einige Vorteile:
– Der Werkstoffübergang ist ruhiger und weicher, die Neigung zur Spritzerbildung daher geringer.
– Versprödende und heißrissbegünstigende Ausscheidungen im Schweißgut wie bei Verwendung stabilisierter Zusatzwerkstoffe als Folge ihres relativ hohen Niobgehalts ($\geq 1\,\%$) können nicht entstehen.
– Nichtstabilisiertes Schweißgut (Stahl) ist hochglanzpolierfähig.

Bei den Stabelektroden ist eindeutig die Tendenz zu den *kernstablegierten* erkennbar. Die *hüllenlegierten* sind mechanisch viel weniger beanspruchbar. Durch ein örtliches Abplatzen der Umhüllung kann sich die chemische Zusammensetzung des Schweißguts *örtlich* ändern und damit einen lokal begrenzten Bereich für einen möglichen Korrosionsangriff schaffen. Wenn die Korrosionsbeständigkeit die entscheidende Eigenschaft ist, die Anforderungen an die Zähigkeit also begrenzt sind, werden meistens rutil-umhüllte Stabelektroden verwendet. Diese ergeben gewöhnlich eine deutlich glattere Nahtzeichnung und vermindern dadurch die Neigung zur Bildung von Ablagerungen aller Art. Die empfohlenen genormten Zusatzwerkstoffe sind in den Tabellen 4-36, 4-37 und 4-38 zusammengestellt.

Stabilisierte Stähle sollten mit niobstabilisierten [45] Zusatzwerkstoffen verarbeitet werden. Möglich ist auch die Verwendung niedriggekohlter nichtstabilisierter Zusatzwerkstoffe. Allerdings darf dann die maximale Betriebstemperatur wegen der Gefahr des Kornzerfalls etwa 300 °C nicht überschreiten, d. h., sie ist rund 100 °C niedriger als die bei stabilisierten Stählen zulässige. Wegen der Gefahr der Chromcarbidbildung – auch in stabilisiertem Schweißgut – werden die Zusatzwerkstoffe in aller Regel überstabilisiert und mit einem sehr geringen Kohlenstoffgehalt hergestellt.

Bild 4-109 zeigt den Schmelzgrenzenbereich einer mit dem WIG-Verfahren geschweißten Verbindung aus dem Stahl X10CrNiNb18-9. Man erkennt deutlich den skelettartigen (»vermicularen«) δ-Ferrit im Schweißgut.

Bild 4-109
Mikroaufnahme aus dem Bereich der Schmelzgrenze einer mit dem WIG-Verfahren geschweißten Verbindung aus X10CrNiNb18-9.

Wird bei dickwandigen geschweißten Konstruktionen eine Wärmenachbehandlung im Sensibilisierungsbereich (650 °C bis 750 °C,

---

[45] Wegen des starken Abbrandes von Titan im Lichtbogen wird dieses Element zum Stabilisieren der Zusatzwerkstoffe nicht verwendet.

diese Bedingungen liegen z. B. beim Spannungsarmglühen vor!) als notwendig erachtet, dann muss der Stahl wegen der Gefahr der *Messerlinienkorrosion* (s. Abschn. 4.3.7.5) überstabilisiert werden. Da der Kohlenstoff in stabilisierten Stählen fest abgebunden ist, neigen sie außerdem stärker zur Ausscheidung der Sigma-Phase als die nichtstabilisierten. Der Grund ist die vollständige Unlöslichkeit des Stickstoffs in der Sigma-Phase. Man beachte, dass die Ausscheidung der Sigma-Phase, also die örtliche Bildung der Phase FeCr, auch aus dem Austenit erfolgen kann, nur sind die hierfür erforderlichen Zeiten deutlich länger.

Vollaustenitische Stähle sind unmagnetisch, sehr beständig gegen Spalt-, Loch- und Spannungsrisskorrosion. Sie sind hochwarmfest und besitzen hervorragende (Tieftemperatur-)Zähigkeitseigenschaften. Die Neigung zum Ausscheiden versprödender oder die Korrosionsbeständigkeit vermindernder Phasen als Folge der geringen Löslichkeit bestimmter versprödender Elemente (z. B. Bor, Phosphor, Schwefel) ist sehr gering. Sie werden durch Anheben des Nickelgehalts und Zulegieren von Stickstoff erzeugt, der außerdem die Streckgrenze erheblich erhöht (siehe auch Abschnitt Stickstofflegierte Stähle, S. 220). Der Stahl X2CrNiMoN17-13-3 ist ein typischer Vertreter der vollaustenitischen Stähle (Tabelle 2-17, S. 212).

Vollaustenitisches Schweißgut mit Molybdängehalten über 4 % wird aber gewöhnlich mit Stickstoff legiert, um das Ausscheiden unerwünschter Phasen zu begrenzen. Glühbehandlungen im Temperaturbereich zwischen 700 °C und 1000 °C führen mit zunehmendem Molybdängehalt zu einer starken Versprödung des Schweißguts.

Wegen der primären Erstarrung zu Austenit ist der Vollaustenit aber wesentlich anfälliger für Heiß- und Wiederaufschmelzrisse als der δ-ferrithaltige metastabile Austenit. Der Heißrissneigung der Vollaustenite ist am wirksamsten durch Begrenzen der heißrissfördernden Elemente zu begegnen. Unterstützend haben sich folgende Maßnahmen bewährt:

– Nachgiebig konstruieren, um die Reaktionsspannungen möglichst klein zu halten. Die Wanddicken sind zu begrenzen, um die Eigenspannungen zu verringern. Eine erhebliche Anhäufung von Schweißnähten ist grundsätzlich zu vermeiden.
– Möglichst »kalt« schweißen, d. h., das Wärmeeinbringen ist zu begrenzen. Dazu gehört ein Lagenaufbau in Zugraupentechnik, die Verwendung dünner Elektroden und keine Wärmevor- bzw. nachbehandlung. Nahtkreuzungen sind zu vermeiden. Erfahrene und im Umgang mit diesen Werkstoffen geschulte Schweißer sind einsetzen.
– Ausschleifen der Endkrater und Ansatzstellen.
– Als Formiergas reines Argon verwenden. Stickstoff, der aus dem Formiergas oder aus der Atmosphäre durch unsachgemäßes Schweißen in das Schweißgut gelangt, kann den Ferritgehalt auf unzulässige Werte herabsetzen.

In Bild 1-109 sind einige wesentliche konstruktive und fertigungstechnische Maßnahmen zusammengestellt, die zum Sicherstellen der Korrosionsbeständigkeit *geschweißter* Konstruktionen beachtet werden müssen. In erster Linie ist das Entstehen von *Anlauffarben* – vor allem im Wurzelbereich – mit nicht sauerstoffhaltigen Formiergasen möglichst zu vermeiden, Bild 1-109y. Das Beseitigen bereits vorhandener Anlauffarben geschieht am wirksamsten mit chemischen Mitteln (Beizen). Mechanische Verfahren (Schleifen, Bürsten) sind bei hoher Korrosionsbeanspruchung weniger empfehlenswert, weil die dadurch erzeugte Rauigkeit der Oberflächen die Adsorption von Sauerstoff erleichtert, d. h. die Bildung der sehr unerwünschten Anlauffarben ermöglicht. Außerdem besteht die Gefahr, dass Reste der Anlauffarbenschicht in die Oberfläche eingeschmiert werden. Daher ist ein Passivieren mit anschließendem sorgfältigem Spülen häufig unumgänglich, s. auch Abschn. 2.8.1, S. 200.

Lochkorrosion entsteht in den meisten Fällen im kristallseigerten Schweißgut, vor allem, wenn ohne Zusatzwerkstoff geschweißt wurde. Außerdem ist die sog. »unvermischte« Zone direkt an der Phasengrenze flüssig/fest (s. Bild 5-24, S. 525) – ein aus aufgeschmolzenem, unvermischtem Grundwerkstoff bestehender Bereich – korrosionsanfälliger als das Schweißgut bzw. der (gewalzte/wärmebehandelte) Grundwerkstoff. Diese Zone ist die Ursache für das sehr dickflüssige Schweißgut und die geringe Diffusionsfähigkeit, vor allem der Elemente Nickel, Chrom, Molybdän, s. a. Abschn. 5.2.2.2.1, S. 521.

Vor allem in chloridionenhaltigen Medien besteht die Gefahr der Spalt- und Lochkorrosion. Daher müssen Schlackenreste (vor allem die Schlacke der sehr festhaftenden basischumhüllten Stabelektroden) auf den einzelnen Lagen sowie Spritzer beseitigt, aber auch Heißrisse im Schweißgut rigoros vermieden werden.

4.3.7.6 Austenitisch-ferritische Stähle (Duplexstähle)

Die im lösungsgeglühten und abgeschreckten Zustand verwendeten Duplexstähle verbinden die meisten Vorteile der austenitischen Chrom-Nickel-Stähle mit denen der ferritischen Chromstähle, s. a. Abschn. 2.8.4.4:

– Die Neigung zu der gefährlichen *Spannungsrisskorrosion* ist gering, aber nicht so gering wie die der Superferrite, Abschn. 4.3.7.4. Die *Lochfraßbeständigkeit* ist gut. Ihre allgemeine Korrosionsbeständigkeit ist in der Regel besser als die der Chrom-Nickel-Stähle.
– Die *Streckgrenze* erreicht Werte deutlich über 450 N/mm^2. Sie ist etwa doppelt so groß wie die der (stickstofffreien) austenitischen Chrom-Nickel-Stähle.
– Die *Zähigkeitseigenschaften* sind mit denen der Chrom-Nickel-Stähle vergleichbar, in manchen Fällen sind sie sogar besser.
– Die Primärerstarrung zu δ-Ferrit beseitigt die *Heißrissgefahr*.
– Die Neigung zur *Grobkornbildung* ist durch die wachstumshemmende Wirkung des Austenits wesentlich geringer als bei den reinen ferritischen Chromstählen.

Beispiel 4-10:
Auf verdichtetem Kies soll ein Wasserbehälter (etwa 8 m x 12 m) aus dem Werkstoff X6CrNiTi18-10 (Werkst. Nr.: 1.4541), mit Blechen 6000 x 2000 x 2 mm durch Schweißen hergestellt werden. Beschreibe die wichtigsten schweißtechnischen Maßnahmen.

Der Metallgehalt im Kies muss möglichst gering sein (Gefahr der Lochkorrosion!), er ist durch Bescheinigung (Gutachten!) zu bestätigen. Die Schweißarbeiten erfolgen mit dem MSG-Impulsverfahren (Drahtdurchmesser 0,8 mm) durch Schweißer, die für die Aufgabe (Bodenblechschweißer!) besonders geschult werden müssen. Die aus den Einzelblechen geschweißten Streifen werden mit Überlappnähten verbunden (Stumpfnähte erzeugen einen kaum tolerierbaren Verzug und er-schweren durch die größere Anpassungenauigkeit die Fertigung!). Oft heften (Verzug, überlappte Bleche sollen sich möglichst wenig »öffnen«), von Blechmitte nach Außen mit zwei Schweißern arbeiten. Blechränder im Schweißnahtbereich mit Beizpaste bestreichen, um Entstehen von Anlauffarben zu unterbinden. Spaltkorrosion ist erfahrungsgemäß nicht zu erwarten. Auf andere Gewerke achten, die möglicherweise »schwarze« Späne einschleppen. Baustellenbereich daher nach Arbeitsschluss abdecken! Baustellenpersonal mit neuen Schuhen (nur auf Baustelle zu tragen!) ausrüsten, sonst werden unweigerlich Metallspäne in die Blechoberfläche eingedrückt.

Allerdings sind auch einige Nachteile der Duplexstähle zu beachten:

– Die schweißtechnische Verarbeitung ist nicht ganz einfach. Sie erfordert kenntnisreiche Sorgfalt und eine den Werkstoffeigenschaften angepasste (kontrollierte) Wärmeführung.
– Der Ferrit neigt – vor allem wegen seiner sehr großen Legierungsmenge – zu verschiedenen Arten von versprödenden und (oder) die Korrosionsbeständigkeit vermindernden Ausscheidungen. Die Bildung der Sigma-Phase im Temperaturbereich zwischen 700 °C ... 900 °C erfordert nur einige Minuten wie das Bild 2-84 zeigt. Das Maß der durch den Ferrit verursachten Versprödung und Abnahme der Korrosionsbeständigkeit steigt mit dem Chromgehalt. Wegen der Gefahr der *475 °C-Versprödung* beträgt die höchste zulässige Betriebstemperatur nach VdTÜV-Werkstoffblatt 480 nur 250 °C. Die üblichen von unlegierten/legierten Stählen bekannten Wärmebehandlungen (550 °C und 650 °C)

dürfen daher in keinem Fall durchgeführt werden. Ein Lösungsglühen bei Temperaturen über 1050 °C wird dagegen als Wärmenachbehandlung geschweißter Bauteile häufiger angewendet.

Die Lochfraßbeständigkeit lässt sich verhältnismäßig zuverlässig aus der chemischen Zusammensetzung des Stahls (vorzugsweise erhöhen Chrom, Molybdän und Stickstoff in unterschiedlicher Wirksamkeit die Lochfraßbeständigkeit) abschätzen. Sehr häufig wird dazu folgende Beziehung verwendet, in die die Elemente in Massenprozent einzusetzen sind:

$$L = Cr + 3{,}3 \cdot Mo + 16 \cdot N. \qquad [4\text{-}30]$$

Die Werte reichen von etwa 20 bei den einfachen CrMo-25-4-Stählen bis über 40 bei den gelegentlich auch als *Super-Duplexstähle* bezeichneten CrMo-27-4-Typen mit erhöhtem Stickstoffgehalt, Tabelle 2-17.

Der für ausreichende Festigkeits- und Korrosionseigenschaften erforderliche Austenitanteil von etwa 50 % wird bei den Grund- und Zusatzwerkstoffen mit Hilfe eines ausreichenden Stickstoff- und (oder) Nickel-Gehaltes (Zusatzwerkstoffe enthalten etwa 8 % bis 10 % Nickel und oft < 0,1 % Stickstoff) erreicht. Stickstoff verringert darüber hinaus die Neigung zur Bildung der Sigma-Phase und erhöht die Temperatur der $(\delta \rightarrow \gamma)$-Umwandlung, Bild 4-110. Die verbesserten Diffusionsbedingungen erleichtern die Bildung des Austenits und verringern die Breite der WEZ, Abschn. 2.8.4.4, S. 219. Der Stickstoffgehalt im Schweißgut sollte 0,12 % besser 0,15 % nicht unterschreiten.

Die beim Schweißen entstehenden komplexen Gefügeänderungen lassen sich annähernd anhand des Konzentrationsschnittes, Bild 4-110, beschreiben. Die Aussagegenauigkeit dieses Schaubildes ist begrenzt, weil es nur für das thermodynamische Gleichgewicht gilt und die Wirkung verschiedener Legierungselemente, z. B. die des stark austenitisierenden Stickstoffs nicht erfasst.

Beim Schweißen wird der etwa über 1300 °C erwärmte Bereich vollständig »ferritisiert«, Bild 4-110. Das sehr grobkörnige Gefüge besteht damit ausschließlich aus Ferrit, der die Legierungsbestandteile (z. B. C und N) in gelöster Form enthält. Während der Abkühlung wandelt der δ-Ferrit wegen der erheblichen Unterkühlbarkeit der nur unvollständig in das Phasengemisch $(\delta + \gamma)$ um. Die mit zunehmender Abkühlgeschwindigkeit zunehmende Diffusionsbehinderung führt also zu immer geringeren Austenitmengen, siehe hierzu Bild 2-83, S. 219. In dieser Zone kann sich das Ferrit-Austenitverhältnis bei nicht geeigneten Schweißbedingungen von ca. 50 %/50 % bis auf 70 % ... 80 % / 30 %...20 % verschieben. Die Folge des hohen Ferritanteils ist zunächst eine extreme Versprödung dieser Zone, d. h. der gesamten Verbindung.

Der für die mechanischen Gütewerte der Verbindung und ihr Korrosionsverhalten entscheidende Austenitanteil bildet sich beim Abkühlen vorwiegend zwischen 1200 °C und 800 °C, Bild 4-110. Die Abkühlzeit $t_{12/8}$ ist daher eine sehr aussagefähige Größe zum Beurteilen des Erfolges jeder Wärmebehandlung, d. h. auch des Schweißprozesses. Sie muss wegen des angestrebten Austenitanteils von 50 % ausreichend groß, darf aber wegen der Gefahr der Grobkorn- und der σ-Phasenbildung (auch MeC und anderer Phasen) in der WEZ auch nicht zu groß sein.

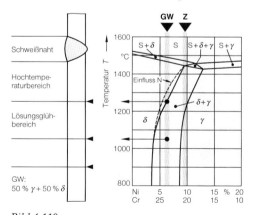

Bild 4-110
Zuordnung des beim Schweißen entstehenden Temperaturverlaufs zum Konzentrationsschnitt im Dreistoff-Schaubild Fe-Cr-Ni bei 70 % Fe (Linie A in Bild 2-68) für den Stahl X2CrNiMoN22-5-3 (GW), der mit dem mehr Nickel enthaltenden Zusatzwerkstoff vom Typ CrNi-22-9 (Z) geschweißt wurde.

Die Löslichkeit des Ferrits für Kohlenstoff und Stickstoff ist um Größenordnungen geringer als die des Austenits. Mit abnehmender Austenitmenge bleibt der überwiegende Anteil dieser Elemente daher im Ferrit gelöst. Während der Abkühlung scheiden sie sich daher in Form von versprödenden und die Korrosionsbeständigkeit verringernden Nitriden (Cr_2N) und Carbiden ($M_{23}C_6$) aus, Bild 2-83, S. 221.

Diese Werkstoffbesonderheiten erfordern daher das Einhalten verschiedener fertigungs- und schweißtechnischer Maßnahmen sowie bestimmter Schweißbedingungen:
- Wie für alle hochlegierten Stähle ist peinliche Sauberkeit aller mit dem Lichtbogen in Berührung kommenden Teile, wie Werkstoffe, Zusatz- und Hilfsstoffe (Gase, Pulver) oberstes Gebot. Der grundsätzlich zu verwendende Wurzelschutz (besonders bei Rohren wichtig!) erfolgt mit Gasen, die Stickstoff (etwa ein Prozent) enthalten, weil anderenfalls ein Stickstoffverlust des Schweißgutes das Korrosionsverhalten und die Zähigkeitseigenschaften herabsetzen kann.
- Die Abkühlzeit $t_{12/8}$ sollte > 10 s, besser 15 s sein. Dies wird durch ein angemessenes Wärmeeinbringen (> 12 kJ/cm bis etwa < 25 kJ/cm) erreicht. Die Vorwärmtemperatur sollte auf 150 °C begrenzt werden, die Zwischenlagentemperatur 200 °C nicht überschreiten.
- Rasch abkühlende Schweißnähte wie Wurzellagen, Decklagen oder Nähte an stark verspannten Konstruktionen (z. B. Stutzenschweißung) sollten mit höherer Vorwärmtemperatur und (oder) Zusatzwerkstoffen geschweißt werden, die einen höheren Nickel- bzw. Stickstoffgehalt haben. Diese Elemente erhöhen den Austenitanteil und damit das Verformungsvermögen der Verbindung. Diese Maßnahme sichert vor allem in der stärker aufgemischten Wurzel einen ausreichenden Austenitanteil. Aus diesem Grund sind auch I-Stöße grundsätzlich zu vermeiden. Wegen der sehr intensiven austenitstabilisierenden Wirkung des Stickstoffs muss das Analysen-Toleranzfeld des Stahles entsprechend klein sein, wie Bild 4-92 zeigt.

Bild 4-111 zeigt die Mikroaufnahme einer Schweißverbindung in Schmelzgrenzennähe, mit einer Abkühlzeit $t_{12/8}$ < 10 s. Sehr deutlich sind die extreme Korngröße des Ferrits und die Cr_2N-Ausscheidungen (dunklere, verschattete Bereiche) erkennbar. Die Ferritmenge beträgt etwa 75 %. Die Schweißverbindung ist spröde und korrosionsanfällig.

Bild 4-112 zeigt das Mikrogefüge einer durch zu hohen Ferritgehalt und Cr_2N-Ausscheidungen stark versprödeten Wurzel. In Bild 4-113 ist ein annähernd optimales Schweißgutgefüge dargestellt, das mit einem Zusatzwerkstoff vom Typ CrNi-22-9 und einer ausreichenden Vorwärmung hergestellt wurde.

Wegen des sehr hohen Ferritgehalts dieser Stähle ist die Anwendung des *Schaeffler*- und des *DeLong*-Schaubildes zum Ermitteln metallurgischer Zusammenhänge nur annähernd, das WRC-1992-Schaubild dagegen gut brauchbar. Die Ferritgehalte dieser Stähle werden meistens noch in Ferritprozenten angegeben. Die neuere auf den EFN-Werten (*Extended Ferrite Number*, Abschn. 4.3.7.2) beruhende Messmethode erlaubt die Ermittlung größter Ferritgehalte in Form der EFN. Als grobe Umrechnung wird häufig die Beziehung verwendet:

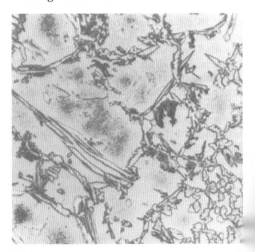

Bild 4-111
Mikroaufnahme aus dem Bereich Schmelzgrenze einer Stumpfschweißverbindung, die mit $t_{12/8}$ < 10 s hergestellt wurde, Werkstoff: X2CrNiMoN22-5-3, V = 200:1, elektrolytisch mit Chromsäure geätzt.

0,70 · EFN = Ferritgehalt in Prozent.

Danach haben die Duplex-Schweißgüter EFN-Werte zwischen 60 und 90.

Als typische metallurgische Defekte treten unter seltenen Betriebsbedingungen lediglich Erstarrungsrisse im Schweißgut auf. Eine Rissbildung in der Wärmeeinflusszone wurde bisher kaum beobachtet. Allerdings können bei großen Wasserstoffgehalten wasserstoffinduzierte Risse im Schweißgut entstehen und bei einem geringerem Wasserstoffgehalt Zähigkeitsverluste auftreten. Das übliche Wasserstoffarmglühen ist im Gegensatz zu den rein ferritischen Stählen wenig effektiv, da die zeilenförmigen austenitischen Gefügebestandteile eine Barriere für den (heraus-)diffundierenden Wasserstoff darstellen, d. h., für ein wirksames Beseitigen des Wasserstoffs sind sehr große, unwirtschaftliche Zeiten erforderlich.

In den meisten Fällen werden geschweißte Bauteile nicht wärmebehandelt. Geschweißte Schmiedeteile und reparaturgeschweißte Werkstücke werden dagegen häufiger bei etwa 1050 °C/1 h bis 1150 °C/1 h wärmebehandelt, gefolgt von rascher Abkühlung. In erster Linie werden dadurch intermediäre Phasen (z. B. Sigma-Phase, 475 °C-Versprödung) gelöst, ein gewisser Ausgleich der chemischen Zusammensetzung erreicht und die Schweißeigenspannungen beseitigt. Die hierfür verwendeten Zusatzwerkstoffe müssen aber *artgleich* sein, weil anderenfalls der Austenitgehalt des Schweißguts als Folge des höheren Nickel- und (oder) Stickstoff-Gehalts wegen der langen Aufenthaltsdauer im $(\delta+\gamma)$-Gebiet unzulässig zunehmen würde. Die Bauteile sind sorgfältig zu unterbauen, weil bei diesen Temperaturen die Kriechfestigkeit der Stähle sehr gering ist. Die sich hierbei bildenden sehr dichten und zähen Oxide müssen aus Gründen einer optimalen Korrosionsbeständigkeit mit Hilfe mechanischer Verfahren oder besser durch Beizen mit anschließendem Waschen beseitigt werden.

Tabelle 4-41 zeigt in einer zusammenfassenden, vereinfachenden Darstellung einige für das Schweißen der korrosionsbeständigen Stähle bewährte und praxiserprobte Schweißempfehlungen.

Bild 4-112
Mikrogefüge aus dem Wurzelbereich einer Stumpfschweißverbindung (Werkstoff: X2CrNiMoN22-5-3), die mit $t_{12/8} \approx 6$ s ohne Vorwärmung hergestellt wurde. Der zu große Ferritanteil, zusammen mit erheblichen Mengen an Cr_2N-Ausscheidungen führten zur Rissbildung, V = 200:1.

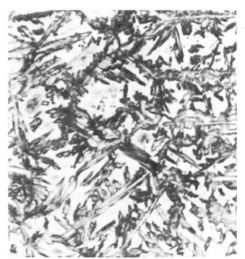

Bild 4-113
Mikrogefüge aus dem Wurzelbereich einer Stumpfschweißverbindung (Werkstoff: X2CrNiMoN22-5-3), die mit $t_{12/8} = 15$ s bei einer Vorwärmung von 150 °C mit einer Stabelektrode vom Typ CrNi-22-9 hergestellt wurde. Das Gefüge besteht etwa zur Hälfte aus Austenit und Ferrit, V = 200:1.

Tabelle 4-41
Empfehlungen zum Schweißen der korrosionsbeständigen Stähle und die den Hinweisen zugrunde liegenden werkstofflichen Zusammenhänge, schematisch.

Schweißempfehlungen und Hinweise	Werkstoffliche Vorgänge	Wichtige Zusammenhänge
Duplexstähle, z. B.: X2CrNiMoN22-5-3 - X2CrNiMoCuWN25-7-4		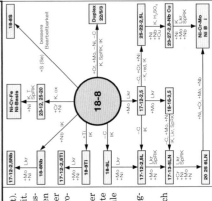
1. Wärmezufuhr wählen, so dass $t_{12/8}$ < 10, besser 15 s wird. 2. Vorwärmen auf etwa 200 °C begrenzen. 3. Zusatzwerkstoff mit höherem Ni- bzw. N-Gehalt wählen. **Allgemeine Hinweise:** N-Gehalt im Grundwerkstoff sollte 0,10 %, im Schweißgut 0,12 % nicht unterschreiten. Mechanische Bearbeitung nur mit Werkzeugen, die noch nicht mit »schwarzem« Werkstoff in Berührung gekommen sind. Wurzellagen wegen höherer Aufmischung mit höherlegierten Zusatzwerkstoffen schweißen.	1. Verbinden Vorteile der ferritischen Cr- und austenitischen Cr-Ni-Stähle, ohne deren Nachteile: Hervorragende Korrosionsbeständigkeit (SpRK, Lochkorrosion), hohe Streckgrenzen (über 450 N/mm²), Zähigkeit entspricht der des Austenits, wegen Primärerstarrung zu δ-Ferrit sehr geringe Heißrissneigung. Aber leichtere Bildung der Stähle stark versprödenden Sigma-Phase (700 °C bis 900 °C). Wegen der Gefahr der 475 °C-Versprödung beträgt maximale Betriebstemperatur 250 °C. 2. Mit zunehmender Abkühlgeschwindigkeit wird Bildung des aus dem δ-Ferrit entstehenden Austenits stark behindert, Bild 2-83, S. 219. Außerdem Ausscheidung des versprödenden Cr₂N aus dem Ferrit, dessen Löslichkeit für N nur sehr gering ist. Der schmelzgrenzennahe Bereich ist daher stark ferritisiert (bis 80 %), starke Versprödung ist die Folge. Im Schweißgut wird erforderliche Austenitmenge durch höheren Ni- und N-Gehalt erreicht.	
Austenitische Chrom-Nickel-Stähle, z. B.: X2CrNi19-11 - X6CrNiTi18-10 - X2CrNiMoN17-13-5		
1. Zusatzwerkstoff so wählen, dass FN = 5 bis 10. Aufmischung gering halten: *Schaeffler* oder besser WRC-1992-Schaubild verwenden. 2. Jede Wärmebehandlung möglichst vermeiden. Spannungsarmglühen nur nach Rücksprache mit dem Stahlhersteller. 3. Wärmezufuhr begrenzen, d. h., Zwischenlagentemperatur max 150 °C, Schweißen in s-Position vermeiden, Strichraupen schweißen. 4. Lichtbogen kurz halten. Evtl. Verlust von δ-Ferrit mit Magnet überprüfen. 5. Anlauffarben verhindern (Formiergas) oder Beseitigen (Schleifen, Beizen). Beim Schleifen »Brandstellen« vermeiden. Ansatzstellen ausschleifen. 6. Ausgebildete und erfahrene Schweißer einsetzen	1. Unterscheide **labile** (metastabile) und **stabile** Austenite (Vollaustenit). Labiler enthält δ-Ferrit zum wirksamen Begrenzen der Heißrissigkeit. Austenit ist extrem zäh, nicht versprödet, korrosionsbeständig; Vollaustenit ist unmagnetisch, thermisch und in vielen Korrosionsmedien (SpRK) extrem beständig. δ-Ferrit kann bei Erwärmung zur Bildung der Sigma-Phase und der 470 °C-Versprödung führen: Abnahme der Korrosionsbeständigkeit und Verschlechtern der mechanischen Gütewerte. 2. Wärmezufuhr begrenzen: Gefahr der **Heißrissbildung** und Lösen der TiC (NbC) in der WEZ, wodurch **IK-Anfälligkeit** entsteht. Stabilisierte Stähle sind thermisch höher beanspruchbar (400 °C) als ELC-Stähle (300 °C). 3. Wegen stark austenitisierender Wirkung des N ist der Lichtbogen möglichst kurz zu halten, sonst Verlust an δ-Ferrit. 4. Anlauffarben verringern entscheidend Korrosionsbeständigkeit, durch »Brandstellen«	

Abschn. 4.3: Schweißen der wichtigsten Stahlsorten (Korrosionsbeständige Stähle) 445

Tabelle 4-41, Fortsetzung.

Schweißempfehlungen und Hinweise	Werkstoffliche Vorgänge	Wichtige Zusammenhänge
Martensitische Chromstähle, z. B.: X20Cr13 - X46Cr13		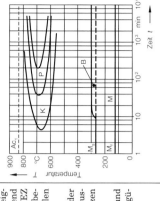
1. Vorwärmen auf 30 °C bis 50 °C über M_s. 2. Nach dem Schweißen Zwischenabkühlen auf $T_z = 150$ °C bis 200 °C. 3. Gefolgt von anschließendem Anlassglühen von T_z auf 650 °C bis 750 °C. 4. Verwendung austenitischer Zusatzwerkstoffe ist (oft) zweckmäßig. **Allgemeine Hinweise** Vom Schweißen ist i. Allg. abzuraten. Aufheizen auf Vorwärmtemperatur T_p mit 30 °C/h bis 50 °C/h.	1. Hochgekohlt und hochlegiert, Lufthärter, extrem schlechte Schweißeignung. Vorwärmen über M_s hält austenitisierten Teil der WEZ während des Schweißens im austenitischen Zustand. Kaltrissbildung in der WEZ dann deutlich geringer. Versprödung durch Wasserstoff ist sehr zu beachten, d. h., trockene Zusatzwerkstoffe verwenden, Wasserstoffquellen rigoros ausschalten. 2. Beim Zwischenabkühlen Umwandlung der austenitisierten Zonen der WEZ in Martensit. Dadurch geringere (Kalt-)Rissgefahr, weil Carbidausscheidung (an Korngrenzen des Austenits!) nach **sofortigem** Aufheizen auf Anlasstemperatur unterbleibt. 3. Austenitischer Zusatzwerkstoff verringert Rissgefahr im Schweißgut und in der WEZ, aber keine Wärmebehandlung nach dem Schweißen (Vergüten) möglich.	
Ferritische und halbferritische Chromstähle, z. B.: X6Cr17 - X6CrTi7 - X1CrTi15		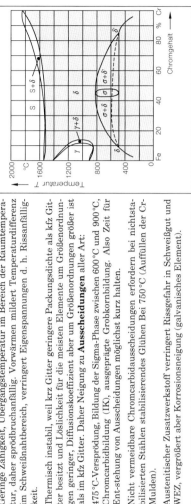
1. Vorwärmen auf 150 °C bis 250 °C über M_a. 2. Wärmezufuhr begrenzen: Nahtkreuzungen, dicke Stabelektroden vermeiden, Zugraupentechnik anwenden. 3. Bei nichtstabilisiertem Werkstoff anschließendes Glühen bei 750 °C/1 h zwingend erforderlich. 4. Verwendung austenitischer Zusatzwerkstoffe u. U. zweckmäßig. **Allgemeine Hinweise** Schlechte Schweißeignung wegen sehr geringer Zähigkeit und Neigung zu einer Vielzahl versprödender Ausscheidungen (Chromcarbide, Sigma-Phase, 475 °C-Versprödung).	1. Geringe Zähigkeit, Übergangstemperatur im Bereich der Raumtemperatur, daher sprödbruchanfällig. Vorwärmen mildert Temperaturdifferenz im Schweißnahtbereich, verringert Eigenspannungen d. h. Rissanfälligkeit. 2. Thermisch instabil, weil krz Gitter geringere Packungsdichte als kfz Gitter besitzt und Löslichkeit für die meisten Elemente um Größenordnungen geringer, Diffusionskoeffizient aber um Größenordnungen größer ist als im kfz Gitter. Daher Neigung zu **Ausscheidungen** aller Art: 475 °C-Versprödung, Bildung der Sigma-Phase zwischen 600 °C und 900 °C, Chromcarbidbildung (IK), ausgeprägte Grobkornbildung. Also Zeit für Entstehung von Ausscheidungen möglichst kurz halten. 3. Nicht vermeidbare Chromcarbidausscheidungen erfordern bei nichtstabilisierten Stählen stabilisierendes Glühen Bei 750 °C (Auffüllen der Cr-Mulden). 4. Austenitischer Zusatzwerkstoff verringert Rissgefahr in Schweißgut und WEZ, vergrößert aber Korrosionsneigung (galvanisches Element).	

4.3.8 Verbinden/Auftragen unterschiedlicher Werkstoffe

Verbinden unterschiedlicher Werkstoffe miteinander, und das Auftragen spezieller, hinsichtlich der mechanischen und chemischen Eigenschaften meistens sehr unterschiedlicher Werkstoffe auf in der Regel unlegierte oder niedriglegierte Werkstoffe sind sehr häufig auszuführende Schweißarbeiten in der Praxis. In den meisten Fällen entstehen metallurgische Unverträglichkeiten (intermediäre Phasen, hochgekohlter Martensit) aufgrund der sehr unterschiedlichen chemischen Zusammensetzung der Partner. Sowohl beim Auftrag- als auch beim Verbindungsschweißen ist daher das Begrenzen der Aufmischung zum Erzielen ausreichender Gebrauchseigenschaften die wichtigste zu erfüllende Forderung. Diese Kenngröße ist vom Schweißverfahren, den Einstellwerten (U, I, v), der Vorwärmtemperatur und der Art der Nahtvorbereitung abhängig.

Einige der hier zu beachtenden schweißtechnischen und werkstofflichen Besonderheiten sind in Abschn. 4.1.5 bereits prinzipiell dargestellt.

Nach DIN ISO 857-1 (DIN 1910-1) ist Auftragschweißen das Beschichten eines Werkstoffs durch Schweißen mit *artgleichem* Zusatzwerkstoff.

In den meisten Fällen werden von der Auftragschicht spezielle Gebrauchseigenschaften gefordert, die nur mit *artfremden* Auftragwerkstoffen erreichbar sind. In diesen Fällen unterscheidet man:
– Auftragschweißen von *Panzerungen* (*Schweißpanzern*, meistens örtlich relativ begrenzt) mit einem gegenüber dem Grundwerkstoff vorzugsweise verschleißfesten Auftragwerkstoff.
– Auftragschweißen von *Plattierungen* (*Schweißplattieren*, meistens ein großflächiges Beschichten) mit einem gegenüber dem Grundwerkstoff vorzugsweise chemisch beständigen Auftragwerkstoff. Hierfür werden hauptsächlich austenitische Chrom-Nickel-Stähle und Nickelbasis-Legierungen verwendet.
– Auftragschweißen von *Pufferschichten* (*Puffern*) mit Auftragwerkstoffen, die zwischen nicht artgleichen Werkstoffen eine beanspruchungsgerechte Bindung herzustellen gestatten. Eine ausreichende Zähigkeit ist damit die wichtigste Eigenschaft der Pufferschicht.
– Auftragschweißen *verschlissener Werkstückbereiche* mit vorwiegend schweißgeeignetem Zusatzwerkstoff (*Ergänzen*). Diese Maßnahme dient aber nicht so sehr dem Zweck, eine verschleißfeste Oberflächenschicht zu erzeugen, sondern die ursprüngliche Form des Werkstücks wieder herzustellen (ergänzendes Schweißen).

4.3.8.1 Austenit-Ferrit-Verbindungen

Diese im Behälter- und Apparatebau häufig angewendeten Schweißverbindungen sind von großer praktischer Bedeutung. Sie werden nach der Farbe der Metalle auch als »Schwarz-Weiß«-, nach ihrem Gefüge als Ferrit-Austenit-Verbindung bezeichnet. Ihr Korrosionsbeständigkeit ist wegen des unbeständigen »schwarzen« un- bzw. niedriglegierten Stahles naturgemäß nur gering. Die mechanische Sicherheit der Verbindung ist stark abhängig von den physikalischen Eigenschaften und der chemischen Zusammensetzung der Grundwerkstoffe und der Art, Menge und Eigenschaften der beim Schweißen entstehenden Gefüge und Ausscheidungen:
– Als Folge des »metallurgischen« Prozesses Schweißen können spröde intermediäre Verbindungen, oft spröder Martensit oder unerwünschte Ausscheidungen entstehen. Häufig sind geringe Mengen spröder Phasen ausreichend, um das gesamte Schweißgut, d. h. die Schweißverbindung zu verspröden (Abschn. 1.6.2.4, S. 53). Ihre Menge hängt vom *Aufschmelzgrad,* d. h. im Wesentlichen von den Schweißparametern ab. Beim Schweißen der mehrfach legierten Stähle entstehen durch die Bildung niedrigschmelzender Phasen außerdem oft *Heißrisse.* Eine erste Abschätzung der metallurgischen Reaktionen kann mit Hilfe geeigneter Zweistoff-Schaubilder vorgenommen werden. In kritischen Fällen ist das Vorlegen einer oder mehrerer Pufferlagen zweckmäßig siehe hierzu Abschn. 4.3.8.3.

- Bei unterschiedlichen *thermischen Ausdehnungskoeffizienten* der Grundwerkstoffe bzw. des Schweißguts entstehen hohe zusätzliche Schubspannungen an den Phasengrenzen Schweißgut/Grundwerkstoff, die vielfach stark rissbegünstigend wirken.

Die größte Schwierigkeit für das Erzeugen rissfreier, zäher Schweißverbindungen ist das Auffinden eines metallurgisch »passenden« Zusatz-Pufferwerkstoffes. Nickelbasis-Zusatzwerkstoffe sind aus den folgenden Gründen besonders geeignet für viele Werkstoffkombinationen:
- Nickel bildet mit den meisten Elementen ausgedehnte Mischkristallbereiche und nur sehr selten – z. B. mit Aluminium – intermediäre Verbindungen.
- Nickel behindert wirksam die Diffusion des Kohlenstoffs. Sein unerwünschtes Eindringen in das Schweißgut und damit dessen Versprödung wird weitgehend unterbunden. Allerdings kann sich dadurch im Schmelzgrenzenbereich ein stark versprödender Carbidsaum bilden.
- Nickel verbessert in hohem Maße die Zähigkeit des Schweißguts, d. h. die Risssicherheit der Verbindung und damit die Sicherheit des Bauteils.

Eine weitere wichtige Aufgabe des Zusatzwerkstoffs zum Herstellen von »*Schwarz-Weiß*«-*Verbindungen* ist das Erzeugen eines heißrisssicheren Schweißguts. Die komplizierten metallurgischen Vorgänge im Schweißgut lassen sich relativ einfach und übersichtlich mit dem *Schaeffler*- bzw. *DeLong*- oder am zuverlässigsten mit dem WRC-1992-Schaubild untersuchen. Das Bild 4-92, Beispiel 2, S. 416, zeigt die Auswertung für eine Verbindungsschweißung der Stähle S235 (St 37) **(G1)** und X6CrNiTi18-10 **(G2)**. Der in Beispiel gewählte Zusatzwerkstoff X2CrNi23-12 **(Z)** führt zu einem Schweißgut, das etwa 5 % (Primär-)Ferrit enthält, und damit nach gültiger Anschauung als heißrisssicher gelten kann.

Der Zusatzwerkstoff X2CrNiMo23-12-3 eignet sich zum Schweißen der molybdänlegierten und der vollaustenitischen Stähle und von Wurzellagen mit ihrer deutlich höheren Aufmischung. Mit Zusatzwerkstoffen vom Typ CrNiMn-18-8-6 lässt sich ein vollaustenitisches Schweißgut erzeugen, das aber wegen des hohen Mangangehalts heißrisssicher ist und nicht zum Ausscheiden versprödender Phasen neigt.

Außer den metallurgischen Problemen ist der sehr unterschiedliche Wärmeausdehnungskoeffizient der unlegierten ferritischen und der hochlegierten austenitischen Stähle zu beachten (siehe Tabelle 2-18, S. 218). Die Folge sind große temperaturinduzierte Spannungen an der Phasengrenze Ferrit/Austenit, die zu starkem Verzug und (oder) Rissbildung führen können, Bild 4-114. Besonders kritisch sind in dieser Beziehung Zeit-Temperatur-Wechselbeanspruchungen, für die sich hoch nickelhaltige Sonder-Zusatzwerkstoffe bewährt haben. Sie haben eine Reihe entscheidender Vorteile:
- Ihr Wärmeausdehnungskoeffizient entspricht etwa dem der ferritischen Stähle.

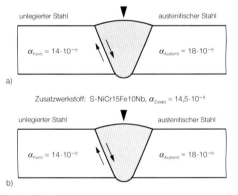

Bild 4-114
Lage der temperaturinduzierten Schubspannungen bei Ferrit-Austenitverbindungen in Abhängigkeit von der Art der verwendeten Zusatzwerkstoffe.
a) Üblicher austenitischer Zusatzwerkstoff erzeugt an der Phasengrenze Ferrit/Schweißgut wegen der stark unterschiedlichen Wärmeausdehnungskoeffizienten (α_{Ferrit}, $\alpha_{Austenit}$) hohe Spannungen.
b) Der Wärmeausdehnungskoeffizient des Zusatzwerkstoffs S-NiCr15Fe10Nb (α_{Zusatz}) entspricht etwa dem unlegierter Stähle. Die entstehenden Temperaturspannungen werden von dem Bereich austenitischer Grundwerkstoff/Zusatzwerkstoff rissfrei aufgenommen.

- Der Grad der Aufmischung mit dem Grundwerkstoff kann sehr hoch sein, bevor sich spröde Gefügebestandteile bilden.
- Das Schweißgut neigt nicht zur Versprödung.

Der wichtigste Zusatzwerkstoff-Typ ist die Legierung S-NiCr15Fe10Nb. Bild 4-114 zeigt, dass die *Lage* der Temperaturspannungen abhängig ist vom Wärmeausdehnungskoeffizienten des Schweißguts und der Grundwerkstoffe. Der hochlegierte Zusatzwerkstoff S-NiCr15Fe10Nb erzeugt demnach nur im Schmelzgrenzenbereich Austenit/Schweißgut Schubspannungen, die aber von den zähen austenitischen Werkstoffen rissfrei aufgenommen werden.

Bei höheren Betriebstemperaturen (größer 450 °C) kann der Kohlenstoff leicht aus dem ferritischen Werkstoff in das austenitische Schweißgut diffundieren. Die Folgen sind Versprödung des Schweißguts und Entkohlen, d. h. Entfestigen der schmelzgrenzennahen Bereiche der Ferritseite der Schweißverbindung. Diese Entfestigung führt vor allem bei zyklischer Temperaturbeanspruchung leicht zu thermischer Ermüdung der Verbindung.

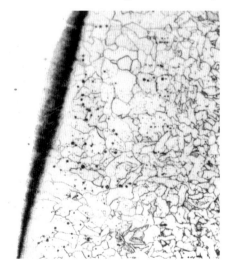

Bild 4-115
Spannungsarmgeglühte (650 °C/2 h) Verbindungsschweißung aus S235, die mit Stabelektroden vom Typ CrNi-19-9 hergestellt wurde. Carbidsaum an der Schmelzgrenze. Schweißgut links, Grobkornzone (stark entkohlt!) etwa Bildmitte, V = 200:1.

Hoch nickelhaltige Zusatzwerkstoffe unterbinden zwar das Eindiffundieren des Kohlenstoffs in das Schweißgut, aber der nun an der Schmelzgrenze aufgestaute Kohlenstoff führt hier zur Bildung einer dünnen, spröden Carbidschicht.

Bild 4-115 zeigt das Mikrogefüge einer spannungsarm geglühten Verbindung aus einem unlegierten, Baustahl (S235), geschweißt mit einem austenitischen Zusatzwerkstoff vom Typ CrNi-19-9. Der massive Carbidsaum und die weitgehend entkohlte Grobkornzone auf der »schwarzen« Baustahlseite sind deutlich erkennbar.

Alle Schweißverfahren, mit denen geringe Aufschmelzgrade hinreichend einfach realisierbar sind, eignen sich für diese Aufgabe. In kritischen Fällen hilft das sehr teure Verfahren des Pufferns einer oder *aller* Nahtflanken, vorwiegend mit hoch nickelhaltigen Zusatzwerkstoffen.

4.3.8.2 Schweißplattieren

Beim Plattieren wird auf einen un- bzw. niedriglegierten Trägerwerkstoff eine korrosionsbeständige (verschleißfeste) Werkstoffschicht aufgetragen. In vielen Fällen wird auch hier die Werkstückoberfläche zunächst »gepuffert«, Abschn. 4.3.8.3, um eine zähe Zwischenschicht zu erzeugen.

Die metallurgisch sehr unterschiedlichen Werkstoffe beim Plattieren werden z. T. im schmelzflüssigen Zustand verbunden. Die folgenden Forderungen müssen daher erfüllt werden:
- Wie bei allen (Verbindungs-)Schweißungen an unterschiedlichen Werkstoffen muss die Bildung versprödender Gefügebestandteile (z. B. Martensit oder intermediäre Verbindungen) auf einen für die Gebrauchseigenschaften der Plattierung ausreichenden Umfang begrenzt werden, s. a. Abschn. 4.1.4.
- Die Korrosionsbeständigkeit der Plattierung darf nicht durch Aufmischung mit den Elementen des Grundwerkstoffs unzulässig beeinträchtigt werden. Daher werden meistens zwei, besser, aber teurer, drei Plattierungslagen geschweißt.

Ein ausreichend geringer Aufschmelzgrad von 10 % bis 15 % gilt als optimal, bei geringeren Werten besteht die Gefahr von Bindefehlern. Hierfür werden abhängig von der Größe der Plattierung eine Reihe von Schweißverfahren und -technologien verwendet. Sehr gut geeignet sind das UP-Mehrdraht- (Gleichstrom, Elektrode negativ gepolt) und vor allem das UP-Bandschweißen, bei dem Bandelektroden mit den Standardabmessungen 0,5 mm x 60 mm verwendet werden. Mit diesem Verfahren sind Aufschmelzgrade von 5 % bis 10 % erreichbar. In den meisten Fällen werden agglomerierte Pulver oder Fülldrahtelektroden (mit basischer Füllung) verwendet. Die Einstellung der gewünschten chemischen Zusammensetzung der Plattierungsschichten gelingt damit zuverlässiger und einfacher. In Sonderfällen wird auch mit einer auf dem Trägerwerkstoff aufgebrachten Metallpulverschicht gearbeitet. Mit dieser Maßnahme lässt sich die Vermischung erheblich reduzieren und die geforderte chemische Zusammensetzung der Plattierungsschicht wirtschaftlicher erreichen. Sehr bewährt hat sich bei den MSG-Verfahren auch das Pendeln der Drahtelektrode.

Die metallurgischen Vorgänge im Schweißgut und die zweckmäßige Wahl des Zusatzwerkstoffs lassen sich aus dem *Schaeffler-* bzw. dem WRC-1992-Schaubild herleiten. In erster Linie ist durch Wahl geeigneter Schweißverfahren, Schweißparameter und vor allem eines geeigneten Zusatzwerkstoffs für einen hinreichenden δ-Ferritgehalt im Schweißgut zu sorgen, d. h. dessen Heißrisssicherheit sicherzustellen. Der normalerweise höhere Vermischungsgrad der ersten Lage darf außerdem nicht zu rissanfälligem Martensit führen. Die hierfür erforderlichen (Grenz-) Bedingungen sind aus den genannten Schaubildern gut erkennbar. Die Kohlenstoffdiffusion vom Trägerwerkstoff in Richtung des sehr kohlenstoffarmen Plattierungswerkstoffs ist aus korrosionstechnischen Gründen sehr zu beachten (IK, Abschn. 2.8.3.4.1, S. 208). Aus diesem Grund müssen i. Allg. zwei, besser drei Lagen aufgebracht werden. Die letzte Lage muss die für die vorliegende Korrosionsbeanspruchung erforderliche chemische Zusammensetzung haben.

Die Bildung wasserstoffinduzierter Kaltrisse lässt sich durch Ausschalten aller Wasserstoffquellen beim Schweißen (Pulver, feuchte Werkstückoberfläche, Verunreinigungen aller Art) vermeiden. Bei einigen Werkstoffen muss die Neigung zu *Unterplattierungsrissen* beachtet werden. Der Rissbildungsmechanismus ist vergleichbar dem des Ausscheidungsrisses (Abschn. 4.3.5.5). Der Unterplattierungsriss entsteht direkt *während* des Schweißens, wächst aber nach/bei einer Wärmenachbehandlung. Die Rissentstehungsorte sind in Bild 4-116 dargestellt. Danach sind die auf etwa 600 °C bis 700 °C durch die folgenden Lagen wiedererwärmten Bereiche der Grobkornzone in Anwesenheit von Zugspannungen die rissgefährdeten Zonen. Durch ein geringeres Wärmeeinbringen beim Schweißen wird die Breite der Grobkornzone, vor allem aber die Korngröße in der Wärmeeinflusszone und damit die Rissneigung verringert. Sicherer ist aber die Wahl von Stählen bestimmter Zusammensetzung (besonders kritisch verhalten sich die Elemente Nb, Ti, V!).

In Tabelle 4-42 sind kennzeichnende Beispiele für die Arbeitsfolge beim Schweißplattieren von V-Nähten angegeben. Als allgemeingültige Richtlinie kann die Empfehlung gelten, den höherschmelzenden Werkstoff *zuerst* zu schweißen. Mit dieser Reihenfolge wird der Grad der Aufmischung deutlich geringer, d. h. auch der Umfang der nicht gewünschten metallurgischen Reaktionen. In manchen Fällen erweist es sich als sinnvoll, auf den Grundwerkstoff zunächst eine hoch nickelhaltige »Pufferschicht« aufzutragen. Die Vorteile dieser teuren Maßnahme sind Risssicherheit, hervorragende mechanische Gütewerte und eine nahezu perfekte Barrie-

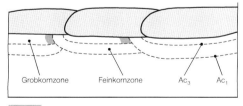

Bild 4-116
Entstehungsorte der Unternahtrisse beim Schweißplattieren, schematisch.

Tabelle 4-42
Beispiele für die Arbeitsfolge beim Schweißen plattierter Bleche, die eine V-Nahtvorbereitung haben, in Anlehnung an DIN EN ISO 9692-4 und DIN EN 1011-5.

Arbeitsfolge	Ausführung für Plattierungswerkstückdicken t		Bemerkungen für das Verbindungsschweißen von Stählen mit Plattierungen aus		
	A $t < 5$ mm	B $t > 2{,}5$ mm	Nichtrostenden und hitzebeständigen Chromstählen und aus austenitischen Cr-Ni-Stählen	Nickel und Nickellegierungen	Kupfer und Kupferlegierungen
①	Schweißen des Grundwerkstoffs (GW)	Schweißen des Grundwerkstoffs (GW)	Schweißen des Grundwerkstoffs mit geeignetem Schweißzusatzwerkstoff. Beim Schweißen der Wurzel darf der Plattierungswerkstoff *nicht* angeschmolzen werden.		
②	Plattierungsseite, Nahtvorbereitung und Schweißen der Kapplage	Plattierungsseite, Nahtvorbereitung und Schweißen der Kapplage	Wurzel so tief ausarbeiten, dass das fehlerhafte Schweißgut des Grundwerkstoffs erfasst wird. Kapplage entweder mit dem für den Grundwerkstoff gewählten Schweißzusatzwerkstoff oder mit einem geeigneten hochlegierten, der Plattierung genügenden Schweißzusatzwerkstoff schweißen. Wird bei der Ausführung A die Kapplage mit dem für den Grundwerkstoff geeigneten Schweißzusatzwerkstoff geschweißt, dann ist ein Sicherheitsabstand e erforderlich, um ein Anschmelzen des Plattierungswerkstoffs zu vermeiden.	Die Arbeitsfolge nach Ausführung B ist für Nickel und Nickel-Legierungen nicht üblich. Wurzel so tief ausarbeiten, dass das fehlerfreie Schweißgut des Grundwerkstoffs erfaßt wird. Kapplage mit einem dem Plattierungswerkstoff entsprechenden Schweißzusatzwerkstoff schweißen.	Die Arbeitsfolge nach Ausführung A ist für Kupfer und Kupfer-Legierungen nicht üblich. Kapplage bis Höhe Unterkante der Plattierung mit einem dem Grundwerkstoff artgleichen Zusatzwerkstoff schweißen. Der Lötrissigkeit kann durch eine Zwischenlage, z. B. aus Reinnickel [S Ni 2061 (NiTi3) nach DIN EN ISO 18274] begegnet werden.
③	Schweißen der Plattierung	Schweißen der Plattierung	Der Plattierungswerkstoff soll mit einem artgleichen oder höherlegierten Schweißzusatzwerkstoff geschweißt werden; für die Auswahl des Schweißzusatzwerkstoffs ist maßgebend, dass die an die Plattierung gestellten Anforderungen auch von der Schweißnaht erfüllt werden. Geeignet sind Schweißzusatzwerkstoffe nach DIN EN 1600 und DIN EN 14343. Angestrebt wird Schweißen in PA-(w-)Position.	Der Plattierungswerkstoff ist mit einem ihm entsprechenden Zusatzwerkstoffe zu schweißen. Zusatzwerkstoffe nach DIN EN ISO 14343 bzw. DIN EN ISO 24373 wählen. Die erste Lage ist als Zugraupe mit möglichst niedriger Stromstärke zu schweißen.	Der Plattierungswerkstoff ist mit einem ihm entsprechenden Zusatzwerkstoffe zu schweißen. Schweißzusatzwerkstoffe nach DIN EN ISO 14343 bzw. DIN EN ISO 24373 wählen. Die erste Lage ist als Zugraupe mit möglichst niedriger Stromstärke zu schweißen.

re für den Kohlenstoff, der nicht mehr in das Auftragschweißgut diffundieren kann.

4.3.8.3 Schweißpanzern

Beim Schweißpanzern werden *verschleißfeste* (schlagartige, stoßende, reibende Beanspruchung) Werkstoffschichten auf die Oberfläche des beanspruchten Bauteils aufgetragen. Die hierfür verwendeten Werkstoffe sind wegen der komplexen Verschleißerscheinungsformen meistens wesentlich komplizierter zusammengesetzt, metallkundlich unübersichtlicher und schweißtechnisch problematischer als die Plattierungswerkstoffe (meistens verformbare, korrosionsbeständige austenitische Werkstoffe, manchmal auch ferritische Chromstähle). Die werkstofflichen Probleme beim Schweißen/Auftragen sind daher meistens größer als bei jeder anderen Schweißung unterschiedlicher Werkstoffe.

Unter Verschleiß versteht man einen fortschreitenden Materialverlust eines festen Körpers, hervorgerufen durch mechanische Ursachen, d. h. Kontakt und Relativbewegung eines festen, flüssigen oder gasförmigen Körpers zu einem anderen. Die Verschleißvorgänge können von einer zusätzlichen Korrosionsbeanspruchung überlagert sein (z. B. Erosion, Kavitation, Abschn. 1.7.6.2.2 und 1.7.6.2.3). Die Hauptverschleißmechanismen beruhen auf den folgenden Vorgängen:

- ❏ *Adhäsion:* in der Kontaktfläche sich berührender Körper entstehen atomare Bindungen (Mikroverschweißungen), die wieder getrennt werden und dabei die Oberfläche des Werkstoffs zerstören.
  Abhilfe:
  – Schmierfilm,
  – Metall/Kunststoff- oder Metall/Keramikpaarungen.
- ❏ *Abrasion:* Harte Partikel bzw. Oberflächenrauheiten erzeugen durch Mikrospanen und Mikrobrechen im Oberflächenbereich Materialabtrag.
  Abhilfe:
  – Die Härte des beanspruchten Bauteils muss größer sein als die der beanspruchenden Partikel,
  – Einlagern möglichst harter Partikel (Carbide, *Laves*-Phasen) in eine weiche, zähe Matrix.
- ❏ *Oberflächenzerrüttung:* Gefügeänderungen und Rissbildung in der Oberfläche als Folge dynamischer Beanspruchung.
- ❏ *Tribochemische Reaktionen:* Chemische Reaktionen – meistens Tribooxidationen – die zwischen Körper und Gegenkörper ablaufen, bilden auf der Werkstoffoberfläche Reaktionsprodukte. Diese sind sehr oft erwünscht, weil sie in vielen Fällen den verschleißfördernden Adhäsionsprozess erschweren.

Das Schweißpanzern erfolgt oft als Reparaturmaßnahme, aber wegen der großen wirtschaftlichen und technischen Vorteile zunehmend auch als Fertigungsschritt bei neuen, noch unbenutzten Werkstücken.

Die fachgerechte Auswahl des Zusatzwerkstoffs erfordert genaue Kenntnisse des tribologischen Systems (Beanspruchungsart: stoßend, schlagartig, reibend; Verschleißsystem: Werkstoff/beanspruchender Körper; Umgebungsbedingungen: Temperatur, zusätzliche Korrosionswirkung). Entscheidend für den Erfolg ist der Einsatz des für die jeweilige Beanspruchung geeigneten Panzerwerkstoffs. Wegen der oft unübersichtlichen Zusammenhänge ist diese Wahl nur mit begründeter Erfahrung und meistens nach der »Trial-and-Error«-Methode zufriedenstellend zu treffen. Außerdem müssen verschiedene wirtschaftliche Gesichtspunkte beachtet werden, denn die Panzerwerkstoffe – vor allem die hochlegierten – sind um ein Vielfaches teurer als die gleiche Menge in Form von Gusswerkstoffen, s. a. Aufgabe 4-6, S. 482.

Eine praxiserprobte Empfehlung besagt, dass bei starkem abrasivem Verschleiß große Oberflächenhärten (weiche Matrix mit eingelagerten harten Carbiden), bei hoher Druck-, Schlag- oder Stoßbeanspruchung zähe und vor allem stark verfestigbare Zusatzstoffe (Mangan-Austenite) zweckmäßig sind.

Zum Hartauftragen geeignete Schweißzusätze nach DIN EN 14700, die Legierungskurzzeichen, ihre chemische Zusammensetzung sowie umfangreiche Hinweise für ihren Anwendungsbereich sind in den Tabellen 4-43 und 4-44 zusammengestellt.

Tabelle 4-43
Eignung der Schweißzusätze zum Hartauftragen für unterschiedliche Beanspruchungen, nach DIN EN 14700, Auswahl.

Legierungs-kurzzeichen	Anforderung							Legierung/Gefüge	Härtebereich	
	mechanisch		thermisch		chemisch	riss-beständig	bearbeitbar		HB	HRC
	Reibung	Schlag	hohe Temperatur	Thermo-schock	Korrosion					
A	3 und 4	2 und 3	4	4	4	1	1	ferritisch/martensitisch	150 bis 450	–
B	3 und 4	2	4	4	4	2	3	martensitisch	–	30 bis 58
C	3	2	2	2	3	2	2	martensitisch (Carbide)	–	40 bis 55
D	2	2 und 3	1 und 2	1 und 2	3	2 und 3	3 und 4	martensitisch + Carbide	–	55 bis 65
E	2	2	1 und 2	1 und 2	1 und 2	1	1 und 2	ferritisch/martensitisch	250 bis 450	–
F	1 und 2	1 und 2	4	4	3	2 und 3	3 und 4	martensitisch + Carbide	–	50 bis 65
J	4	3	1	4	1	1	1	austenitisch	150 bis 250	–
K	1	4	2	4	4	4	4	martens./aust. + FeB	–	55 bis 65
L	1	3 und 4	3	4	2	4	4	martens./aust. + Carbide	–	40 bis 60
M	1	4	2	4	3	4	4	martens./aust. + Carbide	–	55 bis 65
N	1	4	1	4	3	4	4	martens./aust. + Carbide	–	60 bis 70
P	1 und 2	2 und 3	1	1 und 2	2	2 und 3	3 und 4	Co-Legierung	–	–
Q	1	2	2	4	2	1 und 2	4	W-Carbide in einer Matrix	–	–
S	2 und 3	2	1	1	2	1	2	Ni-Legierung	200 bis 400	–
T	3 und 4	2 und 3	4	4	1	2 und 3	2	CuAl-Legierung	200 bis 400	–

Eignungskriterien: **1**: sehr gut, **2**: gut, **3**: geeignet, **4**: nicht geeignet

[1] kaltverfestigungsfähig

Tabelle 4-44
Legierungskurzzeichen und chemische Zusammensetzung der Schweißzusätze für das Hartauftragen, nach DIN EN 14700, Auswahl.

Legierungs-kurzzeichen	Eignung	Chemische Zusammensetzung in Prozent (m/m)									
		C	Cr	Ni	Mn	Mo	W	V	Nb	andere	Rest
A	p	≤ 0,4	≤ 0,3	–	0,5 bis 3	≤ 1	≤ 1	≤ 1	–	–	Fe
C	st	0,2 bis 0,5	1 bis 6	≤ 5	0,5 bis 3	4	1 bis 10	0,1 bis 0,5	–	Co	Fe
D	s t (p)	0,6 bis 1,5	2 bis 6	≤ 4	0,5 bis 3	10	19	4	1	Co	Fe
E	c p r t	≤ 0,2	5 bis 30	≤ 6	0,5 bis 3	2	–	1	1	–	Fe
F	g p t	0,2 bis 2	5 bis 18	–	0,5 bis 3	2	2	2	10	Si	Fe
G	k (n) p	0,3 bis 1,2	≤ 17	≤ 3	11 bis 18	2	–	1	–	Ti	Fe
I	n z r (c)	≤ 0,3	18 bis 30	8 bis 20	0,5 bis 3	4	–	–	1,5	–	Fe
J	c (n) z	≤ 0,08	17 bis 26	9 bis 26	0,5 bis 3	4	–	–	1,5	–	Fe
K	g	≤ 1,5	≤ 5	≤ 4	0,5 bis 3	4	–	–	–	B	Fe
L	g (r)	1,5 bis 4,5	25 bis 40	≤ 4	0,5 bis 3	4	–	–	–	–	Fe
M	g	4,5 bis 5,5	20 bis 40	≤ 4	0,5 bis 3	2	–	–	10	B	Fe
O	c k t z	≤ 0,6	20 bis 30	≤ 10	0,1 bis 2	10	15	–	1	Fe	Co
P	t z (c s)	0,6 bis 2,5	20 bis 35	≤ 4	0,1 bis 2	–	4 bis 10	–	–	Fe	Co
Q	c g r t z	Wolframcarbide (ungefähr 2400 HV 0,4) in einer NiCrBSi- oder Stahlmatrix									
S	c k p t z	≤ 0,1	1 bis 25	Rest	0,3 bis 1	28	5	1	4	Co, Si, Ti	Ni
T	c (n)	–	–	≤ 6	≤ 15	–	–	–	–	Al, Fe	Cu

Eignung:
c: korrosionsbeständig
g: schmirgelbeständig
k: kaltverfestigungsfähig
n: nicht magnetisierbar
p: schlagbeständig
r: rostbeständig
s: schneidhaltig
t: warmfest
z: hitzebeständig (zunderbeständig)
(): evtl. nicht zutreffend für alle Legierungen dieser Einteilung

Die Auftragwerkstoffe können legierungssystematisch nach DIN EN 14700, aber auch nach verschleißtechnischen, mehr praxisbezogenen Gesichtspunkten eingeteilt werden. Danach lassen sich die folgenden Auftragwerkstoffe unterscheiden:

- ❏ *Legierungen zum Ergänzen verschlissener Bauteile.*
  Hierfür eignen sich vorwiegend niedriglegierte, niedriggekohlte Werkstoffe, die eine gute Schweißeignung haben. Das Gefüge des Schweißguts ist überwiegend (ferritisch-)perlitisch-bainitisch.
- ❏ *Legierungen für Metall/Metall-Verschleiß.*
  Lufthärtende, martensitische, höhergekohlte (≤ 0,7 % C) legierte Stähle mit Schweißguthärten zwischen 45 HRC und 60 HRC eignen sich für diese Verschleißbeanspruchung.
- ❏ *Legierungen für einen extremen Metall/Abrasionsverschleiß (Erdreich, Stein).*
  Hochgekohlte (2 % bis 7 %) Chromstähle (bis 40 % Cr) mit in die Matrix eingelagerten Carbiden sind für diese Beanspruchungsform besonders gut geeignet.
- ❏ *Legierungen für extremen abrasiven Verschleiß.*
  Wolframcarbid-Pulver in Stahlröhrchen, die mit einem Lichtbogenschweißverfahren verschweißt werden, ergeben eine zähe Schweißgutmatrix (aus dem Stahlmantel), in die Carbide (40 % bis 60 %) eingelagert sind, die durch den Schweißprozess nicht verändert werden (dürfen). Zum Auftragen eignet sich aus diesem Grunde das Gasschweißverfahren sehr gut, weil sich die »Wärme« und der »Zusatzwerkstoff« in einfacher und zuverlässiger Weise getrennt zuführen lassen.

Wegen der komplexen werkstofflichen bzw. metallurgischen Wechselwirkungen zwischen Auftragschicht und Grundwerkstoff wird auch aus anderen Gründen häufig mit *Pufferlagen* gearbeitet. Meistens wird als Pufferschicht ein austenitischer, zäher (fast immer Nickel-Basis-Werkstoffe) Werkstoff verwendet. Die Vorteile sind:

- Rissfreies Aufnehmen bzw. Abbauen der Schweißeigenspannungen durch leichtes Plastifizieren der austenitischen Pufferschicht.
- Wegen des großen Wärmeausdehnungskoeffizienten schrumpft die austenitische Pufferschicht nach dem Schweißen des Panzerwerkstoffs stärker als dieser und der Grundwerkstoff. Die sich dadurch aufbauenden Druckspannungen können einen Teil der gefährlichen rissbegünstigenden Zug-Schweißeigenspannungen abbauen, ohne dass in der zähen Pufferschicht Risse entstehen.
- Das in den austenitischen Pufferschichten enthaltene Legierungselement Nickel verringert die metallurgischen »Unverträglichkeiten« des Legierungssystems Grundwerkstoff/Panzerwerkstoff in einem erheblichen Umfang, wodurch sich versprödende Phasen nicht bilden bzw. ihre Entstehung sehr erschwert wird, s. Abschn. 4.1.5.
- Große Unterschiede der Wärmeausdehnungskoeffizienten von Grundwerkstoff und Auftragwerkstoff können mit einer Pufferschicht ausgeglichen werden, deren Wärmeausdehnungskoeffizient zwischen denen beider Werkstoffe liegt. Dies ist vor allem bei Beanspruchungen erforderlich, die thermisch induzierte Dehnungen erzeugen.

Die Anwendung der sehr teuren, nur mit geringer Wärmezufuhr schweißbaren Pufferschichten ist grundsätzlich dann erforderlich bzw. sinnvoll, wenn zwischen dem Auftrag- und dem Grundwerkstoff keine risssichere bzw. keine betriebssichere Verbindung hergestellt werden kann. Im Folgenden sind einige Gründe aufgeführt, die das Vorlegen einer Pufferschicht aus werkstofflichen Gründen notwendig machen können:

- ❏ *Bilden spröder Übergangszonen:*
  - Beim Verbinden metallurgisch sehr unterschiedlicher Werkstoffe bilden sich in der Wärmeeinflusszone harte, spröde Gefüge (Martensit, intermediäre Phasen, Ausscheidungen).
  - Der Grundwerkstoff neigt während des Schweißens, z. B. wegen einer unzureichenden Verformbarkeit, zur Rissbildung.
- ❏ Die *Wärmeausdehnungskoeffizienten* von Grund- und Panzerwerkstoff weichen er-

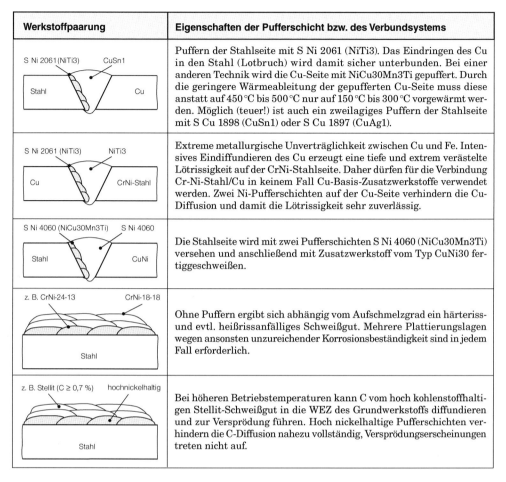

Bild 4-117
Werkstoffpaarungen, die ein Puffern des Grundwerkstoffs beim Verbindungs- bzw. Auftragschweißen unterschiedlicher Werkstoffe erforderlich machen können. Die in den Bildern verwendete Bezeichnung »Stahl« bedeutet immer einen (niedriggekohlten) unlegierten oder (niedrig-)legierten Baustahl.

heblich voneinander ab. Die großen Spannungsgradienten an der Phasengrenze flüssig/fest können durch Plastifizierung der zähen Pufferschicht leichter abgebaut werden, s. a. Bild 4-112.
- Eine *hohe Stoß-, Schlag- oder Druckbeanspruchung* kann zum Abplatzen bzw. Ausbrechen der Panzerschicht führen.
- Die leicht plastifizierbare Pufferschicht kann *Stöße* und *Schläge* rissfrei »aufnehmen«.

Bild 4-117 zeigt einige Beispiele von Verbindungs- und Auftragschweißungen bekannter unterschiedlicher Werkstoffe, bei denen die Verwendung von Pufferschichten metallurgisch sinnvoll sein kann.

Eine entscheidende Voraussetzung für das Herstellen hochwertiger Schweißverbindungen mit nickel- bzw. hoch nickelhaltigen Zusatzwerkstoffen ist die extreme Sauberkeit der Schweißstelle. Außerdem muss der Grad der Aufmischung des Schweißguts kontrolliert werden, da anderenfalls das nickelhaltige Schweißgut durch den höheren Schwefel- und Phosphorgehalt des Grundwerkstoffs heißrissanfällig wird.

4.4 Eisen-Gusswerkstoffe

Die technische und wirtschaftliche Bedeutung der einzelnen Eisen-Gusswerkstoffe lässt sich aus der von der Deutschen Gießerei-Industrie für das Jahr 2007 veröffentlichten Statistik abschätzen. Danach entfallen bei einer Jahresproduktion von 4,8 Millionen Tonnen 95 % auf *Gusseisen* (Gusseisen mit Lamellengrafit, EN-GJL; mit Kugelgrafit, EN-GJS; mit vermicularem Grafit, ISO/JV), 1 % auf Temperguss [EN-GJMB/W, weißer = W (White), schwarzer = B (Black)] und 4 % auf *Stahlguss* (G, GS, GE, GX). Die Produktion und damit die Bedeutung der duktilen Gusssorten (EN-GJS) nimmt zu, die der Stahlgusswerkstoffe und der Tempergusssorten dagegen kontinuierlich ab.

Beim Fertigungsverfahren Gießen erfolgt die Formgebung von der Schmelze bis zur Endform (entspricht häufig dem verwendungsfertigen Fertigteil) des Werkstücks in einem Arbeitsschritt. Diese Tatsache ermöglicht eine große, aber aus technisch-wirtschaftlichen Gründen eine nicht unbegrenzte Gestaltungsfreiheit der Gusskonstruktionen. Aufgrund der in der Gießform einzuhaltenden strömungstechnischen Erfordernisse müssen bestimmte konstruktive Besonderheiten bei einer Gusskonstruktion beachtet werden. Die gerichtete Erstarrung der Schmelze, das »*Dichtspeisen*« des Werkstücks und das Vermeiden von großen Wanddickenunterschieden sind absolut notwendige Forderungen an eine gießgerechte Konstruktion.

4.4.1 Stahlguss (G, GS, GE, GX)

Stahlguss ist in Formen gegossener Stahl mit einem Kohlenstoffgehalt von meistens unter 1 %. Er ist mit allen Formverfahren herstellbar, wie z. B. dem Hand-, Maschinen, Masken- und Keramikformverfahren. Stahlguss zeichnet sich durch folgende technische und wirtschaftliche Vorteile aus:
- Nahezu freie Gestaltungsmöglichkeiten,
- Wanddicke und Bauteilgröße sind kaum begrenzt,
- praktisch isotrope mechanische Eigenschaften des Bauteils,
- Urformgebung bedeutet erhöhte wirtschaftliche Fertigung.

Stahlguss wird überwiegend im Induktions- oder Lichtbogenofen hergestellt. Die in den letzten Jahren stark gestiegenen Anforderungen an die mechanischen Eigenschaften – vor allem die Zähigkeitseigenschaften – und ihre Gleichmäßigkeit, den Reinheitsgrad und die erforderlichen sehr engen Analysengrenzen der Legierungselemente können mit den Methoden der *Sekundärmetallurgie* (Abschn. 2.3.1.1, S. 128) sicher erfüllt werden.

Stahlguss besitzt eine gute Schweißeignung, die wie bei den Walz- und Schmiedestählen mit einem ausreichend geringen Kohlenstoff- (< 0,23 %) und Verunreinigungsgehalt ereicht wird. Allerdings sind bei Schweißarbeiten die in der Regel sehr viel größeren Wanddicken und der größere Kohlenstoff- und meistens auch der größere Legierungsgehalt sowie die typischen Eigenschaften von Gussgefügen (dendritisches *(Widmannstätten-)* Gefüge, insbesondere deutlich geringere Zähigkeit im Vergleich zu einem analysengleichen Walzstahl!) der Stahlgusswerkstoffe zu berücksichtigen.

4.4.1.1 Stahlguss für allgemeine Verwendung

Stahlguss für allgemeine Verwendung umfasst die bisherigen nach DIN 1681, die niedriglegierten nach DIN 17182, die bei gleichen Festigkeitseigenschaften über eine erhöhte (Kerbschlag-)Zähigkeit und eine deutlich verbesserte Schweißeignung verfügen. Seit Erscheinen der DIN EN 10293 werden beide genannten Normen zurückgezogen, s. Tabelle 4-45. Diese Stahlgusssorten werden in der Hauptsache bei Betriebstemperaturen zwischen $-10\,°C$ und $300\,°C$ eingesetzt.

Stahlguss wird vor allem aus werkstoffabhängigen Gründen vor der Auslieferung praktisch ausnahmslos wärmebehandelt. Man unterscheidet die folgenden Wärmebehandlungsverfahren:
- *Vorbereitende:* verschiedene vom Werkstoff bzw. vom Gießprozess abhängige Nachteile werden beseitigt. Die angewen-

deten Wärmebehandlungsverfahren sind das Normalglühen, das Weichglühen und das Spannungsarmglühen mit denen z. B. Kristallseigerungen in gewissem Umfang beseitigt werden und ein feineres Gefüge für ein nachfolgendes Vergüten erzeugbar ist. Für Schweißarbeiten ist vor allem das Umwandeln des für Gusswerkstoffe typischen *Widmannstätten*schen Gefüges in das feinkörnige normalgeglühte von großer Bedeutung.
– *Qualitätsbestimmende:* das geforderte/ gewünschte Eigenschaftsprofil des Werkstoffs ist nur mit besonderen Wärmebehandlungen erzeugbar. Diese qualitätsbestimmende Maßnahme muss daher in Normen, Regelwerken und (oder) Kundenspezifikationen festgelegt sein. Angewendet werden die Wärmebehandlungen *Normalglühen* (Einstellen eines feinkörnigen, d. h. ausreichend zähen Gefüges), *Vergüten* (Härtungsgrad möglichst 100 % bzw. Erzeugen eines nur aus Martensit und Bainit bestehenden Gefüges) sowie das *Spannungsarmglühen* [Beseitigen der (Eigen-) Spannungen].

Schweißarbeiten an Stahlguss werden aus unterschiedlichen Gründen durchgeführt:
– Fertigungsschweißen,
– Instandsetzungsschweißen,
– Konstruktionsschweißen.

Fertigungsschweißen

Unter Fertigungsschweißen sind Schweißarbeiten zu verstehen, die zum Beseitigen fertigungsbedingter Fehlerstellen – z. B. Lunker, Risse, Oberflächenfehler – am Gussstück notwendig sind. Mit ihnen wird die gewünschte/erforderliche äußere und innere Beschaffenheit des Gussstücks erreicht. Die Schweißzusatzstoffe und die Schweißbedingungen müssen so gewählt werden, dass ein möglichst artgleiches Schweißgut herstellbar ist. Hinweise zur Wahl geeigneter Zusatzwerkstoffe enthält Tabelle 4-45.

Werkstoffe, deren Kohlenstoffgehalt unter 0,15 % liegt, werden mit den in DIN 499 genormten basischen Stabelektroden und bei Werkstückdicken über 30 mm mit den in Tabelle 4-45 angegebenen Vorwärmtemperaturen geschweißt. Ein Normalglühen vor dem Schweißen ist wegen der schlechten Zähigkeit des *Widmannstätten*schen Gussgefüges dringend zu empfehlen und bei Kohlenstoffgehalten über 0,15 % in jedem Fall vorzusehen. Ein Vergleich der Bilder 4-118 und 4-119 zeigt den außerordentlichen Einfluss des Normalglühens auf die Kerbschlagarbeit. Ein Spannungsarmglühen nach dem Schweißen soll bei Bauteilen aus normalgeglühten Sorten bei 600 °C bis 640 °C und bei den aus vergüteten mindestens 20 K bis höchstens 50 K unter der Anlasstemperatur erfolgen.

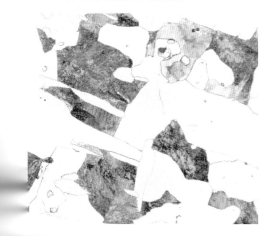

Bild 4-118
Mikrogefüge eines Stahlgusswerkstoffs GE240 (GS-45) im Anlieferzustand, KV (Raumtemperatur) = 14 J, HV 1 = 127, 2 % HNO_3, V = 500:1.

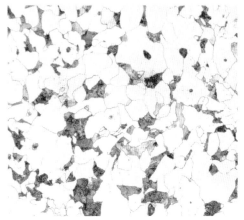

Bild 4-119
Mikrogefüge des Stahlgusswerkstoffs in Bild 4-118, aber normalgeglüht, KV (Raumtemperatur) = 64 J, HV 1 = 175, 2 % HNO_3, V = 500:1.

458   Kapitel 4: Schweißmetallurgie der Eisenwerkstoffe

Tabelle 4-45
Mechanische Eigenschaften der Stahlgusssorten für allgemeine Verwendung, nach DIN EN 10293, Auswahl.

Stahlgusssorten	Wärmenach-behandlung [1]	Wanddicke t	Mechanische Eigenschaften bei RT			
			$R_{p0,2}$, min.	R_m	A_5, min.	KV, min. [2]
Kurzname	Symbol	mm	N/mm²	N/mm²	%	J
Unlegierte Stahlgusssorten						
GE200	+ N [3]	≤ 300	200	380 bis 530	25	27/RT [4]
GS200	+ N [3]	≤ 100	200	380 bis 530	25	35/RT
GE240	+ N [3]	≤ 300	240	450 bis 600	22	27/RT
GS240	+ N [3]	≤ 100	240	450 bis 600	22	31/RT
GE300	+ N [3]	≤ 30	300	600 bis 750	15	27/RT
		> 30 bis ≤ 100	300	600 bis 750	18	31/RT
(Niedrig-)legierte Stahlgusssorten						
G17Mn5	+ QT [3,5]	≤ 50	240	450 bis 600	24	27/−30
						60/RT
G20Mn5	+ N [3]	≤ 30	300	480 bis 620	20	27/−30
	+ QT [3,5]	≤ 100	300	500 bis 650	22	27/−40
G24Mn6	+ QT1	≤ 50	550	700 bis 800	12	27/−20
	+ QT2 [3]	≤ 100	500	650 bis 800	15	27/−30
	+ QT3 [3]	≤ 150	400	600 bis 800	18	27/−30
G28Mn6	+ N [3]	≤ 250	260	520 bis 670	18	27/RT
	+ QT1 [5]	≤ 100	450	600 bis 750	14	35/RT
	+ QT2 [5]	≤ 50	550	700 bis 850	10	31/RT
G15CrMoV6-9	+ QT1 [5]	≤ 50	700	850 bis 1000	10	27/RT
	+ QT2 [5]	≤ 50	930	980 bis 1150	6	27/RT
G20Mo5	+ QT [5]	≤ 100	245	440 bis 590	22	60/RT
G17CrMo5-5	+ QT [3,5]	≤ 100	315	490 bis 690	20	27/RT
G17CrMo9-10	+ QT [3,5]	≤ 150	400	590 bis 740	18	40/RT
G9Ni14	+ QT [5]	≤ 30	380	550 bis 700	20	27/−90
G17NiCrMo13-6	+ QT [3,5]	≤ 200	600	750 bis 900	10	35/RT
Hochlegierte Stahlgusssorten						
GX3CrNi13-4	+ QT3 [3]	≤ 300	500	700 bis 900	15	27/−120
GX4CrNi16-4	+ QT1 [3]	≤ 300	540	780 bis 980	15	60/RT
	+ QT2 [3]	≤ 300	830	1000 bis 1200	10	27/RT
GX4CrNiMo16-5-1	+ QT1 [3]	≤ 300	540	760 bis 960	15	60/RT
GX23CrMoV12-1	+ QT1 [3,5]	≤ 100	540	740 bis 880	15	27/RT

[1] + N: Normalisieren; + QT: Abschrecken und Anlassen (Quench and Tempered)
[2] bei zwei Kerbschlagarbeiten
[3] Luftabkühlen (nur zur Information)
[4] J/RT = KV in J bei Raumtemperatur (31/RT) bzw. anderer Temperatur (27/−100)
[5] Flüssigkeitsabkühlen (nur zur Information)

Tabelle 4-46
Mechanische Eigenschaften (Mindestwerte bei Raumtemperatur) und Angaben zum Konstruktionsschweißen der hochfesten Stahlgusssorten nach SEW 520, Auswahl.

Stahlgusssorte (Kurzname) nach		Mechanische Eigenschaften				Angaben zum Schweißen		
EN 10027-1	DIN 17006	$R_{p0,2}$	R_m	A_5	KV	Geeigneter Schweißzusatz nach DIN EN 757 [1]	Vorwärm- und Zwischenlagentemperatur [2]	Glühtemperatur nach dem Schweißen [3]
		N/mm²	N/mm²	%	J		°C	°C
G24Mn7	GS-24 Mn 6	400 500	600 bis 750 650 bis 800	18 15	60 50	EY 42 65 Mn B - EY 50 65 NiMo B EY 55 76 NiMoB	300 300	560 560
G17CrMnMo5-5	GS-17 CrMnMo 5 5	600 700	730 bis 880 820 bis 970	12 12	40 50	EY 69 75 Mn 2 NiCrMo B H5 EY 89 53 Mn 2 Ni 1 CrMo B	250 250	580 580
G19CrMo9-10	GS-19 CrMo 9 10	500 650	700 bis 850 750 bis 900	18 15	50 40	EY 55 76 2 NiMo B EY 69 75 Mn 2 NiCrMo B	250 250	580 630
G12MnMo7-4	GS-12 MnMo 7 4	500	600 bis 750	16	50	EY 50 65 1 NiMo B	300	570
G20MnMoNi5-5	GS-20 MnMoNi 5 5	400 450	550 bis 700 600 bis 750	16 16	55 45	EY 50 65 1 NiMo B EY 50 65 1 NiMo B	300 300	570 300
G14NiCrMo10-6	GS-14 NiCrMo 10 6	550	650 bis 800	16	90	EY 55 76 2 NiMo B H5	300	600
GX5CrNi13-4	G-X 5 CrNi 13 4	550 920	760 bis 900 980 bis 1130	15 10	50 27	13 4 B 20 [4] X 3 CrNi 13 4 [4,5]	300 300	580 420

[1] Falls nach dem Schweißen spannungsarm geglüht wird, sind Schweißzusätze zu wählen, die ein Schweißgut ergeben, das im spannungsarmgeglühten Zustand die erforderlichen Werte der mechanischen Eigenschaften aufweist, z. B. DIN EN 757 - ESY 42 65 Mn B.
[2] Mindest-Werkstücktemperatur etwa 20 °C, die zweckmäßige Vorwärmtemperatur ist abhängig von der Wanddicke, Bauteilform und dem Eigenspannungsniveau.
[3] Soweit ein Glühen nach dem Schweißen erforderlich ist (siehe SEW 520, Abschn. 6.6.4).
[4] Schweißzusatz nach DIN EN 1600 bzw. DIN EN ISO 14343.
[5] WIG-Verfahren.

Instandsetzungsschweißen

Betriebsschäden an Bauteilen durch das Einwirken mechanischer und korrosiver Beanspruchungen werden durch das Instandsetzungsschweißen beseitigt. Die hierbei zu beachtenden schweißtechnischen und fertigungstechnischen Maßnahmen sind ähnlich wie bei jeder anderen Reparaturschweißung an Stahl. Dazu gehören das Ausarbeiten der fehlerhaften Stelle(n) und die Kontrolle auf evtl. noch nicht vollständig beseitigte Risse mit zerstörungsfreien Prüfverfahren (das Farbeindringverfahren wird wegen seiner einfachen Handhabung und leichten Verfügbarkeit sehr oft verwendet) sowie die Fugenvorbereitung. Der Flankenwinkel der gewählten Naht sollte mindestens 15° betragen, Bild 4-120. Bei den Schweißarbeiten sind die gleichen Maßnahmen und Überlegungen anzuwenden wie beim Fertigungsschweißen (z. B. Wärmevor- bzw. -nachbehandlung, Zusatzwerkstoffe).

Konstruktionsschweißen

Große Bauteile werden häufig aus kleineren Einzelteilen, die aus gleichen oder unterschiedlichen Werkstoffen (z. B. Plattieren) bestehen können, durch das Schweißen hergestellt. Da im Gegensatz zum Fertigungsschweißen dieser Fertigungsablauf im voraus festgelegt wird, lassen sich zum Erreichen der im Folgenden genannten technischen und wirtschaftlichen Vorteile optimale Voraussetzungen schaffen:
– Verbundkonstruktionen mit einer hohen Bauteilsicherheit, bestehend aus mit Gussteilen verschweißten Walzprofilen, Schmiedestücken, Blechen und Rohren, sind wirtschaftlich herstellbar.

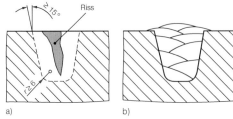

Bild 4-120
Instandsetzungsschweißen an Stahlguss.
a) Ausarbeiten der fehlerhaften Stelle,
b) instandgesetztes Bauteil.

– Große Bauteile lassen sich fertigungstechnisch einfacher, prüftechnisch besser und mit erheblich geringerem Ausschuss herstellen.
– Die Lage der Schweißnähte lässt sich beanspruchungs- und gießgerecht wählen, und die erforderlichen Nahtformen können bereits angegossen werden.
– Die Herstellung wird erleichtert bzw. beschleunigt und die Wirtschaftlichkeit in der Regel verbessert.
– Eine ausreichende Schweißeignung der Werkstoffe kann einfach sichergestellt werden.

Bild 4-121
Pumpengehäuse (GX12Cr14) als Stahlguss-Verbund-Schweißkonstruktion. Die Schweißnähte werden US-geprüft, nach Georg Fischer AG.

Bild 4-121 zeigt ein typisches Beispiel einer Stahlguss-Verbundkonstruktion. Das Gussteil (GX12Cr14) des Pumpengehäuses für den Sekundärkreislauf eines Wärmekraftwerks wird an beiden Vorschuhenden mit nahtlosen Rohren und geschmiedeten Ringen aus artgleichen (Walz-)Werkstoffen durch Schmelzschweißen verbunden.

4.4.1.2 Hochfester schweißgeeigneter Stahlguss

Die Fortschritte der Sekundärmetallurgie ermöglichen die Entwicklung hochfester schweißgeeigneter (vergüteter) Stahlgusswerkstoffe, an deren Reinheit sehr viel größere Anforderungen zu stellen sind als an die Sorten für allgemeine Verwendungszwecke. Der Werkstoff wird i. Allg. im Elektrolichtbo-

Tabelle 4-47
Mechanische Eigenschaften der nichtrostenden Stahlgusssorten nach DIN EN 10213, DIN EN 283 und SEW 410 bei Raumtemperatur, Auswahl.

Stahlgusssorte	Wanddicke max.	Mechanische Eigenschaften				
		0,2%-Dehngrenze, min.	1%-Dehngrenze, min.	Zugfestigkeit R_m	Bruchdehnung A	KV (*Charpy*-V) min.
Kurzname	mm	N/mm²	N/mm²	N/mm²	%	J
Martensitische Sorten						
GX12Cr12 [1]	150	450	–	≥ 20	15	20
GX7CrNiMo12-1 [1]	300	440	–	≥ 590	15	27
GX20Cr14 [3]	150	440	–	590 bis 790	12	–
GX22CrNi17 [3]	150	590	–	780 bis 980	4	–
GX4CrNi13-4 + QT1 [2]	300	550	–	≥ 760	15	–
GX4CrNiMo16-5-1 [2]	300	540	–	≥ 760	15	50
GX5CrNiCu16-4 + QT2 [2]	300	1000	–	≥ 1100	5	20
Ferritisch-carbidische Sorten						
GX70Cr29 [3]	150	–	–	–	–	–
GX120Cr29 [3]	150	–	–	–	–	–
GX120CrMo29-2 [3]	150	–	–	–	–	–
GX40CrNi27-4 [3]	150	–	–	–	–	–
GX40CrNiMo27-5 [3]	150	–	–	–	–	–
Ferritisch-austenitische Sorten						
GX2CrNiN26-7 [2]	150	420	–	≥ 590	20	30
GX2CrNiMoN22-5 [1,2]	150	420	–	600 bis 800	20	30
GX2CrNiMoCuN24-6-5 [3]	150	480	–	690 bis 890	22	50
GX2CrNiMoCuN24-6-2-3 [3]	150	450	–	650 bis 850	23	60
GX2CrNiMoN25-6-3 [2]	150	480	–	≥ 650	22	50
GX2CrNiMoCuN26-6-3 [3]	200	480	–	650 bis 850	22	60
GX2CrNiMoCuN25-6-3-3 [1,2]	150	480	–	650 bis 850	22	50
GX2CrNiMoN25-7-3 [2]	150	480	–	≥ 650	22	50
GX3CrNiMoWCuN27-6-3-1 [3]	150	480	–	650 bis 850	22	60
GX2CrNiMoN26-7-4 [1,2]	150	480	–	650 bis 850	22	50
Austenitische Sorten						
GX2CrNi19-11 [1,2]	150	185	210	440 bis 640	30	80
GX2CrNiMo19-11-2 [1,2]	150	195	220	440 bis 640	30	80
GX5CrNiMo19-11-2 [1,3]	150	185	210	440 bis 640	30	60
GX5CrNiMoNb19-11-2 [2,3]	150	185	210	440 bis 640	25	40
GX5CrNiMo19-11-3 [2]	150	205	230	≥ 440	30	60
GX2CrNiMoN17-13-4 [2]	150	210	235	440	20	50
Vollaustenitische Sorten						
GX2CrNiMoCuN20-18-6 [2]	50	260	285	≥ 500	35	50
GX1NiCrMoCuN25-20-5 [3]	200	200	225	440 bis 640	20	60
GX2NiCrMoCuN25-20 [3]	200	200	225	440 bis 640	20	60
GX2NiCrMoCu25-20-6 [2]	50	210	210	≥ 480	30	60

[1] Nach DIN EN 10213-1
[2] Nach DIN EN 10283
[3] Nach SEW 410

genofen vorgeschmolzen und in einem Konverter entweder unter einer Inertgasatmosphäre oder unter Vakuum nachbehandelt. Ein effektives Entgasen ist nur mit der Vakuumbehandlung möglich. Die Folge ist in erster Linie eine erhebliche Verbesserung der Zähigkeit und damit der Schweißeignung vor allem bei den niedriggekohlten Stahlgusssorten (z. B. G17Mn5). Die guten Zähigkeitswerte in der WEZ bleiben bei diesen Sorten auch ohne eine Wärmenachbehandlung weitgehend erhalten.

Die heute verfügbaren Sorten sind in den Festigkeitseigenschaften und in der Schweißeignung mit den hochfesten Walzstählen (Abschn. 2.7.6, S. 184, und 4.3.2) vergleichbar. Die erforderlichen schweißtechnischen Maßnahmen entsprechen daher weitgehend denen, die auch bei den (normalgeglühten bzw. vergüteten) Walzstählen zu ergreifen sind. In jedem Fall sollten die Stähle aber eine *wärmenachbehandelt* werden (Normalglühen oder Spannungsarm- bzw. Anlassglühen). Sie werden wegen ihrer Vorzüge für Schweißverbundkonstruktionen in vielen Bereichen der Technik eingesetzt (Brücken-, Berg-, Fahrzeug-, Schienenfahrzeug-, Hochbau, Offshore-Bereich, hier z. B. die schweiß- und fertigungstechnisch extrem aufwändigen Knotenkonstruktionen!).

Die mechanischen Eigenschaften und verschiedene zum Schweißen erforderliche Angaben der auch nach SEW 520 genormten hochfesten Stahlgussorten sind in Tabelle 4-46 zusammengestellt.

Unter *Vergütungsstahlguss* (DIN EN 10293) versteht man niedriglegierte, hochfeste vergütete Stahlgussorten mit Mindeststreckgrenzen von etwa 900 N/mm² (z. B. die Sorte G17NiCrMo13-6). Sie sind alle ebenso gut schweißgeeignet wie die in SEW 520 genormten Sorten, Tabelle 4-46. Das gilt besonders dann, wenn Einschränkungen in der Wärmebehandlung bestehen. Gerade bei hoch beanspruchten Konstruktionen erweist sich die Fertigungsmethode »Gießen« als vorteilhaft, weil die verfahrensbedingte Gestaltungsfreiheit eine beanspruchungsgerechte Formgebung sehr erleichtert.

4.4.1.3 Legierter Stahlguss

Ähnlich wie bei Walzstählen, Abschn. 2.8.4, S. 214, und Abschn. 4.3.7, unterscheidet man den
– martensitischen,
– ferritisch-carbidischen,
– austenitisch-ferritischen (Duplex),
– austenitischen Stahlguss, Tabelle 4-47.

Von den martensitischen Stahlgussorten sind vor allem die niedriggekohlten, deltaferritfreien weichmartensitischen Sorten (z. B. GX12Cr12, GX4CrNiMo16-5-1) sehr gut schweißgeeignet. Wegen ihrer guten Erosions- und Kavitationsbeständigkeit werden sie für Gebläse-, Pumpenräder und im Wasserturbinenbau eingesetzt.

Der austenitisch-ferritische-Stahlguss wird wegen seiner ausgezeichneten Festigkeits- und Korrosionseigenschaften im Meerwasser- und REA-Bereich angewendet. Die Lochfraßbeständigkeit ist gut, weil der diese Eigenschaft beschreibende Parameter L

$$L = Cr + 3{,}3 \cdot Mo + 16 \cdot N$$

zwischen 28 und 41, Gl. [4-30], liegt. Die beim Schweißen zu ergreifenden Maßnahmen sind mit denen bei den gewalzten Duplexstählen vergleichbar.

Die Schweißeignung der austenitischen Stahlgussorten gilt als problemlos. Die metallurgischen Vorgänge im Schweißgut können mit dem von *Schoefer* für Stahlguss entwickelten Ferritschaubild *ASTM A 800* beschrieben werden.

4.4.2 Gusseisen (EN-GJL, alt: GG; EN-GJS, alt: GGG; ISO/JV, alt: GJV)

Die Bezeichnung Gusseisen wird als Oberbegriff für Eisen-Kohlenstoff-Legierungen mit *lamellarem* (EN-GJL), *kugelförmigem* (EN-GJS) und *vermicularem* (älter: GJV, neu: ISO/JV) Grafit verwendet.

Eutektische oder naheutektische Eisen-Kohlenstoff-Legierungen bezeichnet man metallkundlich als *Gusseisen*. Diese Legierungen

besitzen hervorragende Gießeigenschaften, die aber sehr stark von der chemischen Zusammensetzung und der Abkühlgeschwindigkeit abhängen. Je nach der Form des im Gefüge vorliegenden Kohlenstoffs unterscheidet man das *weiß* (metastabile System, Abschn. 2.4, S. 133) und das *grau* (stabile System) erstarrte Gusseisen:
- *Metastabile Erstarrung (weißes Gusseisen, Temperrohguss, Hartguss GH):* Der Kohlenstoff liegt in der ledeburitischen Matrix als sprödes Eisencarbid Fe_3C vor.
- *Stabile Erstarrung (Grauguss EN-GJL):* Sie wird vor allem durch Kohlenstoff, Silicium und eine kleine Abkühlgeschwindigkeit begünstigt. Der Kohlenstoff scheidet sich in der Matrix als *lamellenförmiger Grafit* aus. Dieser unterbricht die metallische Matrix und wirkt, begünstigt durch die spitz auslaufenden Lamellenenden, als extreme Gefügekerbe. Die Folgen sind eine maximale Zugfestigkeit von nur etwa 400 N/mm² und eine bei Null liegende plastische Verformbarkeit. Allerdings ist die für Gusseisen wesentlich wichtigere Druckfestigkeit drei- bis viermal größer als die Zugfestigkeit. Außerdem zeichnen sich die Gusseisensorten mit Lamellengrafit durch eine hervorragende Gießbarkeit, ein hohes Dämpfungsvermögen für mechanische Schwingungen und eine exzellente spangebende Bearbeitbarkeit aus.

Die extreme Kerbwirkung des lamellenförmigen Grafits lässt sich durch Überführen in eine annähernd kugelige Gestalt weitgehend beseitigen. Dieses durch eine spezielle Schmelzenbehandlung erzeugbare Gusseisen mit Kugelgrafit hat Verformungseigenschaften, die mit denen von Stahl in vielen Fällen vergleichbar sind.

Durch verschiedene die Schmelze betreffenden Maßnahmen lässt sich eine zwischen der Lamellen- und der Kugelform liegende Grafitform herstellen, die als *vermicular* (vermiculus: »Würmchen«) bezeichnet wird. Diese ist nicht zusammenhängend wie die Lamellenform, sondern besteht aus diskreten »wurmähnlichen« Teilchen, deren Enden nicht mehr spitz zulaufen, sondern keulenartig verdickt sind. Damit entfällt die extreme Sprödigkeit des lamellaren Gusseisens. Die Eigenschaften dieses vermicularen Gusseisens liegen etwa zwischen denen von Gusseisen mit Lamellenform und Gusseisen mit Kugelgrafit. Im englisch-amerikanischen Sprachraum wird er als *»Compacted Graphite«* (CG) bezeichnet.

Wegen des sehr hohen Kohlenstoffgehalts aller Gusseisensorten ist mit erheblichen Problemen beim Schweißen (extreme Rissneigung in der WEZ!) dieser Werkstoffe zu rechnen.

4.4.2.1 Gusseisen mit Lamellengrafit (EN-GJL, alt: GG)

Gusseisen mit Lamellengrafit (Eisenguss) ist ein Eisen-Kohlenstoff-Gusswerkstoff, dessen als Grafit vorliegender Kohlenstoff weitgehend lamellar ausgebildet ist (DIN EN 1561), Bild 4-122. Eine für lamellares Gusseisen typische Analyse ist etwa:
- $C \approx 3\%$ bis 4%,
- $P \approx 0{,}2\%$ bis $1{,}5\%$ zum Verbessern der Gießbarkeit. Für Serienguss sind Phosphorzugaben allerdings unbeliebt, weil das Phosphor-Eutektikum die Spanbarkeit sehr stark einschränkt.

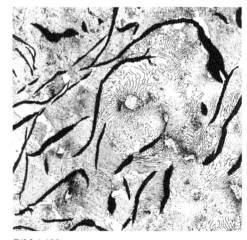

Bild 4-122
Ferritisch-perlitischer Grauguss. Die Grafitlamellen durchziehen die Matrix netzartig. Die durch die spitz auslaufenden Lamellenenden erzeugte extreme Kerbwirkung zusammen mit der geringen Eigenfestigkeit der Grafitlamellen sind die Ursache der niedrigen Zugfestigkeit von lamellarem Grauguss, 4% HNO_3.

- Si ≈ 1% bis 3%. Silicium wirkt festigkeitsmindernd und fördert sehr die eutektische Grafitausscheidung, Bild 4-123.

Die Art der vom Kohlenstoff- und Silicium-Gehalt und der Werkstückdicke abhängigen Gusseisengefüge zeigt Bild 4-123. Ledeburit (Flächen I und IIa) darf in lamellarem Gusseisen nicht entstehen, er gilt als Gießfehler und wird als *Weißeinstrahlung* bezeichnet. In DIN EN 1561 ist Gusseisen mit Lamellengrafit genormt, Tabelle 4-48.

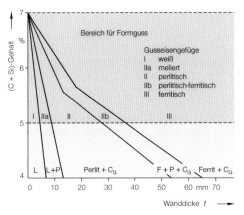

Bild 4-123
Gusseisenschaubild mit dem für Formguss üblichen Bereich. C_G bedeutet Kohlenstoff in Grafitform, L = Ledeburit, P = Perlit, nach Greiner-Klingenstein.

Gusseisen bietet wie die meisten Gusswerkstoffe eine weitgehende konstruktive Gestaltungsfreiheit. Die wichtigsten Ursachen sind das gute Fließ- und Formfüllungsvermögen des flüssigen Eisens und die sehr geringe Volumenänderung bei der Erstarrung (im Bereich von ± 0,5 %), die den speisungstechnischen Aufwand gering hält.

Diese werkstofflichen Zusammenhänge sind ursächlich für die schlechte Schweißeignung dieser Guss-Werkstoffe. Daher werden Konstruktionsschweißungen wie bei den anderen Eisen-Gusswerkstoffen in keinem Fall durchgeführt. Allerdings ist die Reparaturschweißung wegen der in den meisten Fällen unmöglichen Wiederbeschaffbarkeit des Bauteils weit verbreitet und erfahrungsgemäß bei einigen werkstofflichen und schweißtechnischen Kenntnissen auch erfolgreich.

Grundsätzlich werden die folgenden bezüglich der werkstofflichen Vorgänge und des zu betreibenden schweiß- und fertigungstechnischen Aufwands sehr unterschiedlichen Schweißtechnologien angewendet:
- Schweißen mit artgleichen Zusatzwerkstoffen *(Gusseisenwarmschweißen)*,
- Schweißen mit artfremden Zusatzwerkstoffen *(Gusseisenkaltschweißen)*.

Die naheutektische Legierung Gusseisen hat praktisch kein Erstarrungsintervall, sondern einen Schmelzpunkt, der bei etwa 1200 °C liegt. Anders als bei Legierungen (z. B. Stahl) geht der Werkstoff daher *sofort* in den flüssigen Zustand über. Die Handhabbarkeit der dünnflüssigen Schmelze beim Schweißen ist damit selbst für den geübten Schweißer sehr erschwert. Sie muss mit geeigneten Vorrichtungen (z. B. Formkohle) vor einem unkontrollierten Fortlaufen gehindert werden. Als Folge der extrem geringen plastischen Verformbarkeit von Grauguss müssen die vor, beim oder nach dem Schweißen entstehenden Temperaturdifferenzen möglichst gering gehalten werden. Eine geringe Abkühlgeschwindigkeit während des (artgleichen) Schweißens ist zwingend erforderlich, weil sie die Eigenspannungen und ganz entscheidend die Menge des extrem rissanfälligen ledeburitisch-martensitischen (L + M) Gefüges im teilaustenitisierten Bereich der Wärmeeinflusszone verringert: $S + \gamma \rightarrow L + M$. Bild 4-124 zeigt schematisch die werkstofflichen Vorgänge in der Wärmeeinflusszone schmelzgeschweißter Verbindungen bei sehr langsamer Abkühlung, z. B. beim artgleichen Schweißen und schnellerem Abkühlen z. B. bei Verwendung artfremder Zusatzwerkstoffe (Gusseisenkaltschweißen).

Die Art der Beanspruchung des zu reparierenden Gussteils kann das Schweißverhalten ebenfalls erheblich beeinträchtigen bzw. bestimmen. Unterschieden werden chemisch und thermisch beanspruchter sowie mit Öl verunreinigter Guss. Die sich bei der thermischen Beanspruchung bildenden Oxidationsprodukte haben ein größeres Volumen als das unbeeinflusste Gusseisen. Diese als *»Wachsen«* des Gusseisens bezeichnete Ausdehnung führt leicht zur Rissbildung.

Tabelle 4-48
Mechanische Eigenschaften bei Raumtemperatur von Gusseisen mit Lamellengrafit, nach DIN EN 1561 (8/1997).

Gusseisensorte (Kurzname) nach					Mechanische Eigenschaften bei Raumtemperatur				
DIN EN 1561		DIN 1691			Maßgebende Wanddicke	0,1%-Dehngrenze	Zugfestigkeit R_m	A_5	Bruchzähigkeit K_{Ic}	Brinellhärte max.[1]
Kurzzeichen	Nummer	Kurzzeichen	Nummer	mm	N/mm²	N/mm²	%	N/mm$^{3/2}$	HB 30
EN-GJL-100	EN-JL1010	GG-10	0.6010	5 bis 40	–	100 bis 200 [2]	–	–	155
EN-GJL-200	EN-JL1030	GG-20	0.6020	40 bis 80	200 bis 300	150 [3]	0,8 bis 0,3	400	195
EN-GJL-250	EN-JL1040	GG-25	0.6025	40 bis 80	250 bis 350	220 [3]	0,8 bis 0,3	480	215
EN-GJL-300	EN-JL1050	GG-30	0.6030	40 bis 80	300 bis 400	220 [3]	0,8 bis 0,3	560	235
EN-GJL-350	EN-JL1050	GG-35	0.6035	40 bis 80	350 bis 450	260 [3]	0,8 bis 0,3	650	255

[1] Werte gelten für eine maßgebende Wanddicke von 40 bis 80 mm.
[2] Zugfestigkeit wird in getrennt gegossenen Probestücken ermittelt.
[3] Zugfestigkeit wird in angegossenen Probestücken ermittelt.

466 Kapitel 4: Schweißmetallurgie der Eisenwerkstoffe

Fertigungsschweißungen müssen vom Besteller genehmigt werden. Das Schweißverfahren und die Zusatzwerkstoffe sind der bestimmungsgemäßen Verwendung des Gussstücks anzupassen. Geeignete gütesichernde Maßnahmen (z. B. Prüfen mechanischer Gütewerte, Schweißerprüfungen, Ultraschall- und Röntgenprüfungen) sind zu ergreifen.

Artgleiches Schweißen (Gusseisenwarmschweißen)

Bei dieser Schweißtechnologie wird das vollständig und sehr langsam auf etwa 650 °C vorgewärmte Bauteil mit *artgleichen* oder *artähnlichen* Zusatzwerkstoffen geschweißt, Tabelle 4-49. Bei einem teilweisen (partiellen) Vorwärmen spricht man vom *Halbwarmschweißen*.

Die Fehlstellen (Risse, Poren, Lunkerstellen, verschlissene Bereiche) müssen vollständig beseitigt werden und der Schweißnahtbereich muss frei von jeder Art Verunreinigung sein. Für die Rissfreiheit des Bauteils ist ein ausreichend langsames Aufheizen (15 K/h bis etwa 50 K/h bei dickwandigen, komplizierten, 50 K/h bis etwa 80 K/h bei einfachen, dünnwandigen Bauteilen) und Abkühlen von größter Wichtigkeit. Die dünnflüssige naheutektische Schweißschmelze muss z. B. mit *Formkohleplatten* an einem ungewollten Fortlaufen gehindert werden. Bild 4-125 zeigt die zu ergreifenden Maßnahmen. Beim Gas- und auch beim Lichtbogenschweißen werden zum Beseitigen der vorhandenen bzw. beim Schweißen neu gebildeten Oxide Flussmittel verwendet, die sich in der Elektrodenumhüllung befinden bzw. die man beim Gasschweißen auf das Schweißbad aufschüttet. Die Schweißstäbe (Stabelektroden) haben Durchmesser zwischen 4 mm und 20 mm. Die mechanischen

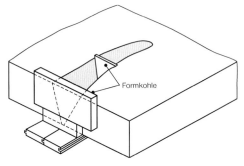

Bild 4-125
Unterteilung einer Schweißnaht an Gusseisen in mehrere Kammern, nach Grundmann.

Eigenschaften der ordnungsgemäß warmgeschweißten Verbindung entsprechen weitgehend denen des unbeeinflussten Gusswerkstoffs. Der schweiß- und fertigungstechnische Aufwand ist aber in der Regel sehr hoch. Das Verfahren wird wegen der mit anderen Verfahren und Methoden nicht erzielbaren Vorteile bei Werkzeugmaschinenbetten und Pressenständern aber immer noch angewendet.

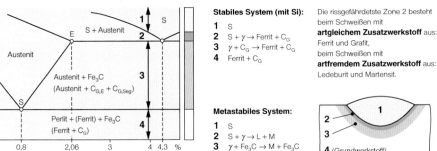

Bild 4-124
Vorgänge in der WEZ schmelzgeschweißter Graugusswerkstoffe.
a) Umwandlungsvorgänge in der WEZ, dargestellt im Fe-C-Schaubild,
b) Umwandlungsprodukte in der WEZ nach stabilem und metastabilem System. Es bedeuten: L = Ledeburit M = Martensit, $C_{G,E}$ = eutektischer Grafit, $C_{G,Seg}$ = entlang der Linie E-S segregierter Grafit, $C_G = C_{G,E} + C_{G,Seg}$, sehr vereinfacht.

**Artfremdes Schweißen
(Gusseisenkaltschweißen)**
Bei dieser Methode wird ohne Vorwärmen (oder mit einer geringen Vorwärmung von 100 °C bis 200 °C) mit *artfremdem* Schweißzusatz geschweißt. Im Gegensatz zum Warmschweißen sind die mechanischen Eigenschaften der Schweißverbindung immer schlechter als die des unbeeinflussten Gusswerkstoffs.

Wegen der großen Härte in der Wärmeeinflusszone (bis 700 HV) werden Zusatzwerkstoffe wie Nickel, Nickel-Eisen-Legierungen und Nickel-Kupfer verwendet, die ein möglichst verformbares Schweißgut ergeben. Tabelle 4-49 zeigt Zusatzwerkstoffe zum Schweißen von Gusseisen. In jüngerer Zeit (10/2003) sind in DIN EN ISO 1071 Zusatzwerkstoffe (Stabelektroden, Drähte, Stäbe, Fülldrahtelektroden) genormt worden. Durch die leichte Plastifizierbarkeit des Schweißguts lassen sich die gefährlichen rissauslösenden (Schweiß-)Eigenspannungen leichter abbauen. Außerdem hat Nickel eine sehr geringe Löslichkeit für Kohlenstoff (Abschn. 5.2.2.1, S. 524) und bildet keine Carbide. Beim Erstarren wird der Kohlenstoff daher in Form von Grafit ausgeschieden und vergrößert dadurch das Schweißgutvolumen, wodurch die Schrumpfspannungen deutlich verringert werden und die Neigung zur Rissbildung abnimmt.

Ein geringes Wärmeeinbringen führt zu sehr schmalen aufgehärteten Wärmeeinflusszonen, erhöht also die Risssicherheit. Daher werden basisch-umhüllte Stabelektroden mit kleinen Durchmessern (3,25 mm Ø und 4 mm Ø) verwendet, die an der unteren Grenze des zulässigen Stromstärkebereichs nach der Zugraupentechnik verschweißt werden. Die Länge der Schweißnaht darf nur etwa 20 mm bis 30 mm betragen, weil die Temperatur des Schweißteils nicht über »Handwärme« steigen sollte. Die Raupen werden gewöhnlich durch Hämmern leicht gestreckt. Diese Maßnahme dient dazu, die Spannungen abzubauen. Vor allem bei Auftragschweißungen werden gelegentlich in den Grundwerkstoff eingebrachte Gewindestifte verwendet, die überschweißt eine bessere »Bindung« ergeben.

Bei Verwendung der üblichen hoch nickelhaltigen Zusatzwerkstoffe wird die Spanbarkeit durch den sich immer bildenden hochgekohlten Nickelmartensit stark beeinträchtigt. Dieser lässt sich auch durch eine Hochtemperaturglühung kaum beseitigen.

Zusatzwerkstoffe auf der Basis der austenitischen Cr-Ni-Stähle sind nicht empfehlenswert, weil sich spröde Chromcarbide bilden. Außerdem begünstigt der große Unterschied in den Wärmeausdehnungskoeffizienten von Schweißgut und Gusseisen sehr stark die Rissbildung.

4.4.2.2 Gusseisen mit Kugelgrafit (EN-GJS, alt: GGG)

Gusseisen mit Kugelgrafit ist nach DIN EN 1563 ein Eisen-Kohlenstoff-Gusswerkstoff, dessen als Grafit vorliegender Kohlenstoffanteil nahezu vollständig in weitgehend kugeliger Form im Gefüge vorliegt, Bild 4-126 Er besitzt gute Gießeigenschaften und zeichnet sich gegenüber Gusseisen mit Lamellengrafit nicht nur durch eine wesentlich größere Festigkeit, sondern vor allem durch eine sehr große Zähigkeit aus, Tabelle 4-50. Inzwischen beträgt der Anteil an Gusseisen mit Kugelgrafit an der Gesamteisengusserzeugung etwa 30 %. Seine hervorragenden mechanischen Eigenschaften verbunden mit der sehr wirtschaftlichen Herstellung der Gussteile sichern diesem Werkstoff ein breites Anwendungsgebiet, auch bei Konstruktionsschweißungen. Etwa 75 % bis 80 % der bisher geschmiedeten PKW-Kurbelwellen

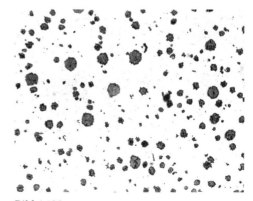

Bild 4-126
Gusseisen mit Kugelgrafit, 4 % HNO_3, V = 100:1.

Tabelle 4-49
Artgleiche Zusatzwerkstoffe zum Schweißen von Gusseisen mit Lamellengrafit (GJL) und Kugelgrafit (GJV) sowie schwarzer Temperguss (GJMB), nach DIN EN ISO 1071, Auswahl.

Kurz-zeichen	Gefüge	Produkt-form [1]	Anwendung	Beschreibung und Eigenschaften
FeC-1	Gusseisen mit Lamellengrafit	E, R	GJL	Verwendet als gegossene Stäbe und basisch-grafitisch umhüllte Stabelektroden mit gegossenem Kernstab aus GJL. Die Stäbe für das Gasschweißen können blank oder dünn mit Flussmittel umhüllt sein. Das Schweißgut besteht aus Gusseisen mit Lamellengrafit.
FeC-3	Gusseisen mit Lamellengrafit	E, T	GJL	Verwendet als basisch-grafitisch umhüllte Stabelektroden und als selbstschützende Fülldrahtelektroden. Der Kernstab besteht entweder aus Gusseisen oder aus unlegiertem Stahl. Das Schweißgut besteht aus Gusseisen mit Lamellengrafit.
FeC-4	Lamellengrafit	R	GJL	Die Zusatzwerkstoffe sind gegossene Stäbe zum Gasschweißen von GJL. Das Schweißgut fließt gut. Ein eisenoxidhaltiges Flussmittel ist erforderlich, um ein fehlerfreies Schweißgut zu erhalten. In diesem Fall erreicht die Zugfestigkeit der Verbindung (GJL) im unteren Bereich Werte von 150 MPa bis 250 MPa. Das Schweißgut ist farbgleich und spanend bearbeitbar, wenn sich nicht wegen unzureichender Vermischung des Schweißzusatzes mit dem Grundwerkstoff Eisenphosphid gebildet hat.
FeC-5	Lamellengrafit	R	GJL	Die Zusatzwerkstoffe sind gegossene Stäbe zum Gasschweißen von GJL mittlerer Festigkeit. Es ergeben sich höhere Festigkeiten als mit FeC-4. Geeignet für GJL mit 250 MPa bis 300 MPa.
FeC-GF	Grundgefüge ferritisch, GJV	E, T	GJV	Verwendet als basisch-grafitisch umhüllte Stabelektroden und als selbstschützende Fülldrahtelektroden. Der Kernstab bzw. der Mantel besteht aus unlegiertem Stahl bzw. Gusseisen mit Kugelgrafit. In Abhängigkeit von der Wärmeführung und der chemischen Zusammensetzung weist der Typ FeC-GF ein überwiegend ferritisches und der Typ FeC-GP2 ein überwiegend perlitisches Gefüge auf.
FeC-GP2	Grundgefüge perlitisch, GJV	E, T	GJV	Bevorzugte Anwendung ist das Schweißen von GJV und schwarzem Temperguss.
FeC-GP1	Grundgefüge perlitisch, GJV	R	GJV	Die Zusatzwerkstoffe sind gegossene Stäbe zum Gasschweißen von GJV und GJL. In richtig ausgeführten Schweißungen ist der größte Teil des Grafits kugelig ausgebildet, es sei denn, Mg und Ce des Schweißstabes oxidierten infolge ungünstiger Schweißparameter. Das Schweißgut besitzt im Vergleich zum FeC-4 und FeC-5-Typ eine verbesserte Zähigkeit. Sie kann durch eine Wärmenachbehandlung weiter erhöht werden. Festigkeitswerte von 400 MPa beim Gusseisen mit Kugelgrafit sind erreichbar.
Z	–	E, R, T	Jede andere vereinbarte Zusammensetzung	

[1] Kurzzeichen E: Umhüllte Stabelektrode
Kurzzeichen S: Drahtelektrode und Schweißstab
Kurzzeichen T: Fülldrahtelektrode
Kurzzeichen R: Gegossener Stab

Tabelle 4-49 (Fortsetzung).
Artfremde Zusatzwerkstoffe zum Schweißen von Gusseisen mit Lamellengrafit (GJL) und Kugelgrafit (GJV) sowie von weißem (GJMW) und schwarzem Temperguss (GJMB), nach DIN EN ISO 1071, Auswahl.

Kurz-zeichen	Produkt-form [1]	Anwendung und Eigenschaften	
		Anwendung	Beschreibung und Eigenschaften
Fe-1	E, S, T	GJWM	Umhüllte Stabelektroden mit Sonderumhüllung, geeignet für einlagige Auftragsschweißungen auf korrodierten oder verzunderten Gussstücken (aber wenn möglich, Gussstück vor dem Schweißen säubern!), für Fülllagen wegen Aufhärtungsgefahr nicht geeignet. Für weißen Temperguss (GJMW) geeignet. Hierfür können auch basisch-umhüllte Stabelektroden nach DIN EN ISO 14341 und Fülldrahtelektroden nach DIN EN 758 verwendet werden.
St	E, S, T	GJL	Umhüllte Stabelektroden, die unlegiertes Schweißgut ergeben. Vorwiegend zum Ausbessern kleinerer Löcher und Risse in Gusseisen verwendet. Durch Kohlenstoffaufnahme aus dem Grundwerkstoff ist Schweißgut weitgehend martensitisch (rissempfindlich) und schlecht bearbeitbar.
Fe-2	E, T	GJL, GJS, GJMW, GJMB	Umhüllte Stabelektroden und Fülldrahtelektroden. Hülle bzw. Füllung enthält Carbidbildner. Kernstab bzw. Mantel besteht aus unlegiertem Stahl. Da Kohlenstoff von Carbidbildner weitgehend abgebunden, wird Martensitbildung weitgehend vermieden. Auftragsschweißung an GJL, GJV und Temperguss.
Ni-Cl	E, S	GJL, GJS	Umhüllte Stabelektroden, Drahtelektroden, Stäbe, ergeben Schweißgut mit hohem Nickelgehalt. Wenn Phosphorgehalt im Gusseisen groß ist, dann ist Schweißgut heißrissempfindlich. Ni-Cl-A ähnlich wie Ni-Cl, enthält aber mehr Aluminium, wodurch Schweißeigenschaften verbessert, aber Zähigkeit verringert werden (Aluminium löst sich im Schweißgut!).
Ni-Cl-A	E	GJL	
NiFe-1	E, S, T	GJL	Umhüllte Stabelektroden, Drahtelektroden, Fülldrahtelektroden. Festigkeit Schweißgut ist höher als beim Ni-Cl-Typ. Nur für Einlagenschweißungen geeignet.
NiFe-2	E, S, T	GJS, GJMB	Umhüllte Stabelektroden, Drahtelektroden, Fülldrahtelektroden. Für Mehrlagenschweißungen an GJS und GJMB geeignet.
NiFe-Cl	E	GJL, GJS	Umhüllte Stabelektroden. Schweißgut (40 bis 60 % Nickel) in Gusseisen mit höherem Phosphorgehalt ist heißrissbeständiger als eines mit höherem Nickelgehalt.
NiFe-Cl-A	E	GJL, GJS	Wie NiFe-Cl-Typ, aber höherer Aluminiumgehalt bewirkt größere Porensicherheit, allerdings bei reduzierter Zähigkeit.
NiCu	E, S	GJL, GJS, GJMB	Umhüllte Stabelektroden, möglich auch Drähte und Stäbe nach DIN EN 18274 - S Ni 4060 (S NiCu₃₀Mn3Ti). Bevorzugt für Fülllagen von Mehrlagenschweißungen an großen Querschnitten aus GJL, GJS und GJMB. Gute Bindung an gealtertem Gusseisen.
NiCu-A	E, S	GJL, GJS	Umhüllte Stabelektroden, Drähte, Stäbe. Es ergeben sich bei richtiger Verarbeitung ein flacher Einbrand. Schweißgut ist zähe und gut spanend bearbeitbar.
NiCu-B	E, S		
Z	E, S, T	Jede andere vereinbarte Zusammensetzung	

[1] Kennziffern siehe Tabelle 4-47

Tabelle 4-50
Gewährleistete mechanische Eigenschaften von Gusseisen mit Kugelgrafit (GJV), nach DIN EN 1563.

Sorte (Kurzname) nach		Gefüge	Mechanische Eigenschaften, Mindestwerte					
			R_m [1]	$R_{p0,2}$	A_5	Brinellhärte	Kerbschlagarbeit KV (Charpy-V) J	
DIN 17006	Nummer		N/mm²	N/mm²	%	HB 30	bei −20 °C	bei −20 °C
EN-GJS-350-22-LT	EN-JS1015	ferritisch	350	220	22	unter 160	–	–
EN-GJS-400-18-LT	EN-JS1025	ferritisch	400	240	18	130 bis 175	9	9
EN-GJS-400-15	EN-JS1030	ferritisch	400	250	15	135 bis 180	–	–
EN-GJS-500-7	EN-JS1050	ferritisch-perlitisch	500	320	7	170 bis 230	–	–
EN-GJS-600-3	EN-JS1060	perlitisch-ferritisch	600	370	3	190 bis 270	–	–
EN-GJS-700-2	EN-JS1070	perlitisch	700	420	2	225 bis 305	–	–
EN-GJS-800-2	EN-JS1080	perlitisch bzw. angelassener Martensit	800	480	2	245 bis 335	–	–
EN-GJS-900-2	EN-JS1090	angelassener Martensit	900	600	2	270 bis 360	–	–

[1] Gewährleistete Mindestwerte für getrennt gegossene Probestücke.

Tabelle 4-51
Mechanische Eigenschaften von austenitischem Gusseisen mit Kugelgrafit (GJLA), halbfett = gewährleistete Werte nach DIN EN 13836.

Sorte (Kurzname)	Mechanische Eigenschaften, Mindestwerte			E-Modul	Kerbschlagarbeit		Brinellhärte
	R_m min.	$R_{p0,2}$ min.	A_5 min.		K (DVM-Probe)	KV (Charpy-V)	
	N/mm²	N/mm²	%	kN/mm²	J	J	HB 30
EN-GJLA-XNiMn13-7	**390 bis 470**	**210 bis 260**	**15 bis 18**	140 bis 150	–	**16**	120 bis 150
EN-GJLA-XNiCr20-2	**370 bis 480**	**210 bis 250**	**7 bis 20**	112 bis 130	14 bis 27	**13**	140 bis 200
EN-GJLA-XNiCrNb20-2	**370 bis 480**	**210 bis 250**	**7 bis 20**	112 bis 130	14 bis 27	**13**	140 bis 200
EN-GJLA-XNiCr20-3	**390 bis 500**	**170 bis 250**	**7 bis 15**	112 bis 133	12	–	150 bis 255
EN-GJLA-XNi22	**370 bis 450**	**210 bis 260**	**20 bis 40**	85 bis 112	21 bis 33	**20**	130 bis 170
EN-GJLA-XNi30-3	**370 bis 480**	**210 bis 270**	**7 bis 18**	92 bis 105	8	–	140 bis 200
EN-GJLA-XNiSiCr30-5-2	**380 bis 500**	**210 bis 270**	**10 bis 20**	130 bis 150	10 bis 16	–	130 bis 170
EN-GJLA-XNi35	**370 bis 420**	**210 bis 240**	**20 bis 40**	112 bis 140	20	–	130 bis 180

werden zurzeit aus diesem Werkstoff hergestellt! Es lassen sich kleinste Teile, aber auch Werkstücke mit Stückmassen bis etwa 200 t herstellen.

Artgleiches/artähnliches Schweißen
Wie bei Gusseisen mit Lamellengrafit müssen die Fügeteile bei der Warmschweißung auf 400 °C bis 650 °C vorgewärmt werden. Als Zusatzwerkstoff wird z. B. FeC-GF, Tabelle 4-49, verwendet. Wegen der guten Duktilität des Werkstoffs ist ein partielles Vorwärmen im Schweißnahtbereich meistens ausreichend. Ohne Vorwärmung erfolgt die Umwandlung nach dem metastabilen System, d. h., in der partiell aufgeschmolzenen Zone der WEZ, Bild 4-124 – das ist der Bereich $(S + \gamma)$ – entsteht ein rissanfälliges ledeburitisch-martensitisches Gefüge.

Der gegenwärtige Stand beim Schmelzschweißen von Gusseisen mit Kugelgrafit (Schweißen mit artgleichen, artähnlichen und artfremden Zusatzwerkstoffen) nach DIN EN 1011-8 ist in Tabelle 4-52 dargestellt.

Nach einer energie- und zeitaufwändigen, d. h. sehr teuren Wärmenachbehandlung (bei 900 °C/3 h wird der Ledeburit beseitigt und bei 700 °C/16 h das Grundgefüge vollständig ferritisiert), ist die Verformbarkeit zufriedenstellend. Das anschließende Abkühlen kann wegen der größeren Verformbarkeit dieser Werkstoffe schneller erfolgen als bei Gusseisen mit Lamellengrafit.

Artfremdes Schweißen
Gemäß Tabelle 4-49 werden für das artfremde Schweißen Zusatzwerkstoffe z. B. der Typen Fe-2, NiFe-1 oder NiFe-2 verwendet. Die Vorwärmtemperaturen liegen zwischen 100 °C und 300 °C, abhängig vom Eigenspannungszustand, der Werkstückdicke und der Werkstofffestigkeit. Die Härte in den schmelzgrenzennahen Bereichen kann bis 650 HV betragen. Zusammenhängende ledeburitisch-martensitische Zonen lassen sich durch eine geeignete Schweißtechnologie (geringes Wärmeeinbringen, Zugraupen) verhindern. Wirksamer ist allerdings eine Wärmenachbehandlung, mit der häufig auch das Vorwärmen entfallen kann.

Schweißverfahren
Von großer technischer und wirtschaftlicher Bedeutung sind Gussverbund-Schweißkonstruktionen bestehend aus Baustahl und Gusseisen mit Kugelgrafit. Zunehmende Anwendung finden hier die Pressschweißverfahren, Reibschweißen und das (Pressschweiß-)Verfahren mit magnetisch bewegtem Lichtbogen (MBL-Verfahren, auch als Magnetarc-Verfahren bekannt). Sie bieten die Vorteile, dass die zu verbindenden Teile fest eingespannt sind und die Pressung erst nach Erreichen der Schweißtemperatur erfolgt. Dadurch wird eine hohe Maßgenauigkeit des Schweißteils erreicht. Bei diesem Verfahren ist kein Zusatzwerkstoff erforderlich. Die Schweißzeiten liegen im Bereich von nur 10 s.

Mit dem Magnetarc-Verfahren lassen sich gegenwärtig Fügeteile bis etwa 200 mm Durchmesser und einer maximalen Wanddicke von 6 mm, mit dem Reibschweißen Fügeteile bis 300 mm Durchmesser und 18 mm Wanddicke schweißen. Bei den meisten technisch bedeutsamen Anwendungen wird der Lichtbogen zwischen zwei Rohren bewegt. Das Reibschweißen und das Magnetarc-Verfahren bieten eine hohe Seriensicherheit und sind leicht in den Fertigungsprozess integrierbar. Ein Nachteil ist, dass die Wanddicken auf etwa 6 mm begrenzt sind. Zur Zeit wird versucht, durch Vorwärmen der Schweißteile die maximal schweißbare Wanddicke auf 8 mm bis 10 mm zu erhöhen.

Die Pressschweißverfahren besitzen den entscheidenden Vorteil, dass die beim Schweißprozess entstehende Schmelze vollständig aus dem Spalt herausgedrückt wird. Das Schweißgut bildet demnach ein artgleiches oder artähnliches Schweißgut. Metallurgische Reaktionen der schmelzflüssigen Phase $(S + \gamma \rightarrow$ Ledeburit bzw. Martensit) können also nicht entstehen. Aus diesem Grunde muss ein Fügeteil rohrförmigen Querschnitt haben, anderenfalls lässt sich die Schmelze nicht aus dem Spalt drücken. Die Schweißwärme führt auf der Stahlseite zu einem etwa 0,1 mm breiten, grobstreifigen Perlitsaum. Vereinzelt liegt auch sehr instabiler Martensit vor, der bei einer Anlassglühung (730 °C) vollständig zerfällt.

Tabelle 4-52
Empfehlungen für das Schmelzschweißen von Gusseisen mit Kugelgrafit mit artgleichem, artähnlichem und artfremdem Zusatzwerkstoff (DIN EN 1011-8), nach Konstruieren + Gießen, 2/2007.

Verfahren	Methode	Schweißen von Gussstücken mit artgleichem oder artähnlichem Schweißzusatz	Schweißen von Gussstücken mit artfremdem Schweißzusatz
Nahtvorbereitung	Vorbereitende Arbeiten	Gusshaut von der Schweißfläche des Gussstücks und dem angrenzenden Bereich entfernen und die Schweißfläche reinigen.	
	thermische	Plasmaschmelzschneiden; Pulverbrennschneiden (bedingt Lichtbogenschneiden; autogenes Brennschneiden nicht geeignet).	
	mechanische	Mechanisches Bearbeiten, Schleifen, Ausmeißeln.	
Verwendung von Schweißunterlagen		Grafithaltiger Werkstoff, Lehm, Keramik, Gusseisen mit Kugelgrafit, unlegierter Stahl.	
Empfehlungen für die thermische Behandlung (Schweißen örtlicher Bereiche oder des gesamten Gussteils)	Vorwärmen	Schweißen mit artgleichen Zusatzwerkstoffen; T_p = 550 °C bis 700 °C (je nach Material und (oder Verfahren). Schweißen mit artähnlichen Schweißzusätzen: T_p = 250 °C bis 550 °C, maximale Erwärmungsgeschwindigkeit (je nach Gussteil oder Bauteil).	$T_{p,max}$ = 300 °C
	Gussstücktemperatur beim Schweißen, T_G	Schweißen mit *artgleichen* Zusatzwerkstoffen: außerhalb der Schweißfläche $T_G \geq 450$ °C Schweißen mit *artähnlichen* Zusatzwerkstoffen: außerhalb der Schweißfläche $T_G \geq 250$ °C	Zwischenlagentemperatur: $T_i = T_p + 50$ K
	Abkühlgeschwindigkeit	Je nach Komplexität des Gussteils oder Bauteils von 450 °C bis 150 °C ≤ 50 K/h bei spannungsempfindlichen Gussstücken.	In ruhender Luft
Wärmenachbehandlung	Separate Wärmebehandlung oder Nutzung der Restwärme beim Schweißen	Je nach Grundwerkstoff, Größe und Form des Gussstücks und anderen Anforderungen kann jedes Wärmebehandlungsverfahren angewendet werden.	
Verwendung von Zusatzwerkstoffen	Gasschweißen mit Sauerstoff-Acetylenflamme (311)	GJS-Stab	Metallpulver
	Lichtbogenhandschweißen (111)	GJS-Stabelektrode, umhüllt oder nicht umhüllt. Umhüllte Stabelektrode aus Stahl, wahlweise hüllenlegiert oder Umhüllung ohne Legierung, umhüllter Schweißstab	Umhüllter Schweißstab, nach DIN EN ISO 1071.
	Metall-Schutzgasschweißen (13)	Drahtelektroden, unlegiert oder legiert, nur für Zwischenlagentemperatur ≤ 300 °C (um die Schutzgaswirkung aufrecht zu erhalten).	Massivdrahtelektroden, umhüllte Drahtelektroden, nach DIN EN ISO 1071.
	WIG-Schweißen (141)	Schweißstäbe, Fülldrähte nur für Zwischenlagentemperatur ≤ 300 °C (um die Schutzgaswirkung aufrecht zu erhalten).	Massivstäbe, Schweißstäbe, Massivdraht, Fülldraht, nach DIN EN ISO 1071.
	Metall-Lichtbogenschweißen mit Fülldrahtelektrode *ohne* Schutzgas (114)	Fülldraht: Schweißgut (GJS)	Umhüllte Drahtelektroden, nach DIN EN ISO 1071.
	Gießschweißen	Schmelzgut GJS	
	Gießschmelzschweißen	Wie Gießschweißen, jedoch werden zusätzliche Elektroden verwendet.	
	Plasmaschweißen (15)	Mit wenig oder ohne Zusatzwerkstoff	
Verwendung von Flussmitteln		Legiert oder unlegiert, kann zum Verbessern der Schweißbedingungen verwendet werden.	

Die wichtige Voraussetzung für den wirtschaftlichen Einsatz des gerätemäßig sehr aufwändigen Reibschweißverfahrens ist die Großserie. Für kleinere Stückzahlen ist das MAG-Verfahren u. U. auch anwendbar. Ein Vorwärmen kann in den meisten Fällen entfallen. Eine Wärmenachbehandlung ist aber notwendig, weil sich in der Regel ein stark rissbegünstigender sehr schmaler ledeburitisch-martensitischer Gefügebereich neben der Schmelzgrenze bildet. Die Gütewerte sind nicht mit denen vergleichbar, die beim Pressschweißen erreichbar sind.

Bild 4-127 zeigt die Schweißverbindung eines aus EN-GJS-400-15 bestehenden Gasschiebers mit Anschweißenden aus unlegiertem Stahl, jeweils für das Magnetarc- und das Schmelzschweißen. Das völlig martensitfreie Gefüge des schmelzgrenzennahen Bereichs einer mit dem Magnetarc-Schweißverfahren hergestellten Verbindung nach einem Anlassglühen zeigt Bild 4-128.

Für beide Schweißverfahren sind sehr geringe Gehalte an Verunreinigungen (Schwefel und Phosphor) und Carbidbildner (Chrom, Vanadium, Titan, Niob u. a.) im Werkstoff erforderlich, weil sie die Entstehung des spröden Ledeburits begünstigen.

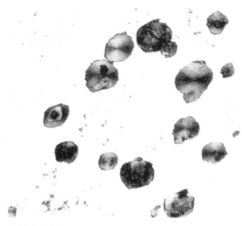

Bild 4-128
Mikrogefüge aus dem Bereich der Schmelzgrenze einer Schweißverbindung aus EN-GJS-400-15 und einem unlegierten C-Mn-Stahl, nach Fa. Hundhausen.

Legiertes (austenitisches) Gusseisen mit Kugelgrafit

Im Gegensatz zu Walzstählen ist der Nickelgehalt der austenitischen Gusseisensorten wesentlich größer (mind. 12 %), der Chromgehalt sehr gering (1 % bis 5 %). Bei einem grafitischen Gusseisen muss der Chromgehalt so weit abgesenkt werden, dass die Bildung versprödender Chromcarbide weitgehend unterbleibt. Außerdem verschlechtern

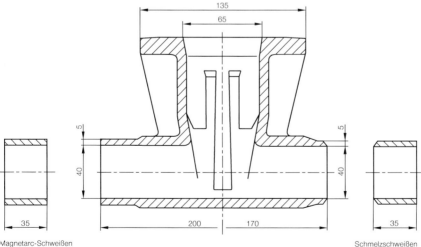

Bild 4-127
Gegossener Gasschieber aus EN-GJS-400-15 mit Anschweißenden aus unlegiertem C-Mn-Stahl, die mit dem Magnetarc-Verfahren bzw. einem Schmelzschweißverfahren (MAG) verbunden werden. Die Maße sind gerundet und ohne Toleranzangaben angegeben, nach Fa. Hundhausen.

sich die Gießeigenschaften und das Speisungsverhalten erheblich. Wegen der im Vergleich zum Gusseisen mit Lamellengrafit wesentlich besseren Festigkeits- und Zähigkeitseigenschaften haben die Sorten mit Kugelgrafit nach DIN EN 13835 die weitaus größere Bedeutung, Tabelle 4-51.

Verschiedene austenitische Gusseisensorten mit Kugelgrafit neigen abhängig von ihrer chemischen Zusammensetzung in der Wärmeeinflusszone zur Rissbildung. Die Schweißeignung der wichtigsten hochlegierten Sorte EN-GJLA-XNiCr20-2 wird durch Niob erheblich verbessert (EN-GJLA-XNiCrNb20-2), sie hängt aber vom Phosphor-, Silicium- und Magnesiumgehalt ab, wie Bild 4-129 zeigt.

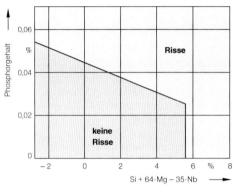

Bild 4-129
Einfluss von Phosphor, Silicium, Magnesium und Niob auf die Neigung zur (Härte-)Rissbildung beim Schweißen von austenitschem Gusseisen mit Kugelgrafit EN-GJLA-XNiCrNb20-2, nach Stephenson.

Mit einem geringen Wärmeeinbringen wird die Versprödung der Wärmeeinflusszone durch Carbidausscheidungen und die Rissneigung vermieden. Als Schweißzusatzwerkstoffe werden die üblichen Ni-Fe-Legierungen bzw. Reinnickel empfohlen, s. Tabelle 4-49 und Tabelle 4-52. Artgleiche Zusatzwerkstoffe erhöhen die Rissneigung. Die chromfreien bzw. chromarmen Sorten wie z. B. EN-GJLA-XNi22 lassen sich kaum rissfrei schweißen. In diesen Fällen kann ein Puffern der Nahtflanken empfehlenswert sein. Eine Wärmenachbehandlung ist abhängig von der Stückgröße und dem Umfang der Schweißarbeiten u. U. erforderlich. Das Spannungsarmglühen wird zwischen 650 °C und 680 °C, das Grafitisierungsglühen zum Beseitigen vorhandener Carbide zwischen 950 °C und 1050 °C durchgeführt.

4.4.3 Temperguss (EN-GJMW, alt: GTW; EN-GJMB, alt: GTS)

Temperrohguss ist eine ohne Grafitausscheidung weiß erstarrende untereutektische Eisen-Kohlenstoff-Silicium-Legierung. Ihr Gefüge ist ledeburitisch, d. h. hart und spröde und für jede technische Anwendung – mit Ausnahme bei hoher Verschleißbeanspruchung als Hartguss (GH) einsetzbar – völlig ungeeignet.

Der Temperrohguss wird durch Glühen (»Tempern«) in oxidierender oder neutraler Ofenatmosphäre in weißen oder schwarzen Temperguss überführt. Beide Temperguss-Arten sind duktil, sehr gut mechanisch bearbeitbar und dem Gusseisen mit Kugelgrafit vergleichbar. Die Bedeutung des schwarzen Tempergusses hat sehr stark abgenommen.

Die Eigenschaften der Tempergusssorten beruhen auf dem beim Tempern entstehenden Fe_3C-Zerfall, der Entkohlung oberflächennaher Randschichten und dem Einstellen des erforderlichen Grundgefüges.

4.4.3.1 Weißer Temperguss (EN-GJMW, alt: GTW)

Weißer Temperguss wird durch Glühen des Temperroh(hart)gusses in oxidierender Atmosphäre bei etwa 1060 ... 1070 °C/50...70 h hergestellt. Dabei zerfallen die eutektischen Carbide und der Perlit gemäß

$$Fe_3C \rightarrow 3 \cdot Fe + C$$

und die oberflächennäheren Bereiche werden durch CO_2 und O_2 entkohlt:

$$C + CO_2 \rightarrow 2 \cdot CO,$$
$$2 \cdot C + O_2 \rightarrow 2 \cdot CO.$$

Die Ausbildung des Gefüges ist damit stark von der Wanddicke abhängig, Bild 4-130.

Alle Tempergusssorten sind grundsätzlich schweißgeeignet, der schweiß- und fertigungstechnische Aufwand ist aber je nach gewünschter Qualität unterschiedlich. Es werden daher bei Tempergussschweißungen zwei *Güteklassen* unterschieden:

❐ *Güteklasse A*
 Die Eigenschaften der Schweißverbindung sind denen des ungeschweißten Grundwerkstoffs praktisch gleichwertig. Der sehr gut schweißgeeignete Temperguss EN-GJMW-360-12W erfüllt die an die Güteklasse A gestellten Anforderungen.

❐ *Güteklasse B*
 Die Eigenschaften der Schweißverbindung unterscheiden sich von denen des Grundwerkstoffs, sie erfüllen aber die geforderten Eigenschaften (»zweckbedingte Güte«). Hierunter fallen Schweißarbeiten mit artfremdem Zusatzwerkstoff.

Bei den schweißgeeigneten Tempergusssorten EN-GJMW-360-12W (GTW-S 38-12) darf der Kohlenstoffgehalt bis zu einer Wanddicke von 8 mm im Querschnitt nur 0,3 % betragen. Diese geringen Kohlenstoffgehalte werden durch sehr lange Glühdauern von etwa 150 h bis 170 h erreicht, wodurch auch der sehr viel höhere Preis des schweißgeeigneten weißen Tempergusses verständlich wird. Die Randzone ist bei diesen Werkstoffen überwiegend ferritisch. Bei dem hervorragend schweißgeeigneten EN-GJMW-360-12W (weißer Temperguss) bleibt die Härte in der WEZ bei Werkstückdicken bis 8 mm unter 250 HV, womit eine Rissbildung ausgeschlossen ist. Eine Wärmenachbehandlung ist daher auch nicht erforderlich.

Die aus weißem Temperguss herstellbaren Werkstücke haben nur eine sehr begrenzte Stückmassen (≤ 20 kg). Daher werden Konstruktionsschweißungen mit dem hierfür entwickelten EN-GJMW-360-12W sehr häufig, Reparaturschweißungen dagegen sehr selten durchgeführt.

In Bild 4-131 ist eine Rohrgelenkwelle als Gussverbundkonstruktion dargestellt, die aus der Tempergusssorte EN-GJMW-360-12W und einem Rohr aus unlegiertem Stahl besteht. Die umlaufende Schweißnaht wurde mit dem MAG-Verfahren hergestellt.

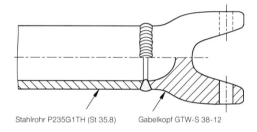

Stahlrohr P235G1TH (St 35.8)   Gabelkopf GTW-S 38-12

Bild 4-131
Rohrgelenkwelle als Verbundkonstruktion aus unlegiertem Stahl P235G1TH (St 35.8) und weißem Temperguss EN-GJMW-360-12W, nach Georg Fischer AG.

Weißer Temperguss mit Wanddicken bis etwa 10 mm lässt sich gut schweißen, weil das Gefüge in einem Oberflächenbereich von etwa 5 mm bis 6 mm praktisch einem weichen (C ≤ 0,30 %) unlegierten Kohlenstoffstahl entspricht. Allerdings kann sich wegen der Anwesenheit von Temperkohle, Bild 4-130, (das gilt vor allem bei größeren Wanddicken!) durch *Rücklösen* harter, sehr spröder Ledeburit bilden, der sich aber durch ein nachträgliches Glühen bei 900 °C ... 950 °C beseitigen lässt, Bild 4-132.

Tabelle 4-53 zeigt gewährleistete mechanische Eigenschaften einige der nach DIN EN 1562 genormten weißen und schwarzen Tempergusssorten.

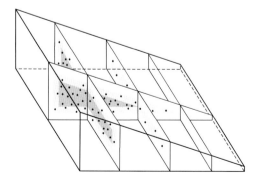

Bild 4-130
Ausbildung des Gefüges bei weißem Temperguss, schwarzer hat ein wanddickenunabhängiges Gefüge, nach DIN EN 1562.

Tabelle 4-53
Gewährleistete mechanische Eigenschaften bei Raumtemperatur von weißem und schwarzem Temperguss, nach DIN EN 1562 (8/2006), Auswahl.

Tempergusssorte (Kurzname) nach			Durchmesser der Probe d	Mechanische Eigenschaften, Mindestwerte				Kennzeichnende Eigenschaften und Gefügebestandteile
DIN EN 1562	DIN 17006	ISO 5922	mm	$R_{p0,2}$ N/mm²	R_m N/mm²	$A_{3,4}$ %	Brinellhärte (informativ)	
Weißer Temperguss (EN-GJMW)								
EN-GJMW-350-4	GTW-35-04	W 35-04	9 12 15	– – –	340 350 360	5 4 3	230	Kostengünstiger Werkstoff mit nicht sehr großer Gleichmäßigkeit der Eigenschaften für normale Beanspruchung.
EN-GJMW-360-12W	GTW-S 38-12	W 38-12	9 12 15	170 200 210	320 380 400	15 12 7	200	gut schweißgeeignet, Restkohlenstoffgehalt bis zu einer Wanddicke < 8 mm ≤ 0,30 %, ferritisches Gefüge.
EN-GJMW-400-5	GTW-40-05	W 40-05	9 12 15	200 220 230	360 400 420	8 5 4	220	Besonders für dünnwandige Bauteile mit guten Zähigkeitseigenschaften, ferritisch-perlitisches Gefüge und Temperkohle.
EN-GJMW-550-4	GTW-55-04	W 55-04	9 12 15	310 340 350	490 550 570	5 4 3	250	Körniger Perlit und Temperkohle, daher gute spangebende Bearbeitung, aber Schweißeignung nur mäßig.
Schwarzer Temperguss (EN-GJMB)								
EN-GJMB-350-10	GTS-35-10	B 35-10	12 oder 15	200	350	10	max. 150	Ferrit mit eingelagerter feiner Temperkohle, hervorragend zerspanbar.
EN-GJMB-450-6	GTS-45-06	P 45-06	12 oder 15	270	450	6	150 bis 200	Ferritisch-perlitisch mit Temperkohle, hervorragend zerspanbar.
EN-GJMB-550-4	GTS-55-04	P 55-04	12 oder 15	340	550	4	180 bis 230	Perlit mit Temperkohle und geringer Ferritmenge, noch gut zerspanbar, für thermophysikalische Härtung ideal geeignet.
EN-GJMB-650-2	GTS-65-02	P 65-02	12 oder 15	430	650	2	240 bis 260	Perlit mit Temperkohle, EN-GJMB-700 mit Vergütungsgefüge. Festigkeit ist wichtiger als Zerspanbarkeit. Beide Werkstoffe gute Alternativen für Schmiedestähle gleicher Festigkeit.
EN-GJMB-700-2	GTS-70-02	P 70-02	12 oder 15	530	700	2	240 bis 290	

4.4.3.2 Schwarzer Temperguss (EN-GJMB, alt: GTS)

Schwarzer Temperguss wird in neutraler Ofenatmosphäre bei etwa 950 °C und mit im Vergleich zum weißen Temperguss kürzeren Haltezeiten (≈ 24 h) geglüht, weil keine Entkohlung durchzuführen ist. Der aus den zerfallenen eutektischen Carbiden und den Carbiden des Perlits stammende Kohlenstoff scheidet sich als Temperkohleknoten aus. Das charakteristische Kennzeichen dieser Werkstoffe sind ihr weitgehend wanddickenunabhängiges Gefüge und damit auch ihre wanddickenunabhängigen mechanischen Eigenschaften. In einer zweiten Glühstufe wird das Werkstoffgefüge nach einer Luft- oder Ölabkühlung mittels Anlassen eingestellt, Bild 4-132. Das Gefüge der B-Sorten (**B** = **B**lackheart malleable Cast Iron, B 35-10; nach DIN EN 1562) EN-GJMB-300-6 und DIN EN-GJMB-350-10, Tabelle 4-53) besteht aus Ferrit und Temperkohle, das der perlitischen P-Sorten (P = Perlitic Malleable Cast Iron, EN-GJMB-450-6 bis EN-GJMB-700-2) aus einer Grundmasse mit steigenden Mengen an gebundenem Kohlenstoff und eingelagerter Temperkohle.

Vor dem Schweißen ist die einige zehntel Millimeter dicke oxidische Randschicht (Temperhaut) durch Schleifen abzuarbeiten. Anderenfalls können die Oxide mit dem Kohlenstoff des Grundwerkstoffs zu Kohlenmonoxid (CO) reagieren und zu Poren im Schweißgut führen.

Die Schweißeignung ist noch gut, allerdings geht ein Teil der Temperkohle beim Schweißen im Austenit oder der Schmelze in Lösung, wodurch nach dem Abkühlen in der WEZ ledeburitische bzw. martensitische Gefüge entstehen können. Bei C-Gehalten über 0,3 % ist auf etwa 250 °C bis 400 °C vorzuwärmen, wenn Güteklasse A gefordert wird. Die Schweißverbindung muss wärmenachbehandelt werden. Bei Tempergusssorten mit höheren C-Gehalten ist eine der Sorte angepasste mehrstufige Wärmenachbehandlung erforderlich. Geschweißt wird mit artfremden hoch nickelhaltigen Zusatzwerkstoffen, Tabelle 4-49. Auch hier lässt sich der im Bereich der WEZ gebildete Nickelmartensitsaum selbst durch eine Hochtemperaturglühung nicht vollständig beseitigen.

Die Bedeutung des schwarzen Tempergusses ist rückläufig. Die beiden mit ihm konkurrierenden Werkstoffe der weiße Temperguss und das Gusseisen mit Kugelgrafit sind wesentlich besser gießbar, weil ihr Erstarrungsintervall deutlich kleiner ist. Diese Entwicklungstentenz kommt auch in der DIN EN 1562 (8/1997) mit der Aufnahme der Tempergusssorte EN-GJMW-550-4 (GTW-55-04) zum Ausdruck. Mit dieser weißen Tempergusssorte wird der Anschluss an die höhere Festigkeit der schwarzen wieder hergestellt.

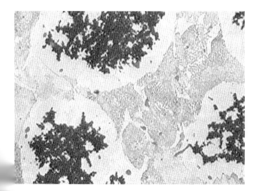

Bild 4-132
Gefüge von weißem Temperguss EN-GJMW-400-5. In die ferritisch-perlitische Grundmasse sind Temperkohleknoten eingelagert, V = 400:1.

4.5 Aufgaben zu Kapitel 4

Aufgabe 4-1:
Stumpfschweißverbindungen (I-Stoß) an Blechen aus CrNi-18-8-Stahl sollen mechanisch mit dem MAG-Verfahren hergestellt werden. Der Schwefelgehalt der aus zwei Chargen stammenden Bleche ist extrem unterschiedlich. Es ist die sich gemäß der Marangoni-Strömung (Abschn. 4.1.1.2) ergebende Einbrandform abzuschätzen.

Nach Bild A4-1 wird durch den unterschiedlichen Gehalt oberflächenaktiver Stoffe in den Blechen am Stoß eine *gleichgerichtete* Schweißgutströmung (die sich im Bild von links nach rechts bewegt und nicht vom Lichtbogenpunkt weg- bzw. zum Lichtbogenpunkt hinweisend!) hervorgerufen, die eine extrem unsymmetrische Einbrandform erzeugt, s. a. Bild 4-12, S. 308. Eine fehlerfreie Schweißverbindung kann durch diesen Defekt, der einem durch Blaswirkung hervorgerufenen Schweißnahtfehler ähnelt, nicht hergestellt werden.

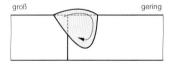

Bild A4-1
Schematische Darstellung der Marangoni-Strömung in der Schweißschmelze bei einer Stumpfschweißung, die aus Blechen mit stark unterschiedlichem Gehalt oberflächenaktiver Substanzen (z. B. Schwefel) hergestellt wurde.

Aufgabe 4-2:
Es sind die zulässigen Grenzgehalte verschiedener Legierungselemente im Zusatzwerkstoff von WIG-Schweißstäben zu bestimmen. Die erforderliche bzw. die gewünschte chemische Zusammensetzung des Schweißguts ist bekannt.

Voraussetzung für die Anwendbarkeit des in der Folge gewählten Verfahrens ist
- die Kenntnis der *erforderlichen* chemischen Zusammensetzung des Schweißguts,
- die Kenntnis des minimalen/maximalen *Aufschmelzgrades*,
- und die *homogene* Mischung der Zusatzwerkstoff- und der Grundwerkstoff-Teilschmelzen.

Das Verfahren wird beispielhaft für das Legierungselement C vorgeführt, Bild A4-2 (s. a. Bild 5-35). Aus Erfahrung ist bekannt, dass der C-Gehalt im Schweißgut aus Festigkeitsgründen $C_{S.min} \geq 0,05\%$, aus Gründen ausreichender Risssicherheit aber $C_{S.max} \leq 0,13\%$ betragen muss. Aus Makroschliffen wurde ermittelt, dass im Wurzelbereich Aufschmelzgrade von $A_{S.max} = 60\%$, im Decklagenbereich solche von $A_{S.min} = 20\%$ entstehen. Mit diesen Werten ergibt sich das in Bild A4-2 eingezeichnete, grau unterlegte Toleranzfeld. Bei einem C-Gehalt von $C_{GW} = 0,16\%$ im Grund-

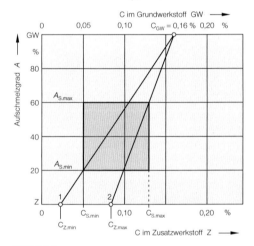

Bild A4-2
Schaubild zum Bestimmen der zulässigen Grenzgehalte von Legierungselementen im Zusatzwerkstoff bei gewünschter Zusammensetzung des Schweißguts.

Beispiel:
Bei einem Kohlenstoffgehalt des Grundwerkstoffs von 0,16 % (C_{GW}) und einem zwischen 20 % (= Decklagenbereich) und 60 % liegenden Aufschmelzgrad (= Wurzel) muss der Kohlenstoffgehalt im Zusatzwerkstoff zwischen $\geq 0,02\%$ ($C_{Z.min}$) und $\leq 0,08\%$ ($C_{Z.max}$) liegen, wenn der gewünschte Mindestkohlenstoffgehalt im Schweißgut 0,05 % (= $C_{S.min}$) bzw. der Maximalkohlenstoffgehalt 0,13 % (= $C_{S.max}$) betragen soll.

werkstoff lassen sich damit die extremen Mischungsgeraden 1 und 2 konstruieren. Sie verlaufen durch das Toleranzfeld und die folgenden Punkte:

($C_{S.min}$; $A_{S.min}$) bzw. ($C_{S.max}$; $A_{S.max}$).

Die Schnittpunkte der Mischungsgeraden mit der Z-Achse ergibt den zulässigen Toleranzbereich für C im Zusatzwerkstoff. Danach muss der C-Gehalt in den Schweißstäbe zwischen $C_{Z.min} > 0{,}02\%$ und $C_{Z.max} < 0{,}08\%$ liegen.

Die vorgestellte Methode ist vor allem dann mit Erfolg anwendbar, wenn im Lichtbogenraum möglichst keine weiteren metallurgischen Reaktionen (Verdampfen, Abbrand, Zubrand aus Reaktionen z. B. der Elektrodenumhüllung, des UP-Schweißpulvers, usw.) stattfinden. Derartige reine Schmelz- und Mischvorgänge sind vor allem für das WIG-Verfahren typisch.

Das Verfahren lässt auch sehr anschaulich erkennen, dass bei großen Abweichungen der Schweißgut- von der Grundwerkstoffzusammensetzung geeignete Zusatzwerkstoffe u. U. nicht mehr existieren. Bild A4-3 zeigt beispielhaft, dass bei der dargestellten Situation nur ein Zusatzwerkstoff mit einer *bestimmten* Zusammensetzung für das Legierungselement $X = X_Z = 0{,}02\%$ die vorgegebenen Bedingungen erfüllt. Für den Fall $X \geq X_{GW} = 0{,}20\%$ existiert bei dem vorgegebenen Toleranzfeld kein »passender« Zusatzwerkstoff mehr.

Aufgabe 4-3:
Zum Verbindungsschweißen der Metalle A und B stehen als Zusatzwerkstoffe A und B zur Verfügung. Welcher Zusatzwerkstoff sollte gewählt werden, wenn das metallurgische Verhalten der Metalle durch das binäre Zustandsschaubild, Bild A4-4, beschrieben wird?

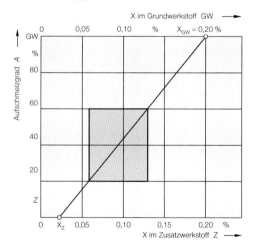

Bild A4-3
Bei entsprechenden Toleranzfeldern und sehr unterschiedlicher Zusammensetzung von Grundwerkstoff und gewünschtem Schweißgut kann u. U. kein geeigneter Zusatzwerkstoff gefunden werden.
Beispiel:
Für die vorgegebene Größe des Toleranzfeldes, d. h. der gewünschten bzw. erforderlichen Schweißgutzusammensetzung $X_{S.min} = 0{,}06\%$, $X_{S.max} = 0{,}13\%$ und den experimentell festgestellten Aufschmelzgraden $A_{S.max} = 60\%$, $A_{S.min} = 20\%$ ergibt sich bei einem X-Gehalt im Grundwerkstoff von $X_{GW} = 0{,}20\%$, dass nur ein einziger Zusatzwerkstoff mit $X_Z = konst. = 0{,}02\%$ die vorgegebenen Bedingungen erfüllt.

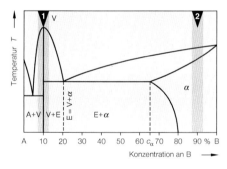

Bild A4-4
Hypothetisches Zustandsschaubild zweier metallischer Komponenten A und B, Angaben für Aufgabe 4-3.

Bei einem Aufschmelzgrad von $A = 10\%$ entsteht mit einen Zusatzwerkstoff A ein rissempfindliches, fast nur aus intermediärer Phase V bestehendes Schweißgut (Legierung 1). Wird B als Zusatzwerkstoff gewählt, dann ergibt sich ein risssicheres, zähes nur aus α-MK bestehendes Schweißgut (Legierung 2).

Bei Verbindungsschweißungen an unterschiedlichen Werkstoffen sollte der Aufschmelzgrad A (siehe z. B. Abschn. 4.1.4, S. 334) wegen zu erwartender metallurgischer »Inkompatibilitäten« möglichst klein sein.

Fertigungstechnisch sind $A = 10\%$ hinreichend einfach erreichbar. Bild A4-4 zeigt, dass eine Mischung von 90% A / 10% B (Legierung 1) zu einem überwiegend aus intermediärer Phase V bestehenden, sehr spröden, rissanfälligen Schweißgut führt, während die Mischung 10% A / 90% B ein vollständig aus Mischkristallen α bestehendes, also weitgehend risssicheres, zähes Schweißgut ergibt (Legierung 2). Daraus folgt, dass nur die Wahl eines B-Zusatzwerkstoffs bei Einhaltung des Aufschmelzgrades von 10% die geforderte Zusammensetzung der Schmelze sicherstellt. Hiermit kann bei einer abgeschmolzenen Menge von 90% B sicher die erforderliche geringe Menge (10%) an aufgeschmolzenem A erreicht werden.

Möglich ist auch die Wahl von Schweißzusatzwerkstoffen, die mit A *und* B metallurgisch verträglich sind. Für diesen Zweck sind z. B. für das Herstellen von »Schwarz-Weiß-Verbindungen« (Abschn. 4.3.8, S. 444) hoch nickelhaltige Schweißzusatzwerkstoffe besonders gut geeignet.

Aufgabe 4-4:
Es sind einige für »Altstähle« typische Eigenschaften (mechanische, chemische Zusammensetzung) aufzuzählen und die wichtigsten Gründe für ihre sehr schlechte Schweißeignung anzugeben.

Unter »Altstahl« versteht man i. Allg. Stahl, der *vor* 1945 vorzugsweise nach dem *Thomas*- oder sogar dem Puddelverfahren hergestellt wurde. Aufgrund der sehr begrenzten Möglichkeiten, hochwertige, saubere Stähle produzieren zu können, sind diese Werkstoffe durch einen hohen Einschluss- bzw. Verunreinigungsgehalt, extrem große Phosphor- und sehr geringe Kohlenstoffgehalte gekennzeichnet, Tabelle A4-1.

Als Folge der hohen Phosphor- und Stickstoffgehalte sind diese Stähle alterungsanfällig und extrem spröde ($KV \approx 10$ J bis 20 J) bei Übergangstemperaturen, die deutlich

Tabelle A4-1
Chemische Zusammensetzung typischer »Altstähle«, Angaben für Aufgabe 4-4.

Chemische Zusammensetzung Massenprozent					
C	Si	Mn	P	S	N
0,02	0,5	0,1	0,3	0,02	0,01

über der Raumtemperatur liegen. Der große Gehalt an Verunreinigungen ist eine weitere Ursache der geringen (Schlag-)Zähigkeit und des für diese Stähle typischen »Besenbruchs«. Durch den äußerst geringen Kohlenstoffgehalt entsteht ein sehr kleines Erstarrungsintervall, das zu einer sehr dünnflüssigen, heißen Schmelze führt. Schweißarbeiten in Zwangslagen sind daher kaum fachgerecht durchzuführen.

Ein Schmelzschweißen führt zwar wegen des geringen Kohlenstoffgehalts kaum zu einer merklichen Härtespitze in der WEZ, erzeugt aber wanddickenabhängige, sprödbruchbegünstigende Eigenspannungen in der WEZ und im Schweißgut.

Bild A4-5 zeigt das Mikrogefüge aus dem Bereich der Schmelzgrenze. Das vereinzelt im Bild erkennbare epitaktische Wachstum der Schweißgutkristallite (oben rechts im Bild) ist bei einem polymorphen Werkstoff

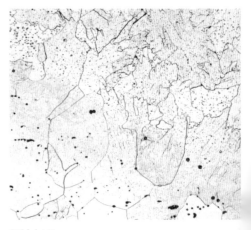

Bild A4-5
Mikrogefüge einer Schweißverbindung aus »Altstahl« im Bereich der Schmelzgrenze. V=200:1, 2% HNO_3

nur dann verständlich, s. Abschn. 4.1.1.1, S. 300, wenn angenommen wird, dass die das Umwandlungsverhalten bestimmenden Elemente im Stahl und im Schweißgut offenbar annähernd gleich sind. Das Gefüge der sehr weichen WEZ (untere Bildhälfte) besteht erwartungsgemäß weitgehend aus Ferrit.

Die mechanischen Gütewerte des Schweißguts sind hervorragend, wenn mit trockenen basischumhüllten Stabelektroden geschweißt wird. Die Eigenschaften der WEZ – vor allem die Zähigkeit – sind noch schlechter als die des (gealterten) Grundwerkstoffs. Wegen der werkstoffbedingten großen Kaltsprödigkeit der Schweißverbindung ist außer bei geringer mechanischer Beanspruchung und dem Betrieb bei deutlich über Null liegenden Temperaturen von einem Schweißen grundsätzlich abzuraten.

Aufgabe 4-5:
Das in Bild A4-6 dargestellte Bauteil aus dem Vergütungsstahl 42CrMo4 soll als vielfach aufgelegte Kleinserie (jeweils 20 Stück) durch Schweißen gefertigt werden. Es sind die wichtigsten schweiß- und fertigungstechnischen Maßnahmen zu erläutern.

Das Schweißen der höhergekohlten Vergütungsstähle erfordert eine sehr genau einzuhaltende Schweißtechnologie – vor allem eine ausreichende Vorwärmtemperatur ist wegen der extremen Gefahr der wasserstoffinduzierten Kaltrissbildung für den Erfolg außerordentlich wichtig – und hinreichende Kenntnisse über das Verhalten des Werkstoffs beim Schweißen. Vielfach wird die unsinnige Meinung vertreten, dass diese Stähle grundsätzlich nicht »schweißbar« sind. Erfahrungsgemäß lassen sich aber in der Praxis geschweißte Bauteile aus Vergütungsstählen bei entsprechender Sorgfalt betriebssicher und auch wirtschaftlich herstellen.

Die Fügeteile sind selbstzentrierend hergestellt. Sie werden auf 250 °C bis 300 °C kontrolliert (z. B. mit Farbumschlagstiften) vorgewärmt und mit hochgetrockneten (>250 °C) basisch-umhüllten Stabelektroden geschweißt. Wegen der hohen Vorwärmtemperatur und der damit verbundenen großen thermischen Belastung des Brenners und der sehr eingeschränkten Handhabung bzw. erschwerten Zugänglichkeit ist das WIG-Verfahren (unter Verwendung von W5-Drähten, Tabelle 4-12, S. 354) nicht sehr empfehlenswert. Für den Erfolg ist wegen der extremen Kaltrissgefahr ein sehr geringer Wasserstoffgehalt des Schweißguts und der WEZ unabdingbar, Abschn. 4.3.4.

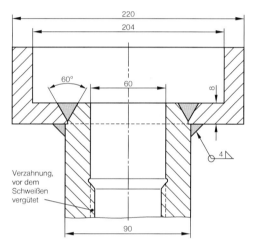

Bild A4-6
Schematische Skizze eines geschweißten Maschinenbauteils aus 42CrMo4. Die Fügeteile liegen im normalgeglühten Zustand vor. Der Bereich der Verzahnung wurde nach dem Schweißen induktiv partiell gehärtet.

Das unlegierte, kohlenstoffarme Schweißgut ist natürlich nicht wie der Grundwerkstoff vergütbar. Wegen der großen Zähigkeit des mit basisch-umhüllten Stabelektroden hergestellten Schweißguts ist die (Kalt-)Rissneigung der Schweißverbindung trotz der geringen (Schlag-)Zähigkeit des Grundwerkstoffs und der verspödenden Wirkung der Eigenspannungen gering. Die Schweißnähte sind daher in Bereiche zu legen, die weniger hoch beansprucht sind. Die Verwendung von Zusatzwerkstoffen, die ein dem Grundwerkstoff vergleichbares Schweißgut ergibt, ist technisch fragwürdig. Selbst wenn Zusatzwerkstoffe dieser Zusammensetzung beschaffbar sein sollten (für Reparaturen sind Zusatzwerkstoffe mit einer üblichen Kalt- und (oder) Warmarbeitsstählen von einzelnen Herstellern erhältlich!), wäre von einem Schweißen wegen der extremen Kaltrissneigung der Schweißverbindung und des Schweißguts eher abzuraten.

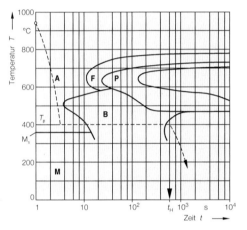

Bild A4-7
Isothermes ZTU-Schaubild des Vergütungsstahls 41Cr4. Eingetragen ist der Verlauf der Abkühlung bei einer Vorwärmtemperatur $T_p = 400\,°C$. Gemäß Bild 2-27, S. 152, hat das beim Abkühlen aus dem austenitisierten Teil der WEZ entstandene bainitische Gefüge eine Härte von annähernd 350 HV 10.

Aus dem isothermischen ZTU-Schaubild des ähnlichen Stahls 41Cr4 lässt sich eine den Umwandlungseigenschaften angemessenere Schweißtechnologie ableiten, Bild A4-7, die auf den in Abschn. 2.5.3.4, S. 152, dargestellten Grundlagen des isothermischen Schweißens beruht. Danach wandelt die WEZ bei einer Vorwärmtemperatur von $T_p = 400\,°C$ *vollständig* in Bainit um, wenn die Haltezeit bei der Vorwärmtemperatur (= Schweißzeit) $t_H = 600\,s = 10\,min$ beträgt. Die mechanischen Eigenschaften der WEZ – vor allem ihre Risssicherheit – sind deutlich besser als bei der oben geschilderte Schweißmethode des »Praktikers«. Gemäß Bild 2-27, S. 152, hat das beim Abkühlen aus dem austenitisierten Teil der WEZ entstandene Gefüge (Bainit) eine Härte von annähernd 350 HV 10. Die am Schliff gemessene Härte betrug 370 HV 1. Die Übereinstimmung ist zufriedenstellend.

Aufgabe 4-6:

Auf den im Bild A4-8 gekennzeichneten Bereich eines Lochkorbs (Bauelement eines thermisch und chemisch hoch beanspruchten Stellventils) aus dem hitzebeständigen Werkstoff X6CrNiMoTi17-12-2 soll eine verschleißfeste, schlagzähe, zunder- ($\leq 900\,°C$) und korrosionsbeständige Schicht mit Hilfe des WIG-Schweißverfahrens aufgetragen werden. Es sind der Schweißzusatzwerkstoff festzulegen und die wichtigsten Hinweise auf die Schweißtechnologie zu geben.

Als Zusatzwerkstoff wird ein Stellit auf der Basis Co-Cr-Mo (28% Cr, 5% Mo, 60% Co) mit etwa 0,3% Kohlenstoff gewählt. Diese gut schweißgeeigneten Werkstoffe sind verschleißfest, schlagzäh, korrosionsbeständig, risssicher, gut bearbeitbar (viele anorganische und organische Säuren) und bis etwa 900 °C zunderbeständig. Das Schweißgut besitzt eine Härte von 250 HV 0,3 bei 600 °C, die für den vorliegenden Fall ausreichend ist. Nach DIN EN 14700 (Tabellen 4-41 und 42, S. 450/451) hat der gewählte Zusatzwerkstoff die Bezeichnung:

Schweißstab EN 14700 SO

in der die Kennzeichen die folgende Bedeutung haben:
S Produktform ist Schweißstab,
O Legierungskurzzeichen, Tabelle 4-43.

Aus dem Kurzzeichen erkennt man auch, daß der gewählte Zusatzwerkstoff die folgenden beanspruchungsmäßigen Anfor-

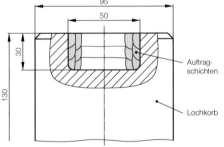

Werkstoff Lochkorb: X6CrNiMoTi17-12-2 (Wkst. Nr.: 1.4571)
Auftragwerkstoff: Schweißstab EN 14700 SO

Bild A4-8
Anordnung und Lage der Auftragschweißraupen in einem Lochkorb aus dem hitzebeständigen korrosionsbeständigen Stahl X6CrNiMoTi17-12-2.

derungen sehr gut erfüllt (= 1), siehe Tabelle 4-43:
 p = schlagbeständig (1),
 z = hitzebeständig (1),
 r = rostbeständig (1),
   rissbeständig (1).

Da Stellite während des Abkühlens bereits bei etwa 600 °C ihre Endhärte annehmen, ist bei größeren Bauteilen ein Vorwärmen auf 400 °C bis 600 °C und unabhängig von der ihrer Größe ein sehr langsames Abkühlen erforderlich. Vorversuche ergaben, dass diese Auftragungen ohne Vorwärmen geschweißt werden konnte. Damit entfiel auch die erhebliche thermische Beanspruchung des WIG-Brenners durch die große Rückstrahlwärme. Mit Rücksicht auf die erhöhte Heißrissneigung des vollaustenitischen Grundwerkstoffs wurde die Zwischenlagentemperatur auf 200 °C begrenzt. Die Auftragraupen wurden in einer Drehvorrichtung mit kontinuierlicher Einstellung der Umfangsgeschwindigkeit nahezu in PA-Position (w) in Form von Rundnähten geschweißt.

Aufgabe 4-7:
Ein gerissenes Bauteil, Bild A4-9, (Randriss, Werkstückdicke 10 mm, von beiden Seiten zugänglich) aus einem Werkstoff mit unbekannter chemischer Zusammensetzung, muss aus betrieblichen Gründen möglichst schnell repariert werden. Werkstoffuntersuchungen sind damit aus zeitlichen Gründen nicht durchführbar. Die Art des Werkstoffs ist mit »Bordmitteln« zu bestimmen. Es sind die Methoden zum Feststellen des zu erwartenden Schweißverhaltens (Schweißeignung) und die Schweißtechnologie festzulegen.

Das Schweißverhalten lässt sich mit Hilfe der folgenden Methoden für die Praxis ausreichend genau abschätzen.

Farbe (Aussehen)
Der bloße Augenschein (Farbe!) erlaubt dem kundigen Verarbeiter in aller Regel hinreichend leicht die Unterscheidung Stahl oder NE-Metall. »Schwarzer« Werkstoff ist (bei möglichst sauberer Oberfläche!) von »weißem« unterscheidbar. Die Bauteilform erlaubt Rückschlüsse auf die Art der Herstellung (Guss/Walzerzeugnis).

Magnettest
Mit Hilfe eines Magneten lässt sich zuverlässig der Gittertyp (krz oder kfz) feststellen. Stark magnetische Werkstoffe sind unlegierte/legierte Stähle, Eisenlegierungen, reines Nickel, martensitische nichtrostende Stähle; schwach magnetisch sind Monel und Stähle von der Art CrNi-18-8. Die sich bei starken magnetischen Werkstoffen ergebenden Kräfte können am sichersten an einem Stück bekannten »schwarzen« Stahls mit dem Prüfmagneten festgestellt werden. Mit diesen »Hand-Referenzkräften« lassen sich schwächer magnetische Werkstoffe erfahrungsgemäß eindeutig erkennen.

Härtetest
Mit transportablen (dynamischen) Härteprüfgeräten – Schlaghärteprüfung nach *Baumann*, *Poldihammer*, Rücksprunghärteprüfung nach *Shore*, *Equo-Verfahren* – lässt sich die Härte schnell und einfach bestimmen. Daraus kann mit einiger Sicherheit mit den bekannten Umrechnungsformeln auf die Werkstofffestigkeit geschlossen werden. Mit einer Feile kann ebenfalls, aber natürlich rein subjektiv, die Härte abgeschätzt und mit einiger Erfahrung daraus auf die Art des Werkstoffs geschlossen werden.

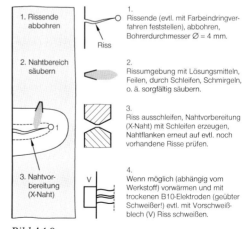

Bild A4-9
Vorbereitende Maßnahmen zum Schweißen eines gerissenen Bauteils aus niedriger gekohltem (niedriglegiertem) Stahl, Skizze für Aufgabe A4-7.

Meißeltest
Insbesondere das (dynamische!) Zähigkeitsverhalten des Werkstoffs lässt sich mit Hilfe eines Meißels relativ gut beurteilen. Der Aufwand zum Erzeugen des Spans gibt außerdem Hinweise auf die Festigkeit. Kontinuierliche (kurze, brüchige) Späne sind Hinweise auf zähe (spröde) Werkstoffe.

Bruchtest
Wenn Proben entnommen werden können, dann lassen sich aus der zu ihrem Brechen erforderlichen Kraft und vor allem aus dem Aussehen der Bruchfläche Schlüsse auf die Werkstofffestigkeit bzw. -zähigkeit ziehen.

Aufschmelztest
Mit Hilfe eines Aufschmelztests können die Schmelztemperatur abgeschätzt, das Aussehen, die Viskosität, eventuelle Bewegungen (z. B. Kochen) und andere Reaktionen der Schmelze erkannt werden.

Schleiffunkentest
Weitere Hinweise können aus einer Schleiffunkenprobe gewonnen werden, wenn sachkundiges Personal vorhanden ist.

Technologischer Schweißversuch
Einen einfachen, aber aussagefähigen technologischen Schweißversuch zum Bestimmen der Vorwärmtemperatur und des Schweißverhaltens von Stahl zeigt Bild A4-10. Ein Blechstück aus einem gut schweißgeeigneten Werkstoff (50 mm x 50 mm x ≥ 10 mm) wird auf dem unbekannten Werkstoff (Plattenabmessungen etwa 200 mm x 200 mm, wenn derartig große Proben entnommen werden können!) mit dem beabsichtigten Schweißzusatzwerkstoff, den Einstellwerten und der Vorwärmtemperatur mit Hilfe einer Kehlnaht (Länge der Kehlnaht etwa 35 mm) aufgeschweißt. Nach dem Abkühlen wird das Blechstück gemäß Bild A4-10a durch Hammerschläge abgetrennt. Die Art der entstehenden Brüche lässt deutliche Rückschlüsse auf das Schweißverhalten bzw. die anzuwendende Vorwärmung zu.

Läuft der Bruch durch die Schweißnaht, dann ist der schmelzgrenzennahe Bereich ausreichend zähe, der Werkstoff schweiß-geeignet und die angewendete Vorwärmtemperatur ausreichend, Bild A4-10b.

Erfolgt der Riss in der Schmelzgrenze, dann muss hier ein sprödes, rissanfälliges Gefüge angenommen werden. Abhilfe schafft eine ausreichend hohe Vorwärmtemperatur evtl. ein zäherer Schweißzusatzwerkstoff.

Diese Methode ist nur anwendbar, wenn größere als Prüfstücke verwendbare Bleche entnehmbar sind. Dies ist in der Regel bei Reparaturschweißungen nicht möglich.

Der Einfachheit halber wird als Bauteilwerkstoff ein niedriger gekohlter (z. B. 0,2 % bis 0,3 %), niedriglegierter Baustahl angenommen. Das Werkstück wird in Rissnähe sorgfältig gesäubert (chemisch oder mechanisch). Mit dem Farbeindringprüfverfahren wird die Lage des Rissendes ermittelt und dieses anschließend abgebohrt. Durch diese Maßnahme wird ein unkontrolliertes Weiterwachsen des Risses während der weiteren Bearbeitung verhindert. Bei beidseitiger Zugänglichkeit ist eine X-Naht zu empfehlen, die ein einfacheres und sichereres Schweißen sowie Ausschleifen im Falle fehlerhafter Schweiß-

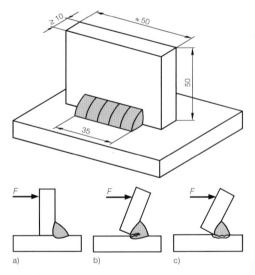

Bild A4-10
Technologischer Schweißversuch, nach Sheeham.
a) Prüfnaht wird über die Wurzel gebrochen,
b) Bruch in der Schweißnaht,
c) Bruch in der WEZ des Prüfwerkstoffs.

Tabelle A4-2
Bezeichnung und chemische Zusammensetzung von Schweißstäben und Schweißgut zum
a) Gasschweißen (Stäbe) von unlegierten und niedriglegierten Stählen (Auswahl), nach DIN EN 12536,
b) WIG-Schweißen (reines Schweißgut) von unlegierten und mikrolegierten Stählen (Auswahl) mit einer Mindeststreckgrenze bis zu 500 N/mm^2, nach DIN EN ISO 636, s. a. Tabelle 4-12, S. 354.

Kurzzeichen	Chemische Zusammensetzung der Stäbe zum Gasschweißen in % (m/m) [1), 2), 3)]							
	C	Si	Mn	P	S	Mo	Ni	Cr
O Z	Jede andere vereinbarte Zusammensetzung							
O I	0,03 ... 0,12	0,02 ... 0,20	0,35 ... 0,65	0,030	0,025	–	–	–
O II	0,03 ... 0,20	0,05 ... 0,25	0,50 ... 1,20	0,025	0,025	–	–	–
O III	0,05 ... 0,15	0,05 ... 0,25	0,95 ... 1,25	0,020	0,020	–	0,35 ... 0,80	–
O IV	0,08 ... 0,15	0,10 ... 0,25	0,90 ... 1,20	0,020	0,020	0,45 ... 0,65	–	–
O V	0,10 ... 0,15	0,10 ... 0,25	0,80 ... 1,20	0,020	0,020	0,45 ... 0,65	–	0,80 ... 1,20
O VI	0,03 ... 0,10	0,10 ... 0,25	0,40 ... 0,70	0,020	0,020	0,90 ... 1,20	–	2,00 ... 2,20

[1)] Falls nicht anders festgelegt: Mo $\leq$ 0,3 %, Ni $\leq$ 0,15 %, Cu $\leq$ 0,35 % und V $\leq$ 0,03 %. Der Anteil an Kupfer im Stahl plus Überzug darf 0,35 % nicht überschreiten.
[2)] Einzelwerte sind Höchstwerte.
[3)] Die Ergebnisse sind auf dieselbe Stelle zu runden wie die festgelegten Werte unter Anwendung von ISO 31-0, Anhang B, Regel A.

a)

Kurzzeichen	Chemische Zusammensetzung des reinen WIG-Schweißguts in % (m/m)							
	C	Si	Mn	P	S	Mo	Ni	Cr
W2Si	0,06 ... 0,14	0,50 ... 0,80	0,90 ... 1,30	0,025	0,025	–	–	–
W3Si1	0,06 ... 0,14	0,70 ... 1,00	1,30 ... 1,60	0,025	0,025	–	–	–
W3Ni1	0,06 ... 0,14	0,50 ... 0,90	1,00 ... 1,60	0,020	0,020	–	0,80 bis 1,50	–

b)

lagen erlaubt, Bild A4-9. Es ist zu beachten, dass Reparaturschweißungen häufig nur in Zwangslage in Zugraupentechnik durchgeführt werden können. Schweißfehler sind auch bei geübten Schweißern daher nicht auszuschließen. Wegen der in der Regel sehr hohen Eigenspannungen bei Reparaturschweißungen, werden grundsätzlich nur basischumhüllte Stabelektroden und im Umgang mit diesen ausgebildete und geübte Schweißer eingesetzt (Abschn. 4.2.3.1.3, S. 341 und Abschn. 4.2.3.1.5, S. 349). Diese Zusatzwerkstoffe sind nur hochgetrocknet einzusetzen. Je nach Zugänglichkeit kann ein Vorschweißblech sinnvoll sein.

Eine Vorwärmen ist sehr empfehlenswert. Selbst wenn aus sicherheitstechnischen oder anderen Gründen nur geringe Vorwärmtemperaturen anwendbar sind (»Handwärme ist häufig schon ausreichend«), werden die rissbegünstigenden Eigenspannungszustände verringert. Mit basischen Elektroden hergestellte Schweißgüter sind sehr wasserstoffarm und extrem (schlag-)zäh. Damit ist die Gefahr der Bildung wasserstoffinduzierter Kaltrisse gering und die Entstehung von Spannungsrissen wegen der leichten Plastifizierung des Schweißguts praktisch ausgeschlossen.

Aufgabe 4-8:
Schweißarbeiten an einem unlegierten C-Mn-Stahl sollen mit dem WIG-Verfahren durchgeführt werden. Es stehen allerdings für diesen Stahl nicht die erforderlichen WIG-Schweißstäbe W3Si1, Tabelle A4-2b, sondern nur Schweißstäbe für das Gasschweißen (O II bzw. O III, Tabelle A4-2a) zur Verfügung. Welche schweißtechnischen und metallurgischen Probleme können entstehen?

Beim Gasschweißen wird der beim Schweißen zugeführte Sauerstoff in der sog. ersten Verbrennungsstufe gemäß folgender Beziehung für eine unvollständige Verbrennung verbraucht, Bild A4-11:

$$2 \cdot C + H_2 + O_2 \rightarrow 2 \cdot CO + H_2 - Q.$$

Wegen der in dieser Zone vorhandenen reduzierenden Gase (CO, H_2) und der hier herrschenden höchsten Flammentemperatur (3400 K) wird der Werkstoff in diesem Bereich aufgeschmolzen, d. h. geschweißt. Als Folge der reduzierende Wirkung dieses Flammenbereichs ist die Menge an Desoxidationsmitteln in Gasschweißstäben deutlich geringer als die in WIG-Schweißstäben, wie Tabelle A4-2 zeigt.

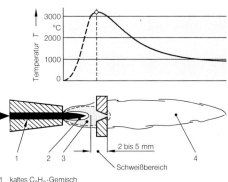

1 kaltes C_2H_2-Gemisch
2 Acetylenzerfall: $2 \cdot C_2H_2 \rightarrow 4 \cdot C + 2 \cdot H_2$
3 1. Verbrennungsstufe (Schweißbereich) besteht in der Hauptsache aus reduzierenden Flammgasen CO und H_2: $2 \cdot C + H_2 + O_2 \rightarrow 2 \cdot CO + H_2$
4 2. Verbrennungsstufe (»Streuflamme«): $4 \cdot CO + 2 \cdot H_2 + 3 \cdot O_2 \rightarrow 4 \cdot CO_2 + H_2O$

Bild A4-11
Verbrennungsvorgänge in der neutralen Acetylen-Sauerstoff-Flamme, Angaben für Aufgabe 4-8.

Die Verwendung der nur mäßig desoxidierten Gasschweißstäbe zum WIG-Schweißen führt daher zur deutlichen Porenbildung im WIG-Schweißgut. WIG-Schweißstäbe können andererseits bedenkenlos zum Gasschweißen verwendet werden, wenn die höherlegierte (Mn, Si) und damit merklich dickflüssigere Schweißschmelze den Ablauf des Schweißprozesses (z. B. erschwertes Entgasen) nicht stört.

Aufgabe 4-9:
Es ist die erreichbare metallurgische Qualität von Schweißgütern zu beurteilen, die mit hochwertigen Stabelektroden und mit dem WIG-Verfahren hergestellt wurden.

Die Reinigungswirkung der Schweißschmelze, hergestellt mit dick-umhüllten basischen Stabelektroden, ist wegen der Art und Menge der Desoxidationsmittel hervorragend. Das Schweißgut kann extrem wasserstoffarm (≤ 5 ppm) und schlagzäh ($T_ü = -70\,°C$ bei 47 J) sein. Folgende Faktoren beeinträchtigen aber in systematischer Weise die mechanischen Gütewerte des Schweißguts:
– Der aus den Umhüllungsbestandteilen entwickelte Sauerstoff führt nicht nur zu einem größeren Abbrand, auch die Menge der aus den Desoxidationsreaktionen entstandenen Schlacken (Mikroschlacken) im Schweißgut ist größer als beim WIG-Schweißen.
– Die verglichen mit dem WIG-Verfahren größere Feldstärke, der relativ ungeordnete Übergang der Werkstofftröpfchen, der zusammen mit den elektrodynamischen Kräfte im Lichtbogen für große Geschwindigkeiten der Tröpfchen im Lichtbogenraum sorgt, führt zu erheblichen Turbulenzen im Lichtbogen. Die Folge sind fast unvermeidlich Lufteinwirbelungen mit all den damit entstehenden metallurgischen Nachteilen. Diese Neigung wird weiter durch Verbrennungsvorgänge aller Art im Lichtbogenraum (Gasbildung, Dämpfe) begünstigt.

Im Gegensatz hierzu ist der Schutz der Schmelze unter inerten Gasen vollkommen, die metallurgische Qualität und die mechanischen Gütewerte sind hervorragend. Unerwünschte Reaktionen sind nicht möglich, wenn alle Verunreinigungen im Schweißbereich (Fette, Farben, Öl, Rost) *vollständig* beseitigt wurden. Unter diesen Bedingungen ist der Edelgaslichtbogen eine reine Wärmequelle ohne Schlacken, Dämpfe und sonstige Verunreinigungen. Der Lichtbogen ist ein nahezu laminar strömendes »Gas«, wodurch Lufteinwirbelungen bei fachgerechter Ausführung praktisch ausgeschlossen sind. Der flüssige Werkstoff fällt in das Schmelzbad nur durch die Wirkung der Schwerkraft bzw. Oberflächenspannungen. Der schlackenlose, saubere Lichtbogenraum ist auch der Grund für die weitgehende und erfolgreiche Anwendung dieses Verfahrens zum Schweißen der hoch reaktiven Werkstoffe, Abschn. 5.4, S. 553.

Der entscheidende Nachteil des Verfahrens ist die »apothekenhafte« Sauberkeit, die für *höchste* Anforderungen an die Gütewerte anzuwenden ist. Diese die Fertigung sehr belastende Maßnahme ist erforderlich, weil das Reinigen der Schmelze mit der wesentlich geringeren Desoxidationsmittelmenge erfolgen muss, die in einem massiven Schweißstab unterzubringen ist, s. a. Aufgabe 4-8. Mit basisch-umhüllten Stabelektroden sind dagegen mit erheblich geringerem fertigungstechnischen Aufwand in der Regel ausreichende Gütewerte erreichbar.

Aufgabe 4-10:
Von Borland wurde eine Methode entwickelt, mit der das Heißrissverhalten (binärer) Legierungen für die Schweißpraxis ausreichend genau quantitativ beschreibbar ist. Diese ist abzuleiten und zu kommentieren. Die Aufgabe kann mit dem im Buch besprochenen Stoff allein nicht gefunden werden, sie soll einige wichtige mehr theoretische Aspekte der Heißrisstheorie aufzeigen. Die erforderlichen werkstofflichen und mathematischen Grundlagen sind in den Ausführungen zu Aufgabe 5-3, S. 567, zu finden.

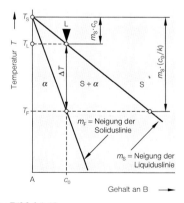

Bild A4-12
Hypothetisches Zweistoffsystem (Ausschnitt) zum Ableiten des Borlandschen relativen Wirkfaktors (RPF =Relative Potency Factor), der ein quantitativer Maßstab der Heißrissneigung ist.

Für die Entstehung von Erstarrungsrissen ist ein »heißrissempfindliches« Gefüge und eine ausreichende (Schrumpf-)Spannung bzw. Dehnung erforderlich. Der Werkstoff ist außerdem mit zunehmendem Spannungs- bzw. Dehnungsgradient immer weniger in der Lage, diese mechanischen Beanspruchungen durch Kriechprozesse abzubauen. Daraus folgt, dass alle mit sehr großen Aufheiz- bzw. Abkühlgeschwindigkeiten arbeitenden Schweißverfahren diese Rissform sehr begünstigen.

Die *Borland*sche Methode beschreibt den Einfluss verschiedener werkstoffabhängiger Faktoren auf die Entstehung der Erstarrungsrisse in Zweistofflegierungen. Sie geht von der experimentell vielfach bestätigten Erfahrung aus, dass die Heißrissneigung einer Legierung mit der Größe ihres Erstarrungsintervalls ΔT zunimmt, weil die akkumulierten Dehnungen proportional zu diesem sind. ΔT wird hauptsächlich von der chemischen Zusammensetzung der Legierung bestimmt, ist also werkstoffabhängig.

Für die im binären Zustandsschaubild (Ausschnitt) eingetragene Legierung L, Bild A4-12, gilt gemäß Gl. [A5-6], S. 568:

$$T_L - T_F = \frac{m_S \cdot c_0 \cdot (k-1)}{k}.$$

In dieser Gleichung bedeuten T_L die Liquidus-, T_F die Solidustemperatur der Legierung c_0, k das Gleichgewichtsverteilungsverhältnis, das ist das Verhältnis c_0/c_F bei einer bestimmten Temperatur und m_S die Neigung der Liquiduslinie, Bild A4-12.

Nach *Borland* ist der sog. *RPF-Faktor* (Relative Potency Factor) definiert als das Verhältnis des Erstarrungsintervalls zum Massenprozent der Legierungsmenge c_0.

$$RPF = \frac{T_L - T_F}{c_0} = \frac{m_S \cdot (k-1)}{k}. \quad [A4-1]$$

In Gl. [A4-1] ist $k < 1$ (> 1) für $m_S < 0$ (> 0).

Danach nimmt mit zunehmendem *RPF* die Heißrissanfälligkeit zu. Aus der Beziehung wird außerdem deutlich, dass mit abnehmendem $k = c_F/c_S$ – dieser Faktor ist ein Maßstab für die Neigung der Legierung zur Mikroseigerung – die Heißrissneigung zunimmt. Mit größer werdender Neigung m_S, d. h. zunehmendem Abfall der Liquiduslinie, nimmt die Heißrissneigung ebenfalls zu. Danach sind z. B. Schwefel in Eisen, Schwefel und Bor in Nickel extrem heißrissbegünstigend. Wichtig ist allerdings auch die Art der Verteilung der restlichen Schmelze an den Korngrenzen. Schmelzen, die die Korngrenzen vollständig benetzen können (ihre Oberflächenspannung γ bzw. der Benetzungswinkel β ist sehr gering, s. Bild 1-13, S. 11), sind extrem, nicht oder schlecht benetzende Schmelzen (γ bzw. der Benetzungswinkel β ist groß) kaum heißrissbegünstigend.

Aufgabe 4-11:
Es sind die unterschiedlichen Eigenschaften der Umwandlungsgefüge im schmelzgrenzennahen Bereich von Schweißverbindungen aus Stählen zu beschreiben, bei denen die Phasenumwandlung $(\delta + \gamma) \rightarrow \gamma$ stattfindet bzw. nicht stattfindet.

Die beobachteten Unterschiede sind auf ein geändertes Umwandlungsverhalten üblicher unlegierter bzw. (niedrig-)legierter (vorwiegend Mangan) Baustähle zurückzuführen. Gemäß EKS, s. Abschn. 2.4, S. 133, besteht der Werkstoff während des Aufheizens an der Schmelzgrenze aus dem Phasengemisch $(S + \delta)$. Wegen der sehr geringen Löslichkeit des δ-Ferrits für die Austenitbildner Kohlenstoff und Mangan reichern sich diese Elemente in den aufgeschmolzenen Korngrenzenbereichen an, Bild A4-13a. Während der Abkühlung erschweren die segregierten Korngrenzenbereiche das Kornwachstum erheblich und führen zu einer merklichen Änderung der Austenitzusammensetzung (Korninneres = Rand), d. h. beeinflussen auch die Art der Umwandlungsprodukte. Dieses mehr äquiaxiale Korn des schmelzgrenzennahen Gefüges ist trotz der höheren Temperatur merklich feiner als das der Grobkornzone, wie der Vergleich der Bilder A4-14a mit A4-14b zeigt.

In einfachen Kohlenstoff-Mangan-Stählen wird das feinere Korn in Schmelzgrenznähe nicht beobachtet, weil hier lediglich die Umwandlung $\gamma \rightarrow \gamma + S$ erfolgt, Bild 4-13b. Da in diesem Fall wegen der guten Diffusionsbedingungen in der Schmelze die Möglichkeiten einer Entmischung (Korngrenzensegregation) kaum vorhanden sind, ist auch eine Änderung der Zusammensetzung des Austenits im Schmelzgrenzenbereich im Vergleich zu dem weiter entfernten der WEZ wenig wahrscheinlich. Die Körner an der Schmelzgrenze sind daher wegen der hier vorliegenden höheren Temperatur wie erwartet größer und weniger äquiaxial als in jedem anderen Teil der beim Schweißen austenitisierten Zone.

Die Neigung verschiedener Elemente zur Korngrenzensegregation kann aufgrund der Größe ihrer Löslichkeit in einer Phase abgeschätzt werden. Hierfür wird der *Segregationsfaktor* β_{Seg} verwendet, der das Verhältnis der Gleichgewichtskonzentration des Elements im Korngrenzenbereich c_K zu der in der Matrix c_M ist und z. B. mit Hilfe der *Augerelektronen-Spektroskopie* ermittelt werden kann:

$$\beta_{Seg} = \frac{c_K}{c_M}.$$

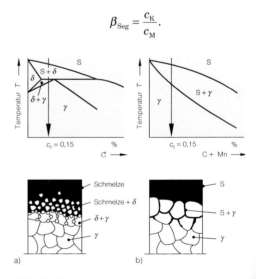

Bild A4-13
Umwandlungsgefüge im Schmelzgrenzenbereich von Schweißverbindungen aus Stählen, schematisch.
a) Stähle mit $(\delta + \gamma) \rightarrow \gamma$-Phasenumwandlung,
b) Stähle ohne $(\delta + \gamma) \rightarrow \gamma$-Phasenumwandlung.

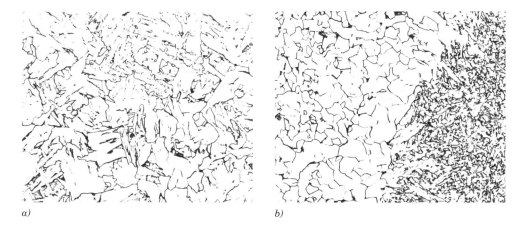

a)   b)

Bild A4-14
Einfluss der Umwandlungsvorgänge im auf die Korngröße im Bereich der WEZ bzw. Schmelzgrenze von Schweißverbindungen aus unlegierten Stählen (TU St 37), bei denen die Umwandlung $(\delta + \gamma) \rightarrow \gamma$ stattfindet, $V = 400:1$, 2 % HNO_3.
a) Mikrogefüge der Grobkornzone,
b) Mikrogefüge unmittelbar an der Schmelzgrenze (WEZ im Bild oben links, Schweißgut rechts unten).

Die Elemente, deren Segregationsfaktoren $\beta_{Seg} \geq 100$ sind, neigen erfahrungsgemäß in vielen Fällen zur Versprödung des Werkstoffs. Die Eisen am stärksten verspröden den Elemente sind in der Reihenfolge abnehmender Wirkung:

$$S - C - B - P - N - Sb.$$

In verschiedenen Fällen, z. B. bei den ferritischen korrosionsbeständigen Chromstählen, führt eine Korngrenzensegregation einzelner Elemente auch zu einer erheblich verminderten Korrosionsbeständigkeit, Abschn. 4.3.7.4, S. 425, weil sich zwischen Korn und Korngrenze eine Potenzialdifferenz ausbilden kann. Der korrosionschemisch unedlere Korngrenzenbereich wird dabei anodisch aufgelöst.

Aufgabe 4-12:
Es ist die Problematik der Ferritmengenbestimmung in austenitischem bzw. austenitisch-ferritischem Schweißgut zu beschreiben. Die gegenwärtig vorhandenen Messmethoden sind auf ihre Eignung zur Ferritmengenbestimmung zu bewerten. Diese Hinweise sind als Ergänzung zu den in Abschn. 4.3.7.2, S. 417, dargestellten Zusammenhängen und Problemen zu verstehen.

Eine *bestimmte* Ferritmenge im austenitischen Schweißgut ist ein wichtiges Kriterium für dessen Heißrisssicherheit und Versprödungsneigung. Der Ferritgehalt ist damit ein entscheidendes Qualitätsmerkmal und muss einfach (wirtschaftlich) und ausreichend zuverlässig (Qualitätsmaßstab!) bestimmbar sein. Ein zu geringer Ferritgehalt (Heißrissneigung ausgeprägt) ist ebenso gefährlich wie ein zu großer (Versprödung durch δ-Ferrit).

Gemeinschaftsversuche, die von unabhängigen Institutionen bereits in den Sechziger Jahren durchgeführt wurden, zeigten, dass die mit den üblichen zerstörungsfreien Methoden zum Bestimmen der Ferritmengen in Stählen (z. B. Messung der magnetischen Sättigung mit der Magnetwaage, Momentenspule oder das Joch-Isthmus-Verfahren, metallografische Verfahren: Punktzählokular, quantitatives Mikroskop, Auszählen von Treffpunkten eines Rasters auf Gefügefotos) erreichbaren Streuungen der Messwerte zu groß sind. Die Ursachen beruhen im Wesentlichen auf den folgenden Schwierigkeiten:
– Aus Resultaten, die mit willkürlich vereinbarten Messmethoden gewonnen wurden, lassen sich kaum physikalisch gesicherte Werte ableiten bzw. bestimmen;

– es fehlt eine international vereinbarte und weltweit anerkannte Messmethode, die ausreichend reproduzierbare Ergebnisse liefert.

Aus verschiedenen Gründen ist der tatsächliche (Volumen-)δ-Ferritgehalt im Schweißgut zurzeit weder zerstörend noch zerstörungsfrei bestimmbar.

Die Kenntnis des wahren Ferritgehalts ist aber tatsächlich auch nicht notwendig. Es ist lediglich ein ausreichend genaues Messverfahren erforderlich, mit dem ein Messwert festgestellt werden kann, der den Ferritgehalt genügend genau repräsentiert, weil in der Praxis lediglich bestimmte *Grenzwerte* des Ferritgehalts von Interesse sind. Diese Grenzen betreffen den Mindestgehalt zum Vermeiden von Heißrissen, den Maximalgehalt für eine noch zulässige Versprödung und den optimalen Gehalt hinsichtlich der Korrosionsbeständigkeit.

Auf Grund dieser Tatsachen wurde das Konzept der *Ferrit-Nummer* oder FN entwickelt. Hierbei handelt es sich um die Kennzeichnung des Deltaferritgehalts – aber nicht unbedingt um die »wahre« Ferritmenge – nach einem genormten Verfahren. Aus Praktikabilitätsgründen entspricht allerdings die Ferrit-Nummer der Ferritmenge nur bis zu einem Ferritgehalt von etwa 10 %. Bei höheren FN-Werten (z. B. die sehr viel größeren Ferritmengen in Duplexstählen) sind die prozentualen (Volumen-)Ferritmengen in der Regel deutlich geringer als die Ferrit-Nummern. Meistens wird der folgende praxisbewährte Zusammenhang angenommen, siehe hierzu Bild 4-95, S. 421:

$$\text{FN} = (1{,}3 \text{ bis } 1{,}4) \cdot \delta\text{-Ferrit } [\%].$$

Nur mit Verfahren, die mit magnetischer Sättigung arbeiten, lassen sich (Volumen-)Ferritmengen ermitteln.

Bei dem international genormten FN-Eichverfahren wird die Abreisskraft eines Permanentmagneten definierter Stärke und Größe von einer Schweißgutprobe als Maßstab für den Ferritgehalt gemessen. Der Zusammenhang zwischen der Abreisskraft und FN wird durch sog. *Erst-Bezugskörper* (Primary Standards) hergestellt, die aus einem unlegierten Stahl mit einem nichtmagnetischen Überzug (Kupfer) bestimmter Dicke d bestehen. Die Messung bzw. Eichung erfolgt mit dem in den USA weitverbreiteten Ferritmessgerät *Magne-Gage*. Die Abreisskraft ist umso geringer, je dicker die Kupferschicht auf dem Kalibrierstück ist. Bild A4-15 zeigt den Zusammenhang zwischen der Abreisskraft und den mit unterschiedlich dicken Kupferschichten versehenen Kalibrierstücken. Die Abhängigkeit der FN von der Schichtdicke d wird durch die folgende Beziehung beschrieben, wobei die Ferritnummer FN mit der Ferritmenge in Prozent möglichst gut übereinstimmt, Gl. [A4-2]:

$$\text{FN} = \exp[1{,}8059 - 1{,}11886 \cdot \ln d - 0{,}17740 \cdot (\ln d)^2 - 0{,}03502 \cdot (\ln d)^3 - 0{,}00367 \cdot (\ln d)^4].$$

Zum Messen des Deltaferritgehalts zwischen 0 und etwa 30 FN – bedingt durch die Bau-

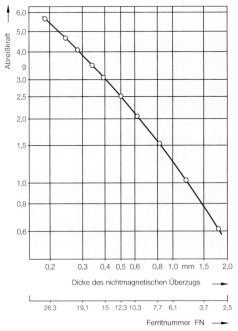

Bild A4-15
Zusammenhang zwischen der Abreisskraft des Standardmagneten (Größe 3) von den Kalibrierstücken mit Überzug. Die angegebenen FN-Nummern wurden mittels der Beziehung A4-2 ermittelt.

art kann mit dem normalen Magne-Gage-Gerät dieser Bereich gemessen werden – er ist für nichtrostendes austenitisches Schweißgut ausreichend genau – werden mindestens acht Kalibrierstücke mit unterschiedlich dicken Kupferüberzügen verwendet. Wenn der Deltaferritgehalt nicht mit Haftkräften auf dem Magne-Gage-Gerät gemessen oder ein vom Standard abweichender Magnet verwendet wird, dann können irreführende bzw. fehlerhafte Ergebnisse die Folge sein.

Für höhere Ferritgehalte – wie sie z. B. für Duplexstähle erforderlich sind – wird die Kalibrierung auf etwa 100 FN erweitert. Die über FN ≥ 28 hinausgehenden Werte werden als EFN (Extended Ferrite Number) bezeichnet. Die mit zunehmendem Legierungsgehalt (das gilt vor allem für Chrom!) abnehmende magnetische Sättigung des Ferrits wird aber bei der Ferritnummer FN nicht berücksichtigt. Diese Tatsache bedeutet aber lediglich, dass die entsprechenden kritischen Ferritgehalte bzw. die Ferritnummer für unterschiedliche Legierungsmengen unterschiedlich sind.

Erst-Bezugskörper sind nur für die FN-Bestimmung auf Magne-Gage-Geräten geeignet. Andere Ferritmessgeräte müssen mit sog. *Zweit-Bezugskörpern* (Secundary Standards) kalibriert bzw. untereinander verglichen werden. Das sind Schweißproben unterschiedlichen Ferritgehaltes, deren Ferrit-Nummern mit einem Magne-Gage-Gerät zuvor ermittelt wurden. In ihnen sollte der Ferrit möglichst fein verteilt sein, um die Messwerte-Streuung ausreichend klein zu halten. In Schweißgutproben, die mit dem UP-Bandplattieren hergestellt wurden, ist der Ferrit besonders gleichmäßig und homogen verteilt, sie eignen sich daher besonders gut als Zweit-Bezugskörper. Mit dieser Messmethode ist bei Untersuchungen des Ferritgehalts von Schweißgütern mit unterschiedlichen Ferritmessgeräten mit Abweichungen von max. ±10 % zu rechnen. Bei einem Mittelwert von FN = 10 werden demnach Werte zwischen FN = 9 und FN = 11 gemessen.

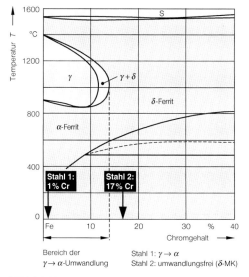

Bild A4-16
Konstitution und Umwandlungsvorgänge eines einprozentigen (Stahl 1) und eines 17%igen Chromstahls (Stahl 2), schematisch. Die Wirkung des Kohlenstoffs (beide Stähle sind niedriggekohlt) und anderer Legierungselemente wurde nicht berücksichtigt, s. a. Bild 2-66, S. 201.

Aufgabe 4-13:
Neigt der vollständig austenitisierte Bereich einer Schweißverbindung aus einem niedriggekohlten einprozentigen Chromstahl zu einem stärkeren Kornwachstum oder der einer Verbindung aus einem 17%igen Chromstahl? In beiden Fällen wurde mit den »gleichen« Schweißbedingungen gearbeitet.

Im Gegensatz zu dem *umwandlungsfähigen* einprozentigen fehlt die γ → α-Umwandlung bei dem 17%igen Chromstahl, Bild A4-16, und damit die kornfeinende Wirkung dieser einem Normalglühen ähnelnden Wärmebehandlung, d. h., das Korn im austenitisierten Bereich der WEZ ist im letzteren Fall erheblich größer. Diese Erscheinung ist *eine* Ursache für die sehr schlechten Zähigkeitseigenschaften geschweißter Verbindungen aus ferritischen Stählen, s. hierzu Abschn. 2.8.4.2, S. 215.

Aufgabe 4-14
Mit Hilfe des Vertikalschnittes des Dreistoffschaubildes Fe-17Cr-C, Bild A4-17, sind die werkstofflichen Vorgänge in der WEZ von Schweißverbindungen aus 17%igen Chromstählen näher zu beschreiben.

Die gefügemäßige Beschaffenheit der WEZ und die Umwandlungsvorgänge in den niedriggekohlten (C $\approx$ 0,5 %) korrosionsbeständigen ferritischen 17%igen Chromstählen lassen sich sehr anschaulich mit dem in Bild A4-17 dargestellten Vertikalschnitt beschreiben. Es muss an dieser Stelle aber darauf hingewiesen werden, dass diesen Schaubildern lediglich entnommen werden kann, *welche* Gefüge bei *welchen* Temperaturen vorhanden sind. Die Zusammensetzungen und Mengen der miteinander im Gleichgewicht vorliegenden Phasen sind dagegen (Abschn. 1.6.5.1, S. 62) in keinem Fall bestimmbar!

Die WEZ besteht aus (mindestens) zwei unterscheidbaren Bereichen:
- Zone a: Die Temperatur erreicht (1) den Bereich (Ende 2) der Austenitbildung. Der Austenit bildet sich an energetisch günstigen Orten, d. h. entlang der Korngrenzen. Er wandelt während der raschen Abkühlung beim Schweißen in Martensit um. Das Kornwachstum in diesem Bereich ist relativ gering.
- Zone b: Die Temperatur erreicht den Bereich der δ-Ferritbildung, der als Folge der sehr geringen thermischen Beständigkeit der Ferritphase (aber abhängig von den Schweißbedingungen) extrem grobkörnig ist. Der sich während der Abkühlung aus dem Austenit vorwiegend an den Korngrenzen bildende Martensit ist daher und wegen der großen Abkühlgeschwindigkeit überwiegend nadelförmig. Die Anwesenheit dieses nadelförmigen Martensits ist eine entscheidende Ursache für die sehr schlechten Zähigkeitseigenschaften der WEZ.

Die Menge nadelförmigen Martensits lässt sich durch Zugaben von Ti (0,5 %) oder Nb (1 %) deutlich verringern, weil der δ-Ferritbereich vergrößert, und damit die Austenitbildung z. T. unterdrückt wird. Ein ähnliches Ergebnis lässt sich mit großen Abkühlgeschwindigkeiten erreichen, wodurch die stark unterkühlbare Umwandlung (feste Phase wandelt um in feste Phase!) $\delta \rightarrow \gamma$ u. U. vollständig unterdrückt wird. Das Bild A4-17 zeigt weiterhin, dass das Carbid $M_{23}C_6$ bei Temperaturen unter 700 °C beim Abkühlen selbst bei Kohlenstoffgehalten unter 0,1 % aus dem α-MK ausgeschieden wird.

Aufgabe 4-15:
Es sind die werkstofflichen Grundlagen und das Schweißverhalten der Superferrite zu beschreiben. In Abschn. 2.8.4.2, S. 215, werden einige Werkstoffgrundlagen mitgeteilt, und in Abschn. 4.3.7.4 Hinweise zu ihrer schweißtechnischen Verarbeitung gegeben.

Die Schweißeignung der ferritischen Chromstähle ist sehr schlecht. Sie beruht im Wesentlichen auf der stark versprödenden Wirkung vor allem von Kohlenstoff und Stickstoff. Diese interstitiell gelösten Elemente scheiden sich aus der thermisch außerordentlich instabilen krz Matrix selbst bei sehr geringen Gehalten ($\geq$ 0,01 %) und höchsten Abkühlgeschwindigkeiten (wie beim Schweißen!) innerhalb eines sehr großen Temperaturbereiches (etwa von 450 °C bis 900 °C) in Form extrem versprödender Zustände/Teilchen (z. B. 475 °C-Versprödung, Sigma-Phase, χ-Phase) aus.

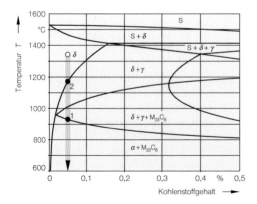

Bild A4-17
Vertikalschnitt im Dreistoffsystem Fe-Cr-C bei Cr = 17 %, nach Castro und Tricot.

Die Zähigkeitseigenschaften lassen sich damit erheblich verbessern, wenn

$$C + N < 0{,}015\,\% = 150\,\text{ppm}$$

wird. Derartig geringe Gehalte der Verunreinigungen lassen sich mit den modernen Stahlherstellverfahren (Vakuumtechnik, AOD-Verfahren) wirtschaftlich einstellen. Diese meist in Form dünnwandiger Rohre gelieferten Werkstoffe eignen sich hervorragend für alle Beanspruchungen durch die gefährlichen lokalen Korrosionsformen (Lochfraß, SpRK, Spaltkorrosion), z. B. für Wärmetauscher oder wässrige, chloridhaltige Lösungen und Seewasser.

Diese extrem sauberen, rein ferritischen Stähle enthalten etwa 25 % bis 30 % Chrom (IK-Beständigkeit wird verbessert) und bis zu 5 % Molybdän (SpRK wird erhöht). Trotz der geringen Kohlenstoff- und Stickstoffgehalte wird einigen Stählen bis etwa 0,20 % Niob oder (und) Titan zugesetzt, um den noch vorhandenen gelösten Kohlenstoff zu stabilisieren. Anderenfalls wären sie bei bestimmten kritischen Korrosionsumgebungen immer noch IK-anfällig.

Die schweißtechnische Verarbeitung dieser Stähle ist »theoretisch« verhältnismäßig einfach. In der Praxis sind aber eine Reihe fertigungstechnischer, logistischer und qualitätssichernder Maßnahmen erforderlich, die bei den meisten anderen Werkstoffen nicht oder nicht in diesem Umfang notwendig sind und die Verarbeitung erschweren und die Herstellung erheblich verteuern. In erster Linie müssen alle Vorkehrungen getroffen und rigoros eingehalten werden, um ein dem Grundwerkstoff vergleichbares, extrem verureinigungsarmes Schweißgut herstellen zu können. Hierfür sind u. a. folgende Maßnahmen zu ergreifen:
- Nur hochreine Schutzgase (Ar, He oder deren Gemische, typisch 75 % Ar/25 % He) in ausreichender Menge verwenden. Die Qualität von Standardschutzgasen ist meistens nicht ausreichend.
- Extreme Sauberkeit des Schweißnahtbereiches, der Zusatzwerkstoffe, der Schweißerhandschuhe, des Schweißbrenners, -pistole ist unabdingbar.

- Schweißbrenner möglichst senkrecht zur Blechoberfläche führen, um Lufteinwirbeln (Schutzgas, Schweißgut) durch Injektorwirkung zu vermeiden.
- Schutzgasdüsen mit großem Innendurchmesser (großflächiger Schutz!) ≥ 20 mm und Schutzgaslinsen (erzeugt laminaren Schutzgasstrom und erleichtert zuverlässiges Bespülen der Draht(elektroden)spitze mit Schutzgas) verwenden. Schutzgaslinsen sofort wechseln/säubern, wenn Spritzer an ihnen haften, anderenfalls könnten unkontrollierbare, turbulente Schutzgasströmungen entstehen.
- Dichte Verbindungen im gesamten Schutzgassystem sicherstellen, um Einsaugen von Luft zu vermeiden. Kontrolle mit kreisförmigen Probeauftragschweißungen nach Schweißende (Strom aus!), die einige Sekunden mit dem weiter strömenden Schutzgas bespült werden. Jede sichtbare Verfärbung des Schweißguts deutet auf ein undichtes System.
- Formiergase dürfen anders als bei austenitischen Cr-Ni-Stählen keine Spuren von Stickstoff enthalten.
- Endkrater sorgfältig und mit geringem Druck ausschleifen und mit Farbeindringverfahren auf Risse prüfen, Schleifstäube sorgfältigst beseitigen. Anlauffarben auf der Wurzelseite von Stumpfnähten möglichst nicht mechanisch entfernen, besser ist chemische Behandlung.
- Das Wärmeeinbringen ausreichend klein wählen, Mehrlagentechnik (Zugraupe) bevorzugen, Zwischenlagentemperatur auf etwa 100 °C begrenzen. Beide Maßnahmen helfen, die Korngröße der WEZ zu kontrollieren.
- Bei hohen Schweißgeschwindigkeiten sollte eine *vorlaufende* Schutzgasdüse verwendet werden.

Wasserstoff versprödet die stabilisierten hoch chrom- und molybdänlegierten ferritischen Stähle in der Regel leichter als die Superferrite. Eine Wärmevorbehandlung ist nicht erforderlich, weil diese Werkstoffe in der WEZ keinen Martensit bilden, eine Wärmenachbehandlung ebenso wenig, weil die Gefahr der Sigma- bzw. der χ-Phasenbildung besteht (500 °C bis 900 °C).

Aufgabe 4-16:
Es ist der Einfluss des Legierungselementes Kohlenstoff auf die mechanischen, korrosionstechnischen und werkstofflichen Eigenschaften der hochlegierten ferritischen Chrom- bzw. austenitischen Chrom-Nickel-Stähle zu beschreiben.

Kohlenstoff ist eines der wichtigsten Legierungselemente im Stahl. Er bestimmt zusammen mit verschiedenen anderen Elementen die entstehenden Gefügeformen (Ferrit/Perlit, Bainit, Martensit), d. h. die Festigkeits- und Zähigkeitseigenschaften. Mit Chrom bildet Kohlenstoff in korrosionsbeständigen Stählen verschiedene Carbide $Cr_{23}C_6$, Cr_7C_3, wobei aber in den meisten Fällen Mischcarbide $(FeCr)_{23}C_6$ entstehen, die allgemein als $M_{23}C_6$ bezeichnet werden. Als starker Austenitbildner erweitert Kohlenstoff (ähnlich wie Stickstoff!), die γ-Schleife zu höheren Chromgehalten, Bild A4-18, s. hierzu auch Abschn. 2.8.3.3, 205.

Der Vertikalschnitt im Dreistoffsystem Fe-Cr-C bei 17 % Cr, Bild A4-17, zeigt, dass Kohlenstoff aus α-Ferrit unter 700 °C schon bei C-Gehalten um 0,01 % in Form des Mischcarbids $M_{23}C_6$ ausgeschieden wird. Diese Erscheinung ist ursächlich für die extreme Neigung ferritischer Chromstähle zur IK, Abschn. 2.8.4.2, S. 215.

Die Form- und Lageänderung des Existenzbereichs des Austenits in Cr-Ni-Austeniten durch Kohlenstoff ist auch für die mechanischen und korrosionstechnischen Eigenschaften der austenitischen Cr-Ni-Stähle und Schweißgüter von großer Bedeutung. Für viele Eigenschaften dieser Stähle ist das sehr unterschiedliche Lösungsvermögen des unlegierten bzw. hochlegierten Austenits für Kohlenstoff und seine unterschiedliche Diffusionsgeschwindigkeit im α- bzw. γ-Gitter der Schlüssel zum Verständnis. Reines γ-Eisen löst bei höheren Temperaturen (etwa 2,0 % bei 1147 °C, 0,8 % bei 723 °C, s. Bild 2-9, S. 134) verhältnismäßig viel Kohlenstoff, die im α-Mk dann sprunghaft auf 0,02 % (bei 723 °C) abnimmt, s. hierzu Aufgabe 1-2, S. 110. Die Kohlenstofflöslichkeit der hochlegierten Cr-Ni-Austenite ist dagegen wegen der starken Verminderung der Kohlenstoffaktivität im Austenit durch Chrom wegen der Neigung zur Bildung des Mischcarbids $M_{23}C_6$ sehr gering. Da dieses Carbid schon bei sehr geringen Kohlenstoffgehalte entsteht, wird seine Löslichkeitsgrenze im Austenit stark herabgesetzt. Sie liegt bei einer Eisenlegierung mit 18 % Chrom bei 723 °C im Bereich von etwa 0,01 % bis 0,02 %. Diese Ergebnisse bedeuten, dass sowohl in den ferritischen als auch den austenitischen Cr-Ni-Stählen die Ausscheidung des Mischcarbids $M_{23}C_6$ bei ähnlich geringen Kohlenstoffgehalten beginnt. Der entscheidende Unterschied in der Wirksamkeit dieses Vorgangs für das Korrosionsverhalten ist die sehr viel größere Ausscheidungsgeschwindigkeit des Carbids aus dem α-Gitter, Abschn. 2.8.3.3, S. 205.

Kohlenstoff behindert die Ausscheidung jeder intermediären Phase umso stärker, je geringer ihre Löslichkeit für ihn ist, weil der Gefügebereich, in dem die Ausscheidung erfolgt, zuerst von Kohlenstoff »befreit« werden muss, ehe die Ausscheidung stattfinden kann. Die Löslichkeit der Sigma-Phase für Kohlenstoff ist sehr gering, daher wird ihre Ausscheidung durch Kohlenstoff erschwert, Abschn. 2.8.3.4.2, S. 210.

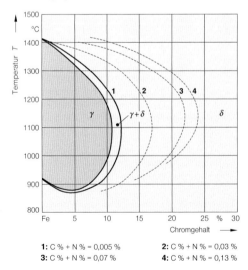

Bild A4-18
Einfluss des Kohlenstoffs und Stickstoffs auf Lage und Ausdehnung des $(\gamma + \delta)$-Raumes im System Fe-Cr, nach Schmidt und Jarleborg.

4.6 Schrifttum

Ahlblom, B.: Oxygen and his Role in Determining Weld Metal Microstructure and Toughness – A State of the Art Review. IIW/IIS Doc. Nr.: IX-1322-84, 1984.

Althouse, A. D. u. a.: Modern Welding, Goodheart Wilcox Company, 2000.

Baker, H. (Hrsg.): Alloy Phase Diagrams, Vol. 3. ASM International, Metals Park, Ohio, 1992.

Bailey, N.: Weldability of Ferritic Steels. Jaico Publishing House, 2005.

Bailey, N., u. B. S. Jones: Solidification Cracking of Ferritic Steels during Submerged Arc Welding. Weld. Res. Inst. 8 (1981), S. 215/224.

Baumgart, H., u. C. Straßburger: Verbesserung der Zähigkeitseigenschaften von Schweißverbindungen aus Feinkornbaustählen. Thyssen Techn. Ber. 17 (1985), S. 42/49.

Beckert, M., u. H. Stein: Experimentelle Untersuchungen zur Anwendbarkeit von ZTU-Schaubildern bei Stahlschweißungen. Industriebl. 62 (1962), S. 61/69.

Berkhout, Ch. F., u. P. H. van Lent: Anwendung von Spitzentemperatur-Abkühlzeit-(STAZ)-Schaubildern beim Schweißen hochfester Stähle. Schw. u. Schn. 20 (1968), S. 256/260.

Blondeau, R.: Metallurgy and Mechanics of Welding. Iste Publishing Company, 2008.

Boese, U. u. F. Ippendorf: Verhalten der Stähle beim Schweißen, Teil 2: Anwendung. Deutscher Verlag für Schweißtechnik, Düsseldorf, 2001.

Bowditch, K. E.: Welding Technology Fundamentals. Goodheart-Wilcox Publisher, 1997.

Bruscato, R.: Temper Embrittlement and creep embrittlement of 2,25 Cr-1 Mo Shielded Metal Arc Weld Deposits. Weld. J. Res. Suppl. 49 (1970), H. 4, S. 148s/156s.

Charles, J.: Super Duplex Stainless Steels: Structures and Properties. Duplex Stainless Steels Conference 1991, Beaune, S. 3/8.

Cary, H. B.: Modern Welding Technology. 3. Aufl., Regents/Prentice Hall, Englewood Cliffs, New Jersey, 1994.

Croft, D.: Heat Treatment of Welded Structures. Woodhead Publishing, 1995.

Davies, A. C.: The Science and Practice of Welding: Welding Science and Technology, Cambridge University Press, 1993.

DIN 8553, s. DIN EN 1011-5 und DIN EN ISO 9692-4.

DIN 8556-10, s. DIN EN ISO 14343.

DIN 8556-11, s. DIN EN ISO 17633.

DIN 18800: Stahlbauten.
Teil 1: Bemessung und Konstruktion, 11/2008.

DIN EN 439, s. DIN EN ISO 14175.

DIN EN 440, s. DIN EN ISO 14341.

DIN EN 515: Aluminium und Aluminiumlegierungen – Bezeichnung der Werkstoffzustände, 12/1993.

DIN EN 756: Schweißzusätze – Drahtelektroden, Fülldrahtelektroden und Draht-Pulver-Kombinationen zum Unterpulverschweißen von unlegierten Stähle, 6/2004.

DIN EN 757: Schweißzusätze – Umhüllte Stabelektroden zum Lichtbogenschweißen von hochfesten Stählen – Einteilung, 5/1997.

DIN EN 758: s. DIN EN ISO 17632.

DIN EN 760: Schweißzusätze – Pulver zum Unterpulverschweißen – Einteilung, 5/1996.

DIN EN 1011: Schweißen – Empfehlungen zum Schweißen metallischer Werkstoffe.
Teil 1: Allgemeine Anleitungen für Lichtbogenschweißen, 7/2009.
Teil 2: Lichtbogenschweißen von ferritischen Stählen, 5/2001.
Teil 3: Lichtbogenschweißen von nichtrostenden Stählen, 1/2001.
Teil 4: Lichtbogenschweißen von Aluminium und Aluminiumlegierungen, 2/2001.
Teil 5: Schweißen von plattierten Stählen, 10/2003.

Teil 8: Schweißen: Schweißen von Gusseisen, 2/2005.

DIN EN 1561: Gußeisen mit Lamellengrafit, 8/1997.

DIN EN 1562: Gießereiwesen – Temperguß, 8/1997.

DIN EN 1562/A1: Gießereiwesen – Temperguss, 2/2006.

DIN EN 1563: Gußeisen mit Kugelgrafit, 10/2005.

DIN EN 1600: Schweißzusätze – Umhüllte Stabelektroden zum Lichtbogenhandschweißen von nichtrostenden und hitzebeständigen Stählen, 10/1997.

DIN EN 1668, s. DIN EN ISO 636.

DIN EN 1706: Aluminium und Aluminiumlegierungen – Gußstücke, chemische Zusammensetzung und mechanische Eigenschaften, 6/1998.

DIN EN 1753: Magnesium und Magnesiumlegierungen – Blockmetalle aus Magnesiumlegierungen, 8/1997.

DIN EN 10025: Warmgewalzte Erzeugnisse aus Baustählen.
Teil 1: Allgemeine technische Lieferbedingungen, 2/2005.
Teil 2: Technische Lieferbedingungen für unlegierte Baustähle, 4/2005.
Teil 3: Technische Lieferbedingungen für normalgeglühte/normalisierend gewalzte schweißgeeignete Feinkornbaustähle, 4/2005.

DIN EN 10052: Begriffe der Wärmebehandlung von Eisenwerkstoffen, 1/1994.

DIN EN 10088: Nichtrostende Stähle.
Teil 1: Verzeichnis der nichtrostenden Stähle, 9/2005.
Teil 2: Technische Lieferbedingungen für Blech und Band aus korrosionsbeständigen Stählen für allgemeine Verwendung, 2/2005.
Teil 3: Technische Lieferbedingungen für Halbzeug, Stäbe, Walzdraht, gezogenen Draht, Profile und Blankstahlerzeugnisse aus korrosionsbeständigen Stählen für allgemeine Verwendung, 9/2005.

DIN EN 10113, s. DIN EN 10025-1/3.

DIN EN 10164: Stahlerzeugnisse mit verbesserten Verformungseigenschaften senkrecht zur Erzeugnisoberfläche – Technische Lieferbedingungen, 3/2005.

DIN EN 10213: Technische Lieferbedingungen für Stahlguß für Druckbehälter.
Teil 1: Allgemeines, 1/1996.
Teil 2: Stahlsorten für die Verwendung bei Raumtemperatur und erhöhten Temperaturen, 1/1996.
Teil 3: Stahlsorten für die Verwendung bei tiefen Temperaturen, 1/1996.

DIN EN 10217: Geschweißte Stahlrohre für Druckbeanspruchungen – Technische Lieferbedingungen.
Teil 2: Elektrisch geschweißte Rohre aus unlegierten und legierten Stählen mit festgelegten Eigenschaften bei erhöhten Temperaturen, 4/2005.

DIN EN 12072, s. DIN EN ISO 14343.

DIN EN 12073, s. DIN EN ISO 17633.

DIN EN 10293: Stahlguss für allgemeine Anwendungen, 6/2005.

DIN EN 12421: Magnesium und Magnesiumlegierungen – Reinmagnesium, 6/1998.

DIN EN 12534: Drahtelektroden, Drähte, Stäbe und Schweißgut zum Schutzgasschweißen von hochfesten Stählen – Einteilung, 11/1999.

DIN EN 12535: Fülldrahtelektroden zum Metall-Schutzgasschweißen von hochfesten Stählen – Einteilung, 4/2000.

DIN EN 12536: Stäbe zum Gasschweißen von unlegierten und warmfesten Stählen – Einteilung, 8/2000.

DIN EN 13835: Gießereiwesen – Austenitisches Gusseisen, 2002.

DIN EN 14295: Schweißzusätze – Drähte und Fülldrahtelektroden und Elektrode-Schweißpulver-Kombinationen für das Unterpulverschweißen von hochfesten Stählen – Einteilung, 1/2004.

DIN EN 14700: Schweißzusätze – Schweißzusätze zum Hartauftragen, 8/2005.

DIN EN 22401: Umhüllte Stabelektroden; Bestimmung der Ausbringung, der Gesamtausbringung und des Abschmelzkoeffizienten, 4/1994.

DIN EN 26847, s. DIN EN ISO 6847.

DIN EN 26848, s. DIN EN ISO 6848.

DIN EN 29692, s. DIN EN ISO 9692.

DIN EN 30042, s. a. DVS 0713.

DIN EN ISO 544: Schweißzusätze – Technische Lieferbedingungen für metallische Schweißzusätze – Art des Produktes, Maße, Grenzabmaße und Kennzeichnung, 2/2004.

DIN EN ISO 636: Schweißzusätze – Stäbe, Drähte und Schweißgut zum Wolfram-Inertgasschweißen von unlegierten Stählen und Feinkornstählen – Einteilung, 8/2008.

DIN EN ISO 1071: Schweißzusätze – Umhüllte Stabelektroden, Drähte, Stäbe und Fülldrahtelektroden zum Schmelzschweißen von Gusseisen – Einteilung, 10/2003.

DIN EN ISO 2560: Schweißzusätze – Umhüllte Stabelektroden zum Lichtbogenhandschweißen von unlegierten Stählen und Feinkornstählen – Einteilung, 3/2006.

DIN EN ISO 3690: Schweißen und verwandte Prozesse – Bestimmung des diffusiblen Wasserstoffgehaltes im ferritischen Schweißgut, 3/2001.

DIN EN ISO 6847: Umhüllte Stabelektroden für das Lichtbogenhandschweißen, Auftragung von Schweißgut zur Bestimmung der chemischen Zusammensetzung, 2/2002

DIN EN ISO 6848: Lichtbogenschweißen und -schneiden – Wolframelektrode – Einteilung, 3/2005.

DIN EN ISO 8249: Bestimmung der Ferrit-Nummer in nichtrostendem austenitischem und ferritisch-austenitischem (Duplex-)Schweißgut von Cr-Ni-Stählen, 10/2000.

DIN EN ISO 9692: Schweißen und verwandte Prozesse – Empfehlungen zur Schweißnahtvorbereitung.

Teil 1: Lichtbogenhandschweißen, Schutzgasschweißen, Gasschweißen, WIG-Schweißen und Strahlschweißen von Stählen, 5/2004.
Teil 2: Unterpulverschweißen von Stahl, 9/1999.
Teil 3: Metall-Inertgasschweißen und Wolfram-Inertgasschweißen von Aluminium und Aluminium-Legierungen, 9/ 1999.
Teil 4: Plattierte Stähle, 10/2003.

DIN EN ISO 13916: Anleitung zur Messung der Vorwärm-, Zwischenlagen- und Haltetemperatur, 11/1996.

DIN EN ISO 14171: Schweißzusätze – Massivdrahtelektroden, Fülldrahtelektroden und Draht/Pulver-Kombinationen zum Unterpulverschweißen von unlegierten Stählen und Feinkornstählen – Einteilung, 10/2008.

DIN EN ISO 14172: Schweißzusätze – Umhüllte Stabelektroden zum Lichtbogenhandschweißen von Nickel und Nickellegierungen – Einteilung, 05/2004.

DIN EN ISO 14175: Schweißzusätze – Gase und Mischgase für das Lichtbogenschweißen und verwandte Prozesse, 6/2008.

DIN EN ISO 14341: Schweißzusätze – Drahtelektroden und Schweißgut zum Metall-Schutzgasschweißen von unlegierten Stählen und Feinkornstählen – Einteilung, 8/2008.

DIN EN ISO 14343: Schweißzusätze – Drahtelektroden, Bandelektroden, Drähte und Stäbe zum Schmelzschweißen von nichtrostenden und hitzebeständigen Stählen – Einteilung, 5/2007.

DIN EN ISO 14372: Schweißzusätze – Bestimmung der Feuchteresistenz von Elektroden für das Lichtbogenhandschweißen durch Messung des diffusiblen Wasserstoffs, 2/2002.

DIN EN ISO 17632: Schweißzusätze – Fülldrahtelektroden zum Metall-Lichtbogenschweißen mit und ohne Schutzgas von unlegierten Stählen und Feinkornstählen – Einteilung, 8/2008.

DIN EN ISO 17633: Schweißzusätze – Fülldrahtelektroden und Füllstäbe zum Metall-Lichtbogenschweißen mit oder ohne Gasschutz von nichtrostenden und hitzebeständigen Stählen – Einteilung, 6/2006.

DIN EN ISO 18274: Schweißzusätze – Massivdrähte, -bänder und -stäbe zum Schmelzschweißen von Nickel und Nickellegierungen – Einteilung, 05/2004.

DIN EN ISO 24373: Schweißzusätze – Massivdrähte und -stäbe zum Schmelzschweißen von Kupfer und Kupferlegierungen – Einteilung, 8/2009.

Düren, C., u. *W. Schönherr:* Verhalten von Metallen beim Schweißen. DVS-Berichte, Bd. 85, DVS-Verlag, Düsseldorf, 1988.

Düren, C., u. *J. Korkhaus:* Zum Einfluß des Reinheitsgrades im Stahl auf die Neigung zur Bildung von wasserstoffinduzierten Kaltrissen in der Wärmeeinflußzone von Schweißverbindungen. Schw. u. Schn. 39 (1987), S. 87/89.

Düren, C., Jahn, E., Langhardt, W., u. *W. Schleimer:* Kerbschlagbiegeversuche an Schweißverbindungen zwischen den Stählen X20CrMoV12-1 und 10CMo9-10. Stahl und Eisen 102 (1982), H. 9, S. 479/483.

DVS 0504, s. DVS 0957.

DVS 0907-1: Ermitteln des Zu- und Abbrandes von UP-Schweißpulvern beim Schweißen von unlegierten und niedriglegierten Stählen mit Massivdrahtelektroden – Zu- und Abbrandlinien, 9/2006.

DVS 0907-2: Ermitteln des Zu- und Abbrandes von UP-Schweißpulvern – Das Schweißpulverdiagramm, 9/2006.

DVS 0713: Lichtbogenschweißverbindungen an Aluminium und seinen schweißgeeigneten Legierungen. Richtlinie für die Bewertungsgruppen von Unregelmäßigkeiten, 1994.

DVS 0907-3: Ermitteln des Zu- und Abbrandes von UP-Schweißpulvern – Anwendung des Schweißpulverdiagramms, 9/2006.

DVS 0918: Unterpulverschweißen von Feinkornbaustählen. DVS-Verlag, Düsseldorf, 9/2005.

DVS 0944: Richtlinie wurde ohne Ersatz zurückgezogen.

DVS 0956: Richtlinie wurde ohne Ersatz zurückgezogen.

DVS 0957: Umgang mit umhüllten Stabelektroden – Transport, Lagerung und Rücktrocknung, 7/2005.

Easterling, K.: Introduction to the Physical Metallurgy of Welding. 2. Aufl. Butterworth, 1992.

Engels, A.: Geschweißte Temperguß-Komponenten in der Großserienfertigung. Werkstatt u. Betrieb 113 (1980), H. 4, S. 265/ 268.

Espy, R. H.: Weldability of Nitrogen-Strengthened Stainless Steels. Weld. J. Res. Suppl. 61 (1982), H. 4, S. 149s/156s.

Folkhard, E.: Metallurgie der Schweißung nichtrostender Stähle. Springer-Verlag Wien, New York, 1984.

Forch, K., Gillessen, C., von Hagen, I., u. *W. Weßling:* Nichtrostende ferritisch-austenitische Stähle – Eine Werkstoffgruppe mit großem Entwicklungspotential. Stahl u. Eisen 112 (1992), S. 53/62.

Gerster, P.: MAG-Schutzgasschweißen von hochfesten Feinkornbaustählen im Kranbau. Schweißtechnik (Wien) 38 (1984), S. 160/163.

Green, P. A., u. *A. J. Thomas:* Herstellung, Eigenschaften und Verwendung von Gußeisen mit Vermiculargraphit. Gießerei-Praxis (1980), H. 13/14, S. 196/200.

Grong, O., u. *D. K. Matlock:* Microstructural Development in Mild and Low Alloy Steel Weld Metals. Int. Met. Rev. 31 (1986), H. 1, S. 27/48.

Guide to the Light Microscope Examination of Ferritic Steel Weld Metals. IIW/IIS Doc. Nr.: IX-1533-88, 1984.

Gunn, R. N.: The Influence of Composition and Microstructure on the Corrosion Behavior of Commercial Duplex Alloys. Recent Developments in the Joining of Stainless Steels and High Alloys. Edison Welding Institute, Columbus Ohio, Oktober 1992.

Gysel, W., Dybowski, G., Woitas, H. J., u. *R. Schenk:* Hochlegierte Duplex- und vollaustenitische Legierungen für Qualitäts-Stahlgußstücke. konstr. + gießen 12 (1987), H. 1 S. 13/27.

Gysel, W., Gerber, E., u. *K. Gut:* Fertigungsschweißungen an Stahlguß, dargestellt am Beispiel G-X 5 CrNi 13 4. konstr. + gießen 9 (1984), H. 2, S. 24/31.

Haneke, M., Degenkolbe, J., Petersen, J., u. *W. Weßling:* Kaltzähe Stähle. Werkstoffkunde Stahl, Bd. 2 Anwendung. Springer-Verlag Berlin 1985, S. 275/304.

Harrison, P. L., u. *R. A. Ferrar:* Application of Continuous Cooling Transformation Diagramms for Welding of Steels. Int. Met. Rev. 34 (1989), H. 1, S. 35/51.

Heisterkamp, F., Lauterborn, D., u. *H. Hübner:* Technologische Eigenschaften, Verarbeitbarkeit und Anwendungsmöglichkeiten perlitarmer Baustähle. Thyssenforsch. 3 (1971), S. 66/76.

von Hirsch, J., u. *W. Knothe:* Beispiele konstruktionsgeschweißter Bauteile des Grundwerkstoffs Gußeisen mit Kugelgrafit und verschiedenen Stahlqualitäten. VDI Berichte Nr. 698, 1988.

Hirth, F. W., Naumann, R., u. *H. Speckhardt:* Zur Spannungsrißkorrosion austenitischer Chrom-Nickel-Stähle. Werkst. u. Korrosion 24 (1973), S. 349/355.

Hoffmeister, H., u. *R. Mundt:* Untersuchungen zum Einfluß der Schweißparameter und der Legierungszusammensetzung auf den Deltaferritgehalt des Schweißguts hochlegierter Chrom-Nickel-Stähle. Schw. u. Schn. 30 (1978), H. 6, S. 214/218.

Hoffmeister, H., u. *R. Mundt:* Untersuchung des Einflusses von Kohlenstoff und Stickstoff sowie der Schweißbedingungen auf das Schweißgutgefüge ferritisch-austenitischer Chrom-Nickel-Stähle. Schw. u. Schn. 33 (1981), S. 573/78.

Hoobasar, R.: Pipe Welding Procedures. Industrial Pr Inc, 2003.

Hougardy, H. P.: Die Darstellung des Umwandlungsverhaltens von Stählen in ZTU-Schaubildern. Härterei-Tech. 33 (1978), S. 63/70.

Hrivňák, I.: Theory of Weldability of Metals and Alloys. Elsevier, Amsterdam, London, New York, Tokyo, 1992.

Hull, F. C.: Delta Ferrite and Martensite Formation in Stainless Steels. Weld. J. Res. Suppl. 52 (1973), H. 5, S. 193s/203s.

Ikawa, H., Shin, S., Inui, M., Takeda, Y., u. *A. Nakano:* On the Martensite-like Structure at Weld Bond and the Macroscopic Segregation in Weld Metal in the Welded Dissimilar Metals of α-Steels and γ-Steels. IIW/IIS Doc. Nr.: IX-785-72, 1972.

Irmer, B., u. *G.-W. Overbeck:* Gießtechnik und Eigenschaften halb- und vollaustenitischer Stahlgußwerkstoffe. Ingenieur-Werkstoffe 1 (1989), H. 3/4, S. 54/58.

Irvine, K. J., Murray, J. D., u. *F. B. Pickering:* The Effect of Heat-Treatment and Microstructure on the High-Temperature Ductility of 18 % Cr-12 % Ni-1 % Nb-Steels. J. Iron Steel Inst. 196 (1960), S. 166/179.

ISO 2560, s. DIN EN ISO 2560.

ISO 6847, s. DIN EN ISO 6847.

ISO 14171, s. DIN EN ISO 14171.

ISO 14172: Schweißzusätze – Umhüllte Stabelektroden zum Lichtbogenhandschweißen von Nickel und Nickellegierungen – Einteilung, 10/2008.

ISO 17641: Zerstörende Prüfung von Schweißverbindungen an metallischen Werkstoffen – Heißrissprüfungen für Schweißungen – Lichtbogenschweißprozesse.
Teil 1: Allgemeines, 8/2004.
Teil 2: Selbstbeanspruchende Prüfungen, 3/2005.

ISO/FDIS 14172, s. ISO 14172.

Kihara, H.: Welding Cracks and Notch-Toughness of Heat-Affected Zone in High-Strength Steels. Houdremont Lecture 1968.

Kotecki, D. J., u. *T. A. Siewert:* WRC-1992 Constitution Diagram for Stainless Steel Weld Metal: a Modification of the WRC-1988 Diagram. Weld. J. Res. Suppl. 71 (1992), H. 5, S. 171s/178s.

Krysiak, K. F.: Welding Behavior of Ferritic Steels – An Overview. Weld. J. Res. Suppl. 65 (1986), H. 1, S. 37s/41s.

Kou, S.: Welding Metallurgy, John Wiley & Sons. 2. Aufl., 2002.

Larsson, B., u. *B. Lundquist:* Fabricating ferritic-austenitic Stainless Steels. R & D Centre AB Sandvik Steel. März 1984.

Laczkovich, H.: Preis- und Qualitätsoptimierung bei der Konstruktion und Herstellung von Gußstücken. VDI-Z. 124 (1982), Nr. 5, S. S4/S9.

Linkert, R., Möckli, P., Steinhaus, D., u. *P. Tölke:* Schweißbarer Temperguß – der Werkstoff für Gußverbundkonstruktionen. VDI-Z. 122 (1980), Nr. 5, S. 27/37.

Lippold, J. C., u. *D. J. Kotecki:* Welding Metallurgy and Weldability of Stainless Steels. John Wiley & Sons Inc, 2005.

Marlow F. M.: Welding Fabrication and Repair: Questions and Answers, Industrial Press, 2002.

Messler, R. W: Principles of Welding: Processes, Physics, Chemistry and Metallurgy, John Wiley & Sons, 1999.

Minnick, W. H.: Gas Metal Arc Welding Handbook, Goodheart-Wilcox Publisher, 2005.

Motz, J. M.: Werkstoffkundliche Aspekte beim Schweißen von graphithaltigen Gußeisenwerkstoffen. Gießerei 69 (1982), H. 22, S. 633/41.

Mukai, J., u. *M. Murata:* Some Properties on Stress Corrosion Crack Propagation of Type 304 Stainless Steel. IIW/IIS Doc. Nr.: IX-11266-80.

Müller, R.: Anwendung von ZTU-Schaubildern in der Schweißpraxis. Schw. u. Schn. 12 (1970), S. 309/317.

Müsgen, B.: Umformen und Wärmebehandeln schweißbarer Baustähle. Thyssen Techn. Ber. 13 (1981), H. 1, S. 76/85.

Nickel, O.: Eigenschaften von austenitischem Gußeisen. konstr. + gießen 1 (1976), H. 3, S. 9/19.

Novozhilov, N. M.: Fundamental Metallurgy of Gas Shielded Arc Welding . Gordon & Breach Science Publishers Ltd, 1988.

Ogawa, T., u. *T. Koseki:* Effect of Composition Profiles on Metallurgy and Corrosion Behavior of Duplex Stainless Steel Weld Metals. Weld. J. Res. Suppl. 68 (1989), H. 5, S. 181s/191s.

Prüfung und Untersuchung der Korrosionsbeständigkeit von Stählen. Verlag Stahleisen mbH, Düsseldorf, 1973.

Recommended Method for the Metallographic Determination of Delta-Ferrit in Chromium-Nickel Austenitic Weld Metals by Means of Normal Optical Microscopy and Visual Comparison with an Atlas. Weld. World 16 (1978), S. 219/223.

Recommended Standard Method for the Determination of the Ferrite Number in Austenitic Weld Metal Deposited by Cr-Ni-Steel Electrodes. Weld. World 20 (1982), S. 7/14.

Robinson, J. L., Rabensteiner, G., u. *F. Neff:* Procedures used to prepare secondary standards for delta-ferrite in austenitic stainless steel weld metal. Weld. World 20 (1982), H. 1/2, S. 15/22.

Sacks, R. J. u. *E. R. Bohnart:* Welding: Principles and Practices. McGraw Hill Higher Education, 2009.

Samuels, L. E.: Optical Microscopy of Carbon Steels. American Society for Metals, 1980.

Schaeffler, A. L.: Constitutional Diagramm for Stainless Steel. Met. Progr. 56 (1949), H. 11, S. 680/680B.

Schweißen von Temperguß. VDG-Merkblatt N 70, 2. Ausgabe 1979.

Shackelford, J. F: Introduction to Materials Science for Engineers, Prentice Hall, 2000.

Sedriks, A. J.: Corrosion of stainless steels. John Wiley & Sons, 1996.

SEW 088: Schweißgeeignete Feinkornbaustähle, 1993.

SEW 400: Nichtrostende Walz- und Schmiedestähle, 1991.

Schock, D.: Elektrisches Kaltschweißen von Gußeisen mit Kugelgraphit mit Stabelektroden. Gießerei 69 (1982), H. 5, S. 125/27.

Speckhardt, H.: Grundlagen und Erscheinungsformen der Spannungsrißkorrosion, Maßnahmen zu ihrer Vermeidung. VDI-Bericht Nr. 235, S. 83/95, 1975.

Stephenson, A. W., Gough, P. C., u. *J. C. M. Ferrar:* The Weldability of Super Duplex Alloys – Welding Consumables and Procedure Development for Zeron 100. Proc. Int. Inst. Welding Annual Assembly Conference, Juli 1991.

Tamaki, K., Suzuki, J., u. *H. Taté:* Combined Influence of Sulphur and Manganese on Reheat Cracking of Cr-Mo Steels. IIW/IISDoc. Nr.: IX-1457-87.

Theis, E., u. *G. Gawlas:* Das Schweißen von austenitischem Gußeisen mit Kugelgraphit. Gießerei 56 (1969), H. 6, S. 140/146.

Tiku, G. L.: Manual on Joining Processes by Welding, Brazing and Soldering. Minerva Press (PVT) Ltd, 2003.

Uwer, D.: Einfluß der Schweißbedingungen auf die mechanischen Eigenschaften der Wärmeeinflußzone von Schweißverbindungen. Thyssen Techn. Ber. 15 (1983), H. 2, 142/53.

Uwer, D., u. *H. Höhne:* Charakterisierung des Kaltrißverhaltens von Stählen beim Schweißen. Schw. u. Schn. 43 (1991), S. 195/199.

Van Nassau, L., Meelker, H., u. *J. Hilkes:* Welding Duplex and Super-Duplex Steels. IIW/IIS-Doc. Nr.: II-C-893-92, 1992.

Van Nassau, L.: The welding of austenitic-ferritic Mo-alloyes Cr-Ni-Steel. Weld. World 20 (1982), H. 1/2, S. 23/30.

Walker, R. A., u. *T. G. Gooch:* Hydrogen Cracking of Welds in Duplex Stainless Steels. Corrosion 47 (1991), H. 8, S. 1053/1063.

Walker, R. A., u. *T. G. Gooch:* Pitting resistance of Weld Metal for 22Cr-5Ni Ferritic-Austenitic Stainless Steel. Br. Corrosion J. 26 (1991), H. 1, S. 51/59.

Weld Pool Chemistry and Metallurgy. The Welding Institute, Cambridge, 1980.

Wittke, K.: Gesetzmäßigkeiten der Primärkristallisation beim Schweißen. Schweißtechn. (Berlin) 16 (1966), H. 4, S. 158/164.

5 Schweißmetallurgie der nichteisenmetallischen Werkstoffe

5.1 Die WEZ in Schweißverbindungen aus Nichteisenmetallen

Die WEZ und das Schweißgut von Verbindungen aus nichteisenmetallischen Werkstoffen reagieren in der Regel wesentlich empfindlicher auf die Aufnahme atmosphärischer Gase beim Schweißen als Stähle. In den meisten Fällen wird die Zähigkeit extrem verringert. Der Schutz der Schmelze und der benachbarten hoch erhitzten Bereiche der Schweißnaht ist daher zum Sicherstellen ausreichender mechanischer Gütewerte der Schweißverbindung von großer Bedeutung. Als Schutzgase werden ausnahmslos inerte Gase verwendet, die den gesamten erwärmten ($T > 600$ K) Bereich großflächig abdecken müssen.

Im Folgenden sollen einige grundlegende metallurgische Prozesse besprochen werden, die für das Schweißgut und die Wärmeeinflusszone von Verbindungen aus nichteisenmetallischen Werkstoffen typisch sind. Die werkstofflichen Änderungen sind hier oft übersichtlicher und leichter verständlich als bei umwandlungsfähigen Stählen. Das Bild 4-14, S. 311, kann hierfür als einführende Übersicht dienen. Für diese Betrachtungen ist die nachstehende Einteilung der Werkstoffe bzw. der Behandlungszustände der Werkstoffe ausreichend:
– *Einphasige Werkstoffe,* z. B. Cu, Ni, Al, Ti, bzw. vollständig aus Mischkristallen bestehende Legierungen, z. B. Cu-Ni-Legierungen, α-Messing.
– *Mehrphasige Werkstoffe,* z. B. $(\alpha+\beta)$-Messinge. Die einzelnen Phasen sind unterschiedlich gut schweißgeeignet.
– *Ausscheidungshärtende Werkstoffe,* z. B. AlMgZn-, CuBe- oder NiCrCo(AlTi)-Legierungen.
– *Hochreaktive Werkstoffe,* z. B. Ti, Zr, Mo.
– *Kaltverfestigte Werkstoffe.*

Durch das Wärmeeinbringen beim Schweißen entsteht neben der Schmelzgrenze unabhängig von der Werkstoffart in jedem Fall ein thermisch beeinflusster Bereich. Seine Breite und Korngrößenverteilung werden bei gegebener Werkstückdicke nur von der Höhe des Wärmeeinbringens Q und der Vorwärmtemperatur T_p bestimmt. Das Gefüge der schmelzgrenzennahen Bereiche ist *immer* grobkörnig. Das Kornwachstum ist unter gleichen Bedingungen bei den thermisch stabileren kubisch-flächenzentrierten Werkstoffen geringer als bei den kubisch-raumzentrierten.

Bild 5-13 zeigt das Gefüge einer *epitaktisch kristallisierten* Schweißschmelze und die WEZ im Bereich der Schmelzgrenze einer Schweißverbindung aus Cu-DHP (SF-Cu). Diese Erscheinung ist bei polymorphen Werkstoffen meistens schlecht erkennbar, weil sich die

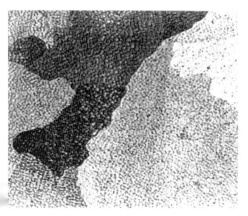

Bild 5-1
Mikroaufnahme eines kristallgeseigerten Cu-Schweißguts (Zusatzwerkstoff CuAg1), V = 200:1.

Korngröße bei einer Phasenänderung (Sekundärkristallisation) normalerweise ändert und damit auch der Verlauf der Korngrenzen. Die Erstarrung der Schmelze beginnt dabei an den festen Kristallebenen der Körner der Schmelzgrenze durch heterogene Keimbildung, die keine thermische Unterkühlung erfordert (Abschn. 4.1.1.1, S. 300).

Die in der Regel unerwünschten Gefügeumwandlungen bzw. -änderungen während einer Wärmebehandlung (Aufheizen bzw. Abkühlen) sind nur bei Werkstoffen mit folgenden Eigenschaften möglich:
- Der Werkstoff bildet allotrope Modifikationen (z. B. Co und Ti-Legierungen).
- Der Werkstoff enthält bestimmte Verunreinigungen, beispielsweise solche, die niedrigschmelzende (eutektische) Filme (z. B. Nickel mit Spuren von Schwefel wird extrem heißrissanfällig) bzw. versprödende Ausscheidungen bilden.
- In ausscheidungshärtenden Werkstoffen entstehen in der WEZ in jedem Fall nachteilige Gefügeänderungen (Koagulieren, Lösen und Wiederausscheiden der Teilchen).
- In Legierungen – vor allem solchen mit großem Erstarrungsintervall, sehr stark z. B. bei CuSn-Bronzen – entstehen im Schweißgut ausgeprägte kristallgeseigerte Bereiche, Bild 5-1.

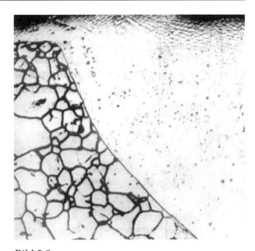

Bild 5-3
Interkristalline Werkstofftrennungen in der WEZ einer Schweißverbindung aus LC-Nickel unter der Einwirkung schwefelhaltiger Gase, V = 150:1, Mischsäure, s. Abschn. 5.2.2.

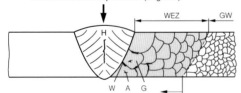

Schmelzgrenzenbereich:
Grobkorn (G), Heißrisse im Schweißgut (H), Wiederaufschmelzrisse in der WEZ (W), Ausscheidungen (A), Zähigkeitsverlust möglich.

Beginn der WEZ:
erstmals entstehende Gefügeänderungen, z. B. Ausscheidungen werden gelöst, Korn beginnt zu wachsen.

Bild 5-2
Vorgänge im Schweißgut und der WEZ einphasiger NE-Metalle. Je nach Reinheitsgrad und chemischer Zusammensetzung können sich Ausscheidungen und (oder) Heißrisse in der WEZ (Wiederaufschmelzrisse) und im Schweißgut (Erstarrungsrisse) bilden. Das Entstehen der Grobkornzone ist prinzipiell nicht vermeidbar, schematisch.

Eine Änderung der Korngröße und der häufig unerwünschten Gefüge der WEZ und des Schweißguts durch Umkörnen wie bei Stahl ist nur bei polymorphen Werkstoffen möglich. Daher bleibt das ungünstige dendritische, stängelförmiges Gussgefüge des Schweißguts vollständig erhalten. Die Art des Nahtaufbaus (Ein-, Mehrlagentechnik) ist daher nur zum Begrenzen der Heißrissigkeit von Bedeutung. Die Entstehung dieser bei vielen Legierungen beobachteten Rissart ist meistens mit einem kontrollierten (begrenzten) Wärmeeinbringen und geeigneten Zusatzwerkstoffen beherrschbar.

5.1.1 Einphasige Werkstoffe

Einphasige kfz Werkstoffe sind wegen ihrer hervorragenden Zähigkeit i. Allg. sehr gut, krz Werkstoffe deutlich schlechter und hdP Metalle extrem schlecht schweißgeeignet.

In der WEZ einphasiger Metalle können außer Grobkorn Ausscheidungen und bei einer ausreichenden Menge nichtlöslicher Verunreinigungen auch Wiederaufschmelzrisse entstehen, Bild 5-2. Einige Werkstoffe sind außerdem sehr empfindlich gegenüber bestimmten Elementen, z. B.:

- Nickel bildet mit Schwefel das bei etwa 650 °C schmelzende NiS. Nickel und nickellegierte Werkstoffe (z. B. hochlegierte korrosionsbeständige Stähle, s. Abschn. 4.3.7.5, S. 431) sind in Anwesenheit selbst geringster Spuren Schwefel extrem heißrissanfällig, Bild 5-3.
- In der WEZ von Schweißverbindungen aus sauerstoffhaltigen Kupfersorten (z. B. Cu-ETP, Cu-FRHC) wird der als Cu_2O vorliegende Sauerstoff durch Wasserstoff (Gasschweißen!) gemäß folgender Beziehung reduziert:

$$Cu_2O + 2 \cdot H \rightarrow 2 \cdot Cu + \{H_2O\}_{Dampf}.$$

Der entstehende Wasserdampf »sprengt« den Werkstoff entlang der Korngrenzen. Es bilden sich interkristalline Risse, s. Abschn. 5.2.1.
- Automatenmessing enthält bis 3 % Blei, (z. B. CuZn38Pb3), das in der Messingmatrix nicht löslich ist. Die spangebende Verarbeitbarkeit der Automatenmessinge wird erheblich verbessert. Das niedrigschmelzende Blei führt aber beim Schweißen zur Bildung von Heißrissen.

5.1.2 Mehrphasige Werkstoffe

Im Allgemeinen wird das Schweißverhalten von der schweißungeeigneteren Phase bestimmt. Außerdem ist das Verformungsvermögen ebenso wie das Korrosionsverhalten schlechter als das (homogener) einphasiger Werkstoffe.

Allerdings bieten mehrphasige Werkstoffe auch häufig den Vorteil, dass sich die die Gütewerte verschlechternden Elemente in einer Phase lösen, in der anderen dagegen nicht. Die nachteilige Wirkung dieser Bestandteile entfällt dann weitgehend. Beispiele dafür sind z. B. die im Vergleich zu den einphasigen α-Bronzen wesentlich weniger heißrissanfälligen $(\alpha + \beta)$-Bronzen, Abschn. 5.2.1.1.2, und die ohne δ-Ferrit sehr zum Heißriss neigenden austenitischen Chrom-Nickel-Stähle, s. Abschn. 4.3.7.5, S. 431.

Von einem (Schmelz-)Schweißen ist in der Regel abzuraten, wenn der Werkstoff intermediäre Phasen enthält oder diese sich beim Schweißen bilden können. Häufig entstehen sie bei mehrfach legierten Werkstoffen, weil die Wahrscheinlichkeit groß ist, dass sich zwischen den zahlreichen Legierungselementen wenigstens eine intermediäre Phase bilden kann. Als bekanntes Beispiel sei die Legierung AlMg5 genannt. Die bei unsachgemäßen Schweißbedingungen entstehende Phase Al_3Mg_2 kann zur Rissbildung führen.

5.1.3 Ausscheidungshärtende Legierungen

Die Schweißeignung ausscheidungshärtender Werkstoffe ist i. Allg. unbefriedigend. Die Ursache sind die komplexen, zähigkeitsvermindernden Werkstoffänderungen beim Lösungs- und Wiederausscheidungsprozess in der WEZ. Sie sind gekennzeichnet durch folgende Besonderheiten, Bild 5-4:
- Die in einem schmalen Bereich neben der Schmelzgrenze beim Erwärmen gelösten festigkeitserhöhenden Teilchen sind überaltert und (oder) scheiden sich während

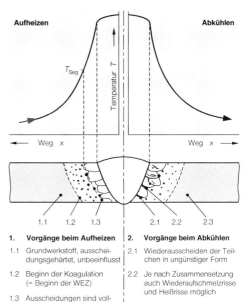

1. **Vorgänge beim Aufheizen**
1.1 Grundwerkstoff, ausscheidungsgehärtet, unbeeinflusst
1.2 Beginn der Koagulation (= Beginn der WEZ)
1.3 Ausscheidungen sind vollständig gelöst ($T > T_{Seg}$)

2. **Vorgänge beim Abkühlen**
2.1 Wiederausscheiden der Teilchen in ungünstiger Form
2.2 Je nach Zusammensetzung auch Wiederaufschmelzrisse und Heißrisse möglich
2.3 Grundwerkstoff, unbeeinflusst

Bild 5-4
Werkstoffliche Vorgänge in der WEZ ausscheidungshärtender Legierungen, Zustand ausgelagert, schematisch. (Bedeutung von T_{Seg} s. Bild 1-64, S. 53).

des Abkühlens nicht vollständig oder in einer nachteiligen Form wieder aus. Die optimale Form, Anzahl und Verteilung der Ausscheidungen wird nicht annähernd erreicht. Die Folge ist eine Abnahme der Härte und Festigkeit, vor allem aber der Zähigkeit.

– Bei mehrfach legierten Werkstoffen ist die Wahrscheinlichkeit sehr groß, dass in der teilverflüssigten Zone neben der Schmelzgrenze niedrigschmelzende, oft eutektische Verbindungen entstehen bzw. bereits vorhandene aufschmelzen. Bei einigen ausscheidungshärtenden Nickellegierungen *(Hastelloy X, Inconel 600)* und austenitischen Chrom-Nickel-Stählen können sich z. B. Carbide, Sulfide oder die in mehrfacher Hinsicht unangenehmen *Laves*-Phasen bilden. Die Folge sind bei gleichzeitiger Wirkung von Spannungen die zu den Heißrissen gehörenden *Wiederaufschmelzrisse* in der WEZ.

Die aufgeschmolzenen Partikel breiten sich normalerweise an den Korngrenzen aus. Geschieht dies an der Schmelzgrenze, dann kann der von der verflüssigten Ausscheidung erzeugte Raum von nachströmender Schmelze aus dem Reservoir des Schmelzbades ausgefüllt werden. Die Neigung zu Wiederaufschmelzrissen ist bei diesen gemäß dem Zustandsschaubild oberhalb der Liquidustemperatur vollständig aufgeschmolzenen Ausscheidungen relativ gering. Die durch die sog. konstitutionelle Verflüssigung der Ausscheidungen hervorgerufene Heißrissbildung in unmittelbarer Nähe der WEZ ist dagegen wesentlich kritischer. Durch diesen Mechanismus werden Werkstoffbereiche um die Ausscheidungen bereits *unter* der Solidustemperatur der Legierung verflüssigt, d. h., die Teilchenschmelze hat dann keine Verbindung mit der Schweißschmelze, Bild 5-5. Ein »Ausheilen« der entstehenden Hohlräume durch die nachströmende Schweißschmelze ist dann nicht mehr möglich.

Diese Form der Wiederaufschmelzrisse wird durch den von *Savage* und *Pete* beschriebenen Mechanismus der *konstitutionellen Verflüssigung* hervorgerufen, bei dem sich an den Korngrenzen flüssige Filme unterhalb der Solidustemperatur der Legierung bilden können. Dieser Mechanismus ist aber an bestimmte metallphysikalische Voraussetzungen des Legierungssystems gebunden, d. h., er ist von der Konstitution der Legierung abhängig. Er kann außerdem nur bei rascher Erwärmung in der WEZ, seltener in der partiell verflüssigten Zone wirksam werden, wie in dem hypothetischen Zustandsschaubild Bild 5-5 dargestellt wird.

In der entsprechend den thermodynamischen Gleichgewichtsbedingungen erwärmten Legierung L lösen sich nach Überschreiten der Segregatlinie bei T_1 (Punkt a) die Ausscheidungen A_xB_y in der α-Matrix. Bei einem raschen Erwärmen über T_2 steht für die vollständige Lösung der Phase A_xB_y nicht die erforderliche Zeit zur Verfügung. Bei Temperaturen oberhalb der eutektischen T_e ist jedes A_xB_y-Teilchen von einem flüssigen Film unterschiedlicher Zusammensetzung umgeben, die von Punkt d an der A_xB_y-Grenzfläche bis Punkt c an der Phasengrenze der α-Matrix reicht. Ein örtliches Aufschmelzen ist demnach bei rascher Aufheizung möglich, ohne dass die Solidustemperatur der Legierung erreicht wurde.

Eine allgemein gültige Schweißvorschrift empfiehlt, das Wärmeeinbringen Q zu begrenzen, genauer zu kontrollieren:

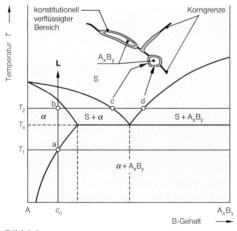

Bild 5-5
Charakteristisches Zustandsschaubild eines Zweistoffsystems, das für die konstitutionelle Verflüssigung erforderlich ist, nach Savage und Pete.

– Der Ausscheidungszustand in der WEZ sollte möglichst wenig geändert werden und die Breite dieser Zone klein sein. Das hierfür erforderliche geringe Wärmeeinbringen kann aber in dem ausgehärteten, wenig verformbaren Werkstoff hohe mehrachsige Eigenspannungszustände erzeugen, die leicht zur Rissbildung führen.
– Ein zu großes Wärmeeinbringen zerstört den optimalen Ausscheidungszustand über große Bereiche und führt zu einer nicht tolerierbaren Härte- und Festigkeitsabnahme und einer meistens unzureichenden Zähigkeit in den schmelzgrenzennahen Bereichen der Schweißnaht. Daraus ergibt sich das Konzept der **kontrollierten Wärmeführung** beim Schweißen ausscheidungshärtender Werkstoffe:
Das Wärmeeinbringen muss in einem bestimmten experimentell ermittelten *Bereich* liegen. Geeignete Zusatzwerkstoffe sind außerdem von großer Bedeutung.

Die Rissneigung ist geringer, wenn im weichen, lösungsgeglühten Zustand mit nicht ausscheidungshärtenden Zusatzwerkstoffen geschweißt wird. Diese Methode erfordert zumindest bei hohen Ansprüchen an die mechanischen Gütewerte der Schweißverbindung eine vollständige Wärmebehandlung (Lösungsglühen, Abschrecken, Auslagern) nach dem Schweißen der Bauteile. Sie ist teuer und lässt sich häufig nicht anwenden (z. B. Bauteilgröße).

Bild 5-6 zeigt schematisch die Härteverteilung über die Schweißverbindung aus einem ausscheidungsgehärteten (a) und einem lösungsgeglühten Werkstoff (b).

5.1.4 Hochreaktive Werkstoffe

Die extreme chemische Reaktionsfähigkeit verschiedener Werkstoffe wie z. B. Titan, Zirkonium, Molybdän, Beryllium ist zusammen mit ihrer oft leichten Versprödbarkeit die Ursache ihrer verhältnismäßig schlechten Schweißeignung. Sie nehmen bereits bei Temperaturen über 600 K begierig die atmosphärischen Gase Sauerstoff, Stickstoff und Wasserstoff auf, die zu mäßiger Aufhärtung des Werkstoffs in der Wärmeeinflusszone, aber zu einer nahezu vollständigen Versprödung von Schweißgut und Wärmeeinflusszonen führen, Bild 5-7.

Ein erfolgreiches Schweißen ist daher nur möglich, wenn die Fügeteile weitestgehend vor einem Luftzutritt geschützt werden. Das kann mit verschiedenen unterschiedlich aufwändigen Methoden realisiert werden:

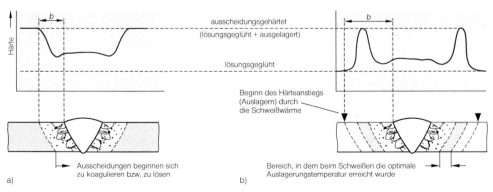

Bild 5-6
Härteverlauf in der WEZ ausscheidungshärtender Werkstoffe, schematisch.
a) **ausscheidungsgehärtet:** *Die Breite der WEZ entspricht der Breite der erweichten Zone (b). Sie ist stark vom Wärmeeinbringen Q beim Schweißen abhängig,*
b) **lösungsgeglüht:** *Die Rissneigung beim Schweißen ist in der Regel geringer. Die Breite der WEZ (b) entspricht dem Abstand: Beginn der Ausscheidungen (Härteanstieg!) = Schmelzgrenze. Diese Methode erfordert aber nach dem Schweißen in der Regel eine erneute Wärmebehandlung (Lösungsglühen – Abschrecken – Auslagern), sie ist daher nur in Sonderfällen vertretbar.*

- Großflächiger Schutz aller von der Wärmequelle aufgeheizten Bereiche. Das lässt sich z. B. mit speziellen Schutzgasduschen erreichen, Bild 5-52,
- Austausch der Atmosphäre durch ein inertes Gas oder
- Durchführen des Schweißprozesses unter Vakuum.

5.1.5 Kaltverfestigte Werkstoffe

Die mechanischen und die physikalischen Eigenschaften kaltverfestigter (z. B. kaltverformter) Werkstoffe nähern sich nach einem rekristallisierenden Glühen denen des unverformten, gleichgewichtsnahen, weichen Werkstoffs, Abschn. 1.5.2, S. 42. Die treibende Kraft dieses Kornneubildungsprozesses ist die im Werkstoff gespeicherte Verformungsenergie. Das beim Glühen (vor allem bei höheren Temperaturen und (oder) Zeiten) einsetzende Kornwachstum wird durch die Oberflächenspannung der Korngrenzenflächen eingeleitet und ermöglicht. Das Kornwachstum findet also mit zunehmender Temperatur in jedem Fall statt.

Mit zunehmender Temperatur und zunehmendem Verformungsgrad nimmt die Rekristallisationstemperatur T_{Rk} ab, siehe Bild 1-54, S. 44. Bild 5-8 zeigt schematisch die Härteverteilung in der Wärmeeinflusszone einer schmelzgeschweißten Verbindung aus einem einphasigen, nicht umwandelbaren Werkstoff in Abhängigkeit vom Kaltverformungsgrad φ. Mit zunehmendem Wärmeeinbringen Q wird die Breite der Wärmeeinflusszone größer und die Verweilzeit im rekristallisierten Bereich größer, d. h., der Abfall der Härte nimmt zu, und die Gebrauchseigenschaften werden schlechter. Der Wiederanstieg der Härte nach erfolgter Rekristallisation und beginnendem Kornwachstum beruht auf der zunehmenden Abkühlgeschwindigkeit mit zunehmender Annäherung an die Schmelzgrenze. Um den Härteabfall zu begrenzen, sollte mit geringem Wärmeeinbringen und (oder) schnell geschweißt werden.

5.2 Schwermetalle

Diese Werkstoffe werden aufgrund verschiedener Eigenschaften verwendet, die bei den Eisenwerkstoffen nicht oder nicht im erforderlichen Umfang vorhanden sind. In erster Linie sind zu nennen:
- Eine gegenüber vielen Medien verbesserte *Korrosionsbeständigkeit* (z. B. Nickel, Kupfer);
- die hervorragende *Tieftemperaturzähigkeit* der kfz Werkstoffe (z. B. Kupfer, Cu-Ni-Legierungen);
- extreme *physikalische Eigenschaften* [z. B. kleinster *Wärmeausdehnungskoeffizient* der Legierung mit Fe(64%), Ni(36%), höchste elektrische und *thermische Leitfähigkeit* bei Kupfer];
- verbesserte *Hitze- und Zunderbeständigkeit* (z. B. Nickelbasis-Werkstoffe).

Ihr gezielter technischer und wirtschaftlicher Einsatz erfordert vor allem die Kenntnis der folgenden Betriebs- und Korrosionsbedingungen, die das Korrosionsverhalten entscheidend bestimmen, s. a. Abschn. 1.7.7, S. 94, und Bild 1-109, S. 96/97:
- Beschaffenheit und Art des angreifenden Mediums, einschließlich Menge und Wirkung der Verunreinigungen;
- Betriebs- bzw. Medientemperatur;
- pH-Wert;
- Konzentration der Halogenionen;
- wenn möglich das Redoxpotenzial, das die oxidierende bzw. reduzierende Wirkung des wässrigen Mediums bestimmt.

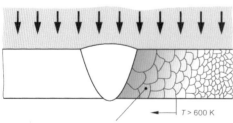

Der über 600 K erwärmte Bereich der WEZ versprödet durch Aufnahme von O, N und H

Bild 5-7
Vorgänge in der WEZ von Schweißverbindungen aus hochreaktiven Werkstoffen. Der über 600 K erwärmte Teil der WEZ nimmt bereits atmosphärische Gase auf und versprödet dadurch erheblich.

Tabelle 5-1
Physikalische Eigenschaften einiger Kupfersorten im Vergleich zum unlegierten niedriggekohlten Stahl.

Kurzzeichen	Schmelzpunkt	spez. Wärme (20 °C bis 400 °C)	Ausdehnungskoeffizient (25 °C bis 300 °C)	Wärmeleitfähigkeit (bei 20 °C)
	°C	J/(g·K)	10^{-6}/K	W/(m·K)
Kupfer-Knetwerkstoffe (DIN EN 1652)				
Cu-DHP (SF-Cu)	1083	0,38	17	240 bis 360
Cu-ETP (E-Cu 58)	1083	0,38	17	≤386
Cu-DLP (SW-Cu)	1083	0,38	17	≤345
Cu-OF (OF-Cu)	1083	0,38	17	393
Cu-FRHC (E-Cu 58)	1083	0,38	17	≤384
Kupfer-Gusswerkstoffe (DIN EN 1982)				
G-CuI 35	1080 bis 1083	0,38	17	235
G-S CuI 50	1083	0,38	17	339
Stahl (0,05 % bis 0,12 % C; 0,2 % bis 0,4 % Mn, 0,14 % P+S)				
Stahl	≈ 1500	0,47	12	≈ 34

5.2.1 Kupfer und Kupferlegierungen

Kupfer wird wegen seiner hervorragenden thermischen und elektrischen Leitfähigkeit sowie seiner guten Korrosionsbeständigkeit in allen Bereichen vielfach verwendet. Kupfer ist kfz, d. h., es besitzt eine hervorragende Verformbarkeit (Duktilität) und Tieftemperaturzähigkeit. Durch Kaltverformen lässt sich seine Festigkeit erheblich steigern. Kupfer ist mit vielen Elementen legierbar (z. B. Ni, Mn, Zn, Sn, Al, Fe, Be, Cr, Cd, Si), wodurch eine Vielzahl neuer Legierungssysteme verfügbar ist. In den meisten Fällen entstehen einphasige Legierungen.

Kupfer ist in Industrieatmosphären und Wässern aller Art sehr beständig. In Säuren entsteht chemischer Angriff nur in Anwesenheit von Sauerstoff oder oxidierenden Substanzen (z. B. HNO_3), obwohl gemäß der Stellung des Kupfers in der Spannungsreihe, Tabelle 1-6, S. 67, diese Wasserstoffkorrosion nicht auftreten sollte. Durch Legierungselemente (z. B. Nickel) lässt sich die Korrosionsbeständigkeit erheblich verbessern. Kupfer und seine Legierungen werden in Ammoniak durch die SpRK extrem angegriffen. In stärker reduzierenden Medien sind Kupferlegierungen häufig beständiger als austenitische Cr-Ni-Stähle.

In Tabelle 5-1 sind einige für das Schweißverhalten wichtige physikalische Eigenschaften des Kupfers im Vergleich zum niedriggekohlten Stahl zusammengestellt.

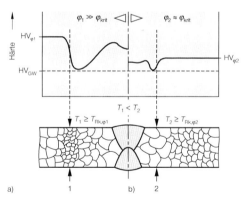

1: Großer Verformungsgrad φ_1 ergibt bei geringerer T_{Rk} feineres rekristallisiertes Gefüge
2: Kleiner Verformungsgrad $\varphi_2 \approx \varphi_{krit}$ ergibt bei größerer t_{Rk} gröberes rekristallisiertes Gefüge

*Bild 5-8
Einfluss des Kaltverformungsgrads φ auf die Härteverteilung in der WEZ schmelzgeschweißter Verbindungen. Die Härte des Schweißguts wird abhängig vom Aufschmelzgrad vom Zusatzwerkstoff bestimmt.
a) $\varphi \gg \varphi_{krit}$: Werkstoff mit der Ausgangshärte $HV_{\varphi 1}$ beginnt schon bei T_1 zu rekristallisieren, das entstehende Gefüge (Härte HV_{GW}) ist sehr feinkörnig.
b) $\varphi \approx \varphi_{krit}$: Werkstoff ($HV_{\varphi 2}$) rekristallisiert erst bei T_2, das entstehende Gefüge ist sehr grobkörnig.*

Je nach Verwendungszweck unterscheidet man:
- Die für elektrotechnische Zwecke verwendeten schlecht schweißgeeigneten meist sauerstoffhaltigen Kupfersorten (z. B. Cu-ETP, Cu-FRHC) und die
- phosphordesoxidierten, sauerstofffreien Kupfersorten (Cu-DHP, Cu-OF) für den Apparatebau. Diese sind bei Beachtung der charakteristischen Eigenschaften des Kupfers gut schweißgeeignet.

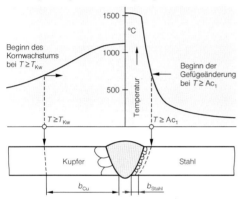

Bild 5-9
Vergleich der Temperaturverläufe beim Schweißen von Kupfer und Stahl. Die Breite (b_{Cu}) und die Korngröße des Gefüges der WEZ sind bei Kupfer wesentlich größer als bei Stahl (b_{Stahl}).

Das Schweißverhalten des Kupfers wird im großen Umfang von folgenden Werkstoffeigenschaften und metallpysikalischen Besonderheiten bestimmt:
- Sauerstoffgehalt,
- Wärmeleitfähigkeit, die durch verschiedene Verunreinigungen wie z. B. P, Fe, Co, Si, Cd, Ag stark beeinflusst wird,
- Wärmeausdehnung und die
- starke Neigung zur Gasaufnahme.

Die Wärmeleitfähigkeit des Kupfers ist bei Raumtemperatur etwa sieben, bei 1000 °C aber bis zu 15 Mal größer als die der unlegierten Stähle! Die beim Schweißen zugeführte Wärme wird daher sehr rasch in den Grundwerkstoff abgeleitet. Zum Einleiten und Aufrechterhalten des Schmelzflusses ist daher eine sehr konzentrierte Wärmequelle (z. B. Elektronenstrahlschweißen) oder bei weniger intensiven Schweißverfahren eine bis zu 600 °C

betragende Vorwärmtemperatur erforderlich. Das sich über sehr große Werkstoffbereiche erstreckende Temperaturgefälle erzeugt zusammen mit dem recht großen Wärmeausdehnungskoeffizienten ganz erhebliche Bauteilverzüge, Bild 5-9.

Der Sauerstoffgehalt beträgt bei den sauerstoffhaltigen Kupfersorten 0,005 bis 0,04 %. Er liegt i. Allg. im Grundwerkstoff als Cu_2O abgebunden vor, denn die Sauerstofflöslichkeit des Kupfers ist bei Raumtemperatur extrem gering. Kupfer und Cu_2O bilden ein eutektisches System, Bild 5-10. Beim Abkühlen einer sauerstoffhaltigen Kupferschmelze entsteht ein Gefüge, das aus primärem $\alpha(Cu)$ und dem aus der Restschmelze kristallisierenden entarteten Eutektikum (α-)Cu_2O besteht. Das an den Kupferkorngrenzen liegende spröde Cu_2O wird durch die Rekristallisation während der folgenden Warmformgebung zerkleinert und neu verteilt. Beim Schweißen schmelzen die eutektischen Reste in den über 1065 °C erwärmten Bereichen der Wärmeeinflusszone aber erneut und sammeln sich im Bereich der Korngrenzen. Hier erstarren sie nach dem Abkühlen und bilden eine sehr spröde Korngrenzensubstanz, Bild 5-11.

In wasserstoffhaltigen Atmosphären, z. B. beim Gasschweißen, versprödet sauerstoffhaltiges Kupfer außerdem durch die *Wasserstoffkrankheit* genannte Erscheinung, Bild 5-12. Der im reduzierenden Teil der Gasflam-

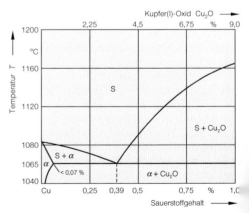

Bild 5-10
Zustandsschaubild Cu-O bzw. Cu-Cu_2O, nach Hansen u. Anderko.

me vorhandene Wasserstoff kann in das feste (über 1065 °C erwärmte) Kupfer in atomarer Form eindringen und das aufgeschmolzene sich an den Korngrenzen sammelnde Cu_2O zu Cu reduzieren:

$$Cu_2O + 2 \cdot H \rightarrow 2 \cdot Cu + \{H_2O\}_{Dampf}.$$

Der entstehende Wasserdampf bleibt am Entstehungsort, weil er im Kupfer unlöslich und nicht diffusionsfähig ist. Das Wasserdampfvolumen ist sehr viel größer als das des Wassers, daher wird das Gefüge entlang der Korngrenzen durch den großen Druck des Wasserdampfs »gesprengt«. Die Auswirkungen dieser Schadensform haben eine gewisse Ähnlichkeit mit der IK. Bei den Schutzgasverfahren bilden sich an der Schmelzgrenze Gefügesäume aus sprödem Cu_2O-Eutektikum, nicht aber die Wasserstoffkrankheit.

Die beiden genannten Versprödungserscheinungen lassen sich mit phosphordesoxidierten – also sauerstofffreien – Kupfersorten vermeiden. Ein nicht an Sauerstoff gebundener Restphosphorgehalt soll das Halbzeug bei der Warmformgebung und die Fügeteile beim Schweißen vor einer Sauerstoffaufnahme schützen. Diese Kupfersorten werden wegen der durch den Phosphor stark herabgesetzten elektrischen Leitfähigkeit in der Elektrotechnik nicht eingesetzt, sie werden aber wegen

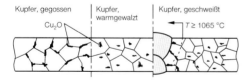

Durch Warmformgebung werden Cu_2O-Teilchen zerkleinert und befinden sich nach dem Rekristallisieren nicht mehr auf den alten Korngrenzen, Teilbild b)

In den auf über 1065 °C erwärmten Bereichen wird Eutektikum aufgeschmolzen: Nach dem Abkühlen befinden sich an Korngrenzen spröde Cu_2O-Teilchen.

a) b) c)

Bild 5-11
Einfluss des Cu_2O-Eutektikums auf das Schweißverhalten sauerstoffhaltigen Kupfers.
a) Kupfer gegossen,
b) Kupfer im Anlieferzustand, warmgewalzt.
c) In den auf über 1065 °C erwärmten Bereichen der WEZ werden Eutektikumsreste aufgeschmolzen. Diese sammeln sich an den Korngrenzen und erstarren beim Abkühlen: die WEZ ist versprödet.

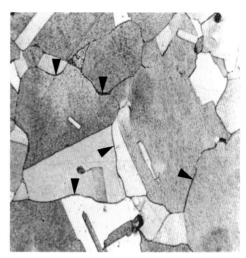

Bild 5-12
Wasserstoffkrankheit in der WEZ einer gasgeschweißten Verbindung aus Cu-ETP (etwa E-Cu 58). Die interkristallin verlaufenden Risse sind z. T. durch Pfeile gekennzeichnet, nach SLV Berlin-Brandenburg.

ihrer guten Schweißeignung im Apparate- und Wärmeübertragerbau sehr häufig verwendet, Tabelle 5-2.

5.2.1.1 Hinweise zum Schweißen

5.2.1.1.1 Kupfer

Die beim Schweißen zu ergreifenden Maßnahmen werden diktiert von dem großen Wärmeausdehnungskoeffizienten, der extremen Wärmeleitfähigkeit und der Neigung zur Sauerstoffaufnahme des Kupfers.

Vor allem dickwandige Werkstücke ($s > 5$ mm bis 6 mm) werden noch häufiger mit zwei Schweißern gleichzeitig-beidseitig in senkrechter Position gas- bzw. WIG-geschweißt. Die in jedem Fall erforderliche hohe Vorwärmung der Fügeteile wird von dem »langsamen« Gasschweißverfahren mit übernommen. Die Wärmezufuhr beim Schweißen ist wegen der großen Wärmeleitfähigkeit so groß, dass ein Vorwärmen auch bei jedem anderen Verfahren erforderlich ist. Eine Ausnahme bilden einige extrem leistungsdichte Verfahren, wie z. B. das Elektronenstrahlschweißen. Je nach Werkstückdicke werden die Fügeteile zum Gasschweißen auf 300 °C (3 mm) bis 650 °C (> 10 mm) vorgewärmt, s. auch Aufgabe 5-7.

Tabelle 5-2
Schweißeignung und Verwendung der Kupfersorten, nach DIN EN 1652.

Kurz-zeichen	Schweiß-eignung für G W M L [1]	Verwendung
Sauerstofffreies Kupfer, mit P desoxidiert		
Cu-DHP	2 1 1 3 [2]	Rohrleitung, Apparatebau, Bauwesen
Cu-DLP	3 2 2 4	
Sauerstofffreies Kupfer, nicht desoxidiert		
Cu-OF	3 2 2 5	Vakuumtechnik, Elektronik
Sauerstoffhaltiges Kupfer		
Cu-FRTC	3 3 4 5	Elektrotechnik

[1] Es bedeuten: G = Gasschweißen, W = WIG-Schweißen, M = MIG-Schweißen, L = Lichtbogenhandschweißen.
[2] Schweißeignung: 1 = ausgezeichnet, 2 = gut, 3 = mäßig, 4 = wenig geeignet, 5 = nicht geeignet.

Tabelle 5-1 zeigt, dass die Cu-DHP-Sorten die geringste Wärmeleitfähigkeit aller Kupfersorten haben. Diese Tatsache, zusammen mit ihrer Sauerstofffreiheit, ist die Ursache ihrer hervorragenden Schweißeignung.

Reines Kupfer hat einen Schmelzpunkt und *kein* Schmelzintervall. Der Übergang vom festen in den flüssigen Zustand erfolgt daher plötzlich und ohne jede Farbänderung. Die Schmelze ist außerdem extrem dünnflüssig, daher kann nur in Schweißpositionen gearbeitet werden, die ihr Fortlaufen unmöglich machen bzw. erschweren. Danach ist z. B. ein Schweißen der Wurzel in PA-(w-)Position kaum möglich, wohl aber in der beim Gasschweißen bevorzugten PF-(s-)Position.

Die Schweißzusatzwerkstoffe sind aus diesem Grund ausnahmslos Legierungen, deren Erstarrungsintervall eine gewisse Modellierbarkeit der Schweißschmelze schafft. Der Zusatzwerkstoff CuAg1 wird vorzugsweise zum Gasschweißen verwendet, ist aber mit eingeengtem Phosphorgehalt auch für die Schutzgasverfahren gebräuchlich. Für diese werden aber überwiegend CuSn1 und CuSi3Mn1 verwendet, Tabelle 5-3.

Als Folge der großen Wärmeausdehnung, der großen erforderlichen Wärmezufuhr und der großen Wärmeleitfähigkeit muss das Schweißteil großflächig erwärmt werden. Die geringen Temperaturgradienten, Bild 5-9, erzeugen zusammen mit dem kleinen E-Modul des Kupfers große Verzüge der Konstruktion, die sich nur sehr schwer (unwirtschaftlich!) beseitigen lassen. Die Bewegungen sind so erheblich, dass ein Fixieren der Fügeteile beim Gasschweißen mit Heftstellen wegen der Gefahr ihres Aufreißens in der Regel nicht sinnvoll ist. Die Spaltverengung bei Stumpfnähten und das Positionieren der keilförmig zugelegten Fügeteile gegeneinander wird daher meistens mit mechanischen Mitteln (verschraubten oder verkeilten Laschen) vorgenommen.

Das Lösen der Kupferoxide, Verhindern ihrer Neubildung beim Schweißen, und die Herstellung porenfreier, sauberer Schweißnähte wird mit Flussmitteln erreicht. Das sind gewöhnlich pastenförmige Substanzen, die aus Borverbindungen mit Zusätzen von oxidlösenden Metallsalzen bestehen. Es ist empfehlenswert, unabhängig von der Werkstückdicke alle mit der Gasflamme in Berührung kommenden Bereiche (Nahtfuge, Schweißstab) dünn zu bestreichen.

Tabelle 5-3
Schweißzusatzwerkstoffe (Massivdrähte und -stäbe) für Kupfer, in Anlehnung an DIN EN 14640 (Auszug).

Legierungskurzzeichen		Wärmeleitfähigkeit	Schmelzbereich	Verwendung für [1]		
Nummerisch	Chemisch	W/(m·K)	°C	Gas	WIG	MIG
S Cu 1897	CuAg1	220 bis 315	1070 bis 1080	2 [2]	2 [2]	1 [2]
S Cu 1898	CuSn1	120 bis 145	1020 bis 1050	1	2	2
S Cu 6560	CuSi3Mn1	35	910 bis 1025	0	2	2

[1] Für den Einsatz der Schweißverfahren bedeuten: 0: nicht geeignet, 1: geeignet, 2: empfohlen.
[2] Zum Gasschweißen: P min. 0,02 %, zum Schutzgasschweißen P max. 0,05 %.

Die Abkühlgeschwindigkeit des großflächig auf recht hohe Temperaturen erwärmten Bauteils ist gering. Die WEZ ist extrem breit und die Korngröße im Schmelzgrenzennähe sehr groß, d. h., in einer gasgeschweißten Verbindung sind Härte und Festigkeit dieser Bereiche zu gering. Daher werden in den meisten Fällen diese Zonen im rotwarmen Zustand über 700 °C verformt (»hammervergütet«). Durch die während der Verformung einsetzende Rekristallisation entsteht ein wesentlich feineres Korn, d. h. die gewünschte erhebliche Festigkeitssteigerung.

Die Mikroaufnahme, Bild 5-13, zeigt sehr deutlich die typische epitaktische Kristallisation der Schweißschmelze bei einer gasgeschweißten Verbindung aus Cu-DHP an der Grenze Schweißgut/Wärmeeinflusszone, s. a. Abschn. 5.1.1.

Die Schutzgasschweißverfahren sind für Kupfer die bei weitem wichtigsten. Die Gütewerte der mit ihnen hergestellten Schweißnähte werden von keinem anderen Schmelzschweißverfahren erreicht.

Das einseitige WIG-Verfahren wird etwa für Wanddicken bis 4 mm, darüber bis etwa 14 mm das gleichzeitig-beidseitige Schweißen in s-Position eingesetzt. Wegen des konzentrierten Lichtbogens sind die Vorwärmtemperaturen wesentlich geringer als beim Gasschweißen. Daher sind auch Heftstellen zulässig, da aufgrund des größeren Temperaturgefälles das »Arbeiten« des Schweißteils und damit die Rissgefahr geringer ist. Bei längeren Nähten empfiehlt sich aber wegen der großen Wärmeausdehnung in jedem Fall die Klemmfixierung.

Das MIG-Verfahren (Argon, bei größeren Wanddicken auch Ar/He-Gemische, die ein heißeres Schmelzbad und einen breiteren Einbrand ergeben) arbeitet mit einem konzentrierten Lichtbogen, es ist daher für größere Wanddicken wirtschaftlicher als das WIG-Verfahren.

Beispiel 5-1:
Berechne die Anzahl der Leerstellen im Bereich der WEZ ($\geq 1000\,°C = 1273\,K$) in einer dünnwandigen, rasch abkühlenden, d. h. nur gering vorgewärmten SG-geschweißten Verbindung aus Kupfer, und einer dickwandigen, gasgeschweißten, langsam abkühlenden Verbindung.

Die Anzahl der Leerstellen n (s. Abschn. 1.2.2.1, S. 7) wird mit einer Arrhenius-Beziehung berechnet:

$$n = N \cdot exp\left(-\frac{Q_L}{RT}\right).$$

Hierin bedeuten N die Anzahl der Cu-Atome/m^3, Q_L die Aktivierungsenergie für die Erzeugung einer Leerstelle in Cu (= 83 700 J/mol). Die Gitterkonstante von Cu ist $a_{Cu} = 0,362\,nm$. Mit:

$$N = \frac{4\,Cu\text{-}Atome\,/\,Zelle}{(3,62 \cdot 10^{-10})^3} = 8,44 \cdot 10^{28}\left[\frac{Cu\text{-}Atome}{m^3}\right].$$

erhält man daraus die bei langsamer Abkühlung bei Raumtemperatur ($T_{298} = 298\,K$) vorhandene (Gleichgewichts-)Leerstellenmenge n:

$$n = 8,44 \cdot 10^{28} \cdot exp\left(-\frac{83\,700}{8,31 \cdot 298}\right) = 2,07 \cdot 10^{14}.$$

Bei rascher Abkühlung von 1273 K und der Annahme, dass alle bei dieser Temperatur vorhandenen Leerstellen bis auf Raumtemperatur erhalten werden konnten, erhält man:

$$n = 8,44 \cdot 10^{28} \cdot exp\left(-\frac{83\,700}{8,31 \cdot 1273}\right) = 3,09 \cdot 10^{25}.$$

Es ist sehr wahrscheinlich, dass die berechnete Leerstellendichte bei langsamer Abkühlung größer, bei rascher Abkühlung kleiner ist als die tatsächlich vorhandene. Die viel größere Leerstellendichte bei der raschen Abkühlung dünnwandiger Cu-Schweißverbindungen ist die Ursache für die höhere Härte (und Festigkeit) der WEZ und der geringeren Härte bei der wesentlich

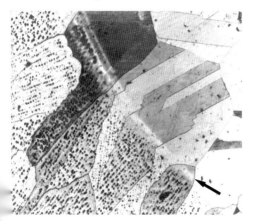

Bild 5-13
Mikroaufnahme einer gasgeschweißten Verbindung aus Cu-DHP im Bereich der Schmelzgrenze. Beachte die epitaktische Kristallisation der Schweißschmelze (z. B. Kristallit im Bild unten rechts, Pfeil).

Tabelle 5-4
Physikalische und mechanische Eigenschaften ausgesuchter Kupferlegierungen sowie Hinweise auf ihre Schweißeignung und Anwendung.

Werkstoff	Mechanische und physikalische Eigenschaften				Schweißeignung für [1]			Hinweise zur Anwendung
Kurzzeichen	$R_{p0,2}$	R_m	λ	α	Gas	WIG	MIG	
	N/mm²	N/mm²	W/m·K	10^{-6}/K				
Kupfer-Knetwerkstoffe (DIN EN 1652)								
Cu-DHP F20	≤ 100	200 bis 250	313 bis 356	17	1	2	2	sauerstofffrei, sehr gute Schweißeignung, E-Technik, hohe elektrische und thermische Leitfähigkeit
CuZn37 F30	max. 180	300 bis 370	121	20,2	2	1 [2]	1 [3]	Hauptlegierung (CuZn37) für Kaltumformen, Kühlerbänder, Schrauben, Druckwalzen, Seewasserleitungen
CuZn20Al2 F33	max. 90	min. 330	100	19,0	0	2	1 [3]	
CuSn6 F35	max. 300	350 bis 420	75	18,5	1	2	2	Bleche für Apparatebau, Rohre, Federn, Gleitlagerbuchsen, abrieb- und korrosionsfest
CuSn8 F37	max. 300	370 bis 450	67	18,5	1	2	2	
CuNi10Fe1Mn F30	min. 100	min. 300	46	17,0	0	2	2	Apparatebau, Meerestechnik, Meerwasserentsalzung, Kondensatoren, Wärmetauscher, kavitationsbeständig
CuNi30Mn1Fe F35	min. 120	min. 350	29	16,0	0	2	2	
CuAl8Fe3 F48	min. 210	min. 480	65	17	0	2	2	hohe Festigkeit, chemische Apparatebau
CuAl10Ni5Fe4 F63	min. 270	min. 630	38	17	0	2	2	Kondensatorböden, Verschleißteile, Wellen, Lagerteile, Papierindustrie (Saugwalzen)
Kupfer-Gusswerkstoffe (DIN EN 1982)								
G-CuZn34Al2	min. 250	min. 600	55 bis 59	19,0	0	1 [2]	1 [3]	Ventilsitze, Steuerungsteile, Kegel
G-CuZn15Si4	min. 230	min. 400	34	18	1	1 [2]	1	Maschinenbau, Schiffbau, Elektroindustrie
G-CuSn10	min. 130	min. 270	67	18,5	1	1	1	Armaturen, Pumpen, Gleitlager
G-CuSn10Zn	min. 130	min. 260	56	18,8	0	1	1	Gleitlagerschalen, Schnecken
G-CuNi10	min. 150	min. 310	59	17,0	0	1	1	Chemische Industrie, Meerestechnik, Meerwasserentsalzung, Pumpen
G-CuNi30	min. 230	min. 440	29	16,0	0	2	2	
G-CuAl10Fe	min. 180	min. 500	55	16/17	0	1	1	Schaltgabeln, Ritzel, Kegelräder
G-CuAl10Ni	min. 270	min. 600	60	17/19	0	1	1	Schiffspropeller, Heißdampfarmaturen

[1] Für den Einsatz der Schweißverfahren bedeutet: 0 = nicht geeignet, 1 = geeignet, 2 = empfohlen.
[2] Zinkfreie Zusatzwerkstoffe empfohlen.
[3] Zinkfreie Zusatzwerkstoffe erforderlich.

Tabelle 5-5
Schweißzusatzwerkstoffe (Massivdrähte und -stäbe) für Kupferlegierungen, nach DIN EN 14640 (Auszug).

Legierungskurzzeichen		Chemische Zusammensetzung in Massenprozent [1]								
Nummerisch	Chemisch	Cu	Al	Fe	Mn	Ni	P	Si	Sn	Zn
Kupfer – Silicium (Siliciumbronze)										
S Cu 6511	CuSi2Mn1	Rest	–	–	0,9-1,1	–	< 0,012	1,7-1,9	0,17-0,25	–
S Cu 6560	CuSi3Mn1	Rest	0,01	0,5	0,5-1,5	–	0,02	2,8-4,0	0,2	0,2
Kupfer – Zinn (einschließlich Phosphorbronze)										
S Cu 5180	CuSn6P	Rest	0,01	0,1	–	–	0,1-0,4	–	4,0-7,0	0,1
S Cu 5210	CuSn9P	Rest	–	0,1	–	–	0,1-0,4	–	7,0-9,0	0,2
S Cu 5211	CuSn10	Rest	–	–	0,2-0,35	–	–	0,2-0,3	9,0-10,0	–
S Cu 5410	CuSn12P	Rest	0,01	0,1	–	–	0,4	–	11,0-13,0	0,1
Kupfer – Zink (Messing)										
S Cu 4700	CuZn40	58,0-61,0	0,1 [2]	[2]	[2]	–	–	–	–	Rest
S Cu 4701	CuZn40SnSiMn	58,5-61,5	0,01	0,01	0,05-0,25	–	–	0,1-0,4	0,2-0,5	Rest
S Cu 6800	CuZn40Ni	56,0-60,0	0,01	0,01	0,5	0,2-0,8	–	0,2	0,8-1,1	Rest
S Cu 6811	CuZn40SnSi	58,0-62,0	0,01	0,01	0,3	–	–	0,1-0,5	1	Rest
S Cu 7730	CuZn40Ni10	46,0-50,0	–	–	–	9,0-11,0	–	0,2	0,8-1,1	Rest
Kupfer – Aluminium (Aluminiumbronze)										
S Cu 6061	CuAl5Mn1Ni1	Rest	4,5-5,0	–	0,5-1,0	0,5-1,0	–	–	–	–
S Cu 6100	CuAl8	Rest	6,0-9,5	0,5	0,5	0,8	–	0,2	–	0,2
S Cu 6102	CuAl8Ni12	Rest	7,5-9,5	1,5-2,5	0,5-2,5	1,8-3,0	–	0,2	–	0,2
S Cu 6180	CuAl10	Rest	8,5-11,0	0,5-1,5	1	1	–	0,1	–	0,02
S Cu 6240	CuAl11Fe	Rest	10,0-11,5	2,0-4,5	–	–	–	–	–	0,01
S Cu 6328	CuAl9Ni5	Rest	8,5-9,5	3,0-5,0	0,6-3,5	4,0-6,0	–	0,2	–	0,1
Kupfer – Mangan										
S Cu 6338	CuMn13Al7	Rest	6,5-8,0	1,5-4,0	11,0-14,0	1,5-3,0	–	0,1	–	0,15
Kupfer – Nickel										
S Cu 7061	CuNi10	Rest	–	1,0-2,0	0,5-1,5	9,0-11,0	0,02	0,2	–	–
S Cu 7158	CuNi30	Rest	–	0,4-1,0	0,5-1,5	29,0-32,0	0,02	0,25	–	–

[1] Einzelwerte sind Höchstwerte, wenn nicht anders angegeben.
[2] Summe Al + Fe + Mn + Pb max. 0,5 %.

langsamer abkühlenden vorgewärmten, dickwandigen, gasgeschweißten Verbindung.

Die Festigkeit in der WEZ ist das Ergebnis der gegenläufigen Wirkung zunehmender Korngröße und Fehlstellendichte. Bei nichtpolymorphen und nicht ausscheidungshärtenden Werkstoffen sind die Korngröße und das Fehlstellensystem die einzigen festigkeitsändernden Mechanismen. Kaltverformung als Möglichkeit der Festigkeitserhöhung scheidet aus, weil die WEZ auf deutlich höhere als die Rekristallisationstemperatur des Kupfers erwärmt wurde.

Die langsam abgekühlte, extrem grobkörnige WEZ ist daher normalerweise wesentlich weicher als der unbeeinflusste Grundwerkstoff.

5.2.1.1.2 Kupferlegierungen

Legierungselemente setzen häufig schon in geringsten Mengen die elektrische und thermische Leitfähigkeit extrem herab. Daher sind Legierungen normalerweise nicht oder nur mit wesentlich geringeren Temperaturen zum Schweißen vorzuwärmen. Kupferlegierungen haben oft deutlich höhere Festigkeiten (z. B. CuAl), häufig bessere Korrosionseigenschaften (z. B. CuNi) und eine höhere Warmfestigkeit (z. B. CuBe) als Kupfer. Sie sind wegen der geringeren Wärmeleitfähigkeit und der desoxidierenden Wirkung verschiedener Legierungselemente (z. B. Mn, Si, Al) in den meisten Fällen schweißtechnisch einfacher als Kupfer zu verarbeiten. Ein Vorwärmen ist erst bei größeren Wanddicken (etwa $s \geq 10$ bis $15\,mm$) erforderlich.

In Tabelle 5-4 sind einige physikalische und mechanische Eigenschaften sowie Hinweise zur Verwendung ausgewählter Kupferlegierungen zusammengestellt.

Die für Kupferlegierungen geeigneten Zusatzwerkstoffe sind in Tabelle 5-5 aufgeführt. Ähnlich wie Kupfer sind für die meisten Kupferlegierungen (außer für das MIG-Verfahren) Flussmittel erforderlich bzw. empfehlenswert. Sie enthalten oxidlösende Metallsalze auf der Grundlage von Borverbindungen. Für CuAl-Legierungen sind wegen der hochschmelzenden Aluminiumoxidhaut fluoridhaltige Sonderflussmittel erforderlich.

Kupfer-Zink-Legierungen werden noch in vielen Fällen gasgeschweißt. Für alle anderen Kupferwerkstoffe werden vorwiegend die Schutzgasschweißverfahren (WIG; MIG) sowie das Plasma- und das Mikroplasmaverfahren verwendet. Das MIG-Impulslichtbogenschweißen (s. Tabelle 4-13) ist für thermisch empfindliche Legierungen und zum Auftragsschweißen von Kupfer und Kupferlegierungen auf Eisenwerkstoffe sehr gut geeignet.

Kupfer-Zink-Legierungen (Messinge)

Messinge enthalten nach DIN EN 1652 mindestens 50 % Kupfer und als Hauptlegierungselement Zink. *Automatenmessinge* sind zum Verbessern der Zerspanbarkeit mit bis zu 3 % Blei legiert (z. B. CuZn38Pb3). Sie neigen beim Schweißen zur Bildung von Poren und Heißrissen und sollten daher nicht geschweißt, sondern besser durch Hartlöten mit Silberloten verbunden werden. Bei Zugabe weiterer Legierungselemente entstehen die so genannten *Sondermessinge*, mit denen bestimmte mechanische oder (und) physikalische Eigenschaften verbessert bzw. geändert werden (z. B. Festigkeit, Korrosionsbeständigkeit, elektrische und physikalische Eigenschaften).

Wesentliche und für den Schweißprozess wichtige Informationen können aus dem binären (Gleichgewichts-)Zustandsschaubild Cu-Zn entnommen werden, Bild 5-14. Bis etwa 37,5 % Zink liegen einphasige kfz α-Mischkristalle vor, zwischen 37,5 % und 46 % Zink ein aus kfz α- und krz β-Mischkristallen bestehendes Gemenge, zwischen 46 % und 50 % Zink reine β-Mischkristalle und über 50 % Zink tritt die intermediäre γ-Phase auf, die den Werkstoff bis zur Unbrauchbarkeit versprödet. Von technischer Bedeutung sind nur die α- und die $(\alpha + \beta)$-Legierungen, d. h. Legierungen über etwa 54 % Kupfer. Reine β-Legierungen werden lediglich als (Hart-)Lote verwendet.

Die kfz α-Legierungen sind hervorragend kaltumformbar. Bei Temperaturen zwischen etwa 400 °C und 520 °C bildet sich bei größeren Zinkgehalten ein Versprödungsbereich aus, der die Warmumformbarkeit erheblich verschlechtert, Bild 5-14. Blei und andere *niedrigschmelzende* und in der Matrix nichtlösliche Verunreinigungen erzeugen eine extreme Heißrissigkeit. Nur bei sehr geringen Bleigehalten ($\leq 0,03$ %) sind daher reine α-Legierungen als gut schweißgeeignet zu bezeichnen.

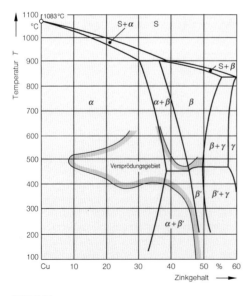

Bild 5-14
Kupferseite des Zustandsschaubilds Cu-Zn.

Die *(α + β)*-Legierungen sind wesentlich fester und haben wegen des größeren Zinkgehalts eine geringere Wärmeleitfähigkeit als die α-Legierungen. Ein Vorwärmen ist daher in den meisten Fällen nicht erforderlich. Bei einem Korrosionsangriff (SpRK) sollte die Konstruktion zwischen 25 °C und 370 °C spannungsarmgeglüht werden. Bild 5-15 zeigt eine Mikroaufnahme der Grobkornzone einer gasgeschweißten Verbindung aus der *(α + β)*-Legierung CuZn40.

Ein beim Schweißen aller CuZn-Legierungen zu beachtendes Problem ist das Ausdampfen (»*Entzinken*«) des bei 907 °C siedenden Zinks. Die Folge ist eine extrem große Porigkeit des Schweißguts. Dieser auf Diffusionsvorgängen des Zinks beruhende Prozess lässt sich mit verschiedenen Methoden verlangsamen:
– Mit geringem Wärmeeinbringen arbeiten und schnell schweißen. Der auf die Diffusionstemperatur erwärmte Bereich ist dann klein und die für den Diffusionsprozess verfügbare Zeit kurz. Mit den Schutzgasschweißverfahren lassen sich diese Forderungen einfach erreichen.
– Die Zinkausdampfung unterbleibt ebenfalls beim Gasschweißen mit Sauerstoffüberschuss. Die flüssigen Tropfen und das Schmelzbad überziehen sich mit einer Oxidhaut, die ein Zinkausdampfen weitgehend verhindert. Die erforderliche Flammeneinstellung wird durch Auftragschweißungen mit unterschiedlichem Sauerstoffüberschuss festgestellt. Dieser ist normalerweise ausreichend, wenn keine sichtbare Porigkeit auftritt. Der negativen Wirkung des Sauerstoffs wird durch Flussmittel begegnet.

Das WIG-Schweißen mit thorierten Wolframelektroden hat sich sehr bewährt. Bei Verwendung von Wechselstrom ist das Schweißbad »kälter«, und es entsteht außerdem die erwünschte Reinigungswirkung des Lichtbogens. Bei einem Arbeiten mit Flussmitteln ist die Porenanfälligkeit in der Regel sehr viel geringer als beim Gasschweißen. Ein Vorwärmen (100 °C bis 150 °C) ist häufig zweckmäßig, weil die verringerte Aufheizgeschwindigkeit die relativ große Thermoschockempfindlichkeit dieser Werkstoffe reduziert und die dadurch mögliche geringere Wärmezufuhr die Zinkausdampfung und die Porenneigung verringern. Als Zusatzwerkstoffe wer-

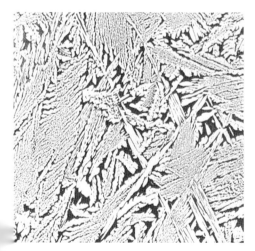

Bild 5-15
Grobkornzone in der Schweißverbindung einer *(α +β)*-Legierung CuZn40. Als Folge der raschen Abkühlung ist der α-Gehalt wesentlich geringer als im Grundwerkstoff. Nähere Einzelheiten zur Umwandlung β → α + β sind aus dem Zustandsschaubild Cu-Zn, Bild 5-14, zu entnehmen.

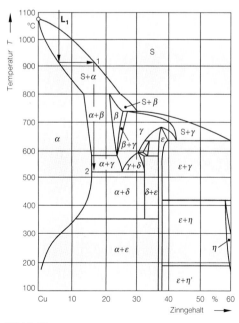

Bild 5-16
Zustandsschaubild Kupfer-Zinn.

den überwiegend die zinkfreien Legierungen CuSn1, CuSn6P oder CuSi3Mn1 verwendet, Tabelle 5-5.

Kupfer-Zinn-Legierungen (Zinnbronzen)
Nach DIN EN 1652 enthalten die Kupfer-Zinn-Knetlegierungen 3,5% bis 7% Zinn als Hauptlegierungselement.

Nach dem Zustandsschaubild Cu-Sn, Bild 5-16, sind alle Legierungen einphasige aus α-MK bestehende Werkstoffe. Bemerkenswert ist das sehr große Erstarrungsintervall, das die Ursache der ausgeprägten Kristallseigerung und der Heißrissanfälligkeit des Schweißguts ist. Die in Bild 5-16 eingezeichnete Legierung L_1 scheidet nach Unterschreiten der Soliduslinie sehr kupferreiche Mischkristalle aus. Bei rascher Abkühlung kristallisiert der sehr zinnreiche (15% und mehr) Restschmelzenfilm an den primären Korngrenzen wegen des fehlenden Diffusionsausgleichs zu β-Mischkristallen (Punkt 1), die später in die spröde, intermediäre δ-Phase ($Cu_{31}Sn_8$) umwandeln. Mit dem Auftreten dieser Phase nimmt die Kaltumformbarkeit sehr stark ab. Das große Erstarrungsintervall ist auch die Ursache für grobe zu Mikrolunkern und anderen Schwächen neigenden Dendritenstrukturen, die die (Heiß-)Rissbildung des Schweißguts sehr begünstigen.

Die maximale Heißrissneigung liegt bei etwa 2% Sn. Sie nimmt mit dem Zinngehalt (bis etwa 8%) und dem Auftreten der β-Phase ab. Die Verwendung des höher zinnhaltigen Zusatzwerkstoffs CuSn9P führt daher in der Regel zu heißrissfreien Verbindungen.

Ein Verdampfen des Zinns beim Schweißen ist wegen der hohen Siedetemperatur von 2450 °C nicht zu erwarten.

Zwischen 400 °C und 650 °C zeigen α-Legierungen eine starke Verformungsabnahme, die auf Verunreinigungen an den Korngrenzen zurückgeführt wird. Eigenspannungen können in diesem Temperaturbereich zu Rissen im Schweißgut und in der WEZ führen, wenn sie plastische Verformungen erzwingen. Mit einem ausreichend hohen Vorwärmen lässt sich der Aufbau der gefährlichen Schrumpfspannungen und damit diese Risserscheinung verhindern.

Die sehr häufig auftretende Porenbildung beim WIG- und MIG-Schweißen der vielfach verwendeten Cu-Sn-Legierung CuSn6 ist erfahrungsgemäß mit Zusatzwerkstoffen des Typs CuSn6P (mit P $\leq$ 0,01%) vermeidbar. Ein Vorwärmen auf etwa 150 °C bis 200 °C wird empfohlen. Bei größeren Werkstückdicken (> 5 mm) erweist sich das gleichzeitig doppelseitige Schweißen als vorteilhaft.

Kupfer-Aluminium-Legierungen (Aluminiumbronzen)
Aluminium ist das Hauptlegierungselement der CuAl-Legierungen, die in DIN EN 1652 genormt sind. Sie sind bis etwa 7,5% einphasig (α) und zwischen 8% und 14% zweiphasig ($\alpha + \beta$), wie Bild 5-17 zeigt. CuAl-Legierungen enthalten meistens weitere Elemente (z. B. Fe, Mn, Sn, Ni), die bestimmte Eigenschaften verbessern. Die sich auf der Werkstoffoberfläche spontan bildende Oxidhaut muss wie bei Aluminium und den Aluminiumlegierungen mit Hilfe der Reinigungswirkung der Schweißverfahren (WIG-Verfahren mit Wechselstrom, MIG-Verfahren mit Drahtelektrode positiv) beseitigt werden. Bei Minuspolung der Elektrode sind sehr aggressive Sonderflussmittel erforderlich, die nach dem Schweißen unbedingt zu beseitigen sind.

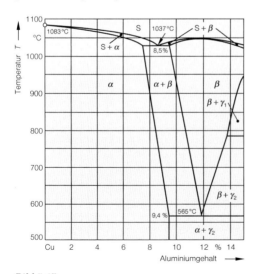

Bild 5-17
Zustandsschaubild Kupfer-Aluminium.

Die homogenen, einphasigen, umwandlungsfreien α-Legierungen sind gut kalt- und mäßig warmverformbar. Trotz des sehr geringen Erstarrungsintervalls sind diese Werkstoffe extrem heißrissanfällig. Als Ursache werden die ausgeprägte Neigung zum Kornwachstum in der Wärmeeinflusszone und Korngrenzenausscheidungen in Form aluminiumreicher Korngrenzenfilme angenommen, die sich bei Temperaturen über 500 °C extrem spröde verhalten. Eine geringe Wärmezufuhr, d. h. kleine Schweißbäder, schnelles Schweißen ohne Pendeln, und Zusatzwerkstoffe mit erhöhtem Aluminiumgehalt sind empfehlenswerte Maßnahmen zum Unterdrücken der Heißrisse.

Die heterogenen Legierungen sind sehr gut warmverformbar (z. B. durch Pressen oder auch Gesenkschmieden). Mit dem Auftreten der β-Phase nehmen die Festigkeit und die Schweißeignung aber erheblich zu. Nach einem raschen Abkühlen aus dem β-Bereich entsteht die harte, nadelförmige, martensitähnliche β'-Phase, Bild 1-44, S. 37. Die β-(Hochtemperatur-)Phase zerfällt bei einem Anlassen oder sehr langsam bei kleinen Abkühlgeschwindigkeiten unter 565 °C in das eutektoidische Gefüge $(\alpha + \gamma_2)$.

Einige zum Schweißen der bekanntesten Kupferlegierungen (Siliciumbronze, Bronzen, Messinge, Aluminiumbronzen, Kupfer-Nickel-Legierungen) sehr geeignete Zusatzwerkstoffe (Schweißstäbe, Schweißdrähte, Drahtelektroden, gemäß DIN EN 14640, sind in Tabelle 5-5 zusammengestellt.

Kupfer-Nickel-Legierungen

Kupfer bildet mit Nickel eine lückenlose Mischkristallreihe, Bild 5-18. Legierungen mit Nickelgehalten bis 45 % sind in DIN EN 1652 genormt. Einige enthalten Eisen und Mangan zum Verbessern der Meerwasserbeständigkeit. Die Werkstoffe sind kfz, d. h. sehr gut verformbar und tieftemperaturzäh. Die Schweißeignung und die Korrosionsbeständigkeit (Meerwasser) dieser Werkstoffe sind hervorragend.

Die Schweißeignung ist besser als die des Kupfers. Die Wärmeleitfähigkeit ist ähnlich wie bei Stahl, Tabelle 5-1, ein Vorwärmen der Fügeteile daher gewöhnlich nicht erforderlich. Sie sind aber wie alle nickellegierten Werkstoffe extrem empfindlich gegen nichtlösliche niedrigschmelzende, oft eutektische Verunreinigungen. Diese Korngrenzenfilme begünstigen die Heißrissneigung sehr. Besonders kritisch ist das bei 650 °C schmelzende Ni-NiS-Eutektikum, aber auch Blei, Phosphor, Zink, Zinn, Bor und Silber bilden niedrigschmelzende Korngrenzenfilme. Ein weiteres Problem ist die starke Porenneigung, weil mit zunehmendem Nickelgehalt die Wasserstofflöslichkeit der Schweißschmelze stark zunimmt.

Eine wichtige Voraussetzung für fehlerfreie Schweißungen ist die absolute Sauberkeit der Fügeteile und der Zusatzwerkstoffe. Die Walzhaut sollte vor dem Schweißen durch

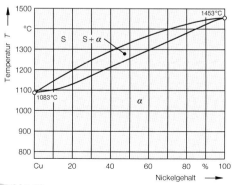

Bild 5-18
Zustandsschaubild Kupfer-Nickel.

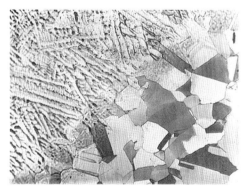

Bild 5-19
Schmelzgrenzenbereich einer WIG-Schweißverbindung aus NiCu30Fe, links oben Schweißgut (Zusatzwerkstoff: SG-NiCu30MnTi), V = 200:1, nach SLV Berlin-Brandenburg.

Schleifen oder Ätzen beseitigt werden. Mit Bürsten (von Hand) ist die sehr feste Oxidhaut erfahrungsgemäß kaum bzw. nur unvollständig zu beseitigen. Bei den höher nickelhaltigen Legierungen entstehen leicht zähflüssige Schlacken aus Nickeloxiden, die den Schweißablauf erheblich beeinträchtigen. Die Anwendung geeigneter Flussmittel bzw. anderer Zusatzwerkstoffe ist zu empfehlen. Alle Cu-Ni-Legierungen können mit dem Zusatzwerkstoff CuNi30 geschweißt werden.

5.2.2 Nickel und Nickellegierungen

Nickel ist kfz und damit bis zu tiefsten Temperaturen extrem verformbar. Es bildet lückenlose Mischkristallreihen oder ausgedehnte Mischkristallbereiche mit mehr Metallen als jedes andere. In den meisten Fällen entstehen einphasige Legierungen, die wegen der geringen Diffusionsvermögen der beteiligten Legierungselemente aber meistens kristallgeseigert sind.

Nickel und seine Legierungen besitzen eine Reihe herausragender Eigenschaften, die in dieser Vollständigkeit kaum ein anderer Werkstoff in sich vereint:
– Hervorragende Korrosionsbeständigkeit.
– Hohe Warm- bzw. Zeitstandfestigkeit der überwiegend ausscheidungshärtenden Nickellegierungen (Superlegierungen) mit relativ hoher Festigkeit bei Raumtemperatur.
– Extreme Verformbarkeit und Tieftemperaturzähigkeit.
– Hervorragend geeignet für Puffer- und Zusatzwerkstoffe zum (Auftrag-)Schweißen unterschiedlicher Werkstoffe. Ursachen sind die guten Zähigkeitseigenschaften und die überwiegende Bildung von Mischkristallen mit sehr vielen Metallen, Abschn. 4.3.8, S. 446. Nickel bildet nur mit einer sehr geringen Anzahl von Metallen spröde intermediäre Phasen (z. B. Nickel-Aluminium).

Aus werkstofflicher Sicht lassen sich die beiden kubisch-flächenzentrierten Legierungs-Hauptgruppen unterscheiden:

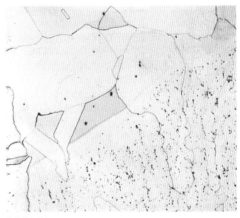

Bild 5-20
WEZ im Bereich der Schmelzgrenze einer Schweißverbindung aus X10CrNiAlTi32-20. Das epitaktisch erstarrte Schweißgut (unten rechts) zeigt Carbidausscheidungen. Die Korngrenzen der kfz Mischkristalle in der WEZ sind mit Carbiden belegt. Kornwachstum der schmelzgrenzennahen Bereiche ist nicht nachweisbar, nach SLV Berlin-Brandenburg.

– Nickel-(Knet-)Legierungen. Sie sind meistens einphasig, nichtausscheidungshärtend und haben eine relativ geringe Festigkeit.
– Die (meistens) ausscheidungshärtenden Nickelbasis-Legierungen, auch als Nickel-Superlegierungen bezeichnet, werden vorzugsweise für hohe Betriebstemperaturen bei meistens hoher Korrosionsbeanspruchung verwendet.

Unter praktisch-technischen Gesichtspunkten lassen sich die Nickelwerkstoffe in sechs große Gruppen einteilen, Tabelle 5-6:

❏ **Ni, unlegiert;**
❏ **Ni-Cu-Legierungen,** Bild 5-19;
❏ **Ni-Cr-Legierungen,** Bild 5-20;
❏ **Ni-Cr-Fe-Legierungen;**
❏ **Ni-Mo-(Cr-)Legierungen** und die ausscheidungshärtenden Legierungen auf der Basis
❏ **Ni-Cr-Co-Mo-Al-Ti.**

Die reinen Nickel-Werkstoffe werden überwiegend aufgrund ihrer Korrosionsbeständigkeit – in normaler Atmosphäre, in natürlichem Frischwasser, in entlüfteten nichtoxidierenden Säuren und vor allem in reduzieren-

Tabelle 5-6
Chemische Zusammensetzung einiger Nickelwerkstoffe (Knetwerkstoffe und ausscheidungshärtender Legierungen) nach verschiedenen DIN-Normen und dem Bezeichnungssystem nach UNS (Auswahl).

Nickel-Werkstoff (Ni-Basis, Knetwerkstoffe)			Chemische Zusammensetzung, Massenanteil in Prozent					
Kurzzeichen	DIN	Werkstofftyp	Ni	Cu	Cr	Fe	Mo	C
Ni99,7Mg	17740		99,7 min	0,03 max	–	0,07 max	–	0,05
LC-Ni99,6	17740	Nickel 201	99,6 min	0,1 max	–	0,2 max	–	0,02
Ni99,4Fe	17741		99,4 min	0,05 max	–	0,2/0,6	–	0,05 max
NiMn1	17741		98 min	0,5 max	–	0,5 max	–	0,1 max
NiMn3Al	17741		94 min	0,1 max	–	0,3 max	–	0,05 max
NiMn5	17741		94 min	0,2 max	–	0,3 max	–	0,1 max
NiCr8020	17742		75 min	0,5 max	19/21	1,0 max	–	0,15 max
NiCr7030	17742		60 min	0,5 max	29/32	0,5 max	–	0,10 max
NiCr20AlSi	17742		73 min	0,1 max	19/21	1,0 max	–	0,05 max
NiCr15Fe	17742	Inconel 600	72 min	0,5 max	14/17	6 ... 10	–	0,10 max
LC-NiCr15Fe	17742		72 min	0,5 max	14/17	6 ... 10	–	0,025 max
NiCr23Fe	17742	Inconel 601	58 ... 63	0,5 max	21/25	18 max	–	0,10 max
NiCr20Ti	17742	Nichrome 80	72 min	0,5 max	18/21	1,5 max	–	0,08/0,15
NiCu30Fe	17743	Monel 400	63 min	28/34	–	1,0/2,5	–	0,15 min
LC-NiCu30Fe	17743		63 min	28/34	–	1,0/2,5	–	0,04 max
NiCu30Al	17743		63 min	27/34	–	0,5/2,0	–	0,2 max
NiMo16Cr16Ti	17744	Hastelloy C-4	Rest	0,5 max	14/18	3,0 max	14/18	0,01 max
NiMo28	17744	Hastelloy B-1	Rest	0,5 max	1,0 max	2,0 max	26/30	0,01 max
NiCr21Mo14W	–	Hastelloy C-22	56	–	22,0	3,0	13,0	0,01 max
NiMo16Cr16W	–	Hastel. C-276	57	–	16,0	5,0	16,0	0,01 max
NiCr21Mo6Cu	17744		39/46	1,5/3,0	20/23	Rest	5,5/7,0	0,025 max
NiCr22Mo9Nb	17744	Inconel 625	Rest	0,5 max	20/23	3,0 max	8,0/10,0	0,10 max
NiCr21Mo	17744	Incoloy 825	38/46	1,5/3,0	19,5/23,5	Rest	2,5/3,5	0,025 max
NiFe15Mo	17745		78,5 min	–	–	14/17	3/5	0,05
NiFe45	17745		53 min	–	–	45/47	–	0,05
NiFe48Cr	17745		50 min	–	0,7/1	47/49	–	0,05
Ni49	17745		48 min	–	0,7/1	49/51	–	0,05

Nickel-Werkstoff (ausscheidungshärtend)		Chemische Zusammensetzung, Massenanteil in Prozent						
Werkstofftyp	UNS Nr.	C	Cr	Ni	Co	Fe	Mo	Sonstige
Inconel 706	N09706	0,03	16,0	Rest	–	37,0	–	1,8 Ti; 0,2 Al; 2,9 Nb
Inconel 718	N07718	0,04	18,0	Rest	–	18,5	3,0	5,1 Nb; 0,9 Ti; 0,5 Al
Inconel X-750	N07750	0,04	15,5	Rest	–	7,0	–	2,5 Ti; 0,7 Al; 1,0 Nb
Nimonic 80A	N07080	0,06	19,5	Rest	–	–	–	1,4 Al; 2,4 Ti
Nimonic 115	–	0,15	15,0	Rest	15,0	–	4,0	5,0 Al; 4,0 Ti
René 41	N07041	0,09	19,0	Rest	11,0	5,0 max	10,0	1,5 Al; 3,0 Ti; 0,006 B
Inconel 102	N06102	0,06	15,0	Rest	–	7,0	3,0	3,0 W; 3,0 Nb; 0,4 Al; 0,6 Ti; 0,03 Zr
M252	N07252	0,15	20,0	Rest	10,0	–	10,0	1,0 Al; 2,6 Ti; 0,005 B
Udimet 630	–	0,03	18,0	Rest	–	18,0	3,0	3,0 W; 6,5 Nb; 0,5 Al; 1,0 Ti
Inconel 100	N13100	0,15	10,0	Rest	15,0	–	3,0	5,5 Al; 4,7 Ti; 0,06 Zr; 1,0 V; 0,015 B
Waspaloy alloy	N07001	0,08	19,0	Rest	14,0	–	4,3	1,5 Al; 3,0 Ti; 0,05 Zr; 0,006 B
Alloy 625	N07716	0,02	20,0	Rest	–	5,0	9,0	5,0 Al; 4,3 Ti; 0,06 Zr; 0,02 B; 0,8 V

den Medien – im Chemie-Anlagenbau bei Temperaturen meistens unter 260 °C verwendet. Nickel ist aber in stark oxidierenden Medien (z. B. HNO_3, H_2SO_4 in Konzentrationen > 60%) weniger beständig. Nickelwerkstoffe gelten i. Allg. als beständig gegen SpRK. Diese Beständigkeit nimmt ähnlich wie bei den austenitischen Cr-Ni-Stählen mit dem Nickelgehalt zu. Die weitgehend historisch »verbürgte« Tatsache einer vollständigen Immunität der Nickelwerkstoffe gegenüber SpRK ist bei der in den letzten Jahren extrem gestiegenen Anzahl von Angriffsmedien in allen Bereichen der chemischen Prozesstechnik nicht mehr aufrecht zu erhalten. Vor allem die folgenden »Korrosionsumgebungen« können die Spannungsrisskorrosion auslösen:
– Lösungen mit Halogenionen – insbesondere mit Chloridionen – bei Temperaturen über 210 °C.
– Wässer bei hohen Temperaturen (Prozesswasser, Druckwasser-Reaktoren).
– Kaustische Umgebungen bzw. kaustisches, belüftetes Hochtemperaturwasser (ca. 300 °C).

Die Löslichkeit des Nickels für sehr viele Legierungselemente (hauptsächlich Chrom, Molybdän, Wolfram, Kupfer, Kobalt) ist größer als die jedes anderen Elements. Es existiert daher eine wesentlich größere Anzahl (einphasiger) Nickellegierungen als austenitischer Stähle. Diese Zusätze verbessern die Korrosionsbeständigkeit (z. B. Kupfer, Molybdän, Wolfram gegenüber nichtoxidierende Säuren), die Zunderbeständigkeit (z. B. Chrom, Niob, Tantal und Silicium in geringen Mengen) oder die (Warm-)Festigkeit (z. B. Molybdän, Aluminium gemeinsam mit Titan). Diese größere Werkstoffvielfalt ist eine wichtige Ursache für die korrosionstechnische Überlegenheit der Nickelwerkstoffe verbunden mit hervorragenden mechanischen Eigenschaften (Zähigkeit, Kaltverformbarkeit).

Verschiedene Nickelbasis-Legierungen werden häufig außer mit den genormten Kurzzeichen auch mit in der Praxis sehr bekannten Handelsnamen bezeichnet. Die z. B. als *Hastelloy (Haynes International)* und *Inconel (International Nickel)* bezeichneten Legierungen sind von großer technischer Bedeutung:

❏ **Monel:** Ni-Cu-70-30-Legierungen,
❏ **Inconel:** Ni-Cr-, Ni-Cr-Fe- und Ni-Cr-Mo- Legierungen,
❏ **Incoloy:** Ni-Fe-Cr-Legierungen,
❏ **Hastelloy:** Ni-Mo-(Cr)-Legierungen.

Ni-Cr-Mo-Legierungen sind in oxidierenden chloridhaltigen Medien extrem beständig gegen Lochkorrosion.

Die ausscheidungshärtenden Nickellegierungen enthalten in die kfz Matrix eingelagerte Ausscheidungen, deren Form, Größe und Verteilung weitestgehend die mechanischen Eigenschaften der Legierung bestimmen. Die wichtigste Ausscheidung ist die in den meisten hochwarmfesten Nickellegierungen vorhandene geordnete kubisch-flächenzentrierte γ'-Phase $Ni_3(Al, Ti)$, Bild 5-21. Ihr Gitterparameter weicht nur sehr geringfügig von dem des kfz Matrixgitters ab. Die Phase kann sich daher sehr schnell über eine nahezu homogene Keimbildung bilden. Die γ'-Phase besitzt darüber hinaus eine Reihe bemerkenswerter Eigenschaften:
– Die beim »Schneiden« der *geordneten* Phase entstehenden Antiphasen-Korngren-

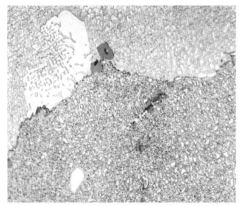

Bild 5-21
Mikrogefüge einer hochwarmfesten Nickel-(Super-) Legierung GX-NiCr16Co8TiAlWMo (In 738 LC). Das Bild zeigt feinere und gröbere γ'-Teilchen, eingelagerte Carbide MC (dunklere Flächen) und das γ'/γ-Eutektikum (hellere, größere Fläche im Bild oben links), V = 1000:1, nach Siemens AG, Gasturbinenwerk (KWU) Berlin.

zen erfordern für ihre Bildung zusätzliche Energien, wodurch die Verformbarkeit erschwert, d. h. die Werkstofffestigkeit (»chemische Härtung«) erhöht wird.
- Mit zunehmender Betriebstemperatur *steigt* ihre Festigkeit.
- Sie besitzt im Gegensatz zu den meisten anderen intermediären Verbindungen eine merkliche *Verformbarkeit*.

Zunehmende Ti- und Al-Gehalte erhöhen zwar die Festigkeit dieser Phase, die Verarbeitbarkeit der Knetlegierungen wird dadurch aber schlechter. Daher wird diese Maßnahme i. Allg. nur für Gusswerkstoffe angewendet. Die Festigkeit ausscheidungshärtender Nickelbasis-Werkstoffe lässt sich auch mit Ni_3Nb-Ausscheidungen (γ''-Phase) steigern. Der Ausscheidungsprozess verläuft sehr viel träger als der der γ'-Phase. Geschweißte Verbindungen aus diesen Werkstoffen neigen daher während des Aufheizens zum Lösungsglühen wegen der fehlenden bzw. geringeren Menge an Ausscheidungen nur in begrenztem Maße zur Rissbildung, d. h., ihre Schweißeignung ist deutlich besser, Abschn. 5.2.2.2.

Sehr unerwünscht in den Werkstoffen sind die topologisch dicht gepackten Phasen (tcp = topological close packed) Sigma-Phase (Abschn. 2.8.3.4.2), die *Laves*-Phasen (A_2B) und die nicht in Zweistoff-Nickellegierungen auftretende μ-Phase, weil sie die mechanischen Gütewerte und oft auch die Korrosionseigenschaften verschlechtern.

Viele der sich in den korrosionsbeständigen Nickellegierungen bildenden Carbide sind schädlich, weil sie sich während des Schweißprozesses, einer Wärmebehandlung oder bei der Betriebstemperatur im Bereich der Korngrenzen oder an anderen Gitterdefekten ausscheiden können und damit die interkristalline Korrosion hervorrufen oder (und) die Zähigkeitseigenschaften beeinträchtigen. Zu unterscheiden sind die interdendritischen *primären* Carbide, die sich bei der Erstarrung während des Werkstoff-Herstellprozesses gebildet haben und die *sekundären*, die sich während der Betriebsbeanspruchung oder der Werkstoffbearbeitung oder -verarbeitung (z. B. Schweißen) bilden. Die Menge der Sekundärcarbide lässt sich durch Absenken des Kohlenstoffgehalts und der den Ausscheidungsmechanismus bestimmenden Temperatur-Zeit-Führung beim Schweißen bzw. Wärmebehandeln beeinflussen.

Die Temperaturbeständigkeit der ausscheidungshärtenden Nickellegierungen wird zusätzlich durch die sehr aufwändige Herstellmethode der *gerichteten Erstarrung* verbessert. Mit diesem Verfahren gelingt es, die Beanspruchungsrichtung parallel zur Richtung des Kristallwachstums zu orientieren. Die von der WEZ einer hochwarmfesten Legierung IN 792 DS (DS = **D**irectionally **S**olidified) – sie entspricht weitgehend dem Werkstoff GX-NiCr12Co8TiAlWMoHf – ausgehende, sehr deutlich erkennbare gerichtete Form der Kristallite zeigt Bild 5-22.

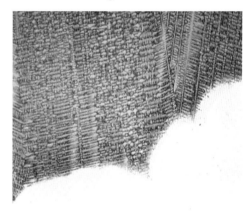

Bild 5-22
WEZ einer WIG-geschweißten Verbindung aus der hochwarmfesten, gerichtet erstarrten Nickel-Legierung IN 792 DS, (DS = Directionally Solidified), entsprechend GX-NiCr12Co8TiAlWMoHf. Im Bild oben ist deutlich die gerichtete Erstarrung des Grundwerkstoffs erkennbar, V = 50:1, nach Siemens AG, Gasturbinenwerk (KWU) Berlin.

Die sog. mechanisch legierten Nickelwerkstoffe besitzen einige entscheidende Vorteile gegenüber den konventionellen hochwarmfesten Werkstoffen. Bei ihnen werden die kombinierten Vorteile der Ausscheidungshärtung *und* der Härtung durch *Dispersoide* (Y_2O_3) genutzt. Ein Schmelzschweißen erscheint bisher allerdings als nicht sinnvoll, weil durch Agglomerieren der Dispersoide die mechanischen Gütewerte erheblich abnehmen. Daher werden Verbindungen überwiegend mit mechanischen Mitteln oder mit Hilfe des Lötens hergestellt.

Alle Nickellegierungen – mit Ausnahme der nicht schweißgeeigneten Ni-Zr-Legierungen und einiger zur Rissbildung neigender ausscheidungshärtender Legierungen – lassen sich gut bis sehr gut schweißen.

Nickelbasis-Legierungen sind bei ihrer Betriebstemperatur austenitisch, weitgehend frei von Ausscheidungen der versprödenden Sigma-Phase und neigen bei Nickelgehalten über 40% bis 45% nicht zur Spannungsrisskorrosion.

Nickellegierungen sind als Walz- und Schmiedeteile schwierig herzustellen und auch zu bearbeiten. Daraus resultiert die Tendenz, Bauteile wenn möglich durch das konstruktive, wirtschaftliche und anwendungstechnische Vorteile bietende Gießen herzustellen.

5.2.2.1 Einfluss der Legierungselemente auf das Schweißverhalten

Im Folgenden wird der Einfluss einiger Legierungselemente auf die Schweißeignung und das Schweißverhalten vorwiegend hoch nickelhaltiger Legierungen beschrieben.

Kupfer
Kupfer bildet mit Nickel eine lückenlose Mischkristallreihe, Bild 5-18. Legierungen mit 15% bis 40% Kupfer verhalten sich metallurgisch und schweißtechnisch wie reines Nickel. Auch ihre Empfindlichkeit für Schwefel entspricht der des reinen Nickels. Lediglich die kaum vermeidbaren Kristallseigerungen reduzieren die Korrosionsbeständigkeit geringfügig.

Chrom
Der Chromgehalt der üblichen Nickelbasis-Werkstoffe ist auf Werte begrenzt, die nur einphasige Legierungen mit ihrem sehr kleinen Erstarrungsintervall entstehen lassen, Bild 5-23. Wegen der großen Affinität des Chroms zu Sauerstoff und Stickstoff bilden sich sehr

stabile Oxide und Nitride, d. h., die Neigung zur Porenbildung ist im Vergleich zu Reinnickel und Nickel-Kupfer-Legierungen deutlich geringer. Die Heißrissempfindlichkeit der chromhaltigen Nickelbasis-Legierungen ist in Anwesenheit anderer Elemente (insbesondere Silicium!) merklich größer als die anderer hoch nickelhaltiger Legierungen. In Nickel-Basis-Schweißgütern muss z. B. der Siliciumgehalt auf wenige Zehntel Prozent begrenzt sein, um die Bildung von Heißrissen sicher auszuschließen. Silicium wird auch *Gusslegierungen* zum Verringern der Schmelzenviskosität, d. h. zum Verbessern der Gießbarkeit zugesetzt.

Eisen
Ni-Cr-Legierungen enthalten bis zu 18% Eisen in Form von Vorlegierungen, Tabelle 5-6. Dies geschieht nicht, um die Gütewerte oder die Schweißeignung zu verbessern, sondern in erster Linie, um die Kosten dieser Werkstoffe zu reduzieren. Mit zunehmendem Eisengehalt werden die Ni-Cr-Legierungen wegen der im Eisen sehr viel größeren Menge an Verunreinigungen (z. B. S, P) allerdings immer heißrissanfälliger.

Kohlenstoff
Nickel und hoch nickelhaltige Legierungen bzw. Schweißgüter enthalten 0,01% bis etwa 0,15% Kohlenstoff. Die Löslichkeit des Kohlenstoffs im Temperaturbereich zwischen 370 °C und 650 °C beträgt nur etwa 0,02%

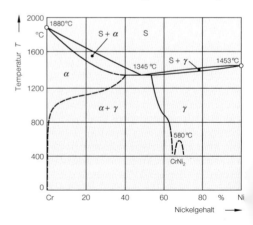

Bild 5-23
Zustandsschaubild Cr-Ni, nach Hansen und Anderko.

bis 0,03 %. Jede in der WEZ über der Löslichkeitsgrenze vorhandene Kohlenstoffmenge bleibt wegen der raschen Abkühlung während des Schweißprozesses im Gitter zwangsgelöst. Betriebstemperaturen zwischen 370 °C und 650 °C führen zum Ausscheiden des Kohlenstoffs in Form des versprödenden Korngrenzengrafits. Aus diesem Grunde müssen auch in diesem Temperaturbereich beanspruchte handelsüblich reine Nickelwerkstoffe sehr niedriggekohlt sein. Das sind die in Tabelle 5-6 aufgeführten LC-Varianten (LC = Low Carbon) mit Kohlenstoffgehalten, die unter 0,02 % liegen. Schweißzusatzwerkstoffe enthalten einige zehntel Prozent z. B. des sehr kohlenstoffaffinen Titans.

Schwefel und andere Elemente
Vor allem Schwefel ist wegen seiner extrem geringen Löslichkeit im festen Zustand, der sehr niedrigen Schmelztemperatur des Ni-NiS-Eutektikums von 650 °C und der extrem geringen schadenserzeugenden Menge besonders gefährlich. Er kann bei handelsüblichem Reinnickel oberhalb von etwa 320 °C, bei Ni-Cr-Legierungen über 650 °C außerdem aus dem Schweißgut in die WEZ diffundieren, Bild 5-3. Der Schwefel schädigt also Schweißgut *und* WEZ. Mit Magnesium und Mangan wird seine schädliche Wirkung beseitigt. Äußerste Sauberkeit der Fügeteile ist die wichtigste Schweißempfehlung, weil sehr viele Substanzen Schwefel enthalten (Fette, Kreiden, Öle) bzw. bei höheren Temperaturen freisetzen.

Blei wirkt in gleicher Weise wie Schwefel, auch die für die Heißrissbildung erforderlichen Mengen sind ähnlich. In der Schweißpraxis sind bleihaltige Verunreinigungen allerdings sehr viel seltener anzutreffen als schwefelhaltige.

5.2.2.2 Schweißmetallurgie

5.2.2.2.1 Allgemeine Werkstoffprobleme

Das Schweißverhalten von Nickel ähnelt sehr dem der austenitischen Cr-Ni-Stähle. Folgende werkstoffabhängigen Besonderheiten sind aber zu beachten:
- Die festhaftenden, hochschmelzenden Oxidfilme sind durch Schleifen oder Beizen vollständig zu beseitigen. Ein einfaches (manuelles) Bürsten ist erfahrungsgemäß unzureichend.
- Geringste Mengen niedrigschmelzender Verunreinigungen, wie z. B. Pb, P, Cd, Zn, Sn, B und S führen zu extremer Heißrissigkeit des Schweißguts und der WEZ (Liquation cracking) und (oder) Versprödung bei höheren Temperaturen.
- Die Oberflächenspannung des flüssigen Nickels ist sehr viel größer als die der meisten anderen Metallschmelzen. Es sind daher größere Öffnungswinkel und Stegabstände zu wählen, um den unbehinderten Zugang des Lichtbogens zu den Fugenflanken, d. h. dem (geprüften) Nickel-Schweißer die erforderliche Bewegungsfreiheit für den Zusatzwerkstoff zu ermöglichen. Mit einem größeren Wärmeeinbringen lässt sich zwar die Schmelzenviskosität verringern, dabei besteht aber die Gefahr des unzulässigen Desoxidationsmittelabbrands und anderer sehr unerwünschter metallurgischer und thermischer Wirkungen.

Der Wärmeausdehnungskoeffizient der Nickelwerkstoffe liegt zwischen $14 \cdot 10^{-6}/K$ (Ni) und etwa $16 \cdot 10^{-6}/K$ (Ni-Cr-Fe-Legierung). Die Werte liegen zwischen denen der unlegierten und der austenitischen Cr-Ni-Stähle. Nickelbasis-Zusatzwerkstoffe erzeugen daher bei den »Schwarz-Weiß-Verbindungen«, Abschn. 4.3.8.1, S. 446, an der Phasengrenze Schweißgut/unlegierter Stahl wegen ihrer im Vergleich zum unlegierten Stahl ähnlichen Wärmeausdehnungskoeffizienten nur sehr geringe zu-

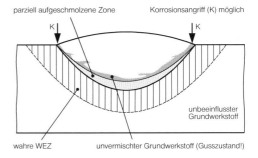

Bild 5-24
Bereich des unvermischten Nickelgrundwerkstoffs im Nickelbasis-Schweißgut, schematisch.

sätzliche Schubspannungen, d. h. eine nur geringe Rissneigung.

Heißrisse und Wiederaufschmelzrisse werden in erster Linie durch niedrigschmelzende Bestandteile, den Mechanismus der konstitutionellen Verflüssigung (Abschn. 5.1.3) und die bei diesen Werkstoffen meist ausgeprägte Kristallseigerung – vor allem im Schweißgut – hervorgerufen.

Der Schweißgutbereich unmittelbar neben der Schmelzgrenze besteht bei Nickelbasis-Schweißgütern wegen der sehr geringen Beweglichkeit der Nickelschmelze aus weitgehend unvermischtem Grundwerkstoff, Bild 5-24. Die deutlich geringere Korrosionsbeständigkeit dieses »Gusswerkstoffs« kann zu einem bevorzugtem chemischem Angriff dieser Schweißgutzonen führen.

Nicht erforderlich ist in der Regel eine Wärmenachbehandlung geschweißter Konstruktionen, die aus nicht ausscheidungshärtenden Werkstoffen bestehen. Sie ist aber bei einem Angriff bestimmter Korrosionsmedien empfehlenswert. Dabei ist auf sauberste Werkstückoberflächen und Zusatzwerkstoffe zu achten. Die Art der Ofenausmauerung muss die Bildung einer völlig schwefelfreien Ofenatmosphäre ermöglichen. Am Sichersten ist die Verwendung von Schutzgasöfen.

Nickel-Chrom-(Eisen-)Legierungen

Heißrissigkeit (Mikrorissigkeit) in der WEZ von Schweißverbindungen aus Ni-Cr- und Ni-Cr-Fe-Legierungen ist vor allem bei großem Wärmeeinbringen ein erhebliches Problem. Als wichtigste Ursachen sind zu nennen:
- Korngrenzenverflüssigung,
- konstitutionelle Verflüssigung und
- Seigerungen im Korngrenzenbereich, vor allem Bor und Schwefel,
- verschiedene rissauslösende Elemente, wie z. B. Schwefel, Phosphor, Selen, Zirkonium, Bor, Bismut.

Das Auftreten dieser in der Regel nur einige zehntel Millimeter langen Risse lässt sich durch Reduzieren des Wärmeeinbringens (Verringern der Verweilzeit im kritischen Temperaturbereich), eine ausreichend gering Korngröße (die Belegungsdichte der Korngrenzen mit einer gleichbleibenden Meng heißrissauslösender Substanzen wird geri ger) und Verringern der Menge der rissausl senden Elemente (Schwefel, Phosphor, Bl Antimon, Gold) vermeiden.

Die in einer Chrom-Nickel-Schweißschmel entstehende Porenmenge ist wegen ihrer gr ßeren Stickstofflöslichkeit und der Fähigke des Chroms stabile Oxide und Nitride bilde zu können, geringer als die in einer Reinn ckel-Schmelze. Poren im Schweißgut sind d her bei der grundsätzlichen Forderung nac einer angemessenen Sauberkeit während d Fertigung kein größeres Problem.

Molybdänhaltige Nickelbasis-Legierunge

Bei allen Nickelbasis-Werkstoffen – vor a lem den molybdänhaltigen – besteht die G fahr der IK durch Chromcarbidbildung i der WEZ, s. Abschn. 2.8.3.4.1, S. 208. Im Ve gleich zu den austenitischen Cr-Ni-Stähle sind die Kohlenstoffgehalte zwar sehr g ring, aber die Kohlenstofflöslichkeit der N ckelwerkstoffe ist es ebenfalls.

Die erhebliche Seigerungsneigung vorwi gend des Molybdäns ist für die etwas geri gere Korrosionsbeständigkeit des artgleiche Schweißguts verantwortlich.

Die Wärmeeinflusszone von Schweißverbi dungen aus molybdänlegierten Nickelbasi Werkstoffen neigt gewöhnlich nicht zur Bi dung von Wiederaufschmelzrissen durch Ve flüssigen primärer Carbide. Allerdings mü sen die folgenden metallurgisch bedingte Probleme beachtet werden:
- Porenbildung im Schweißgut.
- Neigung zur Bildung von Erstarrung rissen.
- Einfluss der Segregatbildung auf die Ko rosionsbeständigkeit.

Die Ursachen der Porenbildung können Kol lenmonoxid, Stickstoff und Wasserstoff sei Wasserstoff kann leicht aus der Feuchti keit oder Kohlenwasserstoffen – vor alle wegen des sehr geringen Kohlenstoffgehal der molybdänlegierten Nickelbasis-Wer stoffe – von der Schweißschmelze aufgenommen werden. Abhilfe schaffen die bekannten Maßnahmen zur Abwehr der Wasserstoffaufnahme, Abschn. 3.5.1.1, S. 270.

Kohlenmonoxid kann bei einer ausreichenden Menge an Desoxidationsmitteln wie Silicium und Aluminium als Ursache ausgeschlossen werden, weil der restliche Sauerstoffgehalt für die Bildung des Kohlenmonoxids zu gering ist.

Die Heißrissempfindlichkeit steigt mit der Neigung zur Bildung primär erstarrter intermediärer Phasen im Schweißgut. Hastelloy C-4 ist die am wenigsten heißrissanfällige Legierung, Hastelloy C-276 die anfälligste, Tabelle 5-6.

Das Segregieren gelöster Elemente – vor allem des Molybdäns – an den Korngrenzen der zellulären Dendriten führt i. Allg. zu einer geringfügigen Verringerung der Korrosionsbeständigkeit des Schweißguts im Vergleich zu den deutlich homogeneren Grundwerkstoffen. Dabei werden vorwiegend die molybdänärmeren Dendritenstämme angegriffen. Die Verwendung molybdänüberlegierter Zusatzwerkstoffe schafft in den meisten Fällen Abhilfe.

Nach dem Schweißen ist eine Wärmebehandlung nicht erforderlich. Ein Spannungsarmglühen kann aber für kritische Korrosionsbedingungen (z. B. wenn die Gefahr der SpRK droht) sinnvoll sein. Besonders wichtig ist es, die Werkstückoberflächen vor einer Wärmebehandlung sorgfältigst von vergasbaren Substanzen (Fette, Öle, Kreiden, Farben, organische Bewüchse und organische Substanzen) und Fremdmetallspänen zu befreien.

Ausscheidungshärtende Nickelbasis-Legierungen

Erwartungsgemäß ist die schweißtechnische Verarbeitung der ausscheidungshärtenden Legierungen am schwierigsten. Ursächlich für alle zu erwartenden Probleme sind die Eigenschaften und die Änderungen der aushärtenden Phase (γ' oder γ'') während des Schweißprozesses.

Die ausscheidungshärtenden Nickelbasis-(Super-)Legierungen werden wegen ihrer hohen Festigkeit und hervorragenden Korrosionsbeständigkeit bei hohen Temperaturen beim Bau von Wärmekraftanlagen vielfach eingesetzt. Sie enthalten Aluminium, Titan oder Niob, die sich mit zunehmender Temperatur in zunehmender Menge in der austenitischen Matrix (γ) lösen, Bild 5-25. Damit ist die wichtigste Voraussetzung zum Erzeugen ausscheidungshärtender Legierungen gegeben, Abschn. 2.6.3.3, S. 161.

Die verfestigende Ausscheidung ist die geordnete kfz Phase γ' oder γ'', die in die Gleichgewichtsphase $\gamma = Ni_3(Al,Ti)$ bzw. Ni_3Nb übergeht. Durch die Bildung der Ausscheidungen werden der γ-Matrix Aluminium und Titan entzogen, womit eine Abnahme der Gitterparameter verbunden ist. Die entstehenden Gitterverzerrungen behindern den Abbau der Eigenspannungen in der WEZ und begünstigen so die mit einer Wärmenachbehandlung (Lösungsglühen) sehr oft verbundene Rissbildung.

Beim Schweißen der ausscheidungshärtenden Nickelbasis-(Super-)Legierungen ist mit folgenden werkstoffbedingten Schwierigkeiten zu rechnen:
– *Wiederaufschmelzrisse* in der WEZ, verursacht durch Carbide der Form MC und *Laves*-Phasen (MA_2),
– *Rissbildung durch Wärmenachbehandlung* des geschweißten Bauteils (z. B. Lö-

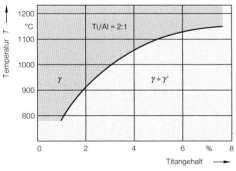

Bild 5-25
Temperatur-Löslichkeitsverlauf des Aluminiums in einer NiCrCo-20-20-Legierung auf die Ausscheidung der γ'-Phase aus der austenitischen Matrix γ, nach Betteridge.

sungsglühen) in Anwesenheit ausreichend großer (Eigen-)Spannungen.

Der Bildung der Wiederaufschmelzrisse nach dem Mechanismus der konstitutionellen Verflüssigung bzw. durch Verflüssigen niedrigschmelzender eutektischer Bestandteile wurde bereits in Abschn. 5.1.3 ausführlicher besprochen. Diese Risse können beim Schweißen der ausscheidungshärtenden Nickelbasis-(Super-)Legierungen zzt. praktisch nicht verhindert werden. Einige zehntel Millimeter lange Risse müssen toleriert werden. Die Schweißnähte sind allerdings in weniger hoch beanspruchte Bereiche zu legen. Die Risslänge lässt sich im Wesentlichen nur durch die Wahl sehr leistungsdichter Schweißverfahren begrenzen. Einige erfolgversprechende Versuche mit dem Laserstrahlverfahren z. B. in den USA, bestätigen diese naheliegende Vermutung. Bild 5-26 zeigt den typischen Verlauf der Wiederaufschmelzrisse in einer Auftragschweißung aus einer hochwarmfesten Nickelbasis-(Super-)Legierung. In Bild 5-27 sind Wiederaufschmelzrisse im Bereich der Schmelzgrenze einer Schweißverbindung aus einer Nickelbasis-Legierung dargestellt (s. Pfeilsymbole). Die Benetzung der Korngrenzen mit der aufgeschmolzenen Phase ist deutlich zu erkennen.

Vor allem die sich bei der Primärkristallisation der Schweißschmelze bildenden Carbide (MC) und $Laves$-Phasen (MA_2) können während des Schweißprozesses den Wiederaufschmelzriss einleiten und sich entlang der Korngrenzen als flüssiger Film ausbreiten. Verunreinigungen, wie z. B. die Elemente Schwefel, Phosphor, Antimon, Arsen, Bismut und Zinn segregieren sehr häufig an den Korngrenzen.

Die Neigung zur Bildung der Wiederaufschmelzrisse kann durch die genannte Konzentration der Verunreinigungen aus verschiedenen Gründen wesentlich erhöht werden:
– Sie können die Benetzungsfähigkeit der Korngrenzenschmelze erhöhen und damit ihre Beweglichkeit, d. h. ihre Schadenswirksamkeit vergrößern.
– Sie können die Solidustemperatur herabsetzen.
– Sie können niedrigschmelzende Ausscheidungen/Eutektika bilden.
– Sie können die Schmelzenmenge an den Korngrenzen vergrößern.

Die Gefahr der Bildung der sehr unerwünschten Wiederaufschmelzrissen lässt sich durch Wahl geeigneter Schweißparameter (vor al-

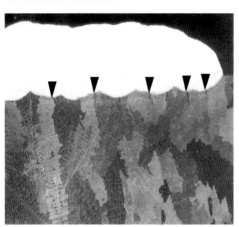

Bild 5-26
Wiederaufschmelzrisse im schmelzgrenzennahen Bereich der WEZ einer Auftragschweißung, z. T. mit Pfeilen gekennzeichnet (Zusatzwerkstoff: Inconel 625, Grundwerkstoff: GX-NiCr16Co8TiAlWMo), nach Siemens AG, Gasturbinenwerk (KWU) Berlin, V = 12,5:1.

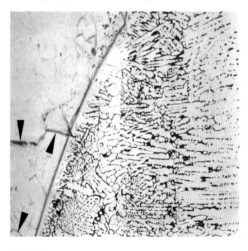

Bild 5-27
Wiederaufschmelzrisse im schmelzgrenzennahen Bereich einer Verbindungsschweißung aus einer Nickelbasis-Legierung, z. T. durch Pfeilsymbole kenntlich gemacht, V = 200:1.

lem ein geringes Wärmeeinbringen ist entscheidend!) und eine Reihe metallurgischer Maßnahmen klein halten:
- Eine geringe Korngröße im Grundwerkstoff und in der Wärmeeinflusszone verringert die Belegungsdichte der evtl. rissauslösenden Bestandteile und reduziert damit die Rissgefahr.
- Der Schmelzpunkt der die Korngröße beeinflussenden Teilchen sollte im Bereich der Temperatur der teilverflüssigten Zone liegen. Ein Ausheilen bereits entstandener Risse aus dem Vorrat der Schweißschmelze ist dann möglich.
- Die Menge der Werkstoffverunreinigungen ist zu begrenzen.
- Nach dem Schweißen des lösungsgeglühten Werkstoffs sollte ausreichend schnell abgekühlt werden, um ein Anreichern der Verunreinigungen im Korngrenzenbereich zu verhindern.
- Die Viskosität der aufgeschmolzenen Phase sollte möglichst groß sein, so dass ihr Eindringen entlang der Korngrenzen möglichst erschwert wird.

Eine Wärmenachbehandlung wird zum Beseitigen der (Schweiß-)Eigenspannungen (etwa 100 °C über der Betriebstemperatur) und zum Erzielen der maximalen Festigkeitseigenschaften angewendet. Während des Lösungsglühens ($T_{Lös}$ = 925 °C bis etwa 1150 °C) durchlaufen die beim Schweißen während der Aufheizphase »lösungsgeglühten« (d. h. weitgehend ausscheidungsfreien weichen Bereiche!) die Auslagertemperatur, die etwa zwischen 650 °C und 980 °C liegt. Ein Abbau der Spannungen ist wegen des großen Kriechwiderstandes und der geringen Kriechzähigkeit kaum möglich. Die Folge ist eine erhebliche Festigkeitserhöhung dieser Zonen.

Begünstigt durch die noch nahezu in voller Höhe vorhandenen Eigenspannungen sind diese Bereiche je nach vorhandenem Verformungsvermögen relativ rissanfällig, Bild 5-28. Die Zähigkeitseigenschaften werden außerdem durch die Wirkung der Wiederaufschmelzrisse und durch Versprödung der Korngrenzen als Folge eindiffundierten Sauerstoffs (sauerstoffhaltige Ofenatmosphäre!) verringert. Zugaben von Niob bei gleichzeitiger Reduzierung der Aluminium- und Titangehalte verringern die Rissneigung erheblich, weil die Bildung der niobhaltigen Ausscheidungen ($\gamma'' = Ni_3Nb$) längere Zeiten erfordert. Die zum Durchlaufen des Auslagerungsbereichs zur Verfügung stehenden Zeiten sind für die Bildung der γ''-Teilchen zu kurz.

5.2.2.3 Schweißpraxis
Nickelwerkstoffe lassen sich mit den meisten Verfahren schweißen. Besonders gut geeignet sind die Schutzgasverfahren und das Lichtbogen-Handschweißen. Das Gasschweißen ist wegen der Gefahr des Abbrandes und der Kohlenstoffaufnahme grundsätzlich ungeeignet. Für die ausscheidungshärtenden Legierungen wird gewöhnlich das WIG-Verfahren gewählt, für die anderen sehr empfohlen. Der Schweißbrenner sollte senkrecht und der Lichtbogen möglichst kurz gehalten werden. Das Einsaugen von Luft durch die Injektorwirkung und eine Oxidation des Schmelzbades werden damit vermieden. Eine große Schutzgasdüse verbessert den Schutz der Schweißschmelze, die Verwendung von Gaslinsen erschwert Gasturbulenzen.

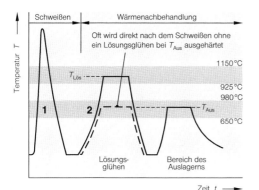

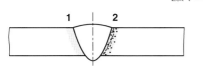

1 Nach dem Schweißen ist in Nähe der Schmelzgrenze eine schmale Zone vorhanden, in der die Ausscheidungen gelöst wurden.

2 Während des Aufheizens zum Lösungsglühen wird ein Temperaturbereich durchlaufen, in dem sich Ausscheidungen bilden. Zusammen mit den noch immer vorhandenen Eigenspannungen können sich in diesem verformungsarmen Teil der WEZ Risse bilden.

Bild 5-28
Vorgänge bei der Wärmenachbehandlung ausscheidungshärtender Nickelbasis-Werkstoffe, schematisch.

Tabelle 5-7
Eigenschaften von nickellegierten Schweißstäben, Schweißdrähten, Drahtelektroden und Bandelektroden sowie Beispiele für die Verwendung, nach DIN EN ISO 18274, 5/2005, Auswahl.

Legierungs-Kurzzeichen		Beispiele für die Verwendung zum SG- und UP-Schweißen [1] der folgenden Grundwerkstoffe
Nummerisch	Chemisch	
S Ni 2061	NiTi3	LC-Ni99; Ni99,2; LC-Ni99,6; Ni99,6; sowie Verbindungsschweißen unterschiedlicher NE-Metall-Legierungen untereinander und mit Stählen.
S Ni 6076 S Ni 6082	NiCr20 NiCr20Mn3Nb	NiCr15Fe, LC-NiCr15Fe, NiCr20Ti, NiCr20TiAl. Verbindungsschweißen unterschiedlicher Ni-Legierungen (ausgenommen Ni-Cu-Legierungen) untereinander und mit Stählen. Verbindungsschweißen kaltzäher NiStähle, Schweißungen im Reaktorbau.
S Ni 6012 S Ni 1003	NiCr22Mo9 NiMo17Cr7	NiMo16Cr16Ti sowie Verbindungsschweißen dieser Legierungen mit Stählen.
S Ni 6012 S Ni 6525	NiCr22Mo9 NiCr22Mo9Nb	NiCr22Mo9Nb, NiCr21Mo, NiCr22Mo6Cu, NiCr22Mo7Cu, kaltzähe Ni-Stähle.
S Ni 6017 S Ni 7090	NiCr22Co12Mo NiCr20Co18Ti3	Schweißgeeignete hochwarmfeste NiCrCoMo-Legierungen.
S Ni 6459	NiCr22Mo16Ti	NiCr19NbMo
S Ni 4060 S Ni 4061	NiCu30Mn3Ti NiCu30Mn3Nb	NiCu30Fe, LC-NiCu30Fe sowie Cu-Ni-Legierungen, z. B. CuNi30Mn1Fe, CuNi10Fe1Mn und Verbindungsschweißungen dieser Legierungen mit Stählen.
S Ni 5504	NiCu25Al3Ti	NiCu30Al

[1] Schweißpulver zum UP-Schweißen nach DIN EN 760.

Tabelle 5-8
Eigenschaften nickellegierten Schweißguts von umhüllten Stabelektroden sowie Beispiele für die Verwendung, nach DIN EN ISO 14172, 5/2004, Auswahl.

Legierungs-Kurzzeichen		Beispiele für die Verwendung der Stabelektroden zum Lichtbogenhandschweißen folgender Grundwerkstoffe
Nummerisch	Chemisch	
E Ni 2061	NiTi 3	LC-Ni99; Ni99,2; LC-Ni99,6; Ni99,6; sowie Verbindungsschweißen unterschiedlicher NE-Metall-Legierungen untereinander und mit Stählen.
E Ni 6452 E Ni 6276 E Ni 6082	NiCr19Mo15 NiCr15Mo15Fe6W4 NiCr20Mn3Nb	NiCr15Fe, LC-NiCr15Fe, NiCr20Ti, NiCr20TiAl, NiCr23Fe sowie Verbindungsschweißungen unterschiedlicher Ni-Legierungen (ausgenommen sind Ni-Cu-Legierungen) untereinander und mit Stählen. Verbindungsschweißungen kaltzäher Ni-Stähle, Schweißungen im Reaktorbau und dauerbeanspruchte Schweißungen bei hohen Temperaturen.
E Ni 6625	NiCr20Mo9Nb	NiCr22Mo9Nb, NiCr21Mo, NiCr22Mo6Cu, NiCr22Mo7Cu, NiCr21Mo6Cu, kaltzähe Ni-Stähle.
E Ni 6231 E Ni 6024 E Ni 6205 E Ni 6059	NiCr22W14Nb NiCr26Mo14 NiCr25Mo16 NiCr23Mo16	NiCr21Mo sowie Verbindungsschweißungen dieser Legierung mit Stählen. Austenitische Stähle höchster Korrosionsbeständigkeit, z. B. Werkst. Nr. 1.4505; 1.4506; 1.4577; 1.4578; 1.4465.
E Ni 6617	NiCr22Co12Mo	Schweißgeeignete hochwarmfeste NiCrCoMo-Legierungen.
E Ni 4060 E Ni 4061	NiCu30Mn3Ti NiCu27Mn3MbTi	NiCu30Fe, LC-NiCu30 Fe,NiCu30Al sowie Cu-Ni-Legierungen, z. B. CuNi30Mn1Fe, CuNi10Fe1Mn, Verbindungsschweißungen dieser Legierungen mit Stählen.

Vorwärmen ist ebenso wie eine Wärmenachbehandlung in den meisten Fällen nicht erforderlich. Allerdings werden die im lösungsgeglühten Zustand zu schweißenden ausscheidungshärtenden Legierungen nach dem Schweißen erneut lösungsgeglüht und ausgelagert. Entstehen während des Schweißens höhere Eigenspannungszustände, dann ist ein Spannungsarmglühen vor dem Auslagern sehr empfehlenswert. Geschweißte Bauteile aus aluminium- und titanhaltigen Nickellegierungen müssen vor dem erneuten Lösungsglühen spannungsarmgeglüht werden. Die Wärmebehandlung sollte in Schutzgasöfen erfolgen, um die Oxidation der Oberflächen gering zu halten. Der Aufwand zum Entfernen dieser Oxidschichten ist anderenfalls beträchtlich. Die Oxide sind aber aus korrosions- und schweißtechnischen Gründen unbedingt zu beseitigen.

Von größter Wichtigkeit ist sorgfältigstes mechanisches oder chemisches Reinigen der vom Lichtbogen erfassten Werkstückoberflächen. Metallisch völlig blanke Oberflächen sind erforderlich.

Wegen der dickflüssigen Nickelschmelze sind die Öffnungswinkel bei Stumpfnähten – vor allem beim Lichtbogen-Handschweißen – größer als für die meisten anderen Werkstoffe zu wählen. Der Schweißer muss die Schmelze dorthin bewegen, wo sie erforderlich ist. Dazu ist die Elektrode i. Allg. zu pendeln. Die Pendelbreite sollte nicht den dreifachen Elektrodendurchmesser überschreiten. Das Wärmeeinbringen ist zu begrenzen, und die Nahtansätze sollten wegen der Gefahr der Heißrissbildung angeschliffen werden.

Die Schlacke auf den einzelnen Lagen ist durch Schleifen oder Bürsten vollständig zu beseitigen. Anderenfalls könnten Schlackenreste zu der gefährlichen Berührungskorrosion führen (Abschn. 1.7.6.1.3, S. 86).

Nickel und Nickellegierungen erfahren während des Schweißprozesses keine allotropen Änderungen, die die Korrosionsbeständigkeit beeinträchtigen könnten. Der Angriff heißer ($\geq 200\,°C$), halogenhaltiger und alkalischer Medien sowie Hochtemperatur-Prozesswasser kann zur SpRK führen. Ein Spannungsarmglühen ist in diesen Fällen empfehlenswert, um die SpRK mit Sicherheit auszuschließen. Ein Begrenzen der in Korngrenzenbereichen segregierenden Elementen hat sich zusätzlich als sehr wirksam erwiesen.

Die Zusatzwerkstoffe sollten aus korrosionstechnischen Gründen artgleich gewählt werden. Es ist allgemein zu beachten, dass durch die begrenzte Diffusionsfähigkeit der Legierungselemente – vor allem Nickel und Molybdän – das Schweißgut kristallgeseigert ist und damit in bestimmten Umgebungen korrosionsanfällig werden kann. In Tabelle 5-7 sind Zusatzwerkstoffe für einige wichtige Nickelwerkstoffe, in Tabelle 5-8 die Eigenschaften von mit umhüllten Stabelektroden niedergeschmolzenem hoch nickelhaltigem Schweißgut (DIN EN ISO 14172) und von nickellegierten Schweißstäben und Drahtelektroden (DIN EN ISO 18274) zusammengestellt.

5.3 Leichtmetalle

Leichtmetalle werden in vielen Bereichen der Technik eingesetzt. Ihre herausragendsten Eigenschaften sind
– geringe *Dichte* ρ, die sie für den Leichtbau sehr geeignet macht;
– hohe *Festigkeit* einiger legierter (ausscheidungshärtender) Werkstoffe;
– oft hervorragende *Korrosionsbeständigkeit*, und die
– bei vielen Leichtmetallwerkstoffen meistens gute bis hervorragende *Schweißeignung*, und einfache Formgebung, die die Fertigung sehr erleichtert.

5.3.1 Aluminium und Aluminiumlegierungen

Die Kombination attraktiver Eigenschaften macht Aluminium und seine Legierungen zu vielfältigst einsetzbaren Werkstoffen. Sie sind leicht ($\rho = 2{,}7$ g/cm^3), unmagnetisch, kfz und damit hervorragend verformbar und tieftemperaturzäh, abhängig vom Legierungstyp verhältnismäßig korrosionsbeständig (s. Aufgabe 1-13, S. 118), leicht verarbeitbar (Gießen, Strangpressen, Zerspanen), und als ausscheidungshärtende Legierungen erreichen sie mit üblichen Stählen vergleichbare Festigkeitswerte.

Einige physikalische und chemische Eigenschaften können das Schweißverhalten des Aluminiums und der Aluminiumlegierungen erheblich beeinflussen bzw. beeinträchtigen. Ihre Auswirkungen müssen daher bekannt sein. Die wichtigsten werden im Folgenden besprochen.

Aluminiumoxid
Durch die hohe Sauerstoffaffinität bildet sich auf der Werkstoffoberfläche spontan eine dichte, zähe, chemisch und thermisch sehr beständige, hochschmelzende ($T_S = 2050\,°C$) Oxidschicht (Al_2O_3). Sie ist einerseits ähnlich wie die Chromoxidhaut bei den korrosionsbeständigen Stählen für die Korrosionsbeständigkeit des Aluminiums verantwortlich, andererseits aber die Ursache für eine unvollständige Bindung (Kaltstellen) beim Schweißen, wenn sie nicht rückstandslos beseitigt wurde. Die Oxidschicht muss daher mit verschiedenen Methoden (»Reinigungswirkung« des SG-Lichtbogens) vor dem Schweißen beseitigt und ihre Neubildung während des Schweißens zuverlässig verhindert werden.

Wasserstofflöslichkeit
Flüssiges Aluminium löst große Mengen Wasserstoff. Die Löslichkeit im festen Zustand ist dagegen extrem gering, Bild 3-18, S. 255. Jede über die Löslichkeitsgrenze im festen Zustand hinausgehende Menge wird beim Kristallisieren molekular – d. h. in Form von Poren – ausgeschieden, wenn ein Verlassen der Schmelze wegen einer zu großen Abkühlgeschwindigkeit nicht möglich ist. Als Folge der großen Sauerstoffaffinität reduziert Aluminium im Lichtbogenraum sehr leicht die in großen Mengen verfügbare Luftfeuchte gemäß

$$2 \cdot Al + 3 \cdot H_2O \rightarrow Al_2O_3 + 3 \cdot H_2.$$

Die Luftfeuchtigkeit ist damit einer der »effektivsten« Wasserstofflieferanten und nahezu immer die Ursache der in Aluminiumschweißgütern sehr schwer vollständig vermeidbaren Porenbildung.

Elektrische Leitfähigkeit
Die elektrische Leitfähigkeit von Reinaluminium beträgt etwa 60% der des Kupfers. Damit ist bei den Metall-Schutzgas-Schweißverfahren (MSG) die Wahl längerer Stromkontaktröhrchen möglich, weil sich der stromdurchflossene Teil der Drahtelektrode (»freie Drahtlänge«) nicht mehr unzulässig erwärmen kann. Außerdem ergibt sich durch die größere Anzahl der Kontaktpunkte zwischen dem Kontaktrohr und der Drahtelektrode ein sicherer und gleichmäßigerer Stromübergang. Bei kurzen Kontaktrohren können wegen des hohen Übergangswiderstands der schlecht leitenden Oxidschicht »Schmorstellen«, d. h. extreme Drahtförderschwierigkeiten entstehen. Die Blaswirkung des Lichtbogens ist bei Aluminiumwerkstoffen wegen ihrer nichtmagnetischen Eigenschaften sehr gering.

Wärmeleitfähigkeit
Die große Wärmeleitfähigkeit des Reinaluminiums – sie ist etwa sechsmal größer als die von unlegiertem Stahl – erfordert Schweißverfahren mit großer Leistungsdichte (Plasma-, MIG-, WIG-, Laserschweißen). Trotz des geringen Schmelzpunktes ist daher auch wegen der großen spezifischen Wärme eine sehr intensive Wärmequelle zum Schweißen erforderlich. Schweißverfahren mit wenig konzentrierte Wärmequellen führen hauptsächlich bei Knetlegierungen und ausscheidungshärtenden Legierungen zu breiten, entfestigten (weichen) und z. T. versprödeten (Lösen/Wiederausscheiden der Teilchen) Wärmeeinflusszonen und großem Verzug. Als Folge der raschen Wärmeabfuhr wird außerdem die Bildung von Poren (bzw. Rissen) sehr begünstigt.

Wärmeausdehnungskoeffizient
Die Wärmeausdehnung von Aluminium ist etwa doppelt so groß wie die der (unlegierten) Stähle. Zusammen mit der meistens großen Schwindung und dem deutlich geringeren *E*-Modul müssen vor allem dünnwandige Bauteile aus Reinaluminium zum Schweißen ausreichend fest gespannt und sehr oft geheftet werden, um das »Arbeiten« (Verformen) des Schweißteils, d. h. den Verzug in erträglichen Grenzen zu halten. Ein Schweißfolgeplan ist nahezu unerlässlich.

5.3.1.1 Lieferformen

Aluminium-Werkstoffe werden in verschiedenen Behandlungszuständen geliefert und verarbeitet. Sie sind durch unterschiedliche mechanische Eigenschaften, Herstellart und Legierungsaufwand gekennzeichnet. Unterschieden werden *naturharte* und *ausscheidungshärtende* Legierungen, die sich weiter einteilen lassen in:

– *Knetlegierungen*
   Die Eigenschaften werden durch den Grad der Kaltverformung und die chemische Zusammensetzung der Legierung bestimmt. Mit geeigneten Legierungselementen (Mn, Si, Zn, Mg, Cu) kann die Festigkeit des Aluminiums durch Mischkristallverfestigung zusätzlich erhöht werden.
– *Gusslegierungen*
   Die Eigenschaften werden durch das Gießverfahren (Sand-, Kokillen-, Druckguss) und die chemische Zusammensetzung der Legierung bestimmt.
– *Ausscheidungshärtende Legierungen*
   Die Eigenschaften dieser Werkstoffe werden durch das Ausscheidungshärten (das Verfahren wird genauer in Abschn. 2.6.3.3, S. 161 beschrieben) geeignet zusammengesetzter Legierungssysteme bestimmt. Für diese Wärmebehandlung sind üblicherweise Knet-, mit bestimmten Einschränkungen aber auch Gusslegierungen geeignet.
   Die wichtigsten ausscheidungshärtenden Legierungssysteme sind Al-Cu, Al-Cu-Mg, Al-Cu-Li, Al-Cu-Si, Al-Zn, Al-Zn-Mg, Al-Zn-Mg-Cu und Al-Li-Cu-Mg.

5.3.1.2 Bezeichnungsweise

Im Rahmen der Neuordnung des europäischen Normensystems wurde die Systematik der Kurzzeichen für den Aluminiumbereich vollständig überarbeitet und neu festgelegt. Der Kern des Bezeichnungssystems für Aluminium und Aluminium-Knetlegierungen ist eine aus vier Ziffern bestehende numerische Anordnung, die der der internationalen Aluminium Association weitgehend entspricht.

Die Bezeichnung der Aluminium-Werkstoffe setzt sich aus nacheinander folgenden Elementen zusammen:

- **EN** gefolgt von einem Zwischenraum,
- dem Buchstaben **A** (= Aluminium),
- dem Buchstaben
   W (**W**rought Alloys): Knetlegierungen nach DIN EN 573-5,
   C (**C**asting Alloys): Gusslegierungen, nach DIN EN 1706,
   M (**M**aster Alloys): Vorlegierungen,
   B (**B**lockmetall), einem Bindestrich,
- vier Ziffern für die chemische Zusammensetzung, die im Einzelnen bedeuten:

   1xxx   Al (mit Al = 99,00 %),
   2xxx   Al-Cu-(Mg, Pb)Legierungen,
   3xxx   Al-Mn-(Mg)Legierungen,
   4xxx   Al-Si-Legierungen,
   5xxx   Al-Mg-(Mn)Legierungen,
   6xxx   Al-Mg-Si-Legierungen,
   7xxx   Al-Zn-(Mg, Cu)Legierungen,
   8xxx   Al-(Fe, Li, usw.)Legierungen, die nicht in den Gruppen 1xxx bis 7xxx erfasst sind,
   9xxx   nicht verwendete Gruppe.

Daneben existiert eine ergänzende Bezeichnungsweise, deren Grundlage – ähnlich wie bei der bisherigen Bezeichnungssystematik – chemische Symbole sind. Für nähere Einzelheiten siehe Tabelle 5-9.

Die Werkstoffzustände bzw. die Festigkeit von Knet- und Gusslegierungen werden nach DIN EN 515 (12/93) durch eine Kombination von einem Großbuchstaben und Ziffern bezeichnet, die der Legierungsbezeichnung (bei Bedarf) unabhängig vom verwendeten Bezeichnungssystem (nummerisch oder nach chemischer Zusammensetzung) nachgestellt werden. Anders als bei der bisher gültigen DIN 17007 kann nur noch der Gefügezustand, aber nicht mehr die Festigkeit abgelesen werden. Die Werkstoff- bzw. Wärmebehandlungszustände werden wie folgt bezeichnet:

F Herstellungszustand für Erzeugnisse, bei denen die thermischen Bedingungen oder die Kaltverformung nicht kontrolliert werden (ohne festgelegte mechanische Eigenschaften),
O weichgeglüht,
H kaltverfestigt (bei Knetlegierungen),
   H11   kaltverfestigt, 1/8-hart,
   H19   kaltverfestigt, extrahart,

Tabelle 5-9
Aluminium-Knetlegierungen nach DIN EN 573-5 und Aluminium-Gusslegierungen nach DIN EN 1706 (Auswahl). Den bisherigen DIN-Bezeichnungen wurden die neuen (nummerischen, chemisches Symbol) nach DIN EN 573-3 gegenübergestellt.

Aluminiumlegierung (Kurzzeichen) nach			Schweißverhalten, Anwendungshinweise
DIN 1725-1 / DIN 1725-2	DIN EN 573-3		
	Chemisches Symbol	Nummerisch	
Aluminium-Knetlegierungen, nicht ausscheidungshärtend (DIN EN 573-5)			
AlMn0,6 / AlMn1 / AlMn0,5Mg0,5 / AlMnCu / AlMn1Mg1	EN AW-Al Mn0,6 / EN AW-Al Mn1 / EN AW-Al Mn0,5Mg0,5 / EN AW-Al Mn1Cu / EN AW-Al Mn1Mg1	EN AW-3207 / EN AW-3103 / EN AW-3105 / EN AW-3003 / EN AW-3004	AlMn(Cu)-Legierungen haben verbesserte Beständigkeit gegenüber leicht alkalischen Medien und erhöhte Warmbeständigkeit durch rekristallisationshemmende Wirkung des Mn. Sie sind gut bis sehr gut schweißgeeignet und lötbar.
AlMg1 / AlMg1,8 / AlMg2,5 / AlMg3 / AlMg4Mn / AlMg4,5	EN AW-Al Mg1(C) / EN AW-Al Mg2(B) / EN AW-Al Mg2,5 / EN AW-Al Mg3 / EN AW-Al Mg4 / EN AW-Al Mg4,5	EN AW-5005A / EN AW-5051A / EN AW-5052 / EN AW-5754 / EN AW-5086 / EN AW-5082	Mit zunehmendem Mg-Gehalt steigt die Festigkeit und die Schweißeignung nimmt stark ab. AlMg4,5 ist schweißrissempfindlich. Niedriglegierte Sorten werden als Strangpressprofile angeboten. Zerspanbarkeit der höherlegierten Sorten ist gut.
AlMg2Mn0,3 / AlMg2Mn0,8 / AlMg2,7Mn / AlMg4,5Mn0,7	EN AW-Al Mg2 / EN AW-Al Mg2Mn0,8 / EN AW-Al Mg3Mn / EN AW-Al Mg4,5Mn	EN AW-5251 / EN AW-5049 / EN AW-5454 / EN AW-5083	AlMgMn-Legierungen sind gut schweißgeeignet, zerspanbar und seewasserbeständig. Die höchste Festigkeit aller nichtausscheidungshärtenden Al-Legierungen hat AlMg4,5Mn.
Aluminium-Knetlegierungen, ausscheidungshärtend (DIN EN 573-5)			
AlMgSi0,5 / AlMgSi0,7 / AlMgSi1	EN AW-Al MgSi / EN AW-Al SiMg(A) / EN AW-Al Si1MgMn	EN AW-6060 / EN AW-6005A / EN AW-6082	Gut schweißgeeignet mit Zusatz S-AlSi5; AlMgSi0,5 ist hervorragend pressbar, AlMgSi0,7 wird für Großprofile im Schienenfahrzeugbau verwendet.
AlCuMg1 / AlCuMg2 / AlCuSiMn	EN AW-Al Cu4MgSi(A) / EN AW-Al Cu4Mg1 / EN AW-Al Cu4SiMg	EN AW-2017A / EN AW-2024 / EN AW-2014	Am längsten bekannte ausscheidungshärtende Legierungen, sie werden nur kaltausgelagert verwendet, schlechte Korrosionsbeständigkeit.
AlZn4,5Mg1	EN AW-Al Zn4,5Mg1	EN AW-7020	Noch gut schweißgeeignet, härtet nach Schweißen selbsttätig »kalt« aus.
– / –	EN AW-Al Li2,5Cu1,5Mg1 / EN AW-Al Li2,5Cu2Mg1	EN AW-8090 / EN AW-8091	Noch nicht genormte Legierungen höchster Festigkeit. Li erschwert das Schweißen erheblich.
Aluminium-Gusslegierungen (DIN EN 1706)			
G-AlSi12 / G-AlSi10Mg / G-AlSi9Cu3	EN AC-Al Si12(a) / EN AC-Al Si10Mg(Fe) / EN AC-Al Si8Cu3	EN AC-44200 / EN AC-43400 / EN AC-46200	Legierungen für allgemeine Verwendung. Für dünnwandige, verwickelte, druckdichte und schwingungsfeste Gussstücke bei sehr guter Korrosionsbeständigkeit. Hervorragend bis sehr gut schweißgeeignet (G-AlSi12).
G-AlMg3 / – / G-AlMg5 / G-AlMg5Si	EN AC-Al Mg3(a) / EN AC-Al Mg9 / EN AC-Al Mg5 / EN AC-Al Mg5(Si)	EN AC-51100 / EN AC-51200 / EN AC-51300 / EN AC-51400	Legierungen für besondere Verwendung, vorwiegend für korrosionsbeständige und (oder) oberflächenbehandelnde Gussstücke (anodische Oxidation), ausgezeichnet zerspanbar.
G-AlSi9Mg / G-AlSi7Mg / G-AlCu4Ti / G-AlCu4TiMg	EN AC-Al Si9Mg / EN AC-Al Si7Mg / EN AC-Al Cu4Ti / EN AC-Al Cu4MgTi	EN AC-43300 / EN AC-42000 / EN AC-41000 / EN AC-21000	Ausscheidungshärtende Legierungen mit hohen Festigkeiten. G-AlSi9Mg und G-AlSi7Mg sind ausgezeichnet, G-AlCu4Ti und G-AlCu4TiMg bedingt schweißgeeignet. Für hohe Festigkeitsansprüche des Luftfahrzeugbaus.

Abschn. 5.3: Leichtmetalle (Aluminium)

W lösungsgeglüht (instabiler Zustand),
T für Erzeugnisse, die zum Erzielen stabiler Zustände mit/ohne zusätzliche Kaltverformung wärmebehandelt werden. Die erste Ziffer nach dem Zeichen T dient der Kennzeichnung der spezifischen Reihenfolge der Grundbehandlungen.

- T1 abgeschreckt aus Warmformgebungstemperatur und kaltausgelagert,
- T2 abgeschreckt aus Warmformgebungstemperatur, kaltumgeformt und kaltausgelagert,
- T3 lösungsgeglüht, kaltumgeformt und kaltausgelagert,
- T4 lösungsgeglüht und kaltausgelagert,
- T5 abgeschreckt aus Warmformgebungstemperatur und warmausgelagert,
- T6 lösungsgeglüht und warmausgelagert,
- T8 lösungsgeglüht, kaltumgeformt und warmausgelagert,
- T9 lösungsgeglüht, warmausgelagert und kaltumgeformt.

5.3.1.3 Metallurgisch bedingte Schweißnahtdefekte

Bei den verschiedenen Aluminiumlegierungen können abhängig von ihrer chemischen Zusammensetzung und der Größe der Last- oder (und) Eigenspannungen im Schweißgut und der Wärmeeinflusszone einige überwiegend werkstoffabhängige Defekte entstehen, die die Bauteilsicherheit und das Verhalten dieser Werkstoffe beim Schweißen erheblich beeinträchtigen.

Heißrisse

Die nur bei Legierungen möglichen *Erstarrungsrisse* entstehen im Schweißgut und in den Endkratern während des Abkühlens im Bereich zwischen der Solidus- und Liquidustemperatur bei Einwirkung von Zug(-Eigen-)Spannungen. Genauere Hinweise zum Entstehungsmechanismus dieser sich bei allen metallischen Werkstoffen in gleicher Weise bildenden Rissart sind in Abschn. 4.1.1.1, S. 300, zu finden.

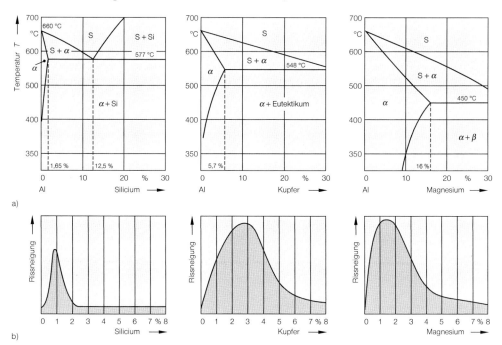

Bild 5-29
Binäre Aluminium-Zustandsschaubilder und Heißrissneigung legierter Aluminium-Schweißgüter.
a) Al-Si, Al-Cu, Al-Mg, Ausschnitte.
b) Relative Rissempfindlichkeitskennziffer verschiedener Aluminium-Schweißgüter abhängig vom Legierungsgehalt: Al-Si, nach Singer und Jennings, Al-Cu, nach Pumphrey und Lyons, Al-Mg, nach Dowd.

Mit zunehmender Größe des Erstarrungsintervalls und zunehmender Zugspannung – hervorgerufen durch rasche Abkühlung oder verspannte, dickwandige Konstruktionen, begünstigt durch den großen Wärmeausdehnungskoeffizienten und die große Volumenänderung der Aluminiumschmelze beim Erstarren (Schwindung) – wird die Heißrissbildung wahrscheinlicher. In Bild 5-29 sind einige bekannte Zweistoffsysteme und die von der chemischen Zusammensetzung der Legierungen abhängige Heißrissneigung dargestellt. Die Schweißgüter der niedrig magnesiumhaltigen, nichtausscheidungshärtenden Legierungen (z. B. AlMg3) sind bei hoher Verspannung besonders heißrissanfällig. Bild 5-29b zeigt, dass bei Verwendung von Schweißzusatzwerkstoffen mit einem hohem Magnesiumgehalt (> 5 %) diese Rissart sicher vermeidbar ist.

Der Erstarrungsriss ist eine bei Aluminiumlegierungen sehr typische Versagensform, die sorgfältig zu kontrollieren ist. Grundsätzlich sind mehrfach legierte Legierungen (vor allem die ausscheidungshärtenden!) sehr viel heißrissanfälliger als die einfachen Zweistofflegierungen, weil bei ihnen die Wahrscheinlichkeit groß ist, dass sich *mehrere* heißrissbegünstigende Verbindungen bilden können.

Der Wiederaufschmelzriss, eine Variante des Heißrisses, entsteht neben der Schmelzgrenze im teilverflüssigten Bereich durch Aufschmelzen niedrigschmelzender Bestandteile (z. B. Eutektika oder Einschlüsse). Er ist vor allem für ausscheidungshärtende Legierungen die typische Heißrissform, weil wegen der größeren Anzahl der Legierungselemente die Wahrscheinlichkeit für die Bildung eutektischer Gemenge größer ist. Davon zu unterscheiden sind die durch die konstitutionelle Verflüssigung von Ausscheidungen in *bestimmten* Legierungssystemen entstehenden Wiederaufschmelzrisse, die sich nur bei *rascher* Aufheizung bilden, Abschn. 5.1.3.

Ein großes Wärmeeinbringen beim Schweißen erhöht die Neigung zur Bildung beider Heißrissformen. In erster Linie wird die Heißrissneigung durch Wahl geeigneter, vor allem niedrigschmelzender Zusatzwerkstoffe vermindert. Die verflüssigten eutektischen Bestandteile in der WEZ erstarren *vor* der Schweißschmelze und verringern dadurch die für die Rissentstehung erforderlichen Spannungen.

Spannungsrisse

Diese unterhalb der Solidustemperatur entstehenden Risse werden durch einen großen Wärmeausdehnungskoeffizienten, eine ungeeignete Schweißfolge, große Schrumpfung, die Blechdicke, das Schweißverfahren und die Festigkeit der Einspannung der Fügeteile sehr begünstigt.

Poren

Poren können nur durch den in der Aluminiumschmelze löslichen großen Gehalt an Wasserstoff entstehen, Bild 3-18, S. 255. Stickstoff und Sauerstoff können nicht als atomare Gase vorliegen, weil sie sehr stabile Nitride bzw. Oxide bilden. Porenbildung durch sie ist damit nicht möglich.

Die große Löslichkeitsdifferenz des Wasserstoffs im flüssigen und festen Zustand ist damit die wichtigste Ursache der Porenbildung in Aluminiumwerkstoffen. Mit zunehmender Schweißgeschwindigkeit wird das Ausgasen erschwert, d. h. die Porenmenge größer. Das Gas kann am leichtesten in der senkrechten, am schwersten beim Schweißen in der zu vermeidenden Überkopf-Position das Schmelzbad verlassen.

Die wichtigsten Wasserstoffquellen beim Lichtbogenschweißen sind (s. a. Abschn. 3.3.3.3, S. 258):
– Ablagerungen auf der Werkstückoberfläche [Kohlenwasserstoffe, z. B. Fette, Farben, Öle; Hydroxide, z. B. Fe(OH)$_3$];
– Ablagerungen auf der Oberfläche der Drahtelektroden, z. B. Ziehfettreste, Hydroxide, Verunreinigungen;
– Feuchtigkeit im Schutzgas, aus der Atmosphäre in den Schutzgasraum eingedrungene Luftfeuchte.

5.3.1.4 Aluminium-Knetlegierungen

Die Aluminium-Knetlegierungen sind in DIN EN 573, die Aluminium-Gusslegierungen in DIN EN 1706 genormt, Einzelheiten zur Be-

Abschn. 5.3: Leichtmetalle (Aluminium) 537

zeichnung und zu Anwendungshinweisen können der Tabelle 5-9 entnommen werden.

Bei den Knetlegierungen ist das *Formänderungsvermögen*, bei den Gusslegierungen das *Formfüllungsvermögen* die wichtigste technologische Eigenschaft.

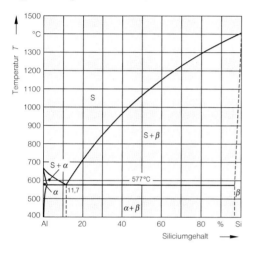

Bild 5-30
Zustandsschaubild Aluminium-Silicium.

AlMg- und AlMgMn-Legierungen sind die wichtigsten nicht ausscheidungshärtenden Knetlegierungen. Magnesium erhöht erheblich die Festigkeit durch Mischkristallverfestigung. Sie sind gut bis sehr gut schweißgeeignet. Mit zunehmendem Magnesiumgehalt nimmt die Menge der intermediären β-Phase Al_3Mg_2 zu und damit die Verformbarkeit und die Schweißeignung extrem ab, Bild 1-65. Die IK- und die SpRK-Beständigkeit werden geringer, wenn die β-Phase als *zusammenhängender* Korngrenzenbelag vorliegt. Daher muss die gewünschte Anordnung der Teilchen in Form diskreter Partikel durch ein Glühen bei etwa 200 °C bis 250 °C erzwungen werden *(Heterogenisierungsglühen)*.

5.3.1.5 Aluminium-Gusslegierungen

AlSi-Legierungen, Tabelle 5-9, sind die typischen Gusslegierungen, das trifft vor allem für die (nah-)eutektischen mit etwa 10 % bis 12 % Silicium zu, Bild 5-30. Sie besitzen ein hervorragendes Formfüllungsvermögen.

Die eutektischen Legierungen erstarren praktisch ohne ein nennenswertes Erstarrungsintervall und ohne die bei anderen Werkstoffen vorhandene Volumendifferenz beim Übergang flüssig/fest (Schwindung). In diesem kritischen Werkstoffzustand können daher nur geringe Spannungen entstehen, die zusammen mit dem kleinen Erstarrungsintervall zu einem weitestgehend heißrissfreien Gefüge führen. Ebenso ist ihre Neigung zur Bildung von Mikrolunkern oder anderen interdendritischen »Gussschwächen« gering. Ihre Schweißeignung ist damit hervorragend, und die Bildung von Rissen jeder Art weitestgehend ausgeschlossen.

Bild 5-31 zeigt das Mikrogefüge des schmelzgrenzennahen Bereichs einer Schweißverbindung aus G-AlSi12. Im Bild links oben ist das Schweißgut (SG-AlSi5) erkennbar. Das Eutektikum (α-Si) ist deutlich feiner ausgebildet als im Grundwerkstoff.

5.3.1.6 Ausscheidungshärtende Aluminiumlegierungen

Diese Werkstoffe erhalten ihre Eigenschaften – vor allem eine vergleichsweise hohe Festigkeit, verbunden mit einer häufig hohen Korrosionsbeständigkeit – durch eine in Abschn. 2.6.3.3, S. 161, ausführlicher beschriebene komplexe, mehrstufige Wärmebehand-

Bild 5-31
Mikrogefüge aus dem schmelzgrenzennahen Bereich einer MIG-Schweißverbindung aus G-AlSi12. Im Schweißgut links oben sind primäre α-MK in sehr feiner eutektischer Grundmasse eingebettet, nach SLV Berlin-Brandenburg.

lung (Ausscheidungshärtung). Ihre Schweißeignung ist im Allgemeinen deutlich schlechter als die der anderen, nichtausscheidungshärtenden Aluminium-Werkstoffe, weil sie abhängig von der chemischen Zusammensetzung zu einer ausgeprägten (Heiß-)Rissbildung neigen.

Aluminium-Zweistofflegierungen sind nicht ausscheidungshärtend, weil die Ausscheidungen entweder nicht in der gewünschten Größe, Form oder Verteilung erzeugbar sind, ihre festigkeitserhöhende Wirkung im Vergleich zum Aufwand zu gering ist oder die Verformbarkeit des ausscheidungsgehärteten Werkstoffs unzureichend ist.

Ausscheidungshärtend sind Legierungen der folgenden Legierungssysteme:

❏ AlCu (kaum verwendet),
❏ AlCuMg (AlCuSiMn),
❏ AlMgSi,
❏ AlZnMg (AlZnMgCu).

Die sich während des Auslagerns bildenden Ausscheidungen durchlaufen bis zu ihrer inkohärenten Form eine Reihe von Zwischenzuständen, die die Festigkeits- und Zähigkeitseigenschaften beeinträchtigen, s. a. Abschn. 1.4.2.1, S. 32, Aufgabe 5-1, S. 566.

Bei dem erstmals und sehr genau untersuchten System Al-Cu entstehen aus dem übersättigten Mischkristall (MK) mit zunehmend verbesserten Diffusionsbedingungen, d. h. zunehmender Auslagertemperatur nacheinander eine Reihe unterscheidbarer Zustände und Phasen:

MK → GP I → GP II (Θ'') → Θ' → Θ (Al$_2$Cu).

Die inkohärente Θ-Phase ist die thermodynamische Gleichgewichtsphase mit der chemischen Zusammensetzung Al$_2$Cu. Ihre festigkeitserhöhende Wirkung ist daher nur gering. Die beiden kohärenten Phasen GP I und GP II (Θ'') unterscheiden sich durch ihre Größe und der Größe des von ihnen verspannten Gitterbereiches. Die festigkeitserhöhende Wirkung der semikohärenten Ausscheidungen (Θ') ist ähnlich wie die der kohärenten, s. Bild 5-32.

Ähnlich wie bei den Al-Cu-Legierungen ist die Ausscheidungsfolge bei den oben genannten Legierungssystemen:

❏ AlCuMg
    MK → GP → S' (Al$_2$CuMg)' → S (Al$_2$CuMg),
❏ AlMgSi
    MK → GP → β' (Mg$_2$Si)' → β (Mg$_2$Si),
❏ AlZnMg
    MK → GP → η' (MgZn$_2$)' → η (MgZn$_2$).

Die Ausscheidungen S', β', η' sind dabei die kohärenten Phasen der jeweiligen Gleichgewichtsphasen S, β und η.

Die Härte einer ausscheidungshärtenden Al-Cu-Legierung abhängig von den Auslagerbedingungen und dem sich daraus ergebenden Ausscheidungszustand zeigt schematisch das Bild 5-32. Die maximale Härte des Gefüges ergibt sich dann, wenn die größte Menge der kohärenten Θ''-Teilchen (GP II-Teilchen) im Gefüge vorhanden ist, die geringste, wenn nur die sich bei höheren Auslagertemperaturen ($\vartheta \geq 170\,°C$) bildenden inkohärenten Ausscheidungen Θ (Al$_2$Cu) vorliegen.

Der Ausscheidungszustand und damit die mechanischen Eigenschaften werden durch den Schweißprozess weitgehend geändert.

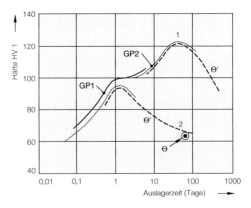

Bild 5-32
Über den Einfluss der Auslagerbedingungen auf die Härte einer bei zwei Temperaturen »warmausgelagerten« AlCu-Legierung (4 % Cu).
1: Auslagertemperatur $T_{Aus} = 130\,°C$,
2: Auslagertemperatur $T_{Aus} = 190\,°C$.

Ausscheidungsfolge bei Al-Cu-Legierungen:
MK → GP I → GP II (Θ'') → Θ' → Θ, nach Silcock u. a

Im Bild 5-33b ist die Härteverteilung quer zu einer Schweißverbindung aus einer ausscheidungsgehärteten Aluminiumlegierung dargestellt. Mit zunehmender Annäherung an die Schmelzgrenze nimmt der Anteil der Θ'-Phase (bei der AlCu-Legierung) bzw. der S'-Phase (AlCuMg-Legierung) oder der β'-Phase (AlMgSi-Legierung) ständig ab. In Bild 5-33a beginnt die Umwandlung der Θ'- bzw. β'-Phase in die jeweilige stabile Phase bei T_{Rev}. Dieser Vorgang ist mit einem erheblichen Härte- und Festigkeitsabfall verbunden, Kurve 3, Bild 5-33b. Die Härte der Bereiche in Schmelzgrenzennähe ist wegen der vollständigen Lösungsglühung am geringsten, Kurve 1. Der kontinuierliche Härteabfall von 4 nach 1 (gemessen direkt nach dem Schweißen!), ist damit die Folge der ständigen Abnahme der Phase S' auf Kosten der S-Phase, die in ungeeigneter Form (zu groß) und Menge (zu gering) vorliegt.

alterten« Bereich 2 ist der Härteanstieg dagegen gering. Erst mit einem erneuten Lösungsglühen und anschließenden Auslagern lassen sich die ursprünglichen Werte wieder herstellen.

Die AlZnMg-Legierungen haben eine wesentlich geringere Neigung während des Auslagerns zu überaltern, d. h. auch beim Schweißen. Als Folge ihrer geringen Abschreckempfindlichkeit, zusammen mit einem großen zulässigen Bereich für das Lösungsglühen (350 °C bis 450 °C) lagern sie bei üblichen Umgebungstemperaturen »kalt« aus. Nach Ablauf von etwa 20 Tagen wird in der Wärmeeinflusszone nahezu die ursprüngliche Härte wieder erreicht. Das Auslagern kann auch bei höheren Temperaturen durchgeführt werden. Bei 120 °C sind etwa 24 h erforderlich.

Die AlZnMg-Legierungen neigen zur Rissbildung, daher werden sie, wie auch alle anderen ausscheidungshärtenden Legierungen, i. Allg. mit geringer Wärmezufuhr und größeren Geschwindigkeiten geschweißt. Für die

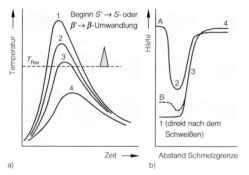

Bild 5-33
Wirkung des Schweißprozesses auf die Härteverteilung in Schweißverbindungen aus vor dem Schweißen ausgelagerten AlCuMg- (S') oder AlMgSi-Legierungen (β'), schematisch.
a) Temperatur-Zeit-Zyklen, mit Angabe der Umwandlungstemperatur T_{Rev}, bei der die kohärenten (S', β') in die stabilen Gleichgewichtsphasen (S, β) übergehen.
b) Härteverteilung gemessen direkt nach dem Schweißen (1), nach einem »Kaltauslagern« (B) und einem Auslagern bei erhöhter Temperatur (A).

Ein Auslagern bei Raumtemperatur nach dem Schweißen führt gewöhnlich nur zu einer sehr geringen Härtezunahme im lösungsgeglühten Bereich, Bild 5-33b (B). Auslagern bei erhöhten Temperaturen (A) ergibt in diesem Bereich einen sehr starken Härteanstieg, in dem durch den Schweißprozess »überstieg,

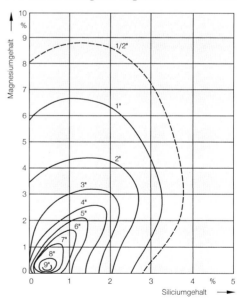

Bild 5-34
Heißrissanfälligkeit (gemessen mit dem Ringgussversuch) von AlMgSi-Legierungen in Abhängigkeit von der chemischen Zusammensetzung, nach Jennings, Singer und Pumphrey.

Tabelle 5-10
Gruppeneinteilung für Aluminium und Aluminiumlegierungen, Beispiele für Knetaluminium, Aluminiumknet- und Aluminiumgusslegierungen, in Anlehnung an DIN EN 1011-4 (2/2001) und DIN-Fachbericht CEN ISO/TR 15608 (1/2006).

Gruppe	Bezeichnung und Beschreibung der Werkstoffe	
	Chemische Bezeichnung	Nummer
21	**Reinaluminium** Reinaluminium ≤1,5% Verunreinigungen oder Legierungsbestandteile	
	EN AW-Al 99,98 EN AW-Al 99,90 EN AW-Al 99,6 EN AW-Al 99,0	EN AW-1198 EN AW-1190 EN AW-1060 EN AW-1200
22	**Nichtwarmaushärtende Legierungen**	
	Aluminium-Magnesium-Legierungen ≤ 3,5% Mg	
22.1	EN AW-Al Mn1Cu EN AW-Al Mn1Mg1 EN AW-Al Mn1Mg0,5 EN AW-Al Mn0,5Mg0,5 EN AW-Al Mg2,5 EN AW-Al Mg3,5Mn0,3 EN AW-Al Mg2 EN AW-Al Mg3 EN AW-Al Mg2Mn0,8Zr	EN AW-3003 EN AW-3004 EN AW-3005 EN AW-3105 EN AW-5052 EN AW-5154B EN AW-5251 EN AW-5754 EN AW-5249
	Aluminium-Magnesium-Legierungen mit 4% < Mg ≤5,6%	
22.2	EN AW-Al Mg4,5Mn0,7 EN AW-Al Mg4 EN AW-Al Mg5Mn1(A) EN AW-Al Mg5	EN AW-5083 EN AW-5086 EN AW-5456A EN AW-5056A
	Warmaushärtende Legierungen	
	Aluminium-Magnesium-Silicium-Legierungen und Aluminium-Zink-Legierungen, die warmaushärtend sind und eine kontrollierte Wärmeeinbringung und Wärmenachbehandlung oder Aushärtung nach dem Schweißen erfordern	
23	EN AW-Al Mg1SiCu EN AW-Al Mg0,7Si EN AW-Al Si0,9MgMn EN AW-Al Si1MgMn EN AW-Al Zn4,5Mg1 EN AC-Al Si5Cu3	EN AW-6061 EN AW-6063 EN AW-6081 EN AW-6082 EN AW-7020 EN AC-45 400
	Aluminium-Silicium- und Aluminium-Silicium-Magnesium-Gusslegierungen mit ≤1% Cu	
24	EN AC-Al Si7Mg EN AC-Al SiMg0,3 EN AC-Al Si9Mg EN AC-Al Si11 EN AC-Al Si12(b) EN AC-Al Si9	EN AC-42 000 EN AC-42 100 EN AC-43 300 EN AC-44 000 EN AC-44 100 EN AC-44 400
	Aluminium-Silicium-Kupfer-Gusslegierungen mit 1% < Si ≤14% und 1% < Cu ≤ 5%	
25	EN AC-Al Si11Cu2(Fe) EN AC-Al Si7Cu2	EN AC-46 100 EN AC-46 600
	Aluminium-Magnesium-Gusslegierungen mit 2% < Mg ≤12%	
26	EN AC-Al Mg3(b) EN AC-Al Mg5 EN AC-Al Mg5(Si)	EN AC-51 000 EN AC-51 300 EN AC-51 400

Abschn. 5.3: Leichtmetalle (Aluminium) 541

Tabelle 5-11
Empfohlene Schweißzusatzwerkstoffe für das MSG-Schweißen von Aluminium-Werkstoffen gleicher oder unterschiedlicher Zusammensetzung (die Typen der Zusatzwerkstoffe sind in Tabelle 5-12 aufgeführt), nach DIN EN 1011-4 (2/2001).

Auswahl des Zusatzwerkstoffs innerhalb jedes Kastens
Erste Zeile: Optimale mechanische Eigenschaften
Zweite Zeile: Optimaler Korrosionswiderstand
Dritte Zeile: Optimale Schweißeignung

Anmerkung: Wenn die Grundwerkstofflegierung etwa > 2 % Mg enthalten und mit Zusatzwerkstoffen der Typen AlSi5 oder AlSi10 geschweißt werden (oder wenn die Grundwerkstoffe > 2 % Si enthalten und mit Zusatzwerkstoffen der AlMg5-Typen geschweißt werden), kann die Verbindung durch Mg$_2$Si-Ausscheidungen versprödden. Wenn diese Legierungskombination nicht vermeidbar ist, können Zusatzwerkstoffe der Typen AlMg5 oder AlSi5 verwendet werden.

1) Beim Schweißen ohne Zusatzwerkstoffe sind diese Legierungen für Erstarrungsrisse anfällig. Dieser Erscheinung kann durch eine Erhöhung des Mg-Gehaltes im Schweißbad über 3 % vorgebeugt werden.
2) Diese Legierungen sind für das Schweißen ohne Zusatzwerkstoff nicht zu empfehlen, weil sie kaltrissanfällig sind.
3) Der Siliciumgehalt der Zusatzwerkstoffe sollte möglichst genau demjenigen des Grundwerkstoffs entsprechen.
4) Der Magnesiumgehalt der Zusatzwerkstoffe sollte möglichst genau demjenigen des Grundwerkstoffs entsprechen.

Gruppen Nr. (nach CR 12 187, Tabelle 2)	Bezeichnungs-system	1xxx Guss- und Knetlegierungen	3xxx Knetlegierungen ohne Mg	3xxx [1] Knetlegierungen mit Mg	5xxx [1] Knetlegierungen mit Mg < 3 %	5xxx Knetlegierungen mit Mg > 3 %	6xxx [2] Knetlegierungen	7xxx [2] Guss- und Knetlegierungen	AlSi Gussleg. [3] / AlSiCu Gussleg. [3]	AlMg [4] Gussleg.
21	1xxx Guss- und Knetlegierungen	4 1 4								
21	3xxx Knetlegierungen ohne Mg	4 1 4 oder 3	4 1 oder 3 4							
22.1	3xxx [1] Knetlegierungen mit Mg	4 oder 5 1 oder 3 4	4 oder 5 1 oder 3 4	4 oder 5 1 oder 3 4						
22.1	5xxx [1] Knetlegierungen mit Mg < 3 %	4 oder 5 5 4 oder 5	4 oder 5 5 oder 3 4 oder 5	4 oder 5 5 oder 3 4 oder 5	4 oder 5 5 oder 3 4 oder 5					
22.2	5xxx Knetlegierungen mit Mg > 3 %	5 5 5	5 5 5	5 5 5	5 5 5	5 5 5				
23	6xxx [2] Knetlegierungen	4 oder 5 5 4	4 oder 5 5 4	4 oder 5 5 4	4 oder 5 5 4	4 oder 5 5 4	4 oder 5 5 4			
23	7xxx [2] Guss- und Knetlegierungen	5 5 5	5 5 5	5 5 5	5 5 5	5 5 5	5 5 5	5 5 5		
24/25	AlSi Gusslegierungen [3] / AlSiCu Gusslegierungen [3]	4 4 4	4 4 4	4 4 4	4 4 4	4 4 4	4 4 4	4 4 4	4 oder 5 4 4	
26	AlMg Gusslegierungen [4]	5 5 5	5 5 5	5 5 5	5 5 5	5 5 5	5 5 5	5 5 5	4 oder 5 4 5	5 5 5
Grundwerkstoff B		21	21	22.1	22.1	22.2	23	23	24/25	26
	Grundwerkstoff A									

Tabelle 5-12
Kurzzeichen für die Zusatzwerkstoffe zum Schmelzschweißen der in Tabelle 5-10 aufgeführten Aluminiumwerkstoffe (Massivdrähte und Massivstäbe), in Anlehnung an DIN EN ISO 18273 (6/2004) und DIN EN 1011-4 (2/2001), Auswahl.

Legierungstyp	Legierungskurzzeichen (EN ISO 18273)		Hinweise zur Anwendung und ihrer werkstofflichen Wirksamkeit
	Nummerisch	Chemisch	
Aluminium (niedriglegiert)	Al 1070 Al 1080A Al 1188 Al 1100 Al 1200 Al 1450	Al99,7 Al99,8(A) Al99,88 Al99,0Cu Al99,0 Al99,5Ti	Titan, Chrom und Zirkonium verhindern Erstarrungsrisse (solidification cracking) in Schweißgütern hoch beanspruchter Verbindungen durch Maßnahmen der Kornfeinung.
Aluminium-Kupfer	Al 2319	AlCu6MnZrTi	
Aluminium-Mangan	Al 3103	AlMn1	
Aluminium-Silicium	Al 4009 Al 4010 Al 4011 Al 4043 Al 4043A Al 4046 Al 4047 Al 4047(A) Al 4145 Al 4643	AlSi5Cu1Mg AlSi7Mg AlSi7Mg0,5Ti AlSi5 AlSi5(A) AlSi10Mg AlSi12 AlSi12(A) AlSi10Cu4 AlSi4Mg	Diese Zusatzwerkstoffe oxidieren beim Anodisieren oder durch atmosphärische Einwirkungen und ergeben eine dunkelgraue, unansehnliche Verfärbung, deren Intensität mit größerem Siliciumgehalt zunimmt. Derartige Zusatzwerkstoffe liefern keine gute Farbanpassung zum Grundwerkstoff aus *Knetlegierungen.* Diese Legierungen werden angewendet, um Erstarrungsrisse in Schweißgütern mit großer Aufmischung und hoher Beanspruchung vorzubeugen.
Aluminium-Magnesium	Al 5249 Al 5554 Al 5754 Al 5356 Al 5556 Al 5556A Al 5556B Al 5183 Al 5087 Al 5187	AlMg2Mn0,8Zr AlMg2,7Mn AlMg3 AlMg5Cr(A) AlMg5Mn1Ti AlMg5Mn AlMg5Mn AlMg4,5Mn0,7(A) AlMg4,5MnZr AlMg4,5MnZr	Wenn guter Korrosionswiderstand und die Farbanpassung entscheidend sind, dann sollte der Magnesiumgehalt des Zusatzwerkstoffes dem des Grundwerkstoffs gleichen. Wenn eine hohe Streckgrenze und eine hohe Bruchfestigkeit entscheidend sind, sollte ein Zusatzwerkstoff mit einem Magnesiumgehalt von 4,5% bis 5% verwendet werden. Titan, Chrom und Zirkonium verhindern Erstarrungsrisse (solidification cracking) in Schweißgütern hoch beanspruchter Verbindungen durch Maßnahmen der Kornfeinung.

bekannte ausscheidungshärtende Aluminiumlegierung AlZn4,5Mg1 (AW 7020) sind die Schweiß-Zusatzwerkstoffe SG-AlMg5, SG-AlMg4,5Mn und SG-AlMg4,5MnZr geeignet. Gute mechanische Gütewerte sind mit SG-AlMg5Mn (AW-5556) erreichbar.

Zusatzwerkstoffe für die grundsätzlich zur Heißrissbildung neigenden ausscheidungshärtenden Aluminiumlegierungen sind gemäß der Einteilung für Aluminium und Aluminiumlegierungen gemäß der Vornorm DIN V 1738 (Tabelle 5-10) in Tabelle 5-11 zusammengestellt. Tabelle 5-12 zeigt einige Zusatzwerkstoffe (Massivdrähte, Massivstäbe) nach DIN EN ISO 18273 und DIN EN 1011-4.

Die AlMgSi-Legierungen sind bei Verwendung des Zusatzwerkstoffs SG-AlSi5 gut schweißbar, d. h. frei von Wiederaufschmelzrissen (Liquation cracks) in der WEZ, Bild 5-34. Diese Rissart ist weitgehend mit Zusatzwerkstoffen vermeidbar, die eine *niedrigere* Schmelztemperatur der Schweißschmelze ergeben als die des teilverflüssigten Bereichs. Rissauslösende Spannungen können erst entstehen, wenn die Schweißschmelze erstarrt ist, d. h. nachdem der rissgefährdete Bereich der WEZ bereits kristallisiert ist.

Der gewünschte (erforderliche) Gehalt des Legierungselementes kann erheblich von dem des Grund- und Zusatzwerkstoffs abweichen weil der Aufschmelzgrad von der Nahtform und den Schweißparametern bzw. dem Schweißverfahren abhängt. Bild 5-35 zeigt die Verhältnisse bei einer für diese Betrachtung angenommenen homogenen Mischung von Grund- und Zusatzwerkstoff in der Schweißschmelze. Je nach Aufschmelzgrad ergeben sich sehr erhebliche Unterschiede der Schweißgutzusammensetzung, wie der Vergleich der Beispiele 1 und 2 ergibt.

Die AlCuMg-Legierungen sind sehr rissempfindlich, weil sich spröde, kupferhaltige, eutektische Bestandteile an den Korngrenzen der schmelzgrenzennahen Gefüge bilden. Von einem Schmelzschweißen wird daher prinzipiell abgeraten.

Grundsätzlich nimmt die Heißrissneigung des Werkstoffs mit der Anzahl der Legierungselemente (und auch der Verunreinigungen!) sehr stark zu, weil die Wahrscheinlichkeit der Bildung *mehrerer* heißrissbegünstigender Verbindungen größer wird. Vor allem die Entstehung der bereits in Abschn. 5.1.3 besprochenen Heißrisse und der Wiederaufschmelzrisse muss bei diesen Werkstoffen sorgfältig beachtet werden.

5.3.1.7 Aluminium-Sonderlegierungen
Außer den genannten Legierungen werden eine Reihe von Sonderwerkstoffen verwendet, die die Einsatzmöglichkeiten des Aluminiums erheblich erweitern.

Aluminium-Lithiumlegierungen
Diese Knetwerkstoffe werden zzt. überwiegend in der Luftfahrzeugindustrie verwendet. Die Al-Li-Mg- und Al-Li-Cu-Mg-Legierungen sind die wichtigsten Werkstoffe:

– *Al-Li-Mg*, mit der beim Auslagern entstehenden verfestigenden Phase δ' (Al$_3$Li),
– *Al-Li-Cu-Mg* (S' = Al$_2$CuMg, T_1 = Al$_2$CuLi).

Die Schweißeignung der Aluminium-Lithiumlegierungen wird durch deren extreme Porenneigung bestimmt. Im Schweißgut gelöster atomarer Wasserstoff ist die bei weitem wichtigste Porenursache. Wasserstoff kann bei diesen besonders porenempfindlichen Aluminium-Lithiumlegierungen vor allem durch Hydroxide, Kohlenwasserstoffe und Beläge aller Art auf dem Grundwerkstoff in das Schweißgut gelangen. Daher hat es sich als sinnvoll erwiesen, die Blechoberflächen bzw. Nahtflanken chemisch oder trocken (!) spangebend zu bearbeiten und möglichst sofort zu schweißen.

Der Sauerstoffgehalt üblicher zum Schweißen verwendeter Schutzgase kann bis 300 ppm betragen und damit ebenfalls Ursache der Porenbildung sein. Bei größeren Werkstückdicken sind außer den üblichen Reinigungsmaßnahmen (Werkstückoberflächen, Zusatzwerkstoffe) Wurzelschutzgase zum Schweißen zu verwenden.

Aluminium-Druckgusslegierungen
Das Druckgießen geeigneter Aluminiumlegierungen ermöglicht die Herstellung geometrisch komplizierter Teile mit hoher Oberflächengüte und engen Toleranzen. Die Formfüllzeiten liegen bei einigen hundertstel Sekunden, wodurch die Verwendung von Sandkernen wegen der hohen Gießdrücke (bis zu 1000 bar) nicht möglich ist. Daher lassen

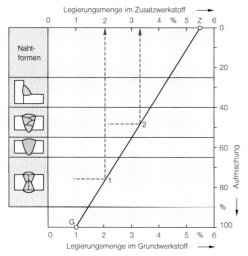

Bild 5-35
Abhängigkeit des Aufschmelzgrades von der Art der Nahtvorbereitung. Die Mischungsgrade Z-G verbindet den Legierungspunkt »Zusatzwerkstoff« Z (5,5 %) mit dem Legierungspunkt »Grundwerkstoff« G (1 %). Bei einer Lage-Gegenlageschweißung (1) ergibt sich ein Legierungsgehalt im Schweißgut von nur 2 %, bei einer mehrlagigen V-Naht (2) einer von 3,3 %.

sich durch Druckgießen Hohlkörper nur mit Hilfe der sehr teuren und störanfälligen Formen mit Losteilen (= Metallkerne) und Kernschiebern herstellen.

Beim Schweißen der konventionellen d. h. der schweißungeeigneten Druckgusslegierungen, entsteht eine exzessive Porigkeit in der Wärmeeinflusszone und im Schweißgut. Die Poren werden in erster Linie von dem unter hohen Druck eingeschlossenen Wasserstoff verursacht, dessen Volumen durch die Schweißwärme extrem zunimmt. Der Wasserstoff bildet sich z. B. gemäß der folgenden Reaktion:

$$2 \cdot Al + 3 \cdot H_2O \rightarrow Al_2O_3 + 6 \cdot H.$$

Die Erfahrung zeigt, dass mit schweißtechnischen Maßnahmen jeder Art keine porenfreien Schweißverbindungen herstellbar sind. Untersuchungen in den letzten Jahren führten aber zu einer grundlegenden Verbesserung der Schweißeignung der Druckgusslegierungen. Die durch den Gießprozess im Druckgusswerkstoff eingeschleppte Gasmenge muss danach auf unterkritische Werte verringert werden. Dazu gehört eine möglichst effektive Entlüftung der Form, die relativ einfach realisierbar ist, sowie die Wahl geeigneter Formtrenn- und Kolbenschmierstoffe, sowie eine Spülgasbehandlung der Aluminiumschmelze. Aluminiumwerkstoffe mit Wasserstoffgehalten unter etwa 3 ppm lassen sich erfahrungsgemäß praktisch porenfrei schweißen.

Alle Schweißverfahren, die den Werkstoff wenig erwärmen und aufschmelzen, aber das Schmelzbad möglichst gut entgasen lassen, sind zum Schweißen der Aluminiumwerkstoffe grundsätzlich geeignet.

Danach sind das Elektronenstrahl- und vor allem das mit sehr großer Leistungsdichte arbeitende Laserschweißen zum Verbinden dünnwandiger Druckgussteile sehr gut geeignet. Die üblichen Schutzgasverfahren (WIG-, MIG-Impuls-, insbesondere aber das WPL-Schweißen mit positiv gepolter Elektrode) sind bei ausreichend geringem Wasserstoffgehalt der Druckgusslegierung ebenfalls gut anwendbar.

Bei allen Schweißverfahren ist die absolute Sauberkeit des Schweißnahtbereichs (und der Zusatzwerkstoffe!, d. h. Zusatzwerkstoff und Schutzgas) von besonderer Wichtigkeit. Die Walzhaut und die Trennstoffrückstände sind mit entfetteten Werkzeugen bzw. einer vorhergehenden Entfettung – z. B. mit rotierenden Bürsten aus nichtrostendem Stahl, oder Beizen mit Gemischen aus Flusssäure, Salpetersäure und destilliertem Wasser – vollständig zu entfernen.

Dispersionshärtende Aluminiumlegierungen

Die Ausscheidungen in den konventionellen ausscheidungshärtenden Aluminiumlegierungen verlieren ihre festigkeitserhöhende Wirkung mit zunehmender Temperatur durch Koagulieren bzw. Lösen in der Matrix. Sie sind daher für Kriechbeanspruchungen nur sehr bedingt geeignet. Mit neueren pulvermetallurgischen Herstelltechnologien (»reaktivem« Mahlen und »mechanischem Legieren«) sind thermisch sehr beständige Teilchenverbundwerkstoffe herstellbar. Die Teilchen (Oxide, Carbide) werden durch mechanisches Legieren gleichmäßig verteilt. Diese sehr festen, leichten und temperaturbeständigen (bis etwa 350 °C) Werkstoffe können die bisherigen ausscheidungshärtenden Aluminium- und Titan-Legierungen in verschiedenen Bereichen des Flugzeug- und Gasturbinenbaus sowie anderen extremen Leichtbaukonstruktionen ersetzen.

Die wichtigen Legierungssysteme sind übereutektische Aluminium-Eisen-Legierungen, die auch *Lanthanoide* (auch als Metalle der seltenen Erden bezeichnet, z. B. Cer, Ytterbium, Neodym), Molybdän, Nickel, Vanadium und Silicium enthalten. Diese Legierungszusätze sind in der α-Matrix in sehr geringem Umfang löslich und im festen Zustand sehr diffusionsträge, d. h., sie bilden sehr die festigkeitserhöhenden, sehr stabilen Dispersoide (Oxide und/oder Carbide). Das für Al-Fe-Legierungen typische große Erstarrungsintervall führt bei der üblichen Herstellpraxis zur Ausscheidung grober, primärer Al_3Fe-Teilchen in der grobkörnigen α-Matrix. Mit einer sehr raschen Schmelzenabkühlung und einer daran anschließenden thermomechanischen

Behandlung gelingt die Erzeugung feinster Dispersoide (< 1 µm), die in einer sehr feinkörnigen, d. h. ausreichend zähen α-Matrix eingelagert sind.

Aufgrund der metallurgischen Besonderheiten, des Fehlens tauglicher Schweißzusatzwerkstoffe und der extremen Neigung zur Bildung wasserstoffinduzierter Poren ist die Auswahl geeigneter Schweißverfahren für diese Legierungen relativ begrenzt. Ihr großes Erstarrungsintervall erfordert den Einsatz möglichst leistungsdichter Verfahren, weil sich anderenfalls grobe, gleichgewichtsnahe und damit spröde Gefüge bilden. Als besonders zweckmäßig erweisen sich damit das (Nd-YAG-)Laser- und das Elektronenstrahlschweißen.

Die Erfahrung zeigt, dass bei Wasserstoffgehalten von nur 1 ml/100 g Werkstoff extreme Porenbildung im Schweißgut entsteht. Daher werden die Werkstoffe bei ihrer Herstellung normalerweise vakuumentgast. Ohne diese Behandlung enthalten die Legierungen etwa 1 ml bis 5 ml Wasserstoff/100 g. Sie lassen sich dann nur durch Kaltpressschweißen oder Löten verbinden.

5.3.1.8 Schweißzusatzwerkstoffe
Für die fachgerechte Auswahl der Schweißzusatzwerkstoffe sind eine Reihe von Kriterien zu beachten bzw. zu erfüllen, um die geforderten Gebrauchseigenschaften und die mechanischen Gütewerte der Schweißverbindung sicherzustellen:
– Rissfreiheit des Schweißguts und der WEZ ist die wichtigste Forderung;
– ausreichende mechanische Eigenschaften (insbesondere die (Bruch-)Zähigkeit der WEZ) und Korrosionsbeständigkeit der Schweißverbindung;
– Ausgleichen metallurgischer Mängel des Grundwerkstoffs, besonders hinsichtlich der (Heiß-)Rissneigung;
– Farbgleichheit von Grundwerkstoff und Schweißgut nach einer chemischen Behandlung (Anodisieren).

Die folgenden »Grundregeln« für die fachgerechte Zusatzwerkstoffwahl haben sich bewährt:

– Verbinde Gleiches mit Gleichem, ausscheidungshärtende Legierungen werden aber in der Regel nie artgleich geschweißt.
– SG-AlSi-Legierungen sind wegen ihres kleinen Erstarrungsintervalls und der großen Menge niedrigschmelzender eutektischer Schmelze (sie kann ähnlich wie ein »Steiger« beim Schweißen entstehende Hohlräume auffüllen) in der Regel sehr risssichere Zusatzwerkstoffe. Sie eignen sich aber nicht für höher magnesiumhaltige Al-Legierungen wegen der Bildung der spröden Verbindung Mg_2Si.
– Gusslegierungen des Typs G-AlMg und G-AlMgSi werden mit SG-AlMg5 oder SG-AlMg4,5Mn, alle anderen genormten Gusslegierungen werden mit SG-AlSi12 oder SG-AlSi5 geschweißt.
– Zum Schweißen unterschiedlicher Aluminiumlegierungen werden Zusatzwerkstoffe verwendet, die für die niedriger schmelzende Legierung geeignet sind.

Die Wahl des Zusatzwerkstoffs hängt damit vom Grundwerkstoff, dem Ausmaß der Vermischung Grundwerkstoff/Zusatzwerkstoff, Bild 5-35, der (Heiß-)Rissneigung und der geforderten bzw. gewünschten Korrosionsbeständigkeit des Schweißguts ab.

Werkstoffe mit kleinem Erstarrungsintervall, wie z. B. Reinaluminium und die (nah-)eutektischen Aluminium-Gusslegierungen, können auch ohne Zusatzwerkstoff heißrissfrei geschweißt werden.

Vor allem in den Wärmeeinflusszonen von Schweißverbindungen aus ausscheidungshärtenden Legierungen entstehen sehr leicht Wiederaufschmelzrisse. Sie lassen sich verhältnismäßig sicher mit Zusatzwerkstoffen vermeiden, deren Schmelzpunkt niedriger ist als der des Grundwerkstoffs. Die in der Wärmeeinflusszone aufgeschmolzenen Bestandteile können nahezu spannungslos und damit rissfrei erstarren, weil das Schweißgut sich noch im flüssigen Zustand befindet und kaum Schrumpfspannungen in der Wärmeeinflusszone aufbauen kann.

Vor allem Drahtelektroden müssen nach ihrer Herstellung in einer geeigneten Verpa-

Nahtform (Stumpfnähte)	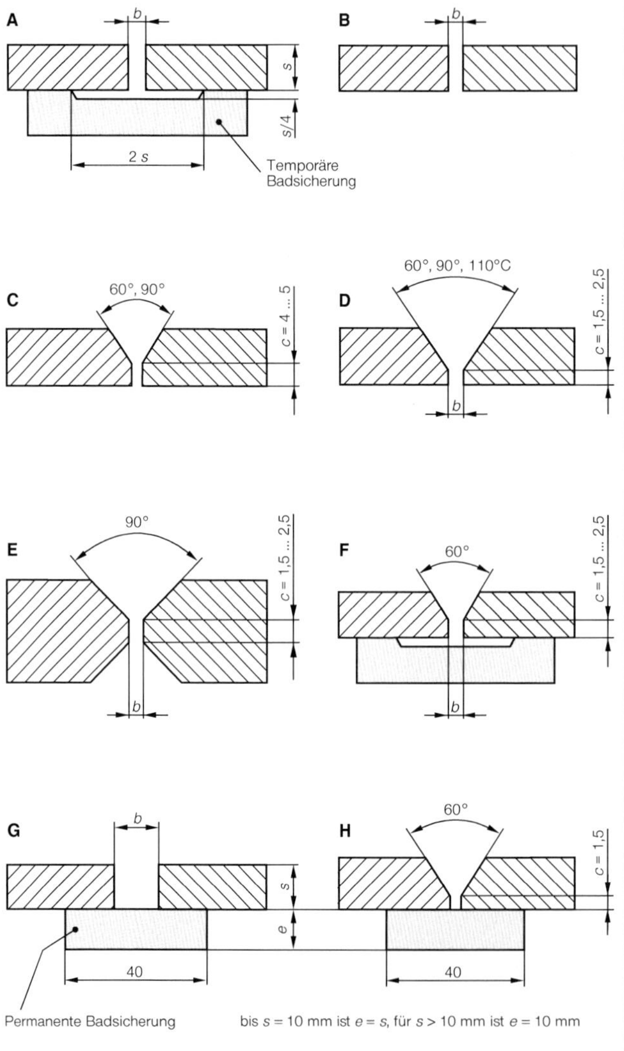	Werkstückdicke	Nahtform	Stegabstand b
A / B (Figures)		**MIG-Verfahren**		
		1,5	A	0
		2,5	A	0
			G	3
		3,5	A	0-2,5
			B	0-1,5
		6,5	F	0-2,5
		5	H	3,2-6,5
		10	C-90°	0-2,5
C / D (Figures)			F	0-2,5
			H	6,5-9,5
		20	C-60°	0-2,5
			F	0-3,2
E / F (Figures)		**WIG-Verfahren**		
		1,5	A oder B	0-1,5
		2,5	A oder B	0-2,5
		3,5	A oder B	0-2,5
		5	D-60°	0-2,5
		6,5	D-60°	0-3,2
		10	D-60°	0-3,2
G / H (Figures)				

A: b, s, 2s, Temporäre Badsicherung, s/4
C: 60°, 90°, c = 4...5
D: 60°, 90°, 110°C, c = 1,5...2,5
E: 90°, c = 1,5...2,5
F: 60°, c = 1,5...2,5
G: b, 40, Permanente Badsicherung, bis s = 10 mm ist e = s, für s > 10 mm ist e = 10 mm
H: 60°, c = 1,5, 40

Integrale Badsicherung (Strangpressprofile)

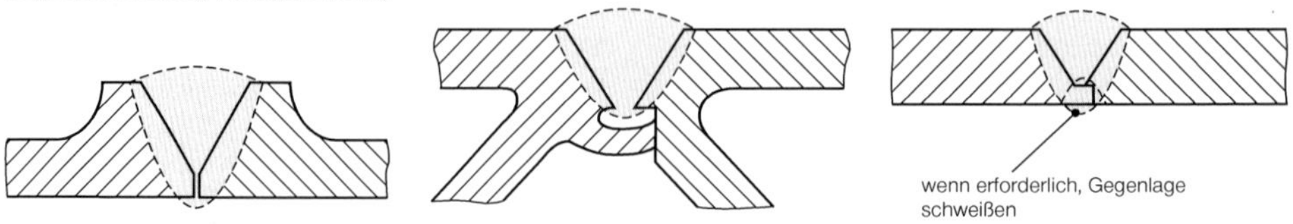

wenn erforderlich, Gegenlage schweißen

Bild 5-36
Typische Schweißnahtformen für das MIG- und WIG-Schweißen der Aluminium-Werkstoffe. Die angegebenen Zahlenwerte (in mm) beziehen sich überwiegend auf das Schweißen in waagerechter und horizontaler Schweißposition, in Anlehnung an DIN EN ISO 9692-3.

ckung vor der Luftfeuchtigkeit geschützt werden. Wenn nach dem Öffnen der Verpackung die Temperatur des Schweißstabes oder der Drahtelektrode etwa 10 °C niedriger als die Umgebungstemperatur ist, dann kann Luftfeuchtigkeit auf der Drahtoberfläche kondensieren. Die sich außerordentlich rasch bildenden Hydroxide [$Al(OH)_3$] sind dann Ursache einer exzessiven Porenbildung beim Schweißen. Vor allem die Aluminium-Magnesium-Legierungen sind in dieser Hinsicht besonders empfindlich.

Die Zusatzwerkstoffe sind in DIN EN 1011-4 (2001), ISO/TR 17671-4 (2002), DIN EN ISO 18273 (2004) genormt, Tabelle 5-11 und Tabelle 5-12.

5.3.1.9 Schweißpraxis

5.3.1.9.1 Vorbereitende Maßnahmen

Alle Oberflächenverunreinigungen sind zu beseitigen, um Poren im Schweißgut zu vermeiden. Das geschieht mit mechanischen [(rotierende) Bürsten aus nichtrostendem Stahl, Schleifen] und wesentlich effektiver, aber umweltbelastender und teurer mit chemischen (Ätzen, Lösungsmittel) Methoden. Nach einem Ätzen oder Waschen mit schmutzlösenden Mitteln müssen die Teile sorgfältig gewaschen und getrocknet werden, damit keine Feuchtigkeit durch den Lichtbogen zu Wasserstoff reduziert werden kann. Schleifpapiere sind nicht zu empfehlen, weil die Gefahr besteht, dass durch nicht vollständig beseitigte Schleifkörper auf der Werkstückoberfläche Einschlüsse im Schweißgut entstehen.

Ähnlich wie bei den korrosionsbeständigen Stählen dürfen während dieser und weiterer Behandlungen (Handlingsvorgänge zur Vorbereitung, mechanische Bearbeitung der Fügeteile) keine Fremdmetallspäne in die sehr weiche Oberfläche eingedrückt werden. Diese lassen sich nur mit chemischen Reinigungsverfahren beseitigen. Eine Maßnahme, die für eine optimale Korrosionsbeständigkeit unerlässlich ist. Der beim Schleifen ausgeübte Anpressdruck darf nur so groß sein, dass die abgetragenen Oxide nicht in die Oberfläche »eingegraben« werden.

Adsorbierte Feuchtigkeit lässt sich am sichersten durch kurzzeitiges Vorwärmen auf etwa 120 °C beseitigen. Trockene Oberflächen mit einer möglichst dünnen Oxidschicht sind unabdingbare Voraussetzung für hochwertige Schweißverbindungen.

Bild 5-36 zeigt einige typische Nahtformen für das MIG- und WIG-Schweißen der Aluminiumwerkstoffe. Die Nahtvorbereitung entspricht danach ungefähr der, die auch für Stahlwerkstoffe angewendet werden. Bei Einseitenschweißungen ist aber zu beachten, dass die Oxidschicht auf der wurzelseitigen Werkstückoberfläche sich nicht mit dem Schutzgaslichtbogen beseitigen lässt. Abhilfe schafft ein größerer Stegabstand, aber zuverlässiger ist das großzügige Brechen der Stoßkanten im Wurzelbereich, Bild 5-37.

Für das einseitige MIG-Schweißen sind temporäre oder permanente Badsicherungen gebräuchlich. Bei Schweißkonstruktionen aus Strangpressprofilen können die Nahtform und die Badsicherung bereits berücksichtigt werden, Bild 5-36. Gleichzeitig lassen sich Anschläge zum Erleichtern des Ausrichtens der Fügeteile und örtliche Querschnittsvergrößerungen zum Ausgleich des Festigkeitsabfalls in der WEZ anbringen (integrale Badsicherung).

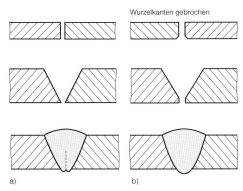

Bild 5-37
Beseitigen der Oxidschicht im Wurzelbereich von Stumpfnähten durch eine spezielle Behandlung der Nahtflanken.
a) Oxidschicht wird durch ungeeignete Behandlung der Fugenflanken nicht beseitigt,
b) Brechen der Wurzelkanten und breiterer Stegabstand erzeugen fehlerfreie Wurzel.

Bei zweiseitig hergestellten Schweißverbindungen ist eine entsprechend vergrößerte Steghöhe oft wirtschaftlicher. Für größere Wanddicken werden die Flanken auch häufig als U-Naht vorbereitet, wobei für ein sicheres Handhaben des Schutzgasbrenners ausreichend große Abstände der Fügeteile voneinander vorzusehen sind.

Die Fügeteile müssen wegen des großen Wärmeausdehnungskoeffizienten wesentlich häufiger als Eisenwerkstoffe geheftet werden. Die Toleranzen der Nahtabmessungen sollten zum Einhalten der erforderlichen Bauteilabmessungen ausreichend klein sein. Umfangreiche Schweißarbeiten (große niederzuschmelzende Schweißgutmengen oder viele Schweißnähte) sind einfacher mit Hilfe von mechanisch, hydraulisch oder elektrisch betriebenen Spannvorrichtungen durchzuführen, die zweckmäßigerweise aus nichtmagnetischen Werkstoffen bestehen sollten, um eine Beeinflussung des Lichtbogens gering zu halten. Ein zu festes Spannen ist allerdings zu vermeiden, weil insbesondere beim Schweißen der ausscheidungshärtenden Werkstoffe die durch Dehnungsbehinderung entstehenden Spannungen Risse im Schweißgut und in der WEZ erzeugen können. Bild 5-38 zeigt eine Spannvorrichtung zur Aufnahme vorwiegend dünnerer Werkstücke.

Wegen der großen Wärmeleitfähigkeit, aber auch der großen spezifischen Wärme, vor allem des reinen Aluminiums, empfiehlt es sich, beim WIG-(MIG-)Schweißen auf 100 °C bis 150 °C vorzuwärmen, wenn die Werkstückdicken 5 mm bis 6 mm (10 mm bis 12 mm) überschreiten.

5.3.1.9.2 Schweißverfahren

Die mit inerten Schutzgasen arbeitenden Schutzgas-Schweißverfahren (WIG, MIG) sind wegen ihrer oxidlösenden Wirkung (Reinigungswirkung) zum Schweißen der Aluminiumwerkstoffe (und anderer deckschichten bildender Werkstoffe, z. B. Titanwerkstoffe) hervorragend geeignet. Die Reinigungswirkung ist bei positiv gepoltem Schweißstab (Drahtelektrode) am größten, bei negativ gepoltem am geringsten, bei Wechselstrom dazwischenliegend.

Wolfram-Inertgasschweißen (WIG)

Dieses Verfahren wird mit Wechselstrom für Werkstückdicken bis etwa 5 mm in jeder Schweißposition angewendet, Bild 4-47, S. 353, und Bild 4-48. Der Lichtbogen ist eine »reine« Wärmequelle, ohne jegliche Verbrennungsgase, Dämpfe, Verunreinigungen und weitgehend schlackefrei. Die mechanischen Gütewerte und die metallurgische Qualität des Schweißguts sind hervorragend. Der Umfang der metallurgischen Reaktionen (Desoxidations- und Legierungsreaktionen) ist im Vergleich zu den Schlacke erzeugenden Verfahren (z. B. Lichtbogenhand-, UP-Verfahren) aber begrenzt. Außerordentliche Sauberkeit der Nahtbereiche ist daher eine der wichtigsten Forderungen, weil Reinigungsvorgänge des Schmelzbads nur mit den Desoxidationsmitteln des (nicht umhüllten) Schweißstabes möglich sind.

Der Zusatzwerkstoff und die Wärmequelle sind vom Schweißer einzeln manipulierbar, d. h., der Schweißvorgang ist hervorragend kontrollier- und beobachtbar. Diese Eigenschaft macht das Verfahren zum Schweißen der Wurzelnähte sehr geeignet. Diese Nahtform erfordert vor allem bei Rohrschweißungen eine hohe Qualifikation des Schweißers.

Als Schutzgas wird Argon verwendet. Für größere Einbrandtiefen oder (und) höhere Schweißgeschwindigkeiten werden auch Argon/Helium-Gemische benutzt, weil das wesentlich heißere Schmelzbad das Entgasen

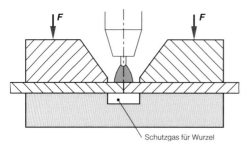

Bild 5-38
Einfache Spannvorrichtung zum Schweißen von Aluminium (und korrosionsbeständigen Stählen). Die Niederhalter drücken mit der Kraft F auf die Aluminiumbleche. Die Wurzel kann mit getrennt zugeführtem Schutzgas vor Luftzutritt geschützt werden.

erleichtert und damit die Porensicherheit erhöht. Diese Gasgemische werden hauptsächlich mit Gleichstrom und negativ gepolter Wolframelektrode verwendet.

Die in jüngerer Zeit entwickelten Argon/Stickstoff-Gemische mit Stickstoffgehalten von etwa 150 vpm (= Volumenanteil pro Million = 0,0001 %) bieten wesentliche schweißtechnische und wirtschaftliche Vorteile. Der im Lichtbogenraum dissoziierende zweiatomige Stickstoff rekombiniert an der Werkstoffoberfläche und führt dem Schweißbad dadurch die Dissoziationswärme zusätzlich zu. Für das WIG- und das MIG-Schweißen ergeben sich daraus folgende Vorteile:
– Deutlich tieferer Einbrand durch zusätzliche Dissoziationswärme,
– konzentrierter, ruhig und stabil brennender Lichtbogen,
– geringe Porosität,
– höhere Schweißgeschwindigkeit bei gleichen Nahtabmessungen,
– geringere Vorwärmtemperaturen und
– geringere »Rußbildung« neben der Naht.

Weitere Schutzgasgemische auf der Basis Ar-He-N_2 – z. B. 0,015 % N_2, 15 % bis 50 % He, Rest Ar – bieten ähnliche Vorteile wie Ar-N_2-Gemische.

Die Schweißstromquellen sind entweder normale Schweißtransformatoren, die einen sinusförmigen Wechselstrom liefern – in diesem Fall ist eine Zündhilfe (Impulsgenerator oder andere elektronisch arbeitende Geräte) erforderlich – oder *Square-Wave*-Maschinen, die mit einem rechteckförmigen Verlauf der Spannung arbeiten. Bei ihnen ist die Differenz zwischen den Zeitpunkten: Unterschreiten der Lichtbogenbrennspannung und Wiedererreichen der Zündspannung nach Passieren des Nulldurchgangs so gering, dass die Ladungsträger nicht mehr rekombinieren können.

Das Schweißen mit minusgepolter Wolframelektrode (aber nur mit den Schutzgasen He oder He/Ar mit mind. 65 % He möglich) gewinnt aus verschiedenen Gründen – vor allem beim mechanischen Schweißen – zunehmend an Bedeutung:

– Der Einbrand ist tiefer als bei Wechselstrom,
– der Lichtbogen ist auch ohne zusätzliche Maßnahmen sehr stabil.

Die Nahtflanken bzw. der Nahtbereich müssen sehr sauber sein, weil die oxidbeseitigende Wirkung fehlt. Die Oxidhaut wird lediglich als Folge der großen Wärmekonzentration durch die Oberflächenspannung aus der Schmelze gedrückt.

Wegen der unterschiedlichen Emissionsfähigkeit der Wolframelektrode und des verhältnismäßig kalten Werkstücks entsteht beim Schweißen mit Wechselstrom ein sog. *Gleichrichtereffekt*, durch den die reinigende, positive Halbwelle verkleinert wird. Diese Gleichstromkomponente sollte daher mit Hilfe von *Sieb-* oder *Filterkondensatoren* beseitigt (»ausgesiebt«) werden.

Oxideinschlüsse in der Wurzel lassen sich durch Brechen der Wurzelkanten vermeiden, Bild 5-37. Sehr häufig verwendet man zum Schweißen Badsicherungen. Sie bieten einige wesentliche fertigungstechnische Vorteile, Bild 5-36:
– Das Schmelzbad kann nicht durchbrechen, die damit verbundenen Stillstand- und Reparaturzeiten werden vermieden.
– Das Wärmeeinbringen und die Schweißgeschwindigkeit können deutlich größer sein.
– Die sonst für Wurzelschweißungen notwendige hohe Qualifikation des Schweißers ist nicht erforderlich.

Als Werkstoff für den *Badschutzstreifen* kann Aluminium, Kupfer oder ein austenitischer Chrom-Nickel-Stahl verwendet werden. Kupfer und Aluminium leiten die Wärme sehr rasch ab, sie eignen sich daher gut für dünnwandige, verzugsanfällige Bauteile. Kupfer darf normalerweise nicht in die Schweißschmelze (WEZ) gelangen, weil die Korrosionsbeständigkeit verringert wird.

Der Lichtbogen sollte wegen der Gefahr des Auflegierens von Schmelzbad und Elektrode mit Wolfram sowie der Gefahr des Abschmelzens der Wolframelektrode (Einschlüsse!)

nie im Schmelzbad, sondern immer auf einem neben der Naht mitgeführten Kupferblech gezündet werden. Einfacher, sicherer und heutzutage überwiegend verwendet, sind die in elektronisch gesteuerten Schweißstromquellen heute üblicherweise vorhandenen berührungslosen Zündeinrichtungen.

Metall-Inertgasschweißen (MIG)
Schweißarbeiten an dickeren Bauteilen ($s \geq$ 5 bis 6 mm) werden vorzugsweise mit dem MIG-Verfahren durchgeführt. Es wird mit Gleichstrom (Drahtelektrode am Pluspol) mit Stromdichten von etwa 120 A/mm^2 bis 180 A/mm^2 im Sprühlichtbogenbereich geschweißt. Die Reinigungswirkung ist hierbei kontinuierlich und wirkt nicht nur wie bei dem WIG-Verfahren während der positiven Stromhalbwellen. Der Drahtführungsschlauch *muss* aus Kunststoff bestehen. In keinem Fall darf die für die üblichen »festen« Metalle vorgesehene Drahtspirale verwendet werden, weil sie die weiche Drahtelektrode beschädigen würde.

Mit der Impulslichtbogentechnik ist die Art des Tropfenübergangs (Tropfengröße, Tropfenzahl, Wärmeeinbringen) in weiten Grenzen einstellbar. Damit entfällt die Notwendigkeit, dünne (1 mm bis 1,2 mm), teure und störanfällige (mangelhafte Knicksteifigkeit!) Drahtelektroden verwenden zu müssen. Der »einstellbare« Tropfenübergang gestattet es, die wirtschaftlichen dickeren Zusatzwerkstoffe zu wählen, die die Drahtförderschwierigkeiten beseitigen und eine geringere Porenan-

fälligkeit ergeben. Die Bilder 4-49 und 4-50, S. 355, zeigen das Verfahrensprinzip und die schematische Darstellung einer wassergekühlten MIG-Schweißanlage.

Für geringere Werkstückdicken werden vorzugsweise Argon, wegen der sehr viel höheren Kosten seltener reines Helium, häufiger (vor allem bei größeren Blechdicken) Argon/Stickstoff-, Argon/Helium/Stickstoff-Gemische verwendet. Es ergeben sich die bereits für das WIG-Verfahren beschriebenen Vorteile. Die Schweißschmelze ist wegen der für den Helium-Lichtbogen erforderlichen wesentlich größeren elektrischen Leistung sehr heiß und dünnflüssig, der Einbrand daher groß, die Neigung zu Bindefehlern – vor allem in der Wurzel – und zur Porenbildung gering.

Geeignete Zusatzwerkstoffe sind in Tabelle 5-12 aufgeführt.

Laserschweißen
Die extreme Leistungsdichte des Laserschweißverfahrens erzeugt bei den hoch wärmeleitenden Aluminiumwerkstoffen nur geringe metallurgische Änderungen des Werkstoffs, verbunden mit sehr schmalen Wärmeeinflusszonen, großen Einbrandtiefen und geringem Verzug. Ein weiterer großer Vorteil ist die verhältnismäßig einfache Automatisierbarkeit des Werkzeugs »Lasers«, z. B. in Verbindung mit ausreichend bahngenauen Robotern.

Der CO_2-Gaslaser ist mit hoher Strahlleistung, einer Emissionswellenlänge von 10,6 µm und einer bewährten Maschinentechnik seit längerer Zeit verfügbar, der Laserstrahl muss aber mit einem aufwändigen System von Umlenkspiegeln geführt werden. Eine für geometrisch kompliziert geformte Bauteile erforderliche dreidimensionale Bahnführung des Lasers erfordert teure, störanfällige Anlagen.

Der Festkörper-Laser Nd-YAG (Neodym Yttrium-Aluminium-Granat) kann im Gegensatz zur längerwelligen CO_2-Laserstrahlung aufgrund seiner Wellenlänge von 1,06 µm in Lichtleitern geführt werden. Damit ist die Verwendung üblicher ausreichend bahnge-

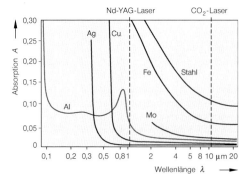

Bild 5-39
Absorption verschiedener Werkstoffe in Abhängigkeit von der Wellenlänge der Laserstrahlung.

nauer Roboter möglich. Außerdem absorbiert Aluminium die Strahlung des Nd-YAG-Lasers sehr viel stärker als die des CO_2-Lasers, Bild 5-39, wodurch die Reflexions- und Einkoppelprobleme verringert werden. Der Zusatzwerkstoff wird wie beim WIG-Schweißen seitlich zugeführt, Bild 5-40.

5.3.2 Magnesium und Magnesiumlegierungen

Magnesium wird überwiegend aus Meerwasser gewonnen ($MgCl_2$), es hat einen Schmelzpunkt von 654 °C und ist hexagonal dichtest gepackt. Es ist daher bei Raumtemperatur sehr schlecht, zwischen 200 °C und 300 °C allerdings hervorragend verformbar. Unlegiertes Magnesium wird selten verwendet. Legierungen mit Aluminium, Zink und Lanthanoiden (z. B. La, Ce, Nd, die stark reduzierend wirken und damit Porenbildung und auch die Rissneigung reduzieren) erlangen aber eine ständig zunehmende Bedeutung. Sie sind hervorragend zerspanbar und werden für Sand-, Kokillen- und zunehmend auch für Druckguss verwendet. Ihre Dichte ist die geringste ($\rho = 1{,}74\,g/cm^3$) aller metallischen Werkstoffe bei bemerkenswert hoher Festigkeit. Gewalztes Magnesium hat eine Zugfestigkeit von etwa $200\,N/mm^2$.

Magnesium wird von Meerwasser und allen Mineralsäuren relativ leicht angegriffen, es ist aber in Flusssäure mit einer Konzentration größer als 5 % beständig. Die Ursache ist die Bildung eines völlig unlöslichen Fluoridfilms auf der Werkstoffoberfläche.

Ein Kontakt mit anderen Metallen führt wegen der großen elektrochemischen Aktivität sehr rasch zur anodischen Auflösung dieses auch als »Opferanode« verwendeten Werkstoffs, Abschn. 1.7.8.1, S. 103. Nahezu alle Metalle verhalten sich kathodisch zum Magnesium, Tabelle 1-6. Außerdem ist zu beachten, dass in Magnesium nichtlösliche Legierungselemente – vor allem Eisen, Nickel und Kupfer – bzw. anderen Verunreinigungen als extrem aktive kathodische Bereiche wirksam werden, Bild 5-41. Diese Schwermetall-Verunreinigungen führen auch zu ausgeprägter Lochkorrosion.

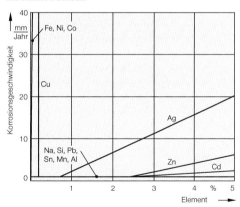

Bild 5-41
Einfluss von Legierungselementen und metallischen Verunreinigungen auf die Korrosionsgeschwindigkeit von Magnesium, bestimmt durch alternierendes Eintauchen in 3 %ige NaCl-Lösung, nach Hanawalt u. a.

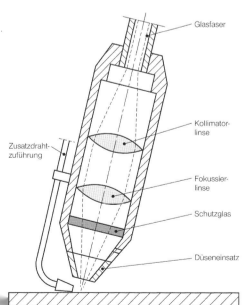

Bild 5-40
Schnitt durch einen Schweiß-Laserkopf, nach Kampmann u. a.

Der große Wärmeausdehnungskoeffizient und die große Wärmeleitfähigkeit verursachen beim Schweißen ähnliche Verzugsprobleme wie Aluminium. Die große Kerbempfindlichkeit des Magnesiums ist vor allem bei Schweißkonstruktionen mit ihren charakteristischen Querschnittssprüngen und konstruktionsbedingten Kerben zu berücksichtigen. Ein ausreichend hohes Vorwärmen reduziert die rissauslösenden Schweißspannungen sehr wirksam.

Die Magnesium-Knetlegierungen sind in DIN 1729-1, die Magnesium-Gusslegierungen in DIN EN 1753 genormt. Es werden zwei Haupt-Legierungsgruppen unterschieden, Tabelle 5-13:

☐ **MgAlZn-/MgAlMn-Legierungen**
Diese Legierungen enthalten 6% bis 9% Aluminium und 0,2% bis 3,5% Zink. Aluminium und Zink verbessern erheblich die sehr schlechte Verformbarkeit des reinen Magnesiums. Aluminiumgehalte über 1,5% begünstigen die Spannungsrisskorrosion, d. h., die Bauteile müssen spannungsarmgeglüht werden.

☐ **Mg-Legierungen mit Lanthanoiden**
[auch genannt **RE = Rare Earths** (= Seltenerdmetall): z. B. Ce, Zr].
Zirkonium wirkt kornfeinend und damit festigkeitserhöhend. Diese stark desoxidierten (Ce, Zr), sehr sauberen Werkstoffe sind recht korrosionsbeständig.

Der Aluminiumgehalt der MgAlZn-Legierungen (bis 9%) verbessert die Schweißeignung durch Kornfeinung, während Zinkgehalte über ein Prozent die Heißrissneigung erheblich begünstigen. Die höher zinkhaltigen Legierungen (z. B. MgZn4/6-Typen) sind sehr schweißrissempfindlich, d. h., ihre Schweißeignung ist sehr schlecht. Die Lanthanoide (z. B. Y, La, Ce, Nd) reduzieren die Heißrissgefahr und verbessern die Schweißeignung.

Magnesiumwerkstoffe lassen sich sehr gut mit dem WIG- und MIG-Verfahren (Sprühlicht-, Kurzlicht- oder Impulslichtbogen, überwiegend unter Argon, seltener unter Helium) in ähnlicher Weise wie die Aluminiumwerkstoffe schweißen. Die dünnflüssige Schmelze erlaubt nur ein Schweißen in w-(PA-), h-(PB-) und s-(PF-) Position. Die zinkhaltigen Legierungen sind meistens vorzuwärmen (100 °C bis 350 °C, abhängig von der Werkstückdicke und dem Verspannungsgrad). Die Werkstückoberflächen und eine evtl. verwendete Vorrichtung müssen rückstandslos gesäubert werden. Dies lässt sich wirtschaftlich mit Stahlwolle (Bürsten) aus austenitischem Cr-Ni-Stahl oder mit einer chemischen Behandlung (z. B. Lösung aus 35 g Na_2CO_3, 57 g NaOH in 4 l Wasser) erreichen. Dabei sind vor allem die korrosionsbegünstigenden Schwermetalle sorgfältigst zu entfernen.

Die Gusslegierungen werden häufig reparaturgeschweißt (Gussfehler, Lunker, andere Oberflächenfehler). Hierfür sind die bekann-

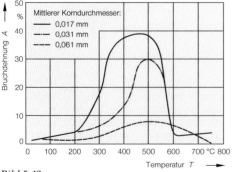

Bild 5-42
Einfluss der Temperatur auf die Bruchdehnung von Beryllium in Abhängigkeit von der Korngröße, nach McDonald, Eaton und Wright.

Tabelle 5-13
Magnesium-Knetlegierungen (DIN 1729-1) und Magnesium-Gusslegierungen (DIN EN 1753).

Kurzzeichen	Nummer
Magnesium-Knetlegierungen (DIN 1729-1)	
MgMn2	3.5200
MgAl3Zn	3.5312
MgAl6Zn	3.5612
MgAl8Zn	3.5812
Magnesium-Gusslegierungen (DIN EN 1753)	
EN-MCMgAl8Zn1	EN-MC21110
EN-MCMgAl9Zn1(A)	EN-MC21120
EN-MCMgAl2Mn	EN-MC21210
EN-MCMgAl6Mn	EN-MC21230
EN-MCMgAl4Si	EN-MC21320
EN-MCMgZn6Cu3Mn	EN-MC32110
EN-MCMgZn4RE1Zr [1]	EN-MC35110
EN-MCMgRE2Ag2Zr	EN-MC65210
EN-MCMgY5RE4Zr	EN-MC95310
EN-MCMgY4RE3Zr	EN-MC95320

[1] RE = Seltenerdmetall (= Rare Earths)

5.3.3 Beryllium

Beryllium ist ein hdP Metall mit mechanischen und physikalischen Eigenschaften, die es für den Kernreaktorbau und die Luftfahrtindustrie zu einem wichtigen Werkstoff machen. Es hat einen sehr geringen Einfangquerschnitt für thermische Neutronen, eine Dichte von nur $\rho = 1{,}85\,\text{g/cm}^3$ und einen E-Modul, der viermal größer ist als der des Aluminiums. Beryllium wird überwiegend durch Sintern hergestellt.

Der hexagonal dichteste Gitteraufbau, die daraus resultierende sehr geringe, aber stark korngrößenabhängige Zähigkeit, Bild 5-42, die hohe Sauerstoffaffinität und die extreme Toxizität (selbst bei Hautkontakt!) sind ursächlich für die extrem schlechte Schweißeignung und die aufwändigen Handlings- und Fertigungsmaßnahmen, die für diesen Werkstoff zu ergreifen sind. Weiterhin ist die Bildung spröder intermediärer Verbindungen mit fast allen Elementen (außer Al, Si, Ge) sehr unangenehm.

Ähnlich wie Aluminium und Magnesium ist auch Beryllium mit einer sehr extrem beständigen Oxidhaut bedeckt. Verunreinigungen aller Art sind vor dem Schweißen z. B. mit Aceton/Methylalkohol-Gemischen oder durch elektrolytisches Polieren der Oberfläche zu beseitigen. Mechanische Bearbeitungsvorgänge führen häufig zu extrem ausgeprägten Verformungszwillingen, die als Rissentstehungszentren während des Schweißens wirken können.

Die Heißrissneigung, verursacht durch Begleitelemente wie Eisen und Aluminium, und das übermäßige Kornwachstum in der WEZ erschweren erheblich das Schweißen von Beryllium. Die häufig auftretenden Querrisse lassen sich durch langsames Abkühlen zwischen 350 °C und 550 °C vermeiden. In diesem Temperaturbereich ist Beryllium am verformbarsten, Bild 5-42.

Besonders empfehlenswert ist das Elektronenstrahlschweißen. Gut geeignet sind auch das WIG- und das MIG-Schweißverfahren unter Verwendung eines aus fünf Teilen Helium und einem Teil Argon bestehenden Schutzgases. Als Zusatzwerkstoff hat sich die eutektische Legierung S-AlSi12 bewährt. Die Oxidhaut bestimmt in hohem Maße die Schweißbedingungen. Vor dem Schweißen *müssen* die Oberflächen mit 10%iger Salzsäure oder 40%iger Salpetersäure oder 5%iger Flusssäure gereinigt werden. Das Wärmeeinbringen ist wegen der Gefahr des Kornwachstums zu begrenzen. Verunreinigungen können Ausscheidungen an den Korngrenzen bilden.

Wegen der stark toxischen Berylliumdämpfe und der Gefahr der Sauerstoffaufnahme kann das Schweißen auch in argongefüllten Kammern bzw. mit dem Elektronenstrahlschweißen (ES) vorteilhaft durchgeführt werden. Die Breite der Grobkornzone, vor allem aber die Korngröße und damit die Rissneigung werden verringert.

Außer Beryllium wird in zunehmendem Umfang die Legierung Be-38Al verwendet. Sie besitzt bei einem geringeren E-Modul eine deutlich bessere Verformbarkeit und Schweißeignung als Beryllium.

5.4 Hochschmelzende und hochreaktive Werkstoffe

Die hochschmelzenden Metalle (Ta, Mo, W, Re) verbinden höchste Schmelztemperaturen mit den niedrigsten Dampfdrücken (außer Os und Ir). Diese Werkstoffe versagen bei einem oxidierenden Angriff i. Allg. schon bei mäßigen Temperaturen, weil flüchtige oder nichtschützende Oxide entstehen. Die Metalle Wolfram und vor allem Molybdän bilden z. B. die sehr flüchtigen Oxide WO_3 und MoO_3, Niob und Tantal die nichtschützenden Oxide Nb_2O_5 und Ta_2O_5. Ein Einsatz bei höheren Temperaturen in oxidierenden Atmosphären erfordert daher das Aufbringen geeigneter Beschichtungen – z. B. aus der Dampfphase aufgebrachte Silicide – oder $TaAl_3$-Beschichtungen.

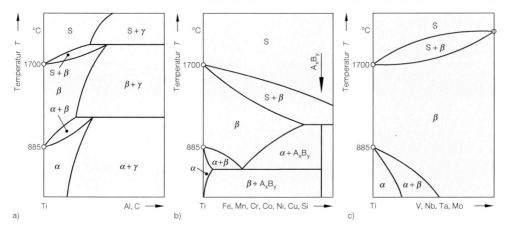

Bild 5-43
Typische Titan-Me Zustandsschaubilder.
a) Titanlegierungen Ti-Me mit peritektoider Umwandlung, z. B. Me: Al, C,
b) Titanlegierungen Ti-Me mit eutektoider Umwandlung, z. B. Me: Fe, Mn, Cr, Co, Ni, Cu, Si, H,
c) Titanlegierungen Ti-Me mit begrenzter Löslichkeit, z. B. Me: V, Nb, Ta, Mo.

Das Schweißen der hochreaktiven Werkstoffe erfordert besondere Sorgfalt und die Kenntnis ihrer Eigenschaften. Die extreme Reaktionsfähigkeit mit der Atmosphäre (O, N, H) bei Temperaturen z. T. unter 400 °C und die dadurch mögliche vollständige Versprödung des Werkstoffs sowie der Zwang zur extremen Sauberkeit der Schweißstelle und der Schweißzusätze beeinträchtigen das Schweißverhalten erheblich und erhöhen den fertigungs- und schweißtechnischen Aufwand außerordentlich.

Das WIG-Verfahren unter Verwendung hochreiner Schutzgase und entfetteter Schweißstäbe ist in jedem Fall eine gute Wahl. I. Allg. sind spezielle verfahrens- und gerätetechnische Anpassungen (z. B. großflächiger Schutz des Schweißnahtbereichs) an die Besonderheiten des jeweiligen Werkstoffs erforderlich. Berührungslos arbeitende Lichtbogen-Zündeinrichtungen sind sehr zu empfehlen.

Alle hochreaktiven Metalle sind mit einer dichten, zähen, hochschmelzenden und sich spontan neu bildenden Oxidschicht überzogen. Sie ist die Ursache ihrer hervorragenden Korrosionsbeständigkeit.

Einige Hinweise zu den Vorgängen in der WEZ sind in Abschn. 5.1.4 zu finden.

5.4.1 Titan und Titanlegierungen

Die günstige Kombination der mechanischen Eigenschaften ($\rho = 4,5$ g/cm³ bei Festigkeitswerten bis $R_m = 1300$ N/mm²), verbunden mit einer hervorragenden Korrosionsbeständigkeit machen Titan und seine Legierungen für den Leichtbau, Flugzeugbau und die Raumfahrttechnik und den chemischen Apparatebau hervorragend geeignet. Die Eigenschaften der Titanwerkstoffe lassen sich durch Legieren, Verformungs- sowie Verarbeitungsprozesse weitgehend verändern.

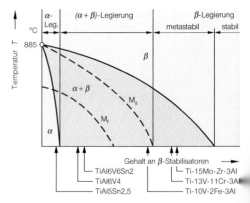

Bild 5-44
Einfluss β-stabilisierender Legierungselemente auf das Gefüge üblicher Titanlegierungen nach deutschen und Normen der USA, schematisch, nach Collings.

Titan ist nicht toxisch, biokompatibel und wegen seiner hochschmelzenden, dichten Oxidhaut (TiO_2) gegen außerordentlich viele Medien korrosionsbeständig. Es wird weder von Seewasser und anderen Chlorsalzlösungen, Hypochloriten (ClO^-) und Salpetersäure – auch der rauchenden – nicht angegriffen. Oxidierende Salze, wie z. B. $FeCl_3$ und $CuCl_2$, die bei den meisten metallischen Werkstoffen extreme Lochkorrosion hervorrufen, greifen Titan nicht an. Allerdings sind einige Besonderheiten des Titans bei einer Korrosionsbeanspruchung zu beachten. Im Kontakt mit einem korrodierenden Metall absorbiert das die Kathode bildende Titan Wasserstoff und versprödet. Nicht vollständig durch Beizen beseitigte Fremdmetallspäne führen ebenso zu extremer Lochkorrosion, wie Beizlösungen, denen zum Reinigen der Werkstückoberfläche eine nicht ausreichende Inhibitormenge zugesetzt wurde.

Seine Kriecheigenschaften sind trotz des hohen Schmelzpunkts von 1670 °C nur mäßig. Die maximal zulässigen Betriebstemperaturen liegen bei etwa 600 °C.

Unlegiertes Titan (α-Phase) wird vorzugsweise für korrosionsbeanspruchte Bauteile (z. B. Wärmetauscher, Tanks, Entsalzungsanlagen) in Form von Blechen verwendet, Tabelle 5-14. Titanlegierungen werden in der Regel bei hohen Festigkeitsanforderungen im Flugzeugbau eingesetzt.

Tabelle 5-14
Titan und Titanlegierungen nach DIN 17850 und DIN 17851 sowie nach Normen der USA.

Titanwerkstoff	Werkstoff Nr.	DIN	Gefüge	Hinweise zur Verarbeitung und Anwendung
Titan, unlegiert				
Ti1	3.7025	17850	α	Hervorragende Korrosionsbeständigkeit, erzeugt durch schützenden TiO_2-Film. Es ist beständig gegen: Seewasser und andere Chlorsalzlösungen, Hypochlorite, Salpetersäure, oxidierende Salze ($FeCl_3$, $CuCl_2$). Nicht beständig gegen reine H_2SO_4 und HCl. Titan ist nicht toxisch und biokompatibel (für orthopädische Anwendungen geeignet). Mechanische Gütewerte: $R_m \approx 240$ bis $500\,mm^2$, $A \approx 15\%$ bis 25%.
Ti2	3.7035		α	
Ti3	3.7055		α	
Ti4	3.7085		α	
Titan, niedriglegiert				
TiNi0,8Mo0,3	3.7105	17851	α	
Ti1Pd	3.7225		α	
Ti2Pd	3.7235		α	
Ti3Pd	3.7255		α	
Titan, hochlegiert				
TiAl6Sn2Zr4Mo2Si	3.7145	17851	$\alpha + \beta$	Konstruktionswerkstoffe für Anwendungen, bei denen geringes Gewicht, hohe Festigkeit und gute Verarbeitbarkeit gefordert werden, z. B. Flugzeugbau. Nur bis etwa 400 °C einsetzbar. Sonderlegierungen z. B. Ti-1100 (1100 F = 600 °C) bis maximal 600 °C. Mechanische Gütewerte: $R_m \approx 700$ bis $1300\,mm^2$, $A \approx 8\%$ bis 22%.
TiAl6V6Sn2	3.7175		$\alpha + \beta$	
TiAl6V4	3.7165		$\alpha + \beta$	
TiAl6Zr5Mo0,5Si	3.7155		$\alpha + \beta$	
TiAl5Fe2,5	3.7110		$\alpha + \beta$	
TiAl5Sn2,5	3.7115		α	
TiAl4Mo4Sn2	3.7185		$\alpha + \beta$	
TiAl3V2,5	3.7195		$\alpha + \beta$	
Titan, hochlegiert (nach US-amerikanischen Normen)				
Ti-10V-2Fe-3Al			β	Metastabile β-Legierungen enthalten gringe Mengen α-stabilisierender Elemente. Ausscheidungen von α-Segregaten erhöhen Festigkeit.
Ti-13V-11Cr-3Al			β	
Ti-15V-3Al-3Sn-3Cr			β	
Sonderlegierungen (nach US-amerikanischen Normen)				
Ti-1100 (6 Al; 2,75 Sn; 4 Zr; 0,4 Mo; 0,45 Si)			α	Verbesserte Kriecheigenschaften, bis 600 °C einsetzbar.
Corona 5 (4,5 Al; 5 Mo; 1,5 Cr)			$\alpha + \beta$	Mittlere Festigkeit bei höchster Bruchzähigkeit.
Alpha-2-Legierung: Ti-24Al-11Nb			$\alpha + \beta$	Ausscheidungen von **$TiAl_3$** (= Alpha-2-Phase), **TiAl** (= Gamma-Phase), **Ti_2AlNb** (orthorhombische Phase) in ($\alpha + \beta$)-Matrix verbessern erheblich die Kriecheigenschaften.
Gamma-Legierung Orthorhombische Legierung (Ti-Al-Nb)			$\alpha + \beta$	

Titan hat bis $T_U = 885\,°C$ eine hdP Gitterstruktur (α-Phase), darüber ist es krz (β-Phase). Die mechanischen Eigenschaften, weniger die Korrosionseigenschaften, lassen sich durch Legieren erheblich verbessern. Die Legierungselemente bilden EMK.e (H, O, N, C) oder SMK.e (Al, Cr, Nb, Mn, Fe, Zr, V, Pd). Die Legierungselemente lassen sich weiter in α-stabilisierende (O, N, Al, B, C) und β-stabilisierende (alle anderen) Elemente, einteilen. Zirkonium und Zinn verhalten sich legierungstechnisch »neutral«. *Alphastabilisierende* Elemente erhöhen die Temperatur der allotropen Umwandlung T_U, *betastabilisierende* Legierungselemente erniedrigen sie, wie Bild 5-43 zeigt. Die meisten Titanlegierungen (nicht die α-Legierungen!) sind wärmebehandelbar.

Daraus ergeben sich abhängig von dem entstehenden Mikrogefüge grundsätzlich vier Legierungs-Grundtypen. Bild 5-44 zeigt die schematische Einteilung:
– Unlegiertes, handelsüblich *reines* oder *palladiumlegiertes (α-)Titan*.
– *α-Legierungen* sind durch Wärmebehandeln nicht verfestigbar und enthalten meistens Aluminium, Zinn und (oder) Zirkonium. Die Zugabe nur sehr geringer Mengen β-stabilisierender Elemente führt zu den sog. Nah-(near-)Alpha-Legierungen. Bei rascher Abkühlung aus dem β-Gebiet entsteht die charakteristische sägezahnförmige Form der Korngrenzen der α-Körner, Bild 5-45.

– *($\alpha + \beta$)-Legierungen* bestehen bei Raumtemperatur aus der α-Legierung und einem β-Volumenanteil von 5% bis 40%. Diese Legierungen härten nach einem Lösungsglühen dicht unter der $\beta \rightarrow \beta + \alpha$-Umwandlungstemperatur, Bild 5-44, gefolgt von einem Auslagern zwischen 480 °C und 600 °C aus. Außerdem ist eine merkliche Festigkeitszunahme nach einem kritischen Abkühlen durch Entstehen einer martensitähnlichen Struktur erreichbar, Abschn. 5.4.1.1.
– *β-Legierungen* bestehen bei Raumtemperatur unabhängig von der Abkühlgeschwindigkeit aus β-MK, Bild 5-43c. Die metastabilen β-Legierungen scheiden nach einer Wärmebehandlung feine α-Segregate aus, die zu einer erheblichen Härtesteigerung führen. Bei den Nah-(near-)β-Legierungen ist der Anteil der β-stabilisierenden Elemente so groß, dass sich selbst bei sehr schneller Abkühlung kein Martensit mehr bildet.

5.4.1.1 Eigenschaften und Schweißverhalten der Titanwerkstoffe

Die extrem große Affinität des Titans zu Sauerstoff ist die Ursache für die Bildung einer stark gütevermindernden Oxidhaut bereits bei Raumtemperatur. Über 500 °C nimmt der Oxidationswiderstand des Titans extrem ab. Die Folge ist eine starke Versprödung durch die nun mögliche interstitielle Aufnahme von Sauerstoff, Stickstoff und Wasserstoff aus der Atmosphäre. Der Schweißprozess

Bild 5-45
Mikrogefüge der Titanlegierung TiCu2 mit sägezahnartiger Ausbildung der Korngrenzen, polarisiertes Licht, V = 100:1, nach SLV Berlin-Brandenburg.

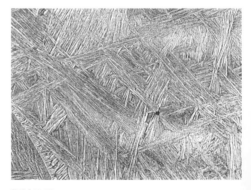

Bild 5-46
Widmannstättensches Gefüge (»Korbflechtgefüge«) eines aus dem β-Gebiet schnell abgekühlten Werkstoffs TiAl6V4, V = 200:1, nach SLV Berlin-Brandenburg.

Abschn. 5.4: Hochreaktive und hochschmelzende Werkstoffe (Titan)

ist daher vollständig unter einer Schutzgasatmosphäre oder unter Vakuum durchzuführen.

Unlegiertes Titan

Es wird vor allem bei hoher Korrosionsbeanspruchung und geringeren Festigkeitsanforderungen verwendet. Titan ist äußerst beständig gegen oxidierende und Chloridionen enthaltende Prozessdämpfe und die meisten mineralischen Säuren.

Unlegierte Titan-Werkstoffe sind sehr gut umformbar und bei Beachtung der werkstoffspezifischen Besonderheiten verhältnismäßig gut schweißgeeignet. Die Festigkeitswerte liegen abhängig von der Menge gelöster interstitieller Verunreinigungen (vor allem Sauerstoff und Eisen) zwischen 170 N/mm² und 480 N/mm². Sie werden mit unterschiedlichen Gehalten interstitiell gelöster Bestandteile (und Verunreinigungen) eingestellt. Vor allem Sauerstoff und Eisen sind selbst in geringsten Mengen stark festigkeitssteigernd. Der Eisengehalt sollte aber unter 0,04 % liegen, anderenfalls entstehen bei Angriff von Salpetersäure Korrosionserscheinungen im Schweißgut.

Trotz der Erscheinung der Allotropie ist die Korngröße des Titans mit Hilfe einer Wärmebehandlung – anders als durch ein Normalglühen beim Stahl – nicht veränderbar, weil keine die die Feinkörnigkeit erzeugenden Keime in Gestalt der nicht gelösten Zementitreste des Perlits oder vergleichbarer Teilchen vorhanden sind.

Bei langsamer Abkühlung eines einphasigen α-Werkstoffs aus dem β-Gebiet liegt bei Raumtemperatur ein globulares α-Gefüge vor. Bei schnellem Abkühlen entsteht ein sägezahnförmiges Gefüge, Bild 5-45, bzw. bei Legierungen, die β-stabilisierende Elemente enthalten, ein *Widmannstättensches* Gefüge, das auch als »*Korbflechtgefüge*« bezeichnet wird, Bild 5-46.

Alpha- und Nah-Alpha-Legierungen

Diese Legierungen enthalten Aluminium, Zinn und (oder) Zirkonium. Sie sind vor allem für Hochtemperatur- und kryogene (wenn ELI-Qualität, dann behalten sie ihre Zähigkeit auch bei kryogenen Temperaturen) Anwendungen geeignet. Sie sind im Gegensatz zu den Alpha- und den Beta-Legierungen nicht wärmebehandelbar, d. h., ihre Festigkeits- und Zähigkeitseigenschaften lassen sich *nicht* mit einer Wärmebehandlung ändern. Sie sind aus diesem Grunde, wegen ihrer guten Zähigkeitseigenschaften und der Erscheinung der allotropen Modifikation, die das Kornwachstum in der WEZ im Vergleich zu anderen einphasigen Werkstoffen begrenzt, gut schweißgeeignet. Diese Werkstoffe werden überwiegend im geglühten Zu-

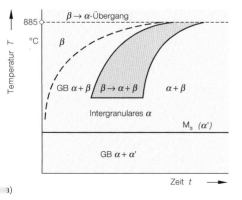
a)

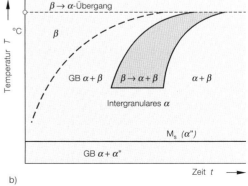
b)

Bild 5-47
Einfluss der Legierungselemente auf das Umwandlungsverhalten von Titanlegierungen mit unterschiedlichem Gehalt β-stabilisierender Elemente, dargestellt im kontinuierlichen ZTU-Schaubild, nach Vishnu.
) Geringer Gehalt der β-stabilisierenden Elemente, z. B. TiAl6V4,
) größerer Gehalt der β-stabilisierenden Elemente, z. B. Corona 5, s. Tabelle 5-14.

 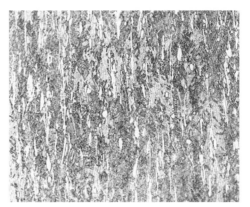

Bild 5-48
Martensitisches Gefüge (übersättigter α-MK) einer Titanlegierung TiAl6V4, Hellfeld, V = 200:1, nach SLV Berlin-Brandenburg.

Bild 5-49
Mikrogefüge einer Titanlegierung TiAl6V4. Primäre α-Kristalle in einem feinem Gemenge aus α- und β-Phase, V = 200:1, nach SLV Berlin-Brandenburg.

stand geschweißt. Alpha-Legierungen mit geringen Mengen betastabilisierender Elemente werden als Nah-Alpha-Legierungen bezeichnet.

Alpha-Beta-Legierungen
Diese Werkstoffe sind ähnlich wie die umwandlungsfähigen Kohlenstoffstähle wegen der Änderung der Gitterstruktur $(\alpha + \beta)$ wärmebehandelbar. Die bei höheren Temperaturen stabile β-Phase wird bei einem raschen Abkühlen nach einem martensitähnlichen Mechanismus, bei (sehr) langsamer Abkühlung über Keimbildungs- und Wachstumsprozesse in die α-Phase umgewandelt. Die martensitische Phase hat bei Legierungen mit einer geringen Menge β-stabilisierender Elemente eine hdP Struktur (α'), bei größeren Mengen eine orthorhombische Struktur (α'').

Bild 5-47 zeigt, dass mit zunehmender Menge β-stabilisierender Elemente der Beginn der Umwandlung $\beta \to$ intergranularer α zu längeren Zeiten verschoben wird, während die Bildung des allotriomorphen α [Korngrenzen-α, meistens als GB α (= Grain Boundary) bezeichnet, s. auch Abschn. 4.1.3.2, S. 318] weitgehend unabhängig vom Legierungsgehalt ist. Legierungen mit einem größeren Gehalt β-stabilisierender Elemente neigen daher zur Ausbildung eines aus GB α bestehenden Korngrenzennetzwerks.

Die Morphologie der α- und β-Phase in den $(\alpha + \beta)$-Legierungen hängt sehr stark von der thermomechanischen Behandlung (TM) während der Herstellung und der Wärmebehandlung ab. Die sich während einer TM-Behandlung im $(\alpha + \beta)$-Feld ausscheidende kontinuierlich verformte α-Phase bildet nach der Rekristallisation ein fast äquiaxiales, feinkörniges Gefüge. Die Menge an GB α ist wegen der Vielzahl der durch die Verformung entstandenen heterogenen Keime gering. In über T_U thermomechanisch behandelten Legierungen scheidet sich α während des Abkühlens als GB α an den Korngrenzen und als Widmannstättensches α (nadelförmiges Gefüge oder »Korbflechtgefüge«, Bild 5-46) innerhalb der Körner aus. Dieses Gefüge liegt bei unterkritischer Abkühlung in der Regel auch in der WEZ vor.

Im martensitischen Gefüge, Bild 5-48, scheidet sich nach einer anschließenden Wärmebehandlung zwischen 480 °C und 600 °C die α-Phase in sehr feiner Form aus der β-Matrix aus. Die erzielbare Festigkeitserhöhung nimmt mit der Menge der die β-Phase stabilisierenden Elemente zu. Es ist zu beachten, dass die härtbaren $(\alpha + \beta)$-Legierungen – ähnlich wie auch der umwandlungsfähige Stahl – abhängig von der Werkstückdicke und dem Wärmeeinbringen vorgewärmt und im Allgemeinen auch wärmenachbehandelt werden müssen.

Die Zähigkeit der meisten Alpha-Beta-Legierungen ist verhältnismäßig gering. Die häufig eingesetzte, fast als Standard geltende α-nahe Legierung TiAl6V4, Bild 5-49, ist wegen des geringen β-Anteils die am besten schweißgeeignete Alpha-Beta-Legierung. Außerdem ist zu beachten, dass der bei ihr entstehende hdP α'-Martensit relativ weich und die Härtbarkeit dieser Legierung gering ist. Daher besteht das Gefüge selbst bei höheren Abkühlgeschwindigkeiten aus größeren Anteilen der sehr erwünschten *Widmannstätten*schen α-Phase und β. Bei den höher β-stabilisierten Legierungen entsteht der wesentlich sprödere orthorhombische α''-Martensit.

Phasenumwandlungen $(\alpha + \beta)$ in der WEZ und im Schweißgut sind die Ursache der schlechten Verformbarkeit der Schweißverbindungen. Daher werden Zusatzwerkstoffe verwendet, deren β-Anteil geringer ist als der des Grundwerkstoffs. Damit ist natürlich nur die Schweißgutzähigkeit beeinflussbar und nicht die der WEZ.

Die mechanischen Eigenschaften der Verbindung werden hauptsächlich von der Form und Größe der β-Körner des Grundwerkstoffs und dem wirksamen Temperaturzyklus beim Schweißen bestimmt. Die β-Korngröße des Schweißguts hängt hauptsächlich vom Wärmeeinbringen Q und wegen der epitaktischen Kristallisation der Schmelze auch von der Korngröße des schmelzgrenzennahen Gefüges ab. Die Anwesenheit selbst geringer β-Mengen behindert das Wachsen der Kristallite entscheidend.

In letzter Zeit wurden intensive Versuche unternommen, das Kornwachstum der β-Phase in der Wärmeeinflusszone metallurgisch zu beeinflussen. Mit elektromagnetischen Rührtechniken und dem Zusatz »kühlender« Partikel (seltene Erden und Titan, sie werden auch als »Microcooler« bezeichnet) ist es möglich, die erwünschte nicht epitaktische und auf heterogener Keimbildung beruhende Erstarrung zu erzwingen. Der Einsatz in der Schweißpraxis bereitet zzt. noch erhebliche Schwierigkeiten.

Beta-Legierungen

Diese Legierungen sind metastabil, weil in dem bis Raumtemperatur erhaltenen Beta-Gefüge Ausscheidungen der Alpha-Phase mit Hilfe einer Wärmebehandlung zwischen 450 °C und 650 °C (Auslagern) erzeugbar sind. Die Folge sind erhebliche Festigkeitssteigerungen, die technisch genutzt werden. Außerdem ist das Verformungsverhalten bei Raumtemperatur besser als das der α-Legierungen. Allerdings sind sehr enge Prozessparameter erforderlich, um optimale Werte zu erreichen.

Die Bruchzähigkeit dieser Legierungen ist bei ähnlichem Festigkeitsniveau größer als die der Alpha-Beta-Legierungen. Die meisten Beta-Legierungen, Tabelle 5-12, lassen sich im geglühten oder ausgelagerten Zustand gut schweißen. Die Zähigkeitseigenschaften der Schweißverbindung sind gut, ihre Festigkeit in der Regel aber recht gering. Durch eine Wärmenachbehandlung ist ein breites Spektrum mechanischer Eigenschaften in der WEZ als Folge der stattfindenden Ausscheidungsvorgänge einstellbar.

Titan-Sonderlegierungen

Für Anwendungsfälle, die eine höhere Kriechbeständigkeit (bis etwa 600 °C Betriebstemperatur) und (oder) Bruchzähigkeit erfordern, sind eine Reihe von Sonderlegierungen verfügbar bzw. in der Entwicklung:

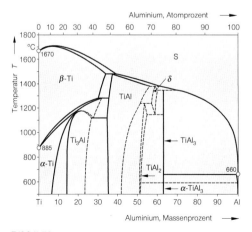

Bild 5-50
Zustandsschaubild Titan-Aluminium, nach T. B. Massalski.

❐ Konventionelle Legierungen, d. h. Alpha-, Alpha-Beta- und metastabile Beta-Legierungen. Tabelle 5-14 enthält verschiedene Legierungen nach dem amerikanischen Bezeichnungssystem.
❐ Ausscheidungshärtende Legierungen auf der Grundlage verschiedener intermediärer Phasen, Bild 5-50:
 – *Ti₃Al:* Alpha-2-Legierungen, die 15% bis 25% Aluminium und β-stabilisierende Elemente wie Niob und Molybdän enthalten.
 – *TiAl (+Ti₃Al):* Gamma- bzw. Duplex-Legierungen (TiAl + Ti₃Al). Sie enthalten 45% bis 52% Al. Diese Legierungen werden vorzugsweise verwendet wegen ihrer größeren Zähigkeit bei Raumtemperatur und ihres größeren Widerstands gegen Oxidation.
 – *Ti₂AlNb:* Orthorhombische Legierungen enthalten größere Niobmengen, wodurch die β-Phase erheblich stabilisiert wird. Sie werden unterhalb T_U geschmiedet und anschließend ausgelagert.

Die Schweißprobleme beruhen in erster Linie auf den sehr unerwünschten Gefügeänderungen bei großem Wärmeeinbringen und hohen Abkühlgeschwindigkeiten. Diese für die meisten Schweißverfahren typischen thermischen Bedingungen führen zu einem exzessivem Wachstum der β-Körner in der WEZ, d. h. zu einer geringen Zähigkeit der Schweißverbindung. Mit geeigneten Schweißtechnologien sind diese Probleme bei den konventionellen Sonderlegierungen beherrschbar. Bei den »intermediären Legierungen« ist der Kenntnisstand zzt. noch sehr begrenzt. An der Entwicklung erfolgversprechender Technologien wird aber intensiv gearbeitet.

5.4.1.2 Metallurgisch bedingte Schweißnahtdefekte

Eine Reihe vorwiegend werkstoffabhängiger Defekte, die im Schweißgut und der WEZ entstehen, können die Bauteilsicherheit erheblich beeinträchtigen, sie müssen daher vermieden bzw. ihre Wirkung muss gering gehalten werden. Die wichtigsten werden im Folgenden genannt.

Segregatbildung
Seigerungen beeinflussen wegen der hier vorliegenden vom Grundwerkstoff abweichenden chemischen Zusammensetzung hauptsächlich das Umwandlungsverhalten des Werkstoffs. Vor allem in Beta-Legierungen können in der WEZ Bereiche entstehen, deren Gehalt an β-stabilisierenden Elementen (V, Cr) so gering ist, dass eine Umwandlung in Martensit möglich wird.

Erstarrungsrisse
Verglichen z. B. mit einigen ausscheidungshärtenden Aluminiumlegierungen und den austenitischen Cr-Ni-Stählen ist die Heißrissneigung der Titanwerkstoffe als gering einzuschätzen. Lediglich bei hohen Spannungszuständen sind Heißrisse in Nahtmitte und an den Korngrenzen der säulenförmigen β-Kristalle in der WEZ von $(\alpha + \beta)$-Legierungen möglich. Als Folge der großen Werkstoffreinheit und dem weitgehenden Fehlen von Ausscheidungen sind auch Wiederaufschmelzrisse relativ selten.

Wasserstoffversprödung
Der Mechanismus entspricht grundsätzlich dem in Abschn. 3.5.1.6, S. 276, geschilderten. Ein für Titan als zutreffend anerkannter Rissbildungsprozess geht davon aus, dass sich nach Erreichen der kritischen Wasserstoffkonzentration im Bereich der Rissspitze Titanhydride bilden, die u. U. brechen und damit zusammen mit dem Druckanstieg des gleichzeitig entstehenden molekularen Wasserstoffs den weiteren Rissfortschritt erleich-

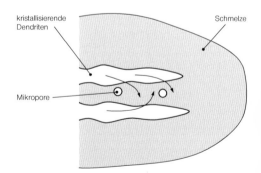

Bild 5-51
Mechanismus der Mikroporenbildung zwischen β-Titan-Dendriten während der Kristallisation, nach Baeslack III, Davis, Cross.

tern. Nach der Rissbildung lösen sich die Hydride und der freiwerdende Wasserstoff beginnt wieder an die neugebildete Rissspitze zu diffundieren.

Wasserstoffkonzentrationen in der Größenordnung von 200 ppm führen – andere interstitiell gelöste Verunreinigungen verringern allerdings diesen Grenzwert – zu einer Wasserstoffversprödung.

Ductility Dip Cracking (DDC)
Das Gefüge verschiedener vorwiegend der $(\alpha + \beta)$-Legierungen ist nach einer Abkühlung aus dem β-Gebiet im Temperaturbereich zwischen 750 °C und 850 °C merklich versprödet. Es neigt bei gleichzeitig einwirkender hoher Spannung zur interkristallinen Rissbildung.

Diese Risserscheinung wurde allerdings bisher nur bei Werkstoffuntersuchungen, nicht aber in Schweißverbindungen festgestellt. Die in üblichen Schweißverbindungen entstehenden Eigenspannungszustände sind für eine Rissentstehung offenbar unzureichend.

Porenbildung
An der Phasengrenze Schweißschmelze/Dendrit reichern sich die gelösten Gase (O, H) zwischen den kristallisierenden Dendriten durch Ausscheiden aus den Dendriten an, Bild 5-51. Nach Erreichen einer kritischen Konzentration bildet sich molekulares Gas, das in den interdendritischen Zwischenräumen als Pore eingeschlossen ist oder an die Schweißnahtoberfläche aufsteigen kann.

5.4.1.3 Schweißpraxis

Die Titan-Werkstoffe können mit den meisten Verfahren geschweißt werden. Ungeeignet sind Verfahren, die Pulver (freigesetzte Gasmenge!) erfordern, wie z. B. das UP-Verfahren, hervorragend geeignet ist das WIG-Verfahren. Abgesehen von dem weitaus größeren fertigungs-, gerätetechnischen und damit wirtschaftlichen Aufwand zum Fernhalten der Atmosphäre ähneln die Schweißeinrichtung und die Schweißvorschriften denen, die auch bei den korrosionsbeständigen Stählen zu verwenden bzw. zu beachten sind, Abschn. 4.3.7, S. 414.

Unlegiertes Titan und alle α-Legierungen sind bei Beachtung der werkstofftypischen und metallurgischen Besonderheiten gut schweißgeeignet. Das gilt auch für die α-nahe Legierung TiAl6V4. Mit zunehmendem β-Anteil versprödet aber gravierend die Wärmeeinflusszone, d. h., die Schweißeignung nimmt deutlich ab. Die Werkstoffe werden gewöhnlich im geglühten bzw. lösungsgeglühten Zustand geschweißt. Die Zusatzwerkstoffe (nach DIN 1737-1, DIN EN ISO 24034 bzw. ISO 24034) sind artgleich zu wählen, Tabelle 5-15.

Das WIG-Schweißverfahren ist besonders gut geeignet. Der Taupunkt der Schutzgase (d. h. sein Feuchtgehalt) sollte bei −60 °C liegen. Es werden vorzugsweise Argon und Argon/Helium-Gemische (75 Ar/25 He) verwendet, reines Helium wegen des schlechter kontrollierbaren und weniger stabilen Lichtbogens seltener. Die Schweißarbeiten können

Tabelle 5-15
Schweißzusatzwerkstoffe für Titan und Titan-Palladiumlegierungen, nach DIN EN ISO 24034.

Legierungs-Kurzzeichen		Chemische Zusammensetzung in Prozent						
Nummerisch	Chemisch	C	O	N	H	Fe	Sonstige
S Ti 0100	Ti99,8	0,03	0,03 bis 0,10	0,012	0,005	0,08	–
S Ti 0130	Ti99,3	0,03	0,18 bis 0,32	0,025	0,008	0,25	–
S Ti 2253	TiPd0,06	0,03	0,03 bis 0,10	0,012	0,005	0,08	Pd: 0,04 bis 0,08
S Ti 2403	TiPd0,06A	0,03	0,08 bis 0,16	0,015	0,008	0,12	Pd: 0,04 bis 0,08
S Ti 4810	TiAl8V1Mo1	0,08	0,12	0,005	0,01	0,30	Mo: 0,75 bis 1,25
S Ti 6329	TiAl3V2,5	0,03	0,08 bis 0,12	0,020	0,008	0,25	–
S Ti 6400	TiAl6V4	0,05	0,12 bis 0,20	0,030	0,005	0,22	–

in Schutzgaskammern oder mit Vorrichtungen erfolgen, die die Werkstoffoberflächen sicher vor Gasaufnahme schützen, wie es Bild 5-52 beispielhaft zeigt.

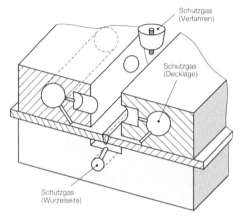

Bild 5-52
Schweißvorrichtung zum Schweißen hochreaktiver Werkstoffe, wie z. B. Titan und Titanlegierungen, siehe auch Bild 5-38.

Wie bei allen hochreaktiven Werkstoffen ist eine gründliche Reinigung aller beim Schweißen auf mehr als etwa 200 °C erwärmten Bereiche und der Zusatzwerkstoffe von größter Wichtigkeit. Dieses kann mit chemischen (z. B. Beizen) oder mechanischen Mitteln (Bürsten aus Cr-Ni-Stahl oder Titan) geschehen. Die Beizen müssen so eingestellt werden, dass weder Wasserstoff (Gefahr der Bildung versprödender Titanhydride) noch Chlor (Spannungsrisskorrosion) aufgenommen werden können.

Der Erfolg dieser abschirmenden Maßnahmen ist an der Anlauffarbe erkennbar. Eine schwach gelbliche Färbung der Bereiche neben der Naht deutet im Allgemeinen auf eine sehr geringe, eine zunehmende Dunkelfärbung (bläulich bis bräunlich) auf eine unzulässige Gasaufnahme während des Schweißens hin. Die daraus resultierende Versprödung ist vereinfacht, aber ausreichend praxisgerecht mit der Härtezunahme der schmelzgrenznahen Bereiche beurteilbar. Als noch zulässiger Härteanstieg in der Wärmeeinflusszone und im Schweißgut wird 35 HV bis 50 HV angesehen.

5.4.2 Molybdän und Molybdänlegierungen

Der krz Gitteraufbau, der hohe Schmelzpunkt (2610 °C), die ausgeprägte Neigung zur Grobkornbildung in der Wärmeeinflusszone und die sehr geringe Verformbarkeit erschweren die schweißtechnische Verarbeitung von Molybdän erheblich. Bemerkenswert ist der sehr große E-Modul, der bei etwa $340000 \, N/mm^2$ liegt.

Molybdän ist sehr beständig gegen Flusssäure, Salzsäure und Schwefelsäure, ein Angriff oxidierender Medien (z. B. HNO_3) führt aber zu seiner raschen Zerstörung.

Stickstoff, Kohlenstoff, und vor allem Sauerstoff verspröden Molybdän selbst in geringsten Mengen ganz extrem wie Bild 5-53 anschaulich zeigt.

Wegen der großen Neigung zur Adsorption von bzw. Reaktion mit Sauerstoff und dem damit verbundenen erheblichen Verlust der Zähigkeit können Molybdän und alle anderen hochschmelzenden Metalle nur bei mäßigen Temperaturen in nichtoxidierender Atmosphäre verwendet werden. Die Oxidation von Molybdän beginnt oberhalb 500 °C, sie wird über 778 °C – der eutektischen Temperatur von Mo_2O-MoO – sehr stark beschleunigt.

Aus diesen Gründen wird Molybdän am sichersten in Schutzgaskammern mit dem

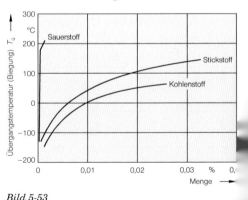

Bild 5-53
Einfluss von Sauerstoff, Stickstoff und Kohlenstoff auf die im Biegeversuch festgestellte Übergangstemperatur von Molybdän, nach Olds und Rengstorff.

WIG-Verfahren (Gleichstrom, minusgepolte Elektrode) geschweißt. Verfahren mit großer Leistungsdichte sind günstig, weil die für die mechanischen Eigenschaften und die Rissneigung entscheidende Korngröße der schmelzgrenzennahen Gefüge begrenzt wird. Beim Schweißen *gesinterter* Molybdänlegierungen werden Gase (z. B. Sauerstoff!) frei, die zur Porenbildung und extremer Versprödung führen, Bild 5-53.

Wegen der Rissempfindlichkeit als Folge des kubisch raumzentrierten Gitteraufbaus und der im Bereich der Raumtemperatur liegenden Übergangstemperatur der Schlagzähigkeit werden die Fügeteile häufig mäßig vorgewärmt, das Wärmeeinbringen muss dann aber möglichst gering sein, um das Kornwachstum in der Wärmeeinflusszone und im Schweißgut zu begrenzen. Bild 5-54 zeigt einen Horizontalschliff einer fehlerfreien elektronenstrahlgeschweißten Verbindung (gepulster Strahl) aus 1 mm dicken Molybdänblechen.

Bild 5-54
Horizontalschliff einer elektronenstrahlgeschweißten (gepulsten) Verbindung aus 1 mm dicken Molybdänblechen, V = 100:1.

Die wichtigsten Legierungstypen sind:
❐ Mo-0,5Ti,
❐ Mo-0,5Ti-0,1Zr ist die bekannteste Legierung, die im amerikanischen auch *TZM* [*T*ungsten (=Wolfram) – *Z*irconium – *Mo*lybdenum] genannt wird.
❐ Mo-50Re.

5.4.3 Zirkonium und Zirkoniumlegierungen

Zirkonium ähnelt in vielen Beziehungen dem Titan und den austenitischen Cr-Ni-Stählen. Es hat bei Raumtemperatur ein hexagonal dichtest gepacktes Gitter (α-Phase), das über 865 °C in eine krz Gitterform (β-Phase) umwandelt und zählt zu den Schwermetallen. Trotz seiner kubisch-raumzentrierten Gitterstruktur besitzt es eine große Zähigkeit, auch bei tiefen Temperaturen. Der Wärmeausdehnungskoeffizient gering, d. h. der Verzug beim Schweißen ist klein. Geringste Mengen gelösten Sauerstoffs und Stickstoffs führen bei diesem hochreaktiven Werkstoff zu einer oft extremen Versprödung. Die zum Schweißen verwendeten Schutzgase müssen daher sehr rein sein (99,996 % Ar oder Taupunkt – 65 °C).

Als Folge des kleinen E-Moduls sind die beim Schweißen entstehenden Eigenspannungen gering, ebenso wie der Verzug wegen des kleinen Wärmeausdehnungskoeffizienten. Zirkonium hat eine große Löslichkeit für seine eigenen Oxide, daher sind Einschlüsse kaum zu befürchten.

Zirkonium ist ein sehr sauerstoffaffines, hochreaktives Metall, wodurch sich spontan dichte, selbstheilende Oxidschichten bilden, die das Metall vor chemischem Angriff bis etwa 300 °C schützen. Zirkonium ist daher gegen die meisten Mineralsäuren, organischen Säuren, nahezu alle Alkalien und geschmolzenen Salze praktisch korrosionsbeständig. Es ist gegen Salzsäure in allen Konzentrationen bis oberhalb ihres Siedepunktes vollständig beständig. In sauren Lösungen, die Chloridionen enthalten, ist Zirkonium (neben Tantal) das spaltkorrosionsbeständigste Metall. In der Verfahrenstechnik und der petrochemischen Industrie wird es daher trotz seines hohen Preises zunehmend eingesetzt. Zirkonium wird aber von HF, $FeCl_3$, $CuCl_2$, Königswasser und konzentrierter H_2SO_4 angegriffen.

Im Kernreaktorbau werden Zirkoniumlegierungen wegen ihres geringen Einfangquerschnitts für thermische Neutronen verwendet. Diese auch *Zircaloys* genannten Werkstoffe für den Reaktorbau, die als Hüllrohre von Uranbrennstäben verwendet werden, dürfen *kein* Hafnium enthalten, weil dieses Element im Gegensatz zu Zirkonium einen sehr *großen* Einfangquerschnitt für thermische Neutronen hat. Die Gehalte an Hafnium (< 0,010 %) und Verunreinigungen sind daher im Vergleich zu den handelsüblichen Qualitäten sehr gering.

Diese Werkstoffe werden mit dem WIG-Verfahren unter Verwendung thorierter Wolframelektroden geschweißt. Wegen der extremen Reaktionsfähigkeit des Zirkoniums muss der Schweißbereich sorgfältig vor Luftzutritt geschützt werden. Die für Titan verwendeten Schweißvorrichtungen, Bild 5-49, sind damit ebenfalls geeignet. Werkstoffbereiche, die während des Schweißens auf mehr als 480 °C erwärmt werden, sind vor der Berührung mit Luft zu schützen.

Die Zusatzwerkstoffe sind artgleich. Sie sollten ebenso wie die Schweißstelle sorgfältig gesäubert werden. Ein Vorwärmen ist wegen der ausreichenden Verformbarkeit nicht erforderlich, gleiches gilt für eine Wärmenachbehandlung.

Zirkonium kann nur mit sich selbst oder anderen hochreaktiven Metallen (z. B. Ti, Nb, Ta) verschweißt werden. Eine Verbindung mit den meisten anderen Werkstoffen ist nicht möglich, weil sich spröde intermediäre Phasen bilden. Daher ist auch die Anzahl geeigneter Legierungselemente (Hf, Nb) sehr begrenzt.

5.4.4 Tantal und Tantallegierungen

Tantal ist krz, erfährt keine allotropen Änderungen und hat einen Schmelzpunkt von 3000 °C und zählt zu den Schwermetallen. Trotz seines kubisch-raumzentrierten Gitteraufbaus bleibt Tantal bis zum Siedepunkt des Heliums verformbar. Tantal ist vor allem in starken Säuren bei Temperaturen bis zum Siedepunkt – neben Zirkonium als nahezu einziges Metall sogar in HCl – hervorragend korrosionsbeständig. Der Grund ist die Bildung eines extrem beständigen schützenden Oxidfilms (Ta_2O_5) bei anodischen bzw. oxidierenden Bedingungen. Es oxidiert aber bei Temperaturen über 350 °C und verliert dadurch seine Korrosionsbeständigkeit. Bild 5-55 zeigt stellvertretend das Korrosionsverhalten des Tantals in HCl im Konzentrationsbereich von 1 % bis 35 % in Abhängigkeit von der Temperatur. Die angelegten Felder entsprechen einer Korrosionsgeschwindigkeit < 0,025 mm/a.

Auf der Werkstoffoberfläche lässt sich ein sichtbarer Oxidfilm durch anodisches Oxidieren in verdünnter Phosphorsäure erzeugen. Seine große Dielektrizitätskonstante behindert extrem das Entstehen/Fließen von Korrosionsströmen vom Tantal zum Elektrolyten, wenn das Metall Anode eines Korrosionselementes ist. Die sehr große Stabilität des Oxidfilms und seine große Permittivität macht Tantal sehr geeignet zum Herstellen der sehr teuren »Tantalkondensatoren«.

Aufgrund seiner hervorragenden Korrosionsbeständigkeit gegenüber einer Vielzahl von Medien in weiten Bereichen der Konzentration und der Temperatur wird Tantal vorwiegend als Konstruktionswerkstoff in der Chemie-Technik verwendet.

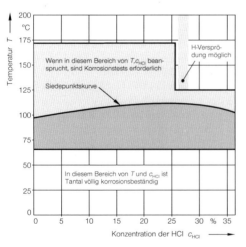

Bild 5-55
Korrosionsverhalten von Tantal in Salzsäure bei unterschiedlichen Temperaturen und Konzentrationen. Die Korrosionsbedingungen in den grau angelegten Feldern entsprechen einer Korrosionsgeschwindigkeit von < 0,025 mm/a, nach Stern und Bishop.

Die chemischen Eigenschaften des Tantals ähneln sehr denen von Glas. Es ist ähnlich wie Glas gegen alle Säuren (außer konzentrierter HF!) beständig. Ergebnisse von Untersuchungen, die im Labor aus Elementen aus Glas durchgeführt wurden, lassen sich daher auf die zu erwartenden Reaktionsabläufe von aus Tantal bestehenden Bauteilen übertragen. Es verhält sich wegen seiner elektropositiven Stellung im System der Standardpotenziale im Kontakt mit anderen Metallen meistens kathodisch. Der durch die kathodische Reduktion entstehende atomare Wasserstoff kann zur Wasserstoffversprödung des Tantals vor allem bei einem Angriff durch Salzsäure (> 150 °C) und Schwefelsäure (> 250 °C) bei höheren Temperaturen führen. Diese Form der Lokalkorrosion ist vor allem bei hohen Betriebstemperaturen sehr gefürchtet und weit gefährlicher als die gleichmäßig abtragende Korrosion. Die Ursache ist die Bildung spannungsinduzierter Hydride.

In der Chemie-Technik muss daher in korrosionsbeanspruchten Mischkonstruktionen aus Tantal und einem anderen unedleren Metall (z. B. unlegierter Stahl) das Tantal wegen der Gefahr der Wasserstoffversprödung die *Anode* dieser galvanischen Zelle sein, was durch entsprechende Maßnahmen sicherzustellen ist. Das kann u. a. durch eine vollständige elektrische Isolation der Tantal-/Metalloberfläche, durch ein Anodisieren der Tantaloberfläche oder durch die Zugabe ausgewählter oxidierender Stoffe geschehen. Als zusätzlicher Schutz ist das Anschließen des Tantals an den Pluspol einer Gleichstromquelle von etwa 15 V empfehlenswert.

Kohlenstoff, Sauerstoff, Stickstoff und Wasserstoff bilden mit Tantal versprödende intermediäre Phasen. Der Gehalt der interstitiellen Elemente sollte unter 100 ppm liegen. Die Schweißeignung von Tantal gilt als beste aller hochschmelzenden Metalle.

Das WIG-Schweißen in Schutzgaskammern ist das sicherste Verfahren, um mit dem Grundwerkstoff vergleichbare mechanische Eigenschaften der Schweißverbindung zu erreichen. Das Wärmeeinbringen sollte begrenzt werden, die Schweißgeschwindigkeit groß sein. Ein Vorwärmen ist nicht erforderlich. Damit lässt sich die Bildung der sehr unerwünschten großen, säulenförmigen Körner in der WEZ weitgehend vermeiden. Wegen des hohen Schmelzpunktes von Tantal und der damit verbundenen Gefahr ihres Aufschmelzens sind *Schweißbadsicherungen* aus Kupfer unzulässig.

Tantal wird mit Wolfram, Molybdän und Hafnium legiert. Einige Tantallegierungen nach US-amerikanischer Bezeichnungsweise sind im Folgenden aufgeführt:
– Ta-2,5W-0,15Nb (Tantaloy 63),
– Ta-5W-2,5Mo,
– Ta-10W,
– Ta-9,6W-2,4Hf-0,01C.

Wolfram-, vor allem aber Molybdän- und Rheniumzusätze, verringern die Korrosionsgeschwindigkeit (3 Tage in H_2SO_4 bei 250 °C) und die Wasserstoffabsorption. Die Schweißgüter in Verbindungen aus Tantallegierungen mit einem Gesamtlegierungsgehalt unter 10 % sind ausreichend zäh, solche mit mehr als 13 % spröde.

5.5 Aufgaben zu Kapitel 5

Aufgabe 5-1:
Es sind die Ausscheidungsvorgänge in üblichen ausscheidungshärtenden Al-Cu-Legierungen (Cu ≤ 4 %) mit Hilfe des ZTU-Schaubildes, Bild A5-1, zu erklären. Einige metallphysikalische Grundlagen hierzu sind in Abschn. 5.3.1.6, S. 537, zu finden.

Nach einem ausreichend raschen Abkühlen von der Lösungsglühtemperatur (≈ 540 °C) ist die Legierung (L) mit Kupfer übersättigt. Ein anschließendes Auslagern unter etwa 170 °C führt sehr rasch zur Bildung kohärenter, kupferreicher GP-Zonen, Bild A5-1a, die eine sehr geringe Grenzflächenenergie besitzen. Diese Ausscheidungsform wird im deutschen Sprachraum meistens GP I-Zone genannt. Die GP-Zonen entstehen in kürzeren Zeiten als jede andere Ausscheidungsform, wie Bild A5-1b zeigt. Die Keimbildungsgeschwindigkeit muss daher sehr groß, d. h. die Teilchengröße sehr gering sein. Die Ursache ist die sich während der raschen Abkühlung von der Lösungsglühtemperatur bildende sehr große Leerstellendichte, s. Beispiel 5-1, S. 513. Sie bleibt bei der niedrigen Bildungstemperatur (= Auslagertemperatur) der GP-Zonen erhalten und kann so die Entstehung einer hohen Leerstellenkonzentration effektiv begünstigen.

Wegen der unterschiedlichen Atomdurchmesser der Kupfer- und Aluminiumatome entstehen *scheibenförmige* GP-Zonen, die die geringsten Grenzflächenenergien aufweisen. Bei gleichen Atomdurchmessern ergeben sich etwa *kugelförmige* GP-Zonen, wie z. B. bei Al-Ag-Legierungen.

Der mittlere Abstand der GP-Zonen voneinander beträgt λ, s. Bild 2-37, S. 162, d. h., der mittlere Diffusionsweg der gelösten Atome ist $\lambda/2$. Daraus lässt sich ein Schätzwert des *effektiven Diffusionskoeffizienten* D_{eff} für die sich in der Zeit t bildenden GP-Zonen berechnen. Mit Gl. [1-12], S. 40, ergibt sich für D_{eff}:

$$x_m = \frac{\lambda}{2} = \sqrt{D_{eff} \cdot t}, \text{ d. h. } D_{eff} = \frac{\lambda^2}{4 \cdot t}.$$

D_{eff} ist wesentlich größer als der Wert, der sich auf Grund der Höhe der Auslagertemperatur (rechnerisch) ergeben würde. Der beobachtete Unterschied ist auf die stark diffusionsbegünstigende Wirkung der großen Leerstellendichte zurückzuführen. In der Praxis können sich bei größeren, geometrisch komplizierten geformten Bauteilen beim Abschrecken von der Lösungsglühtemperatur sehr unterschiedliche Abkühlgeschwindigkeiten im Bauteil ergeben, d. h. sehr unterschiedliche Leestellendichten und damit unterschiedliche Ausscheidungsbedingungen.

Vor allem die geometrisch stark gestörten Korngrenzenbereiche sind neben den Versetzungen Orte, die Leerstellen »vernichten«. In diesen Bereichen ist daher die Leerstellendichte und damit die Ausscheidungsdichte meistens merklich geringer als im Korninneren.

Mit zunehmenden Auslagertemperaturen entstehen noch verschiedene Übergangsphasen, bevor sich die Gleichgewichtsphase Θ (= Al_2Cu) bildet:

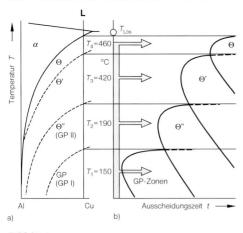

Bild A5-1
Ausscheidungsvorgänge in Al-Cu-Legierungen.
a) Al-Cu-Zustandsschaubild mit Löslichkeitslinien der einzelnen metastabilen Phasen.
b) Isothermes Zeit-Temperatur-Umwandlungsschaubild (ZTU) für die Legierung L. Die Legierung wird von $T_{Lös}$ auf Raumtemperatur abgeschreckt und anschließend bei verschiedenen Temperaturen T_i ausgelagert.

- Θ" (GP II-Zonen) hat ein tetragonales Gitter, ist kohärent und erzeugt damit eine merkliche Gitterverzerrung.
- Θ' ist eine tetragonale, teilkohärente Nichtgleichgewichtsphase mit der ungefähren Zusammensetzung Al_2Cu.

Die inkohärente Gleichgewichtsphase Θ hat ein kompliziertes, raumzentriertes tetragonales Gitter. Sie entsteht vorwiegend an Korngrenzen oder an Θ'/Matrix Phasengrenzflächen. Die festigkeitssteigernde Wirkung ist in der Regel am größten, wenn ein bestimmtes Verhältnis von Θ" und Θ' vorliegt, s. Bild 5-32, S. 538.

Aufgabe 5-2:
Beim Ausscheidungshärten ist die Diffusion der geschwindigkeitsbestimmende Vorgang. Die Auslagerzeit bei einer Al-Cu-Legierung (4% Cu) zum Erreichen des Härtemaximums beträgt $t_{190} = 25$ h bei einer Auslagertemperatur von $T_{190} = 190\,°C$. Wie groß muss t_{130} bei $T_{130} = 130\,°C$ sein? S. a. Bild 5-32, S. 538.

Gegeben sind:
$Q_{Cu \to Al} = 142\,000$ J/mol, R = 8,314 J/K·mol.
Die Ergebnisse sind gleich, wenn gilt:

$D_{130} \cdot t_{130} = D_{190} \cdot t_{190}$, d. h.

$$t_{130} = t_{190} \cdot \frac{D_{190}}{D_{130}}. \qquad [A5\text{-}1]$$

Mit Gl. [1-11], S. 38,

$$D = D_0 \cdot \exp\left(-\frac{Q_{Cu \to Al}}{RT}\right)$$

erhält man aus Gl. [A5-1]:

$$t_{130} = t_{190} \cdot \exp\left[-\frac{Q_{Cu \to Al}}{R} \cdot \left(\frac{1}{T_{190}} - \frac{1}{T_{130}}\right)\right]$$

$$t_{130} = 25 \cdot \exp\left[\frac{142\,000}{8,314} \cdot \left(\frac{1}{403} - \frac{1}{463}\right)\right]$$

$$t_{130} = 25 \cdot \exp(5,47) \approx 5937 \text{ h} \approx 273 \text{ d}.$$

Die im Vergleich zu Bild 5-32 deutlich größere Auslagerzeit zeigt, dass beim Ausscheidungshärten außer der Diffusion noch weitere weitaus effektivere Transportmechanismen wirksam sein müssen. Die während des Abschreckens vorhandene große Leerstellendichte begünstigt die Diffusion sicherlich am stärksten, s. a. Aufgabe 5-1.

Aufgabe 5-3:
Das Erstarrungsintervall der Legierung AlMg3 beträgt etwa 35°C, wie z. B. aus Bild 1-65, S. 54, zu entnehmen ist. Die Schweißgeschwindigkeit v soll etwa 0,5 cm/s betragen, der Diffusionskoeffizient $D = 3,5 \cdot 10^{-5}$ cm²/s. Es ist der für eine ebene Erstarrung in Schweißnahtmitte erforderliche Mindest-Temperaturgradient G (°C/cm) zu berechnen.

Die Lösung kann mit dem im Buch besprochenen Stoff allein nicht gefunden werden. Im Folgenden werden die hierfür erforderlichen physikalisch-mathematischen Zusammenhänge abgeleitet. Siehe hierzu auch die Ausführungen zur konstitutionellen Unterkühlung, Abschn. 1.4.1.2, S. 27.

Bild A5-2a zeigt ein Teil-Zustandsschaubild A-B. Die Temperatur der Legierung der Zusammensetzung c_0 beträgt an der Phasengrenze flüssig/fest zu einem bestimmten Zeitpunkt $T = T^0$. Die A-reichen Mischkristalle (F) erstarren mit der Geschwindigkeit R. Die Kristallisation führt zu einer Anhäufung der B-Atome an der Phasengrenze mit dem Konzentrationsprofil $c_S(x)$, Bild A5-2b. Die Zusammensetzung der festen bzw. flüssigen Phase an der Phasengrenze beträgt c_F^0 bzw. c_S^0. Aus dem Verlauf der Gleichgewichtstemperaturen $[T_{Li} = f(c_S)]$ des Zustandsschaubildes, Bild A5-2a, lässt sich das Profil $T(x)$ ermitteln, Bild A5-2c. Der wirkliche Verlauf der Liquidus- und Solidustemperatur wurde hier durch mathematisch leichter handhabbare gerade Linien angenähert (die Begründung s. weiter unten). Wenn an der Phasengrenze ein örtliches Gleichgewicht besteht und keine Diffusion in der festen Phase stattfindet, kann man zeigen, dass der Temperaturgradient G an der Phasengrenzfläche (x = 0) beträgt:

$$\left.\frac{dT_{Li}(x)}{dx}\right|_{x=0} = G = -\frac{R \cdot m_S}{D} \cdot \left(c_S^0 - c_F^0\right). \quad [A5\text{-}2]$$

Eine konstitutionelle Unterkühlung unterbleibt, wenn G bei $x = 0$ Tangente an die Liquidustemperaturkurve wird, Bild A5-2c:

$$\frac{G}{R} \geq -\frac{m_S}{D} \cdot \left(c_S^0 - c_F^0\right). \quad [A5\text{-}3]$$

Mit dem sog. *Gleichgewichtsverteilungsverhältnis k*, der bei einer bestimmten Temperatur das Verhältnis der Zusammensetzung der festen zur flüssigen Phase ist

$$k = \frac{c_F^0}{c_S^0} \left(= \frac{c_F}{c_S}\right) \quad [A5\text{-}4]$$

erhält man nach Erreichen des thermodynamischen Schmelzen-Gleichgewichts, bei dem die Zusammensetzung der Kristallite bzw. der Schmelze an der Phasengrenze fest/flüssig wird:

$$c_F^0 = c_0, \quad c_S^0 = \frac{c_0}{k}.$$

Daraus folgt:

$$\frac{G}{R} \geq -\frac{m_S \cdot c_0 \cdot (1-k)}{k \cdot D}. \quad [A5\text{-}5]$$

Unter der Annahme eines linearen Zusammenhangs des Verlaufs der Liquidus- (T_{Li}) und der Solidustemperatur (T_{So}) ist:

$$T_{Li} = T_S - m_S \cdot c_0, \quad T_{So} = T_S - m_F \cdot c_0.$$

Mit $m_F = \dfrac{m_S}{k}$ wird:

$$T_{So} = T_S - \frac{m_S}{k} \cdot c_0,$$

und endlich, Gl. [A5-6]:

$$T_{Li} - T_{So} = T_L - T_F = \Delta T = \frac{m_S \cdot c_0 \cdot (k-1)}{k}.$$

Durch Einsetzen der Beziehung $\Delta T = T_L - T_F$ in Gl. [A5-5] erhält die gewünschte Gleichung für G/R, gemäß:

$$\frac{G}{R} \geq -\frac{m_S \cdot c_0 \cdot (1-k)}{k \cdot D} = \frac{T_L - T_F}{D} = \frac{\Delta T}{D}. \quad [A5\text{-}7]$$

Man erhält mit den vorgegebenen Werten:

$D = 3{,}5 \cdot 10^{-5}$ cm²/s, $\Delta T = 35\,°C$, $v = R = 0{,}5$ cm/s (gilt für Schweißnahtmitte, s. Abschn. 4.1.1.1, S. 300, und Gl. [4-1], S. 301) den für eine ebene Erstarrung erforderlichen Mindest-Temperaturgradienten G:

$$G \geq R \cdot \frac{\Delta T}{D} = \frac{0{,}5 \cdot 35 \cdot 10^5}{3{,}5} \left[\frac{\text{cm}}{\text{s}} \cdot °C \cdot \frac{\text{s}}{\text{cm}^2}\right]$$

$$G \geq 5 \cdot 10^5 \frac{°C}{\text{cm}}.$$

Derartig große Temperaturgradienten sind beim Schweißen auch nicht annähernd erreichbar, d. h., bei den gegebenen Bedingungen ist eine ebene Erstarrung in Schweißnahtmitte nicht möglich. Die Beziehung Gl. [A5-7]

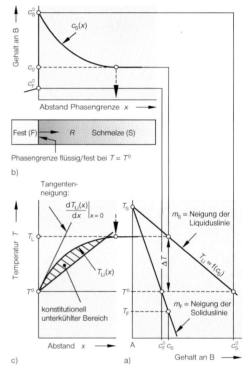

Bild A5-2
Einfluss der konstitutionellen Unterkühlung auf die Erstarrungsstrukturen von Legierungen, Hinweise für Aufgabe A5-3.
a) *Hypothetisches Zustandsschaubild A-B, Ausschnitt,*
b) *Zusammensetzung der Schmelzenschicht an der Phasengrenze flüssig / fest direkt nach dem Ausscheiden der festen Phase a,*
c) *konstitutionelle Unterkühlung, s. a. Bild 1-32, S. 28.*

lässt außerdem erkennen, dass die ebene Erstarrung umso schwieriger erreichbar ist, je größer das Erstarrungsintervall ΔT und die Schweißgeschwindigkeit v (entspricht R) sind. S. a. Aufgabe 4-10, S. 487.

Aufgabe 5-4:
Es sind einige grundsätzliche Probleme zu schildern, die beim Schweißen ausscheidungshärtender Legierungen entstehen (bzw. können). Welche Schweißtechnologie ist danach am aussichtsreichsten? Siehe hierzu auch die Ausführungen in den Abschnitten 2.6.3.3, S. 161, (Grundlagen) und 5.1.3, S. 505, (Schweißverhalten).

Die ausscheidungshärtenden Legierungen werden im *lösungsgeglühten* (seltener) oder im *ausscheidungsgehärteten* Zustand geschweißt. Die Festigkeitserhöhung kann nur in geeigneten Legierungen (Abschn. 2.6.3.3, S. 161) durch eine Folge bestimmter Wärmebehandlungen erreicht werden, bei denen kohärente/inkohärente Teilchen ausgeschieden werden, die die Matrix versteifen. Die Festigkeits- und Zähigkeitseigenschaften der Legierung hängen ab von
– dem mittleren Teilchenabstand λ,
– der Teilchenfestigkeit,
– der Teilchenanzahl und -größe, der
– Teilchenart (kohärent bzw. inkohärent),
– dem Diffusionsvermögen der am Aufbau der Teilchen beteiligten Elemente, d. h. der Geschwindigkeit, mit der die Teilchen gelöst bzw. ausgeschieden werden.

Während des Schweißens entstehen in diesen komplexen metallurgischen Systemen beim Lösungs- und Wiederausscheidungsprozess eine Reihe von Werkstoffänderungen (entscheidend sind vor allem die in der Wärmeeinflusszone!), die die Schweißeignung dieser Legierungen überwiegend unbefriedigend machen. Bild A5-3 zeigt die werkstofflichen Vorgänge in der WEZ ausscheidungshärtender Legierungen.

Abhängig von der gewählten Streckenenergie Q und anderen Schweißbedingungen (Vorwärmtemperatur, Werkstückdicke, eventuell Schweißverfahren) wird in einem schmalen Bereich der optimale Ausscheidungszustand ungünstig verändert (Koagulieren, Lösen). Während des (raschen) Abkühlens nach dem Schweißen können sie sich nicht mehr vollständig bzw. nur in einer nachteiligen Form (nadelförmig, an Korngrenzen, nicht mehr kugelig, nicht optimaler mittlerer Teilchenabstand λ, Teilchengröße, s. Abschn. 2.6.3.3, S. 161) ausscheiden.

Bei den normalerweise mehrfach legierten Werkstoffen ist außerdem die Wahrscheinlichkeit groß, dass in der partiell aufgeschmolzenen Zone niedrigschmelzende, meistens eutektische Verbindungen entstehen, die zu *Wiederaufschmelzrissen* (aushärtbare Nickellegierungen) bzw. *Heißrissen* (Aluminium-Magnesium-Zink-Legierungen) führen können. Wiederaufschmelzrisse können auch nach dem Mechanismus der konstitutionellen Unterkühlung hervorgerufen werden, die in Abschn. 5.1.3, S. 505, genauer besprochen wurde. Die Neigung der aufgeschmolzenen Partikel zur Rissbildung wird von verschiedenen Faktoren bestimmt:

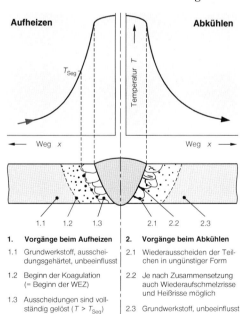

Bild A5-3
Werkstoffliche Vorgänge in der WEZ ausscheidungshärtender Legierungen, Zustand ausgelagert, schematisch. (Bedeutung von T_{Seg} s. Bild 1-64, S. 53).

- Eine geringe Korngröße im Grundwerkstoff und in der WEZ verringert die Belegungsdichte der rissauslösenden Bestandteile d. h. auch die Rissgefahr.
- Die Menge der Werkstoffverunreinigungen sollte möglichst gering sein.
- Die Viskosität der aufgeschmolzenen Bestandteile sollte so groß sein, dass ihr Eindringen entlang der Korngrenzen erschwert bzw. unmöglich wird.

Das Wärmeeinbringen beim Schweißen muss *begrenzt* werden, weil anderenfalls der optimale Ausscheidungszustand des Grundwerkstoffs zerstört wird, die Breite der geschädigten WEZ und die Korngröße ihres Gefüges zu groß würden. Anderseits darf es nicht zu *klein* sein, weil die scharfen Eigenspannungszustände in dem ausgehärteten, wenig verformbaren Werkstoff leicht zur Rissbildung führen. Ganz allgemein kann festgestellt werden, dass das Schweißverhalten der ausscheidungshärtenden Legierungen umso besser ist, je schwerer (= je höher die Lösungstemperatur ist!) die Ausscheidungen in Lösung gehen und je vollständiger sie sich in globularer Form möglichst statistisch verteilt im Korn (nicht an den Korngrenzen) beim Abkühlen ausscheiden.

Aufgabe 5-5:
Es ist das Schweißverhalten einphasiger krz und kfz Werkstoffe bzw. Legierungen im Vergleich zu mehrphasigen zu beurteilen.

Krz Metalle sind relativ wenig verformbar, besitzen eine bei Raumtemperatur oder darüber liegende Übergangstemperatur der (Schlag-)Zähigkeit und sind thermisch wenig beständig. Das Ergebnis ist abhängig vom Wärmeeinbringen ein ausgeprägtes *Grobkorn* in der WEZ und wegen der i. Allg. sehr geringen Löslichkeit eine extreme Neigung zum *Ausscheiden* verschiedener gütemindernder Phasen/Bestandteile.

Die Wirkung der Verunreinigungen auf die mechanischen Gütewerte, sind von der Form abhängig, in der sie im Gefüge vorliegen. Als Ausscheidungen wirken sie rein mechanisch im Sinne einer Kerbe, sind aber abhängig von ihrem Schmelzpunkt sehr häufig die Ursache für Heißrissbildung in der WEZ und im Schweißgut. Interstitiell gelöst setzen sie vor allem in krz Metallen die Zähigkeit oft extrem herab (z. B. N, P, As in ferritischen Stählen).

Einphasige kfz Metalle sind wegen ihrer hervorragenden Zähigkeit (die bei vielen Werkstoffen bis zum absoluten Nullpunkt erhalten bleibt) in der Regel hervorragend schweißgeeignet. Allerdings spielt der Gehalt und die Art der Verunreinigungen eine große Rolle. Es ist bekannt, dass gerade kfz Metalle bestimmte Verunreinigungen selbst in kleinsten Mengen nicht lösen können (z. B. S, P). Die Folgen sind z. B. Heißrissigkeit (S, P, B in Nickel und Nickel-Legierungen; Pb in Automatenmessingen; S, P, B in vollaustenitischen Stählen; Zr, B in Nickel), Werkstofftrennungen (O_2 in Kupfer). Die oft extreme Verringerung der Zähigkeit, wie sie bei krz Metallen beobachtet wird (z. B. durch H, N), entsteht nicht. Die Neigung zum Kornwachstum in der WEZ ist wegen der großen thermischen Beständigkeit dieser Werkstoffe gering. Härte- und Kaltrissbildung ist nicht möglich.

Die Schweißeignung mehrphasiger Werkstoffe wird in der Regel von den Eigenschaften der Phase mit der schlechteren Schweißeignung bestimmt.

Diese Werkstoffe bieten aber meistens den Vorteil, dass sich die herstellbedingten Verunreinigungen in einer Phase lösen, in der anderen nicht. Damit entfällt die Gefahr einer Heißrissbildung (niedrigschmelzender Bestandteil erforderlich!) sowie die meisten anderen Nachteile. Die ohne einen δ-Ferritzusatz (etwa 10 %) extrem heißrissanfälligen Chrom-Nickel-Stähle sind ein typisches Beispiel.

Von einem Schmelzschweißen muss abgeraten werden, wenn die Werkstoffe intermediä re Phasen enthalten oder diese sich beim Schweißen bilden. Versprödung, Heißrisse, (Wiederaufschmelzrisse) sind nur schwer vermeidbar, s. a. Aufgabe 5-6. Mit geeigneten Zusatzwerkstoffen lassen sich häufig die Auswirkungen gering halten oder sogar die Rissbildung vermeiden, Abschn. 4.1.4, S. 334. Je geringer der Aufschmelzgrad beim Schweißen ist, desto geringer ist die Menge der sich bildenden intermediären Verbindungen, d. h. die Gefahr von Rissen. Durch Wahl eines geeigneten Lötverfahrens wird der Umfang der metallurgischen Prozesse normalerweise soweit verringert, dass betriebssichere Verbindungen herstellbar sein sollten.

Aufgabe 5-6:
Es sind die metallurgischen Probleme sowie einige Möglichkeiten ihrer Lösung beim Verbindungs-/Auftragschweißen unterschiedlicher Werkstoffe zu schildern. Hierzu s. a. Abschn. 4.1.4, S. 334, und Aufgabe 4-3, S. 479. Spezielle Hinweise zur Anwendung der Puffertechnik sind in Abschn. 4.3.8.3, S. 451, und Bild 4-117, S. 449, und Zusatzwerkstoffe zum Auftragschweißen in Tabelle 4-41, S. 444, zu finden.

Das Hauptproblem bei derartigen Verbindungs- bzw. Auftragschweißungen besteht darin, dass durch Mischen von Grundwerkstoffanteilen A und B mit dem Zusatzwerkstoff (A, B oder C bzw. P), Bild A5-1, unerwünschte, also spröde Gefügebestandteile (intermediäre Phasen, Martensit, niedrigschmelzende Verbindungen) entstehen. Durch die typischen extremen Temperatur-Zeit-Zyklen wird außerdem in anfälligen Legierungen die Bildung von Wiederaufschmelzrissen begünstigt. Bei sehr kritischen Werkstoffkombinationen könnte die Verbindung durch Löten herstellbar sein, wenn die erzielbaren Festigkeitseigenschaften ausreichend sind. Bei diesem Fügeverfahren ist der Umfang der metallurgischen Reaktionen äußerst gering, s. Aufgabe 3-4, S. 292.

Die wichtigste Forderung sind demnach die Wahl von Schweißparametern und Schweißverfahren, mit denen möglichst geringe Aufschmelzgrade realisiert werden können. Der Umfang der metallurgischen Reaktionen muss demnach möglichst klein gehalten werden. Die Zusatzwerkstoffe (C) müssen so beschaffen sein, dass sie weder mit A noch mit B intermediäre Phasen bilden. Als besonders geeignet haben sich Nickel bzw. hoch nickelhaltige Zusatzwerkstoffe erwiesen, weil es als kfz Metall extrem zäh ist und mit sehr vielen Elementen lückenlose Mischkristallreihen oder ausgedehnte Mischkristallbereiche bildet.

Vor allem wegen der im Vergleich zu üblichen Verbindungsschweißungen deutlich komplexeren metallurgischen Prozesse wird bei Auftragschweißungen (Schweißpanzern) häufig mit zähen, austenitischen Pufferlagen gearbeitet, die die folgenden Vorteile haben:
– Schweißeigenspannungen können durch Plastifizieren leichter rissfrei aufgenommen werden.
– Die zähe Pufferschicht kann Risse auffangen, ohne dass das Bauteil zerstört wird. Diese Fähigkeit ist z. B. bei Hartauftragungen die entscheidende Eigenschaft für die Bewährung des Bauteils. Außerdem kann die Pufferschicht die Bildung spröder Gefüge (aus A und B) wirksam verhindern.

Für alle Schweißarbeiten mit Nickel- bzw. hoch nickelhaltigen Zusatzwerkstoffen ist die extreme Sauberkeit der Schweißstelle eine entscheidende Voraussetzung. Außerdem muss der Grad der Aufmischung mit den i. Allg. höher schwefel- und phosphorhaltigen Grundwerkstoffen klein gehalten werden, um die Heißrissigkeit des Nickelschweißguts gering zu halten. Die Schweißer müssen mit den typischen Besonderheiten im Umgang mit Nickelzusatzwerkstoffen (extrem dickflüssiges Schweißgut!) vertraut sein.

Tabelle A5-1
Metallurgische und verfahrenstechnische Möglichkeiten für das Verbindungs- und Auftragschweißen unterschiedlicher Werkstoffe.

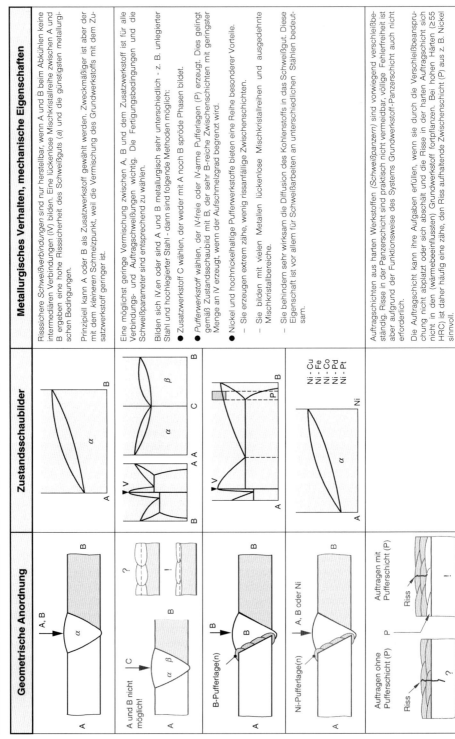

Aufgabe 5-7
Es sind die wichtigsten schweißtechnischen Probleme und Besonderheiten der Kupferschweißung zu erörtern. Genauere Hinweise zum Schweißen sind in Abschn. 5.2.1 zu finden.

Es werden die folgenden Kupfersorten unterschieden:
- Die für elektrotechnische Zwecke verwendeten sehr schlecht schweißgeeigneten *sauerstoffhaltigen* Kupfersorten, z. B. Cu-ETP [**E**lectrolytic **T**ough-**P**itch Copper: elektrolytisch raffiniertes, sauerstoffhaltiges (zähgepoltes) Kupfer], Cu-FRHC [**F**ire-**R**efined **H**igh-**C**onductivity copper: Feuerraffiniertes, sauerstoffhaltiges (zähgepoltes) Kupfer].
- Die phosphorhaltigen, sauerstofffreien Kupfersorten, z. B. Cu-DHP [phosphorus-**D**eoxidized copper (**H**igh residual **P**hosporus): Desoxidiertes Kupfer mit hohem Restphosphorgehalt.

Die folgenden Werkstoffeigenschaften und metallphysikalischen Besonderheiten bestimmen das Schweißverhalten des Kupfers:
- Sauerstoffgehalt des Kupfers,
- Wärmeleitfähigkeit, die durch verschiedene Verunreinigungen, wie z. B. P, Si, Ag sehr stark herabgesetzt wird,
- Wärmeausdehnung,
- starke Neigung zur Gasaufnahme.

Der *Sauerstoff* (bei sauerstoffhaltigen Cu-Sorten $\leq 0,04\%$) liegt im Grundwerkstoff i. Allg. als Cu_2O abgebunden vor, weil die Sauerstofflöslichkeit des Kupfers bei Raumtemperatur extrem gering ist. Das in der Cu-Matrix fein verteilte Cu_2O (eutektische Reste!) schmilzt in den über 1065 °C erwärmten Bereichen der WEZ wieder auf und sammelt sich an den Korngrenzen, wo es spröde Korngrenzenfilme bildet.

In wasserstoffhaltigen Atmosphären (Gasschweißen) versprödet Kupfer außerdem durch die *Wasserstoffkrankheit* genannte Erscheinung. Der im reduzierenden Teil der Gasflamme vorhandene Wasserstoff dringt in in den über 1065 °C erwärmten Bereich der WEZ und reduziert das flüssige Cu_2O zu Cu:

$$Cu_2O + 2 \cdot H \rightarrow 2 \cdot Cu + \{H_2O\}_{Dampf}.$$

Der entstehende im Kupfer nichtlösliche und nicht diffusionsfähige Wasserdampf bleibt am Entstehungsort erhalten. Auf Grund seines sehr großen Volumens (Wasserdampf hat ein um den Faktor von etwa 1000 größeres Volumen als Wasser!) wird das Gefüge entlang der Korngrenzen »gesprengt«.

Beide Versprödungserscheinungen lassen sich mit phosphordesoxidierten (P_2O_5), also saustofffreien Kupfersorten vermeiden, weil P_2O_5 nicht mehr vom Wasserstoff reduziert werden kann.

Wegen der extrem großen *Wärmeleitfähigkeit* [etwa 390 W/(m·K) bei der Cu-Sorte Cu-OF, > 240 W/(m·K) bei der Cu-Sorte Cu-DHP, Tabelle 5-1] wird die beim Schweißen zugeführte Wärme sehr schnell in den umgebenden Grundwerkstoff abgeleitet. Zum Aufrechterhalten des Schmelzflusses ist daher eine sehr konzentrierte Wärmequelle (z. B. Elektronenstrahlschweißen) oder eine sehr hohe Vorwärmtemperatur (bis 600 °C) erforderlich.

Als Folge der großen *Wärmeausdehnung*, der großen Energiezufuhr und Wärmeleitfähigkeit wird das Schweißteil großflächig erwärmt. Wegen des kleinen *E*-Moduls und der geringen Temperaturgradienten ist der Bauteilverzug extrem groß. Beim Gasschweißen ist daher ein Fixieren der Fügeteile mit Heftstellen wegen der Gefahr des Aufreißens nicht sinnvoll. Die keilförmig zugelegten Fügeteile werden daher meistens mit Laschen verschraubt oder verkeilt.

Der Übergang des Kupfers von dem festen in den flüssigen Zustand geschieht *plötzlich* und ohne jede Farbänderung. Die Schweißzusatzwerkstoffe sind aus diesem Grunde Legierungen (CuAg1, CuSn1), deren Erstarrungsintervall eine gewisse Modellierbarkeit der Schweißschmelze erzeugt.

Kupferoxide und ihre Neubildung lassen sich mit *Flussmitteln* vermeiden. Alle von der Gasflamme berührten Bereiche (Fugenflanken, Schweißdraht) sollten daher dünn mit diesen bestrichen werden.

5.6 Schrifttum

Altenpohl, D.: Aluminium von innen. 5. Aufl. Aluminium-Verlag, Düsseldorf, 2005.

Aluminium-Taschenbuch *(C. Kammer),* Herausgeber: Aluminium-Zentrale Düsseldorf, 15. Aufl. Band 1: Grundlagen und Werkstoffe, Aluminium-Verlag, Düsseldorf, 1995.

Atkinson, R. A., Crawley, G. B., u. K. Röhrig: Für Gußstücke mit extremer Korrosionsbeständigkeit: Nickellegierungen. konstr. + gießen 20 (1995), H.1, S. 23/32.

Baeslack III, W. A., Becker, D. W., u. F. H. Froes: Advances in Titanium Alloy Welding Metallurgy. J. Met. 1984, H. 5, S. 46/58.

Baeslack III, W. A., u. D. L. Hallum: Nature of Grain Refinement in Titanium Alloy Welds by Microcooler Inoculation. Weld. J. Res. Suppl. 69 (1990), H. 12, S. 326s/336s.

Bania, P.: Next Generation Titanium Alloys for Elevated Temperature Service. ISIJ Int. 31 (1991), S. 840/847.

Becker, D. W., u. W. A. Baeslack III: Property-Microstructure Relationships of Metastable-Beta Titanium Alloy Weldments. Weld. J. Res. Suppl. 49 (1980), S. 85s/92s.

Borggreen, K., u. I. Wilson: Use of Postweld Heat Treatments to Improve Ductility in Thin Sheets of Ti-6Al-4V. Weld. J. Res. Suppl. 59 (1980), H. 1, S. 1s/8s.

Christoph, H.: Schweißen von Aluminium und seinen Legierungen – Stand der Europäischen Werkstoffnormung. Aluminium 70 (1994), H. 3/4, S. 236/241.

Cieslak, M. J., Headley, T. J., u. J. Romig: The Welding Metallurgy of Hastelloy Alloys C-4, C-22, C-276. Metall. Trans. A. Vol 17A, H.11, S. 2035/2047.

Collings, E. W.: The Physical Metallurgy of Titanium Alloys. American Society for Metals, 1989.

Cross, C. E., Kramer, L. S., Tack, W. T., u. L. W. Loechel: Aluminium Weldability and Hot Tearing Theory, S. 275/282. Weldability of Materials. ASM International, 1990.

Damkroger, B. K., Edwards, G. R., u. B. B. Rath: Investigation of Subsolidus Weld Cracking in Alpha-Beta Titanium Alloys. Weld. J. Res. Suppl. 68 (1989), S. 290s/302s.

Davenport, W. G. L. u. a.: Extractive Metallurgy of Copper. Elsevier Science Pub Co, 2002.

Denney, P. E., u. E. A. Metzbower: Laser Beam Welding of Titanium. Weld. J. Res. Suppl. 68 (1989), S. 342s/346s.

DeVale, R., u. W. E. Lukens: Larger Contact Tube Bore Diameter Extends Service Life in GMAW of Titanium. Weld. J. 65 (1986), H. 12, S. 28/33.

DIN 1729-1: Magnesiumlegierungen; Knetlegierungen, 8/1982.

DIN 1737-2: *s.* DIN EN ISO 24034.

DIN 17671: Rohre aus Kupfer und Kupfer-Knetlegierungen, ersatzlos zurückgezogen, 1983.

DIN 17740: Nickel in Halbzeug – Zusammensetzung), 9/2002.

DIN 17741: Niedriglegierte Nickel-Knetlegierungen – Zusammensetzung, 9/2002.

DIN 17742: Nickel-Knetlegierungen mit Chrom – Zusammensetzung, 9/2002.

DIN 17743: Nickel-Knetlegierungen mit Kupfer – Zusammensetzung, 9/2002.

DIN 17744: Nickel-Knetlegierungen mit Molybdän und Chrom – Zusammensetzung, 9/2002.

DIN 17745: Knetlegierungen aus Nickel und Eisen – Zusammensetzung, 9/2002.

DIN 17850: Titan – Chemische Zusammensetzung, 11/1990.

DIN 17851: Titanlegierungen – Chemische Zusammensetzung; Technische Lieferbedingungen, 11/1990.

DIN 17860: Bänder und Bleche aus Titan und Titanlegierungen, 11/1990.

DIN 17864: Schmiedestücke aus Titan und Titan-Knetlegierungen (Freiform- und Gesenkschmiedeteile) – Technische Lieberbedingungen, 6/2009.

DIN EN 485: Aluminium und Aluminiumlegierungen: Bänder, Bleche und Platten.
Teil 1/A1: Technische Lieferbedingungen, 4/2009.
Teil 2: Mechanische Eigenschaften, 1/2009.

DIN EN 515: Aluminium und Aluminiumlegierungen – Halbzeug: Bezeichnung der Werkstoffzustände, 12/1993.

DIN EN 573: Aluminium und Aluminiumlegierungen – Chemische Zusammensetzung und Form und Halbzeug.
Teil 1: Nummerisches Bezeichnungssystem, 2/2005.
Teil 2: Bezeichnungssystem mit chemischen Symbolen, 12/1994.
Teil 3: Chemische Zusammensetzung und Erzeugnisformen, 11/2007.
Teil 5: Bezeichnung von genormten Kneterzeugnissen, 11/2007.

DIN EN 575: Aluminium und Aluminiumlegierungen, durch Erschmelzen hergestellt, Spezifikationen, 9/1995.

DIN EN 1652: Kupfer und Kupferlegierungen – Platten, Bleche, Bänder, Streifen und Ronden zur allgemeinen Verwendung, 3/1998.

DIN EN 1676: Aluminium und Aluminiumlegierungen – Legiertes Aluminium in Masseln – Spezifikationen, 2/1997.

DIN EN 1706: Aluminium und Aluminiumlegierungen – Gußstücke – Chemische Zusammensetzung, Eigenschaften, 6/1998.

DIN EN 1753: Magnesium und Magnesiumlegierungen – Blockmetalle und Gußstücke, 8/1997.

DIN EN 1982: Kupfer und Kupferlegierungen – Blockmetalle und Gußstücke, 8/2008.

DIN EN 12168: Kupfer und Kupferlegierungen – Hohlstangen für die spanende Bearbeitung (enthält Änderung A1: 2000), 9/2000.

DIN EN 12449: Kupfer und Kupferlegierungen – Nahtlose Rundrohre zur allgemeinen Verwendung, 10/1999.

DIN EN ISO 9606: Prüfung von Schweißern – Schmelzschweißen
Teil 2: Aluminium und Aluminiumlegierungen, 3/2005.

DIN EN ISO 10042: Schweißen – Lichtbogenschweißverbindungen an Aluminium und seinen Legierungen – Bewertungsgruppen von Unregelmäßigkeiten, 2/2006.

DIN EN ISO 14172: Schweißzusätze – Umhüllte Stabelektroden zum Lichtbogenhandschweißen von Nickel und Nickellegierungen, 3/2009.

DIN EN ISO 14327: Widerstandsschweißen – Verfahren für das Bestimmen des Schweißbereichsdiagramms für das Widerstandspunkt-, Buckel- und Rollennahtschweißen, 6/2004.

DIN EN 14640: Schweißzusätze - Massivdrähte und -stäbe zum Schmelzschweißen von Kupfer und Kupferlegierungen – Einteilung, 7/2005.

DIN EN ISO 15612: Anforderung und Qualifizierung von Schweißverfahren für metallische Werkstoffe – Qualifizierung durch Einsatz eines Standardschweißverfahrens, 10/2004.

DIN EN ISO 18273: Schweißzusätze – Massivdrähte und -stäbe zum Schmelzschweißen von Aluminium und Aluminiumlegierungen – Einteilung, 5/2009.

DIN EN ISO 18274: Schweißzusätze – Massivdrähte, -bänder und -stäbe zum Schmelzschweißen von Nickel und Nickellegierungen – Einteilung, 5/2004.

DIN EN ISO 24034: Schweißzusätze – Massivdrähte und -stäbe zum Schmelzschweißen von Titan und Titanlegierungen – Einteilung, 10/2008.

Donachie, M. J.: Titanium, Metals Handbook Desk Edition. American Society for Metals, 1985.

Dudas, J. H., u. *F. R. Collins:* Preventing Weld Cracks in High-Strength Aluminium Alloys. Weld. J. Res. Suppl. 45 (1966), H. 6, S. 241s/249s.

DVS 0713: Empfehlungen zur Auswahl von Bewertungsgruppen nach DIN EN 30042 und ISO 10042 Stumpfnähte und Kehlnähte an Aluminiumwerkstoffen, 5/1995.

Friedrich, H. E., Mussack, R., u. *H. M. Tensi:* Fertigungstechnische Aspekte beim Einsatz von Al-Li-Legierungen im Flugzeugbau, Teil 1. Aluminium 65 (1989), H. 6, S. 615/21.

Fujishiro, S. u. a.: Metallurgy and Technology of Practical Titanium Alloys: Proceedings. TMS, 1995.

Gerkin, J. M., u. a.: Titanium, Zirconium, Tantalum and Columbium. In: Welding Handbook, 7. Aufl., Band 4, AWS, 1982.

Gittos, N. F., u. *M. H. Scott:* Heat Affected Zone Cracking of Al-Mg-Si-Alloys. Weld. J. Res. Suppl. 60 (1981), H. 6, S. 95s/102s.

Grein, A.: Untersuchungen zur Gefügestabilität und Korrosionsbeständigkeit von Nickelbasislegierungen unter fertigungsüblichen Schweißbedingungen am Beispiel der Werkstofftypen NiMo 28 und NiMo 16 CrTi. Werk. u. Korr. 29 (1978), S. 205/206.

Gravemann, H.: Verhalten elektronenstrahlgeschweißter Kupferwerkstoffe bei erhöhten Temperaturen. Metall 43 (1989), H. 11, S. 1073/1080.

Greenfield, M. A., u. *D. S. Duval:* Welding of Advanced High Strength Titanium Alloys. Weld. J. Res. Suppl. 60 (1981), S. 79s.

Haas, B.: Schutzgasschweißen von Aluminium und seinen Legierungen. Schweißtechn. Wien 43 (1989), S. 154/58.

Hilbinger, R. M.: Heißrissbildung beim Schweißen von Aluminium in Blechrandlage. Herbert Utz Verlag, 2000.

Höhne, V. u. *G. Pusch:* Mechanische und bruchmechanische Bewertung des Bruchverhaltens von WIG-Schweißverbindungen der Aluminiumlegierung AlMg4,5Mn bei statischer Beanspruchung. Dt. V. Grundstoffind., 1992.

Hirose, H., Sato, R. E., u. *T. Hayashi:* Welding of Tantalum and Niobium. Weld. Int. 1989, H. 8, S. 672/677.

ISO 14172: Schweißzusätze – Umhüllte Stabelektroden zum Lichtbogenhandschweißen von Nickel und Nickellegierungen – Einteilung, 5/2004.

ISO 14172 Technical Corrigendum 1, Ausgabe: Schweißzusätze – Umhüllte Stabelektroden zum Lichtbogenhandschweißen von Nickel und Nickellegierungen – Einteilung; Korrektur 1, 7/2004.

ISO 18274: Schweißzusätze – Massivdrähte, -bänder und -stäbe zum Schmelzschweißen von Nickel und Nickellegierungen – Einteilung, 5/2004.

ISO 24034: Schweißzusätze – Massivdrähte und -stäbe zum Schmelzschweißen von Titan und Titanlegierungen – Einteilung, 10/2005.

ISO/TR 17671: Schweißen – Empfehlungen zum Schweißen metallischer Werkstoffe.
Teil 1: Allgemeine Anleitungen zum Lichtbogenschweißen, 2/2002.
Teil 4: Lichtbogenschweißen von Aluminium und Aluminiumlegierungen, 2002.
Teil 5: Schweißen von plattierten Stählen, 2004.
Teil 7: Elektronenstrahlschweißen, 2004.

DIN EN ISO 15614: Anforderung und Qualifizierung von Schweißverfahren für metallische Werkstoffe – Schweißverfahrensprüfung
Teil 2: Lichtbogenschweißen von Aluminium und seinen Legierungen, 7/2005.

Jones, H.: Rapid Solidification of Metals and Alloys. Monograph Nr. 8, Institution of Metallurgists. London, 1982.

Kammer D. A., Monroe, R. E., u. *D. C. Martin:* Weldability of Tantalum Alloys. Weld. J. Res. Suppl. 51 (1972), H. 6, S. 304s.

Kampmann, L., Binroth, Ch., Emmelmann, C., u. *R. Seefried:* Nd:YAG-Laserstrahlschweißen von AlMg- und AlMgSi-Legierungen mit Schweißzusatz. DVS-Berichte Band 132, 1994.

Kelly, T. J.: Elemental Effects on Cast 718 Weldability. Weld. J. Res. Suppl. 68 (1989), H. 1, S. 44s/51s.

Kerr, H. W., u. *M. Katoh:* Investigation of Heat-Affected Zone Cracking of GMA Welds of Al-Mg-Si Alloys using the Varestraint Test. Weld. J. Res. Suppl. 66 (1987), H. 9, S. 251s/259s.

Knoch, R., u. *W. Welz:* Plasmaschweißen von Aluminium-Druckguß mit Elektrode am Pluspol. Schw. u. Schn. 33 (1981), H. 7, S. 315/320.

Köcher, R.: Wirtschaftlicher Einsatz von korrosionsbeständigen Werkstoffen im Apparatebau. Chem.-Ing.-Tech. 59 (1987), H. 7, S. 564/571.

Köcher, R.: Schweißen von Kupferwerkstoffen und Verbundwerkstoffen mit Plattierungsauflagen aus Kupferwerkstoffen. Jahrbuch Schweißtechnik '90, S. 35/48. DVS-Verlag, Düsseldorf, 1989.

Kou, S.: Welding Metallurgy and Weldability of High Strength Aluminium Alloys. Weld. Res. Coun. Bull. Nr. 320. Welding Research Council 1986.

Krüger, U., Laudien, U., Lemke, F., u. *P. W. Nogossek:* DVS-Gefügekatalog Schweißtechnik – Nichteisenmetalle. DVS-Verlag GmbH, Düsseldorf, 1987.

Langenbeck, S. L., Griffith, W. M., Hildeman, G. J., u. *J. W. Simon:* Development of Dispersion-Strengthened Aluminium Alloys. In: *Fine, M. E.,* u. *E. A. Starke, Jr. (Hrsg.):* Rapidley Solidified Aluminium Alloys. STP 890, ASTM, 1986.

Lessman. G. G.: The Comparative Weldability of Refractory Metal Alloys. Weld. J. Res. Suppl. 45 (1966), H. 12, S. 540s/560s.

Liu, J.: Untersuchungen über den Einfluß des Schweissens auf das Ausscheidungsverhalten und die Verbindungseigenschaften von ferritisch austenitischem Stahlguss. DVS-Verlag, Düsseldorf, 1994.

Lütjering, G. u. *J. C. Williams:* Titanium. Springer, Berlin, 2003.

Mathers, G.: Welding of Aluminium and its Alloys. CRC Press, 2002.

Matsuda, F., u. a.: Moving Characteristics of Weld Edges During Solidification. Trans. JWRI, 9 (1980), H. 2, S. 83/97.

Mazumder, J., u. *W. M. Steen:* Microstructure and Mechanical Properties of Laser Welded Ti-6Al-4V. Metall. Trans. A. 13 (1982), S. 865/871.

Mechsner, K., u. *R. Winkler:* Anwendung des WIG-Schweißens mit Argon-Helium-Gemischen von Aluminium-Strangpreßprofilen im Schienenfahrzeugbau. DVS-Berichte Band 131, 1990, S. 180/183.

Metals Handbook, Vol. 6: Welding, Brazing, and Soldering. ASM International, Metals Park, Ohio, 1993.

Metzer, G. E.: Gas Tungsten Arc Welding of a Powder Metallurgy Aluminium Alloy. Weld. J. Res. Suppl. 71 (1992), H. 8, S. 297s/304s.

Moore, J. J.: Chemical Metallurgy. Butterworth-Heinemann Ltd., Oxford, 1994.

Mullins, F. D., u. *D. W. Decker:* Weldability Study of Advanced High Temperature Titanium Alloys. Weld. J. Res. Suppl. 59 (1980), H. 6, S. 177s/182s.

Paton, N. E., u. *J. C. Williams:* The Effect of Hydrogen on Titanium and its Alloys: Hydrogen in Metals, S. 409/431. American Society for Metals, 1974.

Peters, M.: Neuere Entwicklungen auf dem Gebiet der Titanlegierungen. Metall 37 (1983), S. 584/589.

Pickens, J. R.: The Weldability of Lithium-Containing Aluminium Alloys. J. Mater. Sci. 20 (1985), S. 4247/4258.

Pickens, J. R.: Recent Developments in the Weldability of Lithium-Containing Aluminium Alloys. J. Mater. Sci. 25 (1990), S. 3035/3047.

Prager, M., u. *C. S. Shira:* Welding of Precipitation-Hardening Nickel-Base Alloys. Weld. Res. Counc. Bull., Nr. 128, 1968.

Rotter, H.: Die Anwendung der Schutzgas-Schweißung von Kupfer und seinen Legierungen. Metall 23 (1969), S. 1163/69.

Rüdinger, K.: Stand und Entwicklungstendenzen des Schweißens von Titan und seinen Legierungen. Schw. u. Schn. 27 (1975), S. 366/369.

Ruge, J., u. *P. Nörenberg:* Eignung von Aluminium-Druckguß zum Plasma- und Elektronenstrahlschweißen – Entgasungsmechanismen und Nahtgüte. Schw. u. Schn. 41 (1989), H. 7, S. 327/332.

Ruge, J., Rehbein, D.-H., u. *N. Hoffmann:* Schweißen dünnwandiger Teile aus Aluminium-Druckguß. VDI-Berichte Nr. 1072, 1993, S. 149/158.

Savage, W. F., u. *J. J. Pepe:* Effects of Constitutional Liquation in 18-Ni Maraging Steel Weldments. Weld. J. Res. Suppl. 46 (1967), S. 411s/422s.

Saunders, H. L. (Hrsg.): Welding Aluminium: Theorie and Practice. The Aluminium Association, 1991.

Shercliff, H., u. *M. F. Ashby:* A Process for Age Hardening of Al Alloys – I. Model and II. Applications of the Model. Acta Metall. Mater. 38 (1990), H. 10, S. 1789/1812.

Schoer, H.: Schweißen und Hartlöten von Aluminiumwerkstoffen. DVS-Verlag, Düsseldorf, 1998.

Smallman, R. E.: Modern Physical Metallurgy. 4. Aufl. Butterworth-Heinemann Ltd., 1992.

Stummer, F. G.: Fertigungssichere Herstellung wärmebehandelbarer und schweißbarer Druckgußteile. Gießerei 81 (1994), H. 10, S. 294/296.

Thompson, R. G., Mayo, D. E., u. *B. Radhakrishnan:* On the Relationship between Carbon Content, Microstructure, and Intergranular Hot Cracking in Cast Nickel Alloy 718. Metall. Trans. A, 22 (1991), S. 557/ 567.

Wadsworth, J., Morse, G. R., u. *P. M. Chewey:* The Microstructure and Mechanical Properties of a Welded Molybdenum Alloy. Mater. Sci. Eng. 59 (1983), H. 6, S. 257/273.

Webster, R. T.: Joining of Tantalum and Niobium. J. Met. 36 (1984), H. 8, S. 43/52.

Wehner, H., Wittmann, H.-P., u. *H. Zürn:* Schwarz-Rot-Verbindungen – Auftrag- und Verbindungsschweißen von Stahl- und Kupferwerkstoffen. DVS-Berichte Bd. 74, S. 334/339. DVS-Verlag, Düsseldorf, 1982.

Zwicker, U.: Titan und Titanlegierungen. Springer Verlag Berlin, Heidelberg, New York, 1974.

6 Anhang (spezielle Werkstoffprüfverfahren)

6.1 Prüfung auf Heißrissanfälligkeit

Die Verarbeitung schweißgeeigneter Werkstoffe und die Qualitätssicherung geschweißter Bauteile erfordern u. a. auch eine Bewertung der Heißrissanfälligkeit. Heißrissanfällig sind in mehr oder weniger großem Umfang die Mehrzahl aller Legierungen und vor allem vollaustenitische Stähle, Nickelbasislegierungen, aber auch Baustähle mit hohem Schwefel- und Phosphorgehalt.

Die Temperaturbereiche, in denen die verschiedenen Rissarten entstehen, sind in DIN EN ISO 6520 unter Bezug auf einen an der Schmelzgrenze auftretenden Temperaturverlauf gekennzeichnet, Bild 3-38.

Die Entstehung von **Heißrissen (Erstarrungs-** und **Wiederaufschmelzrisse)** erfolgt bei Temperaturen von 1550 °C bis 1100 °C und basiert hauptsächlich auf metallurgischen Prozessen, Bild 3-38 und z. B. Bild 4-3. Für die Beurteilung der Heißrissanfälligkeit von Schweißverbindungen und Schweißgütern sind mehrere Prüfverfahren entwickelt worden, mit deren Hilfe Kenngrößen und Versagensbedingungen erhalten werden, die den Einfluss von

- **werkstoffbezogenen Faktoren,**
  z. B. die chemische Zusammensetzung von Grund- und Zusatzwerkstoff, Konzentrationsunterschiede (Seigerungen) im Schweißgut, Grundwerkstoff, und von
- **verfahrensbezogenen Faktoren,**
  z. B. Schweißverfahren, Schweißparameter (Schweißbedingungen) mit großer Empfindlichkeit und Reproduzierbarkeit, quantitativ erfassen sollen.

Je nach der Art der Beanspruchung (selbstbeanspruchte bzw. fremdbeanspruchte Probe) während der Prüfung wird unterschieden zwischen Prüfungsverfahren mit:

- **Selbstbeanspruchung**
  Rissentstehung in der Probe erfolgt während des Schweißens bei der Abkühlung infolge behinderter Schrumpfung,
- **Fremdbeanspruchung**
  Rissentstehung in der Probe wird durch äußere Belastung erzwungen.

Die Heißrissprüfverfahren werden in den Normen ISO 17641-1/2 beschrieben. Im Folgenden wird ein Prüfverfahren aus der Gruppe der Verfahren mit Selbstbeanspruchung beschrieben, die übrigen werden nur namentlich erwähnt.

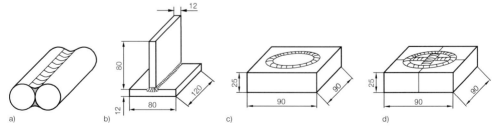

Bild 6-1
Proben für Heißrissprüfung mit Selbstbeanspruchung.
a) Zylinderprobe, nach DIN EN ISO 17641-2 (DIN 50129),
b) Doppelkehlnahtprobe, nach DIN EN ISO 17641-2,
c) Ringnut-Probe, nach VdTÜV-Merkblatt 1153,
d) Ring-Segment-Probe, nach VdTÜV-Merkblatt 1153.

6.1.1 Verfahren mit Selbstbeanspruchung der Probe

Die Proben erhalten ihre Beanspruchung durch die Wärmedehnung und -schrumpfung infolge des Schweißens. Sie eignen sich nur zur Prüfung der Erstarrungsrissanfälligkeit des Schweißgutes von Lichtbogenhandschweißungen. In Bild 6-1 sind verschiedene Proben der Vertreter der selbstbeanspruchten Prüfverfahren dargestellt.

Die *Hakenrisszugprobe* und die *Längsbiegeprobe*, Bild 6-2, gehören ebenfalls zu den Proben mit Selbstbeanspruchung. Die Probennahme erfolgt aus für Verfahrens- und Arbeitsprüfungen hergestellten Schweißnähten aus dem Schweißgut in Längsnahtrichtung. Die Zug- oder Biegebelastung der Probe dient nur zur visuellen Erkennung der durch das Schweißen entstandenen Schädigungen (Risse). Die Heißrisse haben meist die Form eines großen L, daher auch der Name »Hakenriss« bzw. Hakenrissprobe. Die Bewertung der Heißrissanfälligkeit des *Schweißgutes* erfolgt anhand der Anzahl der ermittelten *Wiederaufschmelzrisse*. Maßzahl der Bewertung der Heißrissneigung ist die Anzahl der Risse bezogen auf die Brucheinschnürung. Die Prüfung besteht aus einem ohnehin im Rahmen der Qualitätsüberwachung durchgeführten Zug- oder Biegeversuch und dem anschließenden Auszählen der Risse.

Die Ergebnisse eignen sich nicht für eine quantitative Erfassung der Wiederaufschmelzrissigkeit von Schweißgütern, weil die Einflussgrößen nicht eindeutig definiert sind.

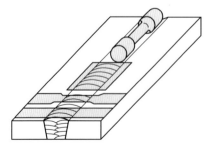

Bild 6-2
Probennahme für Verfahrensprüfung und zum Nachweis von Wiederaufschmelzrissen von Schweißgütern.

6.1.2 Verfahren mit Fremdbeanspruchung der Probe

Im Folgenden werden einige Prüfverfahren nur aufgezählt:
– HZ-Versuch (**H**eiß**z**ugversuch = *Gleeble*versuch), nach *Dahl*.
  Ermittlung: Rissfaktor zum Beurteilen der Wiederaufschmelzrissneigung; kritische Zugfestigkeit und kritische Brucheinschnürung bei charakteristischen Temperaturen beim Erwärmen und Abkühlen.
– HDR-Versuch (**H**ot-**D**eformations **R**ate), nach *Schmidtmann*.
  Ermittlung: kritische Verformungsgeschwindigkeit bzw. Zug-Biege-Verformung bei Entstehung der Erstarrungsrisse im Schweißgut.
– PVR-Versuch (**P**rogrammierter **V**erformungs-**R**iss-Test), nach *Folkhard*.
  Die Ermittlung der Heißrissanfälligkeit (Erstarrungs- und Aufschmelzrisse) des Schweißguts erfolgt *zahlenmäßig*. Die Anzahl der Risse wird auf einer Schweißnahtlänge von 220 mm ermittelt. Die Auswertung erfolgt in Abhängigkeit von der örtlichen Dehngeschwindigkeit.

Als vielseitiges und modernes Prüfverfahren mit Fremdbeanspruchung hat sich der MVT-Test (**M**odifizierte **V**arestraint-**T**ransvarestraint-Test) von *Wilken* durchgesetzt.
Der MVT-Test hat zwei Varianten:
– den *Varestraint-Test*, Bild 6-3a, bei dem die Beanspruchung in Längsrichtung der Schweißnaht erfolgt, und den
– *Transvarestraint-Test*, bei dem die Beanspruchung quer zur Schweißnaht erfolgt, Bild 6-3b.

Der Anwendungsbereich der MVT-Tests ist aus der Tabelle 6-1 zu ersehen. Zu unterscheiden ist die Prüfung auf Erstarrungsrissanfälligkeit und Wiederaufschmelz-Rissanfälligkeit von heißrissgefährdeten Werkstoffen. Wiederaufschmelzrisse können sowohl in der Wärmeeinflusszone des Grundwerkstoffs als auch in den wärmebeeinflussten Schweißgutbereichen bei Mehrlagenschweißungen auftreten. Erstarrungsrisse entstehen im Schweißgut oberhalb oder unterhalb der Solidustemperatur T_{So} des Schweißgutes.

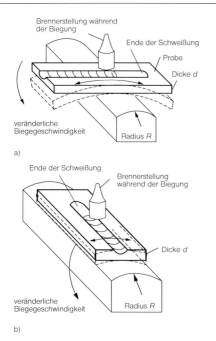

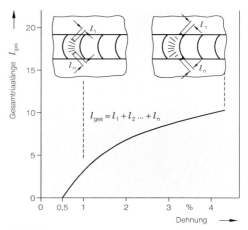

der Größe der Biegedehnung, von 0,25 % bis 5 % in 10 Stufen einstellbar, entstehen mehr oder weniger viel Heißrisse. Die Biegegeschwindigkeit, mit der die Probe auf die Matrize heruntergebogen wird, ist bei Standard-Versuchsbedingungen hoch und konstant, sie beträgt 2 mm/s.

Bild 6-3
Varianten des MVT-Tests.
a) Varestraint-Test,
b) Transvarestraint-Test.

Bild 6-5
Ergebnisse eines MVT-Tests, nach Wilken, BAM.

Bei Standardversuchen wird auf der Probenoberseite in Probenmitte mit einem WIG-Brenner maschinell eine Anschmelzraupe gelegt. Beim Passieren des Lichtbogens der Probenmitte wird die Probe mittels Druckstempel auf eine massive Matrize heruntergedrückt. Die gewählte Werkzeugkombination, Druckstempel/Matrize, bestimmt die Biegedehnung auf der Probenoberseite. Durch die Biegung werden in dem für die Heißrissbildung kritischen werkstoffspezifischen Temperaturbereich Heißrisse erzeugt. Je nach

Sie ist in weiten Grenzen stufenlos von 0,05 bis 4 mm/s einstellbar, ebenso die Schweißgeschwindigkeit und die übrigen Schweißparameter. Der Versuchsablauf ist vollautomatisch. Versuchsdaten werden zeitsynchron registriert. Für eine Versuchsreihe werden üblicherweise 5 Proben benötigt. Für einen Stichversuch kann jedoch auch eine einzige Probe ausreichend sein.

Die Probenform (Abmessungen) ist an den jeweiligen Anwendungsfall angepasst, Bild 6-4. Als Standardproben haben sich die Proben mit der Abmessung 10 x 40 x 100 mm

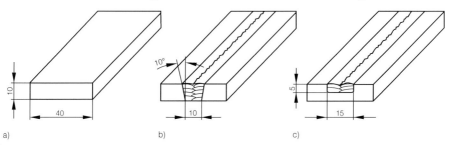

Bild 6-4
Abmessung der Standardproben zur Prüfung von a) Grundwerkstoff, b) Schweißgut und c) Zusatzwerkstoff.

Tabelle 6-1
Anwendungsbereich der MVT-Tests.

Ort der Untersuchung	Standarduntersuchungen WIG-Anschmelztest ohne Zusatzwerkstoff		Sonderuntersuchungen Lichtbogenhand-, WIG-, MIG-, UP-Schweißverfahren	
	Erstarrungsrisse	Wiederaufschmelzrisse	Erstarrungsrisse	Wiederaufschmelzrisse
Grundwerkstoff	Varestraint Transvarestraint	Varestraint	–	–
Reines Schweißgut	Varestraint Transvarestraint	Varestraint	Varestraint Transvarestraint	Varestraint
Schweißverbindung	Varestraint Transvarestraint	Varestraint	Varestraint Transvarestraint	Varestraint

bewährt, bei Bedarf kann die Probendicke bis auf 2,5 mm und die Probenlänge bis auf 80 mm verringert werden. Für Sonderfälle können auch andere Probenformen, z. B. mit Y-Naht-Vorbereitung, angewendet werden.

Versuchsauswertung, Ergebnisse
Zuerst werden in der Umgebung des Biegepunktes der Probe die an der Probenoberfläche entstandenen Heißrisse mit dem Stereomikroskop bei 25-facher Vergrößerung in ihrer Länge ausgemessen und addiert. Die so ermittelte Gesamtrisslänge, l_{ges}, wird zu der an der Probenoberfläche in Abhängigkeit vom Biegeradius der aufgebrachten Biegedehnung in Beziehung gesetzt.

In Bild 6-5 sind die Ergebnisse, die Gesamtrisslänge auf der Ordinate und die Dehnung auf der Abszisse, dargestellt.

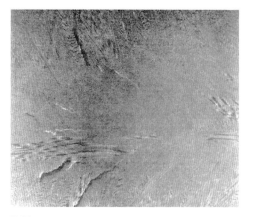

Bild 6-6
Heißrisse in austenitischem Schweißgut, V = 9:1, nach Wilken, BAM.

Die Biegedehnung ε_B wird wie folgt berechnet:

$$\varepsilon_B = \frac{100 \cdot d}{2 \cdot R} \text{ in \%.}$$

d = Probendicke in mm,
R = Matrizenradius in mm.

Heißrisse in einer Probe aus einem vollaustenitischem Schweißguts eines Varestraint-Tests an sehr heißrissanfälligem Material zeigt das Bild 6-6.

Beurteilungskriterium
Als Kriterium für die Heißrissneigung von Grund- und Zusatzwerkstoffen ist die auf die Probenbiegedehnung bezogene Gesamtrisslänge l_{ges} festgelegt worden. Gleichzeitig wird dabei auch der Einfluss des Wärmeeinbringens Q (Schweißstrom I, Schweißspannung U, Vorschub v_s) des Schweißverfahrens (WIG, MAG usw.), der Biegegeschwindigkeit und vor allem der chemischen Zusammensetzung von Grund- und Zusatzwerkstoff erfasst.

Anwendungsgrenzen
Der MVT-Test erlaubt eine schnelle und wirtschaftliche Prüfung der *ganzen* Schweißverbindung, die aus Schweißgut, Wärmeeinflusszone und Grundwerkstoff besteht.

Sowohl Änderungen in der chemischen Zusammensetzung der Werkstoffe als auch die der Schweißparameter werden mit geringer Streuung und großer Empfindlichkeit erfasst. Eine Übertragung der Ergebnisse auf das Bauteilverhalten beim Schweißen ist noch nicht zweifelsfrei gesichert.

6.2 Prüfung auf Kaltrissanfälligkeit

Als Ursache für das Entstehen von Kaltrissen in Schweißverbindungen wird das Zusammenwirken von
- Wasserstoff,
- Härtungsgefüge und von
- Spannungen angesehen.

Prüfverfahren zum Bewerten der vom Wasserstoffgehalt abhängigen Kaltrissneigung von Schweißverbindungen sollten deshalb folgende Anforderungen erfüllen:
- reproduzierbare, feinstufige Einstellung von Kräften bzw. Dehnungen, Wärmemengen und Gasmengen auf die Probe,
- Lieferung reproduzierbarer Ergebnisse, wie Spannungen, Dehnungen, Wasserstoffgehalte und Temperaturen,
- geringer Prüfaufwand.

Die Prüfergebnisse sollen auf Bauteile übertragbar sein und anzuwendende Fertigungsmaßnahmen erkennbar machen. Des weiteren soll auch die Kaltrissempfindlichkeit von Stählen quantifiziert werden können.

Die verwendeten Proben können selbsbeanspruchend oder fremdbeansprucht sein. Bei den selbstbeanspruchenden Proben wird die zur Erzeugung von Kaltrissen erforderliche kritische Zugspannung durch Eigenspannungen aufgebracht, die sich in der Probe bei behinderter Ausdehnung oder Schrumpfung oder durch Gefügeumwandlung einstellen. Bei fremdbeanspruchten Proben wird die Zugspannung mit einer Belastungsvorrichtung aufgebracht, wobei sich diese mit den Eigenspannungen der Probe überlagert (Superpositionsprinzip, weil elastische Spannungen). Weitere Einflussgrößen sind die
- Vorwärm- und Zwischenlagentemperatur, die
- Streckenenergie und die
- Abkühlgeschwindigkeit beim Schweißen.

Als Maß für die Abkühlgeschwindigkeit ist die Abkühlzeit für die Abkühlung von 800 °C auf 500 °C, $t_{8/5}$, festgelegt worden, die auch als Bezugsgröße für die Beurteilung des Umwandlungsverhaltens der WEZ dient (Abschn. 3.3.1). Hierfür werden kontinuierliche ZTU-Schaubilder zu Hilfe genommen, die unter Schweißbedingungen aufgestellt wurden. Mit ihnen lässt sich u. a. die Art der Gefügebestandteile, insbesondere der die Kaltrissneigung maßgebend beeinflussende Martensitgehalt in der WEZ, abschätzen.

6.2.1 Implant-Test

Beim Implantversuch wird die mechanische Beanspruchung der Probe durch eine dem Zeitstandversuch vergleichbare Belastungsvorrichtung aufgebracht (Fremdbeanspruchung). Die Prüfanordnung besteht aus drei Systemeinheiten:

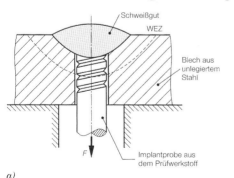
a)

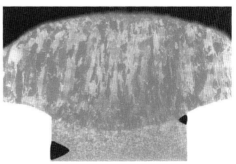
b)

Bild 6-7
Der Implant-Test.
a) Querschnitt durch die Implantprobe und die Einschweißplatte nach dem Versuch,
b) Querschliff einer nichtgebrochenen Implantprobe mit Wendelkerbe. Die Wendelkerbe an der Schmelzlinie ist mit einem Pfeil gekennzeichnet, nach V. Neumann, BAM.

- dem Implantprüfstand, bestehend aus der Belastungsvorrichtung, dem Messwertaufnehmer und der Schweißvorrichtung,
- den Schweißzusatzwerkstoffen und Hilfsstoffen, einschließlich ihrer Vorbehandlung, der Methode zum Bestimmen des Wasserstoffgehalts des Schweißguts, der Gehalte der Schweißgüter an diffusiblem Wasserstoff und
- den Proben einschließlich deren Herstellung und der Geometrie der Proben und der Einschweißplatten und der Beanspruchung der Implantproben.

Das Prinzip des Implantversuchs zeigt Bild 6-7. Die Rundprobe mit umlaufendem V-Kerb (Durchmesser 8 mm, Kerböffnungswinkel 40°, Kerbgrundradius 0,5 mm) wird in die Bohrung bündig zur Oberfläche der Einschweißplatte gesteckt und mit einer Auftragraupe überschweißt. Nach dem Schweißen wird die Probe mit einer konstanten Zugkraft belastet, Bild 6-8. Festgestellt wird der Brucheintritt oder eine Anrissbildung.

Während des Versuchs werden die Schweißparameter (U, I, v), der zeitliche Verlauf der Temperatur im Schweißgut, in der WEZ und der Belastung der Probe registriert, Bild 6-8. Wird als Beurteilungskriterium der erste Anriss in der Implantprobe angesehen, so kann dieser an einem metallografischen Schliff durch die Längsachse der Probe nach dem Versuch, Bild 6-7, mit einem empfindlichem Dehnungsmesser oder mit Hilfe der Schallemissionsanalyseverfahren während des Versuchs nachgewiesen werden.

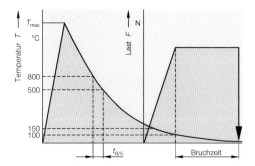

Bild 6-8
Implant-Test, zeitlicher Versuchsablauf, Schweißen – Lastaufbringung – Versuchszeit, nach Düren.

Bricht die Probe nicht während der Belastungszeit, kann die Probe auch auf Unternahtrisse (wasserstoffinduzierte Kaltrisse) geprüft werden. Dazu wird die Probe zum Sichtbarmachen der Risse bei Temperaturen zwischen 250 °C und 300 °C in oxidierender Atmosphäre geglüht und anschließend metallografisch untersucht.

Bei der Prüfung der Implantprobe erfolgt die Ermittlung des Kaltrissverhaltens im Zusammenwirken mit der thermischen (durch das Schweißen), mit der chemischen (Einbringen des Wasserstoffs) und der mechanischen (durch die konstante Zugkraft) Beanspruchung.

Die mechanische Beanspruchung der Implantproben wird als Nettonennspannung angegeben. Ihre Größe ist durch die Größe der Prüflast und durch den Kerbquerschnitt gegeben. Berücksichtigt ist dabei die Auswirkung des kerbbedingten Mehrachsigkeitsgrades des Spannungszustandes, der stark vom Kerbgrundradius der Wendelkerbe oder Ringnutkerbe abhängt. Nach *Neumann* liegen in der Implantprobe drei verschiedene Kerbfälle vor, und zwar:
- Am Übergang von der Probe in die Einschweißplatte an der Schmelzlinie, Bild 6-7b,
- an der Ring- oder Wendelkerbe und
- am Übergang zur Schmelzlinie durch das Zusammenwirken von Ring- oder Wendelkerbe. Dieser Bereich stellt eine extreme metallurgische und mechanische Kerbe dar.

Als Maßstab zur Kennzeichnung eines kerbbedingten Mehrachsigkeitsgrades des Spannungszustandes vor Kerben dienen der Kerbfaktor α_k nach *Neuber* oder der plastische Spannungskonzentrationsfaktor K_{op}, der im Gegensatz zu α_k für plastisches Werkstoffverhalten definiert ist.

Eine Möglichkeit der Charakterisierung der Kaltrissanfälligkeit von Schweißverbindungen ist die Ermittlung einer kritischen Spannung, unterhalb der die Probe nicht mehr bricht. Diese wird auch als statische Ermüdungsgrenze« bezeichnet. Hierbei sind die

Vorwärmtemperatur, die Streckenenergie und der Wasserstoffgehalt des Schweißguts konstante Größen. Aber auch die Ermittlung von Vorwärmtemperatur und Streckenenergie bei konstanter Belastung und konstantem Wasserstoffgehalt im Schweißgut ist möglich, wenn der Bruch als Bewertungskriterium gewählt wird. Die Variation der Einflussgrößen richtet sich nach der Zielsetzung des Implantversuchs, wobei aber auch reines Schweißgut geprüft werden kann. Je nach Versuchsdurchführung wird der Risswiderstand des Schweißguts oder der WEZ bei lokaler mehrachsiger mechanischer, thermischer und chemischer Beanspruchung geprüft. Die Kaltrissprüfung ist im DVS-Merkblatt 1001 ausführlich beschrieben.

Die Ergebnisse können entweder als
– kritische Spannung über der Standzeit (Bruchzeit), Bild 6-9, oder
– Vorwärmtemperatur über der Streckenenergie der gebrochenen und nicht gebrochenen Proben, Bild 6-10, oder in Form
– diffusibler Wasserstoffgehalt über der Streckenenergie der gebrochenen und nicht gebrochenen Proben aufgetragen werden.

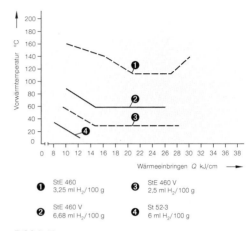

Bild 6-10
Einfluss der Streckgrenze und der Vorwärmtemperatur auf das Kaltrissverhalten verschiedener Feinkornbaustähle bei unterschiedlichem Wasserstoffgehalt im Schweißgut, nach V. Neumann, BAM.

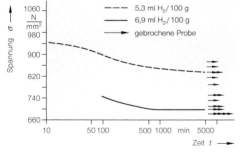

Bild 6-9
Einfluss der Beanspruchung auf die Bruchzeit von Implantproben aus einem Feinkornbaustahl StE 460 für unterschiedliche Wasserstoffgehalte im Schweißgut, nach V. Neumann, BAM.

Die Bruchmechanismen sind aus dem Erscheinungsbild der Bruchflächen und aus dem Verlauf der Kaltrisse in der Implantprobe zu erklären. Die Bruchoberflächen können
- eine wabenartige Struktur (Verformungsbruch), Bild 6-11
- eine spaltflächige Struktur, Bild 6-12,

– oder einen Mischbruch aufweisen, bei dem der Bruchverlauf trans- oder interkristallin sein kann, Bild 6-13.

Zusammenfassung, Wertung
Der Implantversuch eignet sich für die Lösung folgender Aufgaben:
– Ermittlung der Kaltrissanfälligkeit von Schweißverbindungen, die mit praxisnahen Schweißparametern hergestellt werden. Die Kaltrissanfälligkeit nimmt mit dem Wasserstoffgehalt im Schweißgut zu.
– Die an Implantproben erhaltenen Ergebnisse erlauben zwar eine Beurteilung der Schweißeignung von Werkstoffen und des Schweißverhaltens von Zusatzwerkstoffen, aber nicht die Übertragung auf das

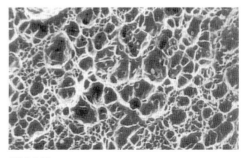

Bild 6-11
Wabenbruch in einem Einsatzstahl 16MnCr5 bei Raumtemperatur, BAM.

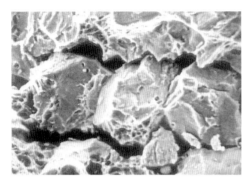
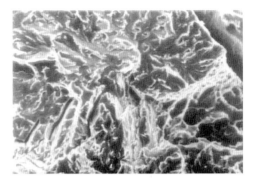

Bild 6-12
Schädigung durch Wasserstoff.
Kaltriss im Stahl 41Cr4 nach Wasserstoffbeladung,

Bild 6-13
Quasispaltbruch, der bei einer Prüftemperatur von 80 K in einem vergüteten Stahl erzeugt wurde, BAM.

Verhalten geschweißter Bauteile, weil der Größeneinfluss nicht erfaßbar ist. Hierfür sind Bauteilversuche an Großproben besser geeignet.

– Die Einstellung des Gefüges der WEZ ergibt sich aus der Streckenenergie und den Bedingungen der Abkühlung, die mit dem Kennwert $t_{8/5}$ beschrieben wird. Die Menge des kaltrissbegünstigenden Martensits lässt sich unter Berücksichtigung von $t_{8/5}$ und der chemischen Zusammensetzung des Werkstoffs aus seinem kontinuierlichen ZTU-Schaubild (Abschn. 2.5.3) abschätzen. Die Eigenspannungen sind bisher nicht berücksichtigt worden, sie werden von der angelegten Zugspannung überlagert.

Bei den eigenbeanspruchenden Kaltrisstests gibt es strenggenommen nur Riss oder Nichtriss in der Naht als Beurteilungskriterium und keine Aussage über den Einfluss der Beanspruchungsgrößen. Auf diese weniger aussagefähigen selbstbeanspruchenden Verfahren wird deshalb nicht näher eingegangen.

6.2.2 Der *Pellini*-Versuch

Der **Fallgewichtsversuch (Drop-Weight-Test)** nach *Pellini* eignet sich zum Zähigkeitsnachweis dynamisch beanspruchter Konstruktionen und von Stumpfnahtschweißverbindungen mit Blechdicken über 13 mm. Mit dieser Prüfung wird eine Grenztemperatur, *NDT-Temperatur (Nil Ductility Transition)*, ermittelt, die als Werkstoffkenngröße eines Grenztemperatur-Versagenskonzeptes für Sicherheit gegen Rissauffangen *(Rissauffankonzept)* dient.

Das Rissauffangkonzept begründet sich in der Vorstellung, dass die Werkstoffzähigkeit oder die der Schweißverbindung entsprechend groß sein muss, um einen instabil fortschreitenden Riss auffangen zu können. Das Rissauffangvermögen eines Werkstoffs ist besonders bedeutungsvoll für druckführende Umschließungen, z. B. Rohre und Behälter mit Gas oder Flüssigkeit unter hohem Druck, weil dadurch eine zusätzliche Betriebssicherheit für den Fall eines sich ausbreitenden Risses durch Rissauffangen (Rissstopp) gegeben ist.

Die Prüfung erfolgt an Flachproben (Abmessungen: 130 x 50 x 13 ... 25 mm) mit einseitig aufgebrachter Auftragschweißraupe, die quer zur Schweißrichtung mit einem Sägeschnitt gekerbt ist, Bild 6-14.

Der Sägeschnitt dient als »Rissstarter« vom spröden Schweißgut aus. Die Prüfeinrichtung besteht aus einem 3-Punkt-Biegetisch mit einem die Durchbiegung begrenzenden eingebauten Gegenlager, das eine definierte Durchbiegung der Probe zulässt, die so groß ist, dass an der Randfaser des Flachstückes die Streckgrenze gerade überschritten wird. Die Energie wird mit einem Fallhammer zugeführt. Ihre Größe ist aus der

Masse des Fallgewichts (25 bis 50 kg) und der Fallhöhe mit Hilfe des Fallgesetzes zu berechnen und an die Streckgrenze (R_e, R_p) des zu prüfenden Werkstoffs anzupassen. Durch Prüfung bei verschiedenen Temperaturen wird die **NDT-Temperatur** erhalten, das ist die Temperatur, bei der der von der gekerbten Schweißraupe ausgehende Riss vom Werkstoff nicht mehr aufgefangen wird und die Probe noch bricht.

Kriterium für ihre Festlegung ist, dass zwei weitere Proben des gleichen Werkstoffs bei einer um 5 K höheren Prüftemperatur nicht brechen.

Im Rissauffang-Versagenskonzept kennzeichnet die NDT-Temperatur eine Grenztemperatur, also einen Grenzzustand, bei dem kleine Risse bei einer Beanspruchung von $\sigma_N \sim R_e$ und große Risse bei $\sigma_N \sim 0{,}1\,R_e$ gerade noch aufgefangen werden, wie aus dem Bruchanalysediagramm (FAD) nach *Pellini* hervorgeht. Zu beachten ist dabei, dass die Rissauffangtemperatur nicht nur von der Höhe der Nennspannung, sondern auch von der elastischen Energie des Bauteils, gegebenenfalls auch vom Druckmedium abhängt.

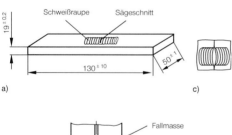

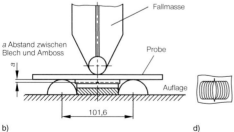

Bild 6-14
Zum Pellini-Versuch.
a) Pellini-Probe mit Sägeschnitt,
b) Versuchsanordnung,
c) Probe gebrochen,
d) Probe nicht gebrochen, nach Blumenauer.

Das Verfahren ist in den Regelwerken
– ASTM E 208a,
– SEP 1325 und
– VdTÜV-Merkblatt Werkstoffe 1256-07.80
genannt.

Die Anwendung des Verfahrens dient zur:
– Qualitätssicherung und zum Zähigkeitsnachweis von schweißgeeigneten Baustählen mit Hilfe der NDT-Temperatur, die bis auf 3 K ermittelbar ist,
– Entwicklung und zur Erforschung des Rissauffangvermögens von ferritischen Stählen.

Abschließend ist festzuhalten, dass das *Pellini*-Prüfverfahren sehr wirtschaftlich ist, das Ergebnis aber nur eine Ja-Nein-Entscheidung zulässt.

6.3 Der Kerbschlagbiegeversuch (DIN EN 10045)

Die Prüfung erfolgt an speziell gekerbten Biegeproben, vorwiegend aus Baustahl, mit schlagartiger Beanspruchung, die mit Hilfe eines genormten Pendelschlagwerkes aufgebracht wird. Dabei wird die zur Erzeugung des Bruches der Kerbschlagbiegeprobe verbrauchte gesamte Arbeit (Kerbschlagarbeit A_S) meist in Abhängigkeit von der Temperatur gemessen.

Die Ergebnisse sollen Aufschluss über das Verhalten eines Werkstoffes oder eines Bauteils
– bei behinderter Verformung infolge des kerbbedingten dreiachsigen Spannungszustandes im Restquerschnitt vor der Kerbe und
– bei verschiedenen tiefen Temperaturen geben.

Daraus lassen sich dann Rückschlüsse
– auf das Verformungs- und Bruchverhalten und insbesondere
– auf den Übergang vom duktilen Verformungsbruch zum spröden Spaltbruch des Werkstoffs ziehen, der sich u. a. durch die Übergangstemperatur kennzeichnen lässt.

Die Ergebnisse dienen vor allem zur
- Kontrolle der Güte und Gleichmäßigkeit des Werkstoffes (Werkstoffzustand, Behandlungszustand),
- Einschätzung für die Neigung zum Sprödbruch,
- bequemen wirtschaftlichen Produktionsprüfung von Stahlprodukten und Schweißverbindungen.

Die Ergebnisse sind aber *nicht* geeignet, den Werkstoff hinsichtlich
- seiner Eigenschaften über der Wanddicke (wenn die Erzeugnisdicke wesentlich größer als die Probendicke ist),
- seiner durch Schweißen eingebrachten Eigenspannungen und Versprödung,
- seiner Belastbarkeit (Größe der Belastung und Verformung),
- seines Risswiderstandes (Einfluss von Rissform und -länge)

zu beurteilen. Hierzu sind größere Proben in den Abmessungen der Erzeugnisdicke besser geeignet.

Ferner liefert der Kerbschlagbiegeversuch nach DIN EN 10045 keinen Kennwert für die Festigkeitsberechnung, sondern Übergangstemperaturen, die den duktil-spröden Bruchübergang erfassen.

Die Übergangstemperaturen eignen sich für die Bewertung des Sprödbruchverhaltens schweißgeeigneter Baustähle, z. B. mit dem Übergangstemperaturkonzept. Zu beachten ist dabei, dass jede Kerbform, *Charpy*-V- oder DVM-Probe, eine »eigene« Übergangstemperatur liefert. Deshalb ist es unabdingbar, dass zur Angabe der Übergangstemperatur $T_ü$ auch
- die Kerbform, Probenform, Probengröße und
- die Art ihrer Festlegung mit angegeben wird.

Die Standardabmessung der Kerbschlagbiegeprobe beträgt 55 x 10 x 10 mm, ihre Bezeichnung bezieht sich auf die Kerbform und auf das zugrunde liegende Regelwerk. Bei den Standardproben hat sich die **Probe mit V-Kerbe (*Charpy*-V)** (DIN EN 10045) industrieweit durchgesetzt, Bild 6-15.

Die Kerbformen unterscheiden sich in der Tiefe, im Kerbradius und im Kerböffnungswinkel, die Probengrößen nach ihrer Breite und Höhe. Außer der *Charpy*-V-Probe werden z. B. die »Kleine Probe« des Deutschen Verbandes für Materialprüfung (DVMK) und die »Kleinstprobe« (KLST) verwendet.

Als Belastungseinrichtung dient ein Pendelschlagwerk, das nach seinem Arbeitsvermögen, 300 oder 50 J, bezeichnet wird.

Die *Auftreffgeschwindigkeit* der Hammerscheibe wird errechnet aus:

$$v = \sqrt{2gh} = \sqrt{2gL \cdot (1 - \cos \alpha)}$$

das potenzielle Arbeitsvermögen aus $A_p = F \cdot h = F \cdot L \cdot (1 - \cos \alpha)$, und die verbrauchte Schlagarbeit beträgt $K = A_p - A_ü$, wobei $A_ü$ die überschüssige Arbeit

$$A_ü = F \cdot h_1 = F \cdot L \cdot (1 - \cos \beta)$$ bezeichnet.

Die verbrauchte Arbeit K kann auf der Anzeigeeinrichtung des Pendelschlagwerkes mit Hilfe eines Schleppzeigers direkt abgelesen werden.

Zur Ermittlung der Kerbschlagarbeit K wird die Probe im Pendelschlagwerk dynamisch (schlagartig) belastet, und nach dem Bruch wird die durch den Schleppzeiger auf einer Skale angezeigte Kerbschlagarbeit K in J abgelesen.

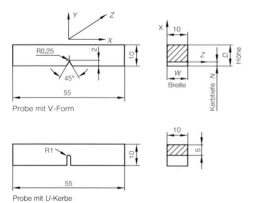

Bild 6-15
Abmessungen der Kerbschlagbiegeprobe (V-Form und U-Form).

Im Normalfall wird K bei Raumtemperatur und zur Ermittlung des Einflusses der Temperatur auf das Verhalten des Werkstoffs bei schlagartiger Beanspruchung bei verschiedenen Prüftemperaturen ermittelt. Dabei sollten bei jeder Temperatur wegen der prinzipbedingten Messungenauigkeiten mindestens drei Proben geprüft werden.

Aus der Auftragung der K-Werte in Abhängigkeit von der Temperatur wird die **K-T-Kurve** erhalten, die für krz Baustähle eine S-Form aufweist, Bild 6-16. Wird der K-Wert auf den Prüfquerschnitt bezogen, erhält man die Kerbschlagzähigkeit a_k,

$$a_k = \frac{K}{S} \text{ in } \frac{J}{cm^2},$$

die bei Abweichung von der Standardprobe zweckmäßiger sein kann als der K-Wert. Dennoch ist der a_k-Wert keine einwandfrei definierte Kenngröße, weil der Energieumsatz auf eine Fläche und nicht auf das dafür zur Verfügung stehende Volumen bezogen wird.

Die Übergangstemperatur kennzeichnet die Lage des Steilabfalls der K-T- bzw. a_k-T-Kurve. Folgende Festlegungen der Übergangstemperatur $T_ü$ sind üblich:
– $T_ü = 50\%$ der Hochlage,
– $T_ü = 27, 41$ und 68 J Mindestwerte von K,
– $T_ü = 50\%$ kristalliner Bruchanteil k_f,
– $T_ü = 0,4$ mm und $0,9$ mm laterale Breitung (LB).

Die »*laterale Breitung*« (LB) ist die Breite der Kerbschlagbiegeprobe nach dem Bruch infolge der dabei auftretenden plastischen Verformung, Bild 6-16.

Weitere Festlegungen ergeben sich noch aus dem instrumentierten Kerbschlagbiegeversuch (Abschn. 6.3.1).

Die Lage der Übergangstemperatur $T_ü$ wird von folgenden Einflussgrößen bestimmt:
– *Kerbform*
 Mit zunehmender Kerbschärfe (abnehmendem Kerbradius und Kerböffnungswinkel) wird die A_S-T-Kurve nach rechts verschoben und die Streuung im Steilabfall geringer.
– *Probendicke*
 Mit zunehmender Probendicke wächst die Formänderungsbehinderung in Dickenrichtung der Probe, bis die Dehnung in Dickenrichtung (z-Richtung) Null wird ($\varepsilon_{zz} = 0$). Dieser Zustand wird »Ebener Verzerrungszustand«, EVZ, genannt, der sich in Probenmitte ($W/2$) vor dem Kerbgrund im Restquerschnitt einstellt. Bei dünneren Proben baut sich deshalb ein geringerer Spannungszustand vor dem Kerbgrund auf, was sich auf den Werkstoffwiderstand auswirkt. Die A_S-T-Kurve wird nach links zu tieferen $T_ü$-Werten bis zu einer Grenzdicke verschoben, bei der sich ein ebener Spannungszustand einstellen kann ($\sigma_{zz} = 0$).
– *Größeneinfluss*
 Bei Untersuchungen von Schadensfällen oder von Halbzeugen, deren Erzeugnisdicke unterhalb der Dicke der Kerbschlagbiegeprobe liegt, muss von der Standardabmessung abgewichen werden.
 Ein Vergleich dieser Ergebnisse mit denen der gleichen Probenform (Standard-Norm-

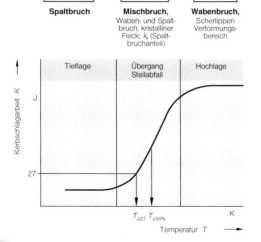

Bild 6-16
K-T-Kurve eines ferritischen Baustahls, schematisch, mit Kennzeichnung der drei charakteristischen T-Bereiche zusammen mit Brucherscheinungen und den Übergangstemperaturen $T_{ü,27}$, $T_{ü,50\%}$.

Gekerbte Fläche parallel zur Oberfläche des Prüfstücks (S-Position)			
Hinweis	Mitte der Schweißnaht	Hinweis	Schmelzlinie/Bindezone
Bezeichnung	Darstellung	Bezeichnung	Darstellung
VWS a/b	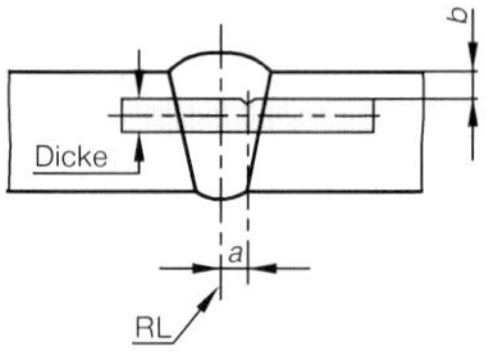	VHS a/b (Pressschweißnaht)	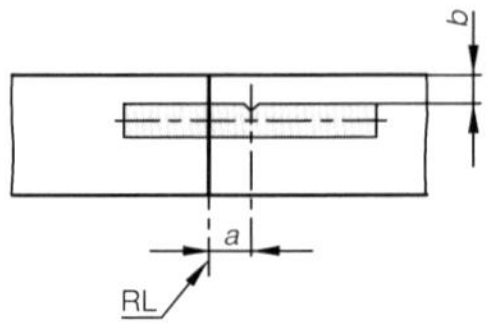
		VHS a/b (Schmelzschweißnaht)	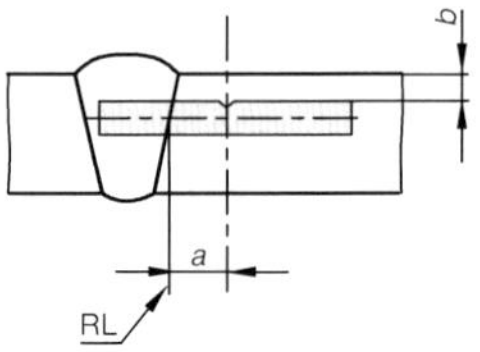

Gekerbte Fläche senkrecht zur Oberfläche des Prüfstücks (T-Position)			
VWT 0/b	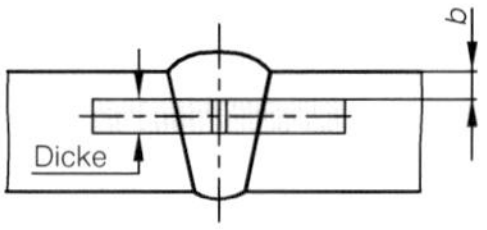	VWT 0/b	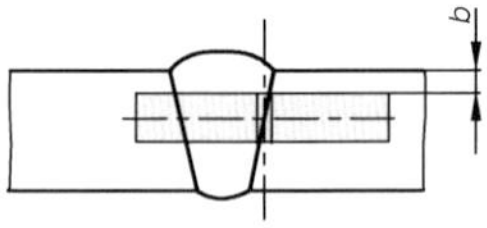
VWT a/b	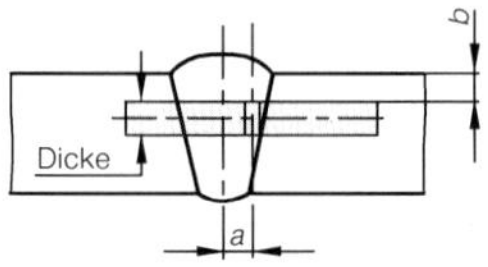	VWT a/b	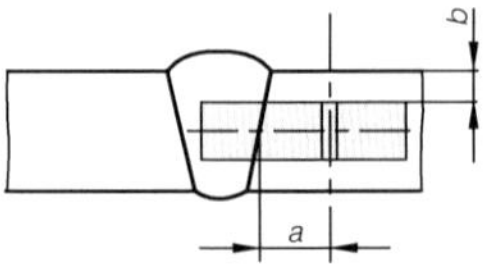
VWT 0/b	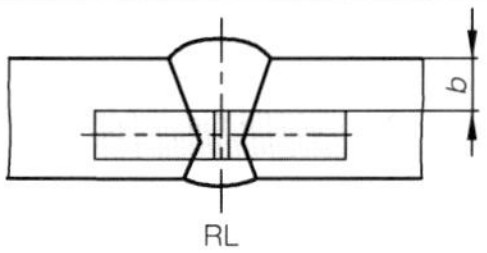	VHT 0/b	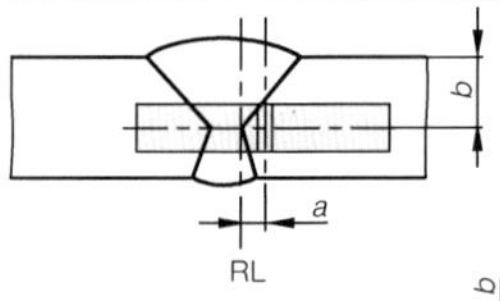
VWT a/b	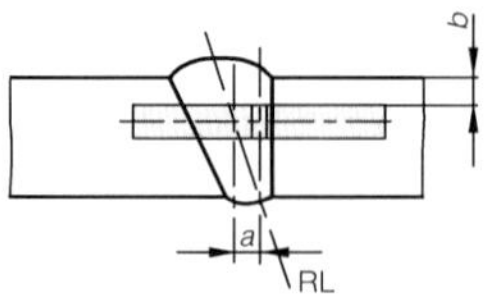	VHT a/b	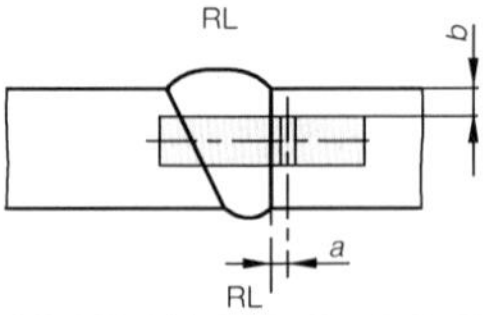

Die Bezeichnung basiert auf einem System, das aus Buchstaben für die Art, Lage und Kerbrichtung und Ziffern besteht, die den Abstand (mm) zu den Bezugslinien (RL) angeben. Die Proben sind so aus der Schweißverbindung zu entnehmen, dass ihre Längsachsen *rechtwinklig* zur Schweißnahtlänge verlaufen.
Die Bezeichnung besteht aus den folgenden Zeichen:

1. Zeichen
U = *Charpy*-U-Kerbe
V = *Charpy*-V-Kerbe

2. Zeichen
W = Kerbe im Schweißgut (Bezugslinie ist Mittellinie der Schweißnaht an der Probenlage)
H = Kerbe in der WEZ (Bezugslinie ist die Schmelzlinie)

3. Zeichen
S = gekerbte Fläche parallel zur Oberfläche (entspricht der bei der bruchmechanischen Prüfung benutzten Benennung »Oberflächenkerbe«)
T = Kerbe durch die Dicke

4. Zeichen
a = Abstand Kerbmitte von Bezugslinie (wenn a auf Mittellinie der Schweißnaht liegt, ist a = 0 und sollte aufgezeichnet werden)

5. Zeichen
b = Abstand zwischen Oberseite der Schweißverbindung (bei Doppel-V, K- oder ähnlichen Schweißnähten ist die Oberseite die mit der größeren Nahtbreite) zur nächstgelegenen Oberfläche der Probe (wenn b auf der Oberfläche der Schweißnaht liegt, ist b = 0 und sollte aufgezeichnet werden)

*Bild 6-17
Probennahme, Probenlage und Probenbezeichnung, aus schmelzgeschweißter Stumpfnaht nach DIN EN 875.*

probe) im A_S-T-Diagramm ist unzweckmäßig, weil die Arbeitsbeträge zu unterschiedlich sind. Bei der Auftragung als a_k-T-Diagramm wird der Größeneinfluss z. T. unterdrückt, die Übergangstemperaturen sind jedoch unterschiedlich. Deshalb ist eine Übertragung von an Proben gemessenen Übergangstemperaturen auf Bauteile zur Festlegung einer niedrigsten Betriebstemperatur nicht möglich.
– *Prüfverfahren (DIN, ASTM und ISO)*
Der Einfluss des Prüfverfahrens beruht auf der unterschiedlichen Ausbildung der Hammerschneide, der Hammerscheibe und auf der unterschiedlichen Auftreffgeschwindigkeit der Hammerscheibe, die 5,5 m/s (DIN) und 5,1 m/s (ASTM) beträgt. Die Folge ist, dass im Vergleich zu ISO-Verfahren beim ASTM-Verfahren oberhalb von 60 J höhere A_S-Werte gemessen werden.

Prüfung von Proben mit Schweißnaht
Die Ergebnisse des Kerbschlagbiegeversuchs eignen sich vor allem für die Überwachung der Herstellung von Schweißverbindungen sowie für die Beurteilung von abnahmepflichtigen geschweißten Bauteilen für druckführende Umschließungen. Dazu ist die Probennahme aus dem Schweißgut, WEZ und Grundwerkstoff erforderlich, die in DIN EN 875 festgelegt ist, Bild 6-17.

Zur Qualitätssicherung von Mehrlagenschweißungen ist die Probennahme mit Kerb in der S-Lage zu bevorzugen. Bei Einlagenschweißungen (z. B. UP- oder Elektroschlackeschweißungen) ist das Ergebnis von der Lage des Kerbes (Nahtmitte, Nahtrand) abhängig. Bei der häufig verwendeten Anordnung des Kerbgrundes in der WEZ ist das Gefüge der WEZ und damit auch die Kerbschlagarbeit an jeder Stelle verschieden. Bei Mehrlagenschweißungen gibt es Bereiche, die mehrmals umgekörnt worden sind, aber auch solche, wo nur Grobkorn (Grobkornzwickel) vorliegt, Bild 6-17. Problematisch wird die Probennahme aus Stumpfnähten unter 30 mm Dicke, weil meist nur eine Probe in WS-Lage herausgearbeitet werden kann. Bei Stumpfnähten unter 12 mm Dicke mit einer U-, V- oder X-Nahtvorbereitung ist dies nicht mehr möglich. Die alternative Möglichkeit, Proben aus der HS-Lage zu entnehmen, liefert nur eine bedingt brauchbare Kerbschlagzähigkeit der WEZ.

Mehr Informationen über das lokale Werkstoffwiderstandsverhalten der WEZ wird mit Hilfe einer metallografischen Gefügeuntersuchung im Bereich des Bruchausgangs erhalten. Diese Methode ist aber meistens nur für Forschungszwecke üblich.

Zusammenfassend ist festzustellen, dass mit Hilfe des Kerbschlagbiegeversuches die Zähigkeit der WEZ ermittelt werden kann. Die Ergebnisse beschreiben aber nicht allgemein das WEZ-Verhalten, sondern sie sind abhängig von:
– der Lage des Kerbgrundes in der WEZ, längs oder quer zur Schweißnaht (VWT-VWS-Lage),
– der Lage des Kerbgrundes in der WEZ, ob in einem Grobkornzonen- oder Feinkornzonenbereich (Abstand von der Schmelzlinie),
– der Breite der WEZ, wenn von den schweißtechnischen Einflüssen (Schweißverfahren, Lagenaufbau, Einstellwerte) abgesehen wird.

6.4 Der instrumentierte Kerbschlagbiegeversuch

Zum Beurteilen des Verformungs- und Bruchverhaltens, besonders bei teilplastischer Verformung, aber auch bei plastischer Verformung im Temperaturbereich des Steilabfalls, ist es von Interesse, den Arbeitsanteil bei der Risseinleitung und Rissausbreitung getrennt zu erfassen. Das ist mit dem instrumentierten Kerbschlagbiegeversuch möglich.

Die Prüfung unterscheidet sich von dem Kerbschlagbiegeversuch nach DIN EN 10045 nur dadurch, dass mit einer Instrumentierung der Prüfeinrichtung während des Versuchs die Kraft-Zeit oder Kraft-Durchbiegung (Weg) von Kerbschlagbiegeproben registriert werden können, Bild 6-18.

Die Instrumentierung der Versuchseinrichtung als Blockschaltbild ist in Bild 6-19 dargestellt. Während des Versuchs wird die Kraft in Abhängigkeit von der Zeit gemessen. Die Schlagkraftmessung erfolgt mit Dehnungsmessstreifen (DMS) an der als Dynamometer ausgebildeten Hammerschneide, die bis zu 40 kN kalibriert ist. Die Registrierung erlaubt die Erfassung der bis in den μs-Bereich reichenden dynamischen Vorgänge beim Bruch, wobei die Bruchvorgänge von denen der Prüfeinrichtung nur schwer zu unterscheiden sind.

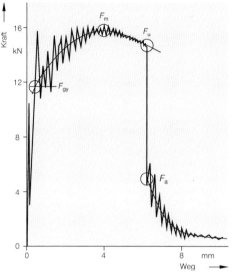

Bild 6-18
Ermittlung der kennzeichnenden Werte der Kraft eines Kraft-Weg-Schriebes gemäß SEP 1315 / Stahl-Eisen-Prüfblätter.

Die Fläche unterhalb der Kraft-Weg-Kurve entspricht der gesamten von der Kerbschlagbiegeprobe während des Versuchs verbrauchten Kerbschlagarbeit in J.

Für die Auswertung der Kraft-Weg-Kurve ist das Auftreten ausgeprägter Kräfte Voraussetzung, Bild 6-18. Die Arten von Kraft-Weg-Kurven und ihre Zuordnung zu den vier Temperaturbereichen der A_S-T-Kurve (I, II, III, IV) sind in Bild 6-19 dargestellt:

☐ **Temperaturbereich I,** $T < T_{gy}$, Tieflage der Kerbschlagarbeit, Kraft-Weg-Kurve ist durch linearen Anstieg gekennzeichnet, Teilschlagarbeit gering, Spaltbruch.

☐ **Temperaturbereich II,** $T > T_{gy}$, Übergang von Tieflage zum Steilabfall, Kraft-Weg-Kurve kennzeichnet die dynamische Fließkraft F_{gy}, Kraft bei Erreichen der Vollplastifizierung des Restquerschnitts (Ligament) und die Maximalkraft $F_m = F_u$, Bildung eines stabilen Anrisses vom Kerbgrund aus, Spaltbruch.

☐ **Temperaturbereich III,** $T > T_i$, Steilabfall, Kraft-Weg-Kurve kennzeichnet F_{gy}, F_m, F_u und F_a, Bild 6-19,
F_u: Beginn der stabilen Rissausbreitung,
F_a: Rissauffangkraft, Verformungsbruch nach Auffangen des von F_u ausgegangenen Spaltbruchs (Mischbruch), bei Nichtauffangen ist $F_a = 0$.
$F < F_m$, Bereich der Risseinleitung,
$F > F_m$, Bereich des Rissfortschritts.

☐ **Temperaturbereich IV,** $T > T_d$, Hochlage der Kerbschlagarbeit, Kraft-Weg-Kurve kennzeichnet F_{gy} und F_m, entspricht verzögertem Lastabfall bis zum vollständigen Bruch,
Bruchart: Verformungsbruch, Wabenbruch.

Des weiteren sind in Bild 6-19 in Abhängigkeit von der Temperatur dargestellt:
– der Abstand der Spaltbruchausgangsstelle (Nukleus) vom Kerbgrund und die Län-

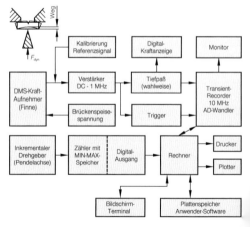

Bild 6-19
Funktionsblöcke der Instrumentierung der Prüfeinrichtung zur Ermittlung der Kraft in Abhängigkeit von der Zeit.

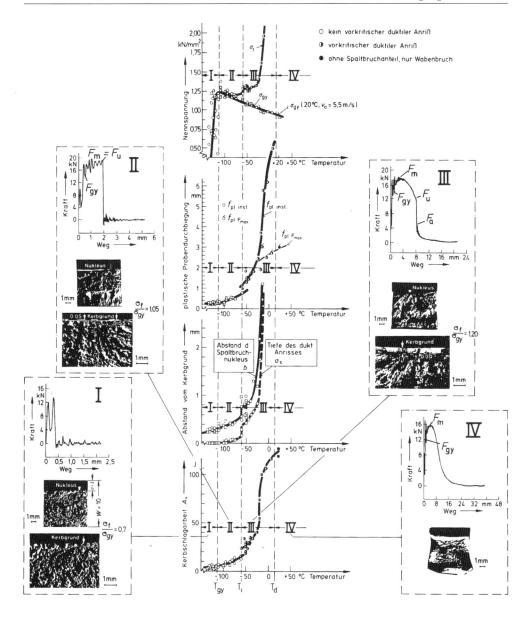

Bild 6-19
Ergebnisse von Kerbschlagbiegeversuchen mit instrumentierter Prüfeinrichtung an Charpy-V-Proben aus einem C-Stahl in der Auftragung über der Temperatur. Kennzeichnung charakteristischer Temperaturbereiche I, II, III, IV, und Zuordnung von Brucherscheinungen zusammen mit den Kraft-Weg-Diagrammen, nach Helms, BAM.

ge des stabilen Anrisses vom Kerbgrund, die beide auch als Maß für die Temperaturabhängigkeit der Zähigkeit eines Werkstoffs anzusehen sind,

– die plastische (bleibende) Probendurchbiegung als Maß für das plastische Formänderungsvermögen eines Werkstoffs unter schlagartiger Belastung,

– die Fließspannung σ_{gy} und die Bruchspannung σ_f, die mit Hilfe des Ansatzes der elementaren Biegebalkentheorie für elastisches und plastisches Werkstoffverhalten berechnet wurden, gemäß:

$$\sigma_f = \frac{F_f(T) \cdot S}{B \cdot \left[W - (a + a_s) \right]^2} \quad \text{für } T > T_i$$

für $T < T_i$ ist $a_s = 0$ und

$$\sigma_{gy} = \frac{F_{gy}(T) \cdot S}{B \cdot (W - a)^2} \quad \text{für } T > T_{gy}$$

für vollplastischen Restquerschnitt.

Die charakteristischen Temperaturen kennzeichnen eindeutig physikalische Prozesse des Verformungs- und Bruchverhaltens von krz Stählen, sie stehen in keinem funktionalen Zusammenhang zu den Übergangstemperaturen der *K-T*-Kurve.

Grundsätzlich kann über die Rolle des Kerbschlagbiegeversuches mit Ermittlung von Kraft und Weg ausgesagt werden, dass er immer mehr an Bedeutung in der Werkstoffprüfung gewinnt. Hervorzuheben ist dabei die Eignung zur Ermittlung der dynamischen Bruchzähigkeit an mit Rissen behafteten (angeschwungenen) Kerbschlagbiegeproben und zur Erforschung von Bruchvorgängen. Das Verfahren ist noch nicht genormt, weshalb es für die Gütesicherung von Werkstoffen noch nicht allgemein zum Einsatz kommt. Die Probleme des Prüfungsverfahrens bestehen zzt. bei der Messwertaufnahme beim Bruchvorgang, der in µs abläuft, und in der Zuordnung der registrierten Signale zu Bruch- und Verformungsvorgängen in der Probe, weil diese vom Zusammenwirken mit der Prüfeinrichtung herrühren und schwer zu trennen sind.

6.5 Das COD-Konzept von *Cottrell* und *Wells*

Die Rissspitzenöffnungsverschiebung δ als Bruchparameter dient hier zum Beurteilen des Sprödbruchversagens von rissbehafteten Strukturen, bei denen instabile Rissausbreitung erst nach makroskopisch messbarer plastischer Verformung an der Rissspitze einsetzt. Das Konzept basiert auf dem *Dugdale*-Modell.

Der Bruchparameter, die Rissöffnungsverschiebung, engl. **C**rack **O**pening **D**isplacement (COD), ist eine Länge (Verschiebung), eine Grundgröße im physikalischen Maßsystem.

Instabile Rissausbreitung setzt danach ein, wenn die plastische Verzerrung (Verschiebung) an der Rissspitze, das Maß dafür ist die Rissspitzenöffnungsverschiebung (CTOD = **C**rack **T**ip **O**pening **D**isplacement), einen kritischen Wert erreicht. Das Bruchkriterium lautet:

$$\text{CTOD} = \text{CTOD}_c \quad \text{oder} \quad \delta = \delta_c.$$

Die Größe des Bruchparameters CTOD ist vom Werkstoff, von der Art der Beanspruchung (Krafteinwirkung, Umgebungsmedium, Temperatur) und der Proben- oder Bauteilgeometrie abhängig. Das CTOD_c ist die dazugehörige Werkstoffwiderstandsgröße (Bruchkennwert = Werkstoffkennwert der Zähigkeit).

Je nach Werkstoffverhalten bei mechanischer Belastung hat man als kritische Bruchkennwerte das:
– CTOD_c oder δ_c für instabilen Rissfortschritt (c = critical),
– CTOD_i oder δ_i für den Beginn des stabilen Rissfortschritts (i = initiation),
– CTOD_R oder δ_R für stabilen Rissfortschritt (R = Resistance).

Die Ermittlung der Zähigkeitskennwerte (Bruchkennwerte) erfolgt an Laborproben bei Einhaltung festgelegter Prüfbedingungen. Die Phasen des Bruchablaufes sind in Bild 6-20 dargestellt.

Als Basis des COD-Konzeptes für den Anwendungsbereich der linear-plastischen Bruchmechanik (LPBM) ($\sigma_y = \sigma_y$) dient die in Bild 6-20 dargestellte Rissspitzensituation:

$$\sigma_y = R_{p0,2} \quad \text{oder} \quad R_{eL}.$$

Für eine Zugscheibe mit Innenriss ergib

sich für die Rissöffnungsverschiebung unter Berücksichtigung der plastischen Zonenkorrektur nach *Irwin*:

$$\text{COD}_{max} = 2v = \frac{4 \cdot \sigma_\infty \cdot a}{E}$$

und für die Rissspitzenöffnungsverschiebung

$$\text{CTOD} = \frac{4\sigma_\infty}{E}\sqrt{2a\,r_{pl}} = \frac{4}{\pi} \cdot \frac{K^2}{E\sigma_y}.$$

Die Schwierigkeiten in der Anwendung des COD-Konzeptes bestehen sowohl in der
– exakten Definition von δ als auch in der
– experimentellen Ermittlung kritischer Werte von δ.

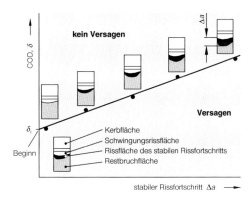

Bild 6-21
R-Kurve (Widerstandskurve) COD in Abhängigkeit von der Größe des stabilen Rissfortschritts.

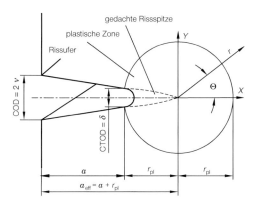

Bild 6-20
Rissspitzenöffnungsverschiebung (CTOD).

nete Beanspruchungsgröße δ muss kleiner sein als der Rissinitiierungswert δ_i (Beginn stabiler Rissverlängerung), der als Grenzwert aus der Design-Kurve entnommen wird, ähnlich wie in Bild 6-21.

Die Ergebnisse belegen, dass das COD-Konzept der EPBM vorwiegend ein empirisches Konzept ist. Der δ_i-Wert ist nur unter den Bedingungen des EVZ als Werkstoffkennwert für den Beginn des Rissfortschrittes anzusehen. Dadurch ist die Übertragbarkeit der an Laborproben ermittelten Kenngrößen auf Bauteile zumindest problematisch. Die Rissspitzenkontur ist von der Art der Belastung abhängig. Für die Qualitätssicherung im Bereich der Offshore-Technik wurde ein Wert von $\delta_{imin} \geq 0,25$ mm bei $-10\,°C$ zugrunde gelegt.

Burdekin und *Dawes* leiteten aus dem COD-Konzept ein bruchmechanisches Sicherheitskonzept, den CTOD-Design-Curve-Approach, ab. Die für das rissbehaftete Bauteil berech-

6.6 Schrifttum

ASTM E 208a: Fallgewichtsprüfung zur Bestimmung der Nil-Ductility-Temperature (höchste Temperatur, bei der eine Probe von dem Fallgewicht noch gebrochen wird) für ferritische Stähle, 1995.

Blumenauer, W.: Werkstoffprüfung, 4. Auflage. VEB Deutscher Verlag für Grundstoffindustrie, Leipzig, 1987.

DIN EN 875: Zerstörende Prüfung von Schweißverbindungen an metallischen Werkstoffen – Kerbschlagbiegeversuch – Probenlage, Kerbrichtung und Beurteilung, 10/1995.

DIN EN 10045: Metallische Werkstoffe; Kerbschlagbiegeversuch nach *Charpy*.
Teil 1: Prüfverfahren, 4/1991.
Teil 2: Prüfung der Prüfmaschine (Pendelschlagwerk), 1/1993.

DIN EN ISO 6520: Schweißen und verwandte Prozesse – Einteilung von geometrischen Unregelmäßigkeiten an Metallen.
Teil 1: Schmelzschweißen (ISO 6520-1:1998), 11/2007.
Teil 2: Pressschweißungen (ISO 6520-2:2001), 4/2002.

DIN EN ISO 17641: Zerstörende Prüfung von Schweißverbindungen an metallischen Werkstoffen - Heißrissprüfungen für Schweißungen - Lichtbogenschweißprozesse
Teil 1: Allgemeines, 10/2004
Teil 2: Selbstbeanspruchende Prüfungen, 9/2005
Teil 3: Fremdbeanspruchte Prüfungen, 10/2004.

DVS-Berichte, Band 168: Sicherung der Güte von Schweißverbindungen im Europäischen Binnenmarkt, 1995.
Teil 1: Grundlagen und Vorgehensweise, 1982.
Teil 2: Praktische Anwendung, 1989.

Folkhard, E., Rabensteiner, G., Schabereiter H., Fuchs, K. u. J. Tösch: Der PVR-Test, ein neues Verfahren zur Ermittlung der Heißrißsicherheit von Schweißwerkstoffen mit hoher quantitativer Aussagekraft. Jubiläumsschrift »50 Jahre Böhler Schweißtechnik«, Kapfenberg: VEW 1977.

Heuser, A. G.: Beurteilung des Versagensverhaltens von Schweißverbindungen hochfester Baustähle mit Hilfe bruchmechanischer Methoden. Reihe 18: Mechanik/Bruchmechanik, Nr. 48, VDI Verlag, Düsseldorf.

Schwalbe, K.-H.: Bruchmechanik metallischer Werkstoffe. Carl Hanser Verlag, München, Wien, 1980.

Wilken, K.: Heißrißprüfung mit dem MVT- und Heißzugversuch sowie Übertragbarkeit auf Bauteilverhältnisse. Schw. u. Schn. 32 (1980), H.2, S. 71/74.

7 Sachwortverzeichnis

Symbole

300 °C-Versprödung	145
475 °C-Versprödung	48, 145, 204, 211, 222
	232, 425

A

Abbrand, beim Schweißen	322
Abkühlgeschwindigkeit	237, 244
-, kritische	140
-, obere kritische (v_{ok})	34
-, untere kritische (v_{uk})	34
Abkühlzeit	2
-, K_f	149
-, K_m (K_{30}, K_{50})	148
-, K_p	149
-, $t_{12/8}$	222, 441
-, $t_{3/1}$	246
-, $t_{8/5}$	246, 385, 586
Abschmelzleistung	352
Abschreckalterung	242
Affinität, chemische	4
agglomeriertes Pulver (UP)	368
Aktivierungsenergie	8, 23, 38
Aktivierungspolarisation	77, 78
Alterung	
-, Abschreck-	242
-, s. a. Verformungsalterung	
Altstahl	480
Aluminium	531
-, Aluminiumoxid	532
-, ausscheidungshärtende Legierung	537
-, Badschutz	549
-, Bezeichnungsweise	533
-, dispersionshärtende Legierung	544
-, Druckgusslegierung	543
-, elektrische Leitfähigkeit	532
-, Erstarrungsriss	535
-, Gusslegierung	537
-, Heißriss	536
-, Knetlegierung	536
-, Korrosionsbeständigkeit	531
-, Korrosionsverhalten	118
-, Lieferformen	533
-, Lithiumlegierung	543
-, naturharte Legierung	533
-, Oberflächenverunreinigung	547
-, Poren	536
-, Schweißeignung	531
-, Schweißnahtformen	546
-, Schweißpraxis	547
-, Schweißverfahren	548
-, Spannungsriss	536
-, Wärmeausdehnungskoeffizient	532
-, Wärmeleitfähigkeit	532
-, Wasserstofflöslichkeit	532
-, Wiederaufschmelzriss	536
Aluminium-Gusslegierung	537
Aluminium-Knetlegierung	536
Aluminiumbronze	518
Ampholyt	340
Analyse, thermische	50
Anfangskrater	271
Angstlasche	268
Anisotropie	12, 17
Anlassbeständigkeit	167, 198, 225
Anlassglühen	
-, ablaufende Vorgänge	225
-, beim Härten	138, 143
-, beim Schweißen	316
Anlassversprödung	145, 182, 412
Anlauffarbe	439
anodischer Korrosionsschutz	105
Ansprunghärte	141
Anziehungskraft, *Coulomb*sche	4
äquikohäsive Temperatur	13
Arbeitstemperatur	291
Arrhenius-Gleichung	8, 38, 75
-, Berechnungsbeispiel	513
ASTM A 800	462
athermische Umwandlung	23
atmosphärische Korrosion	88
Atombindung	5
Aufhärtbarkeit	141
Aufhärtungsriss	276
Aufheizgeschwindigkeit	1, 244
Aufkohlen	40, 41
Aufschmelzgrad	273
Auftragschweißen	273
-, Ergänzen	446
-, Panzern	446
-, Plattieren	446
-, Puffern	446
*Auger*elektronen-Spektroskopie	489
Ausbringung	352
Aushärten, siehe Auslagern	
Auslagern	161
Auslaufblech	273

Ausscheidung
-, allotriomorphe 32
-, Chi-Phase 207
-, Chromcarbid 425
-, diskontinuierliche 24
-, im Stahl 14
-, inkohärente 161
-, in *Widmannstätten*scher Form 32
-, kohärente 161
-, kontinuierliche 24, 32
-, *Laves*-Phase 207
-, Mischcarbid 495
-, Sigma-Phase 204, 210
Ausscheidungshärten 53, 161, 190
-, Legierungen geeignet für 224
-, Teilchenabstand 164
Ausscheidungsriss, s. Wiedererwärmungsriss
Austauschstromdichte 66, 78
Austenit 35
-, Homogenität 155
-, in WEZ 319
-, Korngröße 157
-, labiler (metastabil) 219
-, stabiler (Vollaustenit) 219
-, Umwandlung 142
-, Umwandlung in Schiebungsmartensit 414
Austenitbildner 168, 205
Austenitformhärten 167
austenitisch-ferritischer Stahl (Duplexstahl) 221
-, Ausscheidungsphase 222
-, Heißrissneigung 440
-, Lochfraßbeständigkeit 441
-, Lochkorrosion 221
-, Schweißen 440
-, stickstofflegierter 220
austenitischer Chrom-Nickel-Stahl 217, 431
-, Erstarrungsriss 434
-, Heißrissneigung 433
-, interkristalline Korrosion 208
-, Korrosionsbeständigkeit 218
-, Lochkorrosion 85
-, metastabiler (labiler) 431
-, s. a. korrosionsbeständiger Stahl
-, Schweißen 437
-, Zugraupentechnik 439
-, stickstofflegierter 220
Austenitisierungsdauer
-, beim Schweißen 244, 313
-, beim Wärmebehandeln 137

B

Bainit 140, 144, 149, 322, 400, 403
basisch-umhüllte Stabelektrode 342
Basizitätsgrad (UP-Pulver) 369
Basizitätsindex (UP-Pulver) 369
Baustahl
-, Feinkorn-, normalgeglühter 133, 184, 329
-, Feinkorn-, vergüteter 139, 141, 142

154, 197, 32
-, unlegierter (DIN EN 10025-2) 141, 168, 37
Beanspruchung, mehrachsige 1
Beizen, korrosionsbeständiger Stahl 41
Beizsprödigkeit 258, 25
Beryllium 55
Beschichtung, s. a. Korrosion 10
Bewertungsgruppe 28
binäres Eutektikum 6
Bindefehler 27
Bindung
-, heteropolare (Ionenbindung)
-, kovalente (Atombindung)
-, metallische
-, polare
Blasverfahren, kombinierte 12
Blaswirkung 275, 41
Blockseigerung 13
Blunting 26
Bohr, Theorie der Atombindung
Bondern 10
Bor
-, Einfluss auf Härtbarkeit 17
-, Einfluss auf Heißrissneigung 43
Bruch
-, instabiler 26
-, interkristalliner 1
-, transkristalliner 1
-, Zäh- 1
Bruchfestigkeit 1
Buoyancy-Kraft 30
Burgers-Vektor *(b)* 9, 22

C

chemische Härtung 52
Chemisorption, s. a. Wasserstoff 10
Chi-Phase 20
Chloridionenkorrosion (Pitting) 8
Chromäquivalent 41
Chromcarbid 54, 42
-, an Korngrenzen 20
Chromverarmungstheorie 208, 20
Cluster 47, 160, 19
*Coulomb*sche Anziehungskraft
Crack Opening Displacement (COD) 59
Crack Tip Opening Displacement (CTOD) 59
CTOD$_c$ 59
CTOD$_i$ 59
CTOD$_R$ 59
CVD-Verfahren 10

D

δ-Ferrit 42
-, primärer 219, 417, 49
-, vermicularer 43
Dampfphaseninhibitor 10

Sachwortverzeichnis

DASt-Richtlinie 009	383	DIN EN 10020	124, 125
DASt-Richtlinie 014	392	DIN EN 10025-2	171, 240, 380
Dekohäsionstheorie *(Oriani)*	261	-, Gütegruppe	384
Delayed fracture, s. a. Kaltriss	277, 294	-, mechanische Eigenschaften	170
-, Entstehungsmechanismus	277	DIN EN 10025-3	384, 406
DeLong-Schaubild,		-, chemische Zusammensetzung	186
s. a. Konstitutions-Schaubild	420, 437, 447	DIN EN 10025-4	185, 195, 196, 384, 406
-, Anwendungsbeispiel	420	DIN EN 10025-5	90, 185
Dendrit, s. a. Kornform	26	DIN EN 10025-6	198
-, Bildung	28	-, mechanische Eigenschaften	199
-, Einfluss konstitutioneller Unterkühlung	28	DIN EN 10028-2	180, 374, 406
Desoxidieren	130	DIN EN 10028-3	185
-, Einfluss Sauerstoff	130	-, chemische Zusammensetzung	187
Dichtspeisen	456	DIN EN 10028-4	181, 183
Diffusion	38	DIN EN 10028-5	185, 195, 196
-, Aktivierungsenergie	39	DIN EN 10028-6	198, 398
-, Ermitteln des Konzentrationsverlaufs	38	-, mechanische Eigenschaften	199
-, nichtstationäre	40	DIN EN 10052	136
-, Selbst-	38	DIN EN 10083	172, 173, 174, 198, 402
-, stationäre	38	DIN EN 10084	176, 374
-, Zwischengittermechanismus	39	DIN EN 10088	180, 181
Diffusionskoeffizient *(D)*	38	-, mechanische Eigenschaften	212
-, Berechnen	111	DIN EN 10208-2	195
-, effektiver	566	DIN EN 10213	461
Diffusionskonstante (D_0)	38	DIN EN 10216-2	374, 406
Diffusionsweg, mittlerer	40	DIN EN 10293	456
DIN 1681	456	DIN EN 12072, s. DIN EN ISO 14343	
DIN 8524-3	268	DIN EN 13835	473
DIN 8528-1	237	DIN EN 13836	470
DIN 17115	175	DIN EN 14295	374
DIN 17850	555	DIN EN 14640	512
DIN 17851	555	DIN EN 14700	452
DIN 30676	104	DIN EN ISO 636	378, 354
DIN 50927	104	DIN EN ISO 1071	468
DIN EN 283	461	DIN EN ISO 2560	337, 338, 341, 344
DIN EN 439, s. DIN EN ISO 14175			349, 350, 351, 352, 378
DIN EN 440, s. DIN EN ISO 17632		DIN EN ISO 3690	343, 347, 394
DIN EN 499, s. DIN EN ISO 2560		DIN EN ISO 5817	282, 286, 287
DIN EN 573-3	534	DIN EN ISO 6520	579
DIN EN 573-5	533	DIN EN ISO 8249	421
DIN EN 756	363, 378, 364	DIN EN ISO 9692-3	546
DIN EN 757	351, 402	DIN EN ISO 9692-4	450
DIN EN 758, s. DIN EN ISO 17632		DIN EN ISO 13916	328
DIN EN 760	365, 378	DIN EN ISO 14172	424, 530
-, Anwendungsbereich der Pulver	367	DIN EN ISO 14175	357, 359
DIN EN 875	591	DIN EN ISO 14343	424, 429
DIN EN 1011-1	332, 386	DIN EN ISO 17632	361, 378
DIN EN 1011-4	540, 542	DIN EN ISO 18273	542
DIN EN 1011-5	450	DIN EN ISO 18274	424, 531
DIN EN 1011-8	472	DIN EN ISO 24034	561
DIN EN 1561	463, 465	DIN-Fachbericht CEN ISO/TR 15608	540
DIN EN 1562	476	Dissoziationsgrad	65
DIN EN 1563	470	Dopplung	132
DIN EN 1600	424, 426	Drahtelektrode	
DIN EN 1652	512, 514	-, MSG-Schweißen	361
-, Kupfer-Aluminium-Legierung	518	-, UP-Schweißen	363
-, Kupfer-Nickel-Legierung	519	Dreistoffsystem	59
-, Kupfer-Zink-Legierung	516	-, ebene Darstellung	61
-, Kupfer-Zinn-Legierung	518	-, Fe-Cr-C	495
DIN EN 1982	509	-, Fe-Ni-Cr	434

Sachwortverzeichnis

-, isothermischer Schnitt	61
-, Konzentrationsdreieck	59
-, quasibinärer Schnitt	62
-, Schmelzflächenprojektion	61
-, ternäres Eutektikum	60
-, Vertikalschnitt	62
Drop-Weight-Test, s. Fallgewichtsversuch	
Druckelektroschlackeumschmelzen	220
Drucktheorie (Wasserstoff)	259
Dualphasen-Stahl	195, 314
Ductility Dip Cracking (DDC)	561
Dugdale-Modell	594
Duplexstahl, s. a. aust.-ferritischer Stahl	214, 440
Durchbruchpotenzial (E_d)	82
DVS-Merkblatt 0504, s. DVS-Merkblatt 0957	343
DVS-Merkblatt 0705 (ersatzlos zurückgezogen)	287
DVS-Merkblatt 0907	372
DVS-Merkblatt 0944 (ersatzlos zurückgezogen)	347
DVS-Merkblatt 0956 (ersatzlos zurückgezogen)	395
DVS-Merkblatt 0957	344
DVS-Merkblatt 1001	585
DVS-Merkblatt 1004 (ersatzlos zurückgezogen)	579

E

ebener Spannungszustand *(ESZ)*	265
ebener Verzerrungszustand *(EVZ)*	265
Edelgaskonfiguration	3
Edelstahl, Definition	125
Eigenkeim	25
Eigenschaften, mechanische	
-, strukturempfindliche	7
-, strukturunempfindliche	7
Eigenspannung	
-, der Mehrachsigkeitsgrad	262
-, dreiachsige	262
-, in der Schweißverbindung	261
-, mehrachsige	138
-, Räumlichkeit der	262
-, Verteilung	250
Einbrand	273
Einhärtbarkeit	141
Einhärtungstiefe (ET)	34
Einkristall	12
Einlagerungsmischkristall (EMK)	46, 48
Einsatzhärtungstiefe (Eht)	175
Einsatzstahl	171, 175, 374
Einschluss	129, 130, 274
Eisen-Gusswerkstoffe	456
Eisen-Kohlenstoff-Schaubild (EKS)	133
ELC-Stahl	210
-, Schweißen	438
elektrochemische Korrosion	65
elektrochemische Polarisation	77
-, Aktivierungspolarisation	77
-, Konzentrationspolarisation	77
-, Widerstandspolarisation	77
elektrolytische Doppelschicht	66
Elektron	2
Elektrostahl-Verfahren	128
Elementarzelle	6
ELI-Stahl	210
Emaillierung	107
Endkrater	272
Endkraterriss	272
Enthalpie, freie	24
Entkohlen	111
Entmischung	
-, einphasige	47
-, Seigerung, s. a. Kristallseigerung	132
Entzinken	87
-, des Messings	517
epitaktische Erstarrung	300
Erholung	42
Erosion(skorrosion)	94
Erschmelzungsverfahren	125
-, Einfluss auf Schweißverhalten	125
Erst-Bezugskörper	491
Erstarrung(sform), s. a. Kristallisation	
-, Dendrit	26, 29
-, ebene	27, 300, 568
-, epitaktische	300
-, gerichtete	28, 456
-, Stängelkristall	302
-, Zelle	29
Eutektikum	52
-, binäres	60
-, entartetes	57
-, ternäres	60
eutektische Rinne	60
Eutektoid	135
Extended Ferrit Nummer (EFN), s. a. Ferrit-Nummer	442

F

Fallgewichtsversuch (nach *Pellini*)	586
*Faraday*konstante	68
*Faraday*sches Gesetz	82, 99, 120
Fehler in der Schweißverbindung	268
-, Anfangskrater	272
-, Bindefehler	275
-, Blaswirkung	275
-, durch die Fertigung	268
-, durch die Werkstoffe	269
-, Einbrand	273
-, Einschlüsse, Schlacken	274
-, Endkrater	272
-, Endkraterpore	272
-, Endkraterriss	272
-, Gase	270
-, metallurgische Fehler (Tabelle)	280
-, metallurgischer Herkunft	269
-, »Osterei«	275
-, Rissbildung	276
-, Schlacke	275
-, Schweißbeginn und -ende	271
-, tabellarische Übersicht	293

-, Wasserstoff	258	Fertigungsschweißen	457
-, Zündstelle	275	Festigkeit, maximale	
Fehlordnungssystem	7	-, Kohäsionsfestigkeit	159
Fehlstellendichte	10	-, Schubfestigkeit	158
Feingleitung	164	Festigkeitserhöhung	
Feinkornbaustahl	183, 242	-, Ausscheidungshärtung	161
-, Drahtelektrode (MSG)	398	-, Dispersoide	523
-, Drahtelektrode (UP)	395	-, Kaltverfestigung	159
-, Einfluss des Niobs	191	-, Korngrenzenhärtung	165
-, Grundreihe	189	-, Martensithärtung	165
-, Kaltumformbarkeit	193	-, metallischer Werkstoffe	157
-, kaltzähe Reihe	189	-, Mischkristallverfestigung	160
-, kaltzähe Sonderreihe	189	-, *Orowan*-Mechanismus	163
-, Nahtvorbereitung	389	-, Rekristallisation	160
-, normalgeglühter	184, 188	-, Schneidemechanismus	163
-, Rissbildung	392	-, thermomechanische Behandlung	167
-, Schlagzähigkeit	165, 189	Feuerverzinken	107
-, Schweißeignung	399	*Fick*sches Gesetz, erstes	38
-, Schweißgutzähigkeit	395	-, Diffusion des Kohlenstoffs	40
-, Schweißtechnologie	392	*Fick*sches Gesetz, zweites	40
-, Schweißzusatzwerkstoffe	393	-, Homogenisieren von Legierungen	41
-, Spannungsarmglühen	391	Fischauge	258, 260
-, Sprödbruchsicherheit	184	Flächenkorrosion	82, 83
-, Terrassenbruch	189	Fließkurve	18
-, thermomechanisch behandelter	190	Flussmittel	512
-, vergüteter	387, 398	freie Enthalpie	112
-, Wärmebehandlung	390	Freiheitsgrad	58, 114
-, warmfeste Reihe	189	Fremdatom	7
-, Wiedererwärmungsriss	411	Fremdkeim	24
-, Zusatzwerkstoffe	393	Fremdstromkorrosion	69
Feinkornstahl, s. a. Feinkornbaustahl	183	-, Korrosionsschutz	103
Fernordnung	160	Frischen	126
Ferrit	55, 135	Fülldrahtelektrode	361
-, allotriomorpher	323, 325	-, MSG Schweißverfahren	361
-, bainitischer	325	-, normalgeglühter FK-Stahl	398
-, δ-Ferrit	426		
-, Schweißen austenitischer Cr-Ni-Stahl	437	**G**	
-, Hochtemperatur-	242		
-, im Schweißgut	323	galvanisches Element	66
-, Korngrenzen-	323	Gase	
-, Mengenbestimmung	490	-, Diffusionskoeffizient *(D)*	270
-, Nadel-	242	-, im Aluminium	532, 543
-, nadeliger	324	-, im Kupfer	511
-, polygonaler	323	-, im Schweißgut (Eisenwerkstoffe)	270
-, primärer	203, 219	-, im Stahl	228
-, vermicularer	431	-, im Werkstoff	2
-, *Widmannstätten*scher	323	-, Löslichkeit der	270
Ferrit-Nummer (FN)	420, 491	-, Nickel(-legierung)	526
-, extended (EFN)	420	*Gauss*sches Fehlerintegral	40
Ferritbildner	168	Gefüge	12
ferritischer Cr-Stahl, s. a. korrosionsbeständiger Stahl	215	-, dendritisches	237
-, IK-Beständigkeit	427	-, feinkörniges (FK-Stahl)	384
-, Korrosionsverhalten	215, 216	-, grobkörniges	2
-, Schweißen	425, 493	-, Guss-	26
-, Stabilisieren	217	-, primäres	113
-, Superferrit	493	-, Sekundär-	26
-, Vorgänge in der WEZ	492	-, Zellstruktur	28
Fertigungsbedingte Schweißsicherheit	238	Gefügerechteck	52
Fertigungsfehler	268	Gefügezeiligkeit	226

Gewaltbruch	276
*Gibbs*sches Phasengesetz	50, 59
-, Berechnungsbeispiel	114
Gießstrahlentgasung	129
Gitter, s. a. Kristallgitter	
-, Defekte im	7
-, hexagonal dichteste Packung (hdP)	6
-, kubisch-flächenzentriert (kfz)	6
-, kubisch-raumzentriert (krz)	6
-, tetragonal-raumzentriert (trz)	35
Gitteraufbau	6
Gitterbaufehler	7
-, 0-dimensionaler	7
-, 1-dimensionaler	7
-, 2-dimensionaler	7, 8
-, 3-dimensionaler	7
-, interstitieller Defekt	8
-, substitutioneller Defekt	8
Gitterverzerrung, formerhaltende	36
Glashärte	143
Glaskeramik	107
Gleichgewicht	
-, metastabiles	11
-, thermodynamisches	7, 115
Gleichgewichtsschaubild	49
Gleichgewichtsverteilungsverhältnis (k)	488, 568
Gleitebene	9
Gleiten	16
Gleitlinienbänder	16
Gleitrichtung	17
Gleitstufe	16
Gleitsystem	17
Glühen	137
Glühzwilling	10
Grafit	
-, Einfluss auf mech. Gütewerte	463
-, kugeliger	467
-, lamellarer	463
-, vermicularer	463
Grobkorn (WEZ)	2
-, Einfluss auf mech. Gütewerte	313
-, ferritischer Chromstahl	425
-, nichteisenmetallischer Werkstoff	503
-, umwandlungsfähiger Stahl	310
Grobkornzone (WEZ), s. Wärmeeinflusszone	
Großwinkelkorngrenze	10
Grundstahl, s. unlegierter Qualitätsstahl	
Gruppe (im Periodensystem)	3
Guinier-Preston-Zone	30, 161, 566
Gusseisen	
-, artfremdes Schweißen	467
-, artgleiches Schweißen	464
-, Dichtspeisen	456
-, Gusseisenschaubild, nach *Kreiner-Klingenstein*	464
-, mit Kugelgrafit	467
-, legiertes	473
-, mit Lamellengrafit	463
-, mit vermicularem Grafit	463
-, Weißeinstrahlung	464

Gusseisenkaltschweißen	467
Gusseisenwarmschweißen	464, 466
Gussgefüge	26
Gusslegierung	
-, Aluminium-	537
-, Aluminium-, Bezeichnungsweise	533
-, Eisenwerkstoff	136
-, Kupfer (Tabelle)	509
Gusslegierung, hochnickelhaltige	
-, Einfluss Legierungselemente	524
Gütegruppe	171, 267, 377, 382
Güteklasse	474

H

Halbwarmschweißen	466
Halbwarmumformung	45
Halbzelle	65
Hall-Petch-Beziehung	20, 21
Haltepunkt	50
Haltetemperatur, s. a. Vorwärmtemperatur	328, 391
Hammervergüten, beim Kupfer	513
Härtbarkeit	35, 167
-, Einsatzstahl	175
-, Vergütungsstahl	175
Härte, Einfluss auf Bauteilsicherheit	320
Härten	137
Härteriss, s. a. Kaltriss	226, 407
Härtesack	198, 404
Hartguss	463
Härtungsgrad	145
Hastelloy	522
Hauptgüteklasse, Stahl	124
-, Edelstahl, Definition	124
-, Grundstahl, s. unlegierter Qualitätsstahl	
-, Qualitätsstahl, Definition	124
Hauptschubspannungshypothese	262
hdP, hexagonal dichtesten Packung	6
Hebelgesetz	51, 115
-, Beispiel für Anwendung	115
Heftstelle, Einfluss auf Bauteilsicherheit	320
Heißriss	12, 14, 29, 205, 207, 219, 276, 303
-, (Automaten-)Messing	516
-, (Zinn-)Bronze	518
-, Aluminiumbronze	519
-, Aluminiumlegierung	536
-, austenitisch-ferritischer (Duplexstahl)	440
-, austenitischer Cr-Ni-Stahl	290, 417, 433
-, beeinflussende Faktoren	273, 304
-, einphasiger Werkstoff	505
-, Entstehungsmechanismus	241, 303
-, Gegenmaßnahmen	303, 333, 449, 455
-, kaltzäher Stahl	413
-, Kupfer-Nickel-Legierung	519
-, mehrphasiger Werkstoff	505
-, RPF-Faktor nach *Borland*	488
-, unlegierter Stahl	313, 322
-, Ursachen	12, 14, 56, 117

-, warmfester Stahl	179	ISO/TR 17671-4	547
-, Wiederaufschmelzriss		ISO 6847	371
-, Aluminiumlegierung	536, 545	ISO 9328-3	185
-, ausscheidungshärtende Legierung	506	ISO 9328-5	185
-, Entstehungsmechanismus	506	ISO 9328-6	198
-, Nickelbasis-Legierungen	527	ISO 17641	
Heißrissanfälligkeit		*Ito-Bessyo*-Beziehung	329
-, metallurgische Einflüsse	304, 306, 433		
-, Prüfen der	579		
-, mit Fremdbeanspruchung	580	**K**	
-, mit Selbstbeanspruchung	580		
Heißrissparameter, von *Bailey* und *Jones*	378	Kaltriss, wasserstoffinduzierter	258, 402
*Helmholtz*sche Ebene, äußere	66	-, 20MnMo5-5	393
Heterogenisierungsglühen	537	-, Chromstahl, vergüteter	234, 422
heteropolare Bindung	5	-, Definition (DIN 8524)	276
High Nitrogen Steel (HNS)	220	-, Einfluss der Härte	141
hitzebeständiger Stahl		-, Enstehungsmechanismus	277, 292
-, Schweißen		-, FK-Baustahl	281, 344, 386
-, X6CrNiMoTi17-12-2	482	-, Gefahr bei kfz Metallen	207
Hochtemperaturferrit	242	-, Gegenmaßnahmen	292
Hohlraum		-, Kaltsprödigkeit	240
-, interstitieller	110	-, Reparaturschweißen	485
Homogenisieren	41, 117	-, Stahl, legierter/unlegierter	239, 381
*Hooke*sches Gesetz	249	Kaltrissanfälligkeit, Prüfen der	583
Hydratation	66	-, kritische Spannung (Kaltriss)	584
Hydrolyse	85, 258	-, statische Ermüdungsgrenze der Probe	584
Hysterese, thermische	134	Kaltrissneigung	329
		Kaltverformung	9, 19
		kaltzäher Stahl	182
I		kathodischer Korrosionsschutz	103
		Kavitation(skorrosion)	93
Idealkristall	7	Keim	
Impfen (von Schmelzen)	27	-, Eigen-	25
Implant-Test	281, 583	-, Fremd-	24
-, Ergebnis der Auswertung	584	Keimbildung	
Implantprobe	583	-, heterogene	23, 30
Incoloy	522	-, homogene	23, 30, 112
Inconel	522	-, Wirkung der Korngrenzen	30
Inhibitor (Korrosionsschutz)	101	Keimradius	
-, chemisch wirkender	102	-, kritischer	25, 112
-, Deckschichtbildner	102	Kerbriss	276
-, Destimulator	102	Kerbschlagbiegeprobe	588
-, Neutralisator	102	Kerbschlagbiegeprüfung	266
-, physikalisch wirkender	102	-, instrumentierte	591
Injektionsverfahren	129	Kerbschlagbiegeversuch (DIN EN 10045)	587
Inkubationszeit	148, 230	-, Proben mit Schweißnaht	591
Instandsetzungsschweißen	460	Kerbschlagzähigkeit	
Interkristalline Korrosion (IK)	88, 209	-, kaltverformter Stähle	19
-, austenitischer Cr-Ni-Stahl	218	Kernladung	3
-, Gegenmaßnahmen	210	kfz, kubisch-flächenzentriert	6
intermediäre Phase, s. a. Ausscheidung	207	Kleinwinkelkorngrenze	10, 12
-, Einfluss auf mechanische Gütewerte	211	Knickpunkt	50
intermediäre Verbindung	48, 446	Knife-Line-Attack	436
interstitielle Phase	48	Kohabitationsprinzip	349
Ionenbindung	5	Kohärenz	10
Ionengitter	5	Kohäsion	15
Ionenimplantation	109	Kohlenstoff	206
Ionenkonzentration	71	-, Definition Stahl	124
Ionisierungsspannung	355	-, Einfluss auf Eigenschaften	
ISO/DIS 24034	561	korrosionsbeständiger Stähle	495

-, Einfluss auf Maximalhärte	141
-, Einfluss auf M_s und M_f	141, 142
-, Einfluss auf Umwandlungsverhalten	146, 495
-, in hochlegiertem Stahl	204
-, Legierungselement	135
-, Martensitbildung	165
Kohlenstoffäquivalent	328, 381, 404
Komponenten (einer Legierung)	49
konstitutionelle Unterkühlung	27, 28, 568
konstitutionelle Verflüssigung	506
Konstitutions-Schaubild	
-, ASTM A 800	462
-, Beispiel Auswertung	422
-, *DeLong*-Schaubild	420
-, *Schaeffler*-Schaubild	417, 435
-, WRC-1992-Schaubild	421
Konstitutionswasser, s. a. Kristallwasser	343
konstruktionsbedingte Schweißsicherheit	238
Konstruktionsschweißen	460
Kontaktkorrosion	69, 83, 84, 99
kontrollierte Wärmeführung	386
Konversionsschicht	106
Konzentration (Zustandsschaubild)	49
Konzentrationselement	74, 83, 98
-, Anode	74
Konzentrationspolarisation	80
Konzentrationsverlauf nach Glühbehandlung	42
Kornform	
-, äquiaxiale (globulitische)	26
-, dendritische	26
-, Stängelkristalle	26
-, zellartige	28
Korngrenze	7, 19, 30
-, Bewegung der	115
-, Einfluss auf Streckgrenze	19
-, Großwinkel-	10
-, Kleinwinkel-	10, 12
-, Sub-	12
-, Wirkung auf Leerstelle	566
-, Zwillings-	10
Korngrenzengleitung	412
Korngrenzenhärtung	165, 190
Korngrenzensegregation	489
Korngrenzensubstanz	
-, Aufbau	14
-, Einfluss auf Gütewerte	14
Korngröße	12
Korngrößen-Kennzahl (*G*)	13, 14, 110
Kornwachstum	13, 45, 116
-, bei ferritischem Chromstahl	492
-, beim Rekristallisieren	42
-, metallurgische Einflüsse auf	153
Kornzerfall, s. a. interkristalline Korrosion	208
Korrosion	63
-, Abtragrate	82, 99, 120
-, Adhäsionsverschleiß	94
-, Aktivierungspolarisation	78
-, Aluminium	118
-, Anwendung des *Faraday*schen Gesetzes	120
-, atmosphärische	88
-, äußere *Helmholtz*sche Ebene	66
-, Belüftungselement	76, 91
-, Besonderheiten beim Schweißen	100
-, chemischer Angriff	202
-, chemische Reaktion	64, 117
-, Einfluss der Anodenfläche	99
-, elektrochemische	65
-, elektrochemische Polarisation	77
-, elektrolytische Doppelschicht	66
-, Entzinken	87
-, Erosions-	94
-, Flächen-	83
-, Fremdstromkorrosion	69
-, galvanisches Element	66
-, Geschwindigkeit	117
-, Gestaltungsrichtlinien	94
-, gleichmäßige	120
-, Grenzpotenzial	104
-, interkristalline	209
-, in Wässern	202
-, in wässrigen Lösungen	65, 68
-, IUPAC-Konvention	67
-, Kavitations-	93
-, Kontakt-	69, 84
-, Konzentrationselement	83, 98
-, Konzentrationspolarisation	80
-, Kupfer	118
-, Loch- (Lochfraß, Pitting)	84
-, Lösungsdruck	66
-, Messerlinien-	436
-, mikrobiologische	90
-, Mischpotenzial	78
-, Nickel	73
-, Passivator	102
-, Polarisationskurve	78
-, Redoxkorrosion	69
-, Reduktion	69
-, Reib- (»Fressen«)	94
-, Ruhepotenzial	78
-, Sauerstoff-	70
-, Sauerstoffkorrosion	69
-, selektive	87
-, Spalt-, (Berührungs-)	86, 98
-, Spannungsriss-	91, 217
-, Spongiose (Grafitierung)	88
-, Stromdichte-Potenzial-Kurve	78
-, *Tafel*sche Beziehung	79
-, Überspannung	77
-, Wasserstoff-	69
-, Wasserstoffentwicklung	69
Korrosionsart	83
korrosionsbeständiger Stahl	
-, Anlauffarbe	416
-, Ausscheidungen im	207
-, austenitisch-ferritischer (Duplexstahl)	214, 440
-, austenitischer Chrom-Nickel-	204, 214, 217
	218, 431, 440
-, chemische Beständigkeit	200
-, Einfluss der Verarbeitung	414
-, ELC-Stahl	210

Sachwortverzeichnis 605

-, ELI-Stahl	210
-, ferritischer Chromstahl	215
-, halbferritischer	206
-, Heißrissbildung	219
-, Heißrissneigung	431
-, Herstellen von Oberflächen	415
-, martensitischer Chromstahl	204
-, Molybdän im	207
-, Nickel im	205
-, Silicium im	207
-, Stabilisator	210
-, stabilisierter Stahl	210
-, Stickstoff im	206
-, stickstofflegierter austenitischer Stahl	220
-, Streckgrenze der Austenite	207
-, Superferrit	217
-, ULC-Stahl	210
-, Vollaustenit	219, 431
-, Wasserstoff im	207
-, weichmartensitischer Stahl	206, 215
-, Zustandsschaubild	203
Korrosionsbeständigkeit	3
-, Beständigkeitsstufen	65
-, Einfluss der Konstruktion	64
-, Einfluss der Ver- und Bearbeitung	63
-, Einfluss der Wartungsmängel	63
-, Einfluss des Oberflächenzustands	414
Korrosionselement	83
Korrosionsgeschwindigkeit	65
Korrosionsschutz	
-, aktive Schutzverfahren	101
-, anodischer	105
-, Auskleidung	106
-, Beschichtung	106
-, Dampfphaseninhibitor	102
-, Deckschichtbildner	102
-, Destimulator	102
-, Emaillierung	107
-, Fremdstromschutzanlage	103
-, Glaskeramik	107
-, kathodischer	78
-, korrosionsschutzgerechte Gestaltung	201
-, metallischer Überzug	107
-, Opferanode	103
-, passive Schutzverfahren	106
-, Phosphatieren	106
-, Randschichtumschmelzlegieren	109
-, Referenzelektrode	103
-, Schmelztauchen	107
-, Schutzschicht	106
-, Schweißplattieren	108
-, Überzug	106
Korrosionsverhalten, Einfluss von	
-, Elektrolyttemperatur	75
-, Ionenkonzentration	71
-, Medienkonzentration	77
-, Sauerstoffgehalt	74
-, Strömungsgeschwindigkeit	76
kovalente Bindung (Atombindung)	5
Kraterfülleinrichtung	272
Kriechen	13, 177
Kristall	2
Kristallgemisch	49
Kristallgitter	6
Kristallisation	
-, epitaktische	25
-, gerichtete	523
-, Keimbildung	112
-, primäre	22, 113
-, Schweißschmelze	300
-, sekundäre	22
-, sekundäre (Dreistoffsystem)	60
-, tertiäre (Dreistoffsystem)	60
-, Triebkraft	112
Kristallisationsgeschwindigkeit (R)	28, 301, 567
Kristallisationswärme	112
Kristallit, s. a. Korn	12
Kristallseigerung	55, 117
Kristallwasser	271, 343, 369
kritische Abkühlgeschwindigkeit	140
Kryogenik	182
kubisch-flächenzentriert, kfz	6
kubisch-raumzentriert, krz	6
Kupfer	509
-, Automatenmessing	516
-, Entzinken (Messing)	517
-, hammervergütete WEZ	513
-, Korrosionsverhalten	118
-, Kupfer-Aluminium-Legierung	518
-, Kupfer-Nickel-Legierung	519
-, Kupfer-Zink-Legierung (Messing)	516
-, Kupfer-Zinn-Legierung (Bronze)	518
-, Leerstellen in Cu-Schweißnaht	513
-, sauerstofffrei	510
-, sauerstoffhaltig	510
-, Schweißempfehlung	511
-, Schweißzusatzwerkstoffe	516
-, Wärmeleitfähigkeit	510
-, Wasserstoffkrankheit	510
Kupferlegierung	514

L

Lagenaufbau	
-, hochlegierter Stahl	
-, Zugraupentechnik	426
-, Mehrlagentechnik	299
-, Mehrlagentechnik (UP)	371
-, Pendellagentechnik	299, 329
-, Pufferlagentechnik	423
-, Strichraupentechnik	413
-, Vergütungslagentechnik	320
-, Zugraupentechnik	299, 317
Längsschrumpfung	253
Langzeitbeanspruchung	182
Lanthanoid	125, 544, 551
Lanzettmartensit (massiver Martensit)	38, 143
Laugensprödigkeit	93
Laves-Phase	207

LD-Verfahren	127
LDAC-Verfahren	127
Leerstelle	7, 513
Legierung	46
-, eutektische	51
-, Gefügezustand	49
-, *Gibbs*sches Phasengesetz	50
-, Hebelgesetz	51
-, heterogene	58
-, mechanische Gütewerte	58
-, mit begrenzter Löslichkeit	53
-, mit intermediären Phasen	53
-, mit Umwandlungen im festen Zustand	55
-, mit vollständiger Löslichkeit	50
-, Schweißen kristallgeseigerter	56
-, übereutektische	52
-, untereutektische	52
Legierung, ausscheidungshärtende	
-, Schweißen	505
-, Schweißverhalten	569
Legierungselement	
-, austenitstabilisierendes	135, 168
-, ferritstabilisierendes	168
-, Wirkung auf Schweißeignung	243
Leichtmetall	531
Leistungsdichte (Schweißverfahren)	245
*Leon*sche Hüllparabel	262
Liquiduslinie	51
Lochfraßpotenzial	85
Lochkorrosion (Lochfraß, Pitting)	84, 202, 207
Lokalelement, s. a. Korrosionselement	83
Lorentz-Kraft	307
Lösungsdruck	66
Lösungsglühen	161, 208
-, zum Ausscheidungshärten	53
-, zum Erzeugen der IK-Beständigkeit	210
Lösungsphase	46
Lot	11
Löteignung	291
Löten	11, 40
-, Arbeitstemperatur	291
-, Eindringtiefe	40
-, Unterschiede zum Schweißen	291
Luftfeuchtigkeit	343
Lufthärter	142, 231
Luftvergüten	144

M

Magnesium	551
-, -Legierungen (DIN 1729-1, DIN EN 1753)	552
-, mechanische Eigenschaften	551
Manganzeiligkeit	227
Maraging Stahl	185
Marangoni-Strömung	308, 478
Martensit	34, 165
-, bei legierten Stahl	142
-, Härte des	37, 224
-, Lanzett- (niedriggekohlter)	38, 143, 197
-, massiver	143
-, nadelförmiger	493
-, Platten- (höhergekohlter)	143
Martensitbildung	
-, *Bain*-Mechanismus	36
-, Einfluss Austenitkorngröße	226
-, nach *Bilby* und *Christian*	36
Martensithärte	37
martensitischer Chromstahl	215, 233
-, Schweißen	422
Massivumwandlung	33
Mehrfachgleiten	165
Mehrlagentechnik	316, 351
-, vergüteter FK-Baustahl	399
Mehrstoffsystem, s. a. Dreistoffsystem	49
Messerlinienkorrosion	432, 436
Messing	516
Metall	3
metallischer Überzug	107
metallurgisches Verhalten	
-, aktives Schutzgas	357
-, Stabelektrode	338
-, UP-Schweißpulver	369
metastabil	38
-, Fe-C-System	134
M_f-Temperatur	37
mikrobiologische Korrosion	90
Mikrolegierungselement	185, 191
Mikroplastizität	277
Mikroriss	276
Mischcarbid	225, 495
Mischelektrode	
-, heterogene (= Korrosionselement)	78
-, homogene	78
Mischkristall	46, 49
-, Einlagerungs-	48
-, Substitutions-	46
Mischkristallreihe	
-, lückenlose	47
-, Mischungslücke	53
Mischungsgerade	419
Mischungslücke	53
*Mohr*scher Spannungskreis	262
Molybdän	562
-, TZM-Legierung	563
Monel	522
Mosaikblöckchen	12
M_s-Temperatur	37, 142
-, Berechnen der	
-, (niedrig-)legierter Stahl	142
-, martensitischer Cr-Stahl	234, 423

N

Nadelferrit, s. a. Ferrit	242, 370
Nadelstichkorrosion	84
Nahbereichsordnung	47
Nahentmischung	33, 47
Nahordnung	160

Sachwortverzeichnis 607

Nahtformverhältnis	308
NDT-Temperatur	179, 586
*Nernst*sche Gleichung	71, 120
Netzebene	6
Nichtmetall	3
Nickel	205, 520
-, ausscheidungshärtende Legierung	527
-, gerichtete Erstarrung	523
-, Heißrissigkeit	525
-, Korrosionseigenschaften	520
-, Korrosionsverhalten	73
-, *Laves*-Phase	523
-, Legierung	520
-, Legierungselemente u. Schweißeignung	524
-, Schweißmetallurgie	525
-, Schweißpraxis	529
-, Schweißzusatzwerkstoff	531
-, Sigma-Phase	523
-, Superlegierung	527
-, Wiederaufschmelzriss	526
Nickel-Chrom-(Eisen-)Legierungen	526
Nickeläquivalent	419
-, Berechnen des	419
Nickelbasis-Legierung	522
-, ausscheidungshärtende	527
-, chemische Härtung	523
-, molybdänhaltige	526
-, Rissbildung während Spannungsarmglühen	529
-, Wiederaufschmelzriss	528
Normalglühen	139, 316
-, Überhitzen	140

O

Oberflächenenergie	11, 165
Oberflächenspannung	10, 116, 489
OBM-Verfahren	128
Oktaederlücke	48, 110
Ölhärter	142, 230
Ölvergüten	144
Opferanode	103
Ordnungsumwandlung	33
Oriani, Theorie von	261
Orowan-Mechanismus	163, 164
Oxidationsmittel	67

P

Packungsdichte	39, 111, 226
Passivator	102
passiver Korrosionsschutz	106
Passivieren	202, 417
Passivität	75
Passivschicht	83
Passivstromdichte	82
Pellini-Versuch	586
Pendellagentechnik	317

Periode (im Periodensystem)	3
Periodensystem	3
Perlit	55, 135
pH-Wert	65, 258
Phase	11, 22, 49
-, interstitielle	48
Phosphatieren	106
Phosphor	333
Physisorption	102
Plattenmartensit (nadelförmiger Martensit)	38
Platzwechselmechanismus	39
Platzwechselvorgänge	38
Polarisation, elektrochemische	84
-, Aktivierungs-	78
-, Konzentrations-	80
-, Widerstands-	81
Polarisationskurve	78
Polieren, elektrolytisches	417
Polygonisation	9
Polymorphie (Allotropie)	34, 302
Poren	255, 270
-, Einfluss auf Bauteilsicherheit	255, 261
Potenzialdifferenz	66, 303
-, Berechnen der	120
Pourbaix-Schaubild	72, 118
-, Eisen/wässrige Lösung	72, 119
-, Korrosionsverhalten von Eisen	119
-, Kupfer/wässrige Lösung	118
-, Ni/wässrige Lösung	74
Pressmantelelektrode	337
Primärgefüge	24, 113
Primärkristallisation	
-, austenitisches Schweißgut	433
-, bildliche Darstellung	303
-, Einfluss Einbrandtiefe	273
-, ferritische	435
-, ferritisches Schweißgut	300
-, Legierung	27
-, Metall	24
Primärseigerung	29
Promotor	259
Pufferlagentechnik	423, 571

Q

Qualitätsstahl, Definition	124
quasi-isotrop	12
Querschrumpfung	252

R

Randhärter	142
Randschichthärten	171
Randschichtumschmelzlegieren	109
*Raoult*sches Gesetz	51
Reaktionsspannung	250
Reckalterung, s. Verformungsalterung	
Redoxkorrosion	69

Reduktion, kathodische	66	-, behindert	249
Reduktionsmittel	67	-, Einfluss Konstruktion	254
reheat cracking	138	-, Einfluss Wärmemenge	253
Reinigungswirkung, des SG-Lichtbogens	548	-, Einfluss Werkstoff	254
Rekristallisation	9, 42	-, frei (unbehindert)	249
Rekristallisationsschaubild	44	-, Längs-	253
Rekristallisationstemperatur (T_{Rk})	43	-, Quer-	252
Rekristallisationsverzögerung	44, 191	-, Winkel-	252
Relaxation	177	Schubfestigkeit, theoretische	16
Relaxationsriss, s. a. Wiedererwärmungsriss	411	Schutzgase	
Relaxationszeit	41	-, Physikalische Eigenschaften	356
Reparaturschweißen	269	»Schwarz-Weiß«-Verbindung	446
-, Altstahl	480	Schwefel	241, 333
-, Stahl unbekannt	483	Schweißeignung	6
-, Vorwärmen	485	-, Aluminium	532
Restaustenit	143, 226, 234	-, Aluminiumbronze	519
Rinne, eutektische	60	-, Aufschmelztest	484
Riss		-, ausscheidungshärtende Legierung	505, 569
-, Schweißgut, s. a. Heißriss	276	-, ausscheidungshärtende Nickelbasis-Leg.	527
-, WEZ, s. a. Kaltriss	276, 320	-, austenitisch-ferritischer Stahl	440
Rissinstabilität	594	-, Baustahl	
Rissöffnungsverschiebung	595	-, Aufschmelztest	484
Rissspitzenöffnungsverschiebung	595	-, Bruchtest	484
RPF-Faktor, s. a. Heißriss	488	-, Farbe (Aussehen)	483
Rücktrocknen		-, Härtetest	483
-, basisch-umhüllte Elektrode	343	-, Magnettest	483
-, UP-Pulver	396	-, Meißeltest	484
Ruhepotenzial	71, 78	-, Schleiffunkentest	484
rutil-umhüllte Stabelektrode	342	-, Technologischer Schweißversuch	484
		-, Bronze	518
		-, Einfluss der chem. Zusammensetzung	238
S		-, Einflüsse auf	377
		-, einphasiger gegen mehrphasiger Werkstoffe	570
Sandelin-Effekt	108		
sauer-umhüllte Stabelektrode	341	-, einphasiger Werkstoff	504
Sauerstoff	242, 256	-, Farbe (Aussehen)	483
Sauerstoffaufblasverfahren	127, 239	-, ferritischer Cr-Stahl	425, 492
Sauerstoffkorrosion	69, 70	-, FK-Baustahl, normalgeglüht	184, 384
Säure		-, FK-Baustahl, vergütet	399
-, nichtoxidierende	69	-, Härtetest	483
-, reduzierende	70	-, hochlegierter Cr-Ni-Stahl	290
Schaeffler-Schaubild	417	-, hochreaktiver Werkstoff	507
-, Mischungsgerade	419	-, höhergekohlter Stahl	289
-, Wirksumme	419	-, kaltverfestigter Werkstoff	42
Schiebungsmartensit	414	-, Kupfer	510
Schlacke (Einschluss)	274	-, Kupfer-Nickel-Legierung	519
-, Einfluss auf Gütewerte	274	-, legierter Stahl	243
-, endogene	274	-, Magnesium	551
-, exogene	274	-, Magnettest	483
Schlagzähigkeit		-, martensitischer Cr-Stahl	409
-, feinkörniger Werkstoff	21	-, mehrphasiger Werkstoff	505, 570
-, TM Baustahl	190	-, Meißeltest	484
Schmelzentropie	112	-, Messing	516
Schmelzgrenze	313	-, Methoden zum Feststellen	483
Schmelzintervall	50	-, Molybdän	562
Schmelzpulver (UP)	368	-, Nickelwerkstoff	524
Schmelzschweißen	1	-, Schleiffunkentest	484
Schmelztauchen	107	-, Stahl, allgemein	123
Schmieden	45	-, Tantal	565
Schrumpfen, Schrumpfung	249	-, technologischer Schweißversuch	484

Sachwortverzeichnis 609

-, un(niedrig-)legierter Stahl 35, 289
-, unlegiertes Titan 561
-, Vergütungsstahl 289, 402, 481
-, warmfester Stahl 179
-, Zirkonium 564
Schweißen
-, Aluminium und Aluminiumlegierungen 531
-, ausscheidungshärtende Legierung 505
-, Bedeutung des Wasserstoffs 344
-, Beryllium 553
-, Einfluss des Nahtaufbaus 316
-, einphasiger Werkstoff 504
-, FK-Stahl, normalgeglüht 384
-, FK-Stahl, vergütet 398
-, Gusseisen mit Kugelgrafit 467, 472
-, Gusseisen mit Lamellengrafit 463
-, Härteverteilung (Stahl) 319
-, hochreaktiver Werkstoff 507
-, höhergekohlter Stahl 402
-, kaltverfestigter Werkstoff 508
-, kaltzäher Stahl 413
-, korrosionsbeständiger Stahl 414
   -, Anlauffarbe 439
   -, Schweißempfehlungen 444, 445
-, Kupfer und Kupferlegierungen 509
-, Magnesium und Magnesiumlegierungen 551
-, mehrphasiger Werkstoff 505
-, Nickel und Nickellegierungen 520
-, Schweißzusätze UP 363
-, Stahlguss 456
-, Tantal und Tantallegierungen 564
-, Temperguss 474
-, Titan und Titanlegierungen 554
-, unlegierter C-Mn-Stahl 374
-, Verbinden unterschiedlicher Werkstoffe 334
-, warmfester Stahl 406
-, WEZ, umwandlungsfähiger Stahl 310
-, Zirkonium und Zirkoniumlegierungen 563
-, Zusatzwerkstoffe Stahl 336
Schweißgut 299
-, Gase im 299
-, mechanische Eigenschaften 322, 486
-, Schlacken im 300
-, wasserstoffarm 393
-, Wasserstoff im 347
Schweißmöglichkeit 238
Schweißpanzern 446, 451
-, Schweißzusatzwerkstoff (DIN EN 14700) 482
Schweißplattieren 108, 446, 448
-, Aufschmelzgrad 446
Schweißpulver (UP) 366
-, agglomeriertes Pulver 368
-, Anwendungsbereich 367
-, Herstellungsverfahren 366
-, metallurgisches Verhalten 369
-, Mischpulver 366
-, neutraler Punkt 372
-, Sauerstoffpotenzial des 370
-, Schmelzpulver 368
Schweißschlacke

-, chemische Charakteristik 340
Schweißschmelze (Schmelzbad)
-, austenitischer Cr-Ni-Stahl 432
-, Benetzungswinkel 489
-, Grundlagen 300
-, *Marangoni*-Strömung 308, 478
-, Massentransporte 307
-, Oberflächenspannung 489
-, Primärkristallisation
   -, austenitischer Cr-Ni-Stahl 432
   -, Grundlagen 300
-, Wirkung der Buoyancy-Kraft 307
-, Wirkung der *Lorentz*-Kraft 307
Schweißverbindung
-, Aufbau der 299
-, Einfluss Nahtaufbau 316
-, Fehler 268
-, Härteverteilung 319
-, mechanische Eigenschaften 318
-, nichteisenmetallische Werkstoffe 503
-, Pendellagentechnik 317
-, Primärkristallisation 300
-, unterschiedliche Werkstoffe 334, 440, 571, 572
-, Wärmeeinflusszone 309
-, Zugraupentechnik 317
Schweißverfahren
-, Lichtbogenhandschweißen 337
-, MSG-Schweißen 355
-, UP-Schweißen 363
-, WIG-Schweißen 353
-, zur Wahl des 376
Schweißzusatzwerkstoff
-, Aluminium und -Legierungen 545
-, artähnlicher 337
-, artfremder 334, 337
-, Auftragschweißen 451, 482
-, austenitischer Cr-Ni-X-Stahl 423
-, Drahtelektrode (MSG) 355
-, Drahtelektrode (UP) 363
-, ELC-Stähle 438
-, ferritischer, halbferritischer Cr-Stahl 426
-, Grenzwerte 478
-, hochfester Stahl 374
-, hochnickelhaltiger 480
-, martensitischer Chromstahl 423
-, nichtstabilisierter 427
-, Nickel und -Legierungen 531
-, normalgeglühter FK-Stahl 393
-, Schweißpulver (UP) 366
   -, Konstitutionswasser 271
-, Schweißstab (WIG) 353, 485
   -, Grenzwerte 478
-, Stabelektrode 337
-, Stabelektrode (Umhüllung)
   -, Konstitutionswasser 271
   -, Kristallwasser 271
-, Titan und Legierungen 561
-, unlegierter/legierter Stahl 336
-, UP-Schweißen 363
-, vergüteter FK-Stahl 374

Schwermetall	508	-, kernstablegierte	438
Schwindungslunker	132	-, Kristallwasser	343
Season Cracking, s. a. Spannungsrisskorrosion	93	-, mechanische Eigenschaften	341
Segregatlinie	53	-, Mischtype	342
Seigerung	242, 333	-, Normbezeichnung	349
Sekundärgefüge	26	-, rutil-umhüllte	342
Sekundärhärte	225	-, sauer-umhüllte	341
Sekundärkristallisation	22	-, Schlacke	340
Sekundärmetallurgie	128, 456	-, Verschweißbarkeitsverhalten	338
Sekundärzeiligkeit	226, 315	-, zellulose-umhüllte	344
Selbstanlassen	143, 197, 399	Stabilisator	210
Selbstdiffusion	38	Stahl	
selektive Korrosion	83, 255	-, (niedrig-)legierter	167
SEW 088	388	-, Alt-	480
-, Trocknung von Pulver/Elektrode	395	-, alterungsunempfindlicher	240, 242
SEW 410	461	-, beruhigt vergossener (–)	132
SEW 520	459	-, besonders beruhigt vergossener (FF)	133
Siebkondensator	549	-, Dualphasen-	195, 314
Siemens-Martin-Stahl	126	-, Duplex-	221, 420
Sievertssches Gesetz	129, 228, 259	-, Edelstahl, Definition	125
Sigma-Phase	54, 204, 206, 216, 222, 425	-, Einteilung	124
Siliciumzeiligkeit	227	-, Feinkorn-	183
Simulationstechnik	318	-, ferritischer Chrom-	93, 493
Snoek-Effekt	111	-, FK-Bau-, Einteilung	124
Soaken, s. Wasserstoffarmglühen	281	-, FK-Bau-, normalgeglühter	384
Soliduslinie	51	-, FK-Bau-, vergüteter	398
Solidusverschleppung	56	-, geseigerter	132
Sondercarbid	144	-, Gütegruppe	382
Sondercarbidbildner	225	-, halbferritischer Chrom-	425
Spalt-, Berührungskorrosion	86, 98	-, High Nitrogen Steel (HNS)	220
Spaltfreudigkeit (der FF-Stähle)	133	-, hochlegierter	167
Spaltkorrosion	86, 439, 440	-, hochwarmfester	180
Spaltüberbrückbarkeit	338	-, höhergekohlter	402
Spannungsarmglühen	138, 250, 391, 411	-, kaltzäher	182, 413
Spannungsreihe, elektrochemische	67	-, korrosionsbeständiger	71, 200, 482
Spannungsriss	407	-, Lufthärter	231
Spannungsrisskorrosion (SpRK)	91, 99, 217, 391	-, martensitaushärtender	185
Spannungsversprödung	18, 262, 266	-, martensitischer Chrom-	233
Spannungszustand		-, mikrolegierter	185
-, ebener (ESZ)	265	-, nicht unberuhigt vergossener (FN)	131
Speckschicht	132	-, ölvergüteter	185
Spitzentemperatur	245	-, Qualitätsstahl, Definition	124
Spitzentemperatur-Abkühlzeit-Eigenschafts-Schaubild (STAZE)	327	-, Sauerstoff im	242
		-, Schwefel im	241, 333
Spitzentemperatur-Abkühlzeit-Schaubild (STAZ)	327	-, Stickstoff im	242
		-, thermomechanisch behandelter	185
Spongiose (Grafitierung)	88	-, übereutektoider	136
Sprödbruch, s. a. Trennbruch	261, 276, 322	-, Überhitzungsempfindlichkeit	243
-, begünstigende Faktoren	265	-, unberuhigt vergossener (FU)	132
-, Maßnahmen zum Abwenden des	268	-, unlegierter	374
Sprödbruchempfindlichkeit	266	-, Vergütungs-	171, 481
-, Einfluss des Werkstoffs	266	-, Verunreinigungen im	126
Stabelektrode		-, verzinkt	107
-, Aufgabe der Elektrodenumhüllung	338	-, Wärmebehandlung	136
-, basisch-umhüllte	342, 378	-, warmfester	406
-, Feuchteresistenz	347	-, Anlassversprödung	412
-, Feuchtigkeit in der Umhüllung	394	-, Korngrenzengleitung	412
-, Grundwasserstoffgehalt der Umhüllung	344	-, warmfester austenitischer	411
-, hüllenlegierte	438	-, warmfester ferritischer	177
-, Kernstab	338	-, Anlassglühen	407

Sachwortverzeichnis

-, Wasserstoff im	243
-, wetterfester	90
Stahl-Eisen-Lieferbedingungen 096	190
Stahl-Umschmelzverfahren	129
Stahlbegleiter	14
Stahlguss	133, 456
-, Fertigungsschweißen	457
-, für allgemeine Verwendung	456
-, höherfester	460
-, Instandsetzungsschweißen	460
-, Konstruktionsschweißen	460
-, legierter	462
-, Vorwärmtemperatur	457
-, Wärmebehandlung	456
Stahlherstellung	125
Standardpotenzial	67
Standardwasserstoffelektrode	67
Standguss	131
Stängelgefüge	2
Stängelkristall	26, 302
Stellit, s. a. Auftragschweißen	482
Stickstoff	206, 242
*Stokes*ches Gesetz	228
Strangguss	131, 240
Streckenenergie *(E)*	241
Streckgrenze, s. a. Fließgrenze	19
Streustrom	105
Strichraupentechnik	413
Stromdichte-Potenzial-Kurve	78
Struktureinheit (Structure Unit), s. a. Korngröße	226, 322
Stufenhärtungsschweißen	155
Subkorngrenze	12
Substitutionsmischkristall (SMK)	46
Sulfidformbeeinflussung	194
Superferrit	217, 430, 493

T

*Tafel*sche Beziehung	79
Tantal	564
-, Korrosionsverhalten	564
-, Schweißen	565
Taschentuchfaltprobe	194
Teilchenverbundwerkstoff	544
Temperatur	
-, äquikohäsive	13
-, Vorwärm- (bei Stahlwerkstoffen)	327
Temperatur-Zeit-Verlauf	1
-, bei der Wärmebehandlung	137
-, beim Schweißen	244, 245, 299
-, in der Wärmeeinflusszone	385
-, metallurgische Wirkung des	254
-, Sauerstoffs	256
-, Stickstoffs	257
-, Wasserstoffs	258
Temperaturgradient *(G)*	301, 567
Temperguss	474
-, Güteklasse	474

-, schwarzer	475
-, weißer	474
Terrassenbruch	133, 189, 241, 276, 379
-, Abwehrmaßnahmen	190
tertiäre Kristallisation	60
Tetraederlücke	48, 110
tetragonal-raumzentriert (trz)	35
thermisch aktivierter Vorgang	38
thermische Analyse	50
*Thomas*stahl	127
Tieftemperaturstahl	183
Tieftemperaturtechnik	182
Tiefziehblech	130, 132
Titan	554
-, Alpha-Beta-Legierung	558
-, Alpha- und Nah-Alpha-Legierung	557
-, Beta-Legierung	559
-, Ductility Dip Cracking (DDC)	561
-, Erstarrungsriss	560
-, Porenbildung	561
-, Schweißpraxis	561
-, Schweißverhalten	557
-, Schweißzusatzwerkstoff	561
-, Segregatbildung	560
-, unlegiert	557
-, Wasserstoffversprödung	560
Transkristallisation	26, 113
Transpassivität	82
Transvarestraint-Test	580
Trennbruch	261
Trennfestigkeit, theoretische	16, 262

U

Überaltern	164
übereutektisch	52
Übergangsblechdicke $(d_{ü})$	249, 387
Übergangstemperatur	266
Überhitzen	140
Überspannung	77
Überstruktur	33, 47, 55, 160
Überzeiten	140
ULC-Stahl	210
Umwandlung (Phasenumwandlung)	
-, Aktivierungsenergie	25
-, athermische	23, 36
-, Ausscheidungs-	32
-, Austenitumwandlung	146
-, diffusionskontrollierte	24, 30
-, diffusionslose	34
-, flüssig/fest	24
-, grenzflächenkontrollierte	24
-, heterogene	22
-, homogene	22
-, im festen Zustand	30
-, Kohärenzspannung	30
-, massive	33
-, militärische	24
-, Ordnungs-	33

Sachwortverzeichnis

-, polymorphe (allotrope) 34
-, Umwandlungsgeschwindigkeit 32
-, unterkühlbare 146
-, zivile 24
Umwandlungshärtung 34
untereutektisch 52
Unterkühlung 25
-, konstitutionelle 27, 28, 113, 568, 569
-, thermische 300
Unterplattierungsriss 449
Urspannung 67

V

Vakuumverfahren 129
Valenzelektron 4
Varestraint-Test 580
VdTÜV-Merkblatt 451
-, Glühdauer 139
-, Glühtemperatur 139
Verbindung
-, Austenit-Ferrit 446
-, eutektische 14
-, intermediäre 5, 48
-, unterschiedlicher Werkstoffe 446, 479, 568
Verfestigung 18, 20
Verformbarkeit, s. a. Zähigkeit 6, 15
Verformungsalterung, s. a. Alterung 19, 42, 322
-, Verformungsalterung 242
Verformungsbruch 276
Verformungsgrad
-, Kalt- 43
-, kritischer 43
Verformungsvorgänge
-, im Idealkristall 15
-, in technischen Werkstoffen 16
Verformungszwilling 10
Vergüten 143, 225
Vergütungsfestigkeit 145
Vergütungsschaubild 198
Vergütungsstahl 171, 174, 402
-, Anlassen 225
-, Schweißeignung 175
-, Schweißen 402, 481
-, Zerspanbarkeit 174
Vergütungsstahlguss 462
-, schweißtechnische Maßnahmen 462
Vergütungszähigkeit 145
Verschleiß
-, Pufferlage 454
Verschleißmechanismus
-, Abrasion 451
-, Adhäsion 451
-, Oberflächenzerrüttung 451
-, tribochemische Reaktionen 451
Verschleißwiderstand 174
Versetzung 8, 30, 160
-, blockierte 9, 18
-, Kräfte auf 229

-, Linienspannung 229
-, Schrauben- 8
-, Stufen- 8
Versetzungsdichte 9
Verunreinigung 127, 129, 189, 202
-, Einfluss auf Gütewerte 123
-, lösliche 15, 377
-, unlösliche 15, 377
Verzerrungszustand
-, ebener *(EVZ)* 265
Verzug
-, austenitischer Cr-Ni-Stahl 431
-, Einfluss der Abkühlgeschwindigkeit 310
-, Einfluss Leistungsdichte 245
-, Grundlagen 249
-, unlegierter Stahl 249
Vollaustenit 219, 431
Vorausscheidung, s. a. Cluster 191
Vorschweißblech 272
Vorwärmen 2
-, austenitisch-ferritischer Stahl 442
-, Baustahl 383
-, ferritischer Chromstahl 426
-, Gusseisen (EN-GJL) 466
-, Gusseisen mit Kugelgrafit (EN-GJS) 471
-, höhergekohlter Stahl 403
-, martensitischer Chromstahl 423
-, normalgeglühter FK-Baustahl 390
-, Reparaturschweißen 485
-, Stahl, (un-)legierter 241
-, Stahlguss 457
-, vergüteter FK-Baustahl 401
-, Vergütungsstahl 290, 403
-, Vorwärmtemperatur 247
-, warmfester ferritischer Stahl 407
-, warmfester martensitischer Stahl 410
Vorwärmtemperatur
-, Bestimmen der 327, 332
-, mit Kohlenstoffäquivalent 328
-, mit M_s-Temperatur 234, 331
-, nach *Ito-Bessyo* 329
-, nach *Uwer* und *Höhne* 331
-, nach *Yurioka* und *Oshita* 330

W

Walzzeiligkeit 226
Wärmeableitung
-, dreidimensionale 247, 386
-, Übergangsblechdicke 249
-, zweidimensionale 247, 386
Wärmeausdehnungskoeffizient 249
-, ferritischer Chromstahl 426
-, hochlegierter Stahl 218
-, unlegierter Stahl 218
Wärmebehandlung 136
-, Ausscheidungshärten 161
-, Glühbehandlung 137
-, Härten 137

-, Normalglühen	139	-, vielkristalliner	19
-, Spannungsarmglühen	138	Werkstofffehler	269
-, Stahlguss	456	Werkstoffübergang (im Lichtbogen)	
-, Vergüten	143	-, MSG-Verfahren	357, 358
Wärmeeinbringen *(Q)*	241	-, Stabelektrode	341
Wärmeeinflusszone (WEZ)	1, 14, 299	Widerstandspolarisation	81
-, Alterungsneigung der	314	*Widmannstätten*sches Gefüge	140, 323, 371
-, ausscheidungshärtende Legierung	505	Wiederaufschmelzriss, s. a. Heißriss	303, 377, 569
-, einphasiger Werkstoff	504	-, ausscheidungshärtende Legierung	506
-, Feinkornzone	314	-, Entstehungsmechanismus	506
-, ferritischer Chromstahl	493	-, Nickelbasislegierung	527
-, Härteverteilung	319	Wiedererwärmungsriss	138, 411
-, hochreaktiver Werkstoff	507	Winkelschrumpfung	252
-, Höchsthärte	320	Wirksumme	419
-, im Vergütungsstahl	404	Wischlot (Schmierlot)	52
-, kaltverfestigter Werkstoff	508	WRC-1992-Schaubild	421
-, Korngröße	322	-, Anwendungsbeispiel	421
-, mechanische Gütewerte	300		
-, mehrphasiger Werkstoff	505		
-, nichteisenmetallische Werkstoffe	503	**Y**	
-, un-, (niedrig-)legierter Stahl	310, 489		
-, Vorgänge (bildliche Darstellung)	311	*Yurioka-Oshita*-Beziehung	330
-, werkstoffliche Vorgänge	309		
Wärmeführung, kontrollierte	507	**Z**	
Wärmeleitfähigkeit	2		
-, (hoch-)legierter Stahl	218	Zähigkeit	1
-, Aluminium	532	Zeitdehngrenze	178
-, des SG-Lichtbogens	355	Zeitfestigkeit	409
-, ferritischer Chromstahl	218	Zeitstandfestigkeit	178
-, Kupfer	509	Zeitstandversuch	178
-, unlegierter Stahl	218	Zellstruktur	28
Wärmequelle zum Schweißen		zellulose-umhüllte Stabelektrode	344
-, Wirkung der	244	Zementit	55
warmfester Stahl	177	Zinnbronze	518
Warmfestigkeit	167	Zinngeschrei	10
Warmstreckgrenze	178	Zircaloy	564
Warmverformung	45	Zirkonium	563
Wasserglas	344	Zone, s. a. Nahentmischung	47, 161
Wasserhärter	142, 230	Zonenbildung	160
Wasserlinienkorrosion	98	Zonenmischkristall	56
Wasserstoff	138, 207, 243	ZTA-Schaubild	145, 155
-, Bedeutung für Schweißgut	344	-, 100Cr6	157
-, Dekohäsionstheorie	261	-, C45E (Ck 45)	156
-, diffusibler	395	-, kontinuierliches	157
-, Drucktheorie	259	ZTU-Schaubild	145
-, im Schweißgut	403	-, 10CrMo9-10	407
-, Kaltriss, wasserstoffinduzierter	258, 402	-, 41Cr4 (isothermisches)	152, 482
-, Quellen	258	-, 41Cr4 (kontinuierliches)	147
Wasserstoffarmglühen	281, 290, 391, 402	-, Anwendung zum Schweißen	150, 152
Wasserstofffalle (»trap«)	260	-, Austenitisierungstemperatur	148
Wasserstoffkorrosion	69	-, Duplexstahl	221
Wasserstoffkrankheit	510, 573	-, Formen für schweißgeeignete Stähle	151
Wasserstoffversprödung	260	-, hochlegierter Stahl	231
Wasservergüten	144	-, Inkubationszeit (t_i)	148, 230
Weichlot	52	-, isothermisches	150
weichmartensitischer Stahl	206, 215	-, kontinuierliches	148
Werkstoff		-, niedriglegierter Stahl	230
-, einkristalliner	19	-, P690QL (St E 690)	398
-, heterogener (Phasengemisch)	22	-, unlegierter Stahl	230
-, homogener, s. a. Phase	22		

Sachwortverzeichnis 613

-, Wirkung der Legierungselemente	149	-, Fe-Cr-C		493
-, X20CrMoVW12-1	410	-, Fe-Cr-Ni	204, 221,	441
Zugraupentechnik	439	-, Fe-Ni		203
Zunderbeständigkeit	168, 409	-, intermediäre Phasen		53
Zündstelle	275	-, Konode		62
Zustand		-, Nichtgleichgewichtszustand		55
-, Gefüge	49	-, Pb-Sn		52
-, metastabiler	38	-, quasibinäre Schnitt		62
-, stabiler	38	-, Solidusfläche		62
Zustandsänderung	49	-, thermodynamisches Gleichgewicht		49
Zustandsschaubild	28, 49	-, Ti-Al		559
-, Al-Cu	535, 566	-, Ti-X		554
-, Al-Mg	54, 535	-, Umwandlungen im festen Zustand		55
-, Al-Si	535	-, Vertikalschnitt		62
-, begrenzte Löslichkeit	53	-, vollkommene Löslichkeit fest/flüssig		50
-, Cr-Ni	524	-, zum Schweißen		57
-, Cu-Al	518	Zwangslagenverschweißbarkeit		338
-, Cu-Ni	519	Zweistoffsystem, s. a. Zustandsschaubild		49
-, Cu-O	510	Zwilling		165
-, Cu-Sn	517	-, Glüh-		10
-, Cu-Zn	516	-, Verformungs-		10
-, Dreistoffsystem	59	Zwillingsgrenze		10
-, Eutektikum	51	Zwischengittermechanismus		39
-, Fe-C, Einschränkungen	145	Zwischenlagentemperatur,		
-, Fe-Cr	203, 232, 495	s. a. Vorwärmtemperatur	328,	391
		Zwischenstufe, s. Bainit		